CONCEPTS & QUESTIONS

핵심생명과학

저자 김응빈, 이준행, 장수철

BIO BIOSCIENCE (주)바이오사이언스출판

저자 소개

김응빈
연세대학교 생명시스템대학 시스템생물학과
eungbin@yonsei.ac.kr

이준행
건양대학교 의과대학 의학과 세포생물학교실
joonhlee@konyang.ac.kr

장수철
연세대학교 학부대학 생물학 영역
schang@yonsei.ac.kr

핵심생명과학

초판 인쇄: 2013년 3월 2일
초판 발행: 2013년 3월 11일

저 자: 김응빈, 이준행, 장수철
발행인: 문정구
발행처: (주)바이오사이언스출판
137-060 서울특별시 서초구 효령로2길 10 201호
TEL: (02)581-4057~8
FAX: (02)581-4059
편집부 | edit@biobooks.co.kr
영업부 | sales@biosciencepub.com
주 문 | order@biosciencepub.com
홈페이지 | http://www.biobooks.co.kr
ISBN: 978-89-92709-99-6 93470

등록 번호: 제22-3079호

값 28,000원

BIOSCIENCE (주)바이오사이언스출판

머리말

흔히들 21세기를 생명과학의 시대라고 한다. 현대인들 사이에서 먹거리와 건강에 대한 관심이 증가함과 더불어 다양한 언론 매체에서 일상생활 속에 숨어 있는 생물학 원리에 대한 보도가 늘어나고 있고, 생명과학 분야의 최신 연구 성과에 대한 소식도 심심치 않게 소개되는 것을 보면서 이를 실감한다. 더 나아가 *Science*, *Nature* 등 종합 과학학술지에서 생명과학 연구내용이 차지하는 비율이 최소한 반 이상임을 감안하면 현대가 생명과학의 시대임을 다시 확인할 수 있다.

이러한 추세를 반영이나 하듯 미국을 비롯한 과학 선진국에서는 많은 종류의 일반생물학 교과서가 제작, 판매되고 있고, 이 중 상당수가 바로 국내에서 이들의 번역되어 제공되고 있다. 그래서 누구든 원한다면 서점에서 쉽게 많은 종류의 생물 교과서를 접할 수 있다. 그런데 문제가 있다. 거의 모든 일반생물학 책은 양이 매우 방대하고 어려운 내용도 꽤 많아 책을 제대로 이해하였는지 공부한 자신도 의아스러울 때가 많다는 점이다. 바로 이것이 이 책을 집필하게 된 동기이다.

이 책은 방대한 교과서를 공부한 후 자신의 공부를 체크할 때 이용할 수 있도록 하는 데에 중점을 두어 개발된 것이다. 그래서 공부한 성취를 점검하는 데에 필요한 기준을 제시하는 시도를 하였다. 핵심체크를 각 단원의 앞쪽에 배치한 이유가 바로 이 때문이다. 물론 각 단원마다 해당 내용은 요약 형태로 제공되어 있다. 또한 공부의 재미와 함께 학습 효과를 높이고자 최신 연구 동향과 실생활에 응용되는 생명과학 내용 등을 매 단원 중간중간에 뉴스 형식으로 수록하였다. 요컨대 이 책은 기존의 교과서와는 다른 새로운 유형의 책이다. 일반생물학 공부를 위한 지침서 또는 잘 정리된 강의 노트라고 볼 수도 있다. 대학생은 물론이고 일반인과 고등학생에 이르기까지 생물학을 진지하게 공부하고자 하는 모든 사람을 대상으로 고안된 책인 만큼 독자들의 생명과학 탐험 여행에 유용한 내비게이터가 되기를 기대한다.

2013. 2.

저자 일동

이 책의 구성

01 생물학 입문

옛 시인의 노래에 담긴 '생명'의 의미

"나는 존재하나 내가 누군지 모른다/ 나는 왔지만 어디서 왔는지 모른다/ 나는 가지만 어디로 가는지 모른다/ (그런데도) 내가 이렇게 유쾌하게 산다는 것이 놀랍기만 하다"라는 17세기 한 시인(Angelus Silesius, 1624~1677)의 율조림에는 "생명이란 무엇인가?"라는 생물학의 대명제에 대한 고민이 담겨 있다. '살아 있는 것'이라고 '생명'을 정의한다면 동의어 반복이다. '살아 있는'이 무엇을 의미하는지 또 다시 질문이 따를 수밖에 없기 때문이다. 국어사전을 뒤져본다. "생명: 생물로서 살아 있게 하는 힘" 그럼 생물은? 다시 한 번 사전 속으로. "생물: 생명을 가지고 스스로 생활 현상을 유지하여 나가는 물체" 이건 순환논리 아닌가? '생물' 또는 '생명'은 한마디로 정의하기 어렵다. 생물의 공통 특징을 열거하면 종합적으로 '생물'을 이해하는 데에 도움이 된다. 바이러스와 특징을 비교하는 것도 좋은 방법이다. 그래도 가능한 한 짧은 정의를 원한다면, 생물학에서는 '대사를 수행해서 에너지를 획득, 소모하면서 번식을 하는' 것을 생물 또는 생명을 지닌 것이라고 말한다.

단원이 본격적으로 시작되기 전에 단원에 대한 흥미를 유발하고 단원 내용을 개관해 보려는 의도로 제공되는 글이니 반드시 읽고 공부를 시작하기 바란다.

핵심체크 Key Point

그야말로 이 책의 핵심에 해당한다. 해당 단원을 공부했다면 알아야 될 내용을 큰 제목과 작은 제목으로 나열하였다.

아래에 열거된 개념 또는 용어들을 '문제'라고 가정하고 답을 작성해 보자.

생물의 특징

- 세포의 계층구조
  - ✓ 다음의 각 수준이 지닌 특징과 예를 들어보자: 원자(atom), 분자(molecule), 세포소기관(organelle), 세포(cell), 조직(tissue), 기관(organ), 기관계(organ system), 개체(organism), 개체군(population), 군집(community), 생태계(ecosystem), 생물권(biosphere)

창발성(emergent properties)의 의미

핵심체크를 구성하는 많은 내용 중 빈 상자가 딸린 내용은 해당 단원을 공부하였을 때 꼭 알아야 되는 중요한 개념들이다. 빈 상자에 자신이 공부한 내용을 정리해 넣어보자.

542 · 생명과학 지침서

- 임계기(sensitive period)란? 각인과의 관계?

49.1 개념을 이해했다면? 새로 부화한 거위에서 나타나는 각인의 근접원인과 궁극원인을 설명해 보자.

틴버겐(Tinbergen)의 4가지 질문 각각이 근접원인과 궁극원인 중 무엇과 관련된 것인지 설명

- 방향성 움직임(oriented movement)의 종류
  - ✓ 무방향운동(kinesis)과 주성(taxis)의 정의와 예
  - ✓ 일주기성(circadian rhythm), 이주(migration)의 정의와 예
- 동물의 신호에 대한 정의와 의사소통 방식
  - ✓ 신호(signal)란?
  - ✓ 의사소통(communication)의 여러 방식과 예 = 시각, 후각, 촉각, 청각
  - ✓ 페로몬(pheromone)의 역할과 예

동물의 학습과 행동의 유전적 요소

- 학습(learning)이란?
  - ✓ 습관화(habituation)의 정의와 예
  - ✓ 공간학습(spatial learning)의 정의와 예
  - ✓ 지형표식(landmark)과 인지지도(cognitive map)의 비교

49.2 개념을 이해했다면? 포식자가 독을 지닌 먹이를 피하는 법을 알게 되는 방법을 설명해 보자.

연합학습(associative learning)의 정의 = 고전적 조건화(classical conditioning)와 작동적 조건화(operant conditioning)의 비교

- 인지(cognition)의 정의
  - ✓ 문제해결능력(problem solving)이란?
- 학습에서 유전과 환경이 상호작용한 예를 들고 설명
  - ✓ 교차양육 연구(cross-fostering study)와 쌍둥이 연구(twin study)의 의미

49.3 개념을 이해했다면? 초원들쥐와 프레리들쥐를 대상으로 짝에 대한 유대감을 연구한 결과로 알 수 있는 사실은?

핵심체크에서 제시한 내용을 대부분 알고 있다고 판단하였다면 도전할 수 있는 문제를 제시하였다. 약간의 응용으로 충분히 해결할 수 있는 문제이다. 자신감을 가져도 좋다.

해당 단원의 말 그대로 '주요내용'이 실려 있다. 일반생물학 교과서를 공부한 사람들은 요약된 내용을 만나는 셈이다. 교과서의 내용은 거의 빠뜨리지 않고 포함되어 있을 것이다.

'주요내용'은 커다란 내용과 그 내용에 속하는 작은 내용 또는 상세한 설명으로 층위를 다르게 하여 작성되었다. 그러나 '상세한' 설명도 일반생물학 교과서의 요약에 해당한다.

46장 감각계 · 513

주 요 내 용 Key Information

46.1 수용기는 뉴런과 연결된 세포로 자극을 감지한다

- 감각기관은 감각수용기와 부속세포들로 구성된다.
  - ▶ **감각수용기**는 구심성 뉴런의 수상돌기나 구심성 뉴런과 시냅스를 이루는 특수한 수용기 세포에 의해 형성되며 동물의 외부와 내부 환경에 대한 정보를 전달한다.
  - ▶ 우리의 오감을 책임지는 눈, 피부, 코, 입, 귀는 외부로부터의 자극을 감지한다.
  - ▶ 내부 기관(여러 장 기관들 혹은 호흡계)과 연결된 감각수용기는 몸속에서 생성되는 자극을 감지한다.
  - ▶ 수용기 세포는 에너지를 흡수하여 그 에너지를 전기적 에너지로 변환하는 **감각변환**을 통해 막의 탈분극이나 과분극 등 막전위의 변화인 **수용기전위**를 생성한다.
  - ▶ 수용기 전위는 **차등성 반응**이다.
  - ▶ 감각을 경험하는 능력은 감각수용기에 의해 암호화된 정보를 전달하고, 그 신호를 뇌에서 해석하는 것에 달려 있다.
- 감각기관은 감지하는 자극에 따라 5종류로 분류된다.
  - ▶ **기계적수용기**는 기계적 에너지를 변환하여, 느끼고, 듣고, 균형을 유지하도록 한다.
  - ▶ **화학수용기**는 특정 종류의 화학물질을 변환하며, 미각과 후각을 가능하게 한다.
  - ▶ **온도수용기**는 온도에너지를 변환한다. 온혈동물은 온도수용기를 통해 체온을 감

부 무척추동물들은 온도수용기를 온혈 먹이를 탐지하는 데 사용된다.
는 포식어류들이 먹이를 탐지하는 데 사용하며, 전기적 자극에 반응
빛에너지를 변환하며, 안점이나 눈에서 감각수용기의 역할을 한다.
계와 연결되어 있다.
에 의해 중추신경계와 연결된다.
극에 대해 고유의 반응을 일으킨다. 예를 들어 눈의 광수용기는 양(빛
질(파장)을 구별한다.
범위에 대해 뇌에서 인식하는 방법은 두 가지이다.
면 강할수록 **활동전위의 빈도수**는 높아진다.
가 넓어지면 활동전위가 발생하는 **뉴런의 수**가 많아지게 된다.
달되는 원심성 뉴런이 많이 밀집된 곳일수록 자극에 더 민감하다.
물 생존에 필수적이다.
란 동일한 크기의 자극이 지속되면 그 자극에 대한 효과가 감소하게 되
즉, 자극이 지속될 때에도 감각뉴런의 활동전위 빈도가 감소하는 것으
극에 대해 감소된 반응을 낳는다.

46장 감각계 · 519

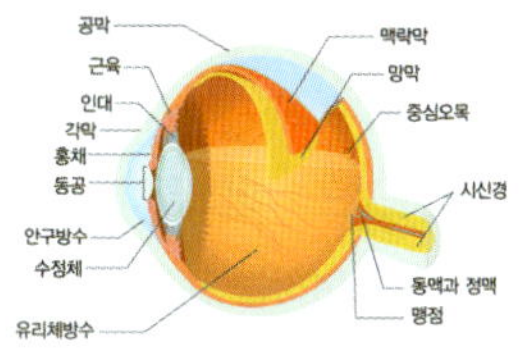

그림 46.6 척추동물의 홑눈 구조

- 빛신호의 전달
  - ▶ 빛이 간상체에 있는 **로돕신**에 닿으면, 로돕신 분자의 **레티날** 부분의 모양이 변형되어 G단백질인 **트랜스듀신**이 관련된 신호 변환절차를 시작한다.
  - ▶ 트랜스듀신은 에스테르가수분해효소를 활성화시켜서 cGMP를 가수분해하여 농도를 낮춘다. 그 결과, 이온채널은 닫히고 막은 과분극된다.
  - ▶ 간상세포에서 방출하는 글루탐산이 감소하고, 더 적은 신호가 전달된다. 그 결과,

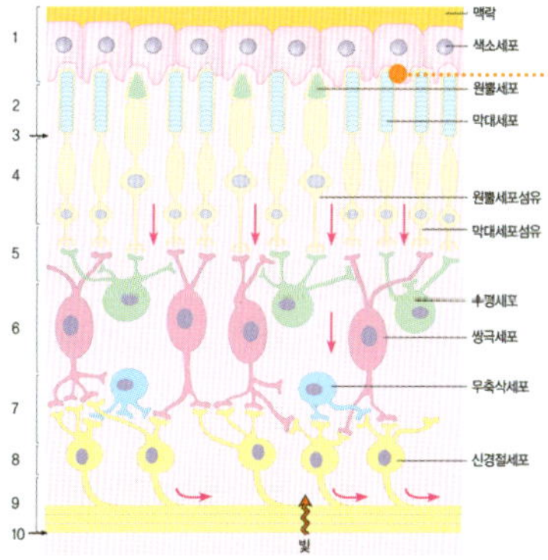

그림 46.7 세포 수준에서의 망막의 구조

생물학을 공부하는 데에 그림은 매우 중요하다. 교과서의 풍부한 그림에 대부분의 독자들은 익숙할 것이다. 이 책에서는 꼭 필요한 것을 위주로 그림을 제시하고자 한다.

한 토막 생물 뉴스

식물의 진드기 퇴치법

진드기는 체관에 침을 박아 체관액을 빨아 영양분을 섭취한다. 식물의 입장에서는 애써 마련한 에너지원을 뺏기는 것이다. 게다가 진드기는 체관액 속의 당을 자신의 몸에 공생하는 세균을 이용해 아미노산으로 전환시키기도 한다. 연구자들은 진드기의 침을 이용해 체관액을 얻어 연구에 활용하지만 식물은 진드기에 대한 대책이 필요할 것이다. 열대수림의 상록수 중 일부는 잎의 뒷면에 돌기를 지녀 특정 육식 진드기에게 서식처로 제공한다. 그러면 이 육식 진드기는 식물로부터 영양분을 흡수하는 초식진드기를 잡아먹는다. 덤으로 이 식물을 괴롭히는 균류까지 제거해 준다. 리마콩은 초식 진드기가 잎을 갉아먹게 되면 휘발성 물질을 확산시켜 육식 진드기를 유혹한다. 육식 진드기는 이 물질을 따라와 초식 진드기를 잡아먹는다.

일상생활 속에서 쉽게 볼 수 있는, 그러나 모르고 지나치기 쉬운 생명과학의 원리와 재미있는 일화, 최신 연구 동향 등을 소개한다. 이 내용만 읽어도 상당한 생물학 공부를 할 수 있다.

차례

14 DNA 유전물질 120

15 유전자로부터 단백질까지 128

16 바이러스와 세균의 유전학 139

17 진핵생물의 유전자 발현 조절 149

46 감각계 509

47 근육계 및 뼈 521

48 생태학 531

49 동물행동학 541

50 개체군생태학 550

51 군집생태학 559

52 생태계 569

53 전 지구 차원의 이슈 580

01 생물학 입문

옛 시인의 노래에 담긴 '생명'의 의미

"나는 존재하나 내가 누군지 모른다/ 나는 왔지만 어디서 왔는지 모른다/ 나는 가지만 어디로 가는지 모른다/ (그런데도) 내가 이렇게 유쾌하게 산다는 것이 놀랍기만 하다"라는 17세기 한 시인(Angelus Silesius, 1624~1677)의 읊조림에는 "생명이란 무엇인가?"라는 생물학의 대명제에 대한 고민이 담겨 있다. '살아 있는 것'이라고 '생명'을 정의한다면 동의어 반복이다. '살아 있는'이 무엇을 의미하는지 또 다시 질문이 따를 수밖에 없기 때문이다. 국어사전을 뒤져본다. "생명: 생물로서 살아 있게 하는 힘" 그럼 생물은? 다시 한 번 사전 속으로. "생물: 생명을 가지고 스스로 생활 현상을 유지하여 나가는 물체" 이건 순환논리 아닌가? '생물' 또는 '생명'은 한마디로 정의하기 어렵다. 생물의 공통 특징을 열거하면 종합적으로 '생물'을 이해하는 데에 도움이 된다. 바이러스와 특징을 비교하는 것도 좋은 방법이다. 그래도 가능한 한 짧은 정의를 원한다면, 생물학에서는 '대사를 수행해서 에너지를 획득, 소모하면서 번식을 하는' 것을 생물 또는 생명을 지닌 것이라고 말한다.

핵심 체크 Key Point

아래에 열거된 개념 또는 용어들을 '문제'라고 가정하고 답을 작성해 보자.

생물의 특징

■ 세포의 계층구조

✔ 다음의 각 수준이 지닌 특징과 예를 들어보자: 원자(atom), 분자(molecule), 세포소기관(organelle), 세포(cell), 조직(tissue), 기관(organ), 기관계(organ system), 개체(organism), 개체군(population), 군집(community), 생태계(ecosystem), 생물권(biosphere)

창발성(emergent properties)의 의미

1.1 개념을 이해했다면?
사람의 뷔를 사용하여 각 수준별로 해당하는 것들을 열거하고 특징을 간단히 설명해 보자.

■ 환원주의(reductionism)와 전체주의(holism)의 비교

■ 생물(의 진화)에서 DNA가 갖는 의미

■ 세포의 기원과 의미

✓ 진핵세포(eukaryotic cells)과 원핵세포(prokaryotic cells)의 차이점

■ 에너지의 흐름과 화학적 순환의 의미와 차이

■ 음성되먹임(negative feedback)과 양성되먹임(positive feedback)이란?

1.2 개념을 이해했다면?
생물의 음성되먹임과 양성되먹임의 예를 들어보자.

생물의 다양성과 통일성

생물의 3영역(domain)이란 무엇이고 이들을 나누는 기준은 무엇인가?

■ 진정세균(Bacteria), 고세균(Archaea), 진핵생물(Eukarya)

■ 생물 분류의 다양한 수준은 무엇인가?

✓ 영역(domain), 계(kingdom), 문(phylum), 강(class), 목(order), 과(family), 속(genus), 종(species)

■ 계통수(phylogenetic tree 또는 tree of life)와 공통조상의 의미

1.3 개념을 이해했다면?
개를 예로 들어 각 수준별로 분류해 보자.

생물학을 관통하는 하나의 주제는 무엇일까?

■ 자연선택(natural selection), 적응(adaptation), 진화(evolution)의 관계 설명

과학과 기술

발견과학(discovery science)과 가설(hypothesis)에 기초한 과학의 정의와 차이

1.4 개념을 이해했다면?
연역적 추론(deductive reasoning)과 귀납적 추론(inductive reasoning)의 차이를 예를 들어 설명해 보자.

■ 가설의 조건

가설과 예측(prediction)의 차이

- 실험에 대조군(control group)과 실험군(experimental group)이 필요한 이유
- 이론(theory)과 가설(hypothesis)의 차이: 예를 들어 진화론은 이론인가? 가설인가?
- 과학과 기술(technology)의 차이

주 요 내 용 Key Information

1.1 생명은 단순하게 정의하기 힘들다

- 계층구조와 창발성
  - ▶ 생물의 계층구조는 **원자, 분자, 세포소기관, 세포, 조직, 기관, 기관계, 개체, 개체군, 군집, 생태계, 생물권** 등의 순서로 높은 수준에 이르며 수준이 높아질 때마

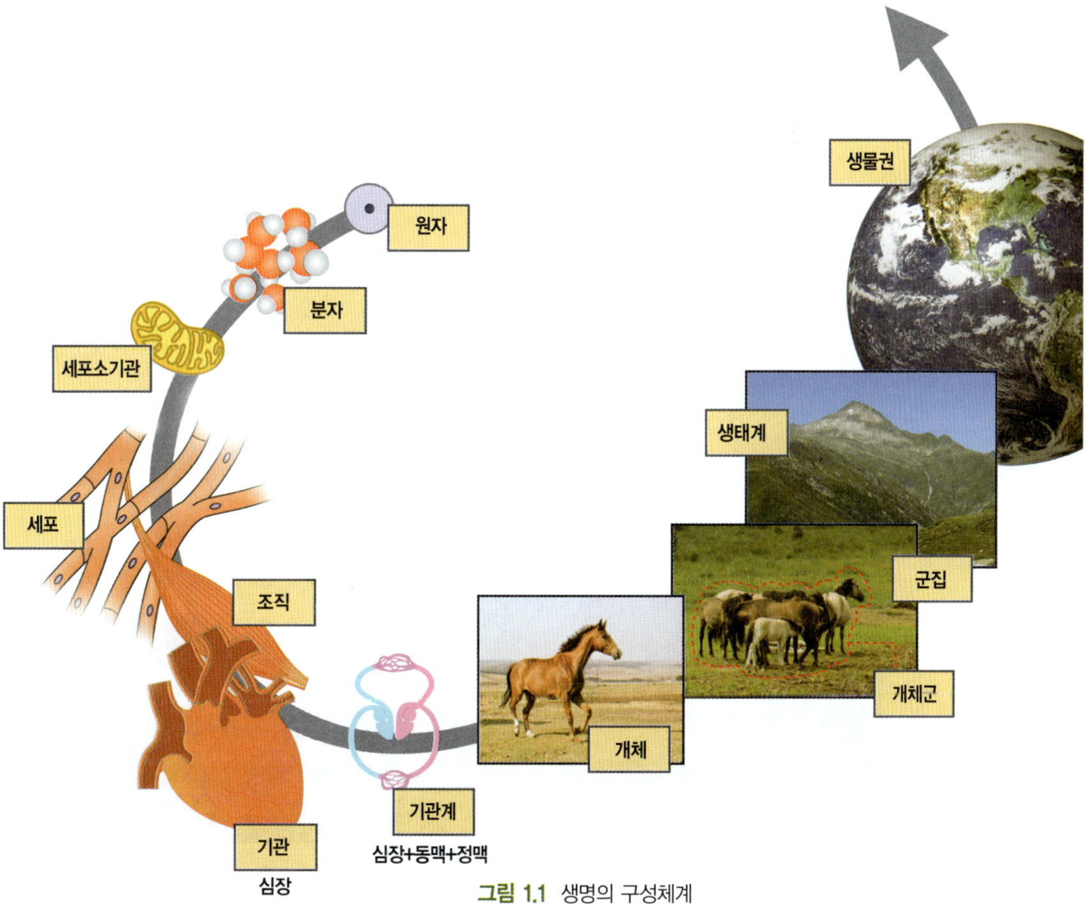

그림 1.1 생명의 구성체계

다 아래 수준의 특징으로는 설명될 수 없는 **창발성**(원자 수준에서부터 한 단계 올라갈 때마다 바로 아래 단계에서는 볼 수 없었던 새로운 특성이 나타나는 현상)이 나타난다.

- ▶ 생물을 이해하는 접근 방법에는 **환원주의**와 **전체주의**가 있다. 전자는 복잡한 체계를 단순한 요소로 분해하여 분석하는 데에 반해, 후자는 복잡한 생물체계의 모형을 만드는 시스템생물학(systems biology)에서 그 예를 찾을 수 있듯이 여러 부분이 종합된 하나의 체계로 생물을 이해한다.

- DNA는 유전정보를 담고 있고 자손으로 전달되면서 생명의 연속성을 나타낸다.
  - ▶ DNA는 RNA로 전사(transcription)되고 단백질로 번역(translation)된다. 단백질은 대부분의 생명현상을 수행한다.
  - ▶ 전사(轉寫)의 일반 의미는 '글이나 그림 따위를 옮기어 베낌' 이다. DNA와 RNA의 기본 화학 성분과 구조가 거의 같다는 사실에 비추어 보면 'DNA의 유전정보가 mRNA에 옮겨지는 과정' 을 전사라고 명명한 이유를 알 수 있다.
  - ▶ 한편, mRNA로 복사된 유전정보가 단백질로 전환되는 과정은 4개의 염기(A, G, C, T)로 구성된 언어가 20개의 아미노산으로 이루어진 단백질 언어로 바뀌는 것이기 때문에 번역이라고 부른다.
- **세포**는 생명현상이 나타나는 최소 단위이다. 세포는 **원핵세포**와 **진핵세포**로 나눌 수 있는데, 진핵세포는 DNA가 들어 있는 핵(nucleus)을 비롯하여 주로 막구조인 다양한 세포소기관을 지니고 있고 원핵세포보다 크다.
- 생물을 둘러싼 환경은 비생물(abiotic) 요인과 생물(biotic) 요인으로 이루어진다.

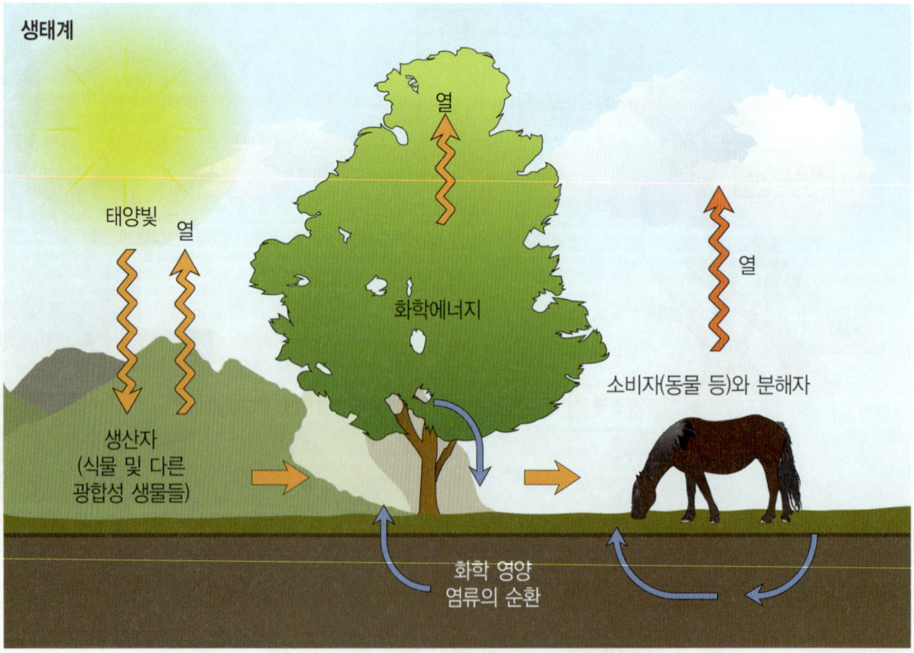

그림 1.2 생태계에서 상호관계의 그물

▶ 생물은 환경으로부터 에너지를 얻고 물질대사를 통해 생명을 유지한다.

▶ 생태계에서 물질(화학적 영양원)은 순환되지만 에너지는 태양에서 생산자(producers), 소비자(consumers) 또는 분해자(decomposers)로 한 방향으로 흐른다.

- 생물 계층구조의 모든 수준에서 구조와 기능은 긴밀하게 연관되어 있다.
- 생물은 **음성되먹임**을 통해 생물체 내에서 일정한 조건을 유지하고 **양성되먹임**을 통해 빠른 시간에 필요한 반응을 유도할 수 있다. 되먹임 작용은 분자에서 생태계에 이르는 모든 수준에서 나타난다.

1.2 생물은 다양성과 통일성을 모두 지니고 있다

- 생물의 다양성

▶ 생물은 크게 **진정세균, 고세균, 진핵생물** 등 3개의 영역으로 나눌 수 있다.

▶ 다양한 종류의 생물은 **영역, 계, 문, 강, 목, 과, 속, 종**에 따라 위계성 있게 분류될 수 있다. 또한 생물은 주로 세포나 분자 등의 낮은 수준에서 구조와 기능의 통일성을 나타낸다.

- 다양한 생물들은 **계통수**로 배열할 수 있는데, 각 종의 생물은 계통수의 나뭇가지에 위치하고 이들의 조상을 뿌리 쪽으로 따라가면 **공통조상**을 만날 수 있다.
- 공통조상에서 유래하여 다양한 생물이 출현할 수 있는 방식은 환경에 의한 생물의 **자연선택**으로 가장 잘 설명될 수 있다.

▶ DNA 상의 돌연변이는 개체의 다양성을 만들어 진화의 재료를 제공한다.

▶ 많은 시간이 지나면서 **적응**을 통해 생존과 번식에 유리한 특징이 축적된다.

▶ **진화**는 생물학 최고의 주제로서 생물의 다양성과 통일성을 설명한다.

▶ 생물 개체군은 시간이 지나고 환경의 변화에 따라 **진화적 변화**를 겪게 된다.

1.3 과학적 발견은 귀납과 연역의 방법으로 이루어질 수 있다

- 두 가지 접근 방식

▶ **발견과학**에서는 자연현상을 있는 그대로 묘사하고 각 특수한 자연현상으로부터 **귀납적 추론**(개별적인 특수한 사실이나 원리로부터 일반적이고 보편적인 명제 및 법칙을 유도해 내는 추리 및 사고방식의 하나로, 개연적인 확실성만을 가짐)을 통해 일반적인 명제를 생산한다.

▶ **가설에 기초한 과학**은 일반적인 명제로부터 **예측**을 끌어낼 수 있는 가설을 제안하는 **연역적 추론**(그 전형은 '~라면[if] ~일 것이다[then~]' 라는 식의 추론을 전개함)이다. 가설은 검증이 가능하여야 하고 기각될 수 있어야 한다.

- 가설 검증을 위한 실험은 **대조군**과 **실험군**을 비교하여 단일 변수에 대한 효과를 검증

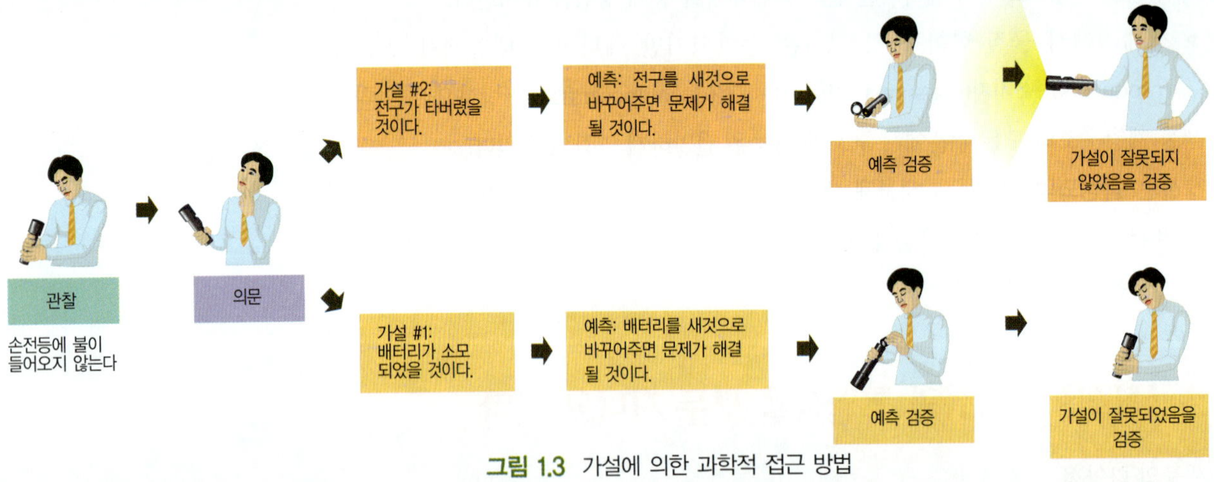

그림 1.3 가설에 의한 과학적 접근 방법

할 수 있도록 고안되어야 한다. 실험은 또한 재현이 가능하여야 한다.

- 과학이 초자연적인 현상은 설명하지 못한다. 여러 조건과 상이한 상황에서 반복된 검증을 통과한 **과학 이론**은 설명할 수 있는 범위가 그만큼 넓어지고 새로운 가설을 만들 수 있는 토대가 된다. **모델**은 자연 현상을 이해하고 가설과 이론의 검증과 설명에 유용하다.

한 토막 생물 뉴스

이중 맹검법(double blind test)

한 제약회사에서 새로운 소화제를 개발했다고 가정하자. 이 소화제는 여러 생화학 시험과 영장류 시험 등을 거쳐 약효가 충분히 있는 것으로 판단되었다. 그러나 실제로 사람에게 효과가 있는지는 실험해 보아야 한다. 동물 시험과 영장류 시험을 거치면 사람을 대상으로 시험할 수 있다. 제약회사의 직원은 소화 장애를 겪고 있는 사람들을 모아 두 집단으로 나눈 다음 한 집단에만 이 신약을 주었다. 며칠 후 장애의 정도를 비교해보니 신약을 투여한 집단의 장애 개선 효과가 더 크다는 결과를 얻었다. 이 결과를 믿을 수 있을까? 아니다. 비교의 대상, 즉 대조군과 실험군은 신약이라는 한 가지 조건만 달라야 한다. 이 경우, 약을 먹은 사람들은 '약을 먹었기 때문에 나을 것이다' 라는 위약 효과(placebo effect)를 얻을 수도 있다. 따라서 실험군이 반드시 신약의 효과만이라고 생각하기는 힘들다. 그렇다면 대조군은 어떻게 해야 할까? 대조군 집단에게도 약을 투여하되 신약 성분만 제거된 동일한 약 성분을 공급해야 한다. 그러면 대조군과 실험군의 모든 구성원은 약을 먹었을 것이라 판단할 것이다. 따라서 위약 효과는 없어질 것이다. 실험 대상자가 무엇이 신약인지 알 수 없기 때문에 이런 방법을 맹검법이라 한다. 그런데 한 가지 더 있다. 실험자의 주관이다. 실험자가 한 쪽으로 치우치는 결과를 의도할 수도 있다. 따라서 이 경우 신약 공급을 맡은 실험자도 어떤 것이 위약이고 어떤 것이 신약인지 모르게 약을 공급하게끔 시험을 계획하게 된다. 이를 이중 맹검법이라 한다. 이렇게 되면 신약만을 투여한 효과를 얻을 수 있다. 이처럼 대조구 설정은 비교하고자 하는 요인 한 가지를 제외한 모든 것을 실험구와 동일하게 만든 상태에서 이루어져야 한다.

- 과학은 협력과 경쟁으로 발전하며 다양한 사회적 활동을 통해 이루어진다. 기술은 과학과 달리 목적에 따른 응용성이 중요하다.
- 과학이란 "진리를 향한 끝없는 탐구(an endless search for truth)"이고 객관적으로 확증된 사실을 토대로 미지의 현상을 추측하고(가설) 설명하는 것이 과학자의 임무이기 때문에 과학자는 자신이 세운 또는 믿는 가설이 틀릴 수도 있다는 열린 사고를 해야 한다.

한 토막 생물 뉴스

이론(theory)도 바뀔 수 있다

과거에 생물을 분류하는 가장 큰 단위는 계(kingdom) 수준이었다. 동물계, 균계, 식물계, 원생생물계, 모네라(Monera)계 등 5계 시스템 분류법이라는 이론이 그것이다. 이후 모든 생물이 지닌 rRNA 유전자의 분석을 시작으로 다양한 유전자에 대한 조사가 시작되어 지금은 앞서 언급한 대로 진정세균, 고세균, 진핵생물 등 3영역 시스템으로 이론이 바뀌었다. 모네라라고 하나로 묶기에는 진정세균과 고세균이 차이가 너무 큰 것이 밝혀졌기 때문이다. 분류학 분야에서 특히 이러한 변화가 앞으로도 꽤 있을 것 같다. 현재 어느 정도 정리된 원생생물(더 이상 분류 용어로서의 지위가 부여되지 않음)에 대한 분류를 바탕으로 앞으로도 많은 조사와 논의가 이루어질 것이다.

02 생물체 화학과 물

생물학 공부에 '화학' 이 필요한 이유는?

21세기는 바야흐로 바이오, 즉 생물학 시대. 그런데 생물학을 하려면 먼저 화학의 기본을 다지라고? 아! 왜~애? 만약 바다와 멀리 떨어져 살게 되어 미역 등 해산물에 풍부한 요오드를 전혀 섭취하지 않으면 무슨 일이 벌어질까? 우리 뇌는 갑상선 호르몬이 제대로 만들어지지 않았다고 간주하고 갑상선의 성장을 촉진하라 명령을 내린다. 그러면 목 아래에 커다란 혹이 생기게 된다. 이 증상을 고치는 방법은 단지 미역을 먹으면 된다. 아니 더 정확하게는 요오드를 섭취하면 된다. 생물은 결국 화학분자, 원자로 이루어져 있고 이를 설명해주는 예는 수없이 많은데, 요오드가 필요한 이 경우도 마찬가지이다. 따라서 얘기의 핵심은 화학의 기본 개념을 먼저 익히는 것이 생물학 공부의 시작이라는 것!

핵심 체크 key Point

아래에 열거된 개념 또는 용어들을 '문제' 라고 가정하고 답을 작성해 보자.

생체를 구성하는 원소의 종류와 비중

- 물질(matter), 원소(element), 화합물(compound)의 정의
- 생물체에 필수적인 원소들과 미량원소(trace elements)는 무엇인가?
- 원소와 원자의 정의 및 차이점

원자의 구조와 동위원소

원자의 구조를 설명해 보자.

✔ 핵(nucleus)[중성자(neutrons) + 양성자(protons)] + 전자(electrons)

■ 달톤(dalton), 원자번호(atomic number), 질량수(mass number), 원자량(atomic mass) 등의 정의

■ 원소기호와 질량수, 원자번호를 표기하는 방법

2.1 개념을 이해했다면?
질소를 예로 들어 원소기호, 질량수, 원자번호를 표기해 보자.

동위원소와 방사성 동위원소(radioactive isotope) 각각의 정의와 사용의 예

■ 에너지(energy), 위치에너지(potential energy), 전자의 에너지 준위의 정의

■ 원자가(valence), 원자가전자(valence electrons), 원자가껍질(valence shells), 전자오비탈(orbital)의 정의

분자의 구조, 기능과 화학결합

■ 공유결합(covalent bond)이란?

✔ 단일결합(single bond)과 이중결합(double bond)의 차이

✔ 구조식(structural formula)과 분자식(molecular formula)의 차이

✔ 화학결합과 원자가(valence)의 의미

2.2 개념을 이해했다면?
전기음성도(electro-negativity)의 의미와 생물을 구성하는 원소 중 전기음성도가 큰 원소를 예로 들어 이 원소로 구성된 분자를 예시해 보자.

비극성 공유결합(non-polar covalent bond)과 극성 공유결합(polar covalent bond)의 차이

■ 이온결합(ionic bond)이란?

■ 양이온(cation), 음이온(anion), 이온화합물(ionic compound = 염 salt)의 정의

수소결합(hydrogen bond)의 정의와 종류 설명

■ 생물체에서 수소결합이 중요한 이유

■ 반데르발스 인력(van der Waals interactions)의 정의와 예

■ 화학반응(chemical reaction)이란?

✔ 반응물(reactants)과 생성물(products), 화학평형(chemical equilibrium)의 정의

물의 창발적 특성과 생물체

물분자의 구조를 그려보고 극성분자(polar molecule)로서 지니는 특징을 설명

■ 물분자 간 결합의 본질은?

■ 생물과 지구 환경에서 물이 차지하는 중요성

■ 물의 응집력

2.3 개념을 이해했다면?
생물이 물의 성질을 이용하여 체온을 조절하는 방법을 설명해 보자.

✔ 응집(cohesion), 부착(adhesion), 표면장력(surface tension)의 정의와 차이

✔ 물이 응집력이 큰 이유

■ 물의 비열이 큰 이유

✔ 운동에너지(kinetic energy), 열(heat), 온도(temperature), 섭씨(Celsius scale) 온도, 칼로리(cal), 주울(joule, J) 등의 정의

✔ 비열(specific heat), 기화열(heat of vaporization), 증발 냉각(evaporative cooling)의 정의

■ 액체 상태와 고체 상태인 물의 차이

■ 용액(solution), 용매(solvent), 용질(solute), 수용액(aqueous solution), 수화껍질(hydration shell)의 정의

■ 물이 유용한 용매인 이유

특정 물질이 친수성(hydrophilic)인지 소수성(hydrophobic)인지를 구분하는 기준: 물과 기름이 섞이지 않는 이유

■ 콜로이드(colloid)란?

■ 수용액에서 용질의 농도를 계산하는 방법

✔ 분자량(molecular mass), 몰(mole, mol), 몰농도(molarity)의 정의

물 분자와 pH

산(acid)과 염기(base)의 정의

2.4 개념을 이해했다면?
생물체 내 완충액의 예를 들고 그 작용 메커니즘을 설명해 보자.

✔ 수소이온농도지수와 pH란?

✔ 완충(buffer) 용액의 작용 원리

■ 산성비의 위협, 산성강하물(acid precipitation)의 정의

주요내용 Key Information

2.1 물질은 화학원소로 이루어져 있다

- 원소는 정상적인 화학반응에 의해 더 간단한 입자로 쪼개어지지 않는 물질이다.
- 생물체에 필수적인 원소들에는 25여 가지가 있고 이 중 탄소와 산소, 수소, 질소는 생물체 물질의 약 96%를 차지한다.
- 원소의 가장 작은 단위가 원자이다.
  - ▶ 원자는 하나의 **핵**을 가지며, 핵은 양전하를 띠는 양성자와 전하를 띠지 않는 **중성자**로 이루어져 있다.
  - ▶ 음전하를 띤 **전자**들은 구름처럼 핵을 둘러싸고 있다.

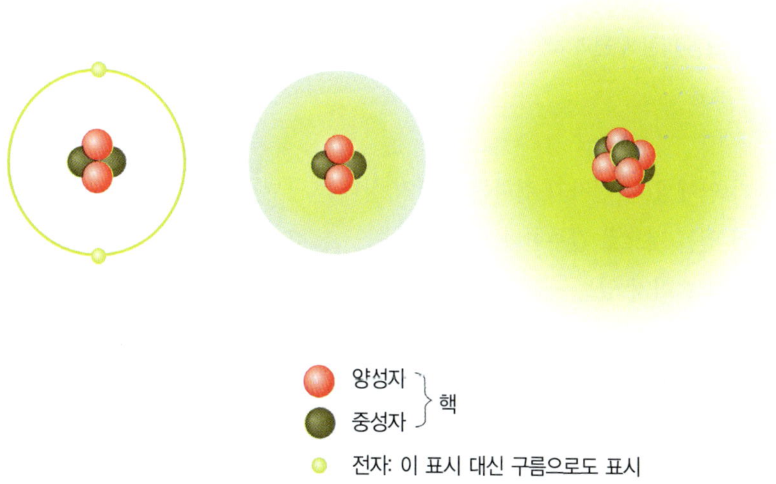

그림 2.1 원자의 구조

▶ 전기적으로 중성인 원자에서 양성자의 개수는 전자의 개수와 동일하며 **원자번호**를 나타낸다(즉, 양성자 개수 = 전자 개수 = 원자번호). **질량수**는 양성자와 중성자 수의 합이며 대부분 **원자량**과 일치한다.

● 대부분의 원소들에는 2개 이상의 **동위원소**가 존재하는데 이들은 **중성자의 개수가 달라** 원자량도 다르다.

▶ 동위원소 중 **방사성 동위원소**들은 불안정하여 방사능이라는 형태로 입자와 에너지를 내놓는다.

▶ 방사성 동위원소는 생체 내의 물질대사 과정을 조사하는 데에 유용하게 쓰인다.

2.2 원자에서 전자들은 특정 에너지준위를 가지고 있으며 이것은 원자의 전자껍질로 표시된다

● 핵 밖의 공간에서 전자는 전자 궤도를 빠르게 움직인다.

▶ **전자껍질**은 말 그대로 원자의 핵 주위를 돌고 있는 전자들이 이루는 여러 층의 껍질을 말한다.

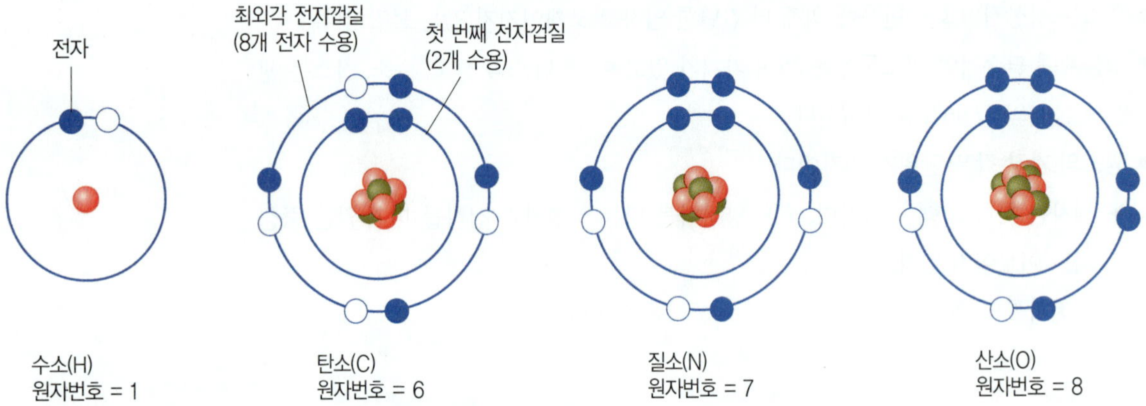

그림 2.2 원소의 전자와 전자껍질 모형(파란색 원과 하얀색 원은 채워진 전자와 채워져야 할 전자를 각각 나타낸다.)

▶ 원자 안에 있는 전자가 취하는 에너지 상태를 구별하기 위해서 전자껍질에 전자가 들어 있는 것으로 간주한다.

▶ 핵에서 떨어져 있는 궤도에 있는 전자는 핵 가까이에 있는 전자보다 더 큰 위치에너지를 갖는다. 즉, 안쪽 껍질에 있는 전자일수록 에너지가 낮아 안정하다.

● 분자 내에서 한 원자가 다른 원자와 결합하는 수, 또는 결합선의 수를 **'원자가'** 라고 한다.

● 원자의 화학적 성질은 **원자가전자**(바닥상태에서 원자의 가장 바깥껍질에 있는 전자;

한 토막 생물 뉴스

화학, 생물학, 그리고 우주생물학(astrobiology) (125쪽 14장 한토막 생물뉴스 참조)

2010년 12월 2일 외계 생물체 관련 중대 발표가 있다는 미국항공우주국(NASA)의 기자회견을 기다렸던 사람들 중에는 실망한 이들이 적지 않았다. ET와 같은 외계인은 아니더라도 내심 새로운 생물체의 발견 소식을 기대했었는데, 정작 발표된 것은 캘리포니아주 한 호수의 극한 환경에서 우리에게는 사약과 같은 비소(As)를 먹고 사는 박테리아를 발견했고 이 박테리아의 DNA에는 인 대신에 비소가 들어 있다는 내용이었다. 이걸 가지고 그렇게 법석을 떨었냐는 비웃음 섞인 반응도 적잖았다. 인과 비소는 주기율표(periodic table)에서 같은 족(族)에 위치한다. 주기율표는 원소를 원자번호의 차례대로 왼쪽에서 오른쪽으로 배열하고, 비슷한 성질의 원소가 나타날 때마다 그것을 위아래로 겹치도록 배열한 것으로, 가로를 주기, 세로를 족이라고 한다. 주기율표상에서 같은 족에 속하는 원소는 서로 비슷한 성질을 가지며 비슷한 성질의 화합물을 만든다. 따라서 인 대신 비소가 핵산의 구성 성분으로 화학결합에 참여하여 단백질 등 생물체의 기본 성분과 활동에 필요한 에너지를 만든다는 사실이 화학적으로만 보면 크게 놀라운 일이 아닐 수도 있다. 하지만 지구 생물체의 기원과 진화를 가장 중요한 탐구 대상으로 하는 생물학의 입장에서 보면 상황이 180도 달라진다. 50여 년 남짓한 역사를 지닌 '우주생물학'에 대해 들어본 적이 있는가? 문득 영화 '콘택트(*Contact*)'의 마지막 장면에서 주인공이 아이들에게 말하는 대사가 떠오른다. 우주는 어마어마하게 크단 말이죠. 그 누가 어떻게 상상해 내든 그것보다 훨씬 더. 여기에 우리만 있다면... 그건 엄청난 공간 낭비가 아닐까요? (The universe is a pretty big place. It's bigger than anything anyone has ever dreamed of before. So if it's just us... seems like an awful waste of space. Right?) 우주생물학은 생명현상을 지배하는 법칙을 우주 또는 천체의 진화와 관련지어 연구하는 학문이다. 이번 NASA의 발견은 지금까지 알려지지 않은 낯선 생물체가 지구 곳곳에 존재할 가능성은 물론이고, 외계의 생물체는 지구의 생물체와는 전혀 다른 형태로 존재하고 있음을 시사한다. 따라서 이번 발견은 지구 밖 천체에 생물이 발견된다면 보편적인 생물학 법칙을 이끌어 낼 수 있으며 환경이 지구생물에 미치는 영향도 알 수 있다는 우주생물학의 기본 개념에 힘을 실어주었다고 볼 수 있다.

원자가와 같은 값)로 알려진 에너지가 가장 높은 전자의 수와 배열에 의해 주로 결정된다.

▶ 대부분 원자의 원자가껍질은 가장 안쪽에 2개, 그 외 바깥쪽에 8개의 전자를 포함할 때 다 채워진다. 원자는 원자가껍질을 채우기 위하여 전자를 잃거나 얻거나 공유한다.

▶ 전자들은 각 껍질에 특정 모양으로 존재하는 3차원의 공간인 **오비탈** 내에서 움직인다.

2.3 원자들의 화학결합이 분자의 구조와 기능을 결정한다

- 원자들이 상호작용하여 원자가껍질을 채우면서 화학결합이 형성된다.
- **공유결합**은 강하고 안정한 결합으로 원자가전자가 전자를 공유할 때 형성되며, 그 결과 **분자**가 만들어진다.

▶ 원자가 다른 원자와 공유결합을 할 경우 원자가껍

명칭과 분자식	전자분포 모식도	루이스 전자점 구조와 구조식	공간-채움 모형
물(H_2O) 두 개의 수소원자와 하나의 산소원자는 공유결합을 통해 하나의 물분자를 만든다.	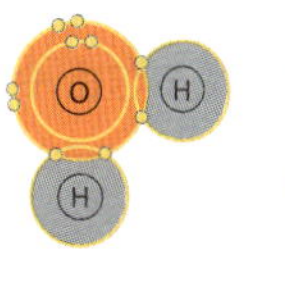	O – H | H	
메탄(CH_4) 수소원자 네 개가 탄소원자 한 개의 원자가를 만족시켜 메탄을 형성한다.	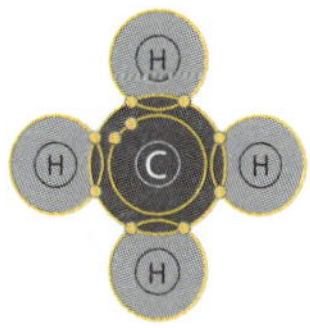	H | O – C – H | H	

그림 2.3 극성(물) 공유결합과 비극성(메탄) 공유결합

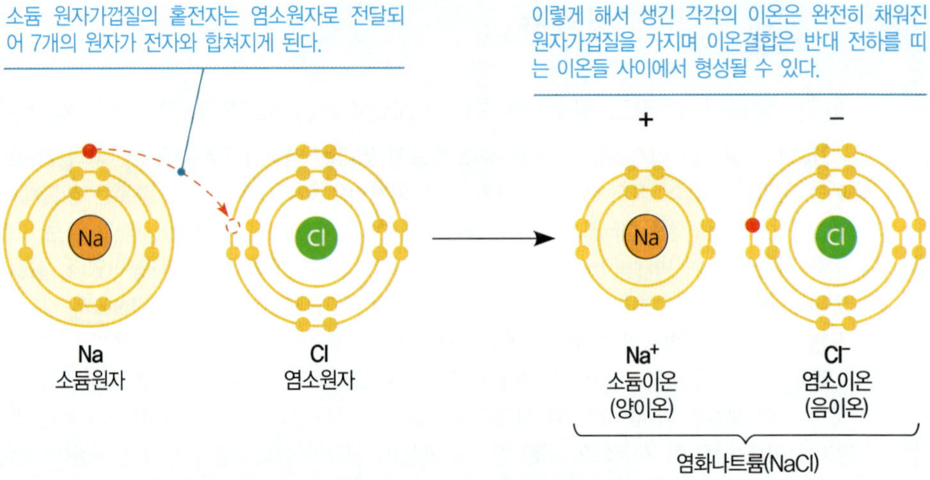

그림 2.4 이온결합의 형성

질의 궤도는 **궤도혼성**이라는 과정에 의해 재배치되며, 이로 인해 생성되는 분자의 형태가 달라질 수 있다.

▶ 두 원자가 전자를 균등하게 공유하는 공유결합은 **비극성**인 반면, 한 원자가 다른 원자보다 **전기음성도**(전자에 대한 친화도)가 더 크면 공유결합은 극성을 나타낸다.

- **이온결합**은 양으로 하전된 원자와 음으로 하전된 원자 간에 형성된다. 이온결합은 물이 없는 환경에서는 강하지만 수용액에서는 비교적 약하다.
- **수소결합**은 비교적 약한 결합으로 부분적으로 한 분자 내에 있는, 양전하를 갖는 수소 등의 원자와 다른 분자의 부분적으로 음전하를 갖는 원자(대개 산소나 질소) 간에 형성된다.
- **반데르발스 인력**은 분자들이 일시적으로 양전하 혹은 음전하를 띠게 되는 부위가 생길 때 일어난다. 반데르발스 인력과 수소결합 등은 비록 그 결합력은 약하지만 커다란 분자들의 구조에 중요한 역할을 하며 분자들 간의 결합을 도와준다.

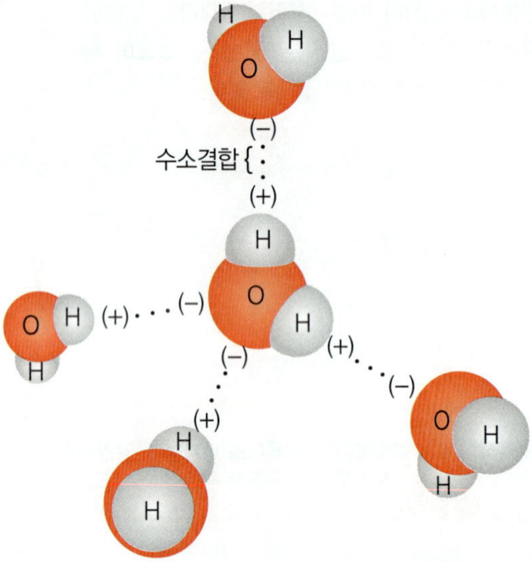

그림 2.5 물분자에 형성된 수소결합

2.4 분자의 구조는 원자가전자의 오비탈 모양에 의해 결정된다

- 전자는 입자이면서 파동이기도 하다.

▶ 전자는 입자와 파동의 특징인 질량과 파장을 모두 가지고 있기 때문에 원자핵 주변에서 정확한 전자의 위치를 알 수가 없다.

▶ 전자는 구름처럼 핵을 둘러싸고 있는데, 이 전자구름을 **원자 오비탈**이라고 한다.

- 원자 오비탈은 마치 양파처럼 여러 겹으로 되어 있다.
  - ▶ 원자핵에 가까이 분포하고 있는 전자는 원자핵의 영향을 많이 받기 때문에 외부에서 다른 원자가 다가오더라도 큰 영향을 받지 않는다.
  - ▶ 원자핵에서 가장 멀리 떨어져 분포하고 있는 원자가전자는 다른 원자가 가까이 다가오면 그 분포의 모양이 바뀌면서 화학결합이 만들어지게 된다.
  - ▶ 결국 분자의 모양은 화학결합을 만드는 원자가전자의 오비탈 모양에 의해서 결정되는 셈이다.
- 공유결합이 형성될 때 원자가 껍질에 있는 *s*오비탈과 *p*오비탈이 합쳐져서 4개의 **혼성오비탈**을 형성하며, 이들은 각각 가상적인 4면체의 각 구석을 향한다.
  - ▶ 예를 들어 탄소원자가 가지고 있는 4개의 원자가전자는 둥근 모양의 2*s* 오비탈에 2개가 들어가고, *x*와 *y*쪽을 향한 아령 모양의 2*px*와 2*py* 오비탈에 각각 1개씩 전자가 들어간다.
  - ▶ 이때 만약 에너지가 낮은 2*s* 오비탈의 전자 중 하나가 에너지가 높은 2*pz* 오비탈로 올라가면 2*s*, 2*px*, 2*py*, 2*pz* 오비탈에 각각 1개씩의 전자가 들어가는 상태가 된다.

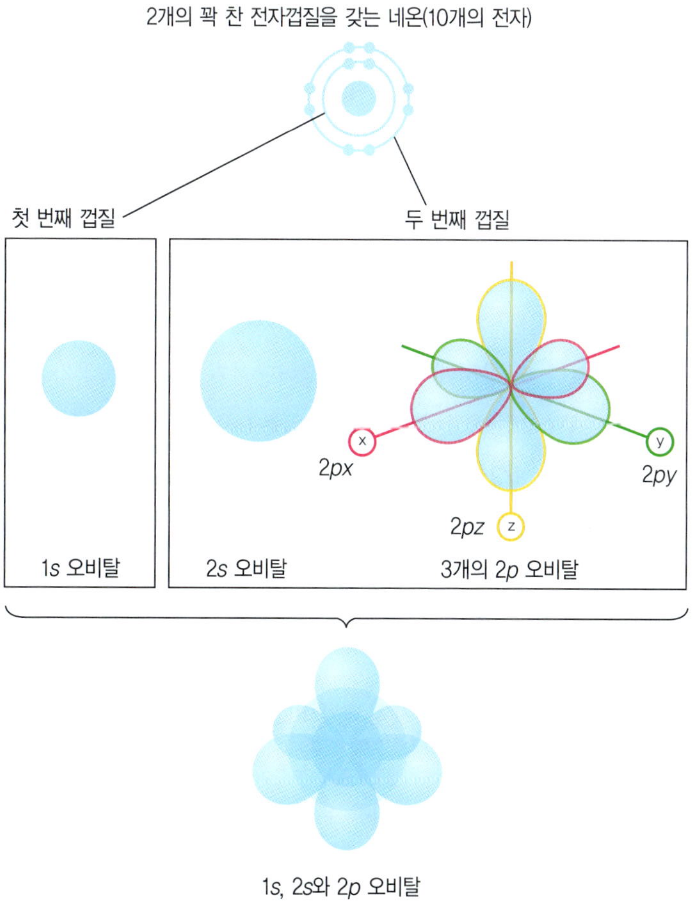

그림 2.6 분자의 오비탈 구조

한 토막 생물 뉴스

마약을 연구하다 발견한 호르몬, 엔돌핀

모르핀(morphine)은 식물에서 얻을 수 있는 진통제로 현대의학의 발전에 중요한 영향을 끼쳤다. 모르핀이 나타내는 효과는 코카인 등의 다른 마약과 함께 뇌과학자들의 지대한 관심사였다. 특히 이 마약이 효과를 나타내기 위해 분자 차원에서 이루어지는 메커니즘에 대해 집중적으로 연구되었다. 신경세포의 특정 수용체들이 모르핀과 결합하게 되면 더 이상 다른 화학물질의 결합이 불가능하게 되어 고통을 전달할 수 없게 된다. 바로 이 수용체에 결합하는 물질에 대한 연구를 진행하던 중 우리 몸에도 이 수용체에 결합할 수 있는 분자가 있다는 것이 알려지게 되었다. 이 분자가 바로 우리 몸에서 만들어지는 호르몬인 엔돌핀(endorphin = endogenous morphine)이다. 모르핀과 엔돌핀은 수용체와 결합하는 부위의 입체구조가 매우 비슷하여 동일한 효과를 나타내는 것이다. 엔돌핀은 모르핀의 200배에 해당하는 고통 진정 효과가 있다고 한다. 결국 우리 몸이 극심한 고통에 직면했을 때 사람의 뇌는 본능적으로 강한 진통력을 지닌 호르몬을 분비하는 것이니, 기쁨의 호르몬으로 알려진 엔돌핀은 사실 고통의 호르몬이다.

- ▶ 그 결과 이들 4개의 오비탈들은 서로 혼합돼 새로운 4개의 혼성 오비탈을 형성하는데, 이것을 'sp^3 혼성 오비탈'이라 부른다.
- 이러한 혼성오비탈로 인해 물과 메탄 등 많은 복잡한 생체물질의 구조가 결정되고, 생체분자들은 그 구조를 근거로 서로를 인지한다.
- 화학반응은 반응물을 생성물로 전환시키며 이때 물질들은 보존된다. 대부분의 화학반응은 가역반응이며 순방향과 역방향의 반응속도가 동일할 때 **화학평형**에 도달하게 된다.

2.5 물의 특징은 분자의 극성(polarity)에서 유래한다

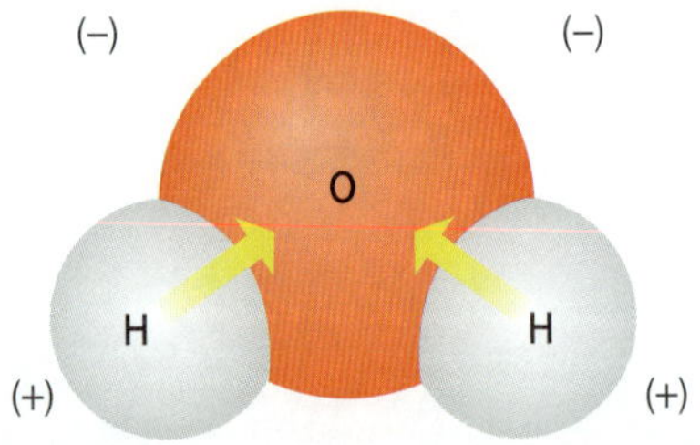

그림 2.7 물분자에 형성된 극성공유결합

- 하나의 산소원자와 두 개의 수소원자로 구성된 물분자 내에서는 산소가 수소보다 더 강하게 전자쌍을 끌어당기기 때문에 물분자는 수소원자 쪽이 일부 (+)전하, 산소원자 쪽이 일부 (−)전하를 띤 **극성분자**이다.
- 물분자는 극성을 띠기 때문에 이온 또는 극성 **용질**에 대한 훌륭한 **용매**이다.
- 물분자는 이웃하는 다른 물분자와 수소결합을 형성하기 때문에 **응집력**을 가지며 또한 이온 또는 극성부분을 갖는 물질과의 수소결합을 통해 **부착력**을 갖는다.
- 물은 높은 **비열**을 갖는데, 비열은 생물체가 비교적 일정한 내부 온도를 유지하는 데에 도움을 준다.
  - ▶ 또한 일정한 온도로 대양과 큰 수괴를 유지시키는 데에도 도움이 된다.
  - ▶ 물은 높은 **기화열**을 지녀 증기 상태로 들어가는 물분자는 다량의 열을 이동시키는데, 이것은 **기화냉각**과 관련이 있다.
- 얼음은 액체상태의 물보다 밀도가 더 낮기 때문에 물에 뜬다. 이 때문에 추운 겨울에

강이나 호수 전체가 얼어버리는 극단적인 환경 변화가 생기지 않는다.

- 이러한 물의 독특한 특징들은 물분자의 극성(polarity)에서 유래한다.

2.6 물분자의 해리현상에 의해 만들어지는 산성 또는 염기성 환경은 생물체에 영향을 준다

- 물은 H^+와 OH^- 이온으로 나뉠 수 있다. 수소이온농도의 역수에 상용로그를 취한 값을 pH라고 하는데(즉, $pH = -\log[H^+]$), 용액의 산성도를 가늠하는 척도가 된다.
  - ▶ **산**은 여분의 H^+를 제공하는 것이고, **염기**는(OH^-를 제공하거나) H^+를 받아들이는 물질이다. 즉, 산과 염기는 각각 H^+의 농도를 증가, 감소시킨다.
  - ▶ 25℃의 중성용액에서는 $[H^+] = [OH^-] = 10^{-7}$이고 pH로는 7이 된다. 산성 용액에서는 $[H^+]$가 $[OH^-]$보다 크고 pH는 7보다 작다. 염기성 용액에서는 $[H^+]$가 $[OH^-]$보다 작고 pH는 7보다 크다.
- **완충용액**은 외부로부터 어느 정도의 산이나 염기가 가해져도, 영향을 크게 받지 않고 수소이온 농도를 일정하게 유지하는(즉, pH 변화가 적게 일어나는) 용액이다. 완충용액은 산-염기의 쌍으로 되어 있고 수소이온이 가역적으로 결합할 수 있는 상태로 되어 있다.
- 염은 산의 수소원자가 다른 양이온으로 치환되어 생성되는 화합물이다. 염은 생명활동에 필요한 많은 무기질 이온을 제공한다.

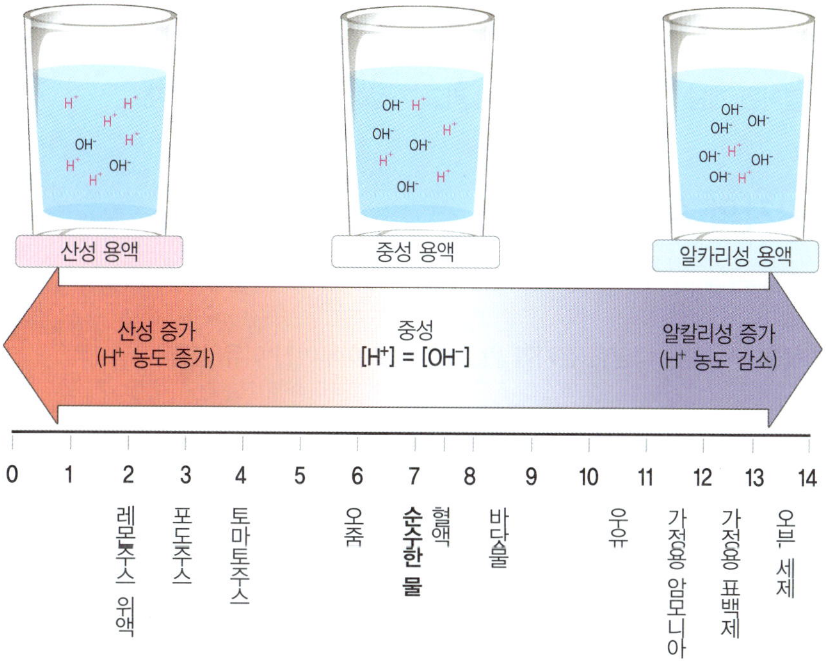

그림 2.8 pH와 각 pH에 해당하는 수용액

03 생물체의 탄소화합물

탄소가 생체분자의 주축을 이루고 있는 이유는?

가장 큰 이유는 안정한 공유결합을 이룰 수 있는 탁월한 능력 때문이다. 탄소는 네 개의 원자가전자를 이용해서 다양한 공유결합을 할 수 있다. 생물체를 이루고 있는 원소들 중에서 탄소와 공유결합을 하는 주요 원소로는 탄소 자신과 수소, 질소, 그리고 산소를 들 수 있다. 탄소, 산소, 질소의 경우에는 두 개의 전자쌍 공유로 이중결합을 이룰 수 있어서 더욱 다양한 화학결합이 가능해진다. 더욱이 탄소와 질소의 경우에는 세 개의 전자쌍을 공유할 수도 있어서 삼중결합도 가능하다. 이처럼 탄소끼리 공유결합을 할 수 있고 단일/이중/삼중결합을 취할 수 있는 능력 덕분에 탄소는 선형/사슬형/고리형 결합이 가능하다. 이러한 결합 다양성이 질소나 산소, 수소 등을 결합시켜 다양한 생체분자를 만들 수 있는 기본이 된다.

핵심 체크 Key Point

아래에 열거된 개념 또는 용어들을 '문제'라고 가정하고 답을 작성해 보자.

3.1 개념을 이해했다면?
화학진화(chemical evolution)의 내용과 의미를 살펴보자.

탄소원자의 특징

- 기계론(mechanism)과 생기론(vitalism)의 차이

생물의 몸을 구성하는 다양한 분자가 탄소골격으로 이루어진 이유 설명

- 탄소골격으로부터 다양한 형태의 분자가 만들어지는 방식

✓ 길이, 이중결합, 이성질체 등으로 설명

세 가지 이성질체(isomer)를 구분하여 설명

✓ 구조 이성질체(structural isomer)의 정의와 예

✓ 기하 이성질체(geometric isomer)의 정의와 예

✓ 거울상 이성질체(enantiomer)의 정의와 예

작용기의 구조와 기능

작용기(functional group)의 의미와 공통 특징 설명

- 수산기(–OH), 카르보닐기(–CO), 카르복실기(–COOH), 아미노기(–NH_2), 황화수소기(–SH), 인산기(–OPO_3^{2}) 등의 구조와 기능
- 위 작용기가 발견되는 화학분자들의 예를 들어보자.

아데노신 3인산(adenosine triphosphate, ATP)의 구조와 에너지 전달 메커니즘 설명

거대분자(Macromolecule)의 구성 원리

- 거대분자의 정의와 예
- 중합체(polymer)와 단량체(monomer)의 정의

✓ 단량체의 예와 종류

✓ 중합체의 예와 종류

중합체의 합성과 분해 방식 설명

3.2 개념을 이해했다면?
중합체의 종류가 다양한 이유를 알파벳과 단어에 비유해 살펴보자.

3.3 개념을 이해했다면?
단당류, 이당류, 다당류의 구조와 기능을 비교해 보자.

✔ 축합반응(condensation reaction), 탈수반응(dehydration reaction)

✔ 가수분해(hydrolysis)

탄수화물의 구조와 기능

■ 탄수화물(carbohydrate)의 기능과 종류

3.4 개념을 이해했다면?
지방이 동일한 무게의 탄수화물보다 에너지가 거의 2배에 이를 만큼 많은 이유를 설명해 보자.

■ 당, 단당류(monosaccharide)의 종류와 구조적 특징

✔ 단당류의 구조식과 흔히 발견되는 종류

✔ 탄소의 수: 3탄당, 5탄당, 6탄당

✔ 알데히드(aldehyde)와 케톤(ketone)의 유무

■ 이당류(disaccharide) 생성반응과 흔히 발견되는 이당류의 종류

각 종 다당류(polysaccharide)가 형성되는 방식 설명

■ 녹말(starch)과 글리코겐(glycogen)의 구조와 기능

✔ 아밀로스(amylose)와 아밀로펙틴(amylopectin)의 구조

■ 셀룰로오스(cellulose)의 구조와 기능

■ 키틴(chitin)의 구조와 기능

지질의 구조와 기능

■ 지질(lipid)의 형성 방식과 고유 성질: 지질이 소수성인 이유

■ 지방(fat)의 구조:

✔ 글리세롤(glycerol), 지방산(fatty acid), 트리아실글리세롤(triacylglycerol)

3.5 개념을 이해했다면?
인지질이 세포막의 구성성분으로서 적절한 이유를 생각해 보자.

✔ 지방의 화학적 성질과 그 원인

포화지방산(saturated fatty acid)과 불포화지방산(unsaturated fatty acid)의 비교

■ 인지질(phospholipid)의 구조와 기능

✔ 인지질의 구조와 성질

✔ 인지질의 종류

■ 스테로이드(steroid)의 종류와 기능

✔ 스테로이드의 화학적 성질

✔ 여러 스테로이드의 기능

단백질의 구조와 기능

■ 단백질(protein)의 역할과 각각의 예

✔ 화학반응 촉매(효소), 지지, 운동, 물질 수송, 저장, 활성 조절, 방어

3.6 개념을 이해했다면?
단백질의 성질이 구성 아미노산의 R기에 의해 결정되는 이유를 설명해 보자.

아미노산의 기본 구조와 성질 묘사

✔ 아미노산의 기본 구조

✔ R기와 아미노산의 화학적 성질에 따른 종류

■ 펩티드결합(peptide bond)과 폴리펩티드(polypeptide)의 구조

✔ 폴리펩티드의 아미노산 서열 결정 방법

단백질의 네 단계 구조 설명

■ 1차 구조(primary structure)를 형성하는 결합과 이 구조의 특징

■ 2차 구조(secondary structure)를 형성하는 결합

✔ α 나선구조(α helix)와 β 병풍구조(β pleated sheet)의 특징

■ 3차 구조(tertiary structure)란?

✔ 이 구조를 구성하는 결합의 종류

✔ 소수성 상호작용(hydrophobic interaction)과 황화물 다리(disulfide bridge)의 구조 및 기능

■ 4차 구조(quaternary structure)의 특징과 예

단백질 변성(denaturation)의 원인 설명

■ 샤페로닌(chaperonin = 샤페론 단백질)의 기능

■ 단백질의 구조를 결정하는 방법: X선 결정학(X-ray crystallography)이란?

핵산의 구조와 기능

3.7 개념을 이해했다면?
RNA는 3차 구조를 형성하여 효소로서 기능을 수행할 수 있다. DNA와 달리 RNA가 3차 구조를 형성할 수 있는 이유를 설명해 보자.

■ 핵산의 역할

■ DNA와 RNA를 구성하는 뉴클레오티드(nucleotide)의 구조적 차이

✔ 리보오스(ribose) vs. 디옥시리보오스(deoxyribose)

디옥시리보핵산(deoxyribonucleic acid, DNA)과 리보핵산(ribonucleic acid, RNA)의 구조와 기능의 차이 설명

3.8 개념을 이해했다면?
진화의 척도로서 DNA와 단백질의 사용 예와 원리를 설명해 보자.

■ 폴리뉴클레오티드(polynucleotide)의 형성 과정

■ 피리미딘(pyrimidine) vs. 퓨린(purine) 구조의 차이

■ DNA 이중나선(double helix) 구조

주요내용 Key Information

3.1 유기화학의 연구대상은 탄소화합물이다

- 탄소화합물은 살아 있는 생물체에서만 나타난다고 생각(생기론)하였다. 그러나 이러한 생각은 화학자들이 실험실에서 유기화합물을 합성할 수 있다는 사실과 이를 포함하는 **화학진화** 과정을 보여줌으로써 틀린 것으로 밝혀졌다.
- 탄소(C)는 O, H, N을 비롯하여 여러 원자와 결합할 수 있다.
  - ▶ 이 결합들은 단일, 이중, 또는 삼중결합이다.
  - ▶ 탄소원자는 선형, 가지가 나 있는 사슬 모양 또는 고리형으로 결합한다.
  - ▶ 탄소는 다른 어떤 원자보다 더 많은 수의 다른 원자들과 공유결합을 형성한다.
- 유기분자의 **탄소골격**은 그 길이나 모양이 다양하며, 다른 원자와 결합할 수 있는 결합 부위를 가진다.
  - ▶ **탄화수소**는 탄소와 수소로만 이루어져 있다.
  - ▶ **이성질체**는 같은 분자식을 가지지만 구조가 다른 화합물이다.
    - **구조 이성질체**는 구성 원자들의 공유결합 배열이 서로 다르다.
    - **기하 이성질체**는 구성 원자들의 공간 배열이 서로 다르다.
    - **거울상 이성질체**는 왼손과 오른손처럼 서로 거울상인 이성질체들이다. 세포들은 이러한 공간배열의 차이를 구별할 수 있다.

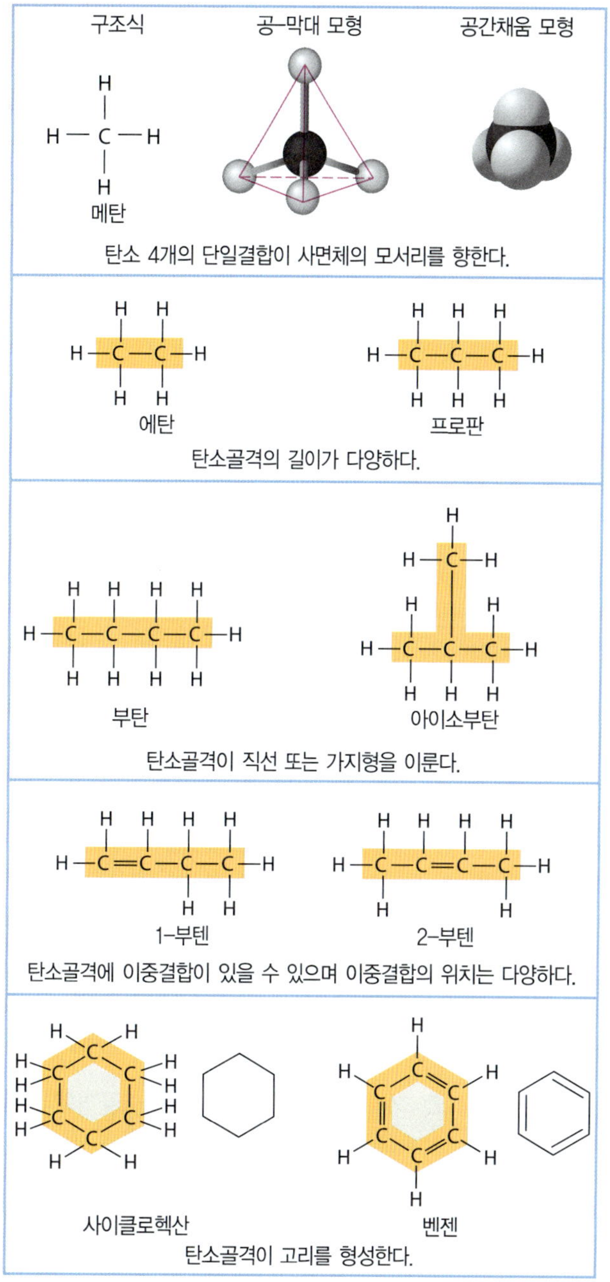

그림 3.1 탄소골격의 다양성

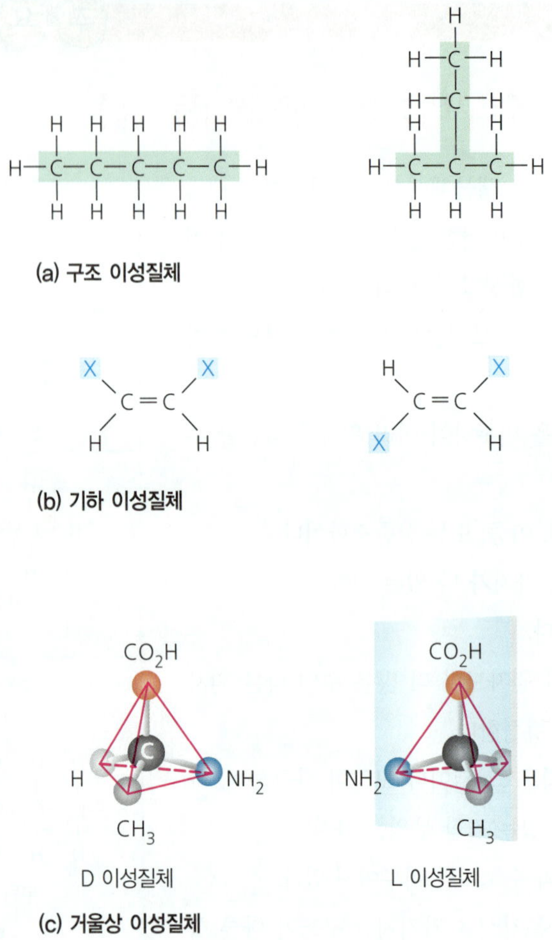

그림 3.2 다양한 종류의 이성질체

3.2 작용기는 화학반응에 참여하는 분자의 한 부분이다

- **작용기**는 화학반응성이 큰 원자단으로 유기분자에 독특한 화학적 특성을 부여한다.
- **수산기**(−OH)는 극성을 가져 해당화합물이 물에 쉽게 녹게 한다. **카르보닐기**(−CO)는 탄소골격의 끝에 있거나(알데히드), 골격 내(케톤)에 있다. 카르복실산에서 발견되는 **카르복실기**(−COOH)는 수산기를 만나 탈수반응을 통해 에스테르 결합을 이룬다. 또한 카르복실기의 수소는 쉽게 해리되어 해당 분자가 산이 되게 한다.

$$\underset{\text{카르복실산}}{RCOOH} + \underset{\text{알코올}}{R'OH} \longrightarrow \underset{\text{에스테르}}{RCOOR'} + \underset{\text{물}}{H_2O}$$

- **아미노기**($-NH_2$)는 양성자(H^+)를 받아들일 수 있어 염기로 작용한다.
- **황화수소기**(−SH)는 일부 단백질 구조를 안정화시키는 작용을 한다.
- **인산기**($-OP_3^{2-}$)는 에너지 전달에 중요한 역할을 한다. ATP에서 인산기가 떨어져 나가면서 세포가 사용할 수 있는 에너지가 방출된다.

표 3.1 작용기

작용기	구조	이름	예	화합물
수산기 —OH (또는 HO—)	—O—H	알코올	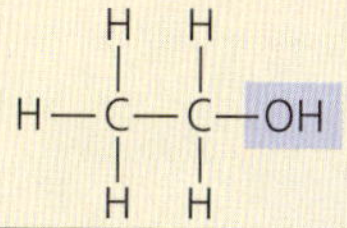	당; 수용성 비타민
카르보닐기 \CO/	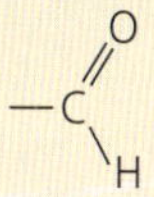	알데히드	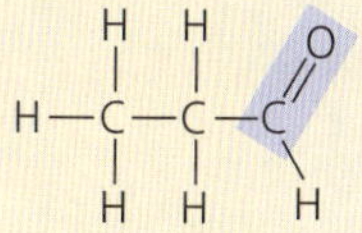 프로페닐	당; 프롬알데히드 (방부제)
	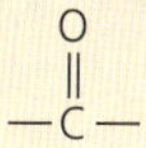	케톤	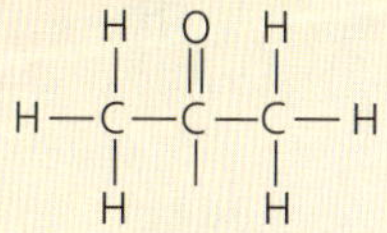 아세톤	당; 오줌의 '케톤체' (지방분해 결과 생김)
카르복실기 —COOH	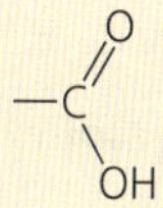	카르복실산	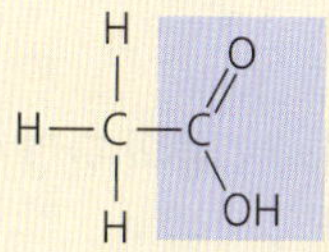 아세트산	아미노산; 단백질; 비타민류; 지방산
아미노기 —NH_2 (또는 H_2N—)	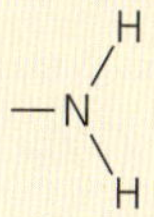	아민	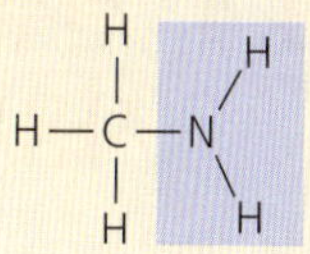 메틸아민	아미노산; 단백질; 오줌의 요소 (단백질분해 결과 생김)
황화수소기 —SH	—SH	티올	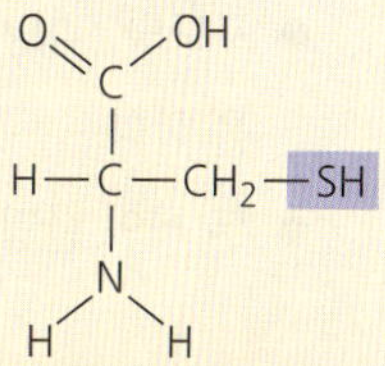	아미노산; 단백질
인산기 —OP_3^{2-}	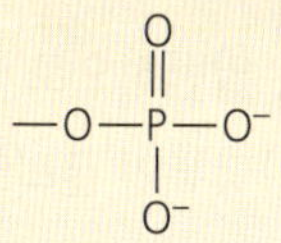	유기인산	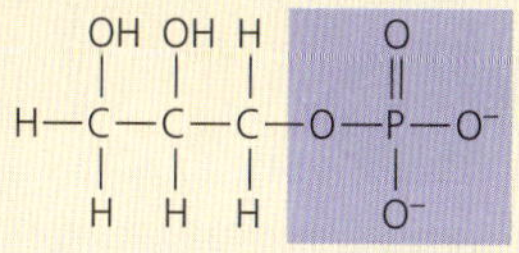	ATP; 글리세롤 인산

3.3 대부분의 거대분자는 단위체가 결합하여 형성된 중합체이다

- **중합체**란 **축합반응**을 통해 서로 연결된 **단량체**들의 긴 사슬이다.
- 다당류, 단백질이나 DNA 같은 큰 중합체를 **거대분자**라고 부르며, 이들은 **가수분해반응**에 의해 분해될 수 있다.
- 생물체는 제한된 개수의 동일한 단량체 유형을 공유하지만, 단량체의 특이한 배열에 의해 중합체가 만들어지기 때문에 각 생물체는 독특하게 된다. 즉, 생물체는 적은 종

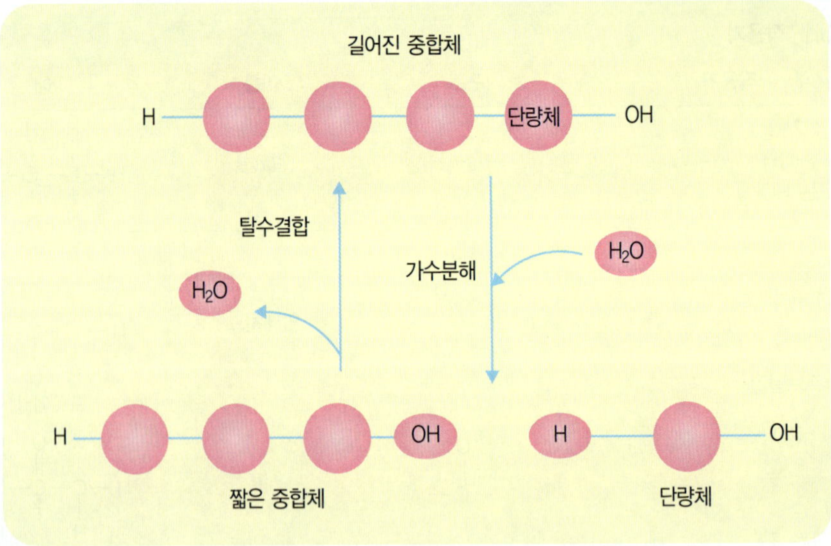

그림 3.3 중합체의 가수분해와 탈수결합

류의 단량체를 가지고 조합 방식을 달리하여 매우 다양한 중합체를 만들어 낸다.

3.4 탄수화물은 주요한 연료이고 일부는 구성물질로 사용된다

- 탄수화물은 탄소, 수소, 산소를 거의 1:2:1의 비율로 포함하고 있다.
- 포도당, 과당, 리보오스와 같이 가장 간단한 당인 **단당류**는 연료와 탄소 공급원 역할을 한다.
- 두 개의 단당류는 결합하여 맥아당이나 설탕 같은 **이당류**를 형성한다.
- 대부분의 탄수화물은 간단한 당이 반복되어 연결된 긴 사슬 형태의 **다당류**이다.
  - ▶ 탄수화물은 일반적으로 식물에서는 다당류인 **녹말**로, 동물에서는 다당류인 **글리코겐**으로 저장된다.
  - ▶ 식물세포벽은 주로 구조다당류인 **셀룰로오스**(섬유소)로 구성되어 있다.
- 단량체가 연결되는 방식만 다를 뿐, 녹말과 셀룰로오스의 단위 구성 성분은 모두 포도당이다.
  - ▶ 포도당이 고리 구조를 이룰 때 1번 탄소에 붙은 수산기(−OH)가 고리 평면을 기준으로 위쪽 또는 아래쪽에 위치할 수 있어서, 그림 3.6에서 보는 바와 같이 두 가지 모양[알파(α) 또는 베타(β)]의 포도당 고리가 형성될 수 있다.

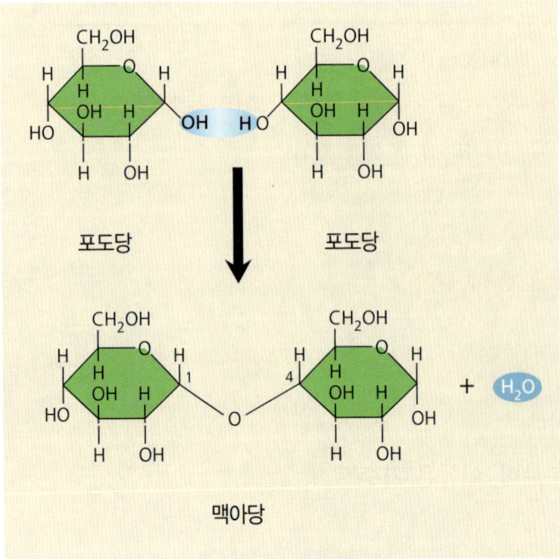

그림 3.4 이당류인 맥아당의 합성

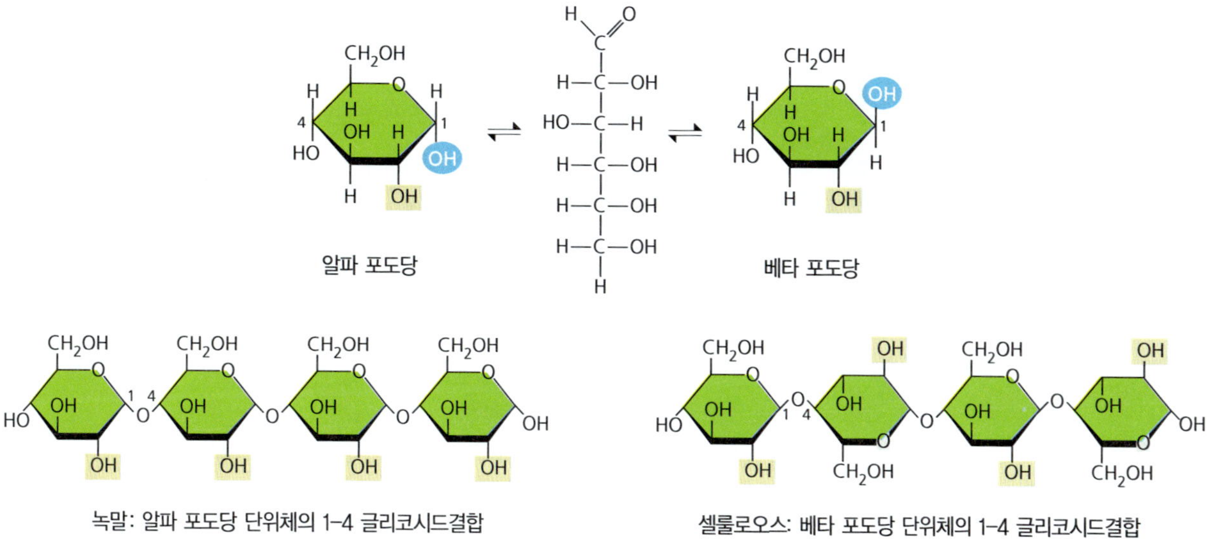

그림 3.5 녹말과 셀룰로오스의 차이

- ▶ 녹말을 이루는 포도당은 모두 알파 형태인 반면 셀룰로오스는 베타 포도당으로만 구성된다.
- ▶ 이 때문에 녹말에서는 모든 포도당이 같은 방향으로 연결되어 있지만, 셀룰로오스의 포도당은 인접한 포도당에 대해 뒤집힌 형태를 취하게 된다.

3.5 지질은 소수성 부위를 많이 포함한다

- 지질(지방, 인지질, 스테로이드)은 소수성(hydrophobic)이다. 즉, 물에 잘 녹지 않는다.
- 생물체에서 **지방**의 주요 저장형태인 **트리아실글리세롤**은 한 분자의 **글리세롤**과 세 분자의 지방산이 결합하여 만들어진다. **모노아실글리세롤**과 **디아실글리세롤**은 각각 한 개와 두 개의 지방산을 포함하고 있다.
- 지방산은 단일 또는 이중결합으로 이루어진다.
  - ▶ 탄소가 모두 단일결합을 이루고 있으면(즉, 수소로 포화되면) 포화지방산이라고 하며, 이중결합이 있는 지방산은 불포화지방산이라고 부르는데, 지방을 이루는 지방산의 포화 유무에 따라 포화지방과 불포화지방으로 구별된다.
  - ▶ 대부분의 동물성 지방은 포화지방으로서 상온에서 고체 상태인 반면 식물과 생선의 지방은 보통 불포화지방으로서 상온에서 액상으로 존재한다.
  - ▶ 이처럼 포화지방과 불포화지방이 상온에서 고체와 액체라는 상이한 모습으로 존재하는 근본적인 이유는 이중결합이 있는 곳에서는 탄소 간의 연결사슬이 뒤틀려지기 때문에 포화지방에 비해서 불포화지방 분자들은 덜 조밀하게 배열되기 때문이다.

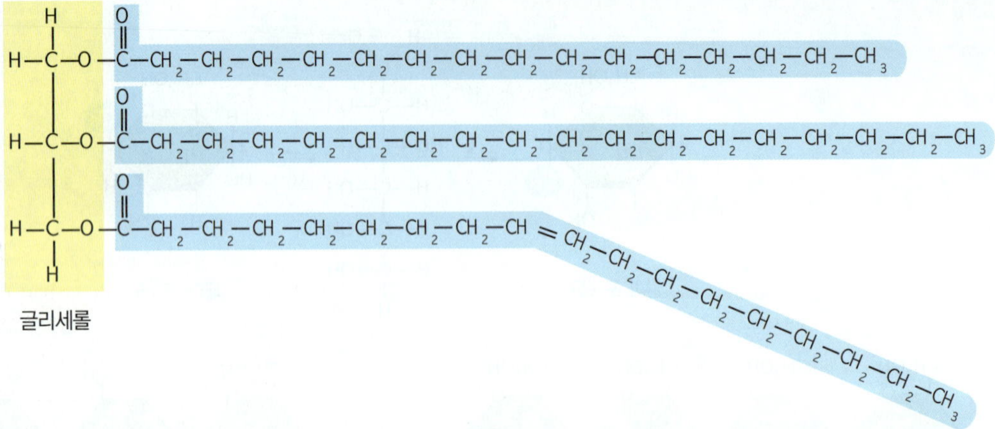

그림 3.6 두 개의 포화지방산과 하나의 불포화지방산을 지닌 지방 구조

- **인지질**은 양친매성을 띤다.
  - ▶ 글리세롤의 한쪽 끝은 두 개의 지방산과 결합하여 소수성을 띠고,
  - ▶ 다른 쪽 끝은 콜린(choline), 세린(serine), 에탄올아민(ethanolamine), 이노시톨(inositol) 같은 유기화합물이 연결되는 인산기와 결합하여 친수성을 띤다.
- **스테로이드**는 탄소골격이 네 개의 융합된 고리(fused ring) 모양으로 배열된 지질이다.
  - ▶ 대표적인 스테로이드인 콜레스테롤은 모든 동물 세포막의 공통된 구성 성분이다.
  - ▶ 특히 척추동물의 성호르몬을 포함해 많은 호르몬이 콜레스테롤로부터 만들어진다.
  - ▶ 서로 다른 스테로이드는 탄소골격에 붙어 있는 작용기가 다르다.

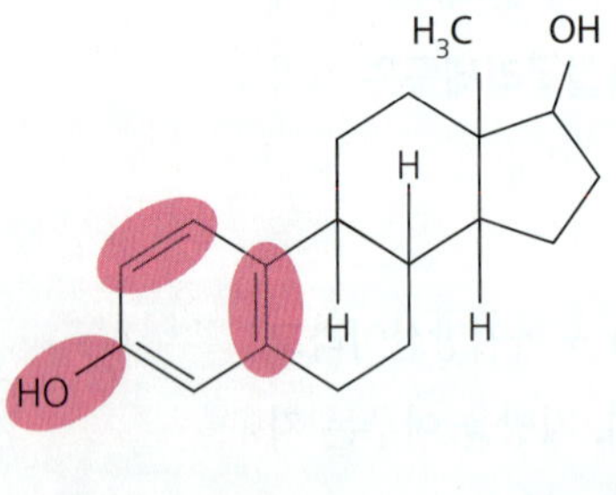

콜레스테롤(cholesterol)

[콜레스테롤의 기능]

1. 인체 내에서 가장 풍부한 스테로이드
2. 동물세포막의 유동성 유지
3. 다양한 스테로이드 호르몬의 전구체

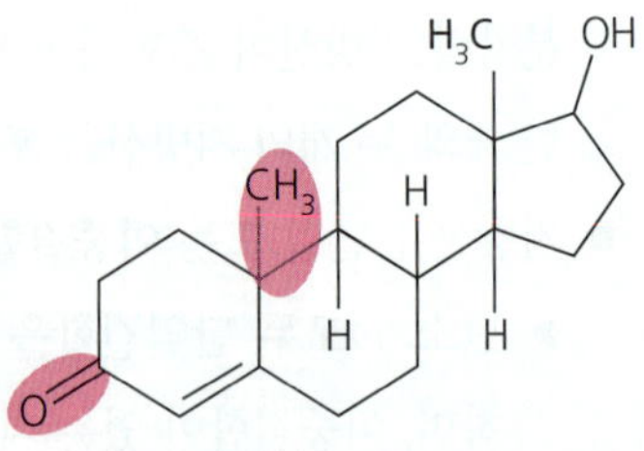

테스토스테론(testosterone)

그림 3.7 콜레스테롤과 테스토스테론

한 토막 생물 뉴스

지질만 안 먹으면 돼?

우리는 많은 종류의 음식을 섭취한다. 삼겹살, 피자, 햄버거, 마블링이 환상적인 등심 등등. 많은 사람들이 좋아하는 음식이겠지만, 건강과 몸매 유지에 신경을 쓰는 사람들은 이 음식들을 경계할 것이다. 지질이 많이 포함된 음식은 건강에 악영향을 주고 비만을 유도하기 때문에 기피 대상인 것이다. 그러면 다른 음식은? 많은 사람들이 착각하기 쉬운 것 중의 하나가 지질이 아닌 다른 음식을 섭취하면 건강과 몸매 유지에 문제가 없을 것이라 생각하는 점이다. 예를 들어 지방은 없지만 탄수화물이 풍부한 시리얼, 감자, 밀, 쌀 등은 과량을 섭취해도 문제가 없는가? 이런 의문에 대한 답을 구할 때 고려해야 할 중요한 점은 우리 몸에 저장되는 에너지 형태는 항상 지방이라는 것이다. 무엇을 섭취하더라도 소모되지 않고 남은 에너지는 지방으로 전환되어 저장된다. 물론 탄수화물도 예외는 아니다.

3.6 단백질은 매우 다양한 구조를 지녀 광범위한 기능을 수행한다

- 단백질은 다양한 기능을 수행한다.
  - ▶ 여러 가지 **효소**는 촉매작용을 수행하여 체내에서 일어나는 수많은 화학반응에 관여한다.
  - ▶ 케라틴(keratin), 엘라스틴(elastin), 콜라겐(collagen)을 비롯하여 동 · 식물의 많은 단백질은 생물의 **구조**를 유지하는 역할을 한다.
  - ▶ 미오신(myosin)과 디네인(dynein) 등은 근육, 섬모, 편모 등의 **운동**을 담당한다.
  - ▶ 헤모글로빈, 세포막 단백질들은 물질 **수송**을 수행한다.
  - ▶ 오발부민(ovalbumin), 카제인(casein) 등은 **저장**단백질로서 기능한다.
  - ▶ 인슐린 등 각종 **호르몬**과 이들의 **수용체**는 신호를 전달하는 데에 관여한다.
  - ▶ 또한 항체, 보체단백질 등은 **방어**에 관여한다. 세균의 일부 독소와 분비물, 뱀독 등도 단백질이다.
- 생물체의 거의 모든 기능에 관여하는 단백질의 기본 구성 성분은 아미노산이다.
  - ▶ 아미노산은 하나의 탄소원자에 아미노기, 카르복실기, 수소원자, 그리고 곁사슬(R로 표시)이 붙어 있는 구조인데, 모든 아미노산은 곁사슬만 다를 뿐 나머지 구조는 동일하다.
  - ▶ 그림 3.8에서 보듯이 한 아미노산의 카르복실기가 인접한 아미노산의 아미노기를 만나면 물(H_2O)이 빠지며 연결되어 **펩티드결합**을 이룬다. 이 결합이 2~12개 정도이면 **올리고펩티드**, 이보다 더 많으면 **폴리펩티드**라고 한다.
- 아미노산의 곁사슬은 다양하다.
  - ▶ 이 곁사슬이 비극성, 극성, 산성 또는 염기성 같은 아미노산의 화학적 특성을 결정한다.

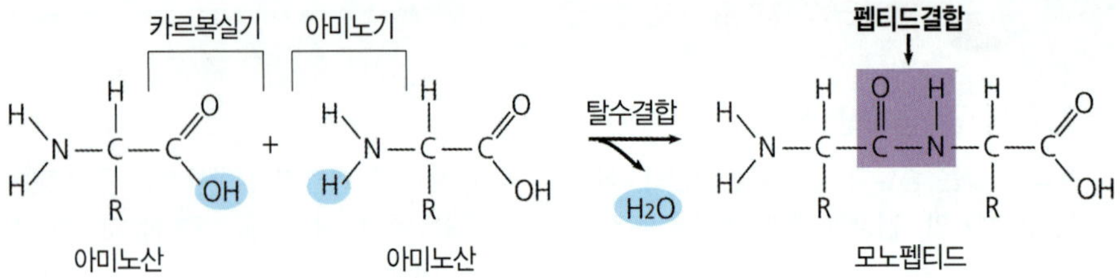

그림 3.8 펩티드결합의 형성

- ▶ 아미노산들은 일반적으로 세포 내 pH에서 비극성 이온으로 존재하며, 중요한 생물학적 완충제로 작용한다.
- 단백질의 구조는 여러 차원에서 설명될 수 있다.
  - ▶ 단백질의 **1차 구조**는 해당 단백질의 고유한 **아미노산 서열** 자체이다.
  - ▶ **2차 구조**는 폴리펩티드가 접히거나 감겨 반복되는 형태가 나타나는 것이다. 이런 형태는 주로 폴리펩티드 골격 부분 간의 수소결합에 의해 형성된 **알파(α) 나선구조**와 **베타(β) 병풍구조**이다.
  - ▶ **3차 구조**는 한 폴리펩티드의 전체적인 3차원 모양이며 아미노산의 R기들 간의 상호작용에 의해 형성된다.
  - ▶ 2개 이상의 폴리펩티드 사슬로 이루어진 단백질은 **4차 구조**를 갖는다.
- 단백질의 기능 수행 여부는 해당 단백질의 고유한 3차 구조에 달려 있다.
  - ▶ 단백질의 모양은 기본적으로 1차 구조에 의해 결정되지만, 그 활성구조와 기능은 물리 · 화학적 조건에 민감하다.
  - ▶ 열 또는 화학물질 등에 의해서 3차 구조에 변화가 생긴 단백질은 그 기능을 제대로 수행할 수 없다.

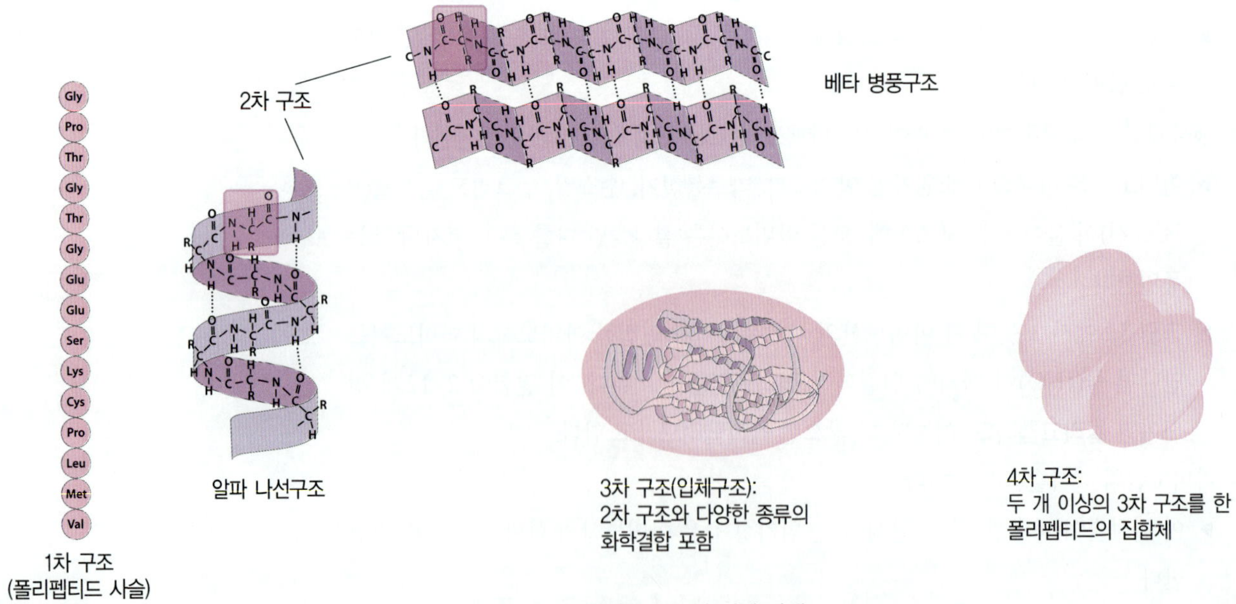

그림 3.9 단백질 구조의 여러 단계

- ▶ 열, pH, 염도 등의 물리 · 화학적 요인에 의해 단백질의 구조를 유지하고 있는 화학결합(수소결합, 이온결합, 이황화결합)이 깨어져 모양이 바뀌면(**변성**) 단백질은 제 기능을 수행할 수 없다.
- ▶ 이러한 형태의 단백질이 용해된 상태로 남아 있다면 주변 환경이 정상화되었을 때, 원래의 모습으로 돌아올 수도 있다(**복원**, renaturation). 그러나 삶은 달걀처럼 단백질이 불용성으로 응고되면 복원될 수 없다.

- 샤페로닌은 단백질 3차구조 형성에 관여한다. 단백질의 3차 구조는 결정화된 단백질을 모아 X선 회절법으로 결정할 수 있다.
- 단백질은 당, 지질, 핵산과 결합하여 더욱 다양한 분자를 형성한다.

3.7 핵산은 유전정보를 저장하고 전달한다

- DNA는 특정 RNA와 단백질을 합성하기 위한 정보를 저장한다.
  - ▶ mRNA는 이러한 유전정보를 단백질 합성 장치로 운반한다.
- 각 **뉴클레오티드 단량체**는 1개의 인산기와 네 가지 질소염기(A, C, G 그리고 T 또는 U) 중 1개의 염기가 공유결합으로 결합된 5탄당으로 구성되어 있다.
  - ▶ RNA는 U를 갖지만, DNA는 T를 갖는다.
  - ▶ 뉴클레오티드가 연결된 폴리뉴클레오티드에서는 질소염기가 돌출되는 당-인산축을 형성한다.
  - ▶ 각 폴리뉴클레오티드 가닥은 5′ 말단과 3′ 말단의 극성을 띤다.
  - ▶ 유전자의 염기서열은 특정 단백질의 아미노산 서열을 명시해준다.
- DNA는 나선형 이중가닥의 고분자로서 **역평행 폴리뉴클레오티드** 두 가닥으로부터 분자 내부로 돌출되어 있는 염기를 갖고 있다.
  - ▶ A는 항상 T와 수소결합을 형성하고 C는 항상 G와 수소결합을 형성하기 때문에, 두 가닥의 뉴클레오티드 서열은 상보적이다. 한 가닥은 다른 가닥을 만들 때 주형으로 작용할 수 있다.
  - ▶ 이런 독특한 DNA의 특성은 생명의 연속성을 위한 메커니즘을 제공한다.
- 분자 비교는 생물학자가 생물종 간의 진화적 연관성을 조사하는 데 도움이 된다.

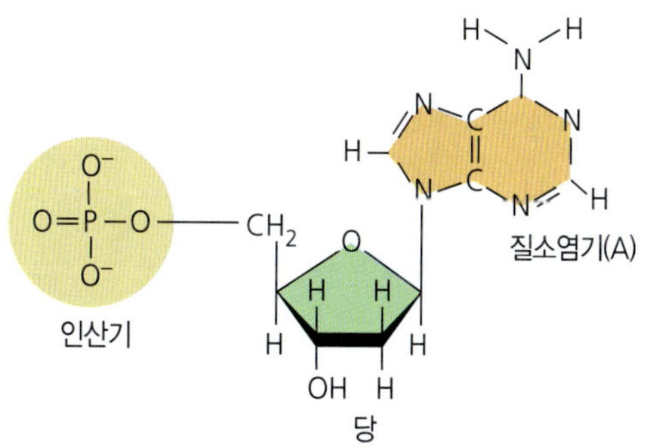

그림 3.10 DNA를 구성하는 아데닌 뉴클레오티드 단량체

04 세포

옛날에는 어떤 세포(cell)가 있었을까?

만약 타임머신을 타고 과거로 갈 수 있다면 맨눈으로 볼 수 있는 크기의 생물은 언제쯤 나타날까? 화석 증거에 따르면 36억 년 전에도 원핵세포는 있었고 21억 년 전에도 진핵세포는 있었다. 그리고 최고(最古)의 다세포 생물 화석은 12억 년 전으로 추정되는 비교적 작은 조류(algae)의 것이다. 유전체 DNA 분석 결과는 여기에 3억 년을 더해 약 15억 년 전에 최초의 다세포가 출현했을 가능성을 제시한다. 결국 타임머신을 타고 과거로 날아가 지구 생성부터 생물의 출현을 계속 주시해 볼 수 있다면 적어도 15억 년 전까지는 현미경 없이 볼 수 있는 생물이라곤 없을 거라는 얘기다. 두 팔을 벌려 손바닥을 펴고 왼손 끝부터 지구의 역사가 시작되어 오른손 끝에 이르렀다고 가정하면 육안으로 볼 수 있는 생물은 아무리 이르다 해도 오른 팔꿈치에 해당한다. 왜냐하면 그때까지는 단세포 생물만 있었기 때문에.

핵심체크 key Point

아래에 열거된 개념 또는 용어들을 '문제'라고 가정하고 답을 작성해 보자.

세포 연구 방법

- 현미경(microscope)

분해능(해상력, 해상도, resolving power)과 배율(magnification)의 의미 설명

✓ 광학현미경(light microscope)의 발견과 의미

- 광학현미경의 종류와 사용 대상
- 전자현미경(electron microscope)의 종류와 원리

✓ 주사전자현미경(scanning electron microscope, SEM)의 원리와 관찰 대상

✓ 투과전자현미경(transmission electron microscope, TEM)의 원리와 관찰 대상

- 세포소기관을 분리하고 기능을 연구하는 방법

세포 크기와 구조

세포크기의 최저와 최대 한계가 존재하는 이유

✔ 진핵세포에는 막으로 이루어진 소기관이 왜 많이 존재하는가?

원핵세포(prokaryotic cell)와 진핵세포(eukaryotic cell)의 구조적 공통점과 차이점 설명

- 핵양체(nucleoid), 선모(pilus), 편모(flagellum), 피막(capsule)의 구조와 기능
- 동물세포와 식물세포의 구조적 차이
- 세포질(cytoplasm)과 원형질막(plasma membrane)의 정의

4.1 개념을 이해했다면?
표면적 대 부피의 비가 생물에게 중요한 이유를 예를 들어 설명해 보자.

핵과 리보솜의 구조와 기능

- 핵(nucleus)의 크기와 구조: 핵막(nuclear envelope), 핵막하층(nuclear lamina), 핵공(nuclear pore), 인(nucleolus) 등의 구조와 기능
- 염색체(chromosome)와 염색질(chromatin)의 차이
- 리보솜(ribosome)의 위치, 구조, 기능

4.2 개념을 이해했다면?
자유(free) 리보솜과 결합(bound) 리보솜을 비교해 보자.

내막계의 구조와 기능

내막계(endomembrane system)의 정의, 해당 소기관과 각각의 기능

- 소포체(endoplasmic reticulum)의 종류

✔ 활면소포체(smooth ER)의 구조와 기능

4.3 개념을 이해했다면?
당단백질(glycoprotein)의 형성과 수송 경로 그리고 수송소포(transport vesicle)의 역할을 설명해 보자.

✔ 조면소포체(rough ER)의 구조와 기능

- 골지체(Golgi apparatus)의 구조와 기능
- 리소좀(lysosome)의 기원, 구조, 기능

✔ 식세포작용(phagocytosis) 과정

✔ 자기소화작용(autophagy)의 과정과 대상

- 액포의 종류와 기능

✔ 식포(food vacuole), 수축포(contractile vacuole), 중심액포(central vacuole)

✔ 액포막(tonoplast)의 구조와 기능

✔ 중심액포의 다양한 기능

미토콘드리아와 엽록체의 특징

4.4 개념을 이해했다면?
미토콘드리아와 엽록체가 내부공생 결과임을 지지하는 특징들을 열거해 보자.

- 미토콘드리아(mitochondria, 단수형 mitochondrion)의 구조와 기능

✔ 크리스테(cristae)의 구조와 기능

✔ 미토콘드리아 기질(mitochondrial matrix)의 기능

- 엽록체(chloroplast)의 종류, 구조와 기능

✔ 색소체(plastid), 백색체(amyloplast), 유색체(chromoplast)의 차이

✔ 틸라코이드(thylakoid), 그라나(granum, 복수형 grana), 스트로마(stroma) 등의 구조와 각각의 기능

- 퍼옥시좀(peroxisome)의 구조와 기능

미토콘드리아와 엽록체의 공통점 설명

세포골격의 구조와 기능

4.5 개념을 이해했다면?
미세소관의 기능을 억제하는 약물은 불임을 유발한다. 왜 그럴까?

세포골격(cytoskeleton)의 종류와 각각의 역할 설명: 운동단백질(motor protein)

- 미세소관(microtubule)의 구조와 기능

✓ 세포분열과 중심체(centrosome), 중심립(centriole)의 구조와 기능

편모(flagellum, 복수형 flagella)와 섬모(cilium, 복수형 cilia)의 운동 방식과 기능 설명

✓ 기저체(basal body)와 디네인(dynein)의 구조와 기능

- 미세섬유(액틴섬유, microfilament)의 구조와 기능

✓ 근육운동의 방식과 액틴(actin), 미오신(myosin)의 역할

✓ 위족(psudopodia)의 구조와 운동

✓ 세포질유동(cytoplasmic streaming)이란?

- 중간섬유(intermediate filament)의 구조와 기능

세포외 소기관의 종류와 특징

세포벽(cell wall)의 구조와 기능 설명

✓ 1차 세포벽(primary cell wall)과 2차 세포벽(secondary cell wall) 비교

✓ 중간 박막층(middle lamella)이란?

동물 세포의 세포외기질(extracellular matrix, ECM)의 구조와 기능 설명

✓ 콜라겐(collagen), 프로테오글리칸(proteoglycan)

✓ 피브로넥틴(fibronectin)과 인테그린(integrin)의 구조와 기능

세포간 연접의 종류와 기능 설명

✔ 원형질연락사(plasmodesmata)의 구조와 기능

✔ 밀착연접(tight junction), 데스모좀(desmosome), 간극연접(gap junction)의 비교

Key Information 주요내용

4.1 세포는 현미경으로 관찰할 수 있다

- 지금까지 발견된 지구상의 모든 생물은 세포로 이루어져 있다.
- 세포를 관찰할 수 있는 현미경은 **분해능(해상도)**과 **배율**의 기능을 지닌다.
  - ▶ 현미경은 사용 파장에 따라 **광학현미경(light microscope)**과 **전자현미경(electron microscope)**으로 나누어지고, 전자현미경이 더욱 미세한 구조를 관찰할 수 있다.
  - ▶ 다양한 기능을 지닌 여러 종류의 광학현미경들이 개발되어 목적에 따라 사용될 수 있다. 빛을 시료에 바로 통과시키는 명시야 현미경(brightfield microscope), 밀도차를 이용하는 위상차 현미경(phase-contrast microscope), 형광염색약을 이용하는 형광현미경(fluorescence microscope), 레이저를 이용해 초점이 맞는 부분만을 볼 수 있는 공초점 현미경(confocal microscope) 등이 있다.
  - ▶ **주사전자현미경(scanning electron microscope)**은 시료의 표면을 관찰하는

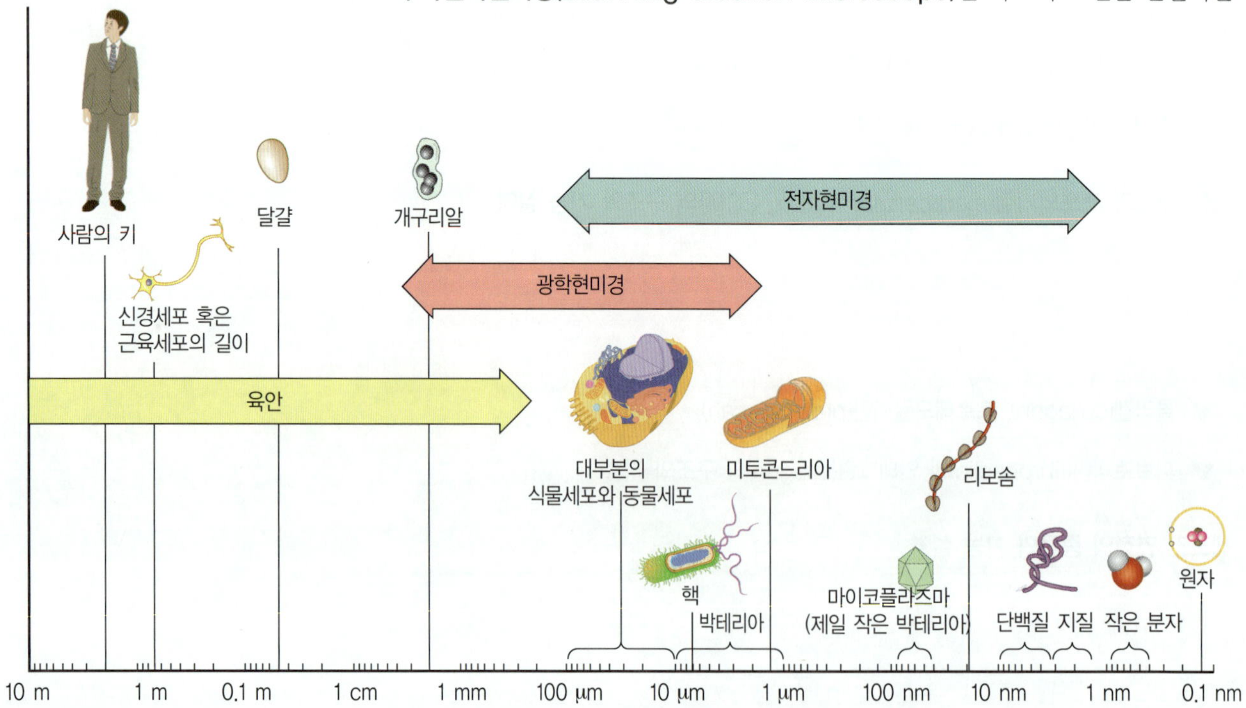

그림 4.1 세포와 세포소기관의 크기

한 토막 생물 뉴스

세상에서 가장 큰 세포는?

여성이 만드는 생식세포인 난자는 지름이 약 140 μm로서 일반 세포보다 더 크다. 난자에는 세포질이 많아 함유되어 있을 뿐만 아니라 양분도 많이 저장되어 있기 때문이다. 난자(卵子)의 순수한 우리말은 '알'이다. 그런데 난자만 단세포인 알이 아니다. 달걀도 단세포이다. 그럼, 세상에서 가장 큰 세포는? 지름이 15 cm가 넘는 타조알. 현생 생물 세포를 놓고 크기를 따지면 타조알이 단연 1위이지만, 17세기까지 마다가스카르섬에 서식했다가 멸종된 코끼리새 알은 타조의 알보다 다섯 배나 큰 알이었으며 알껍질이 건축용 타일만큼이나 두껍고 단단했다. 이처럼 조류의 알이 유난히 큰 것은 난황(동물 난자의 세포질 안에 과립 모양으로 존재하는 저장물질)의 양이 많기 때문이다. 사람을 비롯한 포유류는 수정 후 곧 착상하여 태반을 통해 모체에서 양분을 얻을 수 있지만 체외수정을 하는 조류는 어미 몸에서 양분을 얻지 않고 혼자 발생을 해야 하기에 많은 양의 난황이 필요하다.

데에 효과적이고 **투과전자현미경**(transmission electron microscope)은 세포내부의 구조를 관찰하는 데에 유용하다.

- **원심분리**를 이용한 분획법은 세포소기관 연구에 필수적이다.
- 세포의 크기는 대개 1~100 μm의 범위에 해당한다. 세포는 필요한 만큼의 표면적/부피의 비를 유지하여 물질교환을 원활히 할 수 있다.

4.2 지구상의 생물은 원핵세포 또는 진핵세포로 구성된다

- 모든 세포는 **원형질막**으로 둘러싸여 있다. 원형질막을 이용해 세포는 외부환경과 물질 교환을 하면서도 외부 환경과는 다른 세포 내 환경을 일정하게 유지할 수 있다.
- 모든 생물의 세포는 **원핵세포** 또는 **진핵세포**이다.

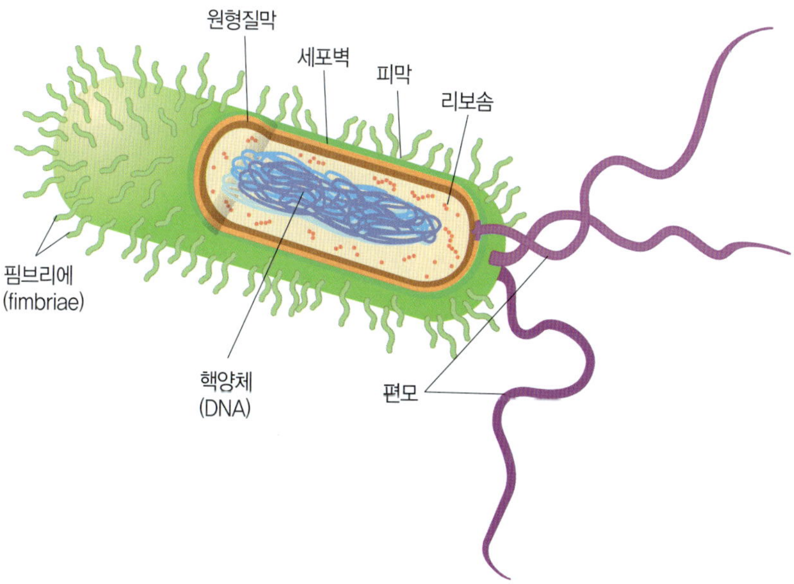

그림 4.2 원핵세포의 구조

▶ 진정세균과 고세균을 구성하는 원핵세포는 핵을 지니지 않고 대부분의 경우 진핵세포보다 작다.

▶ 원핵세포는 원형질막으로 둘러싸여 있지만 내부에 내부막 구조가 없다. 심지어 막으로 둘러싸인 핵 대신에 염색체 DNA가 뭉쳐서 **핵양체**를 이룬다. 원핵세포는 일반적으로 **세포벽**과 **리보솜**을 가지고 프로펠러 같은 **편모**를 가진다.

▶ **진핵세포**는 막으로 둘러싸인 **핵**과 다양한 세포소기관을 담고 있는 **세포질**을 가진다. 세포질의 액체 부분이 세포질액이다. 식물세포는 단단한 세포벽, **색소체**, 커다란 **액포**를 가진다는 점에서 동물세포와 구분된다. 대부분의 식물세포에는 중심체가 없다.

4.3 진핵세포는 다양한 막구조를 가지고 있다

- **핵**은 염색질과 이를 둘러싼 핵막으로 이루어진다.
  - ▶ 물질은 핵막에 있는 **핵공**을 통해서 이동하게 된다.
  - ▶ 핵의 DNA는 단백질과 결합하여 **염색질**과 **염색체**를 만든다.
  - ▶ 세포분열 동안 염색체는 응축되어 실 같은 구조물로 되어 광학현미경으로도 쉽게 볼 수 있다.
  - ▶ 인은 리보솜 RNA가 합성되고 단백질과 결합하여 리보솜을 조립하는 핵 내의 부위이다.
- **리보솜**은 RNA와 단백질로 이루어져 있고 단백질을 합성한다. 세포질에서 자유롭게 움직이는 리보솜과 조면소포체의 바깥쪽에 붙어 있는 리보솜이 단백질 합성에 관여한다.
- 상호작용하는 막들은 **내막계**를 형성한다.

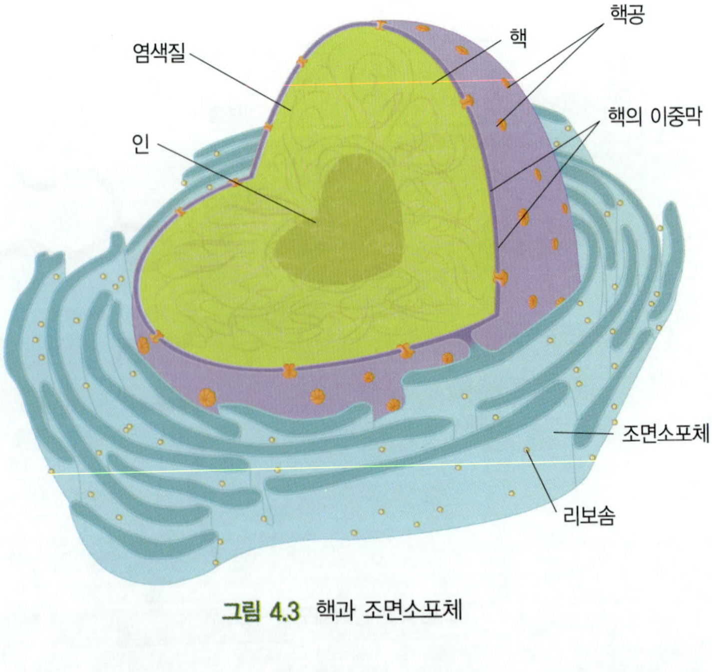

그림 4.3 핵과 조면소포체

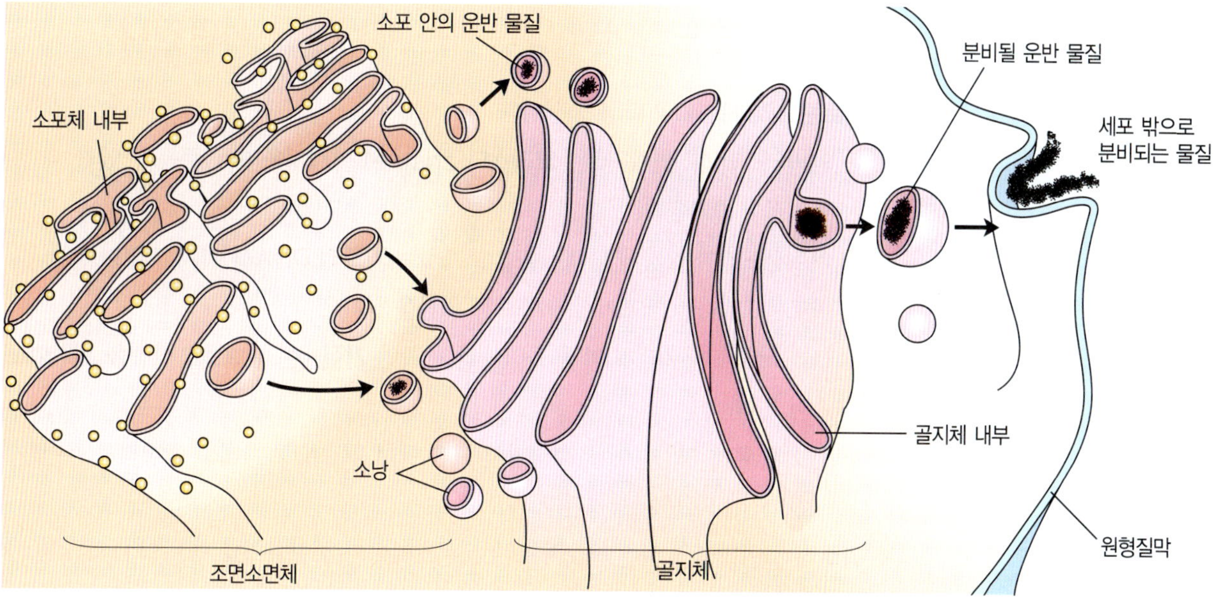

그림 4.4 내막계를 통한 분자의 수송

▶ 내막계는 세포 내에서 단백질 이동을 조절하고 세포의 물질대사 기능을 수행한다.

▶ 내막계는 소포체, 골지체, 액포, 리소좀, 원형질막 등으로 구성된다.

- 진핵세포의 세포질 내에 넓게 퍼져 있는 망상 구조물인 **소포체**는 관과 시스터너(cisternae)가 연결된 네트워크이다.

▶ 미세하기 때문에 보통 광학현미경으로는 볼 수 없다. 1950년대에 동물세포를 전자현미경으로 관찰하면서 발견되어 명명된 용어이다.

▶ **활면소포체**는 지질을 합성하고 탄수화물 대사에 관여하며, 칼슘을 저장하고 독성물질을 제거한다.

▶ **조면소포체**에는 리보솜이 붙어 있으며, 단백질과 막이 합성된다. 합성된 분자들은 소포체로부터 수송소포(transport vesicle)를 통해 운반된다.

- 단백질은 소포체로부터 나와서 **골지체**로 운반되며, 골지체에서 변형되고 분류되어 수송소포를 통해 방출된다.

▶ 변형된 단백질은 **세포외 배출작용**(exocytosis)을 통해 세포 밖으로 배출되고,

▶ 세포 밖의 물질은 **세포내 섭취작용**(endocytosis)을 통해 세포 안으로 흡수된다.

- **리소좀**은 가수분해효소를 가지고 있는 주머니로 조면소포체에서 유래한다. 리소좀은 섭취한 물질을 분해하고 또한 재활용을 위해 세포내 고분자를 부해한다.

- 액포는 식세포작용을 하는 **식포**(food vacuole), 세포내 물을 방출하는 **수축포**(contractile vacuole), 식물세포의 **중심액포**(central vacuole) 등으로 나뉜다.

▶ 식물세포의 중심액포는 소화, 축적, 노폐물 보관, 세포 성장, 보호 기능을 수행한다.

4.4 미토콘드리아와 엽록체는 에너지를 전환한다

- **미토콘드리아**는 ATP 합성 공장이다.
  - ▶ 외막과 달리 안쪽 막은 **크리스타(cristae)**를 형성하면서 주름져 있기 때문에 표면적이 증가된다.
  - ▶ 미토콘드리아는 자체 단백질을 암호화하는 별도의 DNA를 가지고 있다.
  - ▶ 미토콘드리아는 세포자살에 중요한 역할을 한다.
  - ▶ 크리스타와 내부막에 의해 둘러싸인 구획인 **기질**에는 산소호흡반응을 위한 효소 등이 있다.
  - ▶ 산소호흡 시 영양분이 분해되면서 나온 에너지는 ATP 형태로 저장되고 부산물로 이산화탄소와 물이 생성된다.
- **엽록체**는 **광합성**을 하는 색소체로 미토콘드리아와 마찬가지로 별도의 DNA를 가지고 있다.
  - ▶ 엽록체의 두 층 막 중 안쪽 막은 **스트로마**라고 하는 액체로 채워진 공간이다.
  - ▶ **틸라코이드**라고 하는 원반 모양의 막성 낭이 쌓인 것을 **그라나**라고 하는데, 기질 내에 떠 있는 상태로 있다.
  - ▶ 광합성 동안 빛에너지를 묶어두는 색소인 **엽록소**는 틸라코이드막에서 발견된다.
  - ▶ 빛에너지는 화학에너지인 ATP로 전환되어 이산화탄소와 물을 탄수화물로 합성할 때 사용된다.
- **퍼옥시좀(peroxisome)**은 대사 부산물인 해로운 과산화수소(H_2O_2)를 처리하는 소기관이다.

한 토막 생물 뉴스

공생, 생물의 중요한 생존 전략

미국의 생물학자 린 마굴리스(Lynn Margulis, 1938~2011)는 다른 생물학자들이 쉽게 받아들이기 어려운 주장을 하였다. 다윈이 주장한 대로 진화 과정을 거쳐 생물이 출현한 것에는 동의하지만 반드시 경쟁만이 있었던 것은 아니라는 것이다. 생물은 공생을 하더라도 자연선택이 될 만큼 경쟁력이 있다는 것이다. 린 마굴리스는 그 예로 미토콘드리아와 엽록체, 그리고 편모 또는 섬모 등을 들면서 이들이 원핵세포 조상에서 유래하여 현재의 공생 형태에 이르게 되었다고 주장한다. 미토콘드리아와 엽록체의 경우, 독자적인 DNA와 원핵세포의 것과 같은 크기의 리보솜이 있어 스스로 단백질을 합성할 수 있고 이중막을 지니고 있으며 세포와는 별개로 분열을 수행한다는 것 등이 이러한 주장에 대한 증거로 제시되고 있다.

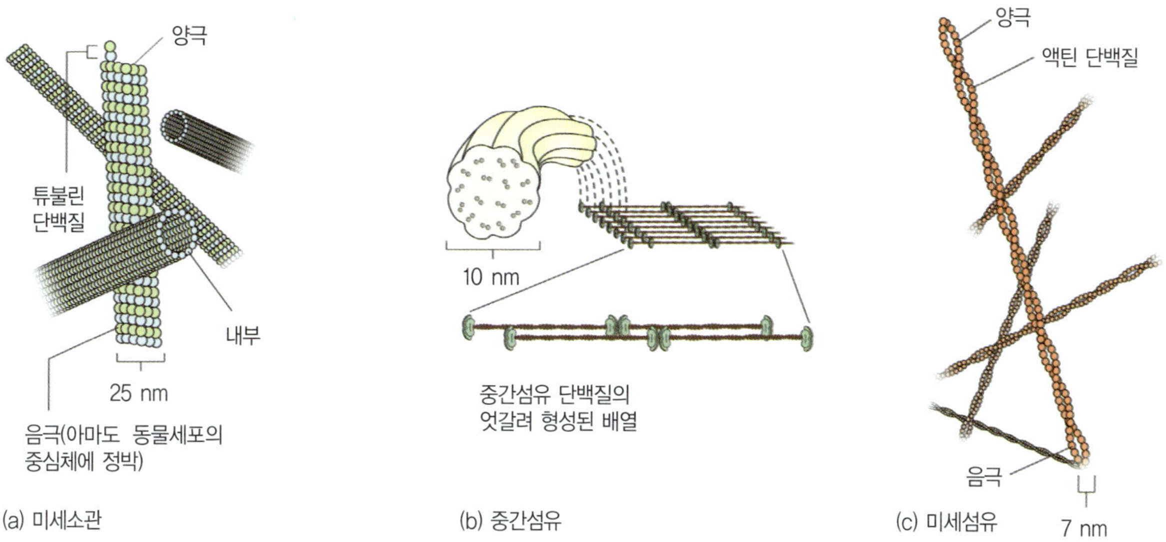

그림 4.5 3가지 종류의 세포골격

4.5 세포골격은 세포의 구조를 유지하고 세포의 활동을 담당한다

- 세포골격은 세포구조의 지지 작용과 운동성, 신호전달 기능을 수행한다.
- **미세소관**은 세포를 형성하고 세포소기관의 이동을 안내하고, 분열 중인 세포에서 염색체 복사본을 분리시킬 때 도와준다.
  - ▶ 튜불린(tubulin) 단백질이 기본 단위이다.
  - ▶ 섬모와 편모는 미세소관으로 된 운동기관이다.
  - ▶ **섬모**와 **편모**는 세포 표면에서 돌출된 가늘고 운동성이 있는 구조물로 세포의 이동에 관여한다.
  - ▶ 각각은 9 + 2의 미세소관 배열로 구성되어 있으며 미세소관의 9 × 3 미세소관 배열인 **기저체**에 의해 세포 내에 부착되어 있다.

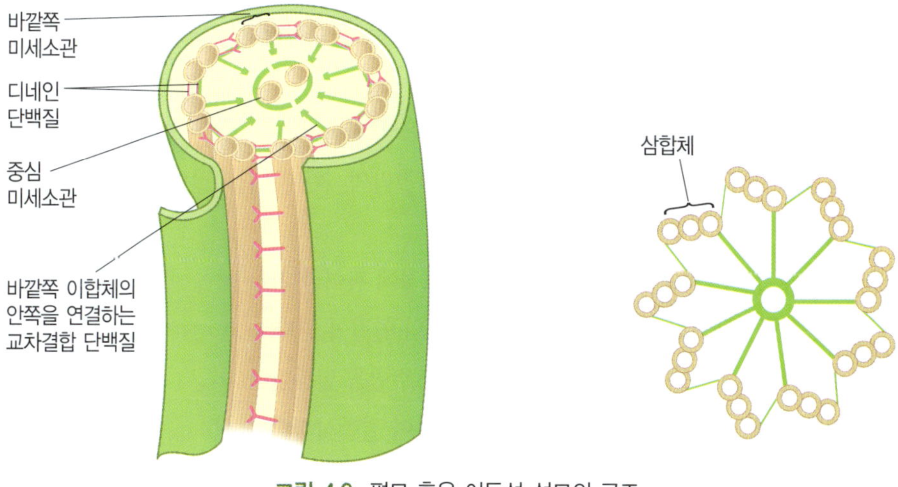

그림 4.6 편모 혹은 이동성 섬모의 구조

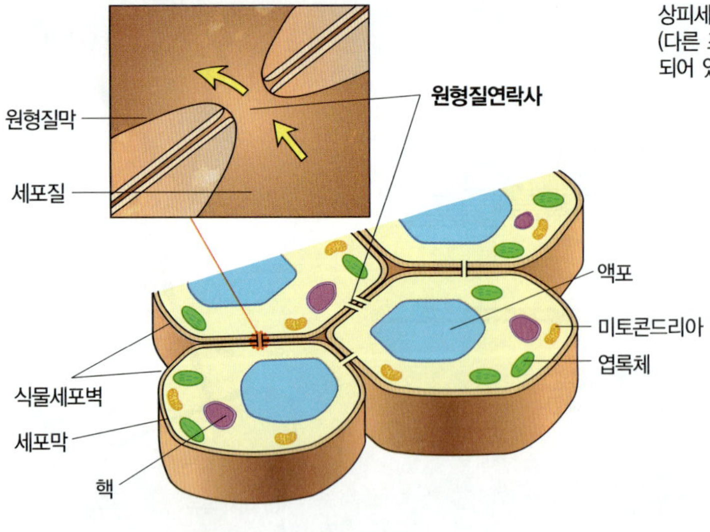

그림 4.7 식물세포벽의 구조

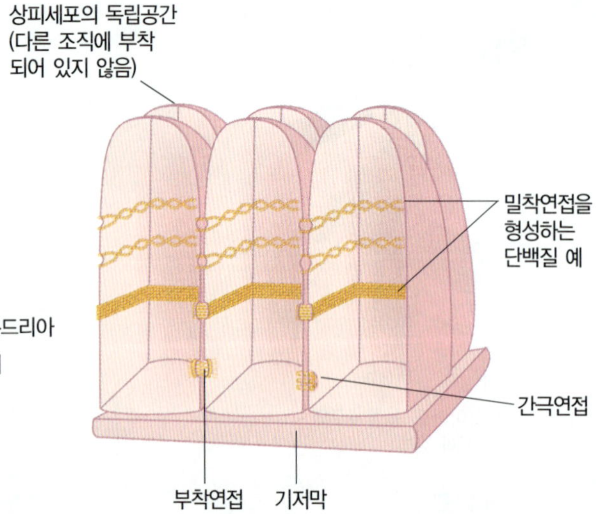

그림 4.8 동물세포의 세포외기질 구조

- ▶ 상대적으로 섬모는 짧고 세포에 많이 존재한다. 반면 편모는 길고 세포당 한두 개가 있다.

- **미세섬유**는 액틴으로 만들어진 가느다란 막대 모양으로, 근수축과 아메바 운동, 세포질 유동, 미세융모의 지지에 관여한다.
- **중간섬유**는 핵과 세포의 모양을 유지하고, 세포기관을 특정 장소에 고정한다.

4.6 세포외 기관은 세포의 모양을 유지하고 세포의 운동을 담당한다

- 거의 모든 박테리아, 균류 그리고 식물세포는 탄수화물을 위주로 이루어진 세포벽에 의해 둘러싸여 있다.
- 식물의 세포벽은 여러 종류의 다당류와 단백질, 셀룰로오스 섬유 등으로 만들어진다.
  - ▶ 세포는 발생과 성장에 따라 **1차세포벽**, **2차세포벽** 등의 구조를 가지고 세포벽 사이에는 **중간박막층(middle lamella)**이 위치한다.
  - ▶ 식물세포에는 인접한 세포벽 사이를 관통하는 **원형질연락사**가 있어 물질이동의 통로로 기능한다.
- 동물세포는 **세포외기질**을 형성하는 당단백질을 분비한다.
  - ▶ 예를 들어 **피브로넥틴**은 당단백질로 원형질막의 수용체 단백질인 **인테그린**에 결합한다.
  - ▶ 세포외기질은 세포의 지지, 부착, 이동, 조절에 관여한다.
- 동물세포에는 세포간 연결 단백질인 세 종류의 연접이 있다.
  - ▶ **밀착연접**: 세포들을 단단히 밀착시켜 세포주변을 밀봉한다.
  - ▶ **고착연접**: 근육처럼 부근 세포들을 고정하여 결합시킨다.
  - ▶ **간극연접**: 인접한 세포간에 분자의 교환이 가능한 세포질 통로로 작용한다.

05 세포막

생물이 극복해야 할 문제들 중에는 ...

아산만에서 새만금에 이르기까지 우리나라는 바다를 개간하여 육지로 전환시키는 많은 시도를 하여왔다. 개간된 땅을 활용하는 하나의 방법은 농토로 이용하는 것이다. 개간된 직후 적절한 조치를 취하지 않은 상태에서 벼나 보리 등 곡물을 심으면 어떤 일이 벌어질까? 식물들은 체외로 물을 방출하게 되어 말라죽게 된다. 따라서 토양으로부터 염분을 제거하는 사전 처리가 있어야 한다. 염도가 높은 염장식품인 된장이나 간장 등에 세균이 자랄 수 없는 이유도 동일하다. 바닷물에 사는 물고기들에게 아가미가 필요한 이유도 몸으로부터 과다한 염분을 제거해야 하기 때문이다. 이러한 현상들은 세포막을 경계로 물이 일정한 방향으로 수송되기 때문에 가능하다.

핵심 체크 key Point

아래에 열거된 개념 또는 용어들을 '문제'라고 가정하고 답을 작성해 보자.

유동 모자이크 모형

- 인지질 분자의 구조를 그려보자.

✔ 양친매성(amphipathic)이란?

✔ 세포막(cell membrane)의 비대칭성이란?

유동 모자이크 모형(fluid mosaic model)을 설명

✔ 막의 모자이크성을 증명한 실험적 증거

✔ 막 성분 중 인지질의 유동성에 영향을 미치는 요인

✔ 막 성분 중 단백질의 유동성과 분포를 보여주는 실험적 증거

5.1 개념을 이해했다면?
비누의 작용 메커니즘과 인지질의 화학적 특징을 비교해 보자.

5.2 개념을 이해했다면?
세포막이 인지질 이중층으로 이루어진 화학적 이유를 설명해 보자.

5.3 개념을 이해했다면?
온도변화와 막 성분이 유동성에 어떻게 영향을 미치는지 설명해 보자.

- 막 단백질의 기능
- 막 단백질의 종류
  - ✔ 내재성 단백질(integral protein)의 구조와 특징
  - ✔ 주변부 단백질(peripheral protein)의 구조와 특징
- 세포-세포 인식에서 막 탄수화물의 역할
  - ✔ 당지질(glycolipid)의 구조와 기능
  - ✔ 당단백질(glycoprotein)의 구조와 기능

선택적 투과성(Selective permeability)

- 막이 선택적 투과성을 나타내는 이유
  - ✔ 지질 이중층의 투과성 정도
  - ✔ 수송 단백질의 역할

인지질 이중층을 잘 통과하는 물질의 특성 설명

✔ 인지질 이중층을 통과할 수 있는 분자의 성질과 종류: 가장 잘 통과하는 분자?

✔ 인지질 이중층을 통과할 수 없는 분자의 성질과 종류

5.4 개념을 이해했다면?

대상이 되는 분자의 농도가 증가하면 운반체 단백질의 수송속도는 어떻게 될까?

수송 단백질(transport protein)을 통과하는 물질의 성질과 종류 설명

✔ 채널 단백질(channel protein)의 구조와 수송 방식

✔ 운반체 단백질(carrier protein)의 구조와 수송 방식

✔ 아쿠아포린(aquaporin)의 발견과 기능

수동수송(Passive transport)

- 수동수송의 정의와 종류

확산(diffusion)을 농도기울기(concentration gradient)와 에너지 관점(엔트로피)에서 설명

삼투현상(osmosis) 설명

■ 장성(tonicity)이란?

✔ 등장상태(isotonic)의 특징과 예

✔ 고장상태(hypertonic)의 특징과 예

✔ 저장상태(hypotonic)의 특징과 예

5.5 개념을 이해했다면?
식물세포에서의 팽만(turgid)과 시든(flaccid) 상태가 생기는 이유를 설명해 보자.

촉진확산(facilitated diffusion)의 특징과 대상 물질 설명

능동수송(Active transport)

5.6 개념을 이해했다면?
막전위가 유지되는 이유를 설명해 보자.

■ 수송에 에너지가 필요한 이유?

✔ 전기화학적기울기(electrochemical gradient)란?

✔ 전기발생 펌프(electrogenic pump)와 양성자 펌프(proton pump)의 역할

✔ 소듐-포타슘 펌프(sodium-potassium pump; Na^+-K^+ pump)의 작동 메커니즘

■ 공동수송(cotransport)의 의미와 종류

✔ 동방향수송(symport)이란?

✔ 역방향수송(antiport)이란?

단순확산, 촉진확산, 능동수송의 공통점과 차이점

■ 수동과 능동수송에 의한 이온의 이동 메커니즘을 생각해 보자.

비교적 커다란 물질의 수송

■ 세포외 배출작용(exocytosis)의 과정

5.7 개념을 이해했다면?
LDL(Low-Density Lipoprotein에 대한 수용체를 암호화하는 유전자에 돌연변이가 일어나면 어떤 증세가 나타날까?

세포내 섭취작용(endocytosis)의 3가지 설명

✓ 식세포작용(phagocytosis)의 대상과 과정

✓ 음세포작용(pinocytosis)의 대상과 과정

✓ 수용체 매개 세포내 섭취작용(receptor-mediated endocytosis)의 과정과 예

key Information 주요내용

5.1 세포막은 지질과 단백질로 구성된 유동 모자이크 모델로 설명된다

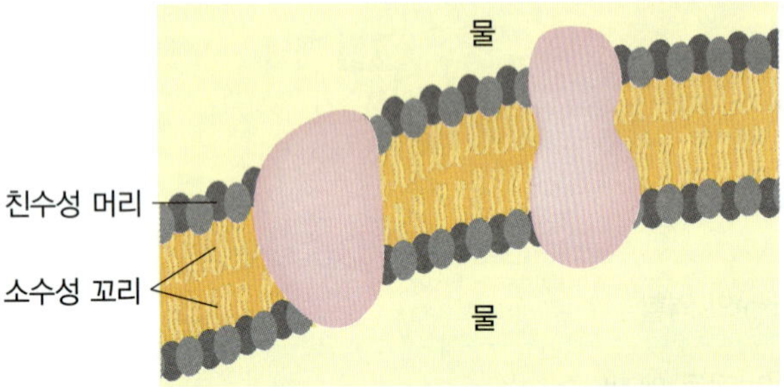

- 세포막은
  - ▶ 물리적으로 외부 환경과 세포내부를 구분하고
  - ▶ 진핵세포 내에 구획을 만들어 다양한 기능을 수행할 수 있도록 한다.
  - ▶ 세포 내외의 물질 수송을 조절하고 생화학 반응이 일어나는 장소이며
  - ▶ 환경 변화에 관한 정보를 수용하고 다른 세포들과의 통신을 수행한다.
- 막의 구조는 **유동 모자이크 모형**으로 가장 잘 설명된다.
  - ▶ 유동 모자이크 모형에 의하면 막은 유동성을 나타내며
  - ▶ 다양한 단백질들이 파묻혀 있는 인지질 이중층으로 구성되어 있다.
- 인지질분자는 **양친매성**으로 소수성과 친수성 부분을 모두 가지고 있다.
  - ▶ 인지질의 친수성 머리는 이중층의 두 표면에 있고 소수성 꼬리는 내부에 있다.
  - ▶ 인지질보다 정도가 덜하지만, 단백질들은 막 내에서 주로 2차원적으로 이동한다.
- **콜레스테롤**과 불포화탄화수소 꼬리는 막유동성 정도에 영향을 미친다.
  - ▶ 거의 모든 생체막에서 지질이중층은 유동성 혹은 액체-결정상태를 이루어서 분자들이 막에서 재빨리 이동할 수 있도록 한다.

- ▶ 콜레스테롤은 유동성의 과도한 증가와 감소를 막아준다.
- ▶ 지질 이중층은 유연하고 자가 봉합이 가능하고 다른 막과 융합할 수 있다.

● 이러한 특성을 기초로, 세포의 한쪽 면에서 다른 쪽 면으로, 소포체, 골지체 등 다양한 막구조에서 형성된 소낭이 다른 막과 융합하게 되어 물질을 수송할 수 있도록 한다.

● 다양한 막 단백질이 존재한다.

- ▶ **내재성 막 단백질**의 친수성 부위는 수용성 환경에 노출되어 있고 소수성 표면은 이중층 내부의 소수성 환경과 접한 형태로 파묻혀 있다.
- ▶ **표재성 막 단백질**은 이중층의 표면에 결합되어 있고 막 구조를 방해하지 않고도 이동이 가능하다.
- ▶ 막 단백질은 물질을 수송하고 효소 혹은 수용체로서 작용하며 세포를 인지하고 세포들 사이의 결합과 연결에 관여하는 등 많은 기능을 수행한다.

● 단백질, 지질, 탄수화물 등은 이중층의 각 층에 비대칭적으로 위치하기 때문에 한쪽 면이 다른 쪽 면과 다른 구성요소와 구조를 가지게 된다.

한 토막 생물 뉴스

사고의 유연성 vs. 세포막의 유동성

사고의 유연성은 정보혁명시대라 일컬어지는 21세기를 성공적으로 살아가기 위한 소양(素養) 중 하나로 꼽힌다. 세포 수준에서는 세포막의 유동성이 세포와 개체의 성공적인 삶을 좌우할 수 있다. 그러면 이러한 유동성의 원유(原由)는 무엇일까? 우선 인지질의 구조를 생각해 보자. 앞의 장에서 설명한 대로 대부분의 동물성 지방은 상온에서 고체인 반면, 식물과 생선의 지방은 액상으로 존재한다. 이는 해당 인지질을 이루는 지방산의 포화정도가 다르기 때문이다. 온도가 감소하면 막의 유동성도 감소된다. 겨울에 동물이 겨울잠을 자거나 앙상한 겨울나무가 생명을 유지할 수 있는 이유는 막의 유동성을 유지하기 때문이다. 여기에는 크게 두 가지 방법이 있다. 하나는 인지질을 구성하는 지방산 중 불포화지방산의 비율을 늘리는 것이다. 또 하나는 콜레스테롤의 비율을 늘리는 것이다. 이들은 온도감소에 따른 분자의 움직임이 감소함으로써 인지질분자가 가지런히 쌓여 고체화되는 현상을 막아준다. 포유류가 동면에 들어갔을 때 체온이 5°C 정도까지 떨어지지만 세포막은 굳지 않고 여전히 유동성을 유지한다. 물론 신경세포 등 많은 종류의 세포가 외부자극에 둔해지기는 한다. 긴 엄동설한의 시련을 겪은 나무들도 봄에는 아무 일이 없었던 것처럼 푸른 잎사귀와 꽃을 피우지 않던가? “소생의 계절” 봄의 근원에는 세포막의 유동성이 자리잡고 있었구나!

5.2 막을 통한 수송은 수동적으로 일어날 수 있다

● 세포는 작은 분자들과 이온들을 그 주변과 교환하여야 하는데, 이는 세포막에 의해서 조절되는 과정이다.

- ▶ 선택적 투과성이란 막이 특정 종류의 물질만을 통과시키는 성질이다.
- ▶ 소수성 물질들은 인지질의 대부분을 차지하는 지질 부위에 용해되어서 막을 빠르게 통과한다.

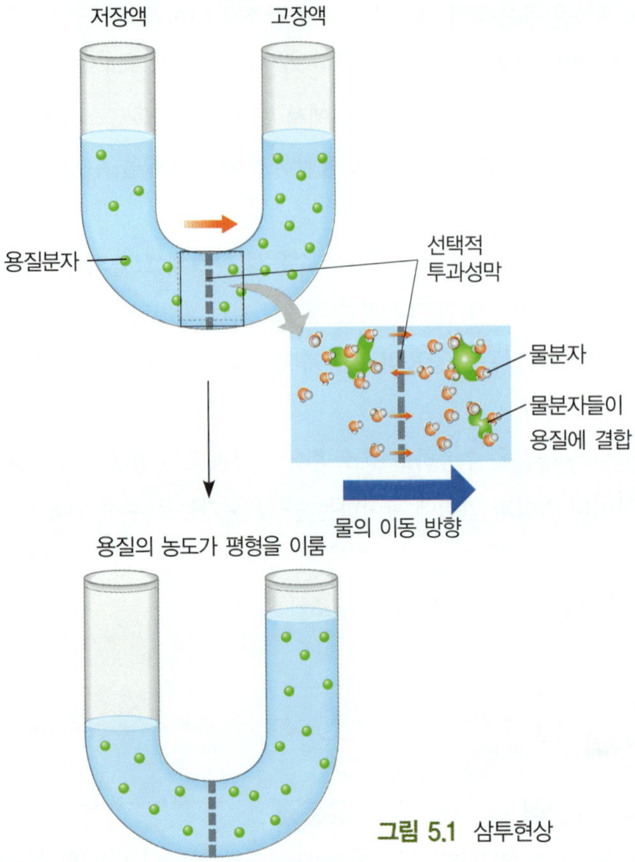

그림 5.1 삼투현상

- ▶ 물과 이산화탄소 등 작은 크기의 극성 분자들도 인지질 이중층을 통과할 수 있다. 그러나 단순확산으로만 소수성인 인지질층을 통과하게 되면 이동 속도가 매우 느리다. 따라서 콩팥세포처럼 매일 수 리터의 물을 여과하고 재흡수하는 경우에는 이 방법만으로는 완전한 기능 수행이 어렵다.
- ▶ 따라서 콩팥의 경우, 물은 **아쿠아포린**이라는 수송 단백질에 의해 촉진확산되기도 하는데, 모든 세포가 이 단백질을 가지고 있지는 않다.
- ▶ 대부분의 극성분자들과 이온들은 막을 통과하기 위하여 일반적으로 특정한 **수송 단백질**들의 도움이 필요하다.

● **확산**은 고농도에서 저농도로 농도기울기에 따른 물질의 이동이다.

- ▶ **삼투**는 일종의 확산으로 저농도의 용질을 지닌 용액의 물이 고농도의 용질을 지닌 용액으로 선택적 투과성 막을 통과하여 이동하는 것이다.
- ▶ 확산과 삼투는 세포가 직접적인 대사에너지를 필요로 하지 않는 물리적 과정이다.

● 세포는 내부 삼투압을 조절하여 수축하거나 터지지 않도록 한다.

- ▶ **등장액**은 세포 내의 용액과 같은 용질의 농도를 가지고 있다.
- ▶ 세포보다 더 많은 용질 농도를 가진 **고장액** 조건에 놓인 세포는 세포 내의 물을 외부 환경으로 내보낸다. 식물세포의 경우에는 원형질막이 세포벽과 분리되는 과정인 **원형질분리**가 일어난다.

▶ 세포에 비해 용해된 물질의 농도가 낮은 **저장액** 조건에 놓인 세포에서는 물이 세포로 들어와 세포를 부풀게 만든다.

● 식물세포는 높은 정수압을 견딜 수 있는데, 이는 세포벽이 식물세포가 팽창하여 터지는 것을 막아주기 때문이다.

▶ 물이 삼투에 의해 세포로 들어오면 중심액포에 채워진다.

▶ 세포가 부풀어 오르면, 단단한 세포벽에 대한 **팽압**이 증가한다.

● 막수송 단백질은 이온과 일부 분자들의 생체막 통과를 촉진한다.

▶ **채널 단백질**은 물과 특정 이온들이 막을 통해 이동할 수 있는 통로를 형성하는 수송 단백질이다.

▶ **운반체 단백질**은 특정한 용질과 결합하여 수송하면서 형태적 변화를 일으키는 수송 단백질이다.

● **촉진확산**은 농도기울기 차이를 이용하여 막수송 단백질을 통해 화합물을 수송하는 형태이다. 그러나 촉진확산이 농도 차이에 역행하여 작용할 수는 없다.

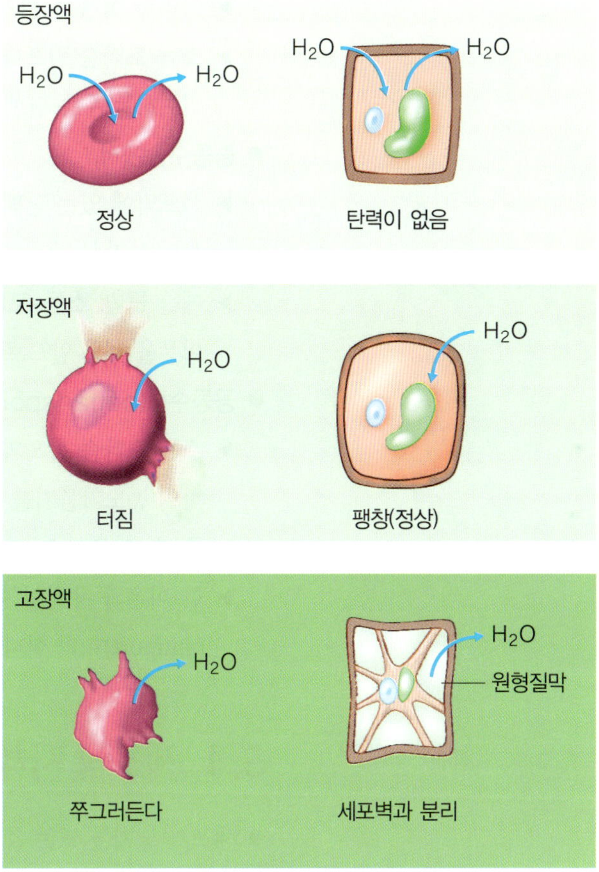

그림 5.2 장성(tonicity)에 따른 동물세포(왼쪽)와 식물세포(오른쪽)의 반응

한 토막 생물 뉴스

아(我)와 타(他)의 경계

세포와 세포 사이(단세포 생물의 경우에는 자신과 외부 환경)를 경계 짓는 세포막은 **인지질**과 **막 단백질**로 구성되어 있으며, **선택적 투과성**을 가지고 물질 수송이라는 매우 중요한 기능을 수행한다. 즉, 세포는 세포막을 통해서 생존에 필요한 물질을 흡수하고 노폐물을 배출한다. 이러한 물질이동은 **확산**과 **삼투** 그리고 에너지 소비가 따르는 **능동수송** 등에 의해서 이루어지는데, 이에 대해서는 아직도 많은 연구가 진행 중이다. 일례로 최근 화장품 광고에까지 등장하며 대중에게 알려지고 있는 아쿠아포린(aquaporin, '물의 구멍'이란 뜻)의 발견으로 물이 **단순확산**이 아니라 세포막 단백질 통로를 통한 **촉진확산**에 의해서 수송된다는 새로운 사실을 알게 되었다. 이것을 발견한 존스 홉킨스(Johns Hopkins) 의과대학의 피터 애그리(Peter Agre) 교수는 2003년 노벨 화학상을 수상하였다.

5.3 능동수송은 농도 차이에 역행하여 용질을 이동시키며 에너지를 사용한다

● **능동수송**을 수행하는 막 단백질들은 대개 ATP를 에너지로 사용한다.

● 이온들은 화학적기울기(농도)와 전기적기울기(전압)를 둘 다 형성할 수 있다.

- 이러한 힘들은 **전기화학적 기울기**로 합쳐져 이온 확산의 방향을 결정한다.
- 소듐-포타슘 펌프나 양성자 펌프와 같은 전기발생 펌프들은 전기화학적 기울기에 기여하는 수송 단백질이다.

- **능동수송**에서,
  - 세포막에 있는 단백질 중 일부는 대사에너지를 사용하여 농도기울기와 반대로 이온과 분자의 막을 통해 이동시킨다.
  - 예를 들면, **소듐-포타슘 펌프**는 ATP를 사용하여 소듐이온을 세포 밖으로, 포타슘 이온을 세포 안으로 펌프하게 된다.
- **공동수송**(cotransport)에서
  - 소듐-포타슘 펌프와 같이 ATP를 이용한 펌프는 이온 또는 몇몇 다른 용질을 펌프하여 농도기울기를 유지하면서 다른 용질분자들을 간접적으로 수송하게 된다.
  - 즉, 한 이온의 "내리막" 확산은 다른 용질의 "오르막" 수송을 이끌어 낸다.
  - 한 이온과 용질의 이동방향이 같으며 동방향 수송(symport) 다르면 역방향 수송(antiport)이라 한다.

5.4 세포막 자체의 움직임으로 대량 수송이 이루어진다

- 세포가 노폐물 또는 호르몬이나 점액과 같은 물질들을 내보낼 때 원형질막에 소낭을 융합시켜 배출한다.
- 이 **세포외 배출** 과정에서 원형질막의 표면적이 증가한다.
- **세포내 섭취**작용에서는 세포막으로부터 안쪽으로 함몰된 소낭을 통해서 분자들이 세포로 들어간다.
  - 원형질막의 일부가 먹이와 같은 물질들을 둘러싸서 소낭이나 액포 속에 넣은 다음 세포내부로 방출하게 된다. 이 과정에서 원형질막의 표면적은 감소하게 된다.
  - 세 가지 형태의 세포내섭취작용은 **식세포작용, 음세포작용, 수용체-매개 세포내 섭취**작용이 있다.
  - 식세포작용에서 원형질막은 박테리아나 원생생물과 같은 입자들을 둘러싸서, 액포를 형성하여 세포 내부로 이동시킨다.
  - 음세포작용에서 세포는 소낭들을 형성하여 용해된 물질들을 받아들인다.
  - 수용체-매개 세포내섭취작용에서, 원형질막을 따라 피복된 홈(coated pit)에 있는 특정한 수용체들이 리간드와 결합한다. 클라스린이라는 단백질로 덮여 있는 이 홈들은 세포내 도입에 의해 소낭을 형성한다.

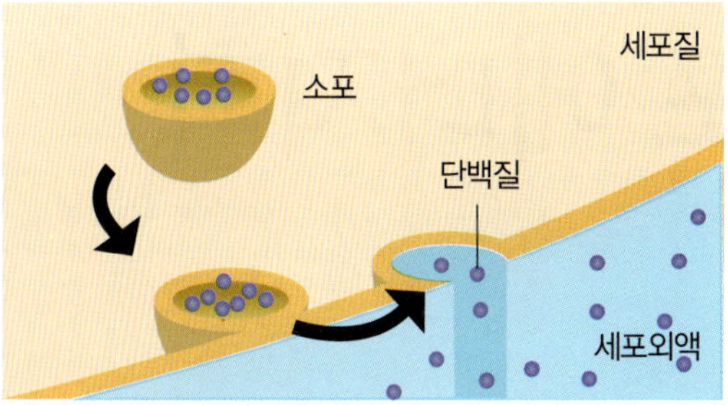

(a) 세포외 배출작용

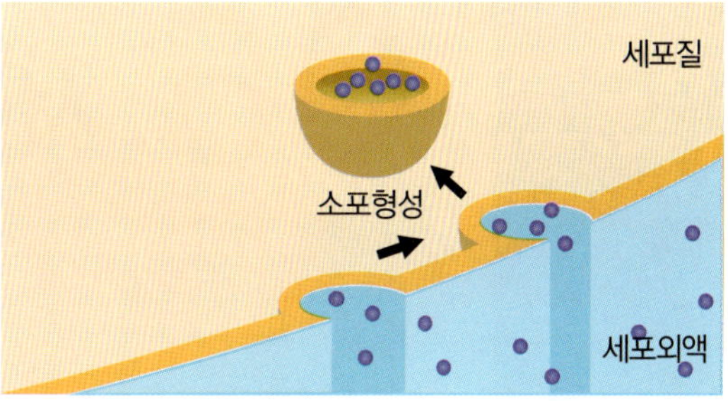

(b) 세포내 섭취작용(음세포작용)

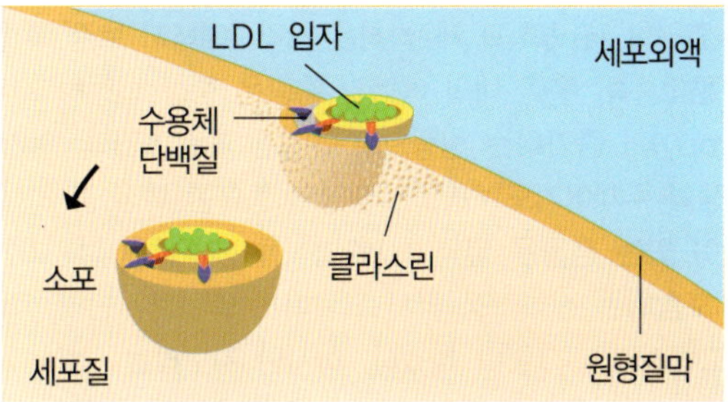

(c) 세포내 섭취작용(저밀도 지질단백질[LDL]이 수용체-매개 세포내 섭취작용에 의해 세포 내로 들어가는 과정)

그림 5.3 세포막 자체의 움직임에 의한 집단 수송

06 세포 에너지학

열역학 제2법칙을 거스르는 생물(?)

과학에서 가장 포괄적이고 일반적인 원리는 **'열역학 법칙'**이라 할 수 있다. 생명현상도 기본적으로 이 법칙에 의거하여 설명한다. 열역학 제1법칙과 제2법칙은 각각 "에너지 보존"의 법칙과 "무질서도 증가"의 법칙이라고도 부른다. 즉, 우주 내의 에너지 총량은 항상 일정하고 우주는 무질서도를 나타내는 **엔트로피(entropy)**가 증가하는 방향으로 진행한다는 얘기다. 여기서 불현듯 의문이 생길 수 있다. 이는 논쟁의 주제이기도 하였다. 생명의 중요한 특징 중 하나가 조직화(organization)인데, 그러면 살아 있는 생물은 열역학 제2법칙을 거스른단 말인가? 그리고 복잡하고 커다란 생물의 출현을 포함하는 진화과정 역시 그렇다는 말인가? 만약 생물체가 물질과 에너지의 출입이 불가능한 고립계라면 그렇다 하겠다. 하지만 지구라는 '계(system)'를 보면 태양으로부터 엄청난 에너지를 얻는 특수한 상황에 있다. 이런 상황은 지구만 따로 생각할 수 있는 고립된 '계'가 아니라는 것이다. 우리도 살기 위해서는 끊임없이 먹고 배설해야 하지 않는가? 이것이 모든 생물체가 **열린계**임을 보여주는 명확한 증거다. 따라서 생물체 안에서 엔트로피가 증가해야 이유가 없고, 이것이 열역학 제2법칙이 잘못된 것이라든지 또는 생물이 보편타당한 물리법칙을 거스른다는 의미도 아니다. 실제로 열린 지구의 자연 환경에서는 생물체 말고도 엔트로피가 감소하는 경우를 어렵지 않게 볼 수 있다. 얼음이 얼고, 수증기가 응축되어 비도 내리고... 그리고 지구가 열린계가 아니라면 용수철은 압축될 수 없고 공은 공중으로 솟아오를 수도 없으며 발전기를 돌려 물을 높은 곳으로 역류시킬 수도 없다.

핵심 체크 Key Point

아래에 열거된 개념 또는 용어들을 '문제'라고 가정하고 답을 작성해 보자.

물질대사(Metabolism)와 에너지

- 에너지의 정의와 단위:
  - ✓ 생물에너지학(bioenergetics)이란?
  - ✓ 열(heat), 열에너지(thermal energy), 온도의 정의
- 에너지의 종류와 상호전환

6.1 개념을 이해했다면?
생물이 사용하는 화학에너지(chemical energy)를 예로 들어 운동에너지와 위치에너지의 상호전환에 대해 설명해 보자.

✔ 운동에너지(kinetic energy)의 정의와 예

✔ 위치에너지(potential energy)의 정의와 예

대사경로(metabolic pathway)의 정의와 종류 설명

✔ 이화작용경로(catabolic pathway)의 정의와 예

✔ 동화작용경로(anabolic pathway)의 정의와 예

- 열역학 제1법칙(first law of thermodynamics) = 에너지보존 법칙(principle of conservation of energy)이란?
- 열역학 제2법칙(second law of thermodynamics)이란?

✔ 엔트로피(entropy)와 무질서도

✔ 닫힌계(system)와 열린계의 비교

6.2 개념을 이해했다면?
생물이 열역학 제2 법칙을 어기는지 여부를 논리적으로 설명해 보자.

자유에너지 변화와 ATP의 역할

- 자유에너지(free energy)의 정의와 변화: ΔG

✔ 안정성은 어떻게 유지되는가?

✔ 반응의 평형이란?

6.3 개념을 이해했다면?
반응의 자발성을 판별하는 기준은 무엇인가?

발열반응(exergonic reaction)과 흡열반응(endergonic reaction)을 비교

- ATP(아데노신 3인산, adenosine triphosphate)의 구조와 세포에서의 역할

ATP가 어떻게 세포 내에서 일을 수행하는지 설명

6.4 개념을 이해했다면?
에너지 연계(energy coupling)와 ATP가 화학반응에 필요한 이유를 설명해 보자.

효소의 역할과 조절

- 촉매(catalyst)란?
- 효소(enzyme)가 반응의 속도를 증가시키는 이유
  - ✔ 활성화 자유에너지(free energy of activation, E_A)의 정의와 의미: 활성화 자유에너지가 없으면 화합물 또는 분자의 구조가 유지될 수 있을까?

효소는 어떤 메커니즘으로 활성화 자유에너지의 수준을 낮출까?

  - ✔ 효소와 ΔG의 관계

6.5 개념을 이해했다면?
효소와 기질이 결합하여 반응이 끝나기까지의 과정을 묘사해 보자.

- 효소의 작용 메커니즘 설명
  - ✔ 기질 특이성(substrate specificity)과 효소-기질복합체(enzyme-substrate complex)
  - ✔ 활성부위(active site)란?
  - ✔ 유도적합(induced fit)의 과정

6.6 개념을 이해했다면?
온도와 pH는 왜 효소의 활성을 변화시키는지 그 이유를 설명해 보자.

- 효소 활성에 대한 온도와 pH의 효과
- 보조인자(cofactor)란?, 조효소(coenzyme)란?

효소활성의 조절 메커니즘 설명

6.7 개념을 이해했다면?
경쟁적 억제자(competitive inhibitor)와 비경쟁적 억제자(noncompetitive inhibitor)를 비교하고 예를 들어 설명해 보자.

  - ✔ 다른 자리 입체성 조절(allosteric regulation)의 정의와 예
  - ✔ 협동성(cooperativity)의 정의와 예
- 세포의 효소 작용 조절 방법
  - ✔ 되먹임 억제(feedback inhibition)의 메커니즘과 예
  - ✔ 분획화(sequestration)란?

주요내용 Key Information

6.1 물질대사는 일종의 에너지 전환 과정이다

- 에너지는 변화를 초래하는 능력이다.
  - 에너지는 열로 측정될 수 있다.
  - **열에너지**의 단위는 **킬로칼로리(kcal = Cal)**이며, 1 kcal는 4.184 kJ에 해당한다. 그러나 열에너지로는 세포가 일을 할 수 없다.
  - 에너지는 크게 위치에너지와 운동에너지를 나눌 수 있다.
- **위치에너지**는 생물을 구성하는 분자에 저장되어 있고 **운동에너지**는 운동할 때에 사용된다.
  - 모든 형태의 에너지는 상호전환된다.
  - 모든 생물체는 지속적인 에너지의 유입에 의존하여 대사 과정을 통해 에너지가 전환되는 가운데 발생하는 에너지를 사용한다.
  - 예를 들면, 광합성 생물들은 빛에너지를 붙잡아 그 에너지의 일부를 위치에너지 형태인 **화학에너지**로 전환시켜 수많은 생명현상을 추진하는 원동력을 제공한다.
- 물질대사는
  - 크고 복잡한 분자들을 분해하여 에너지를 방출하는 **이화작용(catabolism)**과 작고 단순한 분자들을 조립하면서 에너지를 소비하는 **동화작용(anabolism)**으로 나누어진다.
  - 생물체의 물질대사는 열역학법칙의 지배하에 물질과 에너지를 변형시킨다.
  - 계와 주변의 분리된 **닫힌 계**는 **열린 계**와는 달리 환경과 에너지를 교환하지 않는다. 생물체는 열린 계이다.
- **열역학 제1법칙**은 에너지는 창조되거나 파괴될 수 없고, 단지 전달되거나 다른 형태로 변할 수 있다는 것이다. 따라서 생물체들은 에너지를 만들 수 없지만, 열린 계로서 환경으로부터 지속적으로 에너지를 획득해야 한다. 「아이, 로봇」의 저자로 더 잘 알려진 생화학자 아이작 아시모프(Isaac Aimov, 1920~1992)는 이 법칙에 대해 이렇게 말했다. "에너지는 한 장소에서 다른 장소로 이동되기도 하고 한 형태에서 다른 형태로 전환될 수도 있지만 결코 창조되거나 소멸될 수 없다."
- **열역학 제2법칙**은 닫힌 계인 전체 우주의 무질서도, 즉 **엔트로피**가 지속적으로 증가한다는 것이다.
  - 에너지전환 효율은 100%가 아니다. 그 이유는 일부의 에너지는 엔트로피 또는 무질서도를 증가시키는 무작위적 운동인 열로서 주위로 흩어지기 때문이다.
  - 생물체들은 환경으로부터 취한 비용으로, 즉 환경의 엔트로피를 증가시키면서 그들의 질서 있는 체계를 유지한다.

6.2 ATP는 발열반응과 흡열반응을 짝지어줌으로써 세포작용에 필요한 원동력을 공급한다

- 생물학적 과정 동안의 자유에너지 변화(ΔG)는 **엔탈피(계의 전체 에너지)변화**(ΔH) 및 엔트로피(ΔS)와 직접적으로 관련된다, 즉 $\Delta G = \Delta H - T\Delta S$이다($T$ = 절대온도).
  - ▶ 생물은 자유에너지를 사용하여 생명을 유지하는데, 에너지의 투입이 없다면 자발적인 변화 동안 자유에너지는 감소하며 계의 안정성은 증가한다.
  - ▶ 안정성이 최대일 때, 그 계는 평형 상태($\Delta G = 0$)에 있다. 생물의 경우, 생명현상이 일어나지 않을 때(즉, 죽음)가 해당한다.
- **발열(자발적)화학반응**에서 생성물은 반응물보다 적은 자유에너지를 갖는다. 즉, $\Delta G < 0$ 이다.
  - ▶ **흡열(비자발적)반응**은 에너지의 투입을 필요로 한다. 즉, $\Delta G > 0$ 이다.
  - ▶ 초기 재료의 추가와 최종산물의 제거는 물질대사가 평형에 도달하는 것을 막는다. 이렇게 반응이 평형에 도달하지 못하게 하는 것이 생명이 유지되는 방식이다.

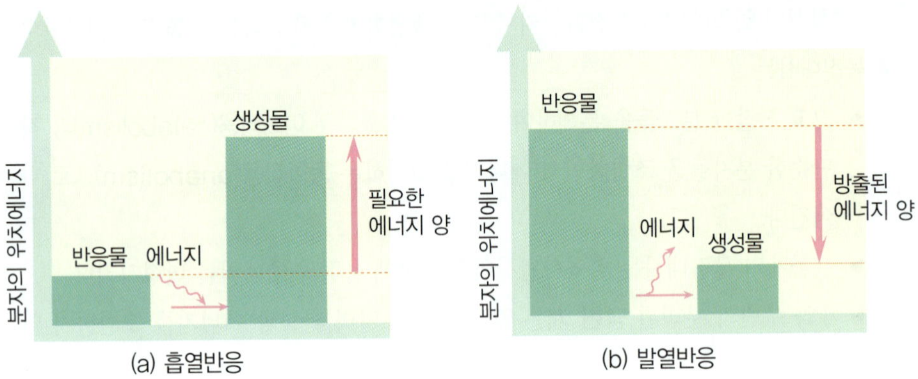

그림 6.1 반응의 종류와 에너지 변화

- **화학반응**이 동적 평형 상태에 있을 때, 한 쪽 방향으로 변화하는 속도는 반대방향으로 변화하는 속도와 같다. 반응물과 생성물 간의 자유에너지 차이가 0이기 때문에 이 계는 일을 할 수 없다.
- ATP는 에너지 셔틀이다.
  - ▶ ATP는 말단 **인산기**를 배출하여 ADP와 인산을 생성하는데, 이때 자유에너지가 방출된다.
  - ▶ ATP는 인산기를 특정 반응물에 이전시키는 인산화를 통해서 흡열반응에 동력을 제공한다. 즉, $\Delta G < 0$ 상태로 만든다. 이에 따라 반응물의 반응성이 높아진다. 이런 방법으로 세포는 이동이나 동화작용 같은 작업을 수행할 수 있다.
  - ▶ 반면, 이화작용경로는 ADP와 인산으로부터 ATP를 재생한다.

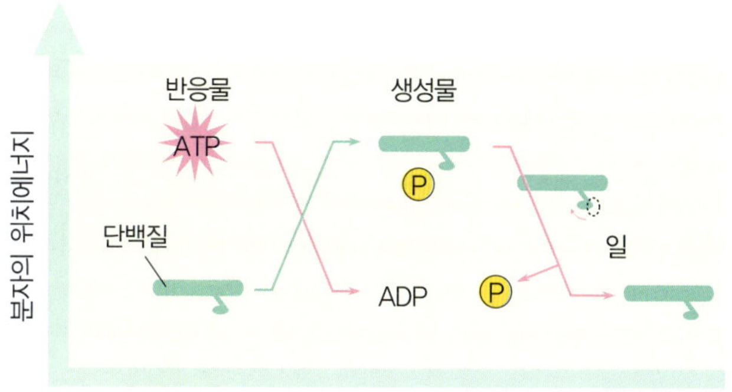

그림 6.2 ATP가 일을 수행하는 방식

6.3 효소는 생물학적 촉매로서 반응의 속도에 관여한다

- 촉매제는 소모되지 않으면서 화학반응 속도를 크게 증가시킨다. 효소는 생물의 촉매제로서 반응이 진행되는 데에 필요한 운동에너지인 **활성화에너지(E_A)**를 낮추는 일을 한다.
- 효소는 특정 대상 분자인 기질과 결합하는 **기질 특이성**을 지닌다.
    - ▶ 효소의 **활성부위**는 **기질**들이 가까이 다가와 접촉하게 되는 3차원 부위이다. 기질이 활성부위에 접촉하게 되면 반응이 일어난다.
    - ▶ 기질이 활성부위에 결합하면 **효소-기질복합체**가 형성되어 효소와 기질의 모양이 약간 변한다.
    - ▶ 이와 같은 **유도적합**은 이미 형성되어 있던 결합들을 끊고 새로운 결합들이 형성되는, 즉 활성화 에너지를 낮추는 조건을 형성하게 된다.
- 효소들마다 최적 활성을 나타내는 온도와 pH가 다르다.

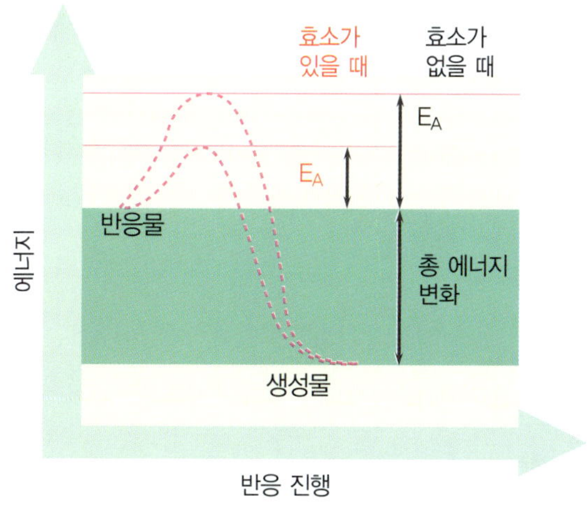

그림 6.3 효소는 반응의 활성화에너지를 낮춘다

- 세포는 생성과 분해를 통해 효소의 양을 조절하고, 효소의 기능에 영향을 주는 요인들을 변화시켜 효소활성을 조절할 수 있다.
  - ▶ 어떤 효소들은 **다른 자리 입체성** 부위를 갖는다. 이 부위는 효소의 활성을 변화시키는 다른 자리 입체성 조절인자가 결합하는 비촉매성 부위이다.
  - ▶ 일부 다른 자리 입체성 효소들은 **되먹임저해**의 대상이 된다. 되먹임저해는 최종 산물이 물질대사 경로의 초기반응을 저해하는 것이다.
  - ▶ 가역적 저해는 저해제가 효소와 약한 화학결합을 형성할 때 일어난다. 가역적 저해는 저해제가 활성부위에 대해 기질과 경쟁하여 **경쟁적**으로 일어날 수도 있고, 저해제가 활성부위가 아닌 효소의 다른 부위와 결합하여 **비경쟁적**으로 일어날 수도 있다. **비가역적 저해**는 효소와 결합하여 효소를 영구적으로 불활성화시킬 때 일어난다.

한 토막 생물 뉴스

한 토막 생물 뉴스: 다른 자리 입체성 조절과 통풍(痛風)

예로부터 날마다 기름진 음식으로 미식하는 왕족이나 귀족과 같은 부유층에서 많이 일어나서 일명 '황제병'이라고도 부르는 통풍은 이름 그대로 바람만 불어도 아플 정도로 심한 통증을 주는 관절염의 일종이다. 그러나 최근에는 식생활의 변화로 모든 사람에서 고르게 발생하고 있는데, 우리나라에는 중년 이후의 남자에서 특히 많이 발생한다. 의학적으로 통풍은 음식을 통해 섭취된 단백질 대사로 생기는 요산의 혈중 농도가 높아지면서 요산염(요산이 혈액, 체액, 관절액 내에서는 요산염의 형태 존재함) 결정이 관절의 연골, 힘줄, 주위 조직에 침착되어 생기는 질병으로 결정화된 요산염을 면역세포가 공격하여 빨아들일 때 고통을 느끼는 증상이 나타난다. 혈중 요산 수치가 높아지는 원인으로는 유전적 요인, 과도한 단백질 섭취, 신장 기능 이상, 과다한 알코올 섭취 등이 있다. 대사와 관련된 통풍의 원인 중 하나는 아데닌과 구아닌 등 퓨린 합성에 관련된 효소의 결함이다. PRS(PhosphoRibosylpyrophosphate Synthetase)라는 효소는 퓨린의 마지막 생성물인 요산의 생성 과정에서 중간 산물인 5-phosphorybosyl-1-pryrophosphate의 합성 과정을 촉매한다. 이 효소의 활성은 과생산된 퓨린에 의한 다른 자리 입체성 조절을 통해 되먹임 억제(negative feedback)되는데, 이 억제 조절이 일어나지 않아 요산이 축적되면서 통풍 증상이 나타나게 된다. 통풍을 예방하거나 치료하려면 육류 섭취를 줄이고 물을 많이 마셔 요산이 축적되는 것을 막아야 한다.

07 세포호흡

Breathing과 Respiration의 차이?

호흡은 내쉬는 숨 '호(呼)'와 들이쉬는 숨 '흡(吸)'을 같이 지칭하는 단어이다. 순우리말로 하면 '숨쉼'이고 영어로는 breathing이다. 어쨌든 이 단어들은 바깥 공기를 코와 입으로 들이마셔 기도를 거쳐 폐로 보내고 이산화탄소가 많은 몸속 공기를 몸 바깥으로 이동시키는 과정, 즉 기체교환을 의미한다. 그렇다면 생물학에서 세포호흡으로 번역되는 respiration은 무엇인가? 폐로 들어온 산소가 혈관을 타고 몸을 이루는 각각의 세포에 도달한 이후에 세포 내에서 일어나는 기체교환 과정을 가리킨다. 세포는 소화계가 음식을 소화하여 사용하기 편한 형태로 전달된 에너지원에서 에너지를 추출하는 데에 산소를 이용한다. 세포호흡 또는 호흡의 생물학적 중요성은 영어와 우리말 모두에 그대로 담겨져 있다. 'Respire'의 'spire'가 들어가는 단어를 보면 inspire(영감을 주다), expire(끝나다, 이승을 하직하다), transpire(일이 발생하다, 식물이 증산하다), perspire(땀을 흘리다), spirit(영혼, 정신) 등 생명활동과 관련된 것들이 많다. 우리말은 더 직접적이다. '숨이 붙어 있다', '숨지다' 등이 그 예인데, 생물체의 삶과 죽음을 의미한다. 그도 그럴 것이 호흡은 생명을 규정하는 주요 기준 중 하나인 물질대사의 중심이기 때문이다.

핵심 체크 Key Point

아래에 열거된 개념 또는 용어들을 '문제'라고 가정하고 답을 작성해 보자.

산화환원반응

- 이화반응경로(catabolic pathway)의 의미
  - ✔ 세포호흡(cellular respiration)의 목적
- 산화환원반응(oxidation-reduction reaction, redox reaction)
  - ✔ 산화(oxidation)란?, 환원제(reducing agent)란?
  - ✔ 환원(reduction)이란?, 산화제(oxidizing agent)란?

7.1 개념을 이해했다면?
NAD^+와 전자전달계의 전자수용체(electron acceptor)의 역할을 비교, 설명해 보자.

생물의 산화 과정이 에너지 활용에 유리한 이유

- ✔ 전자의 위치에너지와 산소의 역할
- ✔ 산화적 인산화(oxidative phosphorylation)의 의미

7.2 개념을 이해했다면?
수소분자를 산화시키는 과정을 '폭발'과 전자전달계'로 나누어 비교해 보자.

- 세포호흡의 3단계 각각이 일어나는 장소
  - ✔ 해당과정, 시트르산 회로(citric acid cycle 또는 krebs cycle), 전자전달계(electron transfer system)
  - ✔ 세포질 vs. 미토콘드리아

산화적 인산화와 기질수준 인산화(substrate-level phosphorylation)의 비교

해당과정(Glycolysis)의 의미

- 해당과정의 두 단계를 비교: 에너지 소모와 에너지 생산 단계
- 해당과정의 주요 반응들
- 해당과정이 일어나는 장소

해당과정의 생산물은 무엇이고 얼마나 만들어졌는가?

- ✔ ATP와 NADH가 만들어지는 과정과 양
- ✔ NADH가 지닌 전자는 어떻게 사용되는가?
- ✔ 당의 분해산물은 최초의 포도당의 몇 %에 해당하는 에너지를 지니는가?

- 산소가 없어도 해당과정이 일어날까? 각자의 답변에 대한 이유는?

시트르산 회로(Citric acid cycle)의 의미

- 해당과정의 최종산물인 피루브산(pyruvic acid)이 미토콘드리아에 들어와 시트르산 회로에 진입하기 위한 준비과정
  - ✔ 다효소복합체(multienzyme complex)가 작용하는 이유와 과정
  - ✔ 피루브산(pyruvic acid), 시트르산(citric acid), 아세틸 CoA(acetyl CoA)

시트르산 회로(citric acid cycle)의 주요 생성물

- ✔ NADH, $FADH_2$는 어떤 과정에서 얼마나 생성되는가?
- ✔ ATP가 생성되는 과정과 기질수준인산화란?
- ✔ CO_2는 포도당 한 분자당 몇 분자가 어떤 단계에서 생성되는가?

7.3 개념을 이해했다면?
포도당 1분자당 10분자가 생성될 정도로 NADH가 많이 생성되는 이유를 설명해 보자.

- 시트르산 회로가 일어나는 장소

전자전달(Electron transport)의 효과

전자전달계의 역할이란?

7.4 개념을 이해했다면?
산소가 없다면 시트르산 회로와 전자전달계가 작동하지 않는다. 왜 그런지 설명해 보자.

- ✔ 구성단백질의 특징: 보결분자단(prosthetic group)의 특성
- ✔ 전자전달계 구성단백질들의 역할은 무엇인가?
- ✔ 시토크롬(cytochrome), 유비퀴논(ubiquinone)
- ✔ 산소분자의 역할

- 화학삼투(chemiosmosis) 과정
  - ✔ ATP 합성효소(ATP synthase)의 구조와 작동 매커니즘
  - ✔ 수소이온의 이동력(proton motive force)이 생기는 과정과 이들이 나타내는 효과

7.5 개념을 이해했다면?
전자전달과정에서 양성자 기울기가 생기는 이유는 무엇인가?

음식에서 산소에 이르는 전자이동경로와 전자에너지의 사용 과정을 순서대로 나열하여 설명해 보자.

- 포도당 한 분자당 생성되는 ATP의 수
  - ✔ 36개인 경우와 38개인 경우로 다른 이유: NADH vs. $FADH_2$
  - ✔ 세포호흡의 에너지 효율과 인공 열기관의 에너지 효율의 비교

발효(Fermentation)가 일어나는 조건

유산소 조건(aerobic) vs. 무산소 조건(anaeorobic)에서 전자의 이동경로의 차이는?

발효 결과 생기는 산물

- ✔ NADH의 전자에너지 사용
- ✔ 알코올과 젖산의 형성 과정에서 최종 전자 수용체는?

- 알코올발효(alcohol fermentation) 과정과 예
- 젖산발효(latic acid fermentation) 과정과 예
- 조건부 혐기성(비산소요구성) 생물(facultative anaerobes)의 의미와 예

7.6 개념을 이해했다면?
산소호흡과 발효의 에너지 효율을 비교해 보자.

7.7 개념을 이해했다면?
발효와 무산소 호흡(anaerobic respiration)의 차이를 설명해 보자.

이화작용의 다재다능성

- 베타 산화(beta oxidation)란?
- 생합성(동화작용 경로)과 호흡 경로의 연결점

되먹임 메커니즘에 의한 세포호흡의 조절 방식

주요내용 Key Information

7.1 생명 활동은 태양빛의 형태로 생태계로 들어오는 에너지를 필요로 한다

- 에너지는 일을 하기 위해서 사용되거나 열로 방출된다. 반면 필수 화학원소들은 호흡과 광합성에 의해서 재순환된다.
- **이화반응경로**는 유기물질 연료를 산화시켜 에너지를 생산한다.
  - ▶ 포도당($C_6H_{12}O_6$)과 다른 유기연료의 분해는 **발열반응**이다.
  - ▶ 세포호흡은 포도당 및 여러 유기분자들과 O_2를 사용하여 H_2O와 CO_2를 만들며 ATP와 열의 형태로 에너지를 생산한다.
  - ▶ 계속 일을 하기 위해서 세포는 ATP를 재생하여야 한다. 즉, 세포에 도달한 포도당은 단계적으로 분해되면서 에너지를 방출하고 최종적으로 이산화탄소로 전환된다(광합성의 역반응임을 주목).
  - ▶ 결국 광합성을 통해서 만들어진 당이 호흡에 의해서 분해되면서 에너지가 방출되니, 에너지는 햇빛 → 당 → 세포에너지 → 열(우리의 체온상기) 순서로 흐른다.

7.2 세포는 산화환원반응을 통하여 분자에 저장된 에너지를 얻는다

- 세포는 산화환원반응을 통하여 음식물분자에 저장된 에너지를 얻는데, 산화환원반응에서 한 기질의 전자들은 부분적으로 또는 전체적으로 다른 기질로 이동된다. 전자를 받는 기질은 환원되고 전자를 잃는 기질은 산화된다.
- 세포호흡 동안 포도당($C_6H_{12}O_6$)은 CO_2로 산화되고 O_2는 H_2O로 환원된다.
  - ▶ 유기화합물로부터 산소로 전자가 이동되는 동안 전자는 위치에너지를 잃는다.
  - ▶ 유기화합물로부터 전자들은 처음에 NAD^+로 전달되어, NAD^+를 NADH로 환원시킨다.
  - ▶ NADH는 그 전자를 전자전달계로 넘겨주는데, 이 전자전달계는 에너지 방출단계를 통하여 전자를 최종적으로 O_2로 보낸다. 이때 방출된 에너지는 ATP를 만드는 데에 사용된다.

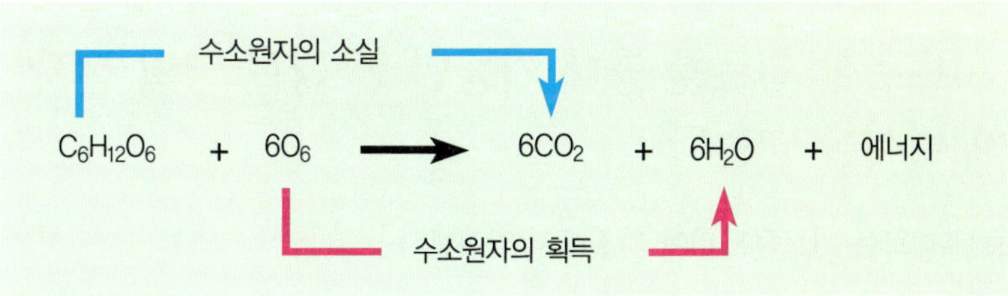

- 핵심을 정리해 보면,
  - ▶ 생물체 내에서의 에너지 흐름은 수소이온(H^+)과 전자(e^-)를 매개체로 이루어진다. 마치 야구 경기에서 타자가 방망이를 휘두른 힘이 야구공에 실려 이동하는 것처럼.
  - ▶ 분해단계마다 포도당에 저장되어 있던 에너지가 수소이온과 전자에 담겨져 방출되는데, 일부는 ATP 형태로 저장되어 세포가 사용하고 나머지는 열로 방출된다.
  - ▶ 그리고 남겨진 수소이온과 전자는 산소와 결합하여 물이 되니, 산소는 수고하고 지친 수소이온과 전자를 품에 안아 쉬게 함으로써 대부분 생물(모든 생물이 아님에 유의 바람)의 삶을 유지시킨다.

7.3 해당과정은 1분자의 포도당을 분해하여 2분자의 유기산을 만든다

- 세포질에서 일어나는 해당작용은 에너지를 소모하는 전반부와 소모된 양 이상으로 에너지를 합성하는 후반부로 나누어 살펴볼 수 있다.
- 10단계에 걸쳐 일어나는 일련의 화학반응 결과, 포도당 1분자당 **2분자의 ATP, 2분자의 NADH, 2분자의 피루브산(pyruvic acid)이 합성**된다.
- 이 과정에서 포도당이 지닌 에너지의 75%는 피루브산에 남아 있어 다음 단계에서 사용된다.

한 토막 생물 뉴스

진핵생물의 에너지 효율 증가

미국의 생물학자 린 마굴리스(Lynn Margulis)가 주장한 내부공생(endosymbiosis) 가설(40쪽 한 토막 생물뉴스)에 따르면 지구상 유일한 세포 생물체로 박테리아만 존재하다가 진핵세포가 처음 등장해 다양한 다세포 생물의 진화가 시작되었던 20억 년 전 즈음, 지구 대기에 늘어난 산소에 대응하여 생물들은 변화를 겪게 되었다. 그 중 하나가 산소를 이용할 수 있는 생물을 집어삼키는 과정에서 공생으로 발전하게 된 생물들이다. 이 공생은 너무나도 자연스러워 지금은 전혀 다른 기원이라 생각할 수 없을 정도이다. 미토콘드리아의 조상인 세균은 다른 원핵세포에 공생하면서 현재에 이르게 된 것이다. 그래서 무엇이 바뀌었는가? 공생 이전에 해당과정을 통해 포도당 한 분자당 2분자의 ATP를 얻을 수밖에 없었던 생물들로부터 이의 19배에 해당하는 ATP 에너지를 만들 수 있는 진핵생물이 생겼다는 것이다. 이렇게 증가된 에너지 효율은 모든 진핵생물에서 볼 수 있다. 세균, 즉 원핵생물은? 이들은 세포호흡을 원형질막에서 수행한다. 어쨌든 현존하는 모든 생물은 해당과정이라는 대사과정을 기본적으로 지니고 있는 공통점을 가지고 있다.

7.4 시트르산 회로를 통해 가능한 한 많은 양의 전자 에너지를 얻는다

- 시트르산 회로는 미토콘드리아 기질에서 일어난다.

- 세포질에서 생성된 피루브산은 미토콘드리아로 진입하자마자 시트르산 회로를 거치면서 NAD^+에 전자를 주고 이산화탄소를 발생시켜 결과적으로 아세틸 코엔자임 A(acetyl CoA)로 전환된다.
- 아세틸 코엔자임 A의 2-탄소 아세틸기는 4-탄소인 옥살아세트산과 결합하여 6탄소인 시트르산을 형성하는데, 이 시트르산은 옥살아세트산으로 다시 분해된다.
- **이 회로를 통하여 2분자의 CO_2가 방출되고, 1분자의 ATP가 형성되며, 전자들이 NAD^+와 FAD로 넘겨져서 1회전당 3분자의 NADH와 1분자의 $FADH_2$가 생성된다.**

과정: 시트르산 회로

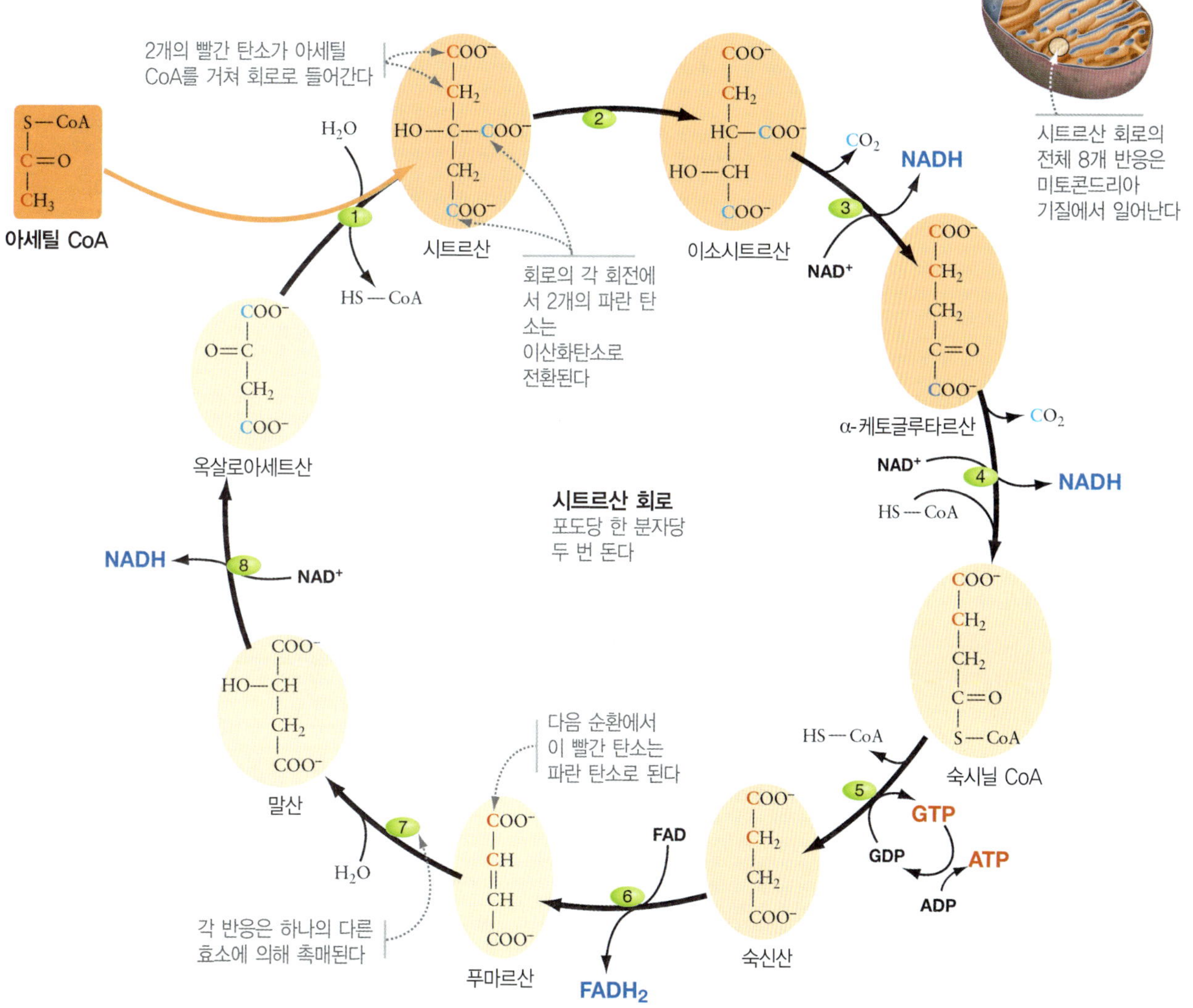

그림 7.1 시트르산 회로는 포도당의 산화를 완성한다.

7.5 산화적 인산화 과정에서 화학삼투를 통하여 전자전달과 ATP 합성이 연결된다

- NADH와 $FADH_2$는 전자들을 **전자전달계**로 넘겨주는데, 전자전달계는 전자의 전달을 통해서 ATP 합성을 추진한다.
  - ▶ 전자전달계에서 NADH와 $FADH_2$로부터 온 전자들은 여러 단계의 발열반응을 거치며 에너지를 잃어버린다.
  - ▶ 사슬의 끝에서 전자들은 O_2로 전달되어 O_2를 H_2O로 환원시킨다.
- **화학삼투**에서, 전자전달계 전자들이 가진 에너지의 일부는 양성자들을 미토콘드리아 내막을 가로질러 막간공간으로 퍼내는 데 사용된다.
  - ▶ 그 결과 미토콘드리아 내막을 가로질러 양성자 기울기가 형성된다.
  - ▶ 양성자(H^+)들이 막간공간내에 축적되어 pH를 낮춘다.

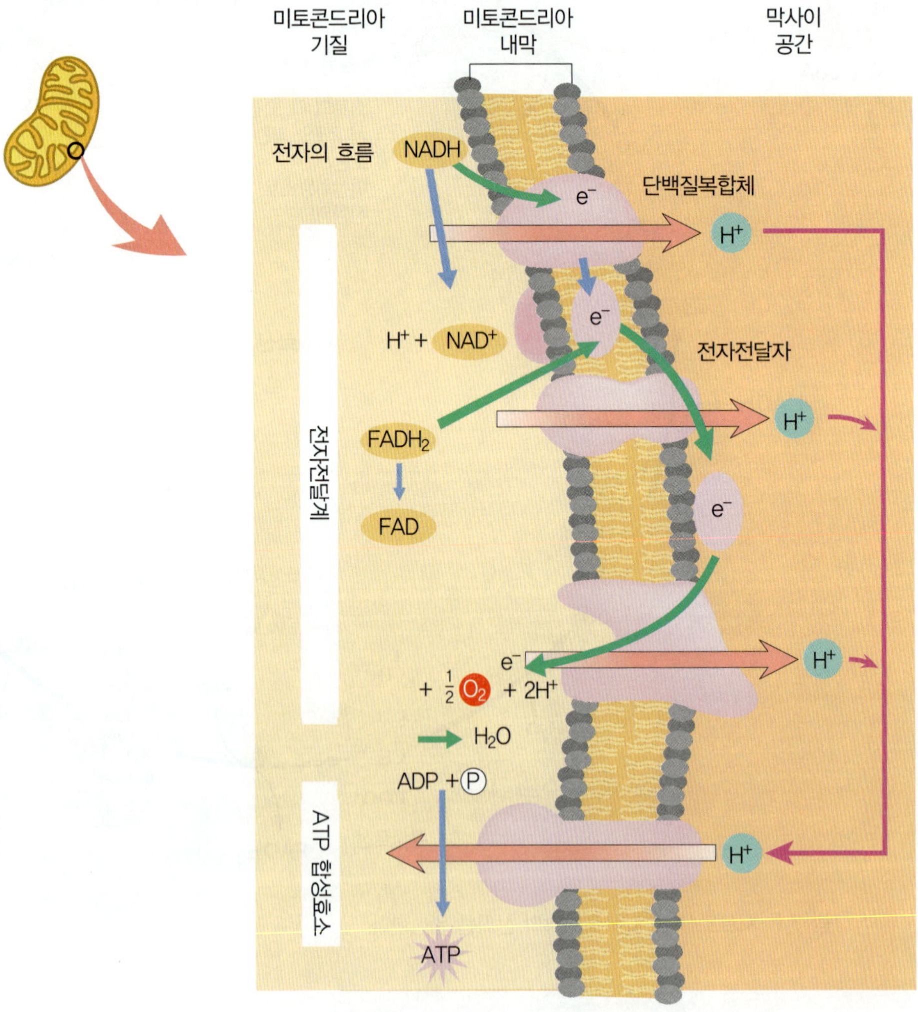

그림 7.2 전자에너지 사용과 ATP 합성

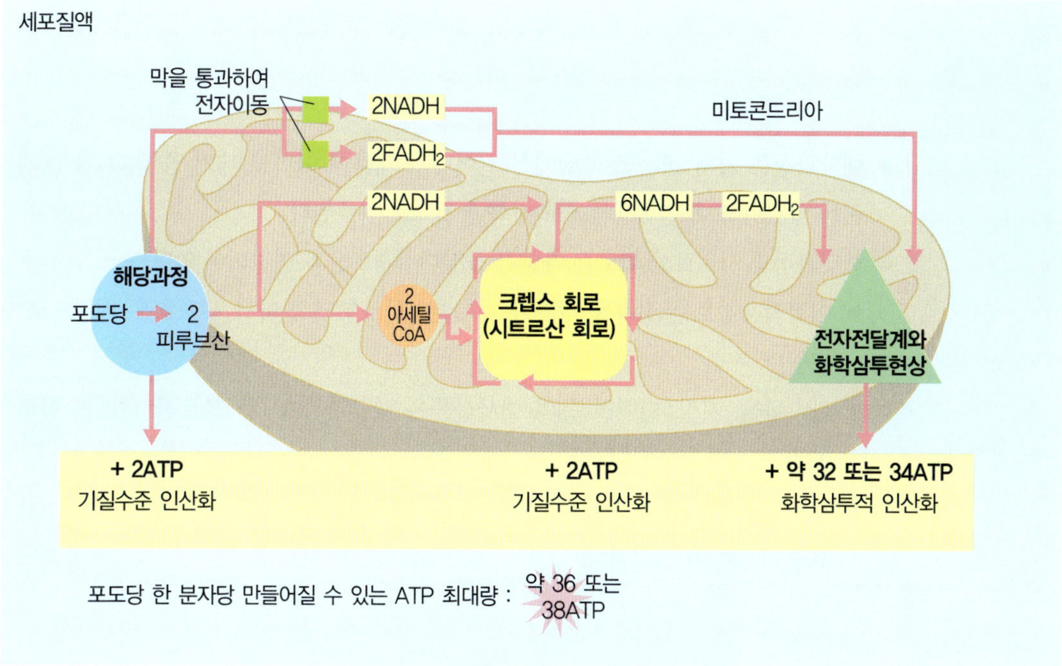

그림 7.3 세포호흡을 통한 ATP 합성 과정 요약

- 전자전달계의 단백질 복합체들은 H^+를 미토콘드리아 기질에서 막사이 공간으로 이동시킨다.
  - ▶ 이때 수소이온의 이동력(H^+ 기울기)으로 에너지가 저장된다.
  - ▶ H^+가 ATP 합성효소를 통하여 확산되어 기질로 되돌아갈 때 H^+의 통과는 ADP의 인산화를 추진한다.
  - ▶ 한 분자의 포도당에 저장된 약 40%의 에너지가 세포호흡 동안 ATP로 전달되어 최대 약 38분자의 ATP를 생산한다.

7.6 어떤 세포는 산소를 사용하지 않고 발효로 ATP를 생성한다

- 해당과정은 기질수준 인산화로 2분자의 ATP를 생산한다.
  - ▶ **무산소 조건에서 전자들을 NADH로부터 피루브산 또는 피루브산 유도체로 전달시켜 계속 포도당을 산화하기 위해 필요한 NAD^+를 재생시킨다.**
- **발효**의 대표적인 두 가지 유형은 알코올발효와 젖산발효이다.
  - ▶ 발효는 전자전달사슬을 이용하지 않는 무산소 과정이다.
  - ▶ 해당과정 동안 만들어지는 에너지 순이익은 포도당 하나당 두 개의 ATP뿐이다.
  - ▶ NADH의 수소원자가 최초의 영양소 중간 대사물로 전달되면서 해당과정에 필수적인 NAD^+의 공급이 유지된다.

7.7 세포호흡 과정은 체내의 에너지 대사와 밀접하게 관련되어 조절된다

- 해당과정은 거의 모든 생물체에서 일어나기 때문에 아마도 대기 중에 O_2가 생기기 전에 있었던 고대 원핵생물에서 진화한 것으로 간주된다.
- 해당과정과 시트르산 회로는 다양한 물질대사경로들과 연결되어 있다.
  - ▶ 이화작용경로는 전자를 다양한 유기분자들로부터 받아서 세포호흡 과정으로 넘겨준다.
  - ▶ 탄수화물, 지질, 단백질 등의 대사산물은 해당과정이나 시트르산 회로를 통하여 ATP 합성에 사용될 수 있다.
  - ▶ 세포호흡은 해당과정과 시트르산 회로의 핵심단계에 작용하는 다른 자리 입체성 효소에 의하여 조절된다.

한 토막 생물 뉴스

수렴진화의 예?

수소이온의 이동으로 인해 ATP가 합성되지만 수소이온의 이동경로가 ATP 합성효소가 아닌 미토콘드리아 내막 자체라면 무슨 일이 벌어질까? 이것은 수소이온의 누출을 의미하는데, 이렇게 되면 전자전달과 산화반응이 빠르게 일어나 전자의 위치에너지는 결국 열로 발산된다. 이 과정은 근육의 떨림 현상과 함께 동물들이 체온을 올리는 방법이다. 그런데 이런 일이 근육이 없는 감자에서도 일어난다고 보고되었다. 감자와 포유류의 최근 공통조상(recent common ancestor)이 이런 특징을 나타냈다고 보기에는 포유류와 식물은 너무 많은 중간의 최근 공통조상이 존재한다. 그리고 그 공통조상은 이런 특징을 지니지 않을 가능성이 크다. 그렇다면 이러한 방식의 열 발생은 일정 환경 자극(이 경우, 저온)에 적응하는 방법이 우연히 비슷해진 수렴진화 예가 될 것 같다.

08 광합성

자외선의 효능

광합성은 우리 눈으로 인식할 수 있는 파장인 가시광선을 이용한다. 광합성에 관여하는 색소 중에서 카로티노이드(carotenoid) 색소는 가시광선 중 상대적으로 짧은 파장의 빛을 흡수한다. 이 색소는 식물에게 해로울 수 있는 강한 에너지를 지닌 짧은 파장의 빛을 수용해 에너지 준위를 떨어뜨린 후 주변의 다른 색소에게 빛에너지를 전달한다. 그래서 이 색소는 빛에 의해 식물에게 생길 수 있는 피해를 줄인다. 사람은 식물의 이러한 예와 다르게 선크림을 발라 자외선의 피해를 줄이려 한다. 그런데 이런 장치가 없으면 자외선은 생물에게 해를 끼칠 수 있다. 아프리카의 많은 지역은 깨끗한 식수를 얻기 쉽지 않다. 지붕 위에 얇은 두께로 물을 담아 태양에 노출시키면 멸균된 식수를 얻을 수 있다. 또 집안의 화장실 집기나 이불 등, 습기 찬 곳에 생긴 곰팡이나 세균도 태양에 노출시키면 상당히 많은 양을 제거할 수 있다. 식당에서도 이러한 예를 볼 수 있다. 위에 부착된 자외선등이 켜진 소독기 안에 컵을 넣으면 살균이 가능하다. 어쩌면 위생적인 조리의 상징일 수도 있다. 중요한 사실은 자외선이 유리도 통과하지 못하기 때문에 컵을 뒤집어 놓는다든지, 제대로 세우더라도 여러 컵을 겹치면 살균효과를 볼 수 없다는 것이다.

핵심 체크 Key Point

아래에 열거된 개념 또는 용어들을 '문제'라고 가정하고 답을 작성해 보자.

생물의 영양방식

- 독립영양생물(autotroph)의 정의, 두 가지 영양방식과 각각의 예
- 종속영양생물(heterotroph)의 정의, 두 가지 영양방식과 각각의 예

광합성(Photosynthesis)이 일어나는 장소

- 광합성의 재료인 빛, 물과 이산화탄소를 엽록체가 얻는 방법
- 식물체 내에서 엽록체(chloroplasts)의 위치

✓ 엽육세포(mesophyll cells)란?

8.1 개념을 이해했다면?
물과 이산화탄소가 각각 대기와 토양에서 엽록체에 이르는 경로를 자세히 기술해 보자.

✔ 기공(stomata)과 공변(guard)세포의 구조와 역할

8.2 개념을 이해했다면?
엽록체와 미토콘드리아 모두 외막과 내막을 갖게 된 이유는 무엇일까?

엽록체의 구조와 기능

✔ 엽록소(chlorophyll)와 광합성 관련 색소

✔ 그라나(grana)와 틸라코이드(thylakoid)막의 구조와 이곳에서 일어나는 광합성 과정

✔ 스트로마(stroma)에서 일어나는 광합성 과정

광합성과 산화환원 과정

명반응(light reaction)과 캘빈회로(Calvin cycle)의 관계

✔ $NADP^+$(Nicotinamide Adenine Dinucleotide Phosphate)의 구조와 역할

✔ 광인산화(photophosphorylation)란?

■ 탄소고정(carbon fixation)에 필요한 화합물

명반응의 의미

■ 태양 빛의 본질

✔ 전자기스펙트럼(electromagnetic spectrum)과 빛의 성질

✔ 파장(wavelength)과 에너지의 관계

✔ 가시광선(visible light)과 광합성이 이용하는 파장

✔ 광자(photon)란?

■ 광합성 색소(pigment)의 종류

✔ 분광광도계(spectrophotometer)의 작용 원리

✔ 흡수스펙트럼(absorption spectrum)이란?

✔ 작용스펙트럼(action spectrum)의 정의와 광합성 작용스펙트럼 측정방법

✔ 빛에 의한 엽록소 분자의 흥분 과정과 결과

■ 광계(photosystem)의 구조와 기능

✔ 안테나(antenna) 분자의 종류와 역할

✔ 집광복합체(light harvesting complex)의 정체와 역할

✔ 반응중심(reaction center)이란?

✔ 1차 전자수용체(primary electron acceptor)란?

8.3 개념을 이해했다면?
엽록소 *a*(chlorophyll *a*), 엽록소 *b*(chlorophyll *b*), 카로티노이드(carotenoid)의 구조와 흡수스펙트럼 패턴을 비교하고 광합성에 관여하는 색소가 무엇인지 설명해 보자.

광계 II(photosystem II, PS II)의 정의와 구성요소

■ 물분자는 왜 쪼개지고 언제 어디서 이런 일이 일어나는가?

✔ 이 사실을 증명할 수 있는 실험을 설명

■ 광계 I(photosystem I, PS I)의 정의와 구성요소

비순환 전자 흐름(noncyclic electron flow)의 과정과 생산물 설명

✔ 광인산화가 일어나는 과정: 빛에너지를 사용해 ATP를 만드는 과정

✔ 이 과정에서 생성된 분자들이 방출되는 장소와 이유

■ 순환 전자 흐름(cyclic electron flow)이 필요한 이유

✔ 이 과정에 관여하는 주요 분자의 정체와 역할은?

8.4 개념을 이해했다면?
엽록체와 미토콘드리아 화학삼투의 공통점과 차이점을 설명해 보자.

캘빈회로 과정과 생산물

■ 탄소고정이란?

✔ 탄소고정을 담당하는 효소: C_3와 C_4의 각각의 경우를 비교

✔ 루비스코(Rubisco)의 작용과 이 효소의 대상인 3가지 기질은?

캘빈회로 3단계 각각의 의의

8.5 개념을 이해했다면?
캘빈회로에서 ATP와 NADPH의 역할을 설명해 보자.

✔ 탄소고정 단계

✔ 환원 단계와 사용되는 화학분자

✔ 이산화탄소 수용체(RuBP)의 재생산 단계

■ 회로가 진행되면서 유입된 이산화탄소와 생성되는 글리세르알데하이드-3-인산(glyceraldehyde-3-phosphate, G3P)의 양적인 관계

8.6 개념을 이해했다면?
캘빈회로가 작용하는 데에 필요한 것은 NADPH와 ATP이다. 명반응이 작동하는 데에 필요한 것은?

■ 생성된 G3P는

✔ 엽록체에서 어떻게 세포로 수송되는가?

✔ 잎이 아닌, 줄기, 뿌리, 꽃 등으로는 어떤 형태로 수송되는가?

■ 캘빈회로가 작동하지 않으면 명반응이 작동할까?

8.7 개념을 이해했다면?
캘빈회로를 더 이상 암반응이라 하지 않는 이유를 설명해 보자.

✔ 캘빈회로가 작동하지 않으면 명반응에 필요한 것이 공급될 수 있을까?

광호흡(Photorespiration)과 C_4 회로

■ C_3 식물(C_3 plant)에서 광호흡이 생기는 환경 조건

8.8 개념을 이해했다면?
광호흡이 식물에게 끼치는 손실을 설명해 보자.

산소가 유입되고 이산화탄소가 발생하는 과정을 중심으로 광호흡경로 설명

■ 광호흡을 수행하는 세포소기관 3가지는?

■ C_4 식물과 CAM(crassulacean acid metabolism) 식물이란?

광호흡이 생길 수 있는 조건에서도 C4 식물과 CAM 식물의 광호흡이 일어나지 않는 이유?

✔ 다발초세포(bundle-sheath cell)와 엽육세포(mesophyll cell)의 구조와 배치

✔ PEP 카르복실화효소(PEP carboxylase)의 정체와 역할

■ C_4 식물과 CAM 식물에서 탄소고정과 캘빈회로를 분리시키는 메커니즘 비교

주 요 내 용 Key Information

8.1 빛은 광자라고 하는 입자로 이루어져 있으며, 파장으로 이동한다

- 빛은 파장으로서의 성질과 입자로서의 성질을 모두 가진다.
- 짧은 파장의 광자가 긴 파장의 광자보다 더 많은 에너지를 갖는다.
- 광합성은 가시광선의 대부분을 포함한 여러 파장을 이용한다.

8.2 식물과 미생물 독립영양생물은 생물권의 생산자이다

- **광독립영양생물**은 태양 빛에너지를 사용하여 CO_2와 H_2O로부터 유기분자를 만든다. **화학독립영양생물(chemoautotrophs)**은 환원된 무기화합물(무기질소나 황화합물 등)로부터 전자의 위치에너지를 얻는다. 이들을 생태학적 용어로 생산자(producers)라 한다.
- **종속영양생물**은 에너지와 탄소를 얻기 위해 다른 생물체로부터 얻은 유기분자를 소비한다. 여기에는 분해자(decomposers)와 소비자(consumers)가 포함된다.

한 토막 생물 뉴스

광합성 실험의 역사

17세기까지만 하더라도 사람이 밥을 먹듯이 식물도 토양 속에 있는 유기물을 섭취하여 생장한다고 생각했었다. 그러나 17세기 중엽에 헬몬트(Jan Baptist van Helmont)는 버드나무를 일정량의 흙이 들어 있는 화분에 심어 5년 동안 물만으로 기른 후 무게를 측정한 결과 토양이 감소된 양보다 버드나무의 생장량이 훨씬 많다는 것을 알았다. 따라서 그는 식물은 흙이 아니고 물을 재료로 하여 생장한다고 생각하였다. 그 후 영국의 프리스틀리(Joseph Pristley)는 식물이 양초의 연소와 동물의 호흡에 필요한 기체를 발생시키는 것을 확인하였으며 1779년 잉겐호우스(Jan Ingenhousz)는 식물이 산소를 만드는 메커니즘(광합성)을 하기 위해서는 빛이 필요하다는 것을 증명하였다. 또한 1845년 마이어(Julius Robert von Mayer)는 식물이 빛에너지를 화학에너지로 변환시킨다는 것을 지적하였다. 그리고 1880년에 엥겔만(Theodor Wilhelm Engelmann)은 엽록체에 함유되어 있는 엽록소가 햇빛의 특정 파장을 흡수하여 광합성을 한다는 것을 녹조류를 이용한 실험을 통하여 규명하였다(74쪽의 “한 토막 생물 뉴스” 참조).

8.3 엽록체는 광합성이 일어나는 곳이다

- 식물에서는 **광합성**이 잎의 **엽육세포** 내에 주로 존재하는 엽록체에서 일어난다.
- 엽록체는 이중막으로 둘러싸인 세포소기관이며, 내부의 막은 **스트로마**를 둘러싸고 있으며, 그 속에 막 구조의 주머니 모양을 한 **틸라코이드**가 떠 있다.
  - ▶ 각 틸라코이드는 **틸라코이드 내강**을 둘러싸고 있다. 틸라코이드가 쌓여서 배열한

것을 **그라나**라고 한다.

- ▶ **엽록소 *a*, 엽록소 *b*, 카로티노이드**와 그 밖의 명반응 관련 분자들은 엽록체의 틸라코이드막의 구성요소이다.

- 광자는 엽록소나 그 밖의 광합성 색소 같은 생물학적 분자들을 들뜨게 하여 하나 또는 그 이상의 전자를 활성화시킨다.
  - ▶ 활성화된 전자는 전자수용체 화합물에 수용된다.
  - ▶ 엽록소 *a*와 *b*의 **흡수스펙트럼**은 광합성의 **작용스펙트럼**과 유사하기 때문에 이들이 광합성을 담당하는 색소임을 알 수 있다.

한 토막 생물 뉴스

광합성을 밝히기 위한 고전적인 실험

과학을 수행하는 과정에서 가설의 설정만큼이나 중요한 것이 가설에 기반한 예측을 증명할 수 있는 실험 방법이다. 선배 과학자들에 의해 실험에 관한 다양한 방법이 개발되었고 잘 알려져 있다. 이 실험들을 살펴보면 제시된 문제를 풀기 위한 방법이 창의적임을 알 수 있다. 광합성에 관련된 실험들도 마찬가지인데, 지금 살펴볼 방법은 시간적 한계를 느낄 수 없는 일종의 고전이다. 광합성이 어떤 파장에서 잘 일어나고 어떤 파장에서는 잘 일어나지 않는가? 이 질문에 대한 답을 어떻게 얻을까? 파장을 달리하여 식물에 빛을 주고 각 파장별로 식물에서 만들어지는 광합성 산물의 양을 특정하면 된다. 광합성 결과, 새롭게 생성되는 분자는 명반응 과정에서 발생하는 산소와 캘빈회로의 생성물인 G3P이다. 이 두 가지 또는 둘 중 하나의 양을 재면 될 것이다. 그런데 G3P의 양을 측정하려면 식물로부터 이 분자를 따로 추출하는 과정을 거쳐야 한다. 이에 반해 산소는 기체 상태로 발산되기 때문에 추출 과정이 따로 필요없다. 따라서 산소의 양을 측정하는 것이 더 효율적일 것 같다. 이를 위한 간단하고 직접적인 방법이 없을까? 독일의 엥겔만(Theodor Wilhelm Engelmann)이 녹조류인 해캄(*Spirogyra*속)을 사용하여 해결하였다. 해캄을 일직선으로 편 후 각 부위에 서로 다른 여러 파장의 빛이 닿도록 분광하여 한꺼번에 주었다. 그러면 광합성에 가장 효과가 큰 파장을 어떻게 알 수 있을까? 산소 발생량을 표시할 수 있으면 된다. 엥겔만은 산소를 좋아하여 산소가 풍부한 곳(파장)으로 이동하는 세균을 사용하여 이 문제를 해결하였다. 파장별로 세균의 분포를 그대로 그려낸 것이다.

8.4 광합성은 빛에너지를 화학에너지로 전환한다

- 독립영양 진핵생물에서 광합성은 틸라코이드가 있는 세포소기관인 엽록체에서 일어난다. 광합성은 다음과 같이 요약된다.

$$6CO_2 + 12H_2O + \text{빛에너지} \rightarrow C_6H_{12}O_6 + 6CO_2 + 6H_2O$$

- ^{18}O을 사용해서 실험해 보면, 광합성 결과 생성된 산소분자는 물분자에서 유래함을 알 수 있다.
- 엽록체는 물을 수소와 산소로 분해하고, 수소의 전자를 유기산분자에 결합시킨다. 광합성은 산화환원반응으로서 H_2O는 산화되고 CO_2는 환원된다. (산소호흡의 역반응임을 주목)
- 그라나에서 명반응은 물을 분해해 O_2를 배출하고, ATP를 생산하며 NADPH를 형성

한다. 스트로마에서 일어나는 **캘빈회로**는 ATP를 에너지로, NADPH를 환원력으로 하여 CO_2로부터 당을 만든다.

8.5 명반응은 태양에너지를 ATP와 NADPH라는 화학에너지로 전환한다

- 빛은 전자기에너지의 한 형태이다.
  - 우리가 가시광선으로 보게 되는 색에 광합성을 일으키는 파장의 색이 포함되어 있다.
  - **색소**는 특정 파장의 가시광선을 흡수한다. 식물의 주된 광합성 색소는 엽록소 *a*이다. 보조색소는 다른 파장의 빛을 흡수하고, 에너지를 엽록소 *a*로 전달한다.
  - **광자**가 엽록소의 전자 하나를 고에너지의 전자 오비탈로 올리면, 색소는 바닥 상태에서 들뜬 상태가 된다. 이렇게 들뜬 상태는 불안정하기 때문에, 전자는 열 또는 빛을 내면서 바닥 상태로 되돌아가는 경향이 있다.
- 반응중심과 집광복합체는 **광계**를 이루고 있다.
  - **집광복합체**는 광자의 에너지를 반응중심으로 모아주는 역할을 한다.
  - 반응중심의 엽록소 *a* 분자가 빛을 흡수할 경우, 엽록소 분자의 전자 1개가 들떠 1차 전자수용체에 결합하게 된다.
  - 광계 I은 반응중심에 P700 엽록소 *a* 분자를, 광계 II는 P680 엽록소 *a* 분자를 각각 갖고 있다.
- **비순환 전자 흐름**에 의해 NADPH, ATP 그리고 산소가 만들어진다.
  - **순환 전자 흐름**은 광계 I만 사용하며, ATP는 생산하지만 NADPH 또는 O_2는 만들지 않는다.

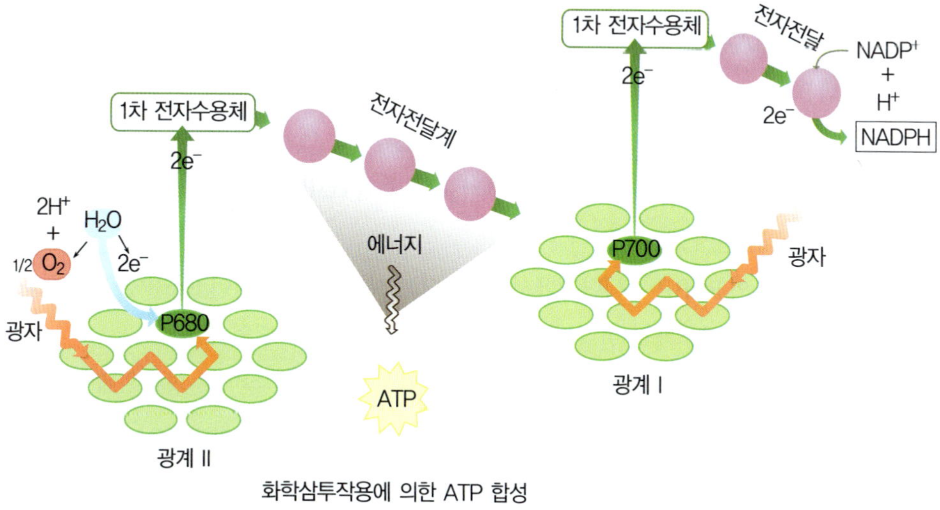

그림 8.1 명반응에서 전자의 흐름

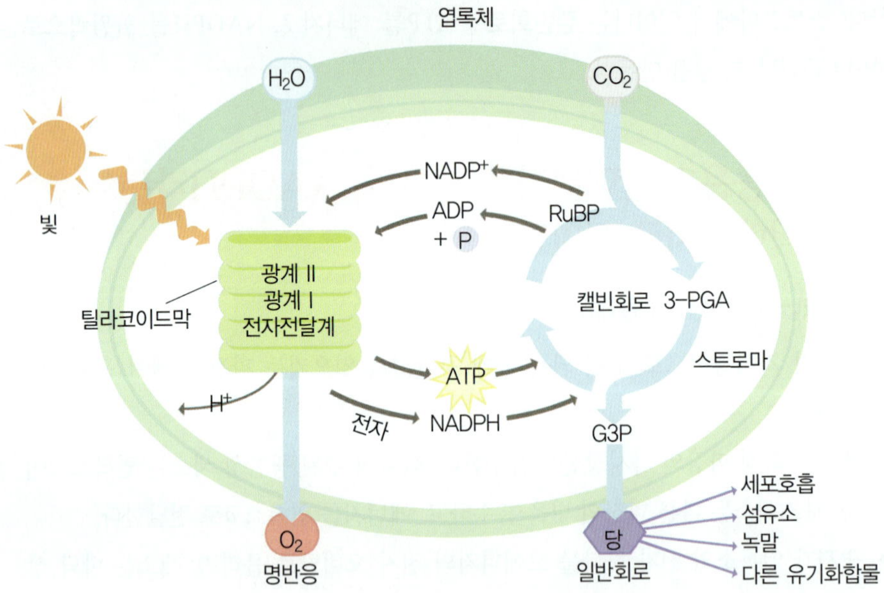

그림 8.2 명반응과 캘빈회로

- ▶ 두 세포 구조에서 전자전달계의 산화환원반응은 막을 경계로 한 H^+ 농도기울기를 형성한다.
- ▶ ATP 합성효소는 이런 양성자 구동력을 이용해서 ATP를 만든다.

8.6 탄소고정 반응은 C_3회로라고도 하는 캘빈회로를 통해 이루어진다

- 캘빈회로의 이산화탄소 흡수 과정에서
  - ▶ 이산화탄소는 **루비스코(Rubisco)**로 알려진 RuBP카르복실화/산소화효소에 의해 5탄소 당류인 리불로오스 이인산(RuBP)과 결합하여 3탄소분자인 **인산글리세르산(PGA)**을 형성한다.
  - ▶ ATP와 NADPH의 에너지와 환원력은 캘빈회로의 탄소환원 과정에서 PGA분자를 **글리세르알데히드-3-인산(G3P)**으로 전환하는 데에 이용한다.
  - ▶ 모두 6분자의 이산화탄소 분자로부터 12분자의 G3P가 생성되고 2분자의 G3P는 포도당 한 분자를 생산한다.
  - ▶ 캘빈회로의 RuBP 재생단계에서 나머지 G3P분자는 변형되어 RuBP를 재생한다.
- 무덥고 건조한 기후에서 변형된 탄소고정 메커니즘이 진화되었다.
  - ▶ 건조하고 무더운 날씨에 식물은 기공을 닫아 수분을 보존한다. 명반응에 의해 O_2가 증가한다.
  - ▶ **광호흡**에서는 루비스코의 활성부위에 CO_2 대신 O_2가 결합한다. 이 과정에서 ATP나 당은 생산되지 않고, 유기연료가 소비되면서 CO_2가 방출된다.

- C_4 식물은 엽육 세포에서 CO_2를 4탄소화합물로 결합시킴으로써, 광호흡에 의한 손실을 최소화한다.
  - ▶ 이 화합물은 다발초세포로 보내져 캘빈회로에 사용되는 CO_2를 방출시킨다.
- CAM식물은 밤에 기공을 열고 CO_2를 유기산에 결합시켜 엽육 세포에 저장한다.
  - ▶ 낮 동안에는 기공을 닫고, CO_2는 유기산으로부터 방출되어 캘빈회로에 사용된다.
- 캘빈회로를 통해 합성된 3탄당인 G3P는 세포질로 이동하여 이당류인 설탕(sucrose)으로 전환되어 체관을 통해 체내 곳곳으로 이동하여 에너지원으로 사용된다.
  - ▶ 또는 섬유소와 여러 유기화합물의 합성 재료로 사용된다.
  - ▶ 이렇게 사용된 후에도 광합성 산물인 당이 남으면 엽록체 내에서 녹말로 전환되어 저장된다.
- 광합성에 의해 만들어진 유기물질은 생태계의 에너지와 구성물질로 제공된다.

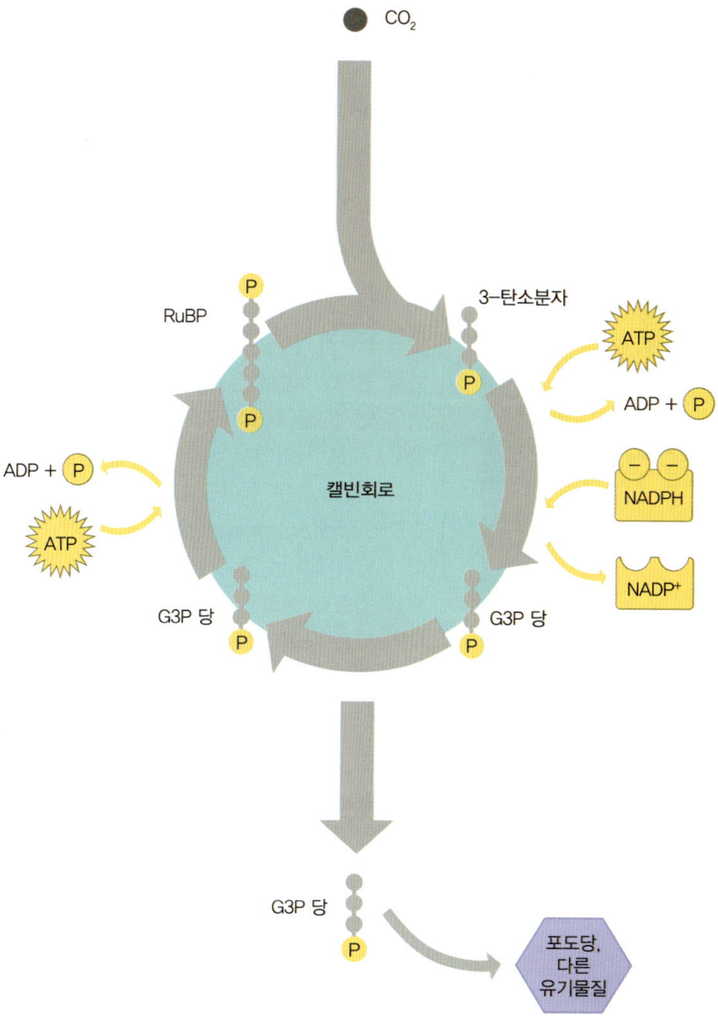

그림 8.3 캘빈회로

한 토막 생물 뉴스

광합성의 효율을 높이려면?

지구상의 생물체들은 거의 모두(화학독립영양 방식의 생물을 제외한 모두) 직간접적으로 광합성의 생성물로부터 에너지를 얻는다(따라서 광합성이 없다면 지구상 대부분의 생명은 사라질 것이다). 태양으로부터 더 많은 에너지를 얻을 수는 없을까? 광합성의 효율을 높이면 근본적인 해결이 가능할 것이다. 식물은 태양에너지의 1~2%만 광합성 산물로 전환시키다. 이 비율을 높이기 위해 과학자들은 새로운 전자를 계속 필요로 하는 비순환적 전자전달 과정에서 효율적으로 에너지를 사용할 수 있는 방법을 현재 집중적으로 연구하고 있다. 특히 이 과정에 관여하는 ATP 합성효소와 전자전달을 담당하는 분자들의 구조와 상호관계에 대한 정보를 얻기 위해 노력하고 있다.

09 세포간 소통

세포 소통의 역사, 언제부터인가?

화석 증거와 여러 정황을 근거로 하면 최초의 원핵생물은 39억 년 전에, 최초의 진핵생물은 21억 년 전에, 최초의 다세포 생물은 12억 년 전에 출현한 것으로 알려져 있다. 다세포 생물의 경우, 세포 사이에서 신호의 왕래가 없다면 한 개체로서의 생명활동은 불가능하다. 따라서 세포사이의 소통은 적어도 12억 년 전에는 존재했을 것이다. 예를 들어 단세포 진핵생물 단계의 효모(*Saccharomyces cerevisiae*)가 번식 과정에서 α 세포와 a 세포 사이의 신호교환 과정이 포유류와 비슷한 것을 보면 이들의 공통조상에서 10억여 년 전에 이 신호전달과정이 출현했을 것으로 예측된다. 그런데 효모가 단세포 상태에서 신호전달이 일어난다는 사실을 감안한다면 세포 사이의 소통은 빠르면 21억 년 전에 출현한 것으로 볼 수도 있다. 게다가 원핵생물인 활주박테리아(myxobacteria, *Myxococcus xanthus*)가 양분 상태에 따라서 화학분자를 분비하는 신호교환 과정을 나타내는 것으로 보면 포유류와 같은 종류의 신호교환은 아니더라도 세포 사이 소통의 역사는 그 이전으로 거슬러 올라갈 수도 있는 것 같다.

핵심 체크 Key Point

아래에 열거된 개념 또는 용어들을 '문제'라고 가정하고 답을 작성해 보자.

신호와 세포내 반응

- 신호전달경로(signal transduction pathway)의 정의
- 두 가지 신호전달 방식
  - ✔ 국소 조절자(local regulators)와 근거리 신호전달의 의미와 예
  - ✔ 호르몬(hormones)의 정의와 원거리 신호전달의 예
- 세포 신호전달의 세 단계
  - ✔ 수용(reception)의 정의
  - ✔ 전달(transduction)의 정의
  - ✔ 반응(response)의 정의

세포 신호전달의 세 단계를 에피네프린에 의해 포도당-1-인산이 생성되는 과정을 예를 들어 설명

9.1 개념을 이해했다면?
서덜랜드(Earl W. Sutherland)가 세포를 파괴하여 에피네프린(epinephrine)을 처리한 후 글리코겐분해효소 활성의 변화 관찰을 시도했으나 실패하였다. 이 실험의 결과가 의미하는 바를 설명해 보자.

수용 과정

- 수용과 수용체(receptor)의 정의
  - ✔ 리간드(ligand)의 정의와 예
  - ✔ 리간드가 수용체에 결합한 직후와 수용체에서 분리된 이후에 수용체의 구조는 어떻게 되는가?
  - ✔ 수용체에 결합한 리간드가 어떻게 되는가?
- 세포내 수용체의 예와 작용 방식
- 세포막 수용체의 예
  - ✔ G 단백질 결합 수용체(G protein-coupled receptor, GPCR)의 구조, 작동 방식과 해당하는 예
  - ✔ 티로신 인산화효소 수용체(receptor tyrosine kinase)의 구조, 작동 방식, 해당하는 예
  - ✔ 리간드 개폐성 이온통로(ligand-gated ion channel)의 구조, 작동 방식, 해당하는 예

9.2 개념을 이해했다면?
세포 내부와 세포막 등 서로 다른 위치에 수용체가 존재하는 원인은 무엇일까?

에피네프린이 간세포의 GPCR에 결합한 이후에서 전달 전까지의 과정을 묘사

전달 과정

- 전달(transduction)의 정의
- 2차 신호전달자의 정의(vs. 1차 전달자)
  - ✔ 2차 신호전달자(second messenger)의 종류와 성질
  - ✔ 고리형 AMP(cyclic AMP, cAMP)의 구조와 생성 과정
  - ✔ 아데닐산 고리화효소(adenylyl cyclase)의 활성화와 불활성화 과정
  - ✔ cAMP와 cGMP의 작용 대상 분자와 이들이 관여하는 세포내 반응
  - ✔ 이노시톨 3인산(inositol trisphosphate, IP_3)의 구조, 생성 과정
  - ✔ 세포내 Ca^{2+} 농도의 조절 과정

9.3 개념을 이해했다면?
2차 전달자가 신호전달에서 유용한 기능을 수행하는 이유는?

✔ Ca^{2+}의 작용 대상이 되는 분자와 관련 반응

Phosphatydyl inositol의 대사 과정으로부터 Ca^{2+} 농도가 증가하기까지의 과정을 설명

9.4 개념을 이해했다면?
왜 단백질 인산화효소만큼 많은 수의 탈인산화효소가 세포 내에 있어야 하는가?

- 2차 전달자에 의한 여러 단계의 효소반응 과정

✔ 단백질 인산화(protein phosphorylation) 또는 탈인산화(dephosphorylation)는 어떻게 2차 전달자와 세포반응을 연결하는가?

✔ 단백질 인산화효소(protein kinase)와 단백질 탈인산화효소(phosphoprotein phosphatase)의 역할

에피네프린이 GPCR에 결합한 후, 글리코겐가인산분해효소(glycogen phosphorylase)의 활성화에 이르는 과정 설명

세포반응

- 세포 신호전달에 의한 반응의 두 차원은?

✔ 세포질 활성화의 의미와 예

✔ 전사가 조절되는 예

9.5 개념을 이해했다면?
신호가 크게 증폭되는 과정을 에피네프린에 의한 포도당-1-인산 생성을 예로 들어 설명해 보자.

신호전달체계가 여러 단계로 구성되어서 얻을 수 있는 장점

9.6 개념을 이해했다면?
신호전달이 완료되면 수용체에서 반응을 담당하였던 단백질과 신호전달을 담당하였던 단백질들은 어떻게 되고 그렇게 되어야 하는 이유는 무엇인가?

✔ 세포 신호전달의 특이성이 유지되는 과정과 예

✔ 신호전달체계에 여러 가지의 상이한 경로가 존재하는 이유

- 신호전달의 효율을 증가시키기 위한 장치

✔ 골격 단백질(scaffolding proteins)의 구조와 기능

- 예쁜꼬마선충에서 세포예정사(apoptosis)가 일어나는 과정
- 세포예정사가 필요한 이유와 관련 예

주요내용 Key Information

9.1 세포들 사이의 신호 교환은 여러 방식으로 수행된다

- 세균과 효모 등 미생물의 **신호전달**도 다세포 생물의 신호전달 과정과 공통점이 많으며, 이는 신호전달 메커니즘이 아주 오래 전에 기원했다는 사실을 시사한다.
- 신호전달은 근거리 또는 원거리에서 수행된다.
  - ▶ **근거리 신호전달**에서 동물세포는 직접적으로 접촉하거나 **성장인자**나 **신경전달물질**과 같은 국소조절자를 분비하여 신호를 전달한다.
  - ▶ **원거리 신호전달**을 위해서는 동·식물 모두 **호르몬**을 사용한다.
- 서덜랜드는 다음과 같은 자신의 연구를 통해 신호전달의 3단계 과정을 제안했다.
  - ▶ 에피네프린은 간세포의 세포막이 정상으로 유지되어야 기능을 나타내기 때문에 세포막 수용체가 필요함을 발견하였다.
  - ▶ 이 호르몬에 의한 신호전달이 효소에 이르기 전에 여러 단계를 거쳐야 포도당이 생성됨을 관찰하였다.
  - ▶ 이 과정은 에피네프린이 표면의 수용체에 결합하고(**수용**), 수용체와 세포내 분자들이 연속적인 변화를 유도하여(**전달**), 마지막으로 글리코겐을 분해하는 효소를 활성화시키는 것(**반응**) 등의 3단계로 설명할 수 있다고 제안되었다.

9.2 수용은 리간드(신호분자)가 수용체에 결합하는 과정이다

- 수용은 리간드(신호물질 등 수용체에 결합하는 분자)에 수용체가 결합하는 것이다.
  - ▶ 신호물질은 다양한 호르몬과 신경전달물질 등을 포함한다.

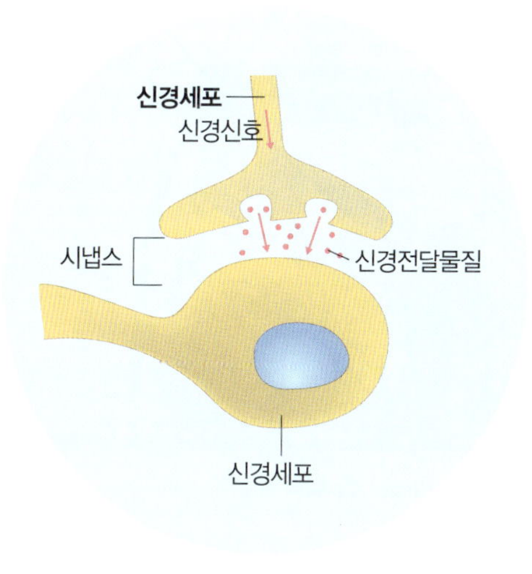

그림 9.1 신경전달물질에 의한 근거리 신호전달

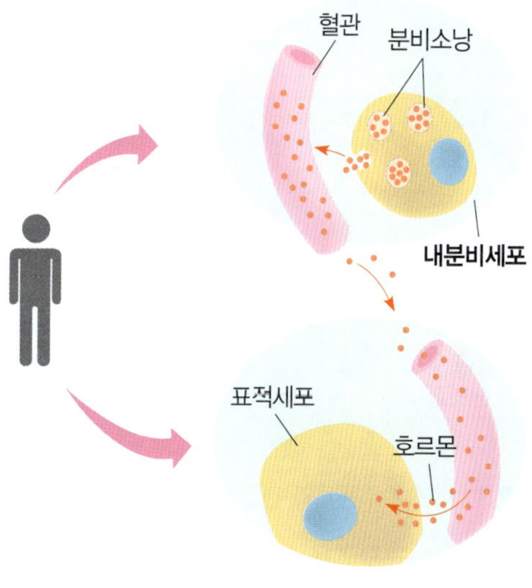

그림 9.2 호르몬에 의한 원거리 신호전달

▶ 신호물질 또는 리간드는 수용체 단백질에 결합하여 수용체의 구조변화(conformational changes)를 일으킨다.

▶ 신호물질과 수용체 사이의 결합은 특이성이 매우 높다.

▶ 수용체의 구조 변화는 대부분 신호의 첫 번째 전달 단계이다.

- **세포내 수용체**는 세포질 또는 핵에 위치한다. 작고 소수성이어서 세포막을 쉽게 통과하는 소수성 신호물질들(갑상선 호르몬, 테스토스테론 등 스테로이드 성호르몬, NO 등)이 이러한 수용체를 이용한다.
- 친수성인 많은 신호물질에 대응하여 세포막에 존재하는 다양한 수용체가 반응한다.

▶ **G 단백질 결합수용체**(G protein-coupled recepter, GPCR)는 세포질 쪽 G 단백질의 도움을 필요로 하는 막 수용체이다. 리간드 결합은 수용체를 활성화시키며, 이것이 특정한 G 단백질을 활성화하고, 이것이 또 다시 다른 단백질을 활성화하여 신호전달경로를 따라 신호를 전파시키게 된다.

▶ **티로신 인산화 효소수용체**는 신호물질의 결합에 의하여 **이합체**(dimers)를 형성하며 이합체의 두 소단위는 서로 세포질 쪽 티로신 부위에 인산기를 결합시킨다. 그러면 세포의 전달 단백질들이 서로 다르게 인산화된 티로신에 결합하여 활성화될 수 있으며, 이것이 이 수용체가 한번에 여러 가지 경로를 촉발할 수 있게 된다.

▶ 신호물질은 막의 **리간드개폐성 이온통로**의 열림이나 닫힘을 유도하여 특정 이온들의 이동을 조절한다.

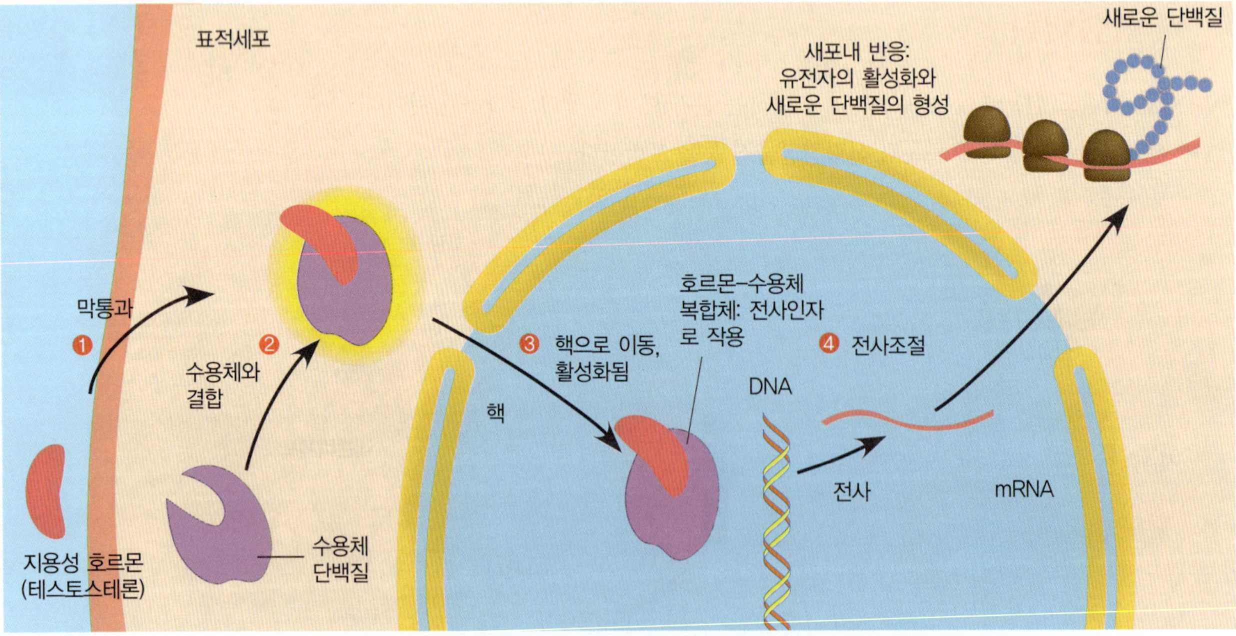

그림 9.3 세포내 수용체와 결합하는 호르몬: 번호는 신호전달 과정의 순서를 나타냄

한 토막 생물 뉴스

약의 주요 표적

세포가 제대로 자신의 임무를 수행하기 위해서는 끊임없이 주변으로부터 점검을 받아야 한다. 다세포 생물의 경우, 주변은 다른 세포가 될 수도 있고 환경이 될 수도 있다. 그래서 세포 사이 또는 세포와 환경 사이의 소통은 매우 중요하다. 바로 이 소통에 문제가 생기면 우리 몸의 비정상적인 상태가 유발된다. 갑상선 호르몬의 과다나 저하는 몸의 전반적인 균형을 흔든다. 이 경우, 갑상선 호르몬의 합성을 저해시키거나 증가시키는 약을 사용한다. 세로토닌과 같은 신경전달물질이 부족하면 이들의 재흡수를 방해하는 약을 사용한다. 그 결과 우울증을 조절할 수도 있다. 이렇게 세포의 신호전달과 관련된 약은 그 비중이 매우 크다. 현존하는 전체 약품의 약 60%가 G 단백질 결합 수용체에 관련된 경로에 영향을 끼치는 것으로 알려져 있다. 예를 살펴보자. 콜레라, 백일해, 보툴리누스 식중독 원인 세균들은 G 단백질의 기능을 저해하는 독소를 분비하므로 G 단백질 경로와 관련하여 약을 만들어야 한다. 보툴리누스를 활용한 보톡스도 결국 G 단백질 경로를 조절하여 피부의 주름을 억제하는 것이다. 배아의 발생을 통해 우리 몸이 만들어지는 것도 이 경로 덕택이라면 얼마나 다양한 반응이 이 경로에 관련되어 있을지 상상할 수 있다. 시각, 후각 등 감각 수용 등에서도 이 경로가 작동한다. 감각 수용 과정에 공통적인 경로가 널리 퍼져 있어 부작용이 나기도 한다. 시각 장애를 개선하기 위해 사용한 약은 성 감각에 영향을 끼치기도 한다. 그리고 잘 알려져 있는 '비아그라'도 이 경로를 통해 혈관 확장에 관여하는 약이다.

9.3 신호물질과 결합한 후 수용체는 전달 과정을 유도한다

- 신호분자와 결합하여 활성화된 수용체는 **2차 전달자**를 생성한다.
  - ▶ cAMP나 Ca^{2+}과 같은 2차 신호전달자는 세포질에서 쉽게 확산될 수 있어 신호를 빠르게 전파할 수 있다.
  - ▶ 여러 종류의 G 단백질이 ATP로부터 cAMP를 만들어 내는 **아데닐산 고리화효소**를 활성화시킨다. cAMP를 생성한 후 아데닐산 고리화효소는 원래대로 불활성화된다.
  - ▶ Ca^{2+}의 평상시 세포내 농도는 농도에 역행하여 에너지를 소모하며 작동하는 펌프 단백질에 의해 세포 밖, 소포체, 미토콘드리아 등으로 수송되므로 낮게 유지된다.
  - ▶ G 단백질 경로나 티로신 인산화효소 경로에서 Ca^{2+}이 2차 신호전달자로 이용된다. 수용체가 리간드와 결합하여 포스포라이페이즈 C(phospholipase C)가 활성화되면 PIP_2(Phosphatidyl Inositol 4,5-bisPhosphate)가 DAG(Di Acyl Glycerol)와 IP_3로 분해된다. 수용성인 IP_3는 곧바로 세포질 내로 확산되어 소포체막의 칼슘통로를 열어 세포질의 Ca^{2+}수준을 증가시킨다.
  - ▶ 전달 과정을 유도한 후 DAG, IP_3, Ca^{2+} 등은 원래의 수준으로 회복된다.
- 연쇄적인 분자 상호작용에 의해 수용체로부터 세포내 표적분자까지 신호가 전달된다.
  - ▶ 경로의 각 단계에서 신호는 다른 형태로 변환되는데, 이때 단백질의 구조변화가 주로 일어난다.
  - ▶ 많은 신호전달경로에서 **인산화 연쇄반응**이 나타나는데, 일련의 **단백질 인산화효**

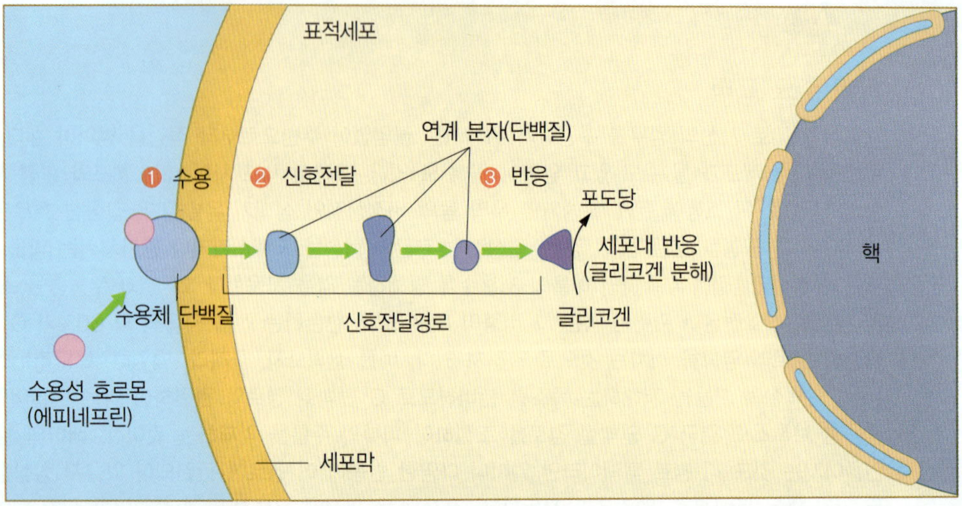

그림 9.4 세포막 수용체와 결합하는 호르몬: 번호는 신호전달 과정의 순서를 나타냄

소가 각각 그 경로의 다음 단계 단백질을 인산화하여 활성화시킨다.

▶ **단백질 탈인산화효소**는 곧 인산기를 제거한다.

9.4 신호가 수용되어 세포 내로 전달되면 반응이 일어난다

- 세포 신호전달에 의한 **반응**에는 세포질(단백질)의 활성이나 유전자 차원의 전사 조절이 포함된다.
  ▶ 세포질에서는 신호전달경로가 효소의 활성이나 세포골격의 재배열 등을 조절한다.
  ▶ 다른 경로에서는 특정한 유전자의 발현을 조절하는 전사인자를 활성화하여 유전자의 활동을 조절한다.
- 신호전달경로에서 각각의 촉매 단백질은 다음 단계의 요소를 여러 개 활성화시켜 신호를 증폭시킬 수 있다.
  ▶ 예를 들어, 한 분자의 에피네프린은 대략 10^8개 분자 이상의 포도당-1-인산이 생성될 정도로 신호를 증폭시킬 수 있다.
  ▶ 신호전달경로가 갈수록 증폭 정도는 증가할 수 있다.
- 세포 내의 특정한 단백질 조합에 의해 세포는 받아들이는 신호와 나타내는 반응 모두에 있어서 매우 높은 특이성을 가지게 된다.
- **골격 단백질**은 신호전달의 효율성을 증가시켜 준다. 신호전달경로들의 분자와 상호작용은 세포에 들어오는 신호를 더 잘 조절하도록 도와준다.
- 신호반응은 리간드의 결합이 제거되면 곧바로 종료된다.
- 신호전달 결과, **세포예정사**가 일어나는데 예쁜꼬마선충(*Caenorhabditis elegans*) 발생 과정, 쥐 발의 발생 과정 등에서 볼 수 있고 이 반응이 잘못되면 사람의 경우, 파킨슨병, 치매, 흑색종 등을 유발할 수 있다.

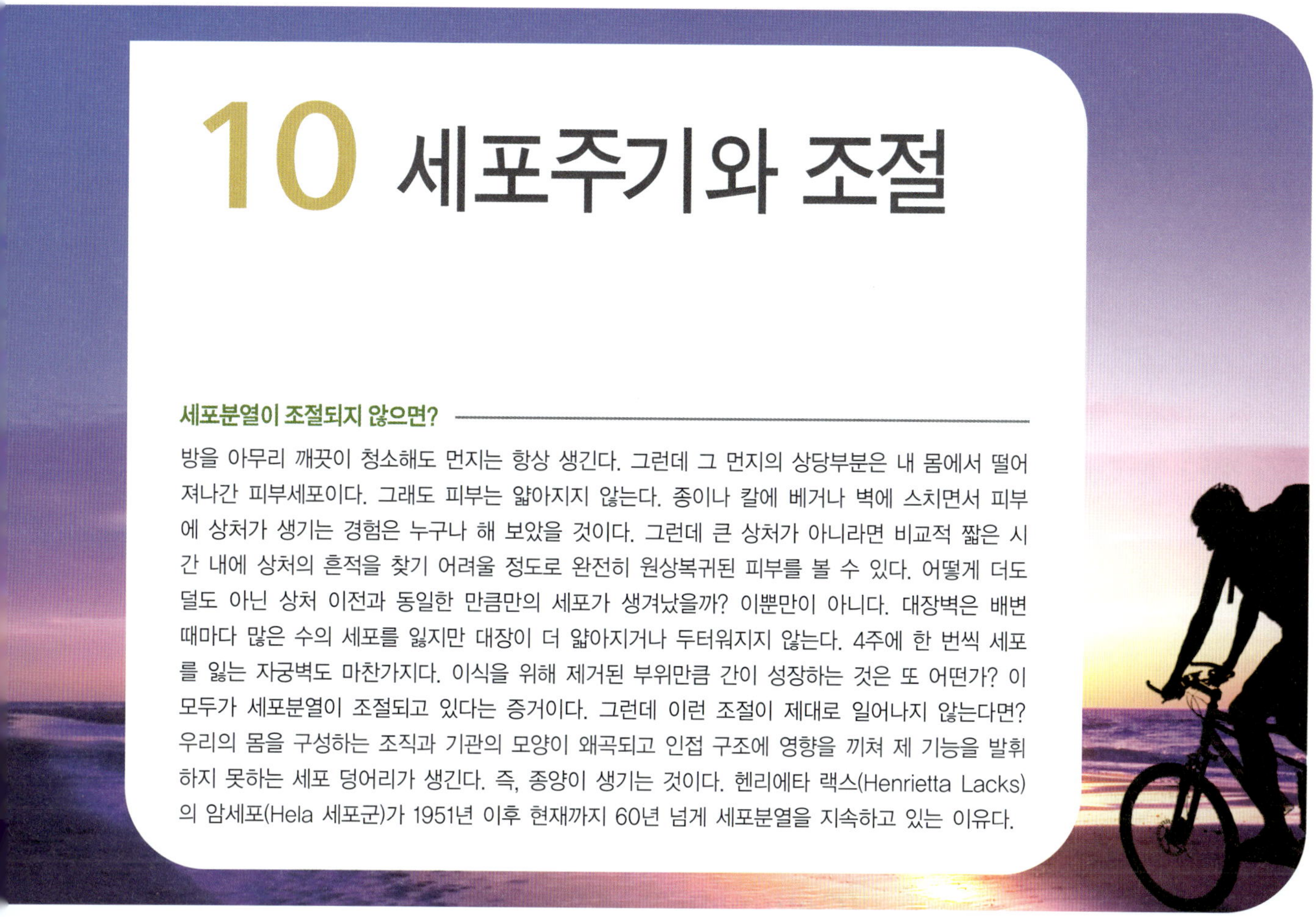

10 세포주기와 조절

세포분열이 조절되지 않으면?

방을 아무리 깨끗이 청소해도 먼지는 항상 생긴다. 그런데 그 먼지의 상당부분은 내 몸에서 떨어져나간 피부세포이다. 그래도 피부는 얇아지지 않는다. 종이나 칼에 베거나 벽에 스치면서 피부에 상처가 생기는 경험은 누구나 해 보았을 것이다. 그런데 큰 상처가 아니라면 비교적 짧은 시간 내에 상처의 흔적을 찾기 어려울 정도로 완전히 원상복귀된 피부를 볼 수 있다. 어떻게 더도 덜도 아닌 상처 이전과 동일한 만큼만의 세포가 생겨났을까? 이뿐만이 아니다. 대장벽은 배변 때마다 많은 수의 세포를 잃지만 대장이 더 얇아지거나 두터워지지 않는다. 4주에 한 번씩 세포를 잃는 자궁벽도 마찬가지다. 이식을 위해 제거된 부위만큼 간이 성장하는 것은 또 어떤가? 이 모두가 세포분열이 조절되고 있다는 증거이다. 그런데 이런 조절이 제대로 일어나지 않는다면? 우리의 몸을 구성하는 조직과 기관의 모양이 왜곡되고 인접 구조에 영향을 끼쳐 제 기능을 발휘하지 못하는 세포 덩어리가 생긴다. 즉, 종양이 생기는 것이다. 헨리에타 랙스(Henrietta Lacks)의 암세포(Hela 세포군)가 1951년 이후 현재까지 60년 넘게 세포분열을 지속하고 있는 이유다.

핵심 체크 Key Point

아래에 열거된 개념 또는 용어들을 '문제'라고 가정하고 답을 작성해 보자.

세포분열의 의미

- 세포분열(cell division)의 의미
  - ✓ 유전체(genome)와 유전자의 의미 비교

원핵생물과 진핵생물의 유전체 비교

  - ✓ 염색체(chromosome)와 염색질(chromatin)의 비교(세포주기상에서)
  - ✓ 체세포(somatic cell)와 배우자(gamete) 비교

10.1 개념을 이해했다면?
다세포 진핵생물에서 체세포분열(mitosis)의 역할을 열거해 보자.

✔ 유전체와 염색체의 관계

✔ 세포분열을 유전체와 염색체 수준에서 설명

■ 세포분열의 종류

✔ 감수분열(meiosis)과 체세포분열(mitosis)의 의미와 염색체 변화 비교

✔ 감수분열과 체세포분열이 일어나는 세포의 종류

10.2 개념을 이해했다면?
자매염색분체가 서로 부착되어 있지 않으면 세포분열 결과가 어떻게 될까?

체세포분열의 의미를 단세포와 다세포 생물로 나누어 설명

■ 자매염색분체(sister chromatids)는 무엇이고 세포분열 동안 어떻게 되는가?

✔ 염색질, 염색체, 염색분체 구분

10.3 개념을 이해했다면?
초파리 수정란의 발생 과정에서 세포분열은 일어났지만, 세포질 분열이 일어나지 않았다면 어떤 일이 벌어질까?

■ 동원체(centromere)의 구조와 기능

세포주기(Cell cycle): 세포분열기 + 간기

■ 세포주기의 단계

✔ 세포주기를 구성하는 두 단계: 세포분열기(mitotic phase, M기) + 간기(interphase)

✔ G_1기(G_1 phase), S기(S phase), G_2기(G_2 phase) 각각의 정의와 역할

■ 세포분열의 단계

✔ 전기(prophase)의 특징

✔ 전중기(prometaphase)의 특징

✔ 중기(metaphase)의 특징

✔ 후기(anaphase)의 특징

✔ 말기(telophase)의 특징

세포분열(mitosis) 동안 염색체와 자매염색분체 또는 염색질의 움직임을 방추사의 변화와 함께 묘사

- 방추사의 종류와 기능
  - ✔ 체세포분열 방추사(mitotic spindle)와 방추사부착점(kinetochore)의 기능
  - ✔ Non-kinetochore microtubule의 세포분열에서의 역할
  - ✔ 중심체(centrosome)와 성상체(aster)의 구조와 기능
- 세포질분열(cytokinesis)의 의미와 종류
  - ✔ 난할(cleavage) 과정에서 일어나는 세포분열 과정 설명
  - ✔ 분열홈(cleavage furrow)과 세포판(cell plate)의 역할
  - ✔ 동물과 식물의 세포질분열(cytokinesis) 과정 비교
- 세균의 세포분열
  - ✔ 이분법(binary fission) 과정
  - ✔ 복제원점(origin of replication)의 기능
- 체세포분열의 진화
  - ✔ 외편모조류(dinoflagellate)의 세포분열 과정
  - ✔ 규조류(diatom)의 분열 메커니즘과 동물세포 분열 메커니즘의 비교

10.4 개념을 이해했다면?
만약 각각의 자매염색분체 쌍들이 중기판(metaphase plate)에 배열되지 않고 한 쪽으로 치우치면 어떤 결과가 생길까?

분자수준의 조절 메커니즘

세포질 내에 분열을 조절하는 신호가 있다는 증거를 보여준 실험

10.5 개념을 이해했다면?
완전히 성숙한 근육과 신경세포는 분열하지 않아 한번 손상을 입으면 재생이 불가능하다. 이들은 어떤 단계의 세포주기에 속할까?

- 세포주기 조절체계(cell cycle control system)란?
  - ✔ 검문지점(checkpoint)의 정의와 종류
  - ✔ G_1, G_2, M 각각의 검문지점이 체크하는 내용은?
  - ✔ G_0기(G_0 phase)란?
- 세포분열 과정에서 사이클린(cyclin), 사이클린 의존성 인산화효소(cyclin-dependent kinase), MPF(Maturation-Promoting Factor) 등의 활성이 변화하는 과정
- 세포주기 조절 메커니즘
  - ✔ 성장인자(growth factor)의 역할

✔ 밀도의존성 억제(density-dependent inhibition)란?

✔ 부착의존성(anchorage dependence)이란?

■ 암세포에서 세포주기가 조절되는가?

✔ 세포의 형질전환(transformation)과 암세포의 관계

양성종양(benign tumor)과 악성종양(malignant tumor)의 차이

✔ 전이(metastasis)란?

Key Information 주요내용

10.1 동일하게 복제된 유전정보는 세포분열을 통해 분열된 세포로 나뉜다

- 유전정보의 단위인 **유전자**는 DNA로 이루어져 있고 DNA는 단백질과 복합체를 이루어 **염색체** 또는 **염색질**을 형성한다.
  - ▶ 유전자 전체를 포함한 DNA를 모두 **유전체**라 하고 이 유전체의 물질적 실체가 염색체이다.
  - ▶ 상동을 이루는 염색질 쌍은 핵의 특정 부위를 차지하며 세포가 분열될 때 응축되어 염색체 형태를 띤다.
- 정자, 난자 등 **배우자**는 한 세트의 염색체를 가지며, **체세포**는 두 세트의 염색체를 가진다. **감수분열**을 통해 배우자가 형성된다.
- **체세포분열**(혹은 유사분열) 동안 진핵세포의 DNA가 정확히 복제되어 염색체 형태로 **딸세포**에 전달된다.
  - ▶ 세포분열은 유전적으로 동일한 딸세포를 만들어낸다. 세포는 분열하기 전에 유전물질을 복제하여 각각의 딸세포가 동일한 유전물질, 즉 DNA를 갖게 해준다.
  - ▶ 체세포분열을 통해 다세포 생물은 수정란의 발생, 성장 및 상처 회복 등을 수행할 수 있다.
  - ▶ 단세포 생물에서는 세포분열이 곧 번식이다.
- 세포분열 전에 염색체가 복제된 후 각 염색체는 동일한 2개의 **자매염색분체**를 가지

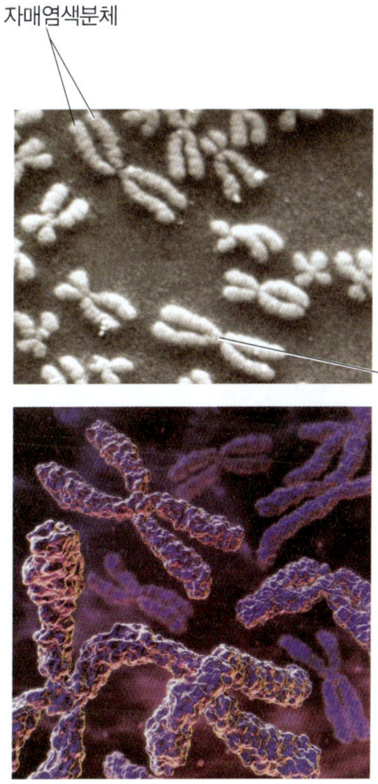

그림 10.1 전자현미경으로 관찰한 복제된 염색체

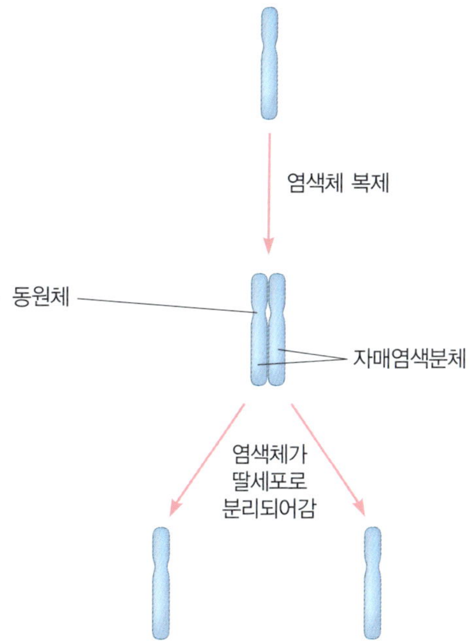

그림 10.2 염색체의 복제 및 분리 과정

게 된다.

- 각 염색분체는 **동원체** 부위에서 서로 강하게 붙어 있다.
- 각 동원체에서 미세소관이 결합할 수 있는 단백질로 된 부위가 **방추사 부착점**이다. 염색분체는 세포분열 동안에 분리되어 새로운 딸세포의 염색체가 된다.
- 진핵세포의 분열은 **체세포분열(핵의 분열)**과 **세포질분열**로 나누어진다.

10.2 세포주기는 세포분열기와 간기로 구성된다

- **세포주기**는 **세포분열기**와 **간기**로 구성된다.
  - 분열기 사이의 세포는 **G_1(제1휴지기)**, **S(DNA 합성기)**, **G_2(제2휴지기)**와 같은 간기에 있게 된다.
  - G_1기에는 핵 DNA를 제외하고 단백질과 그 밖에 다른 분자들을 만든다.
  - S기에는 DNA 복제가 시작된다.
  - G_2기에는 유사분열에 필요한 단백질을 포함하여 단백질 합성을 계속하고 끝에서 유사분열을 시작한다.
  - 세포는 간기 동안에 계속 생장하는 반면, DNA는 **합성(S)기**에만 복제된다.
  - **세포분열(M)기**에는 핵분열과 세포질분열이 일어난다.

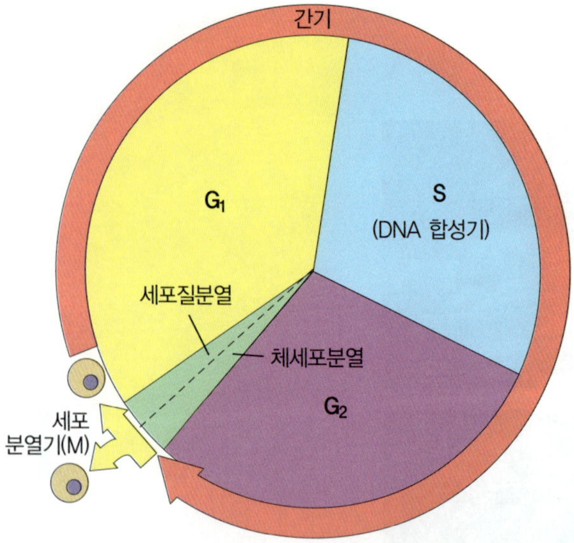

그림 10.3 세포주기

▶ 체세포분열은 연속적인 과정이지만 일반적으로 **전기**, **전중기**, **중기**, **후기**, **말기**의 다섯 단계로 나누어 설명한다.

- 세포분열기의 다섯 단계
  - ▶ G_2기 말: DNA가 2배로 증식되고 중심체가 나타난 것 외에 형태적 변화가 없다.
  - ▶ 전기: 염색질이 응축되어 염색체 형태로 전환되는데, 각 염색체는 2개의 동일한 자매염색분체로 구성된 이중 구조를 갖는다. **체세포분열방추사**(mitotic spindle)가 형성되고 각 **중심체**로부터 방사형으로 뻗어나오는 미세소관들은 **성상체**라는 구조를 형성한다.
  - ▶ 전중기: 방추사가 이전의 핵이 있던 지역까지 발달하는데, 방추사 미세소기관 다발이 서로 반대쪽에 있는 방추체극의 중심체로부터 세포 중앙쪽으로 자란다. 이 시기쯤에, 동원체에 여러 단백질 복합체가 결합되어 **방추사부착점**이 형성된다. 방추사 미세소기관은 방추사부착점에 결합한다. 방추사부착점에 결합하지 않은 미세소기관은 방추체 극으로부터의 미세소기관과 중첩되어 있다. 핵막과 인이 없어지고 응축된 염색체가 관찰된다. RNA 합성이 중단된다.
  - ▶ 중기: 방추체는 최종 형태에 도달하고 방추사 미세소기관은 줄다리기 메커니즘을 띠면서 염색체를 **중기판**이라 부르는 방추체 중간지점에 배열하도록 이동시킨다. 이 단계에서 염색체 응축이 완료된다. 중기에서 모든 염색체의 형태와 크기가 한 종의 핵형을 형성한다. 염색체들이 방추사 중간지점에 정렬하고 각 염색체의 자매염색분체들이 반대편 방추체 극으로 향하는 미세소관에 부착되면 중기가 완결된다.
  - ▶ 후기: 방추체는 자매염색분체를 분리하고 양극으로 끌어간다. 방추사에 의해 생긴 장력이 양극으로 동원체를 끌어당긴다. **딸염색체**라 부르는 분리된 염색분체가 양극에 다다를 때까지 이동이 계속된다. 이 시점에서 염색체 분리가 완결된다. 반대

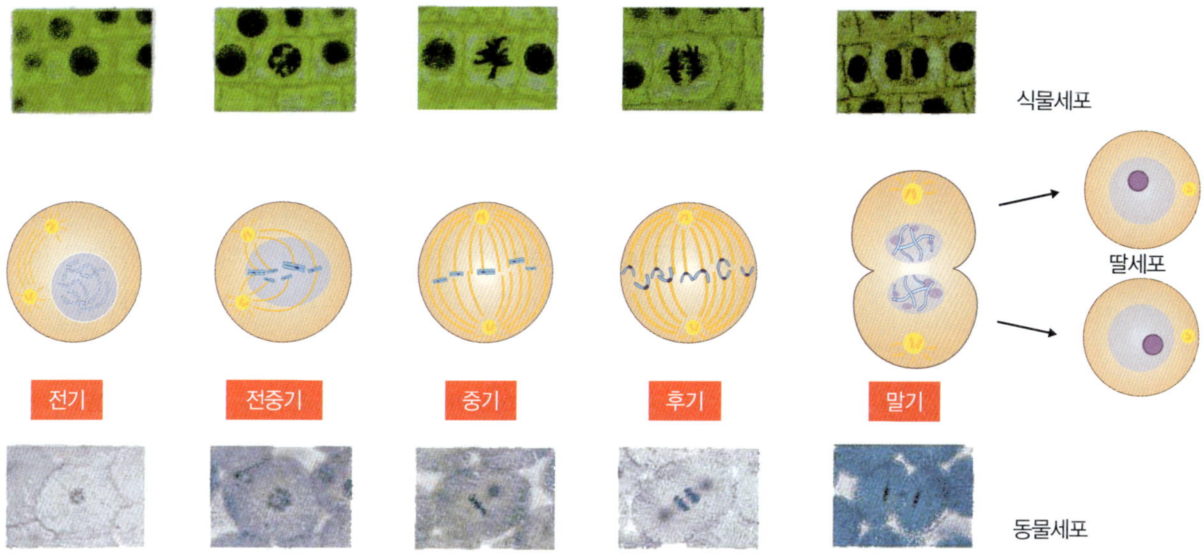

그림 10.4 체세포분열의 다섯 단계

방향에서 뻗어 나온 방추사부착점에 결합하지 않은 미세소관은 서로 겹쳐져서 반대방향으로 밀어내 세포를 신장시킨다.

- ▶ 말기: 방추사가 사라지고 각 방추체 극에서 염색체가 풀리기 시작하여 염색체는 다시 간기의 전형적인 상태인 염색질로 전환된다. 인이 다시 나타나고 RNA 전사가 재개되며 새로운 핵막이 각 극에 있는 염색체 주위로 형성되면서 2개의 딸핵이 형성된다. 이 시점에서 핵분열이 완성되고 세포질분열에 의해 딸세포 사이에 세포질이 나누어져 세포의 반대쪽 끝에 유전적으로 동일한 딸세포가 형성된다.

● 유사분열 핵분열의 다음 단계로 나타난 세포질분열 후에 2개의 딸세포가 생긴다.

- ▶ 동물, 원생동물, 많은 균류의 경우 **분할**의 최초 신호인 **분열홈**(중기판에 있던 부위 가까이의 세포 표면에 나타나는 얕은 홈)이 세포를 띠 모양으로 둘러싸고 점진적으로 홈이 깊어져 결국 세포질을 두 부분으로 자르게 되는 분할이 일어난다.
- ▶ 식물에서는 **세포판**이라 부르는 새로운 세포벽이 딸핵 사이에 형성되고 양측으로 자라 세포질을 나눈다. 세포질분열 시 식물세포에서는 분열구가 형성되지 않는 대신에 말기에 골지체에서 기원한 소낭들이 미세소관을 따라 세포의 중앙으로 이동하여 합쳐져 세포판을 형성한다.

● 세포분열은 진화의 산물이다.

- ▶ 원핵생물의 **이분법** 동안에 염색체의 **복제원점**이 양끝으로 이동하면서 복제되고, 복제된 2개의 딸염색체는 빠르게 이동하여 나뉜다.
- ▶ 원핵생물은 진핵생물보다 10억 년 먼저 출현하였으며, 따라서 체세포분열은 원핵세포의 세포분열로부터 진화되었을 것이다.
- ▶ 와편모조류와 규조류에서는 박테리아의 이분법과 대부분의 진핵세포에서 나타나는 체세포분열 과정의 중간 형태로 보이는 세포분열 메커니즘이 관찰된다.

10.3 세포주기는 분자수준에서 조절된다

- 세포질에 존재하는 분자들이 세포주기의 진행을 조절한다.
  - ▶ **조절 단백질의 주기적 변화**가 세포주기의 시계로 작용한다.
  - ▶ 이 시계에는 출발 신호가 올 때까지 세포주기가 멈춰지는 특정한 검문지점이 있다. 즉, **검문지점(checkpoint)**은 정지 및 출발신호에 의해 조절될 수 있는 결정적인 조절 시점이다. 세 가지 주요의 검문지점은 G_1, G_2, M기에 나타난다.
  - ▶ G_1 검문지점은 제한점이라 불리며 여러 세포에서 가장 중요한 검문지점이다. G_1 검문지점에서 출발신호가 주어지면 대부분 세포의 경우 S, G_2, M기를 지나 분열을 마치게 된다. 그러나 출발신호가 주어지지 않으면 분열하지 않는 상태의 단계(예: G_0단계의 근육, 신경세포)로 들어간다.
  - ▶ 주요 조절물질은 **사이클린**과 **사이클린 의존성 인산화효소**이다.
- 세포배양을 통해 세포분열의 분자생물학적 메커니즘을 연구할 수 있다.
  - ▶ 세포내 신호와 세포외 신호 모두가 신호전달경로를 통하여 세포주기 검문지점을 조절한다.

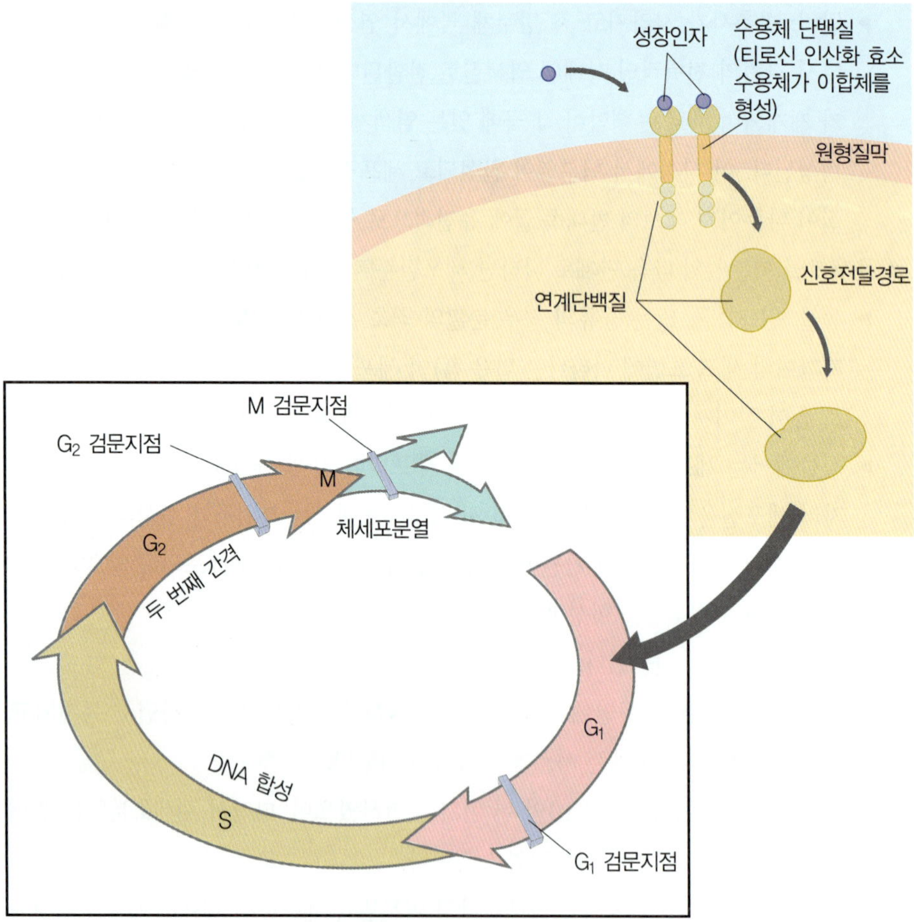

그림 10.5 세포주기 조절계에 신호를 보내는 성장인자

- 대부분의 세포는 세포분열의 **밀도의존성 억제**와 **부착의존성 억제**를 나타낸다. 밀도의존성 억제란 세포가 꽉 차면 분열을 멈추는 현상을 말하며 부착의존성 억제는 세포가 배양 용기의 표면이나 조직의 세포외 기질과 같은 기저층에 부착되어야 분열할 수 있는 성질을 말한다.
- **암세포**는 정상적인 조절을 벗어나서 제어되지 않고 자라나 종양을 형성한다.
  - ▶ 즉 암세포는 세포가 비정상적인 세포주기를 가지며 무한정 자랄 수 있으며 비정상적인 주기에서 멈추기도 한다.
  - ▶ 정상세포가 암세포로 변화하는 과정을 **형질전환**이라 한다.
  - ▶ **악성종양**은 주변의 조직에 침투하고 전이되어 암세포를 신체의 다른 부위로 이동시키며, 이곳에서 2차종양이 형성될 수 있다.
  - ▶ 이렇게 암세포가 원래 발생한 위치에서 다른 위치로 퍼져가는 것을 전이라 한다. 악성종양과 상반되는 **양성종양**은 비정상 다른 신체 부위에 이동하지 않고 발생한 위치에서 머무른다.

한 토막 생물 뉴스

세포분열이 번식의 수단?

유성생식을 하는 생물들은 물론 무성생식을 하는 생물들도 피해갈 수 없는 것이 DNA에서 일어나는 변화, 즉 돌연변이의 출현이다. 유전자인 DNA를 복제하는 과정에서 일어나는 실수나 끊임없이 접하게 되는 물리적 요인과 불안정한 화학분자들에 의해 돌연변이는 계속 만들어질 수밖에 없다. 이러한 돌연변이의 생성이 무성생식을 하는 생물들이 유전적 다양성을 유지하는 방법이기도 하다. 그런데 대부분의 돌연변이는 생물에게 해롭다. 무성생식을 하는 대부분의 단세포 생물들의 경우, 해로운 돌연변이 개체(즉 세포 하나)가 죽게 되면 돌연변이가 제거되게 된다. 이와 달리 대부분이 다세포 생물인 유성생식을 하는 생물들의 경우, 일생 돌연변이가 체내에 축적될 수 있다. 유성생식의 경우에 이러한 문제는 유전자들을 재조합하는 과정에서 걸러낼 수 있어 자손에게 전달되지 않을 수 있다. 이 과정을 통해 손상된 DNA 부위를 온전한 것으로 대체할 기회도 얻을 수 있다(손상된 DNA를 지닌 개체는 자연선택을 통해 제거된다). 이것을 유성생식 생물에서 체세포분열이 번식의 수단에서 배제된 이유라고 생각할 수 있다.

11 감수분열

유성생식이 왜 존재하는 것일까?

생물의 생물학적 존재 이유는 생존과 번식이다. 유성생식은 번식의 한 방식이다. 우리 인간은 유성생식을 당연한 것으로 받아들인다. 그럴만하다. 우리를 포함하여 주변의 친숙한 동식물들이 거의 유성생식을 하기 때문이다. 그런데 일부 양서류를 비롯한 척추동물과 많은 무척추동물, 원생생물 등은 무성생식을 한다. 시간에 따른 변화를 추적해보면 무성생식 이후에 유성생식이 출현한 것 같다. 무엇이 유리해서 유성생식이 출현했을까? 무성생식은 한 세포나 개체로부터 하나의 자손이 생긴다. 또한 모세포나 개체가 지닌 모든 유전자가 전달된다. 그러나 유성생식은 하나의 자손을 낳기 위해 부와 모가 필요하고 각 개체는 생식세포를 통해 자신이 지닌 유전자의 반만 전달한다. 따라서 유성생식은 자손의 수나 전달되는 유전자 비중 면에서는 무성생식보다 불리하다. 감수분열 과정을 보면 알겠지만 유성생식은 매우 다양한 유전적 조성을 자손에게 전달할 수 있다. 유성생식의 장점 중 하나는 환경의 다양한 변화에 대응하여 생존할 수 있는 자손을 준비할 수 있다는 것이다. 우리 몸에 기생하는 세균과 바이러스 등 여러 기생생물들의 짧은 시간 내에 수없이 생기는 변이에 대응할 수 있는 방법이라는 설득력이 있는 근거가 제시되어왔다.

핵심 체크 Key Point

아래에 열거된 개념 또는 용어들을 '문제'라고 가정하고 답을 작성해 보자.

유전학(Genetics)이란?

- 부모의 형질이 전달되는 현상인 유전(heredity)과 변이(variation)를 어떻게 한꺼번에 설명할 수 있을까?
- 유전자(genes), 유전체(genome), 염색체(chromosomes), 유전자 좌위(gene loci)의 상호 관계
- 배우자(gamete)의 의미와 생성 과정
- 접합자(zygote)의 의미와 생성 과정, 수정(fertilization)이란?

무성생식과 유성생식의 차이점을 설명

■ 클론(clone)은 무엇이고 어떤 과정을 통해 만들어지는가?

유성생식생물의 생활사

■ 핵형(karyotype)의 정의

✔ 상동염색체(homologous chromosome)의 정의

✔ 자매염색분체(sister chromatids)와 비자매염색분체(non-sister chromatids)의 구별

■ 성염색체(sex chromosome)와 상염색체(autosome)의 종류와 비교

■ 이배체 세포(diploid cell)와 반수체 세포(haploid cell) 각각의 정의와 해당 세포 종류

인간의 생활사(life cycle)를 유사분열, 감수분열, 이배체 세포, 반수체 세포, 수정 등의 용어로 설명

■ 감수분열(meiosis)이 생활사에서 나타나는 단계

■ 생활사의 종류와 특징

✔ 동물, 식물, 균류의 생활사 비교

✔ 세대교번(alternation of generation)이란?

✔ 포자체(sporophyte), 포자(spore), 배우체(gametophyte) 등의 정의

11.1 개념을 이해했다면?
세균을 비롯한 원핵생물에서는 감수분열이 일어나지 않는 이유는?

감수분열의 의미

■ 감수분열의 특징: 생성 세포 수, DNA 복제 횟수, 딸세포의 유전적 조성

■ 단계별 특징

✔ 전기(prophase) I의 특징:

* 접합(synapsis)과 사분염색체(tetrad)의 정의
* 비자매 염색분체의 정의와 이동

11.2 개념을 이해했다면?
왜 전기 I이 전체 감수분열이 일어나는 시간의 90%를 차지할까?

* 교차(cross over)의 정의와 교차가 일어나는 장소

✔ 중기 I: 상동염색체의 움직임 메커니즘, 중기판(metaphse plate)에서 사분염색체(tetrad)의 배열 메커니즘

✔ 후기 I: 상동염색체의 분리

✔ 말기 I과 세포질분열 과정의 특징

✔ 감수분열 II의 특징

세 가지 면에서 감수분열과 유사분열(mitosis)의 다른 점을 비교

유전적 변이가 만들어지는 방식

- 인간 생식세포의 경우 염색체의 독립적 분리를 통해 몇 가지의 조합이 가능할까?
- 교차는 자매염색분체들 사이에서 일어나는가? 즉, 어떤 염색분체 사이에서 재조합된 염색체(recombinant chromosome)가 출현하는가?
- 무작위 수정과 위의 2가지 요인을 감안한다면 한 부모에서 유래한 두 형제가 유전적으로 동일할 확률은 얼마나 될까?

11.3 개념을 이해했다면?
사람의 경우, 염색체 하나당 평균 약 1번의 교차가 일어난다고 가정하면 23쌍 염색체의 독립적 분리와 함께 몇 가지의 생식세포(의 유전적) 조합이 가능할까?

유성생식이 무성생식에 비해 유리한 점 2가지 설명: 불리한 대립유전자 제거, 기생생물에 대한 대응

유성생식에 의해 자손의 다양한 유전적 변이가 만들어지게 되는 세 가지 방식

주 요 내 용 Key Information

11.1 자손은 부모로부터 유전자를 물려받아서 유전현상을 나타낸다

- **유전학**은 동일한 부모에서 유래한 자손끼리 비슷하면서도 다른 이유를 연구한다.
  - ▶ 유전은 유전자가 자손에게 전달되면서 일어나는 현상이다.
  - ▶ 개체의 DNA에 있는 각 유전자는 특정 염색체의 특정 **좌위**에 있다.
- **무성생식**으로 생성된 자손은 조상과 똑같은 유전형질을 가진 클론을 생성한다. 일부 진핵생물종도 유사분열(mitosis) 과정을 거쳐 무성생식을 할 수 있다.
- **유성생식**에서 두 개의 반수체 세포, 즉 **배우자**가 융합하여 이배체인 **접합자**를 이룬다.
  - ▶ 유성생식을 하는 생물의 생활사에서 **감수분열**은 배우자를 형성한다.
  - ▶ 유성생식을 하는 생물들은 부모로부터 각각 염색체 한 벌씩을 물려받는다.
- **이배체 세포**는 세포당 일정한 수의 염색체를 쌍으로 가진다.
  - ▶ 각 쌍을 이루는 두 염색체를 **상동염색체**라고 한다. 이들은 서로 길이와 모양이 같고 동일한 종류의 기능을 나타내는 유전자들을 가지고 있다.
  - ▶ **반수체 세포**는 각 상동염색체 쌍 중 하나의 염색체만을 가진다.

11.2 생활사에서 생식주기의 변화가 나타난다

- **핵형** 결정 방법에 따르면 정상 인간 체세포는 부모로부터 각각 23개로 구성된 염색체 한 벌씩을 받아 두 벌인 46개의 염색체를 갖는다.
  - ▶ **이배체 세포**($2n = 46$)는 22개의 모계 **상염색체**와 각각의 염색체에 상응하는 부계 상동염색체를 갖고 있다.
  - ▶ 23번째 쌍은 **성염색체**로서 인간의 성을 결정한다: 여성(XX), 남성(XY)
  - ▶ 생식소(난소와 정소)가 성숙되면 감수분열에 의해 배우자를 생산하는데, 각 배우자는 한 벌 23개의 염색체를 가진다.
  - ▶ 수정을 통해 난자와 정자가 결합하여 이배체의 접합자를 형성하는데, 이는 체세포 분열에 의하여 다세포의 개체로 발생한다.
- 생활사의 종류에 따라 수정과 감수분열의 시점에 차이가 난다.
  - ▶ 동물은 수정 후 유사분열을 통해 이배체의 다세포 개체를 만들고 감수분열을 통해 반수체의 단세포 배우자를 만든다.
  - ▶ 식물은 수정 후 유사분열을 통해 이배체의 다세포 개체(**포자체**)를 만들고 감수분열을 통해 반수체의 단세포인 **포자**를 만드는데, 이 포자는 유사분열을 통해 반수체의 다세포(**배우체**)를 형성한다. 이 배우체에서 유사분열을 통해 배우자가 만들어

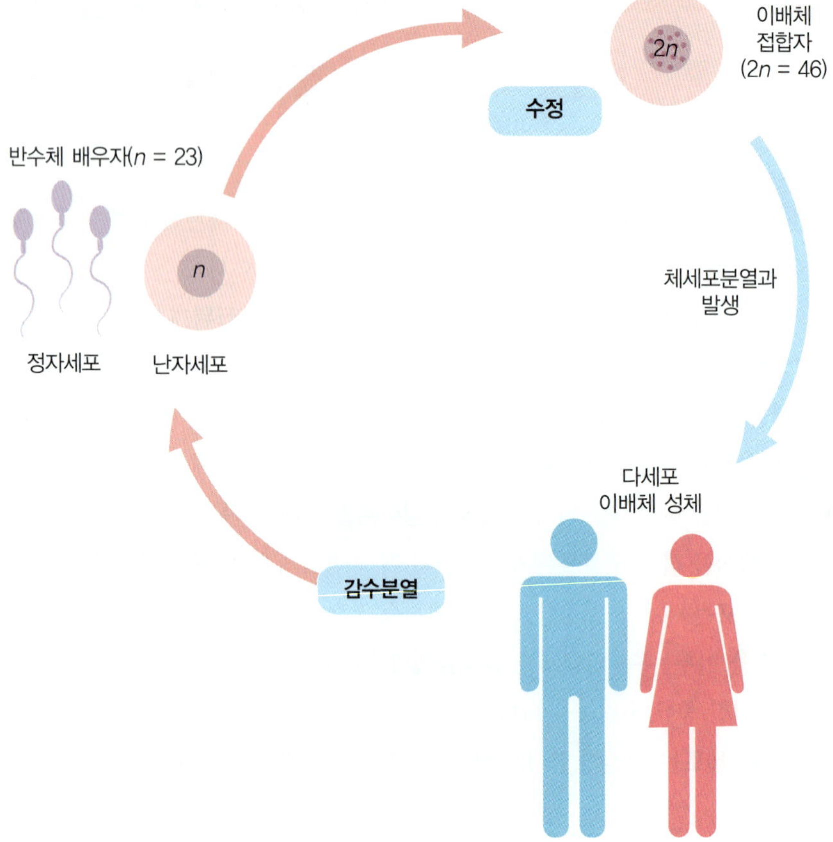

그림 11.1 사람의 생활사

한 토막 생물 뉴스

인간의 핵형(karyotype) 결정

사람은 23쌍의 염색체를 지닌다. 이 결론은 어떻게 얻게 되었을까? 현미경을 사용하여 염색체를 관찰한다고 가정해 보자. 세포분열 중기에 이르지 않은 세포에서는 염색체를 관찰할 수 없다. 왜냐하면 세포분열이 일어나지 않는 세포에서 DNA는 주변 단백질과 함께 느슨하게 꼬여 있는 형태인 염색질(chromatin) 상태에 있기 때문이다. 그래서 체세포를 준비하여 체세포(유사)분열을 촉진하는 약품을 처리해야 한다. 염색체는 종류별로 어떻게 구분할까? 첫 번째 기준은 크기다. 가장 큰 것이 1번, 그 다음 큰 것은 2번 등과 같이 번호를 부여한다. 참고로 X 염색체는 7번 염색체보다 조금 작고 Y 염색체는 22번보다도 작다. 두 번째 기준은 동원체(centromere)의 위치이다. 동원체가 염색체의 가운데에 위치하는지 또는 양극 쪽으로 얼마나 치우쳐 위치하는지에 의해 염색체의 종류를 구분할 수 있다. 세 번째 기준은 염색 양상이다. 염색체라는 이름에서 알 수 있듯이 각 염색체마다 염색되는 양상이 다르다. 염색체를 관찰하기 시작한 초기에는 이런 기준의 적용이 정확하게 쉽지 않았던 것 같다. 사람의 염색체 수가 침팬지처럼 48개라고 알려졌었으니...

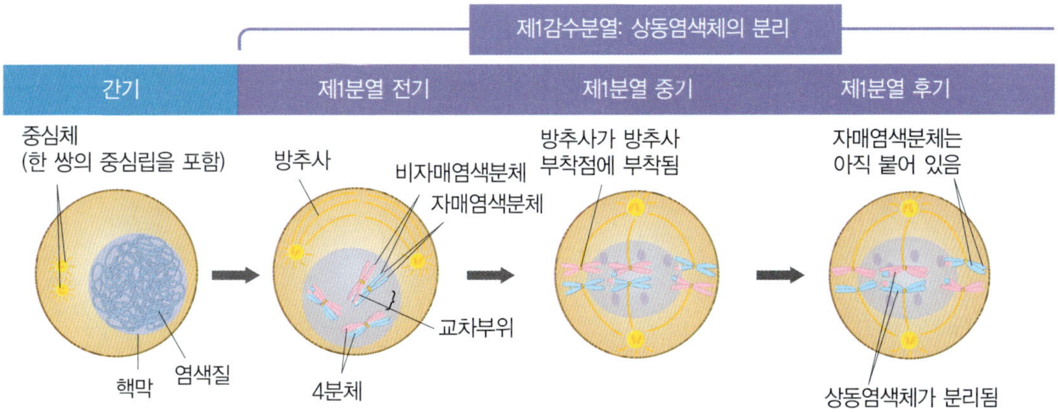

그림 11.2 제1감수분열의 단계

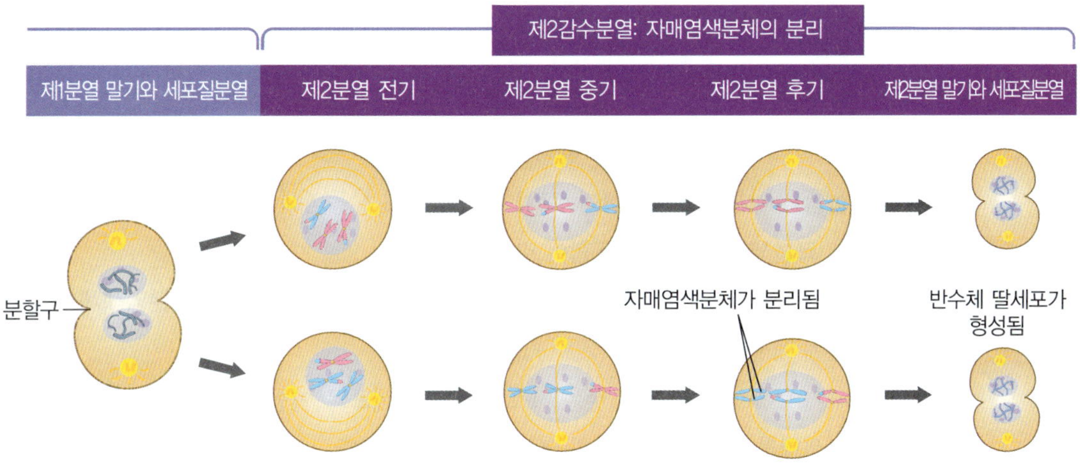

그림 11.3 제2감수분열의 단계

진다. 반수체의 다세포와 이배체의 다세포가 번갈아 출현하는 것을 **세대교번**이라 한다.

▶ 일부 균류와 원생생물들은 수정으로 만들어진 이배체 단세포가 접합자로 기능하는데, 이 접합자는 감수분열을 통해 반수체 단세포를 형성한다. 이 단세포는 유사분열을 통해 단세포 또는 다세포 개체를 만든다. 이 개체들은 유사분열을 통해 배우자를 만든다.

11.3 감수분열 결과 두 세트의 염색체는 한 세트로 줄고 다양한 유전적 조성이 형성된다

- 감수분열은 두 번의 분열을 통해 4개의 반수체 딸세포를 만든다.
- 감수분열의 단계

▶ 전기 I: **감수분열 제1분열**은 접합을 통해 **상동염색체** 쌍이 물리적으로 접근하여

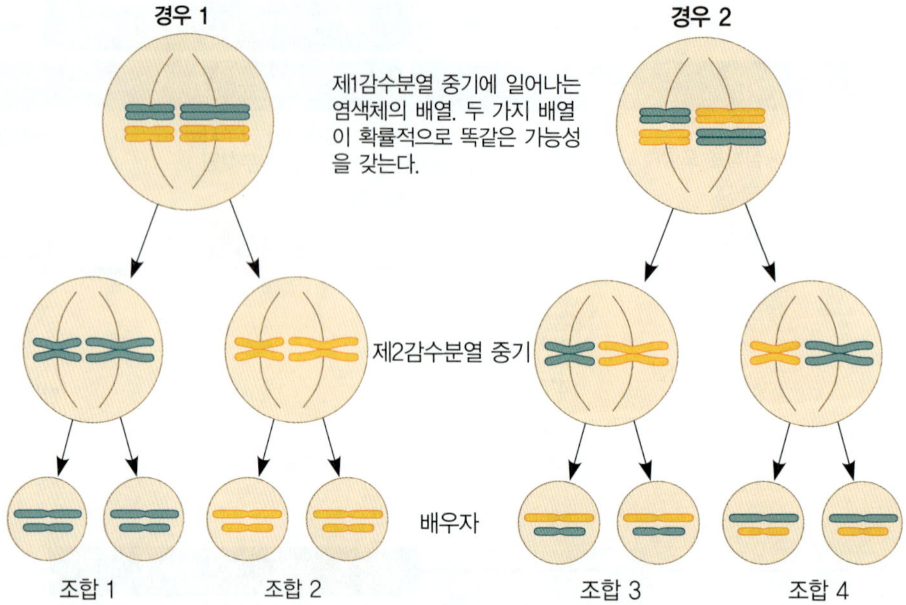

그림 11.4 염색체의 독립적 분리

접합을 이루면서 시작한다. **교차** 과정을 통해 상동염색분체 간에 DNA 단편이 상호 교환되는 **유전적 재조합**이 일어난다.

- ▶ 중기 I: 한 쌍의 상동염색체가 한 개 이상의 교차점으로 연결된 **4분염색체**가 **중기판**에 배열을 한다.
- ▶ 후기 I: 각 상동염색체 쌍은 서로 분리되어 세포로 이동된다. 각 세포는 반수체의 염색체를 가지지만 한 쌍의 염색분체로 되어 있다.
- ▶ 말기 I: 완전한 반수체 세트의 염색체를 지니게 된다. 세포질분열이 일어난다. 이때 DNA 복제는 일어나지 않는다.
- ▶ **감수분열 제2분열** : 이 과정 중에 각 염색체에 있는 두 개의 염색분체는 분리되어 하나씩 각 딸세포에 분포한다. 각 염색분체는 하나의 염색체가 된다. 이 분열 과정은 유사분열과 동일하게 진행된다.

- 감수분열은 유사분열과 다른 특징을 지닌다.
  - ▶ 유사분열은 한 번의 핵분열을 통해 두 개의 딸세포가 상호간 그리고 모세포와도 유전적으로 똑같이 되는 것이다.
  - ▶ 유사분열에서는 상동염색체의 접합이 일어나지 않는다.
  - ▶ 감수분열은 두 번의 연속적인 분열을 일으켜서 4개의 반수체 세포를 만든다. 상동염색체의 접합이 감수분열 제1분열 전기 중에 일어난다.

11.4 감수분열을 통해 형성된 다양한 유전적 변이는 진화의 재료가 된다

- 집단내 유전적 변이에 기여하는 유성생식의 특징들은, 감수분열 동안의 염색체의 **독립적 분리**, 제1감수분열에서의 **교차**, 난자와 정자의 **무작위 수정**이다.
- 유전적 변이는 자연선택에 의한 진화의 재료이다. 돌연변이는 이러한 변이의 근본적인 출처이다. 유성생식에서 변이 유전자들의 새로운 조합의 생성은 유전적 다양성을 증가시킨다.

12 유전 양상

유전자 개념의 정립 과정

멘델 이전 시기까지는 빨간색 물감과 하얀색이 물감이 섞이면 분홍색 물감이 되는 것처럼, 부모의 유전형질이 자손에서 섞인다고 믿었다. 그러나 멘델은 완두콩 실험을 통해 부모가 물려주는 유전인자는 자손에서 섞이지 않고 각각의 본질을 유지한다는 것을 보여주었다. 즉, 이전의 '혼합 가설'을 '입자 가설'로 대체하여 유전인자는 입자형태라는 개념을 정립하였다. 멘델은 한 개체에 있어서 어떤 형질을 결정하는 유전인자는 두 개이며, 각각은 부모에게서 온다고 생각했다.

1903년 미국의 세포학자 서턴은 세포 안에 있는 염색체의 행동을 현미경으로 관찰하여, 핵 안에 있는 염색체는 **상동염색체**(모양과 크기가 같은 염색체로 쌍을 이루고 있는데, 부모로부터 각각 하나씩 물려받은 것임)끼리 쌍으로 존재한다는 사실과 생식세포 형성(감수분열)시 염색체의 행동이 멘델이 말한 유전인자의 행동과 일치한다는 사실을 발견하였다. 이를 근거로 서턴은 생물의 유전인자가 염색체에 존재한다는 염색체설을 발표하였다. 몇 년 후 **유전자(gene)**라는 새로운 용어가 만들어져 멘델이 언급한 유전인자를 표현하게 된다(현대 생물학에서는 생물 형질에 관한 특정 정보를 가진 DNA 조각을 유전자라고 정의함).

특정 유전자는 특정 염색체상의 특정 위치를 차지하고 있다는 사실은 1920년대 미국의 발생유전학자 모건의 초파리 연구를 통해서 확실하게 규명되었다. 모건은 초파리에서 X 염색체의 전달과 눈 색깔 유전이 서로 관련되어 있다는 사실을 발견하였다. 이것이 유전자가 특정 염색체에 위치한다는 것을 보여주는 최초의 확실한 증거였다. 염색체상에서 유전자의 위치를 **좌위(locus)**라고 한다. 동일한 염색체에 존재하는 유전자들을 서로 **연관(linkage)**되어 있다고 하며, 연관된 유전자들을 연관군이라고 한다.

사람의 경우를 예로 보면서 마무리하자. 사람의 염색체는 모두 46개로 서로 모양과 크기가 같은 23쌍의 상동염색체로 구성되어 있다. 즉, 같은 형질에 관여하는 대립유전자가 같은 순서로 위치하고 있는 염색체가 짝을 이루고 있는 것이다. 이 때문에 열성 대립유전자의 형질은 겉으로 드러나지 않아 자연선택을 받지 않는다. 다시 말해서 주어진 환경에서 우성 대립유전자의 형질보다 불리하거나 심지어 해로운 경우에도, 우성 대립유전자와 짝을 이루고 있으면 숨겨진 상태로 계속 세대를 거쳐 증식될 수 있다.

핵심 체크 Key Point

아래에 열거된 개념 또는 용어들을 '문제'라고 가정하고 답을 작성해 보자.

멘델의 두 가지 유전법칙

멘델의 실험 방법이 뛰어난 결과를 낳을 수 있었던 이유

- 특징(character)과 형질(trait)의 구분
- 순종(true-breeding), 잡종화(hybridization), P세대, F_1세대, F_2세대 등의 개념과 멘델의 실험 방법 설명
- 대립유전자(alleles)의 정의
  - ✔ 상동염색체, 유전자좌, 대립유전자의 관계
  - ✔ 우성 대립유전자(dominant alleles), 열성 대립유전자(recessive alleles)
  - ✔ 동형접합성(homozygous)과 이형접합성(heterozygous)의 정의: 순종, 잡종과 비교 설명
  - ✔ 분리의 법칙(law of segregation)을 대립유전자의 개념을 이용하여 설명
- 퍼넷사각형(Punnet square)의 작성과 사용 방법
- 표현형(phenotype)과 유전자형(genotype)의 관계
- 검정교배(test cross) 방법과 이를 통해 멘델이 얻은 결론을 설명
- 단성잡종(monohybrid)과 양성잡종(dihybrid), 삼성잡종(trihybrid) 등의 정의
- 독립의 법칙(law of independent assortment)을 완두콩의 모양과 색깔이라는 표현형을 이용해 증명한 실험 과정을 설명
- 확률의 법칙과 유전문제: 곱셈법칙 + 덧셈법칙이란?

우성의 종류와 다양한 유전 양상

- 우성과 열성 표현형의 정의
  - ✔ 완전 우성(complete dominance)의 정의와 예
  - ✔ 공동우성(codominance)의 정의와 예
  - ✔ 불완전 우성(incomplete dominance)의 정의와 예

12.1 개념을 이해했다면?
독립의 법칙을 나타내는 두 가지 유전자는 동일한 염색체에 있을까?

12.2 개념을 이해했다면?
*PpRRYy*와 *PpRrYy*를 교배하여 두 가지 이상의 형질의 표현형이 우성일 확률을 확률의 법칙을 이용하여 계산해 보자.

12.3 개념을 이해했다면?
우성 표현형이 열성 표현형보다 출현빈도가 크지 않은 사례가 있는 이유와 해당 사례를 설명해 보자

12.4 개념을 이해했다면?
정상인 부모 사이에서 태어난 아이가 열성 대립유전자에 의해 유발되는 유전병 증상을 보이는 경우, 이 부모의 유전자형을 예측할 수 있는가?

- ✔ 우성 또는 열성 표현형이 결정되는 메커니즘
- 복대립유전자(multiple allele)에 의한 유전 현상과 예
- 다면발현(pleiotropy)에 의한 유전 현상과 예
- 2개 이상의 유전자에 대한 멘델 유전학
  - ✔ 상위(epistasis)의 특징과 예
  - ✔ 양적 특징(quantitative character)의 의미와 예
  - ✔ 다인자 유전(polygenic inheritance)의 의미와 예
- 본성과 양육(nature vs. nurture)의 관계
  - ✔ 표현형 표준 범위(norm of reaction)의 정의와 예
  - ✔ 다인성(multifactorial) 특징의 정의와 예

위의 다양한 유전 양상을 멘델의 유전법칙에 의거하여 설명

인간 유전 현상의 특징과 종류

12.5 개념을 이해했다면?
귓불이 떨어져 있는 것을 표현형으로 하여 가계도를 그리고 이 형질이 우성인지의 여부를 알아보자.

12.6 개념을 이해했다면?
근친혼을 법적으로 금지하는 생물학적 근거를 멘델 유전법칙을 적용하여 설명할 수 있는가?

- 가계도(pedigree) 작성법
- 치명적 열성 유전병
  - ✔ 낭포성 섬유증(cystic fibrosis)의 증상
  - ✔ 겸상적혈구빈혈증(sickle cell anemia)의 원인과 증상
- 치명적인 우성 유전질환
  - ✔ 헌팅턴무도병(Huntington's disease)의 원인과 증상
  - ✔ 알츠하이머 치매증과 연골발육부전증의 원인과 증상

치명적인 유전병이 대개 열성인 이유와 일부이지만 치명적인 우성 유전병이 존재하는 이유를 설명

- 다인성 질환의 예를 유전적 요인과 환경적 요인으로 설명

■ 유전질환을 검색하는 방법

- ✓ 유전검사와 상담: 멘델 유전학과 확률법칙에 기초를 둔 상담
- ✓ 보인자 확인 검사의 종류와 방법: 초음파태아검사, 양수검사(amniocentesis), 융모막돌기 채취법(chorionic villus sampling, CVS)
- ✓ 출생 후 가능한 검사의 예

주요내용 Key Information

- **유전자**는 염색체상에 있다. 해당 염색체에 있는 유전자의 위치를 **(유전자)좌위**라고 한다.
  - ▶ 각 유전자들은 상동염색체상의 동일한 위치(즉, 좌위)를 차지하기 때문에 이배체에서 한 쌍의 **대립유전자**가 존재하게 된다.
  - ▶ 두 개의 동일한 대립유전자를 가질 경우, 그 좌위에 대해 **동형접합성**이라 한다.
  - ▶ 만약 두 대립인자가 다른 것을 가질 경우, 그 좌위에 대해 **이형접합성**이라 한다.
- **우성인자**는 다른 대립인자인 열성인자의 표현을 가릴 수 있다. 이런 이유로 외형상 동일한 **표현형**을 가진 두 개체는 유전적 조성인 **유전자형**이 서로 다를 수 있다.

12.1 열정과 논리적 사고에 의한 serendipity: 멘델 유전법칙의 발견

- 멘델은 수도원 정원에서 보라색과 흰색 완두콩 꽃을 대상으로 2~3세대 이상에 걸쳐 형질 변화를 관찰 분석하였다.
  - ▶ 이전의 혼합가설대로라면 보라색과 흰색 꽃을 가진 식물 교배로 생긴 자손의 꽃들은 연한 보라색이었을 것이다.
  - ▶ 그러나 1세대에서는 모두 보라색 꽃만 나타났고, 2세대에서는 약 3:1의 비율로 보라색과 흰색 꽃이 모두 나타났다. 멘델은 흰색 꽃에 대한 유전인자(현재의 유전자 개념)가 제1세대에서 사라진 것이 아니라 보라색 꽃 유전인자가 이를 가렸다고 추론하고, 보라색과 흰색을 각각 우성과 열성 형질이라는 용어로 표현하였다.
  - ▶ 나아가서 멘델은 다음의 네 가지 개념을 도입하여 2세대에 우성과 열성 형실의 3:1 비율로 나타나는 이유를 설명하였다(여기서는 이해를 돕기 위하여 현재 알려진 용어를 사용함).
- 멘델은 자신의 실험결과를 토대로 다음과 같이 추론하였다.

한 토막 생물 뉴스

혼합가설 유용성?

부모님과 함께 있을 때 주변 사람들은 자식의 얼굴과 몸의 생김새가 양친의 특징이 섞여 있다고 말하곤 한다. 덧붙여 반반씩 섞여 있음을 상기시키곤 한다. 마치 두 액체가 골고루 섞인 것처럼 이해될 수 있다. 미국에서 실제 있었던 일을 소재로 제작된 영화 '미시시피 버닝'에서 KKK 단원들은 자신들의 흑인 살해를 정당화하면서 다음과 같이 말한다. "백인과 흑인이 어울려 살면 혼합이 일어나 백인은 물론 흑인도 없어진다." 따라서 인종을 유지시키기 위해서는 희생이 필요하다는 것이다. 하필이면 그 대상이 왜 흑인이었는지... 어떤 정도의 명도를 지녀야 흑인이라 할지 구분이 모호한데 어쨌든 피부색의 유전은 3쌍의 유전자가 담당하는 다인자 유전의 일종이다. 만약 중간(?) 정도의 명도를 지닌 (각 쌍당 하나씩, 즉 3개의, 검은 색소를 만드는 유전자가 있는) 사람끼리 결혼하면 64명당 1명꼴로 (1/23 X 1/23 = 1/64) 매우 검은 피부를 지닌 아이를 얻을 수 있다. 매우 하얀 피부도 마찬가지이고 나머지 62/64는 부모보다 조금 더 검거나 흴 것이다. KKK 단원이 유전법칙을 알고 있었다면 범죄를 저지르지 않았을지 모르겠지만, 자신들의 만행에 대한 궁색한 변명 하나는 적어도 설 곳이 없었을 것이다. 멘델의 중요한 유전법칙은 과학적 접근을 통해 바로 이러한 잘못된 상식이었던 혼합가설을 극복하면서 정립되었다.

① 여러 가지 유전자 변이 때문에 형질이 다양해진다. 완두콩 꽃 색깔의 경우 보라색과 흰색에 대해 각각의 유전자가 존재하는데, 이를 대립유전자라고 한다.

② 생물체는 각 형질에 대하여 부모로부터 각각 한 개씩의 대립유전자를 물려받는다. (멘델은 염색체에 대한 사실을 전혀 모르는 상태에서 이러한 사실을 추론하였음.)

③ 해당 형질에 대한 대립유전자가 다른 경우에는 우성 대립유전자(영문 대문자로 표시)가 표현형(겉으로 보이는 모양새)을 결정하기 때문에 열성 대립유전자(영문 소문자로 표시)의 형질은 드러나지 않는다. 이것이 **우열의 법칙**이다.

④ 한 가지 형질에 대한 두 개의 대립유전자는 배우자 형성 과정에서 분리되기 때문에 정자 또는 난자에는 체세포에 있는 대립유전자 중 하나만 존재한다. 이것이 **분리의 법칙**이다.

- 멘델이 열성 형질에 대한 유전인자가 1세대 잡종에서 우성 유전인자와 함께 있어도 혼합되지 않는다는 것을 과학적으로 증명함에 따라 부모가 물려주는 유전인자는 자손에서 섞이지 않고 각각의 본질을 유지하는 입자형태라는 '입자가설'이 이전의 '혼

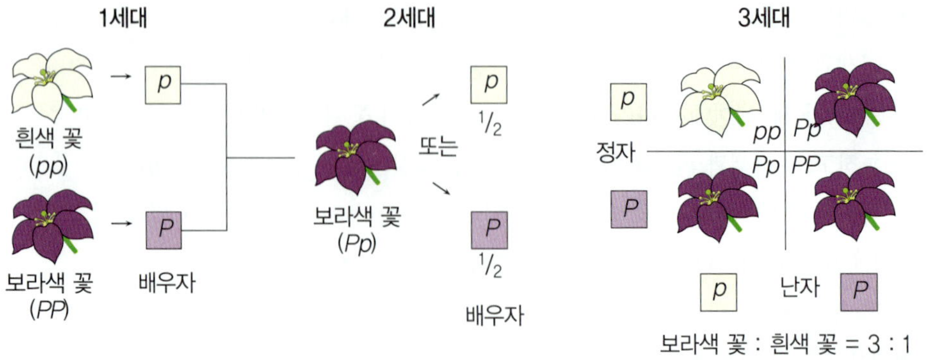

그림 12.1 분리의 법칙

한 토막 생물 뉴스

금발이 너무해(?)

2002년 영국 BBC 방송이 금발미녀가 200년 후에 멸종될 수 있다고 보도한데 이어, 최근에는 미국에서 천연 금발은 20명 중 1명꼴이라는 조사 결과가 알려지면서, 인종의 용광로(melting pot)라고 불릴 만큼 다양한 인종이 함께 살고 있는 미국에서 금발이 사라지는 것은 시간문제라는 우려가 나오고 있다. 왜 금발이 줄어드는 것일까? 금발은 멘델이 약 150년 전에 말한 **열성형질**이기 때문이다. 멘델은 다른 형질의 완두콩을 교배했을 때 다음 세대에 나타나는 형질을 **우성**, 나타나지 않는 형질을 **열성**이라고 하는 **우열의 법칙**을 제시했다. 유전학에서 말하는 우열의 의미에 대한 오해를 미연에 방지하기 위해 여기서 잠깐! 우성은 우월한 성질, 열성은 열등한 성질이라는 일상의 의미와는 다르다는 것을 명심해야 한다. 즉, 좋은 열성도, 나쁜 우성도 있다. 대표적인 예로 쌍꺼풀, 보조개 등은 갖고 싶은 우성이지만, 대머리는 원치 않는 우성이다. 반면 열성이라도 금발, 푸른색 눈 등은 갖고 싶은 열성일 것이다. 적어도 서양인들에게는 말이다.

합가설'은 대체하게 되었다.

- **독립의 법칙**은 한 대립유전자 쌍은 다른 대립유전자 쌍의 움직임과 상관없이 분리되어 배우자에 들어간다는 것을 말한다.
  - ▶ 멘델은 두 가지 유전자에 대해 이형접합성인 식물들의 양성잡종 교배에 기초하여 이 법칙을 제안하였다.
  - ▶ 양성잡종 교배의 자손(F_2세대)은 두 가지 형질이 우성: 한 가지 형질만 우성: 다른 한 가지 형질만 우성: 모두 열성 등 네 종류의 표현형이 9:3:3:1로 나타난다.
- 멘델 유전법칙은 확률에 근거한다.
  - ▶ 곱셈법칙은 여러 복합적인 사건이 일어날 확률은 독립적인 단일 사건의 확률들을 곱한 것과 같다는 것이다.
  - ▶ 덧셈법칙은 사건이 2개 이상의 독립적이고 상호 배타적인 방법으로 일어날 확률은 개별적인 확률과 같다는 것을 명시한다.
  - ▶ **양성 또는 그 이상의 잡종교배**는 2개 이상의 독립적인 단성잡종 교배가 동시에 일어나는 것과 같다. 이러한 교배로부터 나오는 자손들이 갖고 있는 다양한 유전자형의 확률을 계산할 때, 각 특징의 확률을 먼저 구한 후 이 개별적인 확률을 서로 곱한다.

12.2 많은 유전 현상은 기본적으로 멘델의 유전법칙을 따르지만 그 메커니즘은 다양하고 복잡하다

- 우성의 종류는 여러 가지이다.
  - ▶ 한 대립유전자가 **완전 우성**인 유전자의 경우, 이형접합자의 표현형은 우성 동형접합자의 표현형과 동일하다.

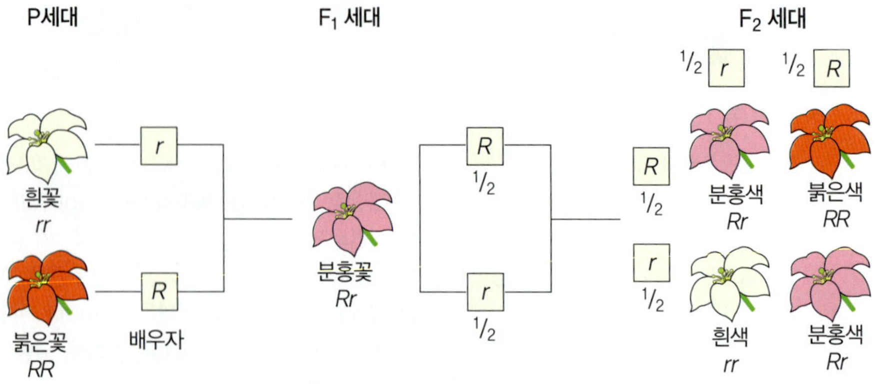

그림 12.2 불완전 우성

▶ 두 대립유전자가 **공동 우성**을 보이는 유전자의 경우 이형접합자는 두 가지 표현형을 모두 나타낸다.

▶ 사람의 ABO 혈액형처럼 대립유전자의 종류가 세 개 이상인 복대립유전자의 경우에는 이들 간의 우열에 따라 표현형이 결정된다. 사람 혈액형 대립유전자 A, B, O의 우열관계를 살펴보면 A와 B는 서로 공동 우성이지만, O에 대해서는 완전 우성이다. 그 결과 혈액형은 다음과 같이 나타난다.

유전자형	AA, AO	BB, BO	AB	OO
표현형(혈액형)	A형	B형	AB형	O형

▶ 두 대립유전자가 **불완전 우성**을 나타내는 유전자의 경우 이형접합자의 표현형은 두 동형접합자의 표현형의 중간이다.

▶ 우성의 종류는 두 대립유전자로부터 생성되는 단백질의 상호작용에 의해 결정된다.

● 집단 내에서 특정 유전자는 2개 이상의 대립유전자로 존재할 수 있어 유전자형과 표현형과의 관계는 아주 복잡할 수도 있다.

▶ **다면발현**은 1개의 유전자가 다수의 표현형 특징에 영향을 미친다. 대부분의 경우 다면발현은 한 가지 효소의 결핍으로 일어난다.

▶ **상위**의 경우, 하나의 유전자가 다른 유전자의 발현에 영향을 미친다. 즉, 한 유전자좌위의 대립유전자가 다른 유전자좌위의 대립유전자의 표현을 막을 수 있다.

▶ **다인자 유전**에서는 하나의 특징이 2개 이상의 유전자에 의해 영향을 받는다. 여러 개의 유전자에 의해 영향을 받는 특징은 보통 양적이다. 이것은 연속적으로 다양하다는 것을 의미한다.

● 유전자형의 표현은 환경요인에 의해 달라질 수 있다. 특정 유전자형의 표현형 범위를 **표현형 표준범위**라고 부르기도 한다.

▶ 예를 들어, 사람의 신장은 많은 유전자가 관여하고 음식이나 건강 조건과 같은 여러 환경 조건에서 변화될 수 있는 표현형이다.

- ▶ 신장에 영향을 주는 유전자는 환경의 영향을 받아 일정한 범위 내에서 다양한 표현형, 즉 키의 차이를 나타낼 수 있다.
- ▶ 환경에 의해 영향을 받으면서 여러 유전자가 관여하는 유전적 특징을 **다인성 특징**이라 부른다.

● 요컨대 외부의 형태학적 구조, 내부의 해부학적 구조, 생리작용, 행동 양식 등, 생물체의 표현형 대부분은 이에 상응하는 유전자형뿐만 아니라 독특한 환경의 역사를 반영한다. 그러나 아주 복잡한 유전 양상에서도 멘델의 분리의 법칙과 독립의 법칙은 역시 적용된다.

12.3 인간의 수많은 형질도 멘델의 유전법칙을 따른다

● **가계도**는 개인의 유전자형을 추론하고 미래의 자손을 예측하는 데 이용될 수 있다. 예측은 확실한 사실이라기보다 통계적인 확률을 의미한다.

● 치명적인 유전병은 대개 열성이다. 만약 우성이라면 쉽게 제거될 수 있었을 것이다.

- ▶ 테이-삭스병, 낭포성섬유증, 겸상적혈구빈혈증 그리고 다른 많은 유전질환은 하나의 유전자가 관여하는 열성형질로 유전된다.
- ▶ 대부분의 동형접합성 열성유전자형을 가진 개인들은 표현형이 정상인 이형접합성 **보인자**를 가진 부모의 자식들이다.

● 어떤 유전병을 갖고 있는 사람이 생식할 수 있는 나이 이전에 사망할 경우 치사우성 대립유전자는 집단 내에서 소멸된다. 치명적이지 않은 우성 대립유전자와, **헌팅턴무**

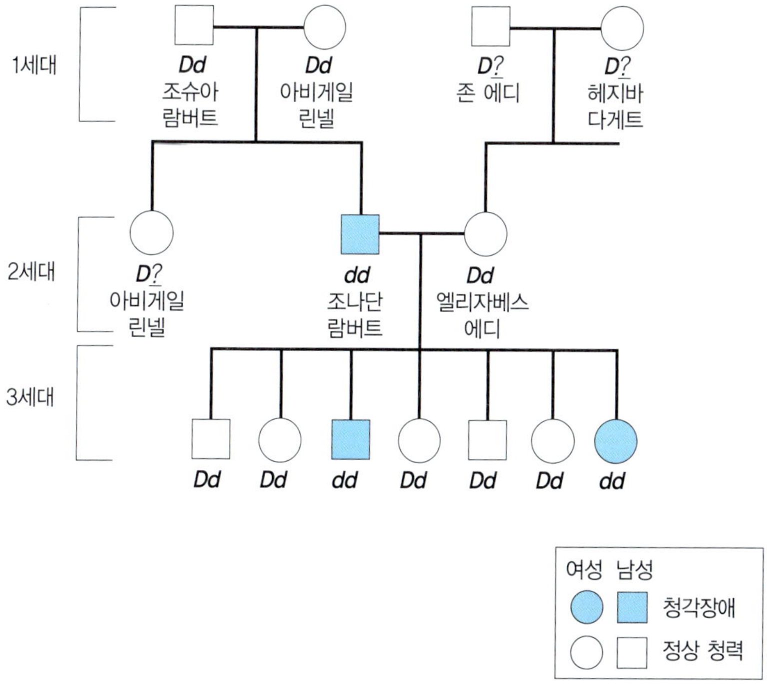

그림 12.3 가계도 실제 예

도병과 같이 비교적 늦은 나이에 나타나는 질환들은 자손에게 전달되는 확률이 높아진다.

- 심장질환이나 대부분의 암과 같은 많은 인간 질환은 유전 요인과 환경 요인의 영향을 받는다. 이러한 경우는 단순한 멘델 유전의 양상을 따르지 않는다.
- **가족력**을 이용해서 유전 상담원은 아이가 유전질환을 갖고 태어날 확률을 계산하여 부부에게 알려준다.
  - 보인자를 확인하는 검사들은 질병에 대한 확률을 더 정확하게 결정해주며, 이러한 검사의 종류는 증가 추세에 있다.
  - 아이를 가졌을 때 **양수검사**와 **융모막 돌기채취법**은 의심되는 유전질환이 존재하는지를 결정하는 데 도움을 줄 수 있다.
  - 페닐케톤뇨증 등은 아이가 태어난 후, 생화학 검사로 판별할 수 있다.

한 토막 생물 뉴스

염색체 이배성(2*n*)에 따른 득과 실

사람의 염색체는 모두 46개로 서로 모양과 크기가 같은 23쌍의 상동염색체로 구성되어 있다. 즉, 같은 형질에 관여하는 대립유전자가 같은 순서로 위치하고 있는 염색체가 짝을 이루고 있는 것이다. 이 때문에 열성 대립유전자의 형질은 겉으로 드러나지 않고 않기 때문에 자연선택을 받지 않는다. 다시 말해서 주어진 환경에서 우성 대립유전자의 형질보다 불리하거나 심지어 해로운 경우에도, 우성 대립유전자와 짝을 이루고 있으면(이형접합자) 숨겨진 상태로 계속 세대를 거쳐 증식될 수 있다.

결과적으로 이형접합자는 현재 환경에서는 불리한 형질을 가지고 있지만 환경이 변해서 이득을 줄 수 있는 유전자를 존속시켜 유전자 다양성을 유지하는 데에 기여한다는 점에서는 해당 생물체 집단에 도움을 준다고 볼 수 있다. 그러나 유전병 관련 유전자를 놓고 보면 정반대의 상황에 직면하게 된다. 유전병을 일으키는 열성 유전자는 이형접합자 상태로 정상인 속에 숨어서 다음 세대로 전해지다가 같은 열성유전자를 만나 동형접합자가 되었을 때에만 발병하기 때문에 설사 그 증상이 중증이어서 해당 환자가 자손을 남기지 못하고 사망하더라도 소멸되지 않는다.

13 유전과 염색체

유전자는 염색체의 어느 부위에 있을까?

멘델의 유전법칙에 의하여 유전자라는 것은 개념뿐만이 아니라 실체가 있을 것이라는 생각이 제안되었다. 그런데 그 물질적 실체는 무엇일까? 세포분열, 특히 생식세포를 만들어내는 감수분열 과정이 밝혀지면서 염색체의 움직임이 중요한 의미를 지니게 되었다. 유전자와 염색체의 움직임이 일치하는 정황 증거와 토머스 헌트 모건(Thomas Hunt Morgan)의 실험 증거로 유전자는 염색체상에 있음이 밝혀졌다. 모건의 제자인 알프레드 스터트번트(Alfred H. Sturtevant)는 염색체상에 구체적인 유전자들의 순서를 결정하였다. 유전자를 구성하는 염기에 결합할 수 있는 형광염색약을 더해주고 현미경으로 보면 많은 생물학 책에서 쉽게 볼 수 있는 것처럼 선명하게 염색체상에 유전자가 어떤 위치에 있는지 볼 수 있다. 이는 과학의 진실성이 개선된 기술로 훨씬 더 설득력 있게 증명되는 여러 예 중의 하나이다.

핵심 체크 Key Point

아래에 열거된 개념 또는 용어들을 '문제'라고 가정하고 답을 작성해 보자.

멘델 유전과 염색체의 움직임

- 유전 염색체설(chromosome theory of inheritance)의 내용과 근거

모건(T. H. Morgan)의 실험 내용과 의미: 유전 염색체설과의 관계

- 초파리 유전학

✔ 초파리를 유전학 실험 재료로 선택한 이유

✔ 야생형(wild type)과 돌연변이형(mutant type)의 비교

13.1 개념을 이해했다면?
초파리의 눈 색깔 유전자가 X 염색체상에 존재한다는 증거를 설명해 보자.

✓ 돌연변이는 모두 열성인가?

반성 유전(Sex-linked inheritance) 양상

- 염색체에 의한 다양한 성 결정 방식 비교: X-Y, X-0, Z-W, 반수체-이배체 체계 등의 특징과 예 설명
- Y 염색체의 구조적 특징
  - ✓ *SRY* 유전자란?
  - ✓ X 염색체와의 차이점
- 반성 유전 양상

반성 유전 양상 몇 가지를 묘사하고 그 이유를 설명

13.2 개념을 이해했다면?
왜 남자에게 반성 유전병이 더 빈번하게 나타나는가?

✓ 반성(또는 성 연관) 유전자(sex-linked gene)란?

✓ 반성 유전 양상을 띠는 유전질환의 예

- X 염색체의 불활성화
  - ✓ 바소체(Barr body)의 정의와 형성되는 과정
  - ✓ 바소체가 여성에게만 있는 이유

13.3 개념을 이해했다면?
일부 고양이에게 털색이 거북무늬처럼 나타나는 이유는 무엇일까?

연관(Linkage)과 유전자 지도(Genetic map)

- 연관과 교차
  - ✓ 연관의 정의
  - ✓ 두 유전자가 연관되어 있다면 독립의 법칙이 성립할까?

연관, 유전자 재조합(genetic recombination)과 교차(crossing over)의 정의를 감수분열 과정에서 설명

13.4 개념을 이해했다면?
두 유전자가 연관되어 있는지의 여부를 알 수 있는 방법은?

✓ 부모형(parental type)과 재조합형(recombinant type)의 정의

✓ 유전자 재조합 발생에 대한 실험적 증거

■ 유전자 지도(genetic map) 또는 연관 지도(linkage map) 작성법

유전자 지도의 작성 원리 설명

13.5 개념을 이해했다면?
재조합 빈도가 *b*와 *cn*는 9%, *cn*과 *vg*는 9.5%, *b*와 *vg*는 17%라면 이 세 가지 유전자의 순서는?

✓ 지도단위[map unit, centi Morgan(cM)]란?

✓ 세포유전학 지도(cytogenetic map)의 정의와 유전자 지도와의 차이점

✓ 두 유전자가 연관되어 있더라도 독립의 법칙이 성립되는 경우는?

염색체 이상에 의한 유전질환

■ 비정상적인 염색체 수

✓ 다배수성(polyploidy)의 정의와 예: 3배체, 4배체, 6배체

비분리(nondisjunction)와 이수성(aneuplody)의 생성 원인 설명

✓ 3염색체성(trisomic)과 1염색체성(monosomic)의 예를 들고 설명: 다운 증후군(Down syndrome)의 발병 원인, 성염색체의 이수성, 클레인펠터 증후군(Klinefelter syndrome), 터너 증후군(Turner syndrome) 등 설명

■ 염색체 구조의 이상

13.6 개념을 이해했다면?
다운 증후군이 생기는 과정을 감수분열의 메커니즘으로 설명해 보자.

✓ 결실(deletion)의 의미와 예: 묘성 증후군(Cri du chat) 설명

✓ 중복(duplication)의 의미

✓ 역위(inversion)의 의미

✓ 전좌(translocation)의 의미와 예: 만성골수성백혈병 설명

■ 염색체 이론에서 벗어난 유전 현상

유전체 각인(genomic imprinting) 현상을 예를 들어 설명

세포소기관 유전자의 유전 양상이 멘델의 유전법칙에서 벗어나는 이유

Key Information 주요내용

13.1 염색체의 움직임으로 멘델 법칙을 설명할 수 있다

- 1900년대 초 학자들은, 유전자와 염색체 모두 이배체 세포에서 쌍으로 존재하고 반수체 생식세포에서는 반으로 감소하지만, 수정에 의해 모두 쌍으로 복구된다는 사실에 주목하였다.
- 이를 근거로 하여 유전자는 염색체상에 위치하며, 감수분열 동안 염색체의 행동 양식이 멘델(유전자)의 분리법칙과 독립법칙을 설명해준다는 **유전염색체설**을 여러 학자들이 제안하였다.
- **모건**은 초파리에서 X 염색체의 전달과 눈 색깔 형질의 유전이 서로 관련된다는 것을 발견하였다. 이것은 특정 유전자가 특정 염색체와 연관되어 있다는 첫 번째 실험적 증거이다.

13.2 반성 유전 유전 양상은 독특하다

- 생물체의 성은 보통 특정 염색체의 존재 유무에 따라 결정된다.
  - ▶ 인간 등의 포유류는 X-Y체계를 가지며 Y 염색체의 존재 여부에 따라 성별이 결정된다.
  - ▶ 조류, 어류, 그리고 곤충류에서는 X-O, Z-W, 반수체-이배체 체계 등 다른 성 결정 체계가 발견된다.
- 성염색체는 성 결정과 관련 없는 형질에 대한 유전자도 포함하고 있다.
  - ▶ X 염색체상에 존재하는 유전자를 성연관 유전자라 한다. 예를 들어, **색맹, 혈우병, 뒤셴 근위축증**을 일으키는 열성 대립유전자 등이 있다.

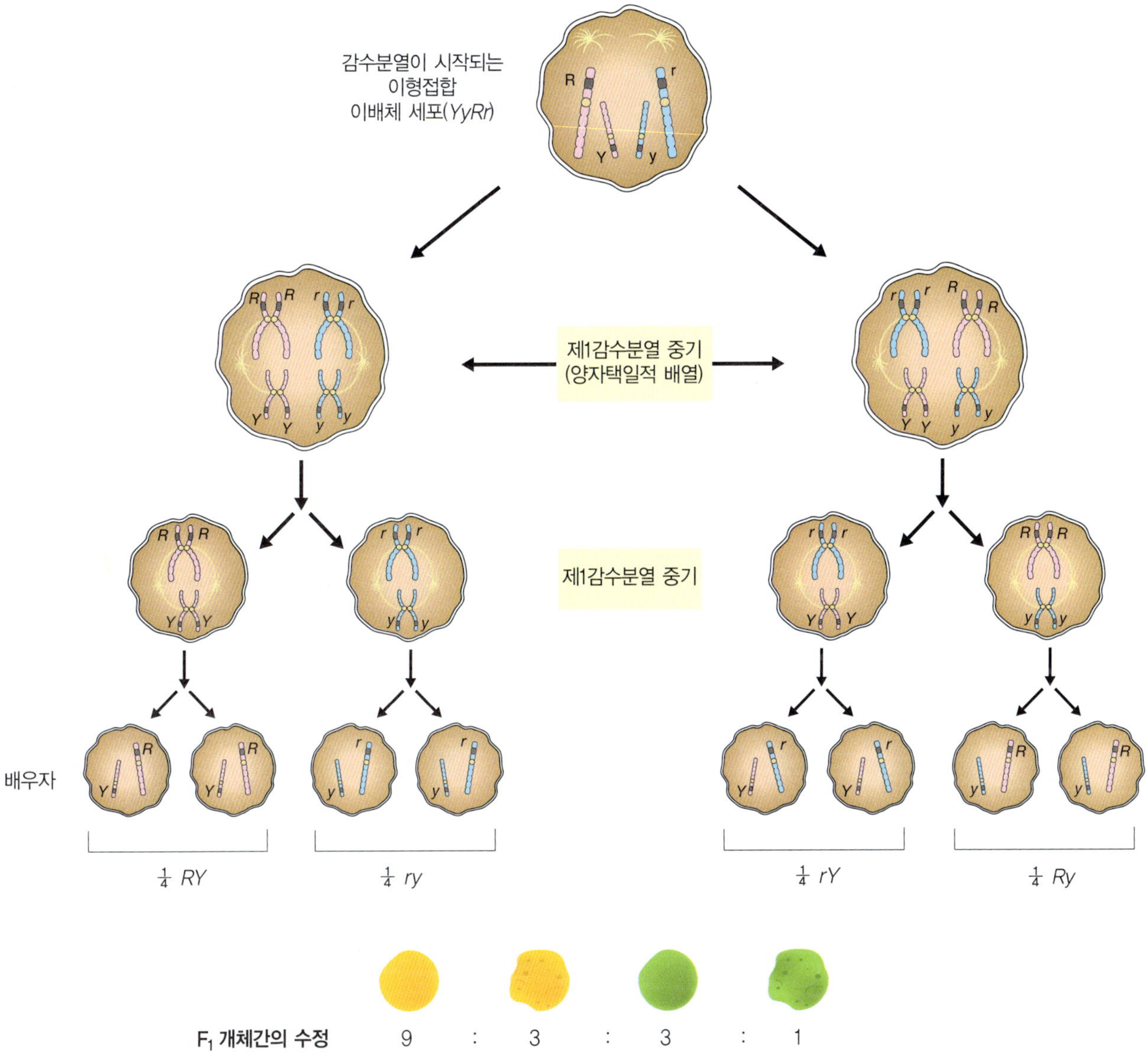

그림 13.1 염색체에 기초한 멘델의 유전법칙

- ▶ 아버지는 이러한 성 연관 대립유전자를 딸에게 물려주지만 아들에게는 전혀 물려주지 않는다.
- ▶ 어머니로부터 X 연관 열성 대립유전자를 1개 물려받는 모든 남성은 그 형질을 발현한다.
- ▶ Y 염색체는 남성성을 담당하는 *SRY*(sex-determining region of Y)를 비롯한 78개의 유전자를 지닌 제일 작은 염색체이다.

● 포유류 암컷에서 각 세포에 있는 X 염색체 2개 중 하나는 **바소체** 형태로 초기 배아 발생 시기에 불활성화된다.

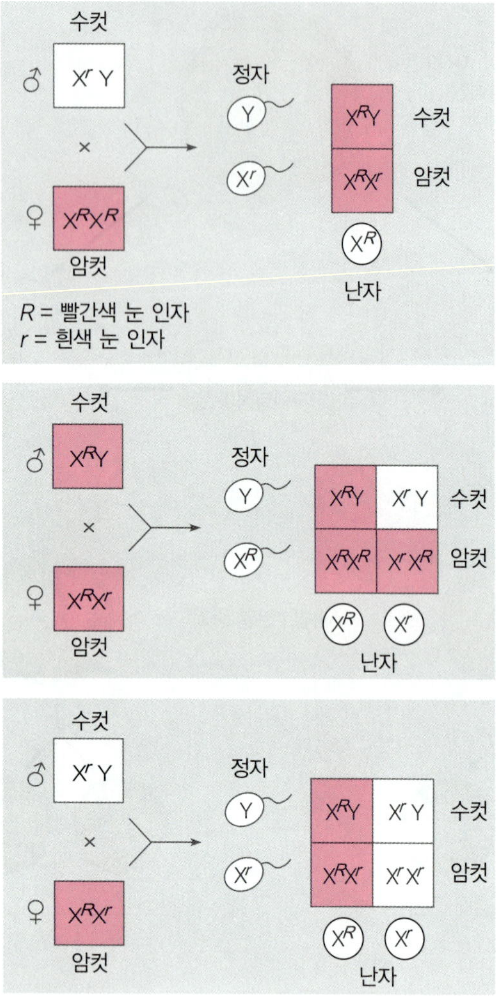

(a) 동형접합자인 빨간색 눈 암컷 x 흰색 눈 수컷

(b) 이형접합자인 빨간색 눈 암컷 x 빨간색 눈 수컷

(c) 이형접합자인 빨간색 눈 암컷 x 흰색 눈 수컷

그림 13.2 성연관 유전 양상(X: 교미를 의미)

- ▶ X 염색체에 있는 특정 유전자의 경우, 암컷이 이 유전자에 대해 이형접합이라면 이 유전자의 표현형은 모자이크를 나타낸다.
- ▶ 즉, 세포 중 확률적으로 반은 모계 쪽의 대립유전자를 표현할 것이고 나머지 반은 부계 쪽의 대립유전자를 표현할 것이다.

13.3 동일한 염색체상에 있는지 그리고 얼마나 가까이 위치하는지의 여부에 의해 유전자들의 재조합이 결정된다

- **연관**은 같이 행동하는 경향이 있는 유전자들의 관계, 즉 유전자들이 동일 염색체상에 있는 관계를 나타낸다.
  - ▶ 동일 염색체상에 있는 유전자군을 **연관군**이라 한다.

▶ 만약 두 유전자좌위가 한 쌍의 상동염색체상에 아주 가까이 연관되어 있으면 독립적인 분리가 일어나기 쉽지 않다. 반대로 두 유전자 사이가 멀수록 독립적 분리 현상이 더 잘 나타난다. 즉 **교차**가 일어날 확률이 커진다.

- 연관된 **유전자의 재조합**은 감수분열 제1분열 동안 교차에 의해 일어날 수 있다.
  ▶ 교배실험에서 관찰되는 재조합 빈도를 조사하면, 염색체상의 유전자 순서와 유전자 사이의 상대적인 거리를 추론할 수 있다. 일반적으로 유전자 사이의 거리가 더 멀리 떨어져 있을수록, 교차가 일어나 분리될 가능성이 높아진다.
  ▶ 따라서 연관된 유전자 간의 재조합 빈도를 계산하여 염색체상에서 유전자들의 순서를 나타내는 **연관 지도**를 작성할 수 있다.
- 재조합된 자손은 부모로부터 물려받은 형질의 새로운 조합을 나타낸다.
  ▶ 유전자 사이의 연관여부를 구분하기 위하여 두 형질에 대해 연관된 유전자에 대해 이형접합성인 개체와 동형접합성인 열성개체 간에 검정교배를 수행한다. 유전자들이 연관되었다면 검정교배에서 **부모형** 자손의 수는 많고 **재조합형** 자손의 수가 적다.
  ▶ 염색체의 독립적인 분리와 무작위 수정 때문에 연관되지 않은 유전자는 50%의 **재조합 빈도**를 보인다.
  ▶ 반면, 제1감수분열 동안 비자매 염색분체 사이에 교차가 일어나는 경우 연관된 유전자들은 50% 이하의 재조합 빈도를 보인다.

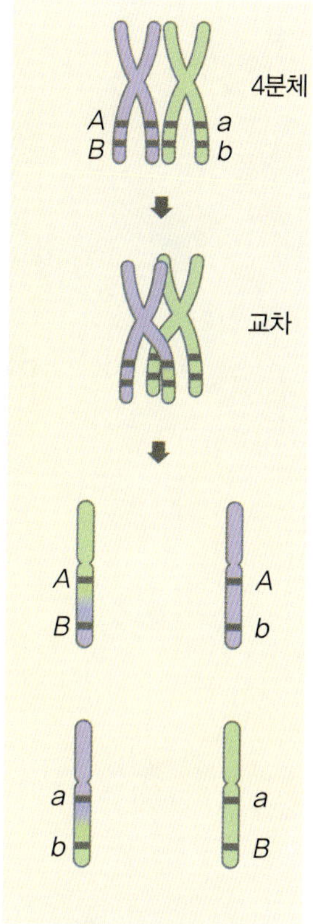

그림 13.3 교차에 의한 유전자 재조합

13.4 염색체의 수 또는 구조에 이상이 생기면 유전질환이 나타난다

- 세 벌 이상의 완전한 염색체 세트가 있는 경우를 의미하는 **다배수성**은 배우자 형성 시 발생하는 완전한 비분리에 의해 생길 수 있다.
  ▶ 식물에서 흔하다. 예를 들어, 바나나는 3배체($3n$), 밀은 6배체($6n$)이다.
  ▶ 동물에서 흔치 않은데, 어류와 양서류에서 알려져 있고 포유류에서 4배체의 설치류가 발견되었다.
- 감수분열 때의 비분리로 인하여 특정 염색체가 2개이거나 하나도 없는 배우자가 정상 배우자와 결합할 때 **이수성(aneuplody)**이 생긴다. 이런 배우자가 수정되면 대부분의 경우 정상적인 발생을 할 수 없어 임신 초기에 유산되지만, 대개 성염색체의 경우 그 이상 정도가 비교적 경미하여 이 이수성을 지닌 사람은 출산되기도 한다. 염색체 수 이상으로 생기는 대표적인 유전병은 다음의 표와 같다.
- 염색체가 절단되면 다양한 형태의 재배열이 생길 수 있다.
  ▶ **결실**은 염색체의 일부분이 제거된 것이다. 5번 염색체에 결실로 묘성(고양이 울음) 증후군이 생길 수 있다.
  ▶ 제거된 조각은 동일 염색체에 방향을 바꾸어 다시 붙을 수 있는데 이 상태가 **역위**이다.

유전병	염색체 수	원인 및 증상
다운 증후군 (Down syndrome)	$2n = 47$	- 21번 염색체가 3개(**3염색체성**) - 특이한 안면 표정, 작은 키, 정신박약, 짧은 수명
에드워드 증후군 (Edwards syndrome)	$2n = 47$	- 18번 염색체가 3개 - 특이한 손발 모양, 작은 머리, 심장 기형, 정신박약
클라인펠터 증후군 (Klinefelter syndrome)	$2n = 47$	- 성염색체가 XXY - 남성 생식기관 있으나 정소가 작고 불임, 가슴 발달 등 여성의 신체적 특징이 흔히 나타남.
터너 증후군 (Turner syndrome)	$2n = 45$	- 성염색체가 X (**1염색체성**) - 체형은 여성이지만 생식기관이 성숙하지 않아 불임, 대부분의 경우 지능은 정상

▶ 특정 조각이 같은 염색체에 복제되어 결합하면 **중복**이 된다. 제거된 조각이 비상동염색체에 붙으면 **전좌(전위)**가 된다.

▶ 전좌와 관련된 염색체 이상은 만성 골수성 백혈병 등 여러 종류의 질병을 일으킬 수 있다.

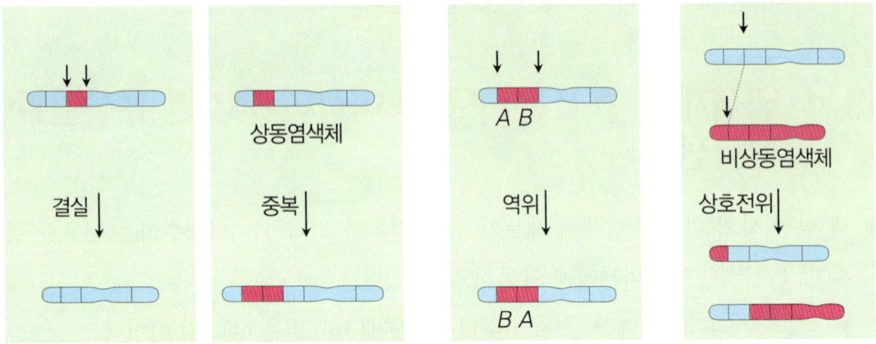

그림 13.4 염색체 구조 이상의 종류

13.5 멘델의 법칙으로 설명할 수 없는 유전 양상도 있다

- 포유류에서 특정 유전자의 표현형은 모계로부터 유전된 대립유전자와 부계로부터 유전된 대립유전자의 종류에 따라 달라진다.
  - ▶ **각인**은 배우자가 형성될 때 일어난다. 각인이 생기면 대립 유전자들 중의 하나(모계 또는 부계에서 물려받은)는 자손에서 발현되지 않는다.
  - ▶ 대부분의 각인된 유전자는 배아의 발생에 주요 역할을 하는 것으로 알려져 있다.
- 세포소기관의 유전자는 핵의 유전자와 다른 유전 양상을 띤다.

한 토막 생물 뉴스

염색체 수와 진화

세균의 염색체 수는 하나이다. 그러나 우리가 알고 있는 많은 진핵생물의 염색체 수는 그 이상이다. 따라서 진핵생물이 원핵생물로부터 진화한 점을 고려한다면 염색체 수의 변화 역시 진화 과정에서 일어났을 일 중의 하나라 할 수 있다. 사람에 대해 최근 밝혀진 내용을 살펴보자. 침팬지, 고릴라, 오랑우탄과 같은 유인원의 세포에는 24쌍의 염색체가 존재한다. 인간과 유인원의 공통조상에서 유래했다면 인간도 24쌍의 염색체를 가질 것이라 유추할 수 있다. 하지만 사람은 23쌍의 염색체를 가지고 있다. 따라서 만약 사람도 공통조상에 유래했을 것이라는 공통조상 가설이 옳다면 염색체 한 쌍의 행방을 찾아야 한다. 일단의 연구자들은 인간 세포에는 원래 24쌍의 염색체가 있었는데, 이 중 1쌍이 다른 염색체와 붙어 23쌍이 되었다는 가설을 세우고 이를 검증하기 위해 인간 염색체의 구조 분석을 시도하였다.

염색체의 중간과 말단에는 각각 동원체(centromere)와 말단소체(telomere)라고 부르는 부분이 존재한다. 만약 어떤 변이를 통해서 두 쌍의 염색체가 붙게 되었다면, 그 염색체는 텔로미어가 염색체의 말단뿐만 아니라 중간에도 나타나야 할 것이고, 동원체는 하나가 아니라 두 개가 나타나야 할 것이다. 인간 염색체 중에 이런 구조를 가진 것이 있다면 인간의 염색체 수가 유인원보다 하나 적은 이유가 설명될 수 있을 것이고, 그렇지 않다면 공통조상 가설은 버려질 위기에 놓일 것이다. 그런데 바로 인간의 2번 염색체가 침팬지의 12번과 13번이 합쳐져 이러한 구조를 가지고 있음이 확인되었다.

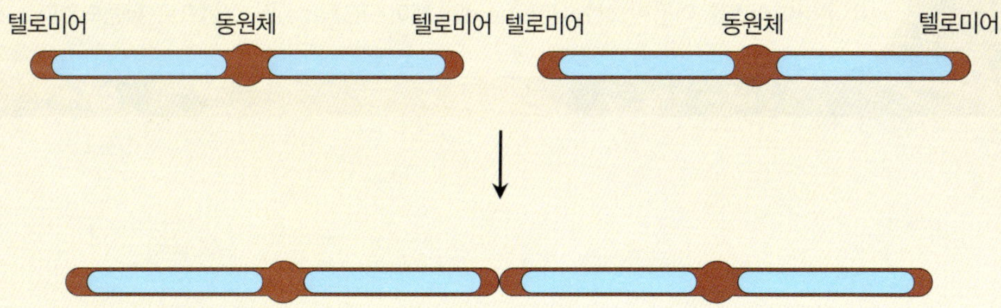

- 접합체의 세포질이 난자로부터 오기 때문에 미토콘드리아와 엽록체에 있는 유전자에 의해 조절되는 형질의 유전은 오로지 모계의 영향을 받는다.
- 신경계와 근육에 영향을 주는 일부 질환들은 미토콘드리아 유전자의 결함 때문에 생기며, 세포가 충분한 ATP를 생산하는 것을 방해한다.

14 DNA 유전물질

형질전환의 주범은?

현재에는 DNA가 유전물질임은 상식에 속한다. 이 상식은 그러나 쉽게 얻어진 지식이 아니다. 염색체가 유전자를 운반한다는 논리적 근거가 제시되었지만 실험적 증거가 필요하였다. 1920년대에 영국 의사인 프레드릭 그리피스(Frederick Griffith)는 폐렴 원인균에 대한 연구를 하고 있었다. 몇 가지 실험 후, 열처리를 하여 죽은 균과 병원성을 나타내지 않는 세균을 섞어 생쥐에 주사하였더니 살아 있는 세균의 일부가 병원성을 나타내 생쥐가 죽는 것을 발견하였고, 이렇게 유전적 변화가 일어난 것을 형질전환이라 하였다. 형질전환을 일으키는 원인 물질이 유전자일 것이라 추정하는 것은 당연한 것이었다. 미국의 세균학자인 오스왈드 에이버리(Oswald Avery)는 수십 년간의 연구를 통해 이러한 형질전환을 일으키는 물질이 DNA임을 밝혔다. 이는 DNA가 유전물질이라는 명제를 강력히 지지하는 실험 결과였고 이 명제는 세균과 바이러스를 이용한 허쉬(Hershey)와 체이스(Chase)의 실험으로 확증되었다.

핵심 체크 Key Point

아래에 열거된 개념 또는 용어들을 '문제'라고 가정하고 답을 작성해 보자.

DNA가 유전물질인 증거

- DNA가 유전물질인 논리적 증거
- DNA가 유전물질인 실험적 증거

✓ 형질전환(transformation)의 예와 그리피스의 실험 과정과 의미

대장균과 박테리오파지(bacteriophage) 또는 파지(phage)를 사용한 허쉬와 체이스의 실험 과정과 의미

- 샤가프의 법칙(Chargaff's rule)의 내용과 의미

- DNA 뉴클레오티드(nucleotides)의 구조
  - ✔ 당, 인산, 염기 각각의 구조와 연결 방식
  - ✔ 당 인산 골격의 구조
- 프랭클린의 X선 회절(X-ray diffraction) 사진으로 추론이 가능했던 내용은?

이중나선(double helix)의 구조와 의미를 설명

- ✔ 이중나선의 폭(2 nm)이 일정한 이유
- ✔ G와 C의 비중이 큰 DNA 이중나선이 더 안정적인 이유
- ✔ 염기결합의 대상 염기의 결정
- ✔ 한 번 회전의 길이와 관련된 염기쌍의 개수
- ✔ 한 가닥의 염기서열을 알면 복제되는 다른 가닥의 염기서열을 알 수 있는 이유

14.1 개념을 이해했다면?
이중나선을 이루는 두 가닥의 DNA가 역평행(antiparallel)인 이유를 설명해 보자.

14.2 개념을 이해했다면?
왜 퓨린(purine)과 피리미딘(pyrimidine) 염기가 서로 결합해야 하고 그 중에서도 아데닌(A)과 티민(T) 또는 구아닌(G)과 시토신(C)이 결합해야 하는 근거를 논리와 보고된 실험 결과로 설명해 보자.

DNA 복제와 수선 과정

반보존적 복제 모형(semiconservative model)의 원리와 증명 실험 설명

- DNA 복제의 개시(initiation)
  - ✔ 복제원점(origin of replication)과 복제기포(replication bubble)의 의미
  - ✔ 복제분기점(replication fork)의 의미와 헬리케이즈(helicase)의 역할
- 역평행 신장(antiparallel elongation)이란?
  - ✔ DNA 중합효소(DNA polymerase)의 작용 메커니즘
  - ✔ 선도가닥(leading strand)과 지체가닥(lagging strand)이 생기는 이유와 과정
  - ✔ 오카자키 절편(Okazaki fragments)과 DNA 연결효소(DNA ligase)의 역할
- DNA 복제 과정
  - ✔ 프라이머(primer)의 정체와 역할; 프라이메이즈(primase)의 기능

14.3 개념을 이해했다면?
역평행 신장이 일어나는 근거와 이유를 설명해 보자.

✔ 프라이머 제거과정

✔ DNA 회전효소(topoisomerase)의 기능

✔ 단일가닥 결합 단백질(single-strand binding protein)의 기능

DNA 회전효소, 헬리케이즈, 단일가닥 결합 단백질, 프라이메이즈, DNA 중합효소, DNA 연결효소 등을 이용하여 DNA 복제 과정 전체를 설명

■ DNA 교정과 수선의 종류와 관련 효소

✔ 불일치 복구(mismatch repair) 과정

✔ 뉴클레오티드 절제수선(nucleotide excision repair) 과정과 뉴클레이즈(nuclease)의 역할

원핵생물과 진핵생물의 염색체 구조 비교

14.4 개념을 이해했다면?
생식세포에 말단소체복원효소가 없다면 자손대가 이어지면서 무슨 일이 벌어질까?

■ 진핵세포의 말단소체(telomere) 복제에 생기는 문제

✔ 이 문제의 결과는? 세균에서도 이러한 문제가 생길 것인가?

✔ 이러한 문제가 생기는 원인

✔ 말단소체복원효소(telomerase)의 역할과 그 결과

✔ 말단소체복원효소가 작용하는 예

염색질와 염색체의 세포내 구조

■ 염색질(chromatin)과 염색체(chromosome)의 차이

■ 염색질의 구조

✔ 뉴클레오좀(nucleosome)의 구성요소와 구조

14.5 개념을 이해했다면?
유전자 부위의 DNA를 이질염색질에 이식하면 어떤 일이 벌어질까?

✔ 히스톤(histone) 단백질의 기능과 종류

✔ DNA 응축의 두 번째, 세 번째, 네 번째 단계

✔ 이질염색질(heterochromatin)과 진정염색질(euchromatin)의 차이

주요내용 Key Information

14.1 유전자의 물질적 실체는 DNA이다

- 초기 유전학자들의 대부분은 유전자가 단백질이라고 생각했다. 그들은 단백질은 복잡하고 다양한 반면, 핵산은 정보를 저장하기에는 너무나 간단한 분자에 불과하다고 생각했다.
- 여러 증거가 DNA가 유전물질임을 뒷받침하였다.
    - ▶ **형질전환** 실험에서 병원성을 나타내지 않는 폐렴쌍구균(*Streptococcus pneumoniae*) DNA는 새로운 유전적 특성(병원성)을 가진 폐렴쌍구균으로 전환된 세균을 생성하였다.
    - ▶ 대장균(*E. coli*) 세포에 DNA와 단백질로만 이루어진 T2 **박테리오파지**로 감염시키면 단지 T2의 DNA만 대장균 세포 속으로 들어간다. 이 DNA는 바이러스가 증식하고 새로운 바이러스를 만드는데 충분하다.

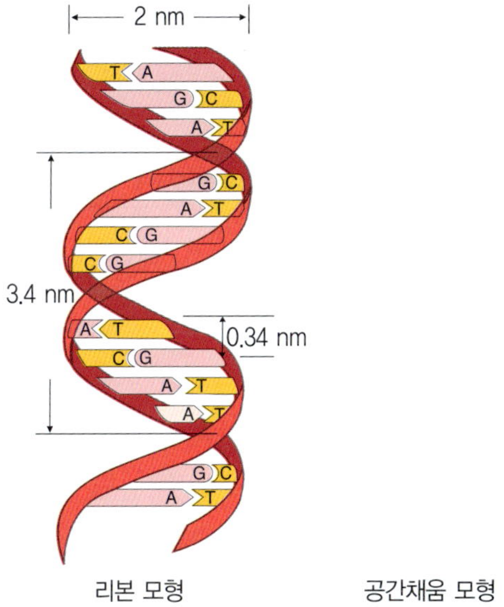

그림 14.1 DNA 이중나선

14.2 DNA는 이중나선 구조이다

- 왓슨과 크릭의 DNA 구조 모형은 유전정보가 분자 구조에 어떻게 저장되고, DNA 분자가 그들의 복제에서 어떻게 주형으로 작용하는지를 입증하였다.
- 질소염기, 5탄당, 인산이 모여 뉴클레오티드를 구성한다. DNA는 이 뉴클레오티드의 규칙적인 **중합체**이다(그림 14.2).
    - ▶ 각 뉴클레오티드에는 질소를 가진 염기가 있는데, 이들은 두 개의 링 구조를 지닌 **퓨린(아데닌과 구아닌)**이나 한 개의 링 구조를 지닌 **피리미딘(시토신과 티민)** 중 하나이다.
    - ▶ 각 염기는 5탄당인 **디옥시리보오스**에, 이 5탄당은 인산에 공유결합하고 있다.
    - ▶ 각 가닥의 DNA 주축은 당과 인산이 교대로 들어가는 **인산 디에스터 결합**으로 연결되어 있어 당인산 골격을 이룬다.
    - ▶ 각 인산기는 데옥시리보오스의 5′ 탄소와 인접하는 당의 3′ 탄소에 붙어 있다.
- 왓슨(James Watson)과 크릭(Francis Crick)은 프랭클린(Rosalind Franklin)의 X선 회절 사진을 근거로 하여 DNA가 **이중나선형**이라는 것을 추론하였다.
    - ▶ 두 가닥의 당-인산사슬이 DNA구조 바깥쪽에 존재하며 나선구조를 이루고 있다.
    - ▶ 이중나선의 폭은 2 nm, 나선을 한 바퀴 돌면 3.4 nm이고 이 안에 10쌍의 염기결합이 있다. 피리미딘과 퓨린의 염기결합으로 인해 이중나선이 일정하게 2 nm의 폭을 유지할 수 있다.
    - ▶ 특정 염기쌍 사이의 수소결합은 두 가닥을 서로 나선으로 만든다. 아데닌(A)은 티

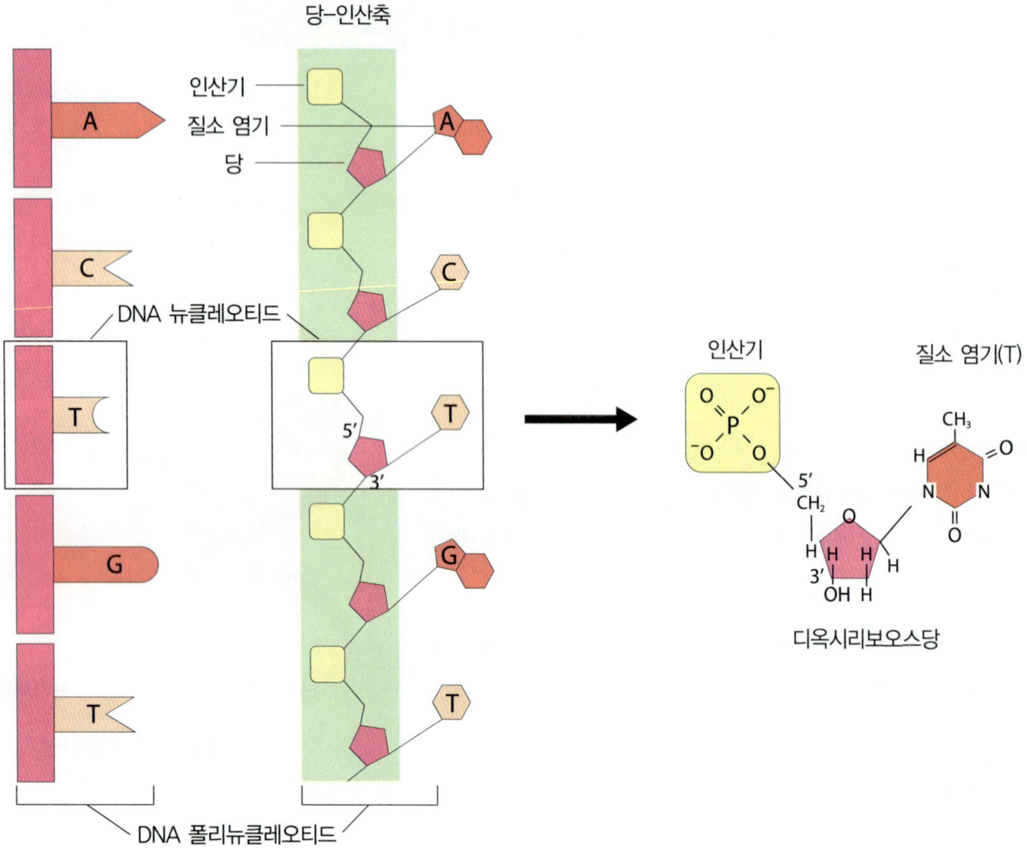

그림 14.2 DNA 폴리뉴클레오티드

민(T)과 두 개의 수소결합을 이루고 구아닌(G)은 시토신(C)과 세 개의 수소결합을 이룬다. A와 T, 그리고 G와 C 간의 상보적 염기쌍은 A와 T, 그리고 G와 C의 농도가 같다는 **샤가프(Erwin Chargaff)**의 규칙에 부합한다. DNA의 두 가닥 사

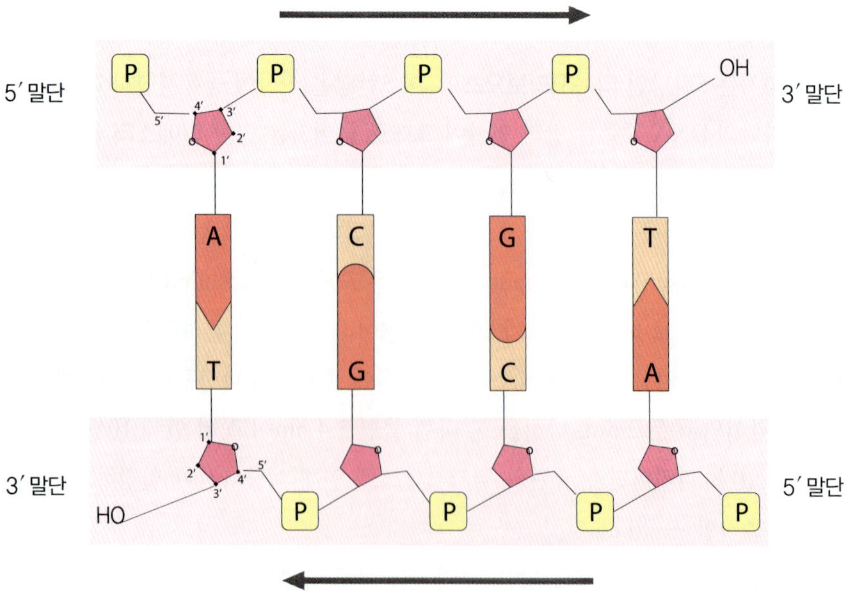

그림 14.3 두 가닥 DNA는 서로 역평행이다

한 토막 생물 뉴스

새롭게 발견된 비소기반(?) 박테리아(13쪽 2장 한 토막 생물 뉴스 참조)

2010년 12월 2일 미항공우주국(NASA)은 발표를 통해 새로운 형태의 비소기반 박테리아가 발견되었음을 밝혔다. 이는 기존의 생화학적 개념을 완전히 바꿀 수 있는 새로운 것으로 간주될 정도로 세계적인 충격을 주었다. 현재까지 많은 과학자들은 학술지 '사이언스' 지에 발표된 것처럼 γ-proteobacteria의 일종인 GFAJ-1("Give Felisa a Job")라는 세균이 캘리포니아 동부의 염기성(pH 9.8)의 모노 호수(Mono Lake) 바닥과 실험실 모두에서 비소의 농도가 높아도 생존할 수 있는 특성을 갖고 있다는 데 동의했다. 그리고 비소는 인과 같은 족에 속해 DNA나 RNA와 같은 핵산의 구성 요소 중의 하나인 인산을 대체할 가능성도 있다고 본다. 그러나 이러한 추정은 더 많은 증거를 필요로 한다. 많은 과학자들은 세포 내의 인산 농도가 비소의 26배에 달하고 DNA나 RNA에서 비소의 출현을 직접 확인하지 못한 점 등을 들어 나사의 발표가 비소를 생체분자의 구성원으로 사용하였다는 증거라고 보기에는 부족함을 지적했다. 그러면 이 연구 결과가 현재 의미하는 바는 무엇일까? 유명한 한 생화학자가 언급한 대로 "이 연구는 (진화과정에서) 생물이 나타내는 적응 능력에 대한 놀라운 (가능한) 이야기이지 외계 생물체에 대한 이야기가 (아직은) 아니다"라는 것이다.

이에 서로 상보적 염기쌍을 이루기 때문에 만약 어느 한 가닥의 염기서열을 안다면 다른 가닥의 염기서열을 예측할 수 있다.

- 각 DNA 분자는 이중나선으로 된 두 개의 폴리뉴클레오티드 가닥이다.
- 두 가닥은 **역평형**(반대방향으로 달린다: 그림 14.3 참조)이고, 한쪽 끝은 **5′ 말단**으로 5′ 디옥시리보오스 탄소에 인산이 붙어 있고 다른 한쪽은 **3′ 말단**으로 3′ 디옥시리보오스 탄소에 OH가 붙어 있다.

14.3 DNA 복제와 수선에는 많은 단백질이 관여한다

- DNA 복제는 **반보존적**이다.
  - 무거운 질소(^{15}N)를 사용하여 DNA의 비중을 달리 한 실험을 통해 보존적 복제모형과 분산모형이 논박되고 반보전 모형이 증명되었다.

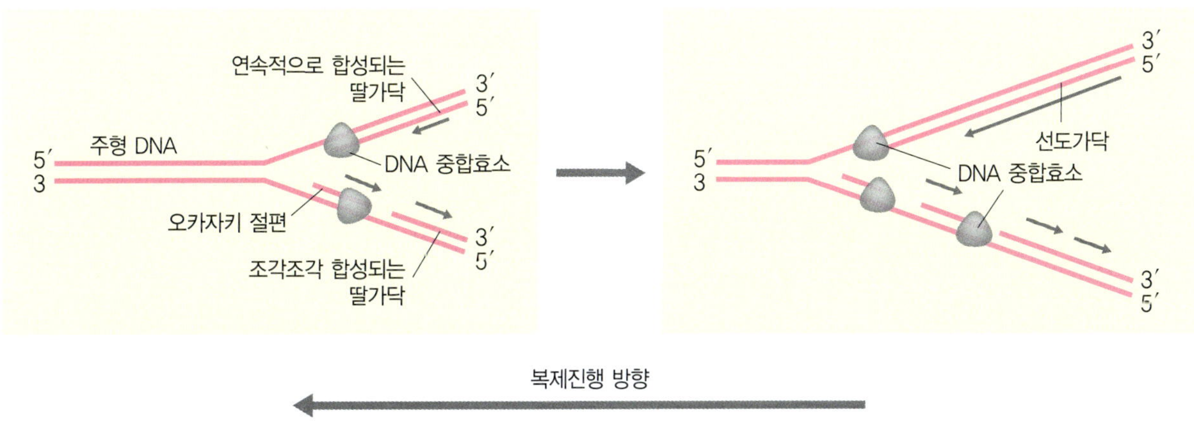

그림 14.4 선도가닥과 지체가닥의 합성

- ▶ 부모 DNA 이중나선이 풀어지고 각각의 가닥은 **염기쌍 법칙**에 근거하여 새로운 가닥을 합성하는 데에 주형가닥으로 이용된다.

- DNA 복제는 **복제원점**에서 시작한다.
  - ▶ DNA **회전효소**(topoisomerase)는 꼬여 있는 DNA를 끊어 풀어준다.
  - ▶ **헬리케이즈**는 두 가닥의 DNA를 열어서 Y-모양의 **복제분기점**을 만든다. 분리된 각 DNA 가닥은 **단일가닥 결합 단백질**에 의해 안정화된다.
  - ▶ DNA 합성은 주형가닥에 상보적인 짧은 폴리뉴클레오티드인 **RNA 프라이머**의 3′ 말단에서 시작한다. 이 프라이머는 **프라이메이즈**에 의해 합성된다.
- DNA 이중나선은 역평행이어서 다음과 같은 방식으로 새로운 가닥의 합성이 진행된다.
  - ▶ **DNA 중합효소**는 노출된 3′의 OH기를 인식해 새로운 뉴클리오티드를 붙여서 DNA 가닥의 합성을 5′→3′ 방향으로 진행한다.
  - ▶ 복제분기점의 진행 방향과 동일한 방향으로 합성되는 **선도가닥**은 끊어짐이 없이 연속적으로 합성된다.
  - ▶ 복제분기점의 진행방향과 반대방향으로 합성되는 지체가닥은 **오카자키 절편**이라는 짧은 절편으로 합성된다. 이 절편은 **DNA 연결효소**에 의해 연결된다.
- **DNA 중합효소**는 잘못 들어간 뉴클레오티드를 교체함으로써 새롭게 만들어진 DNA를 교정한다.
  - ▶ DNA의 **불일치 복구 메커니즘**에서 회복효소는 잘못된 염기쌍을 교정한다.
  - ▶ **뉴클레오티드 절제수선**에서 **뉴클레이즈**가 DNA의 손상된 부위를 잘라내고 교체한다.

14.4 진핵생물 염색체 DNA의 말단은 계속된 복제로 점점 짧아진다

- 진핵세포 염색체는 **말단소체**(telomere)라고 하는 유전정보를 암호화하지 않고 짧은 DNA 서열의 반복으로 마무리되어 있다.
- DNA 중합효소의 DNA 복제 방식 때문에 말단소체는 세포주기마다 조금씩 짧아진다. 그러나 원형 구조의 염색체를 지닌 세균에서는 이런 일이 일어나지 않는다.
  - ▶ 생식세포의 경우, **말단소체복원효소**(telomerase)가 있어서 DNA가 짧아지는 것을 막는다.
  - ▶ 대부분의 체세포에서는 말단소체 복원효소가 없어서 **세포노화**를 일으킬 수 있고, 이로 인해 세포는 어느 정도 분열하면 분열할 수 있는 능력을 잃게 된다.
  - ▶ 사람의 유방암, 폐암, 직장암, 전립선암, 췌장암과 같은 대부분의 암세포는 말단소체의 길이를 유지하고 세포괴사를 막는 말단소체 복원효소를 가지고 있다.

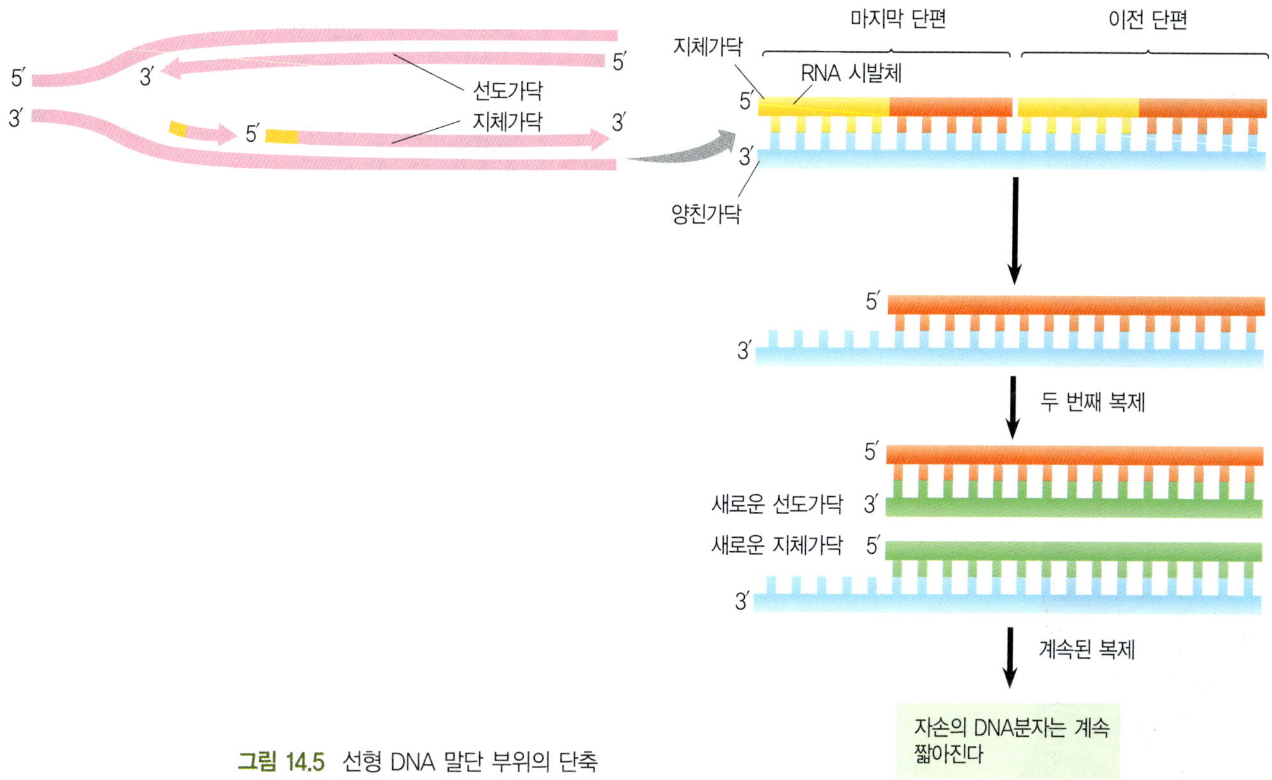

그림 14.5 선형 DNA 말단 부위의 단축

14.5 염색질 또는 염색체 구조는 일련의 DNA 응축 과정에 의해 만들어진다

- 진핵세포의 염색질은 DNA와 **히스톤** 단백질로 구성된다.
  - 히스톤 단백질('+' 기)들과 DNA('–' 기)와의 결합에 의해 **뉴클레오좀**이 형성된다.
  - 뉴클레오좀은 DNA 응축의 단위이다. 히스톤 단백질의 꼬리는 뉴클레오좀의 바깥으로 빠져나와 있다.
- 여러 차례 접힘이 더 진행되면 궁극적으로는 세포분열 중기의 염색체와 같은 구조가 된다.
  - 뉴클레오좀이 접혀 10 nm 두께의 섬유를 이루고
  - 이 섬유는 접혀 30 nm 두께, 다시 한 번 꼬여 300 nm 두께의 섬유를 이룬다.
  - 300 nm 두께의 섬유가 한 번 더 꼬이면 염색체 구조를 띠게 된다.
  - 염색질 상태의 23쌍은 핵 내부에서 각각 고유한 영역에 위치한다.
- 유전자는 염색체 구조의 변화에 의해 불활성된다.
  - 단백질과 DNA가 밀집되어 꽉 찬 영역을 **이질염색질**이라고 하는데, 비활성 유전자가 들어 있다.
  - 활성 유전자들은 **진정염색질**이라는 더 느슨하게 포장된 염색질 구조에 위치한다.

15 유전자로부터 단백질까지

유전질환의 기여?

본인의 말에 따르면 영국 의사인 개로드(Archibald Garrod)는 환자를 만나 진료를 보는 데에는 게을렀지만 다양한 병의 원인과 증상을 연구하는 쪽에는 지대한 관심을 보였다. 개로드가 관심을 가진 대상 중의 하나는 알캅토뇨증(alkaptonuria)이었다. 현재에는 이 병이 알캅톤 분해효소(homogentisate 1, 2-dioxygenase)가 제 기능을 발휘하지 못해 축적된 알캅톤 때문에 눈에 띄는 증세를 나타내는 것으로 잘 알려져 있다. 즉, 소변에 포함된 알캅톤이 공기 중에 노출되면서 산화되면 검은색을 띠게 되는 것이다. 그리고 연골손상, 신장결석, 심장판막 이상 등의 증세를 동반하기도 한다. 개로드는 이 증상을 관찰하면서 알캅톤증이 대를 이어 유전된다는 사실과 감염 가능성이 적은 신생아들도 이 증세를 보이는 것 등을 근거로 유전자의 고장에 의해 발생하는 병이지 병원성 미생물의 감염에 의한 것이 아니라고 판단하였다. 이러한 개로드의 판단은 비들(George Beadle)이 주도한 초파리의 눈 색, 빵곰팡이 대사 돌연변이 실험을 통해 더욱 지지를 받게 되었다. 유전질환이 유전자로부터 단백질(이 경우, 효소)로 이어지는 과정이 있음을 보여주는 현상들이다.

핵심 체크 Key Point

아래에 열거된 개념 또는 용어들을 '문제'라고 가정하고 답을 작성해 보자.

중심원리(Central dogma)

중심원리의 의미, 즉 유전정보의 흐름경로 설명

= 유전자는 전사(transcription)와 번역(translation)을 통해 표현형을 만든다.

- *Neurospora*의 영양요구형 돌연변이를 이용한 비들(George Beadle)과 테이텀(Edward Tatum)의 실험 과정과 의의

1유전자-1폴리펩티드설(one gene-one polypeptide hypothesis)의 내용과 확립 과정 설명

유전암호의 단위가 3개의 뉴클레오티드인 논리적 이유 설명

✔ 3자암호(triplet code)와 코돈(codon)이란?

✔ 유전자와 주형가닥(template strand)의 정의

✔ 유전암호의 단위가 3개의 뉴클레오티드인 실험적 근거

■ 유전암호사전

✔ 유전암호사전을 밝혀낸 실험 과정

✔ 유전암호사전의 특징: 개시코돈 등 61가지 코돈, 3가지의 종결코돈 등

코돈의 명확성(unambiguausness)과 반복성(redundancy)의 의미와 원인 설명

15.1 개념을 이해했다면?
반딧불이의 유전자가 담배식물에서 그리고 해파리의 유전자가 돼지 몸에서 발현될 수 있는 이유를 설명해 보자.

✔ 유전자를 번역할 때 번역틀(reading frame)은 중복 사용되는가?

전사(Transcription) 과정

■ 전사의 3단계란?

= 개시(initiation), 신장(elongation), 종결(termination)

■ 전사 개시

✔ 프로모터(promoter)의 구조와 역할

✔ 전사인자(transcription factor)의 정의와 역할

전사개시복합체(transcription initiation complex)의 구성요소와 구성 과정 설명

✔ RNA 중합효소(RNA polymerase)의 부착과 전사개시 과정

15.2 개념을 이해했다면?
전사과정의 신장 동안 DNA의 구조는 어떻게 변화할까?

■ RNA 가닥의 신장 과정

✔ 전사단위(transcription unit)란?

✔ RNA 중합효소의 작용 메커니즘

15.3 개념을 이해했다면?
진핵생물과 원핵생물 전사의 종결 과정을 비교해 보자.

■ 전사의 종결 과정

✔ 종결서열(terminator)의 구조

RNA 가공(Processing) 과정

■ 전령 RNA(messenger RNA, mRNA) 말단의 변화

✔ GTP capping 결과 생긴 5′ 캡(5′ cap)의 구조와 기능

✔ 폴리A 꼬리(poly-A tail)의 구조와 기능

■ RNA 스플라이싱(RNA splicing)의 정의

✔ 인트론(intron) = 개재서열(intervening sequence)이란?

✔ 엑손(exon)이란?

✔ 스플라이싱 복합체(spliceosome)의 형성 과정과 역할

15.4 개념을 이해했다면?
세균의 경우, RNA 가공 과정이 일어나지 않는 이유는 무엇일까?

진핵세포에서 1차 전사물(primary transcript)로부터 mRNA가 형성되는 과정을 순서대로 설명

■ 리보자임(ribozyme)의 정의와 예

■ 인트론의 기능적, 진화적 중요성

15.5 개념을 이해했다면?
사람의 유전자는 20,000~25,000인데, 이보다 훨씬 더 많은 수의 단백질이 생길 수 있는 이유를 생각해 보자.

■ 대체 RNA 스플라이싱(alternative RNA splicing)의 정의와 효과

번역(Translation) 과정

- 번역에 참여하는 분자들
  = mRNA, tRNA, 리보솜
  - ✔ 코돈과 안티코돈(anticodon)의 정의와 관계
- 운반 RNA의 구조와 기능
  - ✔ 아미노아실 tRNA 합성효소(aminoacyl tRNA-synthetase)의 기능
  - ✔ 워블(wobble) 가설이란?
- 리보솜의 구조와 기능
  - ✔ 리보솜 RNA(ribosomal RNA) = rRNA와 단백질의 비율과 역할
  - ✔ P자리(P site) = 펩티딜 tRNA자리, A자리(A site) = 아미노아실 tRNA자리, E자리(E site) = 출구자리 등의 위치와 기능
- 번역의 3단계 = 개시, 신장, 종결
- 개시
  - ✔ 번역개시복합체의 구성요소와 구성 과정
  - ✔ 개시인자(initiation factor)의 역할과 사용 에너지(GTP)

15.6 개념을 이해했다면?
아미노산 합성을 위한 코돈은 61가지인데, tRNA(정확히는 안티코돈의 종류)는 45가지로 불일치하는 이유를 aminoacyl tRNA-synthetase의 기능과 관련하여 설명해 보자.

신장 과정(= 폴리펩티드 만들기의 3단계)을 각 단계별로 설명: 코돈인식 과정, 펩티드결합 형성 과정, 이동 과정

15.7 개념을 이해했다면?
DNA의 유전정보가 정확히 번역될 수 있는 데에 기여하는 단계가 무엇인지 두 가지 생각해 보자.

- 번역의 종결 과정과 방출인자(release factor)의 역할
- 폴리리보솜(polyribosome)의 정의와 효과
- 번역 후 변형 과정(post-translational modification)의 정의
  - ✔ 기능을 갖는 단백질의 완성과 목적지로의 이동
  - ✔ 단백질의 접힘 과정과 3차 구조 형성
  - ✔ 난백질의 번형 과정
  - ✔ 신호펩티드(signal peptide)와 신호인식입자(signal recognition particle, srp)의 역할

번역 결과 형성된 폴리펩티드가 원형질막에서 제 기능을 발휘하는 단백질이 되기까지의 과정을 묘사

15.8 개념을 이해했다면?
RNA가 여러 기능을 나타낼 수 있는 이유를 설명해 보자.

■ 세포에서 RNA의 여러 기능

✔ 1차 전사물, 유전정보 전달, 아미노산 운반, 펩티드결합 촉매, RNA 스플라이싱 촉매, 신호인식입자의 구성 성분

✔ 바이러스의 유전체, RNA 간섭

원핵세포와 진핵세포에서 전사와 번역의 시공간적인 차이점을 비교

점돌연변이(Point mutation)의 종류와 효과

■ 점돌연변이의 정의와 종류

✔ 염기쌍 치환(base-pair substitution)이란?

✔ 미스센스 돌연변이(missence mutation)와 넌센스 돌연변이(nonsence mutation)란?

✔ 염기의 삽입(insertion)과 결실(deletion)에 의한 점돌연변이

✔ 틀 이동 돌연변이(frameshift mutation)의 형성 원인과 효과

15.9 개념을 이해했다면?
점돌연변이 중 염기쌍 삽입이나 결실에 의한 돌연변이가 치환에 의한 돌연변이보다 단백질 구조에 훨씬 심각한 결과를 초래하는 이유를 생각해 보자.

■ 돌연변이 유발원(mutagen)의 정의와 종류

주요내용 Key Information

15.1 유전자는 단백질의 구조를 결정한다

- 선천적 대사 결함에 대한 유전학 초기의 연구와 1940년대 빵곰팡이(*Neurospora crassa*)의 여러 돌연변이를 사용한 연구는 유전자가 단백질을 결정짓는다는 강한 증거를 제시하였다.
  - ▶ 빵곰팡이 돌연변이 균주를 이용한 실험은 1유전자-1효소설을 지지했다.
  - ▶ 결론적으로 유전자는 폴리펩티드 사슬이나 RNA 분자를 암호화한다.
- 유전자의 전사를 거쳐 RNA의 번역에 의해 단백질이 합성되는 과정을 **중심원리**라고 한다.
  - ▶ **전사**는 DNA에서 RNA로 정보를 전달하는 과정이다(뉴클레오티드 → 뉴클레오티드; 같은 언어 ∴ 전사).

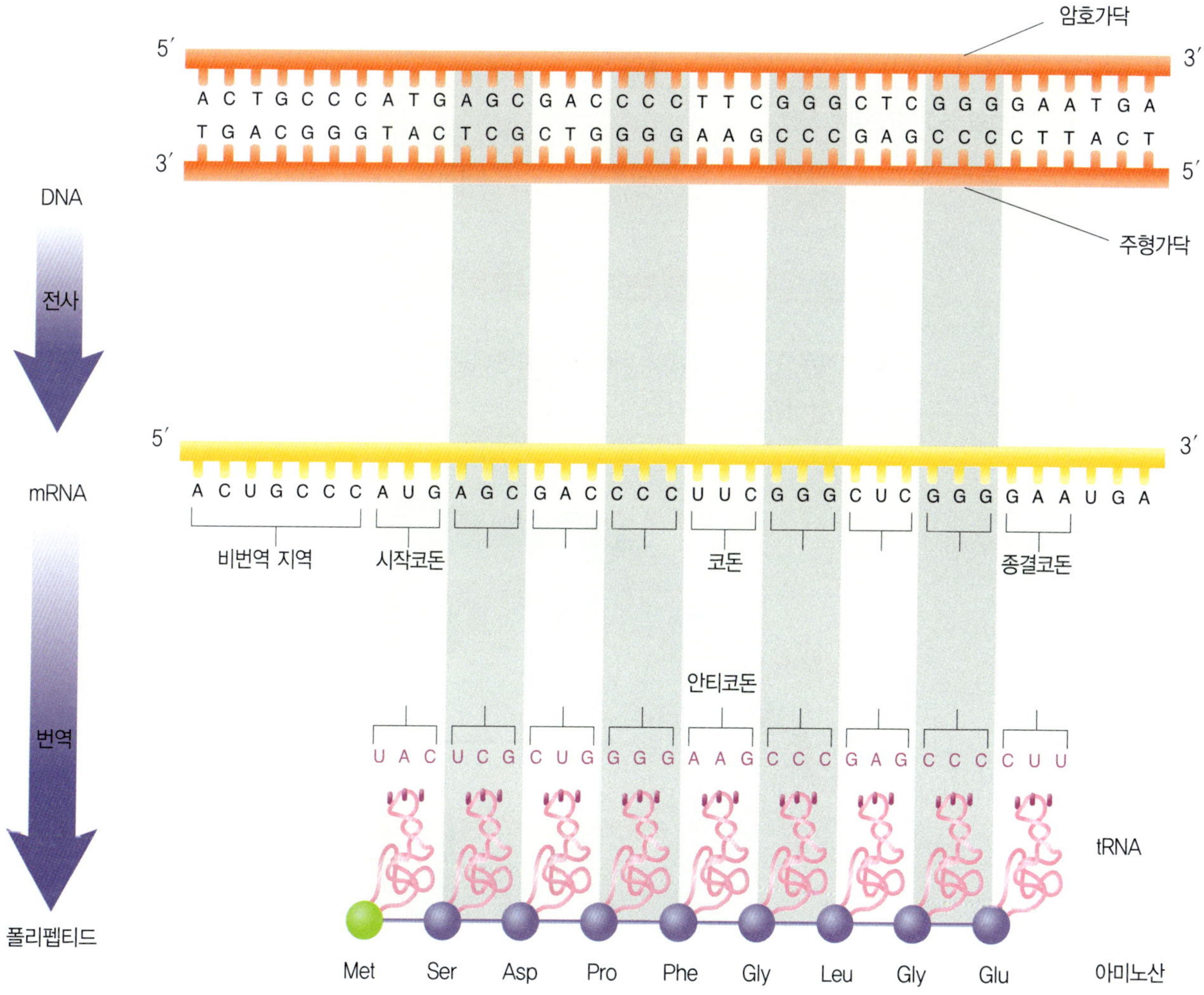

그림 15.1 중심원리

첫 번째 염기	두 번째 염기 U	C	A	G	세 번째 염기
U	UUU Phe	UCU Ser	UAU Tyr	UGU Cys	U
U	UUC Phe	UCC Ser	UAC Tyr	UGC Cys	C
U	UUA Leu	UCA Ser	UAA 종결	UGA 종결	A
U	UUG Leu	UCG Ser	UAG 종결	UGG Trp	G
C	CUU Leu	CCU Pro	CAU His	CGU Arg	U
C	CUC Leu	CCC Pro	CAC His	CGC Arg	C
C	CUA Leu	CCA Pro	CAA Gln	CGA Arg	A
C	CUG Leu	CCG Pro	CAG Gln	CGG Arg	G
A	AUU Ile	ACU Thr	AAU Asn	AGU Ser	U
A	AUC Ile	ACC Thr	AAC Asn	AGC Ser	C
A	AUA Ile	ACA Thr	AAA Lys	AGA Arg	A
A	AUG Met or 개시	ACG Thr	AAG Lys	AGG Arg	G
G	GUU Val	GCU Ala	GAU Asp	GGU Gly	U
G	GUC Val	GCC Ala	GAC Asp	GGC Gly	C
G	GUA Val	GCA Ala	GAA Glu	GGA Gly	A
G	GUG Val	GCG Ala	GAG Glu	GGG Gly	G

그림 15.2 유전암호 사전

- ▶ **번역**은 RNA의 뉴클레오티드 서열에서 폴리펩티드의 아미노산 서열로의 정보전달이다(뉴클레오티드 → 아미노산; 다른 언어, ∴ 번역).

- RNA상에서 유전정보는 겹쳐지지 않는 3염기가 하나의 조를 이루는 서열, 즉 **코돈**으로 암호화되어 있다.
  - ▶ 20가지의 아미노산을 4가지의 염기가 담당하기 위해서는 3개의 염기가(4^3) 한 묶음으로 작용하여야 한다: **3자 암호**
  - ▶ 실험을 통해 64(4 × 4 × 4)가지의 3염기 묶음 각각이 담당하는 아미노산의 종류가 결정되었다.
  - ▶ 전령 RNA(mRNA)의 코돈은 아미노산으로 번역되거나(61코돈) 번역(단백질합성)종결신호(3코돈) 기능을 수행한다. 메티오닌을 암호화하는 코돈은 번역을 개시하는 역할도 한다.
  - ▶ 코돈은 생성될 특정 폴리펩티드를 위한 정확한 번역틀을 따라 번역되어야 한다.

15.2 DNA 정보를 이용하여 RNA를 합성한다

- RNA 합성은 티민이 우라실로 치환되는 것을 제외하고는 DNA 복제와 똑같은 염기쌍 형성규칙을 따른다.

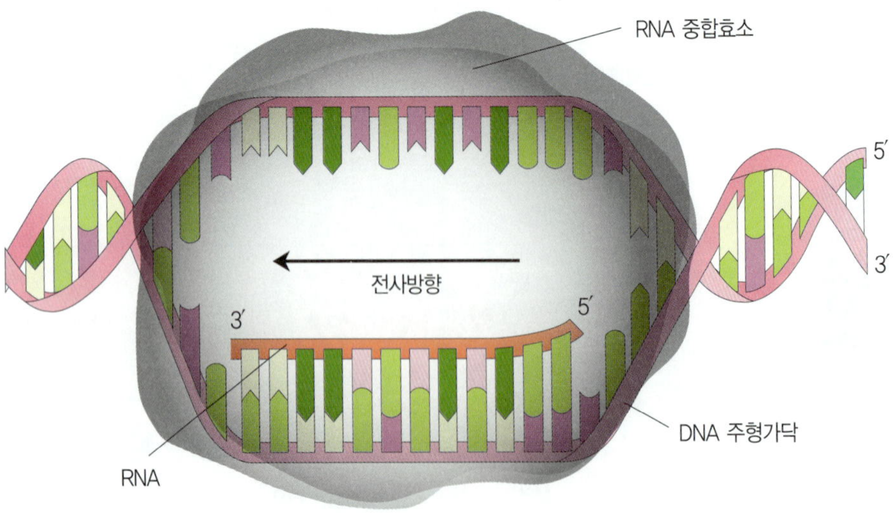

그림 15.3 전사의 신장

- 전사의 세 단계는 개시, 신장, 종결이다.
  - ▶ 개시는 유전자의 위쪽(upstream)에 있는 **프로모터**에 **전사인자**와 **RNA 중합효소** 등으로 이루어진 **전사개시복합체**가 결합하면서 일어난다.
  - ▶ RNA 중합효소에 의해 5′에서 3′방향으로 RNA 뉴클레오티드가 합성되는 신장이 일어나며 이때 해당 부위의 DNA 이중나선만 풀어진다.
  - ▶ 특정 서열을 인지하여 종결이 일어난다. 원핵생물과 진핵생물의 종결 메커니즘이 서로 다르다.

15.3 진핵세포의 경우, 합성된 RNA는 가공된다

- DNA를 주형으로 하여 합성된 RNA 분자는 가공 과정을 거쳐 mRNA로 만들어진다.
  - ▶ 5′ 말단은 변화된 **GTP 캡**을 달고 3′ 말단은 **폴리A 꼬리**를 단다.
  - ▶ 진핵세포의 mRNA 분자는 핵을 떠나기 전에 말단의 변화와 RNA **스플라이싱**에 의해 가공된다.
- 진핵생물의 유전자는 암호화 부위인 **엑손**들이 **인트론**들 사이에 퍼져 있다.
  - ▶ RNA 스플라이싱에서 인트론은 **스플라이싱 복합체**에 의해 제거되고 엑손들이

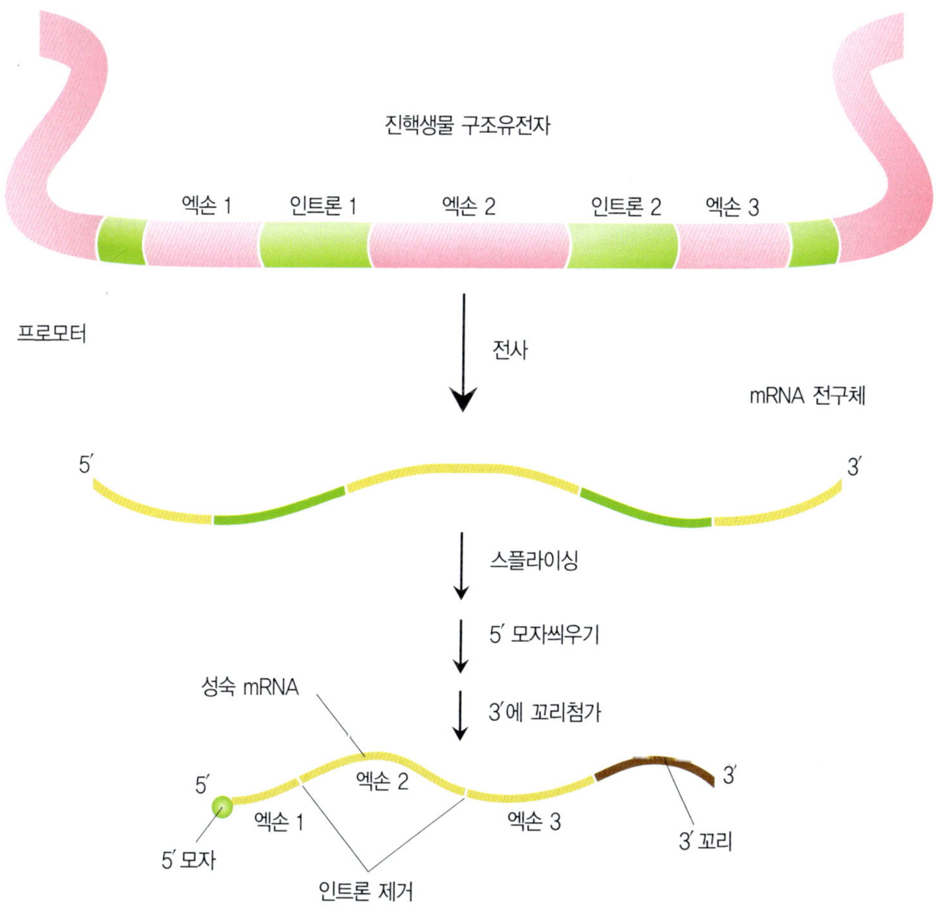

그림 15.4 진핵생물의 mRNA 생성 과정

하나로 이어진다.

- ▶ 일부 원생생물의 경우, RNA 스스로 스플라이싱을 촉매하기도 하는데, 이 RNA 분자를 **리보자임**이라 한다.

- 인트론을 제거하는 방식의 차이, 즉 **대체 RNA 스플라이싱**에 의해 하나의 유전자로부터 여러 가지의 단백질이 생성될 수 있다.

15.4 RNA 정보를 이용하여 폴리펩티드가 합성되는 과정이 번역이다

- 번역에는 mRNA, tRNA, 리보솜 등이 관여한다.
  - ▶ mRNA는 유전정보를 전달한다.
  - ▶ 이 정보는 **운반 RNA(tRNA)**의 도움으로 해독되어 폴리펩티드로 **번역**된다. tRNA 분자는 **아미노아실 tRNA 합성효소**의 도움을 받아 특정 아미노산을 부착한 다음 mRNA의 코돈과 상보적인 **안티코돈**을 이용하여 정렬한다.
  - ▶ **리보솜**은 mRNA와 tRNA를 위한 결합자리를 제공해 이들의 결합을 촉진한다.
- 리보솜은 폴리펩티드의 형성이 일어나는 곳이다
  - ▶ 리보솜은 펩티드결합을 촉매하는 rRNA와 구조를 형성하는 단백질로 구성된다.
  - ▶ 리보솜에는 tRNA가 접근하는 **A자리**, 펩티드결합이 일어나는 **P자리**, 출구인 **E자리** 구조가 있다.
  - ▶ 리보솜은 번역의 세 단계인 개시, 신장, 종결 단계를 수행한다.
- 번역개시는 리보솜의 작은 단위에 mRNA, tRNA, 개시인자, 리보솜 큰 단위 등이 결합하여 번역개시복합체를 형성하여 GTP를 에너지로 사용하면서 이루어진다.
- 폴리펩티드는 신장 과정을 통해 합성된다.
  - ▶ 신장 과정은 A자리로의 **코돈인식**, **펩티드결합**, P자리로의 **위치이동**의 3단계에 거쳐 진행된다.
  - ▶ 이 과정에 신장인자가 관여하고 GTP가 에너지로 사용된다.
  - ▶ 여러 개의 리보솜이 하나의 mRNA에 결합하여 **폴리리보솜**을 형성하면서 단일 mRNA를 동시에 번역할 수 있다.
- mRNA의 UAG, UAA, UGA 등의 코돈이 출현하면 방출인자가 결합하여 번역은 종결된다.
- RNA는 다양한 기능을 수행한다.
  - ▶ RNA는 다른 핵산분자(DNA 또는 RNA)와 수소결합을 할 수 있다.
  - ▶ RNA는 특정한 3차원 구조를 취할 수 있어 리보자임이라는 촉매로서 작용할 수 있다. 따라서 펩티드결합을 형성하고 RNA 스플라이싱 등을 수행한다.
  - ▶ RNA는 또한 신호펩티드를 인식하고 mRNA, tRNA, rRNA의 전구체로서 역할을 한다.

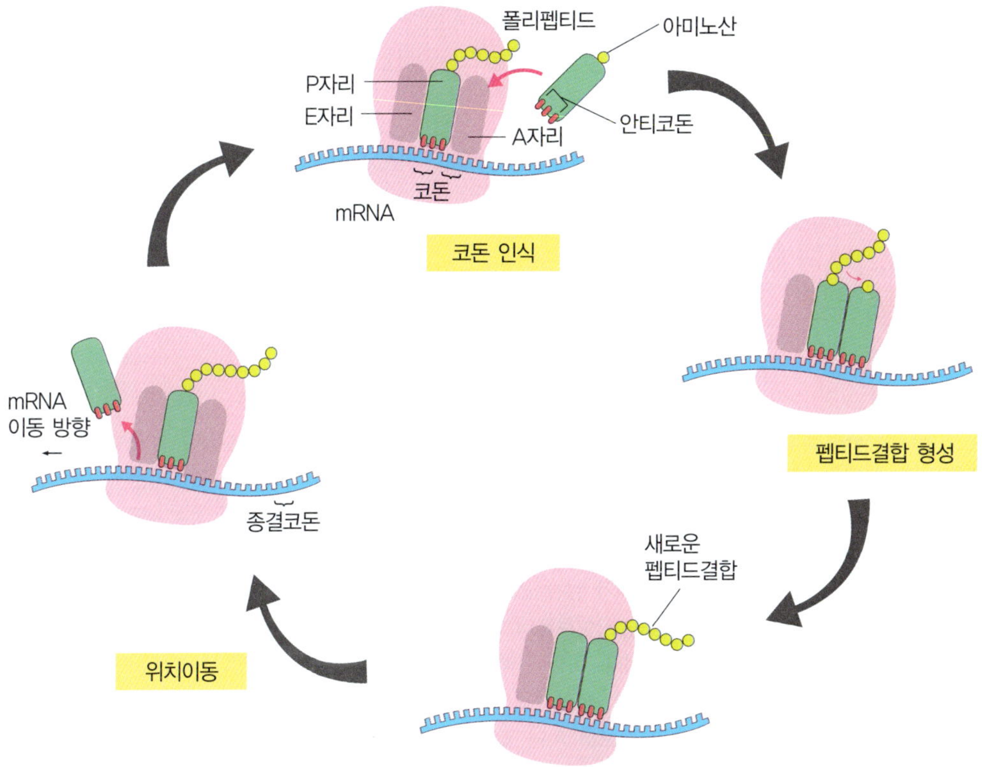

그림 15.5 번역의 신장 3단계

▶ 또한 micro RNA는 20개 정도의 뉴클레오티드로 구성되어 상보적인 mRNA의 작용을 억제한다.

- 원핵세포는 핵막이 없기 때문에 전사가 진행 중인 상태에서 번역이 시작된다.
  - ▶ 진핵세포에서는 핵막이 전사와 번역을 분리시키며 광범위한 RNA 가공이 핵 안에서 일어난다.
  - ▶ 따라서 원핵세포에서는 진핵세포와 달리 전사와 번역이 시공간적으로 분리되지 않고 수행될 수 있다.

15.5 번역 이후의 변형을 거쳐 폴리펩티드는 활성이 있는 단백질로 전환된다

- 단백질은 합성된 후 핵, 미토콘드리아, 엽록체, 소포체 등으로 수송되어 기능을 나타낸다.
  - ▶ 세포질에 있는 리보솜(free ribosomes)에 의해 대부분의 단백질이 번역되지만, 합성된 많은 단백질은 다양한 세포내 소기관으로 이동해야 한다.
  - ▶ 소포체로 이동할 단백질은 **신호 펩티드**를 가지고 있는데, 여기에 **신호인식입자**(SRP)가 부착하여 번역 중인 리보솜을 소포체에 붙인다.
- 번역이 끝난 폴리펩티드는 '번역 후 변형 과정'을 거친다.

- ▶ 번역 후에 폴리펩티드는 샤페로닌 단백질의 도움으로 3차 구조를 형성하게 된다.
- ▶ 번역 과정을 거쳐 합성된 폴리펩티드는 인산, 지방, 탄수화물 등이 결합되어 활성이 있는 단백질로 전환된다.
- ▶ 폴리펩티드는 또한 일부분이 잘리거나 다른 폴리펩티드와 결합하여 4차 구조를 형성해 활성을 띠기도 한다.

한 토막 생물 뉴스

DNA와 단백질 사이

왓슨과 크릭이 DNA 이중나선 구조를 밝혀 DNA가 유전자로 기능한다는 사실을 밝혀낸 이후에 풀어야 할 문제는 어떻게 단백질이 합성되는지에 대한 것이었다. 많은 분자생물학자들이 이 문제를 풀기 위해 노력을 기울이면서 결국, 제3의 요인이 필요하다는 것을 알았다. 그 요인이 RNA이다. 무엇이 근거였을까? 첫째로 단백질 합성 공장으로 알려진 리보솜의 성분을 분석하여 rRNA를 찾아냈다. 그리고 펩티드결합을 하기 전에 아미노산이 항상 작은 RNA와 결합되어 있다는 사실을 근거로 두 번째 RNA인 tRNA가 발견되었다. 세 번째 RNA 발견은 우선 진핵세포의 경우, 유전자는 핵에 있고 단백질은 세포질에서 합성된다는 사실로부터 시작한다. 즉, 핵의 유전정보를 세포질까지 운반하는 중개자가 있어야 한다고 판단할 수 있었다는 점이다. 또한 단백질 합성이 많이 일어날 때 항상 RNA의 양이 풍부하였다. 게다가 rRNA나 tRNA의 염기서열과 일관적인 상관성을 보이지 않으면서 아미노산의 순서가 결정된다는 점이다. 즉, 아미노산 서열을 결정하는 데에 필요한 정보를 지닌 제3의 RNA가 필요하다는 것이었다. 이들이 근거가 되어 전령역할을 하는 RNA인 mRNA가 세 번째로 발견되었다. 그리고 유전정보가 DNA → RNA → 단백질로 흐른다는 중심원리가 확립되었다.

15.6 점돌연변이는 단백질의 구조와 기능에 영향을 줄 수 있다

- 점돌연변이는 1개의 DNA 염기쌍의 변화이다.
  - ▶ 그 결과, 기능을 못하는 단백질을 만들거나 단백질을 아주 만들지 못하게 할 수 있다.
  - ▶ **염기쌍 치환**은 **미스센스 돌연변이**나 **넌센스 돌연변이**를 일으킬 수 있다.
  - ▶ 염기쌍 삽입이나 결실은 번역틀이 바뀌는 돌연변이(frameshift mutation)를 일으키게 된다.
- 자연발생 돌연변이는 DNA 복제, 재조합, 수선과정에서 일어날 수 있다. 화학적, 물리적 돌연변이 유발원 역시 유전자를 변화시킬 수 있다.

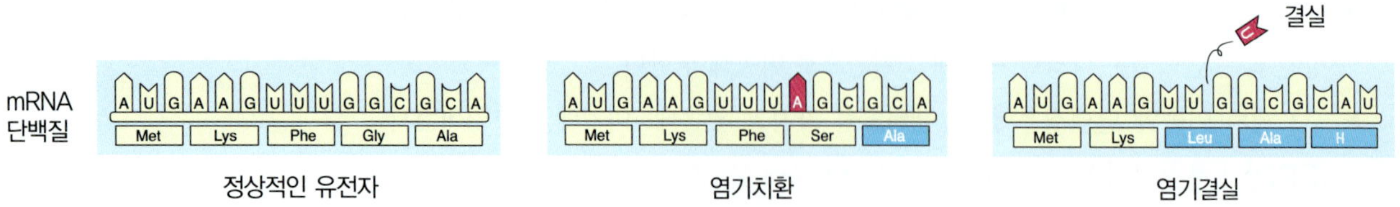

그림 15.6 돌연변이의 종류와 그 영향

16 바이러스와 세균의 유전학

바이러스와 세균의 공진화

용균성 회로든 용원성 회로든 궁극적으로 세균은 바이러스의 기생으로 인해 죽음을 면치 못한다. 바이러스의 끊임없는 증식에 세균이 속수무책이라면 아무리 세균의 번식력이 강하더라도 멸종될 것이다. 그런데 현실은 그렇지 않다. 그 이유는 무엇일까? 세균은 짧은 시간 동안 많은 세포분열을 하기 때문에 돌연변이의 출현도 그만큼 많아진다. 바이러스가 결합하여 세균 안으로 진입할 수 있는 세포막 수용체 단백질과 외래 DNA를 절단하는 제한효소 등도 이러한 돌연변이를 겪게 된다. 바이러스는 변함없이 세균을 공격하겠지만 변화된 수용체를 인지하지 못해 세포 안으로 침투할 수 없다. 그러나 이미 바이러스도 변이체가 준비되어 있어 돌연변이 세균을 공격할 수 있는 바이러스가 번식하게 된다. 세균의 변이와 바이러스의 반격, 그리고 다시 돌연변이 세균의 출현 등으로 세균과 바이러스는 공진화를 하게 된다. 제한효소도 마찬가지다. 그 결과 우리는 DNA를 조작할 수 있는 제한효소를 수백 종류 이상을 확보하게 되었다.

핵심 체크 Key Point

아래에 열거된 개념 또는 용어들을 '문제'라고 가정하고 답을 작성해 보자.

바이러스의 구조와 생활사

- 바이러스(virus)의 발견 과정
  - ✔ 바이러스의 정의
  - ✔ 바이러스는 왜 모두 기생할 수밖에 없는가?
- 바이러스의 구조
  - ✔ 바이러스의 크기
  - ✔ 바이러스의 유전체 종류
  - ✔ 캡시드(capsid), 바이러스 피막(viral envelope)
- 박테리오파지(bacteriophage) = 파지(phage)란?

16.1 개념을 이해했다면?
바이러스가 숙주 바깥에서 진화할 수 있을까?

16.2 개념을 이해했다면?
왜 동물성 바이러스에는 바이러스 피막이 존재할까?: 세균, 식물과 다르게 동물에게 없는 구조 위주로 설명

16.3 개념을 이해했다면?
바이러스 종류마다 공격대상인 숙주가 정해져 있는 이유는?

■ 숙주범위(host range)의 정의와 예

바이러스는 무생물에서 생물로의 전이과정에 출현했을까 아니면 기존의 생물유전체에서 유래했을까? 그 증거는?

■ 파지의 증식회로

✔ 독성 파지(virulent phage)에 의한 용균성 생활사(lytic cycle) 설명

✔ 제한효소(restriction endonuclease, restriction enzyme)의 기능과 역할

온건성 파지(temperate phage)에 의한 용원성 생활사(lysogenic cycle) 설명

■ 동물 바이러스의 생활사(life cycle)

✔ RNA 바이러스의 종류와 각각의 생활사

레트로 바이러스(retrovirus)의 생활사를 HIV(human immunodeficiency virus)를 예로 들어 설명; 역전사효소(reverse transcriptase) 역할 설명

✔ AIDS(acquired immune deficiency syndrome)란?

병원성 물질로서의 바이러스, 비로이드, 프리온

■ 백신(vaccine)의 원리와 종류

16.4 개념을 이해했다면?
바이러스성 질환에 대한 치료제의 예를 들고 바이러스성 질환에 대한 최고의 대책은 무엇일지 생각해 보자.

신생 바이러스성 질환이 증가하는 원인 세 가지와 해당 예 설명

■ 식물 바이러스성 질환의 특징과 감염경로

■ 비로이드(viroid)의 정의와 병원성 물질로 작용한 예

프리온(prion)의 구조적 특징과 여러 동물의 질병

세균의 유전체와 유전자 교환

■ 핵양체(nucleoid)와 유전체의 구조

■ 세균의 유전적 변이의 원천

✔ 형질전환(transformation) 과정과 해당 예

✔ 형질도입(transduction)이란?

✔ 접합(conjugation) 과정과 Hfr, F 인자(fertility factor) 등을 설명

■ 플라스미드(plasmid)의 정의와 종류

✔ 에피좀(episome)이란?

✔ F 플라스미드와 R 플라스미드의 정의

■ 전위인자(transposable element)란?

✔ 삽입서열(insertion sequence)의 정의

전위효소(transposase)에 의한 트랜스포존(transposon)의 움직임 설명

16.5 개념을 이해했다면?
세균에서 유전자 전달 및 유전자 재조합과정이 흔한 이유를 설명해 보자.

16.6 개념을 이해했다면?
모든 플라스미드가 에피좀으로 작용할 수 있는가? 예를 들어 설명해 보자.

오페론에 의한 유전자 발현 조절

■ 오페론(operon)의 정의와 구조

✔ 작동자(operator), 조절유전자(regulatory gene), 구조유전자(structural gene) 등의 정의와 (배치) 구조

✔ 억제자(repressor)와 공동억제자(corepressor)의 정의와 종류

트립토판(tryptophan) 오페론의 작동 메커니즘을 트립토판 합성량과 관련하여 설명

16.7 개념을 이해했다면?
억제형 오페론과 유도형 오페론의 비교하여 설명해 보자.

- *lac* 오페론의 작동 메커니즘
- 양성 유전자 조절 방식
  - ✓ 유도자(inducer)의 정의와 기능

포도당 농도 변화에 따른 고리형 AMP(cyclic AMP, cAMP)와 활성자(activator)인 이화물질 활성자 단백질(CAP)의 활성 변화 설명

16.8 개념을 이해했다면?
젖당이 세균 내로 흡수된 후, 포도당 농도 증가에 따라 변화하는 *lac* 오페론의 작용 과정을 CAP의 활성 억제 과정을 포함시켜 설명해 보자.

Key Information 주요내용

16.1 바이러스는 기본적으로 핵산과 단백질로 구성된다

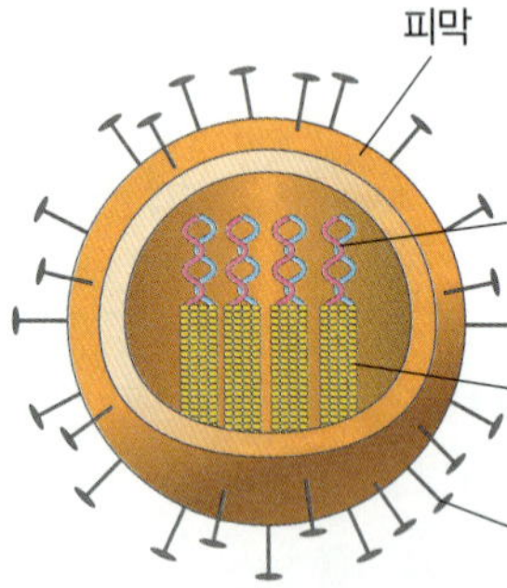

그림 16.1 인플루엔자바이러스의 구조

- 바이러스는 1883년 담배모자이크병을 연구하면서 처음 발견되었다.
- 바이러스는 작은 핵산 유전체가 단백질 껍질인 **캡시드**에 둘러싸인 구조이며 외부에 피막이 존재하는 경우도 있다.
  - ▶ 피막에는 바이러스가 세포 안으로 침입하는 과정을 도와주는 바이러스 단백질이 존재한다.
  - ▶ 바이러스 유전체는 단일가닥 또는 이중가닥의 DNA나 RNA로 이루어진다.
  - ▶ 바이러스는 숙주가 지니는 효소, 리보솜, 작은 분자 등을 이용하여 자손 바이러스 입자를 형성한다.
- 바이러스마다 인지하는 세포막 단백질이 정해져 있어 숙주 범위가 다르다.

16.2 바이러스는 (숙주)세포 안에서만 증식이 가능하다

- 세균을 공격하는 박테리오파지(또는 파지)는 두 가지의 생활사를 나타낸다.
  - ▶ **용균성** 생활사에서 바이러스 유전체가 세균에 들어가면 숙주 DNA를 파괴하고

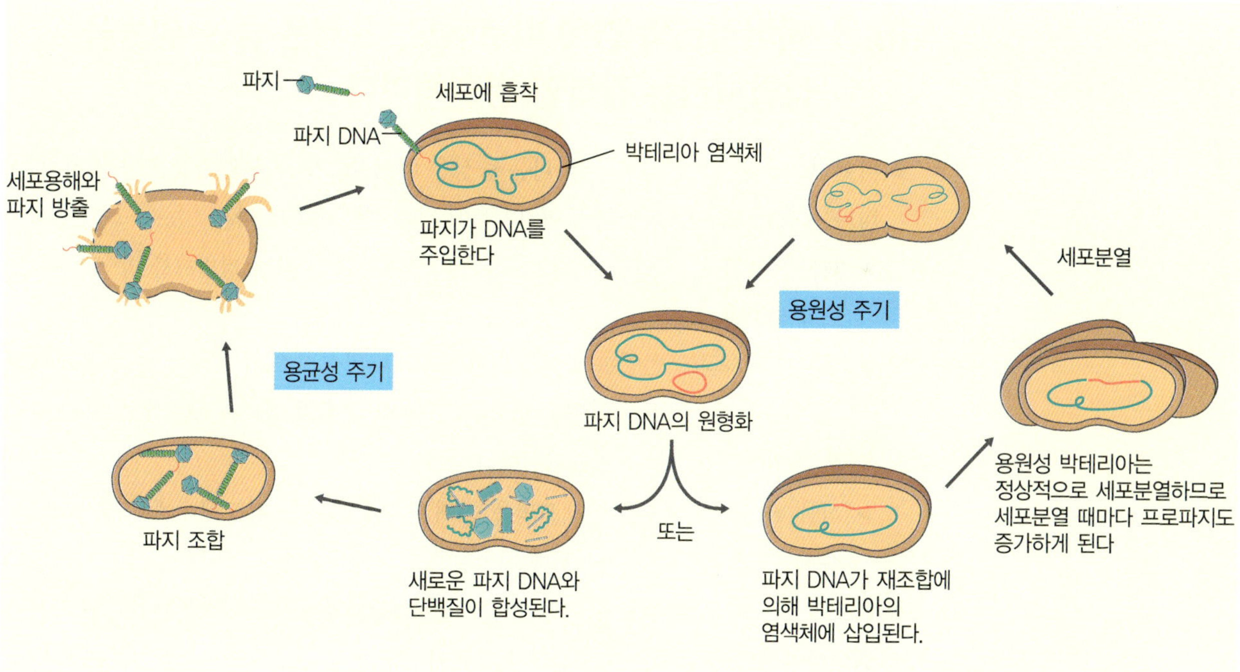

그림 16.2 람다 파지의 두 가지 증식주기

새로운 **파지**를 합성한다. 합성이 끝나면 숙주의 세포벽을 깨고 조립된 자손 파지를 방출한다.

- ▶ **용원성** 생활사에서 **온건성** 파지의 유전체는 세균의 염색체에 프로파지 형태로 삽입될 수 있다. 프로파지는 다시 유도되어 용균성 생활사를 시작하기 전까지 숙주 염색체와 함께 증식된 세포로 전달된다.
- ● 동물 바이러스는 다양한 생활사를 나타낸다.
  - ▶ 동물 바이러스에는 피막을 지닌 것이 많다.
  - ▶ 다양한 종류의 RNA 바이러스가 존재한다.
  - ▶ HIV와 같은 **레트로바이러스**는 **역전사효소**를 이용하여 자신의 RNA 유전체를 DNA로 복사한다. 복제된 DNA는 숙주의 유전체에 삽입되어 프로바이러스의 형태로 존재하기도 한다.
- ● 바이러스는 세포 내에서만 증식할 수 있으므로 최초의 세포가 나타난 이후에 세포의 플라스미드나 트랜스포존 등이 시초가 되어 핵산 일부가 따로 포장되면서 생성되었을 것으로 생각된다.

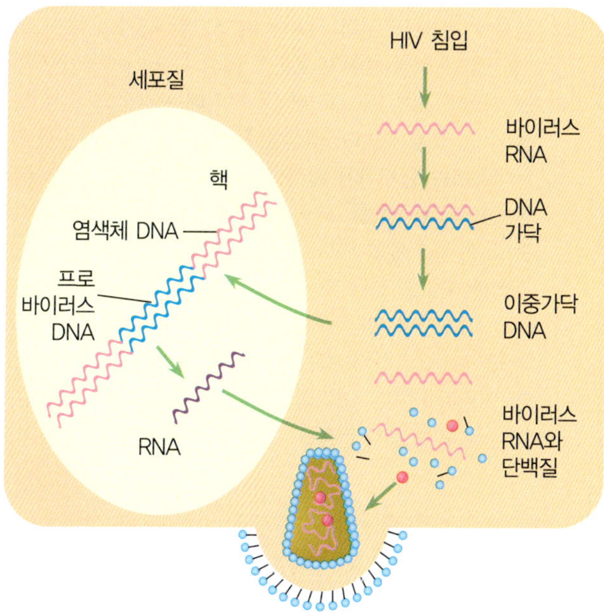

그림 16.3 숙주세포를 감염한 HIV의 생활사

16.3 바이러스와 함께 비로이드, 프리온 등은 생물을 감염시키는 강력한 병원체이다

- 바이러스에 감염되었을 때 나타나는 증상은 바이러스가 세포에 직접 해를 입혀서 나타나는 것일 수도 있고 신체의 면역반응에 의한 것일 수도 있다.
  - ▶ **백신**은 우리 몸의 면역체계를 촉진하여 바이러스 등 특정 병원체를 방어할 수 있도록 해준다.
  - ▶ 기존에 존재하고 있었던 바이러스(대개 RNA 바이러스)가 변이를 만들어 사람에서 새로운 바이러스성 질병을 일으킨다. 또한 교통의 발달과 생태계 파괴도 새로운 바이러스성 질병의 발병원인이다.
  - ▶ 식물 바이러스는 손상된 세포벽을 통해 수평전염 또는 부모세대에서 자식세대로 수직전염을 통하여 식물세포에 침입한다.
- **비로이드**는 RNA 분자로 단백질 껍질인 캡시드가 없다. 코코넛 야자나무 등 식물에 감염하여 성장을 둔화시키는 것으로 보고되었다.
- **프리온**은 오랜 기간에 걸쳐 작용하는, 사실상 파괴하기 어려운 감염성 단백질로 스크래피, 크로이첼트-야콥병, 쿠루병, 광우병 등 포유류에서 뇌질환을 일으킨다.

한 토막 생물 뉴스

바이러스의 진화

생물은 무생물로부터 진화해 왔다. 원시대기의 무기물로부터 유기물이 생기는 과정은 실험을 통해 일부 증명이 되었고 많은 정황 증거와 토론을 통해 그 타당성을 인정받고 있다. 무생물에서 생물로 진화하는 과정에 생물로 보기에는 특징이 부족하고 무생물로 보기에는 생물의 일부 특징을 지닌 무엇인가가 있다면 진화 과정의 연결점으로 기능할 수도 있을 것이다. 미생물(즉, 세균)을 닮았다는 뜻의 미미(mimi, *mi*micking *mi*crobe)바이러스를 살펴보자. 이 바이러스는 현재까지 알려진 어떤 바이러스보다 큰 유전체를 지닌다. 즉, 약 1,000개의 유전자를 담는 120만 염기쌍 정도의 유전체를 지닌다. 이 유전체 내에는 DNA 수선, 번역, 단백질 입체구조 형성, 탄수화물 합성 등에 관여하는 유전자가 들어 있다. 자신의 복제만을 위한 유전자를 지닌 다른 바이러스보다 더 많은 생물체의 기능을 더해서 복잡한 구조를 띠게 된 것이다. 그러나 바이러스가 세포의 탄생 이후에 출현했다는 증거도 만만치 않다. 첫째, 바이러스 상호간의 유전체와 구조 등에서 공통점을 찾기 어려워 비슷한 특징끼리 바이러스를 분류하기 어렵고 둘째 바이러스는 세포 안에서만 생물의 특징(번식)을 나타내며, 셋째 바이러스의 유전자 구조는 숙주의 유전자 구조와 비슷한 것들이 많다는 점이다. 게다가 전이인자와 비로이드 등이 바이러스로 진화했을 가능성도 제안되었다. 그래서 어떤 가설이 옳을지 결정하기까지에는 더 많은 증거와 논의가 필요하다.

16.4 세균은 증식이 빨리 일어나 돌연변이 출현빈도와 유전자 재조합 빈도가 높아 유전적으로 매우 다양하다

- 일반적으로 세균은 커다란 주요 염색체와 플라스미드를 지닌다.
  - ▶ 세균의 염색체는 대개 원형 DNA 분자로 진핵세포 염색체에 비하면 거의 단백질이 결합되어 있지 않은 상태이다.
  - ▶ **플라스미드**는 더 작은 잉여의 원형 DNA 분자로 세균의 염색체와 별도로 복제된다.
  - ▶ 세균은 빠른 속도로 증식할 수 있으므로 새로운 돌연변이가 일어나 빠른 시간 안에 개체군의 유전적 변이를 증가시킬 수 있다.
- 세균은 외부에서 들어온 DNA와의 재조합을 통해서 다양성을 더욱 증가시킬 수 있다.
  - ▶ 세균 사이에 DNA가 전달됨으로써 새로운 세균 균주가 생성될 수 있다.
  - ▶ 외부 환경에 있던 DNA 분자가 세포 안으로 들어가는 것을 **형질전환**이라고 한다.
  - ▶ 파지에 의해 감염되었던 세균의 DNA 일부가 다른 세균으로 옮겨지는 과정을 **형질도입**이라고 한다.
  - ▶ **접합** 과정에서는 F^+ 공여세포가 F^- 수용세포에 F 플라스미드를 전달한다. Hfr 세포에는 F 인자가 세균 염색체에 삽입되어 있다. Hfr 세포에서 F 인자가 전달되는 과정에서 세균의 염색체 DNA 일부도 함께 전달될 수 있다.
- R 플라스미드는 여러 종류의 항생제 저항성 유전자를 가지고 있다.
- 세균 DNA의 여러 곳에 삽입될 수 있는 DNA 조각에 의해 세균에서 유전정보가 서로 뒤섞일 수 있다.
  - ▶ 가장 간단한 전위인자인 **삽입서열(insertion sequence)**은 전위효소 유전자와 그 양쪽 끝에 위치한 **역반복서열**로 이루어진다.
  - ▶ 세균의 **트랜스포존**에는 전위효소 외에 항생제 저항성 유전자와 같은 다른 유전자가 부가적으로 존재한다.

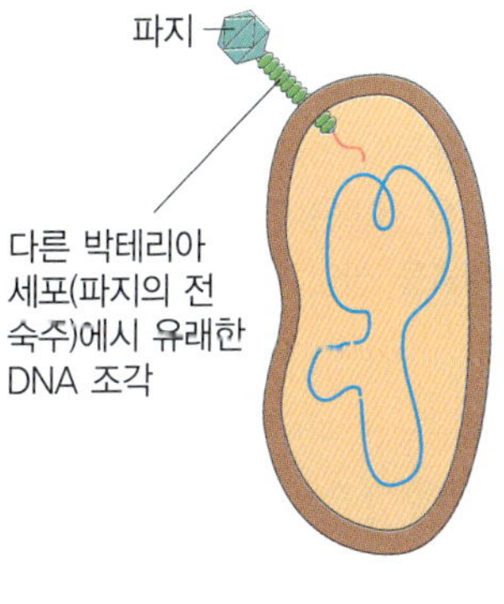

그림 16.4 형질도입

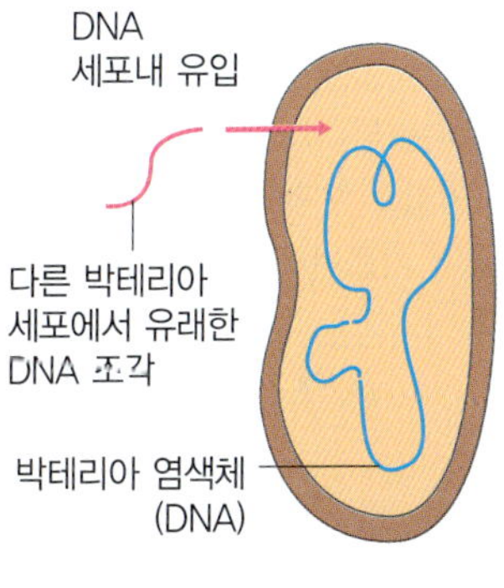

그림 16.5 형질전환

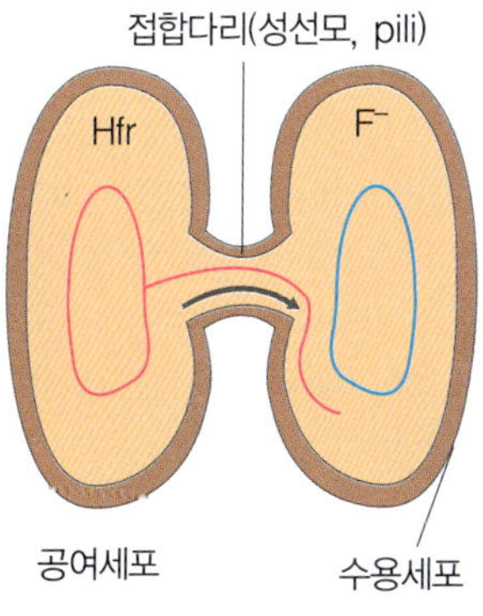

그림 16.6 접합

16.5 세균은 대부분 오페론 구조를 통해 유전자 발현을 조절한다

- 세균은 주변 환경의 자극에 대하여 전사수준에서 반응하는데, 이는 최대한 세포 내의 낭비를 줄이는 데에 유리하다.
- 각 오페론은 관련된 기능을 가진 일련의 구조유전자들과 이들의 제어를 담당하는 promotor, operator 등이 가깝게 연결되어 있는 유전자 복합체이다.
  - ▶ 각 오페론은 여러 단백질 암호화 영역 앞쪽에 하나의 **프로모터** 영역이 있다.
  - ▶ **작동유전자**는 오페론의 **전사수준 조절**에 대한 조절 스위치로서의 역할을 한다.
  - ▶ **억제자 단백질**이 작동유전자에 결합되면 전사가 억제된다. 즉, 이 억제자는 RNA 중합효소가 프로모터에 결합하더라도 구조유전자의 전사를 차단할 수 있다.
  - ▶ 억제자가 작동유전자에 결합하지 않았을 경우에는 전사는 진행된다.
- *trp* 오페론과 같은 **억제성 오페론**은 보통 켜져 있는 상태(switch-on)이다.
  - ▶ 구조유전자들은 트립토판 합성효소들을 암호화한다.
  - ▶ 억제자 단백질이 불활성형으로 합성되면 작동유전자에 결합할 수 없다.
  - ▶ 대사경로의 최종산물인 트립토판이 **보조 억제자**로서 작용한다.
  - ▶ 보통 세포내 보조억제자 수준이 높으면 보조 억제자 분자는 억제자의 조절 부위에 결합, 그 입체구조를 변형시켜 작동유전자에 결합되게 한다. 따라서 오페론의 전사는 그치게 된다.
- 젖당 오페론과 같은 **유도성 오페론**은 일반적으로 '꺼짐(switch-off)' 상태에 있다.

한 토막 생물 뉴스

세균이 바꾼 유전체의 정체성

프랑수와 자코브(Francois Jacob)와 자크 모노(Jacques Monod)는 프랑스의 과학자들로서 나치에 대항하여 과학자와 국민으로서의 자기 역할을 수행하였다. 과학자로서뿐 아니라 많은 사람의 존경을 받아 마땅한 이 두 사람이 이룩한 성과 중 가장 커다란 것은 유전자의 역할에 대한 것이다. 이들은 오페론의 구조를 밝혀내면서 유전자의 범위와 기능을 확장했다. 유전자에 포함된 염기서열은 어떤 단백질을 만들어낼지를 결정하는 암호이다. 그런데 오페론에는 단백질을 만들어낼지, 만들면 얼마나 만들지를 결정하는 부위가 포함되어 있다. 이 사실은 유전자가 담긴 유전체 DNA에는 건축으로 비유하자면 설계도뿐 아니라 건축 방법도 포함되어 있음을 나타낸다. 이러한 결론은 진핵생물의 유전자 발현 과정이 밝혀지면서 더욱 공고해졌다. 세균이 가르쳐 준 교훈에 따르면 유전체 개념을 설명하기에는 청사진(blue print)보다는 요리책(recipe)이 더 어울린다.

- 구조유전자는 β-갈락토오스 가수분해효소, 투과효소(permease), 아세틸전이효소를 암호화한다.
- 억제자 단백질은 작동유전자에 결합한다.
- 젖당이 **유도자**인 알로락토오스로 전환되어 억제자 단백질의 조절 부위에 결합, 구조적 변화를 가져온다.
- 변화된 억제자는 작동유전자에 결합할 수 없게 되고 따라서 오페론은 전사된다.
- 결과적으로 젖당이 분해되어 포도당이 생성되기 시작한다.

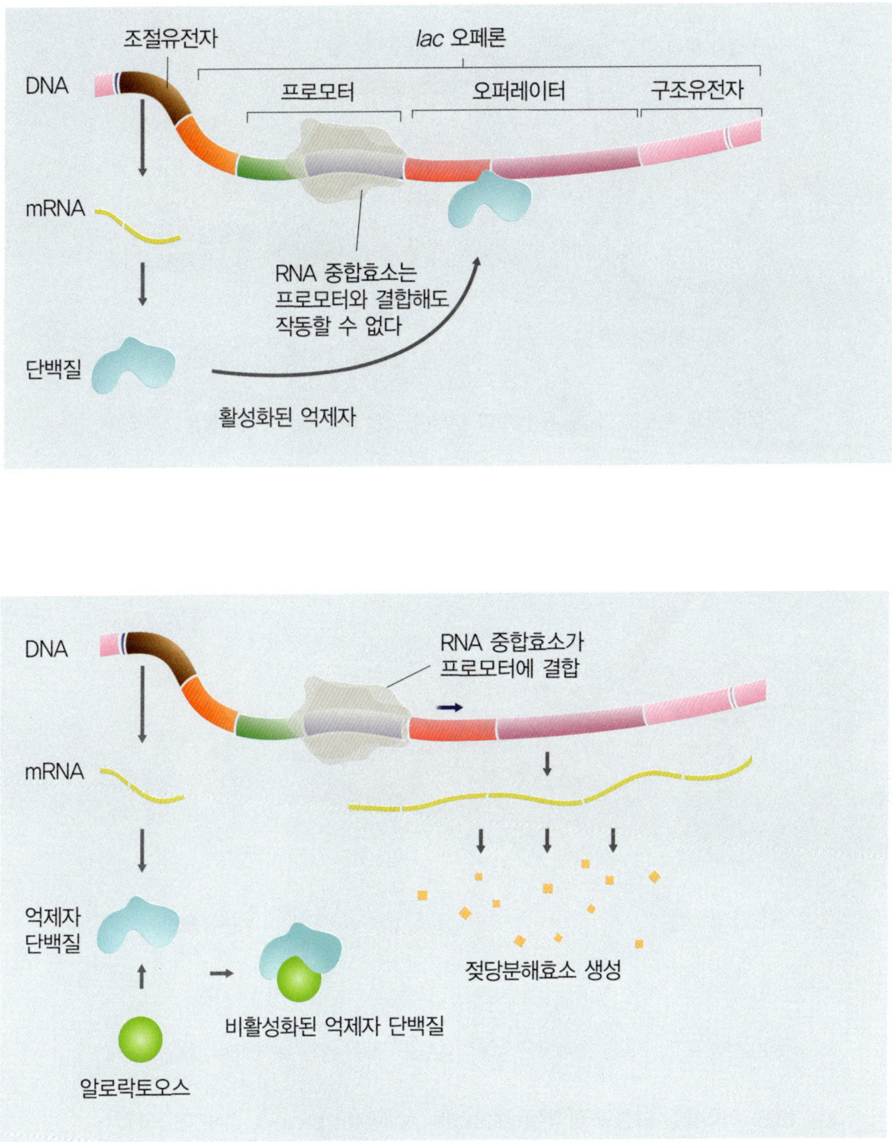

그림 16.7 *lac* 오페론의 작동

- **양성 유전자 조절**
  - 낮은 포도당 농도로 인해 증가된 **cAMP가 이화물질 활성자 단백질(CAP)**과 결합하면 CAP은 **활성자**로 작용한다.

- 활성자 단백질은 RNA 중합효소의 활성을 증가시켜 *lac* 오페론을 발현시킨다.
- 포도당 농도가 충분히 증가하면 cAMP가 감소하고 CAP, RNA 중합효소가 오페론으로부터 떨어져 유전자의 발현이 중지된다.

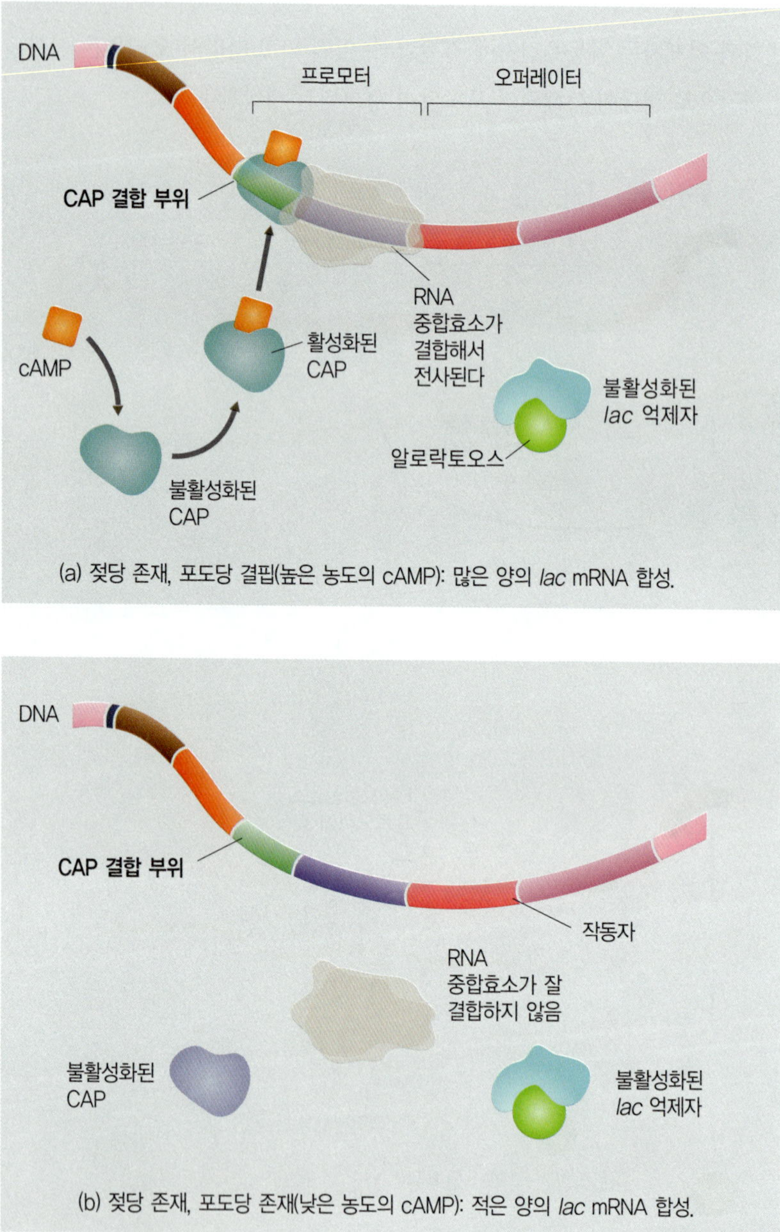

그림 16.8 이화물질 활성화 단백질(catabolite activator protein, CAP)에 의한 *lac* 오페론의 양성 조절

17 진핵생물의 유전자 발현 조절

다세포 진핵생물의 유전자 발현 조절 전략은?

사람의 유전자는 대개 20,000~25,000개로 추정하고 있다. 단세포 생물과 달리 다세포 진핵생물인 사람은 한 가지의 접합자 세포로부터 유래한 210여 가지 이상의 상이한 세포로 이루어져 있다. 서로 다른 종류의 세포는 모두 동일한 유전자들을 지니지만 사용하는 유전자의 종류가 다르다. 대개 사람의 경우, 한 세포가 사용하는 유전자는 전체의 20%라 할 때 약 4,000~5,000개의 유전자를 사용하는 셈이다. 이 숫자는 대장균의 유전자 수와 비슷하고 효모의 유전자 수보다는 적다. 각 세포에게는 자신이 지닌 20,000~25,000개의 유전자 중 어떤 유전자 4,000~5,000개를 골라야 하는지의 문제가 남아 있다. 또한 각각의 세포는 상이한 기능을 수행하므로 공간과 시간에 따른 다양한 상황 변화와 주변 세포와의 상호작용에 필요한 유전자 발현 조절 메커니즘이 있어야 한다. 이는 주로 전사 차원에서 이루어질 수 있지만 이 정도로는 각 세포들의 다양한 기능을 설명하기에는 턱없이 부족하다. 따라서 유전자의 염색체 내에서의 위치와 불활성화 여부 등부터 시작하여 하나의 유전자가 암호화되어 기능을 갖춘 단백질에 이르는 여러 단계에서 조절 작용이 일어나야만 한다.

핵심 체크 Key Point

아래에 열거된 개념 또는 용어들을 '문제'라고 가정하고 답을 작성해 보자.

진핵생물의 유전자 활성 조절이 복잡한 이유

- 염색질(chromatin)의 구조: 뉴클레오좀(nucleosome), 히스톤(histone), DNA 응축 단계 등으로 설명
- 이질염색질(heterochromatin)과 진정염색질(euchromatin)의 차이와 유전자의 발현과 관련성 설명

진핵생물이 왜 여러 단계에서의 유전자 발현 조절이 일어나는지 설명

진핵생물 유전자 발현의 주된 조절 단계

17.1 개념을 이해했다면?
DNA 메틸화 반응이 유전체 각인(genomic imprinting)과 후성 유전에서 나타내는 역할을 설명해 보자.

■ 염색질 구조의 조절과 유전자 발현의 관련성

✔ 히스톤 단백질의 아세틸화 반응(histone acetylation)이란?

✔ DNA 메틸화(methylation) 반응이란?

✔ 후성 유전(epigenetic inheritance)이란?

17.2 개념을 이해했다면?
서로 관련된 기능을 지닌 유전자들이 조절되는 방식을 세균의 오페론과 비교해 보자.

히스톤 코드 가설(histone code hypothesis), 즉 염색질의 구조에 미치는 히스톤과 DNA의 아세틸화, 메틸화, 인산화 등의 효과 설명

전사단계가 가장 중요한 유전자 조절 단계인 이유를 설명

■ 유전자 전사 개시단계에서의 조절 과정

✔ 프로모터(promoter)의 구조와 결합 단백질의 종류

✔ 조절요소(control element)의 종류와 기능: 인핸서(enhancer)와 말초조절요소(distal control element) 비교

✔ 전사인자(transcription factor), 활성자(activator), 억제자(repressor)의 정의와 예

17.3 개념을 이해했다면?
렌즈세포에서는 크리스탈린 단백질이 합성되지만(간세포처럼) 알부민이 합성되지 않는 이유를 설명해 보자.

전사개시복합체의 형성 과정을 관련 DNA 부위와 결합 단백질들을 예시하여 설명

전사 후 유전자 조절 메커니즘

■ 대체 RNA 스플라이싱(alternative RNA splicing) 과정과 그 결과

■ 진핵생물에서의 mRNA 수명과 분해 과정

번역개시는 어떻게 조절되는지 설명

■ 비번역 RNA(noncoding RNA, ncRNA)에 의한 유전자 발현 조절

✔ 비번역 RNA를 전사하는 DNA의 부위의 비율과 단백질을 암호화하는 엑손의 비율을 비교해 보자.

✔ microRNA = miRNA, RNA 간섭(RNA interference, RNAi)에 의한 유전자 발현 조절 방식

✔ 소형간섭 RNA(small interfering RNA, siRNA)의 구조와 역할

✔ piRNA(piwi associated RNA)의 구조와 역할

17.4 개념을 이해했다면?
miRNA와 siRNA의 차이점을 설명해 보자.

유전자 발현에서 소형 RNA 분자들의 역할을 종류별로 설명

■ 단백질 가공 과정에서 다양한 유전자 발현 조절 방법

■ 단백질의 수명 조절 방식

✔ 프로테아좀(proteasome)의 구조와 기능

전사 이후의 여러 단계에서 가능한 유전자 발현 조절 과정을 순서대로 나열해 설명

암과 관련된 유전적 변화

■ 발암유전자(oncogene)와 원발암유전자(proto-oncogene) 비교

✔ 원발암유전자의 유전적 변이 3가지 설명

암에 대한 종양억제유전자(tumor suppressor genes)의 기능

■ 세포주기 조절을 위한 정상 신호전달 과정

✔ *Ras* 유전자 생성물의 역할

✔ *p53* 유전자 생성물의 여러 기능

17.5 개념을 이해했다면?
*Ras*의 돌연변이 표현형은 우성인데 반해 *p53*의 돌연변이 표현형이 열성인 이유를 생각해 보자.

직장암 발생의 다단계 모델을 설명

암이 유전적 소인을 갖는 이유 설명

진핵생물 유전체의 구조

17.6 개념을 이해했다면?
세균과 비교해서 사람의 유전자 수는 수십 배 많을 뿐인데, 우리가 아는 것처럼 훨씬 복잡한 생물학적 특징이 나타나는 이유를 설명해 보자.

- 세균, 단세포 진핵생물, 다세포 진핵생물의 유전체 크기, 유전자 수, 뉴클레오티드 Mb(10^6 base pair) 길이당 유전자 수를 비교

사람의 유전체 구조를 설명

✔ 세포의 비암호화 DNA의 비율과 유전자의 비율 비교

✔ 반복서열 DNA(repetitive DNA)의 종류와 구조

✔ 전이성 인자(예: Alu, LINE-1)의 구조와 역할

트랜스포존(transposon)과 레트로트랜스포존(retrotransposon)의 정의와 비교

✔ 단순서열 DNA를 포함하는 기타 반복 DNA의 종류와 기능

- 다유전자군(multigene family)의 정의와 예
- 위유전자(pseudogene = 유사유전자)의 정의와 생성 이유

17.7 개념을 이해했다면?
특정 유전자 종류가 다유전자군으로 존재하는 이유를 생각해 보자.

유전체 진화 메커니즘

- 염색체의 복제와 구조 변화의 예

✔ 인간과 침팬지의 비교

✔ 인간과 생쥐의 염색체 구조 비교

■ DNA 조각의 중복과 다양화에 의한 유전자의 진화 과정과 예

글로빈(globin) 유전자군의 진화 과정 설명

17.8 개념을 이해했다면?
배수체(polyploidy)가 진화에 어떻게 기여하는지 생각해 보자.

■ 유전자 부분의 재배열 과정

✔ 엑손 복제의 정의와 예

✔ 엑손 셔플링(shuffling)의 정의와 예

전이성 인자(transposable element)가 유전체 진화에 기여한 예 설명

주요내용 Key Information

17.1 진핵세포는 원핵세포에 비해 훨씬 복잡한 조절 단계를 필요로 한다

- 세균은 단세포 생물이다.
  - ▶ 세균세포는 빨리 증식하며 비교적 짧은 생활사를 가진다.
  - ▶ 전사의 조절은 세포가 유전자 발현을 조절하는 가장 경제적인 방법이다.
- 진핵세포는 상대적으로 긴 생활사를 가졌기 때문에 이 기간 동안 여러 가지 많은 자극에 대하여 반응하여야 한다. 또한
  - ▶ 동일한 유전자라도 다른 형태의 세포에서는 다른 방법으로 조절된다.
  - ▶ 비록 **전사수준의 조절**이 지배적이기는 하지만 다양한 수준에서의 유전자 발현 조절 또한 중요하다.

17.2 염색질의 구조 변화도 유전자 발현 조절에 관여한다

- 다세포 생물의 각 세포들은 여러 유전자 중 일부만을 발현한다. 즉, 분화된 각 세포들은 특정 유전자들을 발현한다.
- 유전자는 염색체의 구조 변화에 의해 불활성될 수 있다.

  - ▶ 염색체가 밀집되어 응축된 영역을 **이질염색질**이라고 하는데, 이곳의 유전자들은 불활성화되어 있다.
  - ▶ 느슨하게 꼬여 있는 염색질 구조인 **진정염색질**에 위치한 유전자들은 활성을 나타낼 수 있다.
- 히스톤 꼬리의 화학적 변형으로 염색질의 변형이 일어나서 유전자가 발현될 수 있다.
  - ▶ 히스톤의 **아세틸화반응**은 염색질 구조를 느슨하게 해줌으로써 전사를 촉진한다.
  - ▶ 반대로 DNA에서 **메틸화**된 부위는 전사가 억제된다. **DNA 메틸화**는 유전자의 비활성화를 영속화시키는 메커니즘이다.
  - ▶ DNA 메틸화는 포유동물의 **유전체 각인**(염기서열과 직접적인 관련이 없이 형질이 유전되는 현상)과 **후성 유전**의 메커니즘으로 작용할 수 있다.
- 면역세포 등 일부의 경우이지만 **유전자 증폭** 과정에서 어떤 세포는 유전자 복제에 의해서 선택적으로 유전자를 증폭시킨다.

17.3 유전자 조절은 여러 단계에서 가능하지만, 주된 조절은 전사단계에서 이루어진다

- 프로모터에 결합 단백질의 결합으로 전사개시가 조절될 수 있다.
  - ▶ 프로모터의 TATA 상자를 비롯한 특정 염기서열에 보편전사인자, 특수전사인자, 매개자 단백질, RNA 중합효소 등이 전사개시복합체를 이루면서 전사를 개시할 수 있다.
  - ▶ 프로모터와는 별개로 다수의 조절부위에 특이 전사인자가 결합하여 유전자의 전사개시를 조절한다.
  - ▶ 인핸서와 조절 단백질이 결합하여 DNA의 3차원적 배열을 바꿈으로써 프로모터에 결합한 단백질과 상호작용하게 된다.
- 원핵세포의 오페론과 달리 DNA 상에 흩어진, 그러나 세포 내에서 관련된 역할을 하는 유전자들은 유기적으로 전사가 조절된다. 이러한 조절은 조절인자와 결합 단백질들의 다양한 조합에 의해 이루어진다.

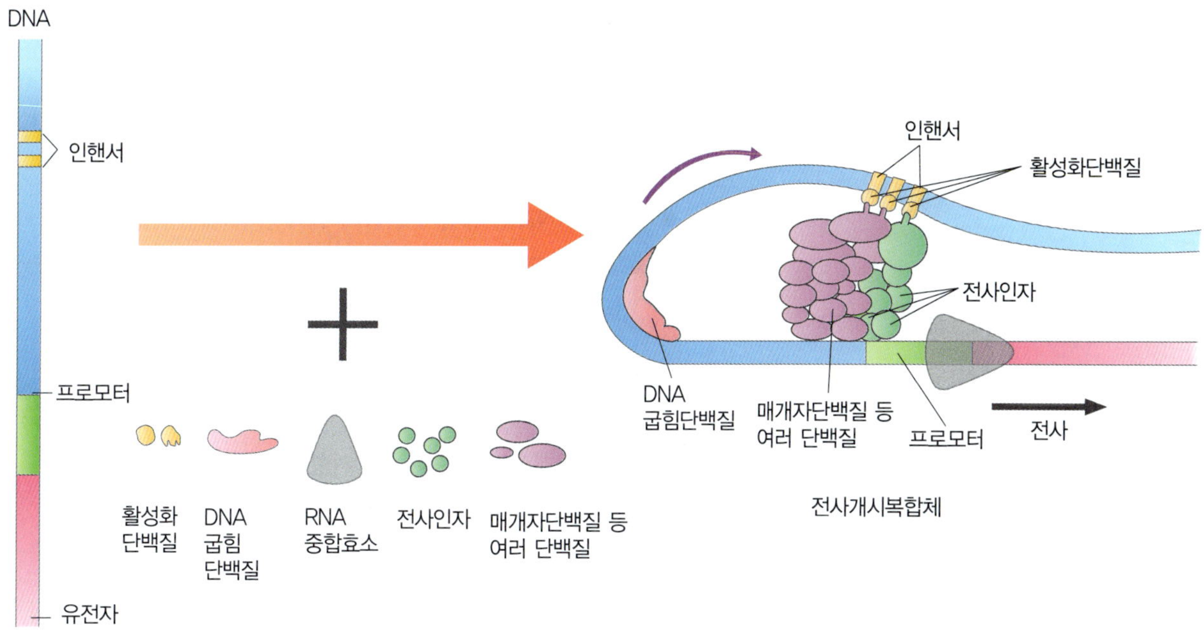

그림 17.1 전사개시복합체의 형성

17.4 전사 이후에도 여러 단계에서 유전자 발현을 조절할 수 있다

- **대체 RNA 스플라이싱**에 의해 유전자 발현이 조절될 수 있다. 즉, **차별적 mRNA 가공**의 결과, 해당 조직에서 프리-mRNA가 어떻게 끊어지는가에 따라 하나의 유전자에서 여러 다른 형태의 단백질이 생산된다.
- **mRNA의 수명** 조절도 중요한 단계이다.
  - 이와 관련된 조절 메커니즘은 mRNA의 안정성을 증가시켜서 더 많은 단백질분자가 mRNA가 분해되기 이전에 합성되도록 하는 것이다.
  - mRNA의 안정성은 호르몬 등 다양한 조절자들에 의해 변화한다.
- mRNA와 리보솜의 결합을 조절하여 번역개시를 변화시킬 수 있다.
- 유전자의 번역 후 변형(post-translational modification)은 되먹임 저해 혹은 단백질 구조의 변형에 의해 일어난다.
  - **인산화효소(protein kinases)**와 **인산가수분해효소(phosphoprotein phosphatases)**에 의해서 인산그룹이 첨가 또는 제거되어 해당 단백질의 3차 구조를 변화시켜서 활성을 조절할 수 있다.

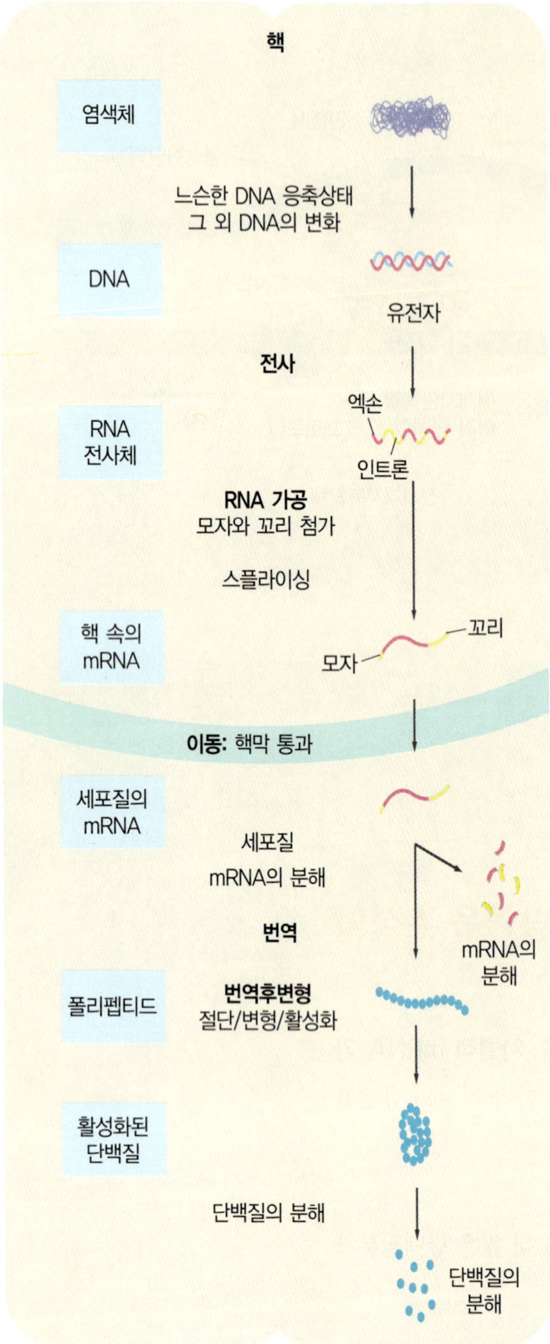

그림 17.2 진핵세포의 유전자 발현 및 조절단계

- ▶ 이외에도 번역 후에 절단과 지질 또는 탄수화물 첨가 등과 같은 **단백질 가공 과정**에 의해 단백질 활성이 조절된다.
- ▶ 단백질의 수명은 **프로테아좀**(proteasome)에 의한 단백질 분해 정도로 조절이 가능하다.

● 비번역 RNA가 유전자 발현에 관여한다.

- ▶ **마이크로 RNA**에 의한 **RNA 간섭** 과정은 mRNA를 분해하거나 mRNA 번역을 방해할 수 있다.
- ▶ **소형간섭 RNA**는 이질염색질 형성에 관여한다.
- ▶ **piRNA**는 트랜스포존의 전사를 억제하고 마이크로 RNA와 함께 유전자 발현에 관여한다.

17.5 암은 세포분열에 영향을 주는 유전적 변화에 의해 발생할 수 있다

● **원발암유전자**와 **종양억제유전자** 산물은 세포분열을 조절한다.

- ▶ 즉, 많은 원발암유전자와 종양억제유전자는 각각 성장 촉진 또는 성장 저해에 관여하는 단백질의 유전자들이다.
- ▶ 원발암유전자는 변이를 거쳐 발암유전자로 변할 수 있고 이는 과도한 세포분열과 암을 유발할 수 있다. 예를 들어 세포분열 촉진신호전달계의 *ras*와 같은 유전자가 과활성화되면 발암유전자가 된다.
- ▶ 종양억제유전자가 변이에 의해 기능이 저해되면 암이 발생할 수 있다. 저해신호계의 *p53*과 같은 유전자에 변이가 생겨 기능이 없어지면 암이 발생한다.

● 정상세포가 암으로 진행하는 데에는 원발암유전자와 종양억제유전자들의 **변이**가 **축적**되어야 한다.

- ▶ 직장암의 경우, 5가지 이상의 유전자 변이에 의해 발생한다.
- ▶ 변이가 된 발암 또는 종양억제유전자를 가지고 태어나는 개인은 암에 걸릴 확률이 높다.

● 바이러스는 자신의 DNA를 세포유전체에 삽입하여 암을 일으킬 수 있다.

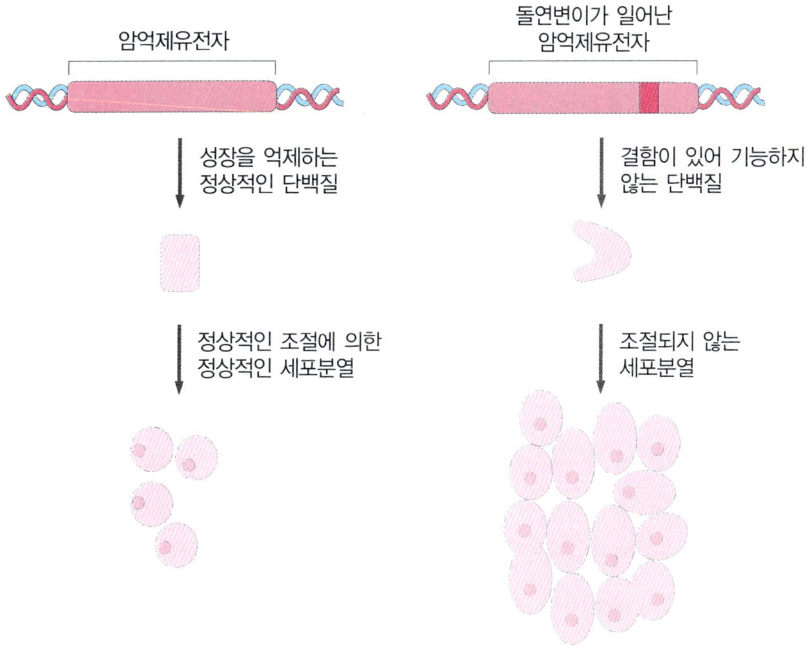

그림 17.3 암억제유전자에 일어난 돌연변이의 영향

한 토막 생물 뉴스

암의 유전성

건강 검진을 받게 되면 가족 중 노령이 되기 전에 암 병력이 있는지를 검진대상자에서 질문한다. 왜 그럴까? 암이 유전병이이서일까? 암은 유전자의 고장에 의해 생기는 병이므로 유전 질환이라 할 수 있다. 암은 부모에게서 자식으로 전염되지도 생식세포를 통해 자손에서 전달되지도 않는다. 그러나 직장암으로 고생한 부모가 있는 경우, 그 자식은 직장암에 결리기 쉽다고 판정한다. 또 유방암의 경우는 *BRCA1* 또는 *BRCA2* 유전자에 문제가 있는지를 검사한다. 암은 발암유전자와 종양억제유전자에 해당하는 여러 유전자가 제 기능을 발휘하지 못할 때만 발생한다. 암 병력이 있는 부모를 둔 자손들은 다른 사람들보다 암에 걸리기 쉽게 암 관련 유전자가 하나 이상 변형되어 암 발생에 한 걸음 더 가까이 있을 뿐이다. 그리고 암은 후천성 조건들이 크게 관여한다. 따라서 부모의 영향은 얼마든지 극복될 수 있다.

17.6 진핵세포의 유전체는 유전자 이외에 많은 수의 비암호화 DNA 염기서열을 가진다

- 원핵세포에 비해 진핵세포는 유전체의 크기가 더 크고 더 긴 유전자를 가지며, 비암호화 DNA를 많이 가진다.
- 진핵 유전체에서 가장 흔하게 발견되는 것은 **전이성 인자**와 그 연관서열이다.
  - ▶ 진핵세포에는 **트랜스포존**과 **레트로트랜스포존**이라는 두 가지 유형의 전이성 인자

가 있다. 전자는 DNA 중간매개체, 후자는 RNA 중간매개체를 거쳐 유전체에 삽입된다.

▶ 각 인자는 수백에서 수천의 염기쌍으로 되어 있고 유사한 서열들이 유전체 전체에 퍼져 있다.

▶ *Alu* 인자와 *LINE-1*이 알려져 있다.

● 다양한 반복 DNA가 존재한다.

▶ **단순서열** DNA(simple sequence)와 **짧은 직렬 반복**(short tandem repeat, STR) 등이 알려져 있다.

▶ 주로 **동원체**와 **텔로미어** 등에 분포한다.

▶ 단순서열 DNA는 염색체에서 주로 구조적 역할을 하는 것으로 알려져 있다.

● 동일하거나 비슷한 구조를 지닌 유전자들이 있다.

▶ 보통 진핵세포에서 동일한 기능을 나타내는 유전자는 하나 정도 존재하지만 종종 유사한 서열의 유전자가 여러 개 존재할 수 있는데 이들을 **다유전자군**이라고 한다.

▶ 그 예로 rRNA의 유전자와 **글로빈 유전자군**이 있다.

▶ 다유전자군 내에는 기능은 없고 구조만 비슷한 위유전자도 포함된다.

▶ 다유전자군을 구성하는 유전자들은 조상유전자들이 증폭된 결과 출현한 진화의 산물이다.

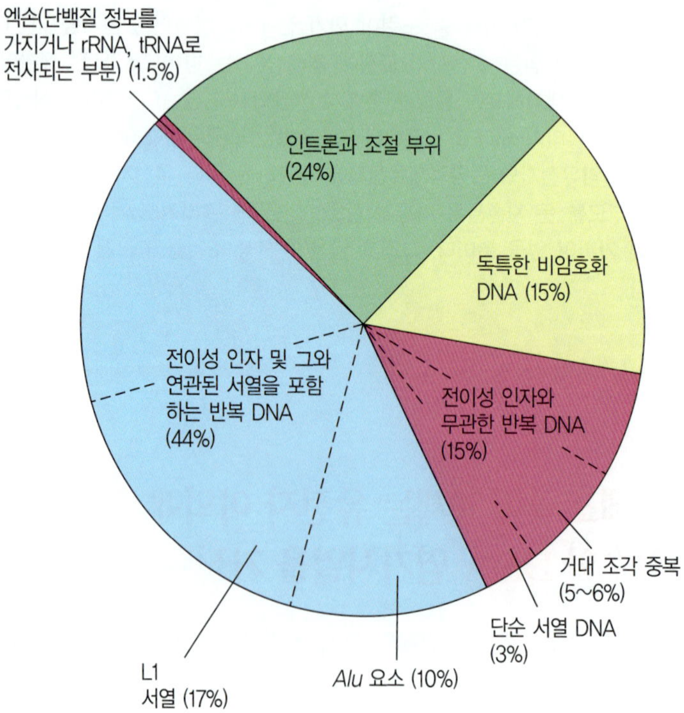

그림 17.4 인간유전체의 구성

17.7 DNA는 오랜 기간 동안 중복, 재배열, 변이를 반복하면서 유전체의 진화에 기여해 왔다

- 세포분열 이상으로 **다배수체**가 만들어질 수 있다.
- 다양한 글로빈 단백질 유전자들은 하나의 조상 유전자에서 유래했다고 보며, 이들이 복제되고 다양화되어 알파 및 베타 글로빈 유전자들로 진화하였다.
- 어떤 복제된 유전자는 그 변화가 아주 심해져서 원래의 기능과 전혀 관계없는 단백질로 진화하기도 한다.
- **엑손 셔플링(exon shuffling)**, 즉 유전자내 또는 유전자간 **엑손**의 복제 또는 이동은 새로운 기능의 단백질을 만들 수 있게 한다.
- 전이성 인자의 이동과 재조합 등으로 인해 새로운 염기서열의 조합이 생길 수 있으며 이로써 유전자 기능의 변화, 유전자 발현과 조절의 변화가 초래될 수 있다.

18 바이오 테크놀로지

생물 복제성공의 전제조건은?

식물은 체세포 일부를 배양하여 전체 개체를 복제할 수 있다. 예를 들어 당근 뿌리조직을 배양하여 체세포 발생을 시키면 완전한 개체를 얻을 수 있다. 당근 뿌리 세포의 이러한 능력을 전능성(totipotency)이라 한다. 동물의 경우, 개구리의 핵이 제거된 난자에 올챙이 장세포의 핵과와 발생 중인 배아세포의 핵을 각각 이식하여 복제를 시도하였고 이 중 배아세포 핵을 지닌 세포가 훨씬 많이 개체로 복제되었다. 즉, 특화가 덜 된 세포가 복제에 더 유리했던 것이다. 상대적으로 덜 특화된 세포를 줄기세포(stem cell)라 한다. 이렇게 배아줄기세포로부터 성체가 발생한 과정은 생쥐, 개, 소, 원숭이 등 많은 포유류에서도 성공적으로 이루어졌다. 이런 결과들이 의미하는 바는 생물의 발생을 이해하거나 세포의 복제를 성공시키려면 특화 과정에서 사용이 결정된 유전자가 다시 원위치되는 것을 비롯하여 유전자들의 활성 변화를 총체적으로 이해해야 한다는 것이다. 이는 유전자 발현을 총체적으로 관찰하고 조절할 수 있어야 가능한 일이다. 따라서 목적이 연구 그 자체이든 응용이든 생물의 복제가 진정한 의미에서 성공하려면 유전체학, 단백질체학, 대사체학 등을 바탕으로 하는 시스템 차원에서 생물학이 발전해야 한다.

핵심 체크 Key Point

아래에 열거된 개념 또는 용어들을 '문제'라고 가정하고 답을 작성해 보자.

18.1 개념을 이해했다면?
생명공학의 핵심 원리는 무엇일까?

- 재조합 DNA(recombinant DNA)란?
- 유전공학(genetic engineering) 내용이 기존의 생명공학과 다른 점

DNA 클로닝

- DNA 클로닝이 필요한 이유

유전자 클로닝(gene-cloning)에 필수적인 도구 3가지

제한효소를 사용하여 재조합 DNA를 만드는 방법을 설명

✔ 제한효소(restriction enzyme)의 기능과 작용 메커니즘

✔ 제한효소자리(restriction site)와 제한효소절편(restriction fragment)의 정의

✔ 점착말단(sticky end)이란?

✔ DNA 연결효소(DNA ligase)의 작용 메커니즘과 중요성

■ 클로닝 벡터(cloning vector)의 정의와 종류

✔ 벡터의 조건: 항생제 내성, *lacZ* 유전자

✔ 벡터의 세포내 삽입에 의한 세포 클론의 생성

✔ 표적(target)유전자를 가진 클론을 구별하는 원리와 방법

✔ 핵산 혼성화(nucleic acid hybridization)의 정의와 과정: 핵산탐침(nucleic acid probe)이란?, 변성(denaturation) 과정이란?

18.2 개념을 이해했다면?
제한효소의 기원을 밝히고 이 효소들의 종류가 많은 이유를 제시해 보자.

원하는 진핵세포의 유전자 하나를 잘라 벡터에 넣고 이를 세균에 도입하여 키운 후 원하는 유전자를 지닌 세포를 찾아내는 일련의 과정을 설명

■ 유전체 도서관(genomic library)이란?

✔ 박테리아 인공 염색체(bacterial artificial chromosome, BAC)의 정의와 이용 목적

✔ 상보성 DNA(complementary DNA, cDNA)와 역전사효소(reverse transcriptase)를 사용한 cDNA 도서관(cDNA library) 제작 방법

■ 박테리아의 발현 체계의 특징과 이용상의 유의점

✔ 발현 벡터(expression vector)의 정의와 이용 목적

✔ 진핵세포 유전자 발현을 위해 cDNA를 세균에 삽입하는 이유

18.3 개념을 이해했다면?
유전체 도서관과 cDNA 도서관은 각각 어떤 종류의 연구에 활용할 수 있는지 비교해 보자.

■ 진핵세포의 복제와 유전자 발현 방법

✔ 효모인공염색체(yeast artificial chromosome, YAC)의 구조와 사용 목적

✔ 전기천공법(electroporation), DNA 총, 바늘 이용법 등의 과정

18.4 개념을 이해했다면?
진핵세포 내에 재조합된 DNA를 주입하는 방법들을 설명해 보자.

중합효소연쇄반응(polymerase chain reaction, PCR)의 원리와 방법, 유전자 증폭 면에서 유리한 점을 설명

유전자 또는 DNA 구조와 기능 분석 방법

- 겔 전기영동법(gel electrophoresis)의 원리
- 서던 블롯팅(southern blotting) 수행 과정

제한효소절편길이 다형성(restrcition fragment length polymorphism, RFLP)의 원리와 관찰 방법 설명

- 유전자의 발현을 측정하는 방법

✔ 노던 블롯팅(Northern blotting) 방법의 원리

✔ RT-PCR(reverse transcriptase-polymerase chain reaction) 방법의 원리

✔ *in situ* 혼성화(*in situ* hybridization) 방법의 원리와 사용 예

18.5 개념을 이해했다면?
노던 블롯팅과 RT-PCR은 각각 어떤 조건에서 사용하는지 설명해 보자.

유전자의 기능을 알아보는 방법 설명

✔ 발현 장소를 비교하는 방법

✔ 다른 생물의 유전자와 구조를 비교해 유추하는 방법

✔ 유전자의 기능을 억제해 표현형을 관찰하기

유전체의 구조와 기능 연구

- 인간유전체사업(Human Genomic Project)의 내용과 의미
  - ✔ 인간 유전체 구조에 대해 알려진 사실은?

유전체 해독의 3단계 전략과 샷건(shotgun) 전략을 비교

- ✔ 연관지도(linkage map)의 정의와 제작 원리
- ✔ 물리적 지도(physical map)란?
- ✔ 박테리아 인공염색체(bacterial artificial chromosome, BAC)를 사용한 목적

- DNA 서열결정(sequencing)의 원리와 방법
  - ✔ 기술적 한계
  - ✔ Dideoxyribonuclotide triphophate의 구조적 특징
- 유전체학(genomics)의 의미

18.6 개념을 이해했다면?
만약 DNA 서열결정이 한번에 1,000,000 염기까지 가능했다면 유전체 해독 방법이 어떻게 변했을지 생각해 보자.

유전자의 기능을 결정하는 데에 사용하는 연구 방법 설명

- ✔ 시험관내 돌연변이 생성유발(in vitro mutagenesis) 방법이란?
- ✔ 유전자의 기능 결정에 RNA 간섭(RNA interference, RNAi)이 유리한 점
- ✔ 유전체포괄 관련 연구(genome-wide association studies)의 정의와 적용 조건

- 인간 유전체의 구조
  - ✔ 반복서열 DNA(repetitive DNA)의 정의와 종류
  - ✔ LINE(Long Interspersed Nuclear Element), 짧은직렬반복(short tandem repeat), *Alu* 등의 구조와 가능한 기능
  - ✔ 다유전자군(multigene family)의 정의와 예
- 생물학 연구의 전체론적인 접근
  - ✔ DNA 마이크로어레이 분석법(DNA microarray assays)의 원리와 방법, 적용 예

✔ 서로 다른 종들의 유전체 비교로 얻을 수 있는 정보는?

✔ 단백질체학(proteomics)이란?

18.7 개념을 이해했다면?
특정 유전자를 준비한 후 NCBI 홈페이지에 접속하여 이 유전자의 기능, 엑손과 인트론 부위, 이 유전자에서 합성될 단백질의 3차 구조 등의 정보를 얻어보자.

■ 생물정보학(bioinformatics)이란?

시스템생물학(systems biology)의 정의와 해당 예 설명

줄기세포(Stem cell)의 정의와 이용

■ 식물과 동물의 개체 복제의 차이점 설명

✔ 당근 뿌리의 전능성(totipotency)이란?

✔ 동물 복제에서 분화가 덜 된 세포가 복제 성공 확률이 큰 이유는?

18.8 개념을 이해했다면?
돌리가 비교적 어린 나이에 '성인병'증상을 나타낸 이유를 DNA 복제와 관련하여 설명해 보자.

복제양 '돌리'의 탄생 과정을 설명

■ 줄기세포의 정의

배아줄기세포(embryonic stem cell)와 성체줄기세포(adult stem cell) 각각의 정의와 차이점 설명

✔ 다능성(pluripotency)의 정의와 사용 방법

18.9 개념을 이해했다면?
유전자 클로닝, 세포 복제(cloning), 개체 복제(cloning)를 비교해 보자.

✔ 유도다능세포(induced pluripotent stem cell, iPS cell)의 정의와 특징

DNA 기술의 응용

■ 의학적 응용

단일뉴클레오티드 다형성(single nucleotide polymorphism, SNP)이 어떻게

RFLP(Restriction Fragment Length Polymorphism)를 만들어 유전병을 비롯한 질병의 진단에 사용되는지 설명

✔ 유전자 치료(gene therapy) 원리와 예

■ DNA 기술을 사용하여 생산된 약품들을 예들 들어 설명

✔ 세포배양이나 형질전환동물(transgenic animal)을 사용한 단백질 합성 방법이란?

✔ 위의 방법으로 합성된 단백질의 예

■ 개인 식별을 위한 DNA 기술이란?

✔ 유전자 프로파일(genetic profile)의 정의와 작성 방법

✔ RFLP와 단순반복서열(short tandem repeat, STR)이 유전마커로 사용되는 원리

■ 환경정화에 사용된 기술과 미생물의 예

■ 농업에서의 응용 예

식물에서 *Agrobacterium tumefaciens*의 Ti 플라스미드(Ti plasmid)를 사용한 유전자 조작의 방법 설명

✔ 농업 생산물로서 사용된 유전자 조작 식물들의 예

유전자 변형생물(genetically modified organism, GMO)의 정의와 윤리적 논쟁 주제

18.10 개념을 이해했다면?

범죄수사에서 범인 식별에 사용되는 DNA 기술을 설명해 보자.

18.11 개념을 이해했다면?

형질전환(transgenic) 동물을 사용하는 방법과 전통적인 육종의 효율성을 비교해 보자.

Key Information 주 요 내 용

18.1 DNA 클로닝을 통한 복제로 특정 유전자 또는 DNA 서열을 대량으로 얻을 수 있다

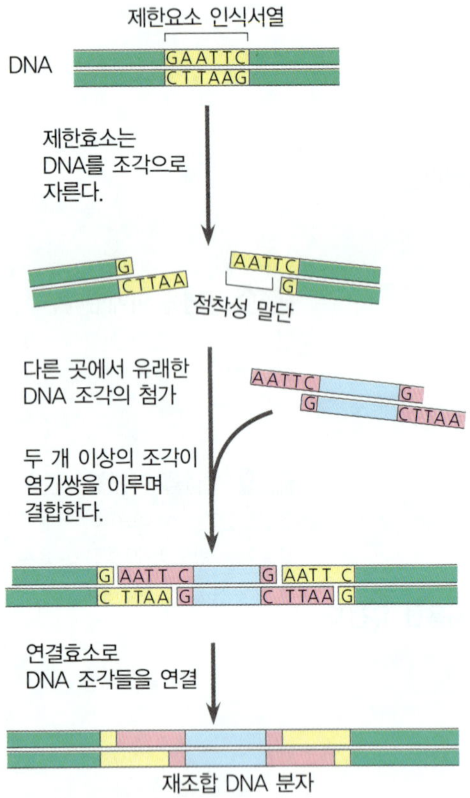

그림 18.1 동일한 제한효소를 이용한 상이한 두 가닥 DNA 조각의 재조합

- DNA 클로닝이 필요한 이유
  - 분석을 위해 필요한 양만큼 많은 양의 DNA를 확보하는 것으로부터 DNA 기술이 발전했다.
  - **DNA 클로닝**을 비롯하여 통합적으로 DNA 기술이라 불리는 다른 여러 기술들은 DNA를 조작하고 분석하여 유용한 신물질이나 생물체들을 생산하는 데 사용될 수 있다.
- 세균의 **제한효소**들은
  - 짧고 특이적인 DNA 서열을 인식하여 DNA 이중가닥을 잘라서 단일가닥의 점착성 말단을 가진 DNA 조각(**제한효소절편**)을 만든다.
  - DNA 단편의 점착성 말단은 다른 조각의 상보적 **점착성 말단**과 염기쌍을 형성할 수 있다.
  - **DNA 연결효소**는 두 분자 사이의 틈을 연결시켜 재조합 DNA 분자를 생성한다.
- 표적유전자가 있는 DNA 조각을 동일한 제한효소로 처리한 **플라스미드 벡터**에 삽입함으로써 **재조합 플라스미드**가 만들어진다.
  - 이 재조합 플라스미드가 숙주세포에 도입되고 세균의 염색체가 복제될 때 외래 유전자도 같이 복제됨에 따라 유전자 클로닝이 완성된다.
  - 표적유전자가 들어 있는 세포 클론들은 항상제 내성(ampicillin 저항성 등)과 효소(*lacZ* 유전자가 암호화하는 효소로 X-gal을 분해하여 파란색을 만드는 β-galactosidase 등)반응의 결과로 골라낼 수 있다.
  - 표적유전자는 **핵산혼성화** 과정을 통해 상보적인 방사능 표지 **핵산탐침**을 이용하여 검색, 분리될 수 있다.
- 필요한 DNA 조각들은 한꺼번에 보관하여 사용할 수 있다.
  - **유전체 도서관**은 전체 유전체에서 분리한 DNA 조각들을 클로닝한 재조합 벡터들의 모음이다.
  - **cDNA 도서관**은 특정한 세포에서 생산된 모든 mRNA를 추출하여 시험관에서 역전사시켜 만든 DNA를 클로닝해서 만든다.
  - **DNA 도서관** 제작에는 파지, 플라스미드, **박테리아 인공 염색체** 등이 사용된다.
  - 세균은 RNA 스플라이싱이 없으므로 진핵세포의 cDNA를 원핵세포의 프로모터

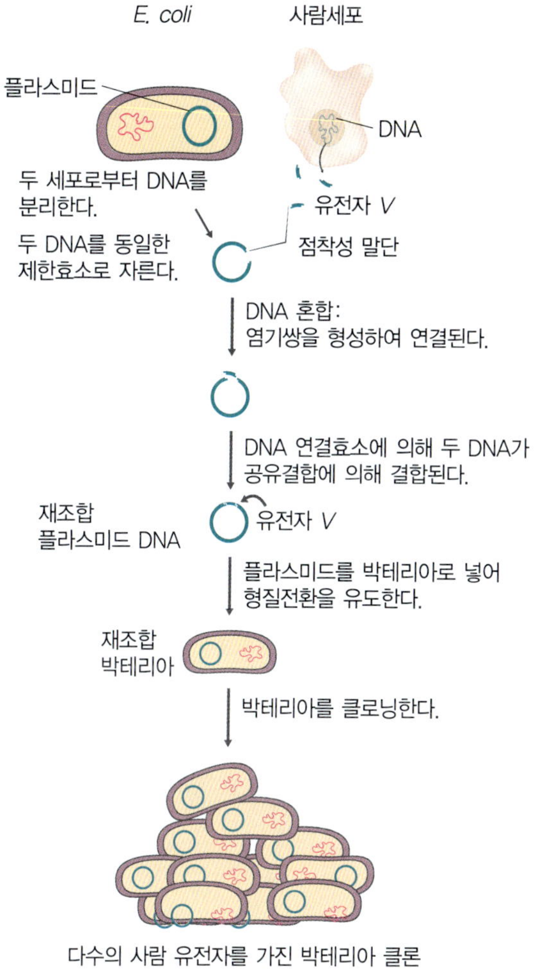

그림 18.2 박테리아 플라스미드로의 유전자 클로닝

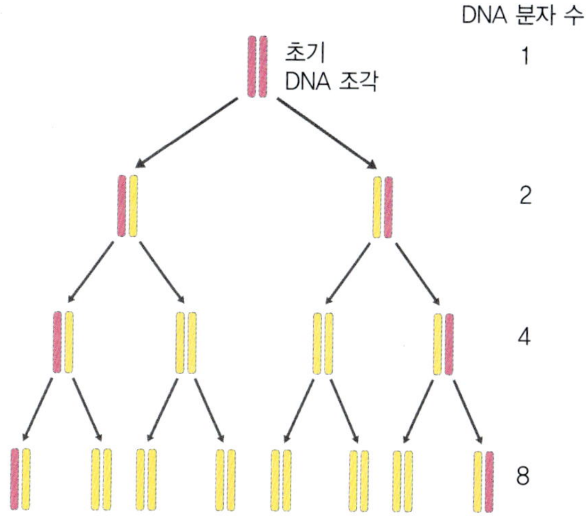

그림 18.3 PCR을 이용한 DNA 증폭

를 장착한 **발현벡터**에 삽입하여 발현을 수행한다.

- 배양 가능한 진핵세포를 숙주세포로 사용할 수 있다.
  - 효모는 플라스미드를 가지고 있고, 효모 인공 염색체를 벡터로 사용할 수 있어 유용하다.
  - 다른 진핵세포의 경우, 전기천공법, DNA 총, 미세한 바늘 등을 사용하여 유전자를 주입한다.
- 시험관에서 DNA를 증폭시킬 수 있다.
  - **중합효소연쇄반응(PCR)**은 ① 특정한 프라이머에 의해 표적 DNA 염기서열을 찾아내고 ② 열에 내성이 있는 DNA 중합효소를 사용하며 ③ 자동화된 온도조절 기계를 사용하여 시험관 안에서 DNA를 증폭할 수 있는 기술이다.
  - PCR은 온도의 변화를 따라서 분리(denaturation), 식힘(annealing), 합성(extension)의 세 단계로 수행된다.

▶ 범죄현장에서부터 고대 유물에 이르기까지 다양한 장소에서 얻어진 미량의 DNA 표본만 있어도 PCR을 사용하여 DNA를 증폭시켜 분석할 수 있다.

18.2 증폭된 DNA는 분석할 수 있다

- 제한효소절편 분석법은 제한 부위에 영향을 미치는 DNA 염기서열의 차이를 추적하는 것이다.
  - ▶ 서로 다른 길이의 DNA 제한효소절편들을 분석하기 위해 **겔 전기영동법**으로 DNA 절편을 분리할 수 있다.
  - ▶ 특정 단편들은 **겔블롯**상에 고정된 DNA에 결합할 수 있는 표식된 탐침자를 사용하는 **서던 블롯팅** 방법으로 확인할 수 있다.
- **제한효소절편 길이다형성(RFLP)**은
  - ▶ 서로 다른 길이의 제한효소절편을 만드는 상동염색체상의 DNA 서열 차이를 말하며 서던 블롯팅 방법으로 추적할 수 있다.
  - ▶ 진핵세포 DNA 전체에 존재하는 수천 가지의 RFLP들이 유전적 마커로 사용될 수 있다.
- 단일 유전자의 발현은 mRNA의 증가량 측정에 기반하여 살펴볼 수 있다.

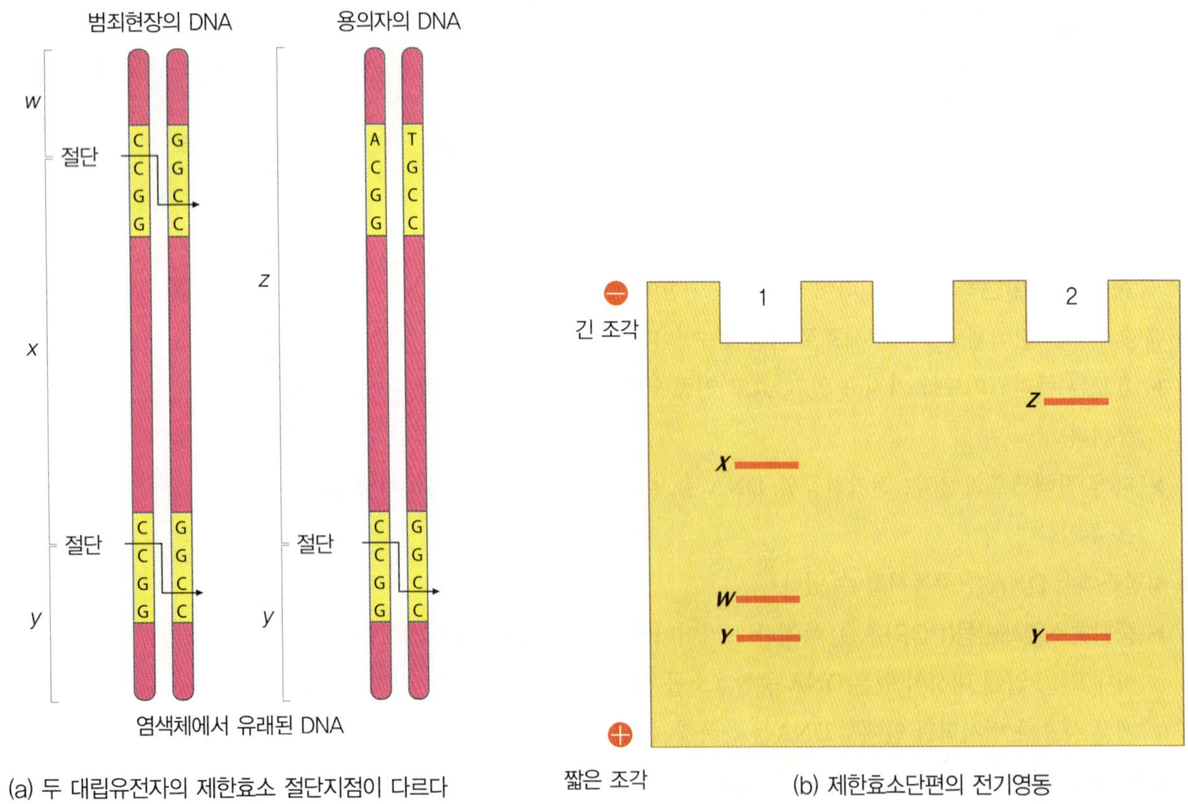

그림 18.4 RFLP의 예

▶ **노던 블롯팅** 방법으로 증가된 mRNA를 직접 관찰한다.

▶ mRNA 양이 적을 때에는 mRNA를 역전사시켜 얻은 cDNA를 PCR로 증폭시키는 (RT-PCR) 방법으로 증폭하여 mRNA의 발현 정도를 관찰한다.

● 유전자의 기능은 여러 가지 방법으로 밝혀낼 수 있다.

▶ 다른 종들로부터 밝혀진 새로운 유전자들과 서열을 비교해 봄으로써 새로운 유전자의 기능을 추측할 수 있다.

▶ 시험관내 **돌연변이 생성유발**(*in vitro* mutagenesis)이나 **RNA 간섭** 등의 방법으로 대상 유전자를 불활성화시킨 후 표현형 변화를 관찰함으로써 기능을 모르는 유전자에 대한 단서를 얻을 수 있다.

▶ 인위적으로 돌연변이를 만들 수 없는 경우(예: 사람), 특정 유전현상에 관련된 유전적 표지(genetic marker)들의 특정 집단내 변이를 대규모로 분석하는 **유전체 포괄 관련연구**(genome-wide association studies)를 할 수 있다.

18.3 전체 유전체를 지도화하고 분석하여 새로운 차원의 생물학적 접근이 가능하게 되었다

● 유전체는 3단계 접근법에 의해 지도로 만들어졌다.

▶ 세포유전학적 지도를 염색체상에서 작성하고 이를 분석하기 위해 조각으로 분할하여 순서를 정한다.

▶ 이들 간의 상대적 거리는 수천 개의 유전자 표지를 사용하여 재조합 빈도를 결정하여 **연관지도**를 작성한다.

▶ **물리적 지도**는 DNA 분자를 더 작은 크기로 잘라 순서를 결정하여 작성한다. 즉, 이들 각 단편의 서열들을 결정하여 겹치는 순서로 배열함으로써 구축된다. 물리적 지도는 마커들 사이의 실제 거리를 염기쌍으로 나타낸다.

▶ 1 kb 이하의 비교적 짧은 DNA 단편들은 **디데옥시 사슬종결법**으로 서열을 결정할 수 있으며 이 방법은 자동화 기계에 의해 수행된다.

● 전체 유전체 구조는 염색체를 무작위로 많은 조각으로 잘라 각 조각의 염기서열을 결정하고 소프트웨어를 이용하여 정렬하는 샷건 접근 방법에 의해서도 결정한다.

● 인간 유전체 구조의 윤곽이 밝혀졌다(그림 17.4 참조).

▶ 단백질 합성에 필요한 엑손, mRNA, tRNA를 암호화하는 부위는 전체 유전체의 1.5%에 해당한다. 유전자들의 일부는 다유전자군을 구성한다.

▶ 24% 정도는 인트론과 조절부위이다.

▶ 전이성 인자와 무관한 반복 DNA는 15%, 전이성 인자와 관련된 반복 DNA는 44%를 차지한다.

▶ 반복 DNA에는 *Alu*인자, *LINE*, 거대조각중복, 짧은 직렬반복 등이 있다.

- 많은 수의 유전자를 한꺼번에 분석할 수 있다.
  - ▶ **DNA 마이크로어레이분석법**은 많은 수의 유전자를 DNA 칩에 고정시킨 후 특정 조건 하에서 발현된 유전자들을 한꺼번에 분석할 수 있게 한다.
  - ▶ DNA 마이크로어레이분석법으로 서로 다른 시기, 다른 조건 하에서 조직들의 유전자 발현패턴이 어떠한지를 비교하는 것이 가능해졌다.
- 유전체 염기서열에 대한 컴퓨터 분석법은 연구자들이 단백질을 만들 가능성이 있는 서열들을 찾도록 도와준다.
  - ▶ 현재 인간의 유전자를 20,000~25,000개 정도로 추산하고 있지만 인간의 단백질은 이보다 훨씬 많다.
  - ▶ **유전체학**은 전체 유전체에 대한 조직적인 연구이다.
  - ▶ **단백질체학**은 유전체에 의해 암호화되는 모든 단백질들에 대한 조직적인 연구이다.
- 생물정보학은 계속 축적되는 DNA와 단백질 등의 생물분자에 대한 정보를 이용한다.
  - ▶ 이러한 정보들은 중앙(미국의 NCBI, 유럽의 EMBL 등)에서 관리, 분석되어 인터넷으로 제공된다.
  - ▶ 유전체와 단백질체 등을 비롯한 종합적인 정보를 분석하여 세포나 개체를 여러 분자들의 종합적인 움직임으로 파악하려는 **시스템생물학**적 접근이 이루어지고 있다.
  - ▶ 연관된 종들 혹은 다양한 종들에서 유전체를 비교 연구하는 것은 많은 생물학 분야에 대한 귀중한 정보들을 제공한다.

한 토막 생물 뉴스

줄기세포를 이용한 조직(기관)공학의 현재

우리나라에서 과거 한때에 줄기세포에 대한 열망이 국민들 사이에서 뜨겁게 달아올랐었다. 인간 복제, 특히 질병과 기관 재생 등 치료의 가능성에 대한 관심이 매우 컸었던 시기였다. 당시에는 배아줄기세포의 활용도에 대한 논의가 주류를 이루었다. 파킨슨병 치료, 인슐린 합성을 위한 이자세포 형성을 비롯한 조직이나 장기의 생성 등 많은 가능성은 말로만 그칠 것 같았다. 2010년 현재에도 눈에 띄는 큰 진전은 없어 보인다. 그런데 약간의 변화와 진전은 있었다. 조직공학과 재생의학 분야의 과학자들이 모든 기관에 발판(scaffolding)에 해당하는 구조가 있다는 것을 알고 이를 응용하기 시작한 것이다. 이 구조를 이용한 기관 재생에는 성체줄기세포가 더 유용함도 알려졌다. 미국의 과학자들은 돼지 배꼽을 통해 소장 재생을 성공적으로 수행하였다. 그리고 대상이 되는 사람 자신의 방광 조직을 이용하여 발판과 함께 시험관에서 재생한 다음, 기능이 부족한 기존 방광에 이식하여 건강한 방광으로 대체하는 데에 성공하였다. 상대적으로 단순한 구조인 방광을 재생한 다음, 다른 장기나 피부도 가능할 것이다. 이러한 기술이 출현하면서 유도다능세포을 포함하여 줄기세포의 응용성이 크게 증가할 전망이다.

18.4 생물 복제는 생물 연구와 응용에 많은 가능성을 제공한다

- 식물은 체세포 일부를 배양하여 전체 개체를 복제할 수 있다.
  - 예를 들어 당근 뿌리조직을 배양하여 체세포 발생을 시키면 완전한 개체를 얻을 수 있다.
  - 당근 뿌리 세포의 이러한 능력을 **전능성**이라 한다.
- 동물의 경우 생식세포인 난자를 이용하여 개체 복제에 성공하였다.
  - 개구리의 핵이 제거된 난자에 올챙이 장세포와 발생 중인 배아세포의 핵을 이식하여 복제를 시도하였고, 이 중 배아세포 핵을 지닌 세포가 훨씬 많이 개체로 복제되었다.
  - 포유동물의 경우, 양의 젖샘세포의 핵을 난자에 넣고 대리모에 착상시켜 복제양 '돌리'를 만들었다.
  - 이후 생쥐, 고양이, 소, 말, 돼지, 개, 마카크 원숭이 등이 복제되었다.
- 상대적으로 덜 특화된 세포를 **줄기세포**라 한다.
  - 줄기세포에는 전능성을 지닌 **배아줄기세포**와 성체에서 추출 가능한 **성체줄기세포**가 있다.
  - 줄기세포가 지닌 **다능성(pluripotency)**을 이용해 연구와 치료에 줄기세포를 사용할 수 있다.
  - 최근에는 4가지의 주요 조절유전자를 조작한 생쥐 피부세포로부터 전능성을 지닌 유도다능세포(induced pluripotent stem cell, iPS cell)가 제작되었다.

18.5 DNA 기술은 여러 분야에서 응용되고 있다

- DNA 조작기술은 의학적으로 응용된다.
  - **단일 뉴클레오티드 다형성**과 RFLP 등은 여러 가지 질병과 유전적인 진단에 많이 사용되고 있다.
  - 유전자치료를 통해 중증복합면역결핍증(SCID) 등 선천적 질병치료에 효과를 보고 있다.
  - 세포배양이나 **형질전환동물**을 이용하여 인간의 호르몬이나 백신 등의 의약품 합성과 치료 목적으로 사용되는 단백질의 대량생산이 가능하게 되었다.
- 법의학적 증거 형성에 DNA 기술이 사용될 수 있다.
  - 범죄현장에서 발견된 체액이나 조직의 일부를 분석하는 방법 중 하나인 **유전 프로파일**은 유죄의 여부를 결정할 수 있는 명백한 증거를 제공한다.
  - 유전 프로파일은 RFLP 분석 또는 **단순반복서열**을 사용한 분석법 등을 사용하여 비교할 수 있다.

- 이 같은 유전 프로파일의 결과물은 친자관계를 증명하는 데에도 이용할 수 있다.
- DNA 조작기술은 미생물의 대사를 조절해서 환경으로부터 유기물을 추출하거나 다양한 유형의 폐기물을 분해하는 데 이용할 수 있다.
- DNA 기술은 농업에도 유용하다.
  - 전통적인 육종을 더 체계적으로 수행하여 동물축산에 도움을 줄 수 있다.
  - 식물의 유전자 조작을 위해 아그로박테리움의 Ti **플라스미드**를 주로 사용한다.
  - 유전자 변형식물과 동물을 개발하는 것은 농업 생산력을 높이고 식품의 질을 높이기 위함이다.
- 유전공학으로 인해 발생할 수 있는 긍정적인 효과는 인간과 환경에 위험한 발전 방향과 그로 인해 일어날 수 있는 위협적인 효과와도 비교해 보아야 한다.
  - 일부 소비자들은 유전공학적으로 처리된 생물체에 대한 안전성에 관해 걱정한다.
  - 과학자들은 안전성 지침에 따라 재조합 DNA 기술을 수행하고 있다.
  - 음식으로 사용가능한 **유전자 변형생물**의 유용성과 위험성은 특히 논란의 대상이다.
  - 형질전환된 식물과 동물을 자연환경 속으로 도입하는 것은 지속적인 관심의 대상으로서 개별적인 상황에 기초하여 평가되어야 한다.

한 토막 생물 뉴스

GMO, 과학기술만이 고려 대상이 아니다

GMO라는 용어는 많은 사람으로 하여금 먹거리 식물을 떠오르게 한다. 모두는 아니지만 GMO의 많은 종류가 식용이기는 하다. 따라서 부작용에 대한 고려가 진지해야 한다. 이는 GMO 개발에 상당한 부담이다. 그러나 고려해야 할 사항이 더 있다. 토마토가 먹기 알맞은 시기에 이르렀을 때 더 이상 익지 않게 세포벽 분해효소를 암호화하는 유전자를 고장낸 GMO가 개발되었다. 그런데 시장성이 크지 않았다. 그 이유는 유전자 조작 대상이 된 품종이 그렇게 맛이 좋지 않았다는 점 때문이라 한다. 가난한 국가의 국민들에게 비타민 A를 공급하기 위해 유전자 조작을 한 벼에서 수확한 쌀은 황금색이다. 이 쌀을 먹어서 지용성인 β-카로틴을 섭취 · 흡수하게 되면 비타민 A로 전환될 수 있다. 그러면 눈과 피부에 생기는 결핍증을 예방할 수 있다. 그런데 지용성인 β-카로틴을 제대로 흡수하려면 지방도 섭취해야 한다. 가난한 국가에서는 어려운 일이다. 의도는 좋으나 결과가 신통치 않은 이런 예는 GMO 개발을 위해서는 다양한 요인을 고려해야 한다는 사실을 가르쳐준다.

19 다윈주의와 진화의 증거

'진화론' 인가? '진화가설' 인가?

과학 분야에서 가설(hypothesis)과 이론(~론, theory)은 수준이 다르다. 가설은 논박되는 것이 미덕이다. 여러 번의 논박 끝에 가설은 다듬어지고 보강되어 이론이 될 수 있다. 이론은 논박될 가능성이 매우 감소한 것으로 넓은 범위의 내용을 설명할 수 있다. 진화론은 하나의 이론이다. 아마 진화론을 논박하려면 현재까지 축적된 생물학, 그리고 더 나아가 화학, 물리학 법칙들을 매우 많이 부정하여야 한다. 생물에 대한 가치관의 차이에 따라 진화론에 대한 싫고 좋음이 있겠지만 진화론은 생물학을 관통하여 통합하는 핵심원리이다. 진화론이 생물학에서 차지하는 위치는 물리학에서 만유인력의 법칙과 상대성 이론이 차지하는 위치에 버금간다. 일부 사람들이 지적설계론을 진화론과 같이 가르쳐 교육받을 기회의 평등을 주장하지만 이는 연금술과 화학을 같이 가르치고 점성술과 천문학을 같이 가르치라는 것과 마찬가지다.

핵심 체크 Key Point

아래에 열거된 개념 또는 용어들을 '문제' 라고 가정하고 답을 작성해 보자.

다윈 혁명의 의의

- ✓ 플라톤(Plato)의 이데아
- ✓ 아리스토텔레스(Aristotle)의 자연의 계단(scala naturae)
- ✓ 생물에 대한 자연신학(natural theology)적 생각

- 린네(Carolus Linnaeus)가 주도한 생물의 배열과 분류가 지닌 의미는 무엇인가?
- 생물이 변화한다는 주장을 지지하는 증거와 주장에는 무엇이 있었는가?

19.1 개념을 이해했다면?
'진화에 포함된 생물의 변화'라는 생각에 대해 당시 유럽에서는 어떤 저항이 있었는지 나열해 보자.

화석(fossil)의 정의와 의미 설명

19.2 개념을 이해했다면?
자신의 지식을 동원하여 진화의 증거를 열거해 보자.

✔ 퇴적암(sedimentary rock)의 생성 과정

✔ 고생물학(paleontology)의 대상

✔ 퀴비에(Georges Cuvier)의 격변설(catastrophism) 내용과 한계

■ 지질의 변화에 관한 주장에는 어떤 것들이 있었는가?

✔ 제임스 허튼(James Hutton)의 점진주의(gradualism)란?

✔ 찰스 라이엘(Charles Lyell)의 동일과정설(uniformitarianism) 내용과 다윈에게 끼친 영향

라마르크 진화론의 의미와 특징 설명

✔ 용불용설의 내용과 허점

✔ 획득형질의 유전이 가능하지 않은 이유

19.3 개념을 이해했다면?
'종의 기원'이전에도 진화를 주장하는 책들은 출판되었다. 그렇다면 '종의 기원'이 진화와 관련하여 지니는 의미는 무엇일까?

『종의 기원』(*Origin of Species*)의 내용과 의미

■ 종의 기원 탄생

✔ 다윈의 비글호 항해가 지닌 의의

✔ 맬서스(Thomas Robert Malthus)의 인구론이 끼친 영향

✔ 월러스(Alfred Russel Wallace)의 주장과 역할

변형 혈통(descent with modification)의 정의와 의미 설명

■ 다윈이 주장한 자연선택의 3가지 주요 논점은 무엇인가?

✔ 적응(adaptation)의 의미와 자연선택(natural selection)과의 관계

✔ 인위선택(artificial selection)의 정의와 예, 자연선택과의 관계

■ 현대종합설(Modern synthesis)란 무엇인가?

진화의 증거

현재 진행 중인 자연선택의 예 설명

✔ 살충제 내성 곤충의 증가

✔ 약에 대한 저항성이 있는 세균이나 바이러스의 진화

- 상동성(homology)이란 무엇인가?

✔ 해부학적 상동성의 정의와 예: 상동구조(homologous structure), 흔적기관(vestigial organ),

✔ 분자(molecular) 차원의 상동성이란?

- 상동성과 진화계통수(evolutionary tree)의 정의
- 생물지리학(biogeography)의 정의와 진화와의 관계

✔ 생물지리학으로 설명할 수 있는 진화의 예

✔ 대륙이동(continental drift)이란?

✔ 판게아(Pangaea)란?

✔ 토착(endemic)의 정의

진화론이 가설(hypothesis)이 아니고 이론(theory)인 이유

19.4 개념을 이해했다면?
수렴진화(convergent evolution)를 설명하고 이를 근거로 상동성과 상사성(analogy)의 차이를 논의해 보자.

19.5 개념을 이해했다면?
남극대륙에서 공룡의 뼈가 화석화되어 발견되는 이유를 설명해 보자.

Key Information 주요내용

19.1 진화론은 호의적인 배경에서 출현한 것이 아니다

- 진화는 **생물의 변화**를 설명한다.
  - ▶ 이는 생물의 불변성을 주장해 온 당시의 사회적 배경에 정면 배치되는 생각으로 많은 반발을 유발했다.
  - ▶ 당시의 종교와 그리스 철학의 전통에 근거를 둔 자연신학에 의하면 모든 생물은 완벽하게 창조되어 변화하거나 멸종하지 않는 것으로 간주되었다.
- 다윈이 '종의 기원'을 발표하기 전에 생물학에 관한 많은 발전이 있었다.
  - ▶ 진화에 대응하여 신의 창조물인 생물을 정리하려는 시도는 **린네의 분류학**이었다. 즉, 창조된 무수히 많은 종들을 질서 있게 배열하는 것이 분류학의 임무였다.
  - ▶ 퀴비에는 **격변설**을 통해 신의 위대한 창조가 격변 후마다 진행되었다고 주장하였다. 그러나 화석을 조사함으로써 화석에 커다란 변화가 있었음도 주장하였다.
  - ▶ 지구의 나이가 수천 년에 불과하고 신에 의해 창조된 채로 변하지 않는다는 주장은 허튼과 라이엘의 **동일과정설(uniformitarianism)**에 의해 논박되었다.
- **라마르크**는 생물이 신의 개입이 아닌 어떤 자연적 현상의 결과로 오랜 시간의 변화를 겪는다고 제안한 첫 과학자이다.
  - ▶ 라마르크는 생물이 시간이 지남에 따라 복잡해지는 쪽으로 변화하도록 유도하는 생명력을 갖고 태어났다고 생각하였다.
  - ▶ 그는 생물이 일생 동안 획득한 형질을 자손에게 물려줄 수 있다고 생각하였다.

한 토막 생물 뉴스

획득형질이 유전되지 않는 증거는?

기린이 나무의 높은 곳에 위치한 먹이를 먹기 위해 길게 뺀, 그래서 길어진 목을 지니게 되면 이 길이는 다음 세대에 유전된다. 이러한 유전 현상이 쌓이게 되면 오늘날 관찰할 수 있는 기린이 탄생하게 된다. 라마르크(Jean-Baptiste Pierre Antoine De Monet, Chevalier De Lamark)의 이 주장에 따르면 오늘날과는 전혀 다른 기린의 조상이 출현한 후 수없이 많은 획득형질(길어진 목)의 유전에 의해 오늘날과 같은 기린이 출현한 것이다. 그런데 일을 하지 않는 여왕벌과 수벌 사이에서 태어난 일벌들은 점점 태만해지는가? 사육되는 동물 중 꼬리나 귀가 짧게 잘리고 옆구리에 낙인이 찍힌 동물들의 자손은 꼬리가 짧고 낙인을 지니는가? 옛날의 중국 여인들에게 부과된 전족 풍습 덕에 그 후손들인 현대 중국 여성들의 발은 작아졌는가? 유대나 이슬람 세계에서 수천 년간 수행된 할례 덕에 포피가 없는 아이들이 태어나는가? 바이스만(August Weismann)은 생쥐의 꼬리를 제거하고 이들을 교미시키기를 5세대 동안 반복하였다. 관찰 결과 그 어떤 자손도 꼬리가 제거된 채 태어난 것은 없었다. 잘라도 그 새끼들은 꼬리를 가지고 태어났다. 이로써 획득형질이 유전된다는 주장은 말끔하게 논파되었다.

- **다윈**이 HMS 비글호를 타고 한 항해는 그의 진화이론의 기초가 되었다.
  - ▶ 다윈은 건조한 갈라파고스 제도와 습기가 많은 남미 본토의 동물과 식물 사이의 유사점을 설명하고자 노력하였다.
  - ▶ 다윈은 육종가들이 수세대에 걸쳐 다양한 식물과 동물을 개발하는 인위선택을 보고 영향을 받았다.
  - ▶ 또한 다윈은 인구 수의 자연적 증가에 대한 **맬서스**의 개념을 자연 집단에 적용하였다.
  - ▶ 지구가 대단히 오래되었다는 **라이엘** 및 다른 지리학자들의 개념은 다윈에 영향을 미쳤다.

19.2 『종의 기원』에서 다윈은 자연선택에 의해서 종이 변한다고 제시하였다

- HMS 비글호 항해 기간 동안의 다윈의 경험은 새로운 종이 조상 형태로부터 점진적으로 누적되는 적응을 통해 발생할 수 있다는 그의 생각의 주된 배경이 되었다.
- 영국으로 돌아온 후, 수십 년의 연구 끝에 결론에 도달할 즈음 **월러스**의 동일한 연구 결과와 주장을 알게 되자 서둘러 그의 이론을 정교하게 다듬어서 드디어 1859년에 '종의 기원'을 출판하였다.
- 다윈은 '종의 기원'에서 **변형 혈통**(Descent with modification)이라는 이론을 시술하였다.
  - ▶ 그의 책에서 다윈은 집단에는 유전되는 변이가 존재함을 알았고,
  - ▶ 특정 환경 아래에서는 이 변이들 가운데 일부가 다른 것에 비해 더 적합하다는 것을 인식하였다.
- 다윈은 **멜서스**의 '인구론'을 참조하였다.
  - ▶ 생물은 환경이 허용하는 것보다 더 많은 개체를 생산하려는 경향이 있기 때문에 생존 경쟁이 벌어지며, 주어진 환경에 더 적합한 개체들이 생존과 번식에 높은 성공률을 보이는 경향이 있다.
  - ▶ 그래서 더 잘 적응된 개체들이 다른 개체들에 비해서 더 많은 수의 자손을 남긴다. 이 생각은 **맬서스**의 영향을 받은 것이었다.
  - ▶ 시간이 흐름에 따라 자연선택 과정은 생물들이 그들의 환경에 적응하는 결과를 만든다.
- 이러한 주장에 대해 다윈은 비둘기를 사육하는 과정에서 벌어지는 인위선택을 관찰하면서 확신을 가지게 되었다.

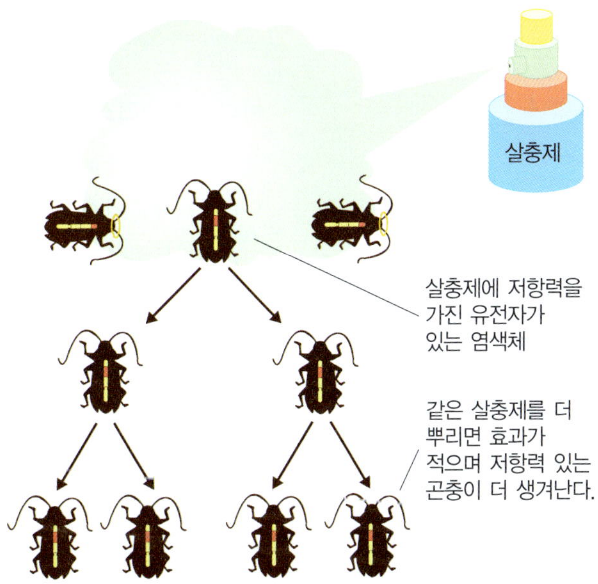

그림 19.1 살충제에 저항력을 가진 곤충의 진화

- 다윈의 이론은 광범위한 관찰 결과를 설명한다.
  - ▶ 연구자들은 자연선택이 구피, 도마뱀 집단 등 여러 야생동물들의 적응 진화를 이끄는 것을 관찰하였다.
  - ▶ 약물의 사용은 우연한 돌연변이로 인해서 약물효과에 저항성을 가지게 되는 해충이나 병원체가 선택되도록 한다. 곤충, 세균과 바이러스의 빠른 진화능력은 인간의 건강에 중요한 위협이다.

한 토막 생물 뉴스

은여우 길들이기

은여우(*Vulpes vulpes*)의 가죽은 모피로서 상업적 가치가 있는 것으로 알려져 있다. 러시아의 은여우 농장에 유전학자인 드미트리 벨랴예프(Dmitri Belyaev)가 운영책임자로 임명되면서 또 하나의 인위선택이 시작되었다. 우여곡절을 겪은 이 유전학자는 키우기에 까다로운 야생 은여우의 품종을 개량하기로 작심하였다. 벨라예프는 자신이 세운 기준에 부합하는 암수를 골라 선택적으로 교배하여 번식을 유도하였다. 사람의 손길을 허락하고 꼬리를 흔드는 개체들만 골라 체계적으로 교배한 결과는 주목할 만했다. 35세대를 지난 결과, 이 여우들은 행동과 모습이 개와 비슷해졌다. 개의 행동, 즉 사람을 따르고 유순함을 띤 여우를 골라 교배를 했는데, 개처럼 꼬리를 말고 귀를 펄럭이며 발정을 6개월마다 하고 심지어 짖는 소리도 비슷해졌다. 기대 이상의 효과를 얻은 것이라 할 수 있는데 어쨌든 이는 인위선택의 막강한 위력을 증명하는 실험 중의 하나이다.

19.3 진화는 시간이 지남에 따라 집단(개체군) 내의 유전되는 변화의 축적으로 이루어진다

- 진화는 생명과학의 모든 분야를 통합된 지식으로 연결하기 때문에 생물학의 시금석이다.
- **다윈**과 **월러스**는 독자적으로 **자연선택**에 의한 진화 이론을 제안하였는데, 다음의 4가지 관찰을 기초로 하였다.
  (1) 개체군 내에서 개체 간에 유전적 변이가 존재한다.
  (2) 생물종의 생식능력에 따르면 시간이 지남에 따라 개체수가 기하급수적으로 증가하는 경향이 나타난다.
  (3) 생물 개체들은 먹이와 생활공간, 물, 빛 등과 같이 생활에 필요한 자원을 위해 서로 경쟁한다.
  (4) 가장 유리한 유전적 조합의 특성을 갖고 있는 자손이 가장 잘 생존하고 번식하여 이러한 유전적 특성을 다음 세대로 넘겨준다.
- 자연선택의 결과 특정 환경에서 생존과 생식성공의 기회가 증진된 진화적 변이인 적응이 생긴다. 시간이 지남에 따라 충분한 변화가 지리적으로 분리된 개체에서 축적되어(가끔 약간 다른 환경에서) 새로운 종이 만들어진다.

19.4 현대종합설은 다윈의 생각을 계승, 발전시켰다

- **현대종합설**은 어떻게 생물종이 환경에 적응하는지를 설명하기 위해 자연선택에 의한 다윈의 진화이론과 현대 유전학을 결합한 것이다. 진화기간 자연선택이 작용하는 대상인 유전적 변이는 돌연변이에 의해 일어난다.
- 진화의 직접적인 증거는 고대 생물의 잔존물인 **화석**으로부터 온다.
  - ▶ 퇴적암층은 최근의 것이 오래된 층 위에 쌓이는 순서로 나타난다.
  - ▶ **표준화석**은 거대한 지리학적 지역에 걸쳐서 특정 층의 특징을 나타낸다.
  - ▶ 암석에 있는 **방사성 동위원소**는 정확하게 암석의 나이를 측정하는 데에 이용된다.
- **상동적 특징**은 공통조상의 같은 구조로부터 유래되기 때문에, 그 구조가 다른 방법으로 사용되더라도 기본적인 구조가 유사하다. 또한 분자 차원에서 유전자와 단백질 서열 및 구조가 비슷한 정도에 따라 생물 종 사이의 근원도(relatedness)를 결정할 수 있다.
- 곤충의 날개와 새의 날개 등이 해당하는 **상사적 특징**은 아주 다르고 먼 유연관계에 있는 생물들 사이에서 유사한 기능을 갖는다. 상사적 특징은 다른 조상을 갖는 생물이 유사한 환경에서 비슷한 방법으로 적응하는 수렴진화를 증명하고 있다.
- **흔적구조**(예: 사람의 꼬리뼈, 뱀의 다리뼈 등)는 조상 생물에서는 기능을 했으나, 퇴화하여 기능을 하지 않는 잔존구조이다. 생물의 구조들은 해당 종들이 다른 생활방식에 적응하면서 흔적구조로 될 수 있다.

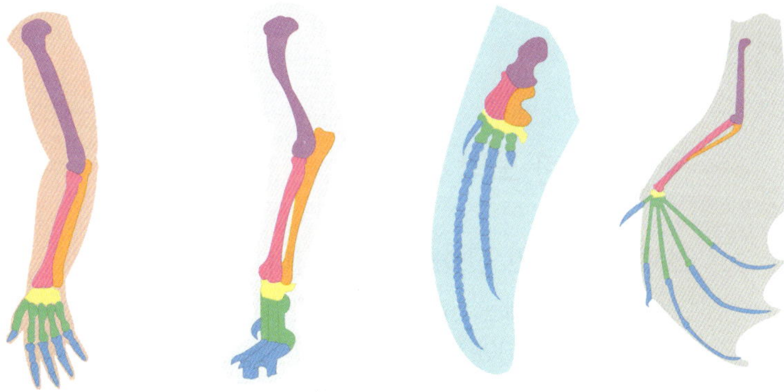

그림 19.2 형태학적 상동

한 토막 생물 뉴스

분자를 비교하자

상이한 종들 사이가 얼마나 가까운지는 생물의 계통도를 작성하는 데에 매우 중요한 정보이다. 현존하는 것이든 화석이든 생김새(형태)를 비교하는 것이 가장 흔하게 사용되어왔던 방법이다. 최근에는 더 강력한 방법을 사용한다. 분자의 구조를 비교하는 것이다. 침팬지, 붉은털원숭이, 개, 집닭, 방울뱀, 거북, 효모 등을 사람과 가장 가까운 순서대로 배열하는 것은 쉬운 일일 수 있다. 그런데 여기에 분자 구조의 비교 결과를 더하면 더욱 설득력 있는 설명이 가능하다. 산화환원에 관여하는 시토크롬 *c* 단백질은 위에 언급한 생물들이 모두 가지고 있다. 이들 단백질의 아미노산 서열을 비교한 결과, 인간이 침팬지와는 차이가 없고 붉은털원숭이, 개, 집닭, 방울뱀, 거북, 효모와는 각각 1, 13, 18, 20, 31, 56개의 아미노산이 차이를 나타내 형태적 비교와 동일한 것으로 나타났다. 형태적으로 비교하기 쉽지 않은 생물을 비교하는 경우에 아미노산 서열과 함께 DNA 염기서열 등과 같은 분자수준의 데이터는 더 유용할 것이다.

표 19.1 척추동물의 단백질 비교

종	사람 헤모글로빈의 아미노산과 동일한 아미노산의 비율
사람	100%
붉은털 원숭이	95%
생쥐	87%
닭	69%
개구리	54%
칠성장어	14%

- 식물과 동물의 분포인 **생물지리학**은 진화를 지지한다.
  - 오랫동안 나머지 세계와 분리되어온 지역은 그 지역에 독특한 생물상을 가지고 있다.
  - 현재의 대륙들은 한때 결합되어 초대륙을 형성하였다. 이후 다양한 대륙 덩어리가 쪼개어져 분리되는 **대륙표류**는 진화에서 주된 역할을 하였다.
- 발생 과정에서 일어나는 변이가 진화적 변화를 유발할 수 있다.
  - 발생 과정에서 순서대로 일어나는 사건에 영향을 미치는 유전자가 변화하면 **돌연변이체**가 출현한다.
  - 서로 다른 동물의 발생이 같은 종류의 유전자에 의해 조절되는데, 이것은 동물들이 진화 역사를 공유하고 있음을 가리킨다.
  - 생물이 분기하거나 분리된 진화경로로 들어선 이래, 유전적 변화의 축적으로 더 복잡한 발생 메커니즘이 출현하게 되었다. 척추동물 배아의 발생이 한 예이다(208쪽 그림 22.6 참조).

한 토막 생물 뉴스

현재 진행 중인 진화를 중계합니다

2009년에 전 세계는 신종플루의 위협에 대책을 세우느라 분주하였다. 그런데 타미플루를 구비한 것을 비롯한 대부분의 대책이 마련되어 한숨을 놓아도 된다고 판단할 때쯤 여지없이 고개를 드는 골치 아픈 문제점이 있었다. 치료약에 저항성이 생긴 변종 플루의 출현이었다. 이러한 종류의 일은 다양한 인플루엔자 바이러스에서도 있었던 일이다. 후천성면역결핍증의 원인인 HIV도 약물에 대한 내성을 지닌 새로운 형태로의 전환으로 유명한 바이러스이다. DDT를 비롯한 다양한 살충제에 대한 해충들의 저항성이 해마다 눈에 띄게 늘어나는 사실은 이미 여러 국가에서 잘 알려져 있다. 암세포도 마찬가지다. 유전자 복제 과정에서 생긴 다양한 돌연변이들 중 암세포를 죽이는 화학약품에 대한 저항성을 지닌 세포들이 주로 살아남는다. 바이러스, 곤충, 암세포 등이 내성이나 저항성을 가지게 되는 과정은 현재 매우 빠르게 진행되고 있는데, 이것이 바로 관찰할 수 있는 진화의 예이다.

20 집단의 진화

돌연변이(mutant)도 적응의 산물이다

사람에서도 유전자의 돌연변이 결과로 생긴 해로운 유전질환의 예를 볼 수 있다. 발육부전증, 색맹, 혈우병, 고양이 울음증(Cri du chat) 등등. 그러나 가끔 유전질환 반대급부에 해당하는 이점을 지니기도 한다.

겸상적혈구빈혈증은 적혈구가 낫모양을 띠면서 증세를 나타낸다. 헤모글로빈을 암호화하는 유전자에서 하나의 염기만 바뀌어 친수성 아미노산 하나가 소수성으로 대체됨으로써 헤모글로빈의 입체 구조가 크게 바뀌는 것이 원인이다. 따라서 산소를 운반하는 기능을 발휘하기 어렵게 되어 수없이 많은 고통을 유발하게 된다. 이 질환은 열성이기 때문에 대립유전자 두 개 중 하나만 돌연변이를 지닌다면 나머지 하나의 정상 유전자에 의해 반 정도의 적혈구들은 정상적인 헤모글로빈이 만들어져 위의 증상이 나타나지 않는다. 매우 치명적인 이 돌연변이 유전질환은 왜 현재까지 남아 꽤 높은 발병률을 나타내게 된 것일까? 건강하지 못한 적혈구가 체내에 존재하게 되면 말라리아 원충 역시 인간의 몸속에서 생존, 번식하기 어렵게 되는데, 바로 이 말라리아가 아직도 지구상 곳곳에 창궐하고 있기 때문인 것으로 보인다. 전 세계적으로도 말라리아의 발병률과 적혈구빈혈증의 출현 정도는 아주 뚜렷한 상관성을 보인다. 세네갈, 베냉, 중앙아프리카 공화국을 비롯한 아프리카의 많은 지역을 포함하여 그리스 중북부를 포함하는 남유럽, 인도의 대부분 지역, 아라비아 반도의 해변 등에는 말라리아의 발병률이 높고 또한 적혈구빈혈증의 발생률 역시 높다.

사람에게 유용하다고 판단할 수 있는 돌연변이는 또 있다. HIV는 우리 몸의 면역반응 전반을 조절하는 도움 T 세포에 침입하여 이 세포를 죽여 면역반응을 약화시킨다. HIV는 이 세포의 원형질막에 노출된 CD4와 CCR5라는 두 가지의 단백질을 인식하고 이들에 붙어 세포 안으로 진입한다. 세포 안으로 들어간 HIV 입자들은 세포 내의 기구들을 이용하여 자신의 RNA 유전자와 단백질들을 만들어 증식한다. 그런데 유럽의 많은 사람들은 (인구의 10% 안팎) CCR5를 암호화하는 유전자에 돌연변이가 발생하여 HIV가 도움 T 세포에 진입하는 것이 불가능하게 되었다. 이로 인해 HIV 증식은 원천적으로 불가능하게 된 것이다. 따라서 HIV가 몸속에 약간 남아 있을 수 있어도 후천성면역결핍증 증상은 나타나지 않게 된다.

핵심 체크 Key Point

아래에 열거된 개념 또는 용어들을 '문제'라고 가정하고 답을 작성해 보자.

진화의 재료

- 진화의 최소단위는 무엇인가?

소진화(microevolution)의 정의 설명

- 유전적 변이의 정의와 종류
  - ✓ 집단내 변이의 종류와 예
  - ✓ 불연속 형질(discrete character)과 양적 형질(quantitative character)의 정의와 비교
  - ✓ 평균 이형접합성(average heterozygosity)의 의미
  - ✓ 집단들 간 변이의 종류와 예
  - ✓ 지리적 변이(geographic variation)의 정의와 예
  - ✓ 연속변이(cline)의 정의와 예
- 돌연변이(mutation)의 정의와 생성 과정
  - ✓ 점돌연변이(point mutation)의 정의와 종류
  - ✓ 염색체 이상에 의한 돌연변이의 종류

20.1 개념을 이해했다면?
대부분의 점돌연변이가 무해한 이유를 설명해 보자.

20.2 개념을 이해했다면?
유성생식을 하는 생물들과 무성생식을 하는 생물들이 유전적 다양성을 만드는 방법의 장단점 비교해 보자.

유성생식이 다양한 유전적 변이를 만드는 방법 설명(감수분열 과정을 참조)

- ✓ 유성생식에서 유전자 재조합에 필요한 재료인 다양한 유전자들이 생산되는 방법

집단의 진화

- 집단(개체군, population)의 정의
- 유전자 풀(gene pool)이란?

하디-바인베르크 원리(Hardy-Weinberg theorem)의 의미와 적용 설명

✔ 대립유전자 빈도의 보존

하디-바인베르크 평형(Hardy-Weinberg equilibrium)을 깨는 다섯 가지 조건 설명

하디-바인베르크 평형 깨기: 소진화의 요인

자연선택의 의미와 예 설명

✔ 자연선택이 적응적 변화를 끊임없이 만드는 이유

■ 유전적 부동(genetic drift)의 의미와 종류

✔ 병목 효과(bottleneck effect)의 의미와 예

✔ 창시자 효과(founder effect)의 의미와 예

■ 유전자 흐름(gene flow)의 정의와 예

20.3 개념을 이해했다면?
병목 효과와 창시자효과에서 개체군 크기의 역할을 설명해 보자.

자연선택과 적응적 진화

■ 적응도(fitness)의 의미

✔ 상대적 적응도(relative fitness)의 의미

선택 방식의 종류 설명

✔ 방향성 선택(directional selection)의 의미와 종류

✔ 분단성 선택(disruptive selection)의 의미와 종류

✔ 안정화 선택(stabilizing selection)의 의미와 종류

20.4 개념을 이해했다면?
성선택에서 암컷과 수컷의 전략이 다른 이유를 설명해 보자

성선택(sexual selection)의 의미와 종류 설명

✔ 동성내 선택(intrasexual selection)의 의미와 예

✔ 이성간 선택(짝선택, intersexual selection)의 의미와 예

■ 유전적 변이가 보존될 수 있는 이유

✔ 이배성의 이점

✔ 균형 선택(balancing selection)의 이점

✔ 잡종강세(heterozygote advantage)의 의미와 예

✔ 빈도 의존 선택(frequency-dependent selection)의 의미와 예

■ 근친교배(inbreeding)의 정의와 문제점

■ 중립 변이(neutral variation)의 정의와 진화 과정에서의 역할

자연선택이 완벽한 생물들을 만들 수 없는 이유 4가지 설명

Key Information 주요내용

20.1 진화의 재료는 변이이다

- 동일한 시기에 특정 지역에 사는 동종의 모든 개체들은 **집단(개체군)**을 이룬다. 이 집단이 진화의 최소 단위이고 이 차원에서의 진화를 **소진화**라고 한다.
- 진화가 일어날 수 있는 근거는 변이이다.
  - ▶ **유전 변이**에는 집단 내의 **불연속 형질**과 양적형질, 집단들 사이의 **지리적 변이**와 단계적 변화를 나타내는 **연속변이**들이 포함된다.

▶ DNA 염기상에 일어나는 변화인 돌연변이에는 해당 염기 자체만 바뀌는 점돌연변이, 염기의 수나 서열이 바뀌는 돌연변이 등이 있다.

▶ 유성생식을 하는 생물들의 경우, **유전자 재조합**도 변이의 생성에 중요한 역할을 한다.

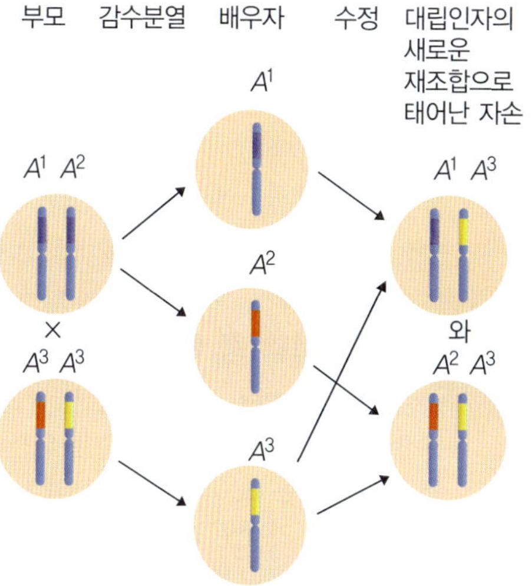

그림 20.1 유전자 재조합에 의한 대립인자의 재배열

20.2 집단유전학을 이용해 진화를 연구할 수 있다

● 유전자 풀은 개체군 유전학의 대상이다.

▶ 각 개체군의 **유전자 풀**은 해당 개체군에 존재하는 모든 유전자, 즉 **유전자좌위**에 대한 모든 **대립유전자**를 포함한다.

▶ **개체군 유전학**은 개체군 내에서 유전적 변이와 이에 작용하는 영향을 연구하는 학문이다.

● 개체군 내의 특징은 여러 척도로 나타낼 수 있다.

▶ **유전자형 빈도**는 개체군에서 특정 유전자형의 비율이다.

▶ **표현형 빈도**는 개체군에서 특정 표현형의 비율이다.

▶ **대립 유전자빈도**는 개체군에 주어진 유전자좌에서 특정 대립유전자의 비율이다

● 현대종합설은 멘델 유전학과 다윈의 이론인 자연선택에 의한 진화를 통합하며, 진화의 기본 단위로 집단에 초점을 맞춘다.

● 유성생식 생물 개체군은 집단유전학의 대상이다.

▶ **하디-바인베르크 평형**은 멘델 유전법칙에 의한 분리와 무작위 교배가 유전자 풀에 영향을 미치는 유일한 과정이라면, 한 개체군에서 대립유전자들과 유전자형들의 빈도는 일정하게 유지된다는 것이다.

▶ 어떤 유전자좌위에 대립유전자가 2개만 있을 때 각각의 상대빈도를 p와 q로 나타낸다면 $\mathbf{p^2 + 2pq + q^2 = 1}$이 성립한다. 여기서 p^2과 q^2은 동형접합 유전자형의 빈도를 나타내며, $2pq$는 이형 접합유전자형 빈도를 나타낸다.

● 비록 많은 집단들이 하디-바인베르크 평형에 근접하지만, 엄밀한 의미에서 평형이란

▶ 집단이 매우 크고,

▶ 교배가 무작위로 이루어지며,

▶ 돌연변이는 무시할 정도이고,

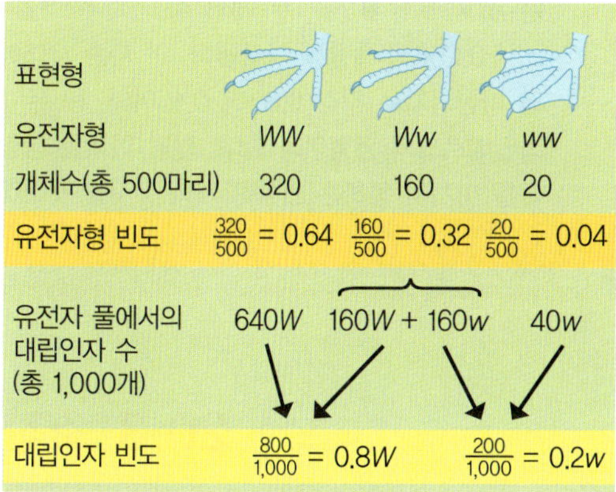

(a) 파랑발가마우지의 제1세대 유전자 풀

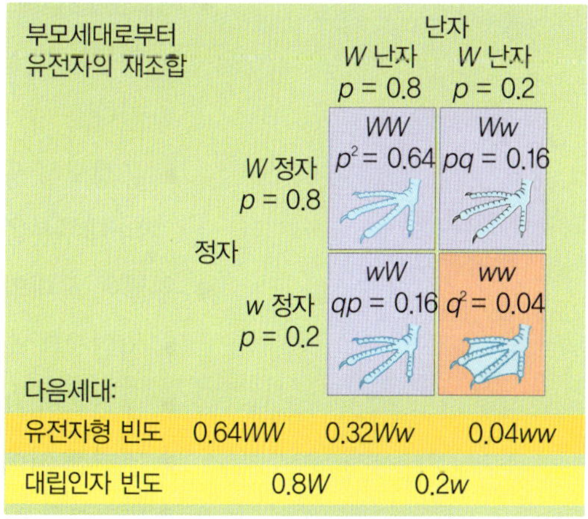

(b) 파랑발가마우지의 제2세대 유전자 풀

그림 20.2 파랑발가마우지 유전자 풀의 세대별 조성

- ▶ 다른 집단들로부터 유전자 흐름이 없고,
- ▶ 모든 개체들이 동등한 번식성공도를 가지고 있을 때만 적용되는 개념이다.
- ▶ 따라서 자연선택, 유전자 부동, 유전자 흐름 등이 없어야만 유지될 수 있다.

한 토막 생물 뉴스

한국사람 4명 중 1명꼴로 알코올을 처리할 수 없다

사람은 부모로부터 하나씩 받아 한 쌍의 유전자를 가지고 있다. 예를 들어 알코올의 대사산물로 몸에 해로운 알데히드를 분해하는 효소를 암호화하는 유전자를 모든 사람이 두 개씩 지닌다. 그래서 어떤 집단의 구성원이 100명이라면 이 유전자는 200개가 있는 것이고 이 200개의 유전자가 유전자 풀(gene pool)을 형성한다. 다른 여러 종류의 유전자는 한 가지만 있을 수 있지만 우리가 논의할 aldehyde dehydrogenase 2(ALHD2) 유전자는 두 가지의 대립형이 있다. ALHD2*1형은 알데히드를 분해하는 데에 기여하고 ALHD2*2형은 그렇지 않다. 이 효소는 두 유전자에 의해 충분히 만들어져야 알데히드를 일정 정도 이상으로 분해할 수 있어서, 어떤 사람이 두 개의 ALHD2*1형을 지니면 알데히드를 분해할 수 있으나 하나라도 ALHD2*2형을 지니면 그럴 수 없다. Goedde 등(1992)이 우리나라에서 218명의 사람들은 표본 추출하여 ALHD2*1형이 출현하는 빈도를 조사한 결과 0.849(p = 0.849)이었고 따라서 나머지는 모두 II형이기 때문에 ALHD2*2형이 나타날 빈도는 0.151(q = 0.151)이다. 만약 이들이 무작위로 짝을 지어 자손을 보았다고 가정한다면 이 유전자의 빈도는 어떻게 될까? 두 개의 ALHD2*1형을 가진 사람은 $p \times p = 0.721$, 두 개의 ALHD2*2형을 가진 사람은 $q \times q = 0.023$, 각각 하나씩 가진 사람은 $2 \times p \times q = 0.256$의 확률을 나타낸다. 이 자손 세대에서 ALHD2*1형과 ALHD2*2형의 비율을 계산해 보면 원래의 빈도와 마찬가지로 각각 0.85과 0.15이다. 즉 두 가지 유전자의 출현 빈도는 일정하게 유지된다는 의미다. 이를 하디-바인베르크의 평형이라 한다. 만약 이러한 평형이 대를 이어 유지된다면 우리나라 사람의 4명 중 한 명(72:28)꼴로 술을 마시지 못하는 현상이 계속 유지될 것이다.

20.3 소진화는 자연선택, 유전적 부동, 유전적 흐름에 의해 일어날 수 있다

- 새로운 유전자 또는 새로운 대립유전자는 오직 돌연변이에 의해서만 생긴다.
  - ▶ 대부분의 돌연변이들은 적응에 효과가 없거나 해롭지만, 일부는 적응을 증가시킨다.
  - ▶ 유성생식 생물들 사이의 유전적 재조합은 적응이 일어날 수 있게 해주는 형질변이의 대부분을 만들어낸다.
- 유전자 풀 내의 유전자 조성의 변화, 즉 **소진화**는
  - ▶ 자연선택에 의해 번식성공도가 큰 개체들이 번성하거나
  - ▶ 우연적인 요인에 의해 집단의 일부가 고립되는 **유전적 부동**이 일어나거나
  - ▶ 집단들 사이의 유전적 교환을 허용하는 **유전적 흐름** 등이 있을 때 일어난다.
- 유전적 부동은
  - ▶ 작은 개체군에서 중요하고 대립유전자 빈도를 변화시킬 수 있으며 개체군 내의 유전적 변이를 없앨 수도 있다. 반대로 해로운 대립유전자를 고정시킬 가능성도

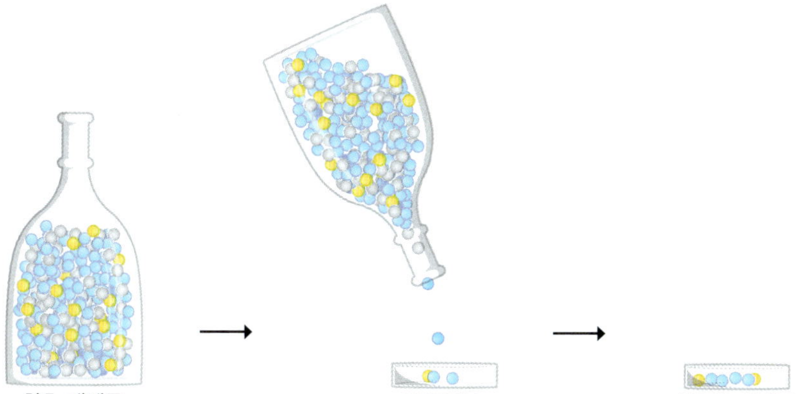

그림 20.3 병목 효과

있다.

▶ **창시자 효과**와 **병목 효과**가 있다.

● **번식성공도의 차이**는 특정 대립유전자가 다른 것들에 비해 높은 비율로 그 다음 세대로 전달되는 결과를 낳는다.

● 집단들 사이의 **유전자 교환**은 시간이 지나면서 집단들 사이의 차이를 줄이는 경향이 있다.

20.4 적응을 통한 진화는 자연선택으로 설명된다

● **적응도**란 특정 개체군 내에서 한 개체가 자손을 생산하는 능력이다.

▶ 한 개체가 생산해 낸 개체의 수로 적응도를 측정할 수 있다.

▶ 한 생물이 더 많은 자손을 남기면 다른 개체들에 비해 더 높은 **상대적 적응도**를 가진다고 한다.

▶ 자연선택은 개체의 표현형에 작용함으로써 한 집단 안에서 특정 유전자형을 선호한다.

● 자연선택은

▶ 표현형 범위의 한쪽 끝에 있는 드문 개체들을 선호할 수도 있고(**방향성 선택**),

▶ 중간형의 표현형보다는 양쪽 극단에 있는 개체들을 선호할 수도 있으며(**분단성 선택**),

▶ 극단의 표현형들에 불리하게 작용할 수도 있다(**안정화 선택**).

● **성선택**은 2차 성징들이 **성적 이형성**을 만들어 진화를 이끄는데, 그 2차 성징들은 개체들이 짝짓기를 할 때 이점이 된다.

▶ 성선택에는 **동성내 선택**과 **이성간 선택**이 작용한다.

▶ 유전적 변이에 의해 강화되는 질병저항성은 무성생식과 비교해 볼 때 유성생식의

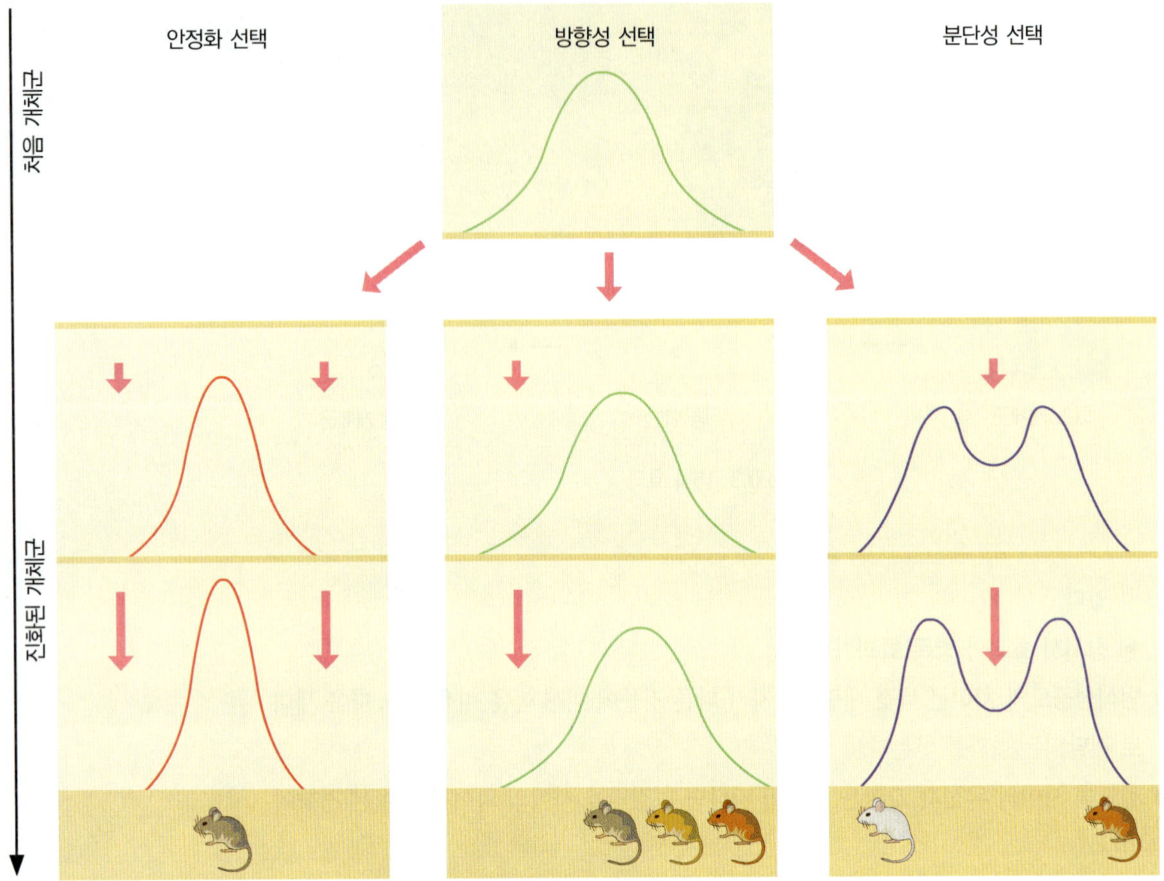

그림 20.4 표현형에 대한 자연선택의 3가지 효과

번식 속도가 훨씬 느림에도 불구하고 유성생식이 유지되는 이유를 설명해 주는 한 가설이다.

20.5 한 개체군에서 여러 요인에 의해 특정 유전자의 유전적 다형성(Gënctic polymorphism)이 보존될 수 있다

- 이배체는 이형접합자에 숨겨진 많은 열성 변이를 유지한다.
- 자연선택의 결과로 개체군 내에서 세대를 거치는 동안 둘 혹은 그 이상의 대립유전자가 존속되는 **균형선택**은 유전적 다형질의 특별한 형태이다.
  - ▶ **잡종강세**는 이형접합자가 동형접합자보다 더 큰 적응성을 보일 때 일어난다.
  - ▶ **빈도-의존 선택**에서 유전자형의 선택적 가치는 그것의 발생빈도에 따라 변한다.
- **중립 변이**는 아무런 선택적 이점을 가지지 못하는 유전 변이이다.
- 지질학적 변이는 같은 종 내에서 지역적으로 다른 개체군들 사이에 있는 유전적 변이

이다.

- 자연선택이 완벽한 생물을 만들 수 없는 이유는 다음과 같다.
  - ▶ 이미 존재하는 변이들을 편집할 뿐이다.
  - ▶ 진화는 역사적 제약을 받는다. 모든 생물종은 각각의 조상으로부터 유전적 특징을 물려받기 때문에 그 범위 내에서 진화가 일어난다.
  - ▶ 적응은 많은 경우, 절충이다. 즉, 하나의 유리한 점을 얻기 위해 불리한 점을 감수할 수도 있다.
  - ▶ 우연, 자연선택, 환경 등은 서로에게 영향을 끼친다.

21 종의 분화와 대진화

대진화의 증거는 있는가?

앞의 단원에서 집단 차원의 변화에 대하여 논의하였다. 집단 차원의 변화는 점진적으로 축적되어 생물학적인 의미에서 큰 변화를 유발할 수 있다. 이 큰 변화란 대진화적 사건을 가리킨다. 그런데 대진화적 사건은 실제로 일어나는가? 또 일어났었는가? 지구에서 출현한 생물의 역사를 살펴보면 대진화적 사건이 일어나지 않고는 현재 살아남아 있는 생물들의 기원을 설명하기 힘들다. 무척추동물 없이 어디에서 척추동물이 생겨났겠는가? 수생생물이 없이 어떻게 육상 식물과 동물이 출현했겠는가? 단세포 진핵생물없이 어떻게 다세포 진핵생물이 출현했을 수 있겠는가? 논리적으로 타당한 답을 이끌어내는 질문인 듯하다. 그러나 실제로 이런 일이 벌어진 것을 관찰해 봤느냐 아니면 어떤 식으로든 대진화를 인정할 수 있는 근거를 요구하면 답이 있을까? 대진화의 토대는 종의 분화이니 분화 중인 종이 있는지 살펴보면 될 것이다. 윤상종(ring species)은 이에 대한 좋은 대답이 될 수 있다. 미국 캘리포니아 해변산맥과 시에라네바다 바다 지역에 넓게 분포하는 폐가 없는 도롱뇽(*Ensatina eschscholtzii*)은 뜨겁고 건조한 중앙계곡에서는 살지 못해 지리적으로 격리되어 있다. 이 계곡의 위에 있는 아종들은 상호 교배가 가능하지만 나머지는 교배가 불가능하고 심지어 아래 지역에서 다시 만나게 된 두 아종은 교배가 거의 일어나지 않는다. 학자들은 이들이 종분화 과정에 있는 것으로 간주한다. 이런 윤상종은 북미와 유럽의 재갈매기, 히말라야 산맥 주변의 조류에서도 발견된다.

핵심 체크 Key Point

아래에 열거된 개념 또는 용어들을 '문제'라고 가정하고 답을 작성해 보자.

종의 개념과 분화

- 종분화(speciation)란?
- 소진화(microevolution)와 대진화(macroevolution)의 비교

생물학적 종 개념(biological species concept)의 정의와 한계

✔ 형태학적 종 개념(morphological species concept)과 고생물학적 종 개념(paleontological species concept)의 정의와 적용 대상

✔ 생태학적 종 개념(ecological species concept)의 정의와 적용 대상

✔ 계통발생학적 종 개념(phylogenetic species concept)의 정의

생식적 격리(reproductive isolation)의 의미를 생물학적 종 개념과 관련하여 설명

✔ 접합 전 장벽(prezygotic barrier)의 종류와 각각의 예

✔ 접합 후 장벽(postzygotic barrier)의 종류와 각각의 예

■ 아종(subspecies)과 품종(race)의 정의와 의미

21.1 개념을 이해했다면?
말과 당나귀의 자손인 노새가 안정된 하나의 종을 이루지 못하는 이유를 접합 후 장벽의 종류를 이용하여 설명해 보자.

종의 분화 과정

■ 이소 종분화(allopatric speciation)의 정의와 증거

■ 동소 종분화(sympatric speciation)의 정의와 종류

✔ 다배수성(polyploidy)이란?

✔ 자가다배수체(autopolyploid)의 형성 과정과 예

✔ 타가다배수체(allopolyploid)의 형성 과정과 예

✔ 서식지 분화에 의한 종분화 과정의 예

✔ 성선택에 의한 종분화 과정의 예

21.2 개념을 이해했다면?
이소 종분화의 예를 대륙이동과 관련하여 설명해 보자.

21.3 개념을 이해했다면?
빵의 재료인 밀(*Triticum aestivum*)이 현대의 밀이 되기까지 거쳤던 다배수체 형성 과정을 묘사해 보자.

잡종지대(hybrid zones)의 의미와 형성 이유 설명

✔ 잡종 강화(hybrid reinforcement)의 정의와 예

✔ 잡종 융합(hybrid fusion)의 정의와 예

✔ 잡종 안정(hybrid stability)의 정의와 예

■ 윤상종(ring species)이란? 그 예는?

21.4 개념을 이해했다면?
종의 분화에서 대멸종(mass extinction)과 적응방산(adaptive radiation)이 미치는 영향을 설명해 보자.

■ 대멸종과 배경멸종(background extincton)의 차이

종분화 과정의 다양성과 속도

단속평형(punctuated equilibrium) 모델과 점진주의 모델 각각의 의미와 비교

21.5 개념을 이해했다면?
소진화에서 대진화로 이어지는 과정에 속한 예를 들어 설명해 보자.

■ 종분화 속도에 대한 다양한 결과

■ 새로운 종이 출현하기까지 변화해야 하는 유전자의 양은? 그 기준은?

Key Information 주요내용

21.1 종을 정의하기 위해 생물학적 종 개념을 비롯한 다양한 종 개념이 사용된다

- 한 집단에서 대립유전자의 빈도가 변화하는 **소진화**는 종의 분화를 일으킬 수 있고 이것이 축적되는 오랜 시간을 지나 광범위한 규모의 **대진화**를 유도하게 된다.
- 생물학적 종은 그 구성원들 사이에서는 교배가 일어나 생식 능력 있는 자손을 낳을 수 있지만 다른 종의 구성원과는 그렇지 못한 개체 집단들의 무리이다.
  - ▶ **생물학적 종 개념**에서는 다른 집단들의 유전자 급원(resouces)들을 분리시키는 접합 전과 접합 후의 장벽에 의한 생식적 격리가 강조된다.
  - ▶ 생물학적 종 개념이 **종분화 과정**을 생각할 때는 매우 유용하지만 몇 가지 중요한 한계를 가지고 있다. 예를 들면, 화석으로만 알려졌거나 무성생식으로만 번식하는 생물에게는 적용될 수가 없다.
  - ▶ 구조의 특징을 근거로 한 **형태학적 종 개념**, 생태 지위를 기준으로 한 **생태학적 종 개념**, 공통조상으로부터의 유래 여부가 기준인 **계통발생학적 종 개념** 등 다른 종 개념들이 상황에 따라 유용하게 적용된다.
  - ▶ 정확히 상이한 종으로 분화되었다고 보기는 어려우나 일정 정도의 차이를 나타내는 집단들을 아종 또는 품종으로 지칭한다.
- **생식적 격리 메커니즘**은 종간 유전자 흐름을 제한한다.
- **접합 전 장벽**은 수정이 일어나는 것을 방지하는 생식적 격리 메커니즘이다.
  - ▶ **시간적 격리**는 두 종이 서로 다른 시기(해, 계절, 날짜 등)에 생식을 하는 경우에

일어난다.

▶ **서식지 격리**는 밀접하게 연관되어 있는 두 개의 종들이 같은 지역에서 서로 다른 서식처에서 서식하며 번식할 때 일어난다.

▶ **행동적 격리**에서는 명확히 구별되는 구애행동들이 종간 교배를 가로막는다.

▶ **기계적 격리**는 유사한 종들 간에 생식기의 구조 차이로 인해 교배 자체가 불가능하기 때문에 일어난다.

▶ **배우자 격리**는 서로 다른 종들로부터 형성된 배우자들이 화학적 차이로 인해 서로 양립할 수 없을 때 일어난다.

● **접합 후 장벽**은 수정이 일어난 후에 유전자의 전달을 막아주는 생식적 격리 메커니즘이다.

▶ **잡종치사**는 이종간 배우자가 수정되어 형성된 배가 발생 동안 죽게 되는 것이다.

▶ **잡종불임**은 성체가 될 때까지 살아남은 종간 잡종들이 성공적으로 생식하는 것을 막는다.

▶ **잡종약세**는 성체까지 살아남아 성공적으로 생식까지 하는 잡종들의 자손이 한 세대 또는 단지 몇 세대 만에 생식하지 못하도록 한다.

21.2 종분화란 한 조상 집단으로부터 새로운 종이 출현하는 것이다

● **이소종분화**는 한 집단이 그 종의 다른 집단들로부터 지리적으로 고립된 후, 연이은 분화에 의해 나타난다.

▶ 고립된 집단의 크기가 작을수록 종분화가 가속화되는 경향이 있는데, 그 이유는 집단이 작을수록 유전적 부동현상이 일어나기가 쉽기 때문이다.

▶ 대륙이동에 따른 종분화 메커니즘을 추적할 수 있다.

● **동소종분화**는 지리적인 고립을 요구하지 않는다.

▶ 식물에서 나타나는 동지역성 종분화는 거의 절대적으로 **타가다배수체**에 의해 기

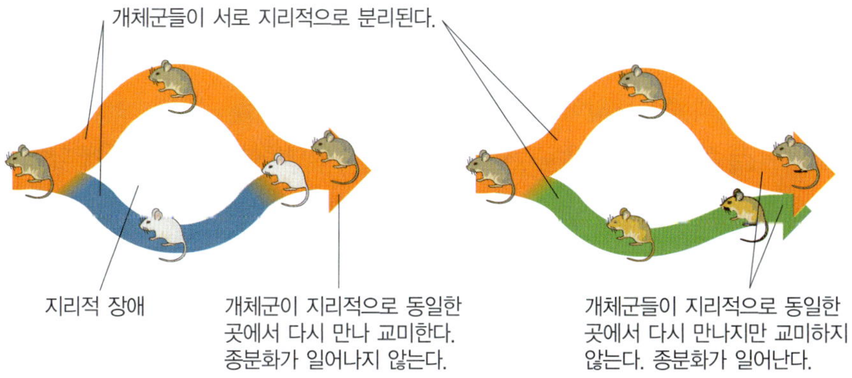

그림 21.1 이소종분화의 진행 과정

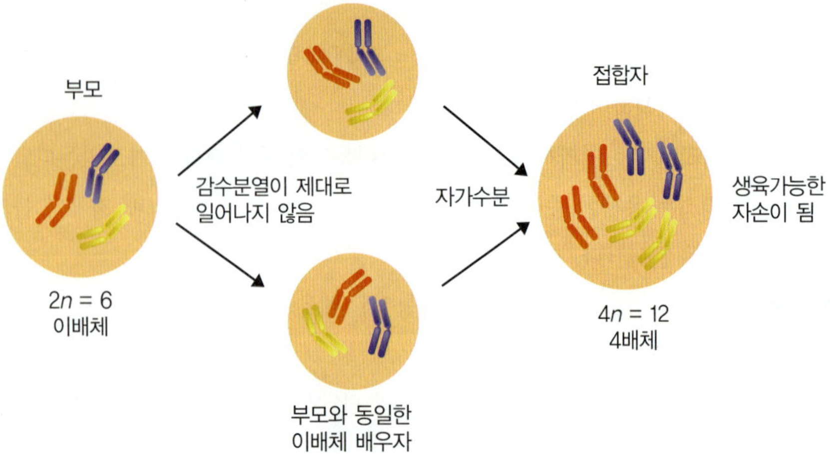

그림 21.2 배수체 형성으로 생긴 동소 종분화(자가다배수체 형성)

인한 것들이며, 이 경우 두 세트 이상의 염색체를 가지는 하나의 배수체성 개체는 두 가지의 서로 다른 종에서 유래한 잡종이다.

- 한 종에서 유래한 이배체 생식세포의 수정에 의해 **자가다배수체**가 출현하여 새로운 종이 탄생할 수 있다.
- 지리적으로 동일한 곳에서 서식지가 분화되면서 새로운 종이 출현할 수 있다.
- 번식을 위해 특정 형질을 지닌 대상만을 선택하는 성선택에 의해 새로운 종이 출현할 수 있다.

- **잡종지대**는 실제 생식적 격리를 관찰할 수 있는 곳이다.
  - 잡종지대 내에서는 생식적 장벽이 **강화**되어 두 개의 종이 유지되거나
  - 생식적 장벽이 약화되어 두 종이 **융합**되거나
  - 잡종이 지속적으로 **안정**되는 등의 메커니즘을 띠게 된다.
  - 분화 중에 있는 종의 예는 **윤상종**에서 찾을 수 있다.
- **적응방산**은 하나의 조상종이 여러 새로운 종으로 분화되는 과정이다.
  - **적응지역**이란 조상종에 의하여 이용되지 않는 새로운 생태적 기회를 의미한다.
  - 여러 적응 지역들이 비어 있을 때, 그곳에 서식하게 되는 생물종은 급속하게 분화하여 그 지역을 차지하게 된다.
- **멸종**이란 종의 죽음을 말하는 것인데,
  - 종이 멸종될 때, 멸종된 종들이 차지했던 적응지역들이 빈자리로 남게 되어, 다른 종들이 진화하여 그 지역을 차지할 수 있도록 해준다.
  - 급격한 환경변화가 없는 조건에서도 일상적으로 일어나는 **배경 멸종**은 지속적이면서도 낮은 수준으로 일어나는 멸종이다.
  - 급격한 환경변화로 유발되는 **대멸종**은 육상과 해양 환경 모두에서 수없이 많은 종들과 상위 분류군들의 멸종을 일컫는다.

21.3 진화의 전개 모델에 대한 해석은 지금도 논쟁 중에 있다

- **단속평형설 모델**에 따르면, 종의 진화는 갑작스럽게 진행되고, 오랫동안 지속되는 **안정 상태** 속에 군데군데 매우 짧지만 활발한 종 분화 시기가 삽입되어 있는 형태로 일어난다.
- **점진주의 모델**에 따르면, 하나의 집단 내에서 적응적 특징들이 점진적으로 축적되어 다른 집단들로부터 분화되어 가는 방식으로 종의 진화가 일어난다고 설명한다.
- 종분화 사건 사이의 시간 간격은 종에 따라 상당히 다양하다. 대부분의 생물들의 경우, 백만 년 단위의 시간을 필요로 하는 것으로 알려져 있다.
- 종분화를 위해 필요한 변이 유전자 수는 생물의 종류에 따라 매우 많을 수도 있고 비교적 적을 수도 있다.

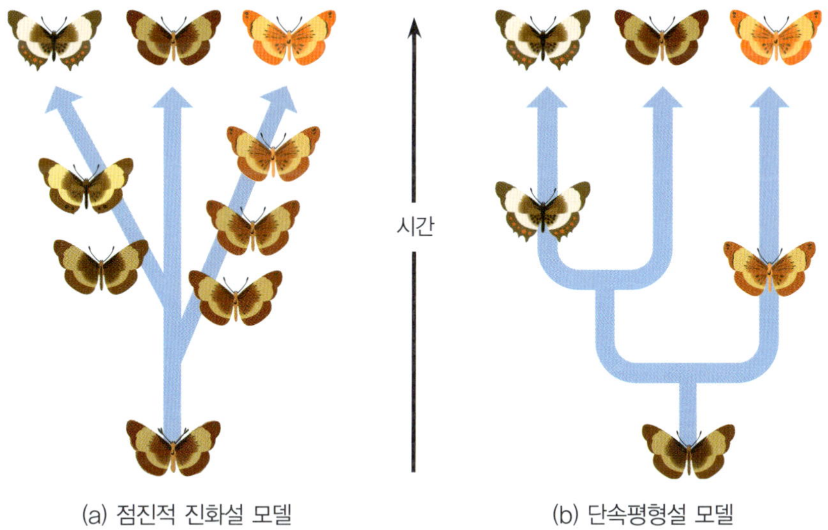

그림 21.3 진화의 전개 모델 비교

21.4 대진화는 대규모의 형태 · 형질적 변화를 포함할 수 있다

- **대진화**는 집단들에서 일어나는 종 단위나 혹은 그 이상 분류학적 그룹(즉, 신종, 속, 과, 목, 강, 문, 계, 영역)들 중 그들의 위치를 바꾸어 놓을 정도의 대규모의 형태 형질적 변화를 포함한다.
- 대진화는 진화적으로 전혀 새로운 형태를 출현시키는데, 이것은 생물체가 성장하거나 성숙할 때 일어나는 일련의 연속된 사건들인 **발생**의 과정 동안에 일어난 변화에 의한 것일 수 있다.

한 토막 생물 뉴스

종분화가 일어나기 위해 필요한 유전자의 수는 몇 개인가?

이 질문에 대한 답은 쉽지 않다. 왜냐하면 유성생식을 하지 않는 생물들의 경우, 종 개념 자체가 논란거리이기 때문이다. 유성생식을 하는 생물들이라면 몇 가지 구체적인 예를 살펴볼 수 있다. 생식적 격리가 생기게 하는 유전자들을 찾으면 되기 때문이다. *Euhadra* 일본 달팽이의 경우, 껍데기의 나선 방향을 조절하는 유전자 하나가 바뀐 돌연변이는 껍데기의 나선 방향이 반대로 형성되어 생식기의 접촉이 불가능한 기계적 격리가 생긴다. 이때에는 단 하나의 유전자로 인해 종분화가 가능하다. 비슷한 예를 꽈리의 가까운 종 사이에서 볼 수 있는데, 꽃의 색을 조절하는 *yup* (yellow upper) 유전자의 전이로 번식의 메커니즘이 바뀌는 실험 결과가 보고되었다. 자연에서 이런 일이 일어난다면 역시 유전자 하나가 종분화를 유발할 수 있을 것이다. 초파리의 일종인 *Drosophila pseudoobscura*에 속하는 두 아종의 경우, 4개의 유전자 차이에 의해 잡종 불임이 일어남이 보고되었다. 따라서 4개의 유전자 좌위 차이로 종분화가 가능하다고 볼 수 있다. 두 종의 해바라기 사이에는 접합 후 격리가 생기는데, 최소 26곳의 염색체 부위가 변화되어 일어날 것이라 예상된다. 위의 결과를 감안할 때 생물종마다 생식적 격리가 생기기에 충분하다면 의외로 적은 수의 유전자 변이만으로도 새로운 종의 출현은 시작될 수 있는 셈이다.

22 생물의 출현과 역사

현재 지구의 대기, 수분 조건에서도 생명이 탄생할 수 있을까?

그렇지 않을 것이다. 생명의 재료인 유기분자를 만들어 낸 원시지구의 특징은 현재의 목성에서 볼 수 있는 것처럼 환원성이 높다는 것이 하나의 가설이다. 즉, 산소는 없고, 수소와 메탄, 암모니아가 풍부한 조건에서만 생물체 형성을 위한 의미 있는 화학반응이 가능하다는 뜻이다. 그러나 현재에 이르기까지 지구에서는 수억 년 동안 광합성을 통해 풍부해진 대기의 산소가 유기화학물질을 쉽게 산화시켜 원시대기에서와 같은 화학반응을 상당 부분 원천적으로 불가능하게 한다. 즉, 만들어진 유기분자들이 모두 이산화탄소와 물로 산화된다. 그리고 부분적으로나마 환원된 환경이 조성되는 경우, 원시지구와 비슷한 환경에 제공되어서 유기분자가 생성될 수도 있다. 그러나 이 경우에는 주변의 세균을 위주로 한 원핵생물, 곰팡이 등(주로 산소가 부족한 조건에서 서식하는)이 가만히 놔두지 않을 것이다. 이들이 에너지가 풍부한 유기분자들을 마파람에 게눈 감추듯 섭취하여 자신들의 에너지원과 탄소원으로 사용할 테니까!

핵심 체크 Key Point

아래에 열거된 개념 또는 용어들을 '문제'라고 가정하고 답을 작성해 보자.

유기화합물 합성과 생명의 기원

- 초기지구의 화학적 조건과 원시수프(primitive soup)
  - ✔ 무기분자와 유기분자의 정의
- 오파린-홀데인 가설이란?
- 유기화합물 합성의 증거
  - ✔ 우주에서도 발견되는 유기화합물의 종류와 우주기원설
  - ✔ 스탠리 밀러의 실험 과정과 의의
  - ✔ 유기화합물 합성이 실제로 일어난 곳으로 심해를 지목하는 이유는?

22.1 개념을 이해했다면?
유기분자가 무기분자로부터 합성될 수 있는가? 그렇다면 그 예는?

단순한 유기분자로부터 크고 복잡한 유기분자가 합성되는 과정 설명

22.2 개념을 이해했다면?
RNA가 다양한 기능을 발휘하는 이유를 설명해 보자.

'RNA 세계 가설' 내용 설명

✔ RNA가 지닌 다양한 기능이란? 리보자임(ribozyme)이란?

✔ RNA의 기능이 DNA와 단백질로 넘겨지는 과정

원시세포(protocell)의 필요조건과 구성성분 설명

✔ 원시세포의 생성 과정

✔ 원시세포에서 (원핵)세포로의 진화 과정

화석과 생물체 연대기 기록

- 퇴적암층의 연대로 알 수 있는 내용
- 화석의 절대 연도 측정법

반감기(half-life)의 정의와 방사성 연대측정법(radiometric dating) 설명

✔ 사용하는 방사성 동위원소의 예와 각각의 반감기

✔ 자기장 역전(magnetic reversal)을 통한 측정법

22.3 개념을 이해했다면?
각 시대를 구분하는 근거는 무엇인지 생각해 보자.

- 지질학적 기록(geological record)의 정의와 시대 구분 단위

✔ 세 개의 이언(eon)이란?

✔ 현생이언의 3개 대(era)란?

원핵생물의 진화와 진핵생물의 출현

■ 원핵세포의 출현

✔ 스트로마톨라이트(stromatolites)의 정체와 의미

✔ 최초로 원핵생물이 출현한 시기

초기 원핵생물의 에너지 생성 방법

■ 초기 에너지 습득 방식의 변화 과정

✔ 산소를 발생시키는 광합성의 출현이 의미하는 바는?

대기 중 산소 농도 증가에 따른 지구환경 변화와 생물상 변화 설명

22.4 개념을 이해했다면?
최초의 종속영양방식에서 '광합성'을 하는 독립영양체가 출현하게 되는 과정을 기술해 보자.

■ 진핵생물의 탄생 과정

✔ 가장 오래된 진핵세포의 화석과 분자생물학적 증거에 의한 진핵세포의 출현 시기

✔ 진핵세포의 막구조 소기관이 생기는 과정

내부공생(endosymbiosis)의 정의와 과정 설명

22.5 개념을 이해했다면?
내부공생의 증거를 미토콘드리아와 색소체 각각의 구조로 설명해 보자.

✔ 진핵세포가 유전적 키메라인 근거

다세포 진핵생물의 진화와 육상진출

■ 선캄브리아시대 생물 진화의 특징

■ 최초의 다세포 진핵생물 정체와 출현 시기

✔ 화석과 분자생물학적 증거

✔ 다세포 진핵생물 출현 과정과 군체(colony)

캄브리아기 폭발(Cambrian explosion)의 내용과 의의 설명

✔ 눈덩이 지구 가설(snowball Earth hypothesis)과의 관련성

✔ 관련 화석들의 특징

■ 생물의 육상진출

식물과 균류의 육상진출 시기와 메커니즘 설명

✔ 세균의 육상진출 시기

✔ 동물의 육지 정착 메커니즘과 시기

대륙이동, 대멸종, 적응방산

■ 대륙이동(continental drift)과 진화의 관계

✔ 생물지리학적 진화란?

대륙이동의 정의를 판게아(pangaea)와 관련하여 설명

■ 대멸종의 정의와 의미

✔ 5번의 대멸종이란?

페름기와 백악기 멸종의 원인과 이들 멸종이 주목 받는 이유

■ 적응방산(adaptive radiation)이란?

범세계적 적응방산과 지역적 적응방산을 예를 들어 설명

- 고생대의 정의와 특징
- 중생대의 시대 기준과 특징
- 신생대의 특징

진화 과정에서 발생의 역할

- 이보디보(evo-devo)란?
  - ✔ 이시성(heterochrony)의 정의와 예: 비비례성장(allometric growth)
  - ✔ 유형형성(paedomorphosis)의 정의와 예
- 발생 유전자의 변화가 진화에 끼치는 효과
  - ✔ 생물 몸체의 공간 배열 변화와 진화의 관련성
  - ✔ 호메오유전자(homeotic gene) 또는 혹스(*hox*)유전자의 구조와 기능

진화를 유발하는 발생관련 유전자 변화의 메커니즘과 해당 예 설명

진화의 무작위성

- 창출적응(exaptation)의 정의와 예
- 진화에 방향성이 없는 근거

말의 진화 과정을 설명하고 진화의 경향성이 지니는 의미를 설명

- 종선택(species selection)의 정의와 예

22.6 개념을 이해했다면?
포유류의 진화 과정을 고생대, 중생대, 신생대 등으로 나누어 특징을 살펴보자.

22.7 개념을 이해했다면?
동물의 진화 과정에서 나타난 호메오유전자 배열의 변화를 설명해 보자.

22.8 개념을 이해했다면?
동일한 혹스유전자가 서로 다른 종류의 동물 발생에 어떻게 관여하는지 예를 들어 설명해 보자.

Key Information 주요내용

22.1 화학진화를 통해 최초의 생물체가 탄생하였을 것이다

- 생물학자들은 일반적으로 생물이 **화학진화**에 의해 무생물로부터 발생하였다고 생각한다. 비록 화학진화를 직접적으로 재현하기는 어렵지만, 생명의 기원에 대한 가설을 실험을 통해 검증하고 이를 바탕으로 논리적인 이해에 접근하는 것은 가능하다.
- 원시지구에서 유기화합물의 합성을 위한 4가지 필요조건은
  (1) 생산된 유기분자를 비생물적으로 산화시키는 산소의 결핍,
  (2) 유기분자를 형성하기 위한 에너지,
  (3) 원시지구에 존재하는 물, 미네랄, 그리고 가스를 포함하여 유기분자를 형성하기 위해 필요한 화학적 구성 단위들,
  (4) 분자를 축적하고 반응하기 위한 충분한 시간 등이다.
- 유기화합물의 합성에 대한 가설들이 제안되었다.
  - ▶ **생물발생 이전수프 가설**은 유기분자가 '유기적 수프의 바다' 의 지표면 근처나 암석, 또는 점토표면에서 형성되었다고 제안한다.
  - ▶ 철-황 세계가설은 유기분자가 해저바닥의 갈라진 틈인 **열수분출구**에서 생성되었다고 주장한다.
- 과학자들은 원시 지구를 모방하여 유기화합물의 합성 가능성을 시험하였다.
  - ▶ 스탠리 밀러 등은 **원시지구환경**을 모방한 실험에서 무기물로부터 여러 아미노산을 비롯한 간단한 유기분자가 생성되는 결과를 얻었다.
  - ▶ 아미노산과 뉴클레오티드는 뜨거운 모래나 점토 혹은 암석에 첨가되면 **중합**된다. 이러한 중합체의 출현 결과 RNA도 출현한 것으로 추측한다.
  - ▶ 유기화합물은 실험실에서 자발적으로 세포의 일부 특징을 갖는 지질로 둘러싸인 작은 방울인 **원시세포**로 조립된다. 이런 과정은 진흙의 일종인 montmorillonite에 의해 촉진되는 것으로 알려져 있다.
- 초기 화학진화에 관련하여 "RNA 세계 가설"이 제안되었다.
  - ▶ 최초의 유전물질은 서로의 존재를 필요로 하는 DNA와 단백질이 아니라 **짧은 RNA**였을 것이다.
  - ▶ 이 RNA 조각은 아미노산을 정렬하여 폴리펩티드를 합성하거나 원시적인 자기복제 과정에서 뉴클레오티드를 정렬하는 주형 역할을 했을 것이다.
- 화학진화 결과 원시세포가 출현했을 것이다.
  - ▶ **자가복제**를 하며 **촉매작용**을 하는 RNA를 가진 **원시세포**는 자원을 사용하는 데에 더 효과적이었고, 지질막을 지닌 원시생물은 자연선택을 통해서 개체수가 늘었을 것이다.
  - ▶ 위 과정을 반복하면서 최초의 세포가 출현했을 것이다.

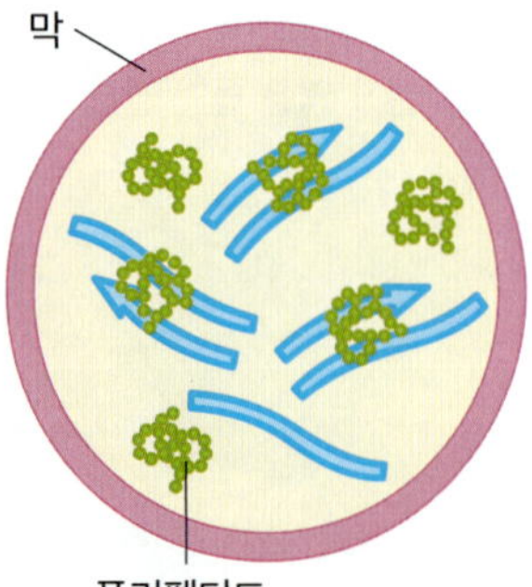

그림 22.1 막으로 둘러싸인 공간에 형성된 거대분자 사이의 상호작용

22.2 화석은 지구상 생물체의 연대기적 기록이다

- 퇴적암층은 화석의 상대 연대를 알려준다.
- 화석의 절대 연대는
  - ▶ 우라늄-238(반감기 45억 년), 칼륨-40(반감기 13억 년), 탄소-14(반감기 5,730년) 등 동위원소의 **반감기**를 활용하는 **방사성 연대측정법**에 의해 결정된다.
  - ▶ **자기장 역전**현상, 나이테 이용 등의 방법으로도 결정될 수 있다.
- 지구의 역사는 지질학적 **이언**, **대**, **기** 등으로 나눈다.
  - ▶ 이렇게 여러 가지 시대로 구분하는 것은 화석화된 종의 구성에 큰 변화가 있기 때문이다.
  - ▶ 따라서 화석기록은 새로이 출현하는 생물군의 기원을 추적하는 데에 도움을 준다.

22.3 원핵생물은 환경과 상호작용을 하면서 진핵생물을 탄생시켰다

- **스트로마톨라이트**는 세균활성산물이 얇은층을 이루면서 축적된 바위구조이다.
  - ▶ 스트로마톨라이트의 관찰에 따르면 원핵생물은 최소한 35억 년 전부터 20억 년 전까지 지구의 유일한 생물체였다.
  - ▶ 최초의 전자전달계는 유기산을 산화시키는 것과 H^+을 세포 밖으로 전달하는 것을 연계시킴으로써 ATP를 세포에 저장하였을 것이다.
  - ▶ 최초의 생물체들은 풍부하게 존재하는 유기분자들을 섭취하는 종속영양를 하였으나, 유기분자가 고갈되면서 광합성처럼 스스로 유기분자를 만드는 독립영양을 하는 생물이 출현하였을 것이다.
- 최초의 광합성은 산소를 생성하지 않았다.
  - ▶ 산소를 생성하는 광합성은 약 35억 년 전에 **남세균(cyanobacteria)**이 진화시켰을 것이다.
  - ▶ 27억 년 전부터 대기 중의 산소 농도가 증가하여 당시의 많은 생물에게 위협이 되었으나 한편으로는 산소로 세포호흡이 가능한 생물은 선택되었다.
  - ▶ 대기 중 산소의 증가로 산소호흡이 출현하였고(따라서 단위 먹이당 합성되는 ATP가 크게 증가) 오존층이 형성되는 등 생물의 생존에 유리한 환경이 조성되었다.
- 원핵생물간의 유전자 교환과 공생을 통하여 진핵세포가 생성되었다.
  - ▶ 세포막 함입과 내부공생으로 진핵세포의 복잡한 구조가 형성되었을 것이다.
  - ▶ 가상 오래된 진핵생눌의 화석은 21억 년 되었다. 진핵생물은 다른 원핵세포의 포식자로서 진화했을 것이다.
  - ▶ 미토콘드리아와 색소체의 조상은 더 큰 세포에 먹힌 다음 그 안에서 공생하여 살게 되는 **내부공생**을 통해 진핵세포를 구성하는 진화 과정을 겪었을 것이다.

표 22.1 지질학적 기록에 기초한 생물의 역사

시대별 상대적인 시간: 신생대 / 중생대 / 고생대 / 선캄브리아시대

지질학적 연대표

시대	시기	기	년 전	주요사건
신생대	제4기	현세	1만	역사시대
		빙하	180만	빙하; 인간 출현
	제3기	선신세	500만	유인원
		중신세	2,300만	포유류와 피자식물
		점신세	3,500만	원숭이류의 기원
		시신세	5,700만	속씨식물 우세; 포유류의 기원
		효신세	6,500만	포유류, 조류, 화분매개 곤충
중생대	백악기		1억 4,400만	현화식물; 공룡을 포함한 많은 생물체가 말기에 멸종됨
	쥐라기		2억 600만	겉씨식물 우세; 공룡들이 다양하게 증가
	삼첩기		2억 4,500만	겉씨식물 우세; 공룡이 퍼져나감
고생대	이첩기		2억 9,000만	해양생물, 육상생물 사라짐; 파충류; 포유류 같은 파충류, 곤충 출현
	석탄기		3억 6,300만	유관속식물; 종자식물; 파충류의 기원; 양서류 우세
	데본기		4억 900만	경골어류의 다양화; 양서류와 곤충류 최초로 출현
	실루리아기		4억 3,900만	턱뼈 없는 어류의 다양화; 턱뼈 있는 어류의 최초 출현
	오르도비스기		5억 1,000만	유관속식물과 절지동물 출현; 해조류 풍부, 식물과 절지류의 번성
	캄브리아기		5억 4,300만	대부분의 현대 동물문 기원
선캄브리아시대			6억	무척추동물의 다양화; 척추동물 출현; 조류의 다양화
			22억	최초의 진핵생물 화석
			27억	대기에 산소 축적
			35억	최초의 원핵생물 화석
			46억	지구의 기원

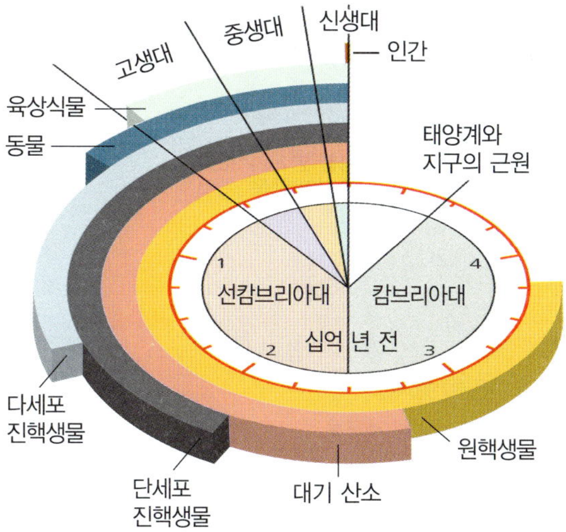

그림 22.2 생물출현의 역사

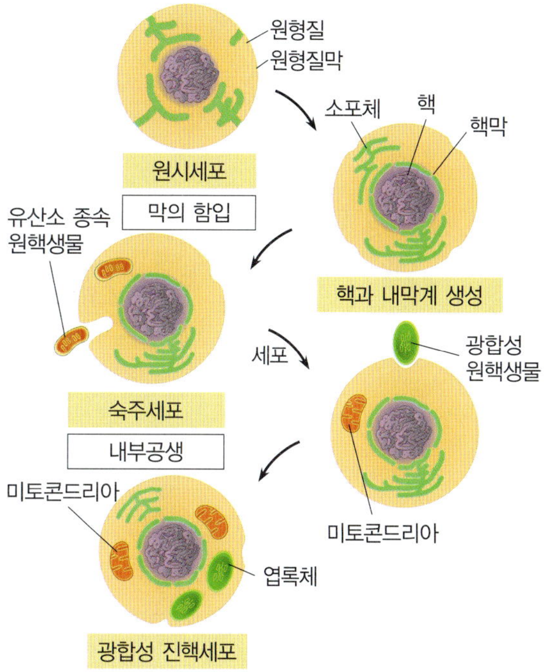

그림 22.3 진핵생물 기원의 모델

22.4 다세포 진핵생물들은 여러 차례에 걸쳐 진화하였다

- 대략 38억 년 전에서부터 5억 4,300만 년 전까지 지속되었던 **선캄브리아 시대** 동안에 생명은 시작되었고 박테리아, 원생생물(조류 포함), 균류, 다세포 동식물의 다른 그룹으로 세분화되었다.
- 최초의 다세포 진핵생물의 화석은 12억 년 되었지만, 분자시계는 다세포 진핵생물의 공통조상은 15억 년 전에 기원했다고 추정한다.
  - ▶ 최초의 다세포생물들은 특수화된 세포를 가진 군체였다.
  - ▶ 7억 5,000만 년과 5억 8,000만 년 전 사이에 적도를 제외한 지구 전체가 눈으로 덮일 정도의 지독한 빙하기가 있어 다양한 다세포 생물의 출현이 지연된 것으로 간주되기도 한다(눈덩이 지구 가설).
  - ▶ 대부분 동물문의 최초 화석은 캄브리아기에 나타나지만 **(캄브리아 대폭발)** 분자적 증거는 대부분 동물문들이 10억 년 전부터 7억 년 전 사이에 기원했다는 것을 제시한다.
- 식물, 균류 그리고 동물이 육지로 정착한 것은 약 5억 년 전이다.
  - ▶ 현재 흔히 볼 수 있는 식물의 뿌리와 균류의 공생은 이때부터 시작되었다.
  - ▶ 세균은 10억 년 전부터 육상에 진출한 것으로 판단된다.

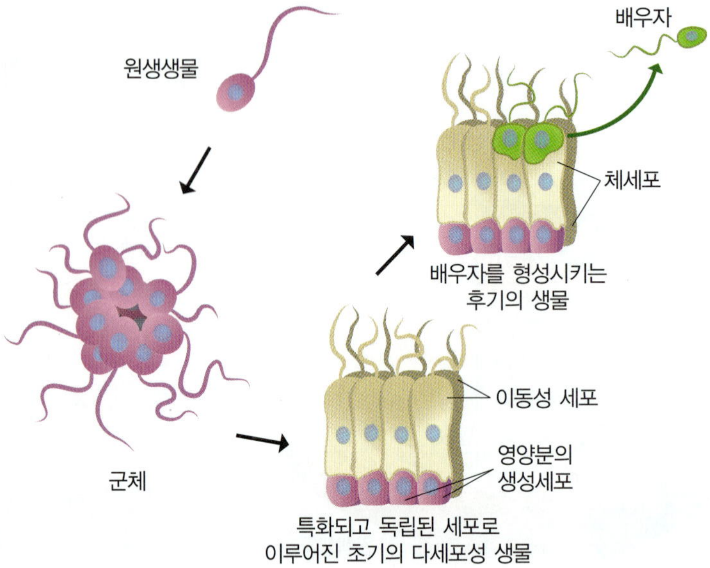

그림 22.4 단세포성 원생생물에서 다세포성 생물로 진화되었음을 나타내는 모델

22.5 대륙의 이동, 대멸종 등 커다란 변화로 생물종의 변화가 일어난다

- 대륙이동은 생물 진화의 주요 요인 중의 하나다.
  - ▶ 지구 구조상 일어나는 땅덩어리의 재정렬과 대륙 이동은 진화에 큰 영향을 미쳤다.
  - ▶ 거대한 초대륙인 **판게아**의 형성과 분리는 많은 생물 지리학적 진화의 원인이 된다.
- **고생대**는 약 5억 4,300만 년 전에 시작하여 2억 5,100만 년 전에 이르기까지 대략 2억 9,200만 년 동안 지속되었다.
  - ▶ 이 기간 동안에, 현화식물을 제외한 모든 주요한 식물 그룹들과 동물문이 나타났다.
  - ▶ 어류와 양서류는 번성하였고, 파충류도 나타났으며 다양화되었다.
- 지구 환경의 급격한 변화에 의해 다섯 번의 **대멸종**이 있었다.
  - ▶ 모든 시대에 가장 큰 대규모 멸종은 2억 5,100만 년 전인 고생대 말기 페름기에 발생했는데, 존재했던 해양생물들의 90% 이상과 육지에 서식하는 척추동물의 70% 이상뿐만 아니라 많은 식물종이 이 시기에 멸종되었다.
  - ▶ 6,500만 년 전의 백악기 대멸종은 커다란 운석과 지구의 충돌에 의해 일어났다.
- 대멸종 뒤에는 **적응방산**에 의해 다양한 생물이 출현하게 되었다.
  - ▶ 페름기 멸종 이후 적응방산에 의해 다양한 파충류가 출현하였다.
  - ▶ 백악기의 파충류 멸종 이후 포유류의 크기와 다양성이 증가하였다.
  - ▶ 새로운 섬들이 생기면서 하나의 종이 섬들의 환경에 따라 적응방산을 통해 다양한 종으로 전환될 수 있었다.

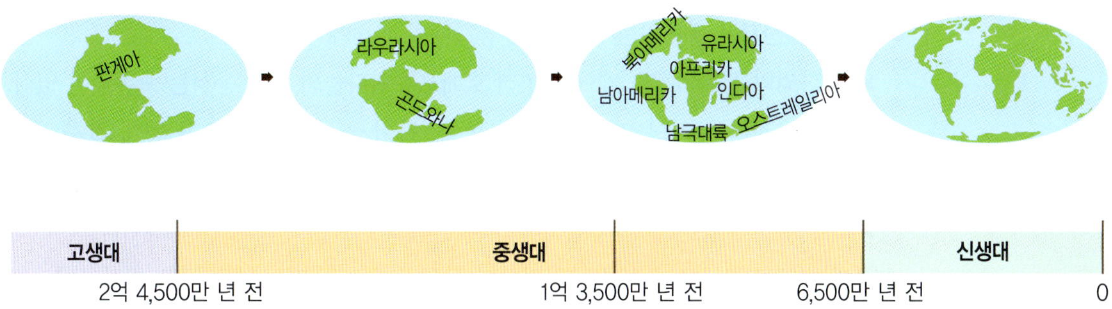

그림 22.5 대륙의 이동

한 토막 생물 뉴스

여섯 번째 대멸종

지구상 생물의 진화 과정 중에 엄청난 사건인 대멸종은 현재까지 크게 다섯 번 일어난 것으로 간주된다. 페름기 대멸종의 경우, 엄청난 화산활동 결과로 지구 전체 기온이 6°C 정도 증가하여 해양동물의 96%가 멸종하는 무시무시한 결과를 초래하였다. 지구환경의 급격하고도 커다란 변화는 대멸종을 낳게 된다. 인간의 물질문명이 발달하면서 지구환경에 급격하고도 커다란 변화가 일어났다. 인류문명에 의한 변화가 뚜렷했던 지난 400년 동안 1,000종 이상의 생물이 사라졌다. 이는 평상시 멸종을 일컫는 배경멸종 속도의 100~1,000배에 해당한다고 한다. 이 정도를 여섯 번째 대멸종으로 간주하는 학자들도 있으나, 대다수의 학자들은 대멸종을 유발할 정도는 아니라 한다. 그러나 인간에 의한 환경의 변화가 생물종의 커다란 손실을 초래하는 것만은 분명한 것 같다.

- **중생대**는 2억 5,100만 년 전에 시작하여 6,500만 년 전까지 약 1억 8,600만 년 간 지속되었다.
  - ▶ 현화식물의 출현과 가지각색 파충류의 다양성을 중생대의 특징으로 볼 수 있다.
  - ▶ 초기 파충류에서 나온 공룡은 중생대 동안에 지구를 지배했다.
  - ▶ 곤충은 번성하고, 조류와 초기 포유류도 다양화되었다.
  - ▶ 6,500만 년 전 백악기 말기에 상당히 많은 동물들이 갑작스럽게 멸종되었다.
  - 6,500만 년 전부터 현재까지 계속되는 **신생대** 동안에 현화식물, 조류, 곤충, 그리고 포유류들이 매우 다양화되었다.

22.6 이보디보: 진화는 발생 동안 일어나는 몸 형태의 변화를 수반한다

- 생물의 발생 속도와 시기, 그리고 몸체 공간배열에 변화가 일어나 진화가 진행된다.
  - ▶ 각종 생물의 발생 속도와 시기에서 차이를 보이는 이시성이 나타나고,

- ▶ 일부 생물의 경우 어린 시기의 특징이 성체에서도 유지되는 **유형형성**이 보인다.
- **호메오유전자**는 생물의 몸을 만드는 공간배열 과정에 관여한다.
  - ▶ 초파리와 생쥐의 염색체에서 여러 호메오유전자들의 배열 순서는 보존되어 있다.
  - ▶ 혹스유전자를 지닌 염색체는 척추동물, 털이 있는 생물의 출현 등에 걸쳐 두 번 복제되었다.
  - ▶ 혹스유전자 발현의 차이에 의해 생긴 발생의 변화는 진화의 한 과정이다.
- 발생의 진화에는 유전자 자체의 변화와 유전자 발현 조절의 변화 등을 수반한다.
  - ▶ 동물에서는 호메오 유전자, 식물에서는 메즈박스(MADS box) 유전자들이 발생에 관여한다.
  - ▶ 식물은 발아 이후에도 계속 발생이 일어난다.

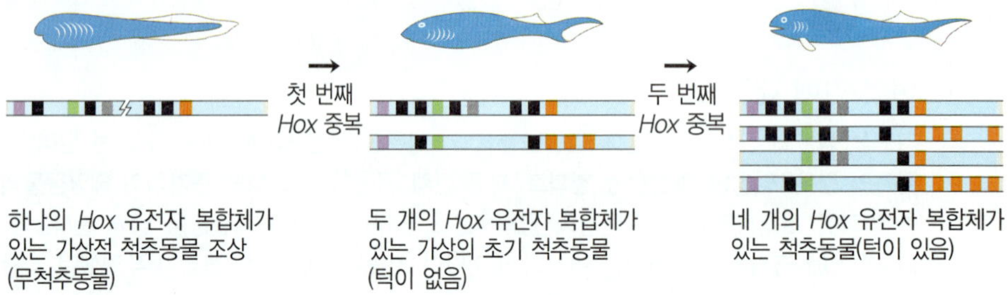

그림 22.6 *Hox*의 중복과 척추동물의 진화

22.7 진화에서 목적성은 찾을 수 없다

- 진화는 기존의 구조를 수선하여 새로운 적응을 가능하게 한다.
  - ▶ 우연하게 **창출적응**을 하기도 한다.
  - ▶ 복잡하고 정교해 보이는 눈의 진화가 그 예다.
- 진화는 특정 경향을 띠고 진행되는 것이 아니다.
  - ▶ 이미 진행되어 밝혀진 진화 과정에서 경향을 파악할 수는 있다.
  - ▶ 말의 경우, 결과적으로 몸체는 증가하고 발가락 수는 줄어드는 경향을 띤다고 할 수 있으나 이러한 방향을 향해 진화했다고 할 수 없다.

23 진화의 계통

생물의 진화 계통수가 현실에서도 쓸모가 있을까?

조상과 자손의 관계를 추적하는 계통발생분류학은 일종의 족보라고 할 수 있다. 족보를 바라보면 가족의 역사 외에 무슨 소용이 있을까라는 생각이 들 수 있다. 고래는 바다를 지배해 왔지만 인간의 사냥이 시작된 이후로는 멸종의 위협에 시달려 왔다. 이러한 위험을 감지하고 환경단체와 뜻있는 학자 등이 주도하여 일부 종의 고래 포획을 금지하는 국제법을 제정하게 되었다. 가끔 이러한 국제법을 어길 수 있다. 고래 고기를 좋아하는 일본인들의 식성을 고려하면 일부 어부들이 그럴 가능성이 크다고 간주되기도 하였다. 과학자들이 일본의 시장에서 구입한 13개의 고래 표본에서 미토콘드리아 DNA를 추출해 분석하여 기존에 제작된 계통수와 비교한 결과 포획이 금지된 밍크고래, 혹등고래, 긴수염고래 등이 포함된 결과를 얻었다. 일본 정부의 입장은 난처해졌고 어쩔 수없이 규제를 강화할 수밖에 없었다. 계통수는 현실적으로도 활용도가 있는 족보일 수 있다.

핵심 체크 Key Point

아래에 열거된 개념 또는 용어들을 '문제'라고 가정하고 답을 작성해 보자.

- 계통발생(phylogeny)의 의미
- 계통분류학(systematics)이란?
  - ✔ 계통분류학의 연구 대상
  - ✔ 계통발생분류학, 분류, 진화의 역사 등의 관계

23.1 개념을 이해했다면?
계통분류학과 분류학(taxonomy)의 차이점을 설명해 보자.

상동(homology)과 상사(analogy)의 차이점을 예를 들어 설명

- ✔ 형태와 분자 수준에서의 상동의 예
- ✔ 동류형성(homoplasy)이란?

✔ 분자 수준의 상동 평가 방법

23.2 개념을 이해했다면?
사람 등 주변 생물을 예를 들어 이명법으로 부여된 학명을 살펴보고 이명법의 이점이 무엇인지 생각해 보자.

계통수(phylogenetic tree) 설명

■ 분류학(Taxonomy)의 정의

✔ 이명(binomial)법이란? 속(genus)명 + 별칭(specific epithet, 종소명)

■ 계층적 분류란?

✔ 과(family): 관련된 속들의 묶음

✔ 목(order), 강(class), 문(phylum), 계(kingdom) 등의 정의

✔ 분류군(taxon)의 정의와 예

23.3 개념을 이해했다면?
대사와 번식 관련 유전자를 비교한 결과에 따르면 진핵생물의 조상은 누구인가?

3영역 분류법 설명

✔ 영역(domain)이란?

✔ 3영역 분류의 근거

✔ 수평 유전자 전이(horizontal gene transfer)의 정의와 예

계통발생분류학의 내용

■ 분기학(cladistics)의 정의

✔ 분기도(cladogram)란?

✔ 분기군(clade)의 정의와 분기학에서의 사용 예

■ 분기군의 배치와 관계

✔ 단원적(monophyletic) 관계와 의사단원적(paraphyletic) 관계의 차이

✔ 종들 사이의 다원적(polyphyletic) 관계란?

23.4 개념을 이해했다면?
계통수를 작성하는 데에 외부군을 사용하는 이유를 설명해 보자.

생물종 사이의 계통 관계 추적 방법

✔ 공유조상형질(shared ancestral character)의 정의와 예

✔ 공유파생형질(shared derived character)의 정의와 예

✔ 내부군(ingroup)과 외부군(outgroup)의 비교

23.5 개념을 이해했다면?
포유류의 공유조상형질과 공유파생형질을 열거해 보자.

계통수의 가지 길이가 의미하는 것들

- 계통수 작성의 원칙

✔ 분기점(branching point)이란?

✔ 최대 단순성(maximum parsimony)이란?

✔ 최대 개연성(maximum likelihood)이란?

계통수를 작성하는 데에 위의 두 가지 논리가 근거로 사용되는 이유

23.6 개념을 이해했다면?
계통수가 추론일 수밖에 없는 이유를 설명해 보자.

진화 역사에 대한 유전체의 기록

- 유전자 중복과 유전자군의 의미

✔ 병렬상동 유전자(orthologous gene)의 정의와 예

✔ 직렬상동 유전자(paralogous gene)의 정의와 예

유전체 진화를 관찰 또는 분석하는 데에 사용되는 유전자와 그 특징은?

분자시계의 정의와 활용

■ 분자시계(molecular clock)의 원리

중립설(neutral theory)의 내용 설명

✔ 중립설이 분자시계 개념의 근거가 되는 이유

✔ 분자시계의 난제는 왜 생기는가?

■ 유전자 변이의 불규칙성을 극복하고 분자시계를 사용할 수 있게 하는 방법

23.7 개념을 이해했다면?
분자시계를 적용한 예를 설명해 보자.

Key Information 주요내용

23.1 계통발생학은 생물의 다양성과 진화적 유연관계를 연구한다

- **계통발생**은 화석과 형태, 분자 수준의 증거에서 추론한 공통조상을 기반으로 한다.
  - ▶ **화석**기록은 여러 연대의 지질층에 보존된 생물화석을 근거로 하며, 현존하지 않는 조상의 특징을 보여준다.
  - ▶ 매우 비슷한 형태나 DNA 염기서열을 공유하는 생물은 매우 다른 구조나 유전자 서열을 가진 생물보다 더 가까운 관계에 있을 것이다.
  - ▶ 생물종 사이의 관계를 추론할 때 **상동**(공통조상에 의한 유사성)은 **상사**(수렴진화에 의한 유사성)와 구별되어야 한다.
  - ▶ **계통발생학적 분류학**이라고도 불리는 **분기론**은 분류군이 단계통(즉, 공통조상에서 유래함)이라는 주장에 근거한다.
  - ▶ 각 단계통군 또는 **분기군**은 하나의 공통조상과 그것으로부터 유래한 모든 자손들을 포함한다.
- 계통발생의 관계는 **계통수**에 표시된다.
  - ▶ 계통수란 진화적 관계에 대한 가설을 표현하기 위해 고안된 나뭇가지가 퍼지는 모양의 그림이다.
  - ▶ 계통수에서 가지 치는 것은 군들이 더 포괄적인 군에 포함되는 계층적인 분류를 반영한다.
  - ▶ 분류와 계통발생을 연결하여 표시할 수 있다.

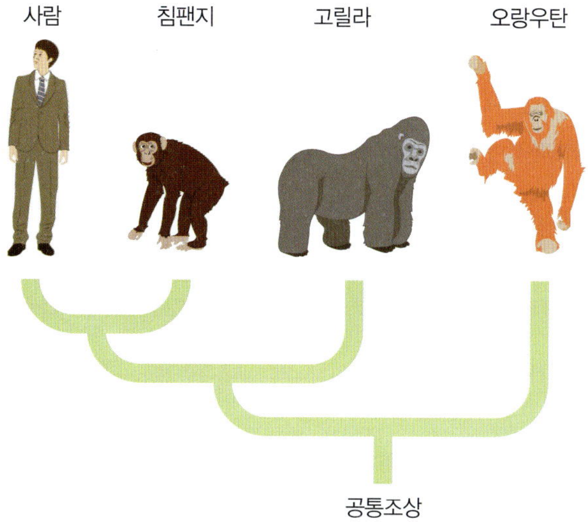

그림 23.1 유인원의 계통수

- **생물학적 다양성** 또는 **생물다양성**이라는 용어는 살아 있는 생물들의 다양성과 그것들이 형성하고 있는 생태계를 지칭한다.
- **분류학**이란 생물에 이름을 기재하고 분류하는 것과 관련된 분야이다.
  - ▶ 생물들의 유사성 또는 유연관계에 기초하여 생물들을 특정 그룹으로 소속시키는 과정이 분류이다.
  - ▶ 분류는 생물학 지식을 체계화하는 데에 도움이 된다.
- 학명은 다른 언어를 사용하는 여러 나라의 생물학자들에게 생물들에 관한 의사소통을 가능하도록 해준다는 점에서 중요하다.
  - ▶ 생물학자들은 18세기 중엽에 린네에 의해서 개발된 **이명법 체계**를 사용하여 생물들에게 이름을 붙인다.
  - ▶ 이 체계에서 분류의 기본적인 단위는 종이다. 각 종의 이름은 두 부분으로 나누어진다. **속명** 다음에 **종소명**이 오는데, 속명의 첫자는 대문자로 하고 모두 이탤릭체로 쓴다(인간, *Homo sapiens*; 흰참나무, *Quercus alba*).
  - ▶ 분류의 계층적 체계는 **영역**, **계**, **문**, **강**, **목**, **과**, **속**, **종**이다. 어떤 계층에서든지 각각의 공식적인 그룹들은 분류군이라고 부른다.
- 3영역 분류 체계는 생물을 **고세균 영역**, **진정세균 영역**, **진핵생물 영역**으로 나눈다.
  - ▶ rRNA 유전자를 비롯하여 100여 개 이상의 유전체를 분석한 결과에 근거한다.
  - ▶ 진정세균 영역은 세포벽에 존재하는 복합 펩티도글리칸이 특징적이다. 펩티도글리칸은 고세균의 세포벽에는 존재하지 않는다.

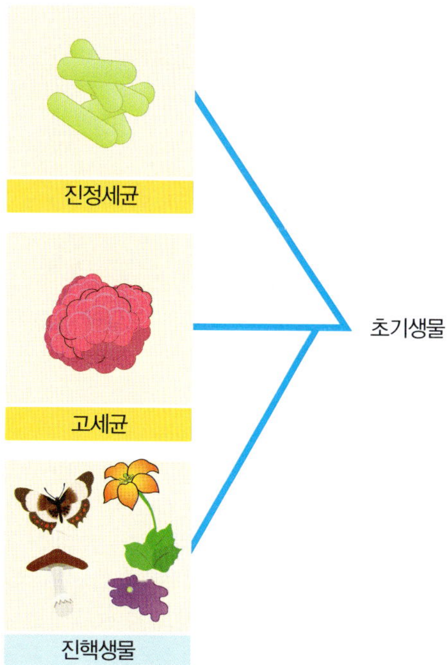

그림 23.2 3영역 분류체계

▶ 고세균 영역은 세균과 유사한 유전자들의 조합으로 이루어져 **수평 유전자 전이**의 증거를 나타낸다.

▶ 진핵생물 영역은 대사에 영향을 주는 유전자가 진정세균과 유사하고 고세균과는 전사와 번역 과정에 관여하는 유전자들이 비슷하다. 따라서 진핵생물은 고세균과 진정세균의 공생체로 판단될 수 있다.

23.2 계통분류학은 공유하는 특징들에 근거하여 진화적인 유연관계 혹은 계통을 규명한다

- 역사적으로 과학자들은 계통을 확립하는 데 있어 구조적 유사성들에 주로 의존해 왔다.
  - ▶ 하나의 최근 공통조상으로부터 파생된 하나의 구조가 두 가지 혹은 그 이상의 종들에서 존재하는 **상동성**은 하나의 공통조상으로부터의 진화를 의미한다.
  - ▶ **상사성**은 외견상으로 유사한 형질이지만 상동성은 아닌 형질을 가리키는 것으로 독립적으로 진화해 왔다.
  - ▶ 화석과 표현형, DNA, RNA, 단백질과 같은 분자 정보의 비교 등을 포함하여 생물들의 유연관계를 결정하기 위해 다양한 준거들을 사용할 수 있다.
- **분자계통분류학**은 진화적 유연관계를 규명하기 위하여 핵산과 단백질과 같은 거대분자를 비교하는 방법을 사용한다.
  - ▶ 분자 차원에서 상동과 상사를 구분하여 분류에 사용한다.

한 토막 생물 뉴스

인류의 기원과 분자계통분류학

영장목 중에서 오랑우탄, 고릴라, 침팬지(보노보), 사람 등은 유인원으로 분류된다. 인류의 기원을 추적하는 데에 이들 유인원과의 친원관계를 살펴보는 것은 기본적인 일이다. 1960년대에 이르기까지는 주로 고고학적 성과에 의존하여 인류의 진화 과정을 찾으려 하였다. 인류와 닮은 라마피테쿠스(화석)의 위치를 고려하여 약 3,000만 년 전에 구세계(아프리카) 원숭이로부터 유인원이 갈려져 나왔다고 간주하였다. 그리고 인류와 가장 가까운 유인원은 오랑우탄, 다음으로 고릴라, 그리고 멀게는 침팬지까지 연결되었다. 그러나 1960년대 후반 알부민 혈청에 대한 면역 반응 정도를 비교한 결과는 고고학적 결론과는 상당히 달랐다. 공통조상으로부터 침팬지, 고릴라, 인간이 유래하였고 그 이전에 오랑우탄이 갈라졌다는 것이다. 이는 생체분자를 이용한 최초의 계통학적 접근이었다. 그 이후 PCR을 사용해 충분히 DNA을 분석하게 되자 더 상세한 결과가 제시되었다. 인류는 오랑우탄과는 가장 멀고 약 1,000만 년 전에 고릴라에서 갈라지고 약 600만 년 전에 침팬지와 갈라진 것으로 정리되었다. 이 결과는 고고학적 성과인 화석과 상호보완된 것이다.

▶ 리보솜 RNA 염기서열의 비교를 통해서 영역, 계, 종들과 관련하여 중요한 분류학적 결정들을 이끌어 내었다.

23.3 진화 분류학은 진화적 분기와 분화의 정도를 고려한다

- **분기학**은 종을 분기군에 배치한다.
  - ▶ **단원적** 계통군은 가장 최근 공통조상의 모든 자손들을 포함한다.
  - ▶ **의사단원적** 계통군은 하나의 공통조상과 그것으로부터 유래된 모든 자손이 아닌 일부 자손들을 포함한다.
  - ▶ **다원적** 계통군의 생물들은 서로 다른 조상들로부터 진화해 온 것들이다.

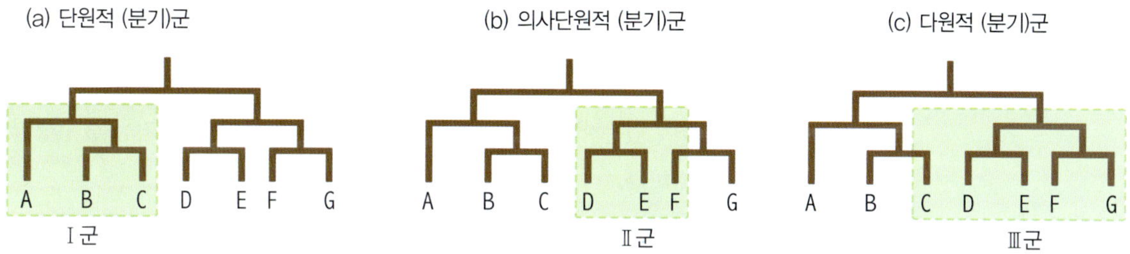

그림 23.3 분기군의 구분

- 생물종의 계통을 추적하기 위해 특정 형질이 조상과 공유되었는지를 판단한다.
  - ▶ **공유조상형질**은 공통조상과 공통으로 보유한 형질이다.
  - ▶ **공유파생형질**은 조상과 다르게 특정 종들에게서 나타나는 것으로 더 최근의 공통조상을 나타낸다.
  - ▶ 분기론자들은 공유파생형질들을 이러한 생물들 간의 관계성을 결정하기 위하여 사용하고, **분기도**로 생물들의 관계를 나타낸다.
- 분석하고자 하는 분류군들에서 어떠한 형질들이 조상형이고 어떤 형질들이 파생형인지를 결정하기 위하여 **외부군**을 사용할 수 있다.
  - ▶ 외부군이란 분석대상이 되는 분류군들 중 어떤 것보다 가장 먼저 분화된 분류군으로서 조상형의 조건들을 지니고 있는 분류군이다.
- 분기학자들은 **최대 단순성**과 **최대 개연성**에 근거하여 계통수를 작성한다. 즉, 자료를 해석하기에 가장 단순한 설명을 선택한다.
- 계통수를 해석하는 데에 분류군들간 계통 유연관계는 가장 최근의 공통조상으로 거슬러 올라가는 가지들을 따라 추적해감으로써 결정된다.
  - ▶ 계통수는 어떤 분류군이 하나의 공통조상을 공유하고 어떻게 이들이 이러한 조상을 최근에 공유하게 되었는지를 보여준다.

▶ 계통수 가지의 길이는 시간 또는 변이 정도를 나타낸다.

● 계통수는 가설이어서 각 계통수를 구성하는 각각의 논리적 근거가 있어야 한다.

23.4 생물의 진화 역사에 대한 많은 것이 유전체에 기록되어 있다

● 유전자 중복과 유전자군을 분석할 수 있다.

▶ **병렬상동 유전자**들은 종 분화가 일어난 후에 서로 분기하여 다른 종에서 발견되는 상동 유전자이다.

▶ **직렬상동 유전자**들은 한 종의 유전체내 중복에 의해 만들어지고 분기군 내에서 서로 달라질 수 있으며, 새로운 기능이 추가될 수도 있다.

● 유전체를 비교하여 진화의 특징을 알 수 있다.

▶ 병렬상동 유전자는 관계가 먼 종들에 의해 종종 공유된다.

▶ 다양하고 복잡한 생물들이 보유한 유전자의 총수가 비교적 비슷한 점이 의미하는 바는 복잡한 생물에 있는 유전자들이 매우 다재다능해 이들이 많은 기능을 수행할 수 있다는 것을 뜻한다.

23.5 분자시계 개념을 이용해 진화의 시간을 추정할 수 있다

● DNA의 일부 부위에서 염기서열이 일정한 속도로 변하는 **분자시계**를 이용하여 과거에 일어난 진화사건의 연대를 추정할 수 있다.

▶ **중립설**에 따르면 해로운 돌연변이는 대부분 제거되지만 중립적이어서 적응도에 영향을 주지 않는 돌연변이는 축적된다.

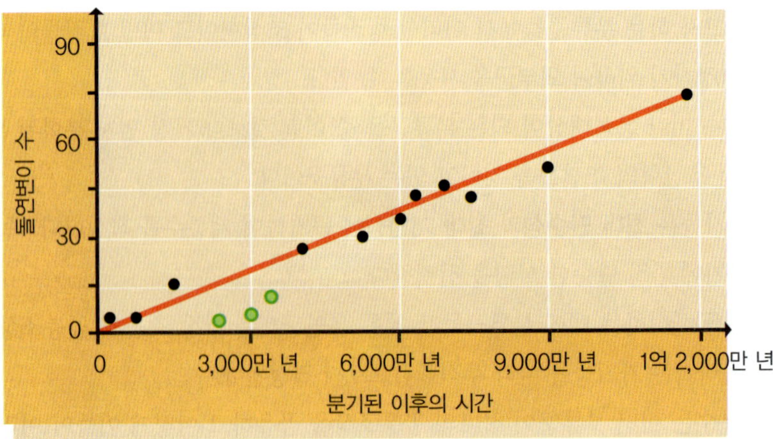

그림 23.4 일곱 가지 단백질 구조를 분석한 결과를 토대로 작성된 포유류에 대한 분자시계

▶ 분자시계는 중립설에 근거한다.

- 유전자에 따라 불규칙성이 존재하여 분자시계 적용이 문제가 되는 경우, 여러 유전자를 사용하여 분자 차원의 변화 속도를 추정한다.

24 원핵생물

만약 태양과 산소가 사라진다면, 당신은?

우리(사람)는 모두 곧 죽는다. 매우 유감스럽지만 엄연한 사실이다. 과연 미생물의 답변은 어떨지 궁금해진다. 아마도 이렇게 콧노래를 부르지 않을까? "태양 없으면 무기화합물 이용하면 되고~♪~ 산소 없으면 무산소호흡하면 되고~♪~ 능력대로 살면 되지~♬" 그렇다. 이들에게는 우리가 가지지 못한 능력이 있다. 다양한 환경에 적응하여 삶을 영위할 수 있는 바로 그 능력. 현재까지 발견된 최고(最古)의 생물체 화석은 35억 년 전쯤의 세균의 것이다. 최초의 생물체가 정확하게 언제 탄생했는지는 모르지만 세균을 비롯한 미생물들이 적어도 35억 년 동안 생명의 진화를 주도해 왔다는 것은 확실하다. 가장 혁신적인 사건은 산소 발생형 광합성 미생물의 출현이다. 이로 말미암아 무산소 상태의 환원형 대기가 점점 산화형 대기로 변화됨에 따라 산소를 이용하여 호흡하는 생물의 진화가 가능해졌다. 반대로 활성산소를 견딜 수 없는 미생물들은 생사의 기로에서 살기 위해서 산소를 피해 숨어버리거나, 새로운 환경에 적응하도록 변화할 수밖에 없었을 것이다. 동일한 화합물을 이용하더라도 산소를 이용한 호흡을 통해서 상대적으로 많은 양의 에너지를 얻을 수 있는 생물체들은 나날이 더 큰 집단으로 번성하면서 새로운 형태의 생물로 진화할 수 있는 기회를 증가시킬 수 있었을 것이다. 화석기록 증거에 의하면 지구 대기 중에 산소가 축적되는 시점부터 다양한 생물체들이 급속도로 나타나기 시작하였다. 즉, 미생물이 없었다면 지구상의 다양한 삶은 애당초 시작되지도 못했을 것이라는 사실이 확증된 셈이다.

핵심 체크 Key Point

아래에 열거된 개념 또는 용어들을 '문제'라고 가정하고 답을 작성해 보자.

원핵생물(Prokaryotes)의 다양성

- 원핵생물이란?
  - ✔ 진정세균(Bacteria)과 고세균(Archaea)의 구분
  - ✔ 진핵미생물: 곰팡이(Fungi), 조류(Algae), 원생동물(Protozoa)

그람염색(Gram staining)의 원리와 방법

- ✔ 세균 세포벽의 구조
- ✔ 펩티도글리칸(peptidoglycan)이란?
- ✔ 그람양성과 그람음성을 구분하는 방법
- ✔ 주변세포질 공간(periplasmic space)이 그람음성 세균에만 있는 이유는?

■ 세포의 표면 구조

- ✔ 협막(capsule)의 성분과 기능
- ✔ 핌브리아(fimbriae, 단수는 fimabria)와 선모(pili, 단수는 pilus)의 구조와 기능
- ✔ 편모(flagella, 단수는 flagellum)의 구조와 작동 메커니즘

■ 내부구조 및 유전체 구조

- ✔ 핵양체 부위(nucleoid region)의 특징
- ✔ 플라스미드(plasmid)란?
- ✔ 응집체(inclusion body)

■ 원핵생물의 증식 방법?

- ✔ 이분법 과정
- ✔ 내생포자(endospore)의 특징과 출현 이유

■ 세균의 유전물질 교환 방법

- ✔ 형질전환(transformation)이란?
- ✔ 형질도입(transduction)이란?
- ✔ 접합(conjugation)이란?

원핵생물의 영양방식

■ 광독립영양체(photoautotroph)의 정의와 해당 세균

■ 화학독립엉양체(chemoautotroph)의 정의와 해당 세균

■ 광종속영양체(photoheterotroph)의 정의와 해당 세균

■ 화학종속영양체(chemoheterotroph)의 정의와 해당 세균

24.1 개념을 이해했다면?

세균이 특정 화합물에 대해 주성(taxis)을 나타내 움직이는 방향과 과정을 편모를 포함시켜 설명해 보자.

24.2 개념을 이해했다면?

접합을 통해 특정 세균이 항생제 내성을 갖게 되는 이유를 설명해 보자.

24.3 개념을 이해했다면?

세균이 지구 환경 속에서 가장 진화에 성공했다는 근거를 논의해 보자.

원핵생물과 산소

- 절대 호기성 생물(obligate aerobe)의 정의와 해당 생물
- 조건부 혐기성 생물(facultative anaerobe)의 정의와 해당 생물
- 절대 혐기성 생물(obligate anearobe)의 정의와 해당 생물
- 무산소호흡(anaerobic respiration)이란?

산소호흡, 발효, 무산소호흡 비교

생물권에서 원핵생물의 역할

- 분해자(decomposer)로서의 역할
- 물질순환(biogeochemical cycle)의 주역으로서 세균의 역할

질소고정(nitrogen fixation) 과정을 설명하고 세균의 역할 예시

- 대사협력이란?
  - ✔ 생물막(biofilm) 형성 과정

세균 또는 고세균이 없다면 대기의 조성이 어떻게 될까? 질소의 순환은?

원핵생물의 계통

세균의 진화 과정에서 수평 유전자 전이(horizontal gene transfer)의 역할

- 진정세균의 분류

- ✔ 그람양성(Gram-postive) 세균
- ✔ 그람음성(Gram-negative) 세균
- ✔ 프로테오세균(proteobacteria)

■ 고세균의 생존 환경

- ✔ 호극성 생물(extremophile)
- ✔ 극호열균(extreme thermophile)
- ✔ 극호염균(extreme halophile)
- ✔ 메탄생성균(methanogen)

생물권 속에서의 원핵생물

■ 세균의 역할 = 분해자(decomposer)

■ 공생(symbiosis)의 정의와 예

- ✔ 숙주(host)와 기생체(parasite)의 구분
- ✔ 공생체(symbiont)의 정의와 해당 세균
- ✔ 상리공생(mutualism)의 정의와 해당 세균
- ✔ 편리공생(commensalism)의 정의와 해당 세균

인간과 원핵생물

■ 병원성(pathogenic) 원핵생물이란?

- ✔ 외독소(exotoxin)의 정의와 예
- ✔ 내독소(endotoxin)의 정의와 예

■ 생물정화(bioremediation)란?

Key Information 주요내용

24.1 다른 모든 생물체의 다양성을 모두 합친 것보다도 원핵생물의 다양성이 더 크다

- 현재의 분류체계
  - ▶ 지구상에 살고 있는 생물체들은 과거에는 그들의 세포학적 특성과 영양형태 및 생활양식에 따라 다섯(동물[Animalia], 식물[Plantae], 원생생물[Protista], 진균[Fungi], 모네라[Monera]) 계(kingdom)로 분류되었다.
  - ▶ 그러나 현재는 생물에 공통적으로 존재하는 ribosomal RNA의 염기서열을 바탕으로 분자계통학적인 관점에서 세 가지(진정세균, 고세균, 진핵생물[Eukarya]) 영역(domain)으로 분류되고 있다.
- 참고로 미생물학의 연구 대상인 미생물은 이 중에서 진정세균 영역과 고세균 영역에 속하는 원핵생물인 세균들을 비롯하여 진핵생물 영역에 속하는 진균(사상균[mold], 효모[yeast], 버섯[mushroom]), 점균(slime mold), 원생동물(protozoa), 조류(algae) 등과 세포의 형태를 갖추지 못하고 있는 바이러스를 포함한다.
- **진정세균 영역:** 크게 **그람 양성**(Gram-postive) 세균과 **그람 음성**(Gram-negative) 세균으로 구분된다. 계통수 상에서 그람-양성 세균으로 표시된 가지 이외의 모든 가지는 그람음성 세균이며, 이 중 프로테오세균에 가장 다양한 세균이 속해 있다(대장균도 여기에 속함).

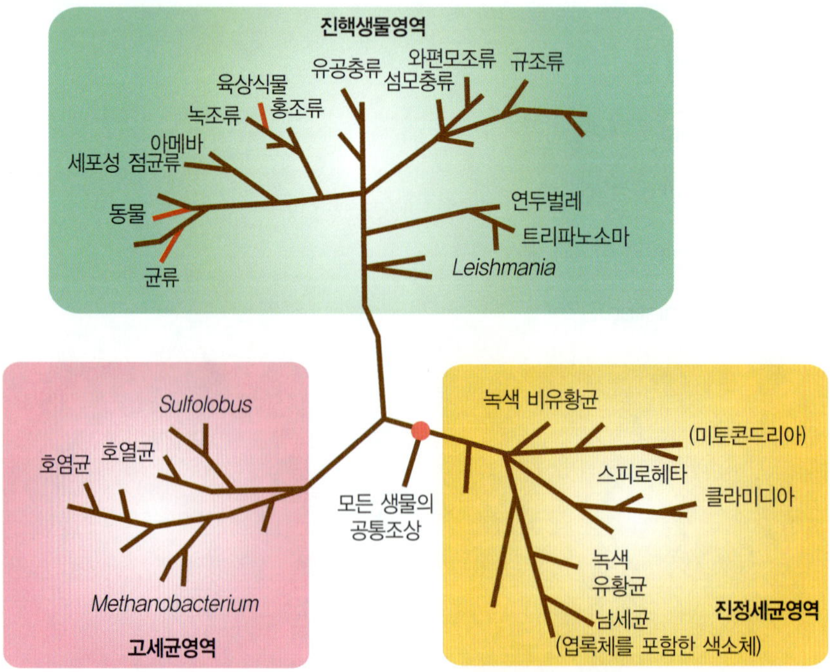

그림 24.1 RNA 구조에 근거한 계통도

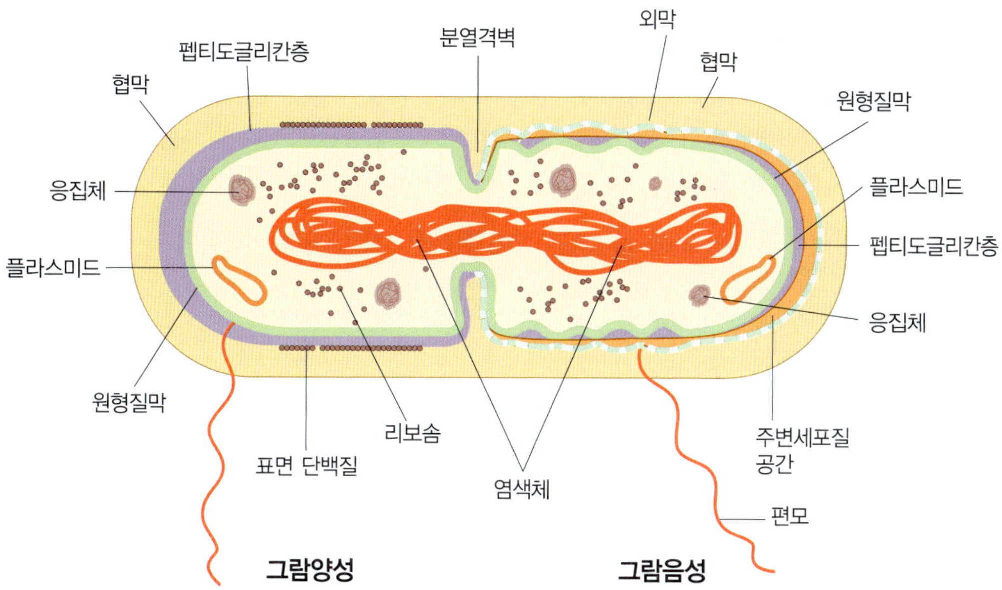

그림 24.2 그람염색과 세균의 구조

- **그람염색(Gram staining)**
  - ▶ 1884년 덴마크의 의사 H. C. J. Gram(1853~1938)이 개발한 분별염색법(differential staining)으로 이를 통해 그람양성 또는 음성을 결정하는 것이 일반적으로 미지의 세균을 동정하는 첫 단계다.
  - ▶ 원리: 기본적으로 그람양성 세균과 그람음성 세균의 세포벽의 구조의 차이에 따른 탈색반응에 대한 민감도 차이

그람양성 세균 세포벽	그람음성 세균 세포벽
– 여러 층의 **펩티도글리칸**이 쌓여 두꺼움 – 산성 다당인 테이코산 (teichoic acid) 함유 – 탈색제로 탈색 시, 첫 번째 염색약 (crystal violet)이 쉽게 탈색되지 않고 남아 있어 보라색으로 염색됨	– 얇은 펩티도글리칸층 + 외막 – 외막은 세포막처럼 지질 이중층이지만, 인지질과 단백질 이외에 다당류 함유 – 지질과 다당류가 결합하여 지질다당 (lipopolysaccaride, LPS) 복합체 형성 – 탈색제에 의해 쉽게 탈색되어 두 번째 염색약 (safranin)으로 염색되어 분홍색을 띰

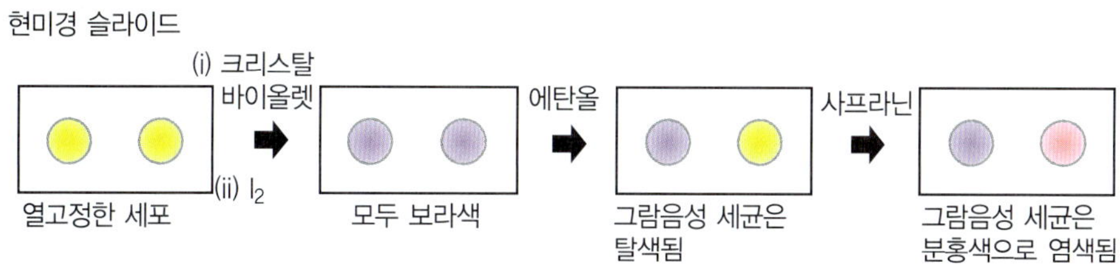

그림 24.3 그람염색의 원리

- **고세균 영역:** 보통 생물은 거의 생존할 수 없는 극한 환경에 서식하는 대부분의 호극성 생물(extremophile)이 속한 그룹. 고세균에서 볼 수 있는 대사 과정들은 최초의 원시생물체와 가장 유사하다고 생각되고 있는데, 특히 고온에서의 생존력 등은 현재 알려진 원시 지구의 환경 조건에 근거해서 볼 때 설득력이 있음.

- ▶ 극호열균(extreme thermophile): 100℃ 이상의 매우 뜨거운 환경에서도 서식
- ▶ 극호염균(extreme halophile): 염분의 농도가 높은 환경에서 서식: 대부분 적정 생장을 위해 2~4M NaCl을 필요로 하고 거의 포화농도인 5.5M NaCl에서도 자랄 수 있는 것들도 있다.
- ▶ 메탄생성균(methanogen): 모두 절대 혐기성으로 CO_2를 이용하여 H_2를 산화시키는 과정에서 노폐물로 메탄(CH_4) 가스를 생성

24.2 원핵생물은 작고 단순하지만 생존에 필요한 구조를 가지고 다양한 방식으로 번식을 한다

- 원핵세포는 막으로 둘러싸인 세포소기관을 갖고 있지 않다.
  - ▶ 어떤 종의 진정세균은 세포벽을 둘러싼 **협막**(capsule)을 생성한다.
  - ▶ 어떤 세균은 **성선모**를 가져 세포로부터 뻗어나가거나 세균 서로 간에 또는 어떤 다른 표면에 부착할 수 있다.
  - ▶ 세균의 **편모**는 기저체, 훅크 및 필라멘트로 구성되어 있어 회전 운동을 한다: 이 구조를 이용해 **주성**을 나타내기도 한다.
  - ▶ 염색체는 **핵양체 부위**에, 작고 독립적인 **플라스미드**는 세포질에 존재한다.
- 세균세포의 일반적인 형태는 **구형**(coccus), **막대형**(bacillus), 그리고 **나선형**을 가진다.
  - ▶ 나선형 세균에는 **스필리룸**(spirillum)과 **스피로헤타**(spirochaeta) 등이 있다.
  - ▶ **비브리오**는 강낭콩 같은 모양이다.
- 원핵생물은 **이분법**, **출아**, 또는 **파편화**에 의해 무성적으로 증식한다.
  - ▶ 세균 중 일부는 필수 영양물질이 부족하면 **내생포자**라는 적응 구조를 형성한다.
- 세균은 다양한 방식으로 유전물질을 교환할 수 있다.
  - ▶ **형질전환**에서는 어떤 세균세포가 다른 세포에서 유출된 DNA 단편을 섭취한다.
  - ▶ **형질도입**은 파지가 하나의 세포에서 다른 세포로 세균의 유전자를 운반한다.
  - ▶ **접합**에서는 서로 다른 배우자형의 두 가지 세포가 유전물질을 교환한다. 이 과정을 통해 항생제 내성이 있는 R 플라스미드가 전달되기도 한다.

24.3 미생물 영양방식

에너지원에 따라	탄소원에 따라
빛 → Phototroph(광영양) 화합물 → Chemotroph(화학영양)	CO_2 → Autotroph(독립영양) 유기탄소 → Heterotroph(종속영양)

- 위 표의 좌우측 칸에 있는 용어를 합쳐보면,
  - ▶ 광독립영양생물(Photoautotroph): 빛을 에너지원으로 이산화탄소를 고정하여 탄소원으로 사용하는 생물

한 토막 생물 뉴스

영화 〈태양은 없다〉의 진정한 주인공(?)

수심 3,000미터 이상의 깊은 바닷속 탐사는 1970년 후반에 이르러서야 가능했다. 이 이전까지는 심해에 어떤 생물도 살 수 없을 것이라 믿었다. 이렇게 믿었던 가장 큰 이유는 바로 태양 빛이 전혀 미치지 않아 광합성에 의한 1차 생산이 불가능할 것으로 예상했기 때문이다. 그러나 예상은 완전히 빗나갔고, 햇빛이 없는 환경에서도 다양한 생물체의 낙원을 목격한 과학자들은 놀라움을 금치 못하며 '어떻게 이런 일이 가능할까?' 라는 질문을 던졌다.

심해의 화산 분화구에서 나오는 분출수에는 유황 성분을 비롯하여 많은 양의 환원된 무기 화합물이 들어 있다. 심해에 사는 어떤 세균들은 태양광선 대신에 이러한 무기물에 들어 있는 에너지를 이용하여 바닷물에 녹아 있는 이산화탄소를 고정하여 유기탄소(당류)를 합성할 수 있는 능력[**Chemolithotrophy(화학무기영양)**]을 가지고 있다. 태양 빛이 미치지 못하는 심해 생태계에서 이러한 세균들은 생산자로서 심해 생태계 먹이그물의 바탕에 있게 된다. 즉, 세균은 좀 더 큰 생물체의 먹이가 되고 먹이사슬의 기본을 형성함으로써, 관벌레(tube worm), 조개, 새우 등의 다양한 생물체가 살아갈 수 있는 따뜻한 낙원을 제공하는 것이다. 그렇다면 영화 〈태양은 없다〉의 진정한 주인공은 미생물이 아닐까?

- 광종속영양생물(Photoheterotroph): 빛을 에너지원으로 유기화합물을 탄소원으로 사용하는 생물
- 화학독립영양생물(Chemoautotroph): 화합물을 에너지원으로 이산화탄소를 고정하여 탄소원으로 사용하는 생물
- 화학종속영양생물(Chemoheterotroph): 화합물에서 에너지원과 탄소원을 얻는 생물체

● 지렁이의 먼 친척뻘인 관벌레의 생체 구조와 생활 방식은 동물에 대한 기존 인식을 바꾸어 놓기에 충분할 만큼 특이하다.

- 성체의 크기가 약 2미터에 달하는 이 동물은 놀랍게도 입, 내장, 항문이 없는 대신 전체 몸무게의 절반에 해당하는 트로포솜(trophosome)이라고 하는 변형된 소화관을 가지고 있다.
- 트로포솜은 조직 1그램당 약 30억 마리 이상의 세균이 들어 있는데, 이들 대부분이 유황 성분(H_2S)에 들어 있는 에너지를 이용하여 이산화탄소를 고정하여 당을 합성한다.

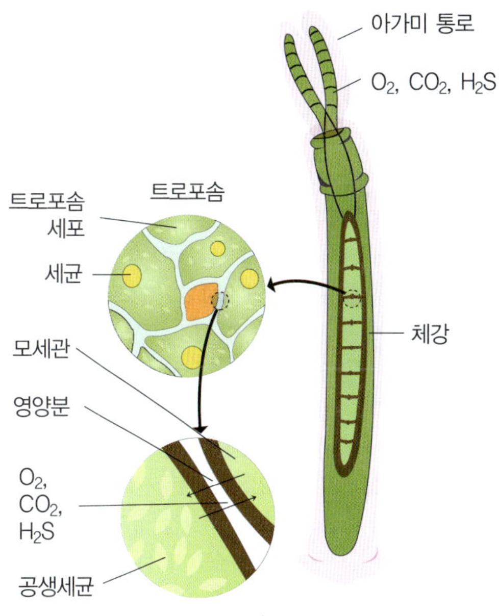

그림 24.4 관벌레와 공생세균

- 관벌레는 산소뿐만 아니라 H_2S와도 결합하는 특수한 헤모글로빈을 가지고 있어서 공생 세균이 이용할 수 있도록 이 두 물질을 트로포솜으로 운반한다. 안락한 집을 제공하고 식재료를 배달한 대가로 관벌레는 이들 공생세균들이 생산한 당과 죽은 세균을 영양분으로 공급받는 것이다.

24.4 미생물과 산소

- 대부분의 세균은 호기성이다. 어떤 것은 조건혐기성으로 필요 시 산소없이 대사를 한다. 또 다른 세균은 절대혐기성이어서 무산소 상태에서만 대사를 수행할 수 있다.

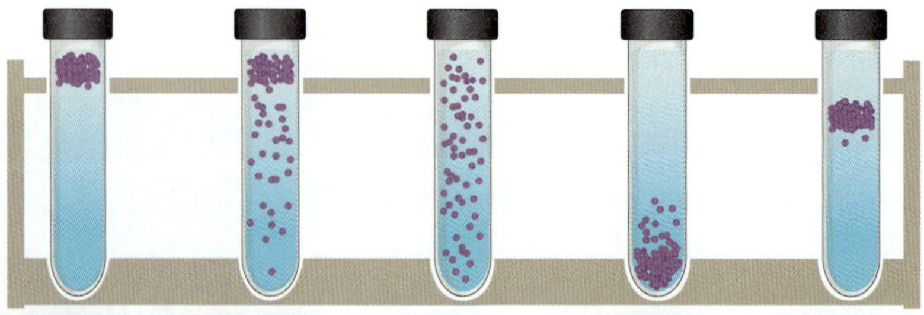

그림 24.5 산소량과 미생물 분포 관계. 물속 산소의 양에 따라 혐기성 미생물의 분포가 다르다. 시험관 상층부는 공기 중 산소가 녹아들어 하층부보다 산소가 많다.

한 토막 생물 뉴스

너나 잘 하세요

세포호흡에 참여한 산소는 대부분 물로 환원되지만, 일부는 초과산화 이온(O_2^-), 과산화수소(H_2O_2) 등과 같은 활성산소가 된다. 활성산소는 체내로 침입하는 유해인자를 제거하는 데에 도움을 주기도 하지만, 활성산소가 세포 내에 과다하게 있게 되면 DNA와 단백질, 세포막 등 중요한 세포 구성 물질이 손상을 입게 된다. 인체에는 초과산화 이온과 과산화수소를 제거할 수 있는 효소들이 존재한다. 그런데 만약 이런 효소를 가지고 있지 않다면 그 생물체는 어떻게 될까? 불행하게도 우리에게는 산소가 '생명수'와 같지만, 이 효소를 갖지 않은 생물체에게는 산소가 '사약'과 같다. 산소를 만나면 죽어버리기 때문이다. 그래서 이들은 생명 부지를 위해 산소를 피해 꼭꼭 숨어야만 한다.

생물 이름에 비호감을 더해주는 글자라면 단연 '균(菌)'일 텐데, 이에 못지않은 것이 '혐(嫌)'이라는 글자다. 이 자가 붙으면 '혐오스럽다'는 단어가 떠오른다. 그런데 이를 어찌하나. 살아보겠다고 산소를 피해 삶의 터전을 옮긴 저들에게 이 두 개의 비호감 글자를 동시에 부여하여 혐기성(嫌氣性) 세균이라고 부르고 있으니! 단순한 어감의 문제를 떠나서 혐기성 세균이라는 용어 자체가 과학적인 오해를 불러오기 때문이다. 혐기성 세균은 공기(산소)가 없다는 뜻의 'anaerobic'을 일본식 한자로 번역하면서 생긴 오류다. '비산소요구성 세균'이 훨씬 더 정확한 표현이다.

더욱이 대부분의 비산소요구성 세균은 활성 산소 제거 효소를 가지고 있으면서 추가로 무산소호흡을 할 수 있는 능력을 가지고 있다. 즉, 산소가 있으면 우리처럼 산소호흡을 수행한다는 얘기다. 따라서 혹시라도 이들의 삶에 대해 측은지심(惻隱之心)을 품는다면, 이들은 이렇게 말할 것이다–"너나 잘하세요." 우리들의 편협한 사고의 틀 안에서는 보면 산소가 없는 환경이 나쁠 것 같지만, 이들의 입장에서 다른 생물이 거의 접근할 수 없는 서식지를 한번 상상해 보자. 그들만의 세상이 아닌가!

24.5 생물권에서 원핵생물의 역할

- 종속영양 원핵생물에 의한 **분해**와 독립영양, 질소 고정 원핵생물의 합성 활동은 생태계 **물질순환**에 중요한 역할을 담당한다.
- 질소순환
  - ▶ 유기질소 화합물이 분해되면 다량의 암모니아가 발생한다.
  - ▶ 어떤 세균들은 고약한 냄새 나는 화합물을 에너지원으로(즉, 먹이로) 이용하여 암모니아를 질산염(NO_3^-)으로 산화시키면서 일단 냄새를 제거해준다.
  - ▶ 또 이렇게 생겨난 질산염을 산소 대신 전자 수용체로 이용하여(그림 24.7 참조) 호흡하는 (무산소호흡) 세균들로 인해 질산염은 궁극적으로 질소가스(N_2)가 되어 대기로 들어간다.
  - ▶ 한편, 일단의 다른 세균들은 질소가스를 환원시켜 다시 암모니아로 만드는데 ($N_2 + 8H \rightarrow 2NH_3 + H_2$), 이것이 질소고정이다.
  - ▶ 원래의 모습으로 돌아온 암모니아는 다시 질소순환 여행을 하게 된다. 특히 암모니아가 바로 질소 비료라는 점을 고려하면 공기 중의 질소를 식물의 생장에 이용될 수 있는 질소 화합물인 암모니아로 전환시키는 세균의 활동은 농업에 필수적이며 비료 비용 절감에 크게 기여한다는 것을 쉽게 알 수 있다.
- 많은 원핵생물은 **숙주** 또는 **공생체**로서 다른 생물과 공생관계를 유지하며 살아간다.
  - ▶ 공생관계에는 **상리공생**, **편리공생** 등이 있다.

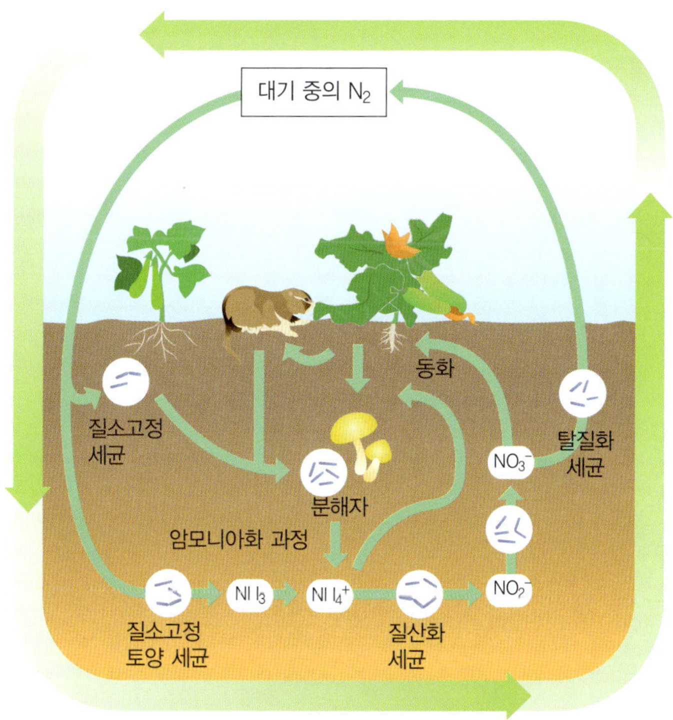

그림 24.6 질소순환과 세균의 역할

▶ 일부 세균의 경우, 숙주에 일방적으로 **기생체**로 살아가는 **기생**을 하기도 한다.

24.6 세균은 인간에게 이로울 수도, 해로울 수도 있다

- **병원성 원핵생물**은
  - ▶ 일반적으로 단백질 **외독소**를 분비하거나, 그람음성 세균의 외막을 구성하는 지질 단백질체 성분인 **내독소**를 지녀 질병을 일으킨다.
  - ▶ 생물테러용 무기로 사용될 가능성도 있다.
  - ▶ 수평 유전자 전달로 무해한 균주에 독성을 나타내는 유전자를 전파할 수 있다.
- **대장균** 및 **아그로박테리움**과 같은 원핵생물이 실험에 사용되면서 **DNA 재조합기술**이 크게 발전하였다.
- 원핵생물은 생물정화(587쪽 참조), 금속 추출, 비타민과 항생제 등의 합성 등에 유용하게 활용된다.

25 원생생물

원생생물의 정체?

분류를 하기 위한 기준을 정할 때 원생생물은 일종의 도피처였다. 뭔가 뚜렷하지 않은 기준으로 편의상 한꺼번에 모아 둔 진핵생물 집단인 것이었다. 초기에 동물, 식물, 미생물의 분류에서는 3가지 생물군에 골고루 퍼져 있었고 5계 체계에서 원생생물계로 독립된 이름을 부여 받았다. 그런데 이 원생생물계이란 무엇인가? 정확히 말하면 동물계도 아니고 식물계도 아니며 균계도 아닌 진핵생물 집단인데 이들은 비교적 단순한 구조를 지녔다는 것이다. 한편 원생생물을 분류하려는 많은 분류학자들은 지속적으로 자신들이 주장하는 기준을 근거로 원생생물을 체계적으로 분류하려 시도하였다. 어떤 기준이 가장 설득력이 있었을까? 진정세균과 고세균을 나눌 때 큰 도움을 준 기준, 그리고 현대에 이르러 분류와 진화에서 그 위력을 유감없이 보여준 분자생물학적 기준, 즉 유전자의 비교이다. 그 결과, 이제 더 이상 원생생물계는 없다. 원생생물은 사실상 거의 대부분의 진핵생물을 일컫는 용어가 되었다. 원생생물과 비교해보면 식물, 동물, 균류는 작은 일부에 해당할 뿐이다.

핵심 체크 key Point

아래에 열거된 개념 또는 용어들을 '문제'라고 가정하고 답을 작성해 보자.

원생생물의 정의와 종류

원생생물(protists)이 더 이상 하나의 계가 아닌 이유 설명

■ 원생생물의 영양 방식

✔ 혼합영양생물(mixotrophs)이란?

25.1 개념을 이해했다면?
원생생물이 생태계에서 사지하는 위치와 비중을 설명해 보자.

내부공생 과정 설명

25.2 개념을 이해했다면?
일부 파동편모충류를 우리 몸의 면역체계가 제거할 수 없는 이유를 설명해 보자.

✔ 2차 내부공생이란 무엇이고 해당 예는?

✔ 미토콘드리아와 색소체의 친척에 해당하는 세균

✔ 원생생물들 사이의 공생, 기생의 예

진핵생물의 5가지 그룹과 이들을 구분하는 가장 커다란 기준은?

섭식구굴착류의 특징과 종류

- 섭식구굴착류(excavates)라는 이름의 유래
- 섭식구굴착류에 속하는 3가지 종류의 생물

중복편모충류(Diplomonads)의 특징과 해당 생물

✔ 중복편모충류가 보유한 미토콘드리아의 특징

✔ 편모와 핵의 특징

25.3 개념을 이해했다면?
인간의 질병을 일으키는 단세포 진핵생물의 종류를 열거해 보자.

부기저체류(parabasalias)의 특징과 해당 생물

✔ 부기저체류에서 발견되는 미토콘드리아의 특징

✔ 질편모류의 특징과 유전자 획득 과정

유글레노조아류(euglenozoans)의 종류와 특징

✔ 운동핵편모충류(kinetoplastids)의 동원질체(kinetoplast)란?, 해당 생물의 예

✔ 유글레나류(euglenid)의 구조와 영양방식

유색피하낭류의 특징과 종류

- 유색피하낭류(chromalveolata) 계통이 단원적이라는 근거
- 유색피하낭류에 속하는 생물 그룹
- 피하낭류(alveolates)의 특징과 해당 예

✔ 피하낭의 구조와 역할

✔ 피하낭류에 속하는 3가지 생물 그룹

와편모류(dinoflagellate)의 세포와 영양방식

25.4 개념을 이해했다면?
적조현상의 원인을 설명해 보자.

정복합체포자충류(apicomplexans)에 해당하는 생물의 특징

✔ 생활사의 특징

✔ 포자소체(sporozoite)란?

25.5 개념을 이해했다면?
말라리아 열원충의 생활사를 두 가지 숙주에서 묘사해 보자.

- 섬모충류(ciliates)

섬모충류의 생활사 설명

✔ 접합(conjugation)의 정의와 의미

✔ 구조적 특징과 해당 생물

■ 부동편모류(stramenopiles)의 특징과 해당 예

✔ 구조적 특징

✔ 부동편모류에 속하는 생물 그룹들

규조류(diatoms)의 다양한 특징

✔ 구조적 특징

✔ 무성생식 방법

✔ 규조토의 특징과 규조류의 생태학적 역할

황갈조류(golden algae)의 구조와 영양방식

25.6 개념을 이해했다면?
갈조류의 생활사를 구체적인 생물의 예를 들어 묘사해 보자.

갈조류(brown algae)의 특징과 구조

✔ 구조와 색소의 특징

✔ 엽상체(thallus, 복수는 thalli), 부착기(holdfast), 엽병(stipe), 엽신(blade) 등의 구조와 기능

✔ 갈조류의 활용

세대교번(alternation of generation)의 정의와 종류 설명[= 이형(heteromorphic), 동형(isomorphic)]

✔ 유주자(zoospore)란?

난균류(oomycetes)의 특징과 해당 생물

✔ 난균류가 지닌 다핵성 균사와 균류 균사의 관계를 설명

✔ 난균류가 일으키는 병의 종류와 증세

근족사상류의 특징과 종류

- 근족사상류(rhizaria)의 형태적 특징
- 근족사상류에 속하는 생물 그룹

유공충류(foraminiferans)의 특징

✔ 유공충이란 이름의 유래, 외각이란?

✔ 영양분 획득 방법과 서식처

✔ 유공충의 활용도

- 방산충류(radiolarians)의 구조적 특징과 분포
- 아메바성 편모충류(cercozoa)의 특징과 예

고색소체류의 특징과 종류

- 고색소체류(archaeplastida)의 정의와 해당 생물 그룹

홍조류(red algae, rhodophytes)의 특징

✔ 홍조소(phycoerythrin)의 구조적 특징

✔ 홍조류의 서식 환경

✔ 홍조류의 구조적 특징과 활용도

✔ 홍조류의 생활사

25.7 개념을 이해했다면?
녹조류와 홍조류, 육상식물의 진화적 관계를 설명해 보자.

녹조류(green algae)의 특징와 해당 생물

✔ 녹조류 해당 생물과 식물과의 연관성

✔ 녹조류의 종류와 해당 생물의 예

단편모충류의 특징과 종류

■ 단편모충류(unikonta)의 주요한 2개 분기군

25.8 개념을 이해했다면?
점균류와 균류의 수렴진화 예를 들고 설명해 보자.

아메보조아류(amoebozoans)의 특징과 해당 생물

✔ 구조적 특징과 포괄되는 생물 그룹

25.9 개념을 이해했다면?
세포성 점균류의 생활사와 세포들 사이의 관계를 설명해 보자.

✔ 원형질성 점균류의 생활사

✔ 무각아메바류(gymnamoebas)의 특징과 종류

✔ 기생아메바류(*Entamoeba* 속)가 일으키는 질병

25.10 개념을 이해했다면?
동물과 균류는 계통수에서 어디에 속하는지 찾아보자.

후편모류의 특징과 해당 생물

✔ 후편모류(opisthokont)에 속하는 생물 그룹

✔ 다핵류(nucleariida)란?

주 요 내 용 Key Information

25.1 매우 다양한 진핵생물들이 원생생물에 포함된다

- **원생생물**은 간단한 진핵생물로 대부분 단세포성이고 물속에서 서식한다.
  - ▶ 현미경적인 단세포 생물 크기에서 **군체**(느슨하게 연결된 세포 집단), **다핵체**(다핵성의 세포질 덩어리) 및 **다세포 생물**(많은 세포로 구성된)에 이르기까지 다양하다.
- 원생생물은 운동, 영양방식, 생식 등에서 다양한 특징을 나타낸다.
  - ▶ 원생생물은 위족, 편모 및 섬모를 비롯한 다양한 운동 수단을 가지고 있다. 일부는 비운동성이다.
  - ▶ 많은 경우, 광합성을 수행하여 생산자로 기능한다. 종속영양으로 필요한 양분을 얻는 생물도 있고 광합성을 하면서 종속영양을 하는 **혼합영양**을 수행하기도 한다.
  - ▶ 원생생물은 자유생활을 하거나 **상리공생**에서 **기생**에 이르기까지 다양한 공생 관계를 가지기도 한다.
  - ▶ 대부분의 원생생물은 바다, 담수의 웅덩이, 호수 및 하천에 서식하고 기생 원생생물은 숙주의 체액에서 서식한다.
  - ▶ 많은 원생생물은 배우자 합체에 의한 유성생식과 무성생식의 두 가지 생식을 하고, 일부는 무성생식만 한다.
- **내부공생설**에 따르면
  - ▶ 미토콘드리아와 엽록체는 큰 세포와 통합되어 큰 세포 내에서 살게 된 작은 원핵생물 사이의 공생 관계에서 형성되었다.
  - ▶ 미토콘드리아는 호기성 진정세균으로부터 발생하였고 알파프로테오세균은 미토콘드리아와 가장 근연의 생물이다.
  - ▶ 홍조류, 녹조류 및 식물의 엽록체는 남세균이 숙주 세포 속에 통합된 내부공생 결과라고 생각된다.

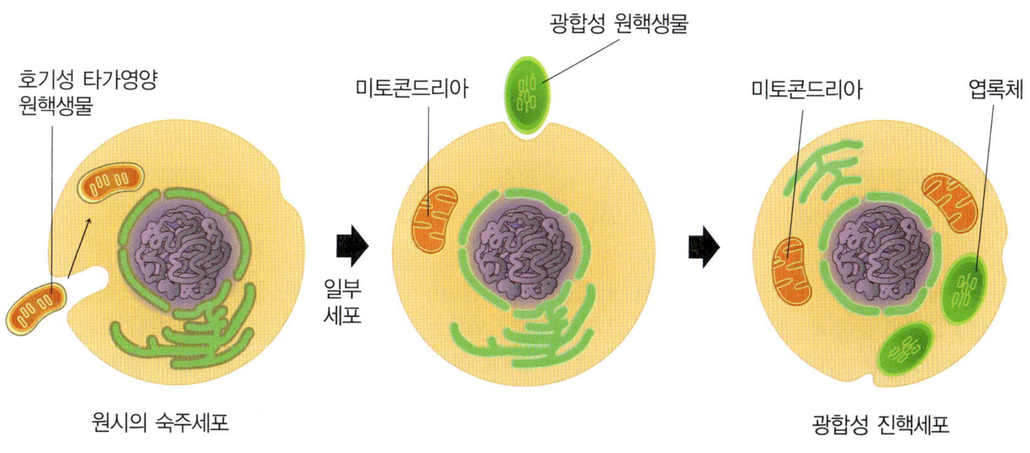

그림 25.1 내부공생에 의한 진핵세포의 탄생

▶ 유글레나, 와편모조류, 규조류, 황금조류, 갈조류의 엽록체 및 정복합포자충류 등에서 볼 수 있는 비기능적 엽록체는 많은 **2차 내부공생**의 결과로 생겼다고 추측된다.

● 원생생물들 사이의 계통 관계는 대개 **미세구조**와 비교 분자자료에 의해 결정된다.

▶ 대부분의 계통분류학자들은 원생생물계를 공통의 진핵조상의 후손을 일부 갖거나 전혀 갖지 않는 생물의 **의사단원적** 집단으로 간주한다.

▶ 크게 섭식구굴착류, 유색피하낭류, 근족사상류, 고색소체류, 단편모충류로 나뉜다.

25.2 섭식구굴착류는 독특한 미토콘드리아를 소유한다

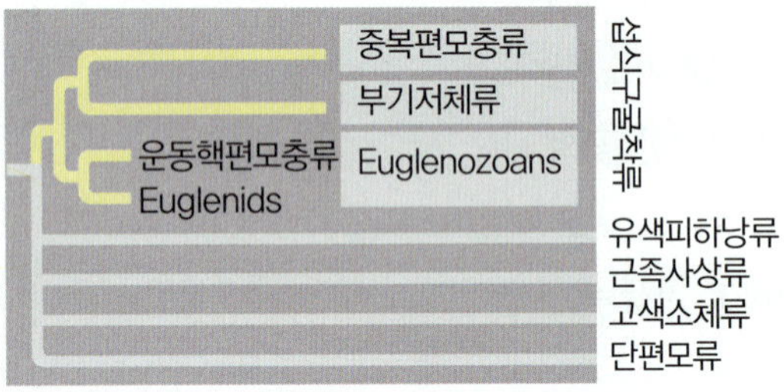

그림 25.2 섭식구굴착류의 계통

● 단원적인지 의사단원적인지는 확실하지 않다.

▶ 중복편모충류, 부기처제류, 유그레노조아류로 구성된다.

▶ 일부는 세포의 한 면에 파인 홈 구조를 지닌다.

● **중복편모충류**는 대개 채찍과 같은 **편모**에 의해 이동하는 단세포성 종속영양생물이다.

▶ 미토좀이라는 변형된 미토콘드리아를 지닌다.

▶ 하나 또는 2개의 핵을 가지고, 골지체가 없으며 편모는 8개까지 갖는다.

▶ 내장흡반편모충(*Giardia*)과 같이 기생생활을 하기도 한다.

● **부기처제류**는 수소발생소포를 지녀 혐기성 호흡을 하고 수소를 발생시킨다.

▶ 질편모충(*Trichomonas vaginalis*)과 같이 감염성 질환을 나타내기도 한다.

▶ 기생세균으로부터 수평 유전자 전달을 받기도 한다.

한 토막 생물 뉴스

기생생물의 결정판, 원생생물들

우리 몸에서 서식을 하는 생물들은 종류도 매우 다양하고 그 숫자도 많다. 이들은 우리 몸과 이익을 주고받는 상리공생, 자신들만의 이익을 취득하는 편리공생, 기생 등 그 다양한 종류의 상호작용 관계를 보여준다. 이 중 우리가 가장 신경을 많이 쓸 수밖에 없는 대상은 기생생물이다. 우리의 면역체계는 이런 기생생물들에 대응하여 진화해 왔다. 즉, 불특정 대상을 위한 선천적 면역과 특정 침입자를 위한 맞춤형 후천성 면역을 구축해 온 것이다. 그럼에도 불구하고 이 면역의 압력을 잘 극복하는 기생생물들이 있다. 이 경우, 기생생물이 원핵세포라면 진핵세포와 다른 점을 공략하여 항생제 등의 약을 사용할 수 있다. 또한 침입자의 일부를 미리 경험하게 하여 면역력을 미리 준비할 수 있다. 그런데 이런 전략에 대응해 우리 몸의 면역체계를 비웃는 기생생물들이 있다. 바로 수면병을 유발하는 파동편모충류(유글레나조아 그룹의 운동핵편모충류에 속함)와 말라리아를 유발하는 열원충(피하낭류 그룹의 정복합포자충류에 속함)이 그들이다. 파동편모충류는 표면단백질의 종류를 신속하게 바꾸고 열원충도 빠르게 변이체가 출현한다. 이들을 대상으로 항생제는 물론, 백신을 제작하기 쉽지 않고 우리의 면역체계도 적절한 반응을 하기 쉽지 않다.

- **유글레나조아**는 종속영양, 광독립영양 등 다양한 영양 방식을 나타낸다.
  - ▶ **운동편모충류**는 동원질체를 지니고 수면병이나 샤가스병을 일으키는 파동편모충(*Trypanosoma*)을 포함한다.
  - ▶ **유글레나류**는 독립영양생물이지만 빛이 없으면 종속영양을 한다.

25.3 유색피하낭류에는 피하낭류와 부등편모류가 있다

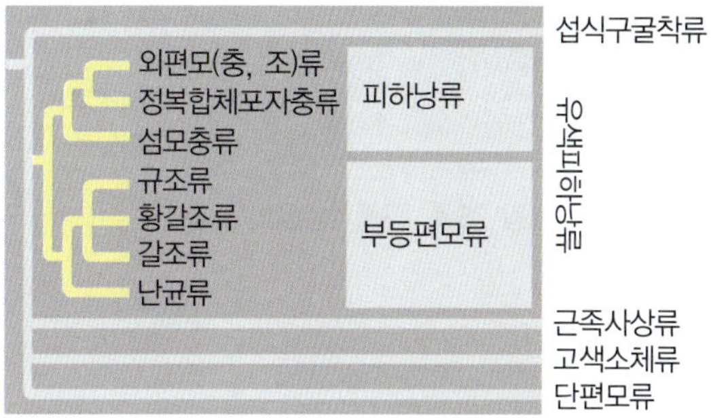

그림 25.3 유색피하낭류 계통

- 10억 년 전, 단일 계통군에서 유래하였고 대부분 2차 내부공생 결과 생겨난 것으로 추정된다. 이들은 피하낭류와 부등편모류로 구성된다.
- **피하낭류**에는 세포막 아래에 작은 주머니가 있다.
  - ▶ **와편모류**는 대개 해양 생태계에서 주요 생산자로서 2개의 편모를 가진 생태적 중요성이 큰 단세포성 광합성 생물이며 일부 와편모류는 적조로 알려진 독성 물질을 생성한다. 혼합 또는 종속영양을 하며 적조현상을 일으킨다.
  - ▶ **정복합체포자충류**는 포자를 생성하는 기생성이고 운동성이 없다. 이들은 숙주세포에 자신을 부착시키는 미소관의 정단 복합체를 가지고 있다. 말라리아 열원충(*Plasmodium*)이 여기에 속한다.
  - ▶ **섬모충류**는 **소핵**과 **대핵**을 가지고 있고, 접합이라고 하는 복잡한 유성생식을 하며, 털과 같은 섬모로 운동을 한다.
- **부등편모류**는 털이 있는 깃편모와 매끈한 채찍편모를 지닌다.
  - ▶ 수계 생태계에서 주요 생산자인 **규조류**는 대개 규산질 피각을 가진 단세포성이다. 일부 규조류는 부유성의 **플랑크톤**을 구성하고, 일부는 암석이나 저질에서 생육하고 활주운동으로 이동한다.
  - ▶ **황갈조류**는 대개 단세포성이고 2개의 다른 편모를 가진 담수 및 해양조류이며, 해양의 극미세 플랑크톤의 중요한 구성요소로서 생태적으로 중요하다.
  - ▶ 다시마(*Laminaria*)가 속한 **갈조류**는 찬 해수에서 생태적으로 중요한 다세포성 해조류이다. 전형적인 갈조류는 잎과 유사한 **엽신**, 줄기와 유사한 **엽병**, 고착시키는 **가근** 및 부유를 위한 가스로 채워진 주머니를 가진다. 이들은 **세대교번**을 포함하는 복잡한 생활환 동안 편모를 가진 세포를 생성한다.
  - ▶ **난균류**는 다핵성 **균사체**를 가진 이형 편모류이다. 이 구조는 균류와 비슷한데, 이는 수렴진화의 결과이다. 이들은 2개의 편모를 가진 **유주자**를 형성하여 무성생식을 생식하고, 난포자를 형성하여 유성생식을 한다. 물곰팡이(*Phytophthora*)는 갑작스런 참나무의 고사나 감자역병과 같은 심각한 식물 질병을 유발한다.

25.4 근족사상류에는 실 같은 위족을 지닌 다양한 종류가 존재한다

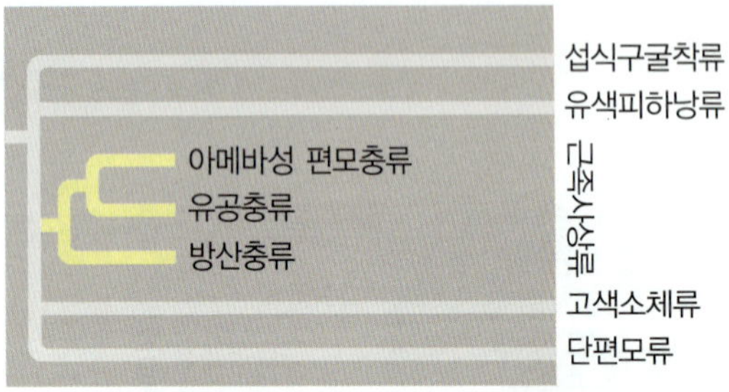

그림 25.4 근족사상류의 계통

- 많은 경우 아메바이고, 아메바성 편모충류, 유공충류, 방산충류로 구성된다.
- **아메바성 편모충류**의 일종인 클로라라크니오조류는 녹조류를 삼켜서 진화한 2차 내부공생의 산물로 추정된다.
- **유공충류**는 세포질이 돌출한 작은 구멍을 가진 많은 방으로 이루어진 피각을 분비하는데, 이는 먹이 섭취 또는 이동에 이용된다.
- **방산충류**는 대개 세포골격에 있는 구멍을 통해 노출된 세포질 돌기에 의해 먹이를 얻는 해양 플랑크톤이다.

25.5 고색소체류는 육상식물과 그 친척들을 포함한다

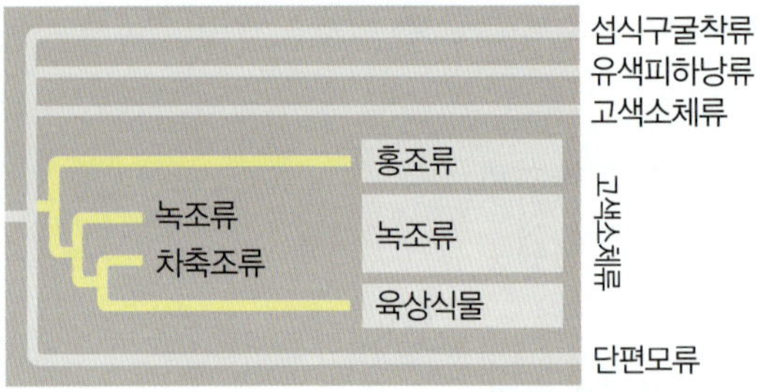

그림 25.5 고색소체류의 계통

- 고색소체류는 홍조류, 녹조류 및 육상식물을 포함하고 이들은 모두 외막과 내막에 쌓인 엽록체를 가지고 있기 때문에 단원적이다.
- 대부분 다세포성 해조류인 **홍조류**는 따뜻한 열대 해양에서 생태적으로 중요하다. 다양한 생활사를 가지며 많은 경우, 세대교번을 한다. 김(*Porphyra*)이 홍조류의 일종이다.
- **녹조류**는 크기, 구조적 복잡성 및 생식방법 등이 매우 다양하다.
  - ▶ 녹조류와 차축조류(charophyte)로 구분할 수 있다.

▶ 식물과 많은 유사성을 가지고 있으며, 육상식물은 녹조류로부터 진화된 것으로 간주된다.

▶ 고색소체류는 군체, 진정한 다세포, 다핵성 등 상이한 메커니즘을 통해 크고 복잡한 생물로 진화했다. 클라미도모나스(*Chlamydonomas*)는 가장 단순한 녹조류이다.

25.6 단편모류는 최근에 제안된 그룹이다

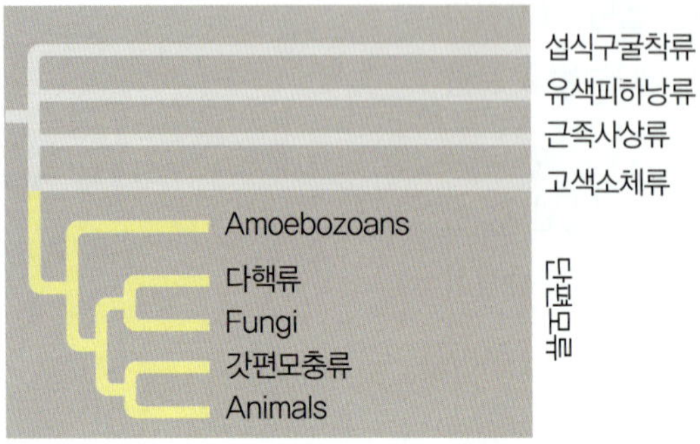

그림 25.6 단편모류 계통

- 아메보조아류와 후편모류로 구성된다.
- **아메보조아류**는 잎사귀형의 위족을 지닌다.
  - ▶ **아메바**는 위족이라 부르는 세포질 돌기를 이용한 식세포작용에 의해 먹이를 얻고 운동을 한다.
  - ▶ **원형질성 점균류**(plasmodial slime mold)는 섭식단계에서는 다핵성 변형체다. **포자낭** 내에서 생성된 반수체 포자로 생식한다.

- ▶ **세포성 점균류(cellular slime mold)**는 개개의 아메바성 세포로서 생장한다. **자실체(fruiting bodies)**로 집합하여 생식하고, 무성 포자를 생성한다.
- ▶ **무각아메바류**는 크고 다양한 무리의 아메보조아류로 구성된다.
- ▶ 일부 기생아메바류의 일종인 이질아베바(*Entamoeba histolytica*)는 이질을 일으킨다.

● 후편모류는 매우 다양한 그룹이다.

- ▶ 동물, 균류 및 몇 가지의 원생생물 그룹을 포함한다.
- ▶ 다핵류는 균류와, 깃편모충류(choanoflagellates)는 동물과 밀접하게 관련되어 있다.

26 육상식물의 진화

식물은 건조에 어떻게 대응했는가?

동물은 육상으로 진출하기 전부터 서로 전혀 다른 모양들로 진화했고 그 다양한 모양은 육지로 진출해 독립적으로 진화했다. 그러나 육상식물은 하나의 조상종에서 유래한 것으로 보인다. 즉 녹조류에서 유래한 많은 종 중에 움직이지 못한 채 변화무쌍하고 다양한 육상 조건에 적응한 종은 오직 하나인 것으로 판단된다. 홀씨, 왁스층 표면, 관다발의 발달, 포자 등의 적응이 있었고 당연한 것이지만 생식과 관련한 중요한 적응이 있었는데, 이들은 동물과 대조된다. 식물은 수정을 위해 꽃가루를 바람에 날리거나 동물을 매개로 사용한다. 이렇게 되면 굳이 수분이 풍부한 환경 조건에서 물을 통해 정자가 난자로 이동할 필요가 없다. 동물이 체외수정이 아닌 체내수정을 하는 이유와 대비된다. 식물은 또한 종자를 만들어 번식을 성공시킨다. 이는 마치 동물 중 양막류가 양막으로 수정란을 발생시켜 물이 없어도 번식할 수 있는 구조에 비교될 수 있다. 이러한 적응들로 인해 식물이 육상에서 번성에 성공하면서 몸집을 늘리는 데에도 성공하였다. 1차적으로는 관다발의 역할이었지만 식물의 길이와 부피의 생장을 담당한 분열조직의 출현 때문이다. 오늘날 지표면을 덮은 커다란 덩치의 수많은 식물들은 이렇게 번성한 것이다.

핵심 체크 Key Point

아래에 열거된 개념 또는 용어들을 '문제'라고 가정하고 답을 작성해 보자.

녹조류로부터 육상식물의 진화

■ 육상식물의 조상은 녹조류 중 어떤 생물과 가장 비슷한가?

26.1 개념을 이해했다면?
차축조류와 공유하는 형질, 즉 육상식물이 녹조류에서 유래했다는 주장을 지지하는 형태 및 생화학적, 유전적 증거는 무엇인가?

식물의 육지로의 이동을 가능하게 한 적응

✔ 큐티클층 등 건조 방지 장치

✔ 포자를 이용한 번식: 스포로폴레닌(sporopollenin)이란?

육상식물이 육지에 적응한 파생형질

식물계의 파생형질과 각각의 의미

✔ 세대교번, 벽에 싸여 있는 포자, 다세포 배우자낭, 모체에 의존적인 배, 정단분열조직 (apical meristem)

세대교번(alternation of generation) 설명

✔ 배우체(gametophyte)의 정의

✔ 포자체(sporophyte)의 정의

✔ 포자(spore)의 정의와 포자가 육상생물의 번식에서 지니는 이점

✔ 포자낭(sporangia)과 포자모세포(sporocyte)란?

■ 다세포 배우자낭은 어떻게 형성되는가?

✔ 배우자낭(gametangia)의 정의와 종류

✔ 장란기(archegonium)의 정의와 역할

✔ 장정기(antheridium)의 정의와 역할

■ 육상식물을 왜 유배식물(embryophytes)이라 하는가?

■ 육상식물의 구분 근거

✔ 선태식물(bryophyte): 비관다발식물을 지칭하는 용어
비교〉 관다발식물: 석송식물(lycophytes), 양치식물(pterophytes), 종자식물

✔ 비종자 관다발식물(seedless vascular plants)과 종자식물의 특징과 해당 식물을 비교

✔ 종자(seed)란?

✔ 겉씨식물(gymnosperm)과 속씨식물(angiosperm)의 정의와 구분

26.2 개념을 이해했다면?
관다발의 정의와 관다발이 식물의 번식에 미치는 영향을 설명해 보자.

배우체가 우세한 선태류

26.3 개념을 이해했다면?
선태류가 대부분 지표면 수준의 크기로 자라고 주기적으로 물이 공급되는 환경에서만 자랄 수밖에 없는 이유를 설명해 보자.

- 선태류(bryophyte)의 정의와 이에 속하는 문의 종류:
  - ✔ 태류(liverworts; 태류문, Hepatophyta)의 특징과 해당 식물
  - ✔ 각태류(hornworts; 각태류문, Anthocerophyta)의 특징과 해당 식물
  - ✔ 선류(mosses; 선류문, Bryophyta)의 특징과 해당 식물
- 선태류 배우체의 특징
  - ✔ 원사체(protonema)의 구조와 역할
  - ✔ 배우자낭병(gametophore)과 장정기(antheridia), 장란기(archegonia)의 형성 과정
  - ✔ 선태류 수정 과정과 특징
  - ✔ 가근(rhizoid)의 정의와 역할

선태류의 포자체가 배우체에 의존적인 근거

  - ✔ 발(foot)과 삭병(seta)의 구조와 역할
  - ✔ 삭(capsule), 삭모(calyptra), 삭치(peristome)의 구조와 기능
- 선류의 생태, 경제적 중요성이란?
  - ✔ 토탄(peat)의 정의와 경제성

26.4 개념을 이해했다면?
이끼류의 생활사를 묘사해 보자.

비종자 관다발식물, 양치류

- 관다발식물의 파생형질
  - ✔ 포자체가 우세한 생활사
  - ✔ 물관부와 체관부를 통한 물질수송
  - ✔ 뿌리와 잎의 진화

관다발의 정의와 식물의 진화에 미치는 영향 설명

✔ 물관부(xylem)의 구조와 역할

✔ 헛물관(tracheid)과 리그닌(lignin)의 정의와 역할

✔ 체관부(phloem)의 구조와 역할

■ 뿌리(root)의 역할과 진화 과정

잎의 출현 과정 설명

✔ 소엽(microphyll)의 진화 과정과 관련 식물

✔ 대엽(megaphyll)의 진화 과정, 역할, 관련 식물

■ 포자엽과 포자의 변이

✔ 포자엽(sporophyll)의 정의와 구조

✔ 포자낭군(sori)과 포자수(strobili)란?

✔ 동형포자성(homosporous)과 이형포자성(heterosporous)의 비교와 해당 식물

■ 비종자 관다발식물의 분류

✔ 석송식물문(phylum Lycophyta): 석송류(club mosses), 구실가리류(spike mosses), 물부추류(quillworts)

✔ 양치식물문(phylum Pterophyta): 양치류(ferns), 속새류(horsetails), 솔잎란류(whisk ferns)와 친척들

26.5 개념을 이해했다면?
양치류의 생활사를 재구성해 보자.

종자식물의 축소된 배우체

축소된 배우체의 장점 설명

■ 이형포자성이란? 종자식물의 법칙

✔ 대포자낭과 소포자낭의 기능 비교

✔ 대포자와 소포자의 비교

✔ 대포자(megaspore)와 소포자(microspore)의 구분과 각각이 만드는 생식세포 비교

종자와 화분립이 육상식물의 주요 적응 현상인 이유 설명

- 수분(pollination)의 정의와 과정
  - ✔ 밑씨(ovule)와 난자의 생성
  - ✔ 주피(integument)와 밑씨의 구조와 역할
  - ✔ 꽃가루(화분립, pollen grain)와 정자의 구조와 역할

겉씨식물의 진화

겉씨식물의 특징 설명

- ✔ 겉씨식물의 진화와 조상식물의 특징
- ✔ 원겉씨식물류(progymnosperms): 비종자 관다발식물
- 겉씨식물의 구조와 분포의 특징

겉씨식물의 분류: 4개의 문으로 구성됨

- ✔ 소철식물문(Cycadophyta)의 구조와 생식의 특징
- ✔ 은행식물문(Ginkgophyta)의 구조와 생식의 특징
- ✔ 마황식물문(Gnetophyta)의 구조와 생식의 특징
- 구과식물문(Coniferphyta)의 구조와 생식의 특징
  - ✔ 소나무 생식에서 화분립이 지니는 이점: 배우자를 만나게 해주는 바람을 이용하게 됨

26.6 개념을 이해했다면?
소나무의 생활사를 설명해 보자.

속씨식물: 꽃과 열매

- 속씨식물의 공통 특징과 현재 전체 식물계에서 차지하는 비중

꽃 (flower)의 구조와 진화적 이점을 설명

- ✔ 꽃받침(sepal), 꽃잎(petal), 수술(stamen), 암술(carpel), 화탁(receptacle), 자예(pistle), 수술대(filament), 꽃밥(anther), 암술머리(stigma), 씨방(ovary) 등의 구조와 역할

- 열매(fruit)의 구조와 역할, 식물 분포에서의 이점
  - ✔ 과피(pericarp)란?

속씨식물의 생활사를 설명

26.7 개념을 이해했다면?
중복수정(double fertilization) 과정과 이점을 설명해 보자.

- ✔ 배낭(embryo sac)과 주공(micropyle)의 구조
- ✔ 타가수분(cross pollination)이 일어나는 이유
- ✔ 접합자가 포자체의 배로 발달하는 과정
- ✔ 배젖(endosperm)의 역할

- 속씨식물의 진화
  - ✔ 주요 분기군의 형성 시대와 과정
  - ✔ *Archaefructus*와 *Amborella*의 중요성 설명
- 속씨식물의 다양성
  - ✔ 기저속씨식물(Basal Angiosperm)의 특징과 종류
  - ✔ 목련류(Magnolids)의 특징과 종류
  - ✔ 외떡잎식물(Monocot)의 특징과 종류
  - ✔ 진정쌍떡잎식물(Eudicot)의 특징과 종류
- 속씨식물과 동물 사이의 공진화 메커니즘
- 종자식물로부터 얻는 생산물의 종류

26.8 개념을 이해했다면?
인류의 복지에 도움을 주는 종자 식물의 종류를 예시해 보자.

■ 식물다양성을 위협하는 요인:

✔ 인구증가, 열대우림과 여러 생태계의 서식지 파괴

Key Information 주요내용

26.1 육상식물의 출현은 많은 해부학적, 생리학적, 생식적 적응을 동반하였다

- 식물은 수분손실을 방지해 주는 왁스 성분의 **큐티클**과 광합성 원료인 이산화탄소 등 기체를 교환할 수 있는 기공을 가진다.
- 식물의 **세대교번**
  - ▶ 다세포성 반수체 배우체로 생활사의 한 부분을 보내고, 다세포성 이배체 포자체로 한 부분을 보내는 것을 **세대교번**이라 한다.
  - ▶ 성숙한 배우체 식물은 유사분열에 의해 배우자를 만든다. 배우자는 융합하여 수정하면 접합자를 만든다.
  - ▶ 접합자가 **포자체** 세대의 첫 번째 단계이다.
    1) 접합자는 배우체에 의해 영양분이 제공되고 보호되며, 다세포성 **배**로 발생한다.
    2) 성숙한 포자체 식물은 감수분열을 통해 **포자**를 형성한다.
  - ▶ 포자 형성은 **배우체** 세대의 첫 번째 단계이다.

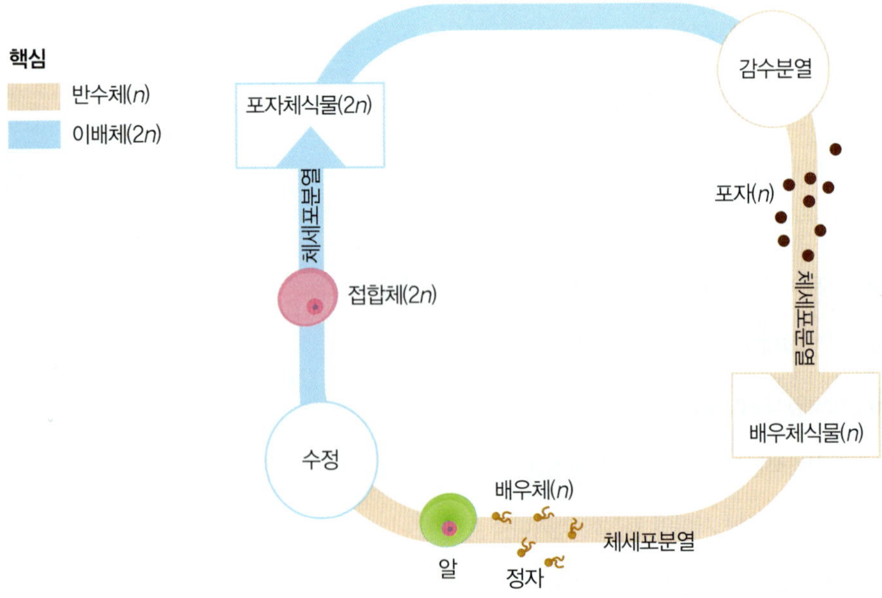

그림 26.1 식물의 세대교번

1) 배우체란 반수체로 한 세트의 염색체를 가지고 있는 세포들로 이루어져 있고, 체세포분열에 의하여 반수체 배우자들인 난자와 정자를 생성하는데, 이들이 융합하여 이배체 접합자를 형성한다.
2) 대부분의 식물은 배우체를 둘러싸서 보호하는 다세포성인 **배우자낭**을 만든다. **장정기**는 정자를 만들고 **장란기**는 난자를 만든다.
3) 비록 육지생활에 적응했다 하더라고, 이끼와 고사리는 운동성 있는 정자를 가지므로 수정을 위해 수송매개체로서 물이 필요하다.

● 유관속 식물
▶ 물에 용해된 영양분 미네랄 수송매개체로서 물이 필요하다.
▶ 유관속식물은 물과 용해된 영양분 미네랄을 수송하기 위한 **물관부**와 용해된 당을 수용하기 위한 **체관부**를 가진다.

26.2 육상식물은 녹조류에서 유래하였다

● 초미세 구조와 분자생물학적 자료에 근거하여 식물이 녹조류의 한 그룹으로부터 유래하였을 것이라고 본다.
▶ 식물과 녹조류는 유사한 생화학 형질을 가진다. 동일한 광합성 색소, 세포벽 구성요소, 탄수화물 저장물질 등이 그 예이다.
▶ 식물과 녹조류는 세포분열과 같은 핵심과정에서도 유사성을 가진다.

● 식물과 녹조류의 일종인 **차축조류**는 비슷한 점을 공유한다.
▶ 이들이 공유하는 형질은 장미형 셀룰로오스 합성복합체, 퍼옥시좀 효소들, 편모성 정자의 구조적 유사성, 세포분열 시 격막형성체의 형성 등이 있다.
▶ 핵과 엽록체 유전자의 유사성은 차축조류가 육상식물의 가장 가까운 현생 분류군임을 시사한다.
▶ 차축조류의 **스포로폴레닌** 성분은
1) 차축조류 접합자가 연못이나 호수 가장사리에서 간헐적인 건조를 견뎌내고 살아남을 수 있도록 하였고,
2) 식물의 조류 조상이 육지 환경에서 생존할 수 있도록 하여 건조한 대지로 이주하는 길을 열게 되었을 것이다.

26.3 육상식물은 육지 적응 파생형질을 갖는다

● 식물의 정의
▶ 식물계를 녹조류의 일부 또는 전부를 포함하도록 확장하여야 한다고 주장하는 학자들이 있지만, 대다수의 생물학자들은 육상식물(**유배식물**)만 포함하는 데에 동의한다.

한 토막 생물 뉴스

식물의 생존전략에 대해서

비행기를 타고 창 밖을 내려다보면 녹색으로 덮여 있는 넓은 지역을 쉽게 찾을 수 있다. 그만큼 녹색식물은 성공적으로 번성해온 것이라 할 수 있다. 그런데 한 가지만 생각해도 식물의 성공적 번성이 어떻게 가능한지 의심이 생긴다. 초식동물의 존재다. 초식동물이 다 먹어치울 수 있지 않은가? 그렇다! 식물은 초식동물에 대비해 독성물질, 천적활용 등 다양한 준비를 한다. 사실 초식동물은 육식동물과 다양한 병 그리고 기생생물 등에 의해 그 수가 무한히 늘어날 수도 없다. 그래서 식물이 생존하고 번성할 공간이 있는 것이다. 식물은 여기서 한 걸음 더 나아간다. 그것은 공생이다. 움직이지 못하는 식물은 뿌리에 공생하는 균류의 도움으로 더 많고 다양한 종류의 양분을 흡수할 수 있고 꽃과 열매를 찾아오는 많은 곤충과 새 그리고 여러 동물들의 도움으로 수정과 종자의 분산에 큰 도움을 받는다. 그 대가로 식물은 이들에게 꿀, 향, 열매 등을 제공한다.

- 차축조류로부터 육상식물군을 구별할 수 있는 파생형질로는 **정단분열조직**, **세대교번**, **포자낭** 안에 **벽을 갖는 포자**, **다세포성 배우자낭**, 그리고 **다세포성**이고 모체에 의존적인 **배**등이 있다.
- 부가적인 파생형질로 큐티클과 2차 화합물들이 여러 식물종에서 진화하였다.

● 식물의 다양성

- 화석증거에 따르면 식물계가 최소한 4억 7,500만 년 전에 지구상에 출현했음을

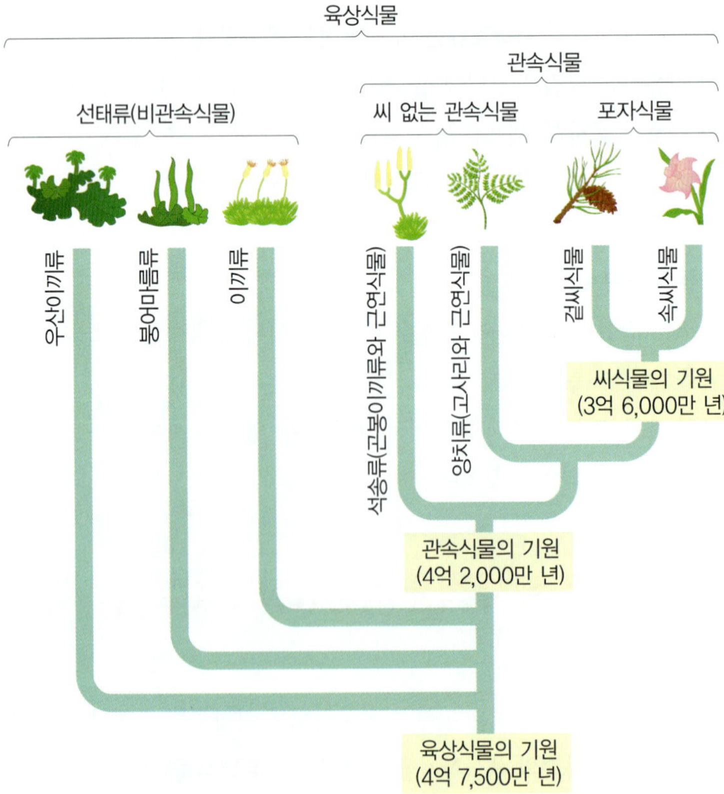

그림 26.2 육상에서 식물 진화의 주요 계통

보여주고 있다.

▶ 그 후 식물계는 선태류, 석송류 및 양치류와 같은 비종자식물과 두 군의 종자식물을 포함한 주요군으로 분화하였다.

▶ 대부분의 계통분류학자들은 현존하는 식물계를 **10개문**으로 나누고 있다.

26.4 선태류는 배우체 세대가 우세한 생활사를 지닌다

● 선태류의 다양성

▶ 3개의 선태류문(선류, 태류, 각태류)은 하나의 단계통군을 형성하지 않을 수 있다. 이들의 진화순서에 대한 논의는 계속되고 있다.

▶ 태류(우산이끼류)와 각태류(붕어마름류)의 배우체는 수평으로 자라며, 선류(이끼류)의 배우체는 수직으로 자란다. 배우체가 우세하고 눈에 쉽게 보인다.

● 생활사

▶ 가근이 배우체를 토양표면에 고정시킨다.

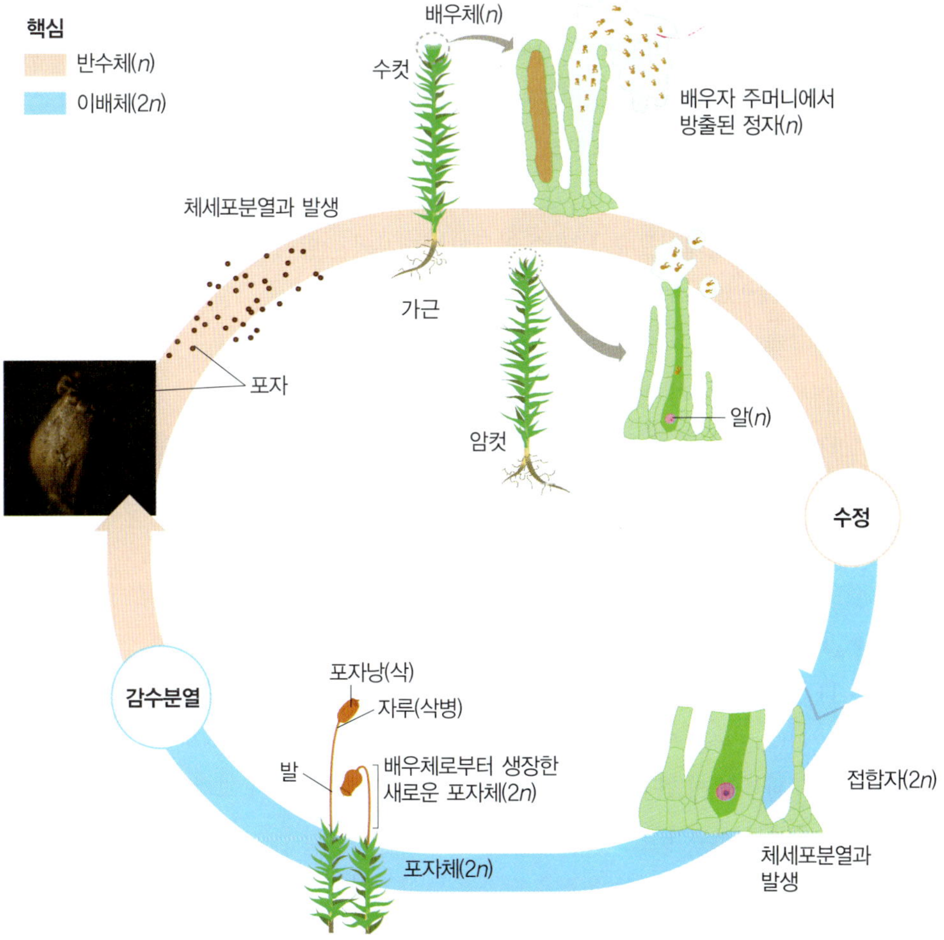

그림 26.3 이끼류의 생활사

- ▶ **원사체**는 발아하는 선태류의 포자에서 볼 수 있는 세포 한 겹으로 된 실 모양의 부위로 넓은 표면적을 가져서 물과 영양분 흡수를 증진시킨다.
- ▶ 포자체에서 형성된 포자는 원사체를 거쳐 **배우자낭병**을 가진 장정기와 장란기를 형성한다. 장정기에서 만들어진 정자는 난자로 이동하는 데에 물이 필요하다.

- 포자체는 장란기 밖으로 자라며 반수체 배우체로부터 영양공급을 받는다.
  - ▶ 선태류의 포자체는 관다발식물의 포자체에 비해 작고 단순하며 주로 **발**, **삭병**, **포자낭**으로 구성되었다. 발과 삭병은 장란기에 함몰되어 있으며 배우체로부터 영양을 흡수하는 데에 관여한다.
  - ▶ 삭모에 의해 보호된 **포자**는 삭치를 통해 배출된다.
  - ▶ 각태류와 선류의 포자체는 **기공장치**를 갖고 있다.
- 물이끼속이 부분적으로 분해된 유기물질을 지닌 **토탄**은 습지를 형성하거나 넓은 지대를 형성하는데, 이들은 지구의 탄소순환에 중요한 역할을 한다.

26.5 비종자 관다발식물은 체내의 물질수송 수단을 혁신하였다

- 가장 오래된 관다발식물의 화석은 약 4억 2,000만 년 전으로 거슬러 올라간다.
  - ▶ 이 작은 화석 식물은 독립적이며 분지된 포자체를 가졌지만,
  - ▶ 관다발식물의 다른 파생형질, 즉 체관부와 물관부, 뿌리 및 잎이 결여되었다.
- 생활사
  - ▶ 잎이 달린 양치식물에서 볼 수 있듯이 선태류와는 달리 비종자 관다발식물의 포자체는 배우체보다 우세하다.
  - ▶ 배우체는 작고 지표면 또는 지표면 아래에서 자란다.
  - ▶ 대부분의 비종자 관다발식물은
    1) 동형 포자성으로 한 가지 종류의 포자를 생산하며, 보통 양성 배우체로 발달한다.
    2) 모든 종자식물과 일부 비종자 관다발식물종은 이형 포자성으로 암배우체와 수배우체를 만드는 두 가지 종류의 포자를 갖는다.
- 관다발식물의 파생형질과 특징
  - ▶ **물관부**와 **체관부**라는 두 개의 관다발조직을 갖는다.
    1) 물관부는 대부분 물과 무기질을 수송한다. 모든 관다발식물의 물관부는 헛물관이라는 죽은 세포들을 가지고 있다.
    2) 물관부의 **리그닌**은 대부분의 관다발식물이 선태류보다 크게 자랄 수 있게 하는 데 기여하였다.
    3) 체관부의 살아 있는 조직은 당과 다른 유기영양 물질을 수송한다.
  - ▶ **뿌리**는 물과 영양물질을 흡수하는 중요한 역할을 수행한다.
    1) 선태류의 가근과는 달리 영양 흡수와 몸체 고정의 기능을 수행하였다.

2) 뿌리는 지하줄기로부터 기원했을 가능성이 높다.

3) 여러 다른 식물군에서 뿌리가 독립적으로 진화했는지는 명확하지 않다.

- 진화적으로 잎은 대엽과 소엽으로 구분된다.
  - ▶ 작고 침상형인 **소엽**은 하나의 잎맥으로 구성된 잎으로 모든 석송류는 소엽을 가진다.
  - ▶ 다른 관다발식물은 대부분 고도로 분지한 관다발조직이 있는 대엽을 갖는다.

    1) **대엽**은 보통 분지가 심한 잎맥을 갖고 소엽보다 크며, 잎맥망의 넓은 표면적 때문에 더 높은 광합성 생산성을 보인다.

    2) 석송류 외의 다른 모든 관다발식물이 가지는 잎이다.
  - ▶ 포자엽은 포자낭을 갖는 변형된 잎이다.
- 석송류
  - ▶ 고대의 석송류는 최초의 숲을 우점한 목본성 및 초본성 식물을 포함하였다.
  - ▶ 현생의 석송류는 모두 작은 초본성이다.
  - ▶ 석송류의 포자체는 많은 소엽을 갖는 직립 줄기와 토양 표면을 따라 자라는 수평줄기로 구성되어 있다.
- 양치류
  - ▶ 가장 다양한 비종자 관다발식물이다.

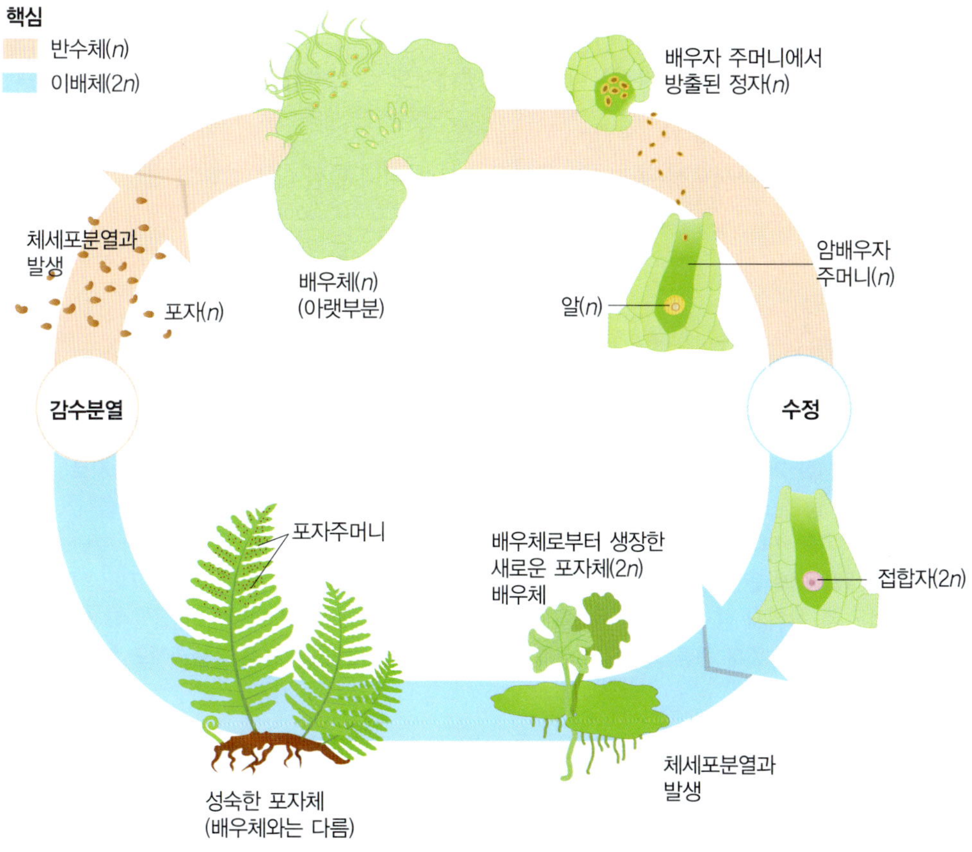

그림 26.4 양치류의 생활사

- ▶ 대부분의 양치류 종은 동형포자성이며 포자낭 집합체인 **포자낭군**을 만든다.
- ▶ 속새류와 솔잎난류는 양치류의 가까운 친척이다.

● 양치류와 다른 비종자 관다발식물들이 최초의 숲을 형성하였다.

- ▶ 이들의 생장은 광합성을 가속화시켜 이산화탄소의 양을 감소시켰다. 그 결과 석탄기 끝을 특징짓는 지구의 전반적인 **한랭화**에 기여하였다.
- ▶ 최초 숲이 분해되고 남은 것이 결국 **석탄**으로 변하였다.

26.6 종자식물에서 배우체는 대폭 축소되었다

● 종자식물의 배우체는 부모 포자체의 조직 내에 존재하는 포자벽 안에서 발달하며, 이를 통해 보호받고 영양물질을 공급받는다.

● 종자식물은 **대포자낭**(암배우체로 발달하는 대포자를 생성)과 **소포자낭**(수배우체로 발달하는 소포자를 생성)을 갖는 식물로부터 진화하였다.

- ▶ **밑씨**는 하나의 대포자낭, 대포자, 보호기능을 하는 주피층으로 이루어진다.
- ▶ **암배우체**는 대포자에서 발달하여 하나 또는 그 이상의 난자를 만든다.
- ▶ **꽃가루(화분립)**는 바람 또는 동물에 의하여 분산되며 수정 시 물이 필요없다.

● **종자**는 바람이나 동물에 의하여 널리 전파될 수 있다.

- ▶ **종자껍질**에 둘러싸여 보호받는 각각의 종자는 잘 발달된 배엽성 포자체와 영양분 공급을 할 수 있다.
- ▶ 종자의 진화는 종자식물이 극한 환경에서도 잘 살아남고 자손을 널리 퍼뜨리는 데 이바지하였다.
- ▶ 종자는 다세포성 구조로 단세포성 포자에 비해 훨씬 더 복잡하고 저항성이 높다.

한 토막 생물 뉴스

식물의 물리적 방어수단

식물이 자신의 건조를 막기 위해 진화 과정을 통해 얻게 된 리그닌은 방어에도 관여한다. 방어 수단은 여러 가지로 나누어 볼 수 있는데 리그닌은 그 중 물리적 방어에 관여한다. 일부 식물들은 물리적 방어를 위해 미세한 식물석, 모직물 같은 빽빽한 털 등을 지니기도 한다. 빽빽한 털은 강하고 단단해 작은 초식동물에 대비한 훌륭한 방어 수단이기도 하지만, 작은 애벌레를 찔러 죽게 만들거나 움직이지 못하게 할 수도 있다. 침팬지들은 이런 구조를 지닌 식물을 조심스럽게 접어 약간 씹은 후 삼켜서 창자 속의 기생충을 제거하는 효과를 볼 수 있다고 한다. 식물은 또 다양한 종류의 가시 구조를 지니기도 한다. 일부 종류의 가시는 화학약품을 분비해 초식동물이 통증을 느끼게도 한다.

26.7 겉씨식물의 배우자는 노출되어 있고 주로 구과(솔방울) 안에 존재한다

- 겉씨식물의 진화
  - ▶ 종자식물은 비종자 유관속 식물로부터 생겨났다.
  - ▶ **원겉씨식물**(progymnosperm)은 대엽과 물관부조직을 가진 비종자 유관속 식물로 현존하는 종자식물들의 조상으로 추정된다.
  - ▶ 원겉씨식물은 아마도 **종자고사리**의 기원이었을 뿐만 아니라, 차례로 소철류와 은행나무를 발생시켰을 것이다. 원겉씨식물은 아마도 구과식물을 만들어냈을 것이다.
  - ▶ 현생 겉씨식물에는 **소철류**, **은행나무**, **마황류**와 **구과식물류**가 포함된다.
- 겉씨식물의 파생형질과 특징
  - ▶ 유관속식물로 종자를 구과의 인편 위에 갖거나 혹은 나출시킨 구조를 지닌다.
  - ▶ 겉씨식물들은 비종자 유관속 식물에는 없는 특징인 바람에 흘러가는 **화분립**을 생산한다.
  - ▶ 두터운 큐티클과 표면적이 좁은 가시형태의 잎 등으로 인해 한랭한 지역에 적응이 가능하여 분포지역이 넓어지게 되었다.
- 소철류는
  - ▶ 겉모습이 야자 또는 양치류처럼 생겼다.
  - ▶ 이들은 자웅이주(각기 다른 식물체에 웅성과 자성 생식구조를 가진다)이나, 구과처럼 생긴 구조 내에서 화분과 종자를 만든다.
  - ▶ 구과류 다음으로 큰 겉씨식물군으로 큰 원추형 화수와 야자수 같은 잎을(야자는 속씨식물) 갖는다.
  - ▶ 중생대에 크게 번성(소철류시대 또는 공룡의 시대라 부름)하였는데, 130종만 현존한다.
- 은행나무문문의 유일한 생존 종은 은행나무이다.
  - ▶ 낙엽성이고 부채모양인 잎은 가을에 황금빛으로 물들고, 대기오염에 잘 견뎌 도시의 관상수로 심는다.
  - ▶ 이들은 자웅이주로 암컷의 경우 육질의 종자가 썩을 때 나는 불쾌한 냄새 때문에 관상수로는 꽃가루 생성하는 수그루만을 주로 심는다.
- 마황류는 3속으로 구성된다. 열대성이나 사막에 서식하는 종도 있으며, 3속의 외부형태는 매우 다르지만, 분자생물학적 자료에 의하여 하나로 묶인다.
- 구과(conifers)식물
  - ▶ 겉씨식불에서 가장 큰 문으로 **침엽**을 지니고 구과에서 종자를 만드는 목본식물이다.
  - ▶ 구과식물 배우체들은 매우 작고 포자체로부터 영양을 얻는다.

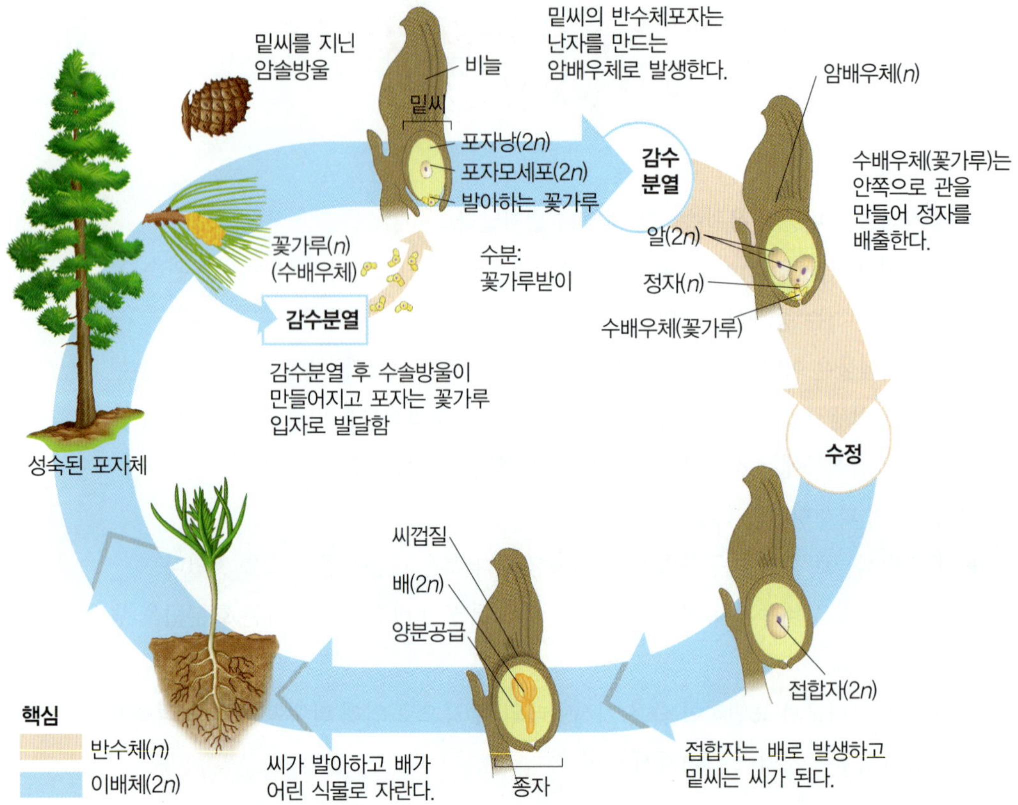

그림 26.5 소나무의 생활사

1) 대부분의 구과 식물은 **자웅 동주**이고 같은 식물체에 웅성 구과와 자성 구과로 분리되어 있다.
2) 구과들은 이형 포자성인데, 분리된 구과에서 각각 소포자와 대포자를 만든다.
3) 웅성 구과는 **화분립**(미성숙 웅성 배우체)을 만들어 내는데, 바람에 의해 자성 구과로 운반된다. 자성 구과는 **배주**(대포자낭) 안에서 자성 배우체를 만든다.
4) 수정 후 자성 구과로 화분이 이동할 때 화분관은 장란기 안에 있는 난자를 향해 자란다.
5) 수정 후에 접합자는 배로 발생하는데, 배는 바람으로 산포되는 적응한 종자에 싸여져 있다.

▶ 겉씨식물문 중 가장 큰 군으로 약 600여 종의 구과류로 구성된다.
1) 몇몇 구과류의 종들은 고도와 위도 때문에 생장기간이 비교적 짧은 북반구의 광대한 삼림지역을 우점한다.
2) 침엽수(conifer)는 겉씨식물 중에서 잘 알려진 구과식물이다.

26.8 꽃과 열매는 속씨식물의 생식적 적응이다

- 속씨식물은 현화식물문으로 꽃과 열매라는 생식구조를 생성하는 종자식물이며, 전체 식물계의 약 90%를 차지한다.
- 현화식물의 진화
  - ▶ 최초 현화식물은 잡초 같은 관목이거나 작은 초목식물인 쌍떡잎식물이었을 것이다.
  - ▶ 현화식물은 넓고 확장된 잎과 닫힌 심피와 같은 특별한 특징을 가진 원시 겉씨식물로부터 유래되었을 것이다.
- 꽃은 속씨식물의 유성생식을 위하여 특수화된 구조로서 일반적으로 **꽃받침**, **꽃잎**, **수술**, **암술**이라 부르는 4열의 변형된 잎으로 구성된다.
  - ▶ 꽃받침은 주로 초록색이고 꽃이 피기 전 꽃봉오리를 싸고 있다.
  - ▶ 꽃잎은 대부분의 식물에서 화려한 색을 띠어서 꽃가루 매개자를 유인한다. 그러나 풍매화의 꽃잎에는 화려한 색이 결여되어 있다.
  - ▶ 수술은 소포자엽으로 수배우체를 포함하는 꽃가루를 발달시키는 소포자를 생성한다. 수술은 **화사**(수술대)라는 줄기와 수술대 끝에 달린 주머니인 **꽃밥**으로 이루어지며, 꽃밥 안에서 화분이 형성된다.
  - ▶ 암술은 대포자엽으로 암배우체를 생성하는 대포자를 생성한다. 암술의 끝에 있는 끈끈한 **암술머리**에서 꽃가루를 받아들인다. 암술머리는 암술 기저부의 **씨방**으로 연결되며, 1개 또는 여러 개의 **밑씨**를 가진다.
  - ▶ **화탁**(꽃턱)은 줄기의 끝에 있는 구조로 꽃받침, 꽃잎, 수술, 암술 등이 이 구조에 부착되어 있다.

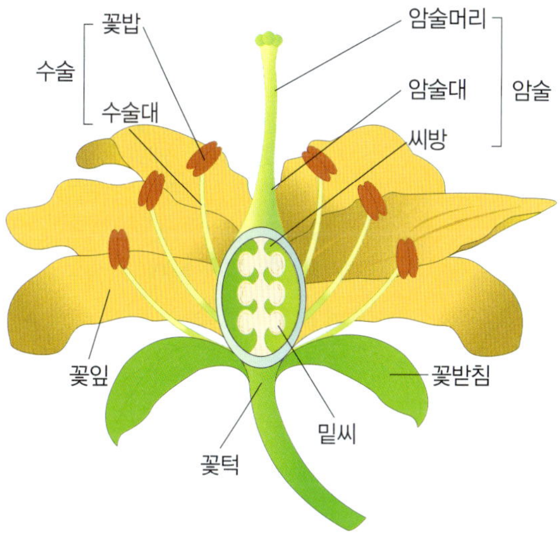

그림 26.6 꽃의 구성

- **열매**
  - ▶ 전형적으로 성숙한 씨방으로 구성되지만, 화탁 등 다른 꽃 기관을 포함하기도 한다.
  - ▶ 과피는 수분된 후 호르몬 변화에 따라 씨방이 자라면서 씨방 벽이 두꺼워져서 생성된다.
  - ▶ 열매는 동물을 유인하여 씨가 새로운 장소로 이동하게 한다.
- 속씨식물의 생활사와 **중복수정**
  - ▶ 속씨식물의 생활사 중에서 일어나는데, 꽃가루관이 밑씨 안의 암배우체(배낭)로 2개의 정세포를 방출할 때 일어난다.
  - ▶ 한 정자는 난자를 수정하고, 다른 하나는 암배우체 중앙세포 내의 2개의 핵과 결합하여 영양저장 조직인 배젖조직으로 발달한다.
  - ▶ 배젖은 발달하는 배에 영양분을 공급한다.

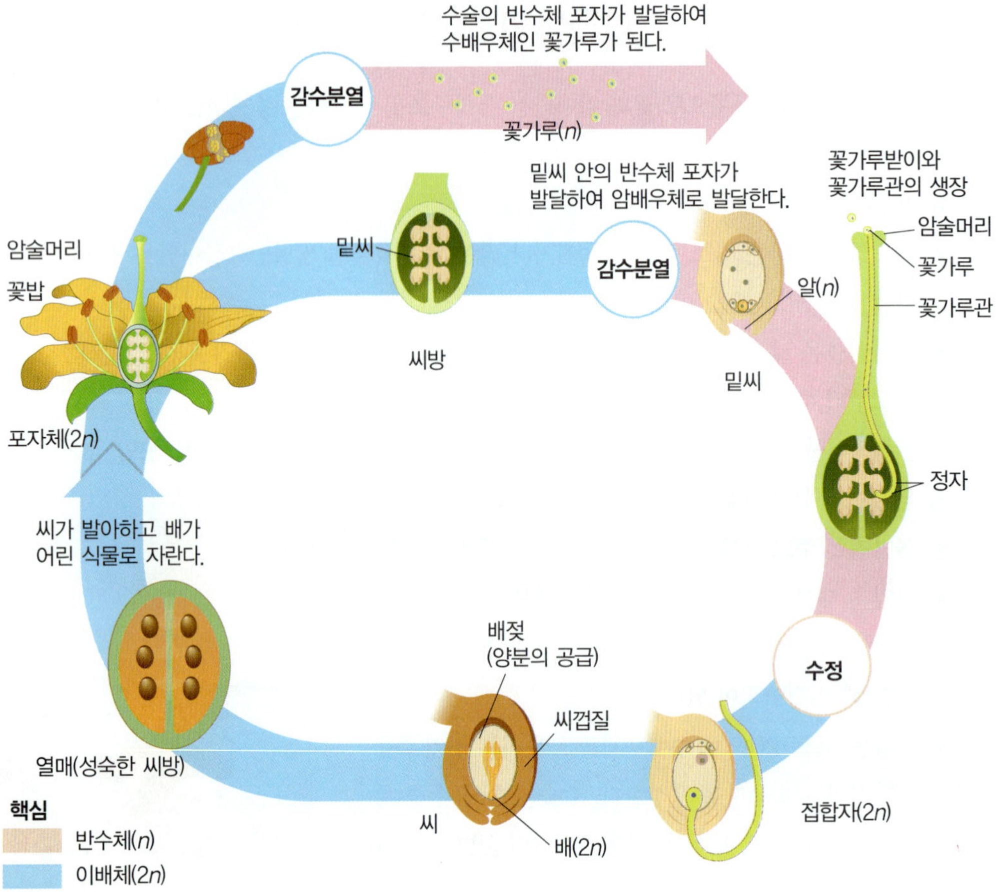

그림 26.7 속씨식물의 생활사

▶ 중복수정을 제외한 나머지 생활사는 겉씨식물과 비슷하다.

● 속씨식물은 최소한 1억 4,000만 년 전에 기원하였고, 중생대 후기에 주요 분기군들이 공통조상으로부터 갈라져 나오는 적응방산이 일어났다.

▶ **화석**과 진화발생학적 연구는 꽃의 기원에 대한 이해의 실마리를 제공한다.

▶ 기저속씨식물은 약 100여 종이 현존하며 엠보렐라(*Amborella*), 수련류, 붓순나무와 그 근연종들, 목련류, 외떡잎식물, 진정쌍떡잎식물의 여러 작은 계통으로 구성된다. 이 중 앰보렐라, 수련류, 붓순나무 등 3계통과 100여종의 현존식물은 기저속씨식물로 간주된다.

▶ 목련류는 목련, 월계수, 후추 등 약 8,000종이며, 목본성과 초본성이 동시에 포함된다. 꽃기관이 나선상으로 배열되는 등 기저속씨식물과 일부 원시형질을 공유하지만, 외떡잎식물 및 진정쌍떡잎식물과 유연관계가 더 깊다.

▶ 속씨식물의 두 주요군은 **진정쌍떡잎식물**과 **외떡잎식물**이다.

▶ **외떡잎식물**은 속씨식물의 1/4정도로 약 7만 종이 알려져 있다.

1) 떡잎이 한 장이고, 보통 나란히맥이며, 관다발조직이 흩어져 있다.

2) 보통 수염뿌리이며, 꽃가루에 구멍이 하나이고, 꽃기관의 수가 보통 3의 배수이다.

▶ **진정쌍떡잎식물**은 속씨식물의 2/3 정도로 약 17만 종이 알려져 있다.

1) 떡잎이 두 장이고, 보통 그물맥이며, 보통 관다발조직이 고리모양으로 배열된다.

2) 보통 끝뿌리(원뿌리)가 있고, 꽃가루에 구멍이 3개이고, 꽃기관의 수가 보통 4 또는 5의 배수이다.

- 동물에 의한 꽃의 수분과 종자의 운반은 육상생태계에서 일어나는 동물과 속씨식물 사이의 두 가지 중요한 관계이다.
- 인류복지는 종자식물에 크게 의존한다.

▶ 사람들은 음식, 목재, 의약품 등 많은 것을 종자식물에서 얻는다.

▶ 서식지 파괴가 여러 식물종과 이들에 의존하여 살아가는 동물종들의 멸종원인이다.

▶ 인구증가와 이를 부양하기 위한 공간과 자원의 필요 때문에 식물의 멸종이 빠른 속도로 일어나고 있다.

▶ 열대우림과 여러 생태계의 서식지 파괴가 생물종의 주요한 멸종원인이다.

27 균류

버섯이 곰팡이라고!

"균류(菌類)"의 한자 뜻을 그대로 옮기면 "버섯무리"가 된다. 진핵미생물인 균류는 크게 점균(slime mold)과 진균(fungi) 두 부류로 나뉘고, 점균류는 다시 비세포성(acellualr)과 세포성(cellular) 점균류로 나누어진다(이들은 원생생물 장에서 다루었다). 진균류에는 사상균(mold), 효모(yeast), 버섯(mushroom) 등이 포함된다. 그러나 사상균, 효모, 버섯 등의 명칭은 진균을 칭하는 분류학적 명칭이 아니라, 진균의 형태적 특성을 강조하여 일컫는 일반적인 명칭이다. 아울러 사상균 또는 사상균과 버섯을 함께 '곰팡이'라고 부르기도 한다. DNA 염기서열을 비교한 결과에 따르면 점균은 아메바조아류에 속하고 진균은 후편모류에 속하는데, 보통 균류는 진균을 의미한다.

핵심 체크 Key Point

아래에 열거된 개념 또는 용어들을 '문제'라고 가정하고 답을 작성해 보자.

균류의 특징

- 영양과 균류의 생활방식
  - ✔ 세포외효소(exoenzyme)의 특징과 의미
- 몸체구조의 특징
  - ✔ 키틴(chitin)의 정의
  - ✔ 균사(hyphae), 균사체(mycelium)의 정의
  - ✔ 격벽(septa)의 정의와 균사의 구조

27.1 개념을 이해했다면?
외생균근과 내생균근을 비교해 보자.

다른 다세포진핵생물과 구분되는 균류만의 특징

■ 균근(mycorrhizae)의 특징과 종류

✔ 흡기(haustoria)란?

✔ 외생균근 균류(ectomycorrhizal fungi)의 특징과 종류

✔ 내생균근 균류(endomycorrhizal fungi)의 특징과 종류

■ 다핵성(coenocyte) 균류란?

균류의 생활사

■ 균류의 유성생식 생활사

✔ 페로몬(pheromone), 세포질융합(plasmogamy), 이핵체(異核体, heterokaryon), 핵융합(karyogamy) 등의 정의

세포질융합과 핵융합 비교

27.2 개념을 이해했다면?
페로몬, 세포질 융합, 이핵체, 핵융합 등의 용어를 사용하여 균류의 유성생식 생활사를 설명해 보자.

■ 무성생식을 하는 균류의 예

✔ 곰팡이(mold)의 특징과 해당 생물 예

✔ 효모(yeast)의 특징

✔ 불완전균류(deuteromycetes, imperfect fungi)의 정의와 예

균류의 진화와 다양성

균류의 유래와 조상

27.3 개념을 이해했다면?
다세포성이 균류와 동물 각각에서 독립적으로 진화한 근거를 설명해 보자.

✔ 오피스토콘트(opisthokont)가 균류의 진화에서 차지하는 의미

✔ 균류가 육지에서 나타내는 적응방산의 메커니즘

■ 병꼴균류/병꼴균류문(Chytridiomycote/Chytridiomycota)의 분류 기준

✔ 생활사의 특징

✔ 동물성 포자(유주자, zoospore)란?

■ 접합균류/접합균문(Zygomycete/Zygomycota)의 분류 기준/파생형질

✔ 접합포자낭(zygosporangium)이 생활사에서 차지하는 중요성

✔ 소포자충(microsporidia)이란?

■ 내생균근균/내생균근균문(glomeromycota)의 분류 기준 또는 파생형질

✔ 접합균류와의 차별성 근거

✔ 생활사의 특징

✔ 수지상균근(arbuscular mycorrhizae)이란?

■ 자낭균류/자낭균문(Ascomycete/Ascomycota)의 분류 기준 또는 파생형질

✔ 자낭(ascus)으로 설명되는 유성생식 생활사

✔ 분생자(conidia)가 생활사에서 차지하는 역할

■ 담자균류/담자균문(Basidiomycetes/Basidiomycota)의 분류 기준 또는 파생형질

✔ 해당 생물의 예

✔ 담자기(basidium)와 담자과(basidiocarp)의 정의와 생활사에서 차지하는 역할

접합균, 자낭균, 담자균을 구분하는 근거

■ 불완전균류(Deuteromycota)의 정의와 해당 생물

생태계에서 균류의 역할

■ 균류 분해자(decomposers) 역할과 해당 예

■ 공생자(symbionts)로 살아가는 균류의 예

✔ 공생대상

✔ 지의류(lichen)의 정의와 특징

■ 병원체(pathogen)로 작용하는 균류의 예

✔ 진균증(mycosis)이란?

균류의 이용 사례를 식량생산, 의약제 등의 예를 들어 설명

주요내용 Key Information

27.1 균류는 소화효소를 분비하여 먹이를 분해하여 흡수하는 진핵, 종속영양생물이다

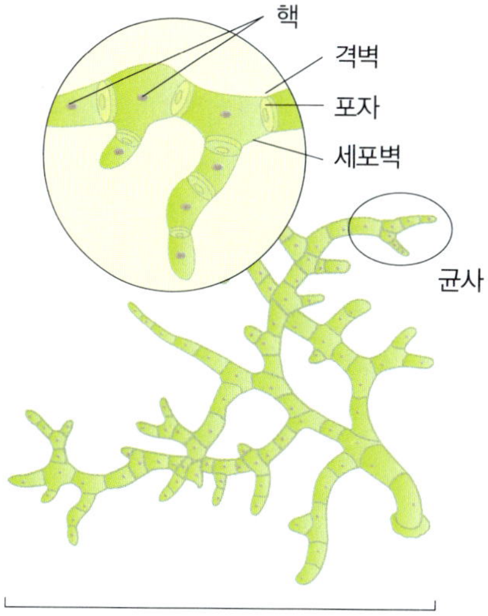

그림 27.1 여러 균사로 구성된 균사체

- 모든 균류는 흡수에 의해 영양물질을 섭취하는 종속영양생물이다.
  - ▶ 균류는 외부로 분비하는 강력한 가수분해효소인 **세포외효소**를 이용하여 체외환경에서 먹이를 소화시킨다.
  - ▶ 균류가 영양분을 흡수할 수 있도록 적응된 균사체는 분지된 균사의 망상구조이다.
  - ▶ 일부 균류는 **격벽**에 의해 세포로 나누어진 균사를 가진다. **다핵성 균류**에는 격벽이 존재하지 않는다.
- 구조적 특징
  - ▶ 키틴: 균류의 세포벽을 구성하는 물질로, 강하지만 유연성이 있는 질소 함유 다당류이다.
  - ▶ 균사: 균류의 몸체를 형성하는 미세한 섬유의 망상구조로서, 세포질과 세포막을 둘러싸는 관 모양의 세포벽으로 구성된다. 다세포 균류의 형태는 환경으로부터 영양분을 흡수하는 능력을 향상시키는 구조이다.
  - ▶ 균사체: 균사가 서로 얽혀 덩어리 모양을 이룬 것으로, 이 구조가 먹이를 싸고 먹이 속으로 침투한다. 이러한 구조는 표면적 대 부피의 비율을 극대화시켜 먹이를 더 효과적으로 흡수할 수 있게 한다.
  - ▶ 격벽: 균사에서 세포를 나누는 가로벽으로 리보솜과 미토콘드리아, 핵이 한 세포에서 다른 세포로 이동하기에 충분할 만큼 큰 구멍을 가지고 있다.
- 다핵성 균류는 격벽 없이 수백, 수천 개의 핵이 들어 있는 연속된 세포질 덩어리로 이루어진 균류로서, 세포질분열 없이 반복된 핵분열의 결과로 생성된다.
- 균류는 대부분 분해자이지만, 동 · 식물과 공생관계를 맺기도 한다.
  - ▶ 숙주 조직을 관통시키는 특수한 균사인 흡기를 사용한다.

- 균근(mycorrhizae; "곰팡이 뿌리"라는 뜻): 균류와 식물 뿌리 사이의 상호 유익한 관계를 유지하며 2가지로 나눌 수 있다.
  1) 외생균근 균류: 뿌리 표면에 걸쳐 균사로 덮개를 형성하며 뿌리 피층의 세포외 공간으로 침투하여 자란다.
  2) 내생균근 균류: 뿌리세포의 세포벽을 뚫고 균사를 신장시켜 뿌리 세포막이 만입되어 형성된 관 안을 따라 자란다.

27.2 균류는 유성생식과 무성생식의 생활사를 거치며 포자를 형성한다

● 유성생식

- 균류 포자가 적당한 장소에 놓이게 되면 발아한다.
- 몇몇 균사는 기질에 침투하여 유기화합물을 분해한다.
- 공기 중의 균사는 포자를 만들어낸다.
- 유성생식은 **세포질융합**과 **핵융합**을 포함하며, 그 중간에 부모로부터 받은 반수체 핵을 가지는 세포 단계인 **이핵(異核)성** 단계를 거친다. 핵융합의 결과로 생기는 이배체 단계는 짧으며 감수분열을 거쳐 반수체 포자를 생산한다.
  1) 페로몬: 유성생식에서 2개의 다른 균사체의 균사에서 방출되는 성 신호분자이다.
  2) 세포질융합: 두 부모 균사체의 세포질융합이다.
  3) 이핵(異核)체: 많은 균류에서 각 부모로부터 유래한 반수체 핵은 바로 융합하지 않고, 균사체의 일부분이 유전적으로 다른 핵 두 종류를 모두 가지고 있는 균사체이다.
  4) 핵융합: 유성생식 주기에서 세포질융합의 다음 단계로, 각 부모로부터 유래한 반수체 핵이 융합하여 이배체 세포를 형성한다.

● 무성생식

- 무성생식을 하는 균류인 **곰팡이류**는 균사체처럼 빠르게 생장하며 포자를 형성한다. 다른 교배형과 만날 경우 유성생식으로 번식할 수도 있다.
- **효모**는 단순한 세포분열이나 부모 세포로부터의 출아(budding)에 의해 무성생식을 하는 균류이다. 식물의 수액과 같은 액체 환경에서 서식하기 적합한 단세포 균류이다.
- 불완전균류는 유성생식 단계가 없는 균류이다.

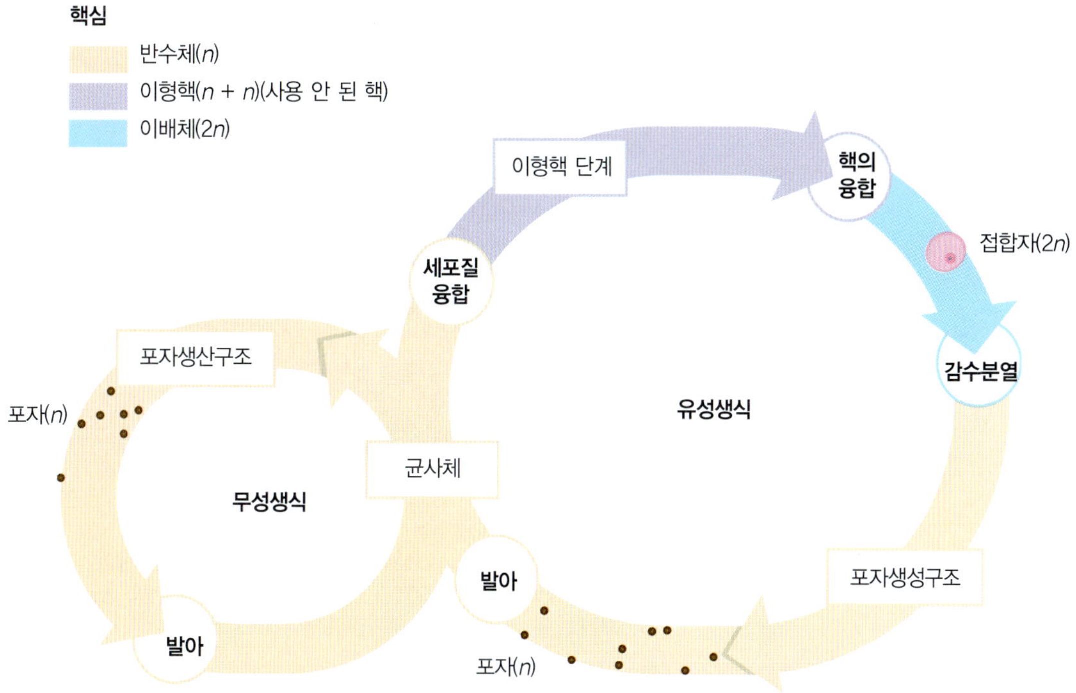

그림 27.2 곰팡이의 일반화된 생활사

27.3 균류는 매우 다양한 계통으로 퍼져나갔다

- 진균류(균류, fungi): 25장에 기술된 단편모류 중 후편모류에 속한다.
  - ▶ 균류는 단세포의 수생 편모 원생생물에서 유래하였다.
    1) 오피스토콘트: Whittaker의 5 kingdom(Animalia, Plantae, Fungi, Protista, Monera) 생물 분류체계에서 Anmimalia, Fungi, Protista를 총칭하는 것으로 균류의 기원으로 간주되며, 다른 진핵생물집단에 비해서 더 최근의 공통조상을 공유하는 것으로 판명되었다.
    2) 육지로의 이동: 오늘날 볼 수 있는 균류의 다양성의 상당 부분은 그 계통적 기원이 생물체가 육지로 이주하기 시작하였을 때 일어난 적응방산에서 유래한 것으로 보인다.

▶ 진균류의 계통

문	특 징
병꼴균문 (Chytridiomycota)	• 무성번식체로 포자낭(sporangium) 안의 세포질이 갈라져서 1개의 편모를 갖는 유주자(uniflagellate zoospore)를 다수 형성 • 진균류 중 유일하게 편모가 있는 운동성 포자를 가지고 있어서 진균류의 초기 계통으로 추측
접합균문 (Zygomycota)	• 균사에 격벽이 없거나 불규칙하여 하나의 세포에 여러 개의 핵이 있는 다핵체 상태 • 접합포자낭에서 감수분열을 통해 접합포자(zygospore)를 형성하기 때문에 접합균류라고 함 • 주로 음식 부패를 일으키며 질병과는 거의 관련 없음
내생균근균 (Glomeromycete)	• 이전에는 접합균류로 여겨졌으나, 수백 개의 유전체 분석 결과 내생균근균문(glomeromycota)으로 분류됨 • 수지상균근: 수지상체(arbuscule)라고 하는 나무 모양의 균사를 만들어 식물 뿌리에 침투; 전체 식물의 약 90%가 이러한 형태로 내생균근균류와 공생관계를 형성(식물은 무기영양분을 얻고 유기영양분을 제공)
자낭균문 (Ascomycota)	• 자낭(ascus)이라고 불리는 주머니 내부에서 생성되는 유성포자(ascospore) • 다양한 환경에 서식하며 단세포 효모에서 식용인 곰보버섯까지 구성원의 크기도 다양 • 분생자라고 하는 대량의 무성포자에 의해 무성생식을 함
담자균문 (Basidomycota)	• 곤봉 모양의 담자기(basidium) 끝에서 담자포자(bsidiospore)를 만드는 진균류로 대부분의 버섯이 포함됨 • 담자균류에 속하는 많은 종들이 목재의 주성분인 섬유소(cellulose)와 리그닌(lignin) 분해 능력이 뛰어나 생태계 물질 분해에 중요한 역할을 함 – 갈색부후균(brown rot): 섬유소만 분해하고 리그닌은 분해하지 못함 – 백색부후균(white rot): 섬유소와 리그닌 모두 분해

27.4 균류는 생태계와 인간의 생활에 지대한 영향을 미친다

- 균류는 분해자이다: 식물 세포벽의 셀룰로오스나 리그닌과 같은 유기물을 분해시켜 **물질순환**에 기여한다.
- 균류는 **공생자**다.
  - ▶ 식물, 조류, 시아노박테리아 및 동물과 공생관계를 형성한다.
  - ▶ 거의 모든 관다발식물은 균근을 가지며, 필수 영양소를 균류 공생자에 의존한다
  - ▶ 일부 균류는 소나 다른 초식동물의 위장에서 식물 물질의 분해에 도움을 주면서 동물과 소화작용을 공유한다.
  - ▶ 가위개미(leaf-cutting ant)는 곰팡이를 경작한다.
  - ▶ 지의류: 수백만 마리의 광합성미생물(조류)이 균류의 균사덩어리에 붙어 있는 공생체이다. 지의류의 조류는 균류와는 독립적으로 무성생식으로 번식한다.
- 균류는 병원체(pathogen)로 작용하여 인류에게 해를 입힐 수 있다.

▶ 현재 알려진 100,000여 종의 균류 가운데 약 30% 정도는 기생 생물이며, 그 중 대부분은 식물에 기생한다.

▶ 약 50종 정도의 균류가 사람과 동물에 기생하는데, 해당 숙주의 저항을 넘어서 감염을 일으킨 상태를 진균증이라고 한다. 이들 중 일부는 상당한 손해를 끼치는 균류 감염을 나타낸다.

● 균류의 이용

▶ 인간은 균류가 분해자로서 그리고 유기물의 재순환자로서 수행하는 생태 기능에 의존한다.

▶ 인간은 많은 균류를 먹으며, 치즈나 알코올 음료 혹은 빵을 만드는데 사용한다.

▶ 균류에 의해 생성된 항생제는 세균감염을 치료한다.

▶ 균류는 생명공학연구의 주요 대상이다.

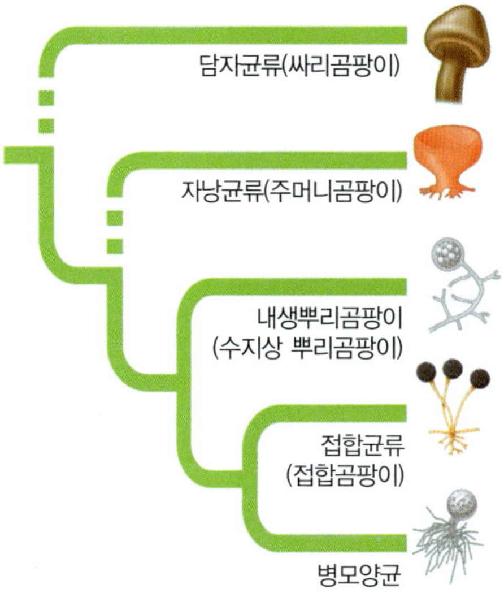

그림 27.3 제안된 곰팡이류의 계통수

한 토막 생물 뉴스

Cryptomycota, 세포벽 없는 균류

2011년 6월 *Nature* 지(474:200-203)에 균류와 관련된 매우 흥미로운 논문 한 편이 실렸다. 영국의 Exeter 대학 연구진이 보고한 이 논문에서 미생물학도의 눈길을 끄는 것은 단연코 'cryptomycota(그리스어로 숨겨진 버섯이라는 뜻)'라고 명명된 세포벽이 없는 신종 균류이다. 유전자 분석 결과 cryptomycota는 분명하게 균류로 판명되었는데, 생활사 중에 키틴 성분의 세포벽이 전혀 만들어지지 않는다는 새롭고 흥미로운 사실이 발견된 것이다. 균류는 오랫동안 식물로 여겨져 오다가 최근 ribosomal RNA의 염기서열에 근거한 분자계통학적 분석에 의해 오히려 동물에 더 가깝다는 사실이 밝혀졌다. 앞서 설명한대로 균류는 몸 밖으로 exoenzyme을 분비하여 먹이를 액상으로 만들어 흡수하는데, 이때 생기는 높은 압력을 견딜 수 있는 주된 이유가 키틴질의 세포벽 때문이라고 알려져 있다. 따라서 cryptomycota의 발견은 단단한 세포벽이 균류의 진화적 성공의 비결이라는 기존의 통념을 깨뜨렸다는 점에서 매우 중요한 의미를 지닌다.

28 무척추동물과 동물의 계통

동물이란?

사전의 정의에 따르면 동물은 생물을 크게 둘로 나눌 때의 하나로 운동 · 감각 · 신경 등의 기능이 발달하고 주로 유기물을 섭취하며, 소화 · 배설 · 호흡 · 순환 · 생식 등을 수행하는 생물체이다. 우리 주변에는 동물이 많다. 사람뿐만 아니라 우리가 키우는 많은 동물, 그리고 여러 곤충, 새, 그리고 우리가 흔히 볼 수 없는 희귀 동물이나 특정 환경에서 생존하는 생물들까지 매우 다양하다. 생물학자들은 이 수없이 많은 동물을 특정 범주로 분류하기 위해 노력하고 있다. 특히 심해동물에서 발견된 신비로운 동물과 아마존과 같은 환경파괴가 일어나지 않는 곳에서 발견되는 특이한 동물도 분류하려고 노력하고 있다. 포괄적으로 동물은 어떤 특징을 가지며 어떻게 분류되는지 알아보자.

핵심 체크 Key Point

아래에 열거된 개념 또는 용어들을 '문제'라고 가정하고 답을 작성해 보자.

동물의 특징

- 동물 고유의 영양방식
- 동물 세포구조의 특징

28.1 개념을 이해했다면?
동물이 콜라겐(collagen)이 많은 이유와 식물세포와의 근본적 차이는 무엇일까?

동물의 특징을 간략히 정리

- 생식과 발생

✓ 동물의 발생 과정: 난할(cleavage), 포배(blastula), 낭배형성과정(gastrulation), 낭배(gastrula)

✓ 동물 배(embryo)의 구조와 그 조직층(배엽)

✔ 유생(larva)과 변태(metamorphosis)의 정의

동물 분류에 생식과 발생 과정이 중요한 이유

동물의 탄생과 역사

- 신원생대(10억 년 전~5억 4,200만 년 전)

✔ 신원생대 동물상의 특징

28.2 개념을 이해했다면?
에디아카라 동물상(Ediacaran fauna)의 특징과 의미를 설명해 보자.

- 고생대(5억 4,200만 년 전~2억 5,100만 년 전)

✔ 고생대 동물상 변화의 특징

캄브리아기 폭발(Cambrian explosion)의 정의와 의미

- 중생대(2억 5,100만 년 전~6,550만 년 전)

28.3 개념을 이해했다면?
캄브리아기 폭발 때에 출현한 동물들과 이들의 특징을 간단히 열거해 보자.

✔ 중생대 바다 동물상의 특징

✔ 중생대 육상 동물의 특징

- 신생대(6,550만 년 전~현재)

✔ 신생대 동물상의 특징

✔ 포유류의 변화 과정

고생대, 중생대, 신생대 각각에서 동물 진화의 특징을 정리

동물의 "체제(Body plan)"

- 등급군(grade)과 체제(body plan)의 정의

28.4 개념을 이해했다면?
바닷가재의 체제를 3개의 축으로 설명해 보자.

대칭성의 정의와 종류

- ✔ 방사대칭(radial symmetry)의 정의와 해당 동물
- ✔ 좌우대칭(bilateral symmetry)의 구조와 해당 동물
- ✔ 좌우대칭동물의 3개 축: 등쪽(dorsal, 위)면과 배쪽(ventral, 바닥)면, 왼쪽과 오른쪽, 앞쪽(anterior, 머리)끝과 뒤쪽(posterior, 꼬리)끝
- ✔ 두화(cephalization)란?

배엽(germ layer)의 정의와 종류

- ✔ 이배엽성 동물(diploblasts)의 정의와 종류
- ✔ 삼배엽성 동물(triploblasts)의 정의와 종류
- ✔ 외배엽(ectoderm), 내배엽(endoderm), 중배엽(mesoderm) 등의 정의와 해당 기관

■ 체강(body cavity, coelom)의 정의

- ✔ 진체강동물(coelomates)의 특징과 해당 동물
- ✔ 의체강동물(pseudocoelomates)의 특징과 해당 동물: 포배강(blastocoel)
- ✔ 무체강동물(acoelomates)의 특징과 해당 동물

28.5 개념을 이해했다면?
선구동물의 예를 들고 난할 메커니즘, 열체강적 발생, 원구의 발생 등을 간략히 묘사해 보자.

■ 선구동물 발생(protostome development)

- ✔ 나선형 난할(spiral cleavage)의 메커니즘
- ✔ 결정적 난할(determinate cleavage)
- ✔ 열체강적(schizocoelous) 발생
- ✔ 원구(blastopore)의 정의와 발생 메커니즘

■ 후구동물 발생(deuterostome development)

- ✔ 방사대칭 난할(radial cleavage)의 메커니즘
- ✔ 비결정적 난할(indeterminate cleavage)의 특징
- ✔ 장체강적(enterocoelous) 발생 과정

✔ 원구의 발생 운명

선구동물과 후구동물의 발생 특징 비교

동물 계통수

■ 형태와 발생상의 특징 비교에 근거한 동물 계통의 가설과 주로 분자생물학적 자료에 근거한 동물 계통의 가설은 얼마나 일치한 결과를 나타내는가?

✔ 모든 동물은 하나의 공통조상에서 유래했는가?

✔ 측생동물(parazoan) 등급군(grade)

✔ 진정후생동물(eumetazoans)의 정의와 이 분기군(clade)에 속하는 동물

✔ 좌우대칭동물(bilaterian) 분기군에 속하는 동물의 문

✔ 후구동물 분기군에 속하는 동물의 문

■ 좌우대칭동물의 계통

✔ 형태학적 자료에 근거한 2개의 분기군

✔ 분자생물학적 연구에 근거한 가설

탈피동물(ecdysozoans)과 촉수담륜동물(lophotrochozoans)의 분류 기준

✔ 탈피동물의 특징과 종류

✔ 촉수담륜동물의 특징과 종류: 촉수관(lophophore), 담륜자 유생(trochophore larva) 단계

28.6 개념을 이해했다면?
해면동물의 계통적 위치를 설명해 보자.

해면동물(Porifera)

■ 해면동물의 구조적 특징

✔ 구멍이 많은 몸

✔ 동정세포(choanocytes)

해면동물이 먹이를 얻는 방법, 소화하는 방법 설명

28.7 개념을 이해했다면?
부유물섭식자(suspension feeders)의 정의와 해당 동물을 예시해 보자.

- 해면동물의 생활사
- 대부분 해면동물의 생식 방법

자포동물문(Cnidaria)

28.8 개념을 이해했다면?
자포동물 중 한 종류를 골라 이들이 먹이를 섭취하여 소화하는 과정을 설명해 보자.

- 자포동물의 형태적 특징
  - ✔ 위수강(gastrovascular cavity)이란?
  - ✔ 자세포(cnidocyte)의 구조와 기능
  - ✔ 자포(nematocysts)의 기능

폴립형(polyp) vs. 해파리형(medusa) 생활사의 비교

- 히드라충류강(hydrozoans)의 특징과 생활사
- 해파리강(scyphozoans)의 특징과 생활사
- 입방해파리강(cubozoans)의 특징과 생활사
- 산호충강(anthozoans)의 특징과 생활사

자포동물이 다른 문의 동물과는 다른 독특한 특징

유즐동물문(Ctenophora)에 속하는 동물들의 공통적 특징과 생활사

유형동물문(Nemertea)에 속하는 동물들의 공통적 특징과 생활사

편형동물문(Platyhelminthes)

- 편형동물(flatworms)의 구조, 해부학적 특징
- 편형동물문을 구성하는 4개의 강
  - ✔ 와충류(turbellarians)의 특징과 해당 동물
  - ✔ 단생류(monogeneans)의 특징과 해당 동물
  - ✔ 흡충류(trematodes)의 특징과 해당 동물
  - ✔ 촌충류(tapeworms)의 특징과 해당 동물

편형동물을 구성하는 4개 강의 특징 비교

28.9 개념을 이해했다면?
편형동물 중 한 종을 예로 들어 두화된 구조를 설명해 보자.

윤형동물문(Rotifers)

- 윤형동물의 구조, 해부학적 특징
  - ✔ 완벽한 소화관(alimentary canal)

28.10 개념을 이해했다면?
단위생식(parthenogenesis)을 하는 윤형동물들이 유성생식을 하지 않으면서도 유전적 다양성을 유지하는 방법을 조사해 보자.

촉수동물(Lophophorate)들

- 촉수동물의 특징과 해당 동물들

촉수관(lophophore)의 구조와 기능 설명

- 외항동물(ectoprocts) 또는 태형동물(bryozoans)의 구조와 특징
- 추형동물(phoronids)의 특징
- 완족동물(brachiopods)의 특징
- 유형동물(nemertea)의 특징:
  - ✔ 편형동물에서 볼 수 없는 소화관과 폐쇄순환계(closed circulatory system)

연체동물문(Mollusca)

28.11 개념을 이해했다면?
연체동물의 구조를 발, 내장낭, 외투막, 외투강 등으로 묘사해 보자.

- 연체동물의 구조적 특징
  - ✔ 발(foot), 내장낭(visceral mass), 외투막(mantle), 외투강(mantle cavity) 등의 구조
  - ✔ 치설(radula)의 구조와 기능
  - ✔ 담륜자(trochophore)의 정의
- 군부류(chiton)의 특징과 해당 동물
- 복족류(gastropods)의 특징과 해당 동물
- 이매패류(bivalves)의 구조와 특징
- 두족류(cephalopods)의 특징과 해당동물

연체동물의 4개 강의 특징 비교

환형동물문(Annelida)

- 환형동물의 구조적 특징
- 빈모류(oligochaetes)의 특징과 해당 동물
- 다모류(polychates)의 특징과 해당 동물
  - ✔ 측각(parapodium)의 구조와 기능
- 거머리류(leeches)의 특징과 해당 동물
- 지렁이류(earthworms)의 특징

환형동물 3개 강의 특징 비교

선형동물문(Nematoda)

28.12 개념을 이해했다면?
선형동물에서 큐티클(cuticle)의 역할과 변화를 설명해 보자.

- 형태, 해부학적 특징
- 분포 메커니즘

탈피동물(Ecdysozoa)의 정의와 이에 속하는 동물문

절지동물문(Artropoda)

- 해부, 형태학적 특징
- 절지동물의 일반적 특징
  - ✔ 체절성, 외골격, 관절이 달린 부속지
  - ✔ 삼엽충(trilobites)의 특징
  - ✔ 외골격(exoskeleton)의 성분과 특징
  - ✔ 탈피(molting)란?
  - ✔ 변태(metamorphosis)란?
  - ✔ 절지동물의 순환계

28.13 개념을 이해했다면?
절지동물이 성공적으로 진화할 수 있게 한 3가지 특징을 구조적 다양성 면에서 예시해 보자.

절지동물 3개 집단의 특징 비교

- 협각류(cheliceriformes)의 특징과 해당 동물
  - ✔ 협각(chelicera)의 구조와 기능
  - ✔ 광익류(eurypterids)란?
  - ✔ 거미류의 기체 교환과 서폐(book lung)의 역할
- 다지류(myriapods)의 특징과 해당 동물
  - ✔ 노래기류(millipedes)와 지네류(centipedes)의 구조적 특징
  - ✔ 대악(mandible)의 구조와 기능
- 육각류(hexapods)와 곤충류(insects)
  - ✔ 몸의 구성
  - ✔ 호흡, 배설계의 특징
- 갑각류(crustaceans)

28.14 개념을 이해했다면?
곤충류와 곤충의 친척들(육각아문)의 종수가 다른 모든 생물종을 합한 수보다 많은 이유를 설명해 보자.

✔ 구조적 특징

등각류(isopods), 십각류(decapods), 요각류(copepods) 각각의 특징과 해당 동물

극피동물문(Echinodermata)

후구동물(deuterostomia)의 정의와 해당 동물

28.15 개념을 이해했다면?
관족(tube foot)을 사용하여 수관계의 기능을 설명해 보자.

- 극피동물의 해부학, 형태학적 특징
- 수관계(water vascular system)의 구조와 기능
- 불가사리류(sea stars)의 특징과 해당 동물
- 거미불가사리류(brittle stars)의 특징과 해당 동물
- 성게류(sea urchins)와 연잎성게류(sand dollars)의 특징과 해당 동물
- 바다나리류(sea lilies)와 깃별나리류(feather lilies)의 특징과 해당 동물
- 해삼류(sea cucumbers)의 특징과 해당 동물
- 바다데이지류(sea daisies)의 특징과 해당 동물

극피동물 6개 강의 특징 비교

주요내용 Key Information

28.1 동물계 구성원들의 특징

- 동물계에 속하는 구성원들은 진핵세포성, 다세포성, **종속영양** 생물이며, 특화된 기능을 수행할 수 있도록 특수화된 세포들을 지니고 있다.
  - ▶ 동물들은 다른 생물체를 잡아먹거나 죽은 상태의 생물체를 섭취하고, 섭취한 영양분을 체내 효소를 이용하여 먹이를 소화시키는 종속영양 생물이다.
  - ▶ 식물과 달리 세포벽 대신 구조 단백질에 의해 세포와 세포가 결합되어 있는데, 세포구조 단백질 중 가장 풍부한 것은 **콜라겐**이다.
  - ▶ 또한 신경세포와 근육세포와 같은 특수화된 세포를 가지고 있다.
- 대부분의 동물들은 생활사 중 일정 시기에 이동할 수 있으며 이는 외부 자극에 대한 반응과 적응에 도움을 준다.
- 대부분의 경우, **유성생식**을 한다.
  - ▶ 유성생식에서 정자와 난자가 융합하여 하나의 접합체(수정란)를 형성하며, **난할**이 이어진다.
    1) 여러 번의 세포분열을 통해 속이 빈 공 모양의 세포시기인 **포배기**로 발달한다.
    2) 포배기는 **낭배**형성기를 거쳐 배아조직을 형성한다. (42장 참조)
  - ▶ 곤충을 포함한 몇몇 동물은 유생과 변태시기를 거친다.
    1) **유생**은 성적으로 미성숙한 단계로서 성체 단계와 형태적으로 구별되며, 성체와 다른 먹이를 먹으며 성체와 다른 환경에서 살기도 한다.
    2) 유생은 **변태**과정을 거치는데, 이는 성적으로는 미성숙한 어린 개체를 만드는 일종의 탈바꿈 과정이다.

28.2 동물은 10억 년 이상의 역사를 가지고 있다

- 현재 발견된 화석이나 흔적을 통해 추적하면, **신원생대(10억 년 전~5억 4,200만 년 전)**에는 초기 동물의 화석기록 중에 에디아카라 동물상이 있었다고 추정한다.
  - ▶ 이 동물은 다세포성 진핵생물의 초기 무리의 구성원들로 오스트레일리아의 에디아카라에서 처음 발견되었다.
- **고생대(5억 4,200만 년 전~2억 5,100만 년 전)**의 초기는 **캄브리아기 폭발**이란 현상이 나타난 시대이다.
  - ▶ 캄브리아기 폭발이라고 명명한 이유는 많은 주요 현생 동물 무리들의 매우 다양한 화석들이 최초로 출현하였기 때문이다.
  - ▶ 5억 3,500년 전에서 5억 2,500만 년 전 사이에 해당하는 절지동물과 척삭동물, 극피동물을 포함한 현생 동물문 전체의 약 절반에 해당하는 가장 오래된 화석이 발

견되었다.

▶ 이 시기에 포식자-피식자 관계 형성, 산소 증가로 인한 대기 변화, 발생상의 유연성이 있었다는 가설들이 제기되었고, 바다의 먹이그물이 형성되었으며 육상서식지에 적응하기 시작한 동물들과 척추동물들이 발생되었다고 추정한다.

▶ 이 시기에 오늘날 생존하고 있는 양서류와 양막류가 발생되었다고 추정한다.

- **중생대(2억 5,100만 년 전~6,550만 년 전)**: 중생대에는 공룡이 우점적인 육상 척추동물이었다. 산호초가 나타나 다른 해양생물들에게 중요한 서식처를 제공하였다.
- **신생대(6,550만 년 전~현재)**: 신생대 동안 포유동물목(order)의 구성원들이 오늘날과 같이 다양해졌다. 곤충도 다양해졌다.

28.3 다양한 서식 환경에 따라 동물이 필요한 적응 내용이 다르다

- **해양** 환경은 비교적 온도변화가 적고 부력이 있으며 먹이가 풍부하다. 물의 양과 염도는 담수에 비해 훨씬 더 안정적으로 유지된다.
- **담수**는 상대적으로 불안정한 환경과 빈약한 먹이를 제공한다. 담수는 세포액에 비해 상대적으로 저장액이기 때문에 조직 내로 물이 흘러들어오게 되어, 담수산 동물들은 삼투조절을 해야만 한다.
- **육상동물**들은 건조를 이겨내야 하고, 온도 변화를 해결해야 하며, 배우자(gametes)와 배(embryo)를 보호해야 한다.

28.4 동물계는 단계통적이다

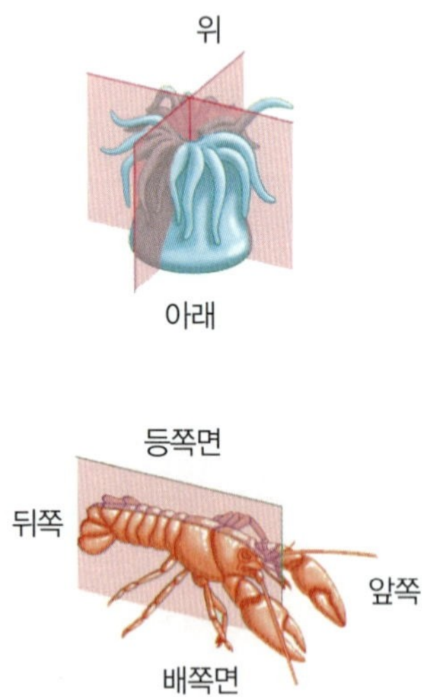

그림 28.1 방사대칭(위)과 좌우 대칭(아래)

- 대표적인 가설들을 비교하면 동물 계통수의 주요 형태에 대한 의견이 일치한다.

▶ 동물계는 단계통적이다. 동물의 공통조상은 아마도 편모를 가진 **군체성 원생생물**이었을 것이다.

▶ 해면동물은 진화초기에 다른 동물과 분리된 측생동물(parazoa) 등급군(grade)으로 간주된다.

▶ "진정한 동물"은 진정한 조직을 가지며, 해면동물을 제외한 모든 동물이 여기에 포함된다.

- 많은 생물학자들은 진화적 유연관계를 규명하기 위하여 몸의 기본적인 구조인 체형의 유형을 사용해왔다.

▶ 대칭성 vs. 비대칭성?

1) 거의 모든 해면동물은 대칭성이 전혀 없다.

2) 대칭성을 갖는 동물 중 자포동물, 유즐동물과 같이 **방사대칭성**을 갖는 동물도 있다.

▶ **좌우대칭성**

1) 등쪽(위), 배쪽(아래), 앞쪽(머리), 뒤쪽(꼬리)으로 구분될 수 있다.

2) 대부분 좌우대칭형 동물들은 중추신경계를 지녀 **두화**되어 있다. 이때, 주요 감각기관이 머리에 모여 있는 현상을 두화되었다고 한다.

28.5 동물의 유연관계는 조직의 발달 수준과 체강의 유형에 기초하여 규명되어 왔다

● **배엽**이라고 불리는 배아조직은

▶ 몸을 보호하는 것과 신경계를 형성하는 바깥쪽의 **외배엽**, 장과 다른 소화기관을 포함하는 안쪽의 **내배엽**, 대부분의 다른 구조를 형성하는데 관여하는 가운데에 위치하는 **중배엽**을 포함한다.

▶ **이배엽성 동물**

1) 외배엽과 내배엽만 가지는 동물

2) 자포동물과 유즐동물이 해당한다.

▶ **삼배엽성 동물**

1) 외배엽, 중배엽, 내배엽을 갖는다.

2) 전통적으로 체강이 중배엽에 의해 만들어지지 않고 포배강에 의해 만들어지는 체강을 갖는 **의체강동물**, 중배엽으로 발달된 조직으로 이루어진 진정한 **체강**을 가지는 **진체강동물**로 분류되어 왔다.

3) 체강이 전혀 없는 삼배엽성 동물들을 **무체강동물**이라고 한다.

● 체강동물의 두 가지 주요 진화적인 가지는 **선구동물**(연체동물, 환형동물, 절지동물)과 **후구동물**(극피동물과 척삭동물)이다.

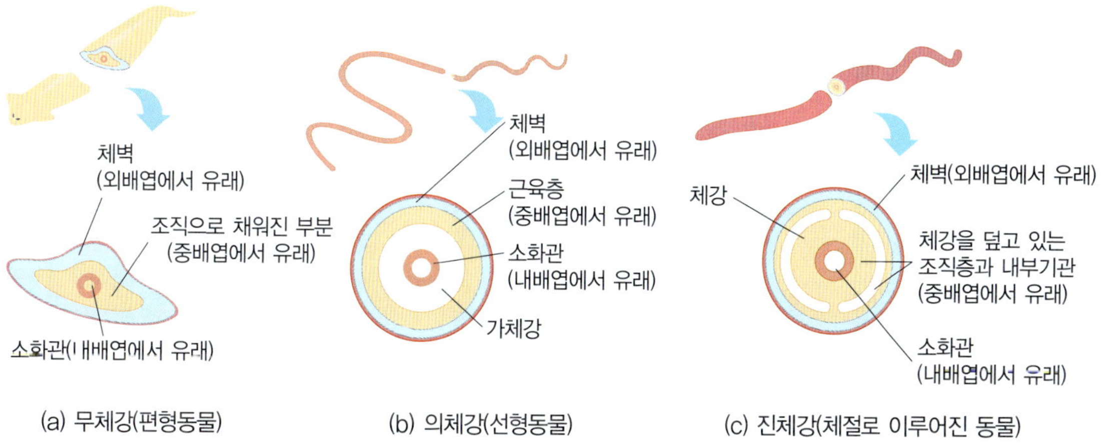

그림 28.2 체강의 진화와 다양성

	선구동물 발생	후구동물 발생
난할 (8세포기)	• 위쪽에 있는 세포들이 크기가 크고 아래쪽에 있는 세포 사이에 홈에 놓이는 나선형 난할을 함. • 각각 배아 세포들의 발생상의 운명을 아주 초기에 엄격히 결정하는 결정적 난할을 함.	• 난할면이 수정란의 수직축과 나란하거나 직각을 이루는 방사대칭 난할을 가짐. • 초기 난할에 의해 생성된 세포들이 각각 완전한 배로 발달할 수 있는 능력을 유지하는 비결정적 난할을 함.
체강	• 중배엽의 갈라진 조각들로부터 체강이 형성됨.	• 주머니 모양으로 부푼 원장의 돌출부에 체강이 형성됨.
원구의 운명	• 원구에서 입이 생김.	• 나중에 생긴 구멍에서 입이 형성됨.

▶ 선구동물에서 원구는 입으로 발달하고 후구동물에서 원구는 항문이 된다.

▶ 선구동물과 후구동물은 발생 과정에 많은 차이가 있다. (위의 표 참조)

● 분자생물학 자료에 근거해서 많은 생물학자들은 이제 선구동물을 두 개의 분기군(clade)으로 세분한다.

▶ **촉수담륜동물**은 편형동물, 유형동물(끈벌레), 연체동물, 환형동물, 촉수동물(입을 둘러싸고 있는 촉수의 섬모환을 가진 동물군), 윤형동물을 포함한다.

▶ 탈피하는 동물인 **탈피동물**에는 선형동물과 절지동물이 포함된다.

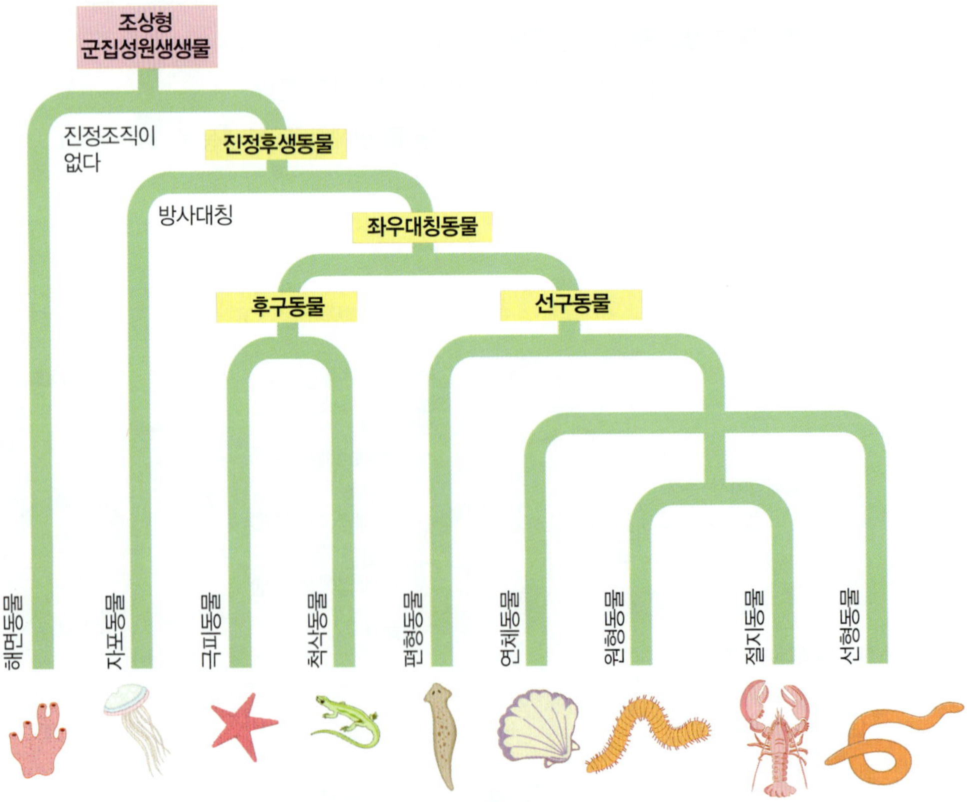

그림 28.3 형태비교 자료에 근거하여 작성한 동물 계통수 가설

28.6 해면동물: 석회해면문(Calcarea), 유리해면문 (Silicea)

- 스펀지로 구성되며 편모가 달린 동정세포 혹은 금세포를 지닌다.
- 다른 모든 동물의 분류군과 분리되는 분류군에 속하는 유일한 구성원이다.
  - ▶ 해면동물의 몸은 물이 들어가는 조그마한 구멍을 가진 하나의 낭(주머니)이다.
  - ▶ 낭은 중심의 비어 있는 공간인 **해면위강**과 한쪽 끝에 물이 나갈 수 있도록 열려 있는 **출수공**으로 구성되어 있다
  - ▶ 스펀지의 세포들은 느슨하게 연결되어 있다.
- 고착생활을 하며
  - ▶ 몸에 구멍이 많고 진정한 조직과 기관이 없다.
  - ▶ 옷깃 모양의 구조물을 가지고 있는 편모가 달린 **동정세포**를 이용해 물속에 떠 있는 먹이를 삼키는 부유물섭식자다.
- 대부분의 해면동물은 암수한몸이다.

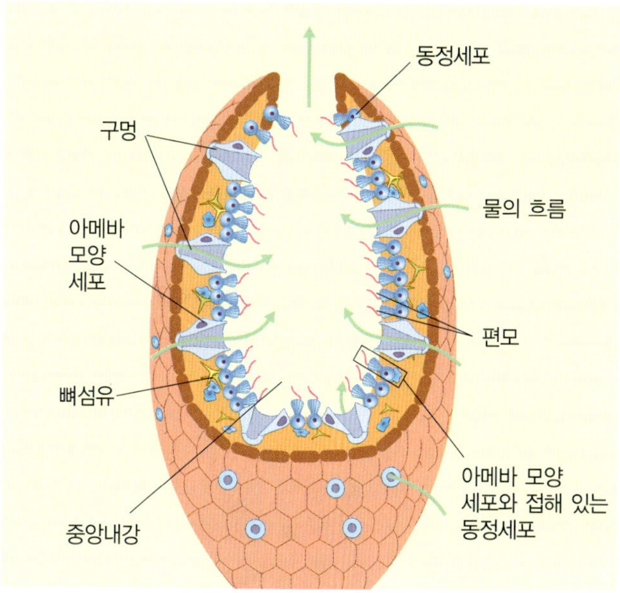

그림 28.4 해면동물의 구조

28.7 자포동물문

- 이들의 두드러진 특징은 방사대칭형의 배엽성과 쏘는 기관(자포)을 가지고 있는 세포인 **자포세포** 등이다.
  - ▶ **위수강**은 중앙의 소화구획으로 입과 항문 둘 다의 기능을 담당하는 하나의 열려진 구멍을 가지고 있다.
  - ▶ 신경세포들은 불규칙적이고, 수축세포와 샘세포를 감각세포와 연결시켜주는 방향

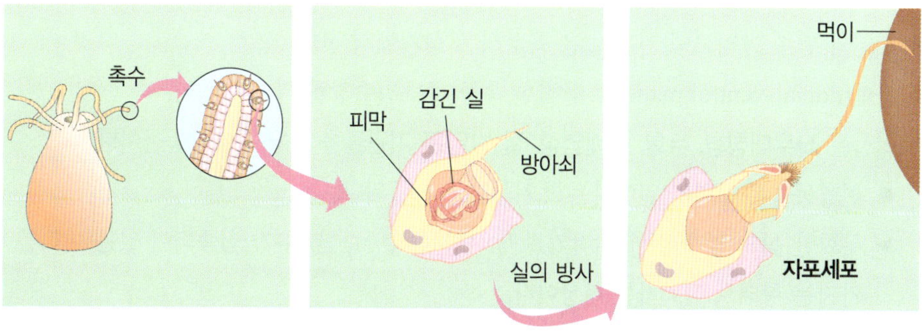

그림 28.5 자포세포의 작용

성이 없는 **신경망**을 이룬다.

- 많은 자포동물의 생활사는 고착형 **폴립** 단계와 자유 유영하는 **메두사** 단계로 되어 있다.
- 자포동물문은 네 개의 주요한 강으로 나뉜다.
  - ▶ **히드라충강**에는 히드라, 히드라충류, 고깔해파리 등이 속하고 이들은 폴립형과 메두사형을 교대하지만 일부는 전형적인 폴립형으로 단독이거나 군체를 이룬다.
  - ▶ 해파리가 속하는 **해파리강**은 일반적으로 메두사형이다.
  - ▶ **입방해파리강**에는 입방해파리류와 바다말벌류 등이 속하는데, 겹눈을 가지고 있다.
  - ▶ **산호충강**은 말미잘과 산호를 포함하고 폴립형이며 단독 또는 군체를 이룬다. 산호충류는 위수강의 조직화 정도에서 히드라충류와 다르다.

28.8 유즐동물문

- 부서지기 쉬우며, 발광하는 해양 포식자이다.
- **이축 방사대칭성**을 지니며 빗 모양의 8줄의 섬모를 지닌 빗해파리 등이 포함된다.
- **이배엽성**이며 점착성 접착세포들을 가진 촉수를 지니고 있다.

28.9 유형동물문

- 끈벌레라고도 하며
  - ▶ 먹이를 잡고 방어를 하는 데에 사용하는 근육성 관인 **촉수관**을 가지고 있고, **담륜자 유생** 단계를 거치는 생활사가 특징인 **촉수담륜동물** 집단에 속한다.
  - ▶ 촉수담륜동물에는 편형, 윤형, 외항, 완족, 연체, 환형동물 등도 포함된다.
- 촉수관으로 둘러싸인 공간인 **문강**을 지닌다.
- 관속의 관체형, 입과 항문을 가진 하나의 완전한 소화관, 하나의 순환계를 지닌다.

28.10 편형동물문

- 해양과 담수 그리고 습기가 많은 육상의 서식지에서 산다.
- 등배(dorsal-ventral plane)로 납작한 동물이며 위수강을 가지고 있다.
- 이들은 **좌우대칭형**, **두화**, **삼배엽성**, **잘 발달된 기관들**을 지닌 무체강동물이다.
  - ▶ 편형동물은 두화가 일어나는 초기동물로 간주된다.
  - ▶ 두화란 몸의 앞쪽 끝에 감각기관과 신경세포(단순한 뇌)가 집중되어 있는 머리를 가지는 형태로 진화하는 현상이다.
  - ▶ 두화는 좌우대칭형 동물들이 먹이를 찾거나 적을 감지하는 데 효율성을 증가시켜

준다.

- 많은 편형동물들은 **자웅동체**이다.
- 사다리형 신경계를 가지는데, 전형적으로 몸의 앞뒤로 뻗어 있는 두 개의 신경삭에 연결되어 있는 두 개의 **신경절(ganglia)**로 구성된 하나의 단순한 뇌와 감각기관으로 구성되어 있다.
- **원신관**은 대사노폐물을 방출하고 삼투조절을 담당하는 기관이다.
- 편형동물은 네 개의 강으로 구성된다.
  - ▶ **와충강**은 자유생활을 하며 주로 해양성 종들로 구성된다. 플라나리아가 여기에 속한다. 오염되지 않은 연못과 하천에 풍부하고 크기가 작은 동물을 잡아먹거나 죽은 동물을 먹고 산다.
  - ▶ **흡충강**과 **단생강**은 기생성 **흡충류**들을 포함하며 동물의 속이나 표면에서 기생동물로 살아간다.
  - ▶ **촌충강**에 속하는 모든 종은 기생동물이고 위수강, 즉 소화관을 가지고 있지 않기 때문에 숙주의 장 속에서 소화되어 생성되는 영양소를 몸 표면을 통하여 흡수한다.
  - ▶ 기생성 흡충류와 촌충류는 숙주 소화관에 부착하기 위한 흡반과 고리구조를 가지고 있다. 이들은 많은 수의 알을 낳으며 중간숙주를 가지는 복잡한 생활사를 지닌다.

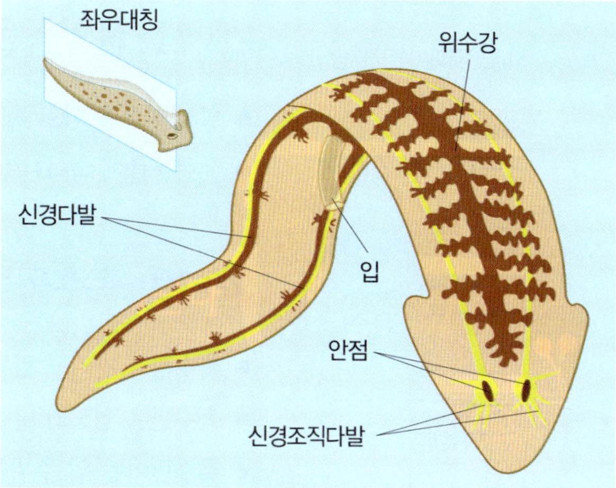

그림 28.6 자유생활하는 편형동물, 플라나리아 (길이 약 5~10 mm)

한 토막 생물 뉴스

좌우대칭과 유전자

자포동물과 해면동물을 제외한 나머지 동물은 좌우대칭동물이다. 이들은 원시좌우대칭동물(Urbilateria)로부터 유래했을 것이다. 이 원시좌우대칭동물의 발생학적 특징은 무엇이었을까? 이에 대한 추론은 유전자의 구조를 조사하여 좌우대칭동물에서 공통적으로 발견되고, 그 기능이 5억 년 이상 지속된 것을 기준으로 원시좌우대칭동물에 존재했을 가능성이 큰 유전자에 근거하여 진행할 수 있다. 이 조상 동물은 *Pax-6*, *Distal-less*, *tinman*, 그리고 수백 가지의 신체 형성 유전자로 구성된 도구(tool-kit) 유전자들을 지녔을 것이다. 이 유전자들의 기능을 참조하면 이 조상 동물은 본격적인 눈은 아닐지라도 광에 민감한 일종의 안점을 지니고, 뚜렷한 부속지는 아니지만 몸통에서 튀어나온 구조를 지녔으며 이 동물에게는 일부 수축성 세포집단이 있어서 이들이 심장 대신 체액의 순환을 담당했을 것으로 추측된다. 이외에도 일부 *Hox* 유전자로 인해 몸통의 앞, 중간, 뒷부분 정도가 구별되는 구조도 가능했을 것이다.

28.11 윤형동물문

- 입과 항문을 따로 지닌 완벽한 **소화관**을 지닌다.
- 윤형동물에 속하는 많은 종들은 **단위생식**을 한다.

28.12 촉수동물

- **촉수관**을 가지고 있는 진체강동물들이다.
- 촉수관은 섬모가 나 있는 촉수들을 지니는 말굽 모양의 부유물 섭식기관이다.
- **촉수판**이란 입 주위를 둘러싸고 있는 촉수들의 환상구조를 의미하는데, 물속에 있는 부유성 입자들을 포획하기 위해 특수화되어 있다.
- 촉수동물은 해양동물들로 **완족동물**, **추형동물**(Phoronida), **태형(외항)동물**을 포함한다.
  - ▶ 완족동물: 해양성이며, 대부분 촉수관 위로 물이 흐르도록 자신의 패각을 조금 연 채 자루(stalk)를 이용하여 해양 바닥에 부착해서 산다.
  - ▶ 추형동물: 관 속에 살고 있는 해양동물이며, 촉수관을 관의 구멍 밖으로 뻗고 있다가 위협을 느끼면 다시 관 속으로 걷어 들인다.
  - ▶ 외항동물: 식물을 닮은 군체형의 동물로 촉수관을 뻗어 낼 구멍들이 있는 단단한 외골격 속에 살고 있다.
- **유형동물**은
  - ▶ 방어와 먹이의 포획에 쓰이는 독특한 관(주둥이, proboscis)을 가지고 있다. 수축이 가능한 주둥이를 뻗는 데에는 액체가 들어 있는 주머니가 이용된다.
  - ▶ 편형동물에서 볼 수 없는 소화관과 폐쇄순환계가 진화되었다.

28.13 연체동물문

- 연체동물문에 속하는 구성원들은 부드러운 몸체를 지닌 동물들이며 겉모습은 다르지만, 비슷한 체제(body plan)를 가지고 있고 대개 패각으로 덮여 있다.
- 구조는
  - ▶ 근육질의 발과 내장낭, 외투막을 가지고 있다.
  - ▶ 이동을 위해 배쪽의 발을 가지고 있고 대부분의 내부기관들을 포함하는 **내장낭** 그리고 내장낭을 덮고 있는 조직의 층으로서 패각(만약 있다면)을 분비하는 **외투막**으로 이루어진다.
  - ▶ **외투강**은 외투막이 내장낭 너머로 확장되어 물이 차 있는 방으로 아가미와 항문, 배설공이 들어 있다.
  - ▶ **폐쇄순환계**를 가진 두족류를 제외하고는 **개방순환계**를 가진다.

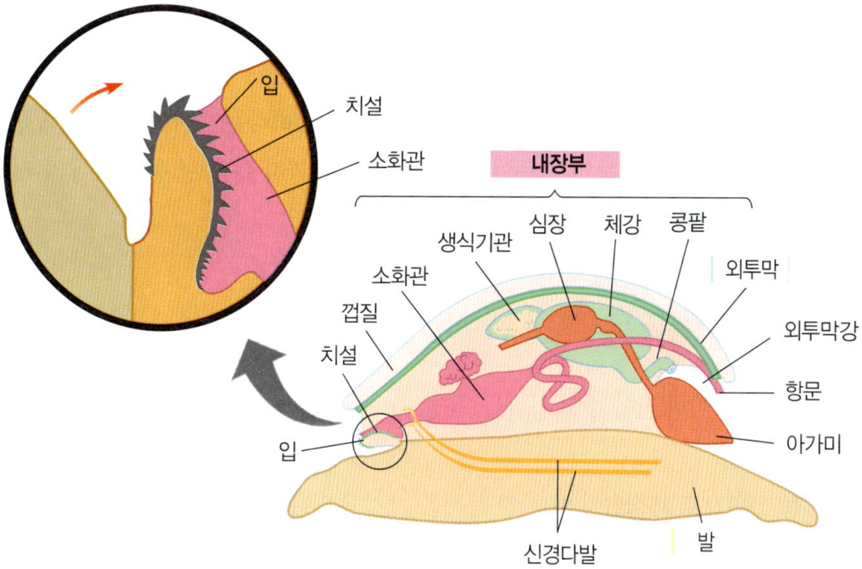

그림 28.7 연체동물의 체형

- ▶ 후신관이라고 불리는 쌍으로 된 배설관을 갖는다.
- ▶ 줄과 같은 치설은, 여과섭식성인 이매패류를 제외하고는, 모든 그룹에서 먹이를 긁어내는 역할을 수행한다.

- 전형적으로 해양 연체동물들은 자유유영하는 섬모를 가진 **담륜자 유생시기**를 거친다.
- **군부강**은 부착성 해양 **키톤**들을 포함하는데, 8개의 끝쪽이 겹쳐진 판들로 구성된 패각들을 가지고 있다.
- **복족강**은 연체동물에서 가장 큰 그룹으로 서달팽이, 민달팽이, 그 외 인접분류군을 포함한다.
  - ▶복족류의 배가 발달함에 따라 배의 내장낭은 180° 까지 회전하며, 항문과 외투강이 머리 위로 감겨 올라가도록 발생한다. 패각도 꼬여 있지만 이 뒤틀림은 패각의 꼬임 현상과는 무관하다.
  - ▶ 모든 현생 연체동물종 가운데 약 3/4이 복족류이다.
  - ▶ 대부분 해양성이나, 담수나 육지 환경에 적응한 복족류도 있다.
- **이매패강**은 수서성 조개, 가리비, 굴 등을 포함한다.
  - ▶ 등쪽 가장자리의 중간부위에 경첩처럼 연결된 두 장으로 나눠진 패각을 가진다.
  - ▶ 외투강은 기체교환과 섭식에 이용되는 아가미를 포함하며, 대부분 부유물섭식자이다.
- **두족강**은 오징어, 문어, 앵무조개를 포함한다.
  - ▶ 두족류는 활동적인 포식성 유영자이다. 큰 머리부위에 위치하는 촉수들이 입 주위를 덮고 있다.

▶ 촉완들을 이용하여 먹이를 움켜잡으며 부리 모양의 턱을 이용하여 마비시키는 독을 먹이에 주입한다.

▶ 트럭 타이어의 크기만큼 큰 암모나이트(ammonite)라는 패각을 가진 두족류들은 백악기 말의 대멸종 기간 동안에 모습을 감추기까지 수억 년 동안 해양의 지배적인 무척추동물 포식자였다.

28.14 환형동물문

- 체절성 동물이며 많은 수서 동물들, 육상 지렁이, 거머리를 포함한다.
- 환형동물은
  - ▶ 몸 안팎으로 **체절화**된 매우 긴 몸체를 가지고 있다.
  - ▶ 커다란 구획이 지어진 체강은 유체정역학적 골격으로서 작용한다.
- **다모강**은
  - ▶ **측각**이라는 부속지를 지닌 해양성 동물로 이루어진다.
  - ▶ 측각은 기체교환과 이동을 위해 사용된다.
  - ▶ 많은 종류의 다모류에서는 측각에 풍부한 혈관이 분포해 있어서 아가미와 같은 기능을 한다.
- **빈모강**은 육상지렁이와 물속에 사는 다양한 종으로 구성되는데,
  - ▶ 체절당 소수의 짧은 키틴질 강모들을 가지는 것이 특징이다.
  - ▶ 몸은 격막에 의하여 내부적으로 분리된 100개 이상의 체절들로 나누어진다.
- **거머리강**의 대다수는 담수에서 살지만 습기가 있는 식생에서 발견되는 육상 거머리류와 해양성 종들도 있다.
  - ▶ 많은 종류의 거머리는 다른 무척추동물들을 잡아먹는 포식자이지만, 어떤 종류는 사람과 다른 동물에 붙어 흡반을 이용해 피를 빨아먹는 기생동물이다.
  - ▶ 강모나 부속지가 없는 것이 특징이다.

28.15 선형동물문

- **탈피동물**의 일종이다.
  - ▶ 환형동물, 구두동물(Acanthocephala), 동갑동물(Loricifera), 새예동물(Priapula), 완보동물(Tardigrada), 유조동물(Onychophora), 절지동물과 함께 탈피동물에 속한다.
  - ▶ 이들은 자라면서 **큐티클**을 벗는 **탈피**를 한다.
- 선형동물은 비체절성 의체강동물이다.
  - ▶ **회충류**라고도 하며 좌우대칭성, 세 가지의 조직층, 하나의 완전한 소화관을 가진 의체강동물이다.

  - ▶ 몸은 질긴 **큐티클**로 덮여 있는데, 이것은 건조 방지에 도움을 준다. 성장하면서 주기적으로 오래된 큐티클을 벗고 더 큰 새 큐티클을 분비한다.
- ● 가장 널리 분포하고 있는 동물의 하나로
  - ▶ 대부분 수중 서식지, 토양, 습기가 있는 식물체의 조직, 동물의 체액과 조직에서 발견된다.
  - ▶ 인체기생성 동물들인 **회충**, **십이지장충**, **선모충**, **요충** 등을 포함한다.

28.16 절지동물문

- ● 외골격과 관절이 달린 부속지를 지닌 체절성 진체강동물이다.
- ● 절지동물들은
  - ▶ 관절이 있는 **부속지**를 가진 체절화 된 동물들로 키틴 갑옷과 같은 **외골격**을 가지고 있어 다양한 종들이 성공적으로 생존해 올 수 있었다.
  - ▶ **탈피**는 절지동물이 성장하기 위한 필수적인 과정이다.
  - ▶ **혈림프**를 뿜어내는 하나의 등쪽 심장을 지닌 개방순환계를 가지고 있다.
  - ▶ 수서형들은 아가미를 가지고, 육상형들은 **기관**이나 또는 **서폐**를 갖는다.
- ● 멸종한 **삼엽충**은 초기 절지동물로 단단하면서 체절화된 패각에 의해 덮여 있는 해양 절지동물이다.
- ● **다지아문**은
  - ▶ 지네류가 속하는 **순각강**과 노래기가 속하는 **배각강**을 포함하며,
  - ▶ 두부에 1쌍의 촉각과 턱 모양의 대악이 있으며, 구기로 변형된 3쌍의 부속지와 한 쌍의 촉각이 있다.
- ● **협각아문**의 대부분은 전갈류, 거미류, 진드기류 및 응애류 등이 차지한다.
  - ▶ 대부분의 거미류는 내부의 방 속에 판들이 쌓여 있는 서폐로 기체교환을 한다.
  - ▶ 협각은 발톱 모양의 섭식 부속지로서 집게발이나 엄니 구실을 한다.
  - ▶ 몸이 두흉부와 배로 구분되고 6쌍의 관절화 된 부속지를 가지는데, 그 중 4쌍은 걷는 다리이다.
  - ▶ 부속지의 첫 번째 쌍이 **협각**이며 두 번째 쌍은 **다리수염**이다.
  - ▶ 이러한 부속지는 먹이를 다루거나 이동, 방어 또는 교잡을 위해 적응되어 있다.
- ● **갑각아문**은
  - ▶ 두흉부와 배로 이루어져 있고 전형적으로 5쌍의 걷는 다리를 갖는다.
    1) 갑각류는 맛과 접촉을 감지하는 2쌍의 **촉각**을 갖는다.
    2) 세 번째 부속지는 씹는 데 사용하는 **큰 턱**이며, 큰 턱의 뒤쪽에 위치하는 2쌍의 **작은 턱**은 먹이를 다루고 붙잡는 데 사용한다.
  - ▶ 등각류: 갑각류 가운데 가장 큰 무리의 하나로 육상종, 담수종, 해양종을 포함한다.
  - ▶ 십각류: 상대적으로 크기가 큰 갑각류로 대부분 해양성이다. 바닷가재류와 가재

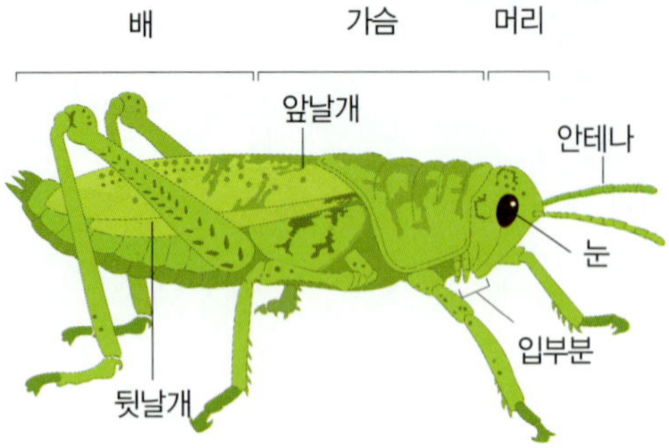

그림 28.8 곤충의 해부학적 구조(메뚜기)

류, 게류, 새우류가 포함된다.

- ▶ 요각류: 소형 갑각류로 모든 동물 가운데 가장 개체수가 많은 종류 중 하나이다.

- **육각아문**은 **곤충강**을 포함한다.
  - ▶ 곤충류는 분지되지 않은 부속지를 가지며 한 쌍의 촉각을 갖는다.
  - ▶ 곤충은 **체절화**되어 있는 기관을 가진 **육각류**이다.
  - ▶ 몸은 머리, 가슴, 배로 구성되어 있다.
  - ▶ 곤충류는 가스교환을 위해 기관을 가지며 배설을 위해 **말피기관**을 갖는다.
- 곤충류의 생물학적 성공요인
  - ▶ 곤충류와 그 친척들(육각아문)의 종수는 다른 모든 생물종을 합한 수보다 많다.
  - ▶ 다양한 형태로 변화가 가능한 외골격, 체절화, 특수화된 관절이 있는 부속지, 비행능력, 고도로 발달된 감각기관, **변태**(metamorphosis), 효과적인 생식전략, 방어와 공격을 위한 효과적인 메커니즘, 의사소통 능력을 포함한 다양한 적응들의 결과, 현재의 다양한 곤충이 출현하였다.
  - ▶ 이 중 비행은 명백하게 곤충류의 대단한 성공을 가져온 핵심요소 중 하나이다.

28.17 극피동물문

- 반삭동물문(Hemichordata), 척삭동물문 등과 함께 후구동물에 속한다.
- 극피동물은 가시로 된 '피부' 와 내골격을 가진 해양성 동물로 대부분 천천히 움직이거나 고착생활을 한다. 방사대칭 난할을 하며, 원장에서 체강이 발달해 있다.
- **수관계: 관족**이라는 연장부들이 분지되어 있는 물이 흐르는 관들의 그물망 구조로서, 관족들은 이동과 섭식, 기체교환 기능을 한다.
- 유생은 좌우대칭형이며, 성체의 대부분은 **오방사 대칭형**이다.
- **바다나리강**은
  - ▶ 바다백합과 깃별나리류를 포함하고, 일부는 고착형이다.
  - ▶ 위를 향하고 있는 입을 깃털 모양의 완(팔 구조)들이 둥글게 둘러싸고 있다.
- **불가사리강**은 불가사리류로 구성된다.
  - ▶ 이들은 5개 이상의 팔을 가진 중심판을 가지며 이동을 위해 관족을 사용한다.
  - ▶ 팔의 아래쪽 표면에는 각각 흡반과 같은 기능을 하는 관족들이 있다. 입은 바닥을 향하고 있으며, 대단한 재생능력을 가지고 있다.
- **거미불가사리강**은
  - ▶ 불가사리와 닮았지만 중심반으로부터 뚜렷하게 뻗어나온 좀 더 길고 가느다란 팔(arm)을 가진다. 관족에는 흡반이 없다.
  - ▶ 이들은 이동을 위해 팔을 사용하지만 흡반이 없는 관족은 이동에 사용되지 않는다.

- **성게강**은 바다성게와 연잎성게를 포함한다.
  - ▶ 성게는 대체적으로 구형이고, 연잎성게류는 납작하고 원반 모양이다.
  - ▶ 성게류는 팔이 없으며 단단한 껍데기를 가진다. 또한 가시로 덮여 있다.
  - ▶ 느리게 이동할 때 쓰이는 5열로 배열된 관족들을 가지고 있다.
  - ▶ 입은 턱 모양의 복잡한 구조물들로 둘러싸여 있다.
- **해삼강**은 '바다오이' 라 불리는 해삼으로 이루어진 강으로
  - ▶ 신장된 유연한 몸체를 지닌 동물이다.
  - ▶ 가시들이 없고 내골격이 많이 퇴화되어 있다.
  - ▶ 촉수로서 작용하는 환상의 변형된 5열의 관족이 입을 둘러싸고 있다.
- **바다데이지강**은
  - ▶ 작은 가시들이 고리 모양으로 나 있는 원반형의 몸을 가지고 있다.
  - ▶ 몸을 둘러싸고 있는 막을 통하여 영양소를 흡수하며, 물속에 잠겨 있는 목재에 살고 있다.

29 척추동물의 다양성

척추동물 몸 만들기

버제스 화석종 피카이아가 가장 오래된 척삭동물 화석으로 알려져 왔지만, 최근 첸지앙에서의 발견으로 인해 척추동물의 최초 등장 시점은 5억 2,000만 년 전으로 거슬러 올라간다. 현존하는 척추동물은 이 조상으로부터 꾸준히 일관된 방식으로 몸을 만들어 왔다. 이 과정에서 중요한 역할을 하는 것이 *Hox* 유전자이다. 동물은 진화 과정에서 *Hox* 유전자의 수를 늘려왔다. 창고기를 비롯한 두삭동물(아문)과 미삭동물(아문)은 무척추동물 및 척삭동물의 조상처럼 단 하나의 *Hox* 유전자군을 가지고 있다. 이후 먹장어(강)에 속하는 동물이 출현하면서 이 유전자 집단은 한번 복제되고 칠성장어(아강)와 연골어류(강)에 해당하는 생물이 출현하면서 한 번 더 복제되어 경골어류(강) 이후에 출현한 동물들은 모두 4개의 염색체상에 각 하나씩 총 4개의 *Hox* 유전자 집단(39개의 유전자)을 가지고 있다. 이렇게 진화 과정에서 척추동물의 몸 형태 변화에는 *Hox* 유전자 수의 증가가 관여했다. 그런데 개구리, 뱀, 공룡, 타조, 기린, 고래 등 다양한 형태의 동물이 출현할 수 있었던 이유는 무엇일까? 이들이 엇비슷한 4개의 *Hox* 유전자 복합체를 갖고 진화한 것으로 보아 *Hox* 유전자의 상호작용도 중요하게 관여한 것 같다.

핵심 체크 Key Point

아래에 열거된 개념 또는 용어들을 '문제'라고 가정하고 답을 작성해 보자.

척삭동물(Chordata)문

- 척삭동물의 구조적 특징
  - ✔ 후구동물(deuterostomes)의 정의
  - ✔ 동물대칭성의 정의와 종류

29.1 개념을 이해했다면?
신경의 위치가 등쪽에 있는 동물과 배쪽에 있는 동물을 비교해 보자.

척삭동물의 파생형질이란?

✔ 척삭(notochord)의 구조와 기능

✔ 인두열(pharyngeal slits)의 구조와 기능

■ 척삭동물을 구성하는 3개의 아문

미삭동물아문과 두삭동물아문의 특징 비교

✔ 창고기(lancelets)의 특징과 진화적 의미

✔ 피낭류(tunicates)의 특징

유두동물(Craniates)

■ 유두동물의 특징

유두동물의 파생형질이란?

✔ 신경능선(neural crest)의 구조와 기능

■ 유두동물의 기원

■ 먹장어류(hagfishes)의 해부학적 특징과 진화적 의미

29.2 개념을 이해했다면?
화석으로 존재하는 *Haikouella* 와 *Myllokunmingia* 가 유두동물의 진화에서 지니는 의미를 설명해 보자.

척추동물(Vertebrates)

척추동물의 파생형질이란?

29.3 개념을 이해했다면?
척추동물에서 일어난 광물화를 뼈와 치아를 예로 들어 설명해 보자.

■ 척추동물의 구조적 특징

✔ 신경능선 세포의 발생

✔ 내골격(endoskeleton)이란?

- 코노돈트(conodont)류가 진화상 지니는 의미
- 갑피류(ostracoderm)의 구조적 특징
- 칠성장어류(Cephalaspidomorphi 또는 Petromyzontida)의 특징

유악류(Gnathostomes)

유악동물의 파생형질이란?

✔ 측선계(lateral line system)의 구조와 기능

✔ 현존하는 유악동물의 구조 중 광물화된 것은?

- 판피어류(placoderms)와 가시상어류(acanthodians)가 유악동물의 진화에서 지니는 의미

연골어류(Chondrichthyes)와 경골어류(Osteichthyes)의 특징 비교

✔ 연골어류에 속하는 동물의 종류

✔ 상어들의 번식 방법

✔ 상어의 생식관, 배설계, 소화관과 총배설강의 관계와 구조

✔ 방사형 지느러미어류(ray-finned fishes)와 잎사귀형지느러미어류(lobe-finned fished)의 특징과 해당 동물을 비교

✔ 아가미뚜껑(operculum)의 기능

✔ 부레(swim bladder)의 구조와 기능

29.4 개념을 이해했다면?
폐어(lungfishes)가 동물의 진화에서 차지하는 위치를 설명해 보자.

유악동물, 사지류, 양막류를 간단히 비교

사지류(Tetrapods)

사지류의 파생형질이란?

29.5 개념을 이해했다면?
틱타알릭(*Tiktaalik*)의 구조를 이용해 어류로부터 사지류가 기원하는 과정을 설명해 보자.

- 양서류(Amphibians)의 특징
  - ✓ 현존하는 양서류의 종류: 도롱뇽류(salamanders), 개구리류(frogs), 무족영원류(caecilians)
  - ✓ 양서류 호흡의 특징
  - ✓ 개구리의 변태 과정

29.6 개념을 이해했다면?
양막란이 지니는 진화적 중요성을 설명해 보자.

양막류(Amniotes)

양막류 파생형질의 종류와 특징

- 파충류의 특징
- 파충류의 분류
  - ✓ 측파충류(parareptiles)란?
  - ✓ 쌍궁류(diapsids), 인룡류(lepidosaurs), 조룡류(archosaurs), 공룡류(dinosaurs)의 특징과 해당 동물
  - ✓ 용반류(saurischians)란?
  - ✓ 수각류(theropods)란?
  - ✓ 유린류(squamates)란?

29.7 개념을 이해했다면?
바다거북, 닭, 아메리카악어류(Alligators), 도마뱀, 대부분의 초식공룡을 대상으로 계통수를 만들어 보자.

조류(Aves)강이 파충류로 분류되는 이유

- ✓ 조류의 파생형질 설명

29.8 개념을 이해했다면?
*Archaeopteryx*가 지니는 진화적 의미를 설명해 보자.

✔ 현생 조류의 종류

✔ 주조류(ratites)의 종류와 특징

포유류(Mammals)

29.9 개념을 이해했다면?
단궁류(synapsids)의 특징과 진화 과정을 묘사해 보자.

포유류의 파생형질

- 단공류(monotremes)의 특징과 해당 동물
- 유대류(marsupials)의 특징과 해당 동물
  - ✔ 유태류에서 태반(placenta)의 역할
  - ✔ 육아낭(marsupium)의 기능
- 태반류(eutherians)의 특징과 해당 동물: 4개의 집단으로 나누어 설명

단공류, 유대류, 태반류의 특징 비교

영장목(Primates)

- 영장류의 진화적 특징
- 영장류의 초기 진화
  - ✔ 여우원숭이류(lemurs) 및 늘보원숭이류와 포토류(pottos), 안경원숭이류(tarsiers), 진원류(anthropoids) 등 세 가지 군의 특징 비교
  - ✔ 구대륙원숭이와 신대륙원숭이의 특징과 해당 동물
  - ✔ 완전히 마주보는 엄지손가락(opposable thumb)의 진화상 이점

영장류의 파생형질

호미니드(Hominid 또는 Hominins)의 출현

■ 호미노이드(Hominoid)의 정의와 해당 동물

호미니드의 정의와 포괄 범위

호미니드의 파생형질

29.10 개념을 이해했다면?
호미니드종들이 출현한 양상을 간략히 묘사하고 이 양상의 의미를 기술해 보자.

✔ 인류의 진화 과정에서 사헬란트로푸스 차덴시스(*Sahelanthropus tchadensis*)가 차지하는 중요성

✔ 모자이크 진화(mosaic evolution)란?

오스트랄로피테쿠스(Australopithecus)

■ 오스트라로피테쿠스의 출현 시기와 메커니즘

■ 오스트랄로피테쿠스 아나멘시스(*Australopithecus anamensis*)와 아르디피테쿠스 라미두스(*Ardipithecus ramidus*)의 출현 시기와 관계

■ 오스트랄로피테쿠스 아프리카누스(*Australopithecus africanus*)의 파생형질

■ 오스트랄로피테쿠스 아파렌시스(*Australopithecus afarensis*)와 오스트랄로피테쿠스 로보스터스(*Australopithecus robustus*)의 특징

■ 두발 걷기의 출현 시기와 원인

■ 도구 사용의 증거와 시기

29.11 개념을 이해했다면?
두발 걷기, 도구의 사용, 두뇌의 확대 등의 관계를 설명해 보자.

*Homo*속

■ 호모 하빌리스(*Homo habilis*)의 특징과 진화적 의미

■ 호모 에르가스터(*Homo ergaster*)가 호모 하빌리스와 다른 특징과 존속 시기

■ 호모 에렉투스(*Homo erectus*)란?

■ 네안데르탈인(*Homo neanderthanlensis*)의 특징과 존재 시기

29.12 개념을 이해했다면?
*Homo*속이 오스트랄로피테쿠스와 다른 점을 묘사해 보자.

현대 인류는 아프리카에서 기원하였다

■ 인류 기원에 대한 '다지역 가설(multiregional hypothesis)'의 내용과 근거

'아프리카 기원설(out of Africa hypothesis)' 또는 '대체 가설(replacement hypothesis)'의 내용과 근거

✔ 현생 인류의 출현과 네안데르탈인의 운명

✔ 아프리카 기원설에 대한 분자생물학적 연구 방법

■ 호모 플로레시엔시스(*Homo floresiensis*)의 특징과 진화상 의미

29.13 개념을 이해했다면?
Homo floresciensis, Homo habilis, Homo ergaster, Homo erectus, Homo heidelbergensis, Homo neanderthanlensis 등의 출현 시기와 관련성을 고려하여 최종적으로 *Homo sapiens*가 출현하기까지의 계통도를 작성해 보자.

29.14 개념을 이해했다면?
*FOXP2*와 인간의 언어능력에 대해 설명해 보자.

인류와 문화

■ 현생 인류의 특징

■ 문화를 발전시키는 근거가 된 인류의 속성

■ 문화의 탄생과 발전에서 사냥의 역할

■ 문화의 발전에서 농사의 역할과 효과

■ 기계문명시대가 도래한 배경과 특징

29.15 개념을 이해했다면?
환경에 대한 인간의 영향력을 예시하고 미래를 위해 인간이 해야 할 일을 생각해 보자.

Key Information 주요내용

29.1 척삭동물은 척삭과 등쪽에 속이 빈 신경다발을 지닌다

- 척삭동물은 좌우대칭동물이며, 좌우대칭동물군 중에서 후구동물군으로 알려진 분기군에 속한다. 척추동물은 척삭동물문에 속한 하나의 아문이다.
- 척삭동물의 생활사에서 발견되는 파생형질
  - ▶ **척삭:** 소화관과 신경다발 사이에 이들과 평행하게 길게 자리잡고 있는 유연성 있는 막대구조이다. 액체로 채워져 있는 커다란 세포로 구성되어 있으며, 이 세포들

은 상당히 딱딱한 섬유성 조직으로 둘러싸여 있다. 생활사 중 일부 시기에 유연하면서도 지지대의 역할을 한다.

- ▶ **속이 빈 등쪽의 신경다발:** 척삭동물 배아의 외배엽 하나가 감기면서 관을 이루어 신경다발로 발달하고, 이것이 척삭의 등쪽에 위치하게 된다.
- ▶ **인두열:** 모든 척삭동물 배아에서 홈(grooves)으로 분리된 일련의 주머니들이 인두벽에 배열되어 있다. 입으로 들어온 물은 소화관 전체를 통과하지 않고 인두열을 통하여 몸통 밖으로 빠져나갈 수 있다.
- ▶ **항문 뒤의 근육성 꼬리:** 척삭동물이 가지는 것으로 많은 종에서 이 꼬리는 배아발생 과정에서 사라지게 된다.

- 초기 척삭동물의 진화
  - ▶ 척추동물의 파생형질 중 상당히 많은 부분을 공유하는 피낭류와 창고기류는 척추동물 몸 설계의 진화적 기원에 대한 단서를 제공할 수 있다.
  - ▶ 창고기에 대한 연구 결과는 척삭동물의 뇌 진화에 관한 몇 가지 중요한 단서를 제공한다.
  - ▶ 현생 피낭동물의 생활사는 조상 척삭동물의 생활사를 제대로 반영하지 않는 것으로 보인다.
- 척삭동물은 미삭동물아문, 두삭동물아문, 척추동물아문 등 세 개의 아문으로 구성된다.
  - ▶ 미삭동물류(피낭류)는 아마도 최초로 진화한 척삭동물일 것으로 추정된다.
  - ▶ 미삭동물의 **자매군**인 두삭동물아문과 **척추동물아문**은 하나의 최근 공통조상으로부터 분화된 그룹이다.
  - ▶ 창고기에서의 유전자 발현은 척추동물 뇌의 진화에 대한 실마리를 제공한다.
- **미삭동물아문**
  - ▶ 척삭동물 중에서 가장 먼저 분지한 계통에 속한다.
  - ▶ **피낭류** 또는 멍게류는 여과 섭식성이면서 **피낭**을 가진 해양성 동물이다.
  - ▶ 유생은 전형적인 척삭동물의 특징을 가지며 자유유영을 한다. 기질에 일단 자리를

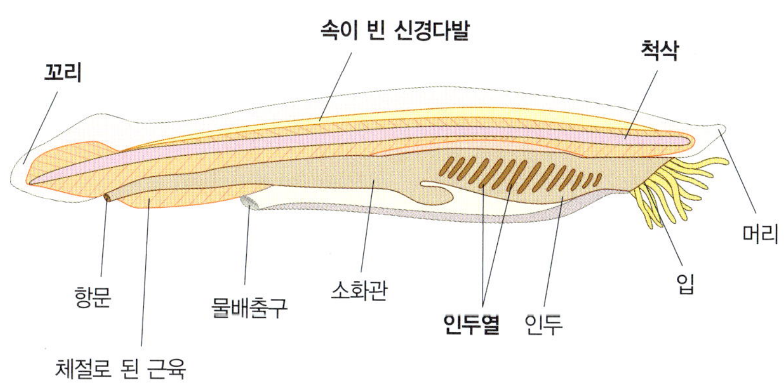

그림 29.1 창고기(약 5~15 cm)에는 꼬리, 신경다발, 척삭, 인두열 등의 구조적 특징이 있다.

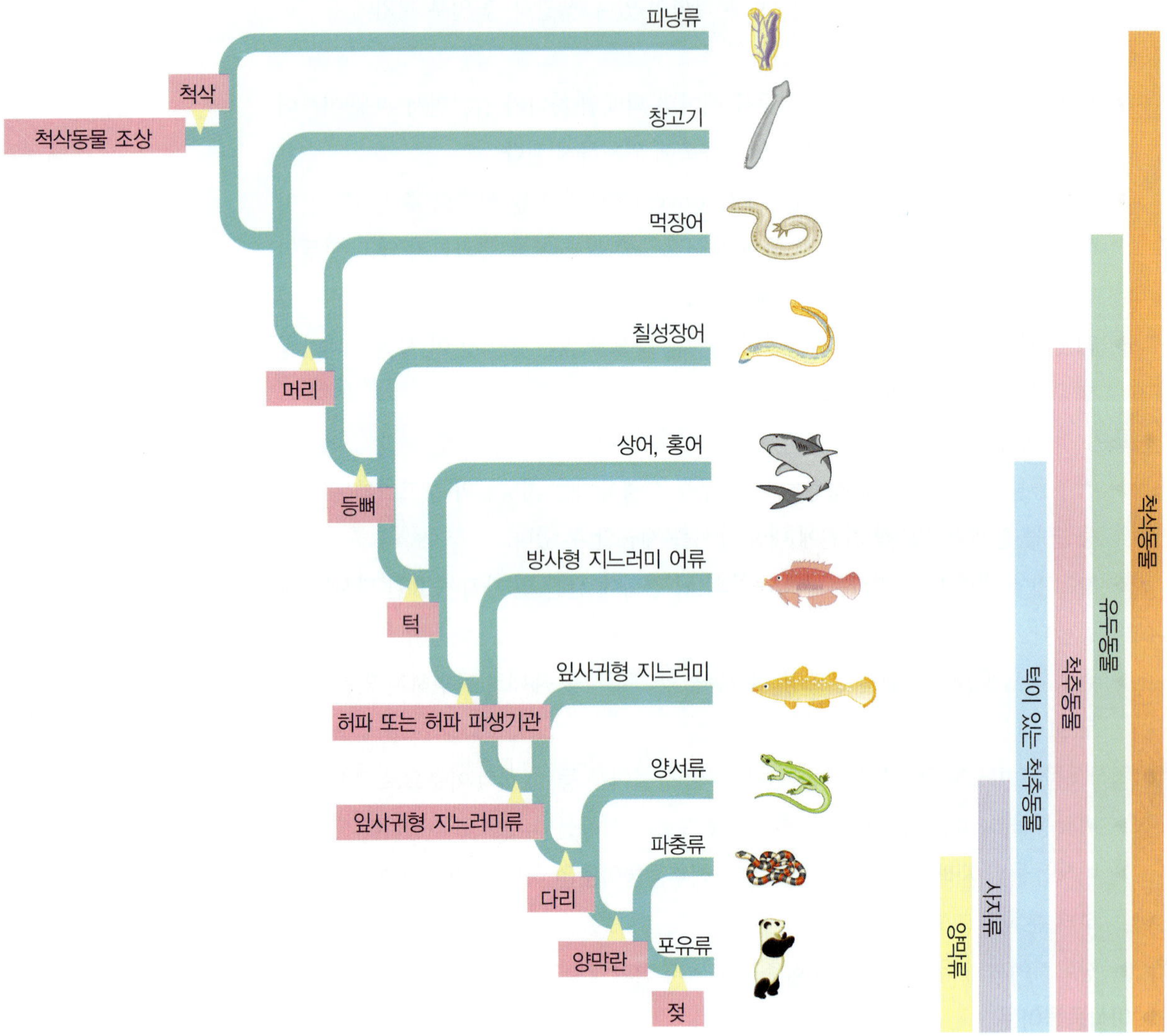

그림 29.2 척삭동물의 주요 파생형질을 보여주는 계통수

잡게 되면 급진적인 변태 과정을 거치게 되는데, 이 과정에서 척삭동물의 특성이 많이 사라지게 된다.

▶ 대부분의 그룹들의 성체는 고착형 여과 섭식자들이다.

● **두삭동물아문**

▶ 작고 체절화된 어류와 같은 동물이다.

▶ **창고기류**는 칼날같이 생긴 모양을 하고 있다. 성체가 되어도 척삭동물의 주요 특징을 다 가지고 있다.

▶ 창고기의 근육 분절은 체절에서 유래한 것이다. 체절은 중배엽 덩어리이며 배아의 척삭 양쪽 측면을 따라 배열해 있다.

29.2 유두동물: 머리가 있는 척삭동물

- 유두동물로 진화하는 과정의 중간 단계인 것으로 보이는 초기 척삭동물의 화석들은 5억 3,000만 년 전 캄브리아기에 많은 동물군이 폭발적으로 다양화되고 있던 시기에 형성된 것이다.
- 유두동물이란 등쪽 신경다발의 앞쪽 끝에 위치한 뇌, 눈과 그 밖에 다른 감각기관들, 머리뼈로 이루어진 머리가 있는 척삭동물을 말한다.
- 유두동물의 파생형질
  - ▶ **신경능선**은 유두동물에만 있는 특성 중에 하나로, 배아 신경관 등쪽으로 맞닿아 연결되는 경계부위 가까운 곳에 나타나는 세포군을 말한다.
  - ▶ 수생 유두동물에서는 인두열이 아가미틈으로 진화하였다.
  - ▶ 유두동물은 피낭류나 창고기류보다 활동적이고 대사율이 높으며, 훨씬 발달된 근육체계를 가지고 있다.
- 먹장어류
  - ▶ 유두동물에서 가장 적게 파생된 계통으로 현재까지 생존해 있다.
  - ▶ 연골 머리뼈가 있으나, 턱과 척추는 없다. 성체에서 척삭은 단단하지만 유연성 있는 연골막대 형태로 유지된다.

29.3 척추동물: 등뼈가 있는 유두동물

- 척추동물의 파생형질
  - ▶ 척추동물은 *Dlx* 유전자군으로 인해 유전적 복잡성이 생겨 더 발달한 머리뼈와 등뼈로 이루어진 **척추**를 갖게 되었다.
  - ▶ 대부분의 척추동물에서 등뼈는 척수를 둘러싸고 있으며, 척삭이 하던 기계적 역할을 대신 수행한다.
  - ▶ 수생 척추동물은 지느러미가시에 의해 강화된 등지느러미, 가슴지느러미, 배지느러미를 획득하였다.
- 뼈와 치아의 기원
  - ▶ 척추동물의 골격은 광물화하지 않은 연골구조로부터 시작하였다. 골격의 광물화는 칠성장어류가 다른 척추동물로부터 분지되어 나간 이후에 비로소 시작되었다.
  - ▶ 척추동물의 광물화는 구강에서 시작된 것으로 보인다.
  - ▶ 척추동물의 내골격은 오랜 시간이 지난 후에야 완전히 광물화되었다.
- 해부, 형태학적 특징
  - ▶ 놀랄만한 두화를 이루었으며 복잡한 뇌와 두개라는 구조를 가진다.
  - ▶ **신경능선세포**는 두개와 턱을 비롯한 많은 구조의 발달의 기원이 되거나 영향을 끼친다.

- ▶ 움직임을 위해 **내골격**에 부착된 근육들을 지닌다.

- 초기 척추동물의 화석
  - ▶ **코노돈트류**는 가늘고 부드러운 몸을 가진 척추동물로서 뚜렷한 눈이 있었는데, 이 눈은 많은 근육으로 조절할 수 있었다. 이들은 구강과 인두에 광물화한 골격요소를 가지고 있는 최초의 척추동물로 포식 또는 청소섭식을 한 것으로 추정된다.
  - ▶ 갑피를 가진 **무악척추동물(갑피류)**은 피부에 방어용 골판을 가지고 있었다.
- **칠성장어류**는
  - ▶ 턱이 없는 척추동물이며, 척삭을 둘러싸는 연골절편들을 가지고 있는데, 이 연골은 신경다발도 부분적으로 둘러싸고 있다.
  - ▶ 현존하는 척추동물 중 가장 오래된 계통이다.
  - ▶ 약 35종의 칠성장어류가 다양한 해양과 담수 환경에서 살아가고 있다. 대부분 턱이 없는 둥근 입을 살아 있는 물고기의 옆구리에 고정시켜 살아가는 기생체이다.
  - ▶ 골격은 딱딱한 단백질 기질로 채워진 연골로 되어 있다.
  - ▶ 계통분류학자들은 더 이상 먹장어를 척추동물로 생각하지 않는다. 왜냐하면 그들은 척추뼈의 흔적이 없기 때문이다.

29.4 유악류: 턱이 있는 척추동물

- 유악동물의 파생형질
  - ▶ **측선계:** 수생 유악동물의 몸 양쪽 옆구리에 길이 방향으로 나 있는 것으로 주변의 물의 진동을 감지하는 현미경적 기관들이 배열된 구조이다.
  - ▶ 현존하는 유악동물의 공통조상에서 중축 골격, 견대, 부속지 쌍들이 광물화되었다.
- 화석 유악동물들
  - ▶ 판피어류: 최초의 유악동물로서, 갑피 척추동물이며 이미 멸종된 계통이다.
  - ▶ 시상어류: 데본기에 방산하여 다양한 새로운 형태들이 담수와 해양에서 진화하였다. 경골어류(방사형지느러미어류와 잎사귀형지느러미어류)의 조상과 밀접히 연관되어 있다.

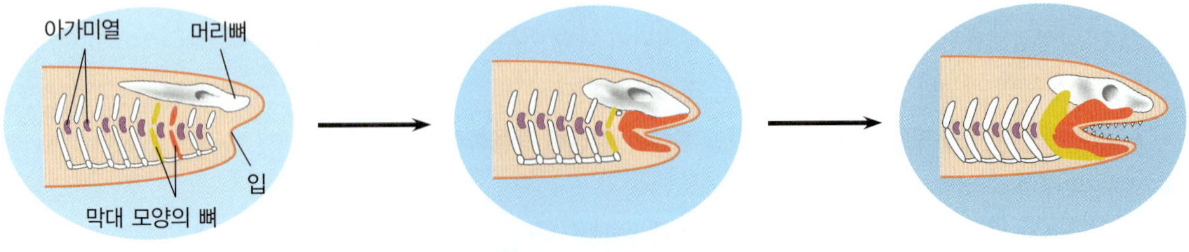

그림 29.3 척추동물의 턱의 기원에 대한 가설
뼈에 표시된 색깔에 주목하시오 (턱뼈의 진화)

- 연골어강
  - 상어류와 가오리류 그리고 그 친척들이 포함된다.
  - 주로 연골로 이루어진 골격을 갖고 있으며, 이 연골에는 흔히 칼슘이 침착되어 있다.
  - 턱을 가지며 두 쌍의 지느러미와 **방패비늘**을 갖는다. 코르크마개뽑이같이 생긴 **나선판**은 상어의 장내에 있는 융기구조로서, 표면적을 넓히고, 음식물이 소화관을 통과하는 속도를 늦추는 역할을 한다.
  - 상어는 다양한 방식으로 새끼를 낳는다.
    1) 일부 상어종은 **난생**으로 알을 보호막으로 싸서 어미의 몸 밖에서 부화된다.
    2) 많은 상어종은 **난태생**으로 난자는 수정 후 난관에 그대로 남아 있다. 배아는 난황으로부터 영양을 공급받아 발달하고, 자궁에서 부화 후 새끼로서 태어나게 된다.
    3) 소수 상어종은 **태생**으로 새끼가 태어나기 전에 양분을 얻어 자궁 안에서 자란다. 새끼는 난황낭 태반을 통해 어미의 혈액으로부터 양분을 공급받거나, 자궁에서 생산한 영양액을 흡수하거나, 다른 물고기 알들을 먹어서 양분을 얻는다.
  - 상어의 생식관, 배설계, 소화관은 모두 함께 **총배설강**으로 열려 있다.
- **경골어류**
  - **방사형지느러미어류(조기류)**와 **잎사귀형지느러미류(총기류)**로 나눌 수 있다.
  - 거의 모든 현생 경골어류(osteichthyans)는 단단한 인산칼슘 기질로 채워진 골화된 내골격을 가지고 있다.
  - 보통 물고기라 부르는 수생 경골어류는 4쌍 또는 5쌍의 아가미로 물을 흡입하여 호흡한다.
  - 경골어류의 경우, **아가미뚜껑**, 즉 보호 골편으로 덮인 방에 아가미가 위치한다.

한 토막 생물 뉴스

실러캔스(coelacanth), 살아 있는 화석

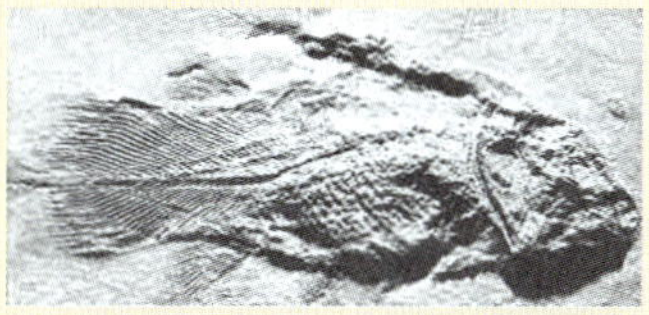

"길에서 걸어다는 공룡을 보았다 한들 이보다 더 놀라지는 않았을 것이다." 1938년 12월 남아프리카에서 한 어부에게 포획된 실러캔스는 한 박물관의 학예사에게 소개되었고 이 물고기의 그림은 남아프리카의 저명한 한 어류학자에게 보내졌다. 이 어류학자가 이 그림을 보고 한 말이다. 그도 그럴 것이 이 물고기는 공룡이 멸종한 6,500만 년 전 보다 훨씬 이전인 1억 9,000만 년 전에 생존했을 것이라는 화석 증거들이 있었기 때문이다. 그런데 현대에도 살고 있다니... 게다가 이들은 사지류의 조상일 가능성도 연구되고 있었다. 이 물고기는 결국 빅제화되었고 꽤 많은 어류학자들을 흥분시켰다. 이후, 인도네시아 근처를 포함한 몇몇 지역에서도 포획되었고, 이들이 하나의 종이 아님도 밝혀졌다. 그리고 사지류의 조상은 실러캔스보다는 폐어에 가까울 것이라 밝혀졌다. 그래도 이 살아 있는 화석은 여전히 큰 관심의 대상일 수밖에 없다.

▶ 대부분의 수생경골어류들은 부레라는 공기주머니로 부력을 조절한다.

▶ 방사형지느러미어강: 지느러미는 길고, 탄력성 있는 지느러미 가시가 지지하고 있으며, 헤엄칠 때 정교한 조종과 방어 등의 기능을 하도록 발달하였다. 담수에서 유래한 후 해양으로 진출한 것으로 보인다.

▶ 잎사귀형지느러미어강: 가슴지느러미와 배지느러미에 두꺼운 근육층으로 둘러싸인 막대 모양 뼈들이 있다. 데본기에 해안의 습지대와 같은 반염수에서 살았다. 데본기 말기에 다양성이 감소하여 **실러캔스(총기아강)**, **폐어아강**, 사지류의 세 계통만이 살아남았다.

29.5 사지류: 다리와 발이 있는 유악류

● 사지류의 파생형질: 사지류는 가슴과 배지느러미 대신에 땅 위에서 몸무게를 지탱할 수 있는 **팔다리**가 있고, **발가락 달린 발**을 가지고 있어 걸어 다닐 때 근육이 생성한 힘으로 이동이 가능하다.

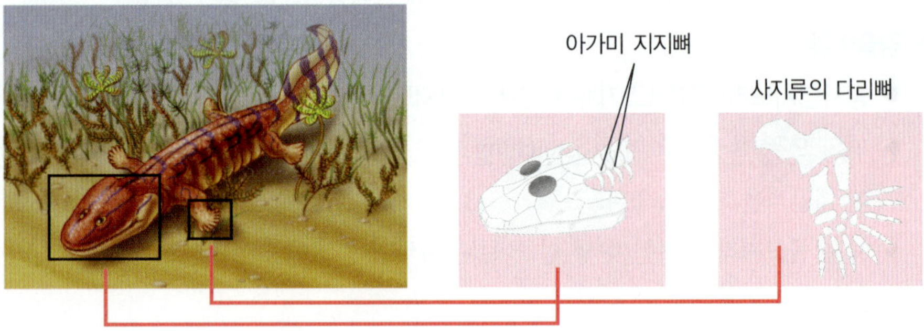

그림 29.4 아칸소스테가, 데본기의 사지류의 친척

● 사지류의 기원

▶ 잎사귀형지느러미류의 한 계통에서는 지느러미가 점차 팔다리 모양을 갖추어 가는 동시에 몸의 나머지 부분은 수중생활을 위한 적응을 유지하였다.

▶ 화석에 나타난 형태와 그 화석이 발견된 위치로 보아 이들 초기 사지류의 대부분은 여전히 물과 밀접히 연관되어 있었던 것으로 보인다.

▶ 생물학자들은 **폐어**가 육상 척추동물인 사지류의 기원과 가장 가까운 종류로 보고 있다.

▶ 육상에 정착한 사지류는 지금은 멸종한 **미치류**이며 이것은 개구리와 도롱뇽의 조상이 되었다.

● **양서강**에는 현재 도롱뇽류, 개구리류, 무족영원류에 속하는 약 4,800종의 동물이 속해 있다.

▶ 대부분의 양서류는 생식을 위해 물로 돌아온다.

- 개구리 배아는 **올챙이**로 발달하고 그것은 성체가 되기 위해 **변태**를 수행한다.
- 개구리의 유생 단계인 **올챙이**는 수생 초식동물로서 물고기와 같은 꼬리와 내부 아가미를 가진다. **변태** 과정에서 아가미와 꼬리는 재흡수되고, 걸어 다니기 위한 다리가 발달한다. 폐, 한 쌍의 고막, 육식에 적응한 소화계도 발달하게 된다.
- 양서류는 늪지나 우림 같은 습기 찬 서식지에서 발견되며, 가스교환을 위하여 폐뿐만 아니라 촉촉한 피부를 사용한다.

29.6 양막류: 육지에 적응한, 알을 낳는 사지류

- 양막류는 사지류의 한 군으로, 조류까지 포함하는 개념의 파충류와 포유류가 현존하는 구성원이다.
- 양막류의 파생형질, 건조한 육상에서의 적응 장치
  - **배외막**: 배아를 보호하기 위한 특별한 막이다. 기체교환, 노폐물 저장, 저장된 영양분을 배아로 전달하는 임무 등을 수행한다.
  - 양막류는 육상생활에 대한 적응을 위해 투과성이 낮은 피부나 흉막을 이용한 폐호흡을 한다.
- 초기 양막류는
  - 석탄기에 나타났다.
  - 더 앞선 사지류들보다 더 건조한 환경에 살았을 것이며, 초식성 양막류는 많은 양의 식물성 먹이를 섭취했고, 이들은 대형 포식성 양막류의 먹이가 되었다.
- 파충류
  - 해당 분기군은 투아타라, 도마뱀류, 뱀류, 거북류, 악어류, 조류 그리고 날지 못하는 대형 공룡 같은 멸종된 군을 포함한다.
  - 특징
    1) 케라틴 단백질이 들어 있는 단단한 비늘, 많은 방을 가진 폐, 산소가 풍부한 혈액과 산소가 빈약한 혈액을 어느 정도 구별해 주는 세 개의 방으로 된 심장을 갖는다.
    2) 수정은 체내에서 일어나며 대부분의 파충류는 알을 둘러싸고 있는 질긴 보호 껍질을 분비한다.
    3) 체열의 주요 공급원을 외부열의 흡수에 의존하는 외온성이다.
  - 기원과 방산
    1) **측파충류**: 가장 처음 출현한 파충류의 주요 군으로, 대개 크고 땅딸막하며, 네발로 걷는 초식동물이다.
    2) **쌍궁류**: 가장 명확한 파생형질 중에 하나는 안와 뒤 두개골 양측에 나 있는 한 쌍의 구멍이다.
    3) **인룡류**: 쌍궁류의 한 계통으로 투아타라, 도마뱀류, 뱀류가 되었다.

4) **조룡류:** 또 다른 쌍궁류의 계통으로 악어류, **익룡류**, **공룡류**를 생성하였다.

5) 육지에서 공룡류는 엄청나게 다양한 모양과 크기로 분화하였다: 공룡류의 주요 한 가지인 용반류에는 긴 목을 가진 거대공룡과 두 발로 걷는 육식동물인 **수각류**가 포함된다.

▶ 인룡류

1) 현생 계통 하나는 투아타라 도마뱀, 뱀 등이 속한 그룹이다.

2) 또 다른 주요 현생 계통은 유린류(도마뱀류와 뱀류)이다. 도마뱀류는 현존하는 파충류 중 조류 다음으로 가장 수가 많고 종류가 다양하다.

▶ 거북류

1) 현존 파충류 중 가장 독특한 군이다.

2) 모든 거북은 상자 모양의 껍데기를 가지고 있는데, 이 껍데기는 위와 아래 피부판으로 이루어져 있고 피부판은 등뼈, 쇄골, 갈비뼈와 융합되어 있다.

3) 일부 거북은 사막에 적응하였고 다른 것들은 거의 전적으로 연못이나 강에서 살아간다. 또 다른 종류는 해양으로 돌아갔다.

▶ 아메리카 악어류와 아프리카악어류: 조룡류의 한 계통에 속하고, 이 계통은 트라이아이스기 후기까지 거슬러 올라간다.

● 조류

▶ 깃털이 있는 공룡류들이 발견되어 조류는 깃털 달린 공룡으로 인식된다.

▶ 조류의 파생형질

1) 조류는 깃털, 날개, 공기가 들어갈 수 있는 공간을 가지고 있는 가볍고 속이 빈 뼈 등을 비롯하여 비행을 위한 많은 적응을 가지고 있다.

2) 비행의 진화로 인하여 사냥과 청소섭식의 효율이 더 향상되었다.

3) 공중을 날기 위해서는 활발한 대사작용에 의해 대단히 많은 양의 에너지가 생성되고 소비되어야 한다.

4) 요산 형태로 빠르게 대사부산물을 제거하고 잘 발달된 신경계, 예리한 시각과 세밀한 근육조절 등이 진화하여 비행에 도움을 주었다.

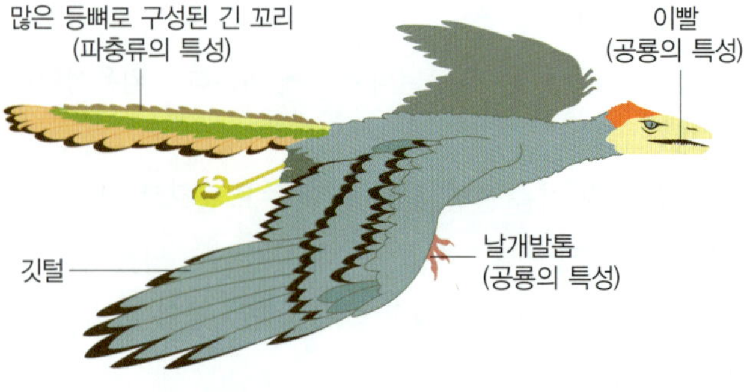

그림 29.5 시조새, 멸종된 조류

5) 네 개의 방으로 된 심장, 매우 효율적인 폐, 고도의 대사속도, 일정한 체온을 지닌다.
6) 일반적으로 매우 복잡한 행동 메커니즘을 보이고 번식기에 정교한 구애의식을 수행한다.

- ▶ 조류의 기원: 조류와 파충류 화석을 대상으로 한 분기분석 결과에 따르면, 조류는 수각류라는 두 발로 걷는 용반류 군에 속할 가능성이 매우 높다.
- ▶ 현생조류 중 **주조류**에는 타조, 레아, 키위, 화식조, 에뮤가 속하며, 모두 날지 못한다. 주조류는 흉골에 용골돌기가 없고, 흉근도 그렇게 발달하지 않았다.

29.7 포유류: 젖을 만들고 털이 있는 양막류

- 양막류의 두 가지 주요 계통 중 하나가 조류를 포함한 파충류이고, 또 다른 하나는 우리 자신이 속한 계통인 포유류이다.
- 포유류의 파생형질
  - ▶ 털, 3개의 중이골, 자손을 위하여 젖을 생산하는 젖샘(유선) 등이 해당한다.
  - ▶ 같은 크기의 다른 척추동물보다 큰 뇌를 가지며, 많은 종이 학습능력을 지닌다.
  - ▶ 치아의 분화는 포유류의 또 다른 특성이다.
  - ▶ 일정한 체온을 유지하며 고도로 발달된 신경계와 하나의 근육성 **횡격막**을 갖는다.
- 포유류의 초기진화
  - ▶ 단궁류로 알려진 양막류의 한 군에 속한다.
  - ▶ 단궁류는 페름기 동안 대형 초식동물과 육식동물로 진화하였으며, 한동안 이들은 우점적인 사지류였다.
  - ▶ 중생대 동안에 현생 포유류의 세 가지 주요 계통인 **단공류**(알을 낳는 포유류), **유대류**(육아낭을 가지는 포유류), **태반류**(태반을 가지는 포유류)가 출현하였다.
- 단공류
  - ▶ 오리너구리 한 종과 바늘두더지 두 종이 단공류를 대표한다.
  - ▶ 이들의 알을 낳는 형질은 양막류의 원시형질로 대부분의 파충류에서 유지되고 있다.
- 유대류
  - ▶ 북미산주머니쥐, 캥거루, 코알라가 속하고 높은 대사율을 보이며 태생을 한다.
  - ▶ 배아는 암컷의 생식관의 자궁 안에서 발달하며, 자궁 내막과 배아로부터 발달한 배외막은 **태반**을 형성해 영양분을 어미의 혈액으로부터 얻는다.
  - ▶ 발생 초기에 일찍 태어나며, 배아발생은 양육되는 동안 완성된다. 대부분의 종에서 양육되는 새끼는 어미의 **육아낭** 안에서 자란다.
- 태반류(**태반포유류**)
  - ▶ 태반이 유대류보다 훨씬 복잡하다.
  - ▶ 유대류보다 임신기간이 더 길며, 어린 태반류는 자궁 속에서 배아발생을 완결한다.

한 토막 생물 뉴스

포유류 분류도 진행 중

포유류는 우리와 매우 친숙한 동물 집단이다. 최근에 이르러서는 더 이상 새로운 종이 발견되기 어려울 정도로 거의 모든 종이 발견된 것 같다. 또한 약 5,400종의 포유류는 분류도 더 이상 필요하지 않을 정도로 잘 정비되어 있다고 볼 수도 있다. 그런데 최근에 중요한 변화가 생겼다. 하마의 분류에 관한 것이었다. 우제류에 속한 하마에 대한 분자생물학적, 해부학적, 고생물학적 연구를 통해 이들이 매우 고래와 가깝다는 것이 밝혀졌다. 확립된 계통도에 따르면 6,500만 년 전, 낙타와 라마가 분리되고, 6,000만 년 전에 돼지류가 분리되었으며, 5,500만 년 전에는 반추동물이, 그리고 5,400만 년 전에 하마와 고래가 갈라진 것을 알 수 있다. 하마는 같은 우제류 내에 있는 반추동물과 돼지류보다 고래에 더 가깝다. 따라서 이제는 소목 또는 우제목(Artiodactyla)이라는 집단과 고래목(Cetacea)을 따로 분류하는 것보다 이 둘을 합쳐 고래소목(Cetartiodactyla)을 새로 만들자는 제안이 나오게 되었다.

- ▶ 포유류의 20개목 중 18개목이 태반류에 속하며 장비목 등 6개목, 빈치목, 쥐목 등 5개목, 식육목 등 6개목 등 크게 4개의 집단으로 나뉜다.

29.8 영장류: 인류를 진화시킨 포유류

- 인간, 유인원, 원숭이, 그리고 여우원숭이 등은 **영장목**(order Primates)에 속하는 포유류이다.
  - ▶ 가장 초기의 영장류는 아마 6,500만 년 전에 나타난 나무 위에서 서식하는 작은 포유류였으며
  - ▶ 대부분의 영장류는 자연선택에 의해 나무 위에서 살아가는 데 적합한 신체적 특징들을 많이 갖게 되었다.
  - ▶ 인간은 나무 위에서 살았던 조상에서 진화되어 왔으므로 이들 조상의 특징을 많이 가지고 있다.
- 영장류의 초기 진화
  - ▶ 가장 오래된 영장류로 알려진 **원원류**의 화석기록은 공룡이 대량 멸종되었던 시기인 6,500만 년 전으로 거슬러 올라간다. 원원류는 공룡이 멸종한 후 가장 번창했던 포유류 중의 하나이다.
  - ▶ 화석기록에 의하면 원원류와 **진원류** 계통은 5,000만 년 전에 갈라졌다.
  - ▶ **구대륙 원숭이**와 **신대륙 원숭이**는 4,000만 년 이상 다른 길로 진화되어 왔다.
  - ▶ 유인원의 조상은 2,500만 년 전에서 3,000만 년 전에 구대륙 원숭이에서 유래했다.
  - ▶ 인간 계통은 500만~700만 년 전쯤 어디에선가 침팬지와의 공통조상에서 갈라졌을 것이다.
- 영장류의 파생형질
  - ▶ 대개 물건을 쥘 수 있게 적응된 손과 발이 있으며, 이들의 손과 발가락에는 평평한 발톱이 있고 손가락에 피부융기(사람의 지문)와 같은 특징을 가진다.

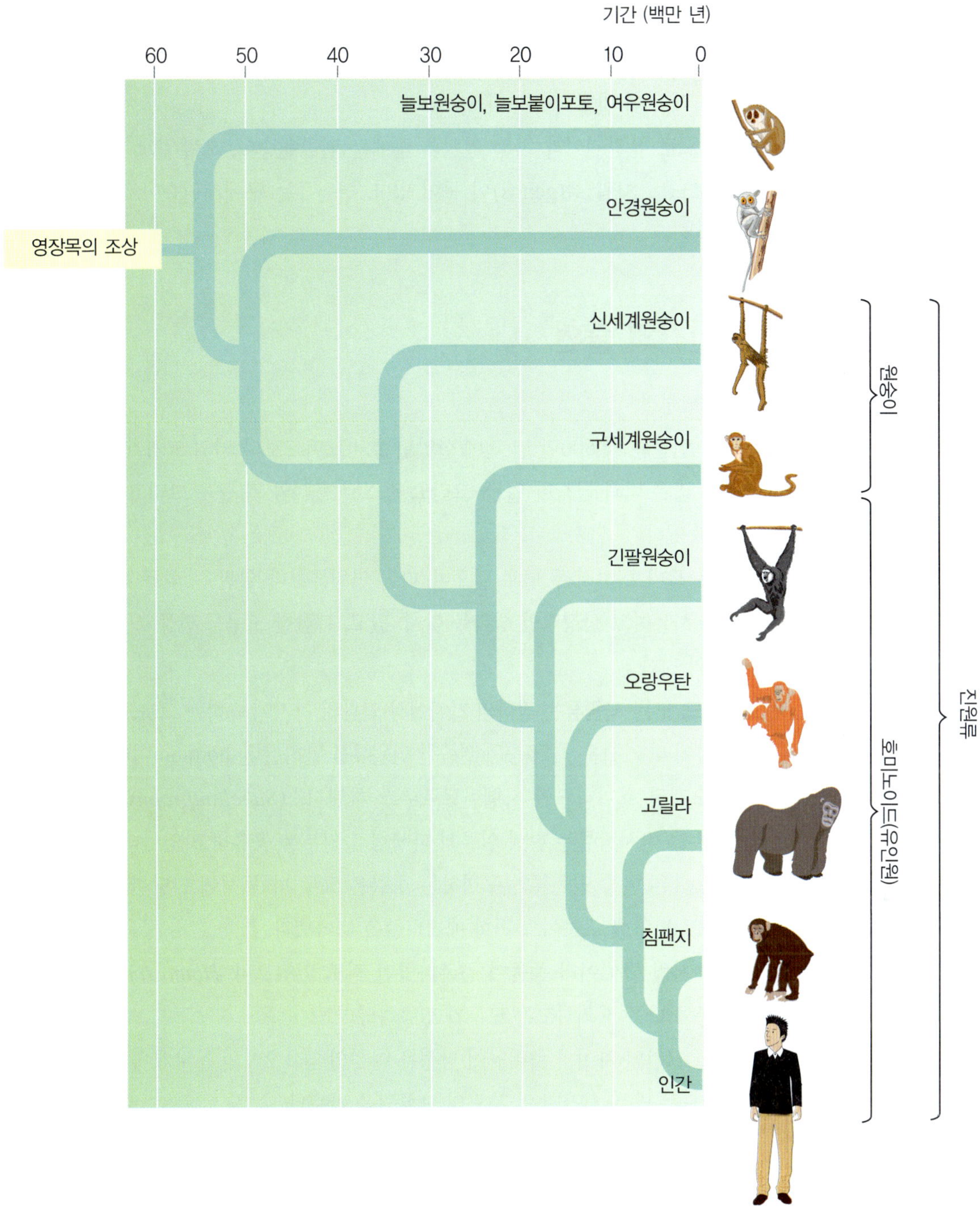

그림 29.6 영장류 계통수

- ▶ 모든 영장류는 비교적 유동적이고 다른 손가락들로부터 분리된 엄지손가락을 가지고 있으나, 진원류는 완전히 마주보는 엄지손가락을 가진다. 즉, 이들은 한 엄지손가락 바닥 면으로 같은 손의 다른 네 손가락 끝 바닥 면을 만질 수 있다.

● 현생 영장류은 세 가지 주요 군으로 구성된다.

- ▶ 현존하는 영장류는 여우원숭이류 및 늘보원숭이류와 포토류(pottos), 안경원숭이류, 진원류의 세 가지 주요 군이 있다.

- 진원류는 원숭이류와 **인원류**(hominoids)를 포함하며, 전 세계에 분포한다. 이들은 일반적으로 몸의 크기에 비해 상대적으로 뇌가 크며 원원류와 비교해서 후각보다는 시각이 더 발달되어 있다.
- 일반적으로 유인원이라 하는 인원류 군에는 긴팔원숭이, 오랑우탄, 고릴라, 침팬지와 보노보, 사람 속(genus)이 들어 있다. 인원류는 구세계원숭이로부터 진화하였다.

29.9 인간의 출현

- 사람의 파생형질
  - 현대의 인간은 약 600만 년 전에 살았던 호미노이드보다 뇌의 크기가 약 3배나 커졌으며 짧은 턱과 납작한 얼굴, 그리고 축소된 턱뼈와 턱 근육 그리고 짧은 소화관을 갖고 있다.
  - 사람은 똑바로 서서 두 발로 걸으며, 다른 인원류보다 훨씬 큰 뇌를 가진다.
  - 언어를 사용하고 상징적인 생각을 할 수 있고, 복잡한 도구를 만들고 사용한다.
- 호미니드의 진화
  - **호미니드** 또는 **사람류**는 진화의 가지에서 인간의 가지에 속하는 그룹으로 침팬지보다 사람에 더 가까운 약 20종의 멸종한 인원류를 말하는데, hominin이라고도 한다.
  - 가장 오래된 호미니드인 사헬란트로푸스 차덴시스(*Sahelanthropus tchadensis*)와 다른 초기 사람류는 현생 인류의 파생형질 일부를 공유하고 있었다.
  - 사람을 다른 현생 인원류와 구별하는 형질은 모두 다 동시에 발달한 것이 아니라 따로따로 발달한 모자이크 진화 메커니즘을 나타냈다.
  - 때때로 사람류의 여러 종들이 공존하였던 적도 있었으나, *Homo sapiens*에 이르는 계통 하나를 제외하고는 모두가 멸종하였다.
  - 이성 간 크기의 차이가 줄어들어 남성은 여성의 약 1.2배의 몸무게에 불과하다.
  - 호미니드는 많은 시간 동안 부모의 보살핌을 받는다.

29.10 오스트랄로피테쿠스의 출현과 두발걷기

- 다양성이 급격히 증가한 400만~200만 년 전 사이에 존재했던 많은 종의 호미니드
  - 오스트랄로피테쿠스 아나멘시스(*Australopithecus anamensis*)는 아르디피테쿠스 라미두스(*Ardipithecus ramidus*)가 출현한 이후에 등장한 초기의 호미니드이다.
  - 오스트랄로피테쿠스 아프리카누스(*Australopithecus africanus*)는 완전 직립 두발걷기를 하였고, 사람 비슷한 손과 치아를 갖고 있었다. 뇌는 현생 인류 뇌용적의 1/3에 불과하였다.
  - 오스트랄로피테쿠스 아파렌시스(*Australopithecus afarensis*)는 동아프리카 탄자

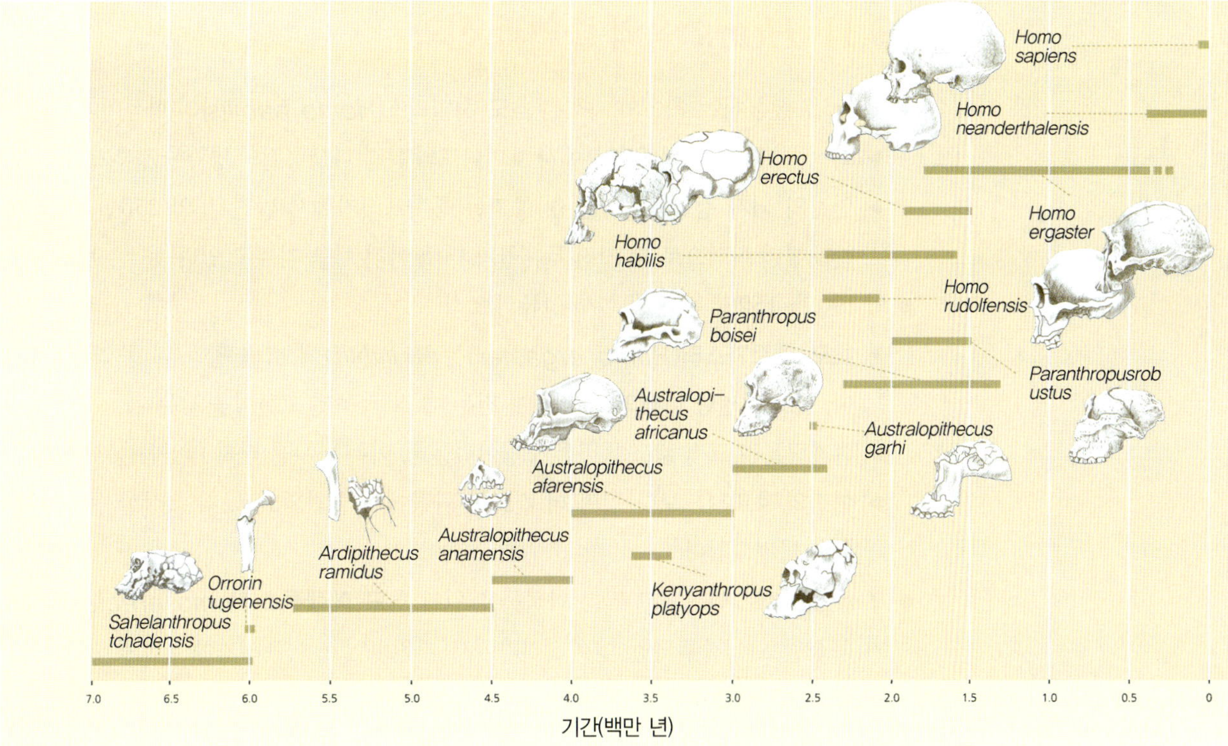

그림 29.7 여러 호미니드종의 개략적 진화 시간표

니아의 습기 찬 화산재 지대에 발자국을 남겨 인간이 매우 오래 전부터 직립보행을 했으며, 숲에서 살던 호미니드가 사바나 지역까지 진출하였다는 강력한 증거가 되었다.

- ▶ 오스트랄로피테쿠스 로보스터스(*Australopithecus robustus*)는 튼튼한 머리뼈를 가졌는데, 이 머리뼈에는 강한 턱과 큰 이빨이 있어 초식을 한 증거로 인용된다.

- 두발걷기
  - ▶ 3,000만~3,500만 년 전, 삼림이 감소하고 사바나가 증가하였다. 이는 인류 조상이 나무에서 내려와 두발걷기를 하는 호미니드의 출현과 밀접한 연관이 있다.
  - ▶ 오스트랄로피테쿠스 중 일부는 다른 종류보다 더 많은 시간을 땅 위에서 보냈다. 약 190만 년 전에 이르러서야 호미니드는 두 발로 먼 거리를 걷게 되었다.
- 도구의 사용
  - ▶ 호미니드가 도구를 사용하였다는 가장 오래된 증거는 에티오피아에서 발견된 동물뼈가 베어진 흔적으로 동물뼈에서 살을 발라내기 위해 돌로 만든 도구를 사용하였다는 것을 시사한다.
  - ▶ 동물 뼈 가까이에서 발견된 호미니드 화석으로 비교적 작은 뇌를 가진 오스트랄로피테쿠스 가르히(*Australopithecus garhi*)는 호미니드에서 큰 뇌가 진화되기 이전에 석기를 먼저 사용했었다는 점을 시사한다.

29.11 *Homo*속의 출현과 진화

- *Homo*로 분류하는 최초의 화석은 **호모 하빌리스(*Homo habilis*)**의 화석이다.
  - ▶ 화석에 따르면 목 윗부분에서 호미니드의 특정 파생형질의 명확한 징후가 보인다.
  - ▶ 인간의 뇌가 팽창되었다는 첫 증거는 동아프리카에서 발견된, 약 250만 년 전에 존재했던 화석으로 더 커진 두개골과 더 짧아진 턱을 가지고 있다.
- 약 190만~150만 년 전의 현생 인류의 조상
  - ▶ **호모 에르가스터(*Homo ergaster*)**는 *H. habilis*에 비해 훨씬 더 큰 뇌를 가지며, 길고 날씬한 다리와 먼 거리를 걷는 데 잘 적응된 고관절을 갖는다.
  - ▶ 손가락은 비교적 짧고 똑바른 모양이었는데, 이는 나무를 타지 않았음을 시사한다.
  - ▶ 이전의 호미니드보다 훨씬 더 건조한 환경에서 발견되었고, 더 복잡한 돌 도구와 함께 발견되었다.
- *H. ergaster*로 인식되고 있는 화석들은 원래 **호모 에렉투스(*Homo erectus*)**의 초기 구성원으로 간주되었다. 아프리카에서 기원하였고 아프리카에서 이동하여 나간 **최초의 호미니드**이다. 약 20만 년 전에 멸종되었다.
- 호모 네안데르탈렌시스(*Homo neanderthanlensis*)
  - ▶ 일반적으로 네안데르탈인이라고 부르며, 200,000~30,000년 전까지 생존했던 튀어나온 이마와 두꺼운 뼈를 가진 큰 몸집의 호미니드를 말한다.
  - ▶ 뇌가 현생 인류만큼이나 크고, 돌과 나무를 이용하여 수렵도구를 만들었을 것이다.

29.12 현대 인류는 아프리카에서 기원하였다

- *H. ergaster* 또는 *H. erectus*와 같은 오래된 종은 *Homo heidelbergensis*와 같은 새로운 종으로 진화하였고, 최종적으로 *Homo sapiens*가 되었다.
- 다지역 가설 vs. 대체가설
  - ▶ **'다지역 가설(multiregional hypothesis)'**에 따르면 현대에 살고 있는 여러 인종들은 다양한 지역에서 진화하였고 100만 년 전, *H. erectus* 집단에서 유래하였다.
  - ▶ **'아프리카 기원설(out of Africa hypothesis)'** 또는 '대체가설(replacement hypothesis)'
    1) 인종의 차이에도 불구하고 살아 있는 모든 인간은 유전학적으로 매우 비슷하므로 현대의 *H. sapiens*가 아프리카의 단일 원시 집단에서 유래되었다고 주장한다.
    2) *H. sapiens*는 150만 년 전 아프리카에서 유래한 호모 에렉투스 집단을 대체한 것으로 간주한다. *H. sapiens* 중에서 현대인은 10만 년 전 아프리카에 살았던 원시인을 완전히 대체하였다.

3) 이 가설은 또한 **네안데르탈인**과 다른 지역 집단들은 모두 사라진 것도 설명한다.

4) 지금까지의 유전학적인 정보는 모두 대체가설을 지지한다: 미토콘드리아와 Y 염색체의 DNA의 변화를 분자시계로 하여 다양한 인간 집단에서 미토콘드리아 DNA를 비교해 보면, 유전적 분기점이 약 10만 년 전이라는 계산이 나온다. 일부 연구자들은 이러한 연구에 대해 회의적이지만, 또 다른 집단의 핵 DNA에 관한 연구는 현대인의 분기점을 10만 년 전으로 추정하였다.

- 인도네시아에서 발견된 호모 플로레시엔시스(*Homo floresiensis*)는
  - ▶ *H. sapiens*보다 훨씬 작은 키에 작은 뇌용적을 갖고 있었고, 사실상 오스트랄로피스를 더 닮았다.
  - ▶ 그러나 머리뼈 두께와 비율, 치아형태와 같은 것들은 이것이 더 큰 *H. erectus*에서 유래하였을 가능성을 시사한다.
  - ▶ *H. floresiensis*와 *H. sapiens*는 인도네시아에서 홍적세 후기에 공존하였었다.

한 토막 생물 뉴스

FOXP2

3대에 걸쳐 언어장애를 나타내는 사람들의 뇌를 자기공명영상을 사용한 결과, 브로카 영역을 포함하여 언어 관련 영역의 활동이 현저히 저하되어 있었다. 이들의 언어장애는 전사인자인 *FOXP2* 대립유전자 2개 중 하나의 돌연변이만으로도 발생한다. 이 유전자는 여러 영장류, 설치류, 한 종의 조류에서 발견된다. 인간 *FOXP2*의 716개 아미노산 중 생쥐와는 4군데, 오랑우탄과는 3군데, 고릴라, 침팬지와는 2군데가 다르다. 유전체의 구조 연구와 분자시계의 결과에 따르면, 사람의 경우 이 유전자의 변이는 20만 년 전 이후 어떤 순간에 전 인류가 지니게 되는 '싹쓸이' 효과를 나타내는 것으로 판단된다. 그 결과 현존하는 모든 인류는 인류 고유의 *FOXP2*를 지니게 되었다. 그리고 이 단백질을 암호화하는 *FOXP2* 유전자 주변의 발현조절 부위가 변화했을 가능성이 큰 것으로 알려졌다.

29.13 현생 인류는 문화를 확대, 발전시켰다

- 현생 인류의 특징이 문화를 발전시켰다.
  - ▶ *H. sapiens*의 진화에서 시금석이 되는 세 가지 중요한 사건

    1) 전체 뼈대가 재구성된 직립 자세가 진화하였으며,

    2) 뇌의 팽창으로 생후 머리뼈의 성장과 뇌의 용적이 증가하는 기간이 증가하였고,

    3) 부모의 보호 기간이 증가하였다. 따라서 어린 자손들은 이전 세대의 경험을 배울 기회를 갖게 된다.
  - ▶ 축적된 지식, 관습, 믿음, 예술 그리고 다음 세대에 사회적으로 전수될 인간의 생산물인 **문화(culture)**가 생겨나 발전하였다.
  - ▶ 지구 생명의 역사에서 인간만이 지니는 강력한 힘은 바로 인간이 생물학적 진화

의 속도를 훨씬 능가하는 속도로 자연을 변화시키며 물리적 한계를 부정할 수 있는 능력이다. 즉 인간의 문화는 인간의 필요에 따라 환경을 변화시키는 것을 가능하게 했다.

- 문화의 첫 번째 시작은 먹을 것을 찾아다니고, 모으고, **사냥**하는 것이라 할 수 있다.
  - ▶ 이는 아프리카에 살았던 가장 초기의 오스트랄로피테쿠스인에서 시작되었다.
  - ▶ 이러한 문화의 첫 단계는 호모 하빌리스, 호모 에렉투스 네안데르탈인, 그리고 현대인에 이르기까지 10만 년 동안 삶의 방식으로 계속되어 왔다.
  - ▶ 사냥을 하고, 수집을 하는 인간은 도구를 만들 뿐만 아니라 사회를 조직하고 노동을 분담했다. 일부는 농작물을 키워 다른 집단과 거래를 하였는데, 이러한 활동이 새로운 단계, 즉 농사문화를 선도했다.
- 문화의 두 번째 단계인 **농사**는
  - ▶ 1만~1만 5,000년 전에 아프리카와 유라시아, 미 대륙에서 발달하기 시작했다.
  - ▶ 농사는 인간과 생물권과의 관계를 영원히 바꾸어 놓았다: 호모 사피엔스는 농사를 지으면서 지구상에서 우점종으로 첫 번째 큰 발자국을 내디뎠다.
  - ▶ 영구적인 정착지가 생겨났고 도시가 생겼다.
  - ▶ 농사가 발전하면서 집단 경작의 필요성은 점점 줄어들었으며, 사람들은 서로 다른 일을 하면서 전문화할 수 있게 되었다.
- 문화의 세 번째 단계는 **기계문명시대**이다.
  - ▶ 18세기에 영국에서 시작된 산업혁명으로 기계가 생산되었다.
  - ▶ 산업혁명은 소규모 수공업을 대규모의 기계를 이용한 생산으로 바꾸어 놓았다.
  - ▶ 기계문명시대는 기계의 연료인 에너지 원료를 많이 사용하게 되었다. 처음에는 석탄과 목재, 그 다음에는 석유, 이제는 수력과 원자력을 이용할 수 있게 되었다.
  - ▶ 트랙터와 농기계의 발명으로 농부들이 수고를 덜었으며 많은 사람들이 일을 찾아 도시로 이주하였다.
  - ▶ 더 많은 식량이 생산되고 의학이 발달하면서 질병으로 인한 죽음이 줄어들었으며 인간 집단은 전 세계적으로 더 빨리 성장하였다.
  - ▶ 현재 인간 집단의 성장과 기술의 발전은 점점 더 가속화되고 있다.
- 인간은 매우 강한 영향력을 지닌 우점종이다.
  - ▶ 현재 모든 척추동물 중에서 그 수가 가장 많고, 지리적으로 널리 퍼져 있다.
  - ▶ 또한 문화의 변화는 인간의 생물학적 진화를 훨씬 앞지르고 있다.
  - ▶ 인간은 많은 다른 종들이 적응할 수 없을 만큼 빠른 속도로 지구를 변화시키고 있다.
  - ▶ 이러한 변화는 인간의 존재마저도 위태롭게 하고 있는지도 모른다.

30 식물의 구조, 생장, 발생

식물의 발생은...

발생은 다세포 생물에게만 해당되는 과정이다. 동물의 경우, 발생 과정을 통해 하나의 세포인 수정란이 일정한 크기의 몸 형태를 갖추게 된다. 발생은 기본적으로 세포의 분열이 일어나야 하고 반복되는 분열 중에 각 세포는 자신만의 기능과 구조를 나타내는 분화를 거치게 된다. 동물의 발생 중에는 세포들의 움직임이 활발하다. 이런 움직임은 세포 운명의 결정과 개체의 형태형성의 필요조건이다. 식물의 경우는 어떨까? 식물의 발생도 비슷하게 묘사할 수 있다. 그러나 식물이 형태를 형성하는 과정에서 사용하는 방법은 세포분열의 방향을 바꾸는 것이다. 세포분열면을 어떤 방향으로 놓느냐에 따라 길거나 넓거나 동그랗거나 하는 다양한 모양이 만들어질 수 있다. 세포벽이 있다는 특징으로 인해 식물의 발생에서는 세포의 활발한 움직임이 어려워 세포분열 과정 이용이라는 대안을 선택한 것으로 보인다.

핵심체크 Key Point

아래에 열거된 개념 또는 용어들을 '문제' 라고 가정하고 답을 작성해 보자.

식물의 기본구조와 구조의 계층성

- 동물과 비교하여 식물의 생존에 가소성(plasticity)이 더 필요한 이유

식물의 지상계(shoot system)와 뿌리계(root system)의 정의와 역할 설명

- 식물의 계층구조란?
  - ✓ 조직(tissuc)의 정의와 해당 예
  - ✓ 기관(organ)의 정의와 해당 예
- 식물의 세 가지 기본적인 기관은 무엇이고 각각의 역할은?

30.1 개념을 이해했다면?
쌍떡잎식물(eudicots)과 외떡잎식물(monocots)의 잎구조를 비교해 보자.

- ✔ 원뿌리계(taproot system)와 수염뿌리계(fibrous root system)의 구조와 해당 식물 비교
- ✔ 곁뿌리(lateral root), 부정근(adventitious root), 뿌리털(root hair) 등의 정의
- ✔ 마디(node), 마디사이(internode), 엽액(axil), 가지(branch), 곁눈(axillary bud), 끝눈(terminal bud) 등으로 줄기구조를 설명

정단 우성(apical dominance) 현상 설명

- ✔ 잎(leaf)의 역할과 구조
- ✔ 엽신(blade), 엽병(petiole), 잎맥(vein)이란?

식물조직계의 정의와 역할 설명

- ✔ 표피계(dermal tissue system)의 정의와 역할
  = 표피(epidermis), 주피(periderm), 큐티클(cuticle) 등의 정의와 역할
- ✔ 관다발조직계(vascular tissue system)의 구성과 기능
- ✔ 물관부(xylem), 체관부(phloem), 중심주(stele), 관다발기둥(vascular cylinder) 등의 정의
- ✔ 기본조직계(ground tissue system)의 정의
- ✔ 수(pith), 피층(cortex)이란?

식물세포의 주요 종류 3가지의 구조와 기능 설명

- ✔ 유세포(parenchyma cell)의 정의와 역할
- ✔ 후각세포(collenchyma cell)의 구조와 역할
- ✔ 후벽세포(sclerenchyma cell)의 구조와 역할

■ 물관부의 구조와 기능을 헛물관(tracheid), 물관요소(vessel element), 물관(vessel) 등의

구조로 설명

- 체관부를 구성하는 요소들과 기능
  - ✔ 체관요소(sieve-tube member)와 체판(sieve plate)의 구조
  - ✔ 동반세포(companion cell)의 구조와 기능

30.2 개념을 이해했다면?
줄기의 피층을 구성하는 세포는 어떤 종류의 세포이고 이 세포가 속하는 조직계, 기관, 기관계는 무엇인지 답해 보자.

식물의 생장과 발생에서 분열조직이 차지하는 비중

분열조직(meristem)의 정의와 종류

- 무한생장(indeterminate growth)과 유한생장(determinate growth)을 비교하고 각각의 해당 예를 제시
- 일년생(annuals), 이년생(biennials), 다년생 식물(perennials)의 정의와 해당 예

1기생장(primary growth) 과정 설명

30.3 개념을 이해했다면?
정단분열조직(apical meristems)의 정의와 식물발생의 특징을 설명해 보자.

- ✔ 정단분열조직(apical meristem)의 위치와 기능

30.4 개념을 이해했다면?
목본과 초본의 생장방식을 비교해 설명해 보자.

2기생장(secondary growth) 과정 설명

- ✔ 측생분열조직(lateral meristem)의 위치와 기능
- ✔ 관다발형성층(vascular cambium)의 구조와 기능
- ✔ 코르크형성층(cork cambium)의 위치와 기능

뿌리와 줄기의 1기생장

- 1기식물체(primary plant body)의 형성 과정과 구성

뿌리의 1기생장 과정 설명

✔ 뿌리골무(root cap)의 구조와 역할

✔ 분열대(zone of cell division), 신장대(zone of elongation), 성숙대(zone of maturation) 등의 뿌리 내 위치와 기능

✔ 내피(endodermis)의 정의와 역할

✔ 내초(pericycle)의 형태와 기능

잎과 줄기의 1기생장 과정 설명

✔ 잎의 발생과 잎원기(leaf primordium)의 역할

30.5 개념을 이해했다면?
잎이 책상조직과 해면조직으로 이루어져 있기 때문에 지닐 수 있는 이점은?

■ 잎의 구조와 조직구성

✔ 기공(stoma)과 공변세포(guard cell)의 구조와 기능

✔ 엽육(mesophyll)의 정의와 구조를 책상조직(palisade mesophyll)과 해면조직(spongy mesophyll)으로 설명

✔ 잎맥의 구조를 엽적(leaf trace)과 관다발초(bundle sheath)로 설명

목본식물의 두께생장 과정

30.6 개념을 이해했다면?
나무의 심재를 제거해도 생존을 유지하는 이유를 설명해 보자.

관다발형성층과 2기 관다발조직의 정의와 구성

– 방추형시원세포(fusiform initial)와 방사조직시원세포(ray initial)가 관다발조직을 생성하는 방식 비교

– 나무에서 심재(heartwood)와 변재(sapwood)의 위치

코르크형성층이 주피를 형성하는 과정

✔ 피목(lenticel)의 구조와 기능

✔ 수피(bark)의 조성과 기능

✔ 슈베린(suberin) 성분의 특징

식물 발생의 특징

■ 생장, 형태형성(morphogenesis), 분화를 비교

30.7 개념을 이해했다면?
식물 생장은 세포 차원에서 어떤 방식으로 이루어지고 동물과 다른 점은 무엇일까?

식물이 세포분열을 통해 모양을 형성하는 방법

✔ 비대칭 세포분열(asymmetrical cell division)의 정의와 발생 과정에서의 역할

✔ 전기전미세포관속(preprophase hand)의 정체와 이들이 세포분열에서 수행하는 역할

세포팽창(cell expansion)의 방향과 생장 과정

✔ 세포팽창의 방향을 결정하는 데에 미세소관과 세포벽 성분의 역할

■ 형태형성에서 패턴형성의 중요성

✔ 패턴형성(pattern formation)의 정의

✔ 위치정보(positional information)의 정의와 역할

✔ 극성(polarity)의 정의와 형성 과정

발생과정에서 중요한 역할을 하는 요소

✔ 유전자발현과 세포분열 조절의 중요성과 역할

✔ 세포의 위치가 발생 결과에 미치는 효과와 중요성

■ 식물 발생의 전환 과정이란?

✔ 유아기, 영양생장(vegetative growth) 등에서 단계 변화(phase change)란?

✔ 개화 조절에 관여하는 유전자들의 정체

= 분열조직 결정(meristem identity) 유전자와 기관결정 유전자(organ identity gene)의 정의와 역할

■ 꽃의 발생에 관한 ABC 모델 설명

30.8 개념을 이해했다면?
꽃의 발생을 담당하는 *ABC* 유전자 중 *A* 유전자가 고장나 기능을 나타내지 못하면 꽃은 어떤 모양이 될까?

Key Information 주요내용

30.1 전형적인 유관속 식물은 지하부와 지상부로 이루어져 있다

- 식물은 가소성을 지녀 환경에 따라 그 자신을 변화시킬 수 있는데, 이것이 식물의 운동성 부족 극복에 도움이 되는 것으로 알려져 있다.
- 식물은 뿌리계와 지상계로 나눌 수 있다.
  - ▶ **뿌리계**는 식물이 살아가는 데에 필요한 물과 무기물을 흡수하고 식물을 지탱하는 역할을 한다.
  - ▶ **지상계**는 빛을 이용하고 이산화탄소와 산소, 수분을 교환한다. 지상계에는 잎이 달려 있는 줄기와 생식기관이 포함된다.
  - ▶ 관다발식물은 이 두 구조를 모두 갖고 있는데, 뿌리계는 지상계로부터 광합성 산물을 얻고 지상계는 뿌리계로부터 물과 무기질을 얻는다.
- 식물은 **기관**, **조직**, 세포의 계층적인 구조로 구성된다.
  - ▶ 조직은 동일한 기능 또는 구조를 갖는 세포들의 집단을 일컫는다.
  - ▶ 기관은 여러 종류의 조직들이 모여 어떤 특정한 기능을 수행하는 집단을 말한다.
- 식물의 주요 세 기관은 뿌리, 줄기, 잎이다.

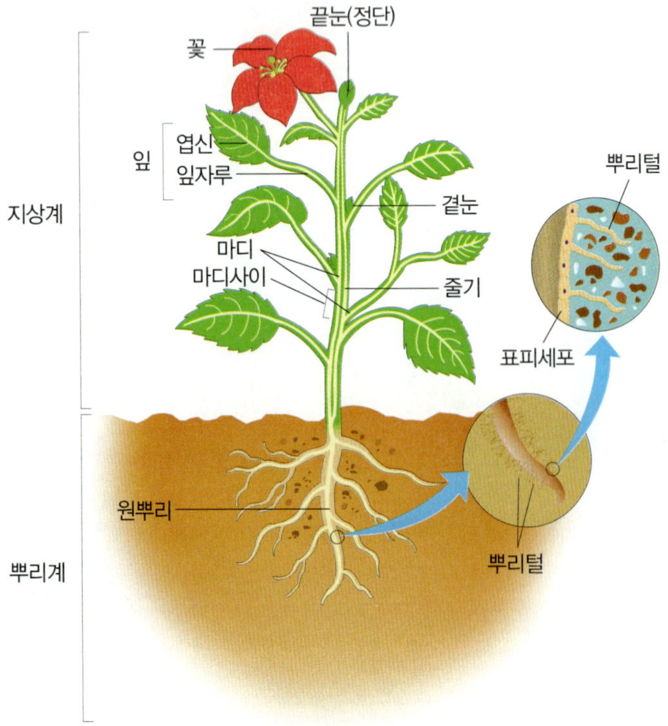

그림 30.1 꽃식물의 구조

- 뿌리는 관다발식물을 고정시키고 물과 무기질을 흡수한다.
  - 원뿌리계는 대부분의 쌍떡잎식물과 겉씨식물이 갖는 뿌리계이다. **원뿌리**는 배로부터 발달한 1개의 중심이 되는 뿌리를 말하며, 이로부터 **곁뿌리**가 나온다.
  - 대부분의 외떡잎식물은 줄기로부터 많은 작은 뿌리들이 자라나고 이들로부터 각각 곁뿌리가 나오는데, 이를 수염뿌리계라 한다. **수염뿌리**란 원뿌리 없이 가느다란 많은 뿌리들이 토양의 표면 아래로 뻗어 있는 것이다.
  - **뿌리털**은 뿌리의 표면적을 넓혀 흡수를 최대화한다.
- **줄기**는 잎이 붙어 있는 **마디**와 **마디사이**가 교대로 이어지는 기관이다.
  - **곁눈**은 잎이 줄기와 만나는 겨드랑이 부위에 위치해 곁가지로 발달할 수 있다.
  - **끝눈**은 줄기의 끝부분에 위치하며 분열조직을 포함한다.
  - **정단 우성**은 끝눈의 성장이 곁눈의 성장을 방해하는 현상이다.
- 잎은 중요한 광합성 기관이다.
  - 일반적으로 잎은 넓어진 **엽신**과 마디에 잎을 부착시키는 **엽병**으로 이루어진다.
  - **잎맥**은 대부분의 외떡잎식물에서는 나란한 모양이지만 쌍떡잎식물에서는 그물 모양이다.

30.2 식물의 조직계는 다양한 모양과 기능을 가지고 있는 세 종류의 조직으로 이루어져 있다

- 식물의 **조직계**는 표피계, 관다발계, 기본조직계로 구성된다.
  - **표피계**는 식물체의 바깥표면을 덮는 보호조직이다. 물리적인 손상과 병원성 미생물의 침입을 막는 역할을 한다.
    1) **표피**는 표면을 구성하며 매우 치밀하게 연결된 1개의 세포층으로 구성된다.
    2) **주피**는 목본식물의 오래된 줄기와 뿌리에서 표피가 대체된 보호조직이다.
    3) **큐티클**은 잎과 대부분의 줄기에 있는 표피의 왁스층을 가리키는데, 이들은 수분 유실을 막아 육상 생활의 적응을 돕는다.
    4) **기공**은 식물과 외부환경과의 기체교환이 일어나는 장소이다.
  - **관다발조직계**는 물관부와 체관부로 이루어지는데, 이들은 지하부와 지상부 사이에서 물과 양분을 공급하며 지지 역할을 한다.
    1) **물관부**는 물과 용해된 무기질을 뿌리로부터 지상부로 수송한다. **헛물관**과 **물관 요소**는 물관부를 구성하는 세포들이다.
    2) **체관부**는 잎에서 합성된 당을 뿌리, 열매 등으로 운반한다. **체관 요소**로 구성된 체관부는 **동반세포**의 도움을 받는다.
    3) **중심주**는 뿌리와 줄기에서 물관부와 체관부를 합쳐 부르는 말이다.
  - **기본조직계**는 표피계와 관다발조직계를 제외한 식물의 나머지 조직계를 말한다.

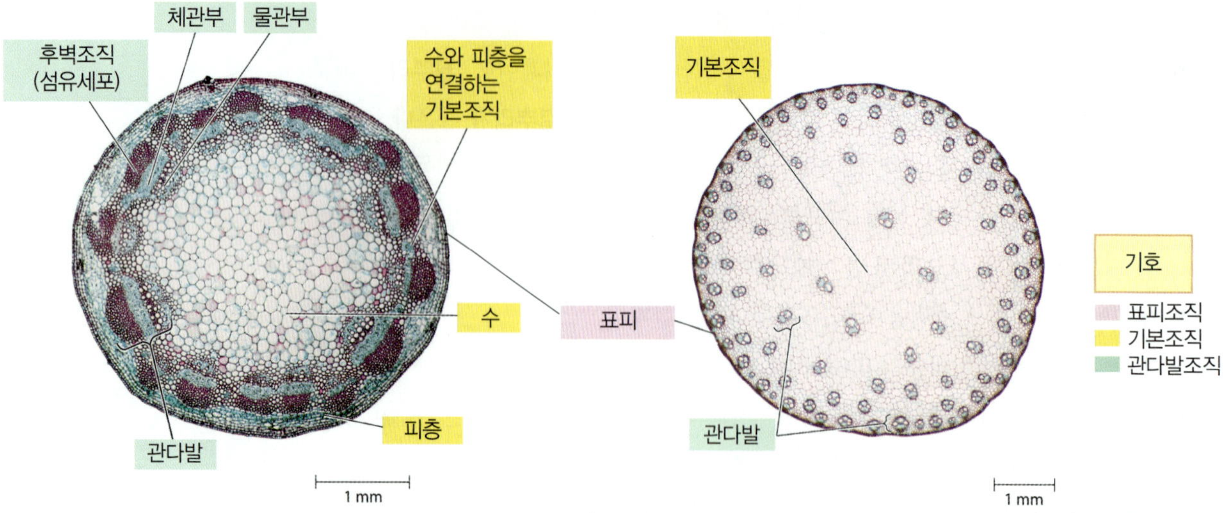

(a) 고리 모양의 관다발을 포함한 횡단면 (진정쌍떡잎 식물의 전형)

(b) 관다발을 포함한 횡단면 (외떡잎식물의 전형)

그림 30.2 어린 줄기의 1기 조직

1) **수**는 관다발조직 안쪽의 기본조직을 말한다.

2) **피층**은 관다발조직 바깥쪽의 기본조직을 말한다.

- 식물세포는 유세포, 후각세포, 후벽세포로 나눌 수 있다.
  - ▶ **유세포**는 대사가 활발하고 세포벽이 얇은 세포이다.
  - ▶ **후각세포**는 모여서 원형이나 원통형을 이루며 유세포에 비해 두꺼운 1차벽을 갖고, 생장을 제한하지 않으면서 지지기능을 할 수 있다.
  - ▶ **후벽세포**는 리그닌으로 이루어진 두꺼운 2차벽이 있고, 단단한 세포벽으로 남아서 식물을 지탱하는 '골격'이 된다.

한 토막 생물 뉴스

나이테의 쓰임새

나이테의 두께를 비교하여 나무가 겪었던 기후를 예상할 수 있다. 현존하는 나무를 사용함은 물론 오래된 건물에서 채취한 나무 시료를 사용하기도 한다. 당시의 기후를 어느 정도 나타낼 정도로 충분한 정보를 담고 있을 것으로 간주되는 나무 시료를 얻을 수 있다. 이 오래된 나무 시료는 비슷한 시기에 살았던 다른 화석 시료들과 비교하여 이 나무가 살았던 연도를 추정할 수 있다. 일정 기간 동안 쌓인 많은 나무 중 일부를 사용하여 몽고의 기후를 연구했다. 나이테의 패턴이 나타낸 결과에 따르면 오늘날 보이는 온난화 현상이 적어도 1600년대 이후 몇 번 있었고 따라서 현재의 온난화 현상이 자연적인 변화일 수도 있다는 추론에 힘을 실어주었다. 나이테는 또한 화석의 연대 추정에도 사용된다. 위에 언급한 것과 마찬가지로 현존하는 나무와 건축물에 사용된 오래된 나무, 석회화한 나무 등을 이용하여 순서대로 연결하면 나무가 존재했던 시간을 추정하고 같이 출토된 화석들의 연대가 자연적으로 밝혀지게 되는 것이다.

30.3 식물의 생장과 발생은 기본적으로 분열조직에 의해 이루어진다

● 식물의 생장은 전 생애에 걸쳐 끊임없이 일어나는 **무한생장**과 잎의 생장처럼 일정 크기에 도달할 때까지만 자라는 **유한생장**으로 나누어 볼 수 있다.

● 꽃을 피우는 식물은 생장 기간에 따라 **일년생, 이년생, 다년생 식물**로 나눌 수 있다. 예를 들어, 일년생 식물은 씨가 발아해 꽃을 피운 다음 씨를 맺고 죽게 되는 기간이 1년 이하이다.

● 분열조직은 끊임없이 세포분열을 할 수 있기 때문에 식물이 무한생장을 할 수 있게 해준다.

▶ 분열조직에는 뿌리 끝과 지상부 구조의 끝에 위치하는 **정단분열조직**과 **측생분열조직**이 있다.

▶ **1기생장**은 식물이 모양을 갖추게 하는 생장으로 기본적으로 상하로 자라는 길이 생장이다. 이 생장은 정단분열조직에 의해 일어나고 초본의 경우, 이러한 생장만으로 식물체 전체가 형성된다.

▶ **2기생장**은 목본처럼 줄기와 뿌리의 1기생장이 이미 멈춘 부위에서 일어나는 두께 생장이다.

▶ 2기생장을 일으키는 측생분열조직에는 **관다발형성층**과 **코르크형성층**이 있어 물관과 체관 그리고 표피를 더 두껍고 단단하게 한다.

30.4 1기생장을 통해 줄기와 뿌리의 길이가 증가한다

● 1기생장, 즉 정단분열조직에 의해 만들어진 지상계와 뿌리계를 **1기식물체**라 한다.

● 뿌리의 1기생장

▶ **뿌리골무**는 뿌리 끝을 둘러싸 뿌리가 길이 생장을 하면서 토양과 물리적 접촉을 할 때 정단분열조직을 보호한다.

▶ 뿌리는 발생 정도에 따라 분열대, 신장대, 성숙대로 나눌 수 있다.

(1) 뿌리의 정단분열조직과 그 유도체로 구성된 분열대는 뿌리골무 등 새로운 세포를 만든다.

(2) 신장대에서는 뿌리세포들이 길어진다.

(3) 성숙대의 세포들은 분화가 완전히 이루어져 있다.

▶ **내피**는 식물 피층의 가장 안쪽 세포층으로 물질이동에 선택

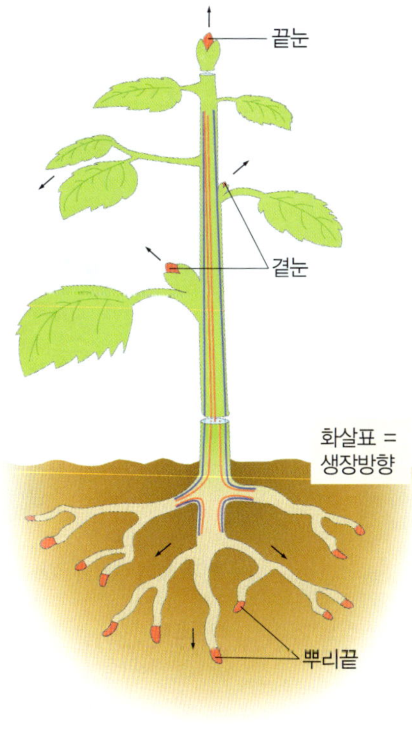

그림 30.3 1기생장의 원동력이 되는 정단분열조직의 위치

적 장벽으로 작용한다.

▶ **내초**는 관다발기둥의 가장 바깥쪽인데 이곳에서 곁뿌리가 발생한다.

● 줄기의 1기생장은 줄기의 신장과 잎의 발생을 동반한다.

▶ 잎은 정단분열조직의 가장자리에서 손가락 모양으로 뻗어 나오는 부분인 **잎원기**에서 유래한다.

▶ **줄기**는 표피, 체관부, 물관부 등 관다발, 기본조직, 수 등으로 구성된다.

▶ 잎의 조직구조는 다음과 같다.

(1) **공변세포**로 개폐가 조절되는 구멍인 **기공**은 주변과 CO_2 등 공기 교환이 일어나는 곳이다.

(2) 표피 사이는 **엽육**으로 채워져 있고 쌍떡잎식물의 경우, 1개의 세포층으로 이루어진 책상조직과 이산화탄소 및 산소를 순환시키기에 적당하도록 엉성하게 배열된 해면조직으로 구성된다.

(3) 잎맥은 줄기의 관다발조직으로부터 잎의 관다발조직으로 연결되는 엽적과 잎맥을 둘러싸서 보호하는 관다발초 세포층을 포함한다.

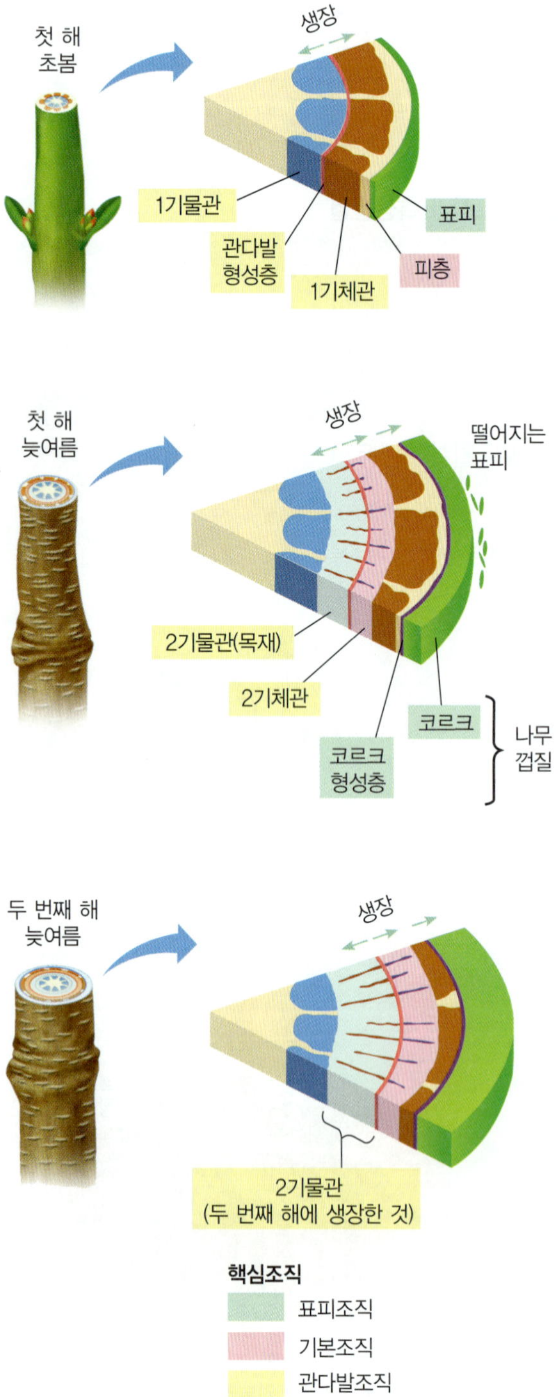

그림 30.4 목본 줄기의 2기생장

30.5 2기생장을 통해 목본식물은 두께가 증가한다

● 관다발형성층은 2기 관다발조직을 형성한다.

▶ 방추형시원세포들은 헛물관과 물관요소, 물관섬유, 체관요소, 동반세포, 유세포와 체관부섬유 등 긴 세포들을 만들어낸다.

▶ 방사조직시원세포들은 방추형 시원세포보다 짧고 줄기 및 뿌리의 축과 직각으로 배열하며 유조직으로 이루어진 관다발방사조직을 생성한다.

▶ 주로 2기생장을 통해 두꺼워지는 물관부는 안쪽의 심재와 바깥쪽에 있으면서 물관 기능을 유지하는 변재로 구성된다.

● 코르크형성층은 주피를 형성한다.

▶ 어린 표피를 대체하여 코르크피층과 코르크조직을 형성한다.

▶ 코르크세포의 수베린은 물과 공기를 투과시키지 않고 물리적 방어 역할을 한다.

▶ 주피 내의 **피목** 구조를 통해 바깥공기와 기체교환을 할 수 있다.

▶ **수피**는 나무껍질이라고도 하는데 관다발세포층 바깥쪽의 모든 조직, 즉 2기체관부, 새로 형성된 주피(코르크형성층 + 조직), 오래된 주피를 포함하는 조직들로 구성된다.

30.6 식물은 생장, 형태형성, 분화를 통해 발생한다

- **형태형성**이란 식물의 형태가 발달하고 조직화가 이루어지는 것을 말한다.
- 생장은 세포분열과 세포팽창을 통해 일어난다.
  - ▶ 세포분열 때 분열 면의 위치에 따라 식물의 형태가 결정된다.
    (1) 세포분열 결과 형성된 세포 중 하나가 다른 세포들에 비해 더 많은 세포질을 지니게 되는 비대칭 세포분열이 일어나 공변세포와 같은 구조를 형성할 수 있다.
    (2) 세포분열 면은 세포질의 미세소관이 다발구조로 집중되는 부분인 **전기전미세소관(preprophase band)** 속에 의해 결정된다.
  - ▶ 식물은 세포의 팽창을 통해서 생장할 수 있다. 세포의 팽창 방향은 세포 내 미세소관의 배열에 따라 방향이 결정되는 세포벽의 미세섬유소원의 배열에 의해 결정된다.
- 형태형성은 패턴형성 과정에 의해 이루어진다.
  - ▶ **패턴형성**을 통해 특정한 부위에 특정한 구조가 형성된다.
  - ▶ 발생 중인 세포 내에서 **위치정보**는 각 세포의 위치를 계속 알리는 신호이다.
  - ▶ 위치정보의 한 가지 유형으로서 **극성**은 생물체의 한 쪽이 반대쪽과는 다른 구조적 차이를 갖게 한다.
- 모든 세포는 동일한 유전자 종류를 지니고 있지만 각각 종류에 따라 세포들이 발현하는 유전자의 종류가 다르다.
- 세포의 운명은 발생 중인 기관에서 세포의 마지막 위치에 의해 결정된다.
- 식물은 유년기, 영양 단계, 생식 단계 등을 거친다. 이를 **단계변화**라 하고 정단분열조직에서 이루어지는 형태 변화를 동반한다.
- 개화가 조절되는 과정은 유전자 차원에서 잘 밝혀져 있다.
  - ▶ 생식생장의 일부인 개화는 꽃의 **분열조직 인식유전자**가 작동함으로써 이루어진다.
  - ▶ 꽃의 돌연변이 연구를 통해 꽃의 형성에 관한 **ABC 모형**이 정립되었다.
  - ▶ 꽃받침은 A, 꽃잎은 A와 B, 수술은 B와 C, 심피는 C가 관여하는 것으로 밝혀졌다. 즉, **기관결정유전자**가 어떻게 꽃받침과 꽃잎, 수술, 암술의 형성을 조절하는지를 알려준다.
  - ▶ 식물의 발생에는 동물의 *Hox* 유전자와 비슷한 메커니즘으로 작용하는 유전자로 58개의 아미노산으로 이루어진 부위를 암호화하는 ***MADS-box*** 유전자들이 밝혀져 있다.

31 무기물과 당의 수송

세포와 세포 사이는 죽은 곳인가?

식물의 아포플라스트(apoplast)는 세포의 바깥 구조이다. 즉, 생명의 기본 단위에 속하지 않을 수 있는 장소이다. 그렇다고 이곳이 조용한 곳이 아니다. 뿌리의 흡수 과정을 보자. 토양에 있는 물과 무기물은 뿌리털을 지나 뿌리의 내부로 점차 이동한다. 내피의 카스파리안선(casparian strip)에 이르기까지는 세포벽 공간만을 통해서 물과 무기물이 이동한다. 그 이후는 세포를 거쳐 물관에 이르는 과정을 거치게 된다. 또한 잎의 엽육세포에서 합성된 당은 체관에 이르기까지 일부는 세포벽으로 나갔다가 다시 체관요소의 세포 안으로 돌아오게 된다. 이러한 과정은 결국 세포막의 단백질들이 수용액의 용질 농도 조절에 관여함으로써 가능하게 된다. 요컨대 아포플라스트는 물질수송에서 일부지만 중요한 역할을 담당한다. 그리고 아포플라스트를 구성하는 세포벽은 식물의 골격으로 작용한다. 이곳은 또한 균근이 들어와 무기물의 흡수를 돕게 되는 곳이다. 게다가 이곳에서 생화학적 변화가 일어나야 세포의 신장과 분열이 가능하다. 식물에서 세포와 세포 사이는 적절하게 이용되어야 할 중요한 구조이다.

핵심 체크 Key Point

아래에 열거된 개념 또는 용어들을 '문제'라고 가정하고 답을 작성해 보자.

식물 자양분의 원천

잎과 뿌리가 얻는 자양분은 각각 무엇이고 어떤 방법으로 흡수하는지 설명

- 잎차례(phyllotaxy)와 잎면적 지표(leaf area index)의 정의
  - ✓ 잎차례가 형성되는 과정
  - ✓ 잎면적 지표와 광합성 양의 관련성
- 각각의 식물 종류에 따른 뿌리의 구조

31.1 개념을 이해했다면?
대부분의 외떡잎식물이 키가 크지 않은 이유를 설명해 보자.

✓ 뿌리의 양분 흡수에서 균근(mycorrhizae)의 역할과 비중

수송의 종류와 역할

■ 막의 선택적 투과성이란?

수동수송(passive transport)과 능동수송(active transport)의 비교

✓ 수송단백질(transport protein)의 역할

■ 식물세포의 용질수송 과정

✓ 양성자 펌프(proton pump)의 구조와 기능

✓ 식물의 막전위(membrane potential)는 어떻게 형성되는가?

양성자 펌프를 사용하여 공동수송(cotransport) 과정 설명

✓ 화학삼투(chemiosmosis)란?

■ 물의 확산 과정

✓ 삼투(osmosis)의 정의

수분포텐셜(water potential)의 정의와 구성요소

✓ 용질포텐셜(solute potential) = 삼투포텐셜(osmotic potential)의 정의

✓ 압력포텐셜(pressure potential)이란?

✓ 팽압(turgor pressure)의 정의

■ 수분포텐셜의 측정 방법

✓ 원형질 분리(plasmolysis)란?

31.2 개념을 이해했다면?
부풀고(turgid) 시드는(wilting) 현상이 일어나는 원인을 생각해 보자.

■ 아쿠아포린(aquaporine) 단백질의 구조 및 기능과 물의 수송

세 가지 주요 수송경로란?

✔ 액포와 액포막(tonoplast)의 세포 내 역할

✔ 심플라스트(symplast)와 아포플라스트(apoplast)의 정의

■ 장거리 수송에서 부피유동이 일어나는 이유

✔ 부피유동(bulk flow)이란?

뿌리에서 지상부까지의 수송 과정

토양으로부터 흡수된 물과 무기물의 뿌리 내 이동 과정 3가지 설명

✔ 뿌리털(root hair), 피층세포의 역할

✔ 내피(endodemis)의 구조와 수송에서의 역할

✔ 카스파리안선(casparian strip)의 성분과 기능

■ 물관부를 통한 물과 무기질의 뿌리에서 줄기로의 상승

✔ 뿌리압(root pressure)의 정의와 수송에서의 역할

✔ 일액현상(guttation)의 정의와 조건

✔ 물관액(xylem sap)의 성분

줄기를 통한 수송 과정을 증산(transpiration)과 물의 응집, 부착력의 역할과 함께 설명

■ 물관액의 상승에서 부피유동의 특징

31.3 개념을 이해했다면?
아포플라스트의 경로와 이 경로 중 내피에서의 수송 과정이 막을 통과할 수밖에 없는 이유는 무엇인지 설명해 보자.

31.4 개념을 이해했다면?
잎, 줄기, 뿌리 각각의 물관에서 물관액의 수송에 영향을 미치는 포텐셜은 각각 무엇인지 설명해 보자.

기공에 의한 증산율 조절

- 표면적 대비 부피 비율(표면적/부피)이 커서 잎이 얻을 수 있는 이점

증산작용의 정의와 의미(증산작용의 이점) 설명

✔ 기공(stomata)의 구조와 기능: 식물이 기공을 통해 공기교환을 하는 이유

✔ 기공개폐를 조절하는 요인

✔ 공변세포(guard cell)의 기공개폐 메커니즘

- 물의 손실을 줄이는 적응

✔ 건생식물(xerophyte)이란?

✔ CAM(crassulacean acid metabolism) 식물의 건조 대응 방법

체관부를 통한 당의 수송 과정

- 수송(translocation)의 정의
- 당 공급원과 당 수용원

✔ 체관액(phloem sap)의 조성

✔ 당 공급원(sugar source)의 정의와 해당 기관

✔ 당 수용원(sugar sink)의 정의와 해당 기관

엽육세포에서 체관요소까지의 수송 과정 설명

✔ 전달세포(transfer cell)의 구조와 기능

✔ 동반세포(companion cell)와 체관요소에서 일어나는 공동수송 과정과 그 의미

- 압류설이란?

31.5 개념을 이해했다면?
과수원 주인이 사과나무의 꽃이나 작은 열매를 제거하는 이유를 생각해 보자.

공급원세포에서 수용세포로 체관을 통한 체관액 이동 과정 메커니즘 설명

심플라스트가 역동적이라는 증거 설명

✔ 원형질연락사의 다양한 기능

✔ 체관에서 전기신호를 전달하는 방식과 해당 예

✔ 체관을 통한 RNA와 단백질 수송이 지니는 의미

Key Information 주요내용

31.1 식물에서 다양한 거리의 물질수송은 물리적인 힘으로 이루어진다

- 막은 **선택적 투과성**을 띤다.
  - ▶ **수동수송**은 세포의 대사에너지를 사용하지 않고 농도차이에 순행하여 분자 또는 이온이 막을 통해 확산되는 현상이다.
  - ▶ **능동수송**은 막을 사이에 두고 용질의 농도기울기와 전위차가 형성하는 전기화학적인 기울기의 역방향으로 용질을 퍼 올리는 것으로 대사에너지를 소모한다.
  - ▶ 막에 박혀 있는 **수송단백질**은 양분수송을 돕는다: 몇몇 특정 수송단백질에 의해 식물세포가 주변의 환경과는 다른 내부의 환경을 유지시킬 수 있다.
- **양성자 펌프**는 **막전위** 형성과 막을 통한 수송에 중심적인 역할을 한다.
  - ▶ 양성자 펌프는 식물세포의 세포막에서 가장 중요한 능동수송 단백질로 세포 밖으로 수소이온을 배출하기 위해 ATP에너지를 사용한다.
  - ▶ 그 결과, 막전위 형성에 기여한다. 또한 막전위와 양성자 펌프에 의해 생기는 H^+ **기울기**는 여러 가지 용질을 이동시키는 데 사용된다.
  - ▶ **공동수송(cotransport)**은 기울기 아래쪽으로 움직이는 용질이 기울기 위쪽으로 올라가야 할 용질과 짝지어져 이동하는 것이다.
  - ▶ **화학삼투**는 막을 사이에 둔 양성자 기울기로서 세포에서 에너지 방출 과정을 에너

지 소모 과정과 연결하는 것이 주된 특징이다.

- **수분포텐셜**은 물의 자유에너지 측정값이다.
  - ▶ **삼투**란 물의 순흡수나 순손실로서 막을 가로지르는 물의 수동수송이다.
  - ▶ 수분포텐셜은 용질의 농도와 물리적 압력이 합해진 효과에 해당하는 측정값을 나타내며 물의 이동방향을 결정한다.
  - ▶ 순수한 물은 0 메가파스칼의 수분포텐셜을 가지는 반면, 용해된 용질을 가진 물은 음의 수분포텐셜을 가진다.
  - ▶ 물은 높은 수분포텐셜 부위에서 낮은 수분포텐셜 부위로 이동한다.
    예) −7 MPa → −9 MPa로 물이 이동
- 용질과 압력은 수분포텐셜에 영향을 준다.
  - ▶ **용질포텐셜**은 용액에 녹아 있는 용질분자의 농도와 비례한다.
  - ▶ 용질포텐셜은 용질이 삼투현상의 방향에 영향을 주기 때문에 삼투포텐셜이라고도 부른다.
  - ▶ **압력포텐셜**은 용액의 물리적 압력인데, 대기압에 대해 양의 값과 음의 값이 모두 가능하다.
  - ▶ **팽압**은 세포 내용물이 세포막을 세포벽으로 밀 때 발생하는 압력이다.
  - ▶ **원형질 분리**란 세포가 쭈글어들어 세포벽으로부터 떨어지는 현상이다.
  - ▶ 건강한 식물은 물관부를 지탱할 수 있고 부풀어 있으나, 건강하지 않은 식물은 팽팽함을 잃는데 이러한 효과를 시드는 현상이라 한다.
- **아쿠아포린**은 물이 세포막이나 액포막을 통과하도록 돕는 수송단백질이다.
- **세포막**은 세포기질과 세포벽 사이의 이동을 조절하는 반면, 액포막은 세포기질과 액포 사이의 이동을 조절한다.
  - ▶ **심플라스트**는 원형질연락사로 연결된 세포질의 연속체이다.
  - ▶ **아포플라스트**는 세포벽을 포함한 세포외 공간의 연속체이다.
  - ▶ 물질이동은 심플라스트 경로, 아포플라스트 경로, 심플라스트와 아포플라스트 경로 등 크게 3가지 경로를 따라 일어난다.
- 장거리 물질수송은 물관과 체관을 통해 이루어진다.
  - ▶ 식물에서의 양분과 물, 무기질의 장거리 수송은 압력에 의한 액체의 움직임인 부피유동에 의해서 일어난다.

31.2 뿌리는 물과 무기질을 토양에서 흡수한다

- **뿌리털**은 뿌리 끝 근처에서 흡수작용에 가장 중요한 통로이다.
  - ▶ 전체 뿌리 시스템을 통한 양분 흡수의 대부분은 뿌리와 곰팡이의 공생적 연합인 **균근**이 책임지고 있다.

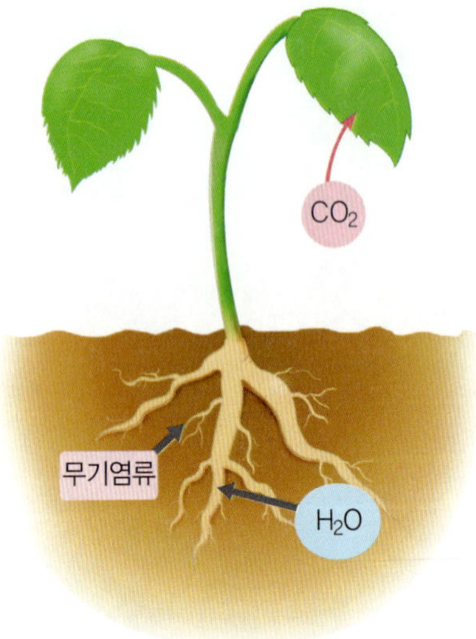

그림 31.1 식물의 양분 흡수

▶ 일단 토양액이 뿌리 안으로 들어오면 표피 세포막이 엄청난 표면적을 통해 물과 선택된 용질의 흡수를 증가시킨다.

● 물은 심플라스트와 아포플라스트를 거쳐 피층을 통과한다.

▶ 아포플라스트를 거쳐 내피에 도달하는 무기질은 내피세포의 선택적 투과성 막을 최종적으로 통과해야만 한다.

▶ 내피세포벽에 있는 **카스파리안선**의 **왁스질**이 표피에서 관다발 기둥으로 가는 아포플라스트 수송을 막는다.

31.3 잎은 증산을 하는 기관이다

● 어떤 잎은 **탁엽**이라고 하는 엽병기부에 작은 잎과 같은 돌기를 가진다.

▶ 잎은 하나의 엽신을 가진(단엽) 또는 엽신이 두 개 이상의 소엽으로 나누어진(복엽) 구조를 가진다.

▶ 줄기에서 잎은 호생(각 마디에 하나의 잎), 대생(각 마디에 두 개의 잎) 또는 윤생(각 마디에 3개 이상의 잎) 배열을 한다.

● 잎이 생겨나는 순서를 **잎차례**라 하고 이렇게 형성된 잎들은 **잎면적 지표**를 형성한다.

▶ 잎차례는 지상부 정단분열조직에서 결정된다.

▶ 빛에 노출된 잎면적이 증가할수록 광합성이 증가한다.

● **기공**은 광합성에 필요한 가스교환을 하는 표피에 있는 작은 구멍이다.

▶ 각 기공은 **부세포**라고 하는 특수한 표피세포와 결합된 두 개의 **공변세포**에 의해 싸여 있다.

▶ 부세포는 기공의 개폐 동안 그 모양을 변형시켜 공변세포 내외로 이동하는 물과 이온의 저장소로 이용된다.

▶ **잎맥**은 잎에 필수 무기염류와 물을 수송하는 **물관부**와 광합성에 의해 생성된 당을 식물체의 다른 부위로 수송하는 **체관부**를 가지고 있다.

● 잎의 구조는 일차적으로 **광합성** 기능을 위해 적응되어 있다.

▶ 대부분의 잎은 태양방사 에너지의 수집에 상당히 효율적인 넓고 편평한 엽신을 가진다.

▶ 기공은 일반적으로 광합성 동안 필요한 가스교환을 위해 낮 동안에는 열리고, 광합성이 일어나지 않는 밤에는 수분을 보전하기 위해 닫힌다.

▶ 기공개폐는 K^+의 농도, 팽압의 변화에 의해 조절된다.

▶ 엽육조직의 세포간극은 엽육세포 안으로 물과 이산화탄소, 그리고 바깥으로 산소가 빠르게 확산되도록 한다.

● **증산**은 일차적으로 기공을 통해 일어난다.

▶ **증산율**은 온도, 바람 및 상대습도와 같은 환경요인에 의해 영향을 받는다.

▶ 증산은 식물에게 해로울 수도 있고 이로울 수도 있다. 즉, 수분보유의 필요성과 광합성을 위한 이산화탄소의 요구 사이에서 균형을 유지해야 한다.

▶ 식물의 잎에서 물이 액체상태로 방출되는 **일액현상**은 토양에 가용한 수분이 풍부하고 증산이 일어나지 않을 때 특별한 구조를 통해 일어난다.

- 식물은 물의 손실에 대응하여 적응한다.

▶ 잎의 음푹 파인 곳에 기공이 있어서 증산을 방지할 수 있고, 더불어 작은 가시와 같은 구조적 적응으로 인하여 일부 식물들은 건조한 환경에서도 생존할 수 있다.

▶ **건생식물**은 다양한 잎의 변형을 통해 증산율을 줄여 메마른 기후에 적응하였다. 그 결과 잎의 부피에 대한 표면적을 줄여 물의 손실을 억제하는 적응 방법과 함께 두꺼운 잎을 가지고 있다.

31.4 물관액의 이동은 음압에 의한 부피유동이다

- 물과 무기질은 물관부를 통해 뿌리에서 줄기로 올라간다.

▶ 증산작용에 의해 물관에 음압이 형성되고 이 압력포텐셜 차이로 물은 응집력과 부

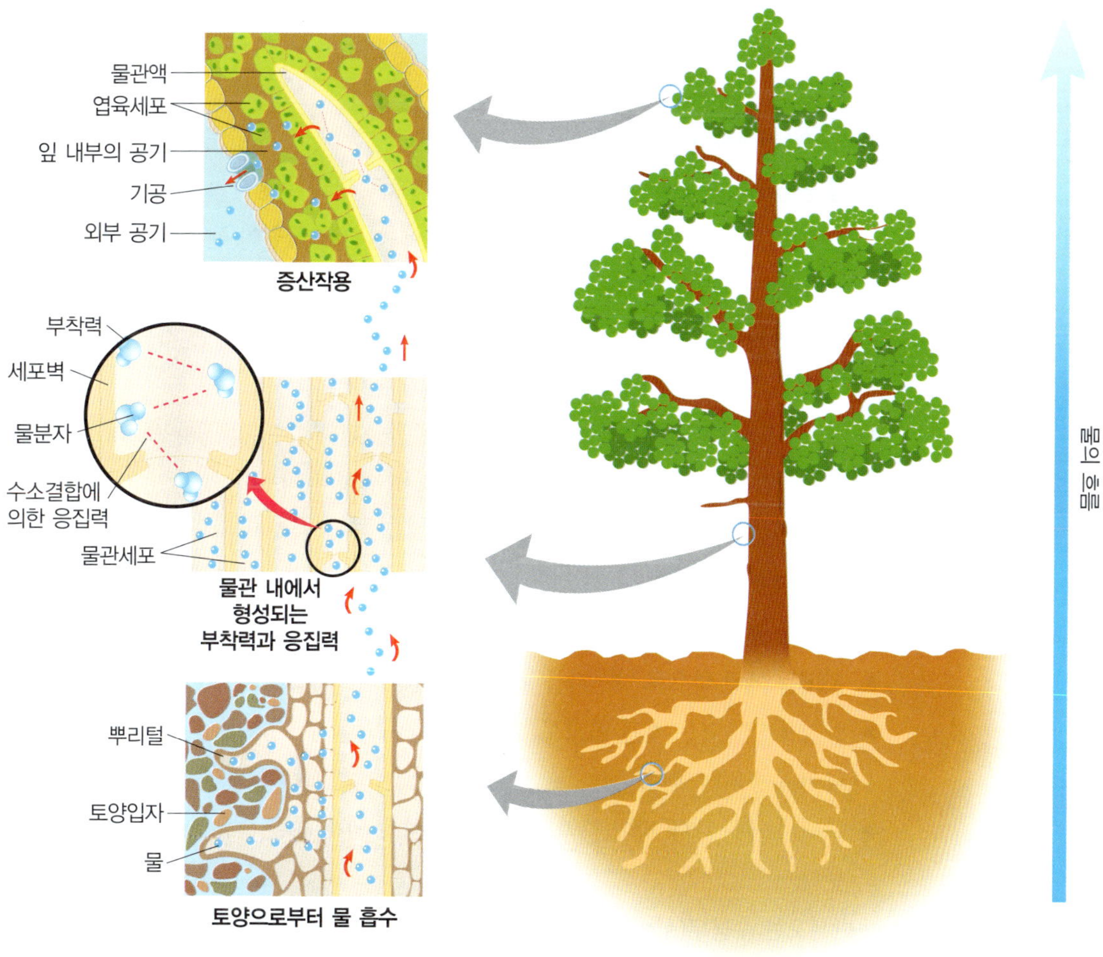

그림 31.2 나무에서 물의 수직 상승

착력에 의존해 잎쪽으로 당겨진다.

▶ 뿌리 피층으로부터 물이 흘러들어와 **물관액**을 밀어올리는 뿌리압이 형성된다.

▶ 결국, 부피유동에 의해 뿌리에서 흡수한 물과 무기물 등이 혼합된 물관액이 상승한다.

한 토막 생물 뉴스

식물의 진드기 퇴치법

진드기는 체관에 침을 박아 체관액을 빨아 영양분을 섭취한다. 식물의 입장에서는 애써 마련한 에너지원을 뺏기는 것이다. 게다가 진드기는 체관액 속의 당을 자신의 몸에 공생하는 세균을 이용해 아미노산으로 전환시키기도 한다. 연구자들은 진드기의 침을 이용해 체관액을 얻어 연구에 활용하지만 식물은 진드기에 대한 대책이 필요할 것이다. 열대수림의 상록수 중 일부는 잎의 뒷면에 돌기를 지녀 특정 육식 진드기에게 서식처로 제공한다. 그러면 이 육식 진드기는 식물로부터 영양분을 흡수하는 초식진드기를 잡아먹는다. 덤으로 이 식물을 괴롭히는 균류까지 제거해 준다. 리마콩은 초식 진드기가 잎을 갉아먹게 되면 휘발성 물질을 확산시켜 육식 진드기를 유혹한다. 육식 진드기는 이 물질을 따라와 초식 진드기를 잡아먹는다.

31.5 당은 필요로 하는 곳으로 운반된다

- 당은 공급원에서 수용원으로 이동한다.
  - ▶ **당 공급원**이란 광합성 또는 녹말 분해작용으로 당의 순생산이 일어나는 식물기관이다. 알뿌리 같은 저장기관이 어떤 시기에는 당 공급원이 될 수 있지만 주요 당 공급원은 성장한 잎이다.
  - ▶ **당 수용원**이란 식물에서 결과적으로 당이 소모되거나 저장되는 기관이다. 발생하고 있는 뿌리나 줄기 끝은 당 수용원의 예가 된다.
  - ▶ 전달세포란 동반 세포의 세포벽에 안으로 돌출된 부분이 많아 아포플라스트와 심플라스트 사이에 용질이 더 많이 전달되도록 변형된 세포이다.
- **동반세포**는 공급원에서 체관 속으로 능동적으로 당을 선적하는데, 이 과정에는 ATP가 필요하다.
  - ▶ 체관에 당을 싣거나 내리는 일은 능동수송에 의한다.
  - ▶ ATP는 체관 밖으로 양성자를 퍼내기 위한 에너지로 소모된다.
  - ▶ 양성자 기울기는 체관 속으로 양성자의 농도기울기에 역행하는 공동수송에 의해 당이 수송되게 한다.
  - ▶ 그래서 체관 내에 당이 축적되고, **삼투현상**에 의해 체관 속으로 물의 이동이 일어난다.
- 동반세포는 **수용부(sink)**에 있는 체관으로부터 능동적 방법과 수동적 방법으로 당을 하적한다.

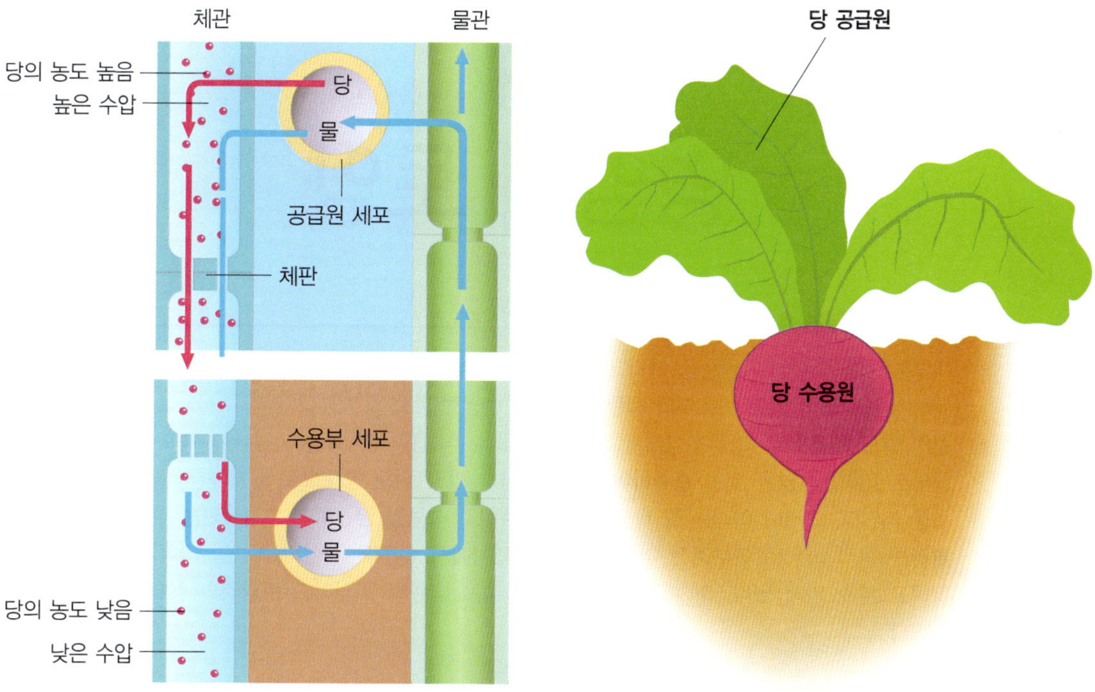

그림 31.3 식물의 체관에서 나타나는 당 공급원과 수용원 사이의 압력의 흐름 (물은 물관을 통해 당 공급원으로 되돌아옴)

- ▶ 결국 물은 삼투현상에 의해 체관으로부터 빠져나오고, 체관 내의 **팽압**(유체역학적 압력)이 작용한다.
- ▶ 공급원과 수용부 사이의 물질 흐름은 공급원의 체관부에서 물이 들어가고 수용부의 체관부에서 물이 빠져나옴으로써 생성된 팽압기울기에 의해 일어난다.

● 심플라스트는 매우 역동적인 구역이다.

- ▶ 원형질연락사는 지속적으로 변화하여 RNA나 단백질의 이동에 관여한다.
- ▶ 체관의 전기 신호 전파에 관여한다.

32 식물의 영양과 토양

식물의 신체구조 축

대부분의 동물은 입과 항문을 가지고 있다. 먹이를 찾아야 하므로 입과 여러 감각기관은 전방을 향하게 배치되어 있고 이로부터 항문에 이르는 수평적인 축을 지닌다(현재 수직으로 보이는 인간의 축도 수평축을 지닌 조상에서 유래한 것이다). 식물은 수직축을 지닌다. 수직축의 위는 지상부로 잎이 더 많은 빛을 흡수하여 광합성량을 늘리기 위해 공중으로 넓게 가지를 펼치는 구조를 지닌다. 그러나 아래는 물과 영양분을 흡수하고 식물을 굳건하게 고정시키는 뿌리가 있다. 뿌리는 흙과 바위로 이루어진 어둡고 복잡한 세상에서 살면서 자신의 기능을 다하기 위해 정교하고 넓게 퍼져 있다. 이 뿌리가 이 장이 다루는 내용의 주인이고 토양과의 상호작용의 달인이다.

핵심 체크 Key Point

아래에 열거된 개념 또는 용어들을 '문제'라고 가정하고 답을 작성해 보자.

식물 필수원소의 종류

- 식물이 물, 무기영양소(mineral nutrient), 유기물질을 얻는 근원

필수원소(essential element)의 정의와 종류 설명

✔ 수경재배(hydroponic culture)를 사용하여 필수원소를 결정하는 방법

✔ 다량원소(macronutrients)의 정의와 종류

✔ 미량원소(micronutrients)의 정의와 종류

- 무기질 결핍증상의 정의와 예

✔ 황화현상을 일으키는 원소와 과정

32.1 개념을 이해했다면?
마그네슘 결핍증상이 오래된 잎에서 먼저 나타나는 이유를 설명해 보자.

■ 유전자 조작을 통해 결핍증을 극복한 예

토양의 특징과 지속성 농업

토성을 결정하는 요인 설명

✔ 표토(topsoil)의 정의와 형성 과정

✔ 부식질(humus)의 정의

✔ 양토(loams)의 정의와 조성

■ 토양의 조성

양이온 교환(cation exchange)의 정의와 해당 성분 설명

✔ 유기물이 토양의 질을 높이는 이유

지속적인 농업에 토양보존이 필요한 이유

✔ 농업이 토양에 끼치는 영향

✔ 지속적 농업(sustainable agriculture)의 정의

✔ 지속적 농업이 가능하도록 사용할 수 있는 방법들의 종류

✔ 식물정화(phytoremediation)의 정의

식물의 영양과 공생

■ 근권(rhizosphere)의 정의와 역할

✔ 리조박테리아(Rhizobacteria)의 특징, 역할과 종류

■ 식물생장에서 질소의 비중

32.2 개념을 이해했다면?
윤작(crop rotation)으로 농사를 하는 이유(이점)를 설명해 보자.

✔ 질소고정(nitrogen fixation)의 정의와 의미

✔ 식물과 질소고정세균이 공생을 통해 얻을 수 있는 것

질소고정세균의 기능과 중요성 설명

32.3 개념을 이해했다면?
질소의 형태 전환과 순환(nitrogen cycle) 과정을 질소고정세균, 암모니아화 세균(ammonifying bacteria), 질산화세균(nitrifying bacteria), 탈질산화 세균(denitrifying bacteria) 등의 역할과 관련하여 설명해 보자.

✔ 질소고정효소(nitrogenase)의 역할과 특징

✔ 질소고정 뿌리혹(nodule)의 형성 과정

✔ 박테로이드의 정의와 형성 과정

균근(mycorrhizae)과 뿌리의 공생관계 설명

✔ 외생균근(ectomycorrhizae)의 영양방식과 식물과의 공생 과정

✔ 내생균근(endomycorrhizae)의 영양방식과 식물과의 공생 과정

32.4 개념을 이해했다면?
균근이 없으면 식물에게 어떤 일이 벌어질지 설명해 보자.

■ 다른 생물을 이용하는 식물들의 종류와 방식

✔ 착생식물의 정의와 예

✔ 기생식물의 정의와 예

✔ 식충식물의 영양방식과 예

Key Information 주요내용

32.1 식물의 생존에는 꼭 필요한 몇몇 화학원소가 있다

- 식물은 무기영양소를 토양으로부터 얻는다.
  - ▶ 식물은 물과 무기질을 토양에서 얻는다.
  - ▶ 식물 유기물질의 대부분은 공기 중 이산화탄소에서 유래한 탄소화합물이다.
  - ▶ **필수원소**란 식물이 생존과 번식에 필요한 화학원소이다.

- 일반적으로 식물의 생장에는 19개의 필수원소를 필요로 한다.
  - ▶ 대개 **수경재배**를 통해 어떤 원소가 필수원소인지를 알아낼 수 있다.
  - ▶ 식물이 다량으로(mg 수준) 필요로 하는 10개는 **다량영양소**로서 탄소, 수소, 산소, 질소, 포타슘, 칼슘, 마그네슘, 인, 황, 실리콘 등이 있다.
  - ▶ 9개는 **미량영양소**로서 염소, 철, 붕소, 망간, 나트륨, 아연, 구리, 니켈, 몰리브덴이 있다. 미량영양소는 식물이 소량(microgram 수준 이하)을 필요로 한다.

그림 32.1 수경재배로 결핍된 원소 찾기

- 무기질 **결핍증상**이란 필수원소 중 하나 이상이 결핍될 때 나타나는 생리적 현상이다.
  - ▶ 뿌리계와 어린싹계는 환경으로부터 필요한 물질을 받아들이기 위해 분지를 한다.
  - ▶ 증상은 결핍된 영양소의 기능에 따라 나타난다.
  - ▶ 마그네슘처럼 이동성이 큰 영양소가 결핍되면 보통 어린 기관보다는 성숙된 기관에서 먼저 증상이 나타난다. 그러나 철분처럼 이동성이 작은 영양소가 결핍되면 이와 반대가 된다.
  - ▶ 다량원소의 결핍은 흔하게 일어나는데, 특히 질소, 인, 포타슘의 결핍은 매우 흔하다.
- 유전자 조작을 통해 식물영양 상태가 개선된 식물을 만들 수 있다.
  - ▶ 시트르산을 과도하게 만드는 식물은 알루미늄 독성에 내성을 띠고 식물 내 알코올 탈수소효소의 함량을 증가시켜 홍수에 대한 저항성을 띠도록 할 수 있다.
  - ▶ 일부 영양소의 결핍증을 미리 경고하는 식물을 만들 수도 있다.

32.2 토질은 식물의 분포와 생장을 결정한다

- 토성은 다양한 크기의 토양입자로 구성된다.
  - ▶ 생물체들이 분비하는 산은 암석을 분해하고, 암석의 틈새에서 자라는 식물의 뿌리는 기계적으로 암석을 부수어 **부식질**과 함께 **표토**를 구성한다.
  - ▶ 부식질은 암석에서 유래한 입자, 살아 있는 생물체, 부분적으로 썩은 유기물질의 혼합물이다.
  - ▶ 양토는 가장 비옥한 토양으로 모래와 중간 크기의 비사, 진흙이 같은 양으로 들어 있다.
- 토양은 무기염류, 유기질, 공기 및 물로 구성되어 있다.
  - ▶ 토양은 식물을 고착시키고 필수적인 무기물을 제공해 준다.

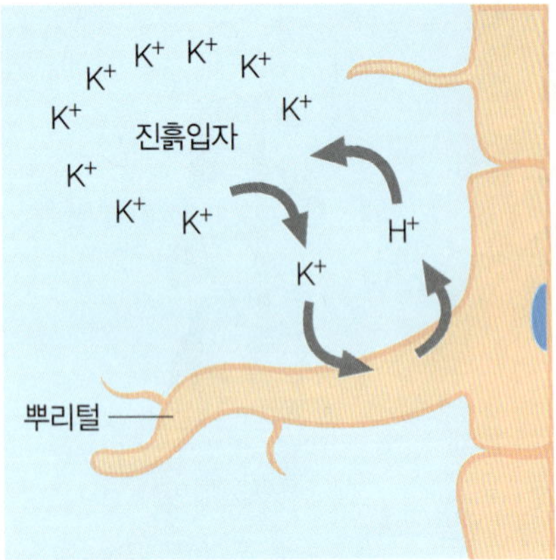

그림 32.2 양이온교환

- ▶ 무기물을 구성하는 무기양이온이 수소이온을 대체하여 토양입자로부터 벗어난 후 토양용액으로 들어가는 **양이온교환현상**을 일으킨다.
- ▶ 유기물은 토양의 물 보유능력을 증가시킨다. 토양의 공기는 호흡에 사용되는 산소를 토양미생물에게 제공해 준다.
- ▶ 토양수분은 식물과 기타 생물체에 물과 용해된 무기물을 제공한다. 뿌리에서 분비된 **유기산**은 식물의 무기질 흡수를 돕는데, 이것은 수소이온이 진흙입자로부터 무기음이온이 방출되도록 하기 때문이다.

● 지속적인 농업을 위해서 토양을 보존하여야 한다.

- ▶ 농업은 토양의 무기질 함량을 낮추고 물을 소비하여 토양 유실을 가속화한다. 토양보존을 위한 목표는 이러한 위험들을 최소한으로 줄이는 데에 있다.
- ▶ **지속적 농업**이란 토양관리에서 자원 보존적이며 환경 친화적이고 경제적인 경작 방법을 사용하는 농업 방법을 말한다.
- ▶ 이를 위해서 관개의 개선, 사용 비료의 선택, 토양 pH의 조정, 토양침식의 조절, 토양압착 막기 등의 다양한 시도를 한다.
- ▶ **식물정화**란 생물학적이고 자연보존적인 기술로서 오염물질을 식물에 축적시켜 토양을 회복시키는 경제적인 방법이다.

32.3 영양 흡수를 위해 식물은 다른 생물체와 상호관계를 갖는다

● 식물의 뿌리와 결합된 **지하권**에는 유용한 세균이 서식한다.

- ▶ 지하권에는 식물의 분비물을 이용하는 여러 종의 **리조박테리아**(Rhizobacteria)가 존재한다.
- ▶ 이 세균 중 일부는 식물의 생장을 촉진한다.

● 질소는 식물의 생장에 가장 큰 영향을 미치는 무기물이다.

- ▶ **질소고정**을 통해 대기 중의 질소가스로부터 암모니아가 만들어져 토양에 축적된다.
- ▶ **질소고정세균**은 공기 중의 질소가스를 암모니아로 **전환**시켜 식물이 유기합성을 위한 질소원을 흡수할 수 있도록 한다.
- ▶ 질소고정효소는 질소가스에 수소이온과 전자를 첨가하여 암모니아로 환원시키는 전 과정을 촉매한다.
- ▶ **뿌리혹**의 발달은 *Rhizobium* 세균과 식물의 뿌리세포 사이의 화학적 소통(chemical communication)에 따라서 이루어진다. 뿌리혹의 세균은 세포 소낭 내에 박테로이드 형태로 존재하고 식물로부터 당분을 얻는 대신 식물에게 고정된 질소를 제공한다.

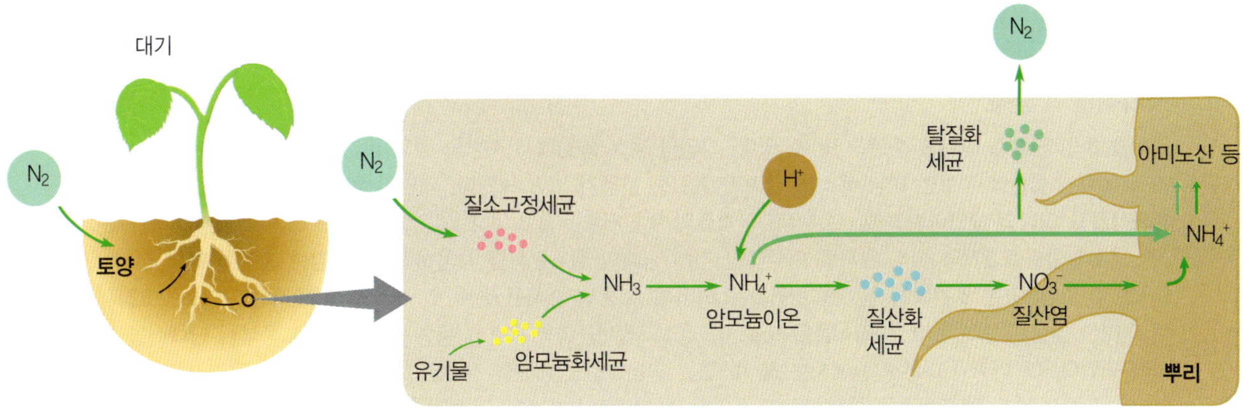

그림 32.3 식물에 질소를 공급하는 토양 세균의 작용

- 질소는 여러 형태로 전환된다.
  - **암모니아화 세균:** 유기물질, 부식질을 암모니아로 전환시킴
  - **질산화세균:** 암모늄이온(암모니아)을 질산염으로 산화시키며 에너지를 얻음, 질산염은 식물이 질소원으로 사용함
  - **탈질산화세균:** 질산염을 무기호흡의 최종전자 수용체로 이동하여 질소분자로 환원시켜 대기 중으로 돌려보냄
- 농업에서 공생적 질소고정으로 인한 효과를 증가시키기 위해 윤작을 한다.
- **균근**은 뿌리와 공생관계를 가지고 있다.
  - **외생균근**과 **내생균근**은 균사를 통해 물과 무기물을 공급하고 식물은 광합성 산물을 제공한다.
  - 외생균근은 보통 두껍고 짧으며 가지가 많다. 균사가 확장되어 표면적을 충분히 제공하기 때문에 해당 식물은 뿌리털을 형성하지 않는다.
  - 내생균근은 뿌리를 감싸는 대신 균류와 식물 사이에 영양소 전달에 중요한 역할을 하는 작은 가지 모양의 분지상을 이룬다.
  - 균근이 없으면 식물에 결핍증이 생길 수 있고 생태적 안정성이 흔들릴 수 있다.
- 공생을 하지 않고 다른 생물을 이용하여 영양을 섭취하는 식물이 있다.
  - 착생식물은 살아 있는 다른 식물의 줄기에 몸체를 고정시켜 자란다.
  - 기생식물은 살아 있는 숙주식물로부터 당과 무기질을 흡수하는데, 일부 기생식물은 광합성을 하기도 한다.
  - 식충식물은 광합성을 하지만 곤충이나 다른 동물을 죽여서 소화시킴으로써 질소와 일부 무기물을 얻는다.

한 토막 생물 뉴스

콩과식물의 중요성

육식을 하면 단백질 섭취를 충분히 할 수 있다. 그러나 육식 과정에서 지방을 함께 많이 섭취하게 되고 지구 생태계의 에너지 효율을 따져보면 마냥 육식을 즐기기에는 큰 문제가 있어 보인다. 대안이 있을까? 여러 대안이 있겠지만 콩과식물도 하나의 대안이라고 할 수 있다. 단백질의 핵심재료는 질소이다. 그리고 질소는 대기에 풍부하다. 그런데 3중 공유결합으로 2개의 질소 원자로 이루어진 기체 상태의 질소분자를 사용하려면 이 강한 결합을 깨야 한다. 인공적으로 고압, 고온 조건에서 질소를 처리하는 하버-보쉬 방법을 사용할 수 있지만, 아주 오래전부터 질소고정세균이 이러한 일을 수행해 왔다. 콩과식물은 바로 이 질소고정세균과의 공생을 통해 질소를 얻고 풍부한 단백질을 보유하게 되었다. 더 나아가 다른 식물에서는 볼 수 없는 아미노산인 리신을 생산하기도 한다. 질소비료가 하버-보쉬 방법으로 만들어지기 전에는 죽은 콩과식물이 주요한 질소비료이기도 했다. 초기 인간이 농업을 시작하면서 곡물로부터 풍부한 녹말은 얻었지만 단백질이 적어 사냥시기의 인류보다 성장이 더디었다. 만약 콩과식물을 곡물과 함께 섭취했다면 결과는 달랐을 것이다.

33 식물의 생식

속씨식물의 중복수정은 왜 생겼을까?

감수분열을 통해 생성된 소포자는 유사분열을 거쳐 2개의 반수체 세포를 만들고 이 중 하나는 유사분열을 한 번 더하여 2개의 정자를 만든다. 나머지 하나는 유사분열을 하지 않고 꽃가루관의 발달에 관여한다. 이 세포의 역할 덕에 형성된 꽃가루관은 암술대를 따라 밑씨의 주공에 이르게 되는데, 이 길을 따라 2개의 정자가 이동을 하게 된다. 2개의 정자는 각각 난자와 중심세포와 결합하여 이배체인 배와 삼배체인 배젖을 만들게 된다. 수정된 배는 발생과정을 거쳐 씨를 형성하게 된다. 그런데 배젖은 왜 생겼을까? 배젖은 바로 배발생에 필요한 영양소를 공급해준다. 그리고 이러한 과정은 속씨식물에게만 발견된다. 중생대를 지나 신생대에 이르면서 속씨식물은 전체 식물 가운데에서 가장 번성해 왔다. 배젖이 배와 동시에 형성되는 이러한 중복수정으로 인해 속씨식물은 배의 발생이 일어나는 바로 그 시기에 양분을 공급하게 되어 에너지 낭비를 줄이는 이점을 갖게 된다. 식물의 크기가 충분히 커서 에너지의 소모를 어느 정도 감당할 수 있다면 이는 별로 문제가 아닐 수 있다. 중복수정을 하지 않아도 되는 겉씨식물이 대부분 크기가 큰 이유를 설명해 준다.

핵심 체크 Key Point

아래에 열거된 개념 또는 용어들을 '문제'라고 가정하고 답을 작성해 보자.

속씨식물의 생식 과정

- 수정(fertilization)이란?

꽃의 구조와 역할

✔ 꽃받침(sepals), 꽃잎(petals), 수술(stamens), 심피(carpel), 화탁(receptacle)의 형태와 배열

✔ 수술의 구조를 꽃밥(anther), 소포자낭(microsporangia), 수술대(filament)로 설명

✔ 암술(pistil)의 구조를 암술머리(stigma), 암술대(style), 씨방(ovary)으로 설명

✔ 씨방의 구조를 밑씨(ovule), 배낭(embryo sac) = 배우자체, 주피(integuments), 주공(micropyle)으로 설명

✔ 완전꽃(complete flowers)과 불완전꽃(incomplete flowers)의 차이

✔ 꽃집합(inflorescences)이란?

■ 생식세포 형성 과정

33.1 개념을 이해했다면?
꽃가루와 배낭이 생성되는 과정에서 감수분열과 유사분열(mitosis)이 언제 일어날까?

✔ 소포자모세포(microsoprocyte)가 감수분열을 하는 장소와 그 결과물

✔ 소포자(microspore)로부터 꽃가루(pollen grain)가 생성되는 과정

✔ 대포자모세포(megasporocyte)가 감수분열을 하는 장소와 그 결과물

✔ 대포자(megaspore)로부터 배낭(embryo sac) 속의 세포들이 형성되는 과정

정자와 난자의 형성 과정 비교

33.2 개념을 이해했다면?
수분과 수정의 차이를 설명해 보자.

✔ 수분(pollination)의 정의와 다양한 방법

중복수정(double fertilization) 과정

✔ 꽃가루관(pollen tube)의 형성과 신장 과정 = 꽃가루관이 정확히 주공에 도착하도록 유인하는 요소

33.3 개념을 이해했다면?
다정자성 수정억제 과정과 동물 수정 과정의 비슷한 점을 설명해 보자.

✔ 배(embryo)는 이배체, 배젖(endosperm)은 삼배체인 이유

✔ 수정 후 밑씨, 씨방, 배젖의 구조와 기능의 변화

✔ 수정 결과 형성되는 구조

✔ 수정 직후 세포가 나타내는 특징

속씨식물의 생활사

■ 종자(seeds)의 발생과 역할

✔ 배젖의 운명

배발생 과정

✔ 휴면(dormancy)의 정의와 역할

✔ 진정쌍떡잎식물 종자의 구조: 하배축(hypocotyl) 또는 상배축(epicotyl), 어린뿌리(radicle), 종자껍질(seed coat)로 설명

✔ 외떡잎식물 종자의 구조: 배반(scutellum), 자엽초(coleoptile), 근초(coleorhiza), 종자껍질로 설명

✔ 종자로부터 유식물(seedlings)이 생겨나는 과정 설명

열매의 형성 과정과 역할

✔ 단과(simple fruits), 집합과(aggregate fruits), 복합과(multiple fruits)의 구분

✔ 부과(accessory fruits)란?

문제 33.4 열매와 종자의 다양한 분산 방법을 설명해 보자.

현화식물의 무성생식과 유성생식의 특징

■ 식물에서 무성생식(asexual reproduction)이 가능한 이유

무성생식의 방식

✔ 분절증식(fragmentation)의 정의와 예

✔ 막눈(advetitous shoots)을 통한 생식방식과 예

✔ 무수정생식(apomixis)의 정의와 예

✔ 영양생식(vegetative reproduction)의 정의와 예

문제 33.5 식물의 무성생식이 지닌 이점을 설명해 보자.

자가수분을 막는 방식들

✔ 암수딴몸(dioecious)의 정의와 예

자가불화합성(self-incompatibility)의 정의와 과정

✔ *S*-대립유전자의 작용방식

■ 영양번식 방법의 종류

✔ 캘러스(callus)란?

✔ 대목(stock)과 접수(scion)를 이용한 접목 설명

✔ 형질전환(transgenic) 식물의 정의

✔ 원형질체 융합(protoplast fusion)의 정의와 응용

인간에 의한 작물 개량

■ 현대와 과거의 육종 비교

■ 형질전환된 작물이 지닌 위험성은?

Key Information 주요내용

33.1 속씨식물의 생식에는 꽃, 중복수정, 열매라는 특징이 나타난다

- 이배체인 포자체는 포자를 만들어 꽃 속에서 수컷 배우체인 꽃가루와 암컷 배우체인 밑씨로 발생하게 한다.
- 꽃은 유성생식을 담당하는 기관이다.

- 꽃의 4가지 기관은 **꽃받침, 꽃잎, 수술, 심피**이다.
- 수술은 **꽃밥**과 **수술대**로 이루어져 있고 심피는 **암술머리, 암술대, 씨방**으로 이루어져 있다.
- **암술**은 하나의 심피 또는 융합된 심피를 총칭한다.
- 4가지 기관을 모두 갖추면 **완전꽃**, 그렇지 않으면 **불완전꽃**이라 한다.
- **꽃밥**의 소포자낭 안에서 **소포자**는 **꽃가루**로 발생한다.
- 암배우체는 씨방 안에서 대포자가 발생하여 **배낭**을 형성한다. 배낭은 자신을 둘러싼 **주피**와 함께 **밑씨**를 형성한다.
- **암술머리**에 꽃가루가 닿는 수분이 일어나면서 수정이 시작된다.
- 수분을 위한 꽃가루의 수송은 바람에 의해서뿐만 아니라 꿀벌, 나방이나 나비, 새, 파리, 박쥐 등 생물에 의해서도 이루어진다.

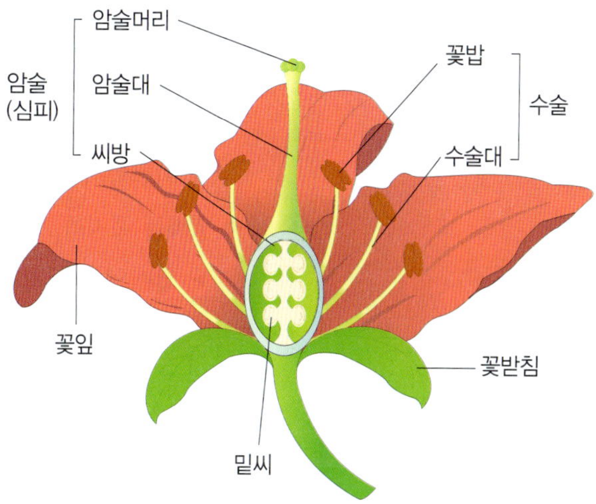

그림 33.1 꽃의 구조

- 중복수정은 밑씨에서 일어난다.
  - 꽃가루관은 주공을 통해 2개의 정자를 대포자의 체세포분열 결과 형성된 배낭에 도달시킨다.
  - 정자 중 하나는 난자와 나머지는 두 개의 (융합된) 극핵과 결합하여 양분을 지닌 삼배체 **배젖**으로 발생한다.
- 수정된 밑씨는 종자(씨)로 발생한다.
  - 배는 분열 면의 방향을 바꾸면서 세포분열과 분화를 지속하여 형태형성을 한다.
  - **종자껍질**(종피)은 주피가 발생한 결과 형성되며 배젖, 떡잎, 배를 감싼다.

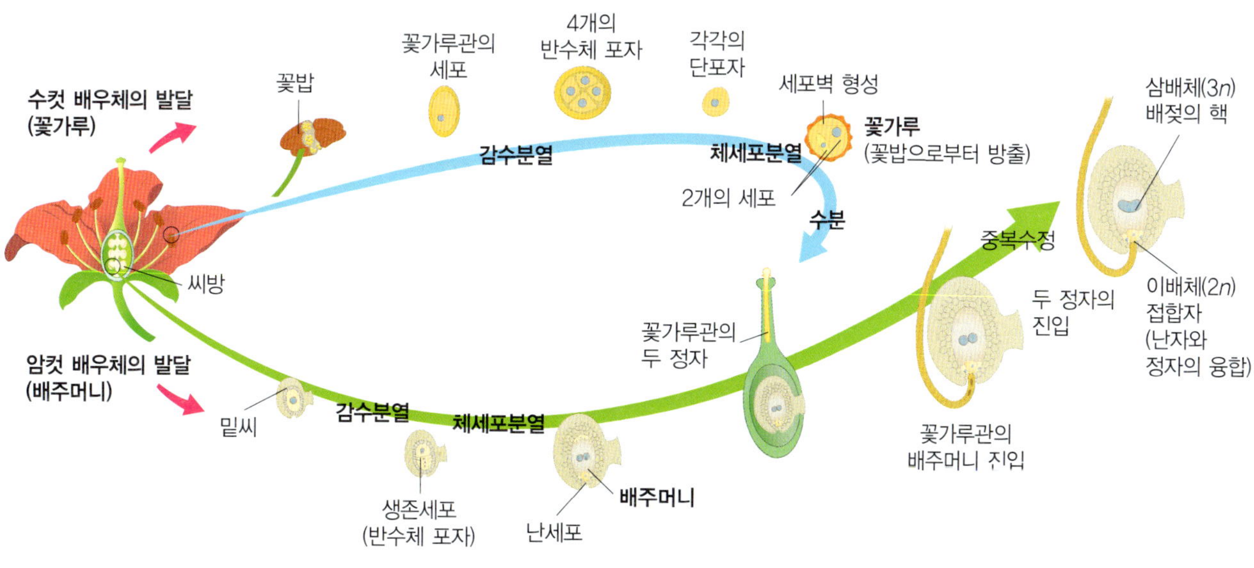

그림 33.2 속씨식물의 배우체 형성과 수정

- 종자는 **휴면** 상태를 유지하다가 발아에 알맞은 환경조건이 제공되면 발아하게 된다.
- 진정쌍떡잎식물의 종자는 **상배축** 또는 **하배축**과 **어린뿌리**를 지닌다.
- 외떡잎식물의 종자는 **배반**과 **자엽초**, **근초** 등을 지닌다.

● **열매**는 종자를 보호하고 바람 또는 동물에 의한 전파 과정을 돕는다.

- 열매의 발생기원에 따라 **단과**(완두, 레몬 등), **집합과**(산딸기, 딸기 등), **복합과**(파인애플, 무화과 등)로 나눌 수 있다. 단과는 하나 또는 여러 합쳐진 암술, 집합과는 하나 이상의 분리된 암술, 복합과는 여러 꽃의 집합으로부터 발생된다.
- 씨방이 아닌 꽃 부위가 발생하여 열매를 형성할 수 있고 이를 **부과**(사과, 딸기)라 한다.
- 열매와 종자는 바람이나 물 등에 의해서 퍼져나갈 수 있는데, 동물에 먹히거나 부착되어 운반될 수도 있다.

33.2 꽃을 피우는 식물의 일부는 무성생식도 할 수 있다

● 무성생식은 부모 식물체의 일부가 잘려나가거나 막눈이 발생되어 일어난다.

- 분절생식, 막눈을 이용한 생식, 무수정생식, 영양생식 등으로 무성생식을 수행한다.
- 무성생식은 클론이 성공적으로 퍼지게 하는 반면, 유성생식은 유전적 변이를 만들어 진화적 적응에 기여한다.

● 식물들은 자가수분을 막는 방법을 지니고 있다.

- 식물종에 따라 암수딴몸, 암술과 수술의 성숙시기 차별화 등의 방법을 사용한다.
- 일부 식물은 암술머리에서 자신의 대립유전자와 일치하는 S-유전자를 지닌 꽃가루를 거부하는 자가불화합성을 띤다.
- 자신이 만든 꽃가루를 인식하면 신호전달 과정을 통해 꽃가루관의 생장을 억제하도록 한다.

● 영양번식 방법은 농업에 이용할 수 있다.

- 고대로부터 꺾꽂이나 접목으로 식물을 번식시켜 왔다.
- 세포분열 능력이 있는 미분화 상태의 세포덩어리인 **캘러스**로부터 온전한 식물개체를 만들 수 있다.
- 유전자 조작 된 **형질전환식물**이나 **원형질체 융합**을 통해 원하는 형질을 지닌 식물을 얻을 수 있다.

33.3 작물은 인간에 의해 개량되어 왔다

- 인간은 육종을 통해 원하는 형질을 지닌 식물을 만들어왔다.
  - ▶ 이종 식물끼리의 교배는 자연 속에서도 흔한 일이고 이 현상은 사람들이 육종을 하게 된 근거이다.
  - ▶ 인간은 육종을 통해 원하는 유전자를 도입하는 결과를 낳았다.
  - ▶ 많은 시도 결과 성공적으로 육종된 형질이 인공적으로 선택되는 일이 지속되어 왔다.
- 생명공학의 발전으로 계획적인 유전자 도입이 가능해졌다.
  - ▶ 원하는 형질을 나타내는 유전자를 계획적으로 식물에 도입할 수 있게 되었다.
  - ▶ 이렇게 형성된 형질변형식물은 식량의 질적, 양적 개선에 도움을 줄 수 있다.
- 형질변형식물에 대한 논의는 계속되고 있다.
  - ▶ 안전성에 대한 과학적인 논의는 지속되어야 한다.
  - ▶ 잠재적 유용성에 대한 고려도 지속되어야 한다.

그림 33.3 시험관에서의 식물 복제

한 토막 생물 뉴스

애기장대

식물을 재생시키거나 발생 과정을 연구하기 위해 식물체의 일부를 잘라 배양하는 실험은 꽤 오래전부터 수행되어 왔다. 어떤 식물을 주로 사용하였을까? 양분, 온도, 빛, 습도 등 일정한 배양 조건에서 비교적 빠르고 크게 자라는 식물들이다. 그리고 배양이 까다롭지 않는 식물들이다. 예를 들어 당근, 담배 등이 잘 사용되어왔다. 그런데 식물의 생식과 발생에 대한 본격적인 연구가 수행되면서 이러한 점 외에 많은 면에서 유용한 식물을 찾게 되었다. 발아에서 열매를 맺기까지의 시간이 짧고 한 개체로부터 얻을 수 있는 자손의 수가 많으며 교배를 쉽게 수행할 수 있는 식물, 더 나아가 유전자 조작이 용이하면 연구에 유리할 것이다. 이러한 조건은 동물의 경우도 마찬가지다. 동물의 초파리, 예쁜꼬마선충, 지브라피쉬, 생쥐들이 이런 조건을 만족시키는데 식물의 경우는 애기장대(*Arabidopsis thaliana*)이다. 더구나 애기장대는 비교적 적은 수인 5쌍의 염색체를 가지고 있고, 28,000개의 유전자에 대한 연구도 상당히 진행되었다. TAIR(The Arabidopsis Information Resource)에서 이러한 연구 성과에 대한 많은 정보를 얻을 수 있다.

34 식물의 반응과 환경

식물의 행동(?)

동물의 경우를 생각해 보자. 개를 톡톡 치면 물리적 충격이 크지 않기 때문에 개는 물끄러미 바라보거나 약간의 움직임으로 반응을 나타낼 것이다. 햇볕이 강하면 어떨까? 너무 강하면 피해서 그늘로 가면 된다. 반대로 추운 곳에 있던 동물은 햇볕을 쬐러 움직일 것이다. 이렇게 특정 자극에 대한 동물의 반응은 감각기관, 신경계, 근육골격계 등이 작용하여 행동으로 표현된다. 왜 당연하게 보이는 일들을 예시로 설명하고 있을까? '행동'이라 할 수 있을 정도의 움직임이 없는 식물에게 이런 반응은 예사롭지 않기 때문이다. 예를 들어 식물을 하루에 두세 번씩 톡톡 치기를 일주일 동안이라도 반복하면 식물은 두터워지고 길이신장이 멈춘다. 즉 외형이 달라진다. 빛을 주면? 대부분의 식물은 빛이 있는 방향으로 자란다. 즉 구부러진다. 접촉에 대한 반응처럼 역시 몸체의 모양이 바뀐다. 이러한 현상은 중력에 대한 반응에도 예외가 아니다. 요컨대 식물은 자신의 몸 모양을 바꾸는 '발생' 과정을 거쳐 외부자극에 반응을 하게 된다. 따라서 굴촉성, 굴광성, 굴중성 등은 발생의 한 과정으로 간주된다.

핵심 체크 Key Point

아래에 열거된 개념 또는 용어들을 '문제'라고 가정하고 답을 작성해 보자.

식물의 신호전달경로

■ 발아를 일으키는 내부 요인과 외부 환경은 무엇일까?

식물이 인지할 수 있는 신호의 종류 설명

34.1 개념을 이해했다면?
식물의 경우, 동물에서 볼 수 없는 황화현상이 지니는 의미를 설명해 보자.

■ 황화현상(etiolation)이란?

✔ 탈황화(de-etiolation) 현상의 정의 = 녹화(greening)

✔ 탈황화 현상의 여러 특징

빛 신호에 대한 식물의 반응이 일어나기까지의 3단계 설명(reception, transduction, response)

✔ 인지 과정에 관여하는 수용체는?

✔ 전달 과정에서 기능하는 2차 전달자(second messenger)의 종류와 관여 단백질의 변화

✔ 다양한 반응의 종류를 전사조절과 단백질의 번역 후 변형 과정으로 나누어 설명

식물호르몬의 종류와 기능

■ 식물호르몬이 관여하는 식물의 특징

호르몬(hormones)의 정의 설명(2가지)

식물호르몬의 발견 과정 설명

✔ 굴성(tropism)이란?, 굴광성(phototropism)이란?

✔ 다윈부자의 실험, 보이센옌센(Boysen-Jensen)의 실험, 프리츠 벤트(Frits Went)의 실험 등의 과정과 의미

34.2 개념을 이해했다면?
만약 귀리의 자엽초가 아닌 녹두의 하배축을 실험재료로 사용하였다면 옥신이 발견되었을까?

■ 옥신(auxins)의 합성과 기능

✔ 합성 장소, 자연에 존재하는 옥신과 합성 옥신

✔ 옥신만이 나타내는 수송경로의 특징

산성생장설(acid growth hypothesis)과 익스팬신(expansin)의 기능 설명

✔ 제초제로 옥신이 사용되는 이유와 사용되는 옥신의 종류

✔ 옥신의 다양한 기능

■ 시토키닌(cytokinins)의 합성과 기능

✔ 발견 과정

✔ 주요 기능

세포분열과 분화, 정단우성(apical dominance) 등의 과정에서 옥신과의 상호작용

✔ 시토키닌의 다양한 기능

■ 지베렐린(gibberellins)의 합성과 기능

✔ 합성 장소와 천연 지베렐린의 종류

✔ 줄기 신장 과정에서 옥신과의 상호작용 메커니즘

발아를 촉진하는 과정에서 지베렐린의 역할 설명

✔ 지베렐린의 다양한 기능

■ 브라시노스테로이드(brassinosteroids)의 합성과 다양한 기능

■ 앱시스산(abscisic acid)의 합성과 기능

✔ 합성 장소

✔ 종자의 발아와 휴면에서 지베렐린과의 상호작용

✔ 앱시스산의 다양한 기능

■ 에틸렌(ethylene)의 합성과 기능

✔ 호르몬으로서 에틸렌만의 특징

에틸렌에 의한 3중 반응(triple response)의 정의

- ✔ 3중 반응 돌연변이를 이용한 에틸렌 신호전달 과정을 밝히는 실험 과정
- ✔ 아폽토시스(apoptosis, 세포자살)의 정의와 에틸렌의 역할
- ✔ 에틸렌의 다양한 특징

- ■ 옥신, 지베렐린, 시토키닌, 브라시노스테로이드, 앱시스산, 에틸렌 등 외에도 새로운 호르몬으로 간주될 수 있는 식물생장물질로는 무엇이 있을까?

34.3 개념을 이해했다면?
한 가지의 생리 현상에 두 가지 이상의 호르몬이 관여한 예를 들어 설명해 보자.

빛에 대한 식물의 반응

- ■ 광형태형성(photomorphogenesis)의 정의
  - ✔ 작용스펙트럼(action spectrum)의 정의와 특정 광수용체 판별에 사용되는 방식
- ■ 청색광 광수용체의 종류
  - ✔ 크립토크롬(cryptochrome)의 관여하는 생리 과정
  - ✔ 포토트로핀(phototropin)이 관여하는 생리 과정
  - ✔ 제아크산틴(zeaxanthin)이 관여하는 생리 과정
- ■ 광수용체로서의 피토크롬(phytochrome)
  - ✔ 상추 씨의 발아를 통해 피토크롬을 발견하게 된 실험

34.4 개념을 이해했다면?
특정 광수용체를 찾아내기 위해 작용스펙트럼과 흡수스펙트럼을 함께 관찰하는 이유를 살펴보자.

흡수하는 빛의 파장에 따른 피토크롬의 두 가지 형태와 생성, 분해되는 형태 설명

- ✔ 음지회피(shade avoidance)반응의 정의, 이 반응이 일어나는 조건과 피토크롬 상태의 관련성
- ■ 생체주기와 일주기성 리듬

일주기성 리듬(circadian rhythm)의 정의와 예

34.5 개념을 이해했다면?
피토크롬이 일주기성 리듬을 24시간으로 조정할 수 있는 방식을 설명해 보자.

- ✔ 생체시계(biological clock)의 정체와 이를 발견한 실험
- ■ 광주기성(photoperiodism)과 계절에 대한 반응
  - ✔ 광주기성의 정의와 개화조절

34.6 개념을 이해했다면?
광주기성에 낮길이가 아닌 밤길이가 결정적임을 보여주는 실험을 설명해 보자.

- ✔ 장일식물(long-day plants), 단일식물(short-day plants), 중일식물(day-neutral plants) 등의 정의
- ✔ 광주기성 조절에 피토크롬이 관여하는 방식
- ✔ 춘화처리(vernalization)의 정의
- ✔ 화성소(florigen)의 정의와 정체

다양한 자극에 대한 반응

- 중력에 대한 반응

굴중성(gravitropism)의 정의, 의미, 메커니즘 설명

- ✔ 양성굴중성과 음성굴중성
- ✔ 평형석(statolith)의 정체와 역할

34.7 개념을 이해했다면?
굴중성이 일어나는 과정을 중력 자극인지(gravireception), 전달, 반응의 단계로 나누어 설명해 보자.

- 기계적인 자극에 대한 반응
- ✔ 접촉형태형성(thigmomorphogenesis)의 정의와 예
- ✔ 굴촉성(thigmotropism)의 정의와 예
- ✔ 활동전위(action potential)의 정의와 접촉에 의해 활동전위가 형성되어 다른 부위로 이동하는 예

가뭄에 대한 반응 메커니즘의 핵심 설명

- 침수에 대응해 식물이 나타내는 반응 메커니즘
- 염류 스트레스에 대한 식물의 반응 메커니즘
- 고온 스트레스에 대한 식물의 반응 메커니즘과 열충격단백질(heat-shock proteins)의 기능
- 저온 스트레스에 대한 식물의 반응 메커니즘

식물의 방어

식물의 물리적 방어와 화학적 방어의 예

- ✔ 식물을 공격하는 생물의 종류
- ✔ 초식동물에 대한 방어에서 휘발성 물질의 역할과 해당 예
- ✔ 세균에 대한 식물의 방어체계

■ 병원균에 대한 반응

유전자-유전자 인식(gene-for-gene recognition)에 의한 방어 메커니즘 설명

- ✔ 식물과 세균 유전자 사이에 가능한 4가지 조합과 발병 가능성 설명
- ✔ 병원균의 종류: 병원성(virulent; 식물이 방어 메커니즘을 갖고 있지 않은 병원균) vs. 비병원성(avirulent)
- ✔ *Avr* 유전자와 *R* 유전자의 정의

과민반응(hypersensitive response, HR) 과정 설명

- ✔ 엘리시터(elicitor)의 정의와 종류
- ✔ 올리고당(oligosaccharine)의 생성 과정과 역할
- ✔ 피토알렉신(phytoalexin)의 정의와 예
- ✔ PR 단백질(pathogenesis-related proteins)의 역할

전신성 획득저항(systemic acquired resistance, SAR) 과정 설명

34.8 개념을 이해했다면?
병원균이 식물에 침투하여 유발한 과민반응에서 전신성 획득저항까지 일어나는 과정을 기술해 보자.

- ✔ 살리실산(salicylic acid)의 구조와 역할

Key Information 주요내용

34.1 식물은 내부 요인과 외부 환경 요인을 신호로 인지하여 생장 또는 발달 반응을 유도한다

- 식물의 생장과 발달은 식물체 내의 세포 위치와 같은 **내부 요인**과 낮의 길이변화와 같은 **환경 요인**에 의해 영향을 받는다.
  - ▶ 싹이 터져 나오는 과정인 **발아**의 경우, 내부 요인으로는 호르몬 내생량이 변화했는지, 종자가 성숙한 배를 가지고 있는지, 발아를 억제하는 화학적 저해제가 있는지, 혹은 단단하고 두꺼운 종자껍질을 가지고 있는지 여부 등이 있다.
  - ▶ 발아에 필요한 환경 요인으로는 산소, 물, 온도 그리고 빛 등이다.
- 신호전달경로는 내부 요인과 환경 요인을 신호로 **인지**하여 반응으로 연결한다.
  - ▶ 예를 들어 식물이 빛이 없는 환경에서 생장하는 황화 상태에서 탈황화할 때 빛을 신호로 인지한다. 신호는 특정 자극에 반응하는 단백질 수용체에 의해 인지된다.
  - ▶ 칼슘이나 cGMP 등 2차 신호전달자는 수용체로부터 특정 반응을 유발하는 단백질까지 신호를 **전달**하고 증폭한다.
  - ▶ 일반적으로 자극에 대한 반응으로 특정 효소들을 암호화하고 있는 유전자가 전사됨으로써 그 효소의 활성이 나타나게 되거나(**전사조절**) 이미 존재하고 있는 효소들이 활성화된다(**번역 후 변형**).
  - ▶ 빛, 중력, 접촉, 수분, 염류, 온도 등 비생물학적 요소와 포식자, 공생생물 등 생물학적 요소들도 신호로 인지될 수 있다.

34.2 식물호르몬은 식물의 광범위한 생리학적, 발생학적 과정에 관여한다

- 호르몬은 한 개체의 여러 부분을 통합적으로 조절하는 화학신호물질로 모든 다세포 생물이 갖고 있다.
  - ▶ 호르몬은 생물체의 한 부분에서 합성되어 다른 부분으로 이동하고, 그곳에서 특정 수용체와 결합하여 표적세포 조직에서 반응을 유발하는 물질이다.
  - ▶ 호르몬은 매우 낮은 농도에서 충분한 생리학적, 발생학적 효과를 나타낸다.
- 식물호르몬은 굴광성을 통해 발견되었다.
  - ▶ 자극쪽으로 향하거나 또는 반대방향으로 전체 식물의 기관 등이 굽게 되는 생장반응을 **굴성**이라 하고 빛에 대한 굴성을 **굴광성**이라 한다.
  - ▶ 귀리 자엽초의 굴광성을 관찰하는 과정에서 빛을 인식하는 부위에서 생장이 일어나는 부위로 생장을 촉진하는 물질이 이동하는 현상을 발견하였고, 최초의 식물호르몬인 옥신을 발견하였다.

▶ 현재까지 발견된 식물호르몬은 옥신, 시토키닌, 지베렐린, 브라시노스테로이드, 앱시스산, 에틸렌 등이다.

● 옥신은 정단분열조직에서 합성되며 주로 세포 신장을 촉신한다.

▶ 정단에서 합성된 옥신은 세포를 통해 극성 이동을 한다.

▶ 옥신은 산을 세포벽으로 수송하여 **익스팬신**을 활성화시킴으로써 세포의 신장을 유도한다. 이를 산성생장설이라 한다.

▶ 인공으로 합성된 옥신 중 일부(2, 4-D, 2, 3, 5-T)는 식물의 생장을 무분별하게 촉진시키는 기능 때문에 제초제로 사용되기도 한다.

▶ 옥신은 곁뿌리와 막뿌리의 형성을 촉진한다.

▶ 옥신은 1기생장을 촉진하고 2기생장을 조절한다.

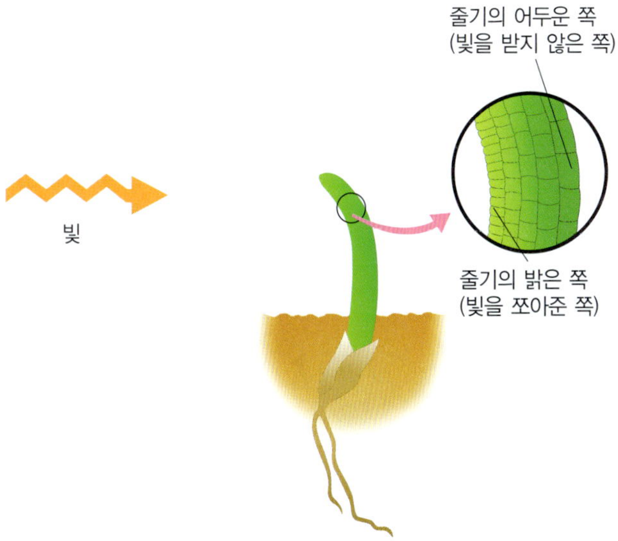

그림 34.1 어린 초본외떡잎식물의 굴광성

● **시토키닌**은 식물세포의 생장과 발달을 유도한다.

▶ 뿌리나 열매 등 활발히 생장하는 조직에서 합성된다.

▶ 옥신과 함께 세포분열과 분화를 조절한다.

▶ 옥신과 함께 정단 우성을 조절한다.

▶ 노화를 억제한다.

● **지베렐린**은 줄기의 길이 생장을 유도한다.

▶ 뿌리와 어린 잎에서 합성되며 잎과 줄기의 생장을 촉진한다. 줄기 신장의 경우, 옥신과 함께 관여한다.

▶ 과일의 생장을 유도한다.

▶ 녹말분해효소를 유도하여 발아를 촉진시킨다.

● **브라시노스테로이드**는 동물의 성호르몬과 화학구조상 유사하며 매우 낮은 농노에서 식물의 줄기나 유식물의 세포신장과 분열을 유도한다.

● **앱시스산**은 생장을 억제하는 역할을 한다.

▶ 종자의 휴면을 유지하여 지베렐린의 기능과는 반대의 효과를 나타낸다.

▶ 수분 부족에 대응하는 식물의 반응을 유도한다.

● **에틸렌**은 기체 호르몬으로서 옥신에 의해 합성이 증가하며 생장을 억제하는 데에 주로 관여한다.

▶ 기계적 자극에 대해 길이생장 억제, 두께생장 촉신, 수평생장 등 3중 빈응(triplc response)을 유도한다.

▶ **아폽토시스**에 관여하여 결과적으로 특정 기관 또는 개체 전체의 **노화**를 유도한다.

▶ 옥신에 의해 합성이 증가한 에틸렌이 잎의 탈리를 유도한다.

- ▶ 과일의 성숙을 촉진한다.
- 식물호르몬의 후보 분자들이 제안되었다.
  - ▶ 폴리펩티드인 시스테민(cystemin)은 단백질분해효소 저해제를 생성한다. 이 단백질 저해제는 이들을 흡수한 동물의 소화를 방해한다.
  - ▶ 올리고당은 세포벽 탄수화물의 일부분인 당분자 사슬인데, 이 사슬은 짧고 분지되어 있다. 이들은 개화를 억제하고 영양생장을 자극하며 막 수용체에 결합하여 유전자의 발현에 영향을 미친다.
  - ▶ 자스모네이트는 꽃가루의 발달, 뿌리생장, 과실의 성숙, 그리고 노화와 같은 여러 가지 과정에 영향을 미친다. 이 물질은 해충과 병을 유발하는 생물체가 있을 때 식물에서 생산된다.
- 식물호르몬은 두 가지 이상이 조합을 이루어 한 가지의 생리 현상에 관여하는 경우가 많다.
  - ▶ 호르몬의 상호작용과 이들의 신호전달 과정의 상호작용으로 인해 유전자 조작이 식물에 어떠한 영향을 미칠 것인가를 예측하기는 쉽지 않다.
  - ▶ 시스템생물학은 여러 호르몬에 의해 조절되는 식물의 기능을 모형화하여 식물을 폭넓게 이해하고자 한다.

한 토막 생물 뉴스

발아시기의 조절

식물은 움직이지 못한다. 따라서 살아 있는 동안 식물은 다양한 환경요인에 적절히 반응해야 한다. 발아도 마찬가지다. 예를 들어 수분이 충분하지 않은 조건에서 발아한다면 그 개체를 기다라는 것은 죽음뿐이다. 사막에 사는 식물들의 경우, 종자가 성숙하는 동안 매우 늘어난 앱시스산을 완전히 씻어내 제거할 정도의 폭우가 와야 발아가 일어날 수 있다. 호르몬 농도의 조절을 비롯한 발아 조절에 관련한 장치가 있음으로 인해 아프리카의 크리넘 백합을 비롯한 많은 식물들은 단순한 폭우와 진정한 우기를 구별하여 발아를 할 수 있게 된 것이다. 이러한 능력으로 인해 몇 년을 기다리더라고 적당한 조건이 주어지지 않으면 식물은 발아하지 않을 수 있다. 그래서 열대지방과 온대지방의 토양에는 발아를 기다리는 많은 수의 종자들이 묻혀 있다. 이런 능력 덕택에 6,500만 년 전 공룡이 멸종하는 환경의 변화에도 종자식물이 살아남을 수 있었던 것이다.

34.3 식물에게 빛에 대한 반응은 매우 중요하다

- 식물은 빛에 대응하여 형태를 조절하는 **광형태형성**을 한다.
  - ▶ **작용스펙트럼** 관찰을 통해, 특정 반응을 유발하는 과정에서 다양한 파장의 빛이 나타내는 상대적인 효과를 알 수 있다.
  - ▶ 청색광에 의한 하배축 신장억제, 굴광성, 기공개폐 조절 등에 각각 크립토크롬, 포토트로핀, 제아크산틴 등이 광수용체로 작용한다.

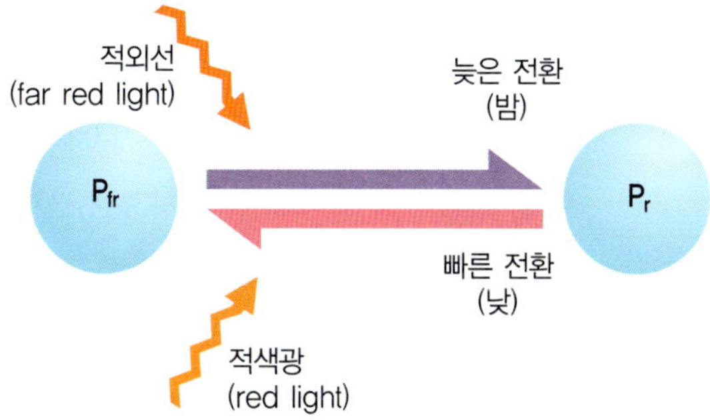

그림 34.2 두 가지 형태의 피토크롬 간의 상호전환

- 피토크롬은 다양한 기능에 관여하는 광수용체이다.
  - ▶ 상추의 종자 발아 실험을 통해 P_r 형태가 적색광을 흡수하면 P_{fr} 형태로 전환되고 이 P_{fr} 형태가 적외선을 흡수하면 P_r 형태로 전환됨이 알려졌다.
  - ▶ 피토크롬은 P_r 형태로 합성되고 주로 P_{fr} 형태에서 분해된다.
  - ▶ 음지에서는 적외선이 상대적으로 많아지는데, 이 조건에서는 Pr의 비율이 커져 줄기의 신장이 촉진되는 음지회피현상이 일어나게 된다.
- 피토크롬은 생체주기와 일주기성 리듬 조절에 관여한다.
  - ▶ **일주기성 리듬**이란 약 24시간의 주기로 반복되는 것으로 콩과식물 잎의 수면운동, 기공개폐, 광합성 관련 효소들의 합성량 변화 등이 해당한다.
  - ▶ 빛이 되어 다른 외부요인에 의해서는 직접적으로 주기가 조절되지 않는다.
  - ▶ 피토크롬이 빛 신호를 인식하여 생체시계를 조절한다. 그 결과 정확히 일주기성 리듬을 24시간 주기로 고정한다. 즉, 피토크롬의 전환은 일출과 일몰을 인지하여 생체시계에 외부의 시각을 알려준다.
- 광주기성과 계절에 대한 반응
  - ▶ 여러 식물에서 개화를 포함한 일부 발달 과정에는 특정 광주기가 필요하다. 이를 **광주기성**이라 한다.
  - ▶ 개화에 필요한 빛이 필요한 정도에 따라 장일식물, 단일식물, 중일식물로 나뉜다.
  - ▶ 개화에는 밤길이의 임계점이 있는데, 단일식물의 경우 최대한의 밤길이, 장일식물의 경우는 최소한의 밤길이가 제공되어야 꽃이 핀다.
  - ▶ 개화를 유도하기 위해 미리 저온처리를 하는 춘화처리가 필요한 식물도 있다.
  - ▶ 화성소(florigens)로 알려진 개화신호물질은 아직 잘 밝혀져 있지 않다.

34.4 식물은 중력, 접촉 등 다양한 환경 자극에 대해 반응한다

- **중력**에 대한 반응을 **굴중성**이라고 한다.
  - ▶ 뿌리는 양성굴중성을 보이고, 줄기는 음성굴중성을 보인다.
  - ▶ **평형석**은 밀도가 높은 녹말 덩어리가 특수화된 색소체이다. 이들이 세포의 중력방향으로 가라앉는 것을 통해 식물은 중력을 인지한다고 알려졌다.
- **접촉**에 대한 생장반응을 **굴촉성**이라고 한다.
  - ▶ **접촉형태형성** 과정을 통해 기계적인 자극에 대응하여 형태적인 변화가 유발된다.

- ▶ 형태적인 변화를 유발하는 신속한 잎의 반응은 활동전위라는 **전기자극**의 전달에 기인한다.
- 가뭄 때 식물은 수분 부족에 대한 반응으로 증산작용을 줄인다.
- 침수 시 효소로 세포들을 분해함으로써 기관(air tube)을 형성하여 필요한 산소를 공급한다.
- 염류가 많은 스트레스 조건 하에서 식물은 자신에게 해가 되지 않는 용질을 많이 만들어 세포의 수분포텐셜을 토양 속 수분포텐셜보다 낮게 유지한다. 그 결과, 식물은 물을 잃지 않게 된다.
- **열충격단백질**은 식물이 고온 스트레스를 받아도 생존할 수 있게 해준다.
- 식물이 저온 스트레스를 받으면 생존을 위해 세포막의 지질 구성을 변화시킨다.

34.5 식물은 고유의 메커니즘으로 포식자와 병원균에 대응하여 반응한다

- 식물의 방어에는 가시와 같은 형태적 적응을 통한 **물리적 방어**와 고약한 맛이나 독성 물질 혹은 포식자인 초식동물을 잡아먹는 동물을 유인하는 휘발성 물질 발산 등의 **화학적 방어**가 있다.
- 병원균에 대한 반응은 **유전자-유전자 인식**의 방식으로 일어난다.
  - ▶ 병원균은 보유유전자에 따라 병원성과 비병원성으로 나눌 수 있다.
  - ▶ 병원균이 숙주식물의 특정 *R* 유전자와 맞는 특정 *Avr* 유전자를 가지고 있다면 이

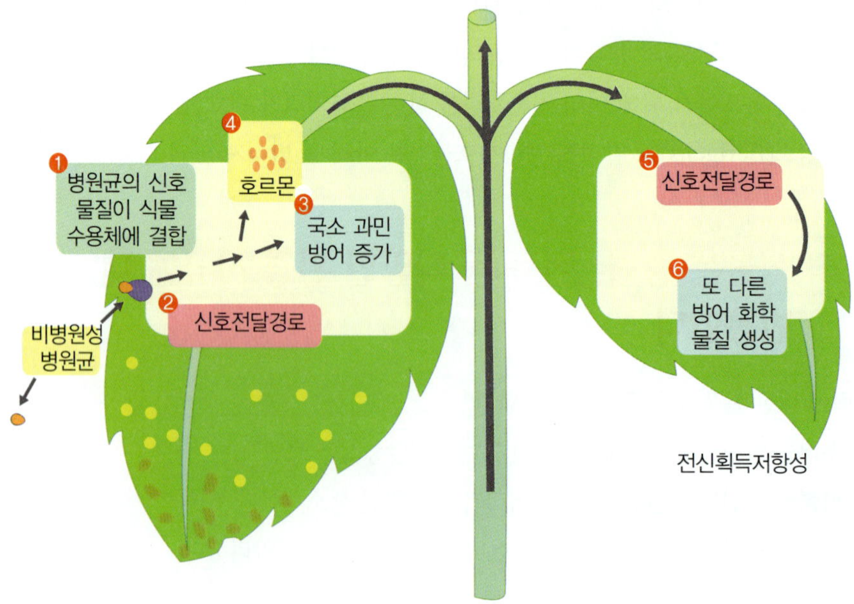

그림 34.3 비병원성 병원균에 대한 식물의 방어반응: 번호는 해당과정이 일어나는 순서임

병원균은 **비병원성**이다.

▶ 비병원성 균에 대한 국소적인 **과민반응**으로 인해 감염된 부위가 봉쇄됨에 따라 병원균과 감염된 부위의 세포가 줄게 된다. 이 과정에서 식물은 광범위한 형태의 숙주방어반응을 유도하는 분자인 엘리시터를 분비한다.

▶ 과민반응 결과, 합성된 살리실산은 감염된 부위에서 떨어져 있는 기관에서의 **전신성 획득저항성**을 유도한다.

- 과민반응이란 병원균이 *R-Avr* 인지에 의해 생겨나는 지역적인 방어반응으로서(이를 비병원성 반응이라고 함) 매우 강력하게 일어나는 현상이다.

▶ 올리고당은 세포벽이 파괴되어 분비되는 셀룰로오스 조각에서 유래하여 중요한 엘리시터 중의 하나로서 작용한다.

▶ 피토알렉신은 엘리시터에 의해서 촉진되는 항균물질로 방어과정에 관여한다.

▶ PR 단백질은 과민반응에 의해 유도되는 병저항성 관련 단백질이다.

- 전신성 획득저항성은 감염된 부위에서 분비되는 살리실산이 몸 전체에 퍼져 피토알렉신과 PR단백질의 합성을 유도하는 반응이다.

▶ 살리실산은 세포의 수용체에 결합하여 감염에 대항하고 상처 부위를 치유하는 유전자를 활성화시킨다.

▶ 살리실산의 휘발성 형태인 메틸살리실산은 바이러스에 감염된 식물이 공기 중으로 방출하는 화학물질로 정상적인 식물들을 보호하게 된다.

한 토막 생물 뉴스

식물의 화학적 방어

Tannin, terpene계 물질 등은 초식동물에게 치명적이다. 이런 류의 물질은 디기탈리스, 버드나무, 다양한 허브식물, 한방 약초 등에서 발견된다. 식물들은 초식동물로부터 자신을 방어하는 진화 과정을 거치면서 이러한 다양한 화학물질을 지니게 되었다. 고추는 약간 다르다. 인간이 고추를 섭취하는 이점은 비타민 C를 얻을 수도 있지만 매운 맛을 내는 물질로 기생충에 치명타를 가할 수 있다는 것이다. 그런데 식물이 코카인이나 모르핀을 만드는 것도 방어를 위해서인가? 식물이 쓸데없는 물질을 만드는 데에 에너지를 소모했다면 자연선택에 의해 제거되었을 것임을 상기한다면 뭔가 쓰임새가 있었을 것이다. 코카인이나 모르핀을 섭취한 척추동물은 뇌에 영향을 받아 반사행동이 느려지거나 인지능력이 둔화될 수 있다. 이로 인해 이 동물들은 대단히 위험에 처해지고 학습에 의해서든 유전자에 의해서든 이런 식물들은 먹지 않게 될 것이다. 식물에게는 아주 효과적인 방어 방법이 될 수 있다. 식물이 이런 대응을 할 필요가 없다면 환각을 유발하는 방어물질을 만들지 않았을 것이다. 비교적 최근에야 인간이 포유류를 동반해 들어갔던 뉴질랜드에서는 과거에는 환각에 빠진 동물을 먹는 포식자(포유류)가 없어서인지 이런 종류의 화학물질을 지닌 식물이 발견되지 않았다.

35 동물의 구조와 기능적 특징

동물의 구조나 형태는 환경과 관련을 맺고 진화해 왔다

우리 주변에 있는 동물들을 보면 환경 조건에 적응하여 몸 구조가 진화해 온 것을 알 수 있다. 수족관에 사는 물고기의 유선형 몸 구조나 사자와 같은 육식 동물의 고기를 씹을 수 있는 날카로운 송곳니 등 그 예는 어디서나 찾을 수 있다. 이런 예 중에 하나를 더 살펴보자. 오리너구리는 포유류이다. 그러나 조류나 파충류처럼 알을 낳는다. 그래서 원시적인 포유류로 간주하기도 한다. 그 '원시적 구조(?)'에는 독특한 구조인 부리도 해당한다. 사실 이 부리는 오리너구리에게 매우 중요하다. 우리 뇌에서 손에 대한 중추의 비중이 가장 크듯이 오리너구리의 뇌에서 부리의 중추 비중이 가장 크다. 이 우스운 구조는 각질이 아닌 고무질로 조기경보기처럼 오리너구리가 레이더로 사용해 하천 바닥의 진흙 속에 있는 갑각류와 곤충유생 등을 사냥한다. 이런 방식으로 먹이를 얻는 주걱철갑상어나 일부 어류도 비슷한 감지 기구를 지닌다. 물속이라는 환경에서 먹이를 찾기 위해 이들은 비슷한 '육감(sixth sense)' 기구를 진화시킨 것이다.

핵심 체크 Key Point

아래에 열거된 개념 또는 용어들을 '문제'라고 가정하고 답을 작성해 보자.

35.1 개념을 이해했다면?
6 m 키의 공룡인 티라노사우루스 렉스가 빨리 달리지만 자동차처럼 빨리 달릴 수 없는 이유를 설명해 보자.

환경과 동물의 구조와 기능

- 해부학(anatomy)과 생리학(physiology)이 다루는 영역과 내용
  - ✔ 바다사자, 참치, 펭귄이 모두 유선형의 몸을 지니는 이유
  - ✔ 모든 날개의 모양이 비슷한 이유
  - ✔ 동물이 내골격, 곤충이 외골격을 지니는 이유

동물이 적절한 표면/부피의 비를 유지해야 하는 이유와 해당 예

✔ 히드라의 몸체가 두 층의 세포로 구성되어 있기 때문에 생기는 이점

몸체 설계의 조직화 수준(조직, 기관, 기관계)에 따른 다양한 기능

■ 몸체 구성의 수준

✔ 조직(tissue), 기관(organ), 기관계(organ system)

■ 세포와 세포를 결합시켜 조직 형성에 기여하는 연접 단백질의 3가지 유형

✔ 고착연접(anchoring junction)의 구조와 기능

✔ 밀착연접(tight junction)의 구조와 기능

✔ 간극연접(gap junction)의 구조와 기능

■ 동물의 4가지 기본조직?

상피조직(epithelial tissue)의 구조와 기능

✔ 샘상피조직(glandular epithelium)의 종류와 기능

✔ 점막(mucous membrane)의 구조와 기능

✔ 단층상피(simple epithelium와 다층상피(stratified epithelium)의 구조적 차이점과 각각 에 해당하는 예

✔ 입방형(cuboidal), 원주형(columnar), 편평형(squamous) 상피의 구조적 차이점과 각각 에 해당하는 예

결합조직(connective tissue)의 구조와 기능

35.2 개념을 이해했다면?
결합조직의 대표적인 6가지 조직의 기능과 예를 그림을 그려 설명해 보자.

✔ 결합조직을 구성하는 3가지 섬유의 구조와 기능: 아교질섬유(collagenous fiber), 탄력성 섬유(elastic fiber), 세망섬유(reticular fiber)

✔ 결합조직에서 발견되는 2가지 세포의 특징: 섬유아세포(fibroblast), 대식세포(macrophage)

✔ 힘줄(tendon)과 인대(ligament)를 구성하는 결합조직?

근육조직(muscle tissue)의 구조와 기능

✓ 골격근(skeletal muscle)의 구조와 기능

✓ 심장근(cardiac muscle)의 구조와 기능

✓ 평활근(smooth muscle)의 구조와 기능

신경조직 (nervous tissue)의 구조와 기능

✓ 뉴런(neuron)과 신경아세포(glia)의 구조와 기능

35.3 개념을 이해했다면?
자주 웃으면 면역력이 강해진다. 11가지 기관계 중 어떤 것들이 관여할지 기술해 보자.

- 기관과 기관계의 위치: 장간막(mesentery), 흉강(thoracic cavity), 복강(abdominal cavity) 등의 정의
- 포유류 몸을 구성하는 11가지 기관계 각각의 구성요소와 주요 기능

생물에너지학

- 생물에너지학(bioenergetics)의 연구 주제

✓ 에너지원과 에너지 할당

✓ 물질대사율(metabolic rate)의 정의와 측정 방법

내온성(endothermic)과 외온성(ectothermic) 동물의 정의와 비교

- 물질대사율에 영향을 미치는 요인

✓ 물질대사율 측정 방법

✓ 몸크기와 물질대사율의 관계

✓ 기초대사율(basal metabolic rate, BMR)의 정의와 적용 대상 동물

✓ 표준대사율(standard metabolic rate, SMR)의 정의와 적용 대상 동물

- 에너지 수지(energy budget)의 정의와 적용 예
  - ✔ 작은 크기의 동물과 큰 크기의 동물이 열조절에 사용하는 에너지량 비교

35.4 개념을 이해했다면?
약 4 kg 무게의 펭귄(내온동물)과 비단뱀(외온동물)의 에너지 소비량과 소비 용도를 비교해 보자.

항상성

- 항상성(homeostasis)의 정의
- 항상성 유지를 위한 세포사이액(interstitial fluid)의 역할

조절과 순응의 차이

- ✔ 조절자(regulator)의 정의와 해당 동물
- ✔ 순응자(conformer)의 정의와 해당 동물

항상성 관련 두 가지 메커니즘

35.5 개념을 이해했다면?
체온이 일정하게 유지되는 과정을 설명해 보자.

- ✔ 양성되먹임(positive feedback) 과정과 해당 예
- 순화(acclimatization)의 정의와 예

체온조절

- 체온조절(thermoregulation)이란?

외온동물과 내온동물의 차이

- ✔ 외온동물(ectotherm)의 정의와 해당 동물 예
- ✔ 내온동물(endotherm)의 정의와 해당 동물 예
- 열교환의 4가지 방법:

35.6 개념을 이해했다면?
항온동물(homeotherm)이면서 외온동물인 동물을 예시해 보자.

전도(conduction), 대류(convection), 복사(radiation), 증발(evaporation)

- 열 손실과 획득의 균형
  - ✔ 피부계(integumentary system)의 구조와 역할
  - ✔ 혈관이완(vasodilation)과 혈관수축(vasoconstriction)이 일어나는 때와 체온 조절과의 관련성
  - ✔ 증발을 사용하는 냉각 방법의 종류와 예
  - ✔ 행동적 반응에 의한 열조절 방법의 종류와 예
  - ✔ 물질대사열을 사용하는 열조절 방법의 종류와 예:

    비떨림열생성(nonshivering thermogenesis, NST)의 정의와 예

체온조절의 되먹임 메커니즘을 설명

- 열충격단백질(heatshock proteins)과 스트레스-유도단백질(stress-induced proteins)의 역할과 예
- 휴면과 에너지 보존
  - ✔ 휴면(torpor)의 정의와 적응상 의미
  - ✔ 동면(hibernation)의 정의와 해당 동물 예
  - ✔ 하면(estivation)의 정의와 해당 동물 예

주요내용 Key Information

35.1 동물의 크기와 모양은 물리법칙과 환경에 의해 제한된다

- 동물의 기본적인 특징은 구조와 기능을 위주로 각각 연구를 수행하는 학문인 **해부학**과 **생리학**의 성과로 인해 잘 밝혀져 있다.
- 동물의 크기와 모양, 이에 따른 움직임은 물리법칙에 어긋나지 않는다.
  - ▶ 비행이나 수영과 같은 특정 활동을 수행하는 능력은 동물의 크기와 형태로 결정된다.
  - ▶ 다세포 동물에서 각각의 세포는 액체 환경에 있어야 한다. 히드라의 경우, 단순한 세포 두 층의 주머니와 편평한 모양을 주변 매질에 대한 노출을 최대화한다.
  - ▶ 끊임없이 환경과의 물질교환을 위해 동물은 충분한 표면/부피의 비를 유지해야 한다. 더 복잡한 몸설계(body plan)에는 물질을 교환하기 위해서 특수화된 주름이 많이 잡혀 있는 내부표면이 있다.
- 진화적 수렴은 유사한 환경 문제에 대해 다양한 종들이 독립적으로 적응해 왔음을 보여준다.

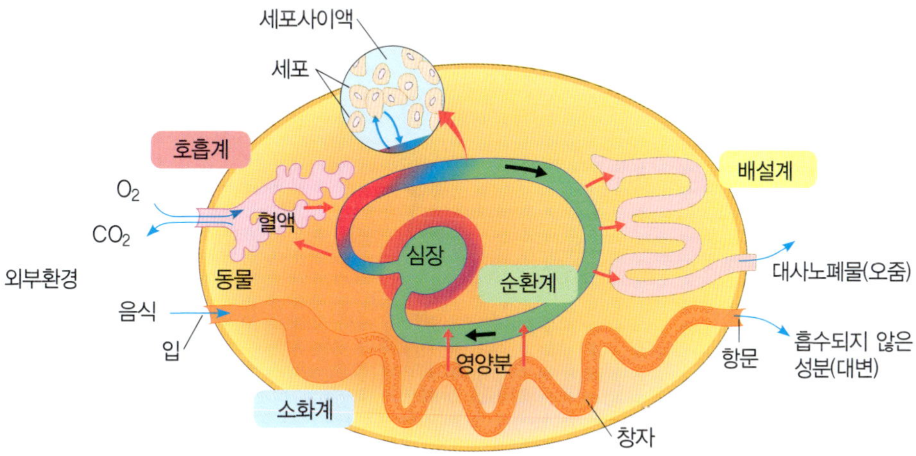

그림 35.1 복잡한 동물의 세포와 주변 환경과의 물질 교환

35.2 동물은 조직화 수준에 따라 형태와 기능이 연관되어 있다

- **세포**는 조직을 구성한다.
  - ▶ 세포들은 복잡한 유기분자를 가지고 있고, 주변환경에 따라 특정 분자를 만든다. 이런 분자에는 에너지원으로 사용되는 ATP, 그리고 세포와의 신호를 전달하기 위한 분자, 신호를 받는 분자 등이 포함된다.

▶ 세포는 수용액에 둘러싸여 있다.

1) 다세포 생물의 세포 사이의 공간을 채우고 있는 것이 세포사이액(interstitial fluid)이다.

2) 이 용액은 세포로의 영양소 공급, 노폐물 제거, 삼투평형을 비롯하여 개개의 세포가 필요로 하는 모든 것을 공급한다. 또한 내부의 액체 환경을 조성하고, 세포들 간의 의사소통을 위한 다리 역할을 한다.

▶ 이동, 먹이포획, 소화, 영양소의 내부 순환, 노폐물의 배출, 생식 등 동물의 생리적인 활동 및 육체적인 활동에 필요한 세포들의 그룹이 있다. 예를 들면, 육체적인 활동에는 근육세포, 소화 활동에는 각종 위, 식도 등에 있는 세포들의 그룹이다. 각 활동에 필요로 하는 세포는 모양이나 기능이 저마다 다르다. 따라서 세포는 각 기능과 활동에 필요하도록 분화되었다.

● **조직**은 기관을 구성한다.

▶ 분화된 세포의 집단은 조직을 이룬다.

▶ 조직은 같은 구조와 기능을 하는 세포집단으로서 하나 또는 그 이상의 역할을 수

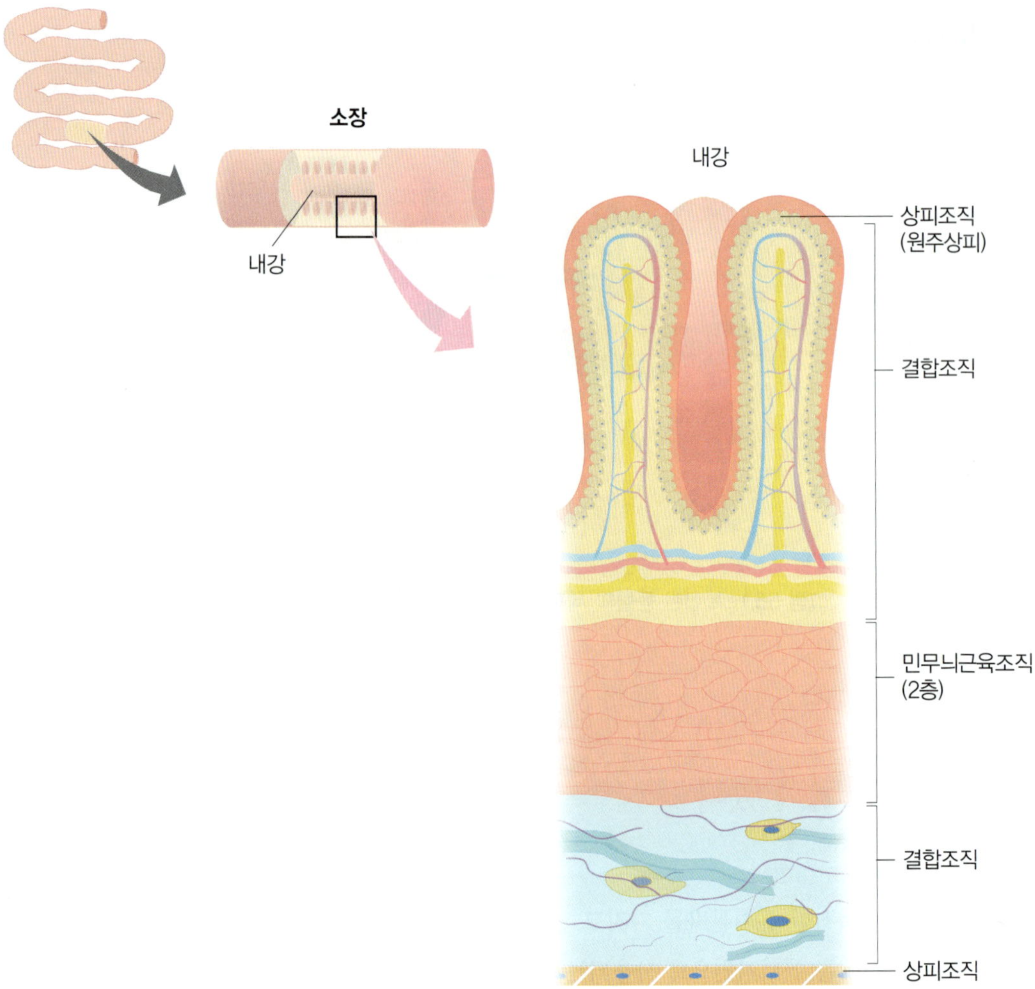

그림 35.2 소장 벽의 조직층

행하는 하나의 단위로 함께 작용한다.

- **기관**은 모여서 기관계를 구성한다.
  - ▶ 기관은 2개 또는 그 이상의 서로 다른 조직이 하나의 특수한 기능을 수행하도록 통합된 것이다. 예를 들면 눈은 빛을 굴절시키는 각막, 초점을 맞추는 수정체, 상을 받아들이는 망막, 그 외 다른 기능을 하는 조직들로 이루어져 있다.
  - ▶ 기관계는 2개 또는 그 이상 기관들을 포함하고 이들의 활동을 조정하는 시스템으로 몸의 주요 기능을 수행한다.
  - ▶ 기관과 기관계는 일정한 위치를 차지한다. 예를 들어 결합조직막인 장간막에는 많은 기관들이 매달려 있고 흉강에는 폐와 심장이 담겨 있다.
  - ▶ 포유동물의 경우, 소화계, 순환계, 호흡계, 면역림프계, 배설계, 내분비계, 생식계, 신경계, 피부계, 골격계, 근육계 등의 기관계로 구성되어 있다.
- 모든 조직, 기관, 기관계의 활동은 조화를 이루기 때문에 몸은 각 부분의 단순 합보다 더 크게, 즉 전체(system)로서 작용한다.

35.3 여러 가지 다른 종류의 세포들이 이루는 각 조직은 상피, 결합, 근육, 신경 등 4개의 기본 조직 그룹 중 하나에 속한다

- 여러 종류의 세포들은 조직을 이루어 특정한 기능을 수행한다.
- 세포를 연결하여 조직을 이루는 데에는 **고착연접**(anchoring junction), **밀착연접**(tight junction), **간극연접**(gap junction) 등 여러 종류의 결합단백질이 관여한다.
- **상피조직**
  - ▶ 몸의 바깥을 덮어 외부 환경으로부터 내부를 보호한다.
  - ▶ 상피조직에는 여러 분비샘이 존재한다.
  - ▶ 흡수성 내피 및 내층을 형성한다.
  - ▶ **상피세포**의 구조
    1) **단층 상피**와 **다층 상피**로 분류됨
    2) 상피내 세포 모양: **편평형**, **입방형**, **원주형** 등
  - ▶ **상피**에 있는 **분비샘**
    1) **외분비샘:** 몇몇 외분비샘은 관의 형태로 상피와 연결되어 상피 표면에 분비물들, 즉 점액, 침, 땀, 귀지, 피지 등을 분비한다.
    2) **내분비샘:** 상피 아래 결합조직에 상피 표면으로 이어지고, 수송관 없이 호르몬 등을 분비한다.
    3) 하나의 분비샘이 외분비샘과 내분비샘 모두의 기능을 수행할 수도 있다.

결합조직

- 다른 조직을 결합시키고 지지해 준다.
- 기계적인 힘과 그 외 힘을 전달하고 어떤 경우에는 여과기 역할도 한다.
- 결합조직은 3가지의 섬유로 구성되어 있다.
  1) 동물계에서 가장 풍부한 단백질인 콜라겐으로 이루어져 있는 아교질섬유는 탄력성이 없고, 잡아당겨도 쉽게 찢어지지 않는다.
  2) 엘라스틴 단백질로 만들어진 긴 실 모양의 섬유인 탄력성 섬유는 고무와 같은 특성을 가진다.
  3) 세망섬유는 콜라겐으로 구성되어 있으며 아교질섬유와 연결되어 있다. 이 섬유는 결합조직을 인접한 조직과 결합시키는 단단하게 짜인 구조물을 형성한다.
- 결합조직을 구성하는 두 가지 주요 세포는 세포외섬유의 단백질 구성 성분을 분비하는 **섬유아세포**와 식세포작용을 하는 혈구세포인 **대식세포**이다.
- 결합조직의 종류
  1) **성긴결합조직**은 아교질과 다른 당단백질 섬유의 다소 느슨한 망 모양으로 둘러싸인 세포로 이루어진다. 이들은 빈 공간을 채우는 '충전물질' 기능을 하는데, 상피를 지지하고 혈관, 신경, 일부 내부 기관 주위에서 띠를 형성하여 피부 내부의 심층부를 강화한다.
  2) **섬유성결합조직**은 매우 체계적이고 평행하게 나열된 다발인 아교질 섬유와 탄력성 섬유의 밀집한 집단 사이에 산재하여 분포한다. 뼈와 근육을 연결하는 **힘줄**과 관절에서 뼈와 뼈를 연결하는 **인대**, 투명한 섬유성결합조직으로 매우 규칙적이고 편평한 구조를 이루는 **각막** 등이 여기에 속한다.
  3) **연골**은 연골세포들이 산재하여 형성된 것으로 고무조각처럼 압력에 견딜 수 있을 만큼 탄력을 가지고 사람의 후두, 기관지, 폐의 작은 공기 통로를 지탱하며, 등뼈를 완충하는 디스크 등 지탱이 필요로 하는 곳에 존재한다.
  4) **뼈**는 몸을 지탱하는 골격을 형성한다. 골세포는 수산화인회석이 많은 당단백질이 들어 있는 세포외기질에 존재하고, 조골세포는 뼈의 아교질과 무기질을 생산한다. 파골세포는 무기질을 제거하고, 무기질을 혈류를 통해 재순환시킨다.
  5) **지방조직**은 지방세포라 불리는 크고 밀집한 집단의 세포들을 포함하며 몸의 완충작용을 한다.
  6) **혈액**은 적혈구, 백혈구, 혈소판, 혈장 등으로 구성된다.

근육조직

- 근섬유라고도 부르며 주로 신경신호에 의한 자극으로 수축될 수 있는 긴 세포들로 구성되어 있다. 근육의 수축과 이완은 액틴과 미오신 두 단백질의 상호작용에 의해 발생한다.
- 몸의 곳곳의 구조물을 움직일 수 있게 함은 물론 혈액 펌프로도 작용하고 장의 연축운동을 가능하게 한다.

▶ 3가지 종류로 나누어 볼 수 있다.

1) **골격근**

① 힘줄에 의해 골격에 부착된 근육들이다.

② 골격근 세포들은 긴 원통형 모양으로 많은 핵을 가지고, 줄무늬나 가로무늬 모양으로 매우 조직화되고 평행한 단위로 배열되어 있다.

③ 액틴과 미오신 분자로 가득 차 있다.

④ 신경계에 의해 전해지는 신호에 반응하여 수의적 운동을 담당한다.

2) **심장근**은 심장의 수축성 조직으로 불수의적 운동을 담당하는 줄무늬근이다. 액틴과 미오신 분자를 가지며 모든 방향으로 수축하여 압축과 펌프 활동을 가능하게 한다.

3) **평활근**은 불수의적 운동을 담당하고 내장을 구성하는 근육으로 줄무늬가 없다.

① 상대적으로 작은 방추형 모양으로 액틴과 미오신 분자가 느슨한 망 모양으로 배열되어 있다.

② 세포는 간극연접에 의해 연결되고 결합조직의 망으로 싸여 있다.

③ 골격근에 비해 느리게 수축하지만 더 오랫동안 안정된 수준으로 수축상태를 유지할 수 있다.

④ 이런 평활근 수축은 장의 일정하고 상대적으로 지속적인 연축운동을 가능하게 하며, 또한 여성의 경우 분만 과정에서 태아를 자궁 밖으로 밀어낼 수 있게 한다.

● **신경조직**은 자극을 감지하여 전기 자극의 형태로 신호를 동물의 한 부분에서 다른 부분으로 전달한다.

▶ **뉴런(신경세포)**로 구성된다.

▶ **신경아교세포**는 뉴런을 물리적으로 지탱하고 영양 공급을 하며, 뉴런들 사이에 전기적 절연을 제공하며, 세포의 노폐물 및 외부 물질을 제거한다.

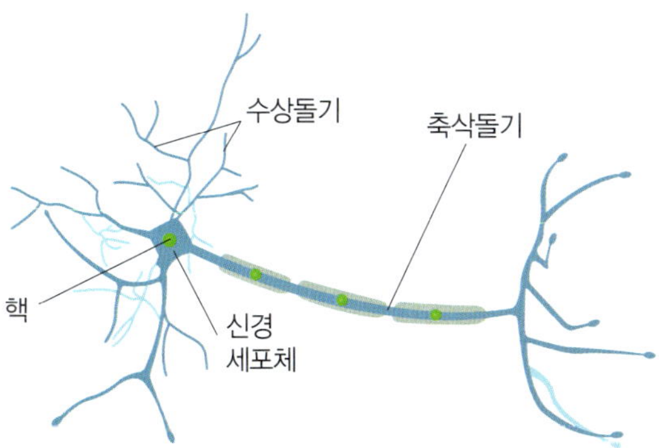

그림 35.3 신경조직을 구성하는 세포, 뉴런의 구조

▶ 뉴런 또는 신경세포의 구조

1) 많은 가지를 지닌 **수상돌기**는 다른 뉴런이나 다른 종류의 세포로부터 화학적 신호를 받아 이를 전기적 신호로 전환하여 뉴런의 세포체에 전달한다.

2) **축삭(축삭돌기)**은 세포체로부터 축삭말단 또는 완전 끝 부분까지 전기적 신호를 전달한다.

35.4 환경에 반응하여 형태와 기능을 유지하기 위해 동물은 음식에 저장된 화학에너지를 사용한다

- 동물은 음식으로부터 화학에너지를 얻는데, 이 에너지의 대부분은 세포의 일에 필요한 ATP로 전환된다.
- **생물에너지학**은 궁극적으로 동물의 행동, 생장, 생식과 관련하여 동물이 얼마나 많은 음식(에너지)을 필요로 하는지에 대해 연구를 한다.
- 동물의 **물질대사율**은 단위시간 동안 동물이 사용하는 전체에너지 양이다.
  - ▶ 조류와 포유동물은 물질대사열을 사용하여 매우 일정한 체온을 유지하고**(내온성전략)**, 대부분의 어류, 파충류, 양서류, 무척추동물은 외부 공급원으로부터 열을 얻는다**(외온성전략)**.
  - ▶ 내온동물의 물질대사율은 외온동물의 물질대사율에 비해서 일반적으로 더 높다.
  - ▶ 유사한 동물 사이에서 물질대사율은 몸 크기에 반비례한다.
- 활동은 동물의 BMR(기초대사율, 내온동물의 경우) 또는 SMR(표준대사율, 외온동물의 경우)보다 높게 물질대사율을 증가시킨다.
  - ▶ 기초대사율이란 내온동물이 스트레스가 없고 위가 비어 있는 상태, 즉 편한 온도에서 쉬면서 호흡과 심장박동이 유지될 때의 물질대사율이다.
  - ▶ 표준대사율이란 특정 온도에서 외온동물이 성장하지 않고 음식섭취를 하지 않는 상태에서 스트레스가 없을 때의 대사율이다.
  - ▶ 일반적으로 내온동물은 외온동물에 비해서 오랫동안 높은 강도의 일을 지속할 수 있다.
  - ▶ 동물은 기초대사(표준대사), 활동, 항상성(온도조절 등), 성장, 생식을 위해 에너지를 분배해 사용한다.

35.5 대부분의 동물은 비교적 좁은 범위 안에서 내부 환경을 조절한다

- **항상성**은 동물 내부가 일정한 상태로 유지되는 것이다.
  - ▶ 항상성은 외부변화에 대응하여 작동하는 동물의 내부조절 메커니즘 사이의 균형이다.

- ▶ 신경계와 내분비계가 항상성 유지에 가장 중요하게 작용한다.
- ▶ 환경 변화를 보정하기 위해 끊임없이 내부 조정을 하는 역동적인 과정이다.
- 외부환경에 따른 내부변화를 최소화하기 위해 내부 조절 메커니즘을 사용하는 동물을 **조절자**, 외부환경에 따라서 내부환경을 변화시킬 수 있는 동물을 **순응자**라 한다.
- 동물세포를 둘러싸고 있는 세포사이액은 외부환경과 매우 다르고 항상성을 유지하는데 기여하는 환경을 제공한다.
- 항상성 메커니즘은 주로 음성되먹임을 통해 내부환경의 변화를 조정한다. **음성되먹임**은 외부 변화에 대응하여 조절 메커니즘을 작동함으로써 체내 조건을 일정한 수준을 유지하여 더 변화되는 것을 막는 조절회로에 해당한다.
- **양성되먹임**은 변화를 확대시키는 조절회로이다.
- 동물은 **순화**(acclimatization)를 통해 변화하는 환경에 대응하여 항상성의 정상 범위를 변화시킨다.

35.6 체온조절은 항상성 유지에 기여하며 해부, 생리, 행동적 메커니즘을 통해 이루어진다

- 동물은 체온조절 과정을 통해 허용된 범위 안에서 내부 온도를 조절한다.
  - ▶ **외온동물**은 환경으로부터 열을 얻는 동물로 대부분의 무척추동물, 어류, 양서류,

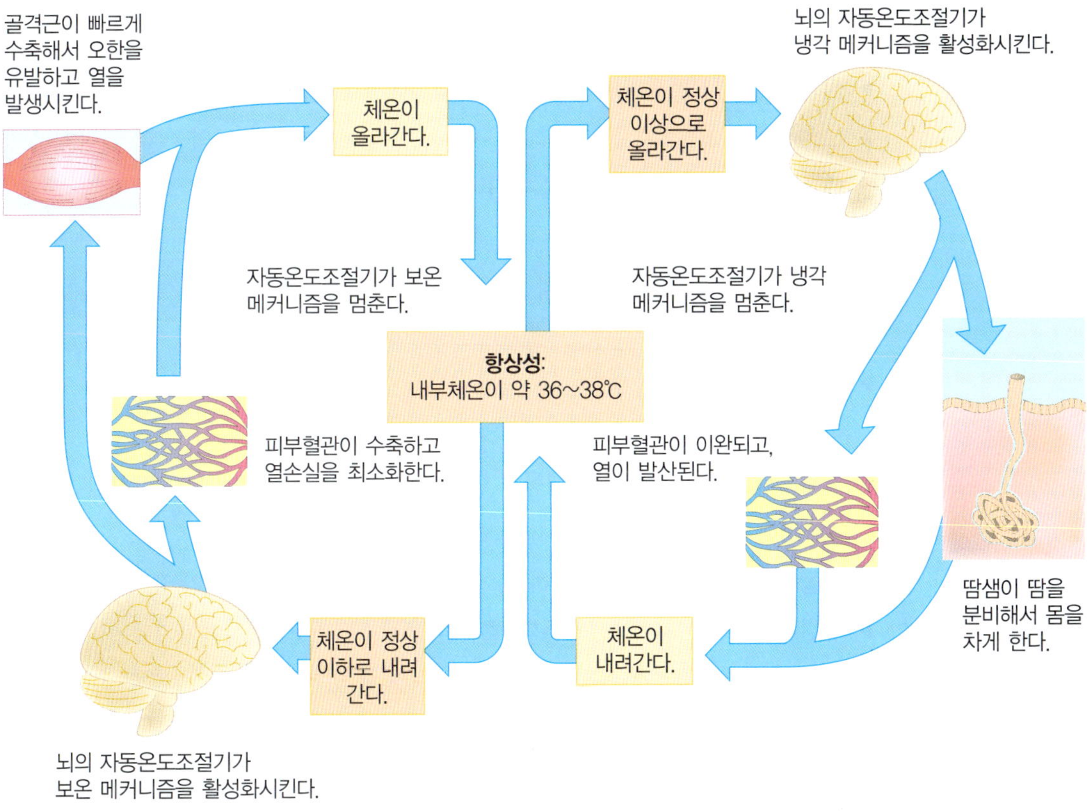

그림 35.4 체온의 조절

한 토막 생물 뉴스

신기한 심해 속 생물

심해 속 생물을 관찰할 수 있을 정도의 기술과 과학이 발달하지 못했을 당시, 빛이 들어오지 않는 심해 속은 사막과 같이 척박한 환경이라 여겨왔다. 그러나 과학 발달로 인한 특수한 장비를 통해 심해 속에도 생물들이 존재한다는 것을 알게 되었다. 지금까지 발견된 심해 생물들을 추정해볼 때 심해저에 살고 있는 종의 수는 대략 1,000만 내지 1억에 이를 것으로 추산된다. 척박한 곳으로 간주했던 해저에서 다양한 생물들이 존재한다는 것이 발견됨에 따라 과학자들은 이를 설명하기 위해 논쟁을 벌이고 있다. 캘리포니아에 있는 스크립스 해양지리학협회 소속으로 심해 생물의 다양성 연구에서 선구자로 대접받고 있는 R. R. 헤슬러 박사는 이렇게 말하였다. "아무도 이것을 정확하게 설명하지 못하고 있다. 모두들 그럴듯한 생각을 해냈지만 어떻게 이 많은 종들이 존재하는가에 대해 진짜로 아는 사람은 없다. 그래서 아직까지 이 문제는 해결되지 않은 채로 남아 있다."

일부 종은 빛이 없는 심해 속에서 발광물질을 이용해 포식자를 피하는 방법을 사용하고 있음이 알려져 있다. 심해의 생태계에는 또한 다양한 먹이 사슬이 존재하고 있다. 앞으로 과학자들은 더 많은 심해 생물들을 발견하고 연구하면서 그 심해 생물의 고유한 생존 기능을 밝혀내고 어떻게 살아갈 수 있는지도 밝힐 것이며, 발광이나 생존 기능 메커니즘에 사용되는 여러 분자를 신약 개발이나 생물학 연구의 한 도구로 사용될 수도 있다는 점에서 큰 관심을 갖고 있다.

파충류가 해당한다.

- ▶ 조류와 포유동물은 **내온동물**이다. 외온성보다 더 많은 에너지를 소모하는 내온성은 높은 체온을 유지하기 위해 높은 수준의 유산소 물질대사를 한다.

- 체온을 일정하게 유지하는 **항온동물**과 환경에 따라 변화하는 **변온동물**이 존재한다.
  - ▶ 비단뱀이나 나방 등 일부 변온동물은 물질대사로 열의 생산을 조정할 수 있다.
  - ▶ 포유동물은 시상하부를 포함하는 신경계, 순환계, 피부계 등의 여러 기관계를 통해 하나의 복잡한 음성되먹임 메커니즘으로 체온을 조절한다.
- 전도, 대류, 복사, 증발은 열의 손실과 획득을 일으킨다.
  - ▶ 체온조절은 열 손실과 획득의 균형을 이루게 하는 생리적, 행동적 조절을 포함한다.
  - ▶ 단열, 혈관이완 또는 혈관수축, 역류열교환기 사용 등 순환계 적응을 통해 열의 손실과 획득을 조절한다.
  - ▶ 헐떡거림, 땀내기, 목욕 등 행동적 반응은 증발을 증가시켜 몸을 냉각시킨다.
- **휴면**은 극단적인 환경에서 에너지를 보존한다.
  - ▶ 동물은 겨울(동면)이나 여름(하면)에 또는 잠자는(일중휴면) 동안 휴면에 들어간다.
  - ▶ 휴면은 물질대사율, 심장박동률, 호흡률을 감소시키고, 부적합한 기온이나 먹이와 물이 부족한 시기를 동물이 한시적으로 견딜 수 있게 한다.

36 동물 영양

다양한 동물만큼 먹이를 잡고 섭취하고 소화하는 방법도 다양하다

여러분 모두 동물원에 한 번쯤은 가보았을 것이다. 동물원에도 많은 동물이 있지만 자연계에는 훨씬 더 다양한 동물이 있다. 이미 만들어진 유기물질을 먹는 것이 동물의 공통점이지만 다른 점도 많다. 그 다양한 동물 중에는 소는 항상 한두 가지의 풀만 뜯어먹고, 개미핥기는 긴 혀로 개미를 잡아먹고 사자나 호랑이 등 육식 동물은 날카로운 발톱과 송곳니로 먹이를 뜯어 먹고 날아다니는 새는 뾰족한 입으로 곤충을 쪼아 먹기도 한다. 또한 먹는 먹이의 유형이나 종류에 따라 소화기관의 형태, 구조, 소화를 돕는 효소나 여러 분비물이 다르다. 이 장에서는 동물의 섭취, 소화, 소화계 등에 대해 점검해 보자.

핵심 체크 Key Point

아래에 열거된 개념 또는 용어들을 '문제'라고 가정하고 답을 작성해 보자.

동물영양과 섭식

- 종속영양생물(heterotrophs)의 특징
  - ✔ 초식동물(herbivore)의 정의와 해당 동물
  - ✔ 육식동물(carnivore)의 정의와 해당 동물
  - ✔ 잡식동물(omnivore)의 정의와 해당 동물
- 동물의 음식물 섭식 메커니즘
  - ✔ 부유물섭식자(suspension feeder)의 정의와 해당 동물
  - ✔ 기질섭식자(substrate feeder)의 정의와 해당 동물
  - ✔ 액체섭식자(fluid feeder)의 정의와 해당 동물
  - ✔ 덩어리섭식자(bulk feeder)의 정의와 해당 동물

36.1 개념을 이해했다면?

잡식동물은 무엇이든 먹을 수 있다. 그래서 생기는 딜레마가 있는데 무엇일까?

동물의 식단에 포함되어야 할 필수적인 3가지 유기화합물은?

동물 먹이의 영양소

영양부족상태(undernourishment), 영양실조(malnourishment), 영양과다(overnourishment)의 의미, 원인, 증상 등을 구분

36.2 개념을 이해했다면?
에너지, 유기물, 필수영양소 등을 고려하여 가장 이상적인 식단을 고안해 보자.

■ 필수영양소(essential nutrient)의 정의

✔ 동물의 필수영양소 4가지란?

✔ 필수아미노산(essential amino acid)의 종류(사람의 경우)

✔ 필수지방산(essential fatty acid)의 구조적 특징과 종류

✔ 수용성 비타민과 지용성 비타민의 종류

✔ 필수무기질(essential mineral)의 종류

음식물 처리의 주요 단계

동물이 음식물을 처리하는 주요한 4단계를 설명

✔ 섭취(ingestion), 소화(digestion)의 정의

36.3 개념을 이해했다면?
배출(elimination)과 배설(excretion)의 차이를 설명해 보자.

✔ 소화 과정에서 효소 가수분해 과정(enzymatic hydrolysis)의 역할

✔ 흡수(absorption)란?

✔ 배출(elimination)이란?

■ 소화구획

✔ 세포내 소화(intracellular digestion)의 정의

✔ 세포외 소화(extracellular digestion)의 정의와 예

✔ 위수강(gastrovascular cavity)의 구조와 해당 동물

✔ 완전소화계(complete digestive tract = 소화관, alimentary canal)의 정의와 해당 동물

36.4 개념을 이해했다면?
위수강과 완전소화계를 비교해 보자.

포유류의 소화

소화계를 구성하는 기관을 소화관과 부속샘으로 나누어 나열

✔ 소화계를 구성하는 소화관의 종류

✔ 연동운동(peristalsis)의 기전과 작용 장소

✔ 괄약근(sphincter)의 정의와 작용 위치

✔ 소화계 부속샘의 종류: 침샘(salivary gland), 췌장(이자, pancreas), 간(liver), 담낭(쓸개, gallbladder)

■ 구강(oral cavity)에서의 소화

✔ 침(saliva)과 침아밀라아제(salivary amylase)의 역할

✔ 덩어리(bolus)의 정의와 형성 과정

■ 인두(pharynx)의 구조와 소화에서의 역할

36.5 개념을 이해했다면?
음식을 목으로 넘길 때에 호흡을 조절하는 후두개(epiglottis)의 구조와 작용 양상을 묘사해 보자.

■ 식도(esophagus)의 구조와 작용

■ 위(stomach)의 역할

✔ 위액(gastric juice), 펩신(pepsin)의 역할

✔ 펩시노겐(pepsinogen)의 분비와 전환 과정

✔ 위 운동을 조절하는 데에 세크레틴(secretin), 콜레시스토키닌(cholesystokinin, CCK), 가스트린(gastrin)의 역할

산성유미즙(acid chyme)의 구성과 형성 과정

✔ 유문괄약근(pyloric sphincter)의 구조와 역할

구강과 위에서 분비되는 효소들의 역할과 대상 분자

- 소장(작은창자, small intestine)에서의 소화작용: 분해와 흡수
  - ✔ 소장에서 소화되는 거대분자의 종류와 관련 효소: 아밀라제, 프로테아제(protease), 뉴클레아제(nuclease), 리파아제(lipase)
  - ✔ 소장에 소화효소를 분비하는 기관과 관련 효소: 췌장(pancreas), 간(liver), 쓸개(gall bladder)
  - ✔ 십이지장(샘창자, duodenum)의 구조와 기능
  - ✔ 십이지장에서 세크레틴과 CCK가 소화의 조절에 미치는 영향
  - ✔ 담즙(bile)의 기능과 합성, 저장, 분비를 하는 장소
  - ✔ 킬로마이크론(chylomicron)의 형성과 수송 과정 = 유미관(lacteal)
  - ✔ 간문맥(hepatic portal vein)의 역할

36.6 개념을 이해했다면?
소장에서 흡수 기능을 하는 부위의 특징을 설명해 보자. = 융모(villi), 미세융모(microvilli)

탄수화물, 단백질, 핵산, 지방의 소화가 구강, 인도, 식도, 위, 소장 등의 어떤 위치에서 어떻게 분해, 흡수되는지 설명

- 대장(큰창자, large intestine)
  - ✔ 대장의 기능
  - ✔ 대장의 조성과 각 부위의 구조와 역할: 결장(주름창자, colon), 맹장(막창자, cecum), 직장(곧창자, rectum)
  - ✔ 충수(appendix)의 역할
  - ✔ 대변(feces)의 조성

36.7 개념을 이해했다면?
척추동물 중 육상동물에만 대장이 있는 이유는 무엇일까?

36.8 개념을 이해했다면?
글리코겐(glycogen)이나 지방(fat) 등 에너지 저장 분자가 주로 위치한 곳과 이들이 소모되는 양상을 비교해 보자.

섭취한 음식이 소화계를 통과하면서 일어나는 소화, 흡수 과정을 설명

항상성 조절과 적응

■ 소화 관련 항상성 조절의 예

✔ 혈당조절 관련 호르몬의 작용: 인슐린(insulin) vs. 글루카곤(glucagon)

✔ 세크레틴과 CCK의 작용 과정

✔ 식욕에 관한 렙틴(leptin), 그렐린(ghrelin), PYY(peptide YY)의 작용

■ 소화 관련 적응의 예

치아의 종류와 동물의 섭식 양상의 관련 설명

✔ 위와 소장의 크기와 먹이의 관련성

✔ 반추동물(ruminant)의 위에서 공생이 일어나는 이유

주요내용 Key Information

36.1 동물 영양은 섭취, 소화, 흡수를 통해 이루어진다

- 동물은 **종속영양생물**, 즉 **영양소**를 다른 유기체에서 만들어진 유기분자로부터 얻어야 하는 생물이다.
  - ▶ 따라서 각종 동물은 외부로부터 영양분을 얻기 위해 먹이의 섭취, 소화, 흡수 단계를 수행한다.
  - ▶ **섭취**란 소화강 속으로 먹이를 받아들이는 것을 말한다.
  - ▶ **소화**는 각종 영양분이 체내 유체와 세포에 흡수될 수 있을 정도의 충분히 작은 화학적 소단위로 나뉘는 과정, 즉 음식을 기계 · 화학적으로 분해하는 과정이다.
  - ▶ 영양소는 **흡수**에 의해 소화관의 내면을 지나 혈액으로 들어간다.
  - ▶ 소화되지 않고 흡수되지 않은 음식은 신체 밖으로 **배출**된다.
- 섭취하는 먹이의 종류에 따라 동물이 분류될 수 있다.
  - ▶ **초식동물**은 소, 메뚜기, 코끼리 등처럼 주로 식물을 먹음으로써 유기물을 섭취한다.
  - ▶ **육식동물**은 하이에나, 사자, 호랑이 등처럼 주로 다른 동물을 잡아먹어 유기물을 섭취한다.

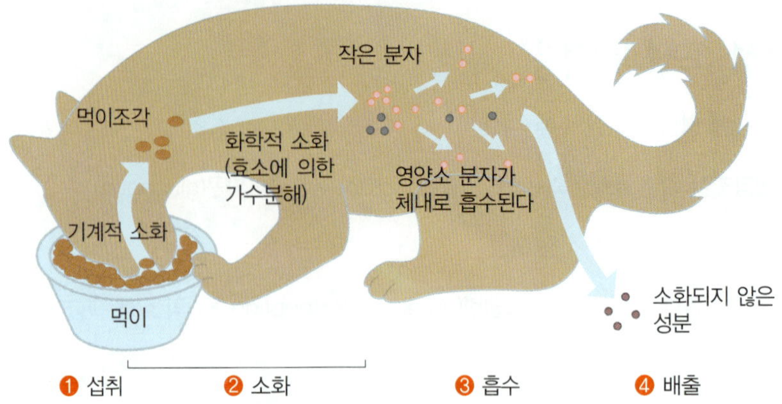

그림 36.1 먹이처리의 4단계

- ▶ **잡식동물**은 곰, 쥐, 인간처럼 식물과 동물 모두를 먹음으로써 유기물을 섭취한다.

- 먹이를 섭취하는 방식에 따라 동물을 다음과 같이 나눌 수 있다.
  - ▶ **액체 섭취 동물**은 유기분자가 용액 속에 녹아 있는 성분을 섭취함으로써 영양소를 얻는다. 예를 들어 벌새는 꽃의 과즙을 먹는다.
  - ▶ **부유물 섭취 동물**은 여러 조개들과 어류들처럼 물에 부유하는 작은 생물체(박테리아, 원생동물 등)나 이들 생물체의 일부를 섭취한다.
  - ▶ **기질 섭취 동물**은 예를 들어 지렁이처럼 자신이 생활하는 주위 고형물로부터 유기물질을 획득한다. 연체동물과 환형동물은 신체부속기관을 사용하여 모래나 흙으로부터 유기퇴적물을 얻는다.
  - ▶ **덩어리 섭취 동물**은 포유류, 파충류, 조류와 어류 등처럼 먹이를 통째로 또는 큰 덩어리로 섭취하는 동물이다.

36.2 동물에게는 섭취를 통해서만 얻을 수 있는 필요한 영양소가 있다

- 영양이상이란 양적으로 또는 질적으로 정상적이지 않은 영양상태이다.
  - ▶ **영양부족** 상태란 체내에서 필요한 화학적 에너지가 계속 적게 공급되는 상태이다.
  - ▶ **영양실조**는 하나 이상의 필수영양소가 결핍된 음식이 장기간 공급되어 유발된다.
  - ▶ **영양과다**는 특정 영양소의 과도한 섭취가 원인이 되는 것으로 또 다른 형태의 영양이상으로 볼 수 있다.
- 동물의 식단은 **탄소화합물**과 **필수영양소**를 반드시 공급해야 한다.
  - ▶ 탄소화합물은 생체물질합성에서 필요하다.
  - ▶ 필수영양소는 단백질과 지방 등의 합성에 필요한 전구체 형태로 공급되어야 한다.
- 동물에게 필요하지만 합성하지 못하는 영양소를 필수영양소라 한다.
  - ▶ 대표적으로 **필수아미노산**과 **필수지방산**이 있다. 동물의 경우, 필수지방산은 대부

분 불포화지방산이다.

▶ 또한 동물이 합성할 수 없으며 몸 안에 소량으로만 필요한 **비타민**이 있다.

▶ 하루에 2,500 mg 미만의 범위에서 무기질은 다량 또는 미량으로 필요한 원소로 나눌 수 있다. 필수무기질에는 **칼슘**, **철분**, **마그네슘** 등이 있다.

▶ 필수영양소를 제대로 섭취하지 못하면 영양소의 종류에 따라 결핍증이 나타나고 심하면 생명에 지장을 줄 수 있다.

● 인간의 경우,

▶ 필수아미노산은 리신, 트립토판, 페닐알라닌, 트레오닌, 발린, 메티오닌, 류신, 이소류신이다.

▶ 필수지방산은 **리놀레산**과 **리놀렌산**으로 생물체막을 구성하는 인지질과 특정 호르몬 합성에 필요로 한다.

▶ 인간이 필요로 하는 비타민은 13개이며 **수용성**(8종의 B복합체와 C)과 **지용성**(A, D, E, K)으로 분류된다.

36.3 소화관에서 음식물의 주요 처리 단계가 이루어진다

● 음식물을 몸에 흡수하기 위한 첫 번째 단계로 각 동물은 자신 고유의 방식으로 섭취를 한다.

● 소화

▶ **세포내 소화**는 일종의 세포내 섭취(endocytosis)이다. 음식물 조각들은 식세포작용으로 세포 안으로 빨아들여지고 식포(food vacuole) 안에서 소화된다.

▶ 대부분의 동물들은 **위수강** 또는 **소화관** 안으로 효소를 분비하여 세포 밖에서 가수분해하는 세포외 소화를 이용한다.

▶ **세포외 소화**는 우리 몸속에 있는 여러 주머니나 관에서 일어난다. 이런 주머니나 관의 상피세포에서 효소가 분비되고 이 효소가 비교적 큰 분자의 음식물을 작은 분자로 쪼갠다.

▶ 소화관에서는 일반적으로 아래 5단계로 영양소가 연속적으로 처리된다.

1) **기계적 가공:** 씹고, 찢고, 깨는 등 일련의 기계적인 작용에 의해 큰 덩어리의 음식물을 작은 덩어리로 만든다.

2) **분비:** 효소, 산, 유화제, 윤활점액 등 소화와 관련된 효소와 소화 보조제가 소화관 내로 분비된다.

3) **가수분해:** 효소의 촉매반응을 통해 음식분자를 흡수 가능한 분자단위로 분해한다.

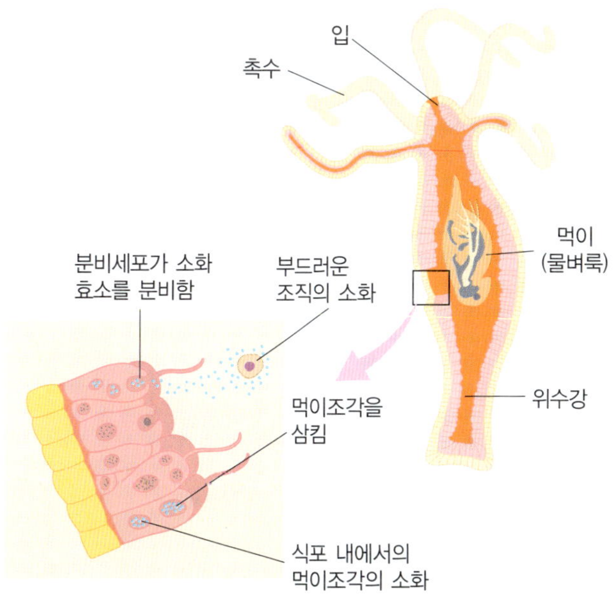

그림 36.2 히드라 위수강에서의 소화

4) **흡수:** 소화 과정의 생성물인 분자소단위(포도당, 아미노산 등)가 체액과 세포로 흡수된다.

5) **배출:** 소화되지 않은 물질은 항문을 통해 배출된다.

- 동물의 종류에 따라 소화기관도 상이하다.
  - ▶ 극피동물과 편형동물에서 음식은 순환기이기도 한 위수강에서 소화된다. 인두에 의해 음식물이 입으로 옮겨지고 위수강으로 이동한다. 위수강은 입과 항문 역할을 하고 하나의 구멍을 가지고 있다.
  - ▶ 더 복잡한 무척추동물과 모든 척추동물의 소화관은 양끝에 구멍이 있는 **완전소화관**이나 **영양관**이다. 먹이가 관을 지나면서 소화가 일어난다. 관의 여러 부분이 특수화되어 특수기능을 수행한다.
  - ▶ 척추동물에서는 음식이 입, 인두, 식도, 위, 소장(대장) 및 항문의 순서로 지나간다.

36.4 포유동물의 소화는 특화된 기관들을 통해 체계적으로 이루어진다

- 포유동물의 소화계는 **소화관**과 소화관으로 소화액을 분비하는 **부속샘**으로 이루어져 있다.
- 인간 소화계의 소화 과정은 음식이 구강, 인두와 식도 내의 체계를 통과하면서 시작된다.
  - ▶ **구강** 내에서 음식이 매끄럽게 되고 소화가 시작된다.

1) 입에서 음식물을 씹으면서 **침샘**에서 침이 나온다. 침은 대부분 물로 이루어져 있어 음식물을 삼키기 쉽도록 촉촉하게 해주며, 침 속에 포함된 **아밀라아제**는 녹말을 맥아당으로 가수분해한다.

2) 구강에는 이가 있는데, 이는 음식물이 침아밀라아제에 노출되어 포도당중합체의 분해가 시작되도록 작은 조각으로 부순다. 따라서 다당류 중 녹말은 1차적으

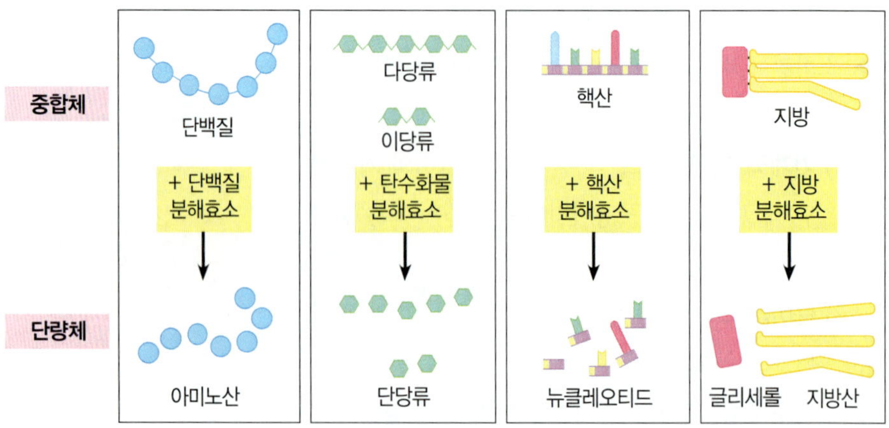

그림 36.3 화학적 소화: 중합체를 단량체로 분해한다(지방은 예외).

로 입 안에서 맥아당으로 분해된다.

3) 씹는 과정을 통해 부숴진 조각들과 여러 음식 분자들이 뒤섞여 만들어진 덩어리(bolus)는 삼키기 반사작용을 통해 식도로 들어가게 된다.

▶ **인두**는 기관과 식도의 교차점이다.

▶ **식도**는 소화관 벽의 평활근이 규칙적으로 수축해서 만들어 내는 파동으로 관을 따라 음식을 미는 작용인 **연동운동**을 통해서 음식물이 인두로부터 위로 내려 가게 한다.

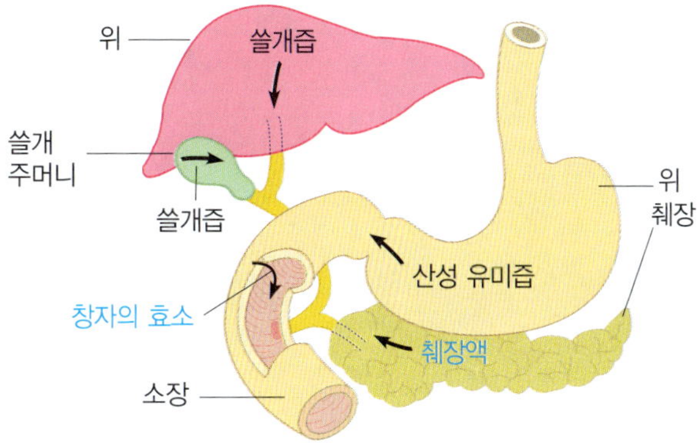

그림 36.4 소장과 연관된 소화기관

● **위**는 음식을 저장하고 소화액을 분비하는 탄성 있는 소화기관이다.

▶ 위의 점막층에는 주름이 많은 상피세포층이 있고 여기서 음식물 소화에 필요한 물질을 분비한다.

▶ 음식물이 위로 들어가면 **펩시노겐**, **염산**, **점액**을 포함하는 **위액**의 분비가 촉진된다.

▶ 주세포에서 분비된 펩시노겐은 산성 상태에서 활성 형태인 **펩신**으로 전환되고, **프로테아제**인 펩신은 단백질의 폴리펩티드 사슬을 잘라 단백질 소화를 시작한다.

▶ 위벽세포는 수소이온과 염소이온을 분비하여 염산을 형성하는데, 염산은 펩신의 최적 활성 pH(2.0)를 유지시킨다.

▶ 점액세포로부터 분비되는 알칼리성 점액은 펩신과 염산으로부터 위의 점막층을 보호한다.

▶ 위벽의 수축은 소화 과정의 한 부분으로서 위 속의 내용물을 계속해서 섞고 휘저으며, 위벽의 연동수축은 소화물을 위와 소장 사이의 연결 부위에 있는 유문괄약근으로 이동시킨다.

▶ 위의 이런 활동으로 만들어진 유미즙은 소장으로 이동된다. 지방이 풍부한 **유미즙**은 소장(십이지장)에서 **세크레틴**과 **콜레시스토키닌(CCK)**을 분비시켜 위의 연동운동과 산의 분비를 억제한다. 위에서 분비된 가스트린은 위액 생성을 촉진한다.

● 대부분 고분자들의 소화는 **소장**의 십이지장 부위에서 이루어진다.

▶ **췌장(이자)**과 간으로부터 분비되는 여러 소화효소와 기타 관련 물질이 십이지장으로 들어간다.

▶ 췌장은 중탄산염이온과 소화효소들인 프로테아제, 아밀라아제, **뉴클레아제**, **리파아제**를 분비한다.

1) 중탄산염이온은 유미즙의 산을 중화시켜 약알칼리성의 pH를 갖게 한다.

2) 췌장소화효소는 약알칼리성 pH에서 최적 활성을 갖는다.

3) 프로테아제는 비활성 상태로 소화용액과 만나 활성 상태가 되는데, 활성 상태의 효소 중 하나인 트립신은 단백질의 폴리펩티드 사슬을 가수분해하고 카르복시펩티드 분해효소는 폴리펩티드 말단에서부터 아미노산을 한 번에 하나씩 잘라낸다.

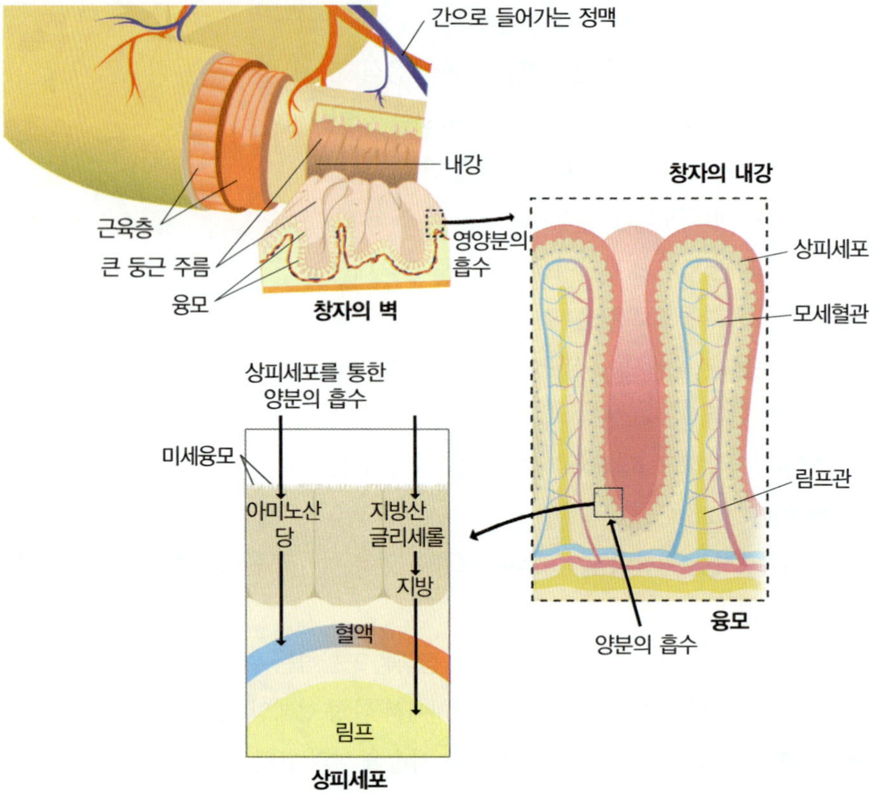

그림 36.5 소장의 구조

4) 리파아제는 교질입자에 있는 지방을 모노글리세라이드와 자유 지방산으로 가수분해시킨다.

5) 아밀라아제는 구강에서와 같이 다당류를 단당류로 분해한다.

6) 뉴클라아제는 여러 DNA, RNA 분자를 데옥시리보뉴클레오티드, 리보뉴클레오티드로 분해한다.

▶ **간**은 중탄산염이온과 담즙산, 콜레스테롤 그리고 빌리루빈이 함유된 혼합물인 **담즙**을 분비한다.

1) 담즙산은 콜레스테롤과 아미노산에서 유래된 물질로서 비누화 작용을 통해 지방의 소화를 돕는다.

2) 담즙산은 또한 지방과 기타 소수성 분자들 주변에 친수성 막을 형성하여 소장의 교반운동에 의해 지방을 교질입자라 불리는 작은 물방울로 분쇄시키는 유화작용을 한다.

3) 담즙은 **쓸개**에서 저장되었다가 소장으로 분비된다.

▶ 소장의 **융모**에 있는 상피외벽은 수분과 점액을 분비한다. 또한 탄수화물, 단백질, 그리고 핵산의 소화를 마무리 짓는 효소들도 분비한다. 이당분해효소는 이당류를 단당류로 분해하고, 프로테아제는 단백질 소화를 완료하여 완전히 아미노산으로 분해한다. 뉴클레아제와 기타 효소는 핵산을 분해하여 질소염기, 5탄당, 인산으로 전환시킨다.

표 36.1 소장에서 일어나는 소화작용

구분	기질	효소	산물	효소	최종 산물
탄수화물	녹말	췌장의 아밀라아제	엿당(다른 이당류)	말타아제, 수크라아제, 락타아제 등	단당류
단백질	폴리펩티드	트립신, 키모트립신	작은 폴리펩티드	아미노펩티다아제, 카르복시펩티다아제, 디펩티다아제	아미노산
핵산	DNA와 RNA	핵산분해효소	뉴클레오티드	다른 효소들	질소, 염기, 당, 인산
지방	지방덩어리	쓸개즙	지방입자(유화된)	지질분해효소	지방산과 글리세롤

- ▶ 소장의 공장(jejunum)과 회장(ileum) 부위에서 소화된 영양소를 흡수한다.
  1) 소장의 흡수 부위는 손가락 모양으로 돌출되어 있는 장융모로 빽빽하게 덮여 골마루 형태를 이룬다. 융모를 덮고 있는 **미세융모**는 솔과 같은 경계면을 이루어 표면적을 극대화한다.
  2) 분해효소에 의해 생성된 단량체는 소장벽을 통과해 혈액과 림프로 흡수된다.
  3) 지방산과 모노글리세리드는 인지질, 콜레스테롤, 단백질과 함께 **킬로미크론**을 형성하는데 이는 모세혈관을 통과하기에는 너무 커서 **유미관**으로 수송된다.
- ▶ 소화된 아미노산과 지방산은 소장이 세크레틴과 CCK를 분비하도록 한다. 분비된 세크레틴과 CCK는 췌장과 쓸개에서 소화효소 또는 소화액을 분비하게 한다.

● **대장**은 소화 잔여물로부터 수분과 무기질 이온을 주로 흡수한다.

- ▶ 수생동물의 경우에는 물의 함량을 일정하기 유지하기 위한 적응 수단인 대장이 필요없다.
- ▶ 대장은 **맹장**, **결장**, **직장**으로 나누어진다. 대장은 주로 결장으로 이루어져 있다. 맹장 아래 끝에 위치한 **충수**는 면역반응에 일부 관여한다.
- ▶ 대장은 점액과 중탄산염을 분비하고 물과 나트륨, 염화물 이온을 흡수한다. 그리고 항문을 통해 몸 밖으로 배출시킬 **대변**을 형성한다.
- ▶ 대장에는 500종류 이상의 박테리아가 상주하고 이 박테리아는 소화 잔여물에 남아 있는 여러 영양분의 물질대사를 일으키고 유용한 지방산과 여러 비타민을 생산하는데, 이들은 대장에 흡수된다.

36.5 항상성 조절 메커니즘은 동물의 에너지 수지와 공급을 조절한다

● 척추동물은 잉여의 열량을 지방이나 **글리코겐**의 형태로 간과 근육에 저장한다.

- ▶ 이 에너지 저장은 동물이 소비하는 것보다 더 많은 열량이 남을 때 이루어진다.

- ▶ 혈중포도당 농도는 높을 때는 인슐린, 낮을 때는 글루카곤 음성되먹임 작용을 통해 비교적 좁은 범위 내에서 유지된다.

- 여러 신호분자들이 음식 섭취와 에너지대사를 조절하는 복잡한 경로에 관여한다.
  - ▶ 식사시간에 가까워지면 위벽에서 **그렐린(ghrelin)**이 분비되어 허기를 느끼게 한다.
  - ▶ **PYY**는 소장에서 분비되어 식욕억제제로 작용한다.
  - ▶ 지방세포에 의해 생산되는 것으로 추정되는 호르몬인 **렙틴**은 뇌의 포만감 중추를 자극하여 식욕을 억제한다.
  - ▶ 시상하부에서 생산되는 신경전달물질인 **신경펩티드Y**는 렙틴 수준이 낮고 음식섭취량이 적으면 식욕을 증가시키고 대사를 느리게 한다.
  - ▶ 단기 식욕조절물질은 사람에게 먹는 것을 시작하고 멈추게 하는 신호를 보낸다.

36.6 소화계의 진화적 적응은 먹이와 밀접한 관계가 있다

- 포유동물의 **치열**은 일반적으로 음식물과 상관관계가 있다. 특히 포유동물은 그들이 즐겨먹는 음식물을 섭취하기 위한 최적의 치열을 가지고 있다.
- 초식동물은 일반적으로 육식동물보다 긴 소화관을 가지고 있다.
  - ▶ 이는 식물을 소화하는 것이 더 오랜 시간이 걸린다는 것을 뜻한다.
  - ▶ 많은 초식**반추동물**은 발효방을 가지고 있어 공생 관계에 있는 미생물이 셀룰로오스를 분해한다.
- 많은 사람들이 잘못된 영양상태에 있다.
  - ▶ 수백만의 사람들이 영양실조를 겪고 있다. 필수아미노산은 식품에 자주 결핍되는 영양소이다.
  - ▶ **비만**은 과다한 양의 지방이 지방조직에 축적되는 심각한 영양문제이다. 활동으로 소비하는 것보다 많은 에너지를 취하면 체중이 증가한다.

한 토막 생물 뉴스

인간은 식물성 다당류인 셀룰로오스를 분해할 수 없습니다

사람을 포함한 대부분의 동물들은 열매나 저장 줄기나 뿌리 등에 들어 있는 다당류나 동물성 음식물에 포함된 다당류를 분해할 수 있으나 식물에 가장 많은 다당류인 셀룰로오스를 소화할 수 없다. 셀룰로오스의 기본 단위는 우리 인간이 최종적으로 흡수하는 단당류인 포도당이다. 그런데 왜 셀룰로오스를 소화할 수 없을까? 우리 몸속에 존재하는 당분해효소는 셀룰로오스를 이루는 포도당들 간의 결합방식을 분해할 수 없기 때문이다. 그래서 셀룰로오스가 주성분인 섬유소를 섭취하면 에너지 흡수가 불가능해 다이어트가 가능하고 장운동을 촉진시켜 배변능력이 증가한다. 셀룰로오스의 양은 막대하다. 따라서 셀룰로오스를 분해할 수 있는 효소를 가진 생물들이 존재할 수밖에 없다. 식물이 죽게 되면 주변의 셀룰로오스를 분해할 수 있는 생물체가 식물의 셀룰로오스를 분해하게 된다. 그리고 이런 현상을 이용한 적응이 반추동물의 되새김위와 수많은 초식영장류 심지어 개미 등 곤충을 아우르는 생물들의 소화기관에 자리잡게 되었다. 만약 셀룰로오스를 분해할 수 있는 생물체가 없다면 이 세상은 엄청난 양의 식물더미로 덮이게 될 것이다. (3장 26~27쪽 참조)

37 동물의 순환

"연중무휴" 인 심장

이야기는 미토콘드리아(mitochondria)로부터 시작한다. 성인 한 사람당 미토콘드리아는 약 1경 개 정도 있는 것으로 알려져 있고 이 정도면 몸무게의 10%에 해당한다. 이렇게나 많은 미토콘드리아가 존재하는 이유는 무엇일까? 이들이 있어야 산소의 산화력을 이용해 우리가 섭취한 음식으로부터 생명유지를 위해 필요한 에너지인 ATP를 얻을 수 있기 때문이다. 그러면 산소는 어떤 경로를 통해 공급될까? 당연히 입, 기도, 기관, 폐를 순서대로 지나 산소가 흡입되고 폐에 도달한 산소는 폐와 연결된 혈관을 여행하는 적혈구에 의해 각각의 세포에 전달된다. 그러면 산소는 세포 내의 미토콘드리아에 다다르게 된다. 이처럼 적혈구는 산소의 운반에 중요한 역할을 하는데, 더 나아가 이산화탄소 운반에도 중요한 역할을 한다. 그런데 적혈구는 무슨 힘이 있어서 혈관을 왕성하게 여행하는 것일까? 바로 심장의 힘이다. 심장박동수와 일회박출량을 곱해 심박출량을 계산하면 성인이 가지고 있는 전체 혈액 5 L가 온몸을 순환하는 데에 1분 정도 걸린다. 1분을 주기로 계속 신선한 산소를 지닌 적혈구를 온몸에 보내는 역할을 심장이 하는 것이다. 언제 한 번 쉴 수도 없다. 이 사실을 알고 심장에게 감사하자.

핵심 체크 Key Point

아래에 열거된 개념 또는 용어들을 '문제' 라고 가정하고 답을 작성해 보자.

순환계 개요

순환계의 정의와 많은 동물이 순환계를 필요로 하는 이유: 확산만으로 순환이 가능할까?

- 순환계(circulatory system)의 3요소
  - ✓ 순환액의 정의와 종류
  - ✓ 수송관의 정의와 종류
  - ✓ 근육성 펌프의 정의와 종류

■ 불완전한 순환계

✔ 위수강(gastrovascular cavity)의 구조와 역할

✔ 위수강 또는 순환계를 지닌 동물

개방순환계와 패쇄순환계

개방순환계(open circulatory system)의 정의

✔ 혈림프(hemolymph)의 정의와 순환 과정

✔ 개방순환계를 지닌 동물의 예

폐쇄순환계(closed circulatory system)의 정의와 이점

■ 폐쇄순환계를 지닌 동물들의 심장(heart) 비교

✔ 일부 무척추동물과 어류, 양서류, 파충류, 포유류

✔ 심혈관계(cardiovascular system)란?

✔ 심장의 구성과 기능: 심방(atrium)과 심실(ventricle)

■ 혈액과 혈관(blood vessel)

✔ 폐쇄순환계의 순환액

✔ 동맥(artery), 소동맥(arteriole), 정맥(vein), 소정맥(venule), 모세혈관(capillary) 등의 기능

✔ 모세혈관망(capillary bed)의 정의와 기능

37.1 개념을 이해했다면?
심장에서 출발하여 혈액이 이동하는 체순환 경로를 추적해 보자.

단일순환과 이중순환

단일순환(simple circulation)의 정의와 해당 동물

이중순환(double circulation)의 정의와 이점

- 어류의 순환 양상
  - ✔ 아가미 순환계(gill circulation): 아가미를 이용하여 순환계가 작용
  - ✔ 체순환계(systemic circulation): 아가미에서 몸 전체로 산소를 운반
- 양서류의 순환 양상
  - ✔ 폐피부순환고리(pulmocutaneous circuit)
  - ✔ 체순환고리(systemic circuit)
- 파충류, 조류, 포유류의 순환 양상
  - ✔ 폐순환고리(pulmonary circuit)와 체순환고리로 구성된 이중순환계를 가진다.

체순환과 폐순환 각각의 경로와 기능

- 순환과 관련하여 포유류와 조류 심방의 특징을 양서류, 파충류의 심방과 비교

37.2 개념을 이해했다면?
다음의 구조를 순서대로 배열하고 그 기능을 열거하면서 포유류에서 혈액의 이동 과정을 추적해 보자: 우심실, 폐동맥, 모세혈관망, 좌심방, 좌심실, 대동맥, 소동맥, 소정맥, 대정맥, 우심방, 우심실

심장: 포유류를 중심으로

- 심장 내 혈액의 이동 과정과 판막의 역할
  - ✔ 심장을 구성하는 4개의 방이란?
  - ✔ 방실판막(atrioventricular valve, AV valve)의 위치와 기능
  - ✔ 반달판막(semilunar valve)의 위치와 기능
  - ✔ 맥박(pulse)이란?
  - ✔ 심장잡음(heart murmur)의 이유

37.3 개념을 이해했다면?
심장박동과 함께 두-근 소리가 반복되는 이유를 설명해 보자.

심장주기(cardiac cycle)의 정의와 박동원

37.4 개념을 이해했다면?
사람을 예로 들어 1분 동안 박출되는 혈액의 양을 계산해 보자.

✔ 수축기(systole)와 이완기(diastole)의 정의

✔ 심박출량(cardiac output), 심장박동수(heart rate), 일회박출량(stroke volume)이란?

■ 규칙적인 심방박동의 유지 방법

✔ 동방결절(sinoatrial node, SA node) 또는 박동원(pacemaker)의 역할

✔ 방실결절(atrioventricular node, AV node)의 위치와 역할

✔ 심전도(electrocardiogram, ECG or EKG)란?

✔ 심장의 박동을 유발하는 전기자극의 생성과 전달 과정

혈액순환과 혈관

■ 혈액(blood)의 정의

체순환과 폐순환에 관여하는 동맥혈과 정맥혈의 종류와 조성, 역할

■ 혈관의 구조와 기능

✔ 내피(endothelium)층, 평활근, 결합조직 등의 구조

✔ 동맥과 정맥의 구조 비교

✔ 세동맥(arteriole)과 세정맥(venule)

✔ 동맥, 정맥, 모세혈관의 역할

✔ 모세혈관벽의 구조

37.5 개념을 이해했다면?
동맥과 정맥 각각에서 혈류의 역류가 일어나지 않는 이유를 설명해 보자.

■ 혈류 속도의 원리

혈압(blood pressure)의 의미와 측정

✔ 수축기혈압(systolic pressure)이란?

✔ 말초저항(peripheral resistance)이란?

✔ 이완기혈압(diastolic pressure)이란?

✓ 혈압측정의 원리를 설명

- 모세혈관의 기능 = 세포에 산소와 영양분을 공급

✓ 모세혈관망(capillary bed)이 물질수송을 담당할 수 있는 구조적 특징

모세혈관에서 혈액과 세포사이액 간에 물질 수송이 일어나는 원리

- 림프계를 통한 액체성분의 복귀란?

✓ 림프계(lymphatic system)의 정의와 해당 기관

✓ 림프액(lymph)의 정의와 조성

✓ 림프절(lymph node)의 구조와 방어에서의 역할

혈액의 구성과 기능

- 혈액의 2가지 요소

✓ 혈장(plasma)의 정의와 구성요소

세포성 요소의 종류와 각각의 기능: 적혈구(red blood cell), 백혈구(white blood cell), 혈소판(platelet)

- 줄기세포와 세포성 요소들의 교체가 일어나는 과정

✓ 림프구, 적혈구, 혈소판, 백혈구 등의 발생과 줄기세포

✓ 적혈구생성인자(erythropoieitin, EPO)의 생성과 역할

- 혈액응고

✓ 혈액응고에 영향을 미치는 요인

✓ 피브리노겐(fibrinogen)과 피브린(fibrin)의 역할

✓ 혈우병(hemophilia)의 원인

✓ 혈전(thrombus)의 정의와 기능

37.6 개념을 이해했다면?
혈액응고 과정을 설명해 보자.

37.7 개념을 이해했다면?
현대에 이르러 심혈관계 질환의 발병률이 높아진 이유를 설명해 보자.

■ 심혈관계 질환(cardiovascular disease)의 종류

✔ 저밀도지방단백질(low-density lipoprotein, LDL)과 고밀도지방단백질(high-density lipoprotein, HDL)의 구조와 기능

✔ 동맥경화(atherosclerosis), 고혈압(hypertension), 심장마비(heart attack), 뇌졸중(stroke) 등의 증상과 발병 원인

Key Information 주 요 내 용

37.1 순환계란?

● 물질 교환 장치

▶ 비교적 구조가 간단한 동물은 세포들이 확산에 의해 주변 환경과 물질을 교환하는 것만으로도 영양분, 산소의 흡수와 노폐물 배출이 가능하다.

1) 해면, 자포, 편형동물 등 일부 단순한 무척추동물은 제대로 된 순환계를 갖추고 있지 않다.

2) 대신 이들은 두 층의 세포로 이루어진 체벽으로 둘러싸인 **위수강**을 지녀 소화작용과 순환계 역할을 수행한다.

▶ 비교적 복잡한 동물들은 **순환계**를 구성하는 여러 조직과 기관들을 통해 영양소와 O_2를 필요한 부위의 세포로 수송하고, 세포로부터 CO_2와 노폐물을 외부로 배출하는 것을 가능하게 한다.

● 순환계는 기본적으로 세 가지 요소를 공통적으로 가지고 있다.

▶ 첫 번째로 순환하는 **액**이 있다. 척추동물에서 순환하는 액은 혈액이다.

▶ 두 번째는 순환액이 이동하는 **통로**인 연결관인데 척추동물에서는 혈관이 해당한다.

▶ 세 번째는 순환액을 이동시키는 근육성 **펌프**인 심장이다.

1) 심장은 근육성 심장과 신경성 심장으로 분류될 수 있다.

2) **근육성 심장**은 척추동물에서 발견되며 박동원이 근육이고 심장에 위치한다.

3) **신경성 심장**은 박동원이 심장 밖의 근육신경에서 유래하고 절지동물에서 발견된다.

37.2 순환계는 개방 또는 폐쇄되어 있다

● 개방순환계는 순환액이 직접 몸속 기관을 둘러싸고 있다.

▶ **개방순환계**는 대부분의 무척추동물에서 발견된다. 개방순환계에서 심장으로부터 나가는 **혈림프액**이라 불리는 혈액과 비슷한 역할을 하는 액을 공동(기관들을 둘러

싸고 있는 공간)으로 보낸다.

▶ 체강으로 들어간 혈림프액은 심장벽에 있는 구멍들을 통해 심장으로 다시 유입된다.

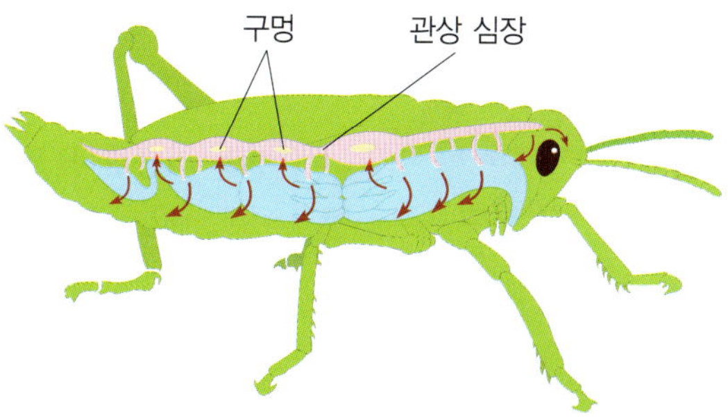

그림 37.1 메뚜기의 개방순환계(노란색의 관)

● 폐쇄순환계는 혈관 내에서만 혈액이 움직이고 세포사이액과 섞이지 않는다.

▶ **폐쇄순환계**는 환형동물, 오징어, 문어 등 일부의 무척추동물과 모든 척추동물에서 발견된다.

▶ 물질교환은 혈액과 세포사이액 사이 그리고 세포사이액과 세포들 사이에서 일어난다.

▶ 폐쇄순환계에서는 혈관이 동맥, 정맥, 모세혈관으로 구분된다.

1) **동맥**에서는 심장으로부터 비교적 높은 압력의 혈액을 내보내고, 이 혈액이 매우 가늘고 복잡하게 가지 쳐져서 물질 확산에 매우 유리한 모세혈관으로 유입된다.

2) **모세혈관**으로 들어온 혈액과 조직 사이에서 영양소와 노폐물이 교환된다.

3) **정맥**은 비교적 낮은 압력으로 심장으로 혈액을 수송한다.

● 심혈관계의 적응은 척추동물의 계통을 잘 반영한다.

▶ 어류, 양서류, 파충류는 2개, 조류는 3개, 포유류는 4개의 방으로 이루어진 심장을 지닌다.

▶ 혈액의 이동 경로인 동맥, 모세혈관, 정맥이 갖춰지고 물질교환 양상이 정교해진다.

37.3 단일순환과 이중순환

● 단일순환

▶ 물속에 사는 경골어류, 가오리, 상어 등은 혈액의 전체 순환 동안 심장을 한 번 지나가는 **단일순환**을 한다. 이 경우 심장은 심방과 심실 각각 하나로 되어 있다.

▶ **아가미**에서 산소를 흡수하고 노폐물을 배출하며, 아가미 외의 다른 조직에서는 다른 조직 주변에 존재하는 모세혈관을 통해 산소를 얻고 노폐물을 방출한다.

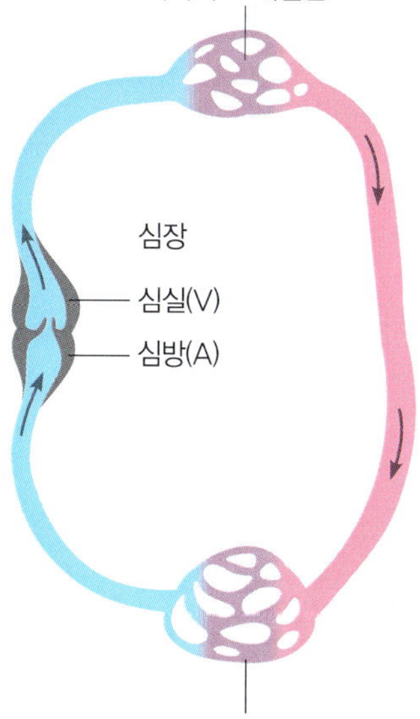

그림 37.2 어류의 심장혈관계 모식도

● 이중순환

▶ 공기로 호흡하게 된 모든 척추동물은 **이중 혈액순환고리**로 진화하였다.

▶ 양서류, 파충류, 포유류 등은 혈액의 전체 순환 동안 폐나 피부 그리고 심장 등을 두 번 지나가는 **이중순환**을 하여 뇌를 비롯한 많은 기관에 혈액이 더 활발하게 공급되게 한다. 포유류의 경우, **폐순환고리**와 **체순환고리**로 구성된다.

▶ 폐 또는 폐와 피부로부터 얻어진 산소는 좌심방, 좌심실을 통해 들어가 체순환고리로 들어간다. 이 체순환고리에서 필요한 조직에 산소나 영양

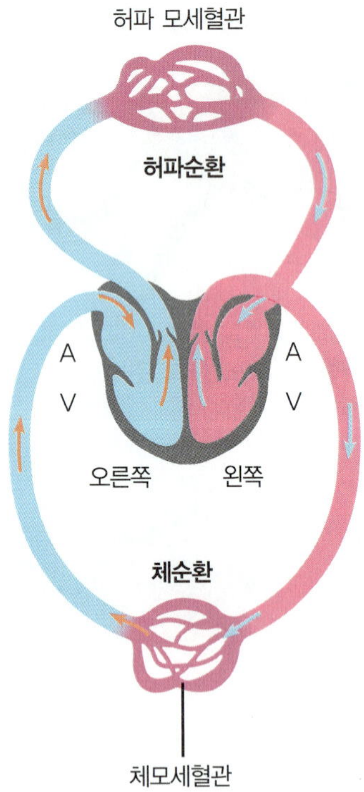

그림 37.3 포유류의 심장혈관계 모식도(V, 심실; A, 심방)

분을 공급하고 노폐물을 흡수한 후, 우심방, 우심실을 통과하여 다시 산소를 얻기 위해 폐순환고리 혹은 **폐피부순환고리**로 이동한다.

▶ 파충류나 포유류의 경우 모세혈관망이 폐에 퍼져 있다. 이를 폐순환고리라 하고 폐와 피부에 퍼져 있으면 폐피부순환고리라 한다.

▶ 순환계를 구성하는 심장, **대동맥**, **동맥**, **소동맥**, **모세혈관망**, **소정맥**, **정맥**, **대정맥** 등의 순서로 혈액이 순환된다. 심장의 **심실**은 수축하여 혈액을 내보내고 **심방**은 혈액을 받는다.

▶ 포유류의 **이중 혈액순환고리**에서 **심방**은 각각 **우심방**, **좌심방**으로, **심실**은 각각 **우심실**, **좌심실**로 나누어진다.

37.4 심장은 순환계의 핵이다-포유류를 중심으로

● 포유동물의 심장은 심근세포로 이루어진 4개의 방을 갖는다-우심방, 좌심방, 우심실, 좌심실.

● 심장의 혈액 수송

▶ 위쪽 2개의 심방은 아래쪽 2개의 심실로 혈액을 내보내고, 심실의 수축은 상대적으로 높은 압력으로 동맥 안으로 혈액을 밀어내고, 이때 발생된 동맥의 압력이 혈액을 순환시킨다.

▶ 심방과 심실 그리고 심실들 사이에 존재하는 **판막**이 혈액 역류를 방지한다.

1) 좌우 심방과 심실 사이에 존재하는 판막을 **방실판막**이라 부른다.

2) 심실에서 동맥으로 나가는 곳에 위치하고, 심실의 수축에 의해 생성된 압력에 의해 열리는 판막이 있는데, 이 판막을 **반달판막**이라 부른다. 이 판막의 역할은 한쪽에서 밀면 열리고 다른 한쪽에서 밀면 닫히는 곳으로 혈액의 역류를 방지한다.

3) 이 판막에 이상이 생겨 혈액이 역류하게 되면 **심장잡음**이라 불리는 비정상적인 소리가 나기도 한다.

● 심장에 의한 혈액의 순환

▶ 폐순환고리

1) 우심실에서 혈액을 폐로 보내는 것으로 시작하는데, 폐에서는 산소의 보충과 이산화탄소의 배출이 일어난다.

2) 이렇게 산소가 풍부해진 혈액이 다시 좌심방으로 들어온다.

▶ 체순환고리

1) 좌심방에서 들어온 혈액은 좌심실에 의해 온몸을 순환하도록 펌프된다.

2) 혈액은 우심방을 통해 다시 심장으로 들어온다. 이 혈액은 폐를 제외한 온몸에서 심장으로 돌아오는 것이다.

▶ 상대정맥은 머리와 팔에서 오는 혈액을, 하대정맥은 복부기관들과 하지에서 올라

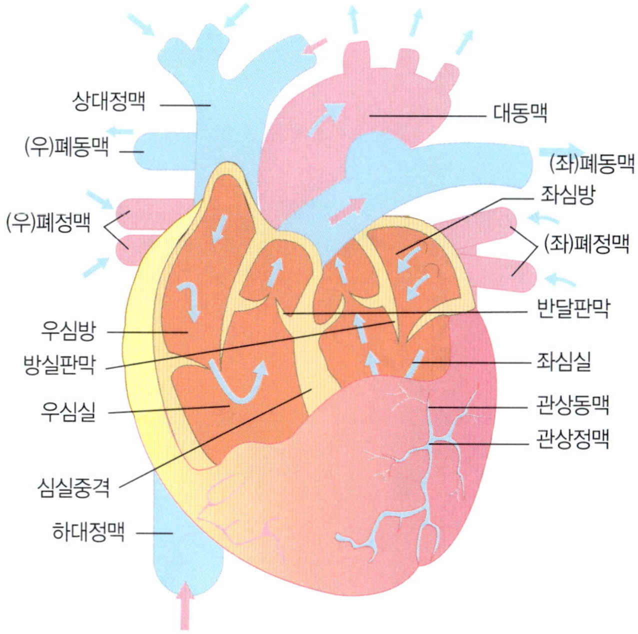

그림 37.4 포유동물의 심장구조

오는 혈액을 우심방과 우심실을 거쳐 폐로 수송한다. 이 혈액들은 산소분자가 고갈되어 있고 대신 고농도의 이산화탄소가 들어 있다.

- 심장의 박동
  - 심장박동은 심방과 심실의 주기적인 수축과 이완에 의해 이루어진다.
  - **심장주기**는 심장이 혈액을 뿜어내서 다시 빨아들일 때까지의 완전한 경로, 즉 심장의 수축과 이완의 주기를 뜻하며 **수축기**와 **이완기**로 나뉜다.
    1) **수축기**는 수축 및 혈액을 내보내는 시기를 말하며, **이완기**는 이완 및 혈액을 받아들이는 시기를 말한다.
    2) 이완기에는 반월막판이 닫힌다.
    3) 혈액이 심방에 차면서 생기는 압력에 의해 방실막판이 열려 혈액이 심실로 유입된다. 약 80% 정도의 혈액이 심실에 찼을 때 심방이 수축하여 남은 혈액을 다 심실로 보낸다.
    4) 심실이 수축하면서 방실막판은 닫히고 수축으로 생긴 압력이 동맥에서의 압력보다 높아지면 반달막판이 열려 대동맥과 폐동맥으로 혈액이 쏟아져 나간다.
  - 심장이 1분 동안 체순환계로 내보내는 혈액의 양을 **심박출량**이라 한다. 이 심박출량은 **심장박동수**(맥박, 1분 동안 심장이 박동하는 수)와 **일회박출량**에 의해 조절된다.
- 심장은 규칙적으로 움직이도록 조정된다.
  - 포유류에서 심장박동은 심장 자체에서 시작된다. 즉 심장근 세포 중 일부 스스로가 어떤 자극 없이도 자율적으로 수축 및 이완을 반복한다.

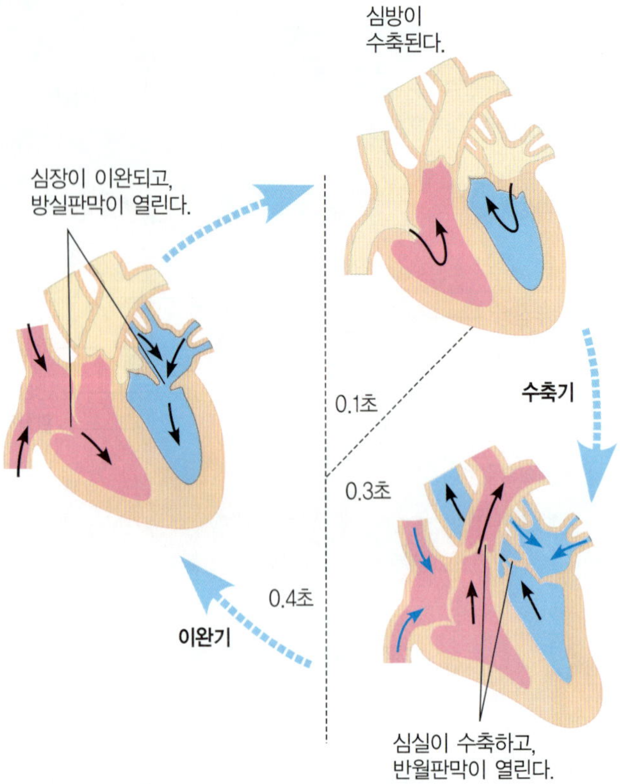

그림 37.5 심장주기

▶ 이런 세포들이 심장에서 조직적으로 수축할 수 있는 것은 상대정맥과 심방이 만나는 곳에 자율주기성 세포들이 있기 때문이다.

1) 우심방에 위치한 박동원인 이 세포들의 덩어리를 **동방결절**이라 하는데, 심장박동을 조절한다.
2) 동방결절에서 시작된 전기 충격은 두 심방이 같이 수축하도록 심장 벽을 타고 빠르게 번지고 그 다음에 우심방과 우심실 경계 부근의 안쪽 벽에 있는 다른 자율주기성 세포들에 도달한다.
3) 이 세포의 덩어리를 **방실결절**이라 부른다. 자극은 방실결절에서의 시간적 지연 후 (약 0.1초 정도) 가지다발과 푸르키네 섬유를 타고 전도된다.
4) 이러한 지연은 심실이 수축하기 이전에 심방이 완전히 수축하는 결과를 낳는다.

▶ 박동원에 영향을 주는 요인으로는 호르몬, 체온, 운동 등이 있다.

37.5 혈관을 통해 혈액순환이 일어난다

● 혈류와 혈압

▶ **혈류**의 속도는 혈관 지름에 의해 영향을 받는다: 혈액의 흐름은 동맥에서 소동맥, 모세혈관으로 넘어가면서 느려진다. 왜냐하면 동맥, 소동맥, 모세혈관으로 혈관

각각은 갈수록 지름이 좁아지지만 전체 혈관의 단면적이 넓어지기 때문이다.

▶ **혈압**은 심장의 수축 및 이완을 통해 변화된다.

1) 심실이 수축하면 그 힘이 동맥을 따라 이동하여 동맥이 팽창했다가 다시 원래의 상태로 회복하면서 혈압이 발생하고 또한 심실의 규칙적인 수축 및 이완으로 혈압 또한 규칙적으로 유지된다.

2) 혈압은 심실 수축기에 가장 높게 나타나는데, 이때의 혈압을 **수축기혈압**이라 부른다. 심실이 이완된 상태에서의 혈압을 **이완기혈압**이라 부른다.

한 토막 생물 뉴스

고혈압과 LDL

옛날에 비해 우리나라의 평균 생활 수준이 높아지고 평균 수명도 늘어났다. 경제와 의학이 발달하였기 때문이다. 그러나 이에 따라 음식이 서양화되고 책상에 앉아서 일하는 직업이 늘어나면서 과다한 지방 섭취와 운동 부족으로 대사 증후군이나 심혈관 질병도 늘어나고 있다. 심혈관계 질환 중 고혈압은 여러 건강 문제를 일으키고 심장마비와 뇌졸중의 위험을 증가시킨다. 고혈압이라고 판정되는 기준은 보통 수축기압이 140 mmHg 이상이거나 이완기압이 90 mmHg 이상이다. 고혈압은 여러 가지 이유가 있겠지만 콜레스테롤이 혈관에 쌓이는 것이 그 중 주요한 것이다. 이렇게 콜레스테롤이 혈관에 쌓이게 하는 것은 저밀도지질단백질(LDL)이다. 저밀도지질단백질은 "나쁜 콜레스테롤"이라고 부르기도 하는데 혈중 LDL 농도가 높으면 높을수록 심혈관계 질환에 걸릴 확률이 더 높기 때문이다. 따라서 꾸준한 운동과 식이요법으로 혈중 LDL 농도를 줄이고 고혈압을 예방해야 한다.

● 순환계의 혈관들은 여러 구획으로 나뉜다.

▶ 대동맥 → 소동맥 → 세동맥 → 모세혈관 → 세정맥 → 소정맥 → 대정맥 → 심장 → 폐동맥 → 폐 → 폐정맥 → 심장 → 대동맥 → →

▶ **동맥**은 심장에서 각 기관까지 혈액이 이동하는 통로이고, **소동맥**은 동맥이 기관 등으로 갔을 때 나누어지는 가느다란 동맥이다.

▶ **정맥**은 혈액이 모여 심장으로 들어가는 경로이며 **소정맥**은 모세혈관이 모여 이루는 가는 정맥이다.

▶ **모세혈관**은 얇고 투과성이 있는 막으로 둘러싸인 미세혈관이며 각 기관에 퍼져 있다. **모세혈관망**은 모세혈관들이 그물처럼 형성한 망이다.

▶ 혈관을 흐르는 혈액의 속도와 압력은 관을 흐르는 유체의 물리 법칙을 따른다. 전체 혈관 중 모세혈관망에서 가장 천천히 흐르는데, 이는 전체 단면적이 가장 넓어 저항이 크기 때문이다. 혈액과 세포사이액 간의 물질교환은 혈압과 삼투압의 차이에 의하여 얇은 모세혈관벽을 통해 일어난다.

● 혈관의 구조와 기능

▶ 혈관은 혈액이 잘 흐르도록 설계되어 있다.

1) 혈액이 흐르는 공간을 **강(cavity)**이라 하며 이 강을 둘러싸는 내피층이 있다.

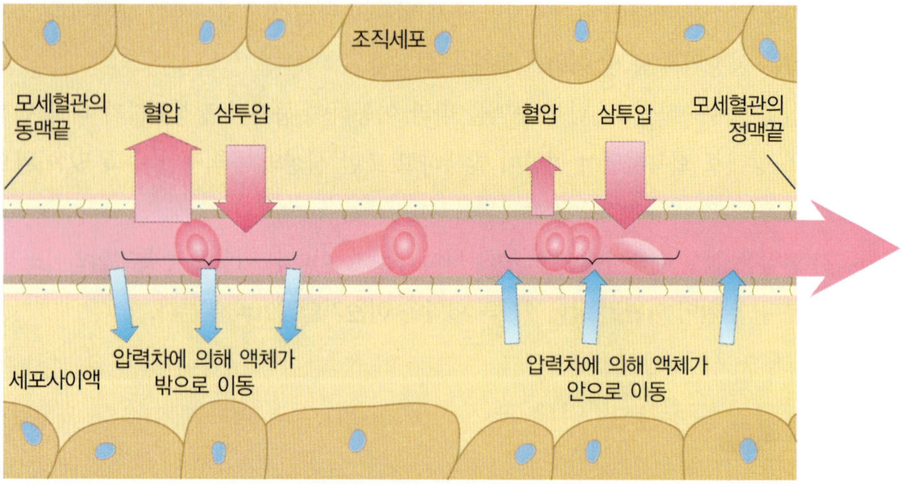

그림 37.6 모세혈관 안팎으로 흐르는 액체의 이동

2) **내피(endothelium)층**은 편평 세포의 단일층으로 되어 있고 혈액이 잘 흐르도록 매끄러운 내벽을 형성한다.

3) 내피를 둘러싸고 있는 구조는 혈관의 종류에 따라 다르다.

▶ 모세혈관은 가장 가는 혈관으로 적혈구가 겨우 빠져나갈 수 있을 정도의 내경을 가지고 있으며, 내피와 기저막으로만 이루어진 매우 얇은 벽을 가지고 있다. 이런 구조 때문에 혈액과 세포사이액 사이의 물질 이동이 잘 이루어질 수 있다.

▶ 동맥과 정맥은 모세혈관과 다르게 내피층을 둘러싸는 두 개의 층을 갖는다.

1) 두 개의 층 중 바깥층에는 결합조직인 탄력섬유층이 있다. 탄력섬유층은 혈관의 팽창 및 회복을 돕는다.

2) 안쪽 층에는 내피와 결합조직 사이에 평활근과 탄력섬유층이 있다.

3) 동맥의 내피 두께는 정맥의 내피 두께보다 3~4배 두껍다. 이러한 이유로 동맥의 두꺼운 벽은 심장으로부터의 강한 혈압을 견딜 수 있고 심장이 이완되는 시기에도 높은 혈압을 유지할 수 있다.

▶ 신경이나 호르몬이 동맥의 평활근을 조절하여 각 신체 부위에 흐르는 혈액의 양을 조절한다.

▶ 정맥에는 판막이 있어 혈액의 흐름을 한 방향으로 흐르게 하며 역류를 방지한다. 정맥은 비교적 낮은 압력을 받는다.

● **림프계**는 여유분의 세포사이액을 모아서 정맥혈로 되돌려 보낸다.

▶ 림프계는 신체 거의 모든 곳에 분포하는 매우 방대한 관들의 네트워크이다. 림프계에 모아진 세포사이액을 림프액이라 부른다. 이 림프계의 관들은 림프액을 수집하여 순환계의 정맥과 연결되는 림프관을 통해 정맥으로 수송한다.

▶ 림프계의 조직과 기관들에는 림프절, 비장, 흉선, 편도선 등이 있는데, 바이러스, 세균, 손상된 세포, 그리고 세포조각들을 여과하는 주요 기능과 더불어 감염과 암

으로부터 몸을 보호하는 중요한 기능을 한다.

▶ **림프절**은 작고 콩알 모양의 기관인데 림프관을 따라 분포하여 목 양쪽, 겨드랑이, 그리고 복부와 흉강의 가운데부분에 집중적으로 분포한다. 림프절 내부에는 항체 형성 백혈구와 대식세포가 존재하여 세균, 바이러스, 세포조각을 포식한다. 만약 림프액에 의해 수송된 세균이나 바이러스가 림프절 내부에 많이 포획되면 림프절이 부어오른다.

37.6 혈액은 몸을 순환하면서 필수적이고 다양한 기능을 수행한다

- 혈액의 기능－① 물질 수송, ② 내부 pH와 일정한 염도 유지, ③ 면역세포와 항체의 이동경로, ④ 체온 조절 등이다.
- 혈액은 세포성 요소(혈구세포와 혈소판 같은 세포의 조각들)가 **혈장**이라는 기질에 퍼져 있는 것이다.
- 혈액이 수송역할을 하기 때문에 혈장에는 수많은 성분이 녹아 있다.
  ▶ 기본적으로 산소, 이산화탄소와 더불어 영양분인 당류(포도당, 이당류, 다당류)와 아미노산 등이 있고 염 조성을 위해 여러 종류의 염, 필수 기타 영양분, 세포신호 전달을 위한 신호전달분자 및 호르몬 등이 존재한다.
  ▶ 세 종류로 구분되는 단백질이 있다.
  1) **알부민**은 세 종류의 혈장 단백질 중에 가장 많은 양으로 존재하며 삼투압 유지와 pH 완충에 중요하다.
  2) **글로불린**은 지방과 지용성 비타민을 수송한다. 또한 특별한 종류의 면역글로불린에는 항체와 면역반응에 기여하는 다른 분자들이 포함된다.
  3) **피브리노겐**은 혈액응고에 중추적인 역할을 한다.
  ▶ 혈장에 존재하는 이온은 다양한데, 이 중에 나트륨이온과 염소이온이 가장 흔하며, 중탄산이온은 혈액의 pH를 일정하게(7.4) 유지할 수 있도록 돕는다.
- **적혈구**는 주로 혈액의 산소를 운반한다.
  ▶ 적혈구는 납작한 원형 모양이다.
  ▶ 적혈구에 존재하는 헤모글로빈 때문에 적혈구가 적색을 띠게 되고, 이 헤모글로빈 중간에 있는 철원자가 산소분자(O_2)와 결합하게 된다.
  ▶ 헤모글로빈은 일산화탄소와도 결합할 수 있다. 그러나 일산화탄소와 결합하면 비가역적 결합이 형성되기 때문에 일산화탄소에 장기간 노출되면 생명을 잃을 수 있다.
- 다섯 종류의 **백혈구**는 **식세포작용**을 통해 체내의 죽은 세포, 죽어가는 세포, 박테리아나 찌꺼기를 제거하고, 체내의 일차적 방어수단을 제공한다.

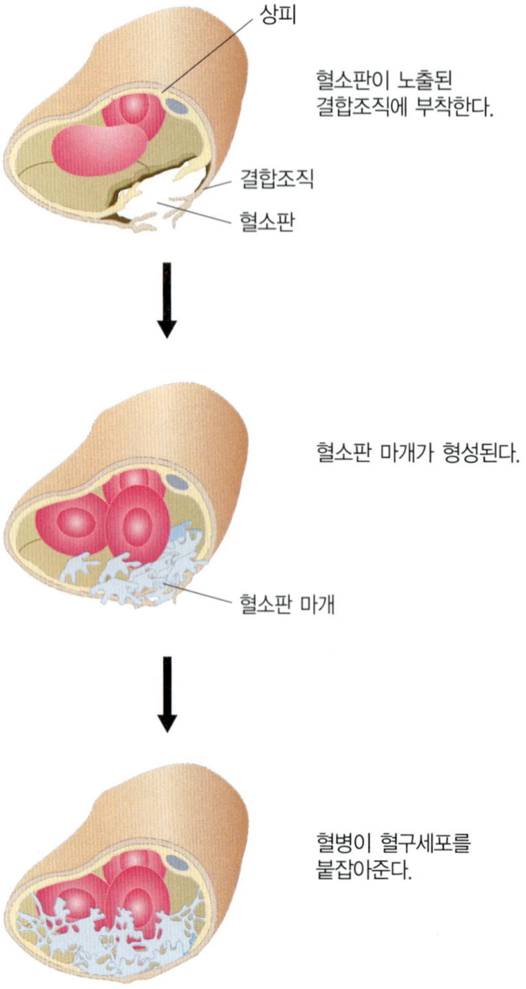

그림 37.7 혈액응고 과정

- **혈소판**은 프로트롬빈으로부터 트롬빈을 형성하고 순차적으로 피브리노겐을 피브린으로 전환시키는 복잡한 과정을 통해 혈액을 응고시킨다.
- **혈액응고**
  - 혈관이 파손되었을 경우 과다한 출혈을 막기 위해 혈액응고는 대단히 중요하다.
  - 출혈 시 불활성 상태의 피브리노겐은 피브린으로 전환되고 피브린은 혈소판을 비롯한 여러 응고인자들과 서로 엉겨붙는다.
  - 이런 혈액응고가 일어나지 않는 유전적인 질병을 **혈우병**이라 한다.
  - 혈관이 파손된 상태가 아닌 정상적인 상태에서 혈관 내에 혈소판의 덩어리나 응결체가 생성되었을 때 이를 **혈전**이라 한다.
- 심혈관계 이상
  - 세포성 요소는, 즉 적혈구와 다양한 백혈구는 골수에 위치한 줄기세포로부터 생겨난다. 산소가 부족하면 적혈구생성인자(erythropoietin, EPO)에 의해 적혈구 생성이 증가한다.
  - 한국과 미국을 비롯한 선진국에서 최고의 사망원인은

한 토막 생물 뉴스

고콜레스테롤혈증에 의한 동맥경화증과 치료약

LDL(Low Density Lipoprotein)이란 지질과 단백질로 구성된 분자로 단백질의 비중이 상대적으로 적고 지질 중에 콜레스테롤이 많이 함유되어 있는 분자이다. 유전적 요인에 의해 혈중의 이 LDL과 콜레스테롤을 제거하지 못하는 사람들은 혈장 내에서 이들의 농도가 정상인의 3~4배에 이르러 여러 혈관조직에 쌓인다. 또한 LDL은 산화되고 대식세포에 먹혀 거품세포를 형성하게 되는데, 이들에 의해 혈관이 막혀 동맥경화의 원인이 된다. 결국 심장마비나 관상동맥질환으로 어린 나이에 목숨을 잃는다. 부모 양쪽으로부터 고콜레스테롤혈증 유전자를 물려받은, 즉 동형접합인 사람에게는 간이식 이외에는 방법이 없다. 그러나 부모 중 한쪽으로부터만 이 유전자를 물려받은 사람이나 후천적으로 고콜레스테롤혈증을 나타내게 된 사람들을 위한 약은 존재한다. 첫째는 콜레스테롤의 유도체를 지닌 담즙의 재흡수를 억제하는 방법이다. 콜레스트라민이 이 일을 해낸다. 구강으로 투여하여 효과를 얻을 수 있다. 둘째는 콜레스테롤을 합성하지 못하게 억제하는 방법이다. 이 억제를 담당하는 약으로 콜레스테롤 합성에 필수적인 조절 역할을 하는 HMG-CoA 환원효소를 억제하는 스타틴이 개발되었다. 콜레스트라민과 스타틴을 같이 사용하면 혈장의 콜레스테롤 양이 약 50% 정도 감소하는 것으로 알려져 있다.

심혈관계 질환이다. 혈관내벽에 지질이나 조직이 쌓여 결과적으로 동맥경화, 고혈압, 심장마비, 뇌졸중 등의 질환이 유발된다.

38 동물의 기체교환 (호흡)

물속에 사람이 있을 때의 헤모글로빈?

우리 몸은 산소와 이산화탄소를 운반하기 위해 헤모글로빈을 이용한다. 하나의 적혈구에는 2억 5천만 개의 헤모글로빈이 있고 각 헤모글로빈이 4분자의 산소와 결합할 수 있으므로 적혈구 하나당 10억 분자의 산소를 운반하는 셈이다. 혈액 1 mL당 50억 개의 적혈구가 있다고 가정하면 성인 한 명의 체액 5 L에는 25조 개의 적혈구가 있다고 할 수 있다. 따라서 성인 한 사람당 2.5×10^{22} 분자의 산소를 운반할 능력이 있는 것이다. 이 숫자는 상상의 범위를 넘는 엄청난 것이다. 이런 능력은 공기 중의 산소를 대상으로 발휘된다. 그런데 산소의 농도가 공기의 1/40인 물속에서는 어떨까? 우리가 어머니 뱃속에 있던 태아 때가 이에 해당한다. 게다가 태아는 성인보다 혈액의 양도 적다. 가장 큰 문제는 양수라는 물속에서 산소를 얻어야 한다는 것이다. 태어난 이후 사람들이 α_1와 β라는 두 가지의 사슬로 구성된 헤모글로빈을 지니고 있는데 반해, 태아는 α_2와 γ라는 사슬로 구성된 헤모글로빈을 지니고 있다. 태아의 헤모글로빈은 β 사슬과 72% 비슷하지만 산소와의 결합력을 감소시키는 2,3-BPG라는 분자가 없는 γ 사슬 덕분에 동일한 산소 농도에 대해 훨씬 크게 산소에 대한 친화력을 나타낸다.

핵심 체크 Key Point

아래에 열거된 개념 또는 용어들을 '문제'라고 가정하고 답을 작성해 보자.

38.1 개념을 이해했다면?
생명체에서 부피 대비 표면적 비율을 증가시키는 구조를 나열하고 그 기능을 생각해 보자.

기체교환과 호흡표면

- 기체교환(gas exchange)이란?
  - ✔ 호흡(breathing), 기체교환, 세포호흡(respiration) 등 각각의 역할과 의미 구분
  - ✔ 많은 무척추동물과 모든 척추동물의 특수화된 호흡표면에서 기체교환이 일어나는 이유
- 산소의 이동 원리
  - ✔ 산소분압과 산소 이동의 관계
  - ✔ 호흡매개체(respiratory medium)의 종류와 각각의 특징

동물의 입장에서 호흡매개체로서의 공기와 물이 지닌 장단점을 비교

- ✔ 호흡표면(respiratory surface)의 특징과 종류

■ 해면동물, 강장동물, 편형동물 등에게 호흡기관이 따로 필요하지 않은 이유

■ 수생동물의 아가미(gill)

- ✔ 환기(ventilation)의 역할
- ✔ 역류교환(counter current exchange)의 원리

■ 곤충의 기관계

- ✔ 기관계(treacheal system)를 이루는 구조
- ✔ 기체교환을 위한 기관계의 작동원리

■ 폐(허파, lung)와 포유동물의 호흡계

- ✔ 폐를 지닌 동물의 예
- ✔ 아가미가 없는 척추동물의 종류에 따른 폐의 활용 정도 차이: 양서류, 파충류
- ✔ 포유류 호흡계 구성 기관: 후두(larynx), 성대(vocal cord), 기도(trachea), 기관지(bronchus), 소기관기(bronchiole), 폐포(허파꽈리, alveolus)
- ✔ 포유류 호흡계의 각 기관의 역할과 기체교환이 일어나는 장소

38.2 개념을 이해했다면?
코로 흡입된 공기가 통과하는 우리 몸의 호흡기관을 순서대로 나열해 보자.

흡수된 공기가 이동하는 경로를 추적(기관들의 순서로 설명)

숨쉬기, 폐의 환기

■ 숨쉬기(breathing)의 의미

■ 양서류의 숨쉬기인 양압숨쉬기(positive pressure breathing)의 특징과 과정

■ 포유류의 숨쉬기

- ✔ 음압숨쉬기(negative pressure breathing)의 특징과 과정
- ✔ 횡격막(가로막, diaphragm)의 구조와 기능
- ✔ 일회호흡량(tidal volume), 폐활량(vital capacity), 잔기량(residual volume) 등의 의미

✔ 폐활량과 잔기량이 건강 척도의 한 요소인 이유

포유류의 들숨과 날숨 과정을 설명

38.3 개념을 이해했다면?
만약 새들이 담배를 피운다면 인간과 어떤 점에서 다를까?

- 조류의 숨쉬기
  - ✔ 곁기관지(parabronchi)의 구조와 역할
  - ✔ 조류의 숨쉬기 동안 공기의 이동경로
- 인간의 호흡조절
  - ✔ 호흡조절중추(breathing control center)인 뇌 부위는?

호흡조절의 전반적인 과정에 대해 설명

호흡색소

- 기체의 분압(partial pressure)과 기체의 확산방향의 관계
- 호흡색소(respiratory pigment)의 역할과 종류
  - ✔ 헤모시아닌(hemocyanin)의 특징과 관련 동물
  - ✔ 헤모글로빈(hemoglobin)의 구조

산소와 헤모글로빈의 결합 양상을 해리 곡선을 그려 설명

38.4 개념을 이해했다면?
체내의 CO_2 농도가 높아지면 체내 조직에 O_2 공급이 늘어난다. 그 이유는?

- 보어효과(Bohr shift)의 정의
- 이산화탄소의 수송방식
- 잠수동물과 미오글로빈(myoglobin)의 역할

주 요 내 용 Key Information

38.1 호흡, 기체교환이란?

- 호흡과 세포호흡
  - ▶ 동물이 필요로 하는 산소를 얻는 과정을 **호흡**(breathing) 또는 **숨쉬기**라 하는데, 과정을 통해 **기체교환**이 이루어진다.
  - ▶ 기체교환으로 **세포호흡**(cellular respiration)에 필요한 산소가 공급되고 이산화탄소는 배출된다. 즉, 흡수된 산소는 미토콘드리아에서 생체에너지인 ATP를 생산하는 산화적 반응에서 최종 전자수용체로 사용된다.
- 호흡매개체와 호흡표면
  - ▶ **호흡매개체**인 공기는 또 다른 호흡매개체인 물보다 40배 정도 높은 농도의 산소분자를 포함하고 있다. 또한 **산소**는 물속보다 공기 중에서 빨리 확산된다. 공기는 물보다 밀도가 낮고 점도가 낮아서 기체교환 표면을 지나는 데에 필요한 에너지가 상대적으로 적다.
  - ▶ 수생동물에서의 호흡매체는 물이고 육상동물에서의 호흡매체는 공기이다.
  - ▶ 육상동물은 호흡표면이 마르는 것을 방지하도록 습한 호흡표면을 지니게 적응되어 기체교환이 이 특수화된 호흡표면에서 일어난다.
  - ▶ 호흡표면은 한 층의 상피세포로 형성되는데, 몸과 호흡매체 사이의 경계면을 이룬다.
  - ▶ 호흡표면은 매우 얇아 확산율을 증진시키고 표면적이 넓어서 확산할 수 있는 면적이 늘어나 호흡매체로부터의 산소(O_2)가 효과적으로 호흡표면을 가로질러 들어가고 이산화탄소(CO_2)는 효과적으로 방출된다.

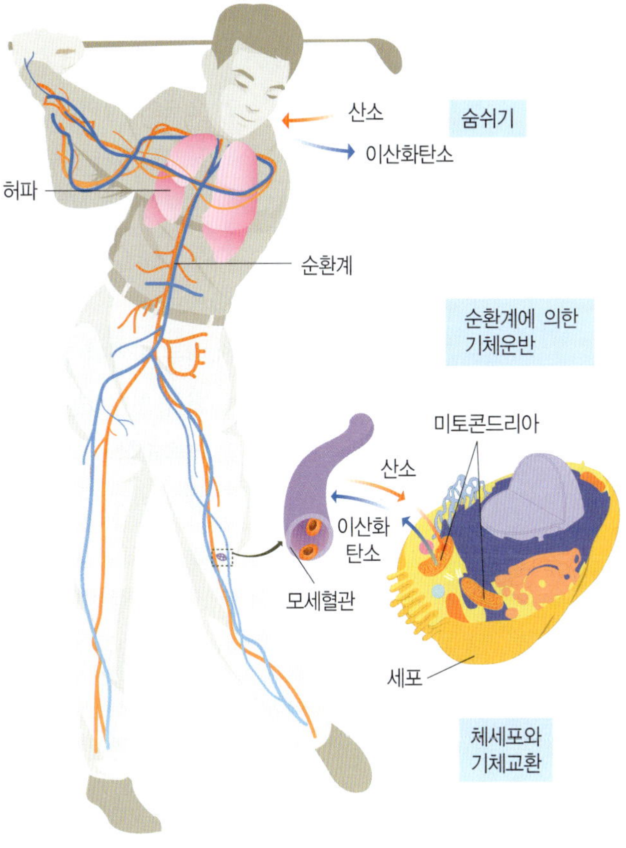

그림 38.1 기체교환의 3단계

38.2 동물은 종에 따라 호흡을 위해 각기 다른 적응 장치를 갖는다

- 기체교환을 위한 기관계를 **호흡계**라고 하는데, 다음의 특징을 지닌다.
  - ▶ **기체교환**은 호흡표면 바깥 면에서 일어나는 호흡매체의 흐름이다. 호흡계로 호흡매체가 순환하지 않고 정체되어 있으면 한번 들어온 O_2는 소모되어 O_2 농도는 줄

고 CO_2는 계속 증가하여 생명유지에 필요한 최소 산소치 이하로 떨어지게 된다.

▶ **관류**를 통해 호흡표면 내부에서 혈액 또는 여러 액체들이 끊임없이 흐르면서 내부와 외부면 사이에 O_2와 CO_2의 확산이 지속된다.

▶ 대부분의 동물은 **호흡표면적을 증가**시켜서 교환되는 기체의 양을 증가시킨다. 폐의 경우, 수많은 폐포를 지니고 각 폐포에는 또한 수많은 주름들이 있어 호흡표면적이 매우 넓다.

● 아가미

▶ **아가미**로 호흡하는 수중동물은 피부로 호흡하는 동물보다 효과적으로 기체교환한다.

▶ **내부아가미 vs. 외부아가미**

1) 내부아가미를 갖는 수중동물은 덮개로 아가미를 보호할 수 있어 다양한 서식지에서 산다.

2) 오징어, 상어, 연체동물, 대부분의 갑각류, 조개류 등이 내부아가미를 갖는다.

3) 보호덮개가 없는 **외부아가미**를 가진 수중동물은 비교적 잘 보호 받을 수 있는 수생환경에서만 제한적으로 산다.

4) 환형동물, 연체동물 등이 외부아가미를 갖는다.

▶ 역류교환

1) 내부 아가미를 갖고 있지 않은 많은 동물들은 역류흐름을 이용함으로써 기체교환을 최대화한다.

2) **역류교환**을 통해 호흡표면 아래에 있는 혈류의 흐름이 아가미로 흐르는 물의 방향과 반대방향으로 이동한다.

3) 물에 녹아 있는 O_2가 아가미를 통해 흐르면서 이와 반대방향으로 흐르는 탈산소화된 혈액으로 O_2가 확산된다.

4) 역류교환을 통해서 아가미 위를 흐르는 물의 O_2 양 중 80~90%가 흡수된다.

● 곤충의 기관계

▶ 곤충은 **기관계**를 통해 기체를 교환한다.

▶ 기관들은 동물의 외부 상피세포의 함입으로서, 곤충의 외골격 물질인 키틴으로 둘러싸여 강화되고 보호된다.

▶ 기관은 몸 표면에서 시작하여 동물 내부로 광범위하게 가지를 치고 있다.

▶ 기관계에서 밖으로 통하는 **기문**이라는 구멍을 통해 공기가 출입한다.

▶ 기문은 **기낭**을 압축 또는 팽창시켜 공기를 기관계 안팎으로 펌프하는 몸운동을 통해 열리고 닫힌다.

▶ 기관의 미세한 가지들을 **기관세지**라 하는데, 이것이 곤충의 호흡표면을 형성한다.

▶ 기관세지는 액체로 채워진 매우 작은 말단부를 가지고 있는 끝이 막힌 관으로서, 공기는 이곳까지 수송되고 기체교환은 이 말단부에 접촉하고 있는 세포들의 원형질막을 가로질러 일어난다.

● 폐를 통한 기체교환

▶ **폐**는 몸 안에 위치해 있으며 함입된 구조를 갖는다.

▶ 양서류, 조류, 포유동물의 폐는 수많은 주머니와 주름을 가지고 있어 호흡표면적이 넓고 호흡표면에 조밀한 모세혈관망이 있다.

▶ 포유류의 경우 코를 통해 들어온 공기는 **후두**와 **인두**를 지나 **기도**, **기관지**, **소기관지** 그리고 기체교환이 일어나는 장소인 폐포까지 이동한다. 각 기관의 역할과 특징은 다음과 같다.

1) 내쉬는 공기가 후두에 있는 한 쌍의 **성대**를 통해 나간다.

2) 후두로부터 C자형 연골로 둘러싸인 기도로 공기가 이동

3) 기도는 2개의 기관지로 나뉘어 좌우로 연결된다.

4) 소기관기는 좀 더 가는 기관지이다.

5) 폐포는 소기관지 끝부분의 공기주머니이다.

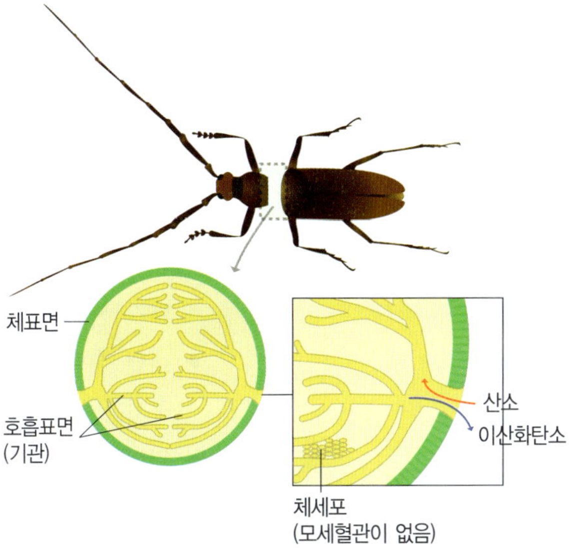

그림 38.2 기관

38.3 숨쉬기, 폐의 환기

● 숨쉬기의 방식

▶ 폐어와 개구리 등의 양서류는 입에 공기 압력을 형성하고 기도를 통해 집어넣는 **양압력**을 이용하여 폐를 환기시킨다.

▶ 파충류와 포유류는 **음압**을 이용하여 숨을 쉰다. 즉, 갈비뼈가 앞으로 이동하고, 횡경막(가로막)이 수축하면서 아래로 이동하여 폐의 부피가 커지도록 만들어 음압을 형성함으로써 공기가 밖으로부터 폐 안으로 들어 오게 한다. 이와 같은 들숨에 비해 날숨은 수동적인 과정이다.

▶ 새들은 폐 외에도 8~9개의 공기주머니가 있어 폐에 공기가 계속 흐르도록 한다. 공기는 폐를 한 방향으로 흐르기 때문에 매번 공기를 들이마실 때마다 폐에는 새로운 공기가 들어차게 된다. 끝이 막히지 않은 구조인 곁기관지가 기체교환이 일어나는 작은 통로로서 관여한다.

● 포유동물의 호흡계

▶ 공기가 처음으로 들어오는 코나 입을 보면 코에는 콧털과 점막, 입에는 점막이 있어 공기 안에 있는 먼지나 이물질을 가두어둔다. 또한 안쪽에 체온과 습기로 인해 공기가 따뜻하고 습해지게 된다.

▶ 그 이후로 인두 → 후두 → 기관지 → 소기관지 → 폐포로 이동하게 된다.

▶ 인두, 기관, 기관지는 비근육성 관으로 이런 관에는 링 모양 연골이 있어서 압축으로부터 보호받는다.

▶ 코, 인두, 기관, 기관지 내면의 상피조직은 섬모를 가지고 있으며 점액을 분비하는 세포들이 있다. 이런 점액은 박테리아, 먼지, 꽃가루 같은 이물질을 고정하여 섬모의 박동에 의해 목구멍 위로 이동시키는 역할을 한다.

● 인간의 호흡 역학

▶ 공기를 들이마실 때에, **횡격막**이 아래로 수축하여 편평해지고 갈비뼈 사이에 있는 외늑간근의 수축으로 인해 갈비뼈를 바깥쪽과 위쪽으로 끌어당겨 폐의 공기압을 대기의 공기압보다 낮춰 대기의 공기가 폐로 들어가게 된다.

▶ 내쉴 때에는 횡격막과 갈비뼈 사이에 있는 근육이 이완되어 폐의 탄력성 반동으로 공기가 방출된다.

▶ **일회호흡량**은 호흡 시 폐에 들어가고 나오는 공기의 양으로 사람의 경우 대개 500 mL 정도이다.

▶ **폐활량**은 운동이나 흥분에 의해 몸의 산소 요구량이 늘어날 때 일회호흡량으로 폐가 최대로 채워진 후 뱉어낼 수 있는 최대부피이다.

▶ 정상 호흡 후에 폐에 공기가 남아 있게 되는데 이 공기의 부피를 잔기량이라 한다.

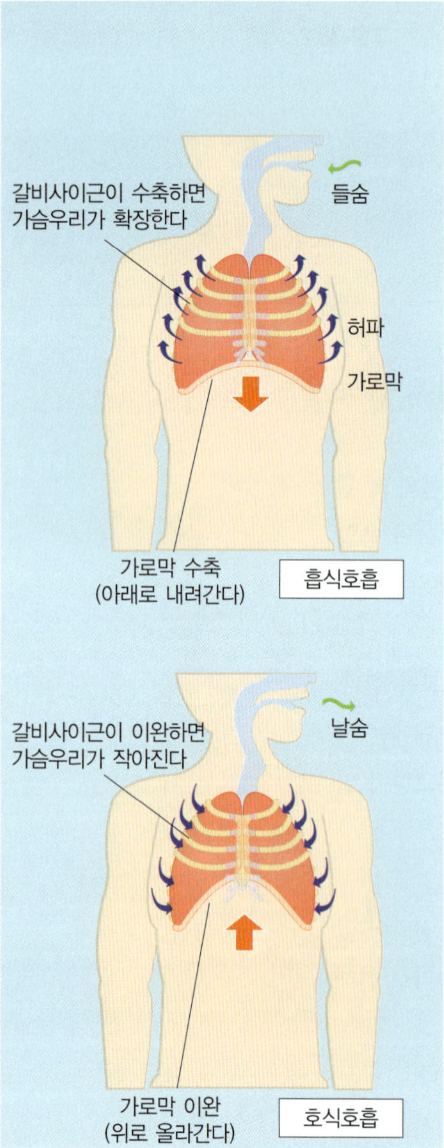

그림 38.3 사람이 숨 쉬는 방법

● 연수와 뇌교에 있는 **호흡조절중추**가 호흡을 조절한다.

▶ CO_2가 증가하면 이들 중추의 민감한 화학수용기가 자극을 받는다. 이들은 또한 수소이온과 매우 낮은 O_2 농도에 대하여 반응한다.

▶ O_2와 CO_2는 폐포와 혈액 사이에서 확산으로 교환된다. 기체의 압력이 확산의 방향과 속도를 결정한다.

▶ **달톤의 분압법칙**에 따르면 기체혼합물의 총 압력은 개개 기체압력의 합이다. 따라서 기체혼합물에서 각 기체는 마치 하나의 기체만 있는 것처럼 분압을 나타낸다.

38.4 호흡색소와 기체분자의 수송

● 기체교환과 수송 메커니즘

▶ 기체교환은 **분압**의 차이에 의해 일어난다.

▶ 분압은 대기에 존재하는 모든 기체 중에 한 기체가 기여하는 부분적인 압력이다. 전체 대기압은 760 mmHg이고 대기 중의 O_2의 비율이 21%이면 O_2의 분압(pO_2)은 $760 \times 21/100 = 160$ mmHg이다.

▶ 폐로 가는 탈산소화된 혈액의 O_2 분압은 폐에 있는 O_2의 분압보다 항상 낮고, CO_2는 그 반대이다. 따라서 O_2는 폐에서 혈액으로 CO_2는 혈액에서 폐로 이동한다.

● 체내에서 O_2는 체액에 용존되는 정도가 낮아 확산만으로 체액을 통해 이동하려면 매우 비효율적이다.

한 토막 생물 뉴스

수면무호흡증

우리는 깊은 숙면에 빠지면 몸에서 무슨 일이 일어나는지 잘 모른다. 수면 중에 10초 이상 호흡이 멈추어지는 경우가 30회 이상 일어날 때 수면무호흡증이라고 진단한다. 수면무호흡증은 3가지로 분류되는데, 뇌호흡중추의 기능장애로 생기는 경우를 중추성 무호흡증이라 하고, 상기도가 폐쇄됨으로써 생기는 무호흡증을 폐쇄성 무호흡증이라 부르며, 그리고 이 두 유형이 혼합되어 나타나는 경우를 혼합형 무호흡증이라 한다. 치료방법은 심하지 않은 경우 잠자는 위치를 조절하거나 호흡기능을 억제하는 요인들을 제거해야 한다. 특히 비만인 경우에 발생하는 수면무호흡증은 반드시 살을 빼서 증상을 없애야 한다.

- ▶ O_2와 기체의 수송을 효율적으로 수행하는 것이 **호흡색소**의 역할이다.
- ▶ 기체분자는 호흡색소에 결합하여 이동한다.
- ▶ 호흡색소는 기체분자의 수송을 도와주고 pH 변화에 대한 완충 역할을 한다.
- ▶ 대부분의 절지동물과 연체동물들이 구리를 함유한 **헤모시아닌**, 척추동물과 여러 무척추동물들이 철을 함유한 **헤모글로빈**을 가지고 있다.

● 헤모글로빈(Hb)

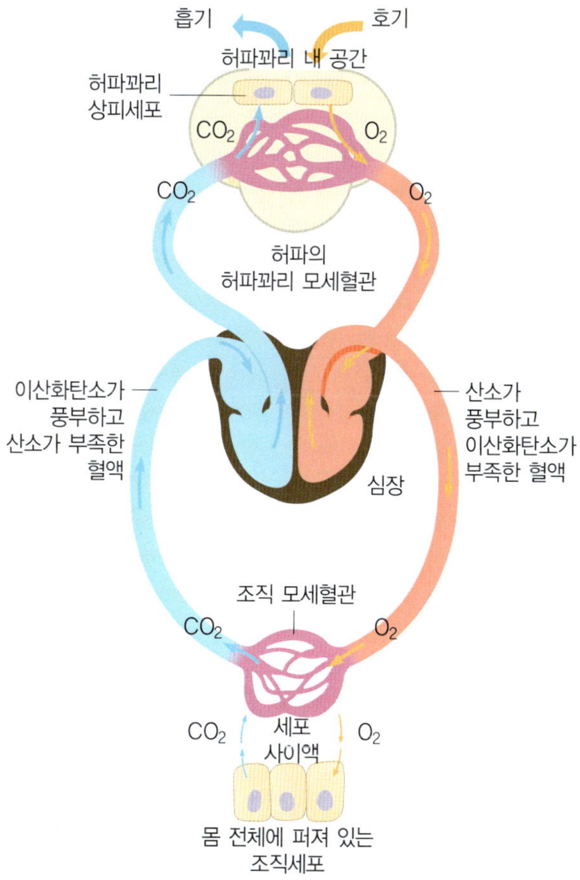

그림 38.4 체내 기체운반과 교환

- ▶ 적혈구에는 Hb이 존재하여 적혈구가 적색을 띠게 된다.
- ▶ Hb에는 4개의 헴(heme)그룹이 있고 헴그룹에는 O_2와 가역적으로 결합할 수 있는 철분자가 있다. 따라서 Hb 한 분자는 4개의 O_2와 가역적으로 결합할 수 있다.
- ▶ pH가 떨어지면 Hb의 O_2에 대한 친화도가 떨어지는(따라서 더 많은 산소가 Hb로부터 유리되는) 현상인 **보어효과**를 나타난다.
- ▶ Hb은 CO_2의 수송도 일정 부분 담당한다.

- 호흡의 달인(?)들
  - ▶ 가지뿔영양은 많은 양의 O_2를 사용할 수 있어서 장시간 빠른 속도로 달릴 수 있는 능력이 있다.
  - ▶ 공기로 숨을 쉬는 잠수동물들은 한번에 많은 양의 공기를 마시고 천천히 소모한다.
- 오염된 공기를 마시면 **기관지 수축**이 일어나고 점액분비가 증가하며 섬모세포가 손상을 입고 기침을 하게 된다. 따라서 오염된 공기나 담배연기를 지속적으로 마시면 만성 기관지염, 폐기종 및 폐암 등이 유발될 수 있다.

39 동물의 방어

왜 다양한 항체를 준비해야 하는가?

모든 생물은 다른 생물과 상호작용하며 살아간다. 상호작용의 종류에는 여러 가지가 있는데, 그 중 방어와 연관하여 생각할 수 있는 것이 기생이다. 대개 기생하는 생물들은 숙주에 비해 빠른 시간 내에 변형이 가능하다. 기생생물들의 세대기간은 매우 짧은 반면 사람을 비롯한 숙주 생물들의 세대기간은 대부분의 경우 상대적으로 매우 길다. 기생생물은 세대기간이 짧아 다양한 유전적 조성을 갖는 많은 자손을 낳을 수 있다. 대장균의 경우, 하루 동안 사람의 대장에서 거의 10억 마리 정도가 새로 태어나고 이들 중 돌연변이에 의한 변이는 수천 종류가 가능하다. 다른 종류의 세균도 마찬가지일 것이다. 이렇게 세균을 비롯한 많은 미생물은 막강한 변이를 준비하여 숙주를 공격할 수 있다. 따라서 숙주는 변화무쌍한 기생생물에 대응할 대책을 마련해야 한다. 그 대책이란 한 세대 기간 동안 준비할 수 있어야 하는 것으로 매우 다양한 항원에 대한 다양한 항체의 준비가 될 것이다.

핵심 체크 Key Point

아래에 열거된 개념 또는 용어들을 '문제'라고 가정하고 답을 작성해 보자.

선천성면역과 후천성면역

- 선천성면역(innate immunity)의 정의와 특징
  - ✓ 무척추동물과 척추동물의 면역 차이점
  - ✓ 선천성면역의 종류

후천성면역(acquired immunity)의 정의와 선천성면역과의 차이점

- ✓ 림프구(lymphocyte)의 종류와 기능

✓ 항원(antigen), 항체(antibody)의 정의와 기능

■ 외부 방어 장치의 종류

✓ 물리적 장벽의 종류와 기능

✓ 화학적 장벽의 종류와 기능

✓ 리소자임(lysozyme)의 역할

■ 내부 방어에서 세포들의 역할

✓ 식세포작용(phagocytosis)의 정의와 관여 세포의 종류

✓ 호중구(neutrophil)의 역할

✓ 대식세포(macrophage)의 역할

✓ 단핵구(monocyte)의 역할과 대식세포와의 관계

✓ 호산구(eosinophil)의 역할

✓ 수지상세포(dendritic cell)의 역할과 대식세포와의 차이점

✓ 자연살생세포(natural killer cell)의 역할

식세포작용을 하는 세포의 종류와 특징

■ 내부 방어에서 화학물질의 역할

✓ 보체계(complement system)를 이루는 단백질 종류와 기능

✓ 인터페론(interferon)의 역할

✓ 케모카인(chemokine)의 종류와 역할

✓ 시토카인(cytokine)의 종류와 역할

✓ 인터루킨(interleukin)의 기능

✓ 종양괴사인자(tumor necrosis factor)의 기능

39.1 개념을 이해했다면?
우리 몸을 침입하려는 세균의 입장에서 극복해야 할 선천성면역의 각 단계를 설명해 보자.

염증반응(inflammatory response)의 정의와 진행 과정

■ 바이러스 침투에 대응하는 우리 몸의 방법

후천성면역의 특이성, 적응성

■ B세포와 T세포의 제작과 성숙 과정

B세포와 T세포의 종류와 역할 비교

✔ 위 세포의 발생 과정에서 일어나는 유전자 재배치 과정

림프구가 다양한 항원특이성을 나타내는 이유

✔ 림프구가 자기반응성을 나타내지 않는 이유

✔ 항원(antigen)과 항원결정기(antigenic determinant, epitope)의 정의

■ B세포 항원수용체

✔ 항원수용체(antigen receptor)의 정의와 특징

✔ B세포수용체(B cell receptor)의 구조와 이 분자들이 다양한 이유

✔ 중쇄(heavy chain)란?, 경쇄(light chain)란?

✔ 면역글로불린(immunoglobulin)의 정의와 구조, B세포 수용체와의 차이

■ T세포 항원수용체의 구조와 특징

■ MHC의 역할

✔ 주조직적합복합체(major histocompatibility complex, MHC)의 정의와 역할

✔ 항원 제시(antigen presentation)의 정의와 과정

✔ I형과 II형 MHC 분자(Class II MHC molecules)의 분포와 역할 비교

✔ 항원제시세포(antigen-presenting cell)의 종류와 역할

림프구의 클론선택

✔ 클론선택(clonal selection)의 정의와 과정

✔ 효과기세포(effector cell)의 성질과 기능상 특징

기억세포(memory cell)의 역할과 의미

✔ 1차 면역반응(primary immune response)의 의미와 과정

✔ 형질세포(plasma cells)의 정의와 역할

✔ 2차 면역반응(secondary immune response)의 과정과 특징

39.2 개념을 이해했다면?
1차 면역반응과 2차 면역반응을 비교하여 설명해 보자.

체액성면역과 세포성면역

39.3 개념을 이해했다면?
도움T세포가 항원을 인식한 이후의 과정을, 체액성과 세포성으로 나누어, 정리해 보자.

■ 보조 T세포(helper T cell, T_H cell)의 활성화와 면역반응에서의 역할

■ 체액성 면역반응(humoral immune response)이란?

✔ B세포의 활성화 및 클론선택 과정

✔ 면역반응에서 B 세포의 역할

✔ 5가지 면역글로불린의 종류와 각각의 기능

✔ 단일클론항체(monoclonal antibody)의 정의와 생성 과정

항체에 의한 항원 제거 방식의 예와 과정 = 옵손화(opsonization), 중화작용(neutralization), 보체활성화

39.4 개념을 이해했다면?
특정 항원에 의해 선택된 특정 항체가 짧은 시간 내에 급증하는 과정을 설명해 보자.

✔ 막공격복합체(membrane attack complex)의 형성과 세포용혈 과정

■ 세포성 면역반응(cell-mediated immune response)이란?

✔ 세포독성 T세포(cytotoxic T cell, T_c cell)의 활성화 및 클론 선택 과정

✔ 세포독성 T세포(T_C cell)의 활동 과정과 대상 세포의 종류

체액성면역과 세포성면역 비교

■ 능동면역과 수동면역

✔ 능동면역(active immunity)의 정의와 예

✔ 예방접종(vaccination)과 면역(immunization)의 정의와 효과

✔ 수동면역(passive immunity)의 정의와 예

39.5 개념을 이해했다면?
뱀이나 미친 개에게 물렸을 경우, 무엇부터 해야 할지 생각해 보자.

면역계 관련 문제

■ ABO식 혈액형 간의 수혈 허용 여부와 그 이유

■ Rh형이 다른 산모와 태아의 면역반응이 문제되는 경우와 해결책

■ 조직 또는 기관이식 때 발생하는 문제점의 원인과 해결책

✔ 이식편대 숙주반응(graft versus host reaction)이란?

알러지(allergy) 반응의 정의와 생성 과정

✔ 히스타민(histamine)의 정의와 기능

✔ 비만세포(mast cell)와 IgE의 기능

✔ 알러지의 원인과 치료 방법

✔ 과민성 쇼크(아나필락시스 쇼크, anaphylactic shock)란?

■ 자기면역질환(autoimmune disease)의 원인과 증상

■ 중증복합면역부전증(severe combined innunodeficiency, SCID)의 원인과 증상

■ 후천성면역결핍증(acquired immunodeficiency syndrome, AIDS)의 원인, 증상과 대책

39.6 개념을 이해했다면?
HIV의 감염을 막을 수 있는 예방책을 기술해 보자.

Key Information 주요내용

39.1 동물은 면역계를 통해 병원체, 독성물질 및 기타 해로운 물질로부터 자기 자신을 방어한다

- 동물의 내부 방어반응은 **면역학**의 연구대상이다.
- **면역반응**은 외부물질 또는 유해한 거대분자를 인식하여 제거한다. 면역반응은 선천성과 후천성으로 나누어진다.
- **선천성면역** 또는 **비특이적 면역반응**
  - ▶ 이미 태어날 때부터 확보된 것으로
  - ▶ 전반적으로 병원체, 일부 독성물질과 암세포에 대응해 즉각적으로 방어한다.
- **후천성면역** 또는 **특이적 면역반응**은 적응면역이라고도 한다.
  - ▶ 매우 특이적이어서 침투한 특정 병원체를 기억하여, 두 번째 침투에 더 효과적이고 특이적으로 방어한다.
  - ▶ 미생물, 비정상적인 체세포 또는 여러 외래물질들로부터 유래한 항원분자는 면역계의 세포에 의해 특이적으로 이종 또는 위험 물질로 인식된다.

39.2 선천성면역은 감염에 대한 폭넓은 방어를 가능하게 한다

- 인체에서 최초로 노출된 병원체에 대한 면역이 형성되는 기간은 7~10일 정도다. 이 기간 동안 선천성면역은 많은 병원체의 침입에 즉각적으로 대응한다.
- 무척추동물의 면역
  - ▶ 대부분 선천성이지만 자기세포와 비자기세포를 구분하는 후천성인 경우도 있다.
  - ▶ 무척추동물은 물리적 장벽(표피, 피부 점액막), **식세포작용**, **항균성펩티드**, 용해성 분자와 같은 선천성 면역반응에 의존하여 병원체를 파괴한다.
  - ▶ 곤충은 여러 면에서 척추동물의 선천성 방어와 유사한 메커니즘으로 자신을 보호한다.
- 1차 방어: 물리적, 화학적 장벽
  - ▶ 우리 몸의 외부는 피부로 둘러싸여 있다. 외부와 연결되는 내부 기관 벽에 있는 상피조직은 밀착연접으로 해당 표면에 연결되어 장벽을 형성한다.
  - ▶ **표피점막**은 화학적 장벽으로도 작용하는데, 척추동물의 경우, 피부와 호흡기, 소화기를 따라 분비된 점액 등이 해당한다.
  - ▶ 위에서 분비되는 산성 용액, 피부에서 분비되는 땀과 피지에 담긴 리소자임(세균의 세포벽 파괴) 등이 병원균의 감염을 억제한다.

▶ 상피세포는 미생물 병원체의 침입에 대응하여 디펜신이라 불리는 항미생물 펩티드를 분비한다.

● 병원체가 1차 방어를 무너뜨리면, 또 다른 비특이적 방어가 활성화된다.

▶ 병원체를 파괴하는 항균성 펩티드, 조절 펩티드 및 단백질을 포함한 수용성 분자들은 면역반응에서 중요하다.

▶ **시토카인**은 세포 사이의 상호작용을 조절하는 신호성 단백질의 총칭이다.

1) **인터페론**은 바이러스의 복제를 저해하고 자연살생세포를 활성화시킨다.

2) **인터루킨**은 림프구와 몸의 다른 세포들 사이의 상호작용을 조절한다.

3) **케모카인**은 면역계의 특정 세포들의 움직임을 유도, 활성화시킨다.

4) **종양괴사인자(TNF)**는 종양세포를 죽이고, 면역세포들이 염증 반응을 개시하도록 자극한다.

▶ **보체** 단백질은 30여 종의 혈청 단백질로 구성되어 있는데, 병원체의 세포벽을 녹이거나 병원체를 감싸 식세포작용을 강화시키고 백혈구를 감염부위로 유인한다. 이러한 작용은 염증반응을 증가시킨다.

● **식세포작용**을 수행하는 다양한 세포

▶ 감염부위에 침투하여 미생물이나 조직 잔해를 섭취하는 **호중구**는 전체 백혈구의 60~70%를 차지하지만 수명이 짧다.

▶ **호산구**는 기생충과 알러지원에 대한 방어에 중요한 역할을 한다.

▶ **대식세포**는

1) 감염세포, 병원체, 상처조직의 세포잔존물 등을 섭취하고 면역반응을 수행하는 림프구의 활성화를 돕는다.

2) 수명이 길어 식세포작용에서 차지하는 비중이 크다.

3) 혈액 내에 백혈구 중 대략 5%를 차지하는 **단핵구**로부터 분화된다.

▶ **수지상세포**는 대식세포처럼 식세포작용을 하지만 주된 역할은 후천성면역의 유발이다.

▶ **자연살생세포**

1) 바이러스에 감염된 세포와 외부에서 침입한 세포 또는 암세포와 같이 변형된 세포들을 파괴한다.

2) 대식세포 등 여러 백혈구를 자극하여 감염세포, 병원체, 세포잔해를 더 잘 섭취하게 한다.

3) 인터페론에 의해 활성화되면 퍼포린 단백질을 분비하여 세포에 구멍을 내(이온을 유출시켜 삼투압 균형을 깨뜨려) 표적세포를 파괴한다.

4) 프로테아제를 표적세포 내로 분비하여 세포자살 또는 예정세포사를 유발한다.

▶ **호염구**는 혈액에 존재하며 알러지 반응에서 면역글로불린 E(IgE) 항체와 반응하여 염증을 유발하는 히스타민을 분비한다.

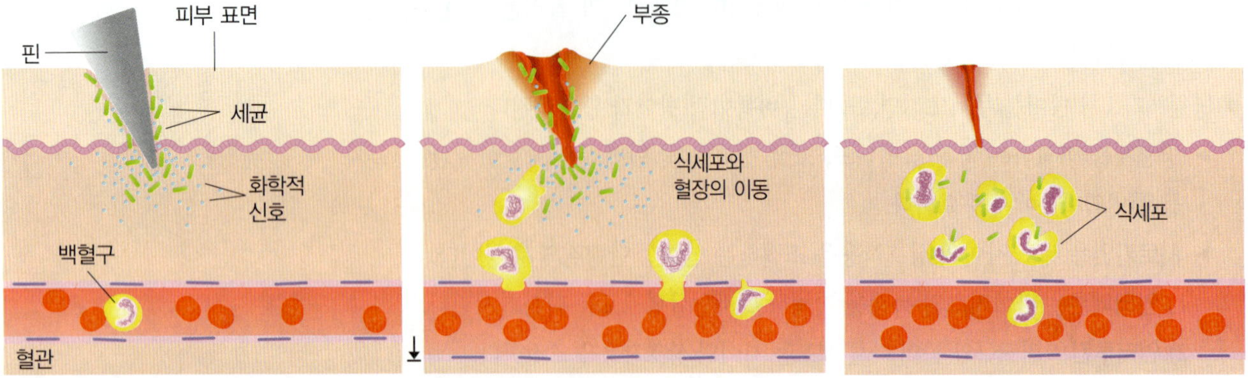

그림 39.1 염증반응

- **염증반응**
  - ▶ 상처가 나면 주변에 있던 단핵구가 도착해 대식세포로 분화한다. 대식세포 표면의 수용체 단백질이 병원체 표면의 단백질에 결합하면 대식세포는 활성화되어 병원체를 먹는다. 활성화된 대식세포는 다양한 시토카인을 분비한다.
  - ▶ 감염부위에서 병원체 때문에 세포가 파괴되면 비만세포들이 활성화된다. 비만세포들은 히스타민을 분비하여 시토카인과 함께 감염부위 주변의 혈관을 확장시켜, 감염부위로 혈액의 흐름을 촉진하고 상처조직으로 혈액이 스며들게 한다.
  - ▶ 이러한 미생물의 침입, 혈관의 팽창, 혈관의 온도 때문에 상처부위는 빨갛게 부어오르고, 열을 발산하게 된다.
  - ▶ 시토카인 또는 병원체에서 분비되는 물질이 순환 중인 호중구를 감염부위로 유인한다. 호중구는 식세포작용을 한다. 일단 대식세포나 호중구가 병원체를 먹게 되면 여러 가지 메커니즘을 통해 병원체를 파괴한다.
  - ▶ 병원체가 너무 큰 경우 대식세포, 호중구, 호산구들이 서로 뭉쳐 공격한다.
- 바이러스에 대한 방어에는 RNA 간섭, 인터페론 발생, 자연살생세포 발생 등이 있다.
  - ▶ RNA 간섭은 RNA 바이러스 생활사 중에 dsRNA가 생성되면 이를 인식하여 숙주의 microRNA가 바이러스의 mRNA를 파괴한다. 바이러스에 감염된 숙주는 이 바이러스 dsRNA에 의해 인터페론 생성이 유발된다.
  - ▶ 감염된 세포에서 만들어진 인터페론은 감염된 세포에서 이들을 만들어내는 감염세포에 직접 작용하여 바이러스 활성을 억제하는 자가분비 효과를 유도하거나, 주변에 감염되지 않은 세포를 항바이러스 상태로 만들어 바이러스 확산을 막는다.

39.3 후천성면역은 특이적이다

- 후천성면역은 우리 몸이 외래물질에 노출된 후에만 생기고, 완벽한 방어능력을 갖추기 위해서는 항체 생산 기준으로 약 2주 동안의 시간이 필요하다.
- 두 형태의 적응면역이 있다: 체액성면역, 세포성면역
  - ▶ **체액성면역**에서는 B세포에서 유래한 형질세포가 **항체**를 분비하고, 항체는 항원을 매우 특이적으로 인식하여 결합함으로써 항원을 제거한다.
  - ▶ **세포성면역**에서는 **세포독성T세포(T_c)**가 활성화되어 면역체계의 특정세포와 함께 외부에서 온 항원을 지닌 세포를 직접 공격하여 죽인다.
- 항원을 기억한다.
  - ▶ 후천성면역에서 림프구가 항원을 인식하여 활성화되면, 세포분열을 반복하여 많은 수의 동일한 **클론**을 만든다.
  - ▶ 활성화된 림프구의 클론들이 항원을 제거하고 일부는 **기억세포**로 분화하여, 나중에 같은 항원에 다시 노출되면 신속한 면역반응을 한다.

39.4 후천성면역에서는 림프구들이 감염원에 특이적인 방어를 수행한다

- 림프구의 발생
  - ▶ 척추동물의 경우, 모든 **림프구**는 **골수**에 있는 줄기세포로부터 만들어지며, 이들은 골수(B세포)나 흉선(T세포)에서 완전히 성숙된다. 항원을 인식한 후, 림프구는 비장과 림프절에서 활성화된다.
  - ▶ 발달 초기에 무작위로 유전자 재배치가 일어나 B세포 및 T세포 수용체 사슬의 특정 정보를 가진 기능유전자가 만들어진다.
  - ▶ 단일림프구에서 생산되는 모든 항원 수용체는 동일한 항원특이성을 보인다.
  - ▶ 자신의 정상단백질(MHC)에 결합하여 작용(자기반응성)할 수 있는 림프구는 죽거나 불활성화된다.
- 항원 인식
  - ▶ 항체 형성을 유발하는 외래물질을 **항원**이라 부른다.
  - ▶ 외부에서 유입된 항원은 피부를 통과한 독소, 병원체, 예방접종된 항원, 공기에 있는 분자나 음식물, 꽃가루, 이식조직 등이 있다.
  - ▶ 내부 항원으로는 감염된 숙주세포의 바이러스 유전자 또는 암세포의 돌연변이 유전자에 의해 만들어진 변형 단백질 등이 있다.
  - ▶ 항원의 작은 일부분으로 항체가 인식하는 구조를 **항원결정기**라 하는데, 림프구에 있는 수용체가 항원결정기에 특이적으로 결합한다.
  - ▶ 항원은 **B세포**와 **T세포**의 수용체에 의해 인식된다.

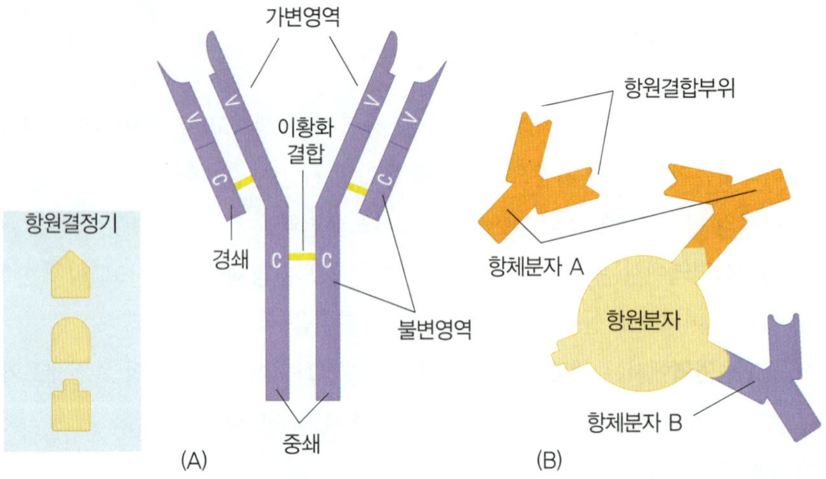

그림 39.2 항체의 구조(A)와 항원결정기에 결합한 항체(B)

1) T세포 수용체는 2개의 다른 폴리펩티드 사슬인 α와 β 사슬이 이황화결합으로 연결된 단백질이다.

2) B세포 수용체는 Y자 모양의 분자로서 4개의 폴리펩티드로 구성되며, 이황화결합으로 연결된 2개의 중쇄와 2개의 경쇄로 구성된다.

- 항체 = 면역글로불린
  - ▶ **면역글로불린**은 분비형 항체로 B세포 수용체와 구조가 유사하지만, 세포막에 고정될 수 있는 막 관통 부분이 없다. Y자형에서 두 팔이 연결된 부위는 경첩구조로 자유자재로 두 팔을 움직일 수 있도록 해준다.
  - ▶ 각 폴리펩티드 측쇄는 불변영역과 가변영역을 가지고 있다.
  - ▶ Y자형에서 꼬리부분에 해당하는 중쇄의 불변영역이 항체의 형을 결정한다. 사람에게는 5가지 항체형이 있다.

1) IgM은 5분자 중합체로 항원과 접촉 때 가장 먼저 만들어진다. 보체를 활성화시키고 대식세포의 식세포활성을 증진시킨다.

2) IgG는 순환하는 항체 중 가장 많은 항체로 항원과 결합하여 식세포활성을 촉진하고 보체계를 활성화시킨다. 동일한 항원에 다시 노출되면 가장 많이 만들어진다.

3) IgA는 침, 눈물, 모유에 존재하며, 폐, 소화계 벽을 싸고 있는 점액 등 체내의 액상 분비물에서도 발견된다. 모유에 있는 IgA는 수유 시 아기에게 전달되어 방어기능을 수행한다.

4) IgE는 피부나 위장계, 호흡계의 내표면층에 존재하는 형질세포에서 분비된다. IgE는 호염구나 비만세포에 결합된 상태로 있으며 건초열, 천식, 두드러기 발진과 같은 알러지 반응을 매개한다. 이러한 IgE에 의한 반응은 원래 기생충에 대응으로부터 유래되었다.

5) IgD는 B세포의 세포막에 박혀 있어 항원을 인식하는 수용체로 기능한다.

▶ **단일클론항체**란 하나의 항원결정기를 인식하는 항체로 세포배양을 통하여 하나의

B세포 클론을 이용하여 제조한다.

▶ 항체가 병원체의 표면항원에 부착하면, 그림 39.5의 과정을 통해 침입자를 제거한다.

● 주조직적합복합체(MHC)

▶ T세포는 **MHC**라는 세포표면 단백질에 결합된 작은 펩티드 항원을 인식한다.

▶ MHC는 합성된 후 세포막으로 이동하면서 세포 내부에서 항원 펩티드 조각과 결합하여 항원조각을 세포 표면에 노출시키는데, 이를 **항원제시**라 한다.

▶ I형 MHC 분자는 핵을 지닌 모든 세포에 존재하며, 팹티드 항원을 T_C세포에 보여준다. II형 MHC 분자는 주로 수지상세포, 대식식포 및 B세포 등 전문 항원제시세포에 존재하며 펩티드 항원을 **도움T세포(T_H세포)**에 제시한다.

● 1차 vs. 2차 면역반응

▶ 특정 항원에 의해 유도된 최초의 면역반응을 1차 면역반응이라 하며, 이때 항원이 성숙된 특정 림프구에 결합하면 해당 림프구가 증식, 분화하는 **클론선택**이 일어난다.

▶ 이후 활성화된 **효과기세포** 클론이 만들어져 면역반응을 수행한다.

▶ 동시에 1차 면역반응을 유발한 항원의 구조를 기억하는 **기억세포** 클론이 만들어지는데, 이들은 수명이 길고 훨씬 신속하며 효율적인 2차 면역반응을 일으킨다.

▶ 2차 면역반응은 1차 면역반응보다 훨씬 빠르고 강하다. 게다가 2차 반응은 1차 반응보다 소량의 항원으로도 유발되며 더 많은 항체가 생성된다. 2차 면역반응에서 만들어지는 항체는 주로 IgG형인데, 기억 B세포의 항체유전자가 IgM형에서 IgG형으로 전환되었기 때문이다.

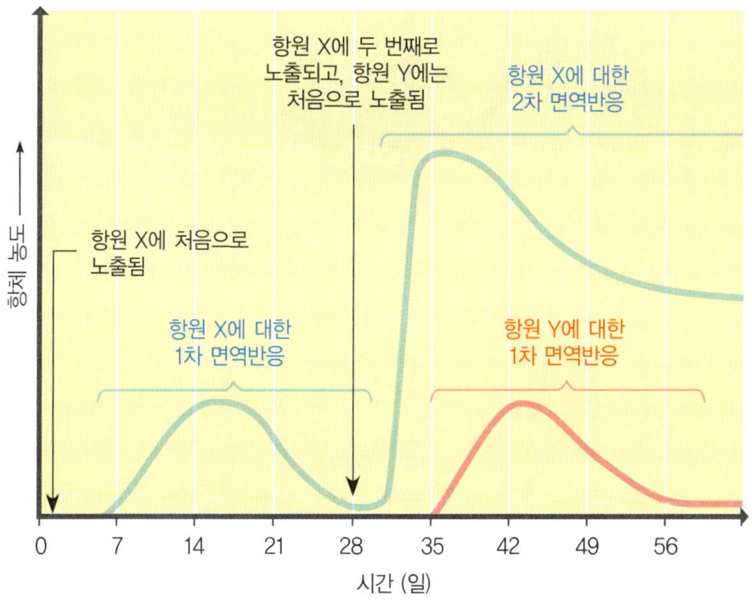

그림 39.3 면역반응의 두 단계

39.5 체액성면역 과정에서 항체가 활약한다

- 보조T세포(T_H 세포) 활성화 반응: 체액성과 세포성 면역의 준비
  - ▶ 수지상세포는 세균 등 병원체를 섭취함으로써 활성화된다.
  - → 병원체의 거대분자는 수지상 세포 내에서 분해되어 항원조각이 되는데, 이를 수지상 세포가 II형 MHC를 통하여 표면에 드러낸다.
  - → **T_H세포**는 표면에 CD4 단백질을 가지고 있다. CD4는 II형 MHC-항원복합체와 결합함으로써 T세포와 항원제시세포(수지상세포) 사이의 상호작용을 증진시킨다.
  - → 해당 T_H세포는 증식하여 하나의 T세포 클론을 형성한다.
  - → 클론 세포는 분화하여 항원에 특이적인 면역형성에 도움을 주는 T_H세포가 된다.
  - → 활성화된 T_H세포는 다른 림프구를 자극하는 여러 종류의 시토카인을 분비하여 체액성과 세포성 면역반응을 유도한다.

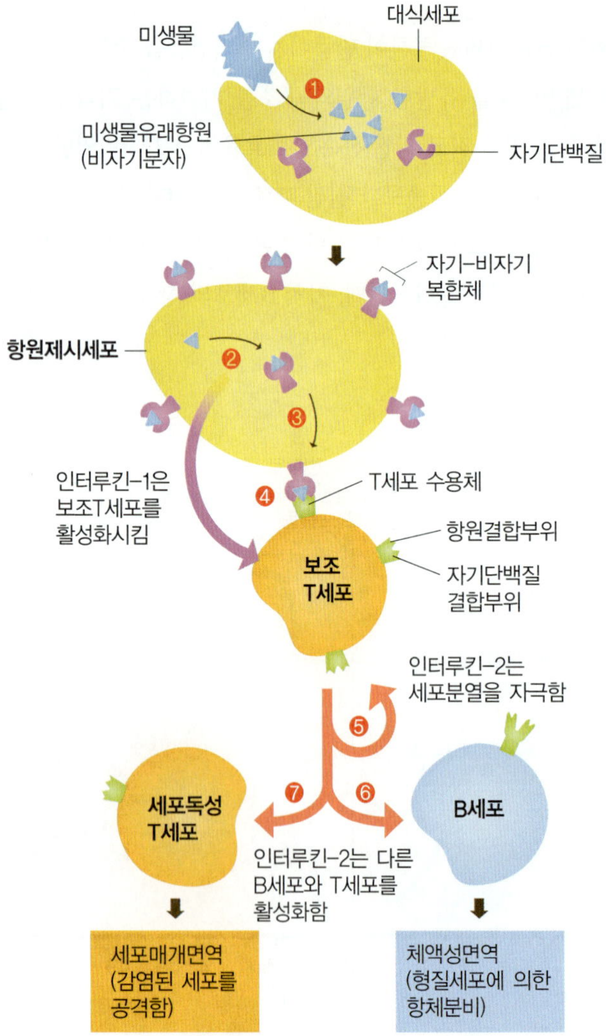

그림 39.4 보조T세포의 활성과 역할(번호는 각 단계가 일어나는 순서이다.)

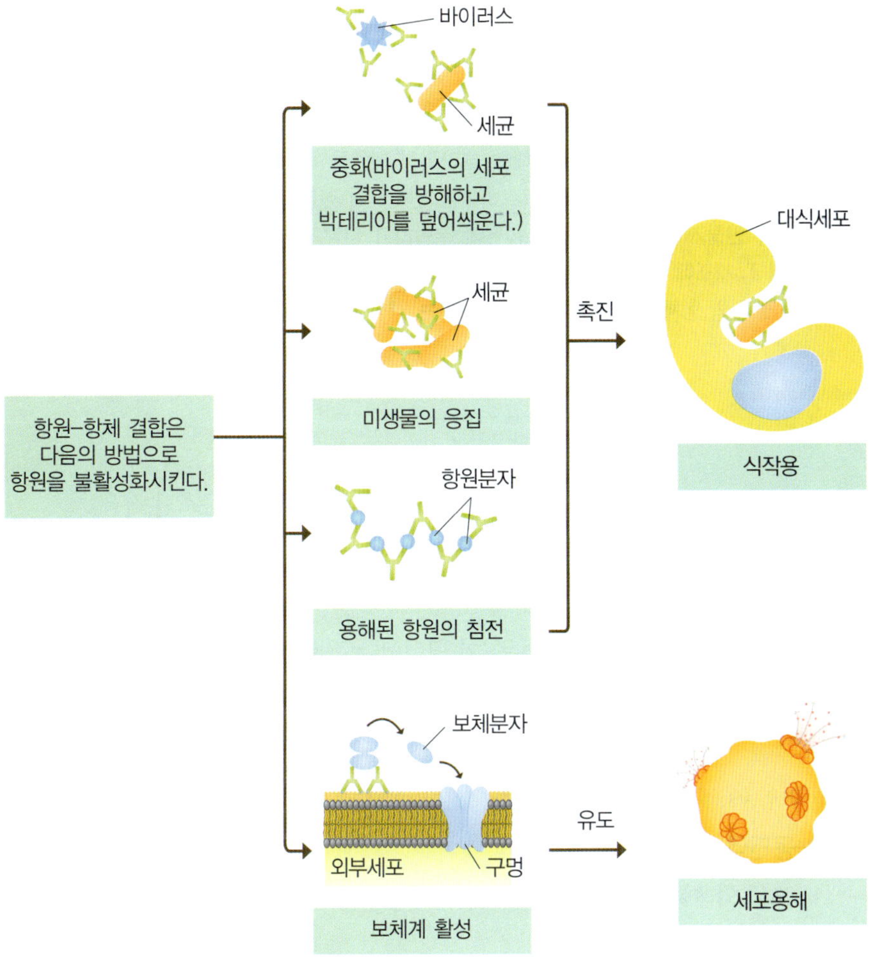

그림 39.5 체액성면역의 효과 메커니즘

- B세포 활성화 반응 단계
  - ▶ B세포의 수용체는 세균 표면의 항원을 인식하고 B세포는 그 세균을 섭취한다.
  - → 병원체의 거대분자는 B세포 내에서 항원 조각으로 분해된다.
  - → B세포는 분해된 항원을 II형 MHC에 결합한 상태로 세포표면에 전시한다.
  - → 같은 항원을 인식하는 수용체를 가진 T_H세포가 B세포를 활성화하는 시토카인(인터루킨)을 분비한다: **클론선택**이 일어난다.
  - → B세포는 증식하여 같은 클론 무리를 형성한다.
  - → 일부 B세포 클론은 항원 특이적인 항체를 생산하는 **형질세포**로 분화하고, 다른 세포는 기억 B세포로 분화한다.
- 외래항원 제거
  - ▶ 침입세균에서 만들어진 녹소분자에 항체가 결합하면 세포손상 작용이 억제된다.
  - ▶ 항체는 수많은 세균을 서로 연결하여 그물망을 형성하고 응집시킨다. 그 결과, 세균을 부동화시켜 감염의 확산을 막는다.
  - ▶ 바이러스도 응집시켜 감염의 확산을 막을 수 있다.

한 토막 생물 뉴스

면역반응의 양성되먹임 작용

면역반응은 침투해 온 특정 병원체(항원)에 대응하여 빠른 시간 내에 효과적인 대응을 하여야 한다. 특정 항원을 삼킨 수지상세포는 이 항원의 조각을 MHC 상에 노출시켜 T_H세포로 하여금 인식하게 한다. 이 T_H세포는 T_C세포뿐만 아니라 B세포를 활성화시켜 해당 항체를 만들게 한다. 항체들은 항원에 결합하고 이렇게 되면 수지상세포의 식세포 활동이 증가한다. 이 식세포활동은 다시 T_H세포에 항원을 제시하고 T_H세포에 의한 체액성면역을 더욱 활성화시켜 위 과정을 반복한다. 빠른 시간 내에 엄청난 양의 항체가 만들어지도록 작용하는 양성되먹임 작용이 작동하는 것이다.

- ▶ 항체는 식세포가 세균과 바이러스를 더 잘 섭취하게 한다(옵소닌 작용).
- ▶ 항체는 보체와 함께 막공격복합체의 활성을 촉진한다. 막공격복합체는 세포막에 구멍을 내서 세포의 용혈을 유도한다.

- 기억세포의 유지: 면역반응 결과, 침입 병원체나 독소분자가 제거되면 대부분의 클론은 죽어 체액에서 사라지지만, 긴 수명을 가진 기억 B세포 및 기억 T_H세포는 림프계에서 불활성화 상태로 남아 있게 된다.
- 능동면역 vs. 수동면역
  - ▶ **능동면역**
    1) 모든 외래항원에 대응한 체내 항체생성 과정으로 특정 감염에 대응하여 자연적으로 생성된다.
    2) 인위적인 면역화로도 형성될 수 있다. 예방접종에서는 항원의 비병원성 형태 또는 특정 성분을 사용하여 해당 항원에 대한 면역기능을 유도한다.
  - ▶ **수동면역**
    1) 외부에서 항체를 체내에 주입하여 신속한 단기반응을 유도한다.
    2) 산모의 IgG가 태반을 통과하여 태아에게 전달되거나 IgA가 모유를 통해 신생아에게 전달되는 과정 등이 이에 속한다.
    3) 뱀이나 개에게 상처를 입은 경우, 면역화되지 않은 개인에게 항체를 직접 투여함으로써 신속하게 항체반응을 유도할 수 있다.

39.6 세포성면역은 감염된 세포를 공격하는 것이다

- T_C세포의 작용
  - ▶ 활성화된 T_H세포에 의해 특정 종류의 수용체를 지닌 T_C세포가 활성화된다.
  - ▶ 표면 단백질로 CD8 분자를 가지고 있다.
  - ▶ CD8은 T_C세포와 표적세포인 감염세포 그리고 암세포 및 이식세포의 I형 MHC 항원복합체와의 결합을 증진시킨다.

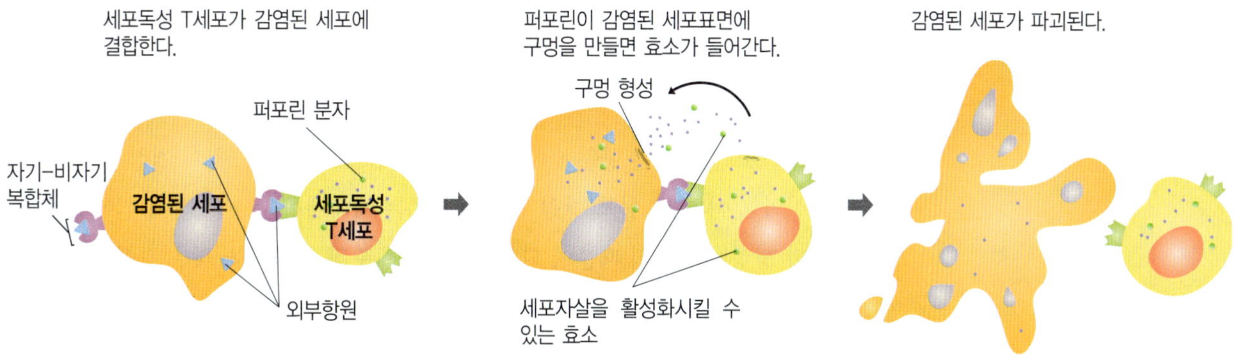

그림 39.6 세포독성T세포가 감염된 세포를 죽이는 과정

- 세포매개면역에서 T_C세포는 병원체, 특히 바이러스에 감염된 숙주세포를 직접 죽인다.
  - ▶ 감염 병원체가 숙주세포 내에서 효소에 의해 분해되어 항원조각이 생성된다. 그 항원조각은 I형 MHC 단백질에 결합되고 여러 과정을 거쳐 세포표면으로 이동한다.
    - → 세포표면에서 항원조각은 I형 MHC 단백질에 의해 전시된다.
    - → 이 항원 조각을 인식하는 T_C세포가 CD8 표면 단백질을 이용해 감염된 세포와 결합한다.
    - → 결합한 T_C세포를 활성화시키고 세포분열을 촉진시켜 클론을 형성한다. 이 중 일부는 세포를 공격하는 활성이 생긴 T_C세포로 분화되고, 다른 일부는 기억 T_C세포로 분화한다.
  - ▶ 활성화된 T_C세포는 퍼포린을 분비하여 표적세포의 막에 구멍을 내어 감염세포를 죽인다. 또한 아폽토시스(자살 프로그램)를 유도하여 감염된 세포를 죽인다.

한 토막 생물 뉴스

세포 혹은 조직 이식을 위한 면역억제

면역 시스템의 작동은 외부 인자가 몸에 들어왔을 때 시작된다. 사람의 생명을 살리기 위한 외과 수술 중에 장기 이식 혹은 조직 이식이 있다. 일례로 당뇨병 치료를 위해 인슐린을 분비하는 세포를 췌장에 이식하는 경우를 들 수 있다. 그러나 이런 세포의 이식은 세포를 외부 인자로 인지하여 작동된 면역 시스템이 그 세포를 공격하는 일을 유발한다. 따라서 면역으로부터의 보호를 위해 면역억제제를 사용하지만 이로 인한 부작용 또한 심각하다. 요컨대 세포, 조직, 혹은 장기 이식에서 가장 큰 이슈는 면역계 작동을 막거나 회피하는 것이다. 회피하는 방법 중 한 가지는 항원으로 작용하는 분자들은 세포 안으로 들어가지 못하게 하고 영양분이나 산소는 들어가게 하면서 그 세포가 분비하는 성분은 밖으로 나가도록 하는 것이다. 즉 반투과성 막으로 세포나 조직을 둘러싸는 것이다. 이런 막에 의해 면역계의 회피는 성공적인 이식을 이끌 수 있다.

39.7 면역계의 이상은 여러 가지의 문제와 병을 야기한다

- ABO 혈액형
  - 적혈구 표면에 있는 항원에 따라 사람의 A, B, AB, O 혈액형이 결정된다.
  - 자신의 것이 아닌 혈액 항원에 대한 항체는 체내에 있는 비슷한 항원에 대응하여 이미 형성되어 있기 때문에 다른 혈액형으로부터 수혈받을 경우 수혈된 적혈구를 파괴한다.
  - 여기서 관여하는 항체는 태반을 통과할 수 없는 IgM이어서 산모와 태아 사이에는 면역 반응이 일어나지 않는다.
- Rh 혈액형
  - 또 다른 적혈구 항원인 **Rh인자**는 Rh(−) 산모가 Rh(+) 아이를 임신했을 경우, 태반을 통과하는 IgG를 형성해 면역반응이 일어나는 문제를 야기한다.
  - 산모에게 이 Rh항원을 무력화하는 항체를 주입하여 산모에게서 후천성면역이 작동하지 못하게, 즉 기억세포가 생기지 못하게 한다. 이 조치로 두 번째 아이를 가질 수 있다.
- 조직 또는 기관이식
  - **MHC분자**는 조직이나 기관이 이식될 경우 거부반응을 일으키게 하는 요인이다.
  - 성공적인 조직이식을 위해서는 공여자와 수혜자의 MHC 조직형을 잘 맞추거나 면역억제제를 수혜자에게 투여해야 한다.
- 알러지
  - 건초열 같은 **국소형 알러지**의 경우, 알러지 항원에 대응하여 생산된 IgE 항체가 비만세포 표면에 있는 수용체에 결합된 상태로 존재한다.
  - 이후에 동일한 알러지 항원이 들어올 때 알러지 항원이 비만세포에 부착된 IgE 항

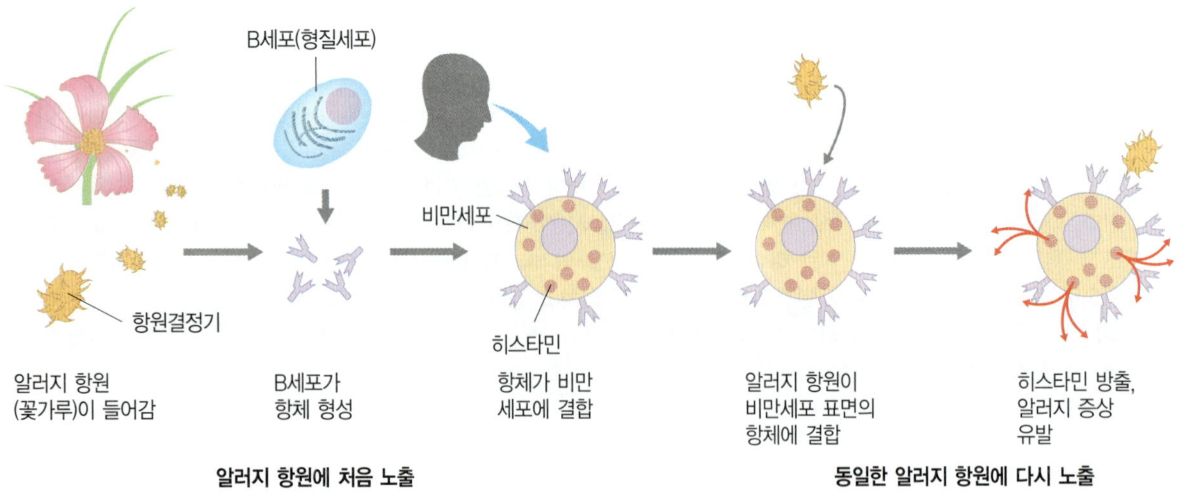

그림 39.7 알러지의 2단계 반응

체에 결합하면, 비만세포로부터 히스타민과 여러 매개체들이 분비되어 혈관변화와 알러지의 특징적인 증상이 유발된다.

▶ **과민성 쇼크**의 경우, 알러지 항원에 노출된 지 몇 초 만에 몸 전체에 일어나는 치명적인 반응으로, 피하 혈관 확장이 일어나고 혈압이 급격히 떨어져 수분 내에 사망할 수도 있다.

● **자기면역질환**

▶ 면역계가 자기 관용 성질을 잃어버릴 경우 발생한다.

▶ 이러한 자기면역질환에는 전신홍반성낭창, 다발경화증, 관절염, 인슐린의존성 당뇨병 등이 있다.

● 면역 과정의 장애로 인해 면역결핍증이 발생한다.

▶ 중증복합면역부전증은 선천성 면역결핍증으로 후천성면역계의 체액성 및 세포성 면역계가 기능을 하지 못하는 유전병이다.

▶ 후천성면역결핍증은 레트로바이러스의 일종인 Human Immunodeficiency Virus (HIV)에 의해 유발되기도 하는 치명적인 병이다.

한 토막 생물 뉴스

인간의 면역을 피하는 방법

우선 기생생물의 입장에서 면역을 피하는 방법은 첫째 부지런히 빠른 시간 내에 항원 변이를 만들어 면역반응이 제대로 작동하지 못하게 하는 것이다. 수면병을 유발하는 원생생물은 1,000개의 표면 단백질을 주기적으로 바꿔 후천성 면역방어망을 피한다(25.2문제 참조). 해마다 변형된 독감바이러스에 사람들이 고생을 하는 이유도 마찬가지다. 다음 방법은 숙주 내에서 잠복하는 것이다. 단순포진바이러스는 신경세포에 잠복해 있다가 숙주의 건강상태가 나빠지면 병을 유발한다. 또 다른 방법은 HIV처럼 면역계를 공격하는 것이다. 이 경우 공격 대상은 후천성 면역반응의 중심적 역할을 담당하는 도움T세포이다. S형 폐렴균처럼 세포 바깥에 capsule을 만들어 면역세포의 결합을 억제하는 것도 한가지 방법이다.

40 삼투, 배설 (체내 환경 조절)

땀, 소변, 갈증?

우리는 추울 때 몸에서 닭살이 돋으며 몸을 부르르 떨고, 더울 때나 운동을 할 때 땀을 흘린다. 또한 우리는 매일 하루 세 끼를 먹고 배설을 한다. 그리고 갈증이 날 때 물을 마시고 수분을 너무 많이 섭취하면 많은 양의 오줌을 배출한다. 또한 하루 세 끼를 먹을 때 음식을 짜게 먹으면 갈증이 나기도 하고 오줌이 비교적 자주 마렵다. 이런 우리의 일상적인 생활이 모두 우리 체내의 수분을 일정하게 유지하기 위함이다. 이 단원에서는 이런 우리 몸의 일상적인 체내 환경 유지에 대해 자세하게 배우고, 인간과 같은 포유동물을 포함해서 다른 종류의 동물들은 어떤 전략으로 체내의 환경을 유지하는지 알아보도록 한다.

핵심 체크 Key Point

아래에 열거된 개념 또는 용어들을 '문제'라고 가정하고 답을 작성해 보자.

40.1 개념을 이해했다면?
삼투는 일종의 확산일까? 설명해 보자.

40.2 개념을 이해했다면?
체액, 바닷물, 담수 중에서 두 가지를 골라 비교하면서 고장(hypertonic)액, 등장(isotonic)액, 저장(hypotonic)액의 의미를 되새겨 보자.

삼투(Osmosis)

- 삼투조절(osmoregulation)과 배설(excretion)의 의미
- 확산(diffusion)이란?
  - ✔ 삼투물농도(osmolarity)란?
- 삼투순응자(osmoconformer)의 정의와 해당 동물
- 삼투조절자(osmregulator)의 정의와 해당 동물
- 협염성(stenohaline)과 광염성(euryhaline)의 정의와 해당 동물

해수생물(경골어류와 연골어류)과 담수동물이 삼투를 조절하는 방법 비교

✓ 무수생존(anhydrobiosis)의 정의와 해당 동물

✓ 육상동물의 삼투조절

■ 수송상피(transport epithelium)의 정의와 역할

질소배설물

✓ 질소배설물의 내용물과 이 배설물이 생기는 이유와 과정

✓ 세뇨관

배설 과정을 구성하는 요소: 여과(filter), 선택적 재흡수(selective absorbance), 분비 (secretion)

■ 암모니아(ammonia, NH_3) 형태로 질소배설물을 만드는 동물과 환경요인

■ 요소(urea) 형태로 질소배설물을 만드는 동물과 환경요인

■ 요산(uric acid) 형태로 질소배설물을 만드는 동물과 환경요인

40.3 개념을 이해했다면?
요소와 요산이 육상식물의 적응 산물인 이유를 설명해 보자.

무척추 동물의 삼투조절과 배설 기관

■ 원신관 (protonephridium)의 구조와 해당 동물

✓ 불꽃세포계(flame-bulb system)란?

✓ 원신관을 통한 배설 과정

■ 후신관(metanephridium)의 구조와 해당 동물

✓ 후신관을 통한 배설 과정

■ 말피기관(Malphgian tubules)의 구조와 해당 동물

✓ 말피기관을 통한 배설물 형성과 혈림프액의 여과 과정

육상동물이 물과 전해질의 균형을 이루기 위해 사용하는 방법: 체표면과 배설 과정

포유동물의 배설 기관

- 포유류의 배설계를 이루는 기관: 신장(kidney), 방광(urinary bladder), 요도(urethra), 요관(ureter)
- 신장의 구조
  - ✔ 신동맥(renal artery)과 신정맥(renal vein)의 정의와 역할
  - ✔ 신장피질(renal cortex)과 신장수질(renal medulla)의 위치와 구조

40.4 개념을 이해했다면?
신장에서 형성된 오줌이 통과하는 구조 또는 기관을 순서대로 나열해 보자.

- 네프론(nephron)의 구조와 역할
  - ✔ 신장피질, 신장수질에서의 분포: 피질네프론(cortical nephron)의 분포
  - ✔ 보우먼주머니(Bowman's capsule)의 구조와 기능
  - ✔ 사구체(glomerulus)의 구조와 기능
  - ✔ 근위세뇨관(사구체쪽세관, proximal tubule), 헨레고리(loop of Henle), 원위세뇨관(먼쪽세관, distal tubule), 집합관(collecting duct), 신우(renal pelvis) 등의 구조와 기능

네프론 그림을 그리고 위의 구조들을 표시

40.5 개념을 이해했다면?
여과액의 흐름을 위의 구조로 순서대로 나열해 보자.

- 네프론에 연결된 혈관들
  - ✔ 수입세동맥(afferent arteriole), 수출세동맥(efferent arteriole), 세관주위 모세혈관(peritubular capillary), 직행혈관(vasa recta) 등이 사구체와 연결된 양상
- 오줌의 형성 과정
  - ✔ 근위세뇨관에서 일어나는 일
  - ✔ 헨레고리의 하행지에서 일어나는 일: 아쿠아포린(aquaporin)의 역할
  - ✔ 헨레고리의 상행지에서 일어나는 일
  - ✔ 원위세뇨관에서 일어나는 일
  - ✔ 집합관에서 일어나는 일

헨레고리가 물을 보존하는 방법

■ 역류증폭계(countercurrent multiplier system)의 정의와 의미

포유동물의 신장기능 조절

■ 포유류 신장기능 조절 작용의 특징: 자율

■ 레닌-안지오텐신-알도스테론계(renin-angiotensin-aldosterone system, RAAS)의 정의와 역할

✔ 안지오텐신 II(angiotensin II)의 역할

✔ 알도스테론(aldosterone)의 역할

✔ 결사구체기구(juxtaglomerular apparatus, JGA)의 구조와 기능

■ 항이뇨호르몬(antidiuretic hormone, ADH)의 역할

■ 심방성나트륨이뇨인자(atrial natriuretic factor, ANF)의 역할

염분의 농도가 높을 때 작동하는 호르몬의 종류와 작용

40.6 개념을 이해했다면?
삼투조절에 소모되는 에너지 비용에 영향을 끼치는 요인들을 설명해 보자.

주요내용 Key Information

40.1 삼투, 배설에 대한 기본 개념

● **배설**의 메커니즘

▶ **확산**은 농도가 더 높은 곳에서 더 낮은 곳으로 용질분자가 이동하는 것

▶ **삼투**는 선택적 투과성 막을 가로 질러 **물분자의 확산**이 일어나는 것

▶ 생체 내에서 삼투를 유발하는 중요한 용질은 단백질을 비롯한 여러 분자와 이온 등이다.

● 세포 내액과 외액을 등장액으로 유지하는 전략에 따라 동물은 크게 두 가지로 나뉜다.

▶ **삼투 순응성** 동물은

1) 체액의 삼투농도가 주변 환경의 삼투농도와 일치하여 부풀거나 찌그러지지 않는다. 따라서 삼투농도 유지에 많은 에너지를 소비하지 않아도 된다.

2) 해양 무척추동물들은 체세포로부터 주변의 해수로 질소노폐물들을 직접 방출한다.

3) Na^+ 등 일부 이온의 농도를 낮게 유지하는 데에 에너지를 소비한다.

▶ **삼투 조절** 동물은

1) 주변 환경의 삼투농도와는 다르게 체액의 삼투농도를 일정하게 하는 조절 메커니즘을 이용한다. 대부분 척추동물이 이에 속한다.

2) 환형동물, 절지동물, 연체동물과 같은 육상 삼투 조절 동물은 주변 환경으로부터 염분들 획득해야 하는데, 주로 먹이 섭취를 통해 염분을 획득한다.

3) 삼투 조절 동물은 에너지를 많이 소모하지만 다양한 서식지에서 생존할 수 있다.

- **협염성** vs. **광염성**

▶ 협염성(stenohaline): 외부 삼투 변화에 취약한 동물, 대부분의 동물이 해당

▶ 광염성(euryhaline): 커다란 외부 삼투 변화를 견딜 수 있다. 만각류, 홍합 등 조간대 동물, 베스, 연어 등이 해당

- 다양한 동물들의 삼투 조절

▶ 바다에 사는 경골어류

1) 주변 해수가 고장액이어서 몸속에 물을 보존하면서 염분을 배설해야 한다.

2) 해수를 마시고 아가미를 통해 염분을 배설하며 매우 적은 양의 요를 생산한다.

3) 아가미에 특수화된 염화물 세포가 있어서 마신 물에 들어 있는 칼륨이온과 마그네슘이온을 흡수한다. 흡수된 이온은 신장을 통해 제거되고 암모니아는 아가미로부터 단순확산에 의해 제거된다.

▶ 바다에 사는 연골어류

1) 상어나 가오리는 체액과 해수의 삼투농도가 일치하여 물을 잃지 않는다.

2) 연골어류는 몸속 요소의 농도가 높게 유지되고 있어서 삼투 과정에 의해 아가미를 통해 물을 들여올 수 있다. 이러한 물은 많은 양의 요를 배설하는데 사용될 수 있다.

▶ 담수동물

1) 염류를 입과 아가미로 섭취하고 물은 입, 아가미, 체표면으로 흡수하여 신장에서 걸러 다량의 물을 오줌을 통해 배출한다.

2) 체액을 고장액으로 유지하기 위해 에너지를 소비하는 삼투 조절 동물이다.

3) 필요한 염분의 획득, 즉 고장성을 유지하기 위해 먹이를 섭취하거나 물로부터 체내로 염류이온을 능동수송한다.

4) 어패류나 편형동물 같은 경우 이런 능동수송은 아가미나 피부를 통해 일어난다.

▶ 임시수(temporary water)에 사는 동물은 물이 거의 없는 상태에서 **무수생존**을 할 수 있다.

▶ 육상동물은 탈수에 민감하고 수분과 염분의 농도를 일정하게 유지하도록 적응되었다.

- 주변과의 삼투농도를 유지하기 위해 동물들은 에너지를 소모한다.

▶ 대부분의 동물은 **수송상피**를 통해 삼투 조절을 한다.

- ▶ 악어, 펭귄, 갈매기 등 해수 근처에 사는 파충류와 조류는 머리에 위치한 특수화된 염류샘을 통해 여분의 염분을 배설한다
- ▶ 내온성 동물은 높은 대사속도를 갖고 있으며 많은 양의 질소 노폐물을 만들어낸다. 이들은 신장을 포함하여 다양한 수분 보존적응 메커니즘을 가지고 있다.

40.2 동물은 종류에 따라 다양한 형태의 질소 배설물을 만든다

- 배설은 물질대사 후 우리 몸에 쓸모없거나 해로운 물질을 환경 밖으로 내보내는 것이다.
  - ▶ 우리 몸이 필요로 하는 물의 양보다 너무 많은 물을 섭취하는 경우 오줌을 통해 물을 환경 밖으로 내보낸다.
  - ▶ 물질대사로 인해 생기는 질소 대사산물, 독물이나 해로운 분해산물들도 배설한다. 또한 세포와 체액으로부터 과잉의 분자나 이온을 내보냄으로써 삼투 조절에 기여한다.
  - ▶ 동물은 세포의 생존에 요구되는 중성상태를 유지하기 위해 체액의 pH 변화를 주는 수소이온이 과다한 경우 수소이온을 배설한다.
- 척추동물을 비롯한 많은 동물은 작은 관상 구조물인 **세뇨관**을 통해 삼투 조절과 배설을 수행한다.
  - ▶ 세뇨관 한쪽 끝이 체액에 잠겨 있고 반대쪽 끝은 몸의 외부로 직접적으로 혹은 간접적으로 열려 있다.
  - ▶ 세뇨관 세포들의 막에는 특수화된 수송 단백질이 있다. 이런 세포들의 층을 수송상피라 부른다.
  - ▶ 수송 단백질의 역할은 특정 물질에 대해 막을 사이에 두고 농도 차이가 있을 때 특정 물질들을 안팎으로 이동시키는 것이다.
- 배설계는 다음의 과정으로 삼투와 배설에 관한 기능을 수행한다.
  - ▶ **여과**는 세포 사이의 간격을 통해 세뇨관의 기부말단으로 대다수의 이온과 작은 분자들이 비선택적으로 이동하는 것이다.
    1) 개방순환계를 가진 동물은 세뇨관에 있는 액체에 비해 체액의 압력이 더 높아 체액으로부터 세뇨관으로 물과 용질을 이동시킨다.
    2) 폐쇄순환계를 가진 동물은 혈압에 의해 물과 용질이 모세혈관 혈액에서 세뇨관 안으로 이동한다.
  - ▶ **재흡수**에서는 배설을 위해 세뇨관을 통해 이동하는 분자들 중 일부 분자와 이온이 수송상피에 의해 다시 체액으로 혹은 모세혈관의 혈액으로 운반된다.
  - ▶ **분비**는 특정 작은 분자와 이온이 체액 혹은 혈액으로부터 세뇨관 안으로 운반되는 선택적 과정이다.

- 동물은 물질대사에 의한 노폐물로 질소 화합물을 다음의 3가지 형태로 배설하는데 분자당 질소 비중이 큰 순서대로, 즉 요산, 요소, 암모니아 순으로 질소 배설 효과가 크다.

▶ **암모니아**

1) 독성이 매우 강해서 묽은 용액상태로만 배설이 가능하다.
2) 물이 풍부한 서식지에서 사는 무척추동물, 경골어류, 양서류 유생들만이 암모니아를 다른 물질로 바꾸지 않고 바로 배설이 가능하다.

▶ **요소**

1) 수용성이며 암모니아에 비해 상대적으로 독성이 없는 물질이다.
2) 모든 포유류, 일부 해산 어류 및 일부 육상 무척추동물, 일부 파충류, 대부분의 양서류가 요소를 생산한다.
3) 암모니아 경우와 비교하여 요소로의 전환에는 더 많은 에너지가 요구되지만, 요소로 배설할 때 필요로 하는 물의 양이 암모니아 배설 경우의 10% 정도에 해당한다.

▶ **요산**

1) 독성이 없고 불용성이기 때문에 물에 녹지 않고 결정체로 침전한다.
2) 육상 달팽이나 곤충, 파충류, 조류, 육상 무척추동물은 요산을 형성하여 물을 더욱 보존할 수 있다. 물의 양을 99%까지 보존할 수 있다.
3) 요산은 요소를 만드는 것보다 더 많은 에너지를 필요로 하지만 더 많은 질소함량을 포함되고, 결정체로 침전하기 때문에 농축된 상태로 배설할 수 있다.

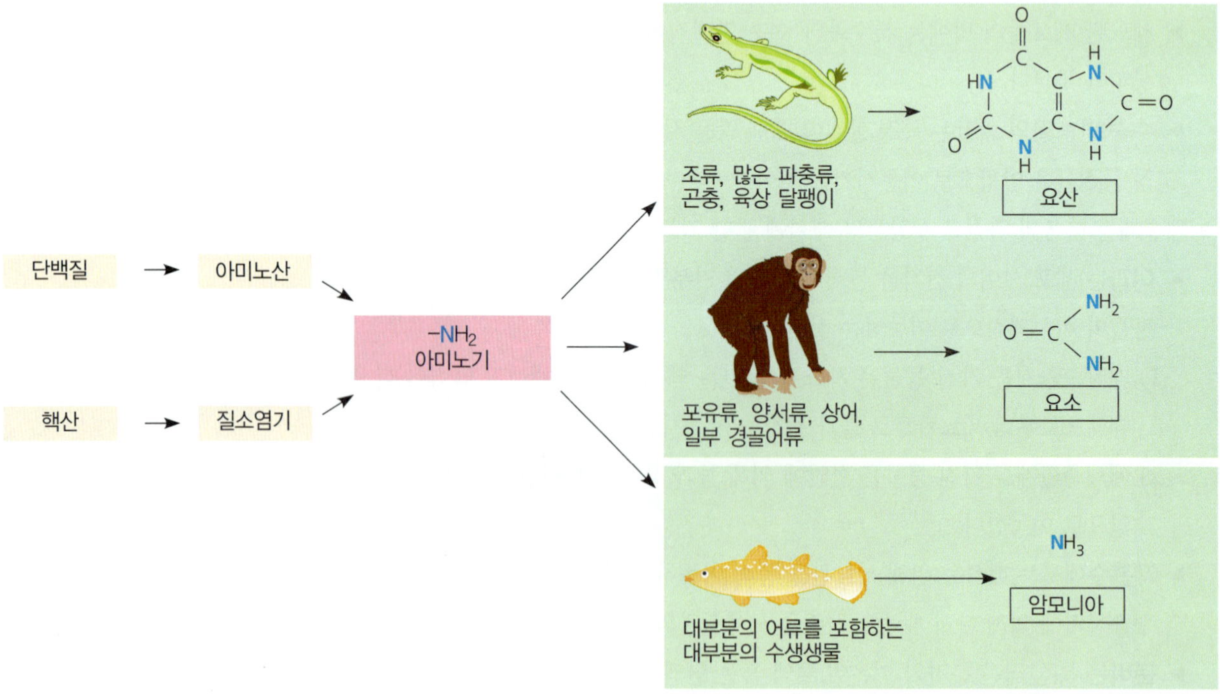

그림 40.1 질소 함유 대사노폐물

40.3 동물에 따라 다양한 배설계를 지닌다

- 무척추 삼투 조절 동물들에서는 원신관, 후신관, 혹은 말피기관이 삼투 조절에 관여하여 배설을 수행한다.
- **원신관**은 편형동물과 연체동물에서 발견된다.
  - 편형동물인 플라나리아는 그물 모양의 원신관을 갖는다.
  - 이 원신관의 가장 작은 가지에는 섬모다발을 갖는 큰 세포가 있다. 이 큰 세포의 섬모다발이 파동을 일으켜서 원신관 안으로 액체를 이동시킨다.
  - 이 섬모다발을 갖는 큰 세포는 파동 칠 때 불꽃 모양을 내기 때문에 **불꽃세포**라 부른다. 불꽃세포막은 원신관 세포와 맞물려 있다.
  - 액체가 원신관을 통과하면서 일부 분자와 이온들은 재흡수되고 질소 노폐물과 과다의 분자들과 이온은 원신관으로 분비되어 원신관 끝의 구멍을 통하여 배출된다.
- **후신관**은 환형동물과 대부분 연체동물 성체에서 발견된다.
  - 섬모로 둘러싸인 깔대 모양의 기부말단을 가지고 있고, 이 섬모는 혈림프의 흐름을 가능하게 한다.
  - 후신관은 여과 시스템이다. 혈림프가 세뇨관을 통과하면서 일부 분자와 이온들은 재흡수되고 기타 이온이나 질소 노폐물은 세뇨관으로 분비되어 몸 밖으로 배설된다.
- **말피기관**은 곤충과 기타 절지동물에 존재한다.
  - 혈림프에 잠겨 있는 닫힌 근위말단과 장으로 연결된 원위말단을 지닌다.
  - 말피기관은 체액을 거르지 못하고, 배설액을 생성하기 위하여 분비를 수행하지만, 요산과 Na^+과 K^+ 등의 몇 가지 이온을 능동적으로 세뇨관으로 분비한다.
  - 이온들의 농도가 증가하면 물은 삼투되어 혈림프에서 세뇨관으로 이동하고 그 다음에 액체는 곤충의 후장으로 들어간다.
  - 후장 벽에 있는 세포들은 Na^+ 및 K^+을 능동수송을 통해 다시 재흡수하고 물은 삼투에 의해 이온들과 함께 재흡수된다.
  - 장에 남은 요산은 불용성 결정체로 침전하여 변으로 배출된다.

40.4 포유동물의 삼투 조절과 배설은 신장을 통해 수행된다

- 포유동물은 **네프론**이라고 불리는 배설 세뇨관을 갖는다.
  - 네프론은 **신장**의 구성단위이다.
  - 이런 신장과 더불어 수뇨관, **방광**, **요도**가 비뇨계통을 구성한다.
- 포유류는 복강 뒤쪽 척추의 양쪽에 신장을 갖는다.
  - 포유류 신장은 안쪽을 **신장수질(콩팥속질)**, 바깥을 **신장피질(콩팥겉질)**이라 한다.

- ▶ 혈액은 **신동맥**을 통해 신장으로 운반되고, 신장에서 대사 노폐물과 여분의 이온들이 네프론으로 이동하여 배출될 오줌으로 만들어진다.
- ▶ 각각의 네프론으로부터 수집된 오줌은 **집합관**으로 모이고 그 다음 신장의 중심에 위치한 신우(콩팥깔대기)로 간다.
- ▶ 신우에 모인 오줌은 요관을 통하여 방광으로 흘러가고 요도를 통하여 배설된다.

● 방광과 요도

- ▶ 2개의 괄약근이 방광으로부터 요도로 가는 오줌의 흐름을 조절한다.
- ▶ 인간의 경우, 두 살 전까지는 불수의적으로 오줌을 배출하지만, 두 살 이후 괄약근을 수축시킬 수 있어서 오줌을 참을 수 있게 된다.

● 네프론은 기능에 따라 다시 여러 영역으로 나눌 수 있다.

- ▶ 인간의 네프론은 안으로 접힌 영역으로 **사구체**가 있고 사구체를 둘러싸는 **보우만주머니**가 있다. 이 주머니와 사구체는 콩팥겉질에 위치해 있다. 혈액에 압력이 가해짐으로써 사구체의 모세혈관에서 보우만주머니 안으로 여과가 일어난다.
- ▶ 그 다음에 네프론은 콩팥속질에 **사구체쪽세관**을 형성하고, 그 다음에 U자형 **헨레고리**를 형성하여 콩팥속질로 내려 간 다음 다시 위로 올라와 **먼쪽세관**을 형성한다.
- ▶ 먼쪽세관은 집합관으로 오줌을 내보내고 이는 **신우**로 전달된다.
- ▶ 사람의 신장에 있는 네프론의 80% 정도는 겉질에만 머무는 겉질네프론이다.
- ▶ 네프론에는 연결된 여러 혈관들이 분포되어 있는데, 이 중 모세혈관은 사구체쪽과 먼쪽세관, 헨레고리를 감고 있다. 재흡수되는 분자와 이온들은 네프론과 신소체주위 모세혈관 사이에서 운반된다.

● 배설은 사구체 모세혈관에서 보우만주머니로의 여과로 시작된다.

- ▶ 혈액의 높은 압력에 의해 단백질과 큰 분자를 제외한 물, 이온, 포도당, 아미노산과 같은 작은 분자들이 사구체 모세혈관으로부터 내피세포를 통해 보우만주머니로 이동한다.
- ▶ 사구체로 혈액을 보내는 구심성 소동맥은 직경이 비교적 넓어 혈액의 흐름이 덜 방해받아 혈압이 유지된다. 또한 사구체에서 혈액을 받는 원심성 소동맥은 상대적으로 직경이 작아 혈액을 사구체에 채우는 효과를 일으키고 압력을 높게 유지시킨다.
- ▶ 그 다음에 보우만주머니에서 사구체쪽세관, 헨레고리, 먼쪽세관을 거쳐 집합관으로 들어가게 되는데, 이 부위에서 재흡수와 분비가 이루어진다.
  1) 사구체쪽세관에서 총 여과액에 있는 67%의 Na^+, K^+, Cl^-과 65%의 물, 50%의 요소 그리고 포도당, 아미노산 및 기타 영양소 등이 재흡수된다.
  2) 또한 사구체쪽세관에서 능동수송에 의해 H^+이 세관으로 분비된다. 이로 인해 대사 결과 체내에 축적된 H^+에 의한 체내 pH 균형의 변화를 막는다.
  3) 헨레고리의 하행지를 따라 용액이 콩팥 속질 영역으로 갈수록 하행지 외부에 있는 세포사이액의 용질 농도가 증가하여, 삼투와 **아쿠아포린**을 통해 세포사이

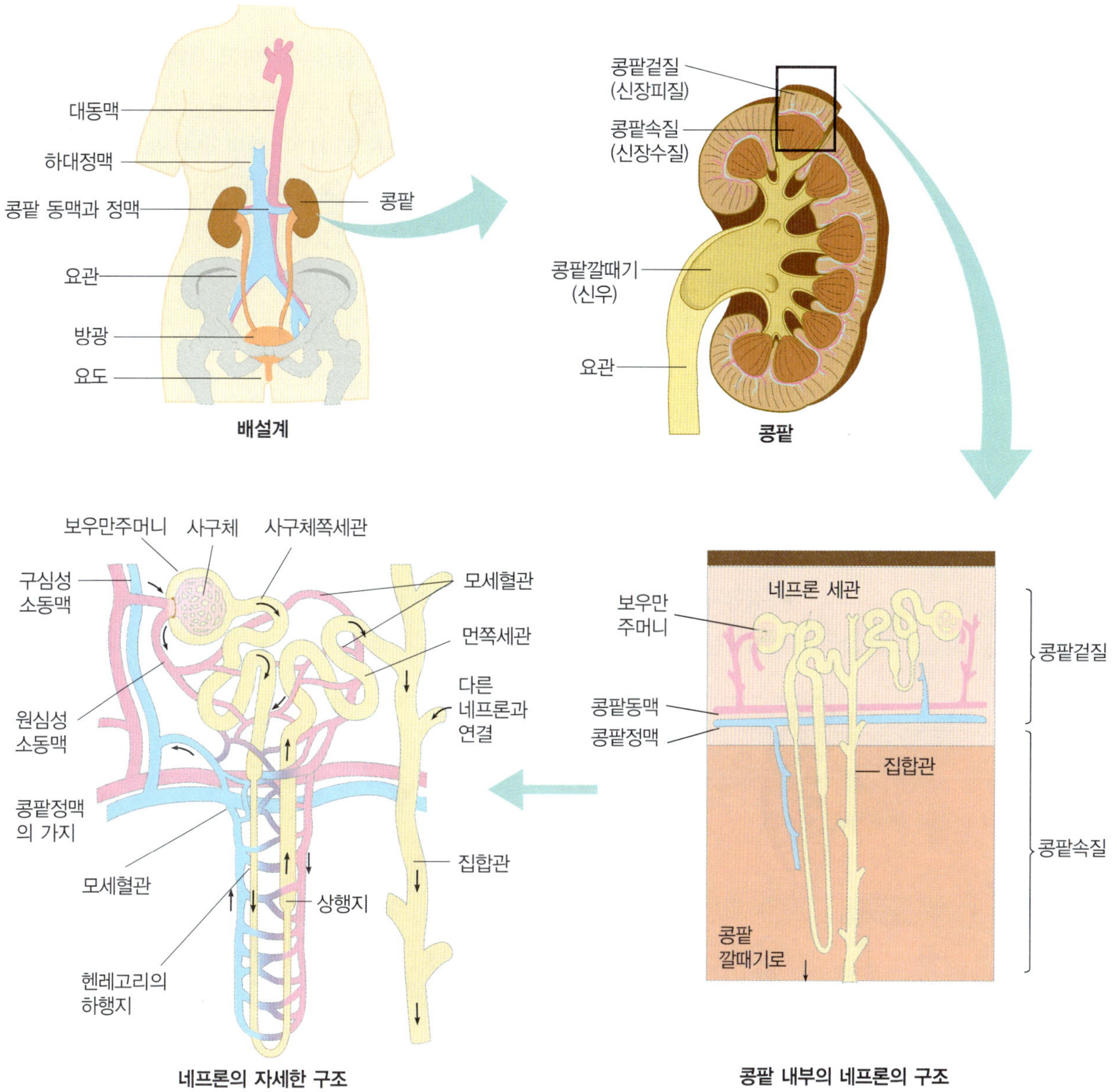

그림 40.2 사람의 배설계

액으로 물이 빠져나간다(재흡수). 헨레고리 상행지에서는 Na^+과 Cl^-이 세포사이액으로 재흡수된다.

4) 상행지는 위로 갈수록 세포사이액의 삼투농도가 점차적으로 감소하는 속질의 영역을 통과한다. 상행지는 염류이온을 수송하는 막단백질들을 가지고 있지만 아쿠아포린을 갖고 있지 않다. 따라서 상행지에서는 물은 빠져나가지 못하고 주로 소듐이온과 염소이온이 세관을 빠져나가 오줌의 삼투농도가 감소한다.

5) 상행지 꼭대기 부분에서는 이온이 거의 감소함에 따라 능동수송으로 이온들을 내보낸다. 전체적으로 헨레고리에서 물, 영양소, 이온들은 체액으로 돌아가고,

요소와 기타 질소 노폐물은 여과액에 농축된다.

6) 먼쪽세관은 추가적으로 여과액으로부터 물을 제거하고 체액과 여과액 간의 염분과 중탄산염 농도 간의 균형을 유지한다. 또한 몸의 염분 농도 변화로 생성된 호르몬에 대한 반응으로 다양한 양의 K^+과 H^+이 분비되며 Na^+과 Cl^-, 중탄산 이온이 재흡수된다. 전체적으로 더 많은 이온이 빠져나가고 삼투작용과 아쿠아포린의 존재로 물은 세관을 빠져나간다. 집합관은 오줌을 농축시킨다.

- 신장의 물 보존능력은 육상생물의 중요한 적응 요소이다.
  - ▶ 포유류의 신장 내 헨레고리와 집합관들의 정교한 배치와 상호작용으로 오줌을 농축시키는 데에 필요한 삼투농도 기울기가 유지된다.
  - ▶ 헨레고리에서는 에너지를 사용하면서 역류교환이 일어나(역류증폭계라 함) 신장 내 높은 염류농도를 유지한다.
  - ▶ 물에 대한 투과도가 높고 염류는 통과시키지 않는 집합관의 성질에 의해 여과액이 신장의 고삼투물 농도 지역을 통과하면서 많은 양의 물을 잃게 된다.
  - ▶ 집합관의 끝 부분에서 나온 요소는 NaCl과 함께 속질지역의 고삼투 물농도를 유지하는 데 일조를 한다.

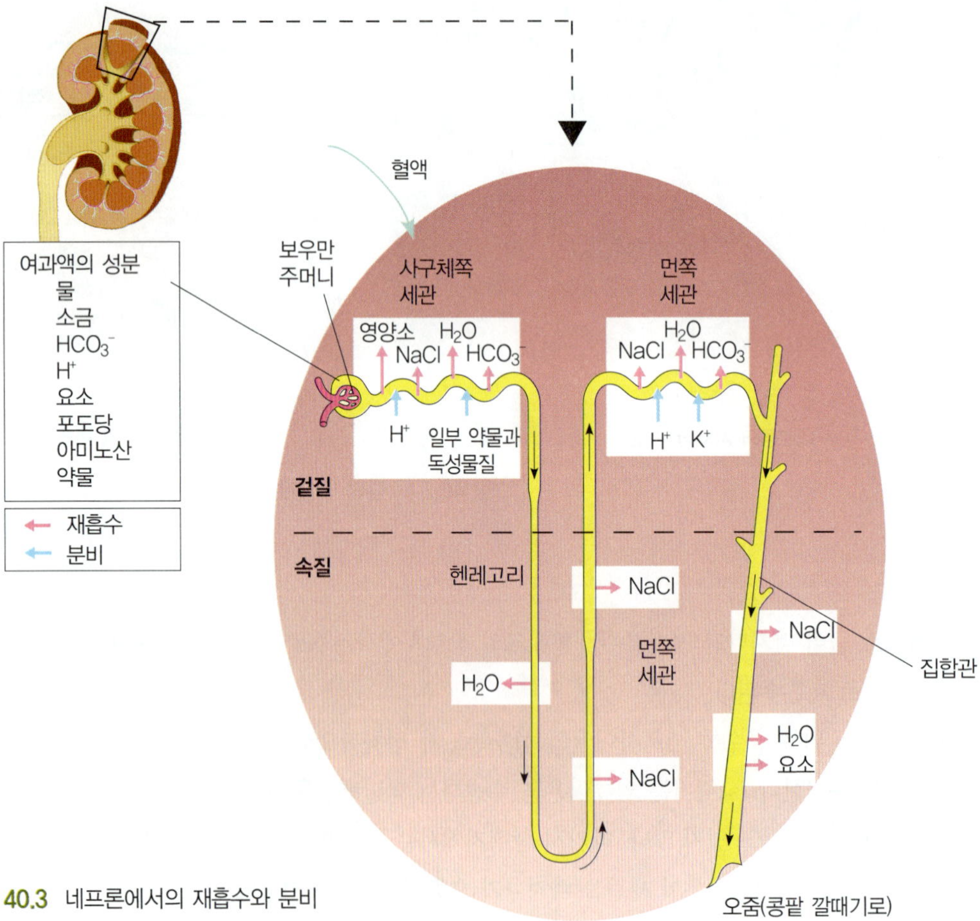

그림 40.3 네프론에서의 재흡수와 분비

40.5 포유동물의 신장기능 조절

- 물과 염류의 재흡수 기능은 신경과 호르몬 모두에 의해 조절된다.
- **레닌-안지오텐신-알도스테론계**(Renin-Angiotensin-Aldosterne System, RSSA)는 Na^+의 조절에 관여하는 중요한 호르몬 시스템이다.
  - ▶ 염분이 과다로 배설되면 생명에 치명적일 수 있다. 따라서 Na^+을 과다로 잃게 되면 결사구체기구의 세포들이 레닌 효소를 혈액으로 분비하고,
  - ▶ 레닌은 혈장 단백질을 **안지오텐신**으로 전환시키며,
  - ▶ 안지오텐신은 몸의 대부분의 소동맥을 수축시켜 혈압을 상승시키면서, 콩팥겉질로부터 **알도스테론** 방출을 자극한다.
  - ▶ 알도스테론은 신장에서 Na^+의 재흡수를 증가시킨다.
- 염분이 과다한 경우
  - ▶ 레닌 분비가 억제되며 심장의 특수화된 세포로부터 **심방성 나트륨이뇨펩티드**(Artial Natriuretic Peptide, ANP)의 방출을 자극한다.
  - ▶ ANF는 사구체로 혈액을 운반하는 소동맥을 이완시키고 알도스테론의 방출을 억제함으로써 여과율을 증가시킨다.
  - ▶ 결국 Na^+은 더 적게 재흡수되고 오줌의 부피가 증가하면서 혈장의 부피와 혈압이 모두 정상 수준으로 내려간다.
  - ▶ 땀을 과다하게 흘려 혈액의 삼투농도가 증가하면 뇌하수체 후엽에 의한 **항이뇨호르몬**(Antidiuretic Hormone, ADH) 분비를 자극한다.
  - ▶ ADH는 신장에서 물의 흡수를 증가시키고 안지오텐신은 갈증을 자극하여 많은 물을 마시게 한다.

40.6 척추동물의 신장은 환경에 따라 다양하게 적응 진화해 왔다

- 담수 어류와 양서류의 경우 매우 묽은 오줌을 다량 배설한다.
  - ▶ 담수 어류와 수서 양서류의 체액은 주변의 물에 대하여 고장액이기 때문에 물을 배설하면서 염분을 보존해야 한다. Na^+과 K^+은 능동수송에 의해 보충되고 염분은 먹이를 섭취함으로 얻어진다.
  - ▶ 육상 양서류는 물과 염분 모두를 보존해야만 한다. 염분은 먹이를 통해 얻어지고, 물은 삼투에 의해 오줌으로 들어가지만 방광에서 능동수송에 의해 염분을 체액으로 되돌려보낼 수 있다. 주변에 물이 부족한 경우 방광의 물을 재흡수한다. 또한 낮 동안 활동을 하지 않고 그늘이나 습지에 숨는 행동적 적응으로 물의 손실을 최소화한다. 양서류 유생은 완전한 수서생활로 암모니아를 주변 환경으로 배설하고 양서류 성체는 요소 형태로 질소노폐물을 배설한다.

- 네프론의 구조와 기능은 그 생물의 삼투 조절 요구 정도에 따라 많이 좌우된다.
  - ▶ 사막 포유류의 경우 헨레고리의 길이가 매우 길고,
  - ▶ 습지환경에 적응한 동물의 헨레고리는 짧은 것으로 알려져 있다.
- 새의 경우 고농도 오줌을 생산할 수도 있지만, 그보다 요산의 형태로 질소노폐물을 배설하는 것이 수분보존에 중요하다.
  - ▶ 요산은 액상이 아닌 반고체 상태로 배설이 가능하다.
  - ▶ 대부분의 육상 파충류들도 요산을 배설한다.

한 토막 생물 뉴스

체액 항상성의 중요성

우리는 몸이 아플 때 몸에 열이 난다. 그러나 너무 열이 높아지면 생명에 위협이 될 수 있다. 우리 몸에는 생명을 유지하기 위해 수많은 분자를 분비하고 몸 안에 수많은 화학반응이 일어난다. 그러나 체내의 온도가 너무 올라가면 이런 분자 중의 대부분인 단백질이 변성되어 화학반응을 일으킬 수 없게 되고 세포에 치명적인 악영향을 주게 된다. 또한 체내에 일어나는 화학반응은 정상 체온에서 가장 적절하게 일어난다. 몸이 너무 차가워지면 화학반응이 너무 느리게 일어나게 되고 분자의 이동수단인 체액의 유동성이 급감한다. 따라서 그만큼 체온 조절이 중요하다. 마찬가지로 체액의 용질 농도가 조절되지 않아 일정 농도 이상이 되면 상대적으로 단백질의 친수성 부위에 결합할 물분자가 감소한다. 그 결과, 단백질의 친수성 부위가 감소하는 입체구조의 변화, 즉 변성이 일어나게 된다. 의사는 환자 체액의 삼투 조절 능력이 없어지면 목숨을 잃은 것으로 간주할 수 있다.

41 내분비

그때 그때 달라요

우리는 말을 통해 서로의 생각을 소통한다. 상대방의 말을 어떻게 받아들이냐에 따라 우리의 반응도 천차만별로 달라진다. 상대방이 화를 내도 어떨 때에는 차분하게 대화를 하는 반면, 대수롭지 않은 말 한마디에 내가 더 화를 내면서 달려들기도 한다. 평소에는 상대방의 비아냥거림을 농담으로 잘 받아 넘기던 사람도 때에 따라서는 버럭 화를 내는 경우를 자주 본다. 세포 간의 소통도 어떤 면에서는 이와 비슷하다. 세포 종류에 따라 같은 신호에 대해서 다르게 반응할 수 있다. 특히 그 신호를 받아들이는 수용체가 없으면 신호에 대한 반응이 전혀 없고 수용체가 같다 할지라도 내부로 전달되는 신호가 달라지면 반응이 달라진다. 이 단원에서는 이런 세포 신호교환을 내분비계를 중심으로 자세히 알아보도록 하자.

핵심 체크 Key Point

아래에 열거된 개념 또는 용어들을 '문제'라고 가정하고 답을 작성해 보자.

신호전달 방식

- 근거리(local) 신호전달(signal-transduction)과 원거리(long-distance) 신호전달의 차이와 각각의 예
- 세포연접(cell junction)을 통한 신호전달, 자가분비(autocrine), 주변분비(paracrine), 시냅틱(synaptic), 내분비(endocrine)의 차이

3단계로 이루어진 신호전달

각 단계에서 일어나는 과정을 설명

■ 수용(reception), 전달(transduction), 반응(response)

수용 단계에 관여하는 수용체의 종류

■ 세포 수용체(receptor) vs. 핵 수용체

■ 3가지의 세포 표면 수용체: 이온통로와 관련된 수용체(ion channel receptor), G 단백질과 관련된 수용체(G protein coupled receptor, GPCR), 티로신 인산화효소와 관련된 수용체(receptor tyrosine kinases)

41.1 개념을 이해했다면?
우리 몸에 있는 내분비선을 모두 열거해 보자.

내분비계

■ 내분비계(endocrine system)란?−내분비선(endocrine gland), 내분비세포, 호르몬(hormone) 분비조직

■ 호르몬의 정의 및 특징

41.2 개념을 이해했다면?
호르몬이 합성되어 수용체에 이르기까지의 과정을 특정 호르몬을 예로 들어 설명해 보자.

✔ 국소조절자(local regulators)과 호르몬의 차이

호르몬의 반응경로를 수용성과 지용성으로 나누어 설명

호르몬의 종류

■ 아민(amine), 펩티드(peptide), 스테로이드(steroid), 지방산(fatty acid)

✔ 각 호르몬들의 유형별 분류

✔ 유형별로 호르몬이 분비되는 세포 및 조직

✔ 각 호르몬이 미치는 생물학적 영향을 파악

각종 호르몬의 차이를 명확하게 설명

호르몬-특이성 표적세포 반응

동일한 호르몬에 대한 수용체를 가지더라도 표적세포의 종류에 따라 다른 반응을 일으킬 수 있는 과정과 구체적인 예 설명

시상하부와 뇌하수체

자극호르몬(tropic hormone)을 하나 골라서 내분비를 조절하는 과정 설명

- 시상하부(hypothalamus)에 존재하는 분비세포
- 뇌하수체 전엽(anterior pituitary)에서 분비되는 호르몬(각 호르몬의 기능)
  - ✓ 성장호르몬(growth hormone, GH)
  - ✓ 프로락틴(prolactin, PRL)
  - ✓ 여포자극호르몬(follicle-stimulating hormone, FSH)
  - ✓ 황체형성호르몬(luteinizing hormone, LH)
  - ✓ 갑상선자극호르몬(thyroid-stimulating hormone, TSH)
  - ✓ 부신피질자극호르몬(adrenocorticotropic hormone, ACTH)
- 뇌하수체 후엽(posterior pituitary)에서 분비되는 호르몬
  - ✓ 옥시토신(oxytocin)
  - ✓ 항이뇨호르몬(antidiuretic hormone, ADH)

41.3 개념을 이해했다면?
갑상선호르몬이 분비되기까지 관여하는 분비선과 호르몬을 열거해 보자.

시상하부와 뇌하수체가 호르몬 분비에서 나타내는 상호작용 양상 설명

41.4 **개념을 이해했다면?**
부갑상선호르몬의 음성되먹임 작용을 설명해 보자.

41.5 **개념을 이해했다면?**
혈당농도의 항상성이 유지되는 과정을 해당 호르몬의 역할과 연관시켜 설명해 보자.

41.6 **개념을 이해했다면?**
단기간 또는 장기간 스트레스를 느낄 때 우리 몸에서 분비되는 호르몬을 순서대로 나열하고 각 호르몬의 역할을 기술해 보자.

비뇌하수체 호르몬

■ 비뇌하수체 호르몬의 역할

✔ 물질대사, 항상성, 발생, 행동의 조절을 도움

■ 비뇌하수체 호르몬

✔ 갑상선(thyroid)호르몬
(T_3[삼요오드티로닌], T_4[티록신])
칼시토닌(calcitonin)

✔ 부갑상선(parathyroid gland)호르몬(부갑상선에서 분비됨)

✔ 인슐린과 글루카곤(췌장에서 분비됨)

✔ 에피네프린과 노르에피네프린(부신수질에서 분비됨)

✔ 글루코코르티코이드와 무기질코르티코이드(부신피질에서 분비됨)

✔ 안드로겐, 에스트로겐, 그리고 프로게스틴(생식소에서 분비됨)

각 호르몬의 유형 및 기능 설명

Key Information 주요내용

41.1 내분비계는 내분비선, 내분비세포 및 호르몬을 분비하는 조직으로 구성되어 있다

- 호르몬은 세포와 세포가 서로 상호작용하는 데에 필요한 중요한 화학적 신호이다.
  - 호르몬은 도관이 없는 **내분비선**에서 분비되는 화학적 전달자이다.
  - 호르몬은 세포사이액으로 분비되어, 혈액에 의해 수송된다.
  - 호르몬은 특이적인 **표적세포**의 세포막 또는 세포내 수용체와 결합한다.
  - **신경내분비세포**는 **신경호르몬**을 분비하는 신경세포이다. 신경호르몬은 축삭의 끝부분에서 분비되며, 혈액에 의해 운반된다.
- 넓은 의미에서 일부 **국부조절인자**를 호르몬으로 간주할 수 있는데,
  - 이들 신호전달분자가 세포사이액을 통해 확산되어 인접한 세포에서 작용하기 때문이다.

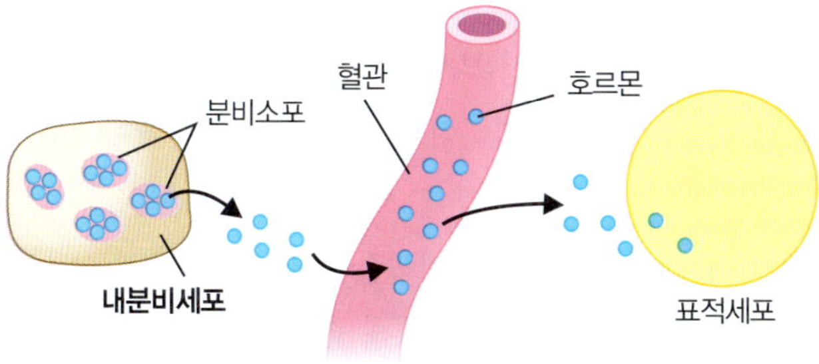

그림 41.1 내분비세포로부터의 호르몬 분비

- ▶ 이들 중에는 세포분열과 발생을 촉진하는 펩티드인 **성장인자**와 수많은 대사 과정의 조절을 돕는 일군의 국부 호르몬인 **프로스타글란딘**이 포함된다.
- **자가분비(autocrine)조절**의 경우, 호르몬 또는 기타 신호분자가 세포사이액으로 분비되어, 이를 생산하는 세포 자체에 직접 작용한다.
- **주변분비(paracrine)조절**의 경우, 호르몬 또는 기타 신호분자가 세포사이액을 통해 확산되어 인접한 표적세표에 작용한다.
- 호르몬 분비는 일반적으로 **음성되먹임 메커니즘**에 의해 조절된다. 호르몬은 안정된 상태에서 일부 변화에 반응하여 분비되지만, 변화된 상태에도 대응하여 분비된다. 그 결과, 안정된 상태와는 다른 반응을 유발할 수 있다. 이러한 과정에 의해 항상성이 회복된다.

41.2 호르몬의 종류에는 아민, 펩티드, 스테로이드 그리고 지방산류 등이 있다

- 아민호르몬
  - ▶ 내분비호르몬신호전달과 신경내분비 신호전달에 관여
  - ▶ 대부분은 아미노산인 티로신으로부터 합성되며, 친수성이어서 혈액이나 세포외액으로 쉽게 확산되어 표적세포에 도달하여 세포 표면의 수용체와 결합한다.
  - ▶ 티록신은 갑상선에서 분비되는 소수성 아민 호르몬이다. 소수성이어서 세포막을 자유롭게 통과해서 표적세포 내부의 수용체에 결합한다.
- 펩티드호르몬
  - ▶ 3개에서부터 200개 이상의 아미노산으로 이루어지며, 일부에는 탄수화물 가지가 결합되어 있다.
  - ▶ 내분비 신호전달과 신경 내분비 신호전날 과정에 관어한다.
  - ▶ 대부분 친수성이어서 호르몬을 가진 세포 소낭이 원형질막과 융합할 때 세포외분비(exocytosis) 과정을 통해 혈액이나 세포외액으로 분비된다.
  - ▶ 펩티드호르몬 중 큰 그룹인 성장인자들은 많은 유형의 세포분열과 분화를 조절한다.

- **스테로이드호르몬**
  - ▶ 콜레스테롤에서 유래된 소수성 분자로 내분비 신호전달에 관여한다.
  - ▶ 친수성의 운반 단백질들과 결합하여 물에 녹을 수 있는 복합체를 형성하고, 세포외액으로 확산되어 순환계로 들어간다. 세포와 만나면 운반 단백질로부터 유리되어 표적세포의 원형질막을 통과한 뒤 세포질이나 핵 속의 내부 수용체와 결합한다.

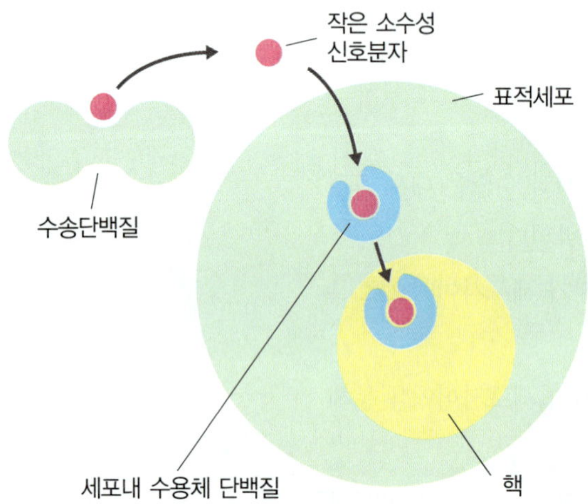

그림 41.2 세포내 수용체

  - ▶ 단백질에 의해 순환계로 확산하고 세포 내로 들어가기 전에 운반 단백질과 유리되어 세포 내로 들어간다.
  - ▶ 대표적인 스테로이드호르몬의 예는 알도스테론, 코르티솔, 그리고 성호르몬이다.
  - ▶ 스테로이드호르몬들은 서로 구조적 차이가 크지 않지만 각각이 주는 효과는 큰 차이를 일으킨다. 예를 들어, 구조적으로는 메틸 그룹 하나 차이밖에 없는 테스토스테론과 에스트라디올은 각각 포유동물 수컷과 암컷의 매우 상이한 특징적 발달을 유도하는 주요 성호르몬이다.
- **지방산**에서 유래된 분자는 주변분비나 자가분비 조절에 관여한다. 프로스타글란딘과 곤충의 유충호르몬은 중요한 국소조절자의 한 예이다.

41.3 호르몬과 다른 화학신호는 표적세포의 수용체에 붙어서 특이적인 세포반응을 일으키는 경로를 시작한다

- 펩티드호르몬과 아미노산에서 유래한 대부분의 호르몬
  - ▶ 대부분 수용성이어서 세포막의 수용체에 결합한다.
  - ▶ 호르몬이 붙게 되면 세포 내 신호전달이 이루어지고, 세포질에서의 특이적인 반응이나 유전자 발현의 변화가 일어난다.
  - ▶ 같은 호르몬의 경우라도 그 호르몬에 대해 다른 수용체, 다른 신호전달체계, 또는 다른 효과 단백질을 가짐으로써 표적세포에 따라 다른 효과를 일으킬 수도 있다.
- **스테로이드호르몬, 갑상선호르몬, 호르몬 형태의 비타민 D**
  - ▶ 표적세포에 들어가 세포질이나 핵에 있는 단백질 수용체에 결합한다.
  - ▶ 호르몬 수용체 복합체는 핵 안에서 전사인자로 작용하여 특정 유전자의 전사를 조절한다.
- 국소조절자
  - ▶ 다양한 종류의 화학신호는 근처 표적세포의 반응을 유발한다.
  - ▶ 국소조절자에는 **신경전달물질, 시토카인, 성장인자(단백질/펩티드), 산화질소(기체), 프로스타글란딘(변형된 지방산)** 등이 있다.

41.4 시상하부와 뇌하수체는 척추동물 내분비계의 여러 기능을 통합한다

- 내분비계와 신경계
  - ▶ 내분비계와 신경계를 명확하게 구분하기는 쉽지 않다.
  - ▶ 뇌의 일부로 신경을 통해 몸상태와 외부 환경 정보를 받는 시상하부와 전형적인 내분비계에 속하는 뇌하수체가 하나의 단위체를 구축하여 함께 기능을 수행하기 때문이다.
- 뇌의 아래쪽에 위치한 **시상하부**에는 여러 종류의 신경분비세포들이 존재한다.
  - ▶ 여기서 만들어진 호르몬 중에는 뇌하수체 후엽에 저장되어 있다가 분비되어 활동하는 것들도 있다.
  - ▶ 다른 시상하부 세포는 혈관을 통해 이동하여 내분비선인 뇌하수체 전엽에서 분비되는 호르몬을 조절한다.
  - ▶ 뇌하수체 후엽에서 분비되는 두 가지의 호르몬은 내분비와 관계없는 조직에 직접적으로 작용한다. **옥시토신**은 자궁수축과 젖분비를 유도하고, **항이뇨호르몬**

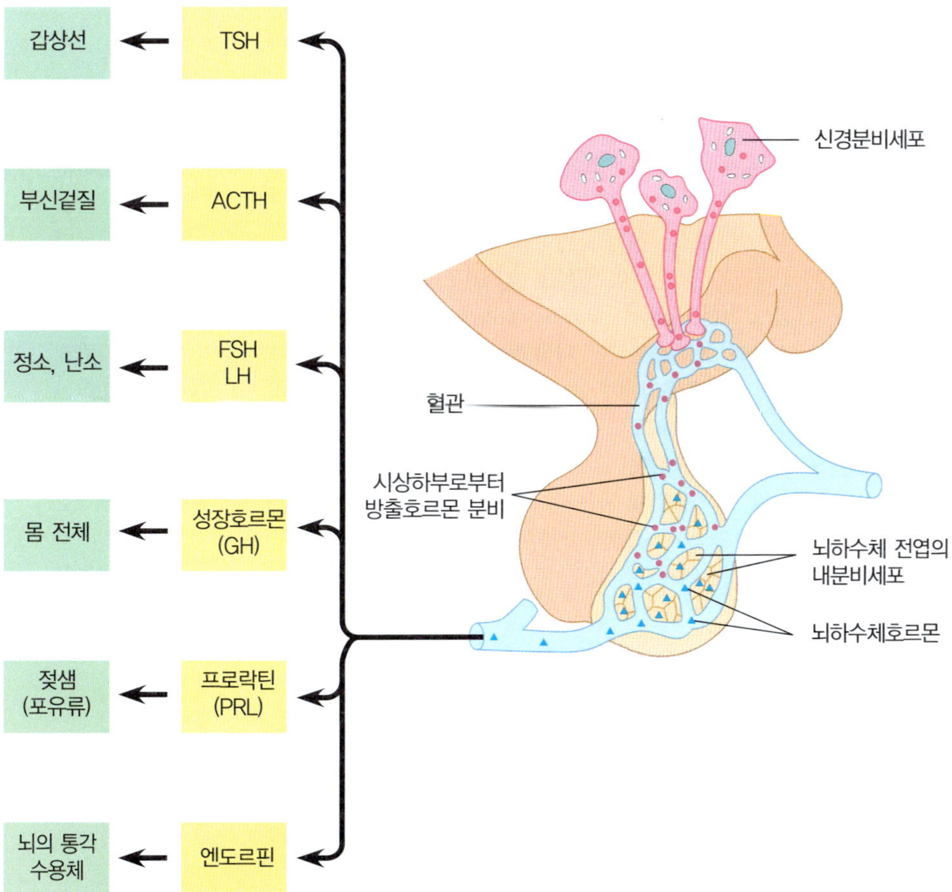

그림 41.3 뇌하수체 전엽 호르몬

(ADH)은 신장에서의 수분 재흡수를 증가시킨다.

- 뇌하수체 전엽에서는 자극 호르몬과 비자극 호르몬이 모두 분비된다.
  - ▶ 분비자극호르몬에는 **갑상선자극호르몬(TSH)**, **여포자극호르몬(FSH)**, **황체형성호르몬(LH)**, **부신피(겉)질자극호르몬(ACTH)** 등이 있다. 각각은 표적 내분비기관에 작용하여 대사 혹은 발생에 영향을 미치는 호르몬의 분비를 유도한다.
  - ▶ **프로락틴(prolactin)**, **색소세포자극호르몬(MSH)** 그리고 **베타-엔도르핀**은 비자극성 뇌하수체 전엽 호르몬이다.

1) 프로락틴은 포유류에서는 젖분비를 유도하지만 다른 척추동물에서는 다른 효과를 나타낸다.
2) 색소세포호르몬은 일부 척추동물에서는 피부색에 그리고 포유류에서는 지방대사에 영향을 준다.
3) 엔도르핀은 고통을 느끼는 것을 막아준다.
4) 성장호르몬(GH)은 직접 성장을 유도하며 다양한 대사 효과를 나타낸다. 성장호르몬은 또한 다른 조직에서의 성장인자 생산을 자극한다.

한 토막 생물 뉴스

남성 폐경(?)

요사이 대중매체를 통해서 여성의 완경기(폐경기) 치료를 위한 계몽 또는 홍보성 정보를 자주 접하게 된다. 통상 50세 전후로 찾아오는 완경은 글자 그대로 월경이 완결되는(없어지는) 시기로서 완경에 따른 많은 신체 변화를 겪게 되는 때이다. 난소가 노화되면 에스트로겐 등의 성호르몬의 생성이 감소되고, 그 결과 여러 육체적, 정신적 변화가 나타나는데 이를 완(폐)경기증후군이라고 한다. 그런데 이와 유사한 현상이 남성에서도 일어난다고 하면 이상한 일일까? 그렇지 않다. 여성에서 노화에 따라 성호르몬 생성에 변화가 오는데, 남성에서는 이런 일이 일어나는 않는다면 그게 더 이상하다. 일명 '남성 폐경'이라고 부르는 이 증상은 나이가 들면서 혈중 테스토스테론이 감소해, 감성에 여러 변화가 일어나는 것으로, '남성 호르몬 결핍증'이라고도 한다. 하지만 이를 질환으로 볼 것인지를 두고 여전히 논란 중이다. 남성은 보통 45~50세에 호르몬 변화가 시작되는데, 고환의 기능 저하가 조금씩 진행돼 사람에 따라 호르몬 농도의 차이가 나타날 수 있다. 호르몬의 감소는 전형적으로 우울, 피로, 무기력 등의 증상으로 이어진다. 이러한 호르몬 변화는 일부 남성의 성욕을 떨어뜨릴 수도 있다. 또한 테스토스테론의 저하는 심혈관계 질환의 위험을 높이고 골다공증을 유발할 수 있다. 남성 폐경은 여성보다 훨씬 더디게 진행된다. 그리고 다양한 심리적 변화를 불러오는데, 때에 따라서는 충동적인 고가 물건의 구매 등 평소 하지 않는 행동을 유발시키기도 한다. 테스토스테론은 아주 강력한 호르몬이며, 고농도의 테스토스테론은 심혈관계 질환과 전립선암과 연관되어 있다. 따라서 남성 폐경을 조절할 때에는 자연적으로 존재하는 테스토스테론 농도를 변화시키면서도 테스토스테론을 추가로 복용할 필요가 없는 치료법을 찾는 것이 바람직하다. 그 중 하나가 체중조절이다. 지나치게 비만일 경우 지방은 테스토스테론 생산에 악영향을 끼칠 수 있다. 체중을 줄이고 체지방률을 낮춤으로써 에스트로겐 수치를 떨어뜨릴 수 있을 뿐만 아니라 테스토스테론 수치를 높일 수 있다.

41.5 비뇌하수체 호르몬은 물질대사, 항상성, 발생, 행동의 조절을 돕는다

- **갑상선호르몬**
  - 대사를 자극하고 발생과 성숙에 영향을 주는 **요오드호르몬**인 T_4와 T_3를 생산한다.
  - T_4와 T_3의 분비는 2개의 음성되먹임 회로를 가진 복잡한 신경내분비 경로상에 존재한다. 시상하부와 뇌하수체에 의해 조절된다.
  - 또한 갑상선은 칼슘 항상성 기능을 하는 **칼시토닌**을 분비한다.
- 부갑상선은 **부갑상선호르몬**을 분비하여 혈액 내 칼슘 농도를 조절한다.
  - 부갑상선호르몬은 뼈에서 칼슘의 방출을 촉진함으로써 칼슘농도를 증가시키며, 신장의 세뇨관에서의 칼슘 재흡수를 촉진하고, 장에서 칼슘의 재흡수를 증가시킨다.
  - 갑상선에서 분비되는 칼시토닌은 부갑상선호르몬과 상반된 작용을 한다.
- 췌장 내 **랑게르한스섬**은 **인슐린**과 **글루카곤**을 분비한다.
  - 인슐린과 글루카곤의 분비는 포도당의 농도에 의해 직접 조절된다.
  - 인슐린은 세포를 자극하여 혈액으로부터 포도당을 흡수하여, 혈액 내 포도당의 농도를 낮춘다.
  - 글루카곤은 글리코겐의 포도당 전환을 촉진함으로써 혈액 내 포도당의 농도를 높인다. 또한 기타 영양분으로부터 포도당의 생성을 촉진한다.
  - **당뇨병**은 인슐린 부족 또는 **인슐린 저항성**으로 인하여 유발된다. 그 결과 포도당의 사용이 감소되고, 지방의 유화와 단백질의 사용이 증가하며 전해질의 불균형이 초래된다.
- **부신**은 스트레스로 대한 생체의 극복을 돕는 호르몬을 분비한다.
  - 부신수질은 **에피네프린**과 **노르에피네프린** 호르몬을 분비하여, 심장박동, 대사율, 근육수축의 강도를 증가켜서 몸이 위험에 대처하는 것을 돕는다.
  - **부신피질**은 성호르몬, **알도스테론**으로 대표되는 **무기질 코르티코이드**와 **코르티솔**로 대표되는 **글루코코티코이드**를 분비한다.

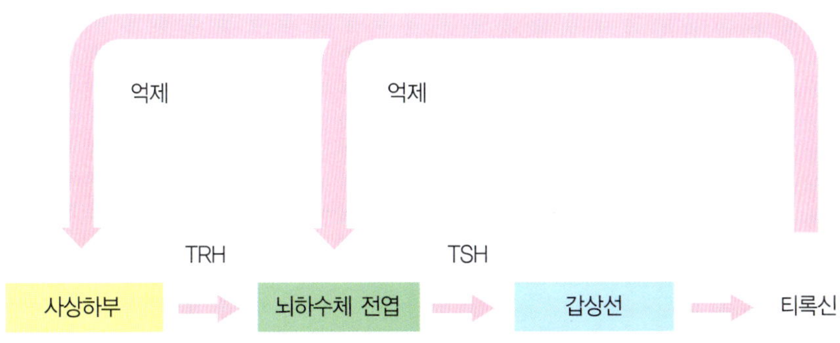

그림 41.4 티록신 분비의 조절

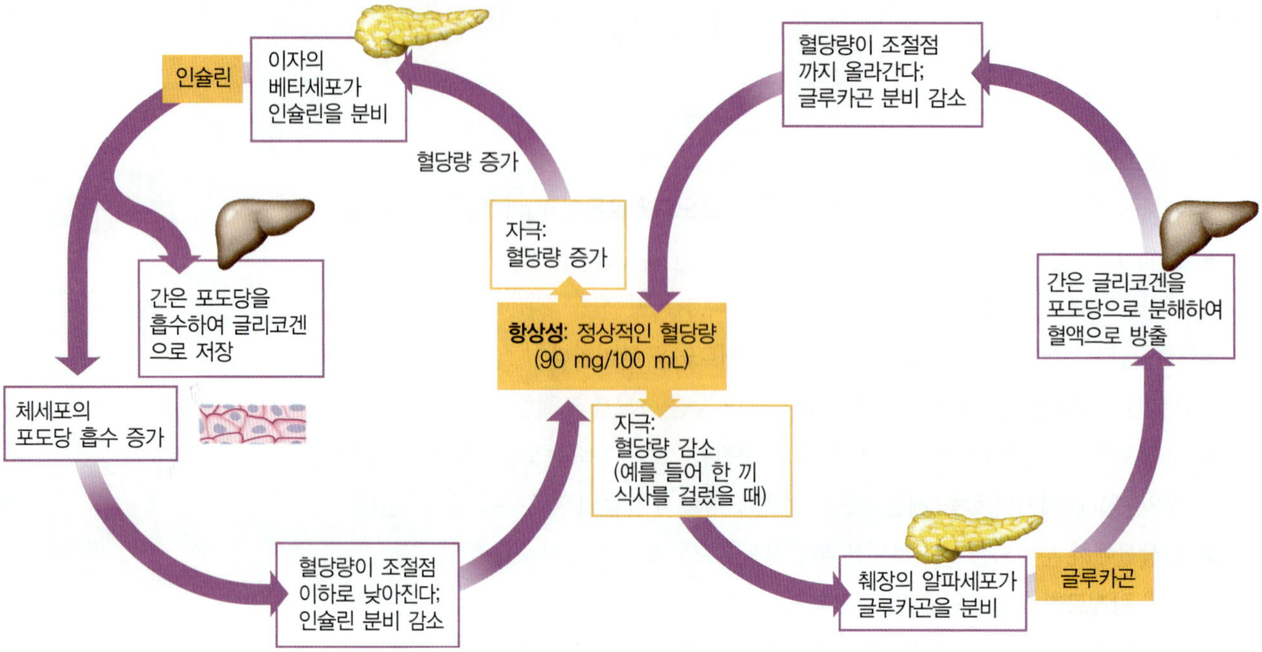

그림 41.5 포도당의 혈액 내 농도는 일정하게 유지된다.

- ▶ 알도스테론은 신장의 세뇨관에서 소듐의 재흡수율을 증가시키고, 포타슘의 배출을 촉진한다. 코티솔은 포도당의 생성을 촉진한다.
- ▶ 스트레스를 받는 동안, 부신피질호르몬은 빠르게 대사작용을 하는 세포에게 포도당을 제공한다.

- 생식소(정소와 난소)는 **안드로겐**, **에스트로겐**, **프로게스틴**과 같은 여러 성호르몬을 생산한다. 남성과 여성 모두에서 분비되나 그 비율이 다르다.
- 뇌 안에 위치한 송과선은 **멜라토닌**을 분비한다. 멜라토닌의 분비는 낮/밤 주기에 의해 조절된다. 주요 기능은 생식과 연관된 신체리듬과 관련된 것으로 보인다.

42 생식

생물의 주요한 목적, 번식

인간은 자식을 낳아 정성스레 기른다. 자식들은 성장하고 배우자를 만나 또 자식을 낳는다. 인간뿐만이 아니라 단순한 단세포 생물들도 다른 방식으로 자손을 끊임없이 번식시킨다. 사실 번식은 생물의 생존 목적이다. 교미를 할 수 있는 하루를 살기 위해 하루살이는 몇 년을 애벌레 상태로 물속에서 지낸다. 알을 수정시키기 위해 연어는 자신의 모든 에너지를 쏟으면서 출생지로 헤엄쳐 간다. 새는 암컷의 주의를 끌기 위해 공작처럼 몸치장을 하거나 카나리아처럼 노래 솜씨를 갈고 닦는다. 많은 포유류와 우리도 마찬가지다. 여성 앞에서 용감해지는 젊은이와 아이의 행동과 말 한마디에 일희일비하는 어머니까지 우리는 번식을 위해 진화해 온 무수히 많은 특징을 지니고 있다. 생식은 생물의 주요한 측면 중의 하나인 번식을 설명하는 기본적인 현상이다. 이 단원에서 우리는 다양한 동물의 생식에 대해 공부하고 특히 포유동물의 대표인 인간의 생식 그리고 생식과 관련된 기관, 생식을 조절하는 호르몬과 기전들에 대해 알아보자.

핵심 체크 Key Point

아래에 열거된 개념 또는 용어들을 '문제'라고 가정하고 답을 작성해 보자.

무성생식 vs. 유성생식

- 무성생식(asexual reproduction)의 정의와 종류
  - ✔ 분열(fission)의 양상과 해당 동물
  - ✔ 출아(budding)의 양상과 해당 동물
  - ✔ 절편분리생장(fragmentation)의 양상과 해당 동물
  - ✔ 재생(regeneration)의 정의와 예

무성생식이 지니는 이점

■ 유성생식(sexual reproduction)의 정의

유성생식이 지니는 이점

42.1 개념을 이해했다면?
배우자(gamete)와 접합자(수정란, zygote)를 구분하고 배우자의 종류를 예시해 보자.

✔ 정자(sperm)의 특징

✔ 난자(egg, ovum)의 특징

무성생식과 유성생식의 비교

■ 단위생식(parthenogenesis)의 정의와 예

양성의 구성원이 만나 수정을 하는 것보다 자웅동체가 지니는 번식상의 이점

42.2 개념을 이해했다면?
자웅동체(hermaphroditism)와 암수교대 자웅동체(sequential hermaphoroditism)를 구분하고 해당 예를 들어보자.

수정과 자손의 탄생

■ 수정(fertilization)의 정의와 종류

✔ 체외수정(external fertilization)의 정의와 해당 동물

✔ 체내수정(internal fertilization)의 정의와 해당 동물

✔ 페로몬(pheromone)의 역할

유대류, 태반포유류, 조류에서 발생하는 배아의 생존을 보장하는 방법

■ 배우자 생성과 운반

✔ 생식소(gonad)의 정의와 종류

✔ 저정낭(spermatheca)의 기능과 해당 동물

✔ 총배설장(cloaca)의 정의와 해당 동물

인간의 생식기관

- 여성 생식기관: 난소, 자궁, 질, 유선
- 난소(ovaries)의 구조와 역할
  - ✔ 여포(follicle)와 황체(corpus luteum)란?
  - ✔ 수란관(나팔관, oviduct)의 구조와 역할
- 자궁(uterus, womb)의 구조와 기능
  - ✔ 자궁내막(endometrium)의 구조와 역할
  - ✔ 경부(cervix)의 구조와 위치
- 질(vagina)의 구조와 역할
  - ✔ 음문(vulva)의 정의
  - ✔ 처녀막(hymen), 소음순(labia minora), 질전정(vestibule), 대음순(labia majora), 음핵(clitoris), 바르톨린선(Bartholin's gland) 등의 구조와 기능
- 유선(젖샘, mammary gland)의 구조와 역할
- 남성 생식기관: 정소, 음경
- 정소(testis)의 구조와 역할
  - ✔ 세정관(seminiferous tubule), 레이디히세포(Leydig cell), 정낭(seminal vesicle), 전립선(prostate gland), 요도구선(망울요도드샘, bulbourethral gland)의 구조와 역할
  - ✔ 부정소(epididymis), 정관(vas deferens), 사정관(ejaculatory duct), 요도(urethra)의 구조와 기능
- 음경(penis)의 구조와 역할
  - ✔ 음경골(baculum)의 정의와 보유 동물
  - ✔ 음경귀두(glans penis)의 구조와 특징
  - ✔ 음경꺼풀(prepuce)의 구조

남녀 생식계 모식도를 준비하여 생식기관 각각의 구조와 기능을 판별

42.3 개념을 이해했다면?
배란(ovulation)을 정의하고 여포와 황체의 관계를 설명해 보자.

42.4 개념을 이해했다면?
정액(semen)의 조성과 각 성분이 만들어지는 장소를 설명해 보자.

42.5 개념을 이해했다면?
사정(ejaculation) 때에 정자가 움식이는 경로를 순서대로 설명해 보자.

■ 인간의 성 반응

✔ 충혈(vasocongestion)과 근육긴장(myotonia)으로 설명

✔ 성반응주기: 흥분기(excitement), 고원기(plateau), 오르가즘(orgasm), 해소기(resolution)

✔ 성교(coitus)

배우자형성과정과 조절

■ 배우자형성과정(gametogenesis)의 특징과 종류

■ 정자형성과정(spematogenesis)

✔ 생식세포, 정원세포(spermatogonia), 제1정모세포(spermatocytes), 제2정모세포, 정세포(spermatids), 정자(sperms) 등의 정의와 각 세포의 분열과 생성 과정

✔ 생식선자극호르몬방출호르몬(gonadotropin-releasing hormone, GnRH), 여포자극호르몬(follicle-stimulating hormone, FSH), 황체형성호르몬(luteininzing hormone, LH), 테스토스테론(testosteron), 억제호르몬(inhibin) 등에 의한 조절 양상

✔ 시상하부, 뇌하수체 전엽, 세르톨리세포, 레이디히세포 등의 역할

■ 난자형성과정(oogemesis)과 여성의 생식주기

✔ 원시생식세포, 난원세포(oogonia), 제1난모세포(primary oocytes), 제2난모세포(secondary oocytes) 등의 생성 과정

✔ 황체의 역할

정자형성과정과 난자형성과정의 3가지 다른 점

42.6 개념을 이해했다면?
정자형성과정에 관여하는 호르몬들의 작용 메커니즘을 설명해 보자.

■ 여성의 생식주기 진행

✔ 난소주기(ovarian cycle)

1) 여포기(follicle phase)의 특징과 관여하는 호르몬 종류: GnRH, FSH, LH
2) 배란(ovulation)이란?
3) 황체기(luteal phase)의 특징: 분비되는 호르몬의 종류

✔ 월경주기(mentrual cycle) 또는 자궁주기(uterine cycle)

1) 증식기(proliferative phase)의 특징

2) 분비기(secretory phase)의 특징

3) 월경기(menstrual flow phase)의 특징

난소주기와 월경주기에서 에스트로겐(estrogen)과 프로게스테론(progesterone)의 역할

✔ 폐경(menopause)의 정의와 의미

✔ 발정(estrus)

42.7 개념을 이해했다면?
월경주기와 발정주기(estrous cycle)의 차이를 설명해 보자.

임신, 분만, 피임

■ 임신(pregnancy) 또는 잉태(gestation)의 정의

✔ 수태(conception)란?

✔ 난할(cleavage)의 정의와 역할

✔ 임신 관련 성선자극호르몬(human chorionic gonadotropin, HCG)의 종류와 역할

■ 임신 3분기(trimester)란?

첫 번째 임신 3분기의 특징과 중요성

✔ 태아(fetus)의 정의

✔ 두 번째 임신 3분기의 특징

✔ 세 번째 임신 3분기의 특징

✔ 분만(labor) 과정과 관련 호르몬의 작용

■ 피임과 낙태

✔ 피임(contraception)이란?

✔ 월경주기법(rhythm method) 또는 자연피임법(natural family planning)의 정의

✔ 차단식 피임법(barrier method)의 정의와 종류

✔ 피임약(birth control pill)의 정의와 종류

42.8 개념을 이해했다면?
가장 성공률이 높은 피임법을 제시하고 그 이유를 기술해 보자.

42.9 개념을 이해했다면?
태아의 건강과 유전 이상의 유무를 알 수 있는 방법을 설명해 보자.

✓ 난관수술(tubal ligation)과 정관수술(vasectomy)의 정의

✓ 낙태(abortion)의 정의

■ 현대의 생식기술

✓ 보조생식기술(assisted reproductive technology, ART)의 정의와 종류

✓ 체외수정(in vitro fertilization IVF)의 정의

✓ 세포질내 정자 삽입(intracytoplasmic sperm injection, ICSI)의 정의

Key Information 주요내용

42.1 동물의 두 가지 생식유형, 무성생식과 유성생식

- **생식**의 의미
  - ▶ 종의 보전을 위한 것으로 어떤 개체의 유전자를 다음 세대에게 전달하는 것이다.
  - ▶ 동물은 두 가지의 기본적인 생식 방법이 있다: 무성생식 & 유성생식.
- **무성생식**
  - ▶ 한 개체의 유전자로만 자손을 만들기 때문에 돌연변이가 없다면 자손들의 유전자와 부모의 유전자 모두 동일하다.
  - ▶ 장점

    1) 배우자를 생산하거나 짝을 찾기 위한 에너지 소모를 필요로 하지 않는다.

    2) 자신의 유전자를 100% 자손에게 전달할 수 있다.

    3) 유성생식과 달리 자손을 생산하는 데에 양친을 필요로 하지 않는다.
  - ▶ 3가지 방식: **분열, 출아법, 분절증식**

    1) 분열은 개체가 대략 같은 크기를 가진 2개 이상의 자손으로 분열하는 것이다.
    예) 이분법에 의한 세균의 증식, 단세포 동물

    2) 출아법의 경우, 새로운 개체가 부모에 붙어 있는 상태에서 자라고 발생한다.
    예) 해파리, 히드라 같은 강장동물과 해면동물

    3) 분절증식의 경우에는 부모의 몸 일부에서 떨어져 나와 새로운 개체가 된다.
    예) 환형동물, 편형동물
  - ▶ **단성생식:** 수정 없이 난자가 자라고 발생하여 자손을 만드는 생식 방식

    1) 동물의 종에 따라 그 자손은 반수체 혹은 이배체가 된다.

    2) 해당 동물은 진딧물, 벌, 갑각류 등이 있다.

- **유성생식**
  - ▶ 감수분열에 의해 만들어진 정자와 난자가 결합하여 만들어진 **접합자**가 체세포분열을 하고 일정 기간이 흐른 뒤 자손을 낳는다.
  - ▶ 유성생식을 하는 동물들에서는 감수분열 과정에서 **유전적 재조합**과 교차 등으로 유전적 다양성이 증가한다.
  - ▶ 무성생식과 마찬가지로 무작위로 일어나는 DNA 돌연변이도 유전적 다양성을 제공하지만 많은 동물에게 치유가 불가능한 유전 질병을 초래할 수 있다. 이 경우, 자연선택에 의해 제거되기도 한다.
  - ▶ 암수 배우자를 만드는 **배우자 형성**, 암수가 짝짓기를 하는 **교미** 그리고 배우자가 만나 새로운 개체의 발생이 시작되는 **수정** 등으로 구성된다.
  - ▶ 생식세포는 배우자를 만드는 특별 기관인 **생식소**(정소와 난소)에서 체세포분열을 하여 수컷에서는 정원세포, 암컷에서는 난원세포가 된다.
  - ▶ 이배체인 정원세포와 난원세포는 감수분열을 하여 반수체인 정모세포와 난모세포를 형성하고 감수분열 말기에 각각 정세포와 난세포가 되어 정자와 난자로 발생한다.
  - ▶ 난자는 유동성이 없고 세포 크기가 비교적 크며 정자는 작고 운동성이 있는 편모를 이용하여 이동할 수 있다.

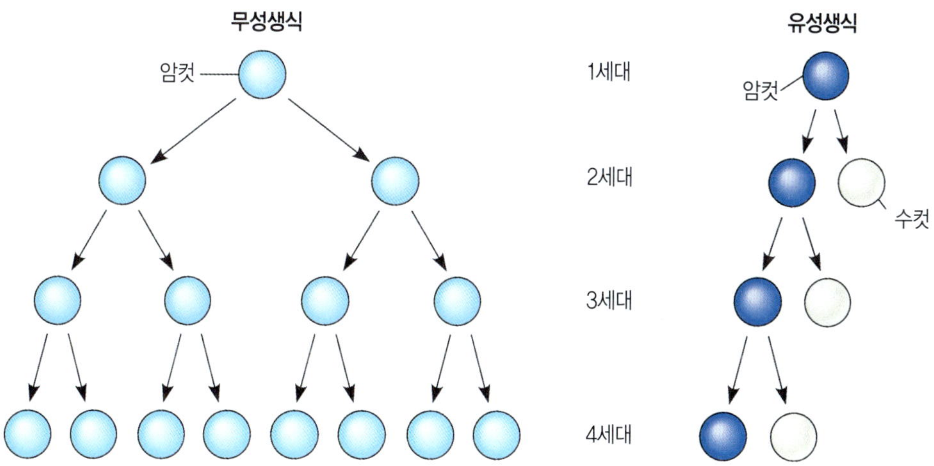

그림 42.1 성의 "생식적 불리함." 무성생식이 유성생식보다 자손을 더 많이 생산함을 알 수 있다.

42.2 수정은 체외 또는 체내에서 이루어진다

- 수정과 발생
  - ▶ 동물들은 **페로몬**을 이용하여 대상을 유인한다.
  - ▶ 수정에는 같은 종의 정자와 난자가 만나도록 돕는 메커니즘이 중요하게 작용한다.

▶ 수정이 이루어지면 배의 발생이 시작된다.

● 체외수정 vs. 체내수정

▶ 수정을 위해서 정확한 시간 포착이 필요하며, 이는 종종 환경 신호, 페르몬, 구애 활동 등에 의해 매개된다.

▶ **체외수정**에서는 암컷에 의해 방출된 알이 외부 환경에서 정자와 만나 수정된다.

▶ **체내수정**에서는 난자와 정자가 암컷의 몸 안에서 하나로 합쳐진다.

1) 수컷과 암컷 사이에 적합한 교미기관과 중요한 행동학적 상호작용이 필요하다.

2) 상대적으로 적은 수의 자손을 만들고 보통 부모의 보호와 양육을 더 많이 받는다.

● 체내 수정을 하는 동물의 생식계는 **난생** 혹은 **태생**이다.

▶ 난생 동물

1) 어미의 몸 밖에서 배가 발생하는데 필요한 영양물질을 포함하고 있는 알을 낳는다. 알은 배아를 보호하는 기능도 한다.

2) 곤충, 거미, 어류, 양서류, 조류, 파충류의 일부, 포유류 중 단공류(오리너구리)가 해당한다.

▶ 태생동물

1) 어미의 몸 내부인 자궁에서 배가 발생하는데 초기에 영양을 배에 공급을 한다.

2) 단공류를 제외한 포유동물과 어류, 양서류, 악어, 거북, 등 조류를 제외한 척추동물이 해당한다.

3) 태반 포유류는 배와 자궁을 연결하는 태반을 지닌다. 태반은 모체의 혈액으로부터 영양분을 배에 공급하고 배에서 생긴 노폐물을 혈액으로 내보내고 배아를 보호하는 데에 관여한다.

4) 유대류의 경우, 발생이 덜 된 채 태어난 새끼를 주머니에서 보호한다.

● **자웅동체** 동물

▶ 하나의 개체에 성숙된 난자와 성숙된 정자 둘 다를 만든다.

▶ 해당 동물의 예로는 편형동물, 지렁이, 그리고 많은 무척추동물이 해당한다.

▶ 정자를 만드는 조직과 난자를 만드는 조직이 몸 안에서 완전히 격리되어 있어서 자가 수정을 하지 못한다.

▶ 두 가지 형태의 자웅동체성 동물이 있다.

1) 동일한 개체에서 난소와 정소가 동시에 발생하는 동시 자웅동체성과

2) 동일한 개체가 하나의 성에서 다른 성으로 변하는 순차적 자웅동체성이 있다.

● **생식계**

▶ 체강의 미분화된 세포에 의해서 배우자가 생성되는 간단한 구조에서부터 배우자를 생성하고 배아를 발생시키는 일을 수행하는 부속관과 부속선 등의 복잡한 구조까지 다양한 형태가 있다.

▶ **생식소**는 배우자를 만드는 기관이다.

▶ 곤충을 포함한 일부 동물의 경우, 암컷은 정자를 1년 이상 보관할 수 있는 주머니

인 **저정낭**을 가지고 있다.

▶ 많은 포유동물과 척추동물은 소화계, 배설계 및 생식계가 밖으로 향하는 공통된 개구부인 **총배설강**을 지닌다.

한 토막 생물 뉴스

농어(*Serranus baldwini*)의 게임

이들의 성은 염색체로 결정되지 않는다. 이들은 암수 양쪽의 기능을 할 수 있는데, 어느 쪽 상태에 있든 난자나 정자 중 한 가지만 방출하는 순차적 자웅동체성이다. 이들은 일부일처제를 지키는데 한 쌍의 두 개체는 암수의 역할을 교대로 수행한다. 그런데 어느 개체의 입장에서든 수놈 역할은 지출이 작아 수놈 역할을 선호할 수 있다. 그러나 끊임없이 암수의 역할을 교대해야 하고 자손을 얻어야 하므로 자신이 손해를 보더라도 암수의 역할을 번갈아 수행하게 된다. 한 연구자에 따르면 성 역할 분담을 불공평하게 한 쌍들은 헤어지는 경향이 있음을 관찰했다.

42.3 사람의 유성생식 - 여성 생식계

- 여성 생식계의 구조와 기능 및 난자의 형성
  - ▶ **난소**는 배우자와 스테로이드계 호르몬인 **에스트로겐**과 **프로게스테론**을 생산한다.
  - ▶ 수정은 **수란관**에서 이루어진다.
- **자궁**
  - ▶ 배아가 발생하는 장소이다.

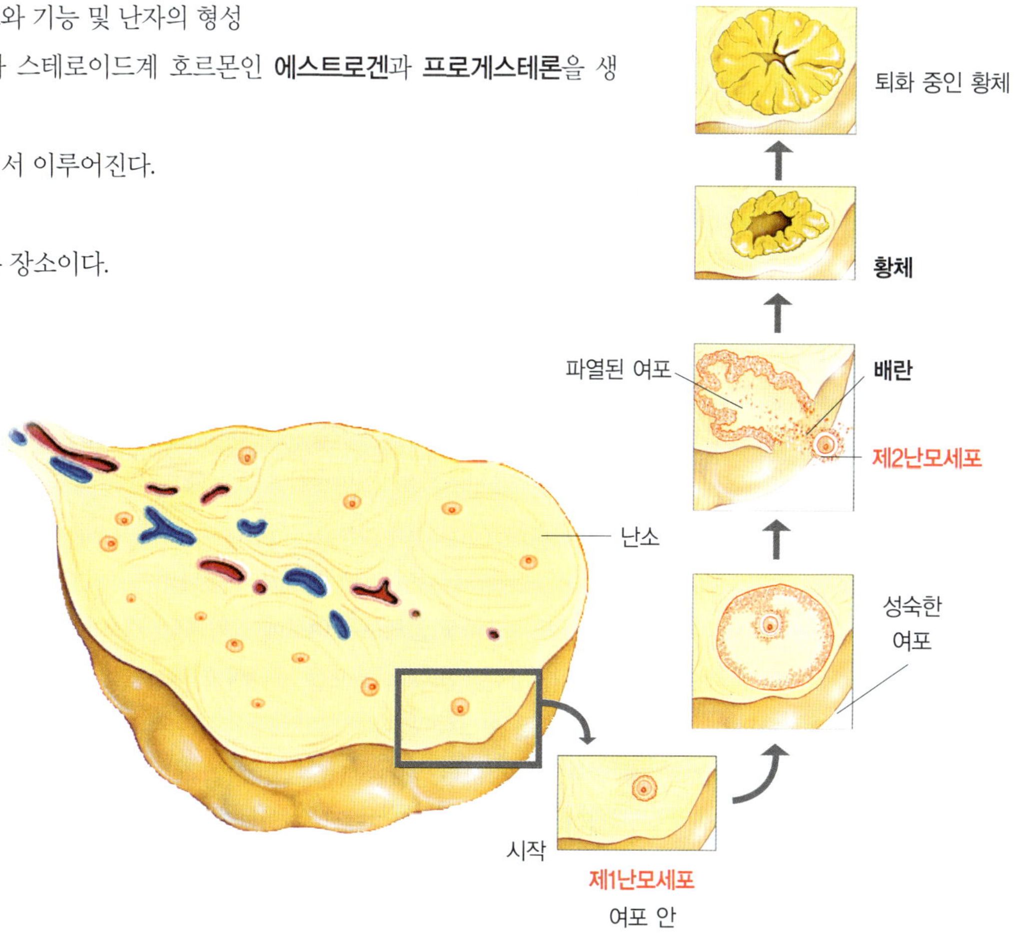

그림 42.2 난소에서의 여포 발달

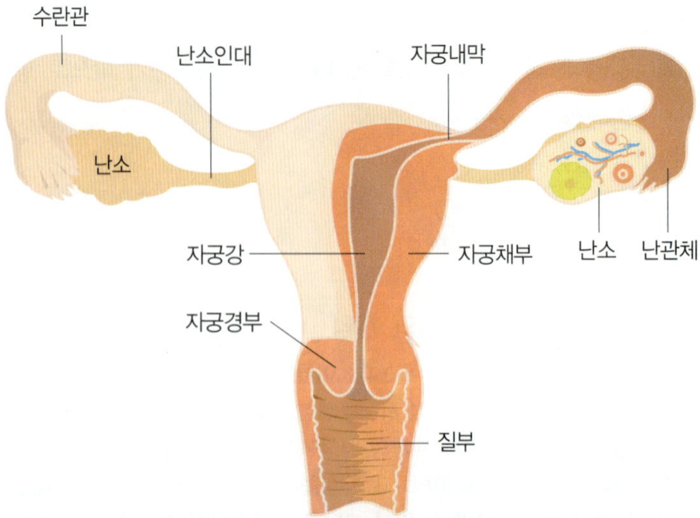

그림 42.3 여성생식기의 구조

- ▶ 자궁 내부의 상피층을 **자궁내막**이라 하는데 임신에 대비해 매달 두꺼워진다.
- ▶ 자궁의 하단부를 일컫는 **자궁경부**는 질까지 연장되어 있다.

● 생식기

- ▶ 여성의 외부생식기를 칭하여 음문이라 한다.
- ▶ 질은 성교 동안 음경을 받아들이는 부위로서 분만관의 하단부에 해당한다.
- ▶ **외음문**은 **대음순**, **소음순**, 질의 전정, **음핵** 및 **치구**를 포함한다.
- ▶ 바르톨린선은 질액을 분비하여 윤활상태를 유지함으로 성행위가 원활히 진행되도록 돕는다.

● 유방은 영아를 위해 젖을 생산하는 **수유**를 담당한다.

- ▶ 각 유방은 15~20개 정도의 선상 조직엽으로 구성되어 있다.
- ▶ 유선세포는 **유선엽** 내에 정열되어 있다.
- ▶ **프로락틴** 호르몬은 젖 생산을 촉진시키며, **옥시토신**은 새끼가 젖을 빨면 유선엽으로부터 수유관으로의 젖 방출을 촉진한다.

● **난자형성과정**은 난소세포에서 일어난다.

- ▶ 난원세포는 분화하여 제1난모세포가 된다.
- ▶ **제1난모세포**와 **과립세포**는 **여포**에 둘러싸인다.
- ▶ 여포가 성장하면, 과립세포를 둘러싸고 있는 결합조직세포가 분화하여 **여포막세포**의 층을 형성한다.
- ▶ 여포가 성숙하면, 제1난모세포는 제1감수분열을 하여 한 개의 **제2난모세포**와 한 개의 기능이 없는 **제1극체**가 된다.
- ▶ **배란**되는 동안, 난소에서 방출된 제2난모세포는 쌍으로 이루어진 부위인 수란관의 한쪽으로 유입된다.
- ▶ 난소 내에 남아 있는 여포의 일부는 일시적인 내분비선인 **황체**로 발달된다.

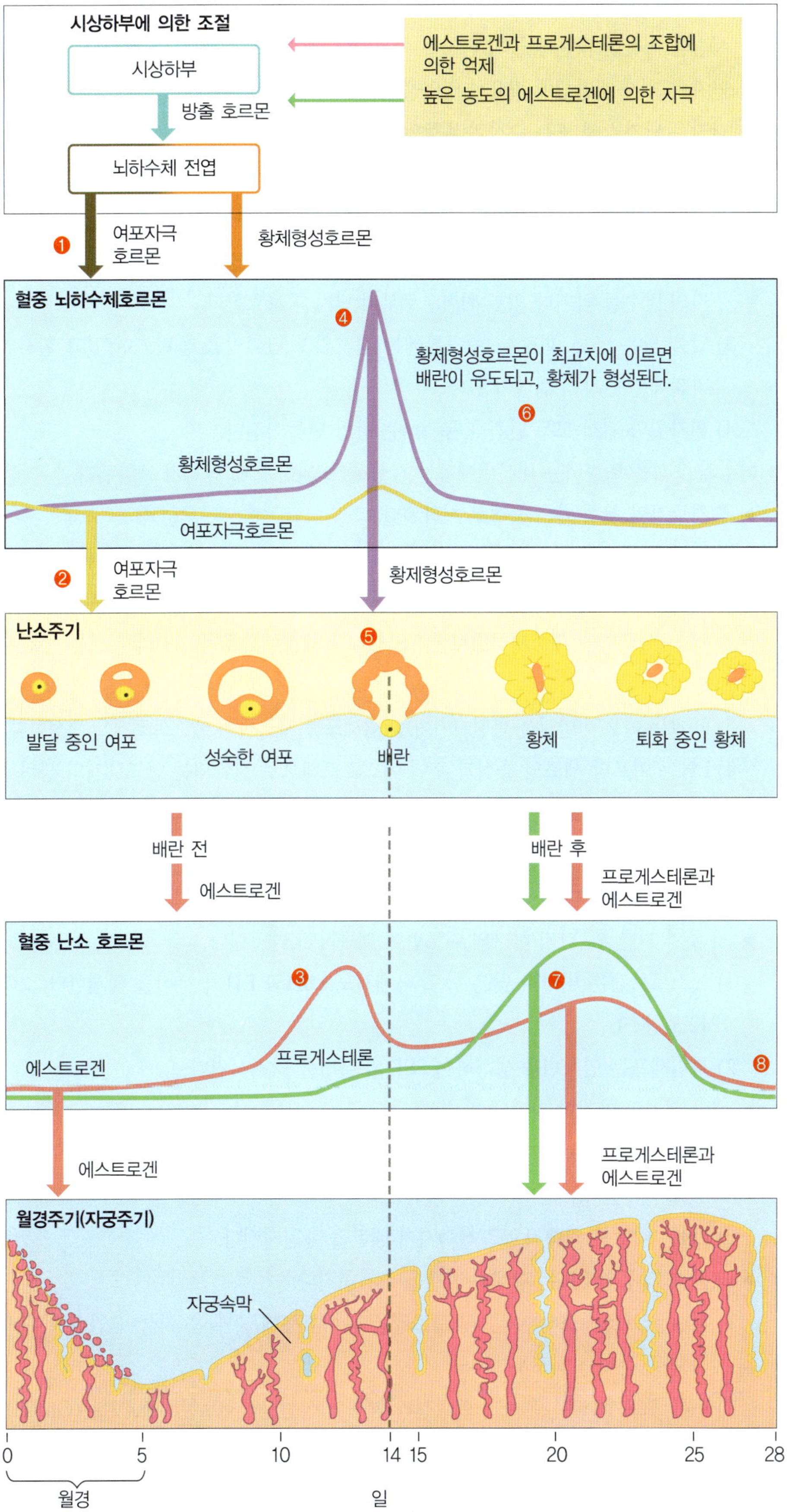

그림 42.4 여성의 생식주기, 번호는 관련된 호르몬들의 활성변화를 순서대로 나타낸다.

▶ 사람을 비롯한 많은 동물의 난자는 수정 이후에야 감수분열을 완결한다.

▶ 난자는 초기 배발생에 필요한 영양물질을 저장한다.

▶ 난막은 난자발생 또는 수정과정 동안 표면에 만들어진 층이다.

1) 물리적 손상과 감염을 막고, 하나 이상의 정자가 수정되는 것을 방지하는 데에 기여한다.

2) 포유동물에서는 난황막 대신에 투명대로 불린다. 투명대는 젤 형태이며 주로 난자의 탈수를 막거나 외부 위험으로부터 난자를 보호한다.

3) 알을 낳는 조류, 파충류, 단공류에는 흰자위가 난황막을 둘러싸여 있고 흰자위 바깥에는 난자의 껍질이 있다.

4) 흰자위와 껍질 모두 난관을 통과하는 동안 만들어진다.

● 여성의 생식을 조절하는 내분비계에는 시상하부, 뇌하수체, 난소가 포함된다.

▶ 월경주기의 첫째 날은 출혈로 시작된다.

1) 배란은 일반적으로 약 28일인 **월경주기** 내에서 약 14일경에 일어난다.

2) 배란전기 동안, 시상하부에서 분비된 **생식선자극호르몬방출호르몬**은 뇌하수체를 자극하여 **여포자극호르몬(FSH)**과 **황체형성호르몬(LH)**의 분비를 촉진시킨다.

3) FSH는 여포의 발달을 촉진시키며, 과립세포를 자극하여 에스트로겐을 생성한다.

4) LH는 여포막 세포의 증식과 후에 에스트로겐으로 전환되는 안드로겐의 생성을 촉진한다.

5) 에스트로겐은 여성의 1차, 2차 성징을 일으킨다. 에스트로겐은 자궁내막의 발달을 촉진시킨다.

▶ 첫 주가 지난 후, 단지 하나의 여포만이 계속하여 발달된다.

1) 에스트로겐은 비교적 낮은 농도 하에서도 FSH와 LH의 분비를 억제한다(그림 42.3 참조).

2) 과립세포는 인히빈을 생성하여 FSH의 분비를 억제시킨다.

▶ 배란 전기의 마지막 시기 동안에는,

1) 에스트로겐의 농도가 최고조를 이루고 뇌하수체 전엽에서 LH를 분비하도록 신호를 전달한다.

2) LH는 여포를 최종적으로 성숙시켜 배란을 촉진시킨다.

▶ **배란 후기** 동안 LH는 황체의 발달을 촉진시킨다.

1) 황체는 프로게스테론과 에스트로겐을 분비하는데, 이들은 자궁이 임신에 대비해 최종 준비를 하도록 한다.

2) 또한 프로게스테론은 에스트로겐과 함께 생식선자극호르몬방출호르몬(GnRH), FSH, 및 LH의 분비를 억제시킨다.

3) 수정이 이루어지지 않으면 황체는 퇴화하고, 에스트로겐과 프로게스테론의 혈중 농도가 감소하며 월경이 일어난다.

42.4 사람의 유성생식 - 남성 생식계

- 남성의 생식계에는 정자와 테스토스테론을 생성하는 정소, 일련의 도관, 생식부속선 및 음경 등이 포함된다.
- 남성 생식기
  - ▶ 정자가 형성되는 장소인 **정소**는 **음낭**에 존재하며 **세정관**을 가지고 있다. 테스토스테론은 정소 내 **레이디히세포**에서 만들어져 분비된다.
  - ▶ **세르톨리세포**는 신호전달물질과 정자에 영양분을 제공하는 액체를 생산한다.
  - ▶ 정자는 **부정소(부고환)**와 **정관**에서 완전히 성숙하여 저장된다. 사정 시 정자는 정관에서 **사정관**을 통과하며 요도를 통해 음경을 지나가게 된다. 한 번 사정하게 될 때 정액 내에는 약 2억 마리의 정자가 **정낭**과 **전립선**에서 나온 분비물과 함께 배출된다.
  - ▶ **요도구선**은 한 쌍으로 요도에 남은 정자를 분비한다.
  - ▶ **음경**은
    1) 중심 줄기의 머리 부분으로 예민한 감각을 지닌 음경귀두를 지니는데, 주름진 피부인 음경꺼풀에 의해 덮여 있다.
    2) 동물에 따라 음경을 단단하게 만들어주는 뼈인 음경골을 지닐 수도 있다.
    3) 음경은 요도를 둘러싸는 2개의 **음경 해면체**와 한 개의 **요도 해면체**인 세 개의 기둥 모양 발기조직으로 이루어져 있다. 이 발기조직이 충혈되면 음경은 발기한다.
- 정자형성
  - ▶ 정소 내의 세정관에서 일어난다.
  - ▶ 남성생식세포인 **정원세포**(이배체)는 **제1정모세포**(이배체)로 각각, 유사분열하며

(a)

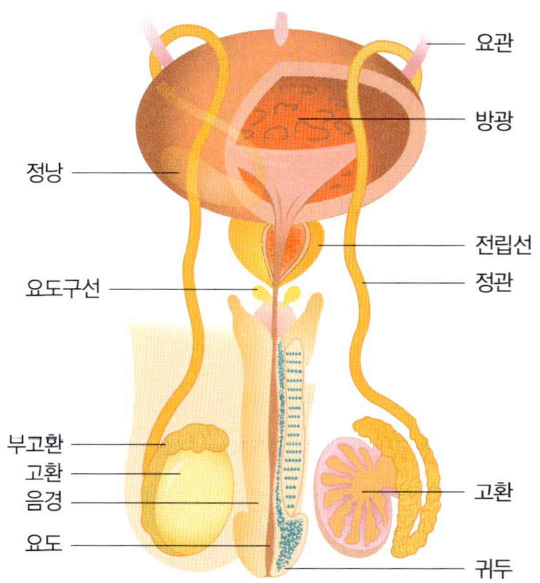

그림 42.5 남성생식기의 구조 (계속)

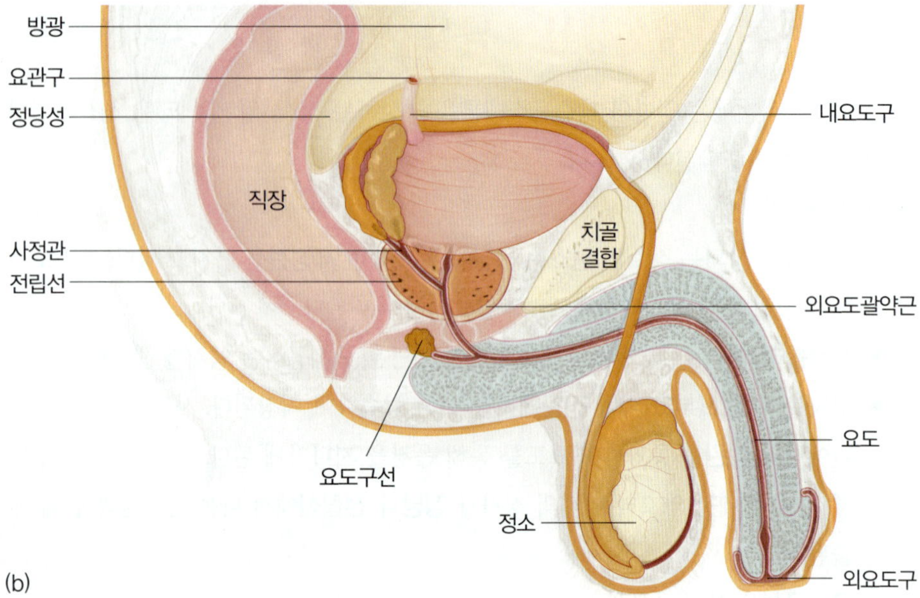

그림 42.6 남성생식기의 구조

제1정모세포는 감수분열을 한다.

▶ 제1 감수분열의 결과, 2개의 **제2정모세포**(반수체)가 만들어지며, 제2감수분열을 통해 각각 2개, 모두 4개의 **정세포**가 형성된다.

▶ 각 정세포는 분화하여 성숙한 정자가 된다.

▶ 정자

1) 정자의 앞쪽에는 핵을 감싸고 모자 모양을 갖는 분비낭인 **첨체**가 있다. 첨체에는 정자가 같은 종의 난자의 막과 결합하고 관통하는 데에 필요한 효소와 단백질이 있다.

2) 편모의 기저부 주변에 있는 미토콘드리아는 핵과 함께 세포질을 구성한다. 미토콘드리아는 편모의 운동에 필요한 에너지원을 만든다.

3) 정자는 정소의 세정관을 통과하여 부고환, 수정관, 사정관, 요도를 통과한다.

● 남성의 생식 조절

▶ 테스토스테론은 남성의 1차 성징과 2차 성징을 확립하고 유지시킨다.

▶ 남성의 생식을 조절하는 내분비계에는 시상하부, 뇌하수체, 정소 등이 포함된다.

1) 시상하부에서는 **생식선자극호르몬방출호르몬**이 분비되며 이것은 뇌하수체 전엽을 자극하여 FSH와 LH와 같은 생식소 호르몬을 분비시킨다.

2) FSH, LH, 테스토스테론 등은 직접 또는 간접적으로 정자 생성을 촉진시킨다. FSH는 정소의 간질세포를 자극하여 테스토스테론을 생산시킨다.

3) LH는 세르톨리세포를 자극하여 (1) **안드로겐 결합 단백질**을 생산하도록 하며, 이는 테스토스테론과 결합하여 테스토스테론을 농축시키는 역할을 한다. (2) 또한 **억제호르몬**을 생산시켜 LH의 분비를 억제시킨다.

- 혈관확장과 근육의 긴장성이 증가하는 것은 성적 자극에 대한 생리적 반응이다.
  - 성적 반응의 단계는 성교를 포함한 **흥분기**, **고조기**, **오르가즘**, **해소기**로 설명된다.
  - 남녀 모두 충혈과 근육긴장에 의한 특정 신체조직의 발기와 오르가즘을 경험한다.

42.5 태반포유류는 어미의 자궁에서 배아가 신생아로 자란다

- 접합자는 자궁내막에 착상하기 전까지 난할을 진행하여 배반포로 발생한다.
- 인간의 임신: **3분기**로 나눌 수 있다.
  - 첫 번째 임신 3분기
    1) 영양세포층이 태반(placenta)을 형성한다.
    2) 기관형성이 주로 일어난다.
    3) 임신 9주째부터의 배아를 태아(fetus)라고 일컫는다.
  - 두 번째 임신 3분기: 태아는 30 cm까지 자라고 매우 활발해진다.
  - 세 번째 임신 3분기: 분만 시기까지의 발생과 성장 과정을 포함한다.
- 출산 또는 분만
  - 강하고 주기적인 자궁의 수축을 통해 진행된다.
  - **프로스타글란딘**과 **에스트로겐** 및 **옥시토신**이 관여하는 양성되먹임이 출산을 조절한다.
- 여성이 "외래"에 해당하는 자식을 받아들이는 현상은 아직 완전히 이해되지는 않았지만 아마도 자궁에서 면역반응을 억제하기 때문인 것으로 보인다.
- 피임법
  - 생식자로부터 성숙한 배우자의 배출, 수정 또는 배아의 착상을 방해하는 방법이다.
  - 정관절제와 난관결찰, 경구피임약, 자궁내피임구 등의 방법이 있다.
- 현대의 생명 기술은 출생 전 문제를 찾아내기 위한 방법 외에도, 체외수정 등을 통해 불임 부부를 도울 수 있다.

한 토막 생물 뉴스

음탕한 홍어??

홍어는 홍어목 홍어과에 속하는 동물로 가오리와 비슷하게 생겼다. 한국에서 '홍어' 요리는 대단히 유명하다. 홍어를 삭혀 먹기도 하지만 그 외 다양하게 요리하여 먹는다. 삭힌 홍어는 암모니아 함량이 높아서 냄새가 지독하기 때문에 냄새에 비위가 약한 사람은 홍어 요리를 먹지 못한다. 이 동물의 번식과 관련하여 살펴볼 것이 있다. 홍어는 체내 수정을 하는데, 수컷 홍어는 생식기가 2개인데다가 갈고리 모양의 가시가 박혀 있다. 그래서 교미 중인 홍어를 낚으면 암컷과 함께 낚인다. 이런 이유로 '음탕한 홍어'라고 부르기도 한다.

43 동물의 발생

식물과 동물 발생의 차이점?

우리는 태어난 후 성장을 한다. 그러나 출생 시 몸 각 부분의 비율이 어른이 되어도 그대로 유지되지는 않는다. 만약 그대로 유지된다면 얼굴이 전체 몸의 1/3을 차지하는 3등신이 될 수도 있다. 각 몸의 부분마다 성장률이 달라 성인이 되었을 때 얼굴의 크기는 전체 몸의 1/7~1/8이 되는 것이다. 그리고 이렇게 되면 팔다리에 있는 성장판이 더 이상 성장을 일으키지 않는다. 그러나 이 과정에서 새롭게 손이 더 생기거나 다리가 부가되거나 심지어 일정한 시간 이상으로 빛을 받으면 생식기가 생기는 현상, 즉 탄생 후에는 새로운 몸 부위가 생기는 발생 과정이 진행되지 않는다. 그런데 너무도 당연한 듯이 이런 일이 식물에서는 일어난다. 쌍떡잎식물은 태어난 후 지니고 있던 떡잎을 버리고 잎을 얻게 되며 나이를 먹어가면서 새로운 잎과 가지가 생긴다. 그리고 일정 정도 시간 이상으로 빛을 받으면 꽃이라는 생식기관을 얻게 된다. 동물로서는 상상도 못할 이런 일이 어떻게 벌어지는 것일까? (30장 분열조직 참조)

핵심 체크 Key Point

아래에 열거된 개념 또는 용어들을 '문제' 라고 가정하고 답을 작성해 보자.

발생과 유전체 동일성

발생(development)을 이루는 3가지 과정

- 세포분화(cell differentiation) 과정의 정의와 특징
- 형태형성과정(morphogenesis)의 정의와 특징
- 발생학 연구의 모형 생명체(model organism)의 종류와 선정 기준

43.1 개념을 이해했다면?
과거와 비교해서 개구리는 현대 발생학에서 연구대상으로 잘 사용되지 않는다. 왜 그런지 그 이유를 추정해 보자.

유전체 동일성(genomic equivalence)의 정의와 증거

✔ 전능성(totipotency)의 뜻과 해당 생물 또는 세포

✔ 클로닝(cloning)의 정의와 발생 과정과의 연관성

■ 동물에서의 핵이식 기술

✔ 생식적 클로닝(reproductive cloning)이란?

유전체 동일성을 띠는 세포들이 발생 과정을 통해 다양한 구조와 기능을 나타내는 이유

43.2 개념을 이해했다면?
한 기관 또는 조직의 분화 과정을 예로 들어 유전자와 세포 수준에서 설명하고 각 수준에서의 진행 과정을 연관지어 보자.

✔ 세포질 결정인자(cytoplasmic determinant)의 정의와 예

✔ 유도(induction)의 정의와 예

✔ 결정(determination)의 의미와 결정과 분화(differentiation)와의 단계적 관련성

패턴형성과 몸형성계획

패턴형성(pattern formation)의 정의

■ 위치정보(positional information)의 정의와 패턴형성에서의 역할

■ 노랑초파리의 발생

✔ 노랑초파리의 생활사와 발생 과정

✔ 패턴형성에 관여하는 유전자들의 발견과정: 돌연변이 탐색과 배아 치사(embryonic lethal)

43.3 개념을 이해했다면?
어떤 의미에서 *bicoid* 유전자가 각각 모계영향 유전자, 배아극성 유전자, 형태형성물질인지를 설명해 보자.

✔ 모계영향 유전자(maternal effect gene)의 정의와 예

✔ 배아극성 유전자(egg-polarity gene)의 정의와 예

✔ 형태형성물질(morphogen)의 정의와 예

호메오 유전자(homeotic gene)의 정의와 구조적 특징

✔ 호메오박스(homeobox)와 호메오도메인(homeodomain)

✔ 동물들 사이에서 발생 관련성 비교 대상 유전자의 예

■ 예쁜꼬마선충 발생 과정에서 알 수 있는 사실은?

✔ 세포 계보(cell lineage)를 예쁜꼬마선충을 예로 들어 설명

✔ 유도(induction)의 정의와 예

✔ 아폽토시스(예정세포사, apoptosis)의 정의와 예

43.4 개념을 이해했다면?
동물의 신체 형성 계획(body plan)의 의미를 생각해 보자.

난할, 낭배형성 및 기관형성

■ 수정

첨체반응(acrosomal reaction)의 정의와 효과

✔ 다수정 급속방지(fast block to polyspermy) 과정

✔ 피층반응(cortical reaction)과 피층과립(cortical granules)이란?

✔ 다수정 완만방지(slow block to polyspermy) 과정과 효과

✔ 투명대(zona pellucida)란?

43.5 개념을 이해했다면?
이란성 쌍생아와 일란성 쌍생아의 차이점을 설명해 보자.

■ 난할(cleavage)의 정의

✔ 할구(blastomere)의 정의

✔ 상실배(morula)의 정의와 할강(blastocoel)의 출현

✔ 포배(blastula)의 정의와 구조

✔ 난황(yolk), 동물극(animal pole), 식물극(vegetal pole)의 정의

✔ 회색신월환(gray crescent)의 출현 과정

부분할(meroblastic cleavage)과 전할(holoblastic cleavage)의 구분 근거와 각각의 예

■ 낭배형성과정(gastrulation)의 가장 뚜렷한 특징

✔ 배엽(germ layer), 외배엽(ectoderm), 내배엽(endoderm), 중배엽(mesoderm)의 정의와 구조

✔ 성게의 발생에서 함입(invagination)에 의해 생기는 구조와 의미: 선구동물 vs. 후구동물

✔ 개구리에서 원구배순부(dorsal lip)의 형성 과정과 회절(involution)의 역할

✔ 조류 발생에서 배반엽(blastoderm)과 원조(primitive streak)의 형성 과정

43.6 개념을 이해했다면?
성게, 개구리, 닭의 낭배형성과정을 비교, 설명해 보자.

■ 기관형성과정(organogenesis)의 정의와 의미

✔ 척삭(notochord) 형성 과정과 향후 형성될 구조

✔ 신경관(neural tube) 형성 과정과 향후 형성될 구조

✔ 신경릉세포(neural crest cell) 형성 과정과 향후 형성될 구조

✔ 체절(somite) 형성과 향후 형성될 구조

■ 양막류의 발생 적응

양막류(amniote)의 정의와 포함되는 동물 종류, 진화적 의미

✔ 배외막(extraembryonic membranes)이 필요한 이유와 종류

융모막(chorion), 양막(amnion), 난황낭(yolk sac), 요막(allantois)의 구조와 기능

■ 포유류의 발생의 특징

✔ 배반포(blastocyst)가 형성되는 시기와 포배와의 관계

✔ 내세포괴(inner cell mass)의 구조와 역할

43.7 개념을 이해했다면?
포유류의 낭배형성과정을 순서대로 묘사해 보자.

✔ 영양세포층(trophoplast)의 구조와 역할

형태형성과 세포의 변화

■ 척추동물 신경관 형성 과정에서 세포골격의 역할

■ 수렴확장(convergent extension)의 과정과 의미

세포부착분자(cell adhesion molecule, CAM)의 역할과 예

✔ 카드헤린(cadherins)의 기능

■ 배발생에서 세포외기질의 역할: 피브로넥틴(fibronectin)의 예

세포의 발생학적 운명

■ 운명예정지도(fate map)란?

■ 세포의 발생학적 운명을 결정하는 요인은?

■ 세포의 비대칭성 확립과정

✔ 기본 체축(body axis) 형성계획

✔ 세포 운명 가능성의 제한: 전능성의 감소

유도신호에 의한 세포 운명 결정 패턴 형성 과정 및 그 예

✔ 슈페만과 맹골드의 "형성체"

■ 척추동물 사지 형성 과정과 요인

✔ 위치정보 분자들이 패턴형성을 조절하는 과정

✔ 정단외배엽융기(apical ectodermal ridge, AER) 실험 예

✔ 극성화 활성대(zone of polarizing activity, ZPA)의 위치와 역할

주 요 내 용 Key Information

43.1 발생은 수정란이 일련의 과정을 거쳐 개체가 형성되는 과정이다

- 발생
  - ▶ 단일세포에서 시작하여 세포가 분열하고 분화하며 복잡한 생명체로 조직화하는 모든 과정을 말한다.
  - ▶ 발생 결과, 생물은 구조와 기능, 물질대사 등의 측면에서 특화된 많은 종류의 세포들로 구성되어 고유의 기능을 수행할 수 있게 된다.
  - ▶ 각 종류의 세포들은 **세포결정**이라고 하는 단계적인 조절 과정의 결과로 형성된다.
  - ▶ 여러 단계의 세포결정 과정을 거쳐 특정 세포가 되는 **세포분화**가 이루어진다.
  - ▶ 개체 형태가 형성되는 물리적 과정으로 세포분열과 분화를 통해 몸의 모양이 갖추어지고, 분화된 세포들이 적절한 장소로 옮겨져 자리를 잡는 **형태형성**이 이루어진다.
  - ▶ 이렇게 세포분열, 세포분화, 형태형성 등의 과정을 통해 배아발생이 이루어진다.
- 동물 발생 연구는 모형 생명체를 사용하여 수행된다.
  - ▶ 과거에는 발생 관찰이 용이한 성게, 개구리, 닭을 사용했다.
  - ▶ 현재에는 예쁜꼬마선충, 초파리, 지브라피시, 생쥐, 애기장대 등을 사용한다. 이들은 자손이 많고 한 세대가 짧고 유전체가 간단하며 주로 큰 집단을 대표할 수 있고 실험실에서 기르기 쉽다.

43.2 발생 과정에서도 유전체 동일성은 유지된다

- **유전체 동일성**: 한 개체 내에서 거의 모든 체세포 유전자는 동일하다.
- 유전체 동일성과 발생
  - ▶ 전능성과 복제(클로닝)
    1) 수정란은 하나의 세포지만 한 개체로 온전히 발생할 수 있는 능력, 즉 **전능성**을 가지고 있다.
    2) 클로닝(cloning)은 다세포 생명체에서 얻은 하나 이상의 체세포를 이용하여 유전적으로 동일한 새로운 세포 또는 개체를 만드는 것인데, 이러한 과정은 발생 과정 초기의 세포 차원에서 일어난다.
  - ▶ 미수정란의 세포질에 있는 **세포질 결정인자**는 배아세포의 발생 운명에 관여하는 유전자들의 발현을 조절한다. 초파리의 *bicoid* 유전자가 이에 해당한다.

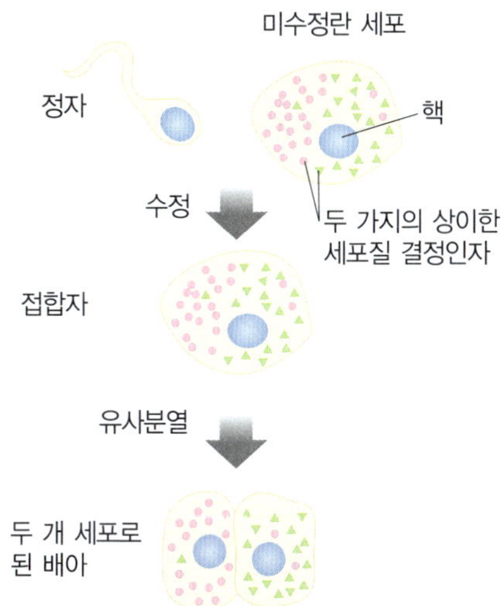

그림 43.1 세포질 결정인자의 불균형 분포

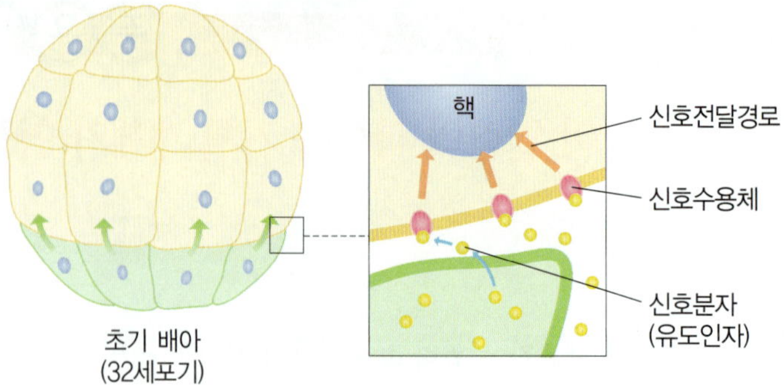

그림 43.2 인접세포에 의한 유도 과정

- ▶ 동일한 유전체를 지니고 있지만, 각 세포가 발현을 위해 선택하는 유전자가 서로 다르기 때문에 상이한 구조와 기능을 지닌 여러 종류의 세포들이 형성되어 발생이 진행된다.
  1) 동물발생에 영향을 주는 환경 요인은 세포분열, 세포이동, 선택적 세포부착, 유도, 결정, 분화 등이다.
  2) **세포분열**과 **세포이동**은 동물에 따라 다르다. 인위적으로 세포 유사분열과 세포 이동 후 세포의 위치를 바꾸게 되면 엄청난 변화를 초래하게 된다.
  3) **선택적 세포부착**을 통해 세포와 세포 혹은 세포와 세포외기질 간의 특별한 결합이 형성되거나 끊어진다.
  4) **유도**는 일정한 배아세포들로부터 유래한 신호분자들이 인접한 표적세포들의 전사 변화를 유발하는 것이다. 이를 통해 주변 세포집단에 영향을 미쳐 발생을 유발한다. 이 과정은 세포간의 신호교환을 통해 이루어진다.
  5) **결정**은 한 세포의 발생운명이 정해지는 것이다. 이 과정을 통해 조직특이적인 단백질 합성을 유발하는 마스터 유전자가 활성화된다. 근육세포의 경우, MyoD 전사인자를 합성하는 것이 이에 해당한다.
  6) 마지막으로 **분화**는 결정이 이루어진 후 조직특이적인 단백질(근육의 경우, 액틴, 미오신 등이 해당)이 출현하여 진행된다. 이러한 단백질은 분화된 세포가 그들의 특수한 역할을 수행할 수 있게 한다.

● 동물 복제

- ▶ 분화된 동물세포의 핵은 핵을 제거한 난자에 이식했을 때 새로운 동물을 만들 수 있는 능력이 있다.
- ▶ 동물 배아나 성체 조직의 다능성 줄기세포는 생체내(*in vivo*)에서와 마찬가지로 시험관내(*in vitro*)에서도 증식과 분화를 할 수 있어 의학적 이용이 가능하다.
- ▶ 생식적 클로닝은 완전히 분화한 세포의 핵을 난자와 융합하여 새로운 개체를 얻는 기술이고 치료목적 클로닝은 질병 치료를 위한 배아줄기세포 생산 과정이다.

한 토막 생물 뉴스

동물판 체세포 전능성 줄기세포의 출현?

당근 뿌리의 일부 조직을 잘라 발생을 유도하면 완전한 개체를 얻을 수 있다. 즉, 하나의 체세포가 전능성을 띠고 완전한 발생을 이루어 낸 것이다. 동물은? 개구리에서 시작하여 포유류의 경우, 복제양 돌리의 탄생과 함께 소, 개, 고양이 등의 복제가 이루어져 완전한 발생이 동물에서도 가능하다는 것이 증명되었다. 그러나 동물의 경우에는 난자의 핵을 제거하고 체세포의 핵을 이식하여 만든 배아줄기세포가 만들어져야만 전능성을 나타내 완전한 발생이 가능하였다. 반면 순전히 체세포인 성체줄기세포는 전능성이 아닌 일정한 범위의 세포들을 형성하는 다능성을 띤다. 예를 들어 골수세포는 적혈구와 다양한 백혈구 등 정도로 분화할 수 있을 뿐이다. 그런데 최근에 몇몇 연구팀에서 체세포의 일종인 피부세포에서 레트로바이러스를 이용해 4종류의 중요 조절인자를 형질전환한 결과, 이 피부세포가 배아줄기세포의 능력을 지니게 된 것을 발견하였다. 이 세포는 유도다능세포(induced pluripotent stem cell, iPS cell)라 한다. 이 세포의 발견으로 인해 동물도 난자없이 체세포만으로 완전한 발생이 가능할 것이라 기대하게 되었다. 영국의 존 거던 교수와 일본의 야마나카 산야 교수는 각각 개구리의 복제와 iPS 세포 연구의 성과를 인정받아 2012년 노벨생리학상을 수상했다.

43.3 패턴형성은 여러 유전학적 · 세포학적 과정을 거쳐 공간적 배치가 일어난 것이다

- 패턴형성과 위치정보
  - ▶ **패턴형성**이란 조직과 기관의 공간적 배치가 일어나는 과정이다.
  - ▶ **위치정보**는 체축과 다른 세포들에 대한 상대적 위치를 세포에 알려주는 분자신호이다. 수정 후, 점점 작은 규모에까지 정해지는 위치정보는 초파리의 경우, 체절을 분화시키고 결국 각 체절이 독특한 구조를 형성하도록 한다.
- 발생 과정이 잘 알려진 초파리를 사용하여 발생에 관련된 중요한 유전자를 발견하였다.
  - ▶ Bicoid는 모계영향유전자의 산물이면서 형태형성물질로 작용하는데, 이들의 농도기울기는 다양한 체절형성 유전자의 순차적인 발현을 유도해 위치별 차이를 만들고 체절형성유전자의 산물은 각 체절의 형성을 지시한다.
  - ▶ **호메오유전자**는 핵심적인 발생 조절유전자이다.
    1) 호메오유전자는 아미노산 60개로 이루어진 호메오도메인(homeodomain)을 암호화하는 180개의 특정 뉴클레오티드 서열로 구성된 호메오박스(homeobox)를 포함한다.
    2) 전사인자를 만들어 각 체절에서 형성될 부속지 및 여러 구조물 등 특정한 해부학적 구조를 만든다.
- **예쁜꼬마선충** 각 세포의 완전한 계보가 알려져 있다.
  - ▶ 세포신호와 유도는 **아폽토시스(예정세포사)**를 포함한 선충 세포의 운명 결정에 매우 중요하다.

▶ 배아의 한 세포에서 만들어진 유도신호는 일련의 유도작용을 시작함으로써 소화관이나 음문 같은 특정한 기관을 형성한다.

▶ 아폽토시스에서 정확한 시간에 주어지는 신호는 사멸로 운명이 결정된 세포에서 "자살" 단백질의 단계적인 활성화를 유발한다.

● 위의 모든 과정이 세포의 분화와 형태형성과정을 진행시켜 동물의 신체형성계획이 실현된다.

43.4 배아발생은 수정, 난할, 낭배형성, 기관형성의 순서로 진행된다

● 수정

▶ 정자와 난자핵이 융합하여 이배체 접합자를 형성하며, 배아발생 시작을 위해 난자 활성화를 일으킨다.

▶ **첨체반응**은 정자가 난자와 만났을 때 일어나며, 첨체 안의 가수분해효소들이 분비되어 난자 주위를 둘러싸고 있던 물질들을 분해시킨다.

▶ 배우자끼리의 접촉 또는 융합이 일어나면 대부분의 동물에서 난자세포막이 탈분극되어 **다수정 급속방지**가 일어난다.

▶ 또한 난자와 정자의 융합으로 **피층반응**이 일어나는데, 세포질 내 칼슘이온의 증가를 유도하여 피층과립 내용물이 난자 밖으로 방출되도록 한다. 이 과정을 통해 **다수정 완만방지기능**을 하는 **수정막**이 형성된다. 포유류의 수정에서는 피층반응을

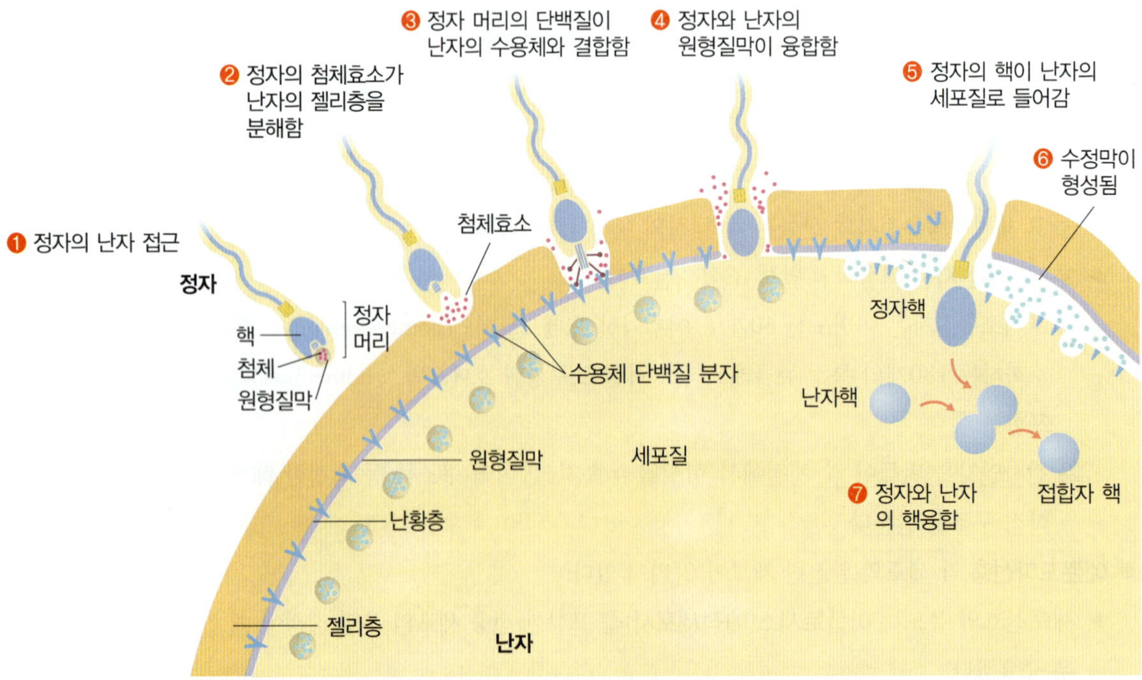

그림 43.3 성게의 수정 과정으로 번호 순서로 진행된다.

통해 투명대가 변화함으로써 다수정 완만방지 메커니즘이 일어난다.

- 난할
  - ▶ 수정이 일어난 후 세포의 생장 없이 세포분열이 계속 일어나는 **난할**이 일어나 많은 **할구**를 만들어낸다.
  - ▶ 3가지 발생단계
    1) 상실배(morula)란 처음 5~7번의 세포분열 때의 배아로 공 모양이다.
    2) **포배**란 상실기 난자가 최대로 커져 마치 내부가 빈 공과 같이 되는 것이다.
    3) 포배형성과 동시에 액체가 채워진 할강이 생긴다.
  - ▶ 포배에서 낭배로 발생할 때 배세포들은 분화를 시작한다. 분화되는 세포들은 생화학적 특성과 구조 및 기능이 확실하게 구별된다.

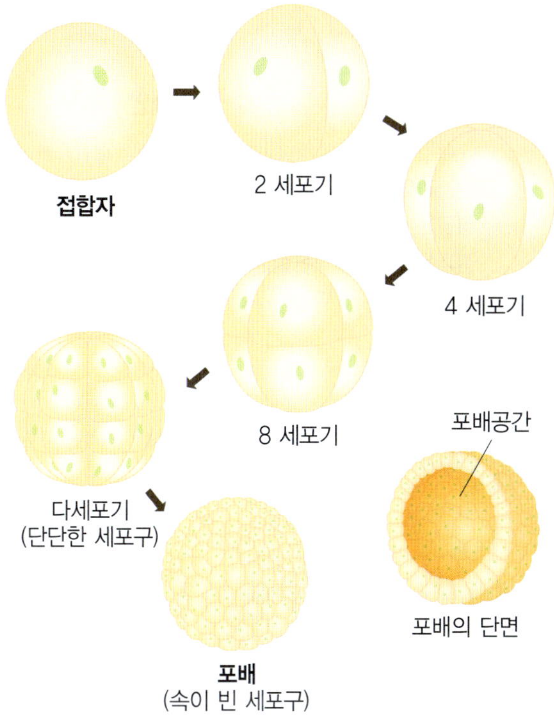

그림 43.4 성게의 난할

- 낭배형성
  - ▶ 포배의 세포들이 이동과 분열을 하는 **낭배형성과정**을 통해 낭배가 되면 원시적인 장인 **원장**과 이를 둘러싼 내배엽, 외배엽, 중배엽의 **3배엽층**이 만들어진다.
  - ▶ 각 배엽의 세포들의 운명은 결정되어 있다.
  - ▶ 원장의 한쪽 개구부인 **원구**는 동물종에 따라 배의 항문 혹은 입으로 발생한다.
  - ▶ 낭배형성이 끝나면 전부, 후부, 배부, 복부가 확실하게 정해진다.
- 난할과 낭배형성의 양상은 동물에 따라 다르다.
  - ▶ 알 전체에서 난할이 일어나는 **전할**은 성게, 개구리, 포유류처럼 난황이 없거나 조금 있는 동물에서 일어난다.
  - ▶ 알의 일부분에서만 난할이 일어나는 **부분할**은 조류나 파충류처럼 난황이 많은 동물에서 일어난다.
  - ▶ 성게 낭배형성은 대칭패턴을 따르고 양서류의 난할과 낭배형성은 비대칭적 패턴으로 진행된다.
- 체축의 형성
  - ▶ 난할 과정에서 나타나는 난자의 극성과 피층회전은 체축을 형성하는 데에 중요하다.
  - ▶ 난황이 주로 분포된 **식물극**과 그렇지 않은 **동물극**으로 극성이 형성된다.
  - ▶ 수정 후 **피층회전** 결과, 옅은 회색 세포질 부분이 생기는데, 이를 **회색신월환**이라 한다.

한 토막 생물 뉴스

회색신월환은 발생에 필수적인가?

슈페만(Hans Spemann)이라는 독일 과학자는 도롱뇽을 사용하여 회색신월환을 균등하게 분할한 할구집단과 회색신월환이 담겨지지 않도록 분할한 할구집단을 비교하는 실험을 수행하였다. 회색신월환의 반 또는 전부를 지닌 할구집단은 정상 배아로 발생했지만, 이를 지니지 않은 할구집단은 등쪽 구조가 없는 비정상적인 구조를 띠었다. 이 실험 결과를 통해 회색신월환은 동물의 배와 등의 축을 형성하는 데에 필수적인 역할을 수행한다는 것을 알게 되었다. 이 구조는 자신의 부위에서 함입이 시작되어 원구배순부가 만들어지게 되는 낭배형성 과정에 중요 역할을 한다.

- 성게의 낭배형성은 식물극에서 시작한다.
  - ▶ 식물극 중앙의 일부 세포가 길어지고 원통 모양이 된다. 간충직세포를 포함한 일부 세포는 세포와의 결합이 끊어지면서 할강 안으로 이동하여 배의 골격요소를 발생시킬 중배엽이 된다.
  - ▶ 납작해진 포배의 식물극은 배 안으로 함입하여 추후에 내배엽이 될 세포와 원장을 형성한다. 원장의 개구부를 원구라고 한다.
  - ▶ 원래의 포배 표면에 남게 된 세포는 외배엽을, 원장을 형성하고 있는 내층은 내배엽을, 외배엽과 내배엽 사이 공간으로 이동한 세포는 중배엽을 각각 구성한다.
  - ▶ 3개 배엽층이 발생할 때 뒤쪽이 원구를 가진 타원체형으로 길어지고, 여기서부터 세포분열, 세포이동, 선택적 부착 및 유도를 연속적으로 하고 분화한다.
  - ▶ 원구는 항문을 형성하고, 입은 항문 반대쪽에 형성된다.
- 양서류(개구리)의 낭배형성
  - ▶ 개구리 배의 난할이 계속될 때 세포분열은 동물반구에서 더 빠르게 진행되어 더

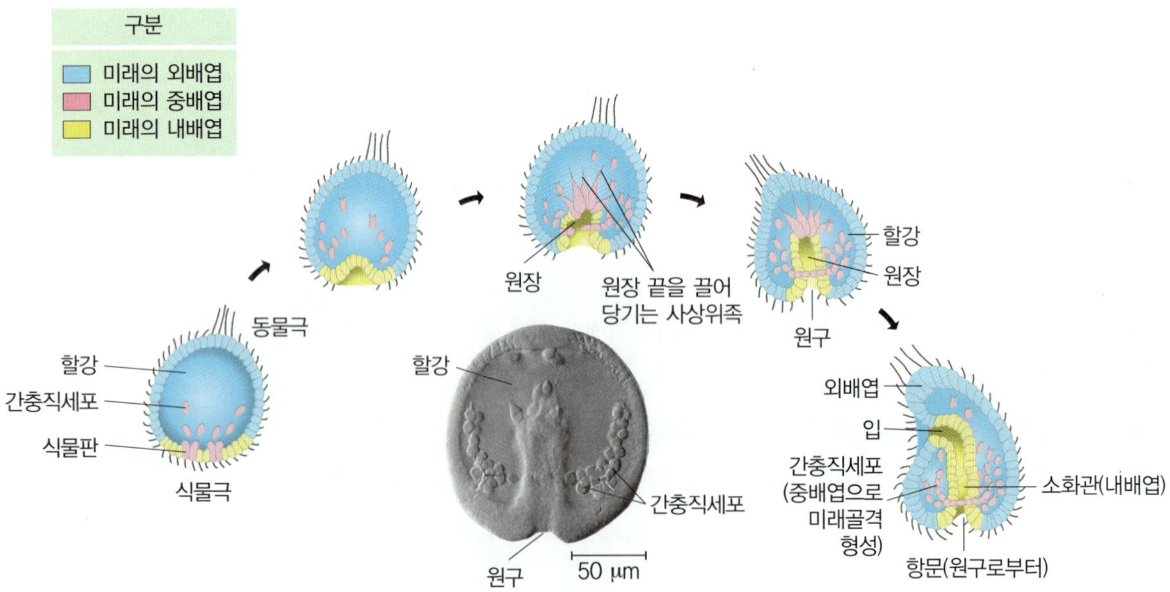

그림 43.5 성게의 낭배형성과정

작고 더 많은 세포들이 형성된다. 약 15,000개의 세포로 난할되었을 때 동물반구 속이 텅 빈 포배가 형성된다.

- ▶ 낭배형성은 동물극의 세포들이 배 표면을 따라 이동하여 회색신월환 부위에 도달할 때 시작된다.
- ▶ 낭배형성이 일어나는 부위인 **원구배순부**는 원구의 바로 등쪽에 위치해 있다. 배표면 세포는 모양을 바꿔 배 안으로 밀려들어가는 함입 과정을 통해 함몰부위를 만들고, 계속해서 배 안으로 들어가게 되어 하나의 원의 형태로 된다.
- ▶ 그 다음에 **회절** 과정으로 세포들이 원구 안으로 이동할 때 동물반구의 색소세포층이 확장하여 배의 표면 전부를 덮는다.
- ▶ 식물반구세포는 이동한 세포들에 의해 둘러싸여 원구를 막는 마개처럼 보여 **난황마개**라고도 불린다.
- ▶ 원구는 항문으로 발달한다. 회절은 계속되어 세포들이 위쪽으로 이동하여 상반부 내면을 덮는 두 층을 새로 형성한다. 새로 형성된 두 층 중에 위층이 중배엽이 된다.

● 조류의 낭배형성과정

- ▶ 초기 난할을 통해 난황 표면에 배반을 형성한다. 배반세포는 상배엽과 하배엽으로 분리되고 이 두 층 사이에 할강이 형성된다. 낭배형성은 상배엽 세포가 배반 전후축 정중앙선 쪽으로 이동하여 이 정중앙선 부분의 상배엽이 두꺼워지면서 시작된다.
- ▶ 두꺼워진 세포층, 즉 **원조**는 상배엽 정중앙선 뒤끝에서 함몰하기 시작하여 앞쪽 끝을 향해 함몰을 계속한다. 원조가 형성될 때 정중앙선이 가라앉아 원구가 형성

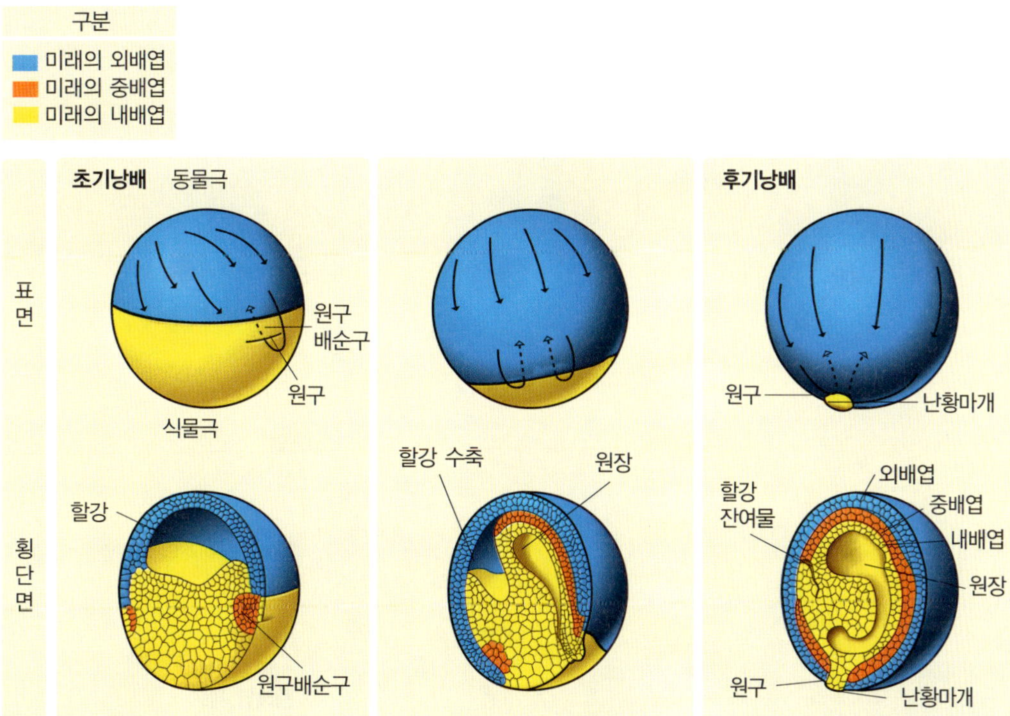

그림 43.6 개구리의 낭배형성과정

된다. 원구는 세포가 할강으로 이동해 들어가는 곳으로 도랑 모양이다.

▶ 상배엽과 내배엽 사이를 지나 양옆으로 이동하는 세포는 향후 중배엽을 형성하고, 배반표면에 남는 상배엽 세포는 외배엽을 형성하게 된다.

▶ 따라서 조류의 모든 원시 조직층은 상배엽에서 발생한다. 하배엽 세포 중 배의 뒤끝 부분의 일부 세포들은 발생에 직접 참여한다. 이 하배엽 세포는 배발생 후기에 만들어지는 생식소로 이동하여 생식세포를 형성한 후, 향후 난자와 정자를 만드는 세포주를 만든다.

▶ 처음에는 3개의 원시층이 대략적으로 수평으로 배열되지만 나중에는 관상 구조를 형성한다. 이 관상 구조 중 가운데 부분이 원장이다. 중배엽은 2개의 층으로 분리되어 체강을 형성한다.

▶ 포유류처럼 조류도 배의 3개 원시층 모두 배의 밖으로 확장하여 4개의 **배외막**을 형성한다. 배외막의 역할은 영양공급 및 노폐물 배출이다.

1) **난황낭**은 자루 모양이며 배의 장에 연결되어 있다. 난황의 영양분이 난황낭의 막에 붙어 있는 혈관을 통해 배로 운반된다.

2) **융모막**은 외배엽과 중배엽으로 만들어지고 난황낭을 완전히 둘러싼다. 이 막은 산소를 흡수하여 배로 보내고 배에서 발생한 이산화탄소를 밖으로 배출시킨다.

3) **양막**은 배외막 중 가장 안쪽에 위치해 있고 배를 둘러싸 양막강을 형성한다. 양막에 있는 세포는 양수를 분비하여 배가 수서환경에서 발생하게 한다.

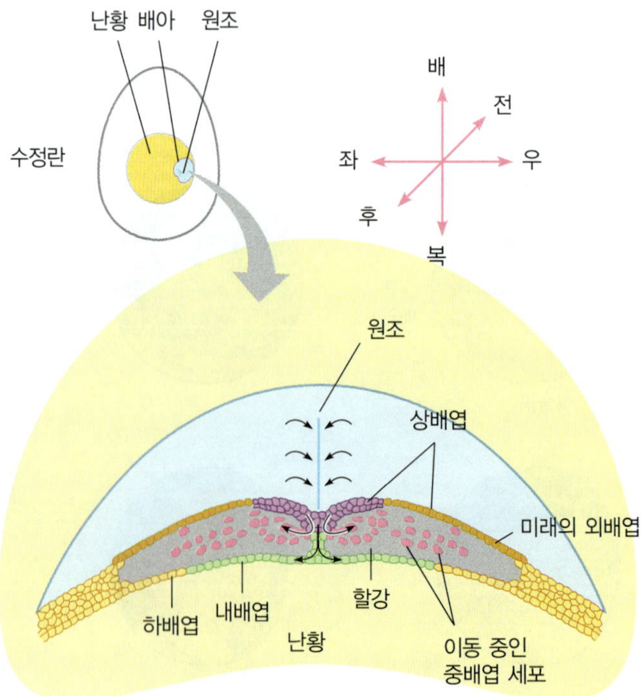

그림 43.7 닭의 낭배형성과정

4) **요막**은 주머니 형태로 융모막과 난황낭 사이의 빈 공간의 대부분을 차지하고 있다. 요막은 배로부터 질소노폐물을 제거하고 융모막과 접해 있는 부분에 동맥과 정맥 등 혈관이 배로 풍부하게 뻗을 수 있는 장소를 제공한다.

- 기관형성과정 동안 3배엽 층은 기관의 원기를 형성한다.
  - ▶ 낭배형성 후 일어나는 기관형성과정 동안 세포분열, 세포이동, 선택적 세포부착, 유도 그리고 분화뿐만 아니라 계획된 세포자살도 일어난다.
  - ▶ 처음에는 등쪽 중배엽 세포로부터 **척삭**이 만들어지고 그 위로 신경판이 형성된다.
  - ▶ 신경판은 안으로 휘어져 **신경관**을 형성한다. 신경관으로부터 뇌와 척수가 발생한다.
  - ▶ 신경관 위쪽에 **신경릉세포**가 발달하여 말초신경, 치아, 머리뼈 등 여러 종류의 세포를 만들게 된다.
  - ▶ 척삭의 측면에 중배엽의 일정한 덩어리가 모여 **체절**을 형성한다.
  - ▶ 기관형성이 완성되면서 필요 없는 조직은 계획된 세포자살로 죽게 된다. 예를 들어 포유류의 경우, 태아는 손이 발달할 때 손가락들 사이의 구조물이 사라지고, 개구리로 변태하는 과정에서 올챙이 꼬리가 없어진다.
- 포유류의 배발생(인간을 중심으로)

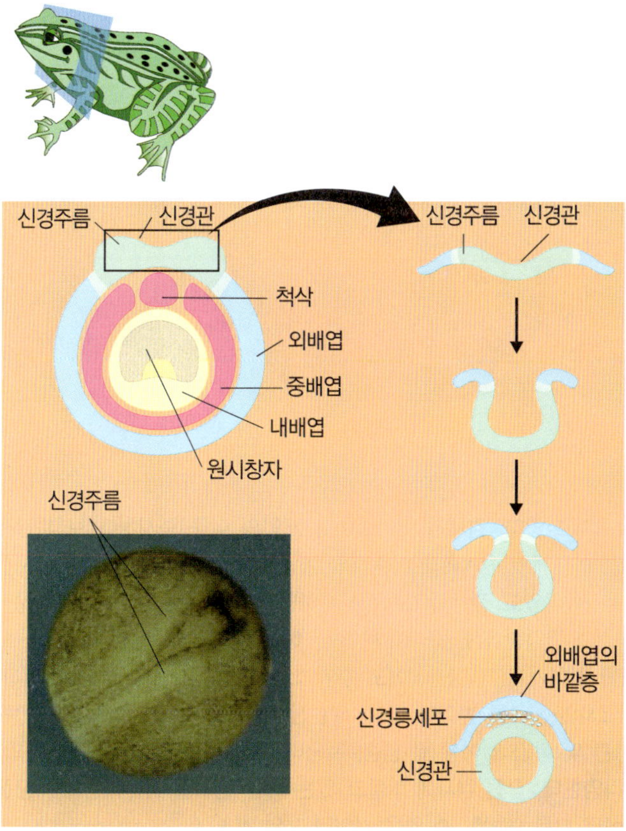

그림 43.8 개구리의 기관 발생 초기: 신경주름과 신경관 형성

- ▶ 태반 포유류의 난자는 작고, 영양분을 거의 저장하지 않는다. 전할을 하며, 극성이 정확지 않다. 낭배형성과 기관형성과정은 조류와 유사하다.
- ▶ 포유류의 배는 자궁에서 태반을 통해 영양물질을 받는다.
- ▶ 임신 기간은 종마다 다르다. 인간의 임신 기간은 수정일부터 평균 266일, 대략 9개월이어서 3개월씩 3분기로 구분한다. 9주 이후부터는 배아가 아니라 태아라고 부른다.
- ▶ 수정 후 3~4일이 지나면 접합자에서 난할이 진행된다. 5일이 되면 배반포가 형성되는데, **배반포**는 표면세포층인 **영양세포층**과 그 분비물로 채워진 공간인 할강 그리고 **내세포괴**로 구성된다.
- ▶ 수정 후 약 7일째 착상이 진행된다. 자궁의 벽에 부착하고, 모계조직에 침투함으로써 임신기간 동안 발생하는 배의 대사 과정을 지원하는 연결이 형성된다. 침투가 진행되는 동안 내세포괴는 납작한 모양의 두 세포층으로 발생된다.
- ▶ 착상이 진행되면서 배 바깥쪽에 배외막이 형성되기 시작한다. 배반포의 내부에는 양막과 난황낭 주변에 새로운 할강이 생긴다.
- ▶ 인간의 경우, 4주째가 끝나면 배의 크기는 처음보다 500배 커진다.
- ▶ 5주와 6주는 배아기와 태아기의 중간기이다.
  1) 기관이 세부적으로 만들어지면서 성장 속도는 느려진다.
  2) 사지가 만들어지고 발가락과 손가락이 지느러미 모양의 손과 발로부터 유래된다.
  3) 탯줄이 형성되고 순환계가 복잡해진다.
  4) 가장 중요한 머리의 생장이 몸의 다른 어떤 부위보다 먼저 일어난다.
  5) 생식기관이 형성되기 시작된다.

한 토막 생물 뉴스

사회적인 문제 - 저출산과 불임

요즘 우리나라에서는 저출산 문제가 심각해지고 있다. 경제가 어려워지고 개인의 삶을 중시하다 보니 결혼이 늦어지고 결혼을 해도 임신계획을 미루고 있다. 이렇게 임신계획을 미룰수록 불임률이 높아지고 또한 태아가 선천성 증후군을 갖게 되는 비율도 올라간다. 피임을 하지 않고 정상적으로 성생활하면서 1년 내에 임신이 되지 않으면 불임으로 판정된다. 불임 및 저출산 문제의 해결과 건강한 임신을 위해서 임신 이전 관리가 그만큼 중요하다. 보통 여성들은 임신했다는 것을 알고서야 산부인과를 찾아가지만 임신 전에도 주기적으로 산부인과에 찾아가야 한다. 그리하여 자궁에 문제가 없는지 진단을 받고 필요하면 치료를 받아야 한다. 대한산부인과의사회의 자궁경부암연구회의 한 위원은 여성 불임의 원인은 배란 장애, 난관 및 복강내 이상 및 염증, 자궁내 유착 및 용종, 자궁근종 등의 여성 질환 기타 전신적 면역계통의 문제 등으로 다양한데, 산전 검사에 머물고 있는 모성 관리를 미혼여성의 자궁질환 예방과 치료로 확대하면 여성 불임의 원인을 상당 부분 예방할 수 있을 것이라고 말했다.

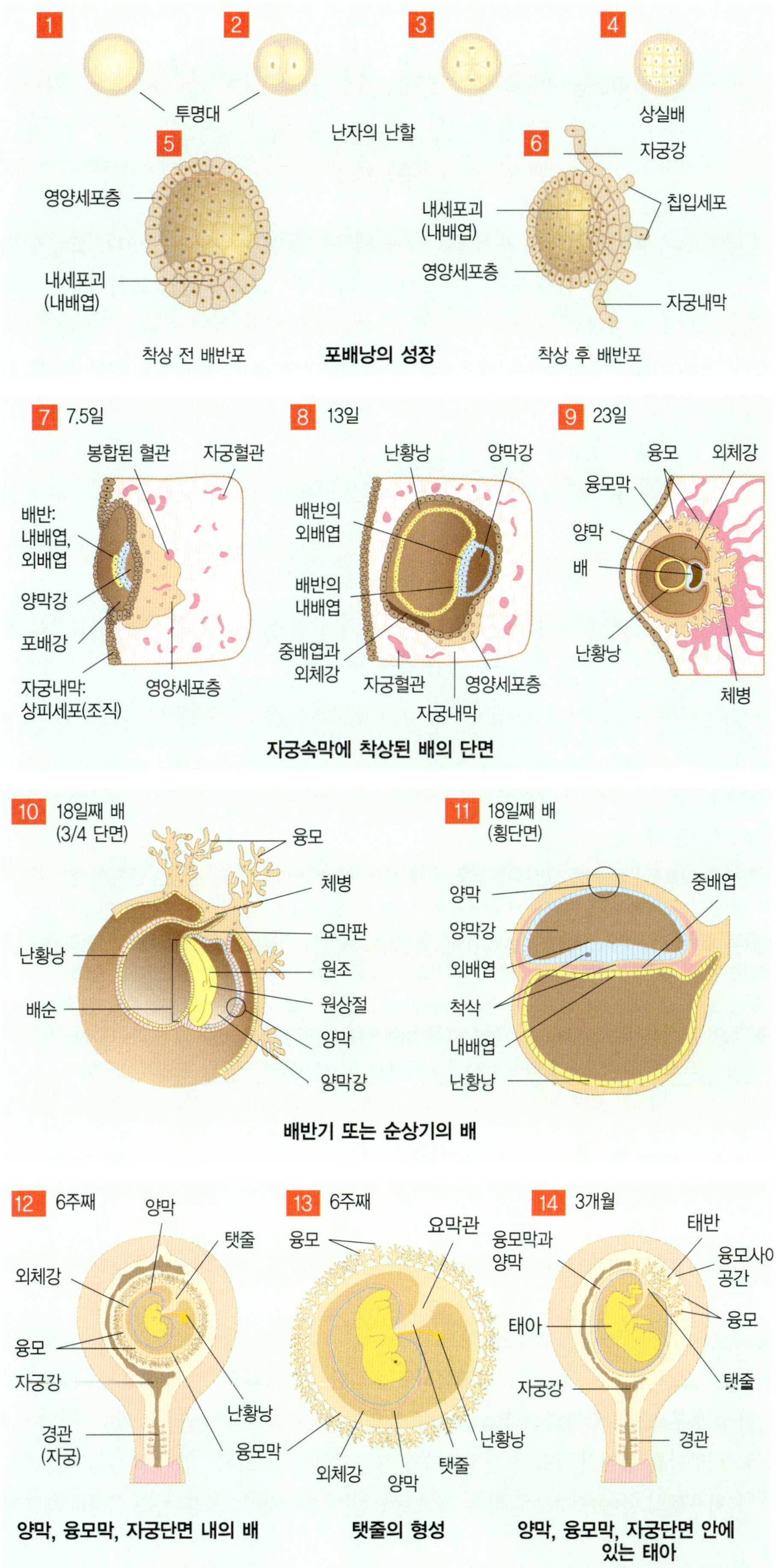

그림 43.9 포유류의 배발생

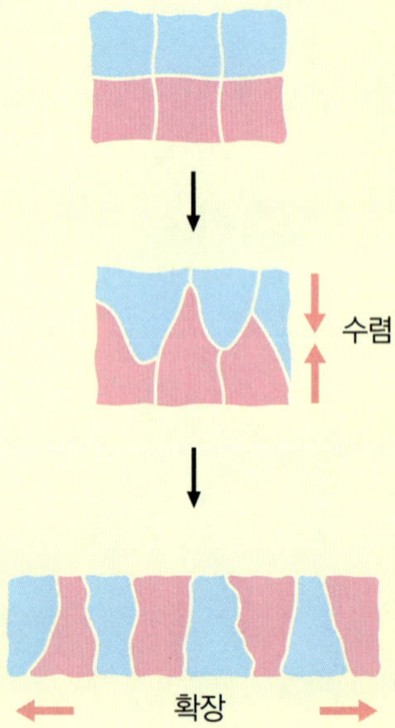

그림 43.10 세포층의 수렴과 확장을 나타낸 표면도

43.5 세포의 형태, 위치 그리고 세포간 부착 등에서 일어나는 특정 변화로 인해 형태 형성이 진행된다

- 세포골격의 재배열을 통해 세포의 모양과 위치가 변한다. 모양과 위치의 변화 모두 낭배형성과정에서처럼 조직의 **함입 과정**에서도 나타난다.
- 수렴확장에서 세포의 이동은 세포층이 좀 더 좁아지고 길어지도록 한다.
- 세포부착
  - ▶ 세포부착분자는 세포 이동과 안전한 세포 구조를 형성하는 데에 기여하는 핵심 단백질 집단이다. 이 중 **카드헤린**은 칼슘과 함께 세포 밀착에 관여하여 포배형성에 도움을 준다.
  - ▶ 세포외기질의 섬유는 세포가 붙을 곳을 제공해 주며, 이동하는 세포가 목적지로 가는 것을 안내한다.

한 토막 생물 뉴스

다세포 생물의 진화와 세포부착분자

수정란은 하나의 세포이다. 수정란이 세포분열을 거듭하면서 발생을 하게 되면 여러 개의 세포로 구성된 온전한 한 개체를 이루게 된다. 우리 몸이 형성되는 과정에서 단세포에서 다세포로의 전환이 일어나는 것이다. 이 과정을 이해한다면 진화 과정에서 다세포 생물의 출현을 이해하는 데에 도움을 받을 수 있다. 따라서 지구상에 다세포 생물이 출현하면서 매우 다양한 생물이 생기는 진화 과정이 진행될 수 있었다. 다세포 구조를 갖추기 위해 우선 필요한 것 중 하나는 세포간의 접착이다. 세포들이 붙어 있어야 서로 흩어지지 않고 정확한 공간적 구조를 만들 수 있다. 동물의 경우에는 콜라겐, 카드헤린, 연접 단백질 등 특정 세포들 사이의 결합을 담당하는 많은 단백질이 잘 알려져 있다. 다세포 생물의 출현에 중요한 역할을 했을 것으로 간주되어 광범위한 생물종 사이에서 이 분자들의 구조와 기능이 연구되고 있다.

43.6 세포의 발생학적 운명은 세포의 형성 과정(발달사) 및 유도신호에 의해 결정된다

- 실험적으로 밝혀진 배아의 **운명예정지도**는 접합자나 포배의 특정 부위가 후기배아의 특정 부분으로 발달한다는 것을 보여주고 있다.
  - ▶ 비양막류 종에서 세포질 결정인자가 불균질하게 분포하는 것이 **체축**을 형성하고 할구들의 차이를 갖도록 하는 데에 중요한 역할을 한다. 다른 비율의 여러 세포질

결정인자를 받는 세포들은 서로 다른 운명을 갖게 된다.
- ▶ 양막류에서 국소적인 환경차이는 세포 사이에서 초기 차이를 형성하고, 후에 몸의 축을 형성하는 데에 중추적인 역할을 한다.
- ▶ 배아의 발생이 진행되면서 세포의 전능성이 줄어드는 것은 모든 동물에서 공통적으로 나타나는 현상이다.

● 발생 중인 배아의 세포는 위치에 따라 다른 위치정보를 받아 해석한다.
- ▶ 이러한 정보는 양서류 낭배의 원구배순부와 척추동물의 사지싹에 있는 **정단외배엽융기(AER)**와 **극성화 활성대(ZPA)**와 같은 "형성체" 지역에 있는 세포로부터 분비된 신호분자의 형태로 존재한다.
- ▶ 이 신호분자의 신호를 받는 세포는 유전자발현에 변화가 일어나게 되고, 이 영향에 따라 세포의 분화가 일어나며, 특정구조가 발달하게 된다.

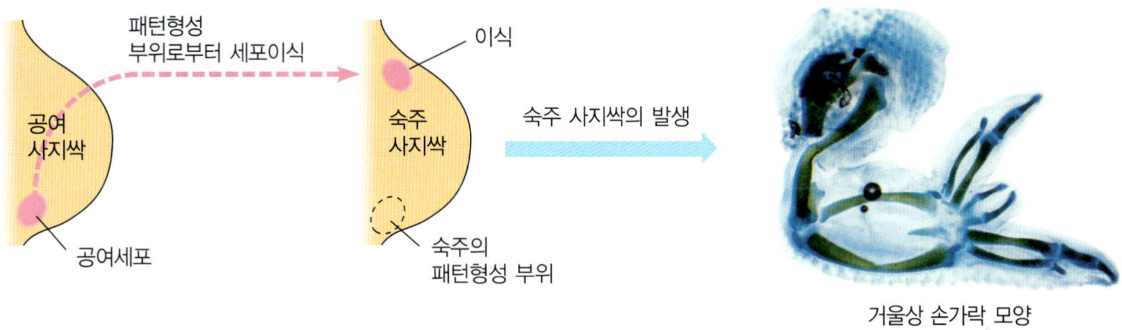

그림 43.11 패턴형성 부위의 실험적 증거

44 뉴런과 시냅스

동물의 빠른 신호전달, 신경세포 = 뉴런

축구할 때 골키퍼가 공을 멀리 찬 공은 포물선을 그리며 떨어지기 시작한다. 축구 선수는 공을 받기 위해 공이 떨어질 위치를 예측하여 달려가 점프한다. 축구 선수는 그 동안 수많은 연습으로 숙련된 모든 감각기관과 근육을 통해 정확하게 공의 낙하하는 지점에서 공을 잡거나 동료 쪽으로 헤딩을 한다. 사실 공을 받기까지 외부로부터의 신호와 몸 안에서 일어나는 신호가 복잡한 네트워크를 통해 전달되고, 근육이나 여러 기관들은 전달받은 신호에 대해 적절하게 반응한다. 신호에 대한 이러한 반응은 세포 차원에서는 뉴런에 의해 수행된다. 이 단원에서는 신호를 전달하는 기본 단위인 뉴런에 대해 자세히 알아보고 뉴런이 어떻게 신호를 전달하는지, 그리고 신호전달에 관여하는 시냅스에 대해 알아보자.

핵심 체크 Key Point

아래에 열거된 개념 또는 용어들을 '문제'라고 가정하고 답을 작성해 보자.

신경세포의 구조와 종류

■ 신경계의 구성

✔ 신경(nerve), 신경망(nerve net), 신경절(ganglia)의 구조와 발견 동물

✔ 중추신경계(central nervous system, CNS)와 말초신경계(peripheral nervous system, PNS)의 정의와 차이

■ 정보의 전달과 관련 세포

✔ 감각신경세포(sensory neuron)의 기능과 분포

✔ 연합신경세포(interneuron)의 기능과 분포

✔ 운동신경세포(motor neuron)의 기능과 분포

✔ 작용기세포(effector cell)의 기능과 종류

■ 신경세포(뉴런, neuron)의 구조

44.1 개념을 이해했다면?
옆에 나열된 세포를 사용하여 사람이 자극을 인식해 반응하기까지를 순서대로 묘사해 보자.

✔ 세포체(cell body)의 구조와 기능

✔ 수상돌기(dendrite)의 구조와 기능

✔ 축삭(axon)의 구조와 기능

✔ 축삭둔덕(axon hillock)의 정의와 기능

신경세포를 그리고 각 부위에 위 구조를 표시

■ 시냅스의 정의와 관련 구조

✔ 시냅스 말단(synapstic terminal)의 구조와 기능

✔ 시냅스(synapse)의 정의, 구조, 기능

✔ 신경전달물질(neurotransmitter)의 정의

✔ 시냅스전 신경세포(presynaptic cell)란?

✔ 시냅스후 신경세포(postsynaptic cell)란?

✔ 세포 사이에서 신호가 전달되는 방향

■ 지지세포(아교세포, glia)의 정의와 종류

✔ 성상세포(astrocyte)의 구조와 기능

✔ 뇌혈관장벽(blood-brain barrier)의 분포와 기능

✔ 방사성글리아(radial glia)의 분포와 기능

✔ 희소돌기아교세포(oligodendrocyte)의 정의와 기능

✔ 슈반세포(Schwana cell)와 희소돌기아교세포의 기능 비교

44.2 개념을 이해했다면?
뇌에서 뉴런의 수보다 지지세포의 수가 몇 배 더 많은 이유가 무엇인지 생각해 보자.

신경세포의 막전위 생성 과정

막전위(membrane potential)란?

■ 휴지막전위(resting potential)의 정의와 형성 과정

44.3 개념을 이해했다면?
신경세포가 휴지막전위를 유지하는 방법을 설명해 보자.

44.4 개념을 이해했다면?
개폐성 이온통로(gated ion channel)와 비개폐성 이온통로(ungated ion channel)의 차이점을 설명해 보자.

44.5 개념을 이해했다면?
활동전위의 생성 원리를 참고하여 자극의 크기가 단위 시간당 생성된 활동전위의 수로 설명되는 이유를 제시해 보자.

✔ 평형전위(equilbrium potential)란?

✔ 네른스트 공식(Nernst equation)의 정의와 의미

✔ 휴지막전위 형성에 관여하는 이온통로(ion channel)의 종류와 분포

✔ 신경세포의 휴지막전위는 어떻게 −70 mV 정도로 형성되는가?

■ 막전위의 발생

✔ 스트레치 의존성 이온통로(stretch-gated ion channel), 리간드 개폐성 이온통로(ligand-gated ion channel), 전압 개폐성 이온통로(voltage-gated ion channel) 등의 작동방식과 종류

✔ 과분극(hyperpolarization)의 정의와 생성 과정

✔ 탈분극(depolarization)의 정의와 생성 과정

✔ 단계적 전위(graded potential)의 정의와 종류

활동전위의 정의와 생성 과정

■ 활동전위의 생성

✔ 역치(threshold)의 정의

✔ 활동전위와 탈분극의 차이

활동전위(action potential)의 생성 과정과 관여하는 이온통로의 작용

불응기(refractory period)의 정의와 세포내 신경자극 전달이 한 방향으로만 일어나는 이유

✔ 전압 개폐성 소듐이온통로(voltage-gated sodium ion channel)의 특징

✔ 활동전위와 실무율(all or none)의 원리

■ 활동전위의 전도란?

✔ 활동전위의 전도가 빠르기 위한 조건

✔ 척추동물 축삭의 구조적 특징 = 미엘린수초(myelin sheath)와 랑비에르마디(node of

Ranvier)의 구조와 특징

도약전도(saltatory conduction)란?

44.6 개념을 이해했다면?
축삭둔덕에서 모인 신경자극이 축삭을 경유하여 축삭말단에 이르기까지의 과정을 묘사해 보자.

시냅스전 신경세포에서 시냅스후 신경세포로 신경자극이 전달되는 방식

시냅스의 종류

✔ 전기적 시냅스(electrical synapse)의 작동방식과 예

✔ 화학적 시냅스(chemical synapse)의 작동방식과 예

■ 화학적 시냅스를 통한 신호전달 과정

시냅스전세포의 축삭말단에서 신경전달물질이 분비되어 시냅스후 신경세포에 전달되는 과정을 순서대로 설명

✔ 시냅스소포(synapse vesicle)의 구조와 역할

✔ 시냅스틈(synaptic cleft)이란?

✔ 신경전달물질(neurotransmitter)의 처리방식

■ 시냅스후 전위의 생성과정

✔ 흥분성 시냅스후 전위(excitatory postsynaptic potential , EPSP)와 억제성 시냅스후 전위(inhibitory postsynaptic potential, IPSP) 각각을 정의하고 비교

시간합(temporal summation)과 공간합(spatial summation) 각각을 정의하고 비교

✔ EPSP와 IPSP 각각이 시냅스를 통해서 동시에 도달해 합쳐진다면 그 결과는?

✔ 간접적인 시냅스 전달과정과 관여 분자의 종류와 기능

■ 신경전달물질의 정의와 구조

44.7 개념을 이해했다면?
물질 P가 없거나 작용하지 않게 된 사람은 고통을 느끼지 못한다. 이런 상황이 당사자의 생존에 유리한지의 여부와 그 이유를 설명해 보자.

5가지 신경전달물질: 아세틸콜린, 생체내 아민, 아미노산, 신경펩티드, 기체

✔ 아세틸콜린(Acetylcholine)의 기능

✔ 생체내 아민(biogenic amine)의 정의, 종류와 기능: 에피네프린(epinephrine), 노르에피네프린(norepinephrine), 도파민(dopamine), 세로토닌(serotonin)

44.8 개념을 이해했다면?
도파민과 세로토닌이 부족하면 생기는 증상과 각각의 치료 방법은 무엇인지 예시해 보자.

✔ 아미노산: 감마아미노부틸산(Gamma aminobutyric acid, GABA), 글리신(glycine), 글루탐산(glutamate), 아스파르트산(aspartate) 등의 기능

✔ 신경펩티드(neuropeptide)의 종류와 기능: 물질 P(substance P), 엔도르핀(endorphin)

✔ 기체의 종류와 기능: NO와 CO

Key Information 주요내용

44.1 신경계는 동물의 빠른 정보처리 수단이다

- 모든 동물은 외부와 내부로부터 지속적으로 자극을 받는다.
  - ▶ **자극**은 **뉴런**에 의해 신경신호로 전달되고 동물은 이 자극에 대해 적절하게 반응한다.
  - ▶ 이런 신경신호전달은 자극을 감지하는 **수용**, 뉴런을 따라 자극에 대한 메시지를 전달하는 **전달**, 여러 가지 메시지를 적절한 반응으로의 **통합**, 최종적으로 그 반응에 대한 실제적인 분비, 행동 등과 같은 **반응**으로 이루어진다.
- 무척추동물의 신경계는 간단한 신경망으로부터 복잡한 뇌와 배쪽 신경절을 가진 고도로 집중된 신경계에 이르기까지 그 복잡성에 있어서 다양하다. 척추동물의 경우, 중추신경계는 뇌와 등쪽에 위치한 척수로 구성된다.
- 중추신경계는 정보를 종합하며, 말초신경계는 중추신경계와 신체 각 부위 사이의 감각정보와 운동정보를 전달하는 역할을 한다.

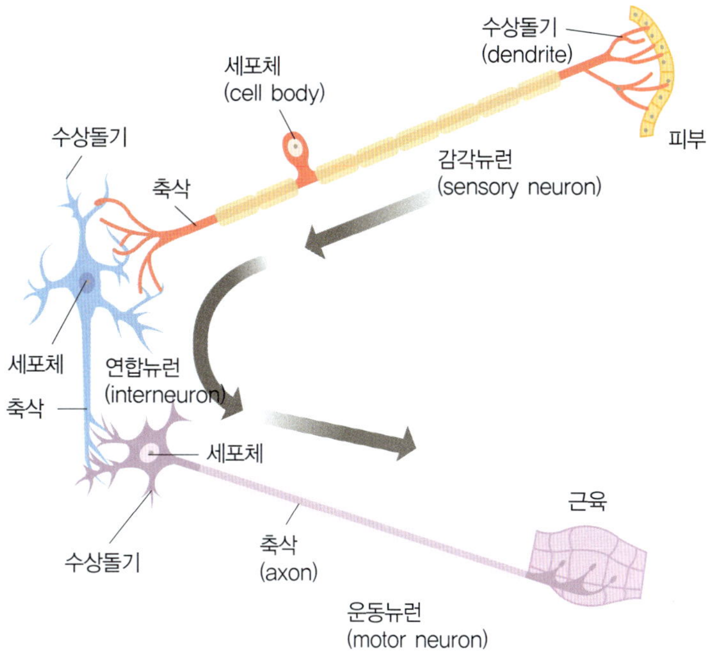

그림 44.1 신경계에 의한 정보전달

44.2 뉴런(신경세포)은 신경계의 기본단위이다

- 뉴런은 기능적으로 3가지로 분류될 수 있다.
  - ▶ **감각(구심성)뉴런, 연합뉴런, 운동(원심성)뉴런**으로 분류된다.
  - ▶ 감각수용기가 자극을 수용하여 구심성 뉴런을 통해 연합뉴런으로 신호를 전달하고, 연합뉴런은 신경 메시지를 통합하여 적절한 신호를 형성한다. 이 신호는 원심성 뉴런을 통해 효과기로 전달되고, 효과기는 신호에 대해 반응한다.
  - ▶ 말초신경계는 구심성 뉴런과 원심성 뉴런이 모여서 형성되고, 중추신경계(뇌와 척수)는 연합뉴런에 의해 형성된다.
- 뉴런의 모양과 크기는 다양하지만, 기본구조는 같다.
  - ▶ **뉴런**은 **수상돌기, 세포체, 축삭**으로 구성되어 있다.
  - ▶ 고도로 분지된 수상돌기는 다른 신경세포로부터 신호를 받아 세포체로 전달한다.
  - ▶ 세포체는 핵과 세포소기관을 포함하며 대부분의 단백질, 지질, 탄수화물을 합성한다.
  - ▶ 축삭과 연결된 부위인 **축삭둔덕**은 전달된 신경자극을 종합하여 축삭으로 보낸다.
  - ▶ 축삭은 신호를 세포체에서 다음 뉴런이나 효과기로 전달한다. 축삭은 축삭둔덕에서 뻗어 나와 축삭말단에서 끝난다.
  - ▶ 뉴런의 매우 다양한 모양은 정보의 입출력의 양상을 반영한다.
- 뉴런과 시냅스
  - ▶ 각 신경세포는 보통 하나의 축삭을 가지고 있으며 축삭은 **시냅스**라는 신경세포 사

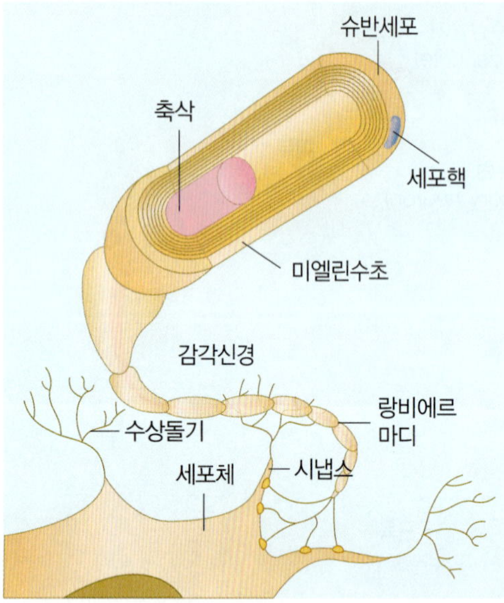

그림 44.2 미엘린수초

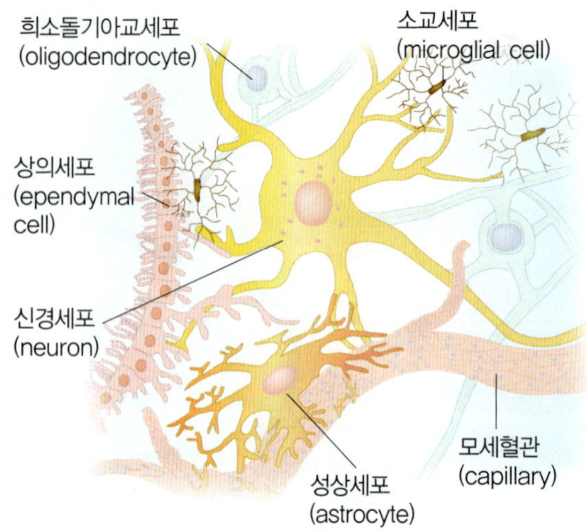

그림 44.3 (신경)아교세포들

이의 작은 공간을 통해서 다른 신경세포에 신호를 전달하는 역할을 한다.

▶ 신경 자극은 **시냅스전 신경세포**의 축삭에서 시냅스를 통해 **시냅스후 신경세포**의 수상돌기나 세포체로 전달된다.

- **지지세포**는 다양한 역할을 수행한다.

▶ 신경세포를 구조적으로 지지하고, 특정 물질의 세포외 농도를 일정하게 유지하며, 발생단계에서 신경세포의 이동을 안내하고, 축삭의 절연물질인 수초를 만든다.

▶ 뉴런은 비신경성 세포인 **(신경)아교세포**에 의해 영양공급을 받고 지지된다.

▶ **희소돌기아교세포**는 중추신경계에, **슈반세포**는 말초신경계에 존재하며 축삭을 싸서 미엘린수초를 형성한다. 미엘린수초는 지질 함량이 높아 전기적 절연체로서 작용한다.

▶ 슈반세포의 미엘린 수초들 사이에 **랑비에르마디**라 불리는 부위가 있다. 이 부분은 축삭의 세포막이 직접적으로 세포사이액에 노출되는 곳이다.

44.3 활동전위가 생겨 세포 내에서 신경신호가 전달된다

- 막전위

▶ 신경세포외부는 양전하, 내부는 음전하를 띤다. 이런 전하분리는 세포막을 사이에 두고 전압을 생성한다.

▶ **막전위**는 세포 안팎의 소듐이온(Na^+)과 포타슘이온(K^+)의 불균등한 분포로 생긴다.

1) 신경세포막에 있는 Na^+/K^+-능동수송 펌프는 ATP를 소모하여 세포 밖으로 3개의 Na^+을, 세포 안으로 2개의 K^+을 수송한다.

2) 그 결과 바깥에는 더 많은 Na^+이, 세포 안에는 밖보다 더 많은 K^+가 있게 된다. 아울러 음전하를 띠게 하는 많은 분자들이 세포 내에 존재한다.

2) Na^+과 K^+를 각각 수송하는 이온통로가 작동한다.

- ▶ 자극받지 않은 뉴런의 막은 음전하의 막전위를 유지하는데, 이런 상태를 **휴지전위**라 부른다. 휴지전위는 체내에서 −50~−60 mV 사이로 측정된다. 휴지전위를 유지하고 있는 뉴런은 분극상태에 있다고 한다.
- ▶ 막 안팎으로 농도와 전기 기울기가 명확히 평형을 이룰 때 막전압의 세기를 **평형전위**라 한다.
- ▶ 평형전위는 네른스트 공식에 의해 결정된다.
- ▶ +1 전하를 지닌 이온의 공식은 다음과 같다.

$$E_{\text{ion}}(\text{평형전위}) = 62\text{mV}\left(\log\frac{[\text{ion}]_{\text{밖}}}{[\text{ion}]_{\text{안}}}\right)$$

이 공식에서 밖과 안은 막에 대한 위치이다.

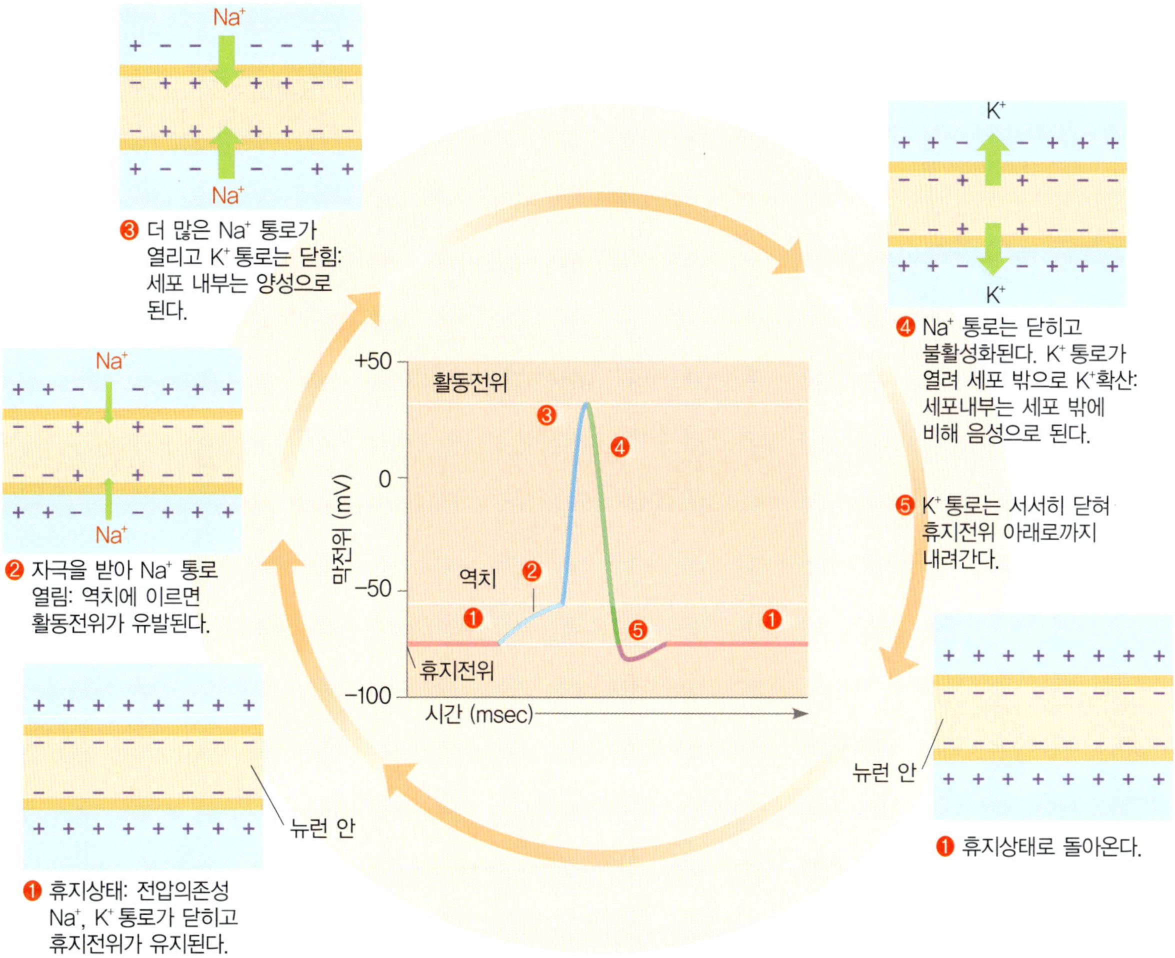

그림 44.4 활동전위

- 과분극과 탈분극 – 단계적 전위
  - ▶ **개폐성 이온통로**는 막의 신장, 특정 리간드의 결합, 막전위의 변화에 의해 개폐된다.
  - ▶ 이온통로의 활동에 의해 막전위가 변화하는데, 막전위 크기의 증가를 **과분극**이라고 하고 막전위 크기의 감소를 **탈분극**이라고 한다.
  - ▶ 과분극과 탈분극의 경우, 자극의 크기에 따라 막전위의 크기가 변화하는데, 이를 **단계적 전위**라고 한다.
- 활동전위의 생성
  - ▶ **활동전위**란 뉴런이 전기자극을 전달할 때 생기는 일시적이고 빠른 막전위 변화이다.
  - ▶ **활동전위**는 자극이 역치에 도달할 정도로 충분히 강할 때만 생성되는데, 이것을 **실무율의 원리**라고 부른다. 자극의 세기가 강해지면 막전위 크기의 변화는 없지만 변화의 빈도가 증가한다.
  - ▶ 활동전위의 생성 과정

    1) 단계적 탈분극에 의해서 막전위가 역치(약 −50 mV)에 이르게 되면 많은 **전압 개폐성 소듐이온통로**가 열려서 Na^+을 세포 내로 유입시켜 막전위를 빠르게 상승시킨다. 막전위는 순간적으로 +30 mV 혹은 그 이상까지 도달한다.

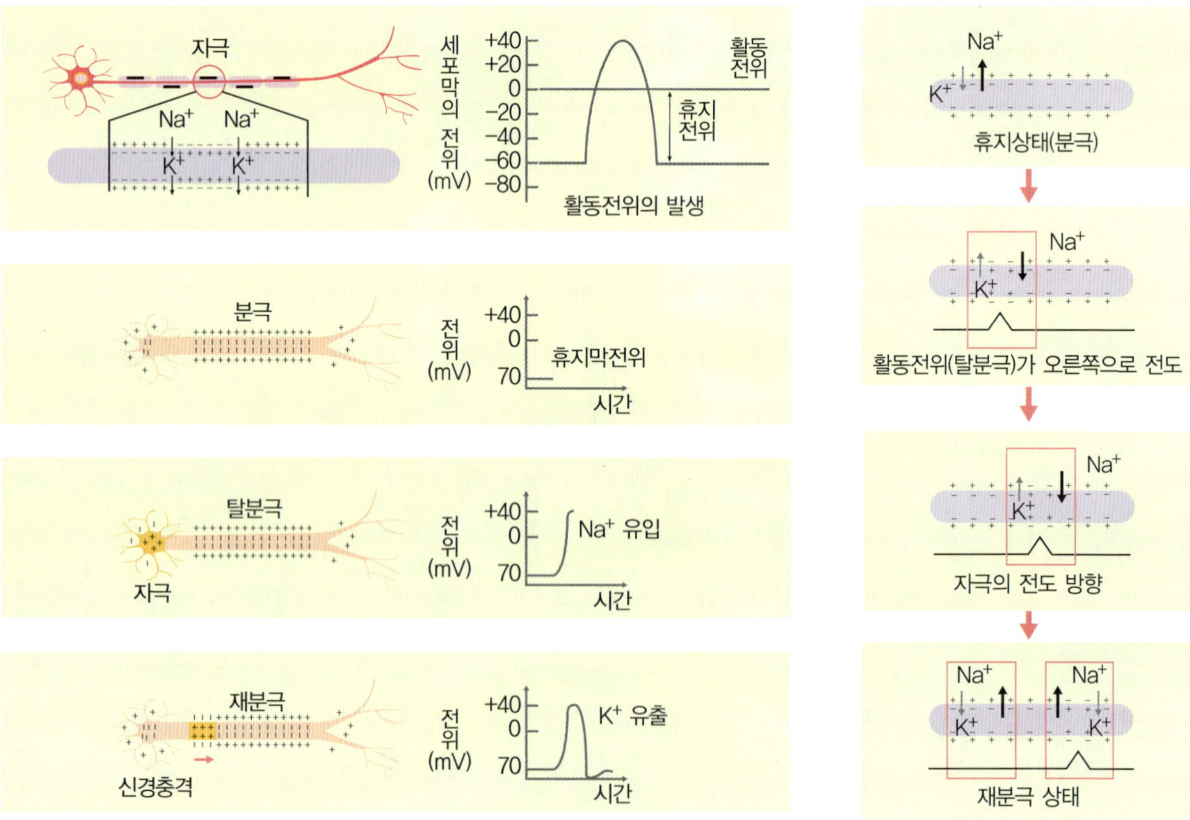

그림 44.5 활동전위의 전도

2) Na^+ 통로가 빠르게 불활성화되고, 전압의존성 K^+ 통로가 열려 K^+을 세포 밖으로 유출시킴으로써 탈분극되었던 막전위는 정상적인 휴지상태로 돌아온다. 이때 휴지전위보다 낮은 −80 mV까지 떨어지다가 다시 휴지전위에 도달한다.

3) 이후 Na^+ 통로가 불활성화되어 있는 동안에는 새로운 활동전위가 생성되지 않는 **불응기**가 찾아온다. 이 기간 동안에는 전압의 변화가 있어도 Na^+통로가 반응하지 않고 이로 인해서 축삭의 한쪽 방향으로만 전기자극이 전달된다.

▶ 활동전위는 축삭둔덕에서 시작되어서 시냅스의 말단까지 축삭을 따라 크기의 변화없이 이동한다.

▶ 이전의 활동전위가 일어난 부위의 불응기로 인해 전기자극은 역방향으로 전달되지 않고 한 방향으로만 전달된다.

● 축삭의 전기자극 전도

▶ 축삭이 굵거나 많은 척추동물에서처럼 수초로 절연되어 있는 경우에 활동전위의 전도 속도는 빠르다.

▶ **도약전도**

1) **랑비에르마디**에 전압개폐성 채널이 밀집되어 있다. Na^+의 안쪽으로의 이동은 탈분극을 일으키지만, 증가한 양이온은 미엘린수초에 의해 덮인 막부위에서 빠져나가지 못하고 다음 랑비에르마디 쪽을 확산되어 이곳에서 탈분극을 일으켜 활동전위를 유도한다.

2) 도약전도는 전기절연체 역할을 하는 미엘린수초 사이에 있는 랑비에르마디에서만 활동전위가 일어난 결과 생긴다.

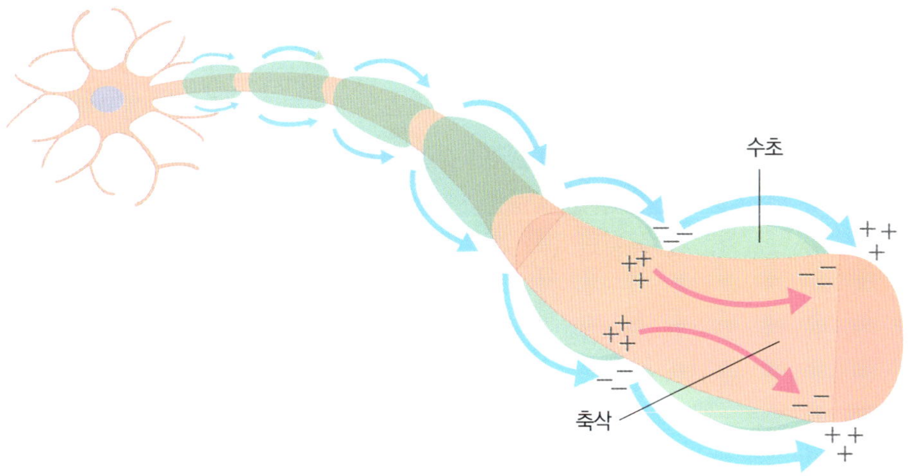

그림 44.6 도약전도

3) 활동전위가 축삭을 따라 점프하여 이동하면서 전기자극이 전달된다: 미엘린수초가 없는 같은 지름을 갖는 축삭에서의 활동전위 속도가 1 m/s에 비해 미엘린수초가 있는 같은 지름의 축삭에서의 활동전위 속도는 130 m/s로 훨씬 빠르다.

한 토막 생물 뉴스

대부분 동물 독소의 정체

많은 종류의 동물들은 자신을 포식자로부터 방어하고 먹이를 공격하기 위해 독성물질을 합성하여 사용한다. 독성물질 중 많은 종류는 신경계에 영향을 미친다. 다양한 복어종, 일부 문어종, 양서류의 일종인 영원, 일부 불가사리, 우렁이 등 다양한 동물에서 발견되는 테트로도톡신(tetrodotoxin)을 살펴보자. 이 독성물질은 전압 개폐성 Na^+ 통로 입구에 결합하여 활성전위(action potential)가 형성되지 못하게 한다. 따라서 신경자극이 전달되지 않고 그 결과는 횡격막의 수축을 방해하게 됨으로써 호흡이 불가능하게 된다. 이 독은 *Pseudoalteromonas tetraodonis*, *Pseudomonas* 속의 일부 종, 비브리오(Vibrio) 계통의 세균이 복어 등과 공생하면서 만들어 낸다. 따라서 이 독은 청정한 수질을 유지하면서 인공적으로 키운 복어에서는 발견되지 않는다. 독성은 매우 커 시아나이드의 100배에 해당한다. 그러나 희석하여 부정맥 치료에 사용되며 편두통, 헤로인 금단증, 말기암에 수반되는 통증을 완화하는 데에 사용되기도 한다. 예쁜 색과 모양으로 사람들의 주목을 끄는 청자고동에서는 conotoxin이 발견된다. 수중 다이버들은 이 독의 무서움을 알기 때문에 접근을 피한다. 이 독은 10~30개의 아미노산으로 구성되며 현재까지 5가지가 알려져 있다. 이 독들도 역시 모두 신경자극 전달을 방해하는데 이 중 ω–conotoxin을 모방한 인공 합성물은 ziconotide(상품명: Prialt)라는 진통제로 사용된다.

44.4 신경세포는 시냅스를 통해 다른 신경세포로 신호를 전달한다

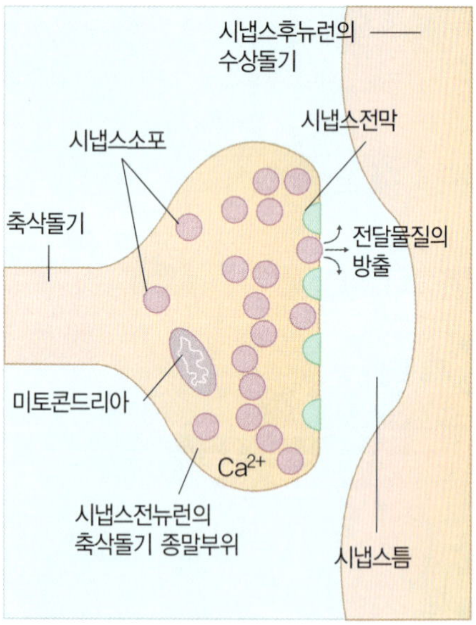

그림 44.7 시냅스를 통한 화학신호의 신경전달

- 시냅스는 한 뉴런이 다음 뉴런 혹은 효과기로 정보는 전달하는 장소이다.
  - ▶ 시냅스는 **전기적 시냅스**와 **화학적 시냅스**로 분류될 수 있다.
  - ▶ 전기적 시냅스는 시냅스전세포와 시냅스후세포의 세포막이 접해 있는 것이다. 전기신호는 세포막을 관통하는 간극연접을 통해 직접 전달되어 신호를 가장 빠르게 전달하지만 신호를 조절할 수 없다.
  - ▶ **화학적 시냅스**는 시냅스전세포와 시냅스후세포의 원형질막이 시냅스틈에 의해 분리되어 있다.
    1) 활동전위가 시냅스전세포막에 도달하면 전압개폐성 Ca^{2+} 통로가 열려 Ca^{2+}이 세포 안으로 들어오고
    2) Ca^{2+} 농도의 증가는 **시냅스소포**를 세포막과 융합시키는 **세포외배출작용**에 의해 **시냅스틈**으로 신경전달물질 분자를 분비하게 한다.
    3) 신경전달물질은 시냅스틈으로 확산되고 **시냅스후세포막**에 있는 신경전달물질과 결합하면 열리고 닫히는 **리간드개폐성 이온채널**을 활성화시킴으로써, 시냅스후 세포의 이온 전도를 변화시킨다.

- 신경전달물질은 두 가지로 구분될 수 있다.
  - ▶ 직접적인 **신경전달물질**은 시냅스후세포막의 리간드개폐성 이온채널에 직접 결합하여 채널의 문을 열거나 닫아, 시냅스후세포에서 특정 이온의 흐름을 변화시킨다.
  - ▶ **간접적인 시냅스 전달**
    1) 신경전달물질이 수용체에 결합하여 시냅스후 신경세포의 신호전달 경로를 활성화시키는 것을 말하는데, 이 경우 그 효과가 서서히 나타나지만 오래 지속된다.
    2) 간접 신경전달물질은 1차신호전달자로 작용하여 시냅스후세포막의 G-단백질결합 수용체(GPCR)에 결합, 활성화시켜 cAMP(2차 신호전달자)를 생성한다. 늘어난 cAMP분자들은 시냅스후세포막에서 이온전도채널을 열거나 닫는 반응을 유도한다.

한 토막 생물 뉴스

보톡스

세균 독소 중에 의학적으로 이롭게 사용되는 보톡스는 성형이 유행하고 있는 대한민국 사회에서 널리 알려져 있다. 주로 상한 통조림에서 생기는 독성 세균(*Clostridium botulinum*) 만드는 보툴리늄 독을 정제해 만든다. 보톡스를 근육에 주사하면 근육을 움직이는 신경전달물질을 막아 주름살이 생기지 않게 한다. 그 외에도 신경 장애, 목, 눈 경련과 같은 근육질환 등을 치료하는 데 사용된다. 그러나 이 독은 식중독을 유발하는 맹독성 물질이기 때문에 이를 다루는 데에는 고도의 안정장치가 필수적이다.

- 신경전달물질은 시냅스후 세포막에 존재하는 리간드개폐성 이온통로와 결합하여 **흥분성 혹은 억제성 시냅스후 전위(EPSP 혹은 IPSP)**를 유도한다.
  1) 신경전달물질이 일단 방출되면 시냅스틈 바깥으로 확산되거나 주변세포에 의해서 흡수되거나 효소에 의해서 분해된다.
  2) 신경세포는 수상돌기와 세포체 부위에 많은 시냅스를 지닌다. 활동전위의 생성 여부는 축삭둔덕에서 이루어지는 EPSP와 IPSP의 **시간적** 및 **공간적 합**에 달려 있다.
- 다양한 분자가 신경전달물질로 작용한다.
  - ▶ 동일한 신경전달물질이 세포에 따라서 다른 효과를 나타낼 수 있다.
  - ▶ 지금까지 잘 알려진 신경전달물질로는 아세틸콜린, 생체내 아민(에피네프린, 노르에피네프린, 도파민, 그리고 세로토닌), 다양한 아미노산(가바, 글리신, 글루타메이트)과 신경펩티드(물질 P, 엔돌핀), 기체(일산화질소, 일산화탄소) 등이 있다.
  - ▶ **아세틸콜린**은 뉴런과 근육세포 사이에서는 직접신경전달물질로 작용하지만, 기억, 집중, 인지 등의 뇌기능을 수행하는 뉴런들에서는 간접 신경전달물질로 작용한다.

▶ **아트로핀**은 아세틸콜린 수용체를 방해함으로써 아세틸콜린과 수용체의 결합을 방해한다. 그 결과, 동공을 확장시킨다.

▶ **노르에피네프린**, **에피네프린**과 **도파민**은 몸의 다양한 기능에 관련된 연합뉴런 사이에서 신경전달물질로 작용한다.

▶ **엔도르핀**은 고통을 줄여주고 행복감을 유도하는 아편과 같은 특징을 가진다.

▶ **모르핀**은 고통을 못 느끼게 하고 뇌에 있는 수용체에 결합하여 행복감을 느끼게 한다.

한 토막 생물 뉴스

신경계의 눈으로 본 자아란?

사람의 뇌는 어릴 때 유전적 요소와 환경적 요인에 의해 조립된다. 유전자의 작용에 의해 각 개인의 뇌는 다른 동물 종이 아닌 사람의 뇌가 되고 가족들과 비슷한 모습을 띠게 된다. 그리고 환경적 요인에 의해 각 개인마다 겪어 온 세계를 통해 고유의 시냅스적 연결이 조성된다. 그래서 혈연과 비슷하면서도 자신만의 인지, 감정, 동기에 의한 고유한 성격, 인격이 형성되는 것이다. 눈여겨볼 것은 특정 신경계에서 시냅스 연결이 환경에 의해 유도된 신경활동에 의해 조정된다는 점이다. 이 과정이 늦게 나타나면 학습으로 간주되는데, 발생 과정에서 나타나는 유연한 적응능력과 학습 사이에는 거의 차이가 존재하지 않을 수 있다. 이런 여러 특징이 자아본성을 조립하고 유지하는 과정에서 조정된다. 즉 자아란 각 개인마다의 고유한 시냅스 연결 방식이라고 할 수 있다.

45 신경계

베르나르 베르베르의 '뇌'

베르나르 베르베르의 '뇌' 라는 책은 정신질병을 앓고 있는 사람들의 장점을 살려 정신병원에서 다양한 사업을 펼치는 내용과 뇌 안에 숨겨진 '최고의 쾌락' 을 자극하는 영역에 대해 이야기를 펼쳐 나간다. '최고의 쾌락' 을 일으키는 숨겨진 뇌의 영역에 자극을 전달하는 장치를 달기 위해 뇌 전문 의사가 뇌의 각각 영역에 자극을 주어본다. 그때마다 무엇을 먹지 않고 있는데도 어떤 맛이 느껴진다고 하거나 주변에 꽃이나 냄새를 일으키는 물질이 없는데도 무슨 냄새가 난다고 한다. 이렇게 뇌는 우리가 어떤 자극에 반응하게 하는 신비로운 것이며, 아직도 뇌에 관하여 밝혀지지 않은 바가 많다. 이번 단원에서는 포괄적으로 무척추동물과 척추동물와의 신경계를 비교하고 신경계의 분류, 뇌, 척수 등에 대해 자세히 알아보자.

핵심 체크 Key Point

아래에 열거된 개념 또는 용어들을 '문제' 라고 가정하고 답을 작성해 보자.

무척추동물의 신경계

- 신경망(nerve net)의 구조와 해당 동물
- 신경절(ganglia)의 구조
  - ✔ 신경의 두화(cephalization) 현상이란?
- 무척추동물의 중추신경계(central nervous system, CNS) 예

히드라, 불가사리, 플라나리아, 조개, 오징어, 척추동물 등의 신경계 구조를 비교

척추동물 신경계의 구조와 발생

45.1 개념을 이해했다면?
반사작용(reflex)이 일어날 때 작동하는 신경회로를 묘사해 보자.

- 중추신경계와 말초신경계(peripheral nervous system, PNS)의 비교
- 척추동물의 중추신경계
  - ✔ 중심관(central canal)과 뇌실(ventricle)의 구조
  - ✔ 뇌척수액(cerebrospinal fluid)의 분포와 구조
  - ✔ 백색질(white matter)과 회색질(gray matter)이란?
- 전뇌(forebrain), 중뇌(midbrain), 후뇌(hindbrain)의 분화 구조와 시기
- 후뇌의 발생
  - ✔ 뇌교(pons)와 연수(medulla oblongata)의 발생 과정과 기능
  - ✔ 망상계형성(reticular formation)의 구조와 기능
  - ✔ 소뇌(cerebellum)의 형성 과정과 기능

45.2 개념을 이해했다면?
뇌간(brainstem)의 형성 과정을 추적해 보자.

- 중뇌의 발생
- 전뇌의 발생
  - ✔ 단뇌(telencephalon)와 간뇌(diencephalon)의 형성과 발생 후 운명
  - ✔ 시상(thalamus), 시상하부(hypothalamus), 시상상부(epithalamus)의 유래와 기능
  - ✔ 시상교차상핵(suprachiasmatic nuclei, SCN)의 위치와 역할
- 대뇌(cerebrum)의 형성 과정
  - ✔ 대뇌반구(cerebral hemisphere)의 정의와 구성
  - ✔ 기저핵(basal nuclei)의 구조와 기능
  - ✔ 뇌량(corpus callosum)의 역할

45.3 개념을 이해했다면?
포유류에서 신피질(noecortex)이 발달한 이유를 설명해 보자.

사람 뇌 발생을 4주, 5주째 발생 단계에서 기술하고 상응하는 성인의 뇌구조와 비교

말초신경계

- 말초신경계를 구성하는 신경
  - ✔ 뇌신경(cranial nerve)과 척수신경(spinal nerve)의 분포
  - ✔ 구심성(afferent)과 원심성(efferent) 신경세포의 구분과 예

■ 원심성 신경

✔ 체성신경계(somatic nervous system)와 자율신경계(autonomic nervous system)의 종류와 기능

✔ 교감신경계(sympathetic division)와 부교감신경계(parasympathetic division)의 구분과 기능

✔ 장신경계(enteric division)의 기능

45.4 개념을 이해했다면?
매우 놀랐을 때와 편안할 때 각각 교감신경계와 부교감신경계에 의해 몸의 소화, 호흡, 순환계가 어떻게 조절되는지 설명해 보자.

자율신경계를 구성하는 3가지 신경계를 비교

대뇌의 기능

■ 대뇌피질의 구조

✔ 회백질과 백질의 분포

✔ 기저핵(basal nuclei)의 구조와 기능

■ 대뇌반구(cerebral hemisphere)가 지닌 특징

✔ 좌반구와 우반구의 역할

✔ 대뇌에서 뇌량(corpus callosum)의 역할

■ 대뇌피질의 4개의 하위 영역이란?

전두엽(frontal lobe), 후두엽(occipital lobe), 측두엽(temporal lobe), 두정엽(parietal lobe) 각각의 위치와 역할

✔ 감각영역(sensory area)과 연합영역(association area)의 역할

■ 언어와 말하기 중추

✔ 브로카영역(Broca's area)의 위치와 기능

✔ 베르니케영역(Wernicke's area)의 위치와 기능

■ 변연계(limbic system)의 구조

✔ 편도체(amygdala)의 구조와 기능

✔ 해마(hippocampus)의 구조와 기능

변연계가 감정의 중추인 이유

신경세포의 변화

■ 기억(memory)과 학습(learning)의 정의

기억과 학습의 중추

✔ 단기기억(short-term memory)과 장기기억(long-term memory)의 정의와 관계

✔ 장기상승작용(long-term potentiation, LTP)의 의미

45.5 개념을 이해했다면?
장기상승작용이 기억을 저장하고 학습을 하는 데에 기여하는 역할을 설명해 보자.

■ 의식의 중추

■ 시냅스 가소성(neural plasticity): 환경 변화와의 관련성

✔ 장기강화 및 장기억제란?

수면과 각성의 중추

✔ 알파파, 베타파, 델타파, 세타파의 특징

✔ REM(Rapid Eye Movement)와 non-REM 수면의 비교

■ 생체시계의 작동 방식과 관련 신호물질

중추신경계의 손상과 질병

신경세포의 발생 과정

✔ 성장추(growth cone)의 기능

✔ 신경줄기세포의 정의와 활용도

■ 신경계의 이상과 질환

✔ 정신분열증(schizophrenia)

조울증(bipolar disorder)과 우울증(major depression)을 비교

✔ 알츠하이머병(Alzhimer's disease)의 원인과 증상

✔ 파킨슨병(Parkinson's disease)의 원인과 증상

45.6 개념을 이해했다면?
약물중독이 뇌의 보상체계 (reward system)를 어떻게 작동시키는지 설명해 보자.

주요내용 Key Information

45.1 무척추동물의 신경계는 다양한 구조를 지닌다

- 자포동물과 극피동물
  - ▶ 신경들이 방사대칭형으로 분포하여 신경계가 그물처럼 형성되기 때문에 **신경망**이라 부른다. 몸 한쪽에 자극을 주면 온몸으로 자극이 전달된다.
  - ▶ 자포동물 신경망의 뉴런은 수상돌기나 축삭돌기와 같은 분화가 없다.
  - ▶ 뇌와 같은 중추신경은 없지만 특정 부위에 신경세포들이 더 밀집되어 있다.
  - ▶ 많은 결합조직으로 싸여 있는 많은 축삭들이 한 방향으로 신경적 충격을 전달한다.
- 더 복잡한 무척추동물은 축삭과 수상돌기가 확실하게 구분되는 뉴런을 가지고 있다.
  - ▶ 많은 뉴런들은 신경절에 모여 있고 **두화**되는 경향이 나타난다.
  - ▶ 두화 결과, 머리는 뇌를 구성하는 신경절과 주요 감각기관이 있는 부위가 되었다.
  - ▶ 한 개 이상의 **신경삭**은 종잉부 신경질로부터 내칭적으로 온몸으로 뻗어나가 작은 신경들과 연결된다.
  - ▶ 편형동물에서 뇌와 횡축의 신경삭이 중추신경계를 구성하고, 중추신경계로부터 온몸으로 퍼져나간 신경들이 말초신경계를 구성한다.

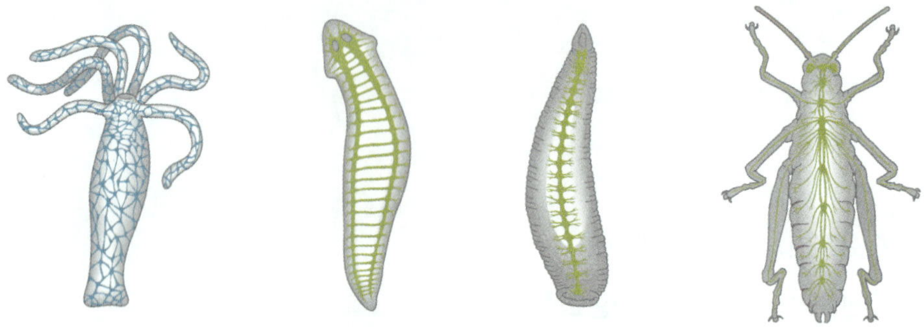

그림 45.1 무척추동물의 신경계

- ▶ 곤충을 비롯한 절지동물은 신경절과 주요 감각기관이 있는 머리 부분을 가지고 있다.

45.2 척추동물의 신경계는 부위별로 특수화되어 있다

- 척추동물의 신경계는 중추신경계와 말초신경계로 구성된다.
  - ▶ **중추신경계**는 뇌와 등쪽에 있는 관모양의 **척수**로 구성된다.
  - ▶ 감각수용기와 신경들로 이루어진 **말초신경계**는 뇌와 척수를 몸의 곳곳과 연결시키는 모든 신경 및 신경절로 구성되어 있다.
- 뇌와 신경삭은 등쪽에 위치하고 액체로 채워져 있으며 속이 빈 구조 안에 들어 있다.
  - ▶ 머리부위에는 신경을 통해 직접 뇌와 연결되어 있는 감각기관을 가지고 있다.
  - ▶ 척추동물의 신경계는 발생학적으로 속이 빈 **신경관**으로 시작된다.
  - ▶ 신경관의 머리쪽 끝 부위는 뇌로 발달하고 나머지 부분은 척수로, 신경관의 빈 공간은 뇌실과 척수를 가로지르는 중앙수로로 발달한다.
- 신경관의 전단부는 **전뇌**, **중뇌**, **후뇌**로 분화한다.
- **후뇌**는 세분되어 **후뇌**와 **수뇌**가 된다.
  - ▶ 수뇌는 생명중추와 그 외의 반사중추를 포함하는 **연수**로 발생한다.
  - ▶ 후뇌는 근육의 긴장, 자세, 평형을 맡은 **소뇌**와 뇌의 여러 부분을 연결하는 **뇌교**로 발생한다.
- 중뇌의 발생
  - ▶ 어류와 양서류에서는 중뇌가 가장 큰 부위를 차지한다. 중뇌는 이들의 주 연합령으로서 감각의 입력과 운동신호 출력을 연결한다.
  - ▶ 파충류, 조류, 그리고 포유류에서는 중뇌가 시각과 청각반사의 중추로 기능한다.
  - ▶ 연수, 뇌교, 그리고 중뇌는 **뇌간**을 구성한다.
- **전뇌**는 세분되어 **단뇌**와 **간뇌**를 형성한다.
  - ▶ 간뇌는 **시상**과 **시상하부**로 발생한다.

- ▶ 시상은 운동과 감각정보의 중계중추이다.
- ▶ 시상하부는 자율기능을 조절하는데, 신경계와 내분비계를 연결하고, 체온, 식욕, 수분균형을 조절하며, 일부 정서적, 성적 반응들에 관여한다.

- 단뇌는 **대뇌**와 **후각부**로 발생한다.
  - ▶ 대부분의 척추동물에서 대뇌는 좌우**반구**로 나뉜다. 어류와 양서류에서 대뇌는 주로 유입되는 감각정보를 통합한다.
  - ▶ 조류에서 외피를 포함하는 대뇌는 비행과 지저귐 등의 복잡한 행동패턴을 조절한다.
  - ▶ 포유류에서는 **신피질**이 **대뇌피질**의 대부분을 차지하며, 대뇌는 복잡한 연합기능을 가지고 있다.

45.3 말초신경계는 중추신경계와 운동기관을 연결한다

- 포유류에서는 31쌍의 **척수신경**이 있고 12쌍의 **뇌신경**이 있다.
  - ▶ 척수신경은 주로 척수와 몸 사이에 신호를 전달한다.
  - ▶ 뇌신경은 직접 머리, 목, 몸쪽으로 가지를 치고 뻗어나간다.

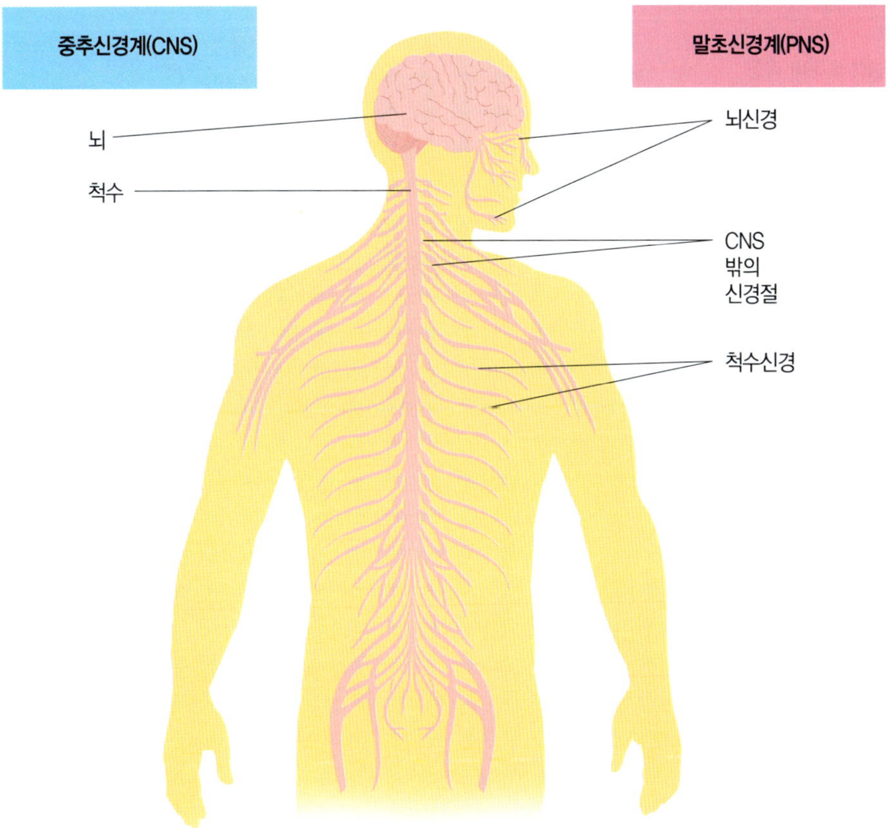

그림 45.2 척추동물의 신경계

- 말초신경계는
  - ▶ **구심성** 뉴런을 통해 외부로부터의 자극을 중추신경계로 전달하고, 중추신경계는 자극에 대한 신호를 말초신경계의 **원심성** 뉴런을 통해 효과기로 전달한다.
  - ▶ **효과기**는 그 신호에 따라 실제로 특정 반응을 수행한다. 즉 뜨거운 물체를 만졌을 때 효과기는 일정 근육을 수축시켜 그 물체로부터 멀어지도록 한다.
  - ▶ 말초신경계의 원심성 뉴런계는 기능적으로 **체성신경계**와 **자율신경계**를 구성한다.
- 체성신경계는 수의적인 몸의 움직임을 조절하고 의식할 수 있도록 한다.
  - ▶ 체성신경계는 운동뉴런으로 구성되어 중추신경계로부터 골격근으로 원심성 신호를 전달한다.
  - ▶ 운동뉴런의 수상돌기와 세포체는 척수 안에 위치하고 축삭돌기만 해당 골격근에 도달하기 때문에, 뇌신경과 척수신경의 체성신경 부분은 축삭으로만 구성되어 있다.
  - ▶ 체성신경계는 주로 **수의적인** 조절을 담당하지만 부분적으로 몸 떨림, 지속적인 자세 균형 등 일부 불수의적인 골격근 수축도 담당한다.

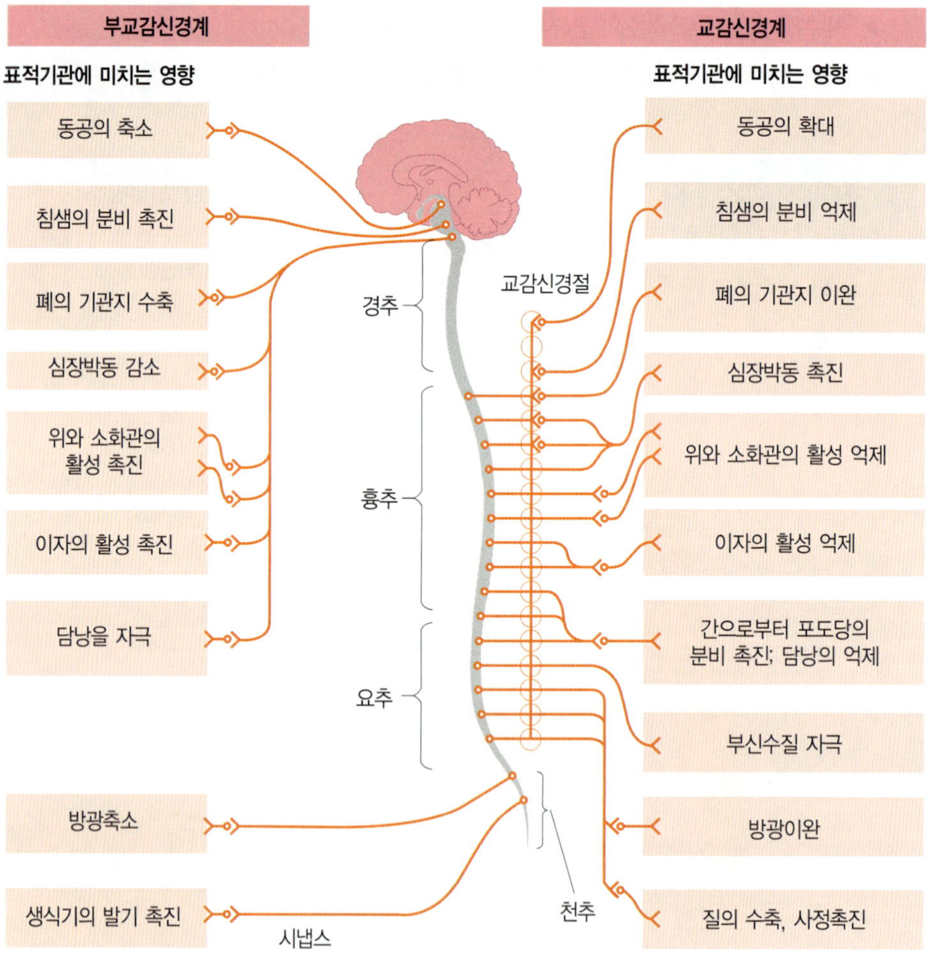

그림 45.3 자율신경계의 교감신경계와 부교감신경제

- 자율신경계는
  - 몸의 각 부분에 있는 평활근의 수축, 소화, 혈액 순환, 그리고 생식 및 분비 기관의 여러 기능을 조절한다.
  - 자율신경계는 **교감신경**과 **부교감신경**으로 구성되고 이들은 항상 서로 대립적으로 작용한다.
  - 교감신경계는 위험, 흥분, 스트레스 등 매우 힘든 활동 상황에서 우세하게 작용한다. 교감신경계의 주요 작용은 심장박동수와 강도 증가, 동공 확장, 땀 분비 강화, 혈압 증가이다.
  - 부교감신경계는 심적으로 육체적으로 매우 안정된 상태에서 주로 작용한다.

45.4 중추신경계의 구조

- 뇌의 기저에서 등쪽으로 뻗어 있는 척수는 뇌와 말초신경계 사이에서 신경충격을 전달하며 운동 반사를 조절한다.
  - 척수와 뇌는 **뇌척수막**과 두 층의 뇌척수막 사이를 흐르는 **뇌척수액**으로 싸여 있다.
  - 뇌척수막은 경막, 지주막, 연막의 3개의 결합조직층으로 되어 있고 지주막과 연막 사이에 뇌척수액이 흐른다.
  - 뇌척수액은 외부의 충격을 완충시키고 중추신경계로 영양공급을 하며, 해로운 물질로부터 중추신경계를 보호한다.
- 척수를 횡단면으로 보면 회백질과 백질로 되어 있다.
  - 회백질은 H자 모양으로 중앙에 위치해 있다.

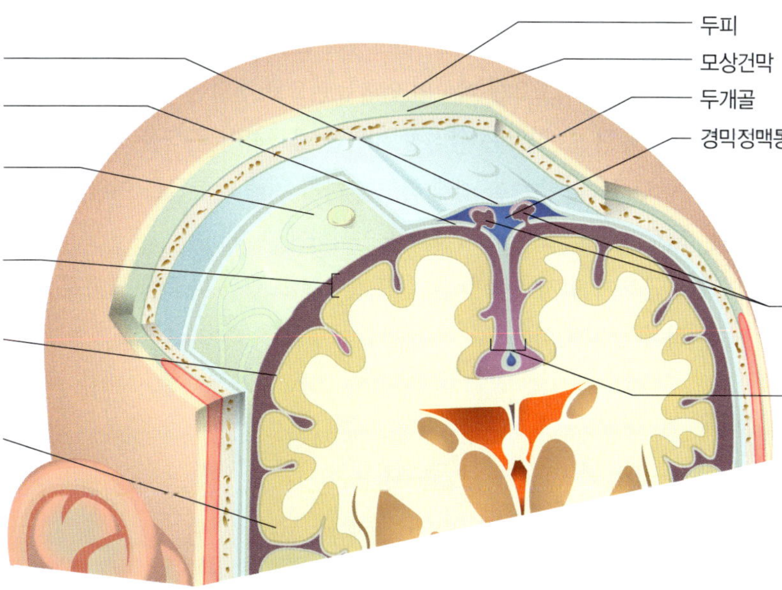

그림 45.4 뇌를 포함한 머리의 해부도

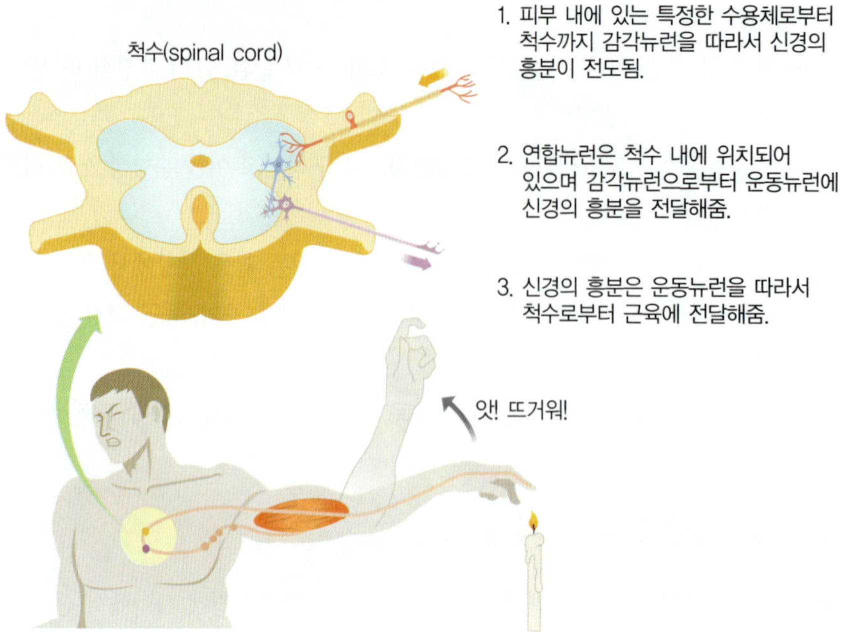

그림 45.5 반사작용

- ▶ 회백질을 둘러싸고 있는 백질은 미엘린수초로 둘러싸인 축삭으로 구성된다.
- ▶ 척추신경은 한 쌍으로 되어 있고 척추 사이 공간에서 척수와 만난다.
- ▶ 척수로 들어가는 축삭(구심성)은 회백질로 들어가 회백질의 연합뉴런과 시냅스를 형성하고 연합뉴런은 백질을 통해 축삭을 뇌로 보낸다.
- ▶ 뇌로부터 오는 축삭은 척수의 백질을 통해 아래쪽으로 하강하다가 척수의 회백질에 있는 원심성 뉴런의 세포체 혹은 수상돌기와 시냅스를 이룬다.
- ▶ 원심성 뉴런의 축삭은 척수를 빠져나와 척수신경이 된다.

● 또한 척수의 회백질은 반사에 관여하는 연합뉴런을 포함한다.

- ▶ 손으로 뜨거운 물체를 만졌을 때 자극은 손의 구심성 뉴런을 통해 척수로 들어가고 척수에 있는 최소 2개 이상의 연합뉴런으로 전달된다.
- ▶ 여러 연합뉴런 중 하나는 원심성 뉴런을 자극하여 근육을 수축하게끔 하고, 다른 하나는 그 근육의 수축을 쉽게 하도록 하기 위해 길항근을 이완시키고, 또 다른 하나는 뇌로 신호를 보내 반사자극을 인식하게 한다.
- ▶ 따라서 근육이 먼저 수축한 다음 뜨겁다는 느낌을 나중에 느끼게 되는 것을 경험해본 적이 있을 것이다.

45.5 뇌의 구조와 기능

● 뇌간

- ▶ **뇌간**에 위치하는 회백질 영역은 심박동률, 호흡률, 혈압과 혈관의 수축 및 이완, 기침, 소화기관의 반사작용과 같은 생명에 필수적인 육체의 기능을 대뇌의 의식적

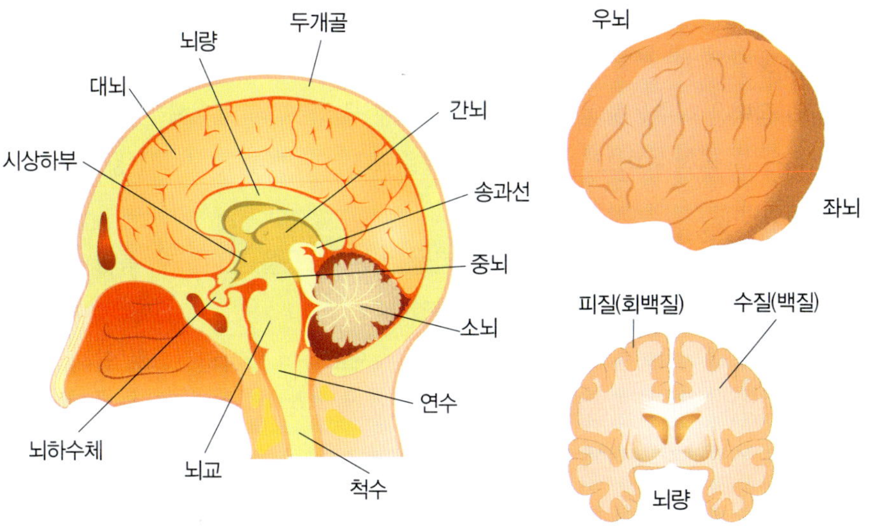

그림 45.6 뇌의 구조

참여 또는 통제 없이도 조절한다.

▶ **망상체**는 뇌간을 따라 앞쪽으로는 시상까지 뒤쪽으로는 척수까지 뻗어 있다.

1) 뇌쪽으로 들어오는 감각 신호들은 망상체에서 통합되어 새로운 신호가 만들어지고 이 신호가 중추신경계의 여러 다른 부위로 전달된다.

2) 망상체는 상승하는 망상체와 하강하는 망상체로 구분된다. 상승하는 망상체는 망상활성계라고도 불리며 시상을 통해 대뇌피질을 활성화시키고 **각성**을 위한 자극 신호를 전달한다. 따라서 상승하는 망상체가 손상되면 무의식 상태에 빠지게 된다.

3) 하강하는 망상체는 시상으로부터 정보를 받아 골격근 수축을 조절하는 척수에 위치한 연합뉴런에 정보를 전달하여 근육의 움직임과 자세를 조절한다. 또한 유입되는 신호를 여과한다.

▶ 후뇌의 **연수**에는 호흡, 순환 등의 중요한 반사중추가 자리하고 있는데, 운동반응과 여러 복잡한 반사작용을 통합하며, 잠에도 영향을 미친다. 소뇌와 연결된 **뇌교**를 포함한다.

● **소뇌**

▶ 눈, 귀, 근방추, 전뇌영역으로부터 입력을 받아 운동, 자세 조정을 돕는다.

▶ 소뇌의 양쪽 반구로부터 나온 축삭은 뇌교에 이르는데, 뇌교는 소뇌와 전뇌의 통합중추 사이의 신호 흐름을 조정하는 교통경찰과 같은 역할을 한다.

● 간뇌는 **대뇌**와 함께 전뇌에서 유래하고 **시상**, **시상하부**, **시상상부**를 포함한다.

▶ 시상은 감각입력을 분류하여 대뇌로 전달해 주는 전뇌의 중추이다.

▶ 시상하부는 체내의 항상성 유지에 작용하는 중추이다.

1) 여기서 내부 장기의 활동과 관련된 모든 행동이 추적, 조절되는데, 목마름, 배고픔, 성행위 등이 여기에 해당한다.

2) 또한 시상하부는 흥분상황에서의 땀이나 공포에 따른 구토와 같은 관련된 감정도 조절한다.

- **혈액-뇌 장벽**은 척추동물의 뇌와 척수를 해로운 물질로부터 보호해 준다,
  - ▶ 이 구조는 뇌척수액으로 들어가는 용질을 조절하여 매우 정교하게 용질의 농도를 유지한다.
  - ▶ 혈액 내에 있는 일부 호르몬이나 물질들은 신경작용을 변화시켜, 특정 이온의 변화에 의한 활동전위의 역치를 바꿀 수 있다.
  - ▶ 대부분의 뇌부위에서 모세혈관벽을 이루는 세포들이 밀착연접으로 인해 서로 연결되어 있다. 이 밀착연접으로 인해 선택적으로 필요한 성분을 통과시키고 해로운 물질은 통과하지 못하게 된다.

45.6 대뇌는 운동과 인지의 중추이다

- 사람 뇌의 무게는 약 1,300~1,400 g이다.
- 사람의 대뇌피질은 **회백질**로 이루어지며, 주름을 형성하고 있다.
  - ▶ 주름 사이의 깊은 고랑을 **열구**라고 부른다.
  - ▶ 뇌에 유입되는 감각정보를 수용하는 대뇌의 **백질**은 대뇌피질 아래에 있다.
  - ▶ 포유류에서 발달한 **신피질**은 인지기능의 진화와 관련된 것으로 여겨진다.
  - ▶ **기저핵**은 백질내부에 있는 핵다발로서 운동기능에 중요한 중추이다.
- 사람의 두 **대뇌반구**는 비슷해 보이지만, 각각 기능적으로 분화되어 있다.
  - ▶ **좌반구**는 전형적으로 대부분의 분석 기능, 수학, 말하기를 관장한다.
  - ▶ **우반구**는 시각적 영상, 공간 관계의 판단이나 음악의 해석 등을 맡고 있다.

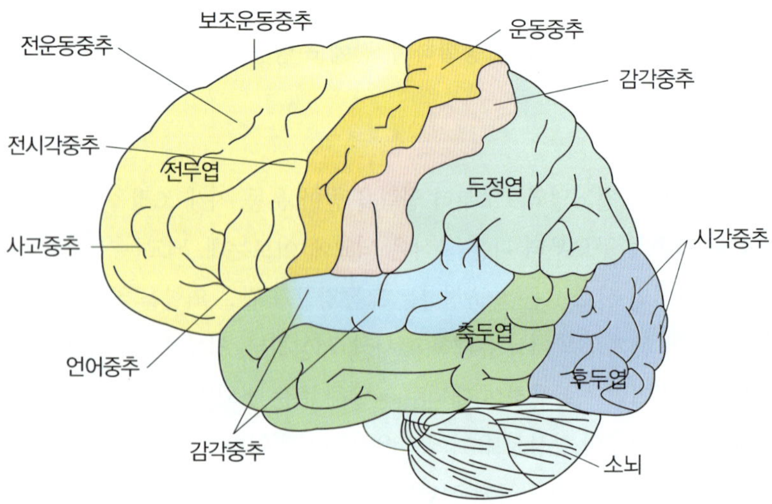

그림 45.7 뇌의 구조도

- ▶ **뇌량**은 백질로 된 커다란 띠로서, 좌우반구를 연결한다.
- 양쪽 반구 모두 4개의 하위 영역(**전두엽, 후두엽, 측두엽, 두정엽**)으로 나뉜다.
  - ▶ 이들 표면의 **회백질** 층에는 특정한 종류의 신호를 받고 처리하는 특이적인 영역들이 있다.
  - ▶ **운동영역**은 수의운동 활동에 영향을 미친다. **감각영역**은 어떤 특정한 감각의 정체를 인지하는 데에 관여한다.
  - ▶ 다양한 연합영역들은 정보를 통합하여 의식 활동을 불러일으킨다. 이러한 모든 영역들은 상호작용하고 있다.
  - ▶ 몸의 각 중추는 각 반구의 전두엽에 있는 **1차 운동피질**에서 공간적으로 배치되어 있다. 이 영역은 골격근의 조화로운 움직임을 조절한다.
  - ▶ 영역의 많은 부분이 엄지와 다른 손가락, 혀근육의 움직임을 조절하는 데 관여한다.
  - ▶ 각 엽의 운동피질은 서로 반대편 쪽의 몸의 근육을 조절한다. 즉 오른쪽 엽의 운동피질은 왼쪽 몸의 해당 근육들을 조절한다.
- **전두엽**은 전운동피질과 브로카영역을 포함하고 있다.
  - ▶ **전운동피질**은 학습된 운동 기술들을 다룬다. 농구의 드리블, 키보드로 글을 입력하기 등 반복적인 운동은 동시 또는 순차적인 근육들의 움직임이 조화를 이뤄 나타난다.
  - ▶ **브로카영역**은 혀와 목구멍, 입술 근육을 조절하여 생각을 말로 표현하는 것을 돕는다. 이것이 복잡한 문장을 이해하고 구성하는 능력의 기본이다. 대부분의 사람들에서 브로카 영역은 좌측 대뇌 반구에 위치한다.
- 두정엽
  - ▶ 1차적인 **체성감각피질**은 각 **두정엽**의 앞부분에 위치하며, 몸 전체에 상응하는 공간적 배치를 보인다. 이 부분은 피부와 관절로부터의 감각 입력을 받아들이는 중추이다.
  - ▶ 두정엽의 또 다른 중추는 맛의 감지를 다룬다.
- **후두엽**의 뒷부분에 있는 **1차 시각피질**이 눈으로부터의 신호를 받아들인다.
- **측두엽**
  - ▶ 소리와 냄새를 **감각영역**에서 느낀다.
  - ▶ **베르니케영역**은 상대방의 말을 이해하는 데에 관여하는 중추 중의 하나다. 브로카영역과 함께 언어와 말하기의 중추로서 기능한다.
- 피질에 있는 1차 운동, 감각영역에는 많은 **연합영역**이 있다.
  - ▶ 각각은 많은 입력들을 통합한다.
  - ▶ 예를 들어, 시각연합영역은 1차 시각피질을 둘러싸고 있으며, 보이는 것을 시각적 기억들과 비교한다.
  - ▶ 가장 최근에 진화한 것으로 생각되는 이마엽 피질은 우리의 인성과 지성, 생각, 판단, 계획, 다른 것에 대한 관심이 생겨나는 곳이다.

45.7 변연계는 감정을 조절하고 기억을 담당한다

- **대뇌변연계**는 행동의 정서적 측면, 동기부여, 성행위, 자율반응 그리고 생체리듬 등에 영향을 준다.
- 변연계란 위쪽의 뇌간을 둘러싼 곳으로 시상하부와 시상의 여러 부위들, **해마**와 **편도체** 등이 포함된다.
  - ▶ 시상하부는 우리의 감정과 내장 활동을 조절해준다. 또한 **시상교차상핵**을 지녀 **생체시계**로서 기능을 수행한다.
  - ▶ 해마는 정보의 분류와 기억의 통합에 중요한 역할을 한다.
  - ▶ 아몬드 형태의 편도체는 감정적인 안정감과 사회적 역할 해석을 위해 필수적인 부위이다. 이 부위는 또한 공포를 느끼거나 불안할 때 활성화된다.

45.8 수면과 각성

- 수면-각성의 뇌활동 주기는 시상하부와 뇌간이 조절한다.
  - ▶ **알파파** 패턴은 휴식 상태의 특징이며, **베타파**는 고조된 정신활동 패턴이며, 느린 주파수에 진폭이 큰 **델타파**와 **세타파**는 non-REM수면의 특징이다.
  - ▶ **망상활성계**를 구성하는 뉴런들은 감각입력을 걸러내고 대뇌로 전달될 정보를 선택한다.
  - ▶ 대뇌피질의 전기적 활동과 대사율은 **non-REM수면** 동안 느려진다.
  - ▶ **REM수면**은 꿈을 꾸는 것이 특징이다.
- 신체의 생체시계는 빛과 어둠에 관한 정보를 수용하여, 수면을 조절하는 다른 핵으로 정보를 전하는 것으로 보인다.
  - ▶ 수면중추가 활성화되면, **세로토닌**을 방출하는 것으로 알려졌다.

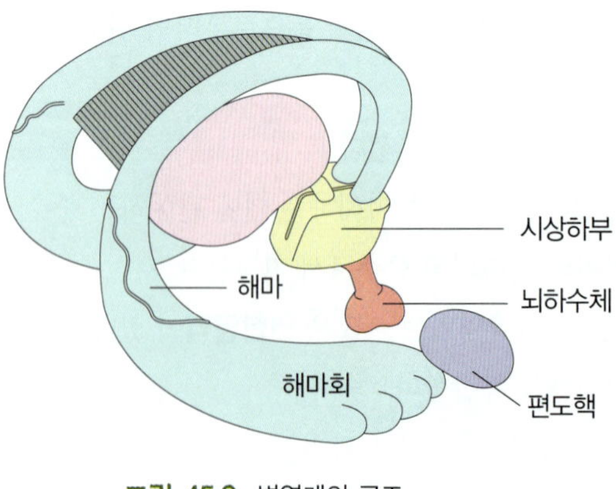

그림 45.8 변연계의 구조

45.9 학습과 기억

- **학습**은 우리가 경험의 결과로 정보를 습득하는 과정이다.
- **기억**은 정보가 암호화되고 저장되며 검색되는 과정이다.
  - ▶ **잠재적 기억**은 운동기술 등에 관한 무의식적인 기억인데 반해, **명시적 기억**은 사람, 장소 또는 사물에 관한 사건적인 기억에 관여한다.
  - ▶ **단기기억**은 전화번호와 같은 정보 등을 수분 동안 기억하는 것이다. 정보들은 단기기억에서 **장기기억**으로 전환될 수 있다.
- **시냅스 가소성**은 기억과 학습 동안 신경계가 시냅스를 변경할 수 있는 능력을 말한다.
  - ▶ 장기기억 저장은 유전자 활성화와 시냅스의 장기적 기능변화와 관련된다.
  - ▶ **장기상승작용**은 시냅스 후 뉴런이 활동전위에 대한 민감도가 증가하는 것이다.
  - ▶ **장기억제**는 시냅스 결합 강도가 장기적으로 저하되는 것이다.
- 뇌의 물리화학적 구조는 환경적 경험에 의해 변경될 수 있다.

45.10 중추신경계의 손상과 질병은 주요 연구관심사이다

- 신경분자는 성장추 세포막에 존재하는 수용체와 결합하여 축삭의 성장을 인도한다.
  - ▶ 축삭의 안내와 관련된 유전자 및 기본 과정들은 척추동물과 무척추동물의 차이가 없다.
  - ▶ 축삭의 성장에 관한 연구는 중추신경계의 손상 후에 축삭의 재성장을 유도하는 데 응용될 수 있다.
  - ▶ 성인의 뇌에도 완전한 신경세포로 분화할 수 있는 **줄기세포**가 있다.
  - ▶ 줄기세포의 분화와 배양 줄기세포의 이식을 통해서 외상과 질병에 의해 파괴된 신경세포를 대체할 수 있다.
- 알코올, 니코틴, 코카인, 암페타민, 헤로인 등은 억제성 신경세포의 활성을 낮추어 도파민의 분비를 늘린다. 이로 인해 위 약물들에 중독될 수 있는 보상회로가 반응한다.
- 중추신경계가 손상되어 많은 질병들이 생길 수 있다.
  - ▶ **정신분열증**은 환각, 망상, 무뎌진 감정 등의 증상을 보인다.
  - ▶ 우울증은 **조울증**과 **우울증**으로 나눌 수 있다. 조울증의 경우 조증과 우울증세가 반복되어 나타나며, 우울증은 우울증세만 지속적으로 나타나는 경우이다.
  - ▶ **알츠하이머병**은 연령과 밀접한 관계가 있는 치매로서 뇌조직에 노인반과 신경섬유응집체가 형성된다.
  - ▶ **파킨슨병**은 흑질부의 도파민 신경세포가 죽어서 나타나는 운동실조증이다.

한 토막 생물 뉴스

최초로 뇌를 해부한 사람은?

사람의 정신 작용이 기원하는 곳이 심장이라 간주되던 때가 있었다. 적어도 영국의 위대한 의사이자 해부학자인 하비(William Harvey)가 심장의 구조를 밝혀낼 때만 해도 그랬다. 이때는 1600년대 중반이었고 영국은 신구교의 대립으로 정권이 왕과 의회 사이에서 왔다갔다 할 때였다. 이러한 상황에서도 왕당파에 속하는 일부 과학자들은 옥스퍼드에서 정기 모임을 가졌고, 이것이 훗날 그 유명한 왕립학회의 기초가 되었다. 구성원들 중에는 화학자 보일(Robert Boyle), 최초로 세포를 관찰한 훅(Robert Hooke), 건축사의 한 획을 새긴 렌(Christopher Wren), 그리고 윌리스(Thomas Willis)가 있었다. 당시의 유명한 의사였던 윌리스는 정신질환의 원인을 알기 위해 뇌를 열어야 한다고 생각했고 위에 열거한 사람 등을 이끌고 함께 매우 많은 수의 뇌를 해부하였다. 이것이 기록에 남겨진 최초의 본격적이고 체계적인 뇌연구 시도였다. 이는 뇌를 오랫동안 상하지 않게 보관하는 방법을 발견했기 때문에 가능했던 성과이다. 그 결과 작성된 뇌의 해부 구조는 현재에도 그 정확성이 인정되고, 모호했던 '정기', '생기' 등이 신경세포를 통한 전기자극의 전달이라는 사실이 밝혀지는 중요한 시작점이 되었다.

46 감각계

우리의 주변세계를 인식하는 감각계

음식을 먹고 맛을 느끼고 성행위로 흥분하고 슬픈 영화를 볼 때 눈물이 나는 등 이런 모든 것은 우리 몸 곳곳에 있는 감각기관 때문에 일어난다. 감각기관에 있는 뉴런들이 뇌로 정보를 전달하고 뇌는 수용한 정보에 적절한 반응 신호를 적절한 영역(들)로 보낸다. 우리가 매우 신 오렌지를 먹으면 혀에서 '맛이 시다'는 정보를 뇌로 보내고 뇌에서 얼굴 근육들 중 일부의 근육에 반응 신호를 보내어 얼굴을 찡그리게 만든다. 슬픈 영화를 볼 때 눈에서 받아들인 영화 스크린으로부터 나오는 빛이 망막에 도달하여 그 영화 스크린에 대한 상의 정보를 뇌로 보내고 뇌는 눈물샘을 자극하는 신호를 눈물샘으로 보내어 눈물을 흘리게 한다. 방광에 일정량의 오줌이 차게 되면 '오줌이 마렵다'라는 느낌이 들도록 방광에 있는 감각수용기가 자극을 뇌로 전달하고 뇌는 비뇨기계 쪽으로 반응 신호를 전달한다. 이번 단원에서는 이런 인간 감각계를 포함하여 여러 동물들의 감각계도 알아보도록 하자.

핵심 체크 Key Point

아래에 열거된 개념 또는 용어들을 '문제'라고 가정하고 답을 작성해 보자.

수용기의 개요

- 감각(sensation)과 인지(perception)의 정의
- 감각수용기(sensory receptor)란?
  - ✓ 감각수용(sensory reception)이란?
  - ✓ 외부수용기(exteroreceptor)와 내부수용기(interoreceptor)의 정의와 해당 구조
- 감각수용기의 기능
  - ✓ 털세포(hair cell)의 분포와 기능
  - ✓ 감각변환(sensory transduction)의 의미
  - ✓ 수용기전위(receptor potential)의 정의

46.1 개념을 이해했다면?
수용기에서 자극 에너지가 증폭(amplification)되는 과정을 설명해 보자.

46.2 개념을 이해했다면?
광수용기(photoreceptor)가 전자기수용기에 속하는 이유를 설명하고 광수용기의 종류을 예시해 보자.

46.3 개념을 이해했다면?
여러 수용기 중 하나를 골라 구심성 뉴런, 원심성 뉴런, 연합뉴런 등의 용어를 사용하여 외부 자극이 뇌로 전달되어 몸의 반응이 일어나기까지의 과정을 설명해 보자.

46.4 개념을 이해했다면?
평형석(statolith)의 구조와 이의 자극에 대한 반응메커니즘을 설명해 보자.

감각적응(sensory adaptation)의 정의와 동물의 생존에서의 역할

- 자극의 강도와 범위에 대해 뇌에서 인식하는 방법
- 감각수용기의 유형
  - ✔ 기계적수용기(mechanoreceptor)의 종류와 역할
  - ✔ 화학수용기(chemoreceptor)의 종류와 역할
  - ✔ 전자기수용기(electromagnetic receptor)의 종류와 역할
  - ✔ 온도수용기(themoreceptor)의 종류와 역할
  - ✔ 통각수용기(pain receptor, nociceptor)의 종류와 역할

기계적 수용기–압력, 중력, 소리에 반응

- 촉각수용기의 기능과 종류
- 통각수용기의 기능과 종류
- 무척추동물에서 중력과 소리의 감지
  - ✔ 평형포(statocyst)란?

어류의 측선계(lateral line system)의 구조와 기능

- 포유동물의 중력수용기와 평형감각
  - ✔ 반고리관(semicircular canal)의 구조
  - ✔ 난형낭(타원주머니, utricle)과 구형낭(원형주머니, saccule)의 구조와 기능

반고리관의 구조에 근거하여 중력 또는 움직임을 인식하는 과정을 이석(otolith), 털세포(hair cell), 정(copula), 유액, 신경세포 등의 용어를 사용하여 설명

✔ 유스타키오관(eustachian tube)의 위치와 기능

■ 척추동물의 청각수용기

✔ 외이(outer ear), 중이(middle ear), 내이(inner ear)의 구조적 구분과 해당 기능

✔ 고막(tympanic membrane)의 구조와 기능

✔ 망치뼈(malleus), 모루뼈(incus), 등자뼈(stapes)의 위치와 기능

✔ 난원창(oval window)과 정원창(round window)의 구조와 기능

✔ 달팽이관(cochlea)의 구조와 기능

46.5 개념을 이해했다면?
소리가 귓바퀴에 도달하여 달팽이관에 이르기까지의 과정을 설명해 보자.

46.6 개념을 이해했다면?
음의 세기(volume)와 고저(pitch)는 각각 어떻게 인식될지를 설명해 보자.

코르티기관(organ of Corti)의 구조와 청각인식 과정

미각과 후각 수용기-화학적 수용기

미각자극물질(tastants)와 냄새물질(odorants)의 정의와 예

■ 미각(gustation)과 후각(olfaction)의 정의

✔ 후각상피의 구조와 역할

✔ 맛봉오리(taste bud)의 구조와 역할

■ 감지할 수 있는 맛의 종류

다양한 냄새를 구분할 수 있는 이유

■ 미각과 후각의 신호전달 과정 설명

광수용기-전자기 수용기

■ 무척추동물의 시각

46.7 개념을 이해했다면?
동공(pupil)과 홍채(iris)를 지닌 오징어와 문어의 눈 작동원리를 설명하고 포유류의 눈과 비교해 보자.

- ✔ 안점(eye spot)의 구조와 해당 동물
- ✔ 겹눈(compound eye)의 기능과 해당 동물
- ✔ 낱눈(ommatidia)의 구조와 기능
- ✔ 홑눈(single-lens eye)의 작동원리와 해당 동물

46.8 개념을 이해했다면?
사람의 눈 구조를 그려 설명해 보자.

■ 사람의 눈 구조

- ✔ 공막(sclera), 맥락막(choroid), 결막(conjunctiva), 각막(cornea), 홍채(iris), 동공(pupil), 망막(retina), 수정체(lens), 모양체(ciliary) 등의 구조와 기능
- ✔ 안구방수(aqueous humor)와 유리체방수(vitreous humor)의 위치와 기능

■ 시각정보의 전달

- ✔ 간상세포(막대세포, rod cell)의 구조, 위치, 기능
- ✔ 원추세포(원뿔세포, cone cell)의 구조, 위치, 기능

간상세포와 원추세포의 기능을 명과 암 조건에서 비교하여 설명

- ✔ 중심오목(fovea)의 특징
- ✔ 로돕신(rhodopsin)의 구조
- ✔ 레티날(retinal)의 구조와 빛 흡수 과정
- ✔ 옵신(opsin)의 정의와 역할

46.9 개념을 이해했다면?
신경절세포, 무축삭세포, 쌍극세포, 수평세포, 원추세포, 간상세포 등이 망막에서 배열된 모양을 그리고 시각정보가 처리되는 경로를 설명해 보자.

■ 시각정보의 처리

- ✔ 쌍극세포(bipolar cell)의 위치, 구조, 기능
- ✔ 신경절세포(ganglion cell)의 위치, 구조, 기능
- ✔ 수평세포(horizontal cell)와 무축삭세포(amacrine cell)의 위치, 구조, 기능

■ 측면억제(lateral inhibition) 현상과 원인

■ 시신경교차(optic chiasm)로 생기는 결과 교차가 일어나는 장소

■ 가쪽무릎핵(lateral geniculate nuclei)과 1차 시각피질(primary visual cortex)의 구조와 기능

주 요 내 용 Key Information

46.1 수용기는 뉴런과 연결된 세포로 자극을 감지한다

- 감각기관은 감각수용기와 부속세포들로 구성된다.
  - ▶ **감각수용기**는 구심성 뉴런의 수상돌기나 구심성 뉴런과 시냅스를 이루는 특수한 수용기 세포에 의해 형성되며, 동물의 외부와 내부 환경에 대한 정보를 전달한다.
  - ▶ 우리의 오감을 책임지는 눈, 피부, 코, 입, 귀는 외부로부터의 자극을 감지한다.
  - ▶ 내부 기관(여러 장 기관들 혹은 호흡계)과 연결된 감각수용기는 몸속에서 생성되는 자극을 감지한다.
  - ▶ 수용기 세포는 에너지를 흡수하여 그 에너지를 전기적 에너지로 변환하는 **감각변환**을 통해 막의 탈분극이나 과분극 등 막전위의 변화인 **수용기전위**를 생성한다.
  - ▶ 수용기 전위는 **차등성 반응**이다.
  - ▶ 감각을 경험하는 능력은 감각수용기에 의해 암호화된 정보를 전달하고, 그 신호를 뇌에서 해석하는 것에 달려 있다.
- 감각기관은 감지하는 자극에 따라 5종류로 분류된다.
  - ▶ **기계적수용기**는 기계적 에너지를 변환하여, 느끼고, 듣고, 균형을 유지하도록 한다.
  - ▶ **화학수용기**는 특정 종류의 화학물질을 변환하여, 미각과 후각을 가능하게 한다.
  - ▶ **온도수용기**는 온도에너지를 변환한다. 온혈동물은 온도수용기를 통해 체온을 감지하며, 일부 무척추동물들은 온도수용기를 온혈 먹이를 탐지하는 데 사용된다.
  - ▶ **전기수용기**는 포식어류들이 먹이를 탐지하는 데 사용하며, 전기적 자극에 반응한다.
  - ▶ **광수용기**는 빛에너지를 변환하며, 안점이나 눈에서 감각수용기의 역할을 한다.
- 수용기는 신경계와 연결되어 있다.
  - ▶ 구심성 뉴런에 의해 중추신경계와 연결된다.
  - ▶ 수용기는 자극에 대해 고유의 반응을 일으킨다. 예를 들어 눈의 광수용기는 양(빛의 세기)과 질(파장)을 구별한다.
- 자극의 강도와 범위에 대해 뇌에서 인식하는 방법은 두 가지이다.
  - ▶ 자극이 강하면 강할수록 **활동전위의 빈도수**는 높아진다.
  - ▶ 자극의 범위가 넓어지면 활동전위가 발생하는 **뉴런의 수**가 많아지게 된다.
  - ▶ 뇌로부터 전달되는 원심성 뉴런이 많이 밀집된 곳일수록 자극에 더 민감하다.
- **감각적응**은 동물 생존에 필수적이다.
  - ▶ 감각적응이란 동일한 크기의 자극이 지속되면 그 자극에 대한 효과가 감소하게 되는 것이다. 즉, 자극이 지속되어도 감각뉴런의 활동전위 빈도가 감소하는 것으로서, 결국 그 자극에 대해 감소된 반응을 낳는다.

한 토막 생물 뉴스

신비로운 감각 세계 I

눈두덩이 같은 눈의 외부를 인위적으로 누르거나 압력을 가하면 압력에 대한 반응을 마치 빛에 대한 반응으로 인식한다. 강하게 맞는 장면에서 머리 주변에 별이 빙빙 도는 것을 만화에서 본적이 있을 것이다. 이것은 사람들이 경험적으로 얼굴 중에 특히 눈 주위에 강한 타격을 받았을 때 간혹 눈에 별 모양과 비슷한 모양이 보였기 때문에 이것을 착안해서 만화에 적용한 것이다.

(원심성) 신경이 많이 밀집된 곳에 좁은 간격을 두고 두 바늘로 살짝 찌르면 찔린 곳이 두 곳이라는 걸 인식하지만 (원심성) 신경이 별로 없는 곳에 두 바늘을 찌르면 찔린 곳이 한 곳이라고 인식하게 된다. 이와 관련된 것으로 사람에 따라 성기를 제외하고 몸의 특정 주위를 만졌을 때 몸의 다른 부위를 만졌을 때보다 성적으로 더 흥분하는 경향을 예로 들 수 있다.

고양이는 먹이인 생쥐가 아무런 움직임이 없다면 가만히 있지만 쥐가 움직여서 어떤 시각을 자극한다면 빠르게 움직여 생쥐를 잡아먹는다. 쥐와 같은 피식자의 경우 포식자의 움직임을 인식하여 빠르게 도망간다. 여기서 고양이는 쥐와 같은 먹잇감 이외의 다른 움직임의 변화가 항상 일어난다면 고양이는 거기에 대해 감각을 적응하고 그 감각을 무시하게 된다. 피식자의 경우에도 주변에 포식자가 이동하는 것 이외에 자기를 잡아먹지 못하거나 잡아먹지 않으려는 포식자들의 움직임에 대해서는 감각적응이 일어나게 된다.

- ▶ 감각적응은 항상 일어나는 변화에 적응하고 특정한 변화의 민감도를 감소시켜준다.
- ▶ 통각은 동물 생존에 필수적이다. 통각을 느끼면 몸에서 손상에 대한 회복을 위한 반응이 일어난다. 통각이 없다면 손상이 증가해 생존하지 못할 수도 있다.

46.2 기계적 수용기는 압력, 중력, 소리 등을 감지한다

- 이들은 기계적으로 밀리거나 당겨서 모양이 변할 때에 활성화된다.
  - ▶ 피부의 **촉각수용기**는 털 위치의 기계적 이동 또는 수용기 세포 자체의 이동에 대해 반응한다. 예를 들어, **파치니소체**는 접촉과 압력에 반응한다.
  - ▶ **통각수용기**는 강한 촉각자극, 과도한 온도, 그리고 특정 화학물질에 반응하는 몇몇 감각뉴런의 말단으로서 통각을 수용한다.
  - ▶ 근육, 힘줄 그리고 관절 내에 있는 감각수용기는 그 동물이 몸의 방향과 신체부분의 위치를 인식하도록 한다. 근방추, 골지건기관, 그리고 관절수용기는 지속적으로 신축과 움직임에 반응한다.
- 중력수용기
  - ▶ **평형석**을 지닌 **평형포**는 여러 무척추동물에게서 발견되는 **중력수용기**이다.
  - ▶ 척추동물의 **털세포**는 움직임을 탐지하는데, 어류의 측선기관, 전정계, 반고리관, 그리고 달팽이관 등에서 볼 수 있다.

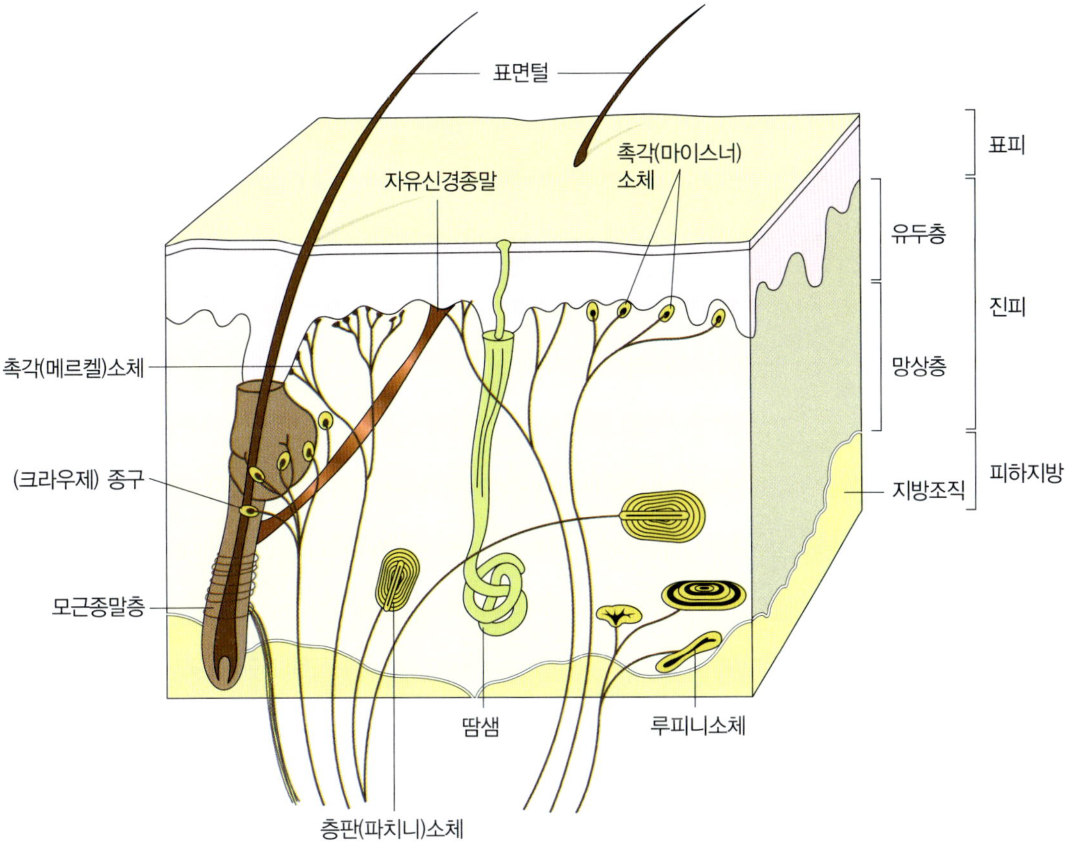

그림 46.1 기계적 수용기의 종류

- ▶ **측선계**는 어류와 일부 양서류에게 움직이는 물체와 그 진행경로에 있는 물체에 관한 정보를 제공하여 시각을 보충한다.

● 척추동물의 중력수용기, 내이

- ▶ 유액으로 채워진 공동과 평형을 유지하는 관으로 된 미로로 구성된다.
- ▶ 미로의 윗부분에 있는 전정계는 **난형낭(타원주머니)**, **구형낭(둥근주머니)**, 그리고 **반고리관**으로 구성된다.
- ▶ 난형낭과 구형낭은 이석을 담고 있는데, 이석은 머리가 기울어지거나 신체가 직선 방향으로 이동할 때 위치가 변하게 된다.
- ▶ 이석이 털세포를 자극하여, 신호를 뇌로 전달하면 동물이 중력의 방향을 인식하게 한다.
- ▶ 반고리관은 뇌에 회전운동에 관해 알려준다. 안에 있는 정이라는 털세포 집단은 각각의 관을 채우고 있는 유액인 내림프의 이동에 의해 자극된다.

● 조류와 포유류의 **달팽이관** 내에 있는 **코르티기관**은 청각수용기를 포함하고 있다.

● 소리의 감지와 자극전달 과정

- ▶ **외이**를 통과한 음파는 **고막**을 진동시킨다.

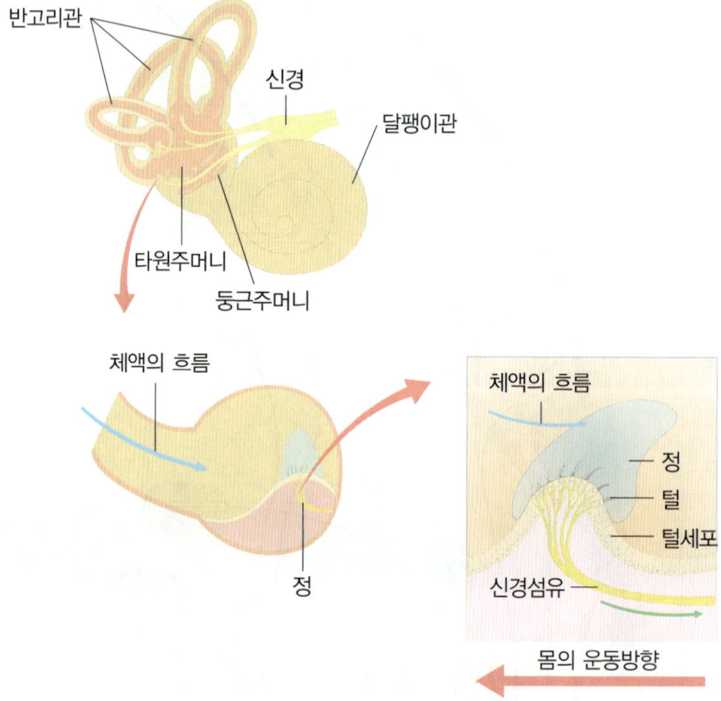

그림 46.2 속귀의 평형수용기

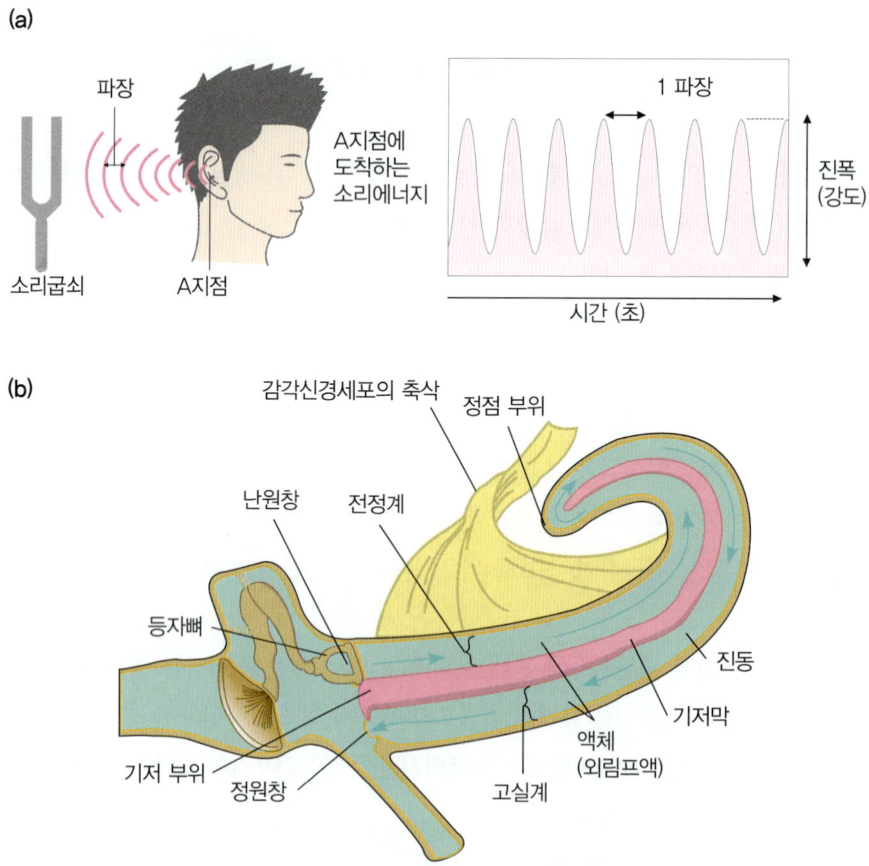

그림 46.3 청각신호의 전달과 달팽이관

▶ 이소골인 망치뼈, 모루뼈, 등자뼈가 **중이**를 따라 진동을 증폭하여 전달한다.
▶ 진동은 **난원창**을 통과해서 전정관 내에 있는 유액으로 간다.
▶ 파동압은 달팽이관을 세 개의 관으로 나누는 막을 압박한다.
▶ **정원창**이 부풀어 오르는 것은 압력 탈출구와 같은 역할을 한다. 파동압은 **기저막**을 움직이게 한다.
▶ 이러한 움직임은 코르티기관의 유모세포가 그 위에 놓인 **덮개막**을 긁어서 자극하게 한다.
▶ 신경충격은 각 유모세포의 아래에 놓인 뉴런의 수상돌기에서 일어나며, 신경충격은 **달팽이관 신경**에 의해 뇌에 전달된다.

46.3 미각과 후각을 위한 수용기는 화학수용기이다

- 미각수용기는
  ▶ **맛봉오리**에 있는 특수화된 상피세포이다.
  ▶ 단맛, 쓴맛, 신맛, 짠맛, 감칠(umami)맛을 감지한다.
- 미각수용기 세포나 후각수용기 세포에 분자가 결합하면 G단백질이 관련된 신호변환 절차가 시작된다.

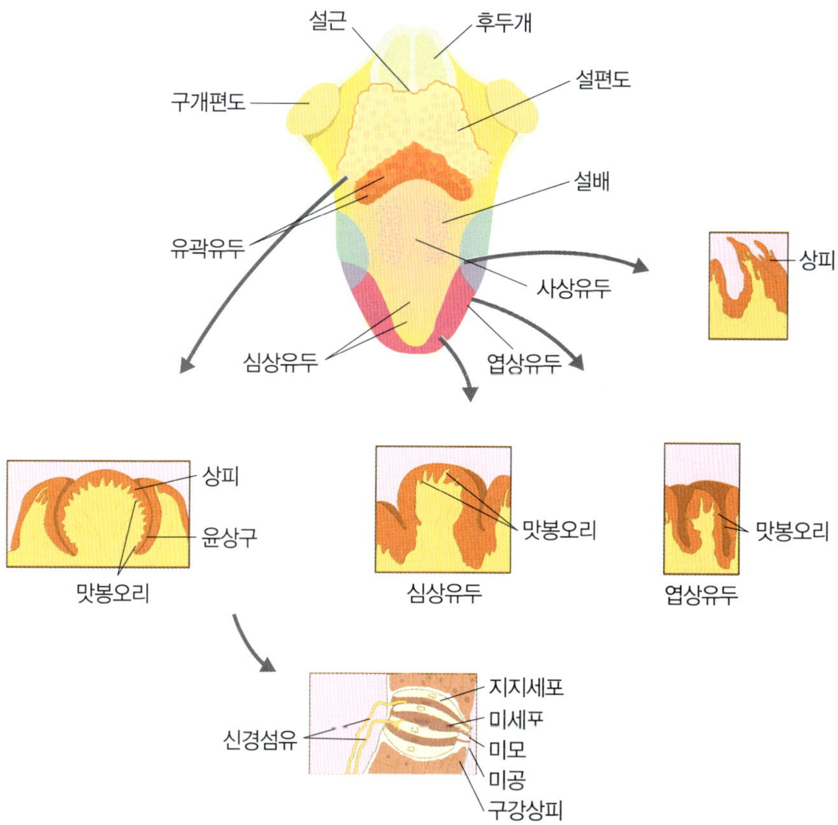

그림 46.4 혀와 미각수용기의 구조

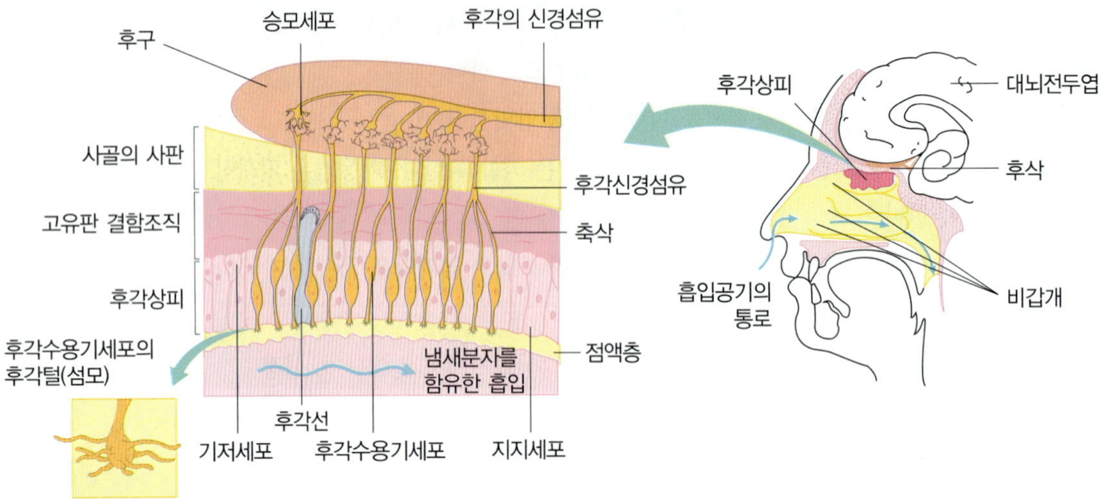

그림 46.5 사람의 후각

- 후각수용기
  - **후각상피**는 **후각신경**의 섬유로서 뇌까지 연결되는 축삭돌기를 가진 특수화된 후각세포들을 가지고 있다.
  - 인간의 경우, 현재까지 확인된 1,000개 이상의 후각수용체 유전자 중 많은 수의 유전자들은 위유전자(pseudogenes)로 밝혀졌고, 일부 유전자들이 다양한 종류의 냄새를 구분할 수 있는 데에 기여하는 것으로 알려졌다.

46.4 시각수용기는 빛을 수용한다

- 무척추동물의 눈
  - 플라나리아는 **광수용기**를 포함한 **안점**을 지닌다.
  - 해파리, 다모류, 거미, 연체동물들은 사진기와 작동원리가 비슷한 **홑눈**을 지닌다.
  - 곤충은 낱눈이 모인 **겹눈**을 가져 포식자의 움직임을 효율적으로 감지한다.
  - 문어와 오징어는 **동공**을 지닌다.
- 척추동물 눈의 구조
  - 안구는 외층인 **공막**과 색소를 지닌 내층인 **맥락막**으로 싸여 있다.
  - **수정체**와 **모양체**는 앞부분에 **안구방수**, 뒤쪽에는 **유리체방수**로 채워져 있다.
- 빛 수용에 관여하는 눈의 구조
  - 사람의 눈에서는 빛이 **각막**을 통과해서 수정체에 의해 초점이 모아지고, **망막**에 상을 생성한다.
  - **홍채**는 유입되는 빛의 양을 조절한다.
  - 망막에는 광수용기 세포가 있는데, **간상세포**는 어두운 빛에서 기능하여 흑백영상을 생성하며, **원추세포**는 밝은 빛에서 기능하며 색각을 담당한다.
  - 시야의 중심 부위를 차지하는 **중심오목**은 원추세포를 매우 조밀하게 지닌다.

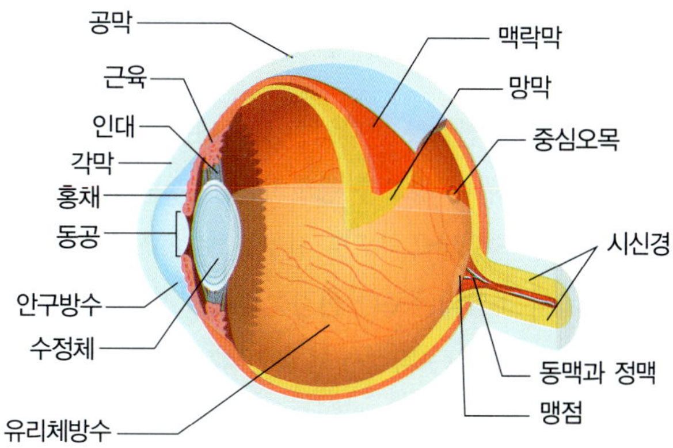

그림 46.6 척추동물의 홑눈 구조

● 빛신호의 전달

▶ 빛이 간상체에 있는 **로돕신**에 닿으면, 로돕신 분자의 **레티날** 부분의 모양이 변형되어 G단백질인 **트랜스듀신**이 관련된 신호 변환절차를 시작한다.

▶ 트랜스듀신은 에스테르가수분해효소를 활성화시켜서 cGMP를 가수분해하여 농도를 낮춘다. 그 결과, 이온채널은 닫히고 막은 과분극된다.

▶ 간상세포에서 방출하는 글루탐산이 감소하고, 더 적은 신호가 전달된다. 그 결과,

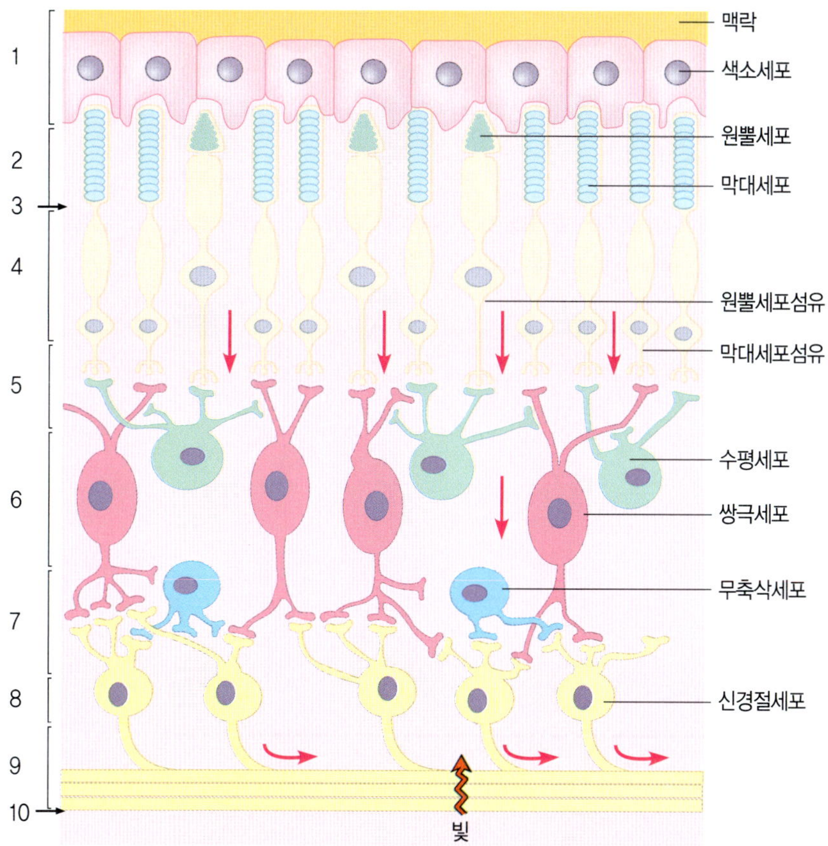

그림 46.7 세포 수준에서의 망막의 구조

쌍극세포는 탈분극되고 신경절세포를 자극하는 신경전달물질을 방출한다.

- 시각정보의 처리
  - ▶ 망막에는 **신경절세포**에 신호를 전달하는 **쌍극세포**가 있다.
  - ▶ 두 종류의 부대연합뉴런이 정보를 통합하는데, **수평세포**는 간상세포와 원추세포로부터 정보를 수용하여 쌍극세포로 신호를 보내고, **무축삭세포**는 쌍극세포로부터 신호를 받아서 다시 쌍극세포나 **신경절세포**로 신호한다.
  - ▶ 이렇게 시각정보를 종합하는 과정에서 **측면억제**를 통해 상의 대비가 뚜렷해진다.
  - ▶ 어두울 때, 간상세포의 원형질막에 있는 이온채널들은 열리고 세포는 탈분극되어 신경전달물질인 글루탐산을 방출하고, 이것은 쌍극세포막을 과분극시켜 신호를 보내지 않게 한다.
  - ▶ 신경절세포의 축삭돌기는 시신경을 이루고, 시신경다발은 대뇌피질 기저에서 **시신경교차**를 형성한다.
  - ▶ 시신경은 시상의 **가쪽무릎핵**으로 정보를 전달한다. 거기서부터 뉴런은 **1차 시각령**으로 뻗어가고 다시 거기서 대뇌피질의 연합중추로 뻗어간다.

한 토막 생물 뉴스

신비로운 감각 세계 II

사실 감각계는 중추신경계를 통해 서로 연관되어 있다. 하나의 예를 들자면, 불에 손이 닿을 경우 손의 피부에 있는 통각수용기가 작동하고 중추신경계로 그 신호가 전달되고 원심성 신경계를 통하여 손이 불에서 멀어지도록 근육 쪽으로 가는 신경을 자극하여 근육을 수축하게끔 한다.

눈을 손으로 누르면 누른 부위의 반대쪽에 어떤 색깔이 보이기도 한다. 이 누르는 압력이 광수용기를 자극하여 어떤 색깔을 띠게 한다. 어떤 사람이 머리 쪽의 신경을 다치고 회복하는 도중 신경끼리의 연결이 잘못되어, 신맛이 나는 음식을 먹게 되면, 얼굴 반쪽이 땀이 나는 기이한 현상이 일어나기도 한다.

47 근육계 및 뼈

동물의 이동수단, 근육과 뼈

가만히 앉아 있든, 어떤 용무가 있어서 어디로 가든, 친구와 축구 또는 농구를 하든 우리 몸에 있는 근육 중 일부 혹은 대부분 끊임없이 수축하고 이완한다. 가만히 앉아 있어도 심장근은 끊임없이 움직이고 자극의 종류에 다라 다양한 내장근이 작동한다.

우리의 근육은 골격근, 심장근, 평활근으로 세 가지 유형으로 구분된다. 골격근은 힘줄에 의해 뼈에 붙어 있고 심장근은 말 그대로 심장에 있는 근육으로 수축성 근육이다. 평활근은 몸의 관이나 기관의 벽에서 발견된다. 골격근은 주로 체성신경계 지배를 받고 심장근과 평활근은 주로 자율신경계 지배를 받는다. 이번 단원에서는 이런 근육들에 대해 자세히 알아보자.

핵심 체크 Key Point

아래에 열거된 개념 또는 용어들을 '문제'라고 가정하고 답을 작성해 보자.

척추동물의 골격근 구조와 기능

- 골격근(skeletal muscle)이란?

골격근의 구조를 그림으로 설명

- ✔ 골격근 > 근섬유(muscle fiber) > 근원섬유(myofibril): 각각의 구조
- ✔ 근원섬유의 구조를 가는 필라멘트(thin filament)와 굵은 필라멘트(thick filament) 등의 근필라멘트(myofilament)로 설명
- ✔ 근절(sarcomere)이란?
- ✔ 굵은 필라멘트와 가는 필라멘트의 특징적인 배열로 구분되는 영역들: A대(A band), H 영역(H zone), M선(M line), I대(I band), Z선(Z line), T관(transverse tubule, T tubule)

활주 필라멘트 모델(sliding filament model)을 I대와 A대 등의 용어로 설명

- ✓ 트로포미오신(tropomyosin)의 구조와 기능
- ✓ 트로포닌 복합체(troponin complex)의 정의

근육 수축의 기전

근육 수축 과정을 차례대로 묘사

- 연축(twitch)과 강축(tetanus)의 비교: 점증(recruitment)이란?
- 수축률과 피로 저항성에 따른 근섬유의 구분
  - ✓ 느린 연축섬유(slow-twitch fiber), 빠른 연축섬유(fast-twitch fiber), 빠른 무산소성 섬유(fast glycolytic fiber) 등의 특징
  - ✓ 미오글로빈(myoglobin)의 역할

47.1 개념을 이해했다면?
ATP 합성을 근거로 근육을 나누어 설명해 보자.

- 골격근이 미세하게 조정되는 과정
- 심장근
  - ✓ 심장근(cardiac muscle)의 구조와 기능적 특징
  - ✓ 사이원반(intercalated disk)의 구조와 기능
  - ✓ 평활근(smooth muscle)의 정의와 분포

동물의 골격계

골격의 역할과 종류

- 유체골격(hydrostatic skeleton)

✔ 정의와 해당 동물

✔ 연동운동(peristalsis) 과정

■ 외골격(endoskeleton)

✔ 정의와 해당 동물

✔ 외골격의 성분과 성질, 탈피 과정

■ 내골격(endoskeleton)

✔ 정의와 해당 동물

✔ 관절의 종류와 역할

■ 척추동물 뼈가 움직일 수 있는 이유

✔ 관절(joint)의 종류와 기능

✔ 인대(ligament)의 역할

작용근(agonist)과 길항근(antagonist)의 정의와 작용 양상

■ 이동(locomotion)의 유형

✔ 유영의 정의와 유리한 점 vs. 불리한 점

47.2 개념을 이해했다면?
외골격을 지닌 생물들의 크기가 제한적인 이유를 설명해 보자.

47.3 개념을 이해했다면?
생쥐가 코끼리처럼 몸이 커진다면 다리의 굵기는 어떻게 될지 예상해 보자.

47.4 개념을 이해했다면?
유영, 육상에서의 이동, 비행 등을 이동의 경제성 면에서 비교해 보자.

주요내용 Key Information

47.1 척추동물 골격근의 구조는 여러 수준에서 설명된다

- **골격근**
  - ▶ 골격에 붙어서 골격의 움직임을 담당하는 근육이다.
  - ▶ 긴 원통형 모양을 가진 세포들의 다발인 근섬유로 구성된다.
- **근섬유**는 매우 많은 핵을 갖고 지름이 약 10~100 μm이다.
  - ▶ 근육의 위치에 따라 근섬유의 크기나 개수가 다르다.
  - ▶ 모든 근섬유들은 결합조직수초에 의해 서로 평행하게 묶여지고 뼈와 다른 부위에 부착하는 힘줄로 모아지게 된다.

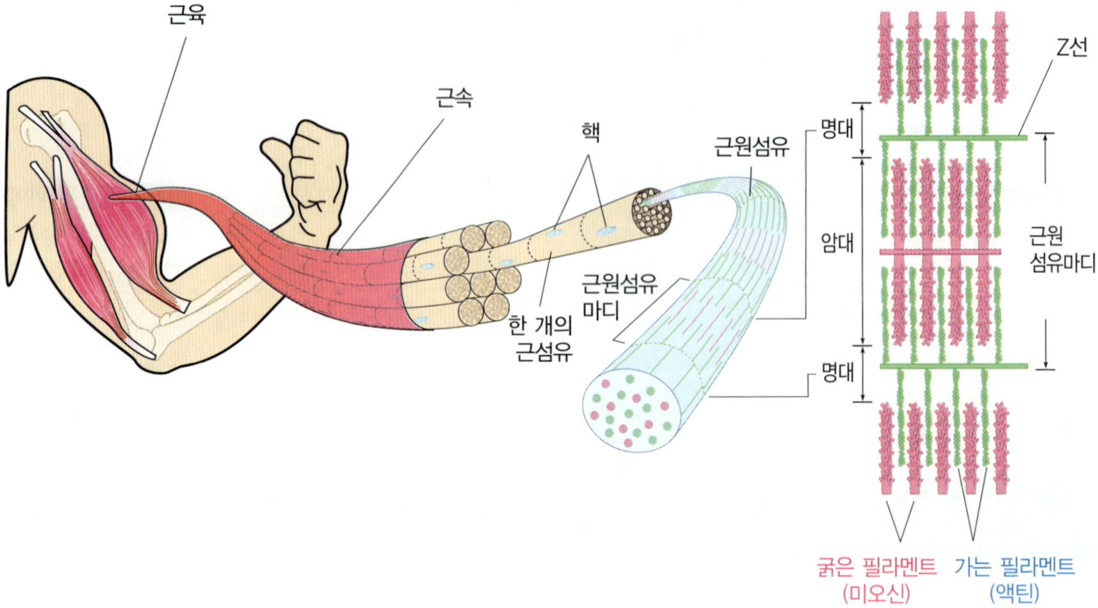

그림 47.1 뼈대근육의 수축장치

- ▶ 근섬유는 **근원섬유**로 채워져 있다.
- 근원섬유는 굵은 필라멘트와 가는 필라멘트로 구성되어 있다.
  - ▶ **굵은 필라멘트**와 **가는 필라멘트**는 서로 교대로 배열된다.
  - ▶ 굵은 필라멘트는 미오신분자들이 서로 어긋나며 포개진 구조로 되어 있다.
    1) 미오신분자는 2개의 단백질 소단위로 구성되어 있다.
    2) 이 2개의 단백질 소단위는 이중나선형으로 연결된 형태를 형성하여 볼록한 머리 부분과 긴 꼬리 부분을 형성한다.
    3) 머리 부분은 교차다리를 형성한다.
  - ▶ 가는 필라멘트는 두 가닥의 액틴이 이중나선형으로 꼬여 있고 필라멘트를 따라서 이어지는 홈을 가지고 있다.
    1) 이 액틴에 결합되어 있는 분자는 **트로포미오신**과 **트로포닌**이다.
    2) 트로포미오신은 홈 바로 옆을 따라 달리는 길게 늘어진 섬유성 단백질이고, 트로포닌은 필라멘트에 따라 대략 서로 간격이 좀 떨어져 위치하는 구형 단백질이다.
- 굵은 필라멘트와 가는 필라멘트의 특징적인 배열은 밝고 어두운 띠를 여럿 형성한다.
  - ▶ **A대**는 비교적 어둡고 이 부분은 굵은 필라멘트와 이중나선형으로 서로 겹쳐져 있는 가는 필라멘트의 일부분으로 이루어져 있다.
  - ▶ **H 영역**은 A대 가운데 부분에 있고 이 부분은 굵은 필라멘트만 가지고 있다.
  - ▶ H 영역 중앙에는 굵은 필라멘트를 더미로 묶는 **M선**은 단백질들의 판이다.
  - ▶ **I대**는 비교적 밝고 이 부분은 가는 필라멘트 부분으로 구성되며,
  - ▶ 각 I대의 중앙에는 가는 필라멘트들이 부착되는 얇은 **Z선**이 있다.

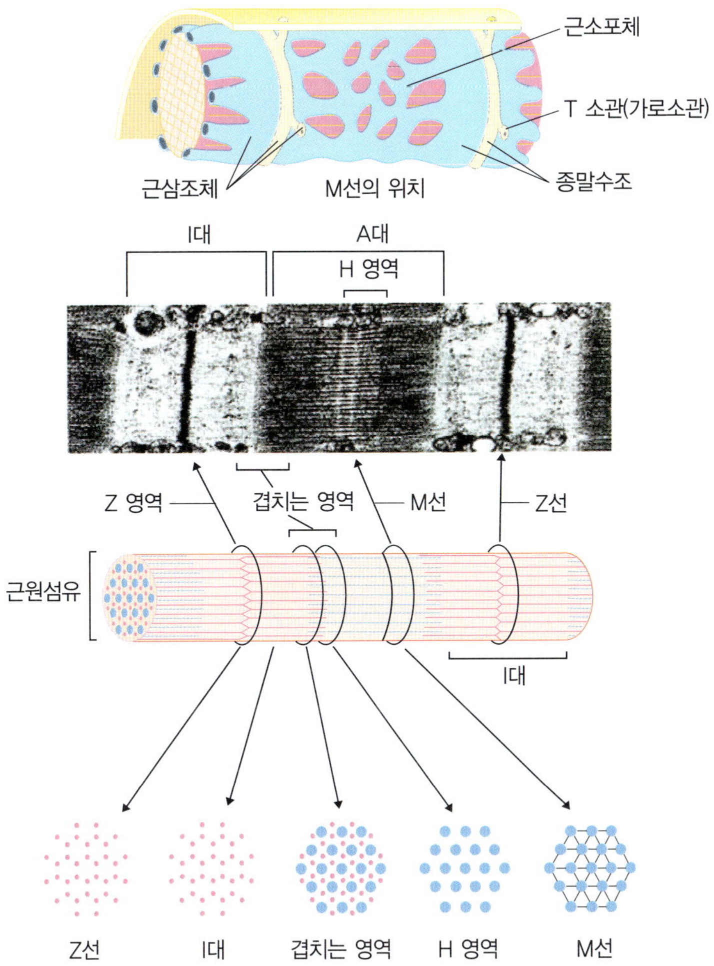

그림 47.2 근육세포의 구조

- ▶ 인접한 Z선 사이의 영역을 **근절**이라 부른다.
- ▶ Z선에서 원형질막은 근섬유 안쪽으로 주름을 형성하여 **T 소관**을 이루고, 근소포체라고 하는 것은 A대와 I대 주변을 둘러싸고 T 소관과는 분리되어 있다.

● 원심성 뉴런의 축삭은 각각의 근섬유로 뻗어 축삭말단은 근섬유와 함께 신경근 접합부를 만든다.

47.2 근육 수축은 기본적으로 액틴과 미오신의 움직임이다

● 신호가 전달되면

- ▶ 축삭말단에서 **아세틸콜린**이 분비되고 아세틸콜린은 신경근 접합 부위로 분비되어 이 부위에 활동전위가 발생된다.
- ▶ 이 활동전위는 근섬유세포의 원형질막을 따라 T 소관으로 전달된다.
- ▶ 이 활동전위는 T 소관의 말단을 거쳐 근소포체로 전달되면 근소포체에서 세포질로 Ca^{2+}이 방출된다.

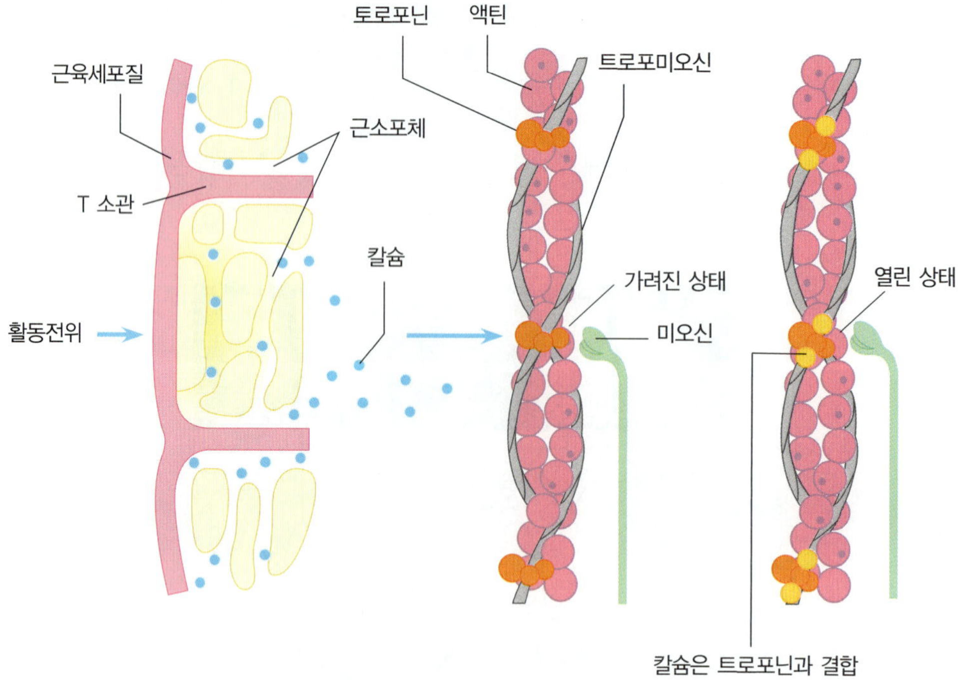

그림 47.3 칼슘이 트로포닌과 결합함으로써 미오신이 결합할 부위가 열린다.

- ▶ Ca^{2+}은 가는 필라멘트에 있는 트로포닌과 결합하고 이 결합은 트로포미오신을 액틴의 연속적인 홈에서 멀어지게 한다. 따라서 미오신머리가 결합할 수 있는 부위가 노출된다.

- 굵은 필라멘트를 형성하는 미오신의 교차다리에 ATP 한 분자가 결합되어 있으면 교차다리는 가는 필라멘트와 접촉하지 못한다.
  - ▶ ATP가 가수분해되면서 에너지가 발생하고 이 에너지를 이용하여 **미오신** 머리는 꼬리 부분과 더 멀리 뻗어 **액틴**의 연속적인 홈 부위에 결합하게 된다.
  - ▶ 이 결합에서 머리는 꼬리 부분 쪽으로 다시 구부러져 가는 필라멘트를 끌어당기는 운동을 하게 된다.
  - ▶ 이 머리는 ATP와 결합하여 미오신은 액틴으로부터 분리된다.
  - ▶ 액틴과 미오신의 결합 및 분리가 반복된다.
  - ▶ 신호가 더 이상 전달되지 않아 Ca^{2+} 방출이 중단되면 트로포닌과 트로포미오신이 원래 위치로 돌아가고 수축은 중지된다.
- 연축, 강축, 점증
  - ▶ 신경근 접합 부위에서 한 번의 활동전위는 한 번의 약한 근섬유 수축인 근육 **연축**을 일으킨다.
    1) 이 상태에서 근섬유가 완전히 이완된 후 다시 자극을 받는다면 처음과 동일한 새로운 연축이 생성되지만,
    2) 근섬유가 완전히 이완되기 전에 다시 자극을 받으면 첫 번째 연축에 두 번째 연

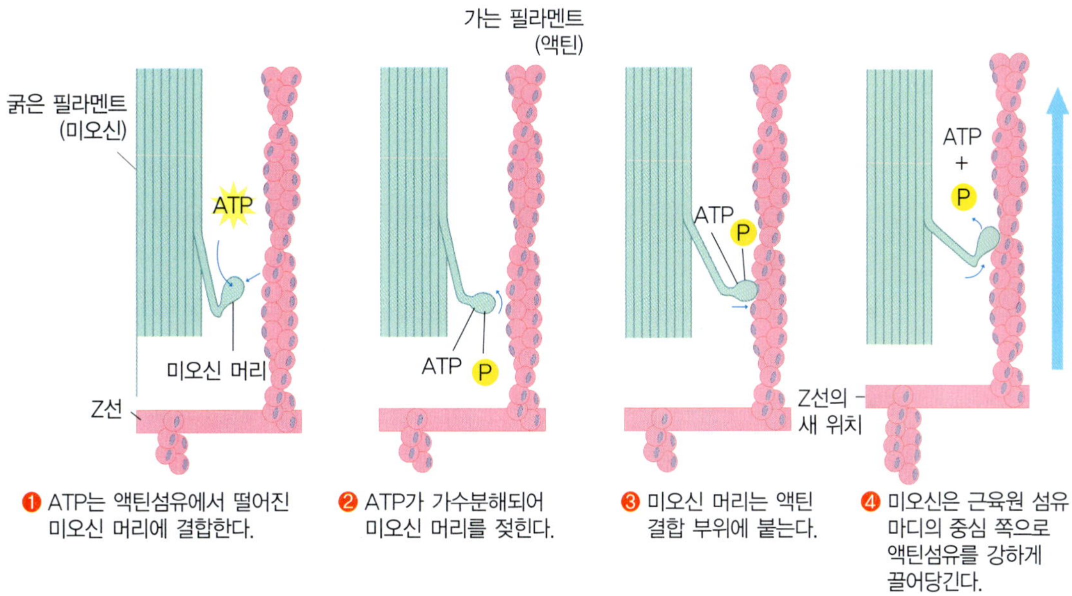

그림 47.4 근육수축의 활주 기작: ❶~❹는 미오신 결합작용의 순서를 나타낸다.

축이 더해져 연축 **점증**이 일어나 좀 더 강하게 수축한다.

- ▶ 활동전위가 연속적으로 매우 빠르게 도달하면 최대 수준의 지속적인 수축인 **강축**을 생성한다.
- ▶ 이 상태에서 자극이 멈추거나 근육이 피로해지면 수축성 활동은 감소하게 된다.

● 근섬유의 종류

- ▶ 근섬유는 수축률과 피로에 대한 저항성에 따라 구분된다.
- ▶ **느린 연축섬유**는 비교적 느리게 수축하고 수축 강도는 낮다. 비교적 오랫동안 수축한 상태로 남아 있다.
- ▶ **빠른 연축섬유**는 비교적 빠르고 강력하게 수축한다. 느린 섬유에 비해서 빠르게, 빠른 무산소성근섬유에 비해서 느리게 피로해진다.
- ▶ **빠른 무산소성 연축섬유**는 제한된 혈액공급을 받고 해당과정만 수행해 ATP 생성 능력이 매우 낮다. 지름이 굵고 미오글로빈이 부족해 쉽게 피로해진다.

● 골격근의 미세한 조정

- ▶ 운동단위인 근섬유의 활성화 정도에 의해 이루어진다.
- ▶ 각각의 운동단위에서 일정 수의 근섬유는 하나의 원심성 뉴런의 축삭가지에 의해 조절된다.
- ▶ 근섬유는 근육 전체에 퍼져 있어 수축 힘이 근육 전체에 배분된다.
- ▶ 미세한 운동을 위해서 하나의 근육에만 활동전위를 전달하여 적은 수의 근섬유들만 수축한다.
- ▶ 정확하고 미세한 조절이 가능한 손가락의 경우 단위면적에 비교적 많은 근섬유들이 있다.

- 다른 종류의 근육, 심장근
  - ▶ 심장근은 가로무늬근이지만 신경계의 입력이 없어도 주기적인 탈분극이 일어난다.
  - ▶ 심장에만 유일하게 존재하며, **사이원반**에 의해서 전기적으로 서로 연결되어 있는 가로무늬근으로 이루어져 있다. 신경세포의 자극이 없어도 활동전위를 만들어 낸다.
  - ▶ 사이원반은 이웃한 심장근 세포들의 세포막을 연결하는 특수화된 부위이다.
  - ▶ 평활근은 무늬가 없는 근육으로 혈관과 소화관 등에서 발견된다.
  - ▶ 평활근의 수축은 느리게 일어나며 스스로 수축하거나 자율신경계의 신경세포의 자극에 의해서 수축한다.

47.3 골격계는 지지, 보호, 운동 기능을 수행한다

- 골격은
  - ▶ 몸을 지탱하고 형태를 이루며 내부 구조물을 보호할 뿐 아니라 운동의 기능을 한다.
  - ▶ 3가지로 나눌 수 있다: 유체골격, 외골격, 내골격
- **유체골격**
  - ▶ 대부분의 자포동물, 편형동물, 선형동물, 환형동물에서 발견된다.
  - ▶ 몸의 빈 공간을 채운 액체가 압력을 만들어 골격 역할을 한다.
  - ▶ 환형동물은 근육수축 파동을 몸의 뒤로 흐르게 하여 **연동운동**으로 움직인다.
- **외골격**
  - ▶ 대부분의 연체동물과 절지동물에서 발견된다.
  - ▶ 동물의 체외에 단단히 첨착된 큐티클이 몸체를 싸고 있는 형태의 골격이다.
  - ▶ 몸체가 성장하면서 외골격을 교체하는 탈피 과정을 겪는다.

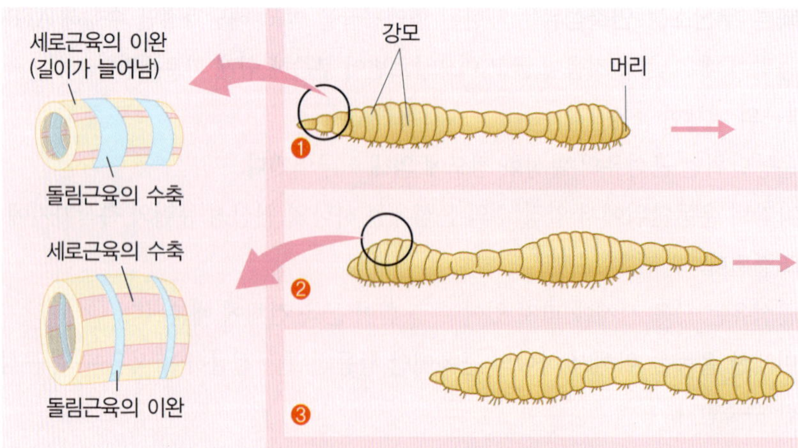

그림 47.5 꿈틀운동을 하며 기어가고 있는 지렁이

- **내골격**
  - ▶ 해면동물, 자포동물, 척삭동물에서 발견되며 몸 내부에 단단한 지지체들이 박혀 있다.
  - ▶ 포유동물의 경우, 200개 이상의 뼈조각으로 구성된다.
  - ▶ 큰 육상 척추동물에서는 골격 이외에 근육과 힘줄이 지지작용을 한다.
  - ▶ 관절에 의해 골격의 움직임이 다양해진다.
- 골격의 크기와 규모는 기본적으로 중력에 대응하여 부피에 대한 표면적 또는 부피에 대한 길이의 비로 결정된다.
  - ▶ 길이가 늘어나면 표면적은 제곱으로 늘어나지만 부피는 세제곱으로 늘어난다. 이때 무게도 부피처럼 세제곱으로 증가한다.

47.4 척추동물의 근육과 뼈는 상호작용한다

- 척추동물 골격의 뼈는 움직일 수 있는 관절에 의해 연결된다.
  - ▶ **관절**은 가장 잘 움직일 수 있는 부분에 위치하며, 유체로 채워진 결합조직막으로 둘러싸여 있고 두 뼈의 말단으로 구성되어 있다.
  - ▶ 관절은 인대에 의해서 서로 연결되고 인대는 피막 바깥쪽으로 관절을 가로질러 연장된다.
  - ▶ **인대**는 관절 운동을 제한하고 관절이 비틀어지고 꼬이지 않도록 한다.
- 하나의 관절에서 수축함으로써 관절 안에서의 이동을 일으키는 근육을 **작용근**이라 하며 작용근의 작용방향과 반대방향을 갖는 근육을 **길항근**이라고 한다.
  - ▶ 따라서 작용근이 수축하는 운동을 하면 길항근은 수동적으로 이완하게 된다.

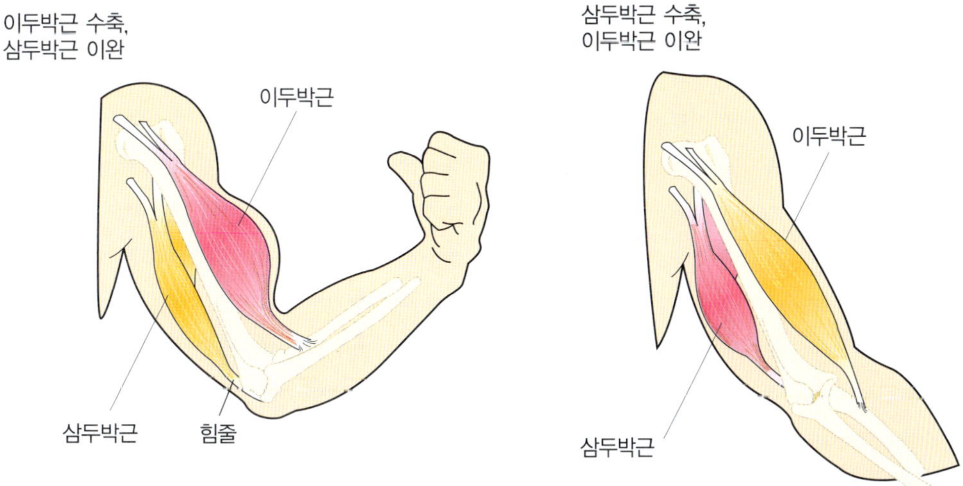

그림 47.6 사람의 팔에서 길항작용을 하는 근육

▶ 척추동물에서 대부분의 뼈는 서로 길항작용을 하는 길항근 쌍으로 배열된 근육에 의하여 움직인다. 예를 들어, 눈을 윗방향으로 움직일 때 상직근이 작용근이고 하직근이 길항근이며, 눈을 아래방향으로 움직일 때 이와 반대이다.

47.5 마찰과 중력을 극복해야 하는 이동은 에너지를 필요로 한다

- **유영**
  - ▶ 마찰을 극복하는 것이 가장 큰 문제이다.
  - ▶ 날아다니거나 땅 위에서 이동하는 경우에 비해서 중력은 큰 문제가 되지 않는다.
- 걷기, 달리기, 뛰기, 기기 등 육상에서의 이동을 위해서는 자세를 유지하는 것과 중력을 거슬러 움직이는 것이 필요하다.
- **비행**은 중력을 이길 수 있는 부력을 발생시킬 수 있는 날개를 필요로 한다.
- **이동의 경제성**을 비교한 실험에 따르면 유영은 비행과 달리기보다 에너지 소모 면에서 효율적인 이동방법이다.

한 토막 생물 뉴스

무리한 운동은 과사용 증후군을 유발한다

우리나라는 현재 비만 인구가 증가하고 비만으로 판정된 사람들은 살을 빼기 위하여 운동을 하고 있다. 비만이 아닌 정상체중인 사람도 좋은 몸매를 가꾸기 위해 운동을 하고 있다. 그러나 잘못된 운동법은 건강을 해치기 십상인데, 최근 무리한 운동으로 병원에 찾는 사람이 늘어나고 있다. '과사용 증후군'이라 불리는 병은 반복적인 동작이나 무리한 운동량의 증가로 근육과 뼈 등의 관절 등에 미세한 상처나 염증이 반복해서 생기고, 그 발생 정도가 회복 능력을 초과해서 염증이나 부종, 통증으로 나타나는 현상이다.

48 생태학

생태극장의 연극이 계속 되려면?

"온 세상은 무대이고, 모든 여자와 남자는 배우일 뿐이다. 그들은 등장했다가 퇴장한다. 어떤 이는 일생에 걸쳐 여러 역할을 연기한다(All the world's a stage; And all the men and women merely players; They have their exits and their entrances; And one man in his time plays many parts)." 셰익스피어의 희곡 「당신 좋으실 대로(*As You Like It*)」에 나오는 대사의 일부이다. 많은 이들에게 "인생이란 무엇인가?"라는 근원적인 문제에 대해 고민하다 인생을 두고 일순간 염세주의로 빠지려 할 때, 내게 "과연 나는 어떤 배역을 하다가 몇 막에서 퇴장할까?"라는 자문을 하게 하여, 의미 있는 삶을 살기 위한 노력을 경주하게 만드는 활력소와 같은 경구이기도 하다. 그런데 여기서 생각이 발전하여 지구상에 존재하는 모든 생물종이 연극배우이고, 지구는 거대한 '멀티플렉스 극장'이라는 상상을 해본다. 어림잡아도 45억 년이라는 장구한 역사를 가지고 있는 지구와, 거기에 살고 있는 모든 생물종을 생물학적으로는 '생태극장에서 진화 연극을 공연 중인 배우'라는 문구로 함축하여 표현할 수 있다. 개개의 극장(서식지)에는 열심히 개성 있게 연기를 하고 있는 다양한 배우(생물종)들이 있다. 모든 배우들의 연기 목적은 자자손손(子子孫孫) 잘 먹고 잘 살아보자는 것(생존과 번식)이다. 즉, 모든 생물종은 생존을 위해서 생물과 비생물 요소를 지각하고 반응함으로써 끊임없이 내외부의 여러 생물들과 상호작용을 해왔고 이를 성공적으로 수행한 생물종만이 자손 번식에 유리한 고지를 점하여 왔다는 얘기이다. 인간도 이러한 생물종 중의 하나이다. 그런데 최근 들어 이 생태극장에 문제가 발생했다. 자율 운영을 원칙으로 하는 이 극장에서 인간이라는 신참 배우 하나가 말썽을 피우기 시작하더니, 급기야 극장 전체를 존폐의 위기까지 몰고 간 것이다. 같은 은유로 생태학을 정의하면 '생태극장의 기본 운영 규칙을 연구하는 생물학 분야'이다.

핵심 체크 Key Point

아래에 열거된 개념 또는 용어들을 '문제'라고 가정하고 답을 작성해 보자.

생태학(Ecology)이란?

- 생태학의 정의
- 생태학과 진화생물학

48.1 개념을 이해했다면?
생태학적 사건과 진화적 사건을 구체적으로 비교해 보자.

✔ 진화적 시간(evolutionary time)과 생태학적 시간(ecological time)의 차이

■ 생물과 환경

✔ 비생물(abiotic) 요소의 정의와 종류

✔ 생물(biotic) 요소의 정의와 종류

생태학의 연구 범위

✔ 개체생태학(organismal ecology)의 정의와 범위

✔ 개체군생태학(population ecology)의 정의와 범위

✔ 군집생태학(community ecology)의 정의와 범위

✔ 생태계생태학(ecosystem ecology)의 정의와 범위

✔ 경관생태학(landscape ecology)의 정의

✔ 조각서식지(patchiness)

✔ 생물권(biosphere)

✔ 지구생태학(global ecology)의 정의와 범위

48.2 개념을 이해했다면?
카슨(Rachel Carson)의 책 '침묵의 봄'에서 묘사한 환경의 문제를 설명해 보자.

■ 생태학과 환경적 쟁점

✔ 환경정책에 생태학 연구가 필요한 이유

✔ 사전예방의 원리(precautionary principle)

환경 요인과 종의 분포

■ 분산과 분포

✔ 분산(dispersal)의 정의

분산이 종의 분포에 미치는 영향

■ 행동과 종의 분포의 관계

✔ 서식지 선택이 이루어지는 과정

- 종의 분포에 영향을 미치는 생물 요인

✔ 생물 요인의 종류

✔ 생물종간 상호작용의 종류

- 비생물 요인의 정의와 종류

✔ 햇빛 세기의 위도적, 계절적 변이

✔ 전 지구적인 대기 순환과 강수 패턴

✔ 전 지구 차원의 바람 패턴

✔ 온도, 물, 암석과 토양, 염분

종 분포를 제한하는 요인을 결정하고 그에 따른 결과를 예측

- 기후

✔ 기후(climate)의 정의

✔ 대기후(macroclimate)와 소기후(microclimate)의 비교

✔ 전 지구적인 기후 양상

✔ 기후에 미치는 지역적, 국지적, 계절적 영향: 수괴(bodies of water), 고도, 계절 등의 역할

✔ 장기간의 기후 변화

48.3 개념을 이해했다면?
수괴와 산맥이 국지적 기후조건에 영향을 미치는 방식을 설명해 보자.

수생물군계

- 수생물군계(aquatic biomes)의 특징

✔ 해양생물군계와 담수생물군계의 비교

- 수생생태계의 층화(vertical stratification)

✔ 투광대(photic zone) vs. 무광대(aphotic zone)

✔ 저생대(benthic zone)의 정의와 특징

✔ 저생동물(benthos)의 정의와 종류

✔ 심해대(abyssal zone)의 정의와 특징

48.4 개념을 이해했다면?
호수에서 일어나는 전도현상(turnover)을 정의하고 그 구체적인 양상을 설명해 보자.

✔ 유기물입자(detritus)의 정의와 역할

✔ 수온약층(themocline)의 정의

다음의 수생물군계가 지닌 물리화학적 환경과 독립 또는 종속영양생물 설명

✔ 호수(lakes): 빈영양호수(oligotrophic lakes)와 부영양호수(eutrophic lakes) 비교: 연안대(littoral zone)와 준조광대(limnetic zone)의 비교

✔ 습지(wetland): 분지(basin), 강변(riverine), 가장자리(fringe) 습지의 비교

✔ 하천과 강(stream and river)

✔ 하구(estuary)

✔ 조간대(intertidal zone)

✔ 대양 생물군계(oceanic pelagic zone)

48.5 개념을 이해했다면?
거초, 보초, 환초의 생성과정을 비교해 보자.

✔ 산호초(coral reef): 거초(fringing reef), 보초(barrier reef), 환초(coral atoll)의 비교

✔ 해양저생대(marine benthic zone): 천해대(neritic zone)의 정의, 심해열수구(deep-sea hydrothermal vent)의 군집 특징

육상생물군계

■ 기후와 육상생물군계(terrestrial biomes)

✔ 기후도(climograph)의 정의

기후의 역할

■ 육상생물군계의 일반적 특징

✔ 추이대(ecotone)란?

✔ 수직적 층 구조: 수관층(canopy)의 정의

✔ 교란(disturbance)의 역할

다음의 육상생물군계가 지닌 분포, 강수량, 기온, 식물, 동물 등을 설명

- ✔ 열대우림(tropical rain forest)
- ✔ 사막(desert)
- ✔ 사바나(savana)
- ✔ 지중해성 관목대(chaparral)
- ✔ 온대초원(temperate grassland)
- ✔ 침엽수림(coniferous forest)
- ✔ 온대활엽수림(temperate broadleaf forest)
- ✔ 툰드라(alpine tundra): 영구동토층(permafrost)의 정의

주 요 내 용 Key Information

48.1 생태학은 생물과 환경의 상호작용을 연구하는 학문이다

- 생태학적 시간 규모에서 일어난 사건은 진화적 시간의 규모에서 생물에 영향을 미친다.
  - ▶ 생대힉자들이 묻는 질문은 다음과 같다: 누가 그곳에 사는가?, 그들은 왜 그곳에 사는가?, 그리고 그곳에 얼마나 많이 사는가?
  - ▶ 생태학자들은 종 분포도의 중요도를 알기 위해, 또는 다른 생태학적 현상들을 설명하기 위해 조사와 실험을 한다.
  - ▶ 생태학은 **환경적 쟁점**을 이해할 수 있는 과학적 근거를 제공한다. 많은 생태학자들은 '1그램의 예방이 1킬로그램의 치료보다 낫다' 라는 사전예방의 방식을 선호한다.
- 환경을 구성하는 모든 생물들을 **생물(biotic) 환경요인**이라고 하며 생물의 분포와 개체수에 영향을 주는 온도, 빛, 물과 같은 화학적, 물리적 요인들을 **비생물(abiotic) 환경요인**이라고 한다.
- 생태학은 하나의 생물에서부터 지구 전체에 이르는 다양한 생물학적 체계의 수준에서 연구한다.

그림 48.1 생태학의 수준

- ▶ 개체생태학(organismal ecology): 생리생태학, 진화생태학 그리고 행동생태학으로 세분화할 수 있으며, 환경이 변함에 따라 생물의 구조, 생리 그리고 동물의 행동 등이 어떻게 변화하고 적응하는지를 연구하는 학문
- ▶ 개체군생태학(population ecology): 한 지역에서 특정 종의 개체수에 영향을 미치는 요인들에 대해 연구하는 학문

※ 개체군(population): 지리적으로 같은 지역에 서식하고 있는 한 종의 집단

- ▶ 군집생태학(community ecology): 군집 내에서 모든 종들이 상호작용하는 모든 양상을 다루며, 한 집단 안에서 교란과 같은 비생물 요인들과 포식, 경쟁, 질병 등의 상호작용이 군집구조와 조직에 어떻게 영향을 미치는지에 대해 연구하는 학문

※ 군집(community): 한 특정 지역에서 서식하는 모든 종의 모든 개체들의 집합

- ▶ 생태계생태학(ecosystem ecology): 다양한 생물, 비생물 요인들 사이의 에너지 흐름과 화학적 순환에 대해 중점적으로 연구하는 학문
- ▶ 경관생태학(landscape ecology): 일련의 생태계와 이들 생태계가 지리적으로 어떻게 배열되어 있는지를 다루는 학문

한 토막 생물 뉴스

바이오스피어 2(Biosphere 2)

1991년 9월 26일 미국 애리조나주 투손 사막. 8명의 지원자가 열렬한 환호 속에 거대한 투명 유리돔 구조물(면적 약 13,000 m²)로 들어간 다음 문이 잠긴다. 이 구조물의 이름은 '바이오스피어 2'. 제2의 생물권(biosphere)이란 뜻이다. 지구 생태계의 축소 모델을 만들겠다는 야심찬 실험 계획의 목적은 생명을 위한 공간으로 스스로 유지해 나갈 수 있는 살아 있는 환경을 창조하는 것이었고, 궁극적으로 화성 같은 외계 행성에 새 세계를 만들 가능성을 타진해 보려는 시도였다. 이 가상 지구에는 약 3,000종에 달하는 동식물이 투입되었고 7개의 생태학적 구역으로 구성되었다. 바이오스피어 2가 생명을 부양하는 기본 개념은 완벽한 물질 순환으로 여기에 입주한 사람들은 햇빛을 제외하고는 외부와 완전히 격리된 채 2년간 자급자족 생활하기로 되어 있었다. 처음 몇 달간 모든 것이 정상이었으나 갑자기 산소량이 감소하기 시작했고, 이산화탄소량은 치솟기 시작했다. 바이오스피어 2 내부의 기후가 변해 곤충들이 사라지기 시작하자, 꽃가루 운반이 제대로 되지 않아 식물의 수분에 치명적이 문제가 생겼다. 바다도 산성화되어 석회질 산호를 비롯해 해양 생물들의 멸종하기 시작했다. 가상 지구의 생명부양시스템이 무너지기 시작한 것이다. 결국 실험은 실패로 끝났다. 하지만 일각에서는 하나뿐인 지구 생태계(바이오스피어 1)의 소중함을 극명하게 입증하여 알리는 효과는 있었음을 지적하며 완전한 실패는 아니었음을 강조한다. 그렇다. '바이오스피어 1'에 사는 우리에게는 더 이상의 바이오스피어가 없음을 명심하자.

※ 조각서식지(patchiness): 모든 육지와 해양의 경관들은 다른 종류의 조각들의 모자이크가 이어 붙어 이루어진 것으로 간주될 수 있는데, 생태학자들은 이를 조각서식지라 부른다.

▶ 생물권 (biosphere): 지구 생태계 전체를 총칭하는 말

- 생물과 환경이 상호작용하는 상대적으로 짧은 생태학적 시간(ecological time) 내에 개체의 생존과 번식의 차이가 생기며, 생물들은 여러 세대, 즉 진화적 시간(evolutionary time)의 범위에 걸친 자연선택의 과정을 통해 환경에 적응한다.
- 생태학은 환경문제에 대한 의사결정에 필요한 정보를 제공한다.

48.2 생태계를 통하는 에너지 흐름은 햇빛에서 생산자, 소비자, 분해자로 일방적으로 흐른다

- 궁극적으로 태양에서 유래한 에너지의 대부분(~60%)은 한 생물체에서 다른 생물체로 이동되면서 다음 **영양단계**에서 사용할 수 없는 열로 바뀐다.
- 영양관계는 생태계 속에서 생산자, 소비자, 분해자 사이에 여러 갈래의 길이 있는 **먹이사슬** 또는 먹이그물로 표현된다.

48.3 환경과의 상호작용을 통해 생물종의 분포가 제한된다

- 생물은 분산을 통해 다양한 지역에 서식하여 광범위한 분포 양상을 나타낸다.
  - ▶ 자연적인 서식 범위의 팽창과 종의 이식 실험을 통해 우리는 왜 종들이 바로 그곳에 사는지에 대한 가설을 세울 수 있다.
  - ▶ 새로 도입된 종들은 그곳의 생태계를 혼란시킬 수도 있다. 잠재적 서식 범위를 전부 사용하지는 않는 생물들도 있다.

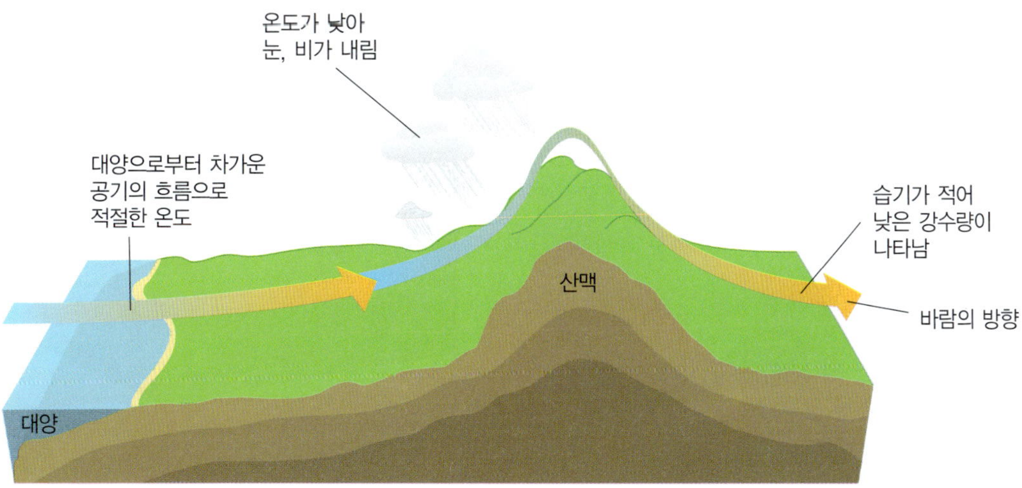

그림 48.2 커다란 수괴와 산이 기후에 미치는 영향

▶ 종의 분포는 서식지 선택 행동에 의해 제한된다.

▶ 포식과 경쟁 등 다른 종들과의 상호작용을 비롯한 **생물 요인**은 생물의 분포에 영향을 미친다. 온도, 물, 햇빛, 바람, 암석과 토양 등 **비생물 요인**들도 종의 분포에 영향을 미친다.

● 전 지구적인 **기후** 양상은 주로 태양에너지의 유입량과 태양 주위를 도는 지구의 **공전**에 의해 결정된다.

▶ 기후는 수괴, 산맥, 연중 태양의 기울기 변화 등에 의해 지역적, 국지적, 계절적 영향을 받는다.

▶ 해류는 해안선을 따라 대기의 온도를 변화시키며 육지의 기후에 영향을 주고 산맥은 국지적 기후와 강수량뿐만 아니라 땅에 도달하는 햇빛의 양에도 영향을 준다.

▶ 작은 규모의 비생물적 요인은 소기후(microclimate)를 결정한다.

48.4 비생물 요인과 생물 요인은 수생물군계의 구조와 동태에 영향을 미친다

● **수생물군계**는 면적으로 볼 때, 생물권의 가장 큰 부분이며, 일반적으로 빛의 투과율, 온도, 군집의 구조에 따라 층을 이루고 있다.

● 해양생물군계는 담수생물군계보다 염도가 높다.

● 호수와 해양환경은 물리적, 화학적 층으로 나누어지며 물의 깊이, 빛의 투과정도, 해안으로부터의 거리, 표층수와 심층수 여부에 따라 생물군집이 다르게 분포한다.

▶ 투광대: 광합성을 하는 생물들이 이용할 수 있는 충분한 빛이 도달하는 상층부

▶ 무광대: 투광대 아래에 빛이 도달하지 못하는 곳

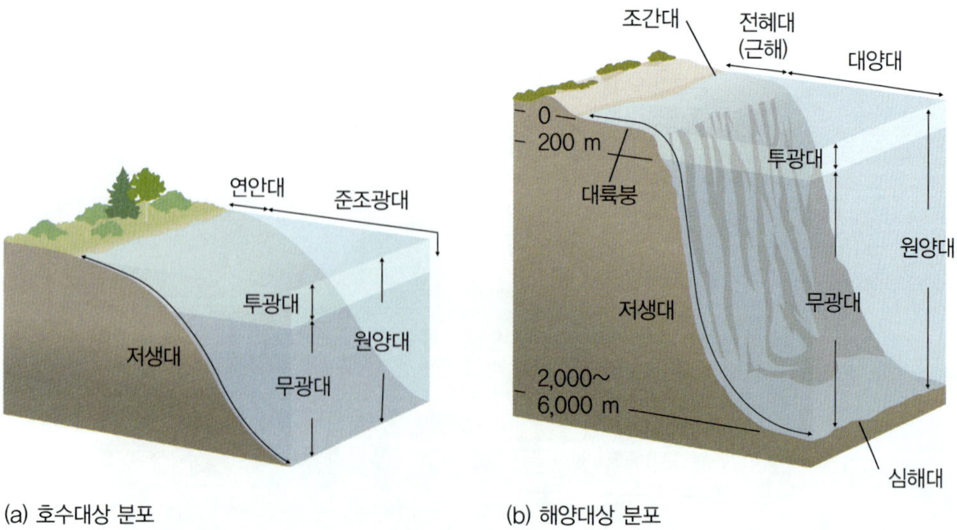

그림 48.3 수생물군계

- ▶ 저생대: 수생물군계의 가장 아랫부분
  - ※ 저생동물: 모래와 유기 및 무기 퇴적물로 이루어져 있는 저생대에 살고 있는 생물군집
  - ※ 유기물입자: 저생동물의 주된 먹이원으로 투광대의 표층수에 살다가 죽은 생물들에서 유래
- ▶ 심해대: 해저의 가장 깊은 지역
- ▶ 수온약층: 해양과 대부분의 호수에서 급격한 온도 변화가 일어나는 얇은 층
- ※ 전도현상(turn over):
  - 수온약층에서 계절에 다른 온도의 변화로 인해 온도에 따라 층을 이루던 물이 섞이는 현상
  - 산소가 풍부한 표면의 물을 호수의 밑바닥까지 전달해 주며 영양분이 풍부한 바닥부근의 물을 봄과 가을에 수면으로 전달

- 물의 흐름, 태양광, 영양분은 **담수생물계**의 중요한 비생물 요인으로 호수, 연못, 강과 시내, 다양한 습지 등의 담수생물계는 육지에 묻혀 있기 때문에 주변의 생태계 내 토양이나 생물들과 밀접한 관련을 갖는다.
- 태양광과 기질은 **해양생물계**의 분포에 중요하다.
  - ▶ 바다와 육지가 만나는 조간대, 담수인 시내나 강이 바다와 만나는 하구, 대양생물군계, 산호초, 해양저생대가 이에 속한다.
  - ▶ 호수는 영양물질이 적고 산소함량이 높은 빈영양 호수와 영양물질이 풍부하고 광합성률이 높은 부영양 호수로 구분된다.
  - ▶ 수생식물은 얕고 빛이 투과되는 연안대에 분포하고, 연해에서부터 좀 더 떨어진 준조광대에는 식물성 플랑크톤과 시아노박테리아가 산다.
  - ▶ 습지는 지질학적으로 분지습지, 얕은 강변이나 하천변을 따라 형성된 강변습지, 넓은 호수와 바닷가에서 생기며 담수와 해양의 생물군계를 모두 포함하는 가장자리 습지로 나누어진다.
  - ▶ 산호초는 산호의 탄산칼슘 골격으로 형성된다. 거초는 갓 생성된 섬을 둘러싸는 형태로 생성되며 점차 해안 보초를 형성하고 나이를 먹어 가라앉는 환초를 형성한다.
  - ▶ 해양저생대는 해안근처의 천해대와 대양판의 가장 깊은 심해대로 구성된다. 화학독립영양 원핵생물들이 특수한 심해 열수구 군집을 이룬다.

48.5 기후는 육상생물군계의 분포와 구조를 대부분 결정한다

- 기후도는 온도와 강수량이 생물군계와 상관관계를 맺고 있음을 보여준다. 그러나 생물군계가 서로 부분적으로 겹치기 때문에 (추이대) 다른 비생물 요인들도 생물군계의 위치에 일정 부분 영향을 미치는 것이 분명하다.

▶ 육상생물군계는 주요한 물리, 화학적인 요인이나 그들의 우점 식생에 따라 이름이 붙여지며 수직적으로 층을 이루는 특징이 있다.

▶ 생물군계는 동적이며 허리케인이나 자연적으로 발생하는 불 등과 같은 자연재해에 의해 항상 교란을 받는다.

▶ **육상생물군계**에는 열대우림, 사막, 사바나, 지중해성 관목대, 온대초원, 침엽수림, 온대활엽수림, 툰드라가 있다.

● 육상생물군계의 종류

▶ 열대우림은 적도 근처에 몰려 있으며 많은 수의 생물종이 존재하여 모든 생물군계 중 가장 복잡한 구조를 보인다.

▶ 사바나는 수목이 산재한 초원이다.

▶ 지중해성 관목지대에는 가시관목이 무성하고 북미초원은 온대초원에 해당한다.

▶ 중위도 지역에는 온대활엽수림이 발달하며 뚜렷하고 다양한 수직층을 형성한다.

▶ 북쪽의 침엽수림은 지구에서 가장 큰 생물군계로 몇 종의 수목들만 번성하고 있다.

▶ 식물이 자랄 수 없는 북방 한계선 부근과 고도가 높은 지역에 툰드라가 형성되며 북극 툰드라 지역은 항상 얼어붙어 있는 영구동토층(permafrost)이다.

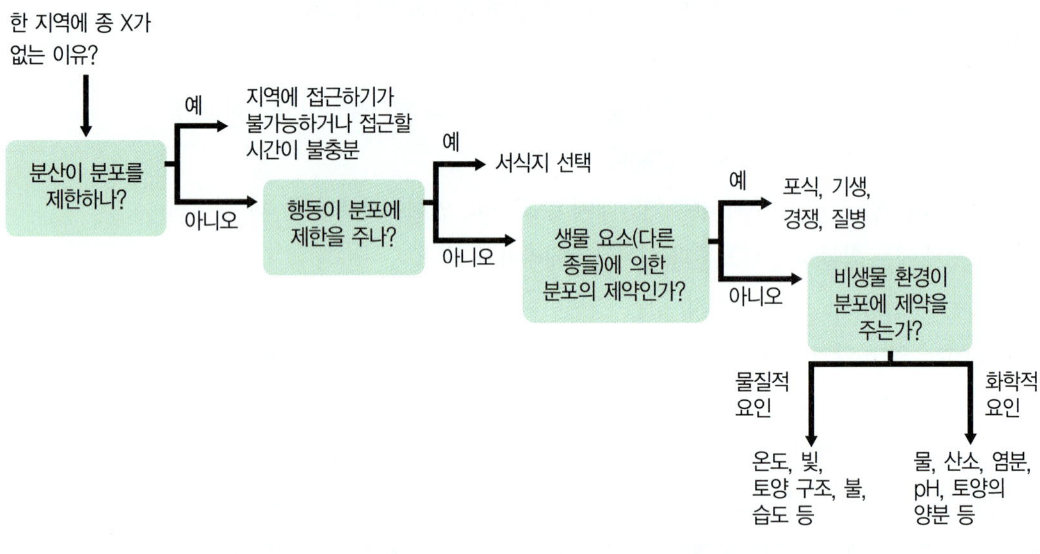

그림 48.4 지리적 분포를 제한하는 요인들의 흐름도

49 동물행동학

'행동' 이란 무엇인가?

국어사전에 따르면 '행동'이란 몸을 움직여 동작을 하거나 어떤 일을 하는 것이다. 이러한 정의에 대해서 경험, 직관 또는 논리적 사고를 동원하여 행동의 생물학적 정의를 이끌어내 보자.

골목길을 걷다 갑자기 뛰어나온 고양이를 보고 놀라 가슴이 뛴다. 자극에 대한 반응이다. 좀 더 풀어서 얘기하면 뇌에서 내린 명령에 따른 근육의 움직임이다. 자극과 이에 대한 반응 명령 전달은 신경계가 담당한다. 이것을 정리하여 행동이란 '내부 또는 외부 자극에 대한 신경계의 반응으로 근육계와 호르몬계에 의해서 수행되는 반응을 통틀어 이르는 말'이라는 생물학적 정의를 내릴 수 있겠다.

핵심 체크 Key Point

아래에 열거된 개념 또는 용어들을 '문제'라고 가정하고 답을 작성해 보자.

근접원인 vs. 궁극원인

동물 행동의 근접원인(proximate causation)과 궁극원인(ultimate causation)의 의미

- 고정행동양식(fixed action pattern, FAP)이란? 신호자극(sign stimulus)과의 관계

선천적 행동(innate behavior)

- 각인(imprinting)

■ 임계기(sensitive period)란? 각인과의 관계

49.1 개념을 이해했다면?
새로 부화한 거위에서 나타나는 각인의 근접원인과 궁극원인을 설명해 보자.

틴버겐(Tinbergen)의 4가지 질문 각각이 근접원인과 궁극원인 중 무엇과 관련된 것인지 설명

■ 방향성 움직임(oriented movement)의 종류

✔ 무방향운동(kinesis)과 주성(taxis)의 정의와 예

✔ 일주기성(circadian rhythm), 이주(migration)의 정의와 예

■ 동물의 신호에 대한 정의와 의사소통 방식

✔ 신호(signal)

✔ 의사소통(communication)의 여러 방식과 예

✔ 페로몬(pheromone)의 역할과 예

동물의 학습과 행동의 유전적 요소

■ 학습(learning)

✔ 습관화(habituation)의 정의와 예

✔ 공간학습(spatial learning)의 정의와 예

✔ 지형표식(landmark)과 인지지도(cognitive map)의 비교

49.2 개념을 이해했다면?
포식자가 독을 지닌 먹이를 피하는 법을 학습하는 과정을 설명해 보자.

연합학습(associative learning)의 정의 = 고전적 조건화(classical conditioning)와 작동적 조건화(operant conditioning)의 비교

■ 인지(cognition)의 정의

49.3 개념을 이해했다면?
초원들쥐와 프레리들쥐를 대상으로 짝에 대한 유대감을 연구한 결과로 알 수 있는 사실은?

✔ 문제해결능력(problem solving)

■ 학습에서 유전과 환경이 상호작용한 예를 들고 설명

✔ 교차양육 연구(cross-fostering study)와 쌍둥이 연구(twin study)의 의미

자연선택에 의한 행동형질의 진화

최적 먹이찾기 모델(optimal foraging theory)의 내용과 진화적 의미

- 성선택(sexual selection)
  - ✔ 난교(promiscuous) 짝짓기, 일부일처제(monogamous), 다혼성체제(polygamous)를 구분
  - ✔ 일부다처제(polygamy), 일처다부제(polyandry) 등을 예를 들어 설명
  - ✔ 성간선택(intersexual selection)과 성내선택(intrasexual selection)을 구체적인 예를 들고 구분
- 암컷에 의한 배우자 선택의 특징 vs. 배우자를 놓고 벌이는 수컷 경쟁의 특징과 예

49.4 개념을 이해했다면?
부성 불확실성 때문에 성간선택에서 나타나는 특징을 설명해 보자.

게임 이론이란 무엇이고 어떻게 생물의 전략에 적용되는가?

적응도와 이타적 사회행동

- 이타주의(altruism)의 정의와 예
- 적응도(fitness)와 포괄적응도(inclusive fitness) 각각의 정의와 비교

해밀턴의 법칙(Hamilton's rule)

- ✔ 혈연계수(coefficient of relatedness)의 정의와 적응도와의 관계

49.5 개념을 이해했다면?
혈연계수를 사용하여 이타주의적 행동을 설명해 보자.

혈연선택과 상호이타주의 비교

- ✔ 혈연선택(kin selection)의 정의와 예

✔ 상호이타주의(reciprocal altruism)의 정의와 예

■ 사회적 학습(social learning)

✔ 문화(culture)의 정의와 특징

✔ 배우자 선택 모방(mate choice copying)

■ 진화와 인간 문화의 관계와 사회생물학(sociobiology)의 역할

Key Information 주요내용

49.1 동물행동학(Ethology)에서는 동물 행동의 특성, 의미, 그리고 진화를 다룬다

- 동물행동학은 동물행동의 진화론적 기초와 함께 그 진화된 반응들이 종의 생존과 발달에 어떻게 기여하는지를 과학적으로 연구하는 이론으로, 이에 따르면 '생존과 번식 **(=적응도)**' 이라는 키워드로 동물행동 양상을 대부분 설명할 수 있다.
- 20세기 초반 로렌츠(Konrad Lorenzo, 1903~1989)와 함께 다윈의 진화론적 관점을 도입하여 동물행동학의 독자적인 이론을 구축한 틴버겐(Nikolaas Tinbergen, 1907~1988)은 동물의 행동을 이해하기 위하여 꼭 필요한 네 가지의 질문을 제시하였다.

(1) 어떤 자극이 해당 반응(행동)을 유발하며, 그 반응이 일어나는 생리학적 메커니즘은 무엇인가?

(2) 동물의 성장발달에서 얻은 경험이 특정 행동에 어떻게 영향을 미치는가?

(3) 특정 행동이 개체의 생존과 번식에 어떻게 도움을 주는가?

(4) 어떻게 해서(또는 왜) 그런 행동이 생기게 되었는가?

▶ (1)과 (2)는 **근접원인** 그리고 (3)과 (4)는 **궁극원인**에 대한 질문이다.

그림 49.1 알을 제자리에 돌려놓는 회색기러기 – 고정행동양식

49.2 동물 행동은 신호와 관련이 깊다

- 많은 행동들은 강한 **유전적 요소**를 갖고 있다.
- **선천적 행동**

▶ **고정행동양식**은 **'신호자극'** 라고 하는 특정 자극에 대한 고정된 행동양식이다.

▶ 방향성 움직임

1) **무방향운동**은 자극에 반응하여 활동성이나 방향전환 빈도가 바뀌는 현상이다.
2) **주성**은 생물이 특정 외부 자극에 반응하여 운동 방향을 바꾸는 현상으로 자극원에 다가가면 양성, 멀어지면 음성 주성이고, 자극원의 종류에 따라 주화성, 주광성 등으로 부른다.
3) **이주**는 정기적으로 서식지를 옮기는 행위이다. 철새는 해를 보고 이동 → 해는 매일 위치가 변해 → 몸 안에 생체시계(circadian clock)가 있어 이를 보정 → 그럼 흐린 날에는? → 지구 자기장 이용. 야행성 동물들은 북극성 같은 별과 자기장 이용.

- **신호**를 전달하고, 수용하며 신호에 반응하는 것을 통해 동물의사 소통이 이루어진다.
  - ▶ 동물은 시각, 청각, 후각, 촉각 그리고 전기적 신호를 통해 의사소통을 한다.
  - ▶ 다양한 포유류의 행동들의 상당수가 강한 유전적 제어를 받는다. 예를 들어, 수컷 초원들쥐의 짝짓기와 양육행동에 대한 유전학적 신경학적 토대가 밝혀져 있다.

49.3 경험은 학습의 전제 조건이고 이를 통해 행동이 유발된다

- **습관화:** 생존에 크게 영향을 미치지 않는 자극이 반복될 때, 그 자극에 대한 반응성이 감소 또는 사라지는 현상. 소소한 자극에 대해 과도한 반응을 보이는 것보다는 생존과 번식에 직결된 자극에 집중하는 행동 양상을 보이는 동물 개체의 적응도가 높아질 것이다.
- **각인:** 선천적 요인이 포함된 학습 형태로 특정 시기(일반적으로 어릴 때로 **임계기**라 함)에 형성된다.
- **공간학습: 지형표식**을 이용하여 공간을 인지한다.
- **연합학습** = 조건화
  - ▶ **파블로프의 개:** 파블로프(Ivan Pavlov)는 개에게 종소리를 들려준 후 먹이 주기를 반복했다. 그러다보니 먹이를 봐야만 반사적으로 침을 흘리던 개가 종소리만 들어도 침을 흘린다.
  - ▶ **스키너의 상자:** 심리학자 스키너는 상자 속 한 곳에 건드리면 먹이가 나오는 페달을 장치한 다음, 쥐를 풀어놓고 맘대로 돌아다니게 했다. 우연히 그 페달을 건드려 횡재를 한 쥐는 처음에 그 페달을 건드렸기 때문이라는 것을 모르다가 그 행동이 반복되는 동안에 쥐는 배가 고프면 그 페달을 건드렸다. 반복학습

그림 49.2 로렌츠와 그에 각인된 기러기들

을 통해 새로운 사실을 알게 된 것이다.

▶ 위 두 실험의 공통점과 차이점은?

1) 파블로프는 종소리라는 선행 자극에 반응하는 행동에 집중 / 스키너는 음식획득이라는 결과에 반응하는 행동에 집중

2) 종소리라는 **임의의 자극**과 밥이라는 결과를 연결시킨 학습 / **자발적인 행동**과 이로 인한 결과를 연결시킨 학습

3) 이들은 각각 **고전적 조건화**와 **작동적 조건화**에 해당한다.

한 토막 생물 뉴스

가장 짧은 생물학 박사 학위 논문(?)

1930년대 초반 네덜란드 레이덴(Leiden)대학교 대학원생이었던 니콜라스 틴버겐은 땅벌이 먹이를 찾으러 나갈 때 자기 집 구멍을 흙으로 덮고 나갔다가 정확하게 제 위치로 찾아오는 것을 관찰하였다. 이를 근거로 땅벌이 집을 떠나기 전에 그 주변의 모양새를 기억한다는 가설을 세우고 한번은 땅벌이 땅속 집안에 있는 동안 구멍 주위에 솔방울을 놓았다. 그리고 말벌이 집을 떠난 후, 솔방울을 다른 곳으로 옮겨놓고 기다렸더니 돌아온 말벌은 제 집이 있는 곳이 아닌 솔방울이 있는 곳으로 가는 것이 아닌가! 간단하지만 창의적인 이 실험을 통해 틴버겐은 땅벌이 시각적으로 공간학습을 한다는 사실을 입증하였고, 이를 토대로 총 32쪽의 논문으로 박사학위를 받았다.

- 인지와 문제해결
  - ▶ 지각, 추리, 재수집, 판단 등의 단계로 나타나는 과정인 **인지**와 신경계의 정보처리 능력을 바탕으로 한 **문제해결능력**에 대한 연구들은 곤충과 새에서 영장류에 이르기까지 정신적 복잡성의 여러 단계를 보여준다.
  - ▶ 환경과 유전은 상호작용하여 학습과정에 영향을 미친다.
- 행동은 동물의 유전적 구성(유전자)과 환경의 상호작용 결과로 나타난다.
  - ▶ 특정 동물 개체군 사이에는 행동의 변이가 나타난다.
  - ▶ 캘리포니아 생쥐와 흰발생쥐를 바꿔 기르는 **교차양육 연구**는 이 생쥐들의 공격성과 양육 행동에 사회적 환경이 영향을 미친다는 것을 보여주었다.
  - ▶ 일란성 **쌍둥이 연구**는 환경과 유전적 영향의 정도를 가늠하는 데에 도움을 준다.
  - ▶ 유전자의 변화에 따라 곤충의 구애를 위한 울음의 양상, 검은 머리 꾀꼬리의 이주 양상, 특정 포식자 개체군의 먹이 선택 등에서 변이가 출현한다.
  - ▶ 초원들쥐와 프레리들쥐의 배우자에 대한 행동은 바소프레신 수용체 유전자의 변이 등으로 설명할 수 있다.

49.4 동물 행동 목적 ≒ 생존 + 번식

- '먹기 위해 사느냐?' : '살기 위해 먹느냐?' = 이것은 우문(愚問)이다.
  '안(못)먹으면 죽는다' =이것은 현답(賢答)이다.
  - ▶ 결국 동물행동의 일차적인 목적은 먹고 살기, 즉 생존(survival)이다.
  - ▶ 그렇다면 사람을 포함한 모든 생명체의 생존의 궁극적인 목적을 무엇일까? 이 질문에 대해 생물학이 주는 답은 번식(reproduction)이다.
  - ▶ 따라서 특정 행동이 그 개체의 생존과 번식 성공에 기여를 많이 할수록 그 개체의 자손 수는 증가할 것이고 시간이 지나면 그런 행동을 하는 개체의 수도 증가할 것이다.
  - ▶ 한마디로 **적응도**가 증가한다는 얘기이다.
- **최적 먹이찾기 모델**
  - ▶ 먹이찾기 행동은 그 비용을 최소화하고 이익을 극대화하는 하는 방향으로 자연선택되었을 것이기 때문에, 먹이찾기 행동을 영양의 이점과 먹이를 얻기 위해 지불하여야 하는 비용 사이의 절충으로 본다.
  - ▶ 까마귀는 비행 높이와 비행 횟수를 최소화하면서 먹이(조개)를 깰 수 있는 조건을 찾는다.
- 개체수의 밀도가 낮은 환경과 높은 환경에서 키워진 초파리 개체군 사이에서 나타나는 취식행동의 차이에 대한 실험 연구는 뚜렷한 행동의 차이에 특정 유전자들이 연관되어 있음을 보여준다.
- 동물종마다 번식 성공률을 증가시키는 방식, 즉 배우자 선택 방법과 짝짓기 체제가 다르다.
  - ▶ 동물들은 대부분 짝의 결속이나 지속적 관계를 갖지는 않는데, 이를 **난교적 짝짓기**라 한다.
  - ▶ **일부일처, 다혼성체계**인 **일부다처** 또는 **일처다부성 짝짓기** 체제를 포함하는 수컷과 암컷의 짝짓기 관계는 종에 따라 매우 다양하게 나타난다.
  - ▶ 부성 불확실성은 짝짓기 행동과 부모의 새끼 양육 정도에 지대한 영향을 미친다.
  - ▶ 암컷의 배우자 선호는 **성간선택**(이성간 선택)을 통해 수컷의 행동과 해부학적 구조의 진화에 핵심 역할을 할 수도 있다.
  - ▶ 배우자를 구하기 위한 수컷의 경쟁은 수컷들 간의 다양성을 감소시키는 **성내선택**(동성내 선택)의 근거가 된다. 성내선택은 수컷의 특정 짝짓기 행동과 형태의 진화를 일으킬 수 있다.
- 게임 이론의 적용
  - ▶ 행동생물학 문제에 적용되는 게임이론은 마치 "가위-바위-보" 경우처럼, 개체군 내에서 특정 행동 표현형의 적응도가 다른 행동 표현형들에 영향을 받는 상황에서 일어나는 진화를 연구할 수 있는 방법을 제공한다.

▶ 게임이론은 특정 개체군 내에서 개체의 상호작용 결과가 각 개체의 전략뿐만 아니라 다른 개체들의 전략에 의해서도 영향을 받는 경우의 동물행동을 설명하는 데 사용된다.

49.5 동물의 이타적 행동은 '포괄적응도'로 설명할 수 있다

● 동물의 이타주의

▶ 적응도 증가가 동물행동의 궁극적인 목적이라면 모든 동물은 필연적으로 이기적일 수밖에 없다.

▶ 동물들을 관찰하면 위 설명과 배치되는 행동, 즉 이타적 행동을 종종 목격하게 된다.

▶ 미국 서부 산지에 사는 다람쥐의 일종인 벨딩땅다람쥐는 포식자를 보는 즉시 두발로 서서 소리를 지른다. 그 결과 주변의 다른 다람쥐들은 땅에 숨고 자신은 잡혀먹는 경우가 많다.

▶ 이처럼 어떤 동물이 자신의 적응도를 떨어뜨리지만, 같은 개체군에 속한 다른 개체의 적응도를 높이는 방향으로 행동하는 것을 **이타주의**라고 한다.

● 포괄적응도

▶ 왜 동물은 자신의 위협을 감수하면서 이타주의를 나타내는가?

▶ 벨딩땅다람쥐의 경우 이타주의 행동의 주인공은 거의 대부분 암컷이다. 대부분의 포유류가 그렇듯이 암컷 다람쥐들은 태어난 곳 근처에 서식하는 반면, 수컷들은 자기가 태어난 곳에서 멀리 떨어져 정착을 한다.

▶ 결국 암컷은 주변 다람쥐들과 가까운 친족이니, 이들을 도와줌(**혈연선택**)으로써 간접적이지만 자신의 유전자를 퍼뜨릴(**포괄적응도**를 증가시킬) 수도 있다는 해석이 가능하다.

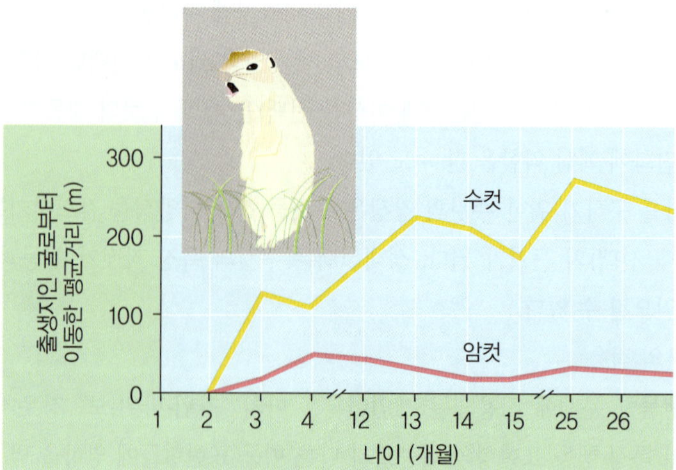

그림 49.3 벨딩땅다람쥐의 서식처 비교

- ▶ 혈연선택은 해밀턴의 법칙(Hamilton' s rule)으로 설명될 수 있다. 이 법칙에 따르면, $rB > C$일 때 이타행동이 선택된다. 이 식에서 r은 혈연계수, B는 이타행동으로 더 얻게 되는 평균 이득(자손 수), C는 이타행동을 한 개체가 지불할 비용(잃게 될 자손 수)이다.

- 상호이타주의
  - ▶ 친족관계가 없는 개체에게 베푸는 이타행동은 도움을 받은 개체가 나중에 호의를 되갚는다면 적응적이다.
  - ▶ 서로 도움을 주고받는 이러한 관계를 **상호이타주의**라 한다.

한 토막 생물 뉴스

I would lay down my life for two brothers or eight cousins

유전학자이자 진화생물학자인 홀데인(John Burdon Sanderson Haldane, 1892~1964)이 남긴 말인데, 동생은 자신의 유전자 절반을, 조카는 8분의 1을 공유하고 있기 때문에 자신이 죽어 2명의 동생 또는 8명의 조카를 살릴 수만 있다면 지구상에 자신의 유전자를 남기는 데 차이가 없다는 주장이다. 이러한 주장은 1960년대에 영국의 진화생물학자인 해밀턴에 의해 **해밀턴의 법칙**으로 체계화되었다. 해밀턴은 자신의 유전자가 다음 세대로 전달되기를 바라는 것이 종족보전 본능이라고 보고 자연 공동체에서 자신과 혈연관계가 있는 개체들을 도울 수만 있다면 동물도 이타적 행동을 하게 된다고 설명했다.

49.6 문화는 인간 진화의 산물이다

- 진화적 관점에서 보면 인간도 다른 동물과 마찬가지로 유전자의 지배를 받는 치열한 생존경쟁의 산물이고, 인간의 행동은 유전자와 환경 간 상호작용의 결과이다. 그러나 인간은 사회제도와 문화를 가지고 그 경쟁을 통제하고 가치와 윤리를 추구한다는 점에서 다른 동물과 확연히 구분된다.
- **문화**란 관찰이나 학습을 통해 해당 개체군에 속한 개체의 행동에 영향을 미치는 정보가 전달되는 시스템으로 정의할 수 있고, **사회적 학습**(다른 개체들을 관찰함으로써 배우는 학습)이 문화의 근간이 된다.
- 문화는 개인의 행동에 변화를 주어 인간의 적응도에 영향을 미칠 수 있다.

50 개체군생태학

개체군생태학의 으뜸 규칙은?

"자연 생태계에서 그 어떤 생물의 개체군도 무한히 증가할 수 없다."

특정 기간 동안 특정 지역에 함께 살고 있는 동일 생물종 개체들의 집단을 개체군이라고 한다. 생물은 성장하여 증식하므로 시간이 지남에 따라 개체군의 밀도가 높아지는데, 이것이 바로 개체군의 성장이다. 환경의 제약이 전혀 없고, 성장에 필요한 영양분이 무한하게 공급되는 이상적인 조건에서는 각 생물종이 자기들이 가지고 있는 최대성장률에 의거하여 기하급수적으로 성장할 수 있다. 그러나 자원이 무한하다는 것을 전제로 하는 이러한 성장은 현실적으로 불가능하고, 실제 환경에서는 개체군의 밀도가 증가함에 따라 각 개체들이 이용할 수 있는 자원은 점점 감소하게 된다. 따라서 궁극적으로 한 서식지를 차지할 수 있는 개체의 수에는 한계가 있다.

핵심 체크 Key Point

아래에 열거된 개념 또는 용어들을 '문제'라고 가정하고 답을 작성해 보자.

개체군생태학(Population ecology) 개관

- 개체군생태학이란?
  - ✔ 개체군(population)의 정의
  - ✔ 개체군생태학의 3가지 특징
- 생태학 용어로서 밀도(density)의 정의

50.1 개념을 이해했다면?
생태계에서 개체군의 밀도가 역동적인 이유를 설명해 보자.

밀도측정방법을 묘사: 표식-재포획법(mark-recapture method)의 원리

- ✔ 밀도의 변화에 영향을 미치는 요인

✔ 이입(immigrant)의 정의와 해당 예

✔ 이출(emigration)의 정의와 해당 예

✔ 세력권(territoriality)의 정의와 해당 예

분산(dispersion)의 정의와 3가지 종류 및 해당 예

- 개체군통계학(demography)의 정의

✔ 생명표(life table)의 정의와 예

✔ 동령군(cohort)의 정의와 의미

생존곡선(survivorship curve)의 정의와 3가지 유형 및 해당 예

✔ 생식표(reproductive table)의 정의와 예

생활사의 특성과 다양성

- 생활사(life history)의 정의와 구성요소
- 생활사의 다양성

✔ 일회결실(semelparity) = 대폭발생식(big-bang reproduction)의 정의와 예

✔ 반복결실(iteroparity) = 반복적인 생식(repeated reproduction)의 정의와 예

생활사의 특성이 자연선택의 산물인 이유 ⇒ 번식과 생존의 맞교환(trade off)

50.2 개념을 이해했다면?
연어가 알을 대량으로 낳는 이유를 진화적 이점(생활사의 특징)과 연관지어 설명해 보자.

개체군의 성장 모델

- 지수적 개체군 성장(exponential population growth)이란?

✔ 지수 성장 모델의 조건

✔ 해당 예

■ 개체당 증가율(per capita rate of increase)

✔ 개체당 증가율 변화에 영향을 미치는 요소

✔ 제로 개체군 성장(zero population growth, ZPG)의 정의

■ 로지스트형 개체군 성장(logistic population growth)

✔ 로지스트형 성장 모델이 필요한 이유

✔ 로지스트형 성장의 특징과 해당 예

✔ 환경수용력(carrying capacity, *K*)

50.3 개념을 이해했다면?
다음의 기호를 사용하여 개체당 증가율(r)을 표시해 보자: ΔN (개체군의 크기 변화), b(개체당 출생률), d(개체당 사망률), t(시간)

50.4 개념을 이해했다면?
로지스트형 모델과 실제 개체군 성장 양상을 비교해 보자.

N이 K보다 훨씬 작은 경우와 N이 K와 거의 유사한 경우에 대하여 $dN/dt = r_{max}N(K - N)/K$과 $dN/dt = rN$ 등 두 등식이 어떻게 다른지 혹은 유사한지를 설명

■ *K*-선택(K-selection)과 *r*-선택(r-selection)의 비교

지수적 성장과 로지스트형 성장을 비교

개체군의 성장 조절 요인

개체군 변화에서 밀도 비의존성(density independent)과 밀도 의존성(density dependent)의 정의와 해당 예

50.5 개념을 이해했다면?
밀도 의존성 개체군 조절에 관여하는 많은 요인 중 생물학적 요인과 비생물학적 요인 두 가지를 선택해 상호 미치는 영향의 양상을 예를 들어 설명해 보자.

■ 밀도 의존성 개체군 조절에 영향을 미치는 요인 ⇒ 자원을 위한 경쟁, 세력권, 건강, 포식, 독성폐기물

■ 개체군동태론(population dynamics)

✔ 이소개체군(metapopulation) 정의와 의미

인간 개체군은 수 세기 동안 지수적으로 성장한 뒤에 느려졌다

■ 세계의 인간 개체군

✔ 연령구조(age structure)

인구통계적 전이(demographic tansition)란?

✔ 유아사망률(infant mortality), 생후 기대수명(life expectancy at birth) 등의 정의

■ 지구의 환경수용력

✔ 평가방법과 한계

✔ 생태발자국(ecological footprint)의 정의와 예

주요내용 Key Information

50.1 다양한 생물 요인이 개체군에 영향을 미친다

- **개체군생태학**이란 개체군의 밀도, 분산, 연령구조 그리고 집단크기의 변화에 대한 환경의 영향 등을 연구하는 학문이다.
  - ▶ 개체군은 특정 지역에 살고 있는 단일 종으로 이루어진 개체들의 집단을 지칭한다.
  - ▶ 개체군의 주요한 특징은 밀도, 분포, 통계이다.
- **(개체군) 밀도**란 개체군 정의에 단위 개념을 적용한 것으로 특정 기간 동안 특정 지역에 함께 살고 있는 동일 생물종 개체들의 단위 면적당 또는 단위 부피당 개체수를 말한다.
- 개체군의 크기는 출생과 이입으로 증가하고 사망과 이출로 감소한다.
  - ▶ **표식-재포획법**은 야생동물의 표본을 추출하는 데에 쓰이는 기법으로 개체군의 영역 안에 포획기구를 놓고 잡힌 개체에게 표시를 한 후 방사하고, 그 개체가 다른 개체들과 섞일 만큼 충분한 시간이 흐른 후에 다시 포획하여 재차 포획되는 비율을 근거로 개체군의 수를 측정하는 방법이다. 정확하지는 않지만 유용하다.
  - ▶ **이입:** 다른 지역으로부터 새로운 개체들이 유입되는 것
  - ▶ **이출:** 특정 개체군의 개체들이 다른 곳으로 이동하여 유출되는 것
  - ▶ **세력권:** 다른 개체들의 침입에 대항하여 방어하는 물리적 공간

- 개체군의 범주 내에 있는 개체들이 공간을 점유하는 유형인 **분산**에는 3가지가 있다.
  - ▶ 군생 분산: 서식처의 특정한 지역에 집중되는 유형으로 가용 자원, 행동 등에 영향을 받는다.
  - ▶ 균일 분산: 세력권 등과 같은 사회적 상호작용(social interaction) 영향으로 균등한 간격으로 분포하는 유형이다.
  - ▶ 무작위 분산: 예측할 수 없는 간격으로 개체군이 분포하는 유형이다.
- 개체군통계학이란 개체군에 대한 중요한 통계계산과 시간이 흐르면서 통계수치가 어떻게 변화하는지 연구하는 학문이다.
  - ▶ 아래 "한 토막 생물 뉴스"에서 보듯이 한 개체군의 생존 유형을 연령별로 종합하여 특정 연령대 개체들, 즉 **동령군**의 생존 양상을 보여주는 **생명표**는 개체군통계학 연구에 중요한 자료를 제공한다.
  - ▶ 생명표 자료를 도식화한 것이 **생존곡선**이며, 크게 3가지 유형이 있다.
  - ▶ 특정 연령에 따른 번식률을 정리한 **생식표**를 통해 해당 개체군의 번식 양상을 알 수 있다.

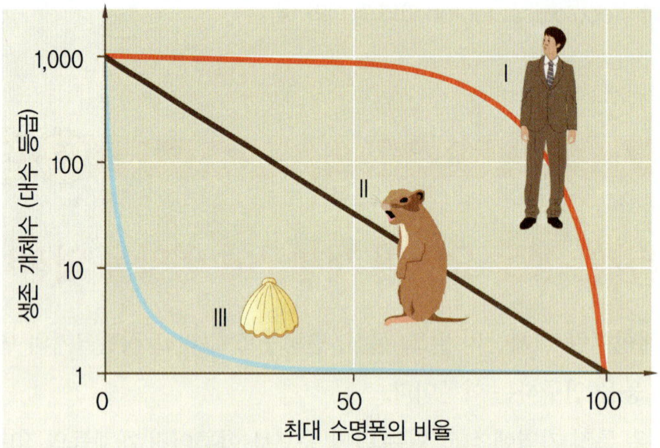

그림 50.1 생명곡선의 3가지 유형

한 토막 생물 뉴스

고령화 사회에 따른 인간 개체군의 변화

평균수명이 길어지면서 연령별 사망률을 산출하는 생명표의 '최종연령'이 높아질 전망이다. 최종연령이 높아지면 매달 내는 보험료와 연금 수령액도 달라지게 된다. 1일 보험업계에 따르면 보험개발원은 보험 가입자를 대상으로 연령대별로 사망률이 얼마인지 통계적으로 분석하는 경험생명표의 최종연령을 상향 조정하는 방안을 검토하고 있다. 현재 최종연령은 남성 104세, 여성 110세이다. 보험업계는 이 연령을 남자는 4~10세, 여자는 5~11세가량 올릴 필요가 있다고 보고 있다. 고령화 사회가 급속히 진행되면서 70세 이상 초고연령자의 생존율이 높아졌기 때문에 이들의 사망률을 세세히 나눠서 산출해야 보험료를 정확히 매길 수 있다는 것이다. 최종연령은 사망률이 1이 되는 시점을 말한다. 즉, 보험가입자 모두가 사망하는 때를 말한다. 평균수명이 계속 늘었는데도 최종연령은 지난 20여 년간 거의 변화가 없었다. – 2011. 06.02 서울신문 기사 중에서

50.2 자연선택을 통해 생활사의 특성이 만들어진다

- **생활사**란
  - 한 개체가 태어나서 죽을 때까지 주요 사건의 전개 과정(성 성숙 시기, 번식의 시기, 장소 및 횟수, 1회 생산 자손 수, 짝짓기 체계 등)을 일컫는다.
  - 생활사는 발생, 생리, 생물의 행동을 반영하는 진화적 산물이다.
- 한배 출생자손의 수, 성숙되는 연령 및 부모 양육과 같은 생활사의 특성은 제한된 자원(시간, 에너지, 영양분 등) 때문에 생기는 생존과 번식의 맞교환(trade-off) 결과이다.
  - **일회결실**(또는 **대폭발 생식**)을 하는 생물은 한번에 많은 자손을 낳는다. 태평양의 연어는 태어난 강물로 돌아와 수천 개의 작은 알을 산란하고 죽는데, 이와 같은 생식을 말한다.
  - **반복결실**(또는 **반복적인 생식**)은 대폭발 생식과 대조되는 유형이다. 예컨대 일부 도마뱀은 두 살부터 알을 낳기 시작하여 수년 동안 매년 반복한다.

50.3 개체군 성장 모델에는 많은 환경 변수가 포함된다

- 개체군의 성장
  - 개체군의 성장은 개체군 밀도의 증가 요인들과 감소 요인들 간의 함수로 이해될 수 있다.
  - 이출입의 영향을 무시한다면 개체군의 성장률(개체당 증가율)은 출생률에서 사망률을 뺀 것과 같다. 이 차이가 **개체당 증가율**(per capita increase, r로 표기)인데, 미분을 이용하여 특정 순간의 개체군 성장률을 다음과 같이 표현할 수 있다.

$$dN/dt = rN \ (t = \text{시간},\ N = \text{개체군의 크기})$$

  - **제로 개체군 성장**은 개체당 출생률과 개체당 사망률이 동일한 경우에 나타나는 현상이다.
- 지수 성장 모델
  - 아무런 제한이 없는 환경에서는 개체당 증가율(r)이 최대값(r_{max})에 도달하는데, 이때 지수 성장 등식인 위의 등식은 기하급수적 성장을 나타낸다. 이 모델에 따르면 개체군은 클수록 빨리 자라게 된다.
  - 그러나 **지수 성장 모델**은 자원이 무한하다는 것을 전제로 하기 때문에 현실적으로 불가능하다.
  - 개체군 크기를 시간 경과에 따라 점찍어 보면 이러한 모델의 개체군에서는 J형 도표를 얻을 수 있다.
- 로지스트형 성장 모델
  - 개체군의 밀도가 증가함에 따라 각 개체들이 이용할 수 있는 자원은 점점 감소하

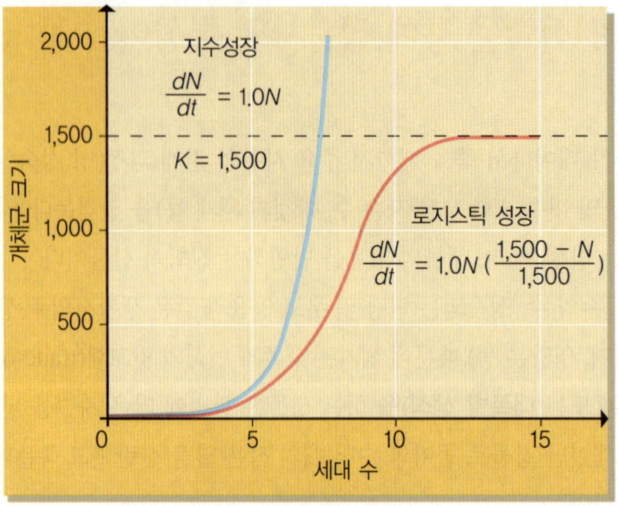

그림 50.2 로지스틱 성장의 양상

게 된다. 따라서 궁극적으로 한 서식지를 차지할 수 있는 개체의 수에는 한계가 있다. 생태학자들은 특정 환경이 부양할 수 있는 개체군의 크기를 **환경수용능력**(carrying capacity, *K*)이라고 정의하고, 이 개념을 도입하여 위의 등식을 다음과 같이 변형시킨다.

$$dN/dt = r_{max}N(K - N)/K$$

- ▶ 개체군의 성장은 초기에는 증가 속도가 느리지만, 개체수가 일정한 규모에 도달하면 증가 속도가 빨라지다가 다시 속도가 느려져 결국에는 증가하지 않게 된다. 이러한 현상을 도표로 나타내면 개체당 증가율이 *K*값에 수렴하는 S자형의 생장곡선이 된다.
- ▶ 로지스트형 모델은 소수의 개체군에만 적용될 수도 있지만, 가능한 생장범위를 평가하는 데 유용하다.
- ▶ 2개의 가능한, 그러나 상반되는 생활사 유형에는 ***K*-선택**(밀도 의존성 선택)과 ***r*-선택**(밀도 비의존성 선택)이 있다.

50.4 개체군은 생물 및 비생물 요인의 복합적인 상호작용에 의해 조절된다

- 밀도와 개체군
  - ▶ **밀도 의존성 개체군**에서는 밀도 증가에 따라 사망률은 상승하고 출생률은 하락한다.
  - ▶ **밀도 비의존성 개체군**에서는 출생률과 사망률이 밀도 증가와는 상관없다.
  - ▶ 출생률과 사망률에서 밀도 의존성 변화는 음성되먹임 메커니즘에 의해 개체군 증

가를 억제하고 결과적으로 개체군이 환경수용력에 근접해서 안정되게 한다.

- ▶ 밀도 의존성 한정 요인은 먹이와 공간을 위한 동종간경쟁, 증가하는 포식자, 질병, 스트레스 및 노폐물의 축적 등이 포함된다.

- 개체군의 역동성
  - ▶ 환경 상태가 주기적으로 변화하기 때문에 모든 개체군 역시 약간의 변동을 나타낸다.
  - ▶ 많은 개체군은 생물 및 비생물 요인들의 복합적인 상호작용에 의하여 규칙적인 성쇠 순환을 한다.
  - ▶ **이소개체군**이란 공간적으로는 분리되어 있으나, 이입과 이출을 통해 서로 연결되어 있는 집단이다.

50.5 1650년 이후 지수 성장을 해 온 인간 개체군의 성장률은 점점 둔화되고 있다

- 인구 개체군의 변화
  - ▶ 세계 인구는 2002년에서 2003년까지 8,000만 명이 증가함으로써 2001년에 63억 명에 도달하였고, 2011년에 70억을 돌파하였다.
  - ▶ 비록 현재 인구가 계속 증가하고는 있지만, 개체당 성장률은 1965년의 약 2.0%의 최고점에서 2003년 연간 1.3%의 성장률로 지난 몇 년 동안 감소하였다.
  - ▶ **인구통계학**을 연구하는 학자들은 21세기 말에 세계 인구는 안정될 것(**제로 개체군 성장**)으로 예측한다.
- 연령구조의 변화
  - ▶ **연령구조**
    1) 인간 개체군의 연령별 상대적 수치는 인구의 현재와 미래의 성장 추세를 짐작할 수 있는 근거이다.
    2) 개체군 연령구조는 개체군 동태에 크게 영향을 미친다.
  - ▶ **인구통계적 전이:** 개발도상국형에서 선진국형으로의 변화
    1) 선진국은 낮은 출생률, 낮은 유아 사망률, 상대적으로 긴 기대수명을 가진다.
    2) 개발도상국은 높은 출생률, 높은 유아 사망률, 상대적으로 짧은 기대수명을 가진다.
  - ▶ 만약 인구의 많은 비율이 전(前) 생식연령이라면 여전히 인구는 성장한다. 어린 연령구조는 큰 전 생식연령 그룹으로 성숙해서 부모가 됨으로써, 양성의 인구 성장력을 가지게 된다.
- 인구와 환경수용력
  - ▶ 개발도상국들은 개인당 자원 사용량은 적지만, 인구 증가가 환경 파괴로 이어지는

국민인구 과잉을 나타내는 경향을 보인다.

▶ 선진국은 서서히 성장하거나 안정적인 인구에서 각 개인이 많은 양의 자원을 소비하여 환경파괴를 야기하는 **소비인구 과잉**을 나타내는 경향을 보인다.

▶ 지구상의 인류를 위한 환경수용력은 불확실하다.

1) **생태발자국**이란 각 나라의 실제적인 자원 근거로 한 국가의 인구를 지탱하는 데에 필요한 자원을 땅의 면적으로 표시한다.

2) 생태발자국과 밀집된 육지와 수역은 지구의 환경 수용력에 우리가 얼마나 근접해 있는지 추정할 수 있다.

3) 70억이 넘는 인구로 인해 세계는 이미 생태적으로 부족 상태이다.

한 토막 생물 뉴스

지구의 인간 수용능력은?

조금만 깊게 생각해 보면, 지구의 인간 수용능력은 전 인류를 부양할 수 있는 식량을 생산한다는 것 이상을 의미한다는 사실을 깨닫게 된다. 개인의 성향이나 처한 환경에 따라서 사람마다 원하는 생활의 양식과 질이 크게 다르기 때문이다. 따라서 인구 증가와 식량 생산량을 단순 비교하는 것으로 지구의 인간 수용능력을 가늠할 수는 없다. 실제로 인구 증가에 따른 환경 영향을 더 정확하게 평가하기 위한 방법들이 연구 개발되었다. 대표적으로 1971년 *Science*지에 발표한 논문에서 홀드렌(John Holdren, 2009년 백악관 과학기술자문관으로 임명됨) 등은 환경영향(I)을 평가하는 데에서, 개체군의 크기(Population, P)와 함께 1인당 국민소득으로 나타나는 부유함(Affluence, A)의 정도와, 발생한 오염물질의 양으로 각각 나타나는 기술(Technology, T) 정도를 함께 고려할 것을 주장하면서 'I = PAT' 라는 항등식을 제안하였다. 이 식을 이용하여 인간이 환경에 가하는 부담을 국가별로 비교하면, 부유한 국가일수록 상대적으로 더 많은 환경 부담을 주는 것으로 나타난다. 이러한 평가 결과가 나오는 가장 큰 이유는 경제적 여유가 소비 증가로 이어지고, 이에 따라 결국 더 많은 자원을 소비하게 되기 때문이다. 이로써 지구의 인간 수용능력 결정에는 전체 인구 수라는 양적 요소보다 오히려 인간의 생활 방식이라는 질적 요소가 더 큰 영향을 미친다는 사실을 인식하는 전기를 맞게 되었다

1970년대에 시작된 환경수용능력 평가에 대한 패러다임 전환은 1990년대에 이르러 생태발자국(Ecological Footprint, EF) 지수라는 측정 지표 개발을 통해 더욱 확고하게 자리매김을 했다. EF는 기존의 환경수용능력(K) 계산 방식을 뒤집어서, 특정 지역이 부양할 수 있는 사람 수가 아니라 특정 수의 사람이 지속적으로 살기 위해서 필요한 땅의 면적을 계산한다. 즉, EF는 인간이 지구에서 삶을 영위하는 데 필요한 의 · 식 · 주 등을 제공하기 위한 자원의 생산과 폐기에 드는 비용을 토지 면적으로 환산하여 나타낸 지수로서, K 산출과정에서 무시된 인간의 환경영향력을 반영하고 있다. 따라서 농업생산성의 증가는 근본적으로 재생 불가능한 화석 연료의 사용에 의존하고 있다는 사실 등을 지적함으로써 지구의 자원은 한정되어 있고, 이 때문에 인간은 자연자원의 용량 한도 내에서 생활해야만 한다는 점을 강조한다.

51 군집생태학

먹고 먹히는 관계

"자연은 동사 '먹다'의 능동형과 수동형으로 이루어진다(The whole nature is a conjugation of the verb to eat, in the active and passive)." 영국의 신학자인 윌리엄 잉(William Ralph Inge, 1860~1954)이 남긴 이 말대로 생태계에서 행해지는 생물종들의 상호작용을 한마디로 말하면 '먹고 먹히는 관계'(생태학에서는 먹이그물[food web]이라는 용어로 표현)이다. 이런 관계 속에서 포식자는 먹기 위해서 피식자는 먹히지 않기 위해서 최선의 노력을 경주한다. 커피 성분 중 일부는 곤충이 작은 초식동물들이 자신의 열매를 섭취하지 못하도록 커피식물이 고안한 독극물(?)이다. 그런데 사람은 해독기관인 간을 가지고 있어 커피를 마실 수 있게 되었다. 개미를 감염시킨 창형 흡충은 개미가 풀잎의 끝으로 올라가게 하여 양이 풀을 뜯을 때 개미도 함께 먹게 하여 또 다른 숙주인 양의 몸 안으로 들어갈 수 있게 된다. 맵시벌과 나나니벌은 먹이의 몸속에 알을 낳아 애벌레를 키운다. 나나니벌 암컷의 경우, 나비나 나방 또는 메뚜기의 애벌레에 침을 놓아 신경계를 마비시키되 죽이지 않는다. 따라서 먹이의 신선도를 유지시킬 수 있다. 이처럼 극적인 예를 비롯하여 생물들은 다른 생물종들과의 다양한 상호작용 속에서 진화하여왔다. 따라서 현재 우리는 이런 현상들을 얼마든지 관찰할 수 있다. 자연생태계에서 다른 종의 개체군이 모인 군집 내에서 상호작용은 일상이다. 이번 단원에서는 이러한 생물종 사이의 다양한 상호작용을 살펴본다.

핵심 체크 Key Point

아래에 열거된 개념 또는 용어들을 '문제'라고 가정하고 답을 작성해 보자.

종간 상호작용(Interspecific interaction)

- 종간경쟁(interspecific competition)

경쟁적 배제(competitive exclusion)의 정의와 예

51.1 개념을 이해했다면?
기본 생태 지위(fundamental niche)와 실제 생태 지위(realized niche)의 차이를 예를 들어 설명해 보자.

✔ 생태 지위(ecological niche)란?

✔ 자원분배(resources partitioning)의 정의와 예

✔ 형질치환(character displacement)의 정의와 예

51.2 개념을 이해했다면?
포식자와 피식자의 상대에 대한 적응을 비교해 보자.

■ 포식(predation)이란?

✔ 보호색(cryptic coloration)의 정의와 예

51.3 개념을 이해했다면?
베이츠의태(Batesian mimicry)와 뮐러의태(Müllerian mimicry)를 구체적인 예를 들어 비교해 보자.

✔ 경고색(aposematic coloration)의 정의와 예

■ 초식성(herbivory)의 정의와 예

■ 기생(parasitism)의 정의와 예

✔ 기생생물(parasite) vs. 숙주(host)

✔ 내부기생생물(endoparasite)과 외부기생생물(ectoparasite)의 비교와 해당 예

✔ 포식기생(parasitoidism)의 정의와 예

51.4 개념을 이해했다면?
공진화(coevolution)를 정의하고 숙주와 기생생물의 적응이 진화되는 양상을 설명해 보자.

✔ 질병을 일으키는 병원체(pathogen)의 종류와 숙주와의 관계

공생(symbiosis)의 정의와 종류

✔ 상리공생(mutualism)의 정의와 해당 예

✔ 편리공생(commensalism)의 정의와 해당 예

군집의 구조

51.5 개념을 이해했다면?
위도가 높을수록 종풍부도가 감소하는 이유를 설명해 보자.

종다양성(species diversity)의 척도

✔ 종풍부도(species richness)와 상대수도(relative abundance)의 정의와 비교

■ 영양구조(trophic structure)

✔ 먹이사슬(food chain)의 의미

먹이사슬의 길이가 한계가 있는 이유를 에너지 가설(energetic hypothesis)과 동적안정 가설(dynamic stability hypothesis)을 비교하여 설명

✔ 먹이그물(food web)의 특징과 먹이사슬과 비교

✔ 생물량(biomass)

■ 다음의 종들을 정의하고 이들이 군집에 미치는 영향

우점종(dominant species)

✔ 침입종(invasive species)

핵심종(keystone species)

✔ 창시종(foundation)과 촉진종(facilitator)

■ 영양단계 조절에 대한 두 가지 모델

✔ 아래-위 모델(bottom-up model)의 정의와 예

✔ 위-아래 모델(top-down model)의 정의와 예

■ 군집구조에 대한 여러 견해

✔ 통합가설(integrated hypothesis)의 내용

✔ 개체가설(individualistic hypothesis)의 내용

✔ 고정 모델(rivet model)의 내용

✔ 반복 모델(redundancy model)의 내용

군집의 역동성

■ 극상군집(climax community) 가설의 내용과 한계

✔ 비평형 모델(non-equilibrium model)의 내용

✔ 교란(disturbance)의 정의와 종류

중간교란가설(intermediate disturbance hypothesis)

■ 생태적 천이(ecological succession)의 정의와 종류

✔ 1차 천이(primary succession)

✔ 2차 천이(secondary succession)

■ 특정 지역의 면적 증가에 따른 종수의 증가 양상을 설명

✔ 증발산량(evapotranspiration)의 정의와 활용도

■ 섬평형 모델(island equilibrium model)이란?

■ 군집생태학이 질병연구에 유용한 예

✔ 인수 공통 병원체(zoonotic disease)의 정의와 예

✔ 매개동물(vector)의 정의와 예

Key Information 주요내용

51.1 군집 내 종 사이 관계에는 경쟁, 포식, 초식, 공생 그리고 질병 등이 있다

- 개체군은 생존과 생식에 영향을 주는 종간의 상호작용에 의하여 연계되어 있다.
  - ▶ **종간경쟁**은 공급이 부족한 특정한 자원을 두고 종이 경쟁을 할 때 일어난다.
  - ▶ **생태 지위**는 특정 환경에서 한 종이 이용하는 생물학적 자원과 비생물학적 자원의 총량이다. 주어진 환경에서 한 종이 이용하는 생물자원과 무생물 자원의 총합으로 정의되는 이 개념은 인간 사회의 직업에 비유하여 설명할 수 있다. 직업이 없으면 사회에서 적응하여 살아가기가 어렵듯이 생태 지위를 확보하지 못한 생명체

는 그 환경에서 존속할 수가 없다.

- **자원분배**란 군집에서 유사한 종들이 공존할 수 있게 하는 생태 지위의 분화이다.
- **경쟁배타 원리**에 따르면, 생태 지위가 동일한 두 종은 같은 군집 내에서 공존할 수 없게 된다.
- **형질치환**은 경쟁 결과, 동소성 개체군들이 이소성 개체군보다 형질의 분화를 더 일으키는 경향을 띠게 되는 것을 가리킨다.

● 포식은 한 종이 피식자인 다른 종을 잡아먹는 상호작용을 말한다.

- 그 결과, 포식은 +/−의 상호작용의 결과를 나타낸다.
- 포식은 의태를 포함한 다양한 적응을 이끌어낸다. **베이츠의태**는 맛 좋고 해가 없는 피식자 종이 맛없고 해로운 모델을 흉내 내는 것이고 **뮐러의태**는 둘 이상의 맛이 없는 또는 해로운 피식자 종들이 서로를 닮는 것이다.
- 피식자들은 위장을 위해 **보호색**을 나타내거나 자신의 독성을 보여주는 **경고색** 등의 적응으로 포식자에 대응한다.
- 초식성이란 초식동물이 식물의 일부나 조류(algae)를 먹어 +/−인 상호작용 효과

한 토막 생물 뉴스

숙주와 기생충의 군비경쟁

식물은 초식동물에게 먹히지 않기 위해 여러 가지 수단을 개발하는데 독소의 생성도 그 한 가지이다. 씨가 완전히 익기 전에 열매가 먹히면 식물의 입장에서는 막대한 투자가 물거품이 되는 것이다. 따라서 열매가 완전히 익기 전에는 상당한 독물을 만든다. 따라서 풋사과를 먹으면 배탈이 날 수 있다. 열매가 익어도 씨앗을 보존하기 위한 전략을 사용한다. 즉, 시안화물(cyanide)의 전구체를 만드는데, 이 물질은 섭취되면 식물 내의 효소나 섭취한 동물의 장내 세균에 의해 활성화되어 독극물인 시안화물로 전환된다. 이 전략은 아몬드, 살구씨, 카사바(casava) 뿌리도 사용한다.

사람과 말라리아 원충인 *Plasmodium* 사이에도 경쟁은 진행된다. 대개 기생충은 짧은 세대 기간을 이용한 빠른 변이의 생산으로 공격하고 숙주는 다양한 방어 장치의 준비로 맞선다. cp26 단백질을 지닌 원충이 간세포를 공격하면 간세포는 자신의 HLA-B53 단백질에 담아 세포 밖으로 전시한다. 그러면 세포독성T세포가 이를 발견하고 원충이 더 만들어지기 전에 감염된 세포를 공격한다. 원충은 숙주와의 경쟁에서 실패한다. 이런 상호작용에 관여하는 원충의 단백질은 다양하다. 원충의 단백질이 cp26, 29이면 우리 몸이 잘 처리하지만, cp28에는 취약하고 cp27에는 심하게 취약하다.

위와 같은 관계는 한쪽이 더 강력한 새 미사일을 개발하면 다른 한쪽은 이를 요격할 수 있는 미사일을 개발하곤 했던 구소련과 미국이 벌였던 군비경쟁과 매우 닮은꼴이다. 1973년 시카고 대학의 베일렌(L.V. Valen)은 이처럼 숙주와 기생생물이 경쟁을 통해 공진화하는 과정을 진화적 군비경쟁(evolutionary arms race)이라고 하면서 붉은 여왕 가설(Red Queen Effect)을 제안했다. 〈거울 나라의 앨리스〉에 보면 앨리스가 붉은 여왕에게 손목을 잡힌 채 큰 나무 주위를 도는 장면이 나온다. 한참을 헐레벌떡 뛰어도 항상 제자리에 서 있는 걸 이상하게 여기는 앨리스에게 붉은 여왕은 아무리 달려도 주변 세계가 함께 움직이기 때문에 제 자리에 머물기 위해서는 있는 힘을 다해 달려야 한다고 말한다. 즉, 다른 종과의 경쟁에서 자기 개발을 멈추게 되면 그 종은 멸종하게 된다. 이러한 생존경쟁이 순환적으로 계속된다는 것이 붉은 여왕 가설의 핵심이다.

를 나타낸다. 초식동물이 식물의 일부분 또는 조류를 먹는 상호작용으로 식물의 다양한 화학적 및 기계적인 방어의 진화를 이끌어낸다.

- 기생은 기생생물이 다른 생물인 숙주로부터 영양을 공급받는 +/−의 공생적인 상호작용으로 숙주에게 해를 끼치는 작용이다.
  - ▶ **기생생물**은 **숙주**인 다른 생물로부터 영양분을 빼앗으며, 이 과정에서 숙주는 해를 입는다.
  - ▶ 기생은 개체군과 군집구조에 실질적인 영향을 발휘한다.
  - ▶ **내부기생생물**은 숙주의 몸속에 살면서 영양을 취하는 기생생물이다.
  - ▶ **외부기생생물**은 숙주의 몸밖에 붙어 영양을 취하는 기생생물이다.
  - ▶ **포식기생**이란 곤충(주로 말벌)이 숙주의 몸 안이나 밖에 알을 낳아 그 애벌레가 숙주의 몸을 먹으면서 자라 결국에 그 숙주를 죽이는 행위를 말한다.
- 개체군과 군집에서 **질병**의 영향은 기생의 경우와 유사하다.
  - ▶ 병원체는 일반적으로 박테리아, 바이러스, 원생생물 등인데, 곰팡이와 감염성 단백질체도 병원체가 될 수 있다.
  - ▶ 병원체는 치명적인 해를 입힐 뿐 아니라, 현미경으로만 관찰이 가능하다.
- 두 종의 생물은 공생적인 상호작용에서 더 이익을 얻는다.
  - ▶ **상리공생**은 양쪽 종에게 모두 유익한(+/+) 상호작용이다.
  - ▶ **편리공생**에서는 한 종은 이익을 얻으나 다른 종은 아무 영향도 받지 않는 상호작용(+/0)이다. 순수한 편리공생의 예는 매우 드물다.
- 종간 상호작용은 적응을 동반한다.
  - ▶ **공진화**란 한 종의 변화가 다른 종에게 선택압으로 작용하고, 다른 종의 변화는 다시 전자의 선택압으로 작용하는 것이다.
  - ▶ 개체군들의 상호작용에 의해 유전적인 변화가 일어나는 공진화의 증거는 드물다.
  - ▶ 그러나 그들의 환경 안에서 한 생물이 다른 생물에게 적응하는 것은 삶의 기본적인 모습이다.

한 토막 생물 뉴스

숙주조작

기생생물들은 자신들의 번식을 성공시키기 위해 숙주를 조작한다. 특정 선충은 자신의 생활사를 완성하기 위해 새의 몸속에서 일정 단계를 보내야 한다. 이 선충은 중간숙주인 개미의 몸 뒤쪽에 알을 낳는다. 이 알들로 인해 몸의 뒷부분이 붉은색을 띠어 이 개미들이 서식하는 나무의 열매처럼 보이게 된다. 그러면 이 개미들은 새들에게 더 잘 먹히고 선충은 자신의 생활사를 완성할 수 있게 된다. 흡충 중의 일부는 게를 거세하여 영양이 풍부한 유생 상태로 계속 머무르게 한다. 기생생물의 이러한 예는 매우 많은데, 생물은 아니지만 바이러스도 숙주를 십분 활용한다. 광견병 바이러스는 개의 뇌를 건드려 공격성을 강화하여 새로운 숙주로의 이전을 용이하게 하고 물을 피하도록 하여 침에 많은 바이러스 입자가 씻기는 것을 피하게 한다.

51.2 우점종, 핵심종, 창시종 등은 군집 구조에 큰 영향력을 행사한다

- **종다양성**은 군집 내 종의 수(그 종의 풍부도)와 그들의 상대적인 수도로 계산된다.
  - ▶ **종풍부도**란 특정 군집 안의 모든 종의 수를 일컫는다.
  - ▶ **상대수도**란 특정 군집 내에 출현하는 각 종의 비율이다.
  - ▶ 군집의 다양성은 종풍부도와 상대수도에 의존한다.
- **영양구조**는 군집 동태의 핵심 요인이다.
  - ▶ **먹이사슬**은 영양단계 사이의 관계를 표시하며 생산자로부터 육식동물로 이어진다.
  - ▶ 먹이사슬의 분지와 복잡한 먹이 상호작용은 **먹이그물**을 형성하여 여러 먹이사슬이 연관되어 있는 모습을 나타낸다.
  - ▶ **에너지가설**에 따르면 사슬을 통하여 전달되는 에너지의 양이 계속 감소하기 때문에 먹이사슬의 길이가 제한된다.
  - ▶ **동적안정가설**은 긴 먹이사슬이 짧은 먹이사슬보다 덜 안정적이어서 먹이사슬이 짧다고 주장한다.
- 군집구조에 강력한 영향력을 발휘하는 종들이 있다.
  - ▶ **우점종**은 군집 내에서 가장 개체수가 많거나, 한 개체군에서 모든 개체의 총 질량인 개체량이 가장 많은 종이다.
  - ▶ **침입종**은 일반적으로 사람에 의해 그 자생지로부터 옮겨져서 도입되는데, 새로 도입된 곳에서는 이들의 포식자와 질병 유발원이 자생종보다 상대적으로 적어 번성할 수 있다.
  - ▶ **핵심종**은 군집 내부에서 수적인 우세가 아니라, 중추적인 생태적 역할, 생태 지위에 의해 강력한 지배력을 발휘한다. 이들은 자신들의 생태 지위 덕택에 군집구조 내에서 불균형적인 영향을 발휘하며 일반적으로 풍부도가 적은 종이다.
  - ▶ 생태계의 "기능공" 또는 **창시종**이라고 불리는 종은 물리적인 환경에 대한 그들의 영향을 통하여 군집구조에 영향을 발휘한다. 창시종은 환경의 구조나 역동성을 바꾸어 군집 내에서 다른 종들의 생존과 생식에 긍정적인 영향을 미치는 **촉진종** 역할을 한다.

그림 51.1 두 가지 먹이사슬

- 군집 구성은 적어도 두 가지 모델로 설명될 수 있다.
  - **아래-위 모델**은 하위 영양단계에서 상위 영양단계로 영향을 미친다는 모델로 1차 생산자들의 풍부도를 포함하여 영양분과 기타 비생물 요인들이 군집구조의 주된 결정인자가 된다.
  - **위-아래 모델**은 각 영양단계의 조절이 상위 영양단계로부터 나오고, 그 결과 포식자는 초식동물을, 초식동물은 1차생산자를 차례로 조절하게 된다는 모델이다.

51.3 생태계 구조는 동적이다

- **교란**은 종다양성과 군집구성에 영향을 미친다.
  - 교란이란 태풍, 물, 홍수, 가뭄, 지나친 방목 그리고 인간 활동 같은 것으로 군집을 변화하게 하여 생물에게 해를 끼치고 이용 가능성을 바꾸게 하는 사건이다.
  - **비평형 모델**에 따르면 군집은 교란을 겪으면서 지속적으로 변한다.
  - 안정과 평형보다 오히려 교란과 비평형이 대부분의 군집에서 더 정상적으로 일어나는 것을 보여주는 증거들이 늘어나고 있다.
  - **중간교란가설**에 따르면 적정한 수준의 교란은 높거나 낮은 교란보다 생물다양성을 높이도록 도울 수 있다.
  - 인간에 대한 군집교란은 일반적으로 종다양성을 감소시킨다. 인간은 또한 군집구조에서 중요한 역할을 할 수 있는 불처럼 자연적으로 일어나는 교란을 억제하기도 한다.
- **생태적 천이**는 군집과 생태계가 교란되어 변화하는 결과이다.

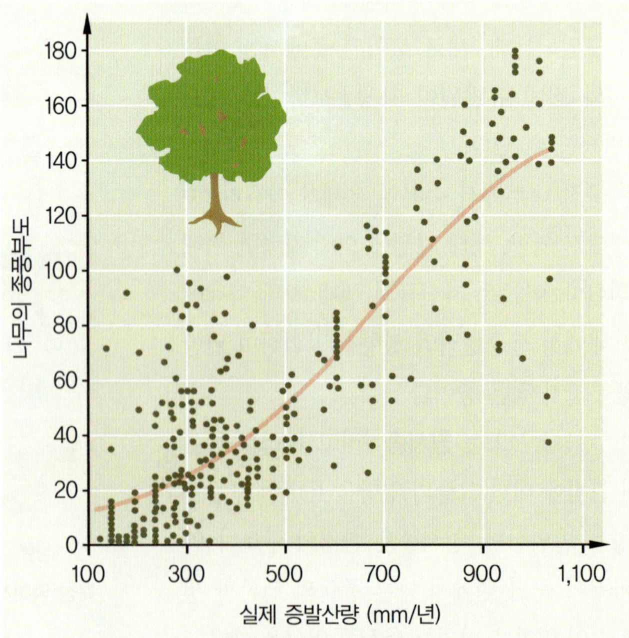

그림 51.2 북미나무의 증발산량에 따른 종풍부도의 변화

- ▶ **1차 천이**는 천이가 시작될 때 생명체가 없는 곳에서 일어난다.
- ▶ **2차 천이**는 교란 후에 식물의 성장을 가능하게 하는 토양이 있는 지역에서 일어난다.
- ▶ 촉진과 방해는 천이 동안 군집의 변화를 낳게 하는 메커니즘이다.

● 생물지리적 요인들은 군집의 생물다양성에 영향을 미친다.

- ▶ **종풍부도**는 일반적으로 적도-극지 기울기를 따라 극으로 갈수록 감소되며, 열대에서 특히 크다.
- ▶ 열대 환경은 생물의 빠른 성장과 번식을 가능하게 하여 열대 지방의 거대한 종풍부도의 바탕이 된다.
- ▶ 기후 역시 주로 에너지(열과 빛)와 물을 통하여 생물다양성에 영향을 미친다.
- ▶ **증발산량**은 토양에 의한 수분의 증산과 식물에 의한 수분의 증산을 모두 포함하는 것으로 적도에서 극지로 갈수록 감소한다.
- ▶ 종풍부도는 군집의 지리적인 크기에 비례한다.
- ▶ **종수면적곡선**은 모든 다른 조건들이 동일할 때, 지리적 구역이 큰 군집이 더 많은 종을 보유한다는 것을 보여주는 정량화 그래프이다.

● 섬의 종풍부도는 섬의 크기와 육지로부터 떨어진 거리 정도에 달려 있다.

- ▶ 섬의 생물지리학적 평형 모델에 의하면 섬에서 종풍부도가 새로운 이입이 멸종과 평형을 이루는 동적 평형점에서 수평을 이루는 것으로 유지된다.
- ▶ **섬평형 모델**은 최근에 와서 회의적으로 검토되고 있다.

51.4 군집구조에 대한 여러 가설들은 지속적인 논쟁의 여지를 남긴다

● **통합가설**은

- ▶ 군집 내의 종이 특정한 생물학적인 상호활동에 묶여 있다고 주장한다.
- ▶ 군집을 밀접하게 연관된 종들이 생물학적인 상호작용에 의하여 강제로 묶여 기능적으로 통합된 한 집합체, 즉 효과 면에서 초생물체(supraorganism)라고 서술한다.

● **개체가설**은

- ▶ 군집이 독립적으로 분포하는 종들이 동일한 비생물적인 요구를 가지기 때문에 느슨한 조직으로 모여 있다고 주장한다.
- ▶ 식물군집을 같은 지역에서 발견되는 종의 유연한 집결체로 간주한다.

● **고정 모델**에 따르면

- ▶ 군집 내의 모든 종이 상호작용을 통해 밀착된 망으로 연결되어 있고, 그 결과 비록 한 종이라도 잃는 일은 군집에 강력한 반향을 불러일으킨다.

- ▶ 군집 내 대부분의 종은 생명의 그물로 얽힌 특정한 다른 종들과 밀착하며 연관된 것이다.
- **반복 모델**은
  - ▶ 만약 한 종을 군집에서 잃으면 다른 종이 그 공백을 채울 것이라고 예측한다.
  - ▶ 이 모델에 따르면, 군집 내 다양한 종은 서로 연관된 것은 아니며, 생명의 그물은 아주 느슨하다.
- 군집생태학은 인간과 동물에게 공통으로 나타나는 **인수공통 병원체**를 연구하는 데에 유용하다.
- 전염병의 약 75%는 사람과 동물에게 공통으로 감염되는 인수공동 병원체에 의해서 일어나는 것으로 알려져 있다.
- 인수공동 병원체는 동물과의 접촉 또는 모기와 같은 매개체(vector)에 의해서 전파된다. 기후변화에 관한 정부간협의체(Intergovernmental Panel on Climate Change, IPCC)는 2007년에 발표한 보고서에는 지구온난화로 2020년대에는 평균기온이 1도 상승하면서 말라리아 등 열대성 전염병이 전 세계적으로 창궐할 것이라는 전망이 포함되어 있다. 최근 들어 발생 빈도가 급증하고 조류 바이러스와 2009년 전 세계를 공포에 떨게 한 신종 A형 H1N1 인플루엔자 등을 접하면서 빗나가기를 바랐던 예견이 현실로 다가온다는 우려를 금할 수 없다.

한 토막 생물 뉴스

새와 웨스트나일바이러스(West Nile virus, WNV)

모기에 의해 옮겨지는 병원체인 WNV는 심하면 뇌염이나 수막염(뇌 또는 뇌와 척수 근처의 세포막에 발생하는 염증)을 일으킬 수도 있다. WNV는 일차적으로 주요 보유숙주인 참새와 까마귀 등에 의해서 전파된다. 모기는 이들 숙주 조류와 사람의 피를 빨아먹는 과정에서 WNV를 전염시킨다. 연구진은 해당 지역에 서식하는 새의 종류가 다양할수록 WNV 감염 환자 수가 적다는 흥미로운 사실이 발견하였다. 왜 조류의 다양성과 WNV 감염 환자 수가 반비례할까? 이에 대한 답은 의외로 간단한 곳에 있었다.

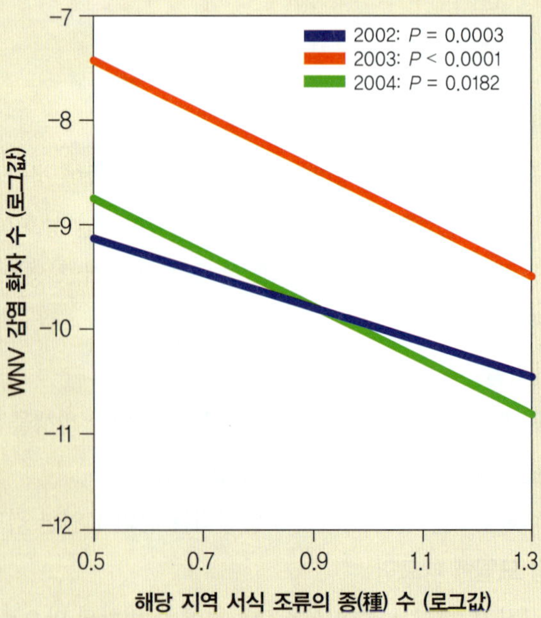

참새와 까마귀 같은 WNV의 보유숙주가 다른 많은 종류의 새들과 섞여 있어서 전체 서식 조류의 소수를 차지하는 지역과 WNV 보유숙주 조류가 상대적으로 다수를 차지하는 지역을 생각해 보자. 두 지역 중 어느 곳에 사는 모기가 WNV에 감염된 피를 빨 확률이 높은가? 당연히 후자의 지역이고, 그 결과 그 지역에 거주하는 사람은 WNV에 노출될 확률이 그만큼 높아지는 것이다. 이를 일컬어 '희석 효과(Dilution Effect)'라고 하는데, 생물다양성 보존의 중요성을 다시금 일깨워주는 사례이다. [Clinical Microbiology and Infection 15(Suppl. 1): 40–43]

52 생태계

현대판 대멸종(?)의 원인

약 5억 4,000만 년 전, 고생대가 시작된 이후부터 현재까지 지구상에서는 5번의 대멸종이 있었다. 백악기 말의 대멸종은 인도 지역의 광범위한 화산활동도 있었지만 운석의 충돌이 주 원인으로 간주된다. 그럼에도 다른 원인들이 더 제기되었다. 그래도 현재와 가장 가까운 시기에 있었던 백악기 대멸종의 원인은 그나마 일치된 의견이 있는 셈이다. 다른 대멸종은 그렇지 않은 것 같다. 페름기 말 대멸종의 경우, 엄청난 규모의 화산폭발, 기체수화물의 배출, 산성비, 지구온난화 등의 상호 연관되어 있는 다양한 요인이 작용한 것으로 정리된 듯하다. 그러나 아직 운석충돌이 원인이라는 주장도 지속적으로 제기되고 있다. 요컨대 여러 자연 조건에 의해 생물들이 대멸종에 이른다는 것은 알지만 구체적인 원인이 무엇인지는 모두 알려져 있지는 않은 상태이다. 그리고 결론적으로 어떤 대멸종이든 생태계는 엄청난 변화를 겪게 된다. 현대판 대멸종(?)을 살펴보자. 원인은 뚜렷하다. 그 원인은 대멸종을 유발했던 환경요인을 능가하는 인간(의 활동)이다. 한마디로 생태계에 대한 철저한 이해 없이 인간은 눈앞의 이해에 따르기 때문이다. 진부한 구호일 수도 있지만 우리가 생존하려면? '생태계를 알고 보존해야 한다.'

핵심 체크 Key Point

아래에 열거된 개념 또는 용어들을 '문제'라고 가정하고 답을 작성해 보자.

생태계의 물리법칙

- 생태계의 정의와 예
- 지구에서의 에너지 동역학

✓ 열역학 제1법칙과 제2법칙의 정의

생태계에 열역학 제1법칙과 제2법칙이 어떻게 적용되는지 설명

52.1 개념을 이해했다면?
지구에서 생명현상이 일어나고 진화가 진행되는 것이 열역학 제2법칙을 어기는 것이 아닌 이유를 설명해 보자.

✔ 지구에서의 에너지 흐름

- 지구에서의 화학적 순환

✔ 질량보존의 법칙(law of conservation of mass)

✔ 화학적 순환이 지구에서 일어나는 이유

- 영양단계

✔ 1차 생산자(primary producer)의 정의와 예

✔ 1차 소비자(primary consumer)의 정의와 예

✔ 2차 소비자(secondary consumer)의 정의와 예

✔ 3차 소비자(tertiary consumer)의 정의와 예

✔ 잔재물 섭식자(detrivore) 또는 분해자(decomposer)의 정의와 예

✔ 잔재물(detritus)이란?

생태계에서 에너지의 흐름과 물질 순환을 영양단계와 함께 그림으로 묘사

생태계의 1차 생산 조절

- 1차 생산(primary production)의 정의와 생태계에서의 중요도

✔ 지구 전체에서 얻는 에너지와 생물이 이용할 수 있는 에너지량 비교

총1차 생산(gross primary production), 순1차 생산(net primary production), 현존 생체량(standing crop)의 구분

✔ 지구의 순1차 생산의 분포 양상

- 수생태계에서의 1차 생산량

해양과 담수생태계의 1차 생산에 영향을 끼치는 요소

✔ 빛에 의한 제한 양상

✔ 양분에 의한 제한 양상과 빛의 효과와 비교

✔ 제한 양분(limiting nutrient)의 정의

✔ 부영양화(eutrophication)의 정의

■ 육상과 습지생태계에서의 1차 생산

✔ 실제 증발산량(actual evapotranspiration)의 정의와 의미

왜 에너지는 한 방향으로 흐르고 영양분은 순환하는지 설명

52.2 개념을 이해했다면?
실제 증발산량과 순1차 생산의 관계를 설명해 보자.

영양단계 사이의 에너지 전달

■ 생산효율(production efficiency)의 정의와 계산방법

영양효율(trophic efficiency)의 정의와 의미

✔ 순생산량 피라미드(pyramid of net production)

순생산량 피라미드의 이상적인 모양을 설명

✔ 생체량 피라미드(biomass pyramid)

✔ 체류시긴(turnover time)의 정의와 계산방법

■ 녹색세상가설(green world hypothesis)이란?

52.3 개념을 이해했다면?
모든 인간이 식물만 먹는다면 전 세계 농업이 더 많은 사람들을 먹여 살릴 수 있는 이유를 설명해 보자.

52.4 개념을 이해했다면?
녹색세상 가설과 관련하여 종간 경쟁의 예를 들어보자.

생물지구화학적 순환

생물지구화학적 순환(biogeochemical cycles)의 정의와 종류

- 물, 탄소, 질소, 인의 순환을 다음의 요소 중심으로 요약
  1. 각 원소의 생물학적 중요성
  2. 생물체가 이용하는 또는 생물체에게 유용한 각 원소의 형태
  3. 각 원소의 주 저장고
  4. 생물지구화학적 순환을 통하여 각 원소를 이동시키는 중요한 과정

질소고정(nitrogen fixation), 암모니아화 과정(ammonification), 질산화 과정(nitrification), 탈질화 과정(denitrification) 등으로 질소 순환의 중요한 과정을 도식화

- 양분 순환율의 정의와 관련 요소
  - ✓ 분해의 역할
  - ✓ 온도 등 비생물 요인의 역할

인간과 화학적 순환

- 부영양화의 원인
  - ✓ 농업과 질소 순환의 변화가 부영양화를 유발하는 과정
  - ✓ 식물의 한계량(critical load)과 수생태계의 오염
- 산성비의 기준, 원인, 결과
- 환경 속의 독성물질
  - ✓ 생물 농축(biological magnification)의 정의와 영향

독성물질은 왜 가장 높은 수준의 육식동물에게 가장 큰 영향을 미칠까?

52.5 개념을 이해했다면?
합성화학물 중 하나를 골라 영양단계에 따라 농축되는 과정을 설명해 보자.

✔ 독성물질의 종류와 화학적 특징

■ 온실효과(greenhouse effect)란?

✔ 대기 중 CO_2가 증가하는 원인과 결과

✔ 지구온난화의 징후와 온실효과와의 관계

오존층의 파괴 원인과 결과

주요내용 Key Information

52.1 생태계에서 에너지는 흐르고 화학 원소(물질)는 순환한다

- 생태계는 군집을 이루는 모든 생명체와 그들이 상호작용하는 모든 비생물 요소들로 구성된다.
- 생태계를 작동시키는 가장 중요한 비생물 구성요소는 에너지와 물질이다.
  - ▶ 근본적으로 태양에서 유래된 에너지는 생물체와 먹이그물을 통하여 활용 또는 저장되기도 하지만 궁극적으로는 열의 형태로 생태계를 빠져나가기 때문에 에너지의 흐름은 일방통행이다.

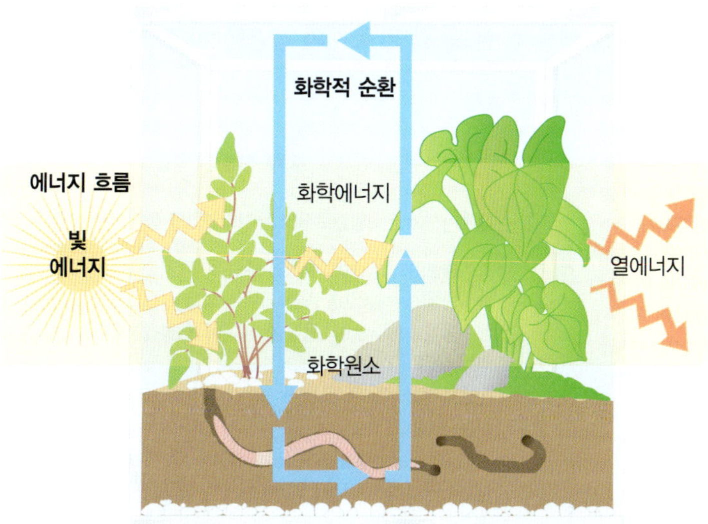

그림 52.1 온실의 생태계

- 반면, 물질은 외부로부터 유입되는 것이 아니라 순환하게 되는데, 이처럼 생태계 내에서 물질들이 생물과 무생물 구성요소들 사이를 순환하는 현상을 생물지구화학적 순환(biogeochemical cycle)이라고 한다.
- 즉, 지구라는 거대한 생태계는 태양에너지의 유입을 제외하고는 닫힌계로서, 지구상에 존재하는 물질이 생물 구성요소와 무생물 구성요소 사이를 끊임없이 순환하면서 생명력을 유지하고 있다.

● 에너지는 보존되나 생태계를 거치는 동안 열로 바뀐다.

- 에너지와 양분은 독립영양생물인 1차 생산자(**식물, 광합성세균, 화학합성세균, 원생생물**)에서 종속영양생물인 1차 소비자(**초식동물**) 그리고 2차 소비자(**육식동물**)로 전달된다.
- 에너지는 빛의 형태로 생태계에 들어와서 열의 형태로 빠져나간다.

● 화학적 양분은 질량보존의 법칙에 따라 생태계 내에서 순환되며 모든 영양단계와 연결된다.

52.2 자연 생태계에서 먹이 획득 방식에 따른 생물 분류

● 생물의 영양 관계는 여러 단계로 구성된다.

- 생산자는 주로 식물을 비롯한 광합성 생물이다.
- 1차 소비자는 식물과 다른 1차 생산물을 먹고 사는 초식동물이다.
- 2차 소비자는 초식동물을 먹고 사는 육식동물이다.
- 3차 소비자는 다른 육식동물을 먹고 사는 육식동물이다.
- 박테리아와 곰팡이가 주요 구성원인 잔재물 섭식자 또는 분해자는 잔재물로부터 에너지를 얻는다. 이들은 유기물을 분해하여 무기저장소로 돌려보냄으로써, 필수 화학 원소를 재사용할 수 있게 한다.
- 잔재물이란 죽은 생물체, 분뇨, 낙엽, 목재와 같은 살아 있지 않은 유기물을 가리킨다.

분류	세부 분류 및 역할
생산자(Producer)	생태계에서 무기화합물로부터 유기화합물을 합성하는 생물
소비자(Consumer)	• 초식동물(herbivore): 식물을 주로 먹고 사는 동물 • 육식동물(carnivore): 동물을 주로 먹고 사는 동물 • 잡식동물(omnivore): 동물성 먹이나 식물성 먹이를 가리지 않고 다 먹는 동물 • 잔재물 섭식자(detritivore): 지렁이, 쥐며느리 등처럼 잔재물을 먹고 사는 생물 • 기생생물(parasite): 살아 있는 생물을 숙주로 그 표면 또는 내부에서 생활하면서 숙주로부터 영양분을 얻는 생물
분해자(Decomposer)	생태계에서 어떤 물질을 분해하여 생기는 에너지로 생활하고, 생산자가 이용할 수 있도록 무기화합물로 만들어주는 생물

52.3 물리화학적 환경에 의해 1차 생산이 제한된다

- 광합성을 통하여 동화되는 에너지는 지구에 도달하는 태양에너지의 극히 일부분에 불과하다.
- 일반적으로 1차 생산이란 일정 시간 동안 독립영양생물이 빛에너지를 화학에너지(유기화합물)로 바꾸는 것이다.
  - ▶ **총1차 생산량**은 주어진 시간 동안 생태계에서 동화된 총 에너지이다.
  - ▶ **순1차 생산량**은 독립영양생물체에 축적된 에너지로 총1차 생산량에서 1차 생산자가 호흡에 사용한 에너지를 뺀 것과 같다.
  - ▶ 오직 순1차 생산량만을 소비자가 이용할 수 있다.
- 빛은 1차 생산을 제한하는 중요한 요소이다.
  - ▶ 유광부(photic zone)에서 1차 생산량을 가장 빈번히 제한하는 양분은 질소나 철이다.
  - ▶ 육상과 습지 생태계에서 온도와 수분과 같은 기후요소가 광범위하게 1차 생산에 영향을 미친다.
  - ▶ 국지적으로는 토양의 영양분이 종종 1차 생산량의 제한요소가 된다.
- 바다와 호수의 일부 지역에서는 양분이 더 크게 1차 생산을 제한한다.
  - ▶ 제한 양분이란 특정 지역의 생산을 증가시키기 위하여 첨가해야만 하는 원소이다.
  - ▶ 많은 호수에서 영양이 과다하게 늘게 되면 규조류 또는 녹조류가 우점하던 식물성 플랑크톤 군집이 남세균에 의해 우점되는 부영양화가 초래된다. 이렇게 되면 호수에서 오염에 강한 물고기 등을 제외한 모든 종이 사라질 수 있다.
- 육상과 습지 생태계에서의 1차 생산
  - ▶ 크게 온도와 수분이 중요한 조절 요소이다.
  - ▶ 실제 증발산량은 식물에 의해 증산되는 물의 양과 환경에서 증발되는 물의 1년치 양을 밀리미터 단위로 나타낸 것으로 순1차 생산량과 비례관계를 나타낸다.

52.4 영양단계 사이의 에너지 전달 효율은 20%에 이르지 못한다

- 각 영양단계에 가용한 에너지의 양은 순1차 생산량과 먹이에 포함된 에너지가 먹이사슬의 각 연결고리에서 생체량으로 전이되는 효율에 의해 결정된다.
  - ▶ **2차 생산**이란 특정 시간 동안 식량 중 소비자의 몸을 구성하는 생체량으로 전환된 화학에너지의 양이다.
  - ▶ **생산효율**이란 호흡에 사용되지 않고 생체에 저장된 에너지의 비율로 순2차 생산량을 흡수된 1차 생산물의 양으로 나눈 값의 %이다.

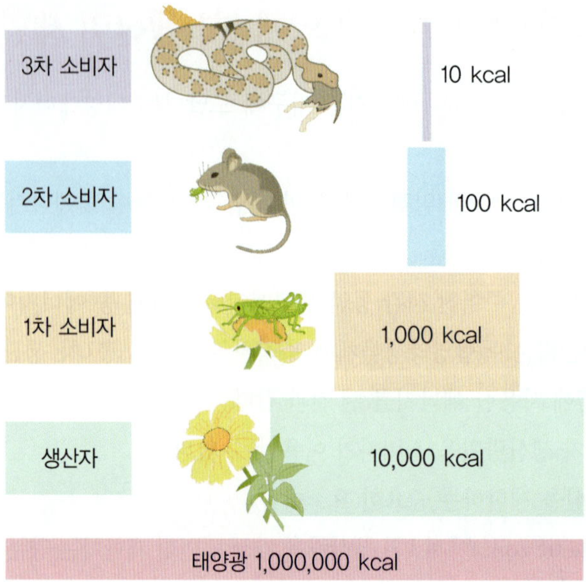

그림 52.2 가상의 순생산 피라미드

$$\text{생산효율} = \frac{\text{순2차 생산량}}{\text{흡수된 1차 생산물의 양}} \times 100\%$$

- **영양효율**은 일반적으로 5~20%이다.
  - ▶ 영양효율이란 한 영양단계에서 다른 영양단계로 넘어가는 에너지 비율이다.
- 순생산량, 생체량, 개체수 피라미드는 낮은 영양효율을 반영한다.
  - ▶ 생산량 피라미드는 먹이사슬에서 각 단계를 지날 때마다 손실되는 에너지의 양을 나타낸다.
  - ▶ 생체량 피라미드는 낮은 영양효율이 가지는 생태적 결과를 나타낸 피라미드이다.
  - ▶ **체류시간**은 현존 "생체량/생산량"으로 표현되며 생산량 피라미드의 특징을 설명한다.
- **녹색세상가설**에 따르면 포식자, 질병, 경쟁, 양분 제한 그리고 기타 요소들이 초식동물의 개체수를 조절하기 때문에 식물의 일부분만을 소비한다. 그 근거는 다음과 같다.
  - ▶ 식물은 초식동물에 대한 방어 메커니즘을 가진다.
  - ▶ 토양이 함유한 양분이 보통 초식동물의 제한요인이 된다.
  - ▶ 비생물적 요소가 초식동물의 제한요소이다.
  - ▶ 종내 경쟁이 초식동물의 개체수를 제한할 수 있다.
  - ▶ 종간 경쟁이 초식동물의 밀도를 조절한다.

한 토막 생물 뉴스

생물의 networking, 생태계

다음은 다윈의 글이다. "길이 90 cm, 폭 6 cm 넓이의 흙을 갈아엎어 외부 요인이 식물에 영향을 미치지 않게 조심하면서 그곳에서 나오는 모든 잡초의 어린 싹에 대한 조사를 계속했다. 모두 357개에 달하는 잡초 중에서 무려 295개가 주로 나방의 유충들과 곤충류에 의해 피해를 입었다. 벌레나 가축에 의해 갉아 먹힌 잔디가 그대로 방치될 경우, 생명력이 왕성한 식물들이 약한 식물을 서서히 죽이면서 완전히 성장하게 된다." 이 글은 비교적 덜 복잡하고 작은 생태계에서도 식물과 식물, 식물과 곤충, 식물과 가축, 곤충과 곤충 등 여러 종류의 상호작용이 직간접적으로 정교하고 광범위하게 이루어지고 있음을 나타낸다. 그리고 이러한 복잡한 생물종 사이의 관계는 모든 생태계에서 관찰된다. 이렇게 생물종 사이의 상호작용에 응할 수 없는 생물들은 자연선택에 의해 제거되었을 것이고 그 결과, 현재 우리는 매우 정교하게 조성된, 생물들 사이의 상호작용들을 접하게 되었다.

52.5 양분은 생물지구화학 반응을 거쳐 생태계의 무기 부분과 유기 부분 사이를 이동한다

- 생물 요소와 비생물 요소를 모두 포함한 생물지구화학적 순환은 다음과 같은 척도로 설명된다.
  - ▶ 각 원소의 생물학적 중요성
  - ▶ 생물체가 이용하는 또는 생물체에게 유용한 각 원소의 형태
  - ▶ 각 원소의 주 저장고

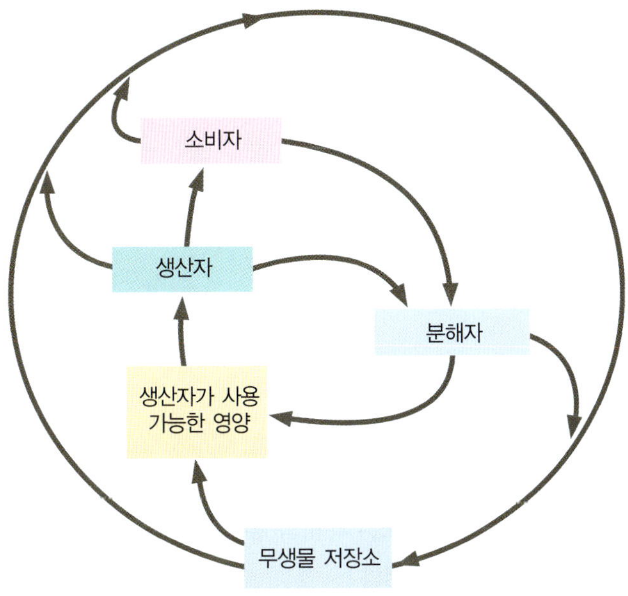

그림 52.3 영양 순환의 일반적 모델

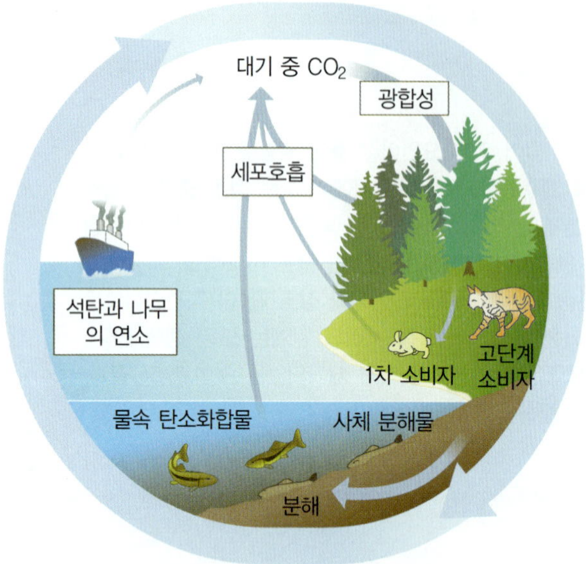

그림 52.4 탄소 순환

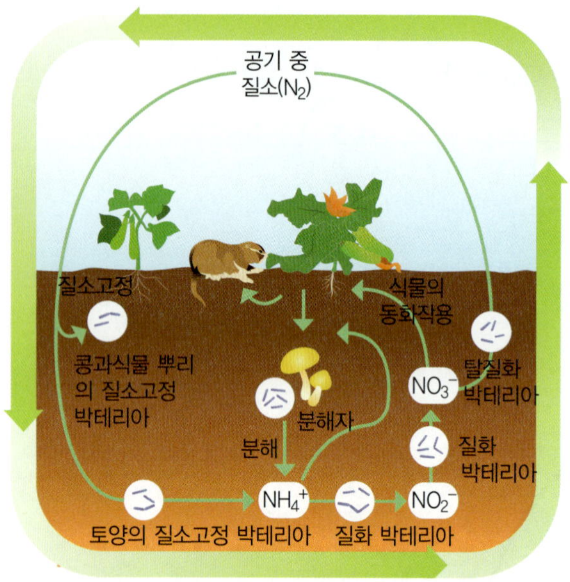

그림 52.5 질소 순환

- ▶ 생물지구화학적 순환을 통하여 각 원소를 이동시키는 주요 과정
- 대기 중에는 기체 형태의 탄소, 산소, 황, 질소가 존재하고 전 지구적으로 순환한다.
  - ▶ 인, 칼륨, 칼슘과 같이 이동성이 작은 다른 원소들은 적어도 단기간 동안에는 훨씬 더 국지적인 순환을 하게 된다.
  - ▶ 모든 원소들은 유기 저장고와 무기 저장고 사이를 순환한다.
- 물은 태양에너지에 의해 전 지구적인 순환을 한다.
- 탄소 순환은 주로 광합성과 세포호흡의 상호작용을 반영한다.
- 질소는 원핵생물에 의한 **질소고정**과 대기로부터 번개에 의한 생태계에 들어온다.
  - ▶ 자연 생태계에서 대부분의 질소 순환은 생명체와 토양 또는 물 사이에서 국지적으로 일어난다.
  - ▶ 암모니아화 과정, 질산화 과정, 탈질산화 과정 등을 통해 순환이 진행된다.
- 인 순환은 다른 원소들에 비해 국지적으로 일어난다.

52.6 인간이 지구의 화학 순환을 교란시키고 있다

- 농업으로 인해 과도한 양분이 생태계로 끊임없이 공급된다.
  - ▶ 비료로 공급되는 양분의 상당량은 지하수와 지표수 수생 생태계를 오염시킨다.
  - ▶ 수생 생태계에서 비정상적으로 증가한 양분은 조류가 과잉 번식하게 하는 **문화적 부영양화**를 유발할 수 있다.
- 산성비가 발생하였다.
  - ▶ 화석연료의 연소는 산성비의 주된 원인이다.
  - ▶ 공업지대로부터 바람이 불어오는 북미와 유럽의 생태계는 질산과 황산이 들어 있는 비와 눈에 의해 피해를 입었다.
- 특정 독성물질은 먹이그물을 통하여 영양단계가 상승함에 따라 농축될 수 있다.

- ▶ **생물 농축**이란 먹이그물을 통하여 상위 영양단계로 갈수록 특정(독성) 물질의 농도가 높아지는 현상이다.
- ▶ 난분해성 독성 폐기물은 환경에 장기간 존속하여 생태계를 오염시키고 먹이사슬을 따라 생물에 농축된다.

- ● 지구온난화를 포함하는 기후변화가 야기될 수 있다.
  - ▶ 목재와 화석연료의 연소와 여러 인간의 활동으로 인하여 대기 중의 이산화탄소 농도는 급격히 증가하고 있다.
  - ▶ 대기 중의 이산화탄소와 수증기는 가시광선은 투과시키지만 지구에 의한 적외선 복사를 다량 흡수하고 다시 그것을 반사시키는 과정을 통해 태양열의 일부를 보존하여 지구의 온도를 일정 수준으로 유지하는 **온실효과**를 유발한다.
- ● 인간의 활동으로 오존층이 줄고 있다.
  - ▶ 오존층은 대기를 통과하는 자외선의 양을 줄인다.
  - ▶ 염소가 포함된 오염물질의 방출을 비롯한 인간의 활동은 오존층을 파괴하고 있으며 이는 심각한 결과를 가져올 것이다.
  - ▶ 전세계적인 노력 결과, 오존층은 조금씩 회복되고 있다.

한 토막 생물 뉴스

"The Winner Takes It All" or "Happy Together"?

1930년대에 러시아의 생태학자 가우스는 한정된 먹이를 공급하며 두 종의 짚신벌레를 함께 배양하면 먹이를 구하는 과정에서 경쟁적으로 우세한 종이 다른 종보다 더 빨리 번식하는 것을 발견하였는데, 이것이 경쟁적 배제(competitive exclusion)라는 생태학 개념이 탄생하게 된 배경이다. 생태적 지위(ecological niche) 개념을 경쟁 배제 개념에 적용하면, 두 생물종의 생태적 지위가 동일하다면 두 종은 해당 환경에 결코 공존할 수 없다는 결론에 도달하게 된다. 하지만 이를 반대로 생각하면 상대적으로 열세인 종이 생태적 지위를 조금만 변화시키면 공존이 가능하다는 추론을 할 수가 있다. 그리고 모든 생물종의 생태적 지위가 존중된다는 경쟁의 규칙이 지켜진다는 전제하에 "Happy Together"는 자연의 일반적인 법칙이다. 실례로 곤충을 잡아먹는 다른 종류의 도마뱀들의 경우 한 종은 햇볕이 드는 장소에, 다른 종은 그늘진 나뭇가지에 서식함으로써, 가까이 공존하지만 먹이에 대한 경쟁이 크지 않다.

생태극장에 가장 늦게 들어온 인간이라는 배우는 자신 이외의 다른 배우들의 권리를 인정하지 않으려고 했다. 닥치는 대로 무대를 빼앗아(서식지 파괴), 짧은 기간 동안 수많은 배우들이 극장에서 쫓겨나는 비극(멸종)을 맞았다. 그 결과 이제 생태극장은 더 이상 다양한 연극을 공연할 수 없을 정도로 역할을 맡을 배우들이 급감했다(생물다양성 감소). 해당 배우의 인기가 떨어져 스스로 무대를 떠나는 배우들은 예로부터 늘 있었고(자연적인 멸종) 그 빈자리는 별 무리 없이 후임 배우들로 채워졌다(멸종은 자연적인 현상이지만 현재 멸종되는 생물의 비율은 자연 멸종률보다 수백 배 이상 높다). 하지만 인간에 의해서 자행되고 있는 현재의 대량 해고 사태로 생긴 생태극장의 빈자리는 미처 채워질 겨를이 없다. 그러나 더 심각한 문제는 이제 그 위험수위가 인간의 존속마저도 위협할 정도에 이르렀다는 것이다. 이탈을 하루속히 중지하고 본연의 자리로 돌아오지 않는나면 인간의 미래는 결코 낙관할 수가 없다.

53 전 지구 차원의 이슈

인류의 실수와 의무

현대의 산업화, 도시화된 사회에서 인간이 환경 파괴를 유발하지 않고 살아가기란 거의 불가능하다. 그러한 원인으로는 환경보존에 대한 우리의 의식 부족 또는 관심 부족 등을 들 수 있겠지만, 그보다 더 근본적인 원인은 인간도 지구 생태계를 구성하는 일부임에도 불구하고 인간이 과학기술 문명을 가지고 있어서 다른 생물종과의 자연적인 경쟁의 원리를 따르지 않는 데에 있다. 인간뿐만 아니라 지구상에 존재하는 모든 생물종도 각각 자기중심적인 생활을 하지만 인간만큼 심각한 환경문제를 일으키지는 않는다. 그러나 과학기술로 무장한 인간만은 대량생산, 대량소비, 대량폐기의 생활방식을 추구함으로써 필연적으로 환경문제를 유발할 수밖에 없는 구조적 모순을 안고 있다. 그러므로 현재까지의 인간중심적 환경관에서 벗어나 생태주의적 가치관으로의 의식 전환 없이는 근본적으로 환경문제를 해결할 수 없을 것이다. "자연! 우리는 자연에 둘러싸여 자연과 하나가 되었다. 자연에서 떨어져 나올 힘도, 자연을 넘어서 나아갈 힘도 없이(NATURE! We are surrounded and embraced by her: powerless to separate ourselves from her, and powerless to penetrate beyond her)." 현재 세계 최고의 권위를 자랑하고 있는 과학 학술지 *Nature* 창간호의 머리글을 여는 독일의 대문호 괴테의 아포리즘이다. 이 머리글을 쓴 헉슬리(Thomas Henry Huxley, 1825~1895)는 괴테를 인용하여 자연의 위대함에 대한 경외심을 강조함으로써, *Nature*지 창간의 의미를 부여하고자 했을 것으로 추측된다. 21세기를 살아가는 오늘의 우리는 이 의미를 과연 어떻게 받아들여야 할지 깊이 새겨보아야 할 것이다.

핵심 체크 Key Point

아래에 열거된 개념 또는 용어들을 '문제'라고 가정하고 답을 작성해 보자.

생물다양성의 위협

- 보전생물학(conservation biology)의 정의와 포괄 학문
- 복원생태학(restoration ecology)의 목적과 내용

보전생물학과 복원생태학의 차이는?

- 생물다양성의 세 단계
  - ✔ 유전적 다양성의 정의와 예
  - ✔ 멸종위기종(endangered species)의 정의와 구체적인 예
  - ✔ 멸종위협종(threatened species)의 정의와 구체적인 예
  - ✔ 생태계다양성이란?
- 생태계 기능(ecosystem service)의 정의와 포함 내용
- 생물다양성에 대한 중요한 네 가지 위협이란?
  - ✔ 서식지 파괴
  - ✔ 도입종(introduced species)의 정의와 예
  - ✔ 남획의 예
  - ✔ 지구 변화의 정의와 예

53.1 개념을 이해했다면?
생물다양성이 유지됨으로 인해 얻을 수 있는 이익을 예시해 보자.

53.2 개념을 이해했다면?
네 가지 위협에 의해 생물다양성이 손상된 구체적인 예를 묘사해 보자.

개체군 보전

- 개체군 보전을 위해 주로 관심을 두어야 할 대상: 개체군의 크기, 유전적 다양성, 임계 서식지
- 멸종 소용돌이(extinction vortex)
  - ✔ 최소생존 개체(minimum viable population, MVP)의 정의와 중요성
  - ✔ 개체군 생존력 분석(population viability analysis, PVA)
  - ✔ 유효 개체군 크기(effective population size)의 정의와 산출방식

소개체군 접근법(small-population approach)과 감소 개체군 접근법(declining-population appoach)의 정의와 비교

- 종 보존에 따르는 대립 요구들

경관과 지역 보전

■ 경관구조

✔ 단편화(fragmentation)와 가장자리(edge)의 정의와 생물다양성과의 관련성

✔ 이동통로(movement corridor)의 정의와 중요성

■ 보호지역

✔ 보호지역의 정의와 중요성

53.3 개념을 이해했다면?
세균을 이용한 생물정화의 구체적인 예를 설명해 보자.

생물다양성 중요지점(biodiversity hot spot)의 정의와 중요성

개발제한지구(zoned reserve)의 정의와 중요성

복원생태학의 임무

■ 복원생태학의 궁극적 목적

■ 생물정화(bioremediation)의 정의와 방법

■ 생물학적 촉진(biological augmentation)의 정의와 방법

■ 전 세계에서 진행된 복원생태학 프로젝트의 예

복원과정에서 생물정화와 생물학적 촉진이 중요한 이유

지속가능한 개발

■ 지속가능한 개발(sustainable development) 개념

지속가능한 생물권 제안(Sustainable Biosphere Initiative)의 내용과 목적

■ 생명애(biophilia)의 정의와 생물권의 미래

주요내용 Key Information

53.1 생물다양성은 전 세계적으로 감소하고 있다

- 마지막 개체가 죽을 때 종은 멸종한다.
  - ▶ 생물이 서식하고 있는 영역 전체나 상당한 부분에서 수적으로 현저하게 감소하여 멸종의 절박한 위기에 처해진 종은 **멸종위기종**으로 분류된다.
  - ▶ 멸종이 절박하지 않지만 미래에 절멸의 위기를 맞을 수 있는 종은 **멸종위협종**이라 한다.
- 생명애(biophilia)는 우리 자신의 목적을 위한 생물다양성의 가치를 인식할 수 있게 만들었다.
- 인간의 복지는 생물다양성에 의존한다.
  - ▶ 종다양성과 유전자다양성으로부터 이득을 얻는다.
  - ▶ 다양한 생물종으로부터 인간은 식량, 섬유, 약품, 지구에서 인간의 삶을 유지할 수 있는 여러 생태계의 기능을 제공받는다.
  - ▶ 생태계의 기능은 다음과 같다. 인간은 너무나도 생태계로부터 받는 것이 많다!
    - 대기와 수질 정화
    - 가뭄과 홍수의 완화
    - 기름진 토양의 생성과 보전
    - 폐기물의 해독과 분해
    - 농작물과 야생식물의 꽃가루받이
    - 종자의 산포
    - 양분 순환
    - 천적에 의한 많은 해충의 조절
    - 물가에서 토양 침식 방지
    - 자외선으로부터 보호
    - 극단적인 기후의 완화

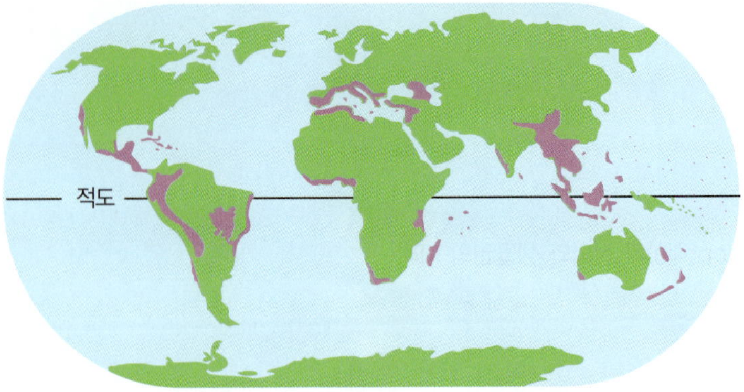

그림 53.1 지구의 육상 생물다양성 집중지역(보라색)

• 아름다운 경관과 여가생활의 기회 제공

● 생물다양성에 대한 중요한 위협은 **서식지 파괴, 외래종의 도입, 남획, 지구의 변화** 등이다.

▶ 생물다양성의 감소에 영향을 미치는 인간 활동에는 **서식지의 훼손, 서식지 단편화, 오염, 외래종의 도입(생물학적 오염), 해충 및 포식자 조절, 상업적인 불법사냥, 상업적인 채취**가 포함된다. 이들 중 서식지의 소실과 단편화가 가장 현저한 영향을 미친다.

▶ **도입종**이란 인간이 의도적으로 또는 우연히 그 종의 원래 서식지에서 새로운 여건을 가진 지역으로 옮긴 종이다.

▶ 전 세계적으로 열대우림이 모든 다른 생태계보다 빠르게 파괴되고 있다.

한 토막 생물 뉴스

생태계 서비스

1997년 미국의 생태학자 코스탄자(Robert Costanza)는 "The value of the world's ecosystem services and natural capital"라는 제목으로 *Nature*지에 발표한 논문에서 생태계 서비스의 가치를 연 33조 달러라고 계산하였는데, 이는 당시 전 세계 모든 국가의 국민총생산(GNP)이었던 18조 달러의 거의 두 배에 해당하는 엄청난 가치다. 더욱이 생물다양성이 전염병의 발생이나 전파와도 밀접한 관계가 있다는 연구 결과가 속속 보고되고 있으니 실제 생태계 서비스의 가치는 실로 엄청난 것이다. 한 예로 웨스트 나일 바이러스(West Nile virus, WNV) 감염 환자 수와 해당 지역에 서식하는 조류다양성과의 상관관계를 입증한 논문 내용을 소개한다.

모기에 의해 옮겨지는 병원체인 WNV는 심하면 뇌염이나 수막염(뇌 또는 뇌와 척수 근처의 세포막에 발생하는 염증)을 일으킬 수도 있다. WNV는 일차적으로 주요 보유숙주인 참새와 까마귀 등에 의해서 전파된다. 모기는 이들 숙주 조류와 사람의 피를 빨아먹는 과정에서 WNV를 전염시킨다. 연구진은 해당 지역에 서식하는 새의 종류가 다양할수록 WNV 감염 환자 수가 적다는 흥미로운 사실을 발견하였다. 그렇다면 왜 조류의 다양성과 WNV 감염 환자수가 반비례할까? 이에 대한 답은 의외로 간단한 곳에 있었다. 답을 찾기 위해 참새와 까마귀 같은 WNV의 보유숙주가 다른 많은 종류의 새들과 섞여 있어서 전체 서식 조류의 소수를 차지하는 지역과, WNV 보유숙주 조류가 상대적으로 다수를 차지하는 지역을 생각해 보자. 두 지역 중 어느 곳에 사는 모기가 WNV에 감염된 피를 빨 확률이 높은가? 당연히 후자의 지역이고, 그 결과 그 지역에 거주하는 사람은 WNV에 노출될 확률이 그만큼 높아진다. 이를 일컬어 '희석 효과(Dilution Effect)'라고 하는데, 생물다양성 보존의 중요성을 다시금 일깨워주는 사례다.

53.2 보전생물학은 인간이 생물체에 미치는 영향과 생물다양성을 보호할 수 있는 방법을 연구한다

- **보전생물학**은
  - 멸종에 다다른 종의 개체군을 보호하는 것에서부터 전체 생태계와 경관을 보존하는 광범위한 학문이다.
  - 모든 수준에서 생물다양성을 보전하기 위한 목적으로 행동생태학을 포함한 생태학, 생리학, 분자생물학, 유전학, 진화생물학 등 다양한 분야의 지식을 이용하는 학문이다.
- **현지 내 보존**은 야생에서 생물다양성을 보호하기 위한 노력이다.
  - 현지 내 보존은 세계 25곳의 생물다양성 위험지대에서 긴급하게 요구되고 있으며, 이곳에는 모든 유관속식물의 44% 그리고 육상척추동물의 35%가 서식하고 있다.
  - 포획한 생물체의 번식과 같은 현지 외 보존은 인간에 의해 통제되는 시설에서 일어난다.
  - 개체군 보존을 위해 개체군의 크기, 유전적 다양성 그리고 임계 서식지가 주된 관심 대상이 된다.
- **소개체군 접근법**은 멸종 가능성이 큰 매우 작은 개체군에 주목하는데, 특히 **유전적 다양성**에 중점을 둔다.
  - 개체군의 크기가 감소하고 유전자 부동과 근친교배 등으로 유전적 다양성이 소실되면 개체군의 적응력이 감소되고, 이는 결국 생식률 감소와 사망률 증가를 유발해 개체군이 더 작아지는 양성되먹임 현상인 **멸종의 소용돌이**가 일어날 수 있다.
  - 한 개체군이 그들의 수를 유지하고 생존할 수 있는 최소한의 크기인 **최소 생존 개체군(MVP)** 크기보다 작게 되면, 무작위 교배와 유전자 부동으로 인해 유전적 변이가 소실되어 그 개체군을 절멸의 소용돌이로 몰고 갈 수 있다.
  - 개체군 생존력 분석은 개체군의 생존 기회를 합리적으로 예견하는 것이며, 일반적으로 일정기간(약 100년)의 생존가능성으로 표현한다.
  - 유효 개체군 크기는 개체군의 번식능력에 기초하며, 의미 있는 MVP 추정을 가능하게 한다.
- **감소 개체군 접근법**은 절대적인 개체군의 크기보다 감소의 원인이 되는 **환경요소**에 중점을 두며 사전에 단계별로 보존전략을 취할 수 있다.
- 종을 보존하기 위해서는 종종 멸종위기종의 서식지 요구와 인간의 수요 사이의 갈등을 해결해야만 한다.

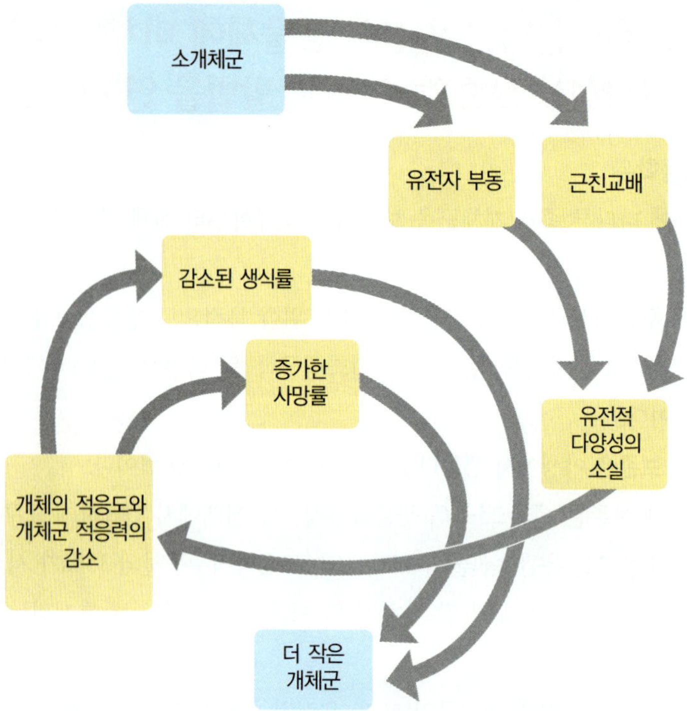

그림 53.2 멸종의 소용돌이로 빠지는 과정

53.3 경관과 지역 보존의 목적은 모든 생물을 유지시키는 것이다

- 인간의 활동은 **생물다양성**에 큰 영향을 미칠 수 있다.
  - ▶ 서식지의 단편화가 증가하고 가장자리가 더 많아짐에 따라 생물다양성은 감소하는 경향을 나타낸다.
  - ▶ **이동연결통로**는 단편화된 서식지를 연결하는 일련의 뭉치 또는 좁은 띠 모양의 서식지로 확산을 촉진시킬 수 있고 개체군이 유지되는 것을 도와 생물다양성 보존에 결정적인 요소가 된다.
- 보호지역을 지정하여 생물다양성을 지킬 수 있다.
  - ▶ **생물다양성 중요지점**은 고유종이 예외적으로 집중되어 분포하고 많은 수의 멸종위기종과 멸종위협종이 분포하는 상대적으로 좁은 면적의 지역이다.
  - ▶ 생물다양성 중요지점은 보호를 위한 첫 번째 고려대상이 된다.
  - ▶ 공원과 보호지구를 지정하여 인간의 활동에 의해 서식지가 파괴되지 않도록 관리해야 한다.
- **개발제한지구 모델**은
  - ▶ 인간의 활동에 의해 변경되어 경제적인 이익을 위해 사용되고 있는 토지로 둘러싸여 있으며, 인간에 의해 교란되지 않는 하나의 또는 여러 지역을 포함하는 넓은 대지이다.

▶ 보전노력이 인간이 점유하는 경관에서도 일어나야 함을 의미한다.

53.4 복원생태학은 파괴된 생태계를 이전의 자연스러운 상태로 복원하고자 노력한다

- **복원생태학**은 파괴된 생태계를 최대한 파괴되기 이전의 자연상태로 되돌리기 위한 노력에 생태학적 원리를 적용한 학문이다.
  - ▶ 복원생태학자들은 오염된 생태계의 독성을 감소시키기 위하여 생물을 사용한다.
  - ▶ 생태학자들은 또한 생태계에 필요한 물질을 공급하기 위하여 생물을 사용한다.
- **생물정화**란 오염된 생태계를 정리하기 위하여 보통 원핵생물, 균 또는 식물과 같은 살아 있는 생물을 사용하여 오염된 생태계의 오염물질을 제거하는 방법이다.
- **생물학적 촉진(biological augmentation)**은 파괴된 생태계에 필수적인 물질을 첨가하여 토착 생물의 능력을 향상시키는 방법이다.

53.5 지속가능한 개발을 통해 생물다양성을 보존하고 인간의 생활여건을 증진시킬 수 있다

- 지속가능한 생물권 제안
  - ▶ **지속가능한 개발**이란 인간사회와 생태계의 장기 번영을 위한 개발 방법으로 생물권의 복잡한 상호연결성을 고려한다.
  - ▶ 지속가능한 생물권 제안의 목적은 지구 자원의 보전, 관리 그리고 개발에 필요한 생태학적 정보를 얻는 데 있다.
- 우리는 생물다양성이 풍부한 자연 조건 하에서 진화하여 왔다.
  - ▶ 인간은 생물이 다양한 환경을 선호한다.
  - ▶ 이러한 **생명애**는 미래의 생물권 보호에 바탕이 될 것이다.

한 토막 생물 뉴스

"인간 중심 사고" 대한 재고(再考)의 필요성

17세기 유럽에서 시작된 과학혁명 이후, 과학은 자연에 대한 이해를 넓혀서 자연을 효율적으로 개발하고 활용할 수 있는 지식을 제공할 것이라는 기대에 힘입어 발전해왔다. 18세기를 지나면서 산업혁명을 통해 과학의 발전이 가시적인 성과를 냄으로써, 이후 과학 기술 발전이 더욱 가속화되었다는 것이 대다수 과학사학자들의 견해이다. 과학이 빠르게 발전함에 따라 이전까지 아리스토텔레스의 자연철학 영향을 많이 받았던 서구의 자연관에도 큰 변화의 물결이 일기 시작했다. 자연은 그 안에 운동과 정지의 원리를 갖고 있다고 생각했던 아리스토텔레스는 근본적으로 자연을 살아 있는 것으로 보았다. 특히 그가 생각했던 운동 원리는 내재적으로 생성하여 발전하는 생명 원리에 가까운 의미를 지녔다. 따라서 과학혁명 이전까지는 자연에는 생성과 발전 가능성이 내재되어 있다고 믿었기 때문에 인간은 이러한 자연의 일부로서 존재한다는 사고가 지배적이었다.

17세기로 접어들면서 베이컨(Francis Bacon, 1561~1626)이 실용적 지식 축적을 위한 관찰과 실험을 강조하였고, 데카르트(René Descartes, 1596~1650)는 '기계론적 자연관' 주장하여 자연으로부터 '실체적 형상(forma substantialis)'을 배제시켰다. 이처럼 변화된 사고 체계 아래에서의 자연은 공존의 대상이라기보다는 이용의 대상 또는 인간의 욕구를 충족시켜주는 자원의 집합체 정도로 여겨지기 시작했다. 그 결과 인간의 자연 지배와 자연의 수동성이 강조되면서 자연을 분해하여 조작하는 실험들이 활발하게 이루어지게 되었다. 사실상, 일련의 이러한 변화가 없었다면 현대 과학기술의 발전은 훨씬 더뎌졌거나, 아예 이루어지지 않았을지도 모른다. 하지만 기계적 자연관의 순기능 이면에서 자연에 대한 지배 관념이 과도하게 확대되어 자연 파괴의 불을 지필 수 있는 인간의 편견과 오만이 싹터 왔음을 간과해서는 안 된다.

핵심체크 해답

1.1 위는 기관이다. 위는 원주상피(columnar epithelium)와 근육 등의 조직으로 이루어져 있다. 이러한 조직은 선세포, 근육세포 등으로 이루어져 있다. 이 세포들은 다른 세포처럼 여러 세포소기관으로 이루어져 있고 세포소기관들 역시 거대분자로 이루어져 있다. 위는 식도, 입, 소장, 대장과 함께 소화계라는 기관계를 이루고 소화계는 호흡계, 면역계, 신경계 등 여러 기관계와 함께 사람(*Homo sapiens*)이라는 개체를 이룬다. 사람끼리 모여 개체군을 이룰 수 있고 사람 개체군은 주변의 고양이(*Felis catus*) 개체군을 비롯한 다양한 생물 개체군과 군집을 이룬다. 군집은 생물이 아닌 주변 자연환경과 생태계를 이룬다.

1.2 수분이 부족하면 갈증을 느끼게 되어 물을 마시고 수분이 과다하면 자주 소변을 배설하여 일정한 체내 수분의 수준을 유지하는 것이 음성되먹임이다. 양성되먹임은 다음과 같다. 출혈이 일어나면 응고인자들이 생기는데 이 응고인자들이 더 많은 응고인자의 생성을 촉진한다. 그 결과, 매우 짧은 시간 내에 출혈이 멈출 수 있게 된다. 체내에 침입에 대응한 면역과정에 대한 것은 39.4 참조.

1.3 개는 진핵생물영역, 동물계, 척색동물문, 포유강, 식육목, 개과, 개속이며 *Canis lupus*란 학명을 지닌다.

1.4 연역적 추론은 기존의 정리된 이론에 기초하여 새로운 내용을 얻기 위한 시도를 한다. 예를 들어 동물에게 스테로이드 호르몬이 존재한다는 사실을 알고 식물에게도 스테로이드 호르몬이 존재할 가능성을 가설로 세워 이를 확인할 수 있다. 귀납적 추론은 기존에 알려진 여러 내용들을 종합하는 추론이다. 식물이 세포로 이루어져 있고, 동물과 미생물도 세포로 이루어져 있는 사실을 기초로 생물은 세포로 이루어져 있다고 결론을 내린다면 귀납적 추론이라 볼 수 있다.

2.1 $^{14}_{7}N$, 질량수 14와 다른 동위원소가 아주 적은 비중이지만 존재한다.

2.2 전기음성도란 전자를 끌어당기는 힘이다. 전기음성도가 큰 산소와 질소는 공유결합을 통해 극성을 띠는 물과 암모니아 등의 분자를 각각 형성한다.

2.3 물은 비열이 크므로 주변 환경의 온도 변화가 크더라도 체온의 변화는 크지 않다. 또한 물은 높은 기화열을 지녀 기화하면서 생물로부터 열을 빼앗아 과열되는 것을 막는다.

2.4 탄산(H_2CO_3)는 pH가 상승하면 H^+를 방출하여 중탄산염(HCO_3^-)가 되고 중탄산염은 pH가 떨어지면 증가한 H^+과 결합하여 탄산이 된다. 그 결과 pH의 변화를 완화시킬 수 있다.

3.1 간단한 분자로부터 간단한 탄소화합물이 생기는 과정, 간단한 탄소화합물이 모여 크고 복잡한 탄소화합물인 거대분자가 형성되는 과정, 거대분자들이 모이면서 복제와 물질대사가 가능한 원시세포가 출현하는 과정을 포괄한다. 화학진화는 생물 역시 화학법칙에서 예외가 아니고 결국 대다수의 다른 여러 물질들과 본질적으로 동일한 원소로 구성되어 있어 생명의 기원이 물질에서 유래한다는 점에서 의미를 지닌다.

3.2 만약 단백질이라는 중합체가 10개의 아미노산으로 되어 있다면 아미노산의 종류가 20가지이므로 단백질은 20^{10} 즉, 1,024 x 10^{13}가지이다. 실제로 단백질은 거의 몇 백 개의 아미노산으로 구성될 수 있으므로 단백질의 가지 수는 실로 엄청나다. 이는 단당류에 중합으로 생기는 다당류에서도 마찬가지이다. 핵산은 4가지의 염기로 구성되지만 염기의 수가 수십억 개에 이를 수도 있어 4^n으로 표시되는 무궁무진한 조합이 가능하다. 따라서 알파벳에 해당하는 몇몇의 단량체가 모여 너무도 다양한 단어, 즉 중합체가 만들어질 수 있는 이유를 설명할 수 있다.

3.3 구조는 그림 3.4와 그림 3.5을 참조. 기능은 단당류와 이당류는 에너지원, 다당류는 에너지 저장과 세포벽, 키틴 등 몸의 구조를 형성한다.

3.4 탄수화물은 전자에너지가 풍부한 탄소와 수소의 결합 외에도 탄소와 산소의 결합도 큰 비중으로 포함한다[$n(CH_2O)$ 구조를 기억해 보자]. 지질은 탄소와 수소의 결합으로 주로 이루어져 있다. 따라서 포함된 전자에너지는 동일한 무게라면 지질에서 훨씬(2배 이상) 많다.

3.5 인지질은 글리세롤을 구성하는 탄소 중 하나에 '−' 전하를 띠는 인산과 세린, 이노시톨, 에탄올아민, 콜린 등의 이온구조를 띤 분자가 결합하여 친수성 부위를 이룬다. 그러나 인지질의 나머지 부위는 소수성을 띤다. 종합하면 인지질은 친수성과 소수성 모두를 지닌다. 그래서 친수성 조건 내에 있게 되면 인지질은 친수성인 머리는 바깥에 꼬리는 안쪽으로 향하는 이중층을 만들어 세포 내와 바깥의 경계로 작용할 수 있게 된다.

3.6 단백질을 구성하는 아미노산은 아민기, 카르복실기와 함께 R기를 가지는데 R기는 20가지의 아미노산마다 모두 다르다. 아미노산끼리의 결합은 아민기와 카르복실기가 반응하여 펩티드를 형성하면서 이루어진다(여러 개의 아미노산이 결합하면 폴리펩티드가 생기고 이 구조가 가공되어 단백질이 형성된다). 따라서 단백질을 구성하는 첫 번째 아미노산의 아민기와 마지막 아미노산의 카르복실기를 제외한 모든 아미노산은 아민기와 카르복실기를 잃고 R기만 남는다. 바로 이 R기가 단백질의 구조와 그에 따른 성질(친수성 또는 소수성)을 결정한다.

3.7 RNA를 구성하는 5탄당은 리보오스로 2번과 3번 탄소 모두 −OH기를 지닌다. 이는 2번과 3번 탄소가 각각 −H, −OH를 지닌 DNA의 5탄당과 다르다. 5탄당의 2번 탄소에 산소가 하나 없음

으로 인해 RNA는 너무 강한 van der waals 결합을 하여 2중 나선을 형성할 수 없다. 대신 한 가닥의 RNA는 동일한 분자 내의 염기끼리의 다양하고 자유로운 결합으로 3차 구조를 형성할 수 있다.

3.8 산소호흡을 하는 동물, 특히 척추동물들은 헤모글로빈을 지닌다. 이들끼리의 근친정도를 알기 위해 헤모글로빈을 구성하는 아미노산이 얼마나 동일한지의 정도를 분석한다. 이 결과에 따르면 인간은 닭보다는 원숭이와 가깝다는 해석이 가능하다. 마찬가지로 DNA를 구성하는 염기서열의 순서를 비교함으로써 생물들 사이의 근친도를 알 수 있다. 사람과 침팬지는 전체 DNA를 분석하면 98.6%가 동일해 매우 가까운 과거에 공통조상이 있었음을 알 수 있다.

4.1 세포는 생존하기 위해 끊임없이 양분과 산소를 제공받고 노폐물을 제거할 수 있어야 하고 이는 원형질막을 통해서 일어난다. 따라서 일정한 크기 이상에 이르면 세포는 표면적/부피의 비가 작아 단위 부피당 충분한 물질교환이 불가능하고 결국, 생존에 필요한 물질의 얻고 부산물을 버리는 일을 할 수 없다. 그런데 크기가 클수록 표면적/부피의 비는 작아지므로 세포는 무작정 클 수 없다. 몸속에서 물질교환을 해야 하는 히드라는 위수강이라는 텅 빈 공간을 지니고 있는데 이 공간을 둘러싼 구조는 겨우 두 층의 세포들만으로 이루어져 몸의 안과 밖으로 먹이와 물질교환을 위해 바닷물과 접하는 충분한 표면적의 확보가 가능하다. 편충과 같이 큰 동물의 몸속에서 기생하는 기생충들도 숙주의 내장에 있는 영양분 용액들에 의해 몸이 충분히 적셔질 정도로 얇고 평편한 모양을 띠고 있다. 이외에도 우리 몸속의 소장주름, 폐포, 신장의 미세한 많은 관들도 표면적/부피를 늘린 적응의 한 형태이다.

4.2 결합리보솜은 주로 소포체에 결합하여 단백질을 합성한 후 소포체 내로 주입한다. 이 과정을 통해 소수성 부위를 지녀 막에 결합하는 단백질을 생산할 수 있다. 반면 자유 리보솜은 친수성인 세포질에 잘 녹는 친수성 단백질을 주로 합성한다.

4.3 소포체 내로 주입되면서 합성된 단백질은 올리고당과 만나 결합하게 된다. 올리고당과 단백질은 결합하는 방식은 소포체와 골지체에서 다르다. 그래서 단백질은 소포체에서 당단백질이 되지만 골지체로 이동하여 다시 당과 결합한 후 세포 밖으로 배출될 수 있다. 이 과정에서 수송소포는 소포체에서 골지체로 골지체 상호간에 당단백질을 수송하는 역할을 수행한다.

4.4 두 소기관 모두 자체적인 DNA, 리보솜 등이 있어 반자율적으로 (세포분열과 상관없이) 증식이 가능하다. 또한 이들을 둘러싼 막이 내막과 외막으로 구성된 이중막 이상이어서 이들의 조상세포가 숙주세포로 들어오면서 이 이중막이 형성되었을 것으로 판단된다.

4.5 미세소관은 편모의 움직임을 담당한다. 정자는 편모가 작동하여 움직일 수 있는데 만약 이 약을 처리하면 편모가 작동하지 않아 정자가 움직일 수 없고 따라서 수정이 불가능해진다.

5.1 비누는 기름때에 붙어 물에 잘 녹게 한다. 이러한 작용이 가능한 이유는 비누 성분이 소수성과 친수성을 모두 띠는 양친매성이기 때문이다. 인지질 역시 양친매성을 띤다는 점에서 비누와 비교될 만하다. 그러나 인지질은 2개의 층을 이루어 세포를 둘러싸는 세포막으로 기능한다.

5.2 원형질막이 접하는 내부인 세포질과 외부인 세포 밖은 주로 친수성 환경이다. 소수성 부위와 친수성 부위로 구성된 인지질이 이러한 조건에 열역학적으로 안정적인 구조는 소수성 부위를 내부에 숨기고 친수성 부위를 노출하는 것이다. 이를 위한 적절한 구조는 소수성 꼬리가 내부로 숨을 수 있는 이중층 구조이다.

5.3 막을 구성하는 주요 지질 성분은 인지질과 콜레스테롤이다. 우선 콜레스테롤의 역할은 다음과 같다. 온도가 올라가면 인지질의 유동성이 증가하지만 콜레스테롤이 막의 중간중간에 위치함으로 인해 유동성의 증가를 억제한다. 반대로 온도가 감소하면 인지질의 운동성이 감소하고 서로 쌓이는 구조가 될 수 있는데 이를 또한 콜레스테롤이 방해하여 유동성의 감소를 저하시킨다. 인지질을 구성하는 지방산의 구조도 중요하다. 지방산이 불포화 정도가 크면 클수록 가지런한 구조에서 벗어나 온도감소에 따른 인지질의 고형화 현상이 억제되어 유동성의 급격한 감소를 막는다. 또한 지방산의 길이가 짧을수록 유동성을 증가시킨다.

5.4 운반 단백질은 수송 대상을 하나씩 결합하여 수송을 한다. 이는 마치 효소와 기질의 관계와 비슷하다. 수송 대상의 농도가 증가하면 수송 속도가 증가하지만 일정한 농도 이상에서는 농도 증가에 따른 수송 속도의 증가 현상이 일어나지 않는 포화 상태에 이르게 된다.

5.5 뿌리를 통해 충분한 양의 물이 식물 내로 흡수되면 식물의 각 세포 밖에는 상대적으로 수용액의 용질 농도가 감소하여 물은 세포 안으로 들어와 팽만 상태가 된다. 이때는 식물이 건강한 상태이다. 만약 뿌리를 통해 물이 충분히 흡수되지 못하면 위와 같은 현상보다는 세포 안으로 들어올 수 있는 물의 양이 적어지거나 없어 시든 상태가 된다. (31.2 참조)

5.6 채널 단백질, 운반 단백질 등을 통한 이온의 수송도 어느 정도 막전위의 형성과 유지에 관여하고 이와 함께 전기발생펌프(electrogenic pump)인 H^+ pump와 Na^+–K^+pump 등이 작용하여 막의 안팎으로 전위차를 일정한 유지한다.

5.7 LDL 수용체 유전자에 돌연변이가 생기면 LDL 수용체 단백질이 만들어지지 않거나 제 기능을 발휘하지 못하는 단백질이 합성될 것이다. 결국 혈액 속의 LDL에 결합하여 혈액으로부터 LDL을 제거하는 작용일 일어나지 못하게 된다. 혈액 속의 LDL 양이 높을 수준으로 유지되는 고콜레스테롤증에 걸리기 쉽다.

6.1 다음은 가능한 여러 가지의 답 중의 하나이다. 동물이 섭취한 음식 중 많은 종류는 탄수화물을 함유한다. 탄수화물의 화학에너지는 세포 내에서 사용될 수 있는 화학에너지 형태인 ATP를 합성하는 데에 사용된다. 탄수화물과 ATP의 저장된 에너지는 위치에너지의 일종인 화학에너지이다. 이 ATP가 근육을 움직이는 액틴과 미오신이 서로 미끌어지는 데에 사용되는 과정이 위치에너지가 운동에너지로 바뀌는 과정이다.

6.2 6장의 서두에 기술된 '열역학 제2법칙을 거스르는 생물(?)' 내용을 참조하여 자신만의 논리로 설명해 보자.

6.3 반응 전의 자유에너지가 반응 이후의 자유에너지보다 큰지의 여부가 기준이다. 만약 크면, 정의에 의해 $\Delta G < 0$이다. 이때에는 외부의 에너지가 더해지지 않아도 반응 이전의 분자들에 있는 자유에너지가 사용될 수 있다. 따라서 반응은 자발적으로 일어난다.

6.4 $\Delta G > 0$인 반응은 생물에게 필요한 것이라 하더라도 일어나지 않는다. 이런 반응이 일어나게 하려면 $\Delta G < 0$으로 만들어야 한다. ATP가 분해하여 ADP가 되는 과정이 $\Delta G < 0$이다. 따라서 $\Delta G > 0$인 반응과 함께 일어나게 하면 ATP 분해는 이 반응의 에너지 상태를 $\Delta G < 0$로 만들어 반응이 일어나게 한다.

6.5 기질이 효소에 접근하면 효소의 활성부위가 기질과 맞는 유도적합 과정이 벌어진다. 활성부위에서 효소와 기질 사이와 주변의 화학적 환경이 활성화에너지를 낮추게 된다. 이후 기질은 화학적 변화를 겪어 생성물로 전환된다.

6.6 온도와 pH가 변화하면 효소와 기질의 분자 차원에서의 운동 상태 또는 구조가 변화한다. 이 변화에 의해 효소가 활성을 나타내는 정도가 이전과 달라지게 된다.

6.7 여러 가지를 예로 들 수 있다. 경쟁적 억제의 경우, 숙신산 탈수소 효소의 활성부위를 두고 기질인 숙신산과 말론산은 경쟁할 수 있다. 따라서 숙신산과 말론산은 경쟁적 억제를 한다. 항생제인 데옥시사이클린(deoxycycline)은 세균 단백질분해 기능을 지닌 콜라겐 가수분해효소의 활성부위가 아닌 조절부위에 결합하여 효소의 기능을 억제한다. 이 결합에는 경쟁물질이 관여하지 않아 비경쟁적 억제가 일어난다. 이 효소가 억제됨으로 인해 치주질환을 야기하는 세균의 성장과 번식을 억제할 수 있다.

7.1 두 가지 모두 산화되는 분자로부터 전자를 받아들이지만 NAD^+와 달리 전자전달계의 전자수용체는 전자를 받아들여 이웃의 다른 전자수용체에게 전자를 전달할 때까지 전자의 에너지를 사용한다.

7.2 폭발은 수소분자가 지닌 위치에너지인 전자에너지를 짧은 시간 내에 한꺼번에 열로 전환시키는 과정이다. 이때에는 발생하는 에너지를 생물이 사용하기에는 비효율적이다. 반면 전자전달계를 구성하는 단백질들이 전자를 주고받는 과정은 한꺼번에 다른 형태로 에너지를 전환시키는 것이 아니고 나누어서 에너지를 전환하기 때문에 비교적 효율적으로 분자가 지닌 위치에너지를 사용할 수 있다.

7.3 NADH는 산화적 인산화에 관여한다. 산화적 인산화는 전자에너지를 효과적으로 사용하여 ATP를 합성하는 과정이다. 따라서 포도당 분자로부터 효율적으로 ATP를 합성하기 위해서는 산화적 인산화 과정에 전자를 공급하는 NADH를 가능한 한 많이 만드는 것이 유리하다.

7.4 산소가 없다면 전자의 최종 수용체가 없어 전자전달계를 구성하는 단백질들은 전자를 주고받는 산화환원 과정이 일어날 수 없다. 전자가 전달되는 과정이 일어나지 않게 되면 NADH는 전자를 전달하지 못해 NAD^+로 전환되지 못한다. 시트르산 회로에는 NAD^+를 환원시키는 반응이 세 차례 진행되는데 NADH만 풍부하고 사용해야 할 NAD^+는 부족하게 된다. 따라서 시트르산 회로는 일어나지 않게 된다.

7.5 전자전달계를 구성하는 단백질들은 전자에너지를 양성자를 수송하는 데에 사용한다. 그 결과, 미토콘드리아 내막과 외막 사이의 공간에 있는 양성자의 농도가 미토콘드리아 내막 안쪽의 기질에 있는 양성자의 농도보다 훨씬 높아 농도 기울기가 형성된다.

7.6 산소호흡의 경우 포도당 한 분자당 많으면 38개의 ATP가 합성된다. 발효의 경우, 해당작용을 통해 얻은 2개의 ATP가 전부이다.

7.7 발효는 NADH가 지닌 전자를 받는 전자수용체가 아세트알데히드나 피루브산이다. 그러나 무산소호흡의 경우에는 전자전달계의 분자들과 산소가 아닌 NO_3^-나 SO_4^{2-}를 최종 전자수용체로 이용한다.

8.1 물은 뿌리로 흡수되어 물관을 통해 잎의 엽육세포에 다다르게 된다. 물관은 뿌리부터 줄기, 가지, 엽맥으로 이어지는 통로이다. 엽육세포에서 물은 확산을 통해 엽록체로 들어가게 된다. 이산화탄소는 대기로부터 기공이 열리면 잎의 내부인 엽육세포로 확산되어 들어가고 역시 엽록체로 확산되어 들어가게 된다.

8.2 내부공생설이 가장 타당한 이유를 제시한다. 이 이론에 따르면 진핵세포의 먼 조상이 미토콘드리아와 엽록체의 조상에 해당하는 당시의 세균들과 공생을 하여 지금의 진핵세포가 출현한 것이다. 미토콘드리아와 엽록체 조상이 진핵세포의 조상 세포인 숙주로 들어오게 되면서 자신의 세포막과 숙주의 세포막으로 둘러싸이게 되면서 외막과 내막을 지니게 되었다.

8.3 3가지 색소의 관찰된 흡수스펙트럼을 모두 합쳐 흡수 양상을 비교하면 광합성 작용 스펙트럼과 일치한다. 이 결과는 3가지 색소 모두 광합성에 관여함을 의미한다.

8.4 공통점은 우선, 미토콘드리아의 산화적 인산화와 엽록체의 광인산화는 무두 전자에너지를 이용하여 막 안팎으로 H^+ 농도의 차이를 형성한다는 점이다. 두 번째는 농도의 차이로 인한 확산력을 이용하여 ATP 합성효소는 ATP를 합성한다는 점이다. 차이점은 첫째 H^+ 농도가 더 높은 곳이 다르다는 점이다. 미토콘드리아는 외막과 내막 사이, 엽록체는 틸라코이드막 내부이다. 두 번째는 전자에너지의 원천이 미토콘드리아는 화학분자, 엽록체는 빛에너지인 점이다.

8.5 고정된 탄소로 당을 만드는 과정에서 중간 산물인 탄소화합물들을 환원시키고(NADPH) 에너지를 공급한다(ATP).

8.6 $NADP^+$, ADP + P_i이다. 이외에도 캘빈회로에 이산화탄소가 필요하다면 명반응에는 물과 빛에너지가 필요하다.

8.7 빛에너지를 사용하여 합성된 ATP와 NADPH가 있어야 캘빈회로가 작동하고 캘빈회로에 관여하는 많은 효소들이 빛에 의해 활성이 조절된다.

8.8 Rubisco에 이산화탄소 대신 산소가 결합함으로 인해 2분자의 C_3 화합물이 아닌 1분자의 C_3 화합물이 생긴다. 따라서 합성되는 탄수화물의 양도 반으로 줄어든다.

9.1 세포를 파괴했다는 것은 세포막이 온존하지 않다는 의미이다. 또한 세포를 파괴함으로써 세포 내의 효소를 노출시켜 호르몬인 epinephrine과 직접 만나게 한 것이다. 그러나 효소의 활성이 증가하는 효과는 없었다. 따라서 효소가 활성을 나타내려면 세포막이 온존해 세포막 단백질이 수용체로서 기능해야 하고 호르몬과 효소는 직접 만나는 것이 아닌 중간 매개체가 있어야 함을 뜻한다.

9.2 수용체가 받아들일 신호 분자가 친수성이면 세포막을 통과하지 못하므로 수용체가 세포 표면에 있어야 한다. 그러나 신호분자가 소수성이면 쉽게 세포막을 통과할 수 있어 이들의 수용체가 세포 내에 있게 된다. 이 수용체는 세포 내로 유입된 신호 분자와 결합하여 활성이 생기는데 대개 전사인자로 작용한다.

9.3 칼슘이나 cAMP 등 2차 전달자는 친수성이고 짧은 시간 내에 농도가 급격히 증가한다. 신호분자가 수용체에 결합하면 중간의 매개분자들이 활성화되어 2차 전달자가 빠르게 늘어나 세포 내로 퍼져갈 수 있다. 세포 내에 퍼진 2차 전달자는 이후 과정에 관여하는 많은 분자들의 활성을 변화시킨다. 2차 전달자는 1차 전달자인 세포 외부의 신호분자가 수용체와 결합했다는 정보를 세포 내로 알려주는 역할을 한다.

9.4 신호분자가 수용체에 결합하여 전달된 결과, 반응이 일어나면 활성화되었던 수용체 단백질과 신호 전달에 관여하는 많은 연결 단백질(relay proteins)들이 원래 상태로 돌아와야 한다. 그래야 다음 신호를 받아들여 전달할 수 있다. 단백질 인산화효소(protein kinases)가 대상 기질인 연결 단백질들을 활성화시켰다면 상응하는 인산화단백질 탈인산화효소(phosphoprotein phosphatases)가 해당 단백질들을 불활성화시켜 다음 신호에 대비하게 하여야 한다. 따라서 이 두 가지는 효소는 비슷한 비중으로 중요하다.

9.5 신호분자인 에피네프린이 수용체에 결합하면 G 단백질(1)이 활성되고 계속해서 활성고리화효소가 활성화되어 cAMP(2)가 다량 합성된다. cAMP는 단백질 인산화효소 A(3), 가인산분해효소 인산화효소(4), 글리코겐가인산분해효소(5)가 활성화되어 포도당-1-인산 분자(6)가 생성된다. 2와 6이 100배 1, 3, 4, 5가 10배 증폭되었다면 에피네프린 1분자가 1억 분자(10 x 100 x 10 x 10 x 100 x 10)의 포도당-1-인산을 합성한 것이 된다.

9.6 모든 단백질은 활성화된 상태에서 비활성화된 상태로 되돌아가야 한다. 그래야 새로운 신호분자를 받아들여 신호전달 과정을 유발할 수 있다. (9.4 참조)

10.1 수정란 세포 하나가 수십조 개의 세포로 구성된 개체를 형성하는 발생과 생장이 일어나려면 체세포분열이 반복되어야 한다. 또한 세포가 손상되면 손상된 세포를 대체하여 새로운 세포를 만들 때, 즉 상처가 회복될 때에도 체세포분열이 일어나야 한다. 예를 들어 지속적으로 세포들이 소모되는 피부, 대장벽, 자궁벽, 적혈구, 백혈구, 모낭세포 등에서 체세포분열의 중요성을 살펴볼 수 있다.

10.2 양쪽으로 당겨져 분열될 1쌍의 자매염색분체가 정확히 선택되지 않을 수 있어서 사람의 경우, 23가지의 염색체 두 세트가 각각 한 세트씩 정확하게 분열된 양쪽세포로 이동하지 않을 수 있다.

10.3 하나의 세포에 수천 개의 핵이 존재하게 된다.

10.4 염색분체가 치우쳐 분포한 쪽으로 더 많은 염색체가 이동할 수 있어 염색체 수가 분열된 양쪽 세포에서 다를 수 있다.

10.5 G_0 단계.

11.1 대부분의 세균들은 염색체가 하나이다. 따라서 감수분열을 통해 숫자가 줄어들 염색체의 여유가 없다. 또한 세포분열 자체가 번식 과정이므로 따로 생식세포를 만들 필요가 없다.

11.2 전기 I기에 중요한 일이 일어나기 때문이다. 접합에 의한 사분염색체의 형성, 교차 등 다양한 유전적 조성을 만드는 데에 필요한 일들이 일어난다.

11.3 사람의 생식세포는 23가지의 염색체를 지니고 있기 때문에, 교차가 없다면 2^{23}가지의 조합이 가능하다. 그런데 각 염색체마다 1번의 교차가 일어난다면, 23 염색체 모두에게 일어날 가능성을 포함하여 2^{23}을 곱해야 한다. 그래서 난자나 정자의 유전적 조성이 다른 세포의 수는 거의 70조에 이른다.

12.1 이론적으로는 아니다. 그러나 염색체가 크고 이 염색체의 극과 극에 유전자 둘이 위치하면 이 둘 사이에 교차가 거의 항상 일어나 상이한 염색체에 이 두 유전자가 위치하는 것과 같은 양상으로, 즉 독립의 법칙을 나타내며 자손에 전달될 수도 있다.

12.2 *PPRRYY*, *PpRRYY*, *ppRRYY*, *PPRrYY*, *PPRRYy*, *PPRRyy* 등 6가지가 출현할 확률을 구해 더해주면 된다. *PPRRYY*의 출현확률은 1/4 x 1/2 x 1/4 = 1/32이다. 이러한 방식으로 곱하면, 나머지는 유전자형의 출현 확률은 순서대로 1/16, 1/32, 1/32, 1/16, 1/32이다. 이들을 더하면 1/4이 정답이다.

12.3 첫째, 우성 표현형이 치명적일 경우, 자연선택에 의해 해당 유전자가 감소했을 것이다. 치명적인 우성 유전병이 치명적인 열성 유전병보다 출현빈도가 낮은 이유이다. 둘째, 우성 유전자가 열성 유전자로부터 돌연변이가 일어난 이후 현재에 이르기까지 시간이 짧아, 즉 우성 유전자가 출현한 시기가 비교적 가까운 과거이어서 열성을 넘어설 만큼 출현빈도가 증가하지 못했을 것이다.

12.4 예측할 수 있다. 두 부모 모두 이형접합이다.

12.5 남성과 여성, 부부와 형제, 형질의 유무 등을 가려 표시하는 가계도의 작성법대로 가계도를 그려보자. 그리고 이미 3대 이상을 표현한 가계도를 이용하거나 본인이 3대 이상을 추적하여 작성한 가계도를 살펴보면 우성이란 판단이 들 것이다.

12.6 근친들은 비슷한 유전적 특징을 지닐 확률이 크다. 즉, 치명적으로 해로운 열성 유전자를 근친들은 같이 지닐 확률이 크다. 이들이 결혼하여 자손을 낳으면 보인자 부모가 하나씩 전달한 치명적 열성 유전자 둘이 자손에게 전달될 수 있다. 이는 근친이 아닌 사람끼리 결혼하여 치명적 열성 유전자가 희석되는 것과 비교할 때 훨씬 큰 확률로 치명적인 결과를 낳을 수 있다.

13.1 눈 색에 대해 이형접합인 부모들 교배시킨 모건의 실험 결과는 흰 눈을 암호화하는 열성 유전자가 수컷에만 나타나는 것이었다. 따라서 이 유전자가 X 염색체상에 있을 때에만 해석이 가능하다. 이 실험적 증거로 인해 모건은 유전자가 염색체상에 있다고 확신하게 되었다.

13.2 남성의 경우, 유전질환을 담당하는 유전자가 열성일 때 이 효과를 제압할 수 있는 우성 대립유전자를 담는 보통 염색체 대신 대립유전자가 없는 Y 염색체를 가지고 있다. 따라서 그대로 열성의 유전질환 유전자가 표현된다.

13.3 고양이 암컷의 경우, 털의 색을 나타내는 유전자가 X 염색체 상에 있다. 두 개의 X 염색체 각각에 있는 유전자들이 오렌지색과 검은 색을 표현할 수 있는데 이 두 유전자를 이 고양이가 가지고 있다면 거북 무늬가 가능하다. 암컷의 세포들 각각은 두 개의 X 염색체 중 하나를 임의적으로 불활성시켜 두 개의 색 중 하나만 표현되게 된다. 그 결과는 거북무늬의 색이다.

13.4 교차가 일어났는지 여부를 알면 된다. 두 유전자를 골라 두 유전자 모두가 이형접합인 개체와 두 유전자 모두가 열성 동형접합인 개체를 교배하였을 때 재조합형의 출현 빈도가 50% 이하이면 이 두 유전자가 연관된 것으로 판단할 수 있다.

13.5 답은 다음과 같다. 그러나 이 답이 어떻게 가능한지 생각해 보는 것이 더 중요하다. *b–cn–vg*

13.6 제1감수분열에서 21번 염색체 4분체의 비분리 또는 제2감수분열에서 21번 염색체의 자매염색분체의 비분리 결과, 21번 염색체가 2개인 생식세포가 형성될 수 있다. 이 세포가 정상인 생식세포와 수정되면 21번 염색체 3개인 이수성(aneuploidy)이 생기는데 이 이수성으로 인해 다운증후군이 발생한다.

14.1 염기끼리의 결합은 수소결합이다. 수소결합은 약한 결합이므로 많을수록 구조를 안정화시키는 데에 유리하다. 이중나선을 구성하는 두 가닥의 DNA가 지닌 염기들 사이에서 수소결합이 최대한 가능하려면 두 가닥의 DNA 조각은 5′→3′의 방향성이 서로 반대이어야 한다. 이 구조라면 A와 T 사이는 2개의 수소결합, G와 C 사이는 3개의 수소결합이 가능해 안정적인 이중나선 구조를 유지할 수 있다.

14.2 퓨린의 염기는 2개의 링 구조를 가져 전체 크기가 크고 피리미딘은 1개의 링 구조를 가져 크기가 작다. 만약 퓨린 염기끼리 결합하면 이중나선의 폭이 2 nm보다 길고 피리미딘 염기끼리 결합하면 2 nm보다 짧아진다. 그러나 퓨린과 피리미딘이 결합하면 2 nm의 일정한 폭을 유지하는 것이 가능하다. 샤가프는 자신의 여러 생물을 대상으로 한 실험에서 G와 C의 비율이 동일하고 A와 T의 비율이 동일함을 발견하였다. 이를 근거로 왓슨은 퓨린인 G와 피리미딘인 C가 결합한다고 판단하였다. 퓨린인 A와 피리미인인 T의 결합도 마찬가지이다.

14.3 DNA 중합효소는 새로 결합시킬 뉴클레오티드가 결합될 부위가 있어야 작용한다. 그 부위는 기왕에 만들어진 DNA 조각의 한 쪽 끝 부분인데 뉴클레오티드 5탄당 3번 탄소이다. DNA 중합효소가 5탄당 3번 탄소가 노출될 때에만 새로운 뉴클레오티드를 결합시킬 수 있기 때문에 DNA 구조 자체의 특징인 역 평행 방향으로 신장이 일어난다.

14.4 생식세포에 있는 DNA를 복제하는 과정에서 DNA는 점점 짧아질 것이다. 따라서 대를 이어 자손이 생길 때마다 짧아진 DNA를 지니게 될 것이고 결국, DNA가 없는(?) 자손이 생길 것이다.

14.5 이질염색질은 히스톤 단백질을 비롯한 다양한 단백질 등 주변 분자와의 결합이 강하고 심하게 응축되어 있어 이런 구조 속에서는 유전자 부위가 자기 기능을 할 수 없다. 즉 발현되기 어렵다.

15.1 모든 생물이 유전자 DNA 부위에 있는 3자암호(triplet code)를 읽는 방식이 동일하기 때문이다.

15.2 두 가닥의 DNA중 전사(의 신장)에 사용되는 정보를 지닌 부위(유전자 부위)가 풀어져 이 중 한 가닥이 새로 합성되는 RNA의 원본(template)으로 작용한다.

15.3 원핵생물의 경우, 전사된 mRNA의 끝부분이 될 부위에 RNA 자체 내의 염기결합에 의해 생긴 머리핀 구조로 인해 전사가 종결된다. 진핵생물의 경우, RNA의 3′끝에 가까운 곳에 있는 AAUAAA를 0.5~2 kb를 지나 전사가 종료된다.

15.4 세균에는 핵이 없이 전사된 RNA가 바로 번역되는 것이 가능하다. 이는 RNA 가공이라는 부가적 과정이 오히려 세균에게는 부담으로 작용할 수 있다. 또한 세균에는 인트론이 존재할 만큼 DNA의 길이가 넉넉하지 않다. 따라서 인트론을 제거하는 과정이 필요없다.

15.5 하나의 유전자가 대체 RNA 스플라이싱 과정을 거쳐 2개 이상의 상이한 mRNA를 만들 수 있어 한 가지가 아닌 여러 가지의 단백질을 만들 수 있다.

15.6 일부 아미노산들의 경우, 동일한 아미노산을 암호화하는 코돈이 여러 개인 경우가 있다. 코돈을 구성하는 염기 중 3번째 염기가 다르더라도 동일한 아미노산을 암호화할 수 있다. 따라서 코돈 61개에 1:1 대응하는 61개의 안티코돈이 꼭 필요한 것은 아니다. 예를 들어 안티코돈의 5′ 말단의 U는 코돈의 3번째 위치에 A와 G와 결합할 수 있다. 요컨대 안티코돈은 61개보다 적은 수이지만 충분히 정확하게 아미노산을 운반할 수 있다.

15.7 첫째는 아미노아실 tRNA 합성효소가 특정 안티코돈을 지닌 tRNA에 해당하는 아미노산을 정확히 결합시키는 단계이다. 둘째는 코돈과 안티코돈이 정확히 염기서열을 인식해 결합하는 단계이다.

15.8 RNA는 분자 내 염기끼리의 수소결합(intramolecular interaction)이 가능해 다양한 3차 구조를 형성할 수 있다. 따라서 단백질처럼 여러 기능을 수행할 수 있다. (22.2 참조)

15.9 3자암호를 읽어내는 틀이 염기가 삽입되거나 없어지면서 하나씩 밀리거나 당겨져 완전히 다른 아미노산이 합성되기 때문이다.

16.1 바이러스는 숙주 내에서만 자신의 유전체를 복제할 수 있다. 진화의 대부분은 변이들이 존재할 때에만 환경에 적응할 수 있는 대상이 선택되면서 가능하다. 바이러스가 진화하려면 변이가 숙주 내에서 유전체가 복제되면서 생성되어야 한다. 따라서 숙주가 없는 바이러스의 진화는 불가능하다.

16.2 세균과 식물 등의 세포는 세포벽을 지니고 있어 세포막으로 둘러싸인 채 숙주세포로부터 방출되기 어렵다.

16.3 특정 바이러스가 숙주에 진입하기 위해서는 열쇠와 자물쇠가 맞듯이 숙주세포막의 단백질에 결합하여야 한다. 따라서 해당하는 단백질을 지닌 세포로 이루어진 생물 종류만이 특정 바이러스의 숙주가 될 수 있다.

16.4 가장 대표적인 것이 인간의 AIDS를 유발하는 HIV의 증식을 막는 역전사효소 작용억제제, 단백질분해효소 억제제 등이 있다. 그러나 항생제가 세균을 죽일 수 있는 것처럼, 인간의 질환, 다른 동식물의 질환의 원인이 되는 광범위한 바이러스의 증식을 억제하는 약은 현재까지 개발되지 않았다. 그러므로 현재 바이러스성 질환에 대한 가장 좋은 대책은 예방제제(vaccine)를 개발, 사용하여 예방하는 것이다.

16.5 세균은 성선모를 통한 유전자 교환을 비롯하여 수평적 유전자 전달이 가능하다. 또한 바이러스를 경유하거나 세포 주변의 유전자를 비교적 쉽게 받아들일 수 있다. 이러한 경로를 통해 세균은 유전자 재조합을 할 기회가 증가한다.

16.6 항생제에 대한 내성 유전자를 담고 있는 R 플라스미드의 경우, 에피좀으로 작용하지 않는다. 따라서 모든 플라스미드가 에피좀처럼 작용하는 것은 아니다.

16.7 억제형 오페론은 억제자(repressor) 단백질을 경유하여 유전자 활성을 조절하는 반면, 유도형 오페론은 CAP처럼 활성자 단백질을 통해 유전자의 활성을 조절한다.

16.8 젖당이 세포막투과 단백질(permease)의 작용으로 대장균 세포 내로 유입되면 이 중 일부가 allolactose로 전환된다. allolactose는 프로모터에 붙어있는 억제자 단백질에 결합하여 프로모터로부터 억제자를 분리시킨다. 이후 프로모터에 RNA 중합효소가 결합하여 *lacZ* 유전자를 활성화시키면 베타갈락토시데이즈가 합성되고 이 효소들이 유당(lactose)을 분해하여 포도당을 만든다. 처음에는 포도당의 농도가 낮아 세포내 cAMP의 양이 증가하는데 이들이 CAP에 붙으면 CAP가 활성화되어 *lacZ* 유전자를 더욱 활성화시켜 더 많은 베타갈락토시데이즈를 만든다. 결국, 대장균 세포는 빠른 시간 내에 많은 분자의 포도당을 얻을 수 있게 된다.

17.1 정자와 난자 내에 동일한 DNA 유전자들이 있으나 메틸화되는 유전자의 종류가 달라 활성이 조절되는 유전자의 종류가 두 가지 생식세포 사이에서 다르게 된다. 이러한 DNA 메틸화는 수정란이 발생되는 과정에서 각 세포마다 활성화되거나 비활성화되는 유전자들이 선택되어 조절되는 과정에서도 중요한 역할을 한다.

17.2 세균의 경우, *lac* 오페론이나 *trp* 오페론처럼 관련된 기능 단백질들을 암호화 유전자들이 하나의 프로모터에 의해 조절된다. 그러나 진핵세포에는 오페론 구조가 없다. 기능상, 관련된 유전자들은 활성과 관련하여 프로모터 구조와 이에 붙은 전사인자 등의 단백질에 의해 필요에 따라 유전자들의 활성이 조절된다.

17.3 간세포나 눈세포 모두에 알부민과 투명한 단백질을 암호화하는 유전자가 있다. 그러나 간세포와 눈세포는 알부민 유전자와 투명한 단백질 유전자를 활성화시킬 수 있는 단백질만 각각 지니고 있다. 그 결과, 눈세포에서는 투명한 단백질이, 간세포에서는 알부민만이 합성된다.

17.4 기능상의 차이는 비교적 크지 않다. miRNA와 siRNA는 각각 이들을 합성하는 유전자가 다르다.

17.5 우리의 세포에는 부와 모로부터 각각 하나의 동일한 종류의 유전자를 얻는다. 두 개의 *Ras* 유전자 중 하나만 돌연변이가 되어도 세포의 증식이 일어날 수 있고 이는 종양의 형성을 유발할 수 있는 우성 형질이다. 이와 다르게 *p53* 유전자의 경우, 하나만 돌연변이가 일어나면 정상인 나머지 하나의 유전자로부터 정상적인 p53 단백질들이 만들어지고 이들이 종양을 억제할 수 있어 *p53* 돌연변이 유전자의 잘못된 기능이 상쇄되는 열성 형질이 된다.

17.6 숫자가 세균의 몇 배에 해당하는 유전자이지만 이들 유전자로부터 합성되는 생성물간의 상호작용은 훨씬 더 많은 경우의 수가 가능하다. 이 경우의 수가 복잡한 생물학적 특징이 나타나는 이유 중 하나이다. 또한 사람의 예에서 볼 수 있듯이 하나의 유전자로부터 alternative splicing을 거쳐 여러 상이한 단백질이 생성되므로 세균과의 유전자 숫자의 차이보다 단백질의 종류에서는 훨씬 많은 차이를 나타낸다.

17.7 rRNA 유전자처럼 세포에서 일정 시간 내에 많은 양의 동일한 분자를 합성하기 위해서는 동일한 분자를 암호화하는 동일한 유전자가 여러 개 필요하다. 또한 헤모글로빈 유전자처럼 유전자 산물인 헤모글로빈이 사용되는 조건이 다를 경우, 각 경우에 맞는 유전자가 필요하다. 따라서 동일하지는 않더라도 다양한 헤모글로빈을 암호화하는 여러 유전자가 필요하다. 이런 이유들로 인해 다유전자군이 존재한다.

17.8 배수체가 진화에 기여하는 현상은 주로 식물에서 발견된다. 감수분열의 실패로 인해 생식세포가 이배체로 유지되고 이러한 생식세포들끼리 수정되면서 조상과는 다른 새로운 종이 출현할 수 있다. (21장 참조)

18.1 서로 다른 종의 생물로부터 얻은 DNA를 재조합하는 것

18.2 세균이다. 바이러스의 유전자를 분해하는 능력을 지닌 효소가 제한효소이다. 바이러스는 세균의 이러한 시도에 돌연변이로 대응한다. 세균도 유전자의 돌연변이를 통해 새로운 제한효소를 만들어 대응한다. 이러한 상호대응이 거듭되는 공진화를 통해 많은 수의 다양한 제한효소가 생겼을 것이다.

18.3 유전체 DNA도서관은 DNA의 모든 부위, 즉, 단백질 또는 RNA 합성을 위한 codon에 상응하는 부위와 프로모터, 인핸서, 인트론, 더 나아가 유전자와 상관없는 DNA 부위를 지닌다. 그러므로 프로모터, 인핸서, 인트론 등의 구조와 기능, 유전자와 상관없는 DNA 부위의 구조와 기능을 연구하는 데에 유전체 도서관이 사용될 수 있다. 이와 다르게 cDNA 도서관을 사용하면 특정 장소와 시간에서 어떤 유전자가 활성화되었는지 등의 유전자 활성 조절에 대한 정보를 얻을 수 있다.

18.4 전기천공법, DNA 총, 바늘 이용법 등을 이용한다. 효모의 경우, 플라스미드가 있어 세균처럼 플라스미드를 사용할 수 있다.

18.5 노던 블롯팅은 유전자 활성과 관련하여 연구하려는 대상 mRNA가 관찰하기에 충분한 양이 확보되는 경우에 사용될 수 있다. RT-PCR은 충분한 양의 대상 mRNA가 확보되지 못하는 조건에서 대상 유전자로부터 적은 양만 발현 된 mRNA를 cDNA로 바꾸어 증폭시키는 방법이다. 이 방법을 통해 특정 조건에서 유전자들의 상대적인 발현 정도를 비교할 수 있다.

18.6 유전체 해독을 하는 데에 가장 중요한 점은 염기서열 결정이 가능한 최대한도인 약 800개의 뉴클레오티드로 구성된 조각들의 순서를 결정하는 것이다. 사람의 경우, 약 400만 조각의 DNA를 순서대로 나열하는 엄청난 일이 틀림없이 수행되어야 한다. 그래서 NIH에서 주도한 3단계 전략이 필요했었다. 그러나 100만 개의 염기순서를 결정할 수 있게 된다면 약 DNA 조각 3,000개의 순서를 결정하면 된다. 아마 3단계 전략 없이도 샷건 전략만으로 충분히 유전체 전체의 구조를 밝힐 수 있었을 것이나.

18.7 일반생물학 책에 자주 소개된 분자, 예를 들어 헤모글로빈이나 콜라겐 등의 유전자를 찾아 시도해 보면 더욱 흥미를 느낄 것이다.

18.8 돌리를 포함한 진핵세포들은 염색체들을 지니는데 이들은 선형 DNA로 구성된다. 이 선형 DNA의 말단(telomere)은 DNA가 복제될 때마다 짧아진다. 따라서 많은 회수의 세포분열과 이에 따르는 DNA 복제를 경험한 성체들의 체세포에 있는 DNA 말단은 짧아져 있다. 이는 성체들이 겪게 되는 질병과 관련이 있는데 돌리가 바로 이 세포로 복제되었기 때문에 어린 나이에도 성인병 증상을 나타낸 것이다.

18.9 유전자 클로닝은 세균이나 PCR 등의 방법으로 특정 염기서열을 가진 DNA 분자를 증폭하는 것이다. 세포복제는 유전자 모두를 포함하여 모든 DNA 부위를 포함하는 유전체를 동일하게 복제함으로써 동일한 유전체를 지닌 세포들의 수를 늘리는 것이다. 개체 복제는 동일한 유전체를 지닌 수정란을 동일한 발생을 거치게 하여 원본과 동일한 유전적 조성을 지닌 개체를 만드는 것이다.

18.10 RFLP와 STR을 식별할 수 있게 제한효소를 각각의 용의자들로부터 얻은 시료에서 추출한 DNA에 처리하여 생긴 DNA 조각들의 크기에 따른 profile을 비교한다. 이 때 DNA 증폭을 위한 PCR DNA 조각들의 profile을 분석하는 실험을 하기 위하여 서던블롯이 사용된다.

18.11 형질전환은 기능과 구조를 알고 있는 특정 유전자를 대상 동물에 주입하여 형질의 변화를 유도하는 것이다. 따라서 특정 유전자가 생물체내에서 발현되어 형질의 변화가 유도된 과정을 쉽게 파악할 수 있다. 전통적인 육종은 겉으로 드러나는 표현형을 통해 형질의 변화는 알 수 있지만 이런 변화의 원인인 유전자 차원의 정보는 바로 얻을 수 없다. 활성이 변화한 유전자를 찾기 위해서는 많은 실험적 과정이 필요하다.

19.1 이 질문에 대한 답은 하나의 논술 문제가 요구할 정도의 많은 양일 수 있다. 다음의 내용이 포함되면 최소한의 대답은 될 것이다. 플라톤이 이데아, 아리스토텔레스의 자연의 계단, 신의 역할에 의존한 자연신학적 생각 등을 예로 들 수 있는데 이들은 모두 생물은 특정 목적을 위해 창조된 것으로 간주하고 시간의 흐름에 따른 변화를 용인하지 않았다. 이는 조상으로부터 많은 변화를 겪어 매우 다른 후손이 출현할 수 있다는 다윈의 주장에 전면적으로 배치되는 것이다.

19.2 이 책에 있는 여러 증거를 열거해 보면 흥미로울 수 있다. 인간, 고래, 말의 경우처럼 진화 과정을 비교적 잘 설명하는 다양한 화석기록, 포유류의 뼈 구조 비교를 포함한 해부학적인 비교, 침팬지와 사람처럼 여러 생물의 친근도를 나타낼 수 있는 유전자의 서열 비교, 세균의 항생제 내성 증가, 곤충의 살충제 내성 증가, 호주와 남미에만 유대류의 화석이 있는 이유, 상동의 예와 진화계통수 등 여러 항목에 해당하는 예를 들 수 있다.

19.3 '종의 기원' 이전의 출판물들은 진화를 충분한 증거 없이 강변했다. 또한 진화가 일어나는 방식에 대한 체계적인 언급이 없었다. '종의 기원'에서 다윈은 엄청난 양의 증거를 제시하여 진화를 증명하려 하였고 이러한 진화가 '자연선택'을 통해 이루어졌다(진화의 메카니즘)는 주장을 했다는 데에 의미가 있다.

19.4 박쥐의 날개와 새의 날개, 유대하늘다람쥐와 북미의 날다람쥐 등과 같은 비교는 비교되는 양자가 비슷한 구조와 기능을 보여 공통조상이 꽤 가까운 과거에 있었을 것이라는 추론이 가능하다. 그러나 이들은 환경조건에 적응하는 방식이 비슷해 생기는 수렴진화일 뿐 동일한 근래의 공통조상에서 유래한 상동에 대한 증거는 아니다. 박쥐와 새의 공통조상은 날개를 지닌 동물이 아니라 육상의 파충류 비슷한 동물로 추산된다. 날개는 포유류와 조류가 분기한 이후 각각 얻게 된 것이다. 유대류와 설치류가 분기한 후 활공할 수 있는 구조를 지닌 유대하늘다람쥐와 날다람쥐의 경우도 마찬가지이다. 많은 경우 상동인 구조는 비슷하지만 가끔 위의 예들처럼 공통조상의 존재여부와 상관없이 비슷한 구조를 보일 수 있다. 수렴진화 결과 생긴 상사로부터 상동을 구분하는 것이 생물들의 계통을 추적하여 진화 과정을 살펴보는 데에 필수적이다.

19.5 남극대륙은 아프리카, 남미, 인도, 호주 등과 함께 곤드와나 대륙을 구성하였었다. 곤드와나를 구성했던 대륙들이 현재의

여러 지역에 산재한 것은 계속 대륙이 움직인다는 것을 나타낸다. 남극처럼 추운 곳에서 공룡이 생존했을 가능성은 없다. 쥬라기와 백악기에 공룡들이 살 수 있었던 온도에 해당하는 위도에 남극 대륙이 있었고 이들의 흔적을 담은 채 현재의 위치까지 온 것이라 추론하는 것이 타당하다.

20.1 염기서열 하나에 변이가 일어난다면 사람의 경우, 전체 유전체의 1.5%를 차지하는 유전자 부위에서 일어날 확률은 크기 않다. 유전자 부위에서 돌연변이가 일어나더라도 코돈의 3번째가 바뀌는 경우라면 해당 유전자가 암호화하는 아미노산이 바뀌지 않을 확률이 높다. 코돈의 첫 번째나 두 번째가 바뀌어 암호화하는 아미노산이더라도 변화되기 이전의 유전자가 암호화하는 아미노산과 비교하여 동일한 성질(친수성 또는 소수성)인 아미노산이라면 단백질의 3차구조가 바뀌지 않을 수 있다.

20.2 무성생식은 하나의 자손을 만드는데 하나의 부모개체만 있으면 가능하다. 또한 부모개체 유전자의 100%를 자손에게 전달할 수 없다. 그러나 유성생식의 경우처럼 유전자를 섞을 수 없어 다양한 유전적 조성을 지닌 자손을 만들기 어렵다. 무성생식을 하는 생물들은 돌연변이를 통해 유전적 다양성을 만든다. 이 방법이 유전적 다양성을 유지하는 데에 유용한 이유는 대부분의 무성생식 생물들의 세대가 매우 짧다는 것이다. (11-3 참조)

20.3 병목 효과와 창시자 효과 등 유전적 부동은 개체군의 크기가 작아서 유발된다. 개체군의 크기가 작다는 것은 이들이 유래한 모집단이 충분히 크다는 것과 다르다. 개체군이 작으면 모집단의 유전적 다양성을 그대로 유지하기 어렵다. 그래서 모집단과는 다른 일정 정도 왜곡된 유전적 조성을 지니게 되어 진화가 일어나게 하는 원인이 된다.

20.4 암수의 구분은 영양분이 많고 크며 운동성이 없는 소수의 생식세포인 난자를 지니는지 또는 작고 빠르게 움직이는 매우 많은 생식세포인 정자를 지니는지에 의해 결정된다. 따라서 암컷은 난자에 투여한 많은 에너지에 반해 유전자의 질이 좋지 않은 정자를 받아들일 경우 에너지 투여는 낭비될 수 있다. 이는 암컷이 성적 대상을 고르게 되는 중요한 이유이다. 수컷은 많은 수의 정자를 만들 수 있어 이 중 하나라도 수정이 되면 자신의 유전자를 후대에 전달할 수 있는 입장이다. 따라서 수컷은 생식세포의 수나 교미의 기회 등, 양적인 면에서 우위에 있게 되면 그만큼 더 유전자를 후대에 남길 가능성이 커진다.

21.1 '접합 후 장벽', 즉 수정란은 생길 수 있으나 그 이후의 과정에서 장벽이 생겨 종이 안정적으로 유지되지 않는다. 이 장벽 중 하나가 수정란의 발생에 문제가 생기는 '잡종치사'이다. '잡종치사'에서 더 나아가, 발생이 제대로 진행된 결과, 개체가 출현할 수 있는데 노새가 여기에 해당한다. 생존이 충분히 가능한 이 개체들은 그러나 자손을 낳을 수 없는 '잡종불임'이다. 따라서 종 유지가 안정적이지 않게 된다.

21.2 아프리카, 남미, 남극대륙, 인도, 호주 등이 모두 결합하여 곤드와나 초대륙이 갈라지면서 중생대 후반에는 아프리카와 인도는 떨어져 나가고 남미, 남극대륙, 호주가 연결된 상태로 있게 된다. 이 시기가 지나면 이 세 대륙은 서로 분리된다. 현재 포유류는 진태반류와 유대류로 나뉘는데 이 중 유대류는 호주와 남미에서만 유대류의 화석이 발견되고 현재에도 남미에는 1개 종 정도, 호주에는 300여 종이 서식하고 있다. 따라서 곤드와나 대륙이 분리되는 과정과 포유류의 이소종분화는 관련이 있는 것으로 판단할 수 있다. 각 대륙마다 고유한 종 위주로 살펴보면 이소종분화를 설명할 수 있는 예는 얼마든지 있다.

21.3 타가다배수체가 형성되어 현재의 6배체에 이르게 되었다. 이르면 50만 년 전, 경작 중이던 *Triticum monococcum* (AA: 두 set의 염색체를 표시)종의 생식세포는 야생에 존재하는 *Aegilops speltoides* (SS)종의 생식세포와 수정과 염색체 변형 과정을 거쳐 역시 경작 대상인 *T. turgidum* (AABB)을 형성하게 된다. 이때 위 이배체 두 종은 생식세포를 형성할 때 감수분열에 실패하여 두 세트의 염색체를 지녀 이들 사이의 수정은 4배체의 생물을 출현시킨다. 수십만 년이 지나 경작되던 *T. turgidum* (AABB)는 또 같은 방식으로 *A. tauschii* (DD)와 타가다배수체를 형성하게 되는데 그 결과물이 6배체인 현재의 밀, 즉 *T. aestivum* (AABBDD)이다.

21.4 백악기 대멸종으로 공룡 등 많은 파충류가 멸종하였다. 이후에 공룡이 차지하는 생태적 지위는 포유류가 차지하게 되어 엄청나게 다양한 새로운 종이 출현하게 되었다. 일종의 생태학적 신천지에서 새로운 종이 급격히 분화하는 것을 적응방산이라 하는데 이를 통해 종의 다양성이 이루어질 수 있다. 이런 종류의 일은 대멸종이 있고 난 직후에 거의 항상 발생했을 것이다.

21.5 일본 달팽이인 *Euhadra*속에 속하는 두 종의 달팽이는 유전자 하나의 변이로 인해 껍데기 나선 방향이 달라 생식기가 만날 수 없도록 기계적 격리가 생긴 결과로 간주된다. 이 유전자의 해당 개체군 내에서의 빈도가 바뀌는 소진화는 바로 유전자 교환이 되지 않아 앞으로 다른 종으로 분화하는 대진화로 진행될 가능성이 커졌다. 이외에도 많은 종류의 유상종이 이러한 설명에 합당할 수 있다.

22.1 포름알데히드를 용액 속에서 가열하면 두 개의 포름알데히드 분자는 5탄당, 6탄당, 7탄당을 만들어 낸다. 이외의 당과 아미노산의 합성도 예로 설명할 수 있다.

22.2 RNA 분자 내에서 염기끼리의 수소결합이 가능하여 다양한 3차 구조를 형성할 수 있기 때문에

22.3 생물의 대멸종과 새로운 생물들의 출현이 뚜렷한 때가 근거이다.

22.4 초기 지구에서 많은 탄소화합물이 합성되었을 것이다. 이 중 일부는 최초의 원시세포를 구성하였을 것이다. 최초의 원시세포는 주변에 많은 탄소화합물을 섭취함으로써 에너지를 얻었을 것이다. 이 과정이 진행되면서 탄소화합물이 고갈되었을 것이다. 따라서 새롭게 에너지를 습득하는 변이가 출현할 수밖에 없었을 것인데 그 중 일부가 아마 광합성 등 독립영양을 수행하는 세균들이었을 것이다.

22.5 4.4와 8.2의 답을 참조.

22.6 고생대에 양막류 중 단궁류(synaptids)가 출현. 이들은 파충류의 조상과 다르게 양쪽 안와 뒤에 측두창이라는 구멍을 지닌다. 초기 단궁류는 후기 단궁류로 진화하는 과정에 턱관절을 구성하는 뼈 중 두 개가 중이로 편입된다. 이들은 페름기 동안 어느 정도 번성하였지만 페름기 말에 일어난 대멸종에 의해 다양성이 감소한다. 그러나 이때의 단궁류는 몸집이 작고, 긴 털로 덮여 있고 빠르게 자란 것으로 보아 대사율이 높았던 것으로 보인다. 중생대에 진정한 포유류가 출현하지만 뒤쥐 정도의 크기를 유지해 공룡이 득세하는 환경에서 생존하였다. 백악기 초기까지 단공류, 유대류, 태반류가 출현하였다. 백악기 후기의 대멸종으로 대형 파충류가 사라지면서 신생대에 포유류는 적응방산을 거쳐 대형포식자, 초식동물, 수생생활 종 등 다양한 종이 출현하여 현재에 이르고 있다.

22.7 대다수 무척추동물에게는 여러 호메오유전자들이 하나의 염색체상에 있다. 따라서 초기의 조상 척추동물이 될 조상 생물은 이러한 구성의 호메오유전자들을 지녔을 것이다. 턱이 없는 척추동물들이 2개의 염색체상에 호메오유전자 복합체를 지닌다. 아마도 5억 2,000만 년 전에 중복이 일어난 것으로 보인다. 이러한 중복은 한 번 더 일어난 듯하다. 현존하는 대다수의 척추동물들은 4개의 염색체 상에 호메오유전자의 복합체를 지닌 것으로 미루어 보아 약 4억 2,500만 년 전에 유악류가 출현하면서 다시 한 번 중복이 일어난 것으로 추정하고 있다.

22.8 다음은 가능한 여러 가지 예 중의 하나이다. 초파리의 눈의 발생을 담당하는 유전자 중의 하나는 *eyeless*이다. 이와 비슷한 기능을 하는 유전자로 생쥐의 small eye와 사람의 *aniridia*가 발견되었다. 잘 알려져 있다시피 초파리의 눈은 생쥐나 사람의 눈과 달리 복합눈이다. 이들의 눈은 생쥐나 사람의 눈과 많은 기능이 비슷하지만 결정적으로는 상이 명확하게 맺어지지 않는 차이점이 있다. 그런데도 불구하고 생쥐의 *small eye*를 초파리에서 발현시키면 초파리의 눈이 발생한다. 따라서 척추동물인 포유류와 무척추동물인 초파리의 공동조상으로부터 이 유전자가 유래함을 알 수 있다. 이를 증명이라도 하듯이 *eyeless*와 비슷한 유전자가 연체동물, 멍게 등에서 발견되었다.

23.1 분류학은 생물들이 지닌 구조와 기능적 공통점과 차이를 근거로 하여 종류별로 나누는 것이 핵심적인 원리이다. 계통분류학은 공통조상에서 유래한 자손들의 계통을 근거로 생물들의 멀고가까움을 판단하여 생물을 분류한다.

23.2 이명법의 예는 매우 많다. 일부를 예시하면 다음과 같다. 사람은 *Homo sapiens*, 벌거숭이두더지는 *Heterocephalus glaber*, 찌르레기는 *Sturnus cineraceus*, 아보카도는 *Persea americana*, 짚신벌레는 *Paramecium aurelia*, 폐렴연쇄상구균은 *Streptococcus pneumoniae*로 이명법은 표시될 수 있다. 이 방법으로 인해 각 생물의 고유 이름이 혼동될 여지를 줄이고 이 생물들이 어떤 계통에 속하는지를 짐작하는 데에 도움을 줄 수 있다.

23.3 진핵생물의 대사 관련 유전자들은 진정세균 영역과, 생식 관련 유전자들은 고세균 영역과 유사하다. 이를 근거로 생물학자들은 진핵생물이 진정세균과 고세균의 공생의 결과로 출현하였을 것으로 추론한다.

23.4 외부군은 내부군의 구성원들이 여러 분기점에서 어느 형질이 파생되었는지 결정하는 데에 비교 대상으로 삼을 수 있어 내부군 구성원들의 진화적 관계를 유추하는 데에 유용하다.

23.5 포유류의 공유조상형질로 척추, 관절턱, 네 개의 다리, 양막이 있는 알 등을 예시할 수 있다. 포유류의 공유파생형질은 털, 수유 기능, 중이의 3가지(망치, 모루, 등자)의 뼈 등이 해당한다.

23.6 대부분의 생물에 대하여 진화가 일어나는 과정을 직접 관찰하고 기록하는 것은 불가능하다. 현존하는 생물들의 다양한 특징과 화석기록 등 진화의 증거와 이에 근거한 과학적 추론이 있을 뿐이다.

23.7 포유류의 7가지 단백질에 축적된 돌연변이를 여러 동물 종에서 비교한 후 돌연변이의 수를 Y축에 분기시간을 X축으로 삼아 연구한 자료를 그래프에 표시할 수 있다. 표시된 점들을 회귀분석을 하여 가장 타당성이 있는 직선을 그릴 수 있다. 이 직선을 이용하여 돌연변이의 수를 알면 해당 유전자가 언제 분기하였는지를 알 수 있다.

24.1 단세포 생물인 원핵생물은 자연 환경에서 마주치는 여러 가지 물리 · 화학적 인자에 대해서 해당 신호물질이 유익한지 해로운지에 따라 이를 향하거나 또는 멀어지려는 반응 메커니즘을 가지고 있다. 이런 운동을 주성(taxis)라고 하는데, 각각 화학물질과 빛에 대한 반응인 주화성(chemotaxis)과 주광성(phototaxis)이 대표적인 예이다. 운동성 원핵생물의 대부분은 편모로 움직인다. 세균 편모의 구성성분 단위는 플라젤린(flagellin)이라는 단백질이다. 원핵생물의 편모는 기저체, 훅크 및 필라멘트로 이루어져 있으며, 기저체에서 양성자 동력(proton motive force)을 이용하여 회전 운동을 한다. 양성자 동력의 강도에 따라 편모의 회전속도가 달라지는데, 회전 방향을 바꾸면 텀블링(tumbling)에 의해 세균의 움직임 방향이 바뀐다. 대장균(*Escherichia coli*)을 예로 보면, 평소에는 전진(run)과 텀블링을 무작위로 반복하여 특별한 방향성 없이 움직인다. 그러다 자신에게 유익한 화학 신호(attractant)가 감지되면 전진 길이는 늘어나고 텀블링 횟수는 감소한다. 이런 반응의 결과로 attractant의 농도가 높은 방향으로 이동하게 된다. 해로운 화학 신호(repellent)를 감지해도 기본적으로 같은 방식으로 이동하는데, 이때의 전진 촉진 요인은 repellent의 농도 감소이다.

24.2 접합(conjugation)은 서로 다른 두 원핵세포의 접촉에 의해 플라스미드가 전달되는 과정이다. 이처럼 세포 간 접촉에 의해서 스스로를 전달할 수 있는 플라스미드를 접합성 플리스미드(conjugative plasmid)라고 한다. 그런데 항생제나 다른 생장 저해물질에 대한 저항성 유전자를 가지고 있는 내성 플라스미드(R plasmid)의 상당수가 접합성이다.

24.3 다양한 대사 능력 덕분에 심해의 화산 분화구에서 동물의 소화관까지 세균은 지구에 존재하는 생명체 중 가장 널리 퍼져 있다. 현재까지 발견된 최고(最古)의 생명체 화석은 35억 년 전쯤

의 세균의 것이다. 최초의 생명체가 정확하게 언제 탄생했는지는 모르지만 세균을 비롯한 미생물들이 적어도 35억 년 동안 생명의 진화를 주도해 왔다는 것은 확실하다. 가장 혁신적인 사건은 산소 발생형 광합성 세균의 출현이다. 이로 말미암아 무산소 상태의 환원형 대기가 점점 산화형 대기로 변화됨에 따라 산소를 이용하여 호흡하는 생물의 진화가 가능해졌다. 동일한 화합물을 이용하더라도 산소를 이용한 호흡을 통해서 상대적으로 많은 양의 에너지를 얻을 수 있는 생물체들은 나날이 더 큰 집단으로 번성하면서 새로운 형태의 생물로 진화할 수 있는 기회를 증가시킬 수 있었을 것이다. 화석기록 증거에 의하면 지구 대기 중에 산소가 축적되는 시점부터 다양한 생물체들이 급속도로 나타나기 시작하였다. 즉, 세균이 없었다면 지구상의 다양한 삶은 애당초 시작되지도 못했을 것이다.

25.1 원생생물은 광독립영양, 종속영양 등의 영양 방식을 나타내고 심지어는 이 둘을 혼합한 혼합영양을 하는 종류도 있다. 따라서 원생생물은 생산자, 소비자, 분해자 모두의 기능을 수행한다. 또한 번식과 생활사도 매우 다양해 생태계의 곳곳에서 적응에 성공한 종류도 많은 것으로 보인다. 원생생물은 무시할 수 없을 정도의 비중으로 생태계에서 기능하고 있다.

25.2 파동편모충의 표면은 한 종류의 단백질 수백만 개로 덮여 있다. 이 단백질의 모양을 인식한 숙주의 면역체계가 공격을 준비하는 동안 파동편모충의 표면 단백질은 약간 다른 구조의 분자로 바뀐다. 숙주의 면역체계를 갖추는 속도보다 빠른 속도로 항원인 표면 단백질이 변하므로 면역계의 공격을 피할 수 있다.

25.3 내장흡반편모충(내장 질환), 질(세포)편충류(질 감염), 파동편모충(충혈성심장병), 열원충(말라리아) 등을 열거할 수 있다.

25.4 바다 수온이 증가하여 해양플랑크톤을 비롯한 먹이가 증가하면 와편모류가 대번성할 수 있다. 개체군이 폭발적으로 증가하면 와편모류가 분비한 카로티노이드로 인해 적갈색 또는 분홍색을 띠게 되어 연안해에 '적조' 현상을 유발한다.

25.5 유색피하낭류를 구성하는 생물군 중 정복합포자충류는 많은 경우, 기생을 한다. 말라리아 열원충은 모기와 사람 모두를 숙주로 한다. 열원충의 생활사에 대한 그림은 많은 종류의 일반생물학 책에 잘 묘사되어 있어 참조하기에 어렵지 않다. 참조해서 묘사해 보자.

25.6 갈조류는 세대교번을 한다. 다시마의 경우, 여러 일반생물학 책에서 잘 소개되어 있으니 이를 참조하여 생활사를 묘사해 보자.

25.7 다른 생물들의 계통을 확립했던 것과 마찬가지로 분자계통학과 세포학 영역의 연구에 따르면 고색소체류의 공통 조상으로부터 홍조류와 다른 한 가지가 갈라진다. 이 '다른 한 가지' 공통 조상에서 녹조류와 현 육상생물의 조상이 갈라진 것으로 간주된다. 현 육상생물의 조상은 차축조류와 현 육상식물로 갈라진다. 이를 바탕으로 계통수를 그려보자.

25.8 점균류는 균류처럼 포자의 분산을 돕는 자실체를 만든다. 그러나 점균류는 아메바조아류에 속하고 균류는 후편모충류에 속한다.

25.9 자세한 생활사는 여러 일반생물학 책에서 그림으로 잘 설명되어 있다. 간략하게 설명하자면, 세포성 점균의 생활사는 반수체이 세포들이 무성생식을 하여 군체를 이루는 생활사와, 아메바 상태에서 접합자를 구성한 후 감수분열을 하는 유성생식을 하는 생활사로 구성된다. 무성생식 과정에서 자실체가 생긴다. 이 자실체는 줄기와 이 줄기의 위에 위치한 포자들로 구성된다. 물이 부족한 조건이 되면 줄기를 구성하는 세포들은 말라 죽지만 포자들은 살아남아 생식력을 유지한다. 과학자들의 연구에 따르면 돌연변이에 의해 줄기를 구성할 세포 중 일부는 포자로서 생존하기 위하여 세포막 단백질을 변화시키는 속임꾼 세포로 기능함이 밝혀졌다. 이러한 세포가 인식체계는 다세포 진핵생물의 진화에 중요했을 것으로 간주된다.

25.10 단편모류는 아메바조아류와 후편모류로 구성된다. 후편모류는 균류가 속해있는 계통과 동물이 속해있는 계통으로 갈라진다.

26.1 로제트형의 셀룰로오스 합성 복합체, 퍼옥시좀 효소, 편모성 정충의 구조, 세포 격막형성체의 형성

26.2 관다발은 식물체 내에서 물과 양분의 수송을 담당하는 관체계로 동물의 혈관에 비유할 수 있다. 관다발을 지닌 현생 양치류들은 포자체가 배우체보다 훨씬 우월하다. 즉, 배우체에 의존하지 않고 자랄 수 있는 포자체가 등장한 것이다.

26.3 선태류는 관다발조직이 없어서 몸의 먼 부위로 양분을 수송하지 못함은 물론 얇은 조직을 지녀야 영양의 분배가 가능하다. 얇은 조직은 큰 키를 지지하지 못하므로 선태류 대부분은 지표면 수준의 크기로 자랄 수밖에 없다. 또한 선태류는 물이 주변에 있어야 정자의 움직임을 통한 번식이 가능하다.

26.4 그림 26.3을 참조하여 설명해 보자.

26.5 그림 26.4를 참조하여 설명해 보자.

26.6 그림 26.5를 참조하여 설명해 보자.

26.7 꽃가루가 암술머리에 닿는 수분이 일어나면 꽃가루 내의 정자들이 암술대를 통과하도록 관 형성 세포들이 관을 형성한다. 이 관을 따라 정자들이 이동하여 주공에 도착한다. 주공을 뚫고 씨방 내부에 들어간 두 개의 정자가 난자와 극핵 등과 수정되면 각각 배와 배에 영양을 공급하는 배젖으로 발생된다. 만약 이러한 두 가지의 중복수정이 일어나지 않으면 배의 발생 없이 배젖이 생겨 낭비될 수 있다. 따라서 중복수정은 낭비를 막는 적응현상 중의 하나일 수 있다.

26.8 식량: 쌀, 밀, 옥수수, 감자, 카사바, 고구마; 향신료와 기호식품: 정향, 바닐라, 후추, 겨자, 커민, 나록풀, 박하, 세이지, 계피, 카카오; 의약품: 버드나무, 디기탈리스, 양귀비, 태평양주목, 유카리나무

27.1 외생균근 균류는 뿌리 표면에 걸쳐 균사로 덮개를 형성하

여 뿌리 피층의 세포외 공간으로 침투하여 자라는 반면, 내생균근 균류는 뿌리세포의 세포벽을 뚫고 균사를 신장시켜 자란다.

27.2 균류의 유성생식은 페로몬에 의해 이성 배우자가 이끌려, 세포질융합→핵융합→감수분열을 거쳐 일어난다. 많은 균류에서 세포질융합이 일어난 후에 각 배우체에서 유래한 반수체 핵이 바로 융합하지 않는데, 이를 이핵체(異核體, heterokaryon)라고 한다.

27.3 아래 그림 참조.

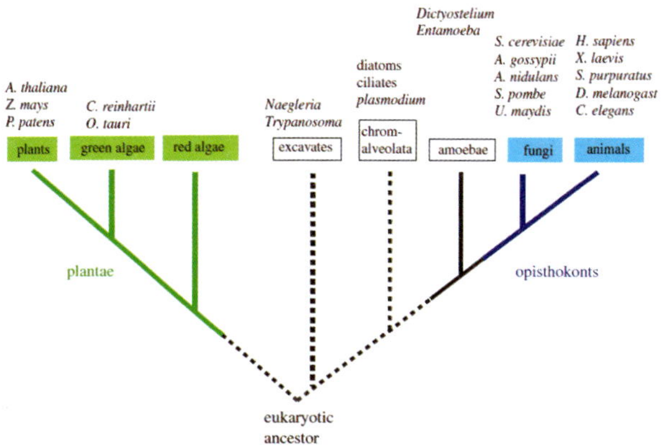

〈A current phylogeny of the eukaryotic supergroups〉
출처: Phil. Trans. R. Soc. B (2011) 366:3532–3544

28.1 콜라겐은 피부가 탄력성을 띠게 하여 이 단백질이 분해되면 주름이 생긴다. 또한 이 단백질은 혈관을 강하게 유지시켜주고 조직의 발생에 기여한다. 그리고 피부, 근육, 뼈, 인대, 힘줄, 연골 등에 분포하고 이들을 연결시켜주는 역할을 한다. 포유류의 경우, 이 단백질은 전체 단백질의 25~35%를 차지하는 가장 풍부한 단백질이다. 이처럼 복잡한 구조의 고등 동물은 콜라겐이 많이 필요하다. 그런데 콜라겐이 합성되려면 산소가 많이 필요하여 대기 중 산소의 농도가 일정 정도에 이를 때까지 크고 복잡한 동물은 진화하지 못했다. 콜라겐은 세포막 바깥에서 fibronectin, integrin 등과 세포외기질을 형성한다. 이 세포외기질은 식물의 세포벽에 비견되지만 탄수화물이 많은 비중을 차지하는 세포벽과는 물리적 특징과 기능 면에서 매우 다르다.

28.2 대부분의 경우, 생물의 부드러운 조직, 즉 내장, 근육, 피부 등은 죽은 후 쉽게 부패되어 화석화되기가 어렵다. 그런데 부드러운 몸체를 가진 생물들이 선캄브리아기에 발견되었고 이 화석들이 발견된 지역의 이름에 근거하여 '에디아카라(6억 3,500만 년 전~5억 4,200만 년 전)' 동물군이라 하였다. 이 화석들은 비교적 다양한 형태를 띠었고 크기도 수 밀리미터에서 1미터에 이르는 등 다양하였다. 이들은 주로 해저에 고착해서 살거나 기어 다니며 살았다. 약 8억 년 전~6억 년 전에는 거의 전 지구가 빙하에 덮여 있고 산소가 부족하여 다양한 다세포 생물이 출현할 환경이 아니었는데 이 빙하기가 끝나면서 다양한 생물들의 진화가 가능했을 것이라 추론되었다. 그 증거가 에디아카라 동물군이다. 이에 따르면 고생대 캄브리아기가 시작하기 전인 약 6억 년 전에 이미 다양한 다세포 생물이 살았었다. 그리고 조건이 갖추어 진다면 비교적 '짧은' 지질학적 시간 동안 단순한 생물로부터 크고 복잡한 다세포 생물이 진화할 수 있음을 나타내는 의미가 있다.

28.3 캄브리아 대폭발 때 출현했던 화석을 비교해보면 많은 포식–피식의 관계를 알 수 있다. 우선 피식자들의 방어 장치이다. *Choia*, *Halichondrites*, *Pirania*, *Wapkia* 등의 해면동물은 골편을 지닌다. 삼엽충을 비롯한 많은 절지동물과 *Haplophrentis* 등을 포함한 연체동물들은 딱딱한 껍질로 포식자에 대항했다. *Micromitra*는 가시를 지녔고 조개사돈인 *Mickwitzia*는 독을 내뿜었다. 일부 삼엽충의 경우에는 포식자의 공격에 의한 상처를 치유하는 능력도 지닌 것으로 보인다. 포식자들이 존재한 증거도 많다. 버제스 셰일의 화석이 지닌 정보를 종합해 보면 빗해파리인 Fasciculus는 얕은 바다에서 새예동물인 *Ancalagon*, *Louisella*, *Ottoia*, *Selkirkia* 등은 바다의 밑바닥에 몸을 위장한 채 지나가는 동물을 노렸다. 아노말로타리스는 크게는 2m의 몸을 자랑하는 무시무시한 포식자로 이빨이 무성한 입을 이용하여 먹이를 빨아들이고 파괴했을 것이다. 눈이 다섯이나 달린 오파비니아도 먹이를 잡아챌 수 있는 구조를 지닌 활발한 포식자였다. 이는 일부 삼엽충에서도 마찬가지였다. 이렇듯 캄브리아 당시의 절지동물 대부분은 수중에서 적극적으로 사냥하는 포식자였다. 한 마디로 이 당시에 이미 상당히 복잡한 먹이 그물이 형성되었던 것이다.

28.4 위(등쪽)와 바닥(배쪽); 왼쪽과 오른쪽; 머리(앞쪽)와 꼬리(뒤쪽).

28.5 선구동물 발생의 특징은 첫째 난할에서 나선형과 결정적(배아세포의 운명이 초기에 엄격히 결정됨)인 특징을 띤다. 둘째 단단한 중배엽 덩어리가 갈라져 체강을 형성한다. 셋째 원구에서 입이 발생한다.

28.6 해면동물은 진정한 조직을 가지고 있지 않다. 이들에게는 배엽을 형성하여 몸의 각 부분을 발생시키는 과정이 일어나지 않는다. 자연스럽게도 이들에게는 체강이 형성되지도 않는다.

28.7 부유섭식자란 물속에 떠다니는 먹이입자를 섭취하는 동물들이다(36장 참조). 부유섭식자에는 해면동물, 히드라, 산호 등 바다에서 정착생활을 하는 동물은 물론 창고기에서 고래에 이르기까지 움직이는 동물 등 광범위한 동물이 포함된다.

28.8 많은 종류의 자포동물은 공통적으로 방아쇠가 자극되면 자포가 발사되어 먹이를 포획한 후 위수강 내에 밀어 넣어 소화한다.

28.9 플라나리아의 머리는 신경세포들이 밀집한 신경절을 지닌다. 여기에는 빛을 감지하는 한 쌍의 안점을 비롯한 주요 감각수용기들이 있다.

28.10 이 동물들은 습기가 많은 토양에서 살지만 습기가 제거되어 바짝 마를 때가 있다. 물속에 있던 윤형동물 중 일부는 마르면서 몸이 깨지기도 한다. 다시 물이 공급되면 깨진 몸을 통해 외부의 DNA 조각이 들어올 수도 있고 자신의 DNA가 나갈 수도 있다. 이런 방식으로 외부에서 유입된 DNA를 이용해 자신의 유전자를 재조합하는 데에 사용할 수 있고 이 방식이 단위생식을 하

는 윤형동물이 유전적 다양성을 만들 수 있는 방법일 수도 있다.

28.11 그림 28.7을 이용하여 설명을 시도해 보자.

28.12 선형동물의 경우, 큐티클의 탄력성이 몸의 회복운동을 도와준다. 성장과 함께 오래된 큐티클은 버려지고 새로운 큐티클이 생겨난다.

28.13 체절성, 외골격, 관절이 달린 부속지

28.14 외골격, 체절화, 특수화된 관절이 있는 부속지, 고도로 발달된 감각기관, 변태, 효과적인 생식전략, 방어와 공격을 위한 효과적인 기작, 의사소통 능력을 포함한 다양한 적응 덕에 매우 성공적인 종의 방산이 가능했다.

28.15 수관계는 극피동물들에서만 보이는 독특한 체계로 물의 흐름을 담당한다. 이러한 수관계가 기능하도록 만드는 구조가 관족이다. 이 관족들이 모여 그물망 구조를 만들 수 있고 이동, 섭식, 기체교환 등의 기능을 한다.

29.1 척삭동물의 경우, 발생 과정에서 관이 형성되어 신경다발을 이루게 되는데 이들은 등쪽에 위치한다. 척삭동물을 제외한 나머지 동물 문에서는 배쪽에 속이 차 있는 신경다발이 위치한다.

29.2 유두동물과 창고기류와 피낭류 등 머리가 없는 동물들의 중간 단계에 해당하는 동물들이 화석으로 발견된 것으로 보인다. *Haikouella*의 경우, 잘 형성된 뇌, 눈, 근육 마디, 호흡 아가미 등 유두동물이 진화하는 과정에서 생겼을 것으로 보이는 변화가 관찰된다. *Myllokunmingia*는 눈과 귀의 더 정교한 구조가 발견된다.

29.3 광물화란 생물의 구조 중 일부가 칼슘을 비롯한 무기질 성분으로 인해 단단해지는 것을 말한다. 화석 증거에 따르면 광물화는 이빨을 포함한 구강에서 최초로 일어난 것으로 보이고 이후 머리뼈에서 시작하여 골격 전체에서 일어난 것으로 보인다,

29.4 폐어류와 실러캔스는 잎사귀형지느러미류이고 잎사귀형지느러미류와 육상동물는 방사형지느러미류와 갈라진 공통조상에서 유래했다. 이 중 폐어류는 아가미와 허파를 모두 갖추었고 짧은 거리를 기거나 걸을 수 있기 때문에 육상동물의 조상으로 간주되기도 하였다. 그러나 화석과 유전자를 비롯한 다양한 증거에 따르면 폐어류와 육상동물은 공통조상에서 유래한 것으로 보인다. 즉 공통조상에서 방사형지느러미류가 갈라지고, 실러캔스류가 갈라진 후, 폐어류가 갈라진 것으로 파악된다. 이후 폐어류와 공통조상으로부터 육상동물의 조상이 갈라져 나온 것으로 간주된다.

29.5 수생동물에서 육상동물로의 진화는 여러 중간 단계를 필요로 한다. 이 중 틱타알릭은 한 단계를 담당하는 것으로 보인다. 이들은 목이 있어 머리를 돌릴 수 있다. 따라서 앞으로 모인 두 개의 눈을 여러 방향으로 돌려 먹이와 포식자를 인식할 수 있다. 또한, 손목, 팔꿈치, 어깨에 해당하는 구조가 있어 팔굽혀펴기가 가능한, 즉, 앞다리의 움직임이 육상에서 생활하기에 매우 원활해진 구조를 지니기도 하였다.

29.6 양막란은 껍질을 가진 점에서 양서류와 다른 알이다. 껍질이 있기 때문에 알이 공기 중에 노출되더라도 건조속도가 낮아진다. 포유류의 경우, 알의 발생은 모체에서 발생한다. 요컨대 수생 환경에 대한 번식의 의존도가 줄어든 것이다. 이러한 이점으로 인해 조류를 포함한 파충류와 포유류 등 양막류는 양서류와 다르게 훨씬 넓은 범위의 육지에서 서식할 수 있게 되었다.

29.7 파충류의 공통조상에서 바다거북과 쌍궁류로 각각 갈라진다. 쌍궁류는 조룡류와 인룡류로 갈라지는데 인룡류에는 도마뱀에 포함된다. 조룡류는 악어류와 공룡류로 갈라진다. 공룡류는 초식공룡을 포함하는 조반류와 용반류로 나뉘는데 용반류에는 조류가 포한된다.

29.8 시조새(*Archaeopteryx*)는 지금가지 알려진 최초의 새이다. 이들은 이빨, 날개의 발톱달린 발가락, 긴 꼬리 등 조상 공룡의 특징을 지닌다. 또한 깃털 날개를 지니고 빠른 속도로 비행할 수 있는 현생 조류와 비슷한 특징을 지닌다. 따라서 공룡에서 현생 조류로 이어지는 중간 단계의 하나로 간주할 수 있다.

29.9 초기 단궁류는 털이 없고 다리를 옆으로 뻗는 동작으로 걸으며 알을 낳는 등 지금의 파충류와 다름없는 특징을 나타낸다. 그러나 독특한 특징도 있었다. 예를 들어 두개골 안쪽 안와 뒤의 구멍인 측두창은 인간을 비롯한 포유류 다수에서 볼 수 있는 특징이다. 이후에 단궁류는 턱이 재구성되는 과정, 즉 턱관절을 형성하는 뼈 두 개가 중이로 편입되는 과정을 겪는다. 페름기에 초식동물과 육식동물로 분기되어 우점적인 위치에 있었지만 페름기 말에 대멸종을 겪는다. 나머지 단궁류들은 삼첩기 말(약 2억 년 전)에 긴 털로 덮인 구조, 빨리 자라는 특징 그래서 대사율이 높은 특징 등을 지닌 동물로 진화한다. 쥐라기 동안에는 진정한 포유류로 진화한다.

29.10 그림 29.7을 참조하여 정리해 보자. 방향성을 띤 단선적인 변화, 즉, 현대인류와 비슷해지는 방향으로 조금씩 변하는 과정이 아니라는 점이다. 매우 많은 종들이 출현하여 자연선택을 거치는 꽤 복잡한 과정을 거쳐 현생 인류만 남게 되었다.

29.11 두발 걷기의 시작, 도구 사용의 시작, 두뇌의 확대, 완전한 두발 걷기로 먼 길 이동, 또 한 번의 두뇌의 확대 등의 순서로 진행되었다. 이는 두발 걷기가 완전히 진행된 후 도구를 사용하게 되고 두뇌가 확대되는 식으로 어느 한 사건이 다른 두 사건보다 먼저 완전해지는 식으로 인간은 진화하지 않았음을 시사한다. 이 세 가지는 약간 앞선 일이 다음 일에 영향을 끼치는 것을 포함한 여러 상호작용으로 상호 증폭을 일으켰을 것으로 판단될 수 있다.

29.12 더 짧은 턱, 더 큰 뇌용적, 비교적 날카로운 돌 도구 등이 오스트랄로피테쿠스와 다른 호모속의 특징으로 간주된다.

29.13 역시 그림 29.7과 textbook의 내용을 근거로 작성해 보자.

29.14 현재의 인류에 이르기까지 다양한 유전자들의 변화가 있었음이 틀림없고 이에 대한 연구결과는 최근에 쏟아져 나오고 있다. 이러한 유전자 중의 하나가 *FOXP2*이다. 이 유전자에 이상이 생긴 사람은 언어 장애를 겪고 뇌의 브로카 영역의 활동이 줄어든다. 따라서 이 유전자의 인간의 언어 능력과 관련이 큰 것으로 간주된다. 이 유전자와 병렬 상동인 유전자는 생쥐를 비롯한 많은 포유류에서 발견되었는데 DNA 서열의 변화에 대한 연구의 결과

에 따르면, 이 유전자는 지난 20만 년 동안 강한 자연선택을 지나 현재의 구조를 띠게 된 것으로 보인다.

29.15 환경에 대한 인간의 영향은 그 어떤 생물보다도 엄청나게 크다. 생물과 직접적인 관련이 없는 것으로 자연 파괴는 물론 화석연료의 과다 사용, 많은 종류의 생물들이 인간에 의해 멸종하여 생물 다양성이 감소한 점 등 얼마든지 예를 들 수 있다. 따라서 인간의 단기적인 이익 추구로 인해 환경이 파괴되는 것을 막기 위한 장기적인 안목에 근거한 대책이 필요하다. 한편으로는 생물과 생태계, 인간의 문화를 모두 아우르는 연구들을 수행하여 이에 대한 지식을 쌓아야 한다. 이러한 내용을 포함하여 다양한 토론이 가능하다.

30.1 쌍떡잎식물과 외떡잎식물의 잎 구조는 잎맥에서 차이를 나타낸다. 쌍떡잎식물의 잎맥은 그물맥인데 반해 외떡잎식물의 잎맥은 관다발에 평행으로 배치된 구조를 나타낸다.

30.2 줄기의 피층은 기본조직계에 속한다. 기본조직계는 주로 유조직으로 구성되어 있고 후각조직이 표피 바로 아래에 위치한다. 기본조직계는 줄기라는 기관에 속하고, 줄기는 지상계라는 기관계에 속한다.

30.3 정단분열조직은 세포의 분열을 지속적으로 일으킬 수 있는 세포들의 집단으로 줄기와 뿌리의 끝에 위치한다. 이 조직으로 인해 식물의 1기 생장이 가능하다. 즉, 지상부와 뿌리부의 수직 형태가 형성될 수 있는 것이다.

30.4 목본의 경우, 1기 생장이 중단된 이후에도 2기 생장에 의해 줄기와 뿌리가 두터워진다. 2차 생장이 해마다 거듭되면서 주로 목본인 겉씨식물은 헛물관을 지니게 되는 데에 반해 초본 위주의 속씨식물은 헛물관과 물관요소 모두를 지닌다. 그 결과 물관과 체관부, 코르크층이 증가한다.

30.5 책상조직은 잎의 윗부분에 1개 이상의 세포층으로 구성되고 해면조직은 책상조직 아래에 엉성하게 배열되어 있다. 따라서 책상조직과 주변 세포로 이산화탄소와 산소의 순환이 용이하다. 기공 근처는 간극이 커 이산화탄소를 흡수하고 산소를 방출할 수 있다.

30.6 나무는 나이가 들면 2기 물관부(심재와 변재)는 물과 물관액을 운반하지 않는다. 변재와 달리 심재는 2기 물관부 중 중심부위에 있으면서 특히 운반기능이 작동하지 않는다. 이들이 제거되더라도 식물 내에서의 영양분 공급체계에는 심각한 문제가 생기지 않는다.

30.7 식물의 생장은 세포 수의 증가와 세포자체의 크기 증가에 의해 일어난다. 이는 동물 생장이 세포 수의 증가로만 이루어지는 것과 대조적이다.

30.8 A는 꽃받침과 꽃잎의 발생을 담당한다. 따라서 이 유전자가 고장나면 꽃은 꽃잎과 꽃받침 부위에 전형적인 꽃잎과 꽃받침이 형성되는 대신 암술과 수술로 구성될 것이다.

31.1 외떡잎식물의 수염뿌리 형태는 강하고 키가 큰 식물을 지탱하기 어렵다.

31.2 식물세포가 등장액에 들어 있는 것과 비슷한 정도로 물이 공급된다면 식물은 시들기 시작해 고장액에 들어 있는 것과 같은 정도로 물이 공급되면 (즉, 물이 부족하면) 급기야 원형질이 분리되는 현상까지 일어난다. 반면 식물세포가 저장액에 들어 있는 것과 같은 정도로 물 공급이 가능하면 (즉, 물이 풍족하면) 세포가 부풀게 되게 이때가 식물이 건강할 때이다.

31.3 뿌리에서 흡수한 물과 양분의 이동 경로 중 아포플라스트 경로는 세포들 사이, 즉 주로 세포벽으로 구성된 공간을 통과하는 것이다. 뿌리의 바깥에서 이 공간을 통해 안쪽으로 이동하면서 토양에서 유래한 친수성 양분(물에 녹아 있는 형태의 양분)들은 내피를 이루는 세포들 사이의 세포벽 공간에 형성된 카스파리안선에 이르게 된다. 그런데 이 카스파리안선은 소수성 성분인 슈베린으로 구성되어 있다. 친수성 양분은 이 구조물을 통과할 수 없기 때문에 내피를 구성하는 세포내로 이동하여 물관부에 이르게 된다.

31.4 잎에서 일어나는 증산작용 결과, 잎 내부의 세포에서는 물의 손실에 따른 장력이 형성되어 수분 포텐셜을 낮춘다. 이렇게 형성된 음압은 물관으로부터 물을 당기는 원동력이 된다. 줄기의 물관은 튼튼한 관을 형성해, 잎의 요구에 의해, 물이 이동하면서 생기는 장력을 극복한다. 이때 물은 물분자끼리의 응집과 물과 물관벽 사이의 부착력에 의해 이동하고 일부 뿌리압의 도움을 받기도 한다. 그러나 이 과정은 주로 잎의 당김에 따른 압력의 차이에 의해 진행된다. 뿌리에서는 뿌리압이 작용하여 어느 정도 물을 위쪽으로 밀게 된다.

31.5 꽃이나 상품성이 떨어지는 작은 열매가 당 수용원으로 작용하여 상품성이 큰 제대로 된 열매로 당이 이동하는 것을 방해할 수 있기 때문에 꽃이나 작은 열매는 제거된다.

32.1 마그네슘은 이동성이 좋아 어린잎으로 이동이 잘 일어나기 때문에 결핍증은 오래된 잎에서 먼저 나타난다. 철은 이동성 낮아 결핍증이 어린잎에서 먼저 일어난다.

32.2 개구리밥과 공생인 남조류가 공기 중 질소를 고정하기 때문에 개구리밥과 벼를 윤작하는 것은 질소 획득 면에서 벼농사에 이롭다. 콩과식물은 리조비움 박테리아와 함께 질소를 고정하여 토양에 질소의 함유량을 높인 후 옥수수를 심는 윤작을 하면 화학비료의 요구량을 줄일 수 있다.

32.3 암모니아화 세균은 공기 중 질소분자의 3중 공유결합을 깨고 수소와 결합을 하도록 하여 암모니아를 만든다. 암모니아는 토양으로부터 유래한 수소이온과 결합하여 암모늄 이온을 형성하게 된다. 이렇게 형성된 암모늄도 식물에 의해 흡수될 수 있다. 그러나 이에 비해 식물 뿌리에 공생하는 리조비움 등에 의해 형성된 암모늄이온은 바로 식물에 흡수될 수 있다. 다른 한편 토양에 남아 있는 암모늄 이온은 질산화세균에 의해 질산염으로 전화되어 식물에 흡수될 수 있다. 흡수되지 않은 질산염은 탈질산화세균에 의해 질소분자로 전환되어 대기 중으로 흡수된다.

32.4 토양으로부터 인산 등 무기질의 흡수가 어려워질 수 있고

균근에서 분비된 항생제의 도움을 받지 못할 수 있다. 결과적으로 식물의 생장이 억제된다.

33.1 수술머리에 있는 소포자낭에는 소포자모세포가 있다. 이 세포가 감수분열을 하여 반수체의 소포자를 형성한다. 이 소포자가 유사분열을 하여 꽃가루를 형성한다. 한편, 밑씨의 대포자낭에는 대포자모세포가 있다. 이 세포가 감수분열을 하여 반수체인 대포자를 형성한다. 형성된 대포자 중 살아남은 것들만 유사분열을 하여 반족세포, 극핵, 난자, 조세포로 구성된 배낭을 형성한다.

33.2 수분은 꽃가루가 암술머리에 닿은 것이다. 이 꽃가루 중 꽃가루관을 형성하는 세포에 의해 암술대를 관통하는 꽃가루관이 생기면 이 관을 따라 이동한 정자가 배낭의 난자와 만나게 되면 수정이 일어난다(속씨식물은 중복수정을 한다는 점을 기억해야 한다). 한 식물을 구성하는 수술에서 유래한 꽃가루가 자신의 암술에 닿게 되면 수분은 일어나지만 수정은 이루어지지 않는 자가불화합성이 일어날 수 있다. 즉 수분은 온전하게 수정 과정까지 이어지지 않을 수 있다.

33.3 첫 번째 공통점은 동물처럼 배우자가 합쳐질 때 세포질의 Ca^{2+} 농도가 증가한다는 점이다. 두 번째 공통점은 일단 수정되면 다른 정자의 수정을 막는 방어벽이 형성된다는 것이다.

33.4 열매와 종자는 코코넛처럼 두터운 껍질을 지니고 물에 뜨면 물에 의해 분산된다. 단풍이나 민들레의 종자는 바람에 이해 분산된다. 많은 종류의 열매들은 동물에 의해 먹히고 배설되어 새로운 장소에 위치하게 된다.

33.5 특정 지역에서 특정 환경에 잘 적응된 개체들은 멀리 떨어진 다른 개체와의 유전자 교환이 필요 없을 것이다. 이 경우 수분매개자의 도움이 필요하지 않는 장점이 있다. 두 번째 자신의 유전자를 온전히 자손에게 전달할 수 있다. 세 번째 생식에 드는 비용을 아낄 수 있다.

34.1 빛이 없는 조건에서 식물이 발아하여 생장하면 빛이 있는 조건과 다르게 뿌리의 발달이 더디고 떡잎이나 자엽초를 지닌 하얀 조직이 출현하고 길이생장이 빨리 진행된다. 요컨대 빛이 있을 때의 발아 이후 현상과 완전히 다른 모양을 형성하게 된다. 빛이라는 환경 요인이 있고 없음에 따라 반응하는 양상이 식물은 너무 뚜렷하게 다르다는 점이 동물과 다른 점이다.

34.2 녹두 하배축도 빛 방향으로 구부러져 자라는 양성 굴광성을 나타낸다. 그러나 귀리 자엽초처럼 옥신이 성장호르몬으로 작용해서가 아니라 빛을 받는 하배축 면의 성장이 성장억제제에 의해 억제됨으로 인해 빛 방향으로 구부러지는 것이다. 따라서 실험자는 녹두하배축 실험을 통해 옥신을 발견해지 못했을 것이다.

34.3 줄기의 길이신장을 촉진시키는 데에 옥신은 세포벽을 산성화하여 세포벽에 있는 효소와 단백질들의 활성을 촉진시킨다. 지베렐린은 세포벽에서 작용하는 단백질을 세포벽으로 수송하는 과정을 활성화시킨다. 줄기의 길이신장에는 브라시토스테로이드도 관여한다. 식물 조직으로부터 발생을 유발할 때 옥신과 시토키닌의 비율이 옥신이 높은 쪽이면 뿌리가, 시토키닌이 높은 쪽이면 줄기가 발생한다. 이외에도 발아에는 지베렐린과 앱시스산, 스트레스에 대한 반응에는 앱시스산과 에틸렌, 잎의 탈리에는 옥신과 에틸렌 등이 같이 관여하는 양상을 기술할 수 있다.

34.4 연구의 대상이 되는 색소가 특정 파장의 빛을 흡수하여 그 파장에서 특정 기능을 한다면 흡수파장과 작용파장이 일치되어야 한다. 따라서 흡수 스펙트럼과 작용 스펙트럼을 비교해야 한다.

34.5 새벽을 지나 낮이 가까울수록 적외선보다는 적색광의 비중이 늘어나 P_{fr}/P_r의 비율이 증가한다. 다시 밤이 가까울수록 반대 현상이 일어나 24시간을 주기로 P_{fr}/P_r의 비율이 변화하게 된다. 피토크롬은 빛의 조성이 변하는 정도만큼 P_{fr}/P_r의 비율이 바뀌면서 생체시계 역할을 하는 유전자의 활성을 조절한다. 이 유전자에 의해 여타 유전자들의 활성이 변화하면서 콩과식물의 수면운동, 광합성 관련 효소의 활성 등의 변화가 하루를 주기로 변화를 나타내게 된다.

34.6 단일식물(short-day plants)을 골라 실험한다면 밤 길이가 일정 정도 이상이어야 개화가 일어난다고 가정할 수 있다. 며칠 동안 빛이 없는 기간을 중간에 빛을 주어 짧게 만든 후 개화여부를 살펴보면 된다. 이때 빛은 백색광이나 적색광을 사용하면 된다. 적외선은 P_r을 증가시키므로 효과가 없다. 실험 결과에 따르면 이러한 처리로 인해 단일식물은 개화하지 못한다. 따라서 밤길이(에 의한 P_{fr}/P_r 비율)가 개화에 결정적임을 알 수 있다. 장일식물(long-day plants)도 마찬가지로 밤길이를 조절하는 실험을 통해 밤길이가 개화에 결정적인 요인임이 증명되었다.

34.7 중력이 주어지면 세포 내에서 평형석(statoliths)이 중력 방향으로 움직이면서 중력자극이 세포에서 인지된다. 이후의 전달과정에는 2차전달자로서 Ca^{2+}의 세포내 농도가 증가하고 단백질 인산화 효소가 활성화된다. 전달 과정 후 옥신의 이동이 일어나면서 길이신장 반응이 일어난다. 줄기는 중력과 반대방향, 뿌리는 중력 방향으로 차등성장이 일어나게 된다.

34.8 침투한 병원균의 Avr 단백질과 식물세포의 R 단백질이 결합한다. Avr 단백질과 결합한 세포는 과민반응을 일으킨다. 그 결과 세포벽을 변형시켜 침투한 병원균을 격리하고 다른 한편 메틸살리실산을 분비하여 다른 세포에게 전달한다. 메틸살리실산을 인지한 다른 세포들은 감염 부위와 떨어져 있더라도 세균의 공격에 대응하여 세포를 보호할 수 있는 여러 물질들을 합성하는 전신성획득저항 반응을 준비한다.

35.1 예를 들어, 키가 2배 증가하면 몸의 부피에 해당하는 몸무게는 2^3, 즉 8배 증가한다. 이렇게 세제곱의 비율로 증가한 몸무게를 지탱하려면 *T. rex*도 더 두꺼운 골격과 근육이 필요하게 된다. 이 공룡의 이동에 다리근육의 무게에 의한 마찰과 다리근육이 생성하는 효과적인 힘을 고려한 과학자들의 추산에 따르면 6 m의 이 공룡은 약 시속 30 km로 달릴 수 있다고 한다.

35.2 피부 내부의 성긴결합조직, 힘줄과 인대 등 섬유성결합조직, 성인 비만의 원인인 지방세포를 포함한 지방조직, 무릎을 구성하는 연골조직, 적혈구와 백혈구 등을 포함하는 혈액, 우리 몸을 구성하는 골격의 뼈 등을 위주로 그림을 그려 설명해 보자.

35.3 웃음으로 얼굴 근육이 움직이면 (근육계) 근육과 연결된 구심성 감각 신경을 통해 (신경계) 자극이 전달된다. 뇌에서 모인 자극은 연합뉴런을 통해 원심성 신경을 통해 여러 종류의 반응을 유발한다. 이 반응 중의 하나가 신경전달물질을 받아들여 면역세포가 움직이는 것(면역계)이다. 또는 호르몬 분비를 통해 (내분비계) 면역세포가 활성화시킬 수 있다.

35.4 펭귄 대 비단뱀의 에너지 소모량은 34만 대 8천 Kcal의 비율이다. 펭귄과 비단뱀 각각은 기초(표준) 대사량 외에 번식, 활동에 에너지를 소모하지만 펭귄은 비교적 많은 에너지를 체온 유지에 사용하고 비단뱀은 성장에 일정 비율의 에너지를 사용한다.

35.5 포유류의 경우, 일정한 온도 이하로 체온이 감소하면 이를 감지한 조절중추인 시상하부가 온열 기작을 활성화시킨다. 이로 인해 혈관이 수축되어 열을 덜 뺏기고 골격근이 수축하는 떨림 현상을 통해 열을 발생시킨다. 체온이 증가하면 마찬가지 과정을 거쳐 혈관을 확장하고 땀샘을 자극하여 땀을 분비하도록 하여 체열을 발산시키도록 한다.

35.6 외온동물에 해당하는 많은 해양어류와 무척추동물은 스스로 체열을 만들지 못하지만 안정적이 온도의 물에서 서식하기 때문에 항온동물로서 지낼 수 있다.

36.1 예를 들어 소나 양과 같은 초식동물은 먹이인 식물이 정해져 있다. 가끔 단백질이나 무기질 섭취를 시도하지만 대부분은 셀룰로스 성분이 가득한 풀을 주식으로 한다. 많은 육식동물도 마찬가지여서 대부분의 동물은 자신이 섭취하는 먹이가 비교적 제한된 범위 내로 한정되어 있다. 이 먹이들은 이들은 섭취하는 대상에게 손상을 입힐 수 있는 독을 함유하지 않아 선택된 것이다. 그러나 잡식동물은 섭취할 수 있는 음식의 종류가 매우 많다. 따라서 여러 가지 먹이를 섭취할 수 있는 대신 어떤 먹이가 독을 품고 있는지는 모른다. 생쥐의 경우, 낯선 먹이가 공급되면 아주 작은 양만 먹어 이상이 없는지 판단하는 조심스러운 행동을 한다. 인간은 해로운 물질을 가공하여 오히려 즐기기도 한다. 카페인, 니코틴...

36.2 에너지 습득을 위해 탄수화물과 지방, 몸의 구성 성분을 주로 구성하는 단백질 등이 기본적으로 포함되어야 한다. 물론 이 때에 필수아미노산, 필수지방산에 대한 고려를 해야 한다. 또한 비타민, 필수 무기질 등도 포함되어야 한다. 이런 지식을 배경으로 식단을 구성하는 것이 건강에 이롭다.

36.3 배설은 신장에서 여과 과정을 거쳐 수집된 대사 부산물이 방광에 저장되었다가 몸 밖으로 버려지는 것을 말한다. 배출은 섭취한 먹이가 소화기관을 통해 흡수되고 남은 물질이 대장을 통해 몸 밖으로 버려지는 것을 뜻한다.

36.4 위수강을 지닌 히드라 등의 동물들은 하나의 입구만 지녀 입과 항문의 구실을 동시에 수행한다. 완전소화관은 이와 달리 입과 항문을 분리된 입구에 위치시킨다. 히드라 등의 자포동물과 편형동물을 제외한 대부분의 동물이 완전소화관을 지닌다.

36.5 후두개는 올라가면서 기도를 개방하고 내려가면서 기도를 막는다. 음식이 입안에 있지만 삼키기 전이면 후두개는 올라간 상태에 있게 된다. 음식을 삼키게 되면 후두개는 내려가 기도를 막고 음식이 식도로 들어가게 한다. 식도의 괄략근이 수축과 이완을 반복하면서 음식물이 식도를 따라 위장으로 이동이 시작되면 후두개는 다시 올라가 기도를 개방한다. 개방된 기도가 확보됨으로써 숨쉬기가 가능해진다. 나이가 많은 사람들은 이 작용이 원활하지 않을 수 있어 사례가 자주 들게 된다.

36.6 소장의 일부 부위는 분해된 소화 결과물을 흡수한다. 이 부위가 소화 결과물을 효과적으로 흡수하려면 최대한 면적을 넓히는 것이 필요하다. 면적을 넓히기 위한 적응으로 소장벽에 주름 구조인 융모가 있다. 게다가 이들 융모 각각은 미세융모를 지니고 있어 표면적을 더욱 늘릴 수 있는 구조이다.

36.7 대장은 물의 함량을 일정하기 유지하기 위한 적응으로 소화 잔여물로부터 수분과 무기 이온을 흡수한다. 따라서 물을 언제나 충분히 얻을 수 있는 환경에서 서식하는 수생생물에게는 대장이 필요 없다.

36.8 글리코겐은 동물판 녹말로써 간과 근육에 저장되며 운동 등에 의해 쉽게 분해되어 에너지를 공급한다. 요컨대 과잉의 에너지는 우선 간과 근육에 저장된다. 그러나 글리코겐에 저장 된 양 이상으로 과잉인 에너지는 지방으로 전화되어 지방세포에 저장된다.

37.1 심장, 대동맥, 동맥, 모세혈관, 정맥, 대정맥, 심장의 순서로 혈액이 이동한다.

37.2 우심실 → 폐동맥 → 폐 → 폐정맥 → 좌심방 → 좌심실 → 대동맥 → 소동맥 → 모세혈관망 → 소정맥 → 대정맥 → 우심방 → 우심실.

37.3 방실판막이 닫히고 그 이후 반달판막이 닫히면서 각각 혈액이 뇌뒤어 소리가 빌생하기 때문이다.

37.4 평균적으로 일회박출량을 70 mL라 하고 분당 박동수가 72회라 하면 1분당 박출되는 혈액양은 이 둘을 곱해 약 5 L가 된다.

37.5 동맥을 통과하는 혈액은 심장에서 박출되어 나온 것이고 이를 동맥을 구성하는 상대적으로 두터운 평활근이 압박을 가해 심장의 반대방향으로 혈액이 이동하도록 한다. 정맥은 이러한 요인은 없고 정맥주변의 골격근에 의해 수축될 때 판막이 심장 쪽만 열리고 그 반대 쪽은 닫히게 되어 한 쪽 방향으로만 혈액이 움직이게 한다.

37.6 상처가 난후, 혈소판이 결합조직의 콜라겐에 결합, 주변의 혈소판을 더 많이 결합시킴 → 혈소판, 손상된 세포, 칼슘, vitamin K 등의 응고인자가 작용 → 다단계 효소반응이 일어남 → 프로트롬빈이 트롬빈으로 바뀜 → 트롬빈이 단계 효소반응을 활성화하고 피프리노겐을 피브린으로 전환시킴 → 혈소판이 마개를 형성하여 혈액의 유출을 막음 → 혈소판 마개가 피브린 응결체로 강화됨.

37.7 포화지방이나 트랜스 지방의 섭취가 증가하는 방향으로 식습관이 변화한 결과, 많은 사람들의 체내에서 콜레스테롤을 많이

포함하는 저밀도 지질 단백질(low-density lipoprotein, LDL)의 HDL에 대한 비율이 증가하였다. 이로 인해 혈관벽이 두터워지고 혈전이 형성되면서 고혈압, 동맥경화, 뇌졸중 등의 병이 증가하게 되었다. 염증반응에 의해 조직이 붓는 것 등이 원인으로 작용하기도 한다.

38.1 폐를 일부분인 폐포는 매우 표면적이 넓은 구조를 지니고 있어 많은 공기를 교환할 수 있다. 이외의 표면적이 증가된 구조와 그 기능은 4.1을 참조.

38.2 코 → 인두 → 후두 → 기도 → 폐(기관지 → 소기관기 → 폐포).

38.3 새의 경우, 교환되는 기체가 공기주머니와 폐를 통과하면서 한 방향으로만 흐르기 때문에 교환되지 않고 잔존하는 기체가 없다. 따라서 잔존하는 기체가 폐에 일정 정도 남아 있는 인간과 많은 포유류와 달리, 새의 경우에는 담배연기가 폐로 이르게 되면 담배성분을 효과적으로 흡수하게 될 것이다. 새가 흡연을 하면 그 폐해는 신속하고 크게 나타날 것이다.

38.4 CO_2는 농도가 증가하게 되면 물과 결합하여 탄산을 만들게 된다. 이 탄산에 의해 체액의 pH가 떨어진다. 체액이 산성이 되면 헤모글로빈의 산소포화도가 감소하여 산소를 방출하게 된다. 이 방출된 산소가 이동하여 체내 다양한 조직에 이르게 된다.

39.1 먼저 물리적 장벽이다. 지속적인 세포분열 결과, 자꾸 생기는 피부 세포와 함께 오래된 세포가 자꾸 떨어져나가 세균이 일정 피부 지역에서 안정적으로 번식할 수 없다. 또한 입을 통해 소화관으로 들어간다 하더라도 입, 식도, 위, 소장, 대장 등 소화관 벽을 구성하는 점막세포를 뚫어야 한다. 점막세포도 일정 비중은 새로운 세포로 대체되기도 한다. 물리적 장애와 함께 침, 땀, 눈물, 피지 등의 화학 물질의 공격을 이겨내야 한다. 점막에서 분비되는 점액 역시 세균에게는 큰 위협이다. 위에 진입한 세균들은 강산인 위산의 공격을 이겨내야 한다. 물리적, 화학적 위협을 이겨내 우리의 몸 내부로 들어오면(예를 들어, 혈관) 침입자를 무차별적으로 공격하는 백혈구와 다양한 단백질들이 기다리고 있다.

39.2 1차 면역반응은 새로운 항원에 노출되었을 때에 일어나는 면역반응이다. 그리고 이 때에 기억세포들이 만들어진다. 1차 면역반응 때와 동일한 항체에 노출되었을 때에 일어나는 반응이 2차면역반응이다. 2차 면역반응에서는 1차 면역반응 때에 형성된 기억세포들이 작용하여 1차 면역반응 때보다 훨씬 빠른 시간 내에 훨씬 많은 양의 항체가 만들어지는 등 훨씬 강한 반응이 일어난다.

39.3 보조T세포는 자신을 활성화시키면서 동일한 항원을 인식할 수 있는 B세포와 세포독성T세포를 활성화시킨다. 즉 클론선택이 일어난다. 이때 보조T세포, B세포, 세포독성T세포 등의 기억세포가 생긴다. 활성화되고 세포분열을 통해 늘어난 B세포는 많은 양의 항체를 만들어 체액 속에 확산시킴으로써 체액성 면역이 일어난다. 항체는 항원에 결합하여 독성을 중화시키거나 대식세포의 먹이가 용이하게 되도록 한다. 또는 다른 보체 단백질과 함께 침입한 세포를 공격한다. 역시 활성화되고 세포분열을 통해 늘어난 세포독성T세포에 의해 세포성 면역이 일어난다. 세포독성T세포는 감염된 세포가 노출한 항원조각을 인식해 감염된 세포를 파괴한다.

39.4 체내에 침입한 세균을 수지상세포가 섭취하여 이 중 일부를 보조T세포에 노출하면 이 세포는 B세포를 활성화시켜 항체를 만든다. 항체는 세균에 붙어 대식세포와 수지상세포의 식세포 활동을 증가시키고 다시 보조T세포를 활성화시켜 일련의 과정이 더욱 증폭되어 일어나게 한다. 따라서 짧은 시간 내에 매우 증폭된 반응(이 경우, 급속하게 많아진 항체)을 유도할 수 있다.

39.5 뱀독 또는 바이러스에 의해 유발되는 급속한 증세의 진전을 막는 것이 급선무이다. 왜냐하면 우리 몸의 면역반응이 일어나기 전에 치명적인 결과를 유발할 수도 있기 때문이다. 따라서 이들에 대한 항체를 외부에서 주입하는 것이 무엇보다 먼저 할 일이다.

39.6 HIV의 표적세포는 보조T세포이다. 따라서 보조T세포와 HIV가 만날 수 있는 기회를 차단하는 것이 감염 예방책이다. 혈액이나 질액, 정액 등의 체액이 섞일 수 있는 기회를 줄이거나 없애는 것이 중요한 방법이다.

40.1 삼투는 막을 사이에 두고 용질의 농도가 낮은 곳에서 높은 곳으로 물이 (막을 통과하여) 확산되는 현상이다. 이 현상은 농도가 높은 곳에서 낮은 곳으로 용질이 막을 통과하여 이동하지 못할 때에 일어난다.

40.2 체액과 바닷물은 담수에 비해 고장액이다. 체액과 바닷물은 무척추동물의 경우, 등장이지만 경골어류의 경우, 바닷물이 체액보다 고장액이다.

40.3 요소와 요산은 암모니아에 비해 분자 당 질소의 수가 각각 2배, 4배에 해당한다. 수생동물의 경우, 배설물과 함께 많은 양의 물을 몸 밖으로 버리더라도 문제가 되지 않는다. 육상동물의 경우, 배설물에 물의 비중이 크면 수생조건에 비해 물의 낭비가 보완될 여지가 적다. 따라서 육상동물의 경우, 농축된 형태의 분자인 요소와 요산 형태로 배설을 하는 것이 유리하다. 특히 요소의 경우, 물의 손실이 거의 없다. 한편 암모니아는 독성이 크고 요소와 요산은 상대적으로 그렇지 않다.

40.4 신장에서 형성된 오줌은 요관을 통해 방광으로 흘러가고 요도를 통해 몸 밖으로 배설된다.

40.5 신동맥을 통해 도착한 혈액은 보우만주머니의 사구체, 근위세뇨관, 헨레고리의 하행지, 헨레고리의 상행지, 원위세뇨관, 집합관, 신우를 거쳐 요관으로 흘러간다. 그림을 그려보면 더욱 여과과정을 잘 이해할 수 있다.

40.6 신장에서 체액을 여과, 재흡수하는 과정에서 에너지가 필요한 능동수송 과정은 네프론과 집합관을 지나는 동안 여러 부위에서 일어난다. 근위세뇨관에서는 NaCl과 영양소를 재흡수하고 H^+를 분비하여 NH_4^+를 만들게 된다. 헨레고리 상행지 중 수질 바깥쪽에 있는 굵은 부분에서는 NaCl을 능동수송을 통해 재흡수

한다. 이 과정에서 비교적 많은 에너지를 소모한다. 원위세뇨관에서는 NaCl, HCO_3^-를 재흡수하고 K^+와 H^+를 분비한다. 원위세뇨관은 이 과정을 통해 체액의 염분(K^+와 NaCl) 농도를 결정하는 데에 중요한 역할을 한다. 집합관에서는 NaCl을 재흡수한다. 결론적으로 이러한 과정들에 의해 신장은 그 무게에 비해 높은 대사율을 지닐 수밖에 없다.

41.1 분비를 위한 관이 없는 내분비선은 사람의 경우, 다음의 기관들이 알려져 있다. 시상하부, 송과선, 뇌하수체 전엽, 뇌하수체 후엽, 갑상선, 부갑상선, 흉선, 신장, 간, 위, 이자, 부신, 난소, 정소.

41.2 분비세포에서 합성되어 분비된 호르몬들은 혈액으로 이동하여 특정 표적세포에 이르게 된다. 수용성 호르몬은 혈액에 녹아 표적세포로 이동하고 지용성 호르몬은 특정 단백질과 결합하여 수용성 상태를 만든 후 혈액을 타고 이동한다. 예를 들어 수용성 호르몬인 에피네프린은 부신에서 분비되어 혈관을 통해 간에 이르면 간세포의 수용체에 결합하여 간세포 내에서의 신호전달 과정을 유발한다.

41.3 어린이의 체온이 감소하면 이를 감지하고 시상하부는 갑상선자극호르몬분비호르몬(thyrotropin-releasing hormone, TRH)을 분비한다. TRH는 이동하여 표적인 뇌하수체 전엽에 작용한다. 이에 따라 뇌하수체 전엽은 갑상선자극호르몬(thyroid stimulating hormone, TSH)을 분비한다. TSH는 갑상선으로 이동하여 갑상선을 자극한다. 그 결과, 갑상선은 갑상선호르몬(thyroid hormone)을 주로 thyroxin (T_4) 형태로 분비하고 표적세포에서는 thyroxin에서 요오드를 하나 제거하여 triiodothyronine (T_3)으로 전환시킨다. 결국, 신체 대사율이 증가하고 열이 발생되어 체온이 올라간다.

41.4 혈중 Ca^{2+}의 농도가 10 mg/100 mL 이하로 감소하면 부갑상선에서는 부갑상선호르몬(parathyroid hormone, PTT)이 분비된다. PTT는 신장에서 Ca^{2+}를 흡수하도록 자극한다. 또한 간과 신장에서 vitamin D를 활성화시켜 소장에서 음식물로부터 Ca^{2+}를 더 흡수할 수 있도록 한다. 한편, 뼈로부터 Ca^{2+}의 방출을 증가시킨다. 그 결과 혈중 Ca^{2+}의 농도는 증가한다.

41.5 혈당이 증가하면 이자의 베타세포에서 인슐린이 분비되어 체세포가 포도당을 더 흡수하게 하고 간이 포도당을 흡수하여 글리코젠 형태로 저장하게 한다. 그 결과 혈중 포도당 농도, 즉, 혈당은 감소한다. 혈당이 감소하면 이자의 알파세포에서 글루카곤이 분비된다. 글루카곤은 간에 작용하여 글리코젠이 분해되어 포도당이 혈액 속으로 방출되도록 한다. 그 결과, 혈당은 증가한다. 우리 몸은 이 항상성 유지 작용으로 인해 혈당을 70~110 mg/100 mL의 농도로 유지할 수 있게 된다.

41.6 단기간 스트레스에 대한 반응에는 부신수질에서 분비된 에피네프린과 노르에피네프린이 작용한다. 글리코겐을 분해하여 혈당을 높이고, 혈압, 호흡률, 대사율 등을 증가시킨다. 즉 긴장 상태에 이르는 것이다. 또한 혈류의 흐름이 변화하여 각성도가 증가하지만 소화와 신장의 활동은 감소한다. 장기간 스트레스에 대한 반응에는 부신피질에서 분비된 두 가지 호르몬이 관여한다. 무기질코르티코이드는 신장에서 염분과 물을 보유하도록 하며 혈액량과 혈압을 상승시킨다. 글루코코르티코이드는 단백질과 지방을 분해시켜 포도당을 만든다. 결국 혈당이 증가하게 된다. 그리고 면역계가 억제되는 결과가 유발된다.

42.1 배우자는 한 세트(반수체, haploid)의 염색체를 지닌 생식세포를 말한다. 배우자에는 정자와 난자가 포함된다. 배우자들이 결합을 하면 두 세트(이배체, diploid)을 염색체를 갖게 되는 접합자가 탄생한다. 이 접합자는 수정된 난자(수정란)이다.

42.2 자웅동체도 유성생식의 한 방법이다. 이동이 거의 없는 동물은 파트너를 만나기 힘들다. 따라서 암컷과 수컷 생식기 모두를 지닌 자웅동체성을 지니게 된다. 민달팽이, 촌충 등 기생성 동물이 이에 해당한다. 푸른머리놀래기와 농어 등은 한 개체가 암컷일 때와 수컷일 때가 다르다. 무리나 두 개체 중에서 수컷과 암컷을 역할을 번갈아 하게 되는 암수교대자웅동체의 예이다.

42.3 난소주기가 진행되면서 FSH와 LH에 의해 생장하는 여포는 성숙에 이른다. 성숙되 여포에서 난자가 벗어나는 것이 배란이다. 난자가 벗어나 파열된 여포는 황체로 발생한다. 수정이 되면 황체는 계속 유지되지만 수정되지 않으면 황체는 퇴화한다.

42.4 정낭에서 점액, 과당, 응고효소, ascorbic acid, 프로스타글란딘 등 전체 정액의 약 60%를 만든다. 전립선에서는 항응고효소, 시트르산을 포함하는 묽고 유백색의 액체를 만든다. 요도구선에서는 요도에 잔존한 오줌의 산성을 중화시키는 점액을 분비한다.

42.5 세정관에서 형성된 정자는 부정소의 관, 근육질의 정관, 사정관, 요도 등의 순서로 이동한다. 사정 과정은 정관 이후의 과정이다.

42.6, 시상하부에서 생식선자극호르몬방출호르몬(GnRH)은 뇌하수체 전엽을 자극하여 여포자극호르몬(FSH)과 황체형성호르몬(LH)의 분비를 촉진시킨다. FSH는 세르톨리세포에 작용하여 정자발생 때 양분을 공급한다. 한편 LH는 레이디히세포에 작용하여 테스토스테론을 합성하게 한다. 이 테스토스테론이 정자를 형성한다. 테스토스테론이나 세르톨리세포에 의해 inhibin이라는 호르몬이 합성되면 이 두 호르몬은 뇌하수체 전엽의 활동을 억제하여 FSH와 LH의 합성을 억제한다. 테스토스테론은 시상하부의 작용을 억제하기도 한다.

42.7 월경의 유무로 구분할 수 있다. 포유류 암컷은 배란 전에 자궁내막이 두터워지지만 임신이 되지 않을 경우, 사람과 일부 영장류처럼 출혈이 일어나는 월경주기가 일어나거나 다른 대부분의 포유류처럼 자궁내막이 자궁에 흡수되어 출혈이 일어나지 않는 발정주기가 진행될 수 있다.

42.8 다양한 피임법이 제안될 수 있지만 난관수술, 정관수술이 가장 확실한 효과를 나타낸다. 호르몬법, 피임약 사용, 살정제 사용 등의 방법이 있으나 부작용이 있고 효율이 낮을 수 있다. 상대적으로 콘돔 사용은 피임 효과와 함께 안전성도 높은 정도로 유지되는 것으로 알려져 있다.

42.9 초음파 영상술로 태아의 크기와 상태 등 형태적 이상을 관찰할 수 있고, 양수검사, 융모막돌기체취법 등을 통해 태아 세포를 얻어 배양할 수 있다. 배양된 세포의 염색체와 DNA를 추출하여 염색체 이상과 유전적 장애의 유무를 판별할 수 있다.

43.1 개구리의 경우, 체외수정 결과 체외에서 발생이 진행되어 발생 과정을 관찰하기에 용이하다. 그러나 꼬마선충, 초파리 등 발생학 실험에 사용되는 모델 동물에 비해, 키우기, 자손을 많이 얻기, 염색체의 복잡성, 분자생물학적 접근성 등에서 상대적으로 불리한 점을 지니고 있다.

43.2 근육의 경우, *myoD* 유전자가 발현되어 전사인자인 myoD 단백질이 합성되면 선구 배세포는 myoblast로 전환되어 근육세포로 분화되도록 운명이 결정된다. 이후 myoD가 근육에서만 고유한 단백질인 액틴, 미오신, 신경전달물질 수용체 등을 생성하는 유전자들을 발현시켜 myoblast는 근육섬유로 발생한다.

43.3 난자에서 영향을 발휘하므로 모계영향 유전자이고, 배아 내에서 머리 쪽이 될 부위에 치우쳐 분포하므로 배아극성유전자이며 발생 과정에서 전체 형태를 가장 근본적으로 결정하기 때문에 형태형성물질인자이기도 하다.

43.4 신체 형성 계획으로 인해 하나의 점인 수정란이 세포분열을 거듭하면서 형성된 세포들의 덩어리가 몸을 구성하는 축을 결정하고 그 축에 따라 큰 규모로부터 작은 규모로의 신체 형성의 근간이 된다.

43.5 하나의 난자와 정자가 수정되어 형성된 수정란 하나가 분열하여 두 개체로 발생하면 일란성 쌍생아이고 두 개의 난자와 정자가 동시에 수정되어 두 개의 수정란이 각각의 개체로 발생하면 이란성 쌍생아가 된다.

43.6 낭배형성과정을 통해 이 세 동물들은 내배엽, 중배엽, 외배엽 등 3배엽을 형성한다. 성게는 함입이 일어나 원장과 원구가 형성되는 선구동물이다. 개구리와 닭은 모두 후구동물이지만 개구리는 원구배순부가 형성되고 회절이 일어나 원장과 원구가 형성된다. 조류는 상배엽과 하배엽을 형성하고 상배엽에서 원조를 만드는 과정을 거치게 된다.

43.7 내세포괴와 영양세포를 담고 있는 배반포가 자궁에 도달한다. 도달한 배반포는 자궁에 착상하여 상배엽과 하배엽을 형성한다. 착상된 배반포는 양막, 난황낭, 융모막 등의 배외막과 낭배를 형성하기 시작한다. 이후 낭배형성이 진행되어 3배엽과 양막, 융모막, 난황낭, 요막 등 4개의 배외막이 형성된다.

44.1 감각기관에서 감지된 신호가 감각신경세포를 통해 전달되면 연합신경세포는 이를 종합하여 운동신경세포를 통해 신호를 전달하면 운동기관이 감지된 신호에 반응한다.

44.2 수초로 작용하는 희소돌기신경교세포(oligodendrocytes)는 뉴런 하나에 여러 개의 세포가 결합하여 있다. 신경교세포(glial cells)는 뉴런이 정상적인 기능을 수행하도록 돕고 신경계가 구조를 갖추는 데에 일정 역할을 담당한다. 미세신경교세포(microglial cells)는 뉴런이 감염되는 것을 막는다. 성상세포(astrocytes)는 혈류량을 조절하여 뉴런이 산소와 포도당을 원활하게 공급받도록 하고 신경전달물질의 방출을 조절한다. 뇌실막세포(ependymal cells)는 뇌실벽을 이루면서 뇌척수액의 순환을 돕는다. 이런 여러 지지세포들의 도움을 받아야 뉴런은 '신경자극 전달'이라는 정상적인 자신의 기능을 발휘할 수 있다. 따라서 신경계가 작동하려면 뉴런과 이들의 몇 배에 해당하는 지지세포가 있어야 한다.

44.3 신경세포에는 월등히 많은 수의 K^+ 통로와 적은 수의 Na^+ 통로가 있어 세포막 안쪽이 음성인 −60에서 −80 mV의 휴지기 전위를 유지한다. 이외에도 Cl^- 통로와 Na^+/K^+ 펌프도 일정정도 이 전위를 유지하는 데에 관여한다. 또한 단백질을 포함한 많은 '−' 전하를 띤 많은 분자들이 세포 내에 있다.

44.4 개폐성 이온통로는 막의 장력, 전압, 또는 신호분자 등에 의해 통로의 개폐가 조절된다. 그러나 비개폐성 이온통로는 이러한 원인과 관계없이 열려 있는 통로이다. 따라서 평상시에 세포의 막전위를 유지하는 데에 관여하게 된다.

44.5 전압개폐성 Na^+ 통로가 활성화되면 신경 세포 안으로 Na+이온이 들어오게 된다. 막 안쪽은 상대적으로 '+'화되는 탈분극이 일어난다. 탈분극된 정도가 역치인 −55 mV에 이르면 더 많은 전압개폐성 Na^+ 통로가 열리는 양성되먹임작용(positive feedback)에 의해 막전위가 +30~+40 mV에 이르게 되면 전압개폐성 Na^+ 통로가 닫히고 K^+ 통로가 열려 세포 밖으로 K^+ 이온이 빠져나가 막전위는 과분극된다. 이 과정의 특징은 다음과 같다. 첫째는 이 과정이 역치에 도달해야 활동전위가 생기는 실무율(all-or-none)이라는 점이다. 둘째는 활동전위는 최대 +30~+40 mV에 이른다는 점인데 이는 모든 신경세포가 동일하다. 셋째는 활동전위 지속시간이 1~2 msec로 매우 짧다는 점이다. 이러한 특징 덕분에 신경자극의 크기는 활동전위의 탈분극 정도가 아니라 일정 시간당 발생하는 활동전위의 수로 결정된다.

44.6 축삭둔덕에서 종합된 전기신호는 축삭을 통해 Na^+ 통로와 K^+ 통로가 차례로 열고 닫으면서 활동전위를 발생시키면 말단에 이르기까지 슈반세포를 뛰어넘는 도약전도를 통해 전달된다. 이 전달은 활동전위의 생성 과정 직후 생기는 Na^+ 통로의 불응기에 의해 양방향이 불가능하고 축삭말단을 향해서만 가능하다. 이렇게 전달된 자극은 축삭말단의 세포막을 탈분극시킨다.

44.7 물질 P가 사람을 비롯한 동물들의 진화 산물인 이유는 이들이 동물의 생존에 필요하기 때문이다. 만약 이 신경전달물질이 없다면 해당 동물은 몸에 생긴 작은 상처는 물론 치명적인 상처를 쉽게 인지 못할 수 있고 그 결과 목숨을 잃었을 가능성이 크다. 평상시에 고통을 느낄 수 있다는 것은 몸에 있을 수 있는 상처를 돌보라는 예비경고이다.

44.8 이 두 신경전달물질은 수면, 분위기, 주의집중, 학습과 연관되어 있다. 도파민이 뇌에서 결핍되면 파킨슨병 증상이 나타난다. 도파민 합성 세포가 손상되어 도파민이 부족하여 이 증상이 나타나는 것으로 알려져 있다. 이 증상을 완전히 없앨 수는 없지만 L-Dopa를 지속적으로 투여하여 도파민을 어느 정도 보충할 수 있다. 세로토닌의 결핍은 우울증의 원인으로 간주된다.

Prozac을 투여하면 세로토닌의 재흡수를 막아 시냅스에서 세로토닌의 농도를 증가시킨다.

45.1 예를 들어 너무 차갑거나 뜨거운 물체에 닿았을 때, 닿은 부위의 구심성 뉴런은 척수로 들어가 2개 이상의 연합뉴런과 연결된다. 연합뉴런 중 하나는 원심성 뉴런을 자극하여 해당 부위의 근육이 움직이게끔 한다. 또 다른 연합뉴런은 뇌로 신호를 보내 반사자극이 있었음을 인식하게 한다.

45.2 배아가 발생되면서 몸 앞부분의 신경관이 전뇌, 중뇌, 후뇌로 확연히 구분된다. 이 중 중뇌와 후뇌의 일부가 뇌간을 형성한다.

45.3 인간을 비롯한 포유류는 고등 인지작용을 나타내는데, 지각, 추론 능력 등 고등 인지작용이 신피질에 의해 이루어지기 때문이다. 그런데 현재의 신피질이 형성되기 위해서는 생물의 생존과 번식에 필요한 위 인지작용이 오랫동안 진행되었을 것이다. 포유류가 아닌 다른 동물들은 신피질에 상응하는 구조가 조금씩 다르다.

45.4 매우 놀랐을 때 심장 박동은 늘고 호흡은 가빠지는 반면 위에서는 소화가 잘 수행되지 않는다. 편안할 때에는 침샘과 이자의 활성이 촉진되고 담당이 자극됨은 물론 위에서의 소화가 잘 수행된다. 심장과 폐의 기능은 상대적으로 감소한다.

45.5 장기상승작용은 오랜 기간 동안 시냅스의 강도를 증가시킨다. 시냅스전 신경세포에서 분비된 글루탐산이 시냅스후 신경세포의 수용체들에 결합하면서 시냅스후 신경세포에서 장기상승작용이 일어난다. 이 작용은 수일 또는 수주일 동안 지속되므로 기억과 학습의 기본적인 메카니즘으로 간주된다.

45.6 약물에 의해 보상회로로 입력되는 신호를 뇌의 기저부에 존재하는 신경세포가 수용하여 활성화된다. 활성화된 신경세포의 축삭과 시냅스를 형성하는 대뇌 특정 부위에서 도파민을 방출하게 된다. 이 도파민이 보상회로를 작동시킨다. 니코틴은 도파민의 분비를 촉진시키고 코카인과 암페타민은 시냅스 공간에서 도파민의 제거되는 과정을 억제한다. 또한 마약과 헤로인은 억제성 신경세포이 활성을 낮추어 결과적으로 도파민의 분비량을 늘리게 된다.

46.1 자극의 수용 이후 2차 전달자의 생성과 다양한 단백질 인산화와 탈인산화가 포함된 전달 과정을 거쳐 자극 에너지가 증폭된다. 또한 복잡한 감각기관의 보조적인 구조물(예를 들어 귀의 망치, 모루, 등자뼈)을 통해서 일어나기도 한다.

46.2 전자기수용기에는 전기와 자기의 수용기는 물론 가시광선을 비롯한 빛 수용기도 포함한다. 따라서 광수용기는 전자기수용기에 속한다. 안점, 겹눈 등에 있는 광수용기와 비슷한 구조(와 이에 상응하는 유전적 결정인자)를 지니고 사람 눈의 경우, 원추세포와 간상세포가 광수용기에 속한다.

46.3 시각수용기의 경우, 구심성 뉴런은 시신경, 연합뉴런은 1차 시각피질을 포함한 대뇌피질의 뉴런, 원심성 뉴런은 시각정보를 활용할 수 있는 다양한 몸 구조와 연결된 뉴런이다.

46.4 평형석은 무척추동물의 평형포에 존재하는 구조물로 모래알을 비롯한 밀도가 큰 알갱이이다. 해파리, 바닷가재 등의 동물이 움직이면서 평형석은 자신을 둘러싼 평형포 내의 섬모를 자극하여 움직이는 방향과 관련하여 동물의 일정한 움직임을 나타내게 한다.

46.5 소리는 귓바퀴와 청관을 통해 전달된 소리는 고막을 진동시켜 망치, 모루, 등자뼈를 통해 난원창을 진동시킨다. 이 진동은 달팽이관 내부의 외림프액에 압력을 가해 파동을 생성한다.

46.6 기저막이 흔들리는 정도에 따라 소리의 크기가 인식된다. 달팽이관의 기저막 각 부위가 인식하는 음의 높이가 다르다.

46.7 문어와 오징어의 경우, 동공의 모양을 정사각형과 직사각형으로 바꾸면서 받아들이는 빛의 양을 조절한다. 이는 우리의 동공이 원 모양을 유지하면서 확장, 축소되는 것과 다르다. 또한 대상 물체의 거리에 따라 수정체의 두께를 조절하는 우리의 눈에 비해 문어와 오징어는 수정체의 대상과의 거리를 변화시켜 원근을 조절한다.

46.8 눈의 외부로부터 동공, 안구방수, 동공, 홍채, 진대, 수정체, 공막, 유리체방수, 맥락막, 망막, 중심오목, 맹점 등이 표시되어야 한다.

46.9 망막을 구성하는 원추, 간상세포로부터 수평세포, 쌍극세포, 무축삭세포, 신경절세포의 순서로 배열되게끔 그림을 그리면 된다. 시각정보의 전달은 제시된 세포의 순서대로 이루어진다. 이 중 수평세포는 측면억제에 관여한다.

47.1 골격근 근섬유의 경우, ATP 합성이 미토콘드리아에서 산소호흡을 통해 이루어지면 산화의존적 섬유라 하고 여기에는 산소운반 능력이 큰 미오글로빈이 관여한다. 붉은 계통의 어두운 색을 띠는 고기가 여기에 속한다. 이와 달리 해당과정 의존적 섬유는 주로 해당과정을 통해 합성되는 ATP를 사용한다. 이들 섬유는 지름이 굵고 미오글로빈이 적어 쉽게 피로해진다. 여기에는 밝은 색을 띤 육류(주로 닭, 칠면조 등)가 해당한다.

47.2 절지동물이 대표적인 예인데, 성장을 위해서는 기존의 외골격 껍질을 버리고 새로운 외골격 껍질을 얻어야 하기 때문이다. 이 과정에서 에너지의 소모가 크고 포식의 위험에 노출된다.

47.3 몸의 크기가 증가하면 무게는 부피와 비례하므로 세제곱의 규모로 늘어나지만 이를 지탱하는 다리는 면적과 비례하여 제곱의 규모로 늘어난다. 따라서 생쥐가 코끼리만큼 몸이 커지면 세제곱 규모로 늘어난 무게를 지탱하기 위해서 다리의 두께는 훨씬 늘어야 한다.

47.4 에너지 사용이란 면에서 이동의 경제성을 판단할 수 있다. 에너지 사용은 이동이 극복해야 하는 마찰과 중력이라는 요인을 고려해야 한다. 육상에서의 이동은 마찰보다는 중력이 제한 요인으로 간주된다. 유영은 중력은 제한 요인이 아니지만 물의 점도에 따른 마찰력이 제한 요인이다. 비행의 경우에는 중력이 큰 제한 요인이다. 이 셋의 에너지 단위 무게당 소비량을 비교하면 달리기가 가장 크고 유영이 가장 작다. 또한 큰 동물이 작은 동물보다

이동에 사용하는 에너지는 크지만 무게당 소모량은 작다.

48.1 생물과 환경이 상호작용하는 상대적으로 매우 짧은 생태학적 시간(ecological time) 내에 개체의 생존과 번식의 차이가 생기며, 생물들은 여러 세대, 즉 상대적으로 매우 긴 진화적 시간(evolutionary time)의 범위에 걸친 자연선택의 과정을 통해 환경에 적응한다.

48.2 살충제의 맹독성을 알리는 〈침묵의 봄〉은 새가 사라져 조용한 봄을 맞이하는 마을을 상징적으로 묘사하며, 그 이유가 새의 알껍데기가 얇아져서 어린 새가 부화하지 못했기 때문이고, 그 이유는 어미 새의 몸에 축적된 DDT(dichlorodiphenyl-trichloroethane)와 같은 화학물질 살충제 때문이라고 설명하고 있다.

48.3 고도 100 m 증가에 대해 기온은 약 0.6℃씩 감소한다. 따라서 바다와 같이 큰 수괴로부터 불어오는 상대적으로 고온다습한 공기가 산맥을 만나 상승하며 식으면서 비를 내리게 된다.

48.4 봄과 가을에 호수물이 수직적으로 섞이는 현상을 전도현상이라고 한다. 여름과 겨울에는 이런 현상이 없다가 호수면의 온도가 4℃에 이르러 최대밀도가 되면 표면의 물은 하부로 이동하게 되고 반대로 호수 하부의 물은 상부로 이동하는 수직 이동현상이 일어난다.

48.5 거초: 화산섬 등의 해안에 접하여 형성된 산호초 / 보초: 연안과 산호초 사이에 수역이 있는 산호초 / 환초: 중앙부에 섬이 보이지 않는 고리 모양의 산호초.

49.1 각인의 근접원인은 새끼들에게 가장 중요한 각인자극은 어떤 물체가 멀어져가는 움직임이라는 것이다. 그러면 뇌신경을 통해 각인현상이 일어날 것이다. 대부분의 새끼들에게는 멀어져가는 물체가 어미일 가능성이 크므로 어미를 따르는 각인이 생기게 된다. 궁극원인은 다음과 같이 추론할 수 있다. 각인을 경험한 개체들의 경우, 실험에 따르면, 동종의 개체와 교미를 성공적으로 수행할 가능성이 커 유전자 전달에 유리할 수 있다.

49.2 특정 생물이 지닌 치명적인 독을 조금 섭취하게 되어 치명적인 결과가 일어나지 않은 경우, 시행착오 학습을 통해 어떤 먹이가 자신에게 해로운지 알게 된다. 이때의 경험은 시각, 후각, 또는 미각으로 기억되어 대상 생물을 피해야 한다는 것을 학습하게 되는 작동적 조건화가 이루어진다.

49.3 이 두 가지 들쥐를 사용한 실험 결과에 따르면, 수컷의 암컷에 대한 짝 결속 유대감이 지속되도록 관련된 중요한 역할을 하는 것이 바소프레신이라는 호르몬임을 알게 되었다.

49.4 자손들의 부성이 불확실하기 때문에 수컷은 여러 암컷에게 자신의 생식세포를 전달하는 기회를 만듦으로써 자기 유전자의 전달 가능성을 증가시키려 한다. 반면 암컷은 자신이 자식에 대한 투자를 많이 해야 하므로 수컷의 유전자 품질이 선택의 기준이 될 수 있고 수컷이 자식을 잘 보살필 수 있는지도 선택의 기준이 될 수 있다.

49.5 벨딩땅 다람쥐는 외부 침입자가 접근하면 한 개체가 자신의 목숨을 무릅쓰고 집단 구성원들에서 높은 음의 경고음을 낸다. 경고음을 내는 개체는 대개 암컷인데 이 집단 구성원과 친척일 확률이 크다. 이 동물의 경우, 수컷은 탄생한 지 2~3개월이 지나면 자신이 태어나 가족과 친척들과 지냈던 지역을 떠난다. 이에 반해 암컷은 자신의 서식처를 그대로 유지하려 한다. 따라서 경고음을 내는 암컷은 혈연계수가 큰 친척들을 위해 필요한 행동을 한 것이다. 벌거숭이 두더지, 벌과 개미 등 사회적 동물 등의 행동도 원론적으로 혈연계수에 의해 설명이 가능하다.

50.1 개체군의 밀도는 출생과 이입으로 증가하고 사망과 이출로 감소한다. 환경의 제약이 전혀 없고, 성장에 필요한 영양분이 무한하게 공급되는 이상적인 조건에서는 각 생물종이 최대 성장률에 의거하여 기하급수적으로 성장할 수 있다. 그러나 먹이 부족, 노폐물 축적, 경쟁 심화에 따른 스트레스 증가, 포식자 등 개체군의 기하급수적 증가를 억제하는 요인 때문에 이러한 성장은 현실적으로 불가능하다. 이처럼 개체군의 밀도는 다양한 생물·비생물 요소의 영향을 받기 때문에 자연 생태계에서 개체군 밀도는 역동적일 수밖에 없다.

50.2 많은 자손을 최대한 많이 생산하는 것은 해당 개체의 적응도(fitness)를 높이는 직접적인 방법이다. 생명체들은 생존전략에 따라서 한 번의 번식을 통해 최대한 많은 자손을 남기는 전략(semelparity) 또는 여러 번에 걸쳐 적은 수의 자손을 조금씩 남기는 전략(iteroparity)을 택할 수 있다. 번식을 위한 긴 회귀여행에서 체력이 고갈된 연어의 경우에는 번식 후 다시 바다로 돌아갈 수 없기 때문에 번식에 어중간하게 투자하고 살아남는 전략보다는 기회가 주어졌을 때 더 많은 알을 낳는 것이 진화적으로 더 유익할 것이다.

50.3 $\Delta N/\Delta t = bN - dN = (b - d)N = rN \rightarrow \therefore\ r = b - d$

50.4 지수 성장 모델에 비해서 로지스트형 모델이 실제 개체군 성장 양상 연구에 더 많은 정보를 제공하지만, 여전히 이상적인 수식임을 명심해야 한다. 이분법으로 분열하여 증식하는 세균처럼 거의 같은 크기로 계속 증가하는 생물의 개체군의 성장은 로지스트형 모델에 잘 부합된다. 그러나 대부분의 생물은 부모와 자식의 크기가 다르고 번식도 특정 시기에만 일어나기 때문에 로지스트형 모델과는 상당히 다른 개체군 성장 양상을 보인다. 로지스트형 모델은 여러 생물의 개체군 연구에서 기본 모델로 이용되어 더 복잡한 모델을 확립하고, 개체군의 성장에 영향을 주는 요소에 대한 이해를 증진시키는 데에 크게 기여하였다.

50.5 문제 50.1의 답에서 개체군의 기하급수적 증가를 억제하는 요인으로 먹이 부족, 노폐물 축적, 경쟁 심화에 따른 스트레스 증가, 포식자 등을 서술하였다. 대부분의 경우 포식(생물 요인)은 밀도 의존적이기 때문에 개체군이 성장할수록 포식 당하는 빈도수가 증가하게 된다. 여기에 먹이 부족(비생물 요인)으로 건강 상태가 악화되면 포식 당하는 빈도수는 더욱 증가하게 될 것이다.

51.1 특정 종의 기본 생태적 지위는 다른 종과의 경쟁에 의해 변화(실제로는 축소)할 수 있다. 스코틀랜드 한 해안가에서 조무래

기따개비(*Chthamalus stellatus*)가 차지하는 생태적 지위는 경쟁종인 따개비(*Balanus balanoides*)를 연구자가 제거하면 늘어난다. 이 경우, 따개비가 있을 때의 조무래기따개비의 생태적 지위를 실제 생태적 지위, 따개비가 제거되었을 때 늘어난 조무래기따개비의 생태적 지위를 기본 생태적 지위라 할 수 있다.

51.2 포식자의 적응전략은 우선 피식자를 제압하는 것이다. 물리적 도구인 발톱, 이빨, 침 등이나 독과 같은 화학적 도구로 나누어 볼 수 있다. 다음으로 추적이다. 이를 위해 포식자은 빠르고 민첩하게 움직인다. 또한 매복하기, 의태를 통해 미끼로 유혹하기, 열 감지 기관으로 피식자의 위치를 파악하기 등이 가능한 전략이다. 피식자의 적응은 우선 숨는 것을 들 수 있다. 보호색, 경고색, 의태 등이 해당한다고 볼 수 있다. 다음으로 도망가기와 자기 방어가 있다. 피식자들 중 일부는 힘을 합쳐 포식자를 공격하기도 한다.

51.3 베이츠 의태의 예는 해로운 생물을 흉내 내는 예가 주로 해당한다. 파리가 벌의 모양과 비슷하게 진화하는 예, 매나방 애벌레가 독사의 머리 모양을 나타내는 예 등을 들 수 있다. 뮐러 의태는 맛없는 피식자끼리 닮는 것으로 뻐꾹벌과 말벌, 검고 노란 줄무늬의 말벌 등이 해당한다.

51.4 한 종의 진화가 다른 종의 진화를 유발하면 '공진화' 관계에 있는 것이다. 치타와 가젤 사이의 달리기 능력이 서로의 영향하에 늘어나는 것도 공진화에 해당한다. 난꽃의 길이와 이 꽃의 꿀을 섭취하는 주둥이가 긴 나비도 공진화의 예이다. 바이러스의 공격에 대한 세균의 방어체계, 예를 들어 제한효소와 바이러스 수용체의 변화 등도 해당한다. 바이러스는 변이가 생겨 제한효소를 피하거나 수용체 변화를 인식할 수 있게 된다.

51.5 위도가 적도에 접근할수록 온도와 물의 양이 증가하여 그만큼 생장기간이 증가한다. 생장기간이 길수록 생물학적 시간, 즉, 종 분화에 필요한 시간이 길어진다. 따라서 적도에 가까울수록 종풍부도는 증가하게 된다.

52.1 살아 있는 생물체는 모두 열린계이기 때문에 생물체 안에서 엔트로피가 증가해야 할 이유가 없고, 이것이 열역학 제2법칙이 잘못된 것이라든지 또는 생물이 보편타당한 물리법칙을 거스른다는 의미도 아니다. (52쪽 참조)

52.2 실제 증발산량과 순1차 생산량은 비례관계를 나타낸다.

52.3 한 영양단계에서 다른 영양단계로 에너지가 넘어가는 과정에서 대부분(80~95%)의 에너지가 손실된다. 따라서 곡물 사료로 가축을 키워 이를 소비하는 것보다 곡물을 직접 섭취하게 되면 에너지 효율이 훨씬 더 증가하기 때문이다.

52.4 식물은 가시와 같은 물리적 방어와 독성 물질 등에 의한 화학적 방어를 통해 초식동물의 공격을 억제한다. (357쪽 한 토막 생물 뉴스 참조)

52.5 5대호 생태계 먹이사슬 속 폴리염화비페닐(polychlorinated biphenyl, PCB) 농도를 조사한 결과, 식물성 플랑크톤에서는 0.025 ppm이던 PCB의 농도가 상위 포식자를 거치면서 단계적으로 증가하여 빙어와 송어에서 각각 1.04와 4.83 ppm 그리고 최상위 포식자인 재갈매기 알에서는 124 ppm까지 증가한 것으로 나타났다.

53.1 우리가 매일 먹고 마시는 음식만 생각해 보아도 생물다양성에서 얻을 수 있는 이점을 쉽게 이해할 수 있다. 사실 생물다양성이 줄어들면 인류의 문화와 복지, 더 나아가서 인류의 생존까지 위협받게 된다. 인간은 음식물과 의약품 및 산업용 산물들을 다양한 생물들에서 얻어 왔다. 일례로 미국의 경우 처방약의 25%에 식물에서 추출한 성분이 들어 있고, 3천 종류 이상의 항생제가 미생물에서 얻어진다. (584쪽 한 토막 생물 뉴스 참조)

53.2 생물다양성 감소의 4대 원인으로 서식지 파괴, 외래종 도입, 남획, 지구의 변화를 들 수 있다. 환경부 조사 결과, 국내 겨울 철새는 지난 2009년 이후 절반 가까이 줄었으며, 특히 개체수가 가장 많은 가창오리는 1/3 수준으로 급감한 것으로 나타났는데, 주요 감소 요인으로 서식지 파괴와 기후 변화가 꼽히고 있다. 보신용으로 무분별하게 남획되는 야생동물들과 식용, 애완용 등으로 들여온 동식물에 의한 토종 생물의 피해에 대한 우려가 커지고 있다.

53.3 대표적으로 1989년도 미국 알래스카에서 발생한 엑손 발데스호(Exxon Valdez) 오염사고에 이용된 사례를 들 수 있다. 대규모의 물적 · 인적 자원이 투입된 방제작업에도 불구하고 당시 유출된 총 4만 2,000 t 원유의 14%만이 회수되었다. 나머지 유류 중 13%가 해양으로 침강되고 20%가 대기 중 휘발 및 광분해 작용으로 없어졌으며, 나머지 약 50%에 달하는 기름은 생물정화 기법으로 제거되었다. 이 기법은 핵심은 해양 미생물이 기름을 더 잘 분해할 수 있도록 양분을 주어 활성화시키는 biological augmentation인데, 인력으로 닦아내기 어려운 모래 속 기름, 바위틈에 남아 있는 기름 등의 제거에 효과적이어서 이 이후 여러 나라에서 사용되고 있다.

찾아보기

ㄹ

ㅁ

ㅅ

ㅇ

ㅈ

ㅊ

기타

그리고 예방접종 후 불가피한 이상반응을 해결, 예방접종사업 안정화를 위해 안전한 백신공급, 접종보장, 접종 후 이상반응감시와 원인규명, 접종피해 국가보상 등 국가안전관리체계를 구축 및 운영하고 있다(그림 10-20).

보건복지부의 소아용 표준 예방접종 종류 및 일정과 대한감염학회(2007)가 추천한 성인용 표준 예방접종 종류 및 일정은 표 10-13, 표 10-14에 나타나 있다.

표 10-14 성인 표준 예방접종표

나이/조건	기본 예방접종 (항체 검사 없이 모든 사람에게)	따라잡기 예방접종 (항체 검사 피룡)	참고사항
0~18살			대한소아과학회 권장에 따름
19~39살	파상풍-디프테리아(성인용)백일해		10년마다 Td, 한번은 Td 대신 Tdap
	A형간염(10대와 20대)	A형간염(30대)	2회 접종(0.6~12); 1.0mL(제품에 따라 15/18세 이하-0.5mL)
	사람 유두종 바이러스(여성)		10대에 받지 않았을 때; 현재 26세까지 권장됨. 3회(0, 2, 6개월) 접종
		B형간염	항체 양성이 증명되지 않은 모든 사람에게 항체 검사 권장; 음성이면 3회(0, 1, 6개월)
		수두	면역이 분명하지 않으면 항체 검사; 항체 음성이면 2회 접종(0, 1~2개월) 특히 여성에게 강조됨. 4주간 피임
		홍역-볼거리-풍진	면역이 분명하지 않으면서 위험 인자가 있으면 1회 접종; 4주간 피임
가임기 여성에서 추가되는 예방접종		풍진	모든 가임기 여성에게 풍진항체(IgG) 검사; 음성이면 풍진 백신(없으면 MMR) 1회, 접종 후 4주간 피임
임산부, 임신 예정인 여성에게 추가되는 예방접종/검사 인플루엔자			1회(매 임신 시); 비활성화 백신
		수두 항체 검사	음성이면 분만 후 접종
		풍진 항체(IgG)검사	임신을 계획하는 여성에게 검사
		B형간염 검사	항체가 증명되지 않았으면 이전에 접종을 받았어도 항체 검사; 동시에 항원도 검사
군인이나 기숙사 생활을 하는 학생과 직장인에게 추가되는 예방접종 수막알균			4가 결합백신(없으면 다당류 백신) 1회
40~49살	파상풍0디프테리아(Td)/백일해		• 10년마다 1회, 한번은 Td 대신 Tdap • 처음 접종이면 3회 접종(0, 1, 6~12개월)
		b형간염	3회(0, 1, 6개월): 우연히 항체 음성이 발견되었을 때
50~64살	파상풍-디프테리아(Td)/백일해		10년마다 1회; 처음 접종이면 3회 접종, 한번은 Td 대신 Tdap
	인플루엔자		매년 10~11월에 1회
~65살 이상	파상풍-디프테리아(Td)/백일해 인플루엔자		• 10년마다 1회; 처음 접종이면 3회 접종 • Tdap은 노인에서 안정성 연구가 없음 • 매년 10~11월에 1회
	폐렴시술알균		1회

출처: 대한감염학회(2007). 2007 권장 성인 예방접종표

제4절 재활간호사업

1. 재활간호사업의 개념

1) 장애의 정의와 분류

장애는 '장해'로도 표기되는데 질병이나 사고가 치유된 후 기능적문제를 일으킬 정도의 후유증이 남는 경우이며, 장애인은 '신체적.정신적 장애로 오랫동안 일상생활이나 사회생활에서 상당한 제약을 받는 자'로 정의되고 있다(법제처). '장애인복지법'(2014)에서 장애는 신체적장애와 정신적장애로 분류되며 신체적장애란 주요 외부신체기능의 장애, 내부기관의 장애를 말하며, 정신적장애는 발달장애 또는 정신질환으로 발생하는 장애를 일컫는다.

세계보건기구(WHO)는 장애인을 '선천적이든 후천적이든, 신체적, 정신적 능력의 불완전으로 인해 개인의 일상 또는 사회생활에 필요한 것을 확보할 때 자기스스로 완전하게 할 수 없거나 또는 부분적으로 할 수 없는 사람'으로 정의한다. 또 1980년 국제장애분류(ICIDH, International Classification of Impairments, Disabilities and Handicaps)를 발표하며 장애를 손상(impairment), 불능(disability), 불리(handicap)의 3단계로 분류한다.

- 손상(impairment): 심신의 구조적.기능적 손상자체를 말한다.
- 불능(disability): 손상에 의한 개인적 차원에서 일상생활활동에서 나타나는 이차적장애를 말한다.
- 불리(handicap): 손상, 불능으로 인한 사회저차원에서 경험하는 불이익으로 편견, 차별 등을 말한다. 세계보건기구(WHO)는 1997년 ICIDH개념을 바탕으로 ICIDH-2를 발표했는데, 이것은 환경과 개인의 상황적요인을 포함한 장애개념으로, 개인이 접하는 장애를 손상(impairment), 활동(activities)장애, 참여(participation)장애로 분류하였다. 이런 분류는 환경과 상호작용속에서 더욱 포괄적으로 장애를 규정한 점이다. 2001년 장애기능손상정도는 물론 진단, 건강상태정보도 확인하기 위해 ICIDH분류틀을 건강상태 포함한 국제기능장애분류(ICF, International Classification of Function, Disability and Health)로 명명하였다. ICF는 신체의 기능과 구조, 활동, 참여정도, 심각성의 정도 등 건강상태를 광범위하게 표현하고 있다.

우리나라 장애유형분류는 1997년 '장애인복지발전 5개년계획' 공포 이후 단계적 장애범주 확대로, 1단계확대는 1999년 5개에서 10개 유형으로 확대되고, 2단계확대는 2003년 10개유형에서 15개유형으로 확대하였다. 이렇게 장애범주확대는 선진수준으로 가고 있으며, 향후 확대예상 장애범주는 만성알코올.약물중독, 기질성 뇌증후군, 기타 정신발달장애, 소화기장애, 비뇨기장애, 치매, 만성통증, 기타 암 등이 포함될 것이다.

우리나라 '장애인복지법'에 따른 장애분류와 확대예정장애범주는 표 10-15와 같고, 장애유형에 따른 우리나라의 등록장애인 수는 표 10-16에 나타나 있다.

표 10-15 장애인복지법상 장애유형분류

유형	기준
지체장애인	가. 한 팔, 한 다리 또는 몸통의 기능에 영속적인 장애가 있는 사람 나. 한 손의 엄지손가락을 지골(指骨 : 손가락 뼈) 관절 이상의 부위에서 잃은 사람 또는 한 손의 둘째 손가락을 포함한 두 개 이상의 손가락을 모두 제1지골 관절 이상의 부위에서 잃은 사람 다. 한 다리를 리스프랑(Lisfranc : 발등뼈와 발목을 이어주는) 관절 이상의 부위에서 잃은 사람 라. 두 발의 발가락을 모두 잃은 사람 마. 한 손의 엄지손가락 기능을 잃은 사람 또는 한 손의 둘째 손가락을 포함한 손가락 두 개 이상의 기능을 잃은 사람 바. 왜소증으로 키가 심하게 작거나 척추에 현저한 변형 또는 기형이 있는 사람 사. 지체(肢體)에 위 각 목의 어느 하나에 해당하는 장애정도 이상의 장애가 있다고 인정되는 사람
뇌병변장애인	뇌성마비, 외상성 뇌손상, 뇌졸중(腦卒中) 등 뇌의 기질적 병변으로 인하여 발생한 신체적 장애로 보행이나 일상생활의 동작 등에 상당한 제약을 받는 사람
시각장애인	가. 나쁜 눈의 시력(만국식시력표에 따라 측정된 교정시력을 말한다. 이하 같다)이 0.02 이하인 사람 나. 좋은 눈의 시력이 0.2 이하인 사람 다. 두 눈의 시야가 각각 주시점에서 10도 이하로 남은 사람 라. 두 눈의 시야 2분의 1 이상을 잃은 사람
청각장애인	가. 두 귀의 청력 손실이 각각 60데시벨(dB) 이상인 사람 나. 한 귀의 청력 손실이 80데시벨 이상, 다른 귀의 청력 손실이 40데시벨 이상인 사람 다. 두 귀에 들리는 보통 말소리의 명료도가 50퍼센트 이하인 사람 라. 평형 기능에 상당한 장애가 있는 사람
언어장애인	음성 기능이나 언어 기능에 영속적으로 상당한 장애가 있는 사람
지적장애인	정신 발육이 항구적으로 지체되어 지적 능력의 발달이 불충분하거나 불완전하고 자신의 일을 처리하는 것과 사회생활에 적응하는 것이 상당히 곤란한 사람
자폐성장애인	소아기 자폐증, 비전형적 자폐증에 따른 언어 · 신체표현 · 자기조절 · 사회적응 기능 및 능력의 장애로 인하여 일상생활이나 사회생활에 상당한 제약을 받아 다른 사람의 도움이 필요한 사람
정신장애인	지속적인 정신분열병, 분열형 정동장애(情動障碍 : 여러 현실 상황에서 부적절한 정서 반응을 보이는 장애), 양극성 정동장애 및 반복성 우울장애에 따른 감정조절 · 행동 · 사고 기능 및 능력의 장애로 인하여 일상생활이나 사회생활에 상당한 제약을 받아 다른 사람의 도움이 필요한 사람
신장장애인	신장의 기능부전(機能不全)으로 인하여 혈액투석이나 복막투석을 지속적으로 받아야 하거나 신장기능의 영속적인 장애로 인하여 일상생활에 상당한 제약을 받는 사람
심장장애인	심장의 기능부전으로 인한 호흡곤란 등의 장애로 일상생활에 상당한 제약을 받는 사람
호흡기장애인	폐나 기관지 등 호흡기관의 만성적 기능부전으로 인한 호흡기능의 장애로 일상생활에 상당한 제약을 받는 사람
간장애인	간의 만성적 기능부전과 그에 따른 합병증 등으로 인한 간기능의 장애로 일상생활에 상당한 제약을 받는 사람
안면장애인	안면 부위의 변형이나 기형으로 사회생활에 상당한 제약을 받는 사람
장루 · 요루장애인	배변기능이나 배뇨기능의 장애로 인하여 장루(腸瘻) 또는 요루(尿瘻)를 시술하여 일상생활에 상당한 제약을 받는 사람
뇌전증장애인	뇌전증에 의한 뇌신경세포의 장애로 인하여 일상생활이나 사회생활에 상당한 제약을 받아 다른 사람의 도움이 필요한 사람

출처: 장애인복지법 시행령, 별표 1

표 10-16 장애 유형에 따른 우리나라의 등록장애인 수

구분	2005	2006	2007	2008	2009	2010	2011	2012	2013
계	1,777	1,967	2,105	2,247	2,430	2,512	2,519	2,511	2,501
지체장애	959	1,049	1,114	1,191	1,293	1,334	1,333	1,322	1,309
뇌병변장애	127	194	215	232	252	262	261	258	253
시각장애	168	206	217	228	241	249	251	252	253
청각, 언어	188	199	218	239	262	277	279	276	273
지적장애	174	135	143	147	155	161	167	173	179
자폐성장애	9	11	12	13	14	15	16	17	18
정신장애	63	75	82	87	95	96	95	95	96
신장장애	42	45	48	50	54	57	60	63	67
심장장애	13	14	14	15	15	13	10	8	7
호흡기장애	12	3	14	15	18	16	15	14	13
간장애	5	6	6	7	8	8	8	9	9
안면장애	1	2	2	2	3	3	3	3	3
장류, 요루 장애	10	10	11	12	12	13	13	13	14
간질장애	7	8	9	9	10	10	9	8	7

출처: 보건복지부(2014). 시 · 도 장애인등록연합 자료

2) 재활간호사업의 정의

재활은 장애를 가지고 있는 사람이 자신의 능력을 최대한 개발하여 사회의 구성원으로서 독립적이고 정상에 가까운 생활을 할 수 있도록 돕는 과정이다. 지역사회 재활(community-based rehabilitation)은 장애인이 지역사회수준에서 지역사회자원을 가동, 활용하기 위해 채택한 모든 방법들을 통하여 최대한 재활을 이루고 지역사회와 통합을 이루는 것이며, 지역사회에서 모든 장애인을 위한 재활, 기회균등, 사회통합을 위한 전략으로서 장애인 자신, 가족, 지역사회공동운동, 적절한 보건, 교육, 직업, 사회서비스 등에 의해 실시된다(ILO, UNESCO, WHO).

지역사회재활을 위해 WHO는 다음을 권고한다.

- 지역사회재활은 국가적 차원의 체계적 주도를 필요로 한다.
- 지역사회재활은 지역사회서비스로 발전시켜야 한다.
- 지역사회재활은 일차의료와 통합되어 있어야 한다.
- 지역사회의 자발적 참여를 바탕으로 한다.
- 지역실정에 맞는 모델로 발전하여야 한다.

3) 지역사회 재활간호사업의 필요성

재가장애인들의 재활요구들 중 70%는 일차보건의료수준에서 해결가능한 것들이다. 일차보건의료수준의 재활요구는 장애 조기발견, 재활인식 고취, 욕창관리, 대.소변관리, 가옥구조변경, 간단한 재활치료 등이 포함되며 보건간호사와 사회복지사에 의해 해결가능하다.

우리나라 등록장애인수는 2005년 1,777천명에서 2013년 2,501천명으로 724천명 증가하여 40.7% 증가율을 보이고 있다(보건복지부, 2014b, 표 10-19). 우리나라 등록장애인 비율은 선진국 전체인구대비 18~20%에 비해 낮은편인데 이는 장애인기준이 다르기 때문이며, 장애노출을 꺼리는 사회분위기와 실질적 혜택이 적다고 생각하여 장애인등록을 주저하는 현상과 관련이 있다.

장애인 재활사업은 재활사업의 현장에 따라 시설중심 재활사업(IBR, Institution based Rehabilitation)과 지역사회재활사업(CBR, Community based Rehabilitation)으로 분류된다. 지역사회중심재활사업개념은 1976년 세계보건총회가 1차의료를 포함하는 각 수준의 보건프로그램에 장애예방과 재활을 통합하는 효과적이고 적절한 기술을 적용할 것을 권고하는 결의문채택으로 시작되었다. 지역사회재활사업은 장애인증가와 가정에 거주하는 많은 장애인의 재활요구충족을 위해 일차보건의료수준에서 서비스를 제공하고 장애인이 지역사회자원을 최대한 활용하여 효율적으로 살아갈 수 있도록 하는 접근법이다.

4) 지역사회 재활사업의 목적

지역사회 재활의 목적은 지역사회수준의 인적 · 물적자원 개발, 활용과 자원개발.활용을 통하여 최대한 재활을 성취하며 좋은 지역사회환경을 조성하여 장애인의 사회적인 통합을 만들기 위함이다.

세계보건기구(WHO)는 지역사회재활 목적을 다음과 같이 제시한다.

- 장애인 삶의 질 향상: 장애인 자신이 성장한 지역사회에서 학습, 직업훈련, 노동, 사회참여 및 가정생활을 할 수 있도록 각종서비스를 제공함으로서 삶의 질을 향상한다.
- 경제적이고 실행하기 쉬운 기술을 사용하도록 하기 위한 것이다.
- 지역사회 의식수준을 향상시키는 것이다.
- 장애인 강화: 장애인이 지역사회참여를 통해 책임있는 행동을 하며 지역사회와 함께 자신들의 문제를 해결함으로서 스스로 강화해나가기 위한 것이다.

우리나라는 지역사회중심 재활사업을 통합접근식 재활사업으로 추진중이며, 구체적인 목표는 다음과 같다.

- 재가장애인의 건강증진: 보건소 내의 등록과 퇴록체계 구축, 장애인 기능증진강화, 장애인건강검진활성화 등 건강관리, 재활보조기구 정보제공과 활용 지원을 한다.
- 재가장애인의 삶의 질 향상: 대상자별 재활서비스를 제공하고 사회참여기회를 확대한다.
- 지역사회 참여도 제고: 지역사회 내의 다양한 자원을 발굴하고 참여유도로 지지적인 환경을 조성하고, 교육.홍보를 통하여 지역사회의 인식을 개선하고, 지역사회 재활협의체 구성과 활성화, 권역별 네트워크 구성과 활성화에 힘쓴다.

5) 재활간호사업의 내용

지역사회재활사업 활동내용은 장애예방, 장애인 및 가족에 대한 재활서비스, 협력적인 재활체계구축, 통합활동 등 모든 지방자치단체 보건소가 지역사회 재활센터로서 활성화되는 것이다.

① 장애예방
- 건강증진
- 만성질환예방
- 사고예방교육

② 장애인 및 가족에 대한 재활서비스
- 지속적 의료서비스
- 재활훈련 및 감독
- 재활운동실과 물리치료실의 운영
- 장애인 자조그룹 조직, 지원
- 사회적응프로그램
- 재활간호가 필요한 대상자의 가정방문을 통해 일상생활적응훈련 및 운동지도와 재활장비 대여

③ 협력적인 재활체계구축
- 의료체계
- 클리닉
- 보건소
- 대학병원
- 다차원의 협력체계(행정, 복지, 시민조직, 군, 정례모임, 협력활동 등)

④ 동합활동
- 자원봉사자 모집과 훈련, 훈련자.조력자로서 장애인과의 연결
- 지역사회 및 가정내 장애인을 위한 편의시설 설치(대중매체이용 대규모교육, 다양한 사회통합프로그램 운영 등)

⑤보건소와 지방 지역사회 재활센터로서의 활성화
- 보건소내 타 보건인력의 훈련
- 지역 정규적 지역사회 재활 워크숍
- 지역사회재활프로그램 연구, 표준화, 보급 등

2. 지역사회중심 재활사업의 개념

1) 지역사회중심 재활사업의 개요

지역사회중심재활(CBR, Community based Rehabilitation)은 장애인의 공평한 기회제공을 위해 지역사회지도자, 장애인 및 가족, 관련민간단체들과의 협력을 강조하는 개념으로서, 2003년 핀란드 헬싱키에서 개최된 위원회 회의(International Consultation to Review Community based Rehabilitation)에서 강조되었다. 이것은 유엔, 비정부기관, 장애관련기관들의 도움으로 세계보건기구에 의해 설립된 위원회로서 장애인 및 가족, 지역사회와 정부는 힘을 모아 장애인들이 건강, 교육, 직업과 사회서비스를 받을 수 있도록 하고 있다. 2004년 세계보건기구의 지역사회중심 재활의 구성요소는 그림 10-23, 이를 위한 보건소활용 예시는 그림 10-24에 있다.

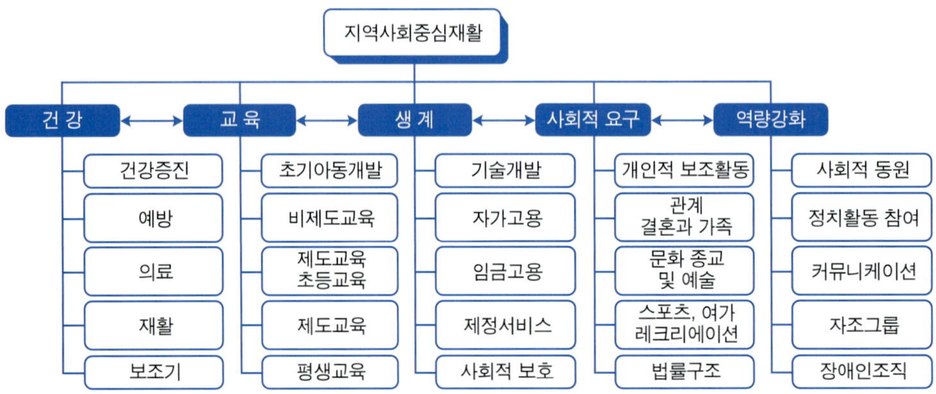

그림 10-23 지역사회중심 재활과 구성요소 매트릭스

출처: 보건복지부(2014). 지역사회 통합건강증진사업 안내(지역사회중심재활)

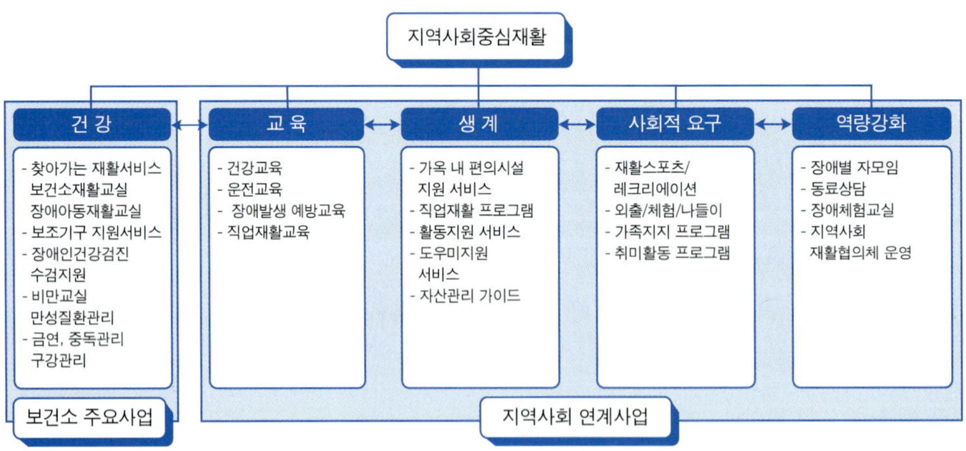

그림 10-24 지역사회재활구성요소(CBR matrix) 보건소활용의 예

출처: 보건복지부(2014). 지역사회 통합건강증진사업 안내(지역사회중심재활)

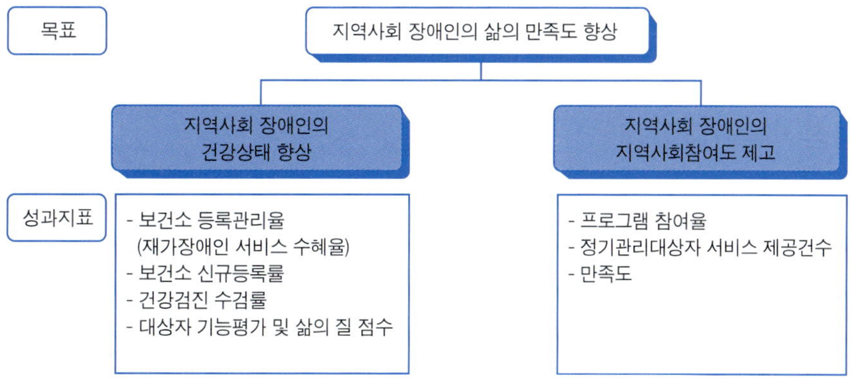

그림 10-25 지역사회중심 재활사업의 목표

출처: 보건복지부(2014). 지역사회 통합건강증진사업 안내(지역사회중심재활)

2) 지역사회중심 재활사업의 목적

지역사회중심 재활사업의 목적은 보건소중심 지역사회 인적 · 물적자원을 최대한 개발, 활용함으로서 재활서비스를 체계적으로 구축하고 제공하여 장애인의 재활촉진과 사회참여증진을 도모한다.

목표는 지역사회 장애인의 건강상태향상 및 지역사회 장애인의 지역사회 참여도 제고를 통하여 지역사회 장애인 삶의 만족도를 향상시키는 것이다(그림 10−25).

3) 지역사회중심 재활사업의 기본 방향

지역사회중심 재사활업의 기본방향은 사회통합을 위한 장애인 기능증진, 지역사회 역량강화, 통합적 네트워크 구축 및 지역유형별 모형개발 등이다.

① 사회통합을 위한 장애인기능증진: 지역사회중심 장애예방과 조기발견, 재활치료, 장애인건강증진, 가족지지, 지속적 관리체계를 개발하여 장애 최소화, 일상생활 자립능력 증진한다.

② 지역사회 역량강화: 지역주민의 재활의식 개선과 관련기관들의 연계를 구출하여 지역사회 내 재활서비스 제공하는 역량강화를 한다.

③ 통합적 네트워크구축: 지역사회 자발적 참여와 유기적 연계를 위한 지역사회 재활협의체를 운영, 다양한 자원을 통해 포괄적 재활서비스를 제공한다.

④ 지역유형별 모형개발: 지역사회 여건에 적절한 재활사업전략 및 프로그램개발 시행 및 평가로 지역유형별 사업의 모형개발, 보급 및 확산시킨다.

4) 지역사회중심 재활사업의 대상

지역사회재활사업대상자는 등록장애인은 물론 등록치않은 재가장애인 중 재활서비스를 필요로하는 자를 모두 포함한다. 재활사업대상자의 우선순위 선정기준은 그림 10−26에 있다.

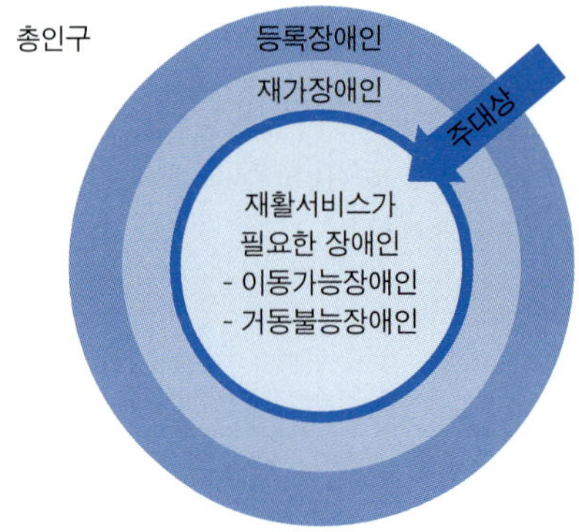

그림 10-26 지역사회 중심 재활사업의 대상자

출처: 보건복지부(2014). 지역사회 통합건강증진사업 안내(지역사회중심재활)

- 1~3급 중증장애인으로 지속적 재활이 필요한 자
- 병원 등 지역사회관련기관에서 의뢰된 장애인
- 저소득층(기초생활수급대상자, 차상위계층)으로 지역사회의 지속적관리가 필요한 재가 장애인

① 중점관리대상자

- 재가장애인중 건강관리, 재활훈련 등 서비스를 지속적으로 필요로하는 자
- 재가장애인중 2차장애예방(고혈압,당뇨,심질환)과 안전관리가 필요한 자
- 고령, 만성질환 등으로 인해 지속적 재활관리가 필요한 자

② 재활교육대상자

- 재활이 필요한 재가장애인, 기타 만성신체질환으로 관리가 필요한 자
- 교통사고, 산업재해 등 사고로 인해 장애발생위험이 높은 자
- 재활서비스제공자, 장애인, 가족, 주민 중 장애인식개선, 재활 참여활동을 위해 교육이 필요한 자

5) 지역사회중심 재활사업의 내용

(1) 계획수립

지역사회중심 재활사업운영을 위한 계획수립은 권역재활병원과 각급병원, 장애인, 보건소, 관련기관, 대학 등과 지역사회 재활협의체를 구성하여 기본계획수립 시 참여하도록 한다. 계획수립하여 지역사회중심 재활사업의 중·장기 목표, 단기목표를 수립하여 사업을 운영하고, 재가장애인의 건강관리와 보건의료 재활서비스를 중점적으로 추진하는데 CBR(community based rehabilitation)개념이 적용될 수 있도록 지역사회 내 관련기관 연계를 통한 통합서비스를 제공한다. 또 지역사회 장애인 문제해결능력 향상프로그램 개발, 사업목표부합 실현가능 세부프로그램을 계획 및 수립하고, 프로그램별 평가지표 및 효과를 설정한다.

지역사회중심재활사업 참여인력은 보건소 재활사업담당과장과 팀장으로 사업팀을 구성한다. 거점이 되는 보건소는 재활사업담당자를 지정하여 업무를 담당하게 하고, 교체를 최소화하여 지속성을 유지한다. 재활사업담당

자 업무내용은 지역의 재활사업 계획수립과 관리, 재활사업교육 · 홍보, 재활요원 실무조언과 협조이다. 재활요원 업무내용은 등록장애인 관리체계에 따라 재활사업 대상자선정, 대상자별 재활계획수립 및 재활서비스제공, 재활경과보고서 작성, 지역사회 자원의뢰와 연계 등이다. 재활사업 지원인력으로는 의사, 간호사, 물리치료사와 사회복지사 등과 연계, 협력하여 사업을 활성화한다.

(2) 대상자관리

대상자발굴을 위해 구청 사회복지과, 동사무소, 병원, 복지관 등을 통하여 중증 장애인 명단확보, 주민자치센터, 부녀회 등 지역사회기관 이용도 가능하며, 보건소 내 다른 부서로부터 의뢰된 대상자도 포함시킨다.

또 대상자 등록을 위해 군분류 알고리즘(그림 10-27)을 사용하여 보건소 상황에 적절한 재활대상자 등록과 퇴록기준을 마련한다. 군분류를 통하여 등록과 퇴록기준예시는 표 10-17과 같다.

보건복지부는 등록장애인이 10,000명 이상시 500명이상 즉, 지역사회 등록장애인들 중 5%이상을 관리대상으로 확보하도록 권장하며, 대상자를 정기, 부정기, 미등록 관리대상자로 분류, 재활기록지를 작성, 지속적으로 관리한다.

① 정기관리장애인

- 정기적 건강관리 및 재활서비스가 필요한 장애인으로 분기별 1회(연4회)이상 정기서비스제공
- 재활기록지(Ⅰ, Ⅱ)활용
- 연2회 또는 서비스 전 · 후 기능평가 및 삶의 질 평가실시

② 부정기관리장애인

- 정기적 재활서비스가 필요하지 않지만 재활관련 행사 시 참여 등 연1회이상 서비스제공
- 재활기록지(Ⅰ, Ⅱ)활용
- 연1회이상 재활상태 확인

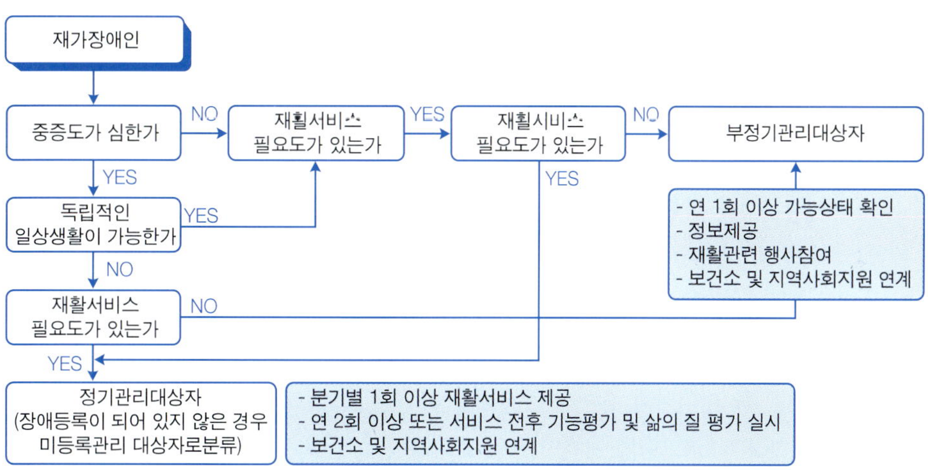

그림 10-27 대상자등록을 위한 군분류 알고리즘

출처: 보건복지부(2014). 지역사회 통합건강증진사업 안내(지역사회중심재활)

표 10-17 군분류를 통한 등록 및 퇴록기준

구분	등록기준	퇴록기준
정기관리	• 뇌변병 · 지체 1~3급 장애인 중 사고나 질환 직후 5년이 경과하지 아니한 자로 재활치료가 장애인 • 기능평가(MBI) 60점 이하, 삶의 질(EQ-5D) 10점 이상인 자 • 외상 상태로 지속적인 의료지원이 필요한 자(욕창, 소변관리, 운동지도 등)	• 재활목표를 달성한 자 • 1년 관리 후 기능평가(MBI) 90점, 삶의 질(EQ-5D) 6점 이하인 자 • 재평가하여 정기, 부정기로 다시 등록 • 대상자나 가족이 거부하는 경우 • 전출, 사망하는 경우
부정기	• 등록된 장애인으로 년 1회 이상 재활상태 확인 및 재활관련 행사 시 참여자 • Bathel지수 60점 이상, 삶의 질 10점 미만인 자 • 손상 후 6년 이상인 자	• 재활목표를 달성한 자 • 대상자나 가족이 거부하는 경우 • 전출, 사망하는 경우
미등록	병원에서 조기퇴원한 자로 재활치료 필요한 자	장애 등급 받은 후 정기관리로 전환

출처: 보건복지부(2014). 지역사회 통합건강증진사업 안내(지역사회중심재활)

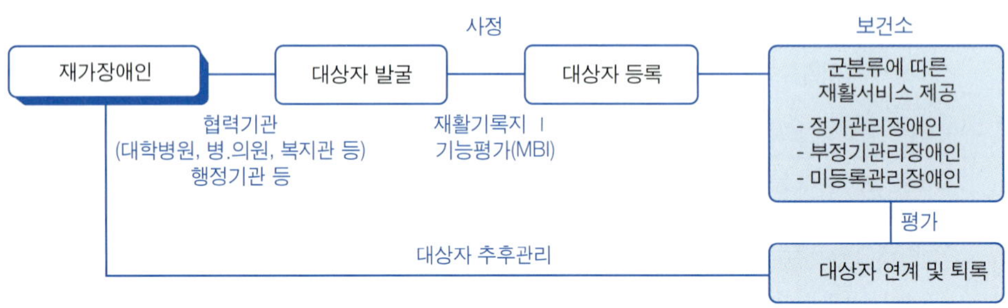

그림 10-28 대상자 관리 체계 모형

출처: 보건복지부(2014). 지역사회 통합건강증진사업 안내(지역사회중심재활)

③ 미등록관리장애인

- 법적장애등록이 안 된 장애인(장애발생후 조기퇴원등으로 장애등급받기전상태) 및 고령, 만성질환 등 재활이 필요한 대상자
- 서비스제공형태에 따라 정기관리/부정기관리장애인에 준하여 관리(그림 10-28).

(3) 재활서비스제공

재활서비스제공을 위해 건강상태와 재활요구도를 파악하여 대상자별.장애상태별로 적절한 재활서비스를 제공하며 서비스제공후 적절한 평가(만족도 기능평가 등)를 실시하도록 한다. 이동가능장애인은 내소서비스를 활용하여 독립성확보를 위한 프로그램을 제공하고 거동불능장애인은 낙상.화상 등 안전사고예방, 재발방지교육, 교육과 상담, 2차 장애예방등 서비스를 제공하도록 한다.

① 장애인재활사업: 장애인재활사업목적은 지역사회장애인에 재활서비스를 제공하여 일상생활자립능력과 사회참여를 제고하는 것으로 주요대상과 서비스내용은 표 10-18과 같다.

② 장애인사회참여사업: 장애인사회참여사업목적은 재가장애인이 지역사회일원으로서 사회참여활성화시키기 위함이다. 주요대상과 서비스내용은 표 10-19와 같다.

표 10-18 장애인 재활사업 주요 대상 및 서비스 내용

구분	종류
거동불능 장애인 중증재가장애인 독립성 확보 가능한 장애인	• 장애 상태별 재활서비스 제공 사업 – 연하장애 관리, 관절운동, 장 · 방광관리 등 재활서비스 제공(방문재활포함) – 일상생활동작지도, 보행 및 이동동작 등 독립성확부를 위한 프로그램 제공 • 장애인 보건사업: 건강검진 수검을 증진, 재활운동, 중독관리9약물, 인터넷 알코올 등)
이동가능 장애인	• 재활보조기구 대여 및 교육 등 재활정보 제공 • 자기관리교육(관절구축 및 합병증 예방, 투약 등) • 장애별 자조모임 구성 및 운영지원
장애아동	장애아동 및 가족지지프로그램, 형제캠프, 가족상담, 생애주기에 따른 발달관리 등

출처: 보건복지부(2014). 지역사회 통합건강증진사업 안내(지역사회중심재활)

표 10-19 장애인 사회참여 사업 주요 대상 및 서비스 내용

주대상	서비스 내용	비고
장애인	• 장애별 자조모임 • 동료상담 • 재활스포츠, 레크리에이션 등	동료집단 활용
장애인 및 가족	• 가족상담, 도우미 등 가족지지 • 장애별 가족 모임 • 외출 및 체험 프로그램, 나들이 등	자원봉사자, 지역사회 자원 활용

출처: 보건복지부(2014). 지역사회 통합건강증진사업 안내(지역사회중심재활)

③ 2차장애발생 예방사업: 2차장애발생예방사업목적은 장애인의 2차장애예방과 후천적사고, 질병으로부터 장애발생을 예방하기 위함이다. 주요대상과 서비스내용은 표 10-20과 같다.

(4) 지역내 유관기관 의뢰 및 연계활동

① 자문의료기관과의 연계

재활관련대학, 재활병.의원 등을 자문기관으로 위촉하여 정기적자문을 받도록한다. 보건소연계병원 자문의사 시성, 보건소재활사입방향과 프로그렘수립관련자문, CBR관련 조사연구사업수행자문, 개별장애인평가와 계획수립자문(사례토의), 재활실무교육관련내용 등을 자문받도록한다.

표 10-20 2차 장애발생 예상사업 주요 대상 및 서비스 내용

주대상	서비스 내용
장애인	• 2차 장애발생 예방 사업: 낙상, 화상 등 안전사고 예방, 재발 방지 교육, 투약관리 등 • 장애인의 만성 질환 발생 예방: 건강검진 수검률 증진사업
기디	• 장애발생 예방교육: 사고/외상 관련 전문가나 사고발생으로 인한 후천 장애인을 강사로 한 안전교육, 교통안전교육, 산업안전교육 등 • 허약노인 건강증진사업: 허약 노인의 인지, 근력, 균형감각 강화를 위한 새활프로그램 및 자가운동 교육

출처: 보건복지부(2014). 지역사회 통합건강증진사업 안내(지역사회중심재활)

② 지역내 기타 기관과의 연계활동의뢰

다양하고 전문적 지역자원을 확보하고 '지역사회재활협의체' 구성을 의무화하고 정기적 협력회의를 개최한다.

지역사회 재활협의체의 목적은 지역사회자원관련 연계체계를 구축함으로써 자원들의 효율적 운용을 통해 수요자중심 통합적서비스를 제공하기 위함이고, 지역사회행정기관, 의료기관, 복지기관, 자원봉사단체 등 관련기관 기관장, 팀장, 담당자 등으로 구성된다. 또 지역사회 재활협의체 기능과 역할은 지역사회 중심재활사업 운영 방향논의, 지역사회의 다양한 재활관련 자원개발과 발굴, 지역자원 간 정보공유 등 상호연계와 협력강화, 각 자원들 간 의사소통 채널을 다양화하고 서비스 중복을 방지하는 것 등이다.

③ 권역간담회 운영

권역(지역)내 권역재활병원, 시 · 도 보건소 등 재활관련기관들 간의 간담회 등을 통하여 상호교류와 연계협력을 강화시킨다.

(5) 교육과 홍보

보건소직원 재활전문교육으로는 정규재활전문교육과 재활간담회운영 등이 있다.

① 정규재활전문교육

- 교육대상: 보건소장, 의사, 간호사, 물리치료사 등 재활관련요원들
- 교육기관: 정규재활교육은 국립재활원에서 실시하며 교육참여인력이 전달교육실시, 광역자치단체별로 실습을 겸할 수 있는 교육기관을 1곳씩 정해 수시로 전문교육을 실시
- 자문기관: 자치단체는 보건소 재활업무를 지원하는 재활전문기관을 자문기관으로 위촉하여 의료와 교육 지원을 받을수 있도록 함

② 재활간담회운영

- 운영횟수: 격월1회 또는 분기별 개최 및 회의록 작성 등
- 참석대상: 보건소 재활사업팀, 자문기관 및 연계활동기관 등
- 내용: 재활사업운영과 협조방안, 사례토의, 보수교육 등

지역사회중심재활사업은 장애인과 자원봉사자등을 연계함으로서 지속적 재활훈련을 할 수 있도록 하여 재활효과를 높이고, 지역주민 및 장애인이 서로 도와주는 과정을 통해 사회통합촉진을 이루고 신체위생과 재활훈련, 장애인과 가족의 정서적지지, 가사와 일상생활, 지역사회참여활동 등을 지원하는 것이다.

지역주민을 대상으로 하는 재활교육 · 홍보의 내용은 다음과 같다.

- 목적: 교육.홍보를 통한 장애발생예방, 지역사회 재활관련 이해 · 인식을 높여 장애인 사회통합에 기여한다.
- 교육대상: 장애발생위험이 높은 집단(아동, 청소년, 허약노인 등), 지역주민과 각종 기관 등이다.
- 교육방법: 주민모임, 지역기관별교육, 방송매체 등을 이용한다.
- 교육내용: 장애의 이해와 재활의 중요성, 장애예방과 합병증예방법, 재활관련정보, 장애인 대하는 태도, 돕는 방법 등이다.

3. 재활간호사업팀의 역할

지역사회재활간호사업참여의 사업수행인력은 지역사회간호사, 의사, 사회복지사, 작업치료사, 물리치료사 등 재활팀으로 구성되고, 사업지원인력으로 보건소장, 관련행정요원 등을 들 수 있다. 이들은 정기적 재활간담회 등을 통하여 긴밀한 협조관계를 유지하도록 한다.

(1) 지역사회간호사의 역할: 간호사는 1,2,3차 예방활동이 모두 가능하나 지역사회재활에서 간호사가 주로 담당하는 역할은 장애발생 전 활동하는 1차예방과 장애발생 후에는 3차예방활동을 담당하게 된다.

1차예방은 지역주민들에 장애관련 올바른 인식을 심어주고, 장애발생 원인이 되는 질환예방과 건강생활습관을 하도록 유도하는 활동을 한다. 또 장애인에 대해 건강관련 관심과 전문지식 향상으로 건강을 향상시킬수 있도록 한다. 장애예방은 범위가 광범위하다. 선천적 장애예방은 기존 모자보건사업이나 건강증진사업으로 가능하며 사고에 의한 장애예방에도 주의를 기울인다.

3차예방은 다음과 같다.

- 비전문인을 지역사회 재활요원으로 양성 · 관리한다.
- 손상 정도를 파악한다.
- 재가장애인의 건강관리와 보건의료재활서비스에 중점을 둔다.
- 장애인과 가족에게 정보를 제공 및 교육시킨다.
- 지역사회장애인 관련 문제해결능력 향상프로그램을 개발한다.
- 재활치료기관과 협력 및 연계한다.
- 태도변화를 촉진시킨다.
- 사회통합을 촉진한다.
- 사회적 · 심리적 적응을 위한 상담 등을 실시한다.

(2) 의사의 역할: 의사는 최소한 1인을 확보하고 재가장애인을 순회방문하고 진단 및 처방을 실시하도록 한다.

(3) 물리치료사의 역할: 물리치료사는 물리치료를 담당하고 최소 1인을 확보하도록 한다. 또 보건소 내 물리치료실담당 외에 보건교육, 중증 재가장애인 방문 담당 물리치료사도 필요하다.

(4) 작업치료사의 역할: 작업치료사는 상지 기능강화와 일상생활 동작훈련 등을 담당한다.

(5) 사회복지사의 역할: 사회복지사는 조정, 사례관리담당, 자원연결 등의 역할을 담당한다.

(6) 기타: 이외에 교육, 복지, 노동 등의 관련전문가도 필요하다.

참고문헌

- 간호사신문. 제1795호(2014.8.28.),2면. 건강보험심사평가원 홈페이지(2014).
- 감염병의 예방 및 관리에관한 법률 제2조(시행일 2014.9.19.).
- 대한감염학회(2007). 2007권장 성인예방접종표.
- 대한감염학회. 2007.
- 보건복지백서. 2014.
- 보건복지부(2014). 시 · 도 장애인등록현황.
- 보건복지부(2014). 지역사회 통합건강증진사업 안내(방문건강관리).
- 보건복지부. 질병관리본부,2013b.
- 보건복지부(2014). 지역사회통합건강증진사업안내(지역사회중심재활).
- 보건복지부. 보도자료(2014.5.2.).
- 보건복지부. 정채브리핑 주요만성질환관리사업 안내.
- 서울특별시. 일개 보건소의 지역보건의료계획.
- 장애인복지법 및 장애인복지법 시행령.
- 장애인복지법 시행령, 별표1.
- 질병관리본부. 2010.
- 질병관리본부. 2013.

참고사이트

- 국민건강보험공단(2014). 노인장기요양보험, http://www.longtermcare.or.kr

제 11 장

가족간호

학습목표

- 가족의 정의, 기능 및 특성을 설명할 수 있다.
- 가족간호의 개념과 관련 이론들의 특징을 설명할 수 있다.
- 체계이론, 구조기능적 이론, 상징적 상호작용이론, 발달이론을 적용하여 가족의 간호요구를 분석할 수 있다.
- 가족의 생활주기 및 발달과업을 설명할 수 있다.
- 가족간호의 개념을 설명할 수 있다.
- 가족건강사정 도구의 종류와 내용을 설명할 수 있다.
- 가족간호에 활용되는 간호진단을 이해하고 설명할 수 있다.
- 가족간호과정을 이해하고 설명할 수 있다.
- 고위험 가족 간호에 대해 설명할 수 있다.

개요

- 가족의 정의, 특성, 형태, 기능에 대해 설명하고 가족이론으로서 체계이론, 구조기능적 이론, 상징적 상호작용이론을 설명한다.
- 가족간호 진단분류체계를 이해하고 가족간호과정을 적용한다.
- 고위험 가족의 종류와 간호에 대해 제시한다.

주요용어

• 가족간호 • 가족기능 • 체계이론 • 구조기능적 이론 • 발달이론 • 상징적 상호작용이론 • 가계도 • 외부체계도 • 가족 연대기 • 사회지지도 • 가족 밀착도 • 간호진단 분류체계 • 가족 간호과정 • 고위험 가족

제1절 가족의 이해

1. 가족의 정의

가족이란 전통적으로 혼인관계로 맺어진 남녀 부부와 이들 사이에서 출생한 자녀 양자로 구성된 혈연 집단을 말한다. 그러나 가족에 대한 개념은 시대, 사회, 문화적 배경에 따라 복잡하고 학문과 학자에 따라 매우 다양하다.

가족은 사회의 변천과 시대에 따라 여러 가지 영향을 받으며 꾸준히 지속되어 온 사회제도의 하나이며, 사회의 가장 작은 기본단위이다. 또한 문화적 배경에 따라 가족의 의미가 다양하고, 가족을 연구하는 학자마다 그 관점을 달리하고 있다.

머독(Murdock, 1949)은 "가족이란 공동의 거주, 경제적 협력, 생식의 특성을 갖는 사회 집단으로 성관계를 허용받은 최소한의 성인남녀와 그들에게서 출생하였거나 양자로 된 자녀로써 이루어진다"는 기능적인 입장에서 정의하였다.

레비-스트라우스(Levi-Strauss, 1956)는 "가족은 결혼에 의해 출발하고 이것은 부부와 그들의 결혼에 의해 출생한 자녀로서 구성되지만 이러한 집단에 다른 근친자가 포함될 수 있다."

머독은 현실적인 것을 중시하는 통계적 모형을 파악하는데 유리한 정의라면, 레비-스트라으스의 정의는 기능집단과 운명공동체적 성격을 중시하는 역학적 모형을 위한 정의이다.

그리고 비기스와 르케(Burgess & Locke, 1950)는 "가족이란 결혼, 혈연, 양자 등의 결합에 의한 동거집단이며, 사회적으로 바람직스럽게 생각되는 가족구성원 각자의 역할을 수행하면서 구성원간의 상호작용, 의사교환을 하며 공통의 문화를 창조하고 유지해 나가는 집단이다"라고 하였다. 이에 반하여 라이트와 리헤이(Wright & Leahey, 1984)는 오늘날 가족의 구조는 다양하여 구조 자체가 갖는 의미는 가족 그 이상도 그 이하도 아니라고 강조하면서, 오랜 동안의 임상적 경험을 통하여 "가족이란 자신들이 가족이라고 하면 가족이다"라는 정시적인 결속력 입장에서 정의하였다.

이효재(1983)는 "가족은 일상적인 생활을 공동으로 영위하는 부부와 자녀들, 그들의 친척, 입양이나 기타 관계로 연대의식을 지닌 공동체 집단으로서, 반드시 동거하는데 한정되지 않는다"고 하여 가족의 형성을 결혼과 혈연 외에 입양에 의한 것까지를 포함시켜 혈연 위주의 가족개념만을 고수하지 않았으며, 일정한 동일 장소에서 거주해야 한다는 생활공동체 개념이 아니라 공동체적 상호 유대와 정서적 융합의 성격을 강조하기도 하였다.

이상의 정의에서 알 수 있듯이 학자에 따라서 그 관점을 달리하고 있으며, 가족은 시대적, 사회, 문화적 배경에 따라 다르며, 복잡하고 다차원적인 가족의 기능적 특성과 오늘날 보여지는 다양한 가족의 구조를 다 포함할 수 있는 정의를 내리는 데는 한계가 있음을 알 수 있다. 그러나 현대 사회에서 일반적으로 보여지는 현상에 의한다면 "가족이란 인간발달의 근원적 집단으로서 가족구조가 어떤 형태이든지 간에 연대의식을 지닌 공동체집단으로서, 이들은 이익관계를 떠난 애정적인 집단이고 반드시 같은 장소에 기거하고 생활하는 것은 아니며 가족만의 고유한 문화를 갖는 집단"이라고 정의할 수 있다.

간호학에서는 역동적이고 전체적인 견해 속에서 가족을 하나의 대상으로 보았을 때 간호학적 지식과 실무 적용에 적절하고 유연한 입장을 취하는 것이 필요하다.

2. 가족의 기능

가족은 가족 스스로 유지하며 사회에 의해 주어진 임무를 다하기 위해 기능한다. 가족의 기능은 크게 신체적, 사회적, 정서적 기능으로 구분한다. 신체적 기능은 의식주를 제공하며 자녀출산과 위험으로부터의 보호, 질병예방과 건강유지를 말한다. 사회적 기능은 개인의 주체성, 사회적 역할, 성적 역할, 사회적 책임감을 길러주는 것을 의미하고, 정서적 기능은 사랑, 격려, 지지 등 정신적으로 건강한 생활을 말한다.

가족의 기능은 사회의 기본단위로서 가족이 수행하는 역할을 의미한다.

블러드와 울프(Blood & Wolfe, 1960)는 "가족기능이란 가족이 행하는 서비스이다"라고 정의하기도 하였다. 가족기능의 예를 들면 성기능, 생식 기능, 애정 기능, 자녀양육 기능, 사회화 기능, 교육 기능, 지위부여 기능, 경제적 기능, 보호의 기능, 휴식 기능, 오락 기능, 종교 기능 등이다. 이러한 가족기능은 내적 기능과 외적 기능으로 설명할 수 있다. 내적 기능은 가족의 하부체계인 가족구성원들의 자아형성이나 욕구충족을 위해 수행하는 역할을 말하며, 외적 기능은 가족의 상위체계인 사회의 유지와 존속을 위하여 가족이 기여하는 역할을 말한다.

가족의 기능은 시대와 지역, 문화에 따라 다르게 나타나지만, 보편적인 가족의 기능은 아래와 같다.

1) 애정 및 성기능

가족은 남녀의 사랑을 기초로 결혼을 통해 이루어지며, 애정을 기초로 한다. 자녀 또한 그들의 애정의 표현으로 자녀들은 부모의 사랑을 받고 자라야 하며, 가족이 함께 사는 것은 의무에서가 아니라 애정 때문으로 가족간의 애정 도모는 가족의 중요한 기능이다.

현대 가족의 부부관계는 과거 전통가족과는 다르게 애정기능을 중요시 한다. 부부관계가 지배와 복종의 관계가 아닌 서로 다른 인격체로서의 만남을 기본으로 하며 부모와 자녀관계에서도 부모에게 예속된 자녀가 아니라 독립된 인격체로서 성장, 발달할 수 있도록 양육하는 것이다. 애정을 바탕으로 성기능이 이루어지고, 이러한 성기능은 가족 내적으로는 부부 사이의 성생활을 통하여 성적 욕구를 충족시키며, 가족 외적으로는 성적 무질서를 방지하고 통제하는 기능을 갖는다.

2) 생식기능

자녀를 출산하는 생식기능은 가족이 갖는 중요한 기능으로 부부간의 성생활로 자녀를 출산하게 되며, 자녀출산으로 사회를 유지하고 존속시키는 기능을 한다. 즉 생식기능은 가족 고유의 기능으로 내적으로는 가문의 전통을 잇고, 외적으로는 종족이 유지되는 것이다. 또한 자녀를 출산하는 생식기능은 가족만이 갖는 유일한 기능으로 사회의 무질서를 통제하는 기능도 함께 한다.

3) 경제적 기능

가족은 경제단위의 기본이며 재산을 공동으로 소유하는 집단이다. 우리나라는 전통적으로 가족이 생산에서부

터 소비에 이르기까지 모든 구성원이 함께 같은 일에 종사하며 같은 가치척도를 가지고 생활하였다. 또한 가족의 경제적 기능은 과거에는 가족생활에 필요한 것들을 가족 자체에서 해결하는 생산기능이 주로 이루어진 반면에 오늘날에는 상품의 대량 생산으로 소비기능이 확대되었다. 즉 가족구성원들은 사회에 노동력을 제공하고 그 대가로 임금을 받으며, 임금으로 필요한 물품을 구입하는 것이다. 이와 같이 가족의 경제적 기능은 생산기능과 소비기능으로 나뉘며, 가족은 경제단위의 기본을 이룬다.

소비기능은 가족이 생활물자를 소비하는 기능을 말하는데, 근대가족, 도시가족은 소비공동체라 할 만큼 소비기능의 비중이 높다. 현대가족은 점차 생산기능이 약화되고 소비기능이 강화되고 있으며 가족구성원은 노동력을 제공하고 그 대가로 임금을 받으며, 임금으로 필요한 물품을 구매한다.

4) 자녀양육과 사회화 기능

사회화 기능은 자녀에게 사회생활에 적응해 나가는 데 필요한 지식, 기술과 도덕 등을 가르쳐주는 것이다.

부부는 자녀를 출산하고 양육하게 되며, 그 과정을 통하여 자녀는 신체적 성장 및 발달뿐만 아닌 가치관, 태도 등이 형성되어 세대간의 문화가 계승되고, 그 사회에서 바람직한 역할을 수행할 수 있게 된다. 가족은 일차적 집단으로 자녀의 인격형성에 중요한 기능을 한다. 옛날부터 우리나라는 가정의 가풍의 전승과 예의범절 교육 등을 실시하여 왔다. 그러나 현대 가족에서 이러한 자녀양육과 사회화 기능이 감소되어, 이 기능의 상당 부분이 전문인이나 전문교육기관으로 이전되고 있다. 이런 현상은 현대 사회의 지식이나 기술이 복잡해지고, 고도화됨에 따라 오히려 가족에 의한 적절한 교육의 필요성이 증대되고 있음을 보여 주고 있다.

5) 정서적 안정과 휴식의 기능

가족은 가족구성원들에게 정서적 안정과 휴식을 제공하고 사회생활로 인한 여러 가지 스트레스와 긴장감을 해소시켜 주는 안식처로서의 기능을 하여 정신적인 건강을 이루게 된다. 가족이 정서적 안정의 기능을 제공하게 되면 가족구성원들은 애정적 결속이 높아지고 소속감을 갖고 신뢰감을 구축하게 된다.

오늘날과 같이 고도로 산업화되고 전문화된 사회에서는 복잡한 업무와 인간관계, 그리고 치열한 생존경쟁 때문에 고독감, 외로움 등의 정신적 문제와 스트레스가 가중되어 가족문제도 더욱 심각해지고 있으므로 가족의 정서적 안정과 휴식의 기능은 중요시된다.

가족은 함께 거주하면서 서로를 보호하고, 질병에 걸렸거나 다른 사람의 도움이 필요할 때 대가 없이 도움을 준다.

가족의 휴식 기능은 지친 심신을 가정에서 충분히 휴식함으로써 내일의 노동력을 재생산 할 수 있도록 한다. 또한 가족은 현대사회에서 겪는 복잡한 업무와 인간관계로부터 오는 스트레스나 긴장을 해소할 수 있는 안식처로서의 기능을 제공함으로써 가족구성원은 정서적 안정을 취할 수 있다.

3. 가족의 특성

가족은 다른 사회집단과 구별되는 몇 가지 특성을 가진다.

1) 일차적 집단

가족은 감정적 유대가 깊은 사람들의 연합으로 일차적 집단이라고 한다. 일차적 집단은 구성원간의 상호작용이 다른 집단보다 긴밀하고, 집단에 대해 강한 일체감과 소속감을 가진다.

2) 공동 사회 집단

공동사회라는 말은 이익사회와 대립되는 개념으로 공동사회에서 구성원은 서로 애정과 상호이해로 결합되어 외부의 간섭이나 장애에도 분열되지 않는 강력한 결합관계를 가진다.

3) 폐쇄적 집단

가족은 집단의 구성원이 되기 위한 자격을 쉽게 얻거나 버릴 수 없는 집단으로 집단구성원이 되기 위한 자격의 획득이나 포기가 용이하지 않는 집단임을 뜻한다. 이는 가족의 일원으로 태어난 것이 스스로의 의지가 아니라 선택과 상관없이 자연적이며 운명적으로 결정된 결과이기 때문이다. 이와 반대로 개방적 집단은 집단의 소속성이 약하기 때문에 개인의 의사에 따라 집단 구성원의 자격을 얻거나 버릴 수 있는 집단을 뜻한다.

4) 형식적 집단이나, 가족관계는 비형식적 집단

형식적 집단은 법적 절차를 통해 부부관계에 의해 형성되므로 제도적인 집단이다. 또한 객관적 조직과 특정한 관습적 절차 체계가 있으며, 이것에 의해 구성원의 행동이 통제되는 집단을 말한다.

가족 관계는 다른 사회보다 감정적인 관계로 맺어진 집단이므로 형식이나, 예의에 구속되지 않는 비형식적이고 자유로운 사회집단이다.

가족은 이상에서 언급된 기능과 함께 가장 보편적이고 기본적인 사회조직으로서 다른 사회조직과 구분되는 특성을 갖는다.

첫째, 가족은 일차적 집단으로서 가족구성원 간의 관계가 친밀하여 강한 결속력을 갖는다. 다른 일차적 집단과 다른 점은 가족구성원으로서 선택이나 소속이 자유롭지 못하다는 것이다. 가족은 제도화된 수단을 통해서만 가족관계를 포기할 수 있음을 말한다. 둘째, 이익관계가 아닌 가족구성원 간의 애정과 이해로 결합되어 있다. 특정한 이익이나 목적을 달성하기 위한 집단이 아니고 정서적인 결합에 의하여 상부상조의 의식으로 강한 일체감을 갖는다. 셋째, 공동운명체적인 특성이 있다. 운명적으로 한 가족의 일원으로 출생하고, 소속된 가족이 갖는 고유의 문화에서 하나의 인격체로서 성장하며, 가족구성원 개인의 행복과 불행을 가족과 함께 하게 된다.

4. 가족의 유형

가족의 유형은 사회 문화적 환경에 따라 매우 다양하게 나타난다. 일반적으로 가족유형은 배우자의 수, 가족구성원의 구성, 가장권의 소재, 거주지 등에 따라 분류한다. 예를 들면, 배우자의 수에 따라 일부일처제, 일부다처제, 일처다부제로 분류되고, 가족구성원의 구성에 따라서는 핵가족과 대가족, 가장권의 소재에 따라서는 부권가족과 모권가족, 거주지에 따라서는 부거가족, 모거가족, 신거가족, 양거가족 등으로 분류된다. 여기에서는 가장 일반적인 가족구성원의 수와 혈연관계 중심으로 분류한 핵가족과 확대가족에 대하여 살펴보도록 한다.

1) 핵가족

가족의 가장 간단한 형태인 부부와 그들의 미혼 자녀로 구성된 가족을 핵가족(nuclear family)이라 한다. 핵가족은 남편-아버지, 아내-어머니, 자녀-형제자매라는 세 가지 지위로 이루어진다. 핵가족의 세 가지 지위 이상을 포함하는 가족은 대가족이다. 핵가족이란 명칭은 머독에 의하여 명명되었으며, 학자에 따라 다른 명칭을 부여하고 있으나, 그 기본 내용은 크게 다르지 않다. 핵가족에서는 자녀들이 성장하면 결혼과 동시에 자신들이 태어난 부모의 가족을 떠나 새로운 가족을 형성하게 되는데 이때 자신이 태어난 가족을 방위가족(family of orientation), 결혼하여 자신이 수립하는 가족을 생식가족(family of procreation)이라 한다. 대부분의 경우 개인은 이 두 개의 가족을 모두 경험한다. 변형된 핵가족으로 2인 핵가족, 한부모가족, 혼합가족 등을 들 수 있다. 2인 핵가족은 부부로만 구성된 가족형태로 이들은 자녀를 출산하지 않았거나 자녀들이 성장하여 부모를 떠난 경우이다.

한부모가족은 별거, 이혼, 사별 등으로 부모 중 한 사람과 자녀들이 동거하는 형태이다. 혼합가족은 부부와 그들의 자녀와 전남편과 전처의 자녀들로 구성된 가족이다.

2) 확대가족

확대가족은 결혼한 자녀가 부모와 동거하는 경우로 전통적인 농업사회의 형태이며, 핵가족의 형태에 조부모와 사촌, 고모, 삼촌 등이 포함된다. 확대가족은 직계가족과 방계가족으로 나뉜다.

직계가족(lineal family, stem family)은 핵가족이 종적으로 확대된 가족을 말하며, 방계가족(joint family)은 횡적으로 확대된 가족을 말한다. 그리고 직계가족과 방계가족을 통합하여 확대가족(extended family)이라고 한다. 직계가족은 장남, 장손 등이 부모와 동거하며 다른 자녀들은 분가하는 형태를 말한다. 직계가족은 집안의 영속적 계승을 목표로 하기 때문에 부부관계보다 부자관계가 우선시되며, 집안의 계승자인 가장이 집안의 권위를 대표하고 재산권을 장악하며, 다른 가족을 통솔하고 지휘하는 권한을 지닌다.

방계가족은 결혼한 아들 부부가 부모와 동거하는 가족형태이다. 직계가족에서는 한 세대에 한 쌍의 부부가 존재하는데 반하여, 보통 한 세대에 두 쌍 또는 그 이상의 부부가 동거하는 것이 특징이다. 즉 방계가족은 핵가족이 횡적으로 확대된 것으로 이들은 한 가구에 여러 세대의 가족이 부모-자녀 간의 관계 또는 형제관계로 연결되어 있으며, 집안의 어른이 되는 가부장을 우두머리로 그의 부인, 혼인한 아들 및 손자녀 때로는 증손자녀들까지도 포함된다.

5. 가족 역동

1) 가족역할

(1) 역할의 개념

일반적으로 역할이란 사회적인 관계에서 어떤 지위를 점하는 사람들이 해야 할 것으로 기대되는 행동의 범주를 말한다. 또한 어떤 사회에서 개인의 지위에 관련된 문화유형의 총체라고 할 수 있다. 지위를 차지하고 있는 사람들에게 기회가 부여되는 행위, 태도, 가치를 포함한다.

역할을 구성하는 행동은 다른 사람들의 기대에 결부된 것이며 역할 담당자는 그에게 부여된 역할에 관하여 배워야 한다. 역할을 제대로 수행하려면 적절한 역할형태를 배워야 하며 이는 개인마다 다를 수 있다. 역할은 역할 수행자의 역량과 성격에 따라 다르게 나타나며 인간은 발달단계를 거치면서 역할 전이, 역할 차이, 역할 갈등, 역할 실패 등을 겪게 된다.

1 부부역할

부부는 서로가 수행하여야 할 역할에 대하여 의논하고 상호간의 역할 기대를 수용하여 부부로서 각자의 역할을 충분히 인식하여야 한다. 전통적 관점에서는 부부간의 역할 구분이 명확하여 남편과 부인이 각각 따로 역할을 수행했다. 하지만 법적, 사회적으로 여성의 지위가 변화함에 따라 여성의 역할이 복잡해졌다. 근본적으로 남성우월적인 가치관이 지배적인 경우에는 여성에게 많은 역할 갈등을 일으킨다. 오늘날 다양한 사회적 변화에 따라 남편과 부인은 각자의 삶의 목표에 따라 선택적으로 역할을 수행할 수 있어야 한다. 따라서 부부간의 상호행위는 상대의 기대를 고려하면서 자기의 행동을 조정해 나가는 역할 취득과정이므로 부부는 서로에 대한 이해와 신뢰를 기초로 관계를 발전시켜 나가야 한다.

2 부모역할

가족을 하나의 체계로 본다면, 자녀의 출생으로 가족체계에는 여러 가지 변화가 일어나게 된다. 부부 하위체계만으로 이루어졌던 가족체계에 부모-자녀 하위체계가 추가되며 이는 가족구조의 재조직을 의미한다. 즉 부부는 남편 또는 아내로서의 역할뿐만이 아니라 아버지 또는 어머니로서의 역할도 수행해야 한다. 사회가 다양하게 변화함에 따라 부모의 역할에 많은 변화가 있으나 부모로서 반드시 해야 하는 역할에는 차이가 없다.

부모는 아동의 신체적 · 정서적 · 지적 욕구를 충족시켜 줄 책임을 지며, 자녀가 성장함에 따라 보호자로서, 동일시 대상이다. 또한 부모는 상담자이며, 때로는 친구로서 자녀와 함께 성장하면서 자녀가 당면하는 문제에 따라 다양하게 대처하는 여러 가지 역할을 감당해야 한다. 이러한 역할을 잘 수행하려면 가족 생활주기의 각 단계마다 부모역할에 대한 검토와 가족지원체계가 필요하다.

2) 가족권력

(1) 권력의 개념

권력이란 어떤 개인 또는 집단이 서로 다른 개인 또는 집단의 행태에 영향을 미칠 수 있는 능력으로 역동적이

다. 권력의 영역은 권력기반, 권력과정, 권력결과로 설명할 수 있다.

권력기반은 권력의 근원을 말하며 권력기반이 되는 자원은 물질적, 감정적, 개인적, 규범적, 인지적 자원 등이다. 권력과정은 개인이 의사를 결정하거나 협상하는 과정에서 제어할 수 있는 능력을 갖기 위하여 사용하는 상호작용기술을 의미한다. 예를 들면 영향력 행사, 주장, 설득, 양보, 절충 등을 포함한다.

권력결과는 최종 의사결정을 누구에 의해서 이루어지는가를 말한다.

가족체계에서 가족권력은 다른 가족구성원의 행동을 변화시킬 수 있는 각 구성원의 잠재적 혹은 실제적 능력이라는 것이다.

1 부부권력

가족권력에서 가장 기초가 되는 것은 부부권력이다. 부부간 권력관계가 어떻게 나타나는가(권력결과)는 부부가 가진 제반특성(권력기반)과 상호협상하는 과정(권력과정)에 따라 달라진다.

블러드와 울프(1960)는 부부권력에서 권력의 기초가 되는 자원을 많이 제공한 배우자가 더 큰 권력을 행사한다고 하였다. 즉 권력의 기초가 되는 자원은 교육수준, 직업, 지위, 수입 등으로 이 자원들이 상대적으로 우월한 쪽이 권력이 증가함을 의미한다.

2 부모-자녀 권력

부모권력은 부모가 자녀로 하여금 자신이 원하는 방식으로 행동하도록 이끌 수 있는 잠재적 영향력을 가지는 것이다. 부모권력은 그 권력기반에 따라 다음의 네 가지로 분류될 수 있다.

① 보편적 권력 : 자녀에 대한 보상이나 처벌을 조정할 수 있는 능력이 부모에게 있다는 것 을 자녀가 인지하는 데 기인하는 부모권력
② 전문가 권력 : 부모가 어떤 특수한 지식이나 능력을 가지고 있다고 자녀가 인지한 것에 기반한 부모권력
③ 준거적 권력 : 부모와의 동일시에 의거한 부모권력
④ 합법적 권력 : 부모가 자신의 행동을 통제할 권리가 있고, 자신은 부모에게 복종할 의무가 있다고 자녀가 인지하는 것에 기반한 부모권력

부모의 권력기반이 어디에 있든 부모가 자녀를 제어하려고 할 때에는 부모권력이 높을수록 자녀는 복종을 하게 된다. 하지만 자녀의 사회화를 효율적으로 하기 위해서는 높은 부모권력 수준뿐 아니라 높은 수준의 부모의 애정이나 사랑이 동시에 필요하다.

3) 가족의 의사소통

(1) 의사소통의 정의 및 구성요소

의사소통은 지속적이고 다양하며 변화가 있는 활동으로 상호작용 속에서 만들어진다.

의사소통은 둘 또는 그 이상의 사람들 사이의 사실, 생각, 의견 또는 감정의 교환을 통하여 공통적 이해를 하게 되고, 수용자측의 의식이나 태도 또는 행동에 변화를 일으키게 하는 일련의 과정이며 행동이다.

또한 의사소통을 통해 상호작용하는 경우, 상대에게 하나의 상황을 공급하면 그 상황에서 관계를 맺고, 이것이

서로의 행동에 영향을 미친다. 즉 인간은 의사소통을 통하여 서로 공통된 의미를 공유하고 또한 서로의 행동에 영향을 미치며 주위환경에서 일어나고 있는 일들에 대한 정보를 수집 전달한다.

모든 가족에게 의사소통은 지속적으로 일어나며 가족관계를 구성하고 가족의 현실을 반영한다고 할 수 있다. 가족은 의사소통을 통해 변화에 적응할 수 있는 방법을 찾고, 이러한 의사소통은 가족의 신체적, 정신적 건강에 영향을 미친다. 간호사는 변화로 인해 스트레스에 노출되는 가족의 의사소통을 촉진시키고, 건강한 결과에 도달할 수 있도록 가족을 돕는 역할을 한다.

(2) 가족 의사소통 형태

효과적인 의사소통은 상호간의 접촉을 유지시켜 가족 구성원의 상호작용을 촉진시킨다. 가족 구성원 사이에서 정보교환과 상호간의 이해를 가능하게 하며 자녀의 교육과 사회화에 중요한 역할을 한다.

브롬멜(Brommel, 1986)은 가족 구성원은 예측 가능한 방식으로 메시지를 공유하고, 가족관계망을 나타내는 통로는 사슬형, 바퀴형, Y형, 완전통로형 등이 있다.

① 사슬형 : 의사전달이 권위자로부터 한 방향으로 향하거나 메시지가 고리를 통하여 앞으로 가는 유형이다. 보편적으로 아버지와 어머니가 자식들에게 지시를 내리는 유형이다.
② 바퀴형 : 중심이 되는 한 가족 구성원은 모든 가족 구성원들과 의사소통할 수 있으나 나머지 가족 구성원들은 중심이 되는 한 가족 구성원하고만 의사소통하는 형태이다. 중심이 되는 가족 구성원은 독재적으로 되거나, 가족 구성원과의 관계가 친밀해질 수 있다.
③ Y형 : 메시지가 한 가족 구성원을 통하여 다른 한 가족 구성원에게 전달되거나 둘 이상의 가족에게 전달되는 형태이다.
④ 완전통로형 : 모든 가족 구성원 간에 양방으로 의사소통이 가능한 유형이다. 의사소통은 모든 방향으로 행하고 가족 구성원과의 상호교류가 원활하기 때문에 자유로운 토론과 효과적인 의사소통이 가능하다.

(3) 역기능적 의사소통

가족 구성원 간에는 순환적인 의사소통이 이루어지는데, 이때 상호간의 지지형태의 순환 혹은 논쟁형태의 순환이 있다. 가족 구성원 간에 지지형태의 순환이 되는 경우를 기능적 의사소통이라 한다. 그러나 논쟁 형태의 순환은 역기능적 의사소통을 말한다. 예를 들어 너무 권위적이거나, 주변 가족들에게 무조건적인 복종을 요구하며, 부정적이고 비관적인 발언을 하며, 모순되고 분명하지 않은 메시지를 보내어 문제를 해결하지 못하는 의사소통을 말한다.

새티어(Satir, 1972)는 문제 있는 가족들이 이중 메시지를 사용하고 있음을 발견하고, 이중 메시지를 사용하는 사람들의 공통점을 다음과 같이 설명한다. ① 자존감이 낮으며 ② 다른 사람의 보복을 걱정하고 ③ 관계의 단절을 두려워하고 ④ 남의 감정을 상하게 하는 것을 두려워하고 ⑤사람이나 상호작용 자체에 어떤 중요성을 부여하지 않는다. 또한 이중 메시지를 사용하는 의사소통을 역기능적 의사소통으로 보았고 그 유형을 다음의 네 가지로 설명하고 있다.

1 회유형

회유형의 의사소통은 자신의 가치감정을 무시하며, 다른 사람에게 나의 힘을 넘겨주고, 모두에게 동의하는 말을 한다. 자신의 가치를 낮추고 남에게 자신의 힘을 주는 것으로 모두에게 찬성하는 반응을 보인다. 회유하는 사람은 다른 사람과 상호작용하는 상황을 존중하지만 자신의 진정한 감정을 존중하지 않는다.

2 비난형

비난형은 회유형과 정반대 유형으로 자신이 약해서는 안된다고 하는 의지를 나타내며, 자신을 보호하고 다른 사람이나 환경을 괴롭히고 나무라는 것이다. 비난하기 위하여 다른 사람의 가치를 격하시키고, 자신과 상황에만 가치를 둔다.

3 초 이성형

자신 또는 다른 사람을 과소평가 하는 것으로 이성적인 논리를 지나치게 중요시하며 냉정하고 이성적이며 침착하다. 초 이성형은 지나치게 합리적인 논리를 중요시한다. 위협이 있어도 호언장담으로 자신의 가치를 세우려고 노력하며, 매우 정확하고 이성적이며 냉정하고 차분하다.

4 산만형

초이성적인 사람은 조용하고 안정된 것 같이 보이고, 산만한 유형의 사람을 계속해서 움직인다. 또한 생각과 화제를 자주 바뀌어 황설수설하며 말에 요점이 없다.

(4) 가족의사소통에 영향을 미치는 요인

의사소통에 영향을 주는 요인은 가치관과 지각, 문화 등이다. 개인이 공정하지 못한 생각을 가지고 있는 경우와 잘못된 믿음에 의한 가치관을 가지고 있는 경우는 의사소통의 장애요인이 된다.

다른 사회문화적 배경을 가진 두 사람이 만나 이루어진 부부는 행동유형이나 가치관이 다르고, 의사를 표현하는 방식이 다를 수 있다. 부모와 자녀간의 의사소통은 부모가 권위를 이용해서 일방적이면서 지시적인 의사소통을 하거나, 부모와 자녀간의 세대차이로 인해 단어선택이나 수용부분에 차이가 있을 수 있다.

(5) 가족의사소통 향상방안

가족 구성원들이 자신의 감정, 요구 등을 나누며 가족관계를 원만히 하여 문제를 효과적으로 해결할 수 있는 의사소통기술이 필요하다.

가족의사소통을 향상시키기 위한 방안으로는 적극적인 경청과 나-메시지이다. 적극적 경청은 상대방의 말을 경청하고 내면에 존재하는 동기, 바람, 정서 등을 이해하는 것이다. 나-메시지는 상대방을 존중하면서 적절하게 자신의 의견이나 생각, 감정 등을 표현하는 방법으로 서로간의 이해를 도모하고, 자신의 문제를 자발적으로 해결하고자 하는 것을 의미한다. 그러므로 적극적인 경청과 나-메시지를 활용하면 상대방의 감정을 다치지 않고 관계를 증진시킬 수 있다.

제2절 가족이해의 이론적 배경

1. 체계이론(system theory)

가족 연구에서 가족을 하나의 체계로 인식하여 사용하는 체계이론은 생물학자 버틀란피(Bertalanffy, 1950; 1968)가 개발한 일반체계 이론에서 도출된 이론이다. 경영학, 사회복지, 가족상담 등 분야에 적용되면서 유용성이 입증되고 있다. 체계이론은 '체계는 구성하고 있는 부분보다는 전체로 이해되어야 하고, 인간체계는 독특하게 자기 성찰적인 체계'라는 가정에 입각한 것이다. 이 이론의 입장은 전체는 부분의 합과는 다르고 그 이상으로 보기 때문에 가족인 경우 가족 한 사람, 한 사람에 대해서 아는 것으로 가족의 특성을 예측할 수 없다고 본다. 체계이론에서는 체계는 일련의 상호작용하는 구성요소로 이루어지고, 각각의 체계는 그 체계가 존재하는 환경과 명확히 구별되며, 이들 체계와 환경을 분리하는 경계가 있는데 이 경계는 체계 내에 있는 단위들 스스로 고도의 상호작용을 하도록 한다.

체계이론에서의 초점은 가족구성원간의 상호작용, 가족 내의 하위체계와의 관계, 외부환경 체계와의 교류에 의한 균형이다. 가족내의 상호작용 과정과 가족체계의 성장을 중요시한다.

가족에게 적용되는 체계론적 관점은 가족의 목표 설정, 꾸준한 변화와 성장 등으로 가족은 형제-자매체계, 부부체계, 부모체계와 같은 많은 하위체계를 가지며 한 부분이 체계의 나머지와 독립되어 이해될 수 없다. 즉 가족구성원간의 상호작용을 통하여 나타나는 가족역할, 가족권력, 가족의사소통 등의 역동성을 말하며 가족의 행동은 가족이라는 상황에서 이해되어야 한다.

모든 체계는 환경과 끊임없이 상호작용한다. 마찬가지로 가족체계는 외부체계와의 지속적인 상호작용과 교류를 통하여 변화와 안정간의 균형을 잡는다. 환경의 속성이 체계에 영향을 주고, 환경의 속성은 체계의 행동에 의해 변화된다. 또한 외부환경뿐 아니라 내부의 스트레스에 반응하여 계속적으로 변화한다.

체계이론에서 살아 있는 체계의 능력은 점차 복잡해지며 발전, 성장한다고 한다. 안정과 변화 사이의 균형이 개체를 성장하게 하는 것으로 가족체계는 성장이 가능하며 여러 방법으로 변화를 일으키거나 촉진할 수 있다. 즉 가족구성원 한사람에게 일어난 중요한 사건이나 변화는 가족 모두에게 영향을 주며 한 구성원이 변화하면 다른 가족도 변화한다.

체계에는 에너지와 물질이 있으며 정보를 교환한다. 체계에 들어온 에너지와 물질은 내적 회환과정을 거쳐 산출되고 이러한 산출물은 다시 외적 회환과정을 거쳐 체계내에 투입되며, 이러한 과정이 체계가 존재하는 환경 안에서 이루어진다. 가족 구성원의 행동은 원인과 직선적 관계가 아니라 순환적 관점에서 이해되어야 한다.

가족에 대한 체계론적 관점은 다른 체계와 가족 상호관계뿐 아니라 가족 내 개인의 상호의존성과 상호작용을 이해하기 위한 수단을 제공한다. 내부 상호작용의 결과와 외부 체계와의 관련에 중점을 두는 접근법으로 가족 구성원 간의 상호작용, 가족 내 하위체계와의 관계에서 외부환경체계와의 교류에 의한 초점을 둔다. 이 이론에서 가족간호의 목표는 부모-자녀간의 만족, 부부간의 관계만족, 가족 구성원의 질병예방과 건강증진 등이 목표이다.

2. 구조기능적 이론(Structural-Functional Theory)

구조기능적 이론은 가족원 간의 다양한 내적인 관계뿐만 아니라 가족과 더 큰 사회화의 관계를 강조하는데, 구조적인 면에서는 가족이 사회통합에 어떻게 기여하는가에 초점을 둔다. 즉 가족구조의 형태뿐 아니라 가족의 의사소통양상, 역할구조, 가치체계, 가족내의 권력구조 등에 중점을 두며 이러한 구조들이 어떻게 연관되어 있고, 이 구조적 연관들이 가족 전체 기능을 적절하게 수행하는지를 강조한다. 가족은 전체 사회 내에 하나의 사회체계로 보며 가족이 사회구조의 하나로서 사회의 요구에 가족기능이 어느 정도 적합한지를 판단한다. 따라서 가족의 구조적 형태들이 사회에서 요구하는 가족의 기본기능을 적절히 수행하도록 조직되어 있는가를 평가함으로써 가족건강을 평가하게 된다.

가족의 접근방식으로서 구조기능적 이론을 적용하는 근거는 다음과 같다.

① 가족구조는 변화과정에 있는 개방된 사회 문화적 체계이다.
② 가족은 재구성이 요구되는 여러 단계를 거쳐 발달한다.
③ 가족은 계속성을 유지하면서 각 구성원의 심리적 성장을 증대시키기 위해 환경을 변화시킨다.

가족기능의 예로는 가족의 애정기능, 생식기능, 경제적 기능, 사회화의 기능, 보호기능 등이 있으며 가족구조가 이러한 기능을 수행하도록 조직되어 있는지와 가족이 기능할 수 있도록 가족 구조를 형성하는 것이 관심이다. 가족의 건강을 평가하는데 이 이론을 적용하는 것은 유용하며, 부모 중 한명이 질환에 노출된다며 가족의 구조와 기능에 변화가 생긴다. 가족의 권력구조와 의사소통 형태가 바뀌고, 부모의 역할을 다른 구성원이 담당하게 된다.

구조기능적 이론이 체계이론과 다른점은 상호작용과 과정보다는 구조자체와 상호작용의 결과에 중점을 두는 반면, 성장과 변화 불균형 등에는 관심을 적게 두는 것이다.

3. 상징적 상호작용이론(Interactional Theory)

상징적 상호작용이론은 가족구성원 개인 간의 관계를 고찰하는 방식으로서 가족을 서로 상호작용하는 인격체로 보고 접근하는 방식이다. 가족은 지위, 역할면에서 서로 어떤 위치를 갖고 상호관련하게 되는데, 이때 가족구성원 간에 어떤 방식으로 의사소통을 하는가를 분석해 보는 것이다. 한 구성원의 행동은 다른 구성원의 행동의 원인과 결과가 되기 때문에 각 가족구성원들이 서로의 상징을 어떻게 해석하며 그에 대해 어떤 방식으로 대응하는가를 관찰하고 분석하는 방법이다.

상징적 상호작용이론에 자아는 다른 사람과의 상호작용으로부터 형성되고, 가족을 상호작용하는 단위로 본다. 가족 상호작용은 외부 관찰만으로 설명될 수 없으며 가족구성원이 그 상황을 지각하는 방식으로 이해되어야 한다는 부분에 초점을 둔다.

상호작용의 근거가 되는 기본 가정들은 다음과 같다.

① 인간 사회의 심리학적 행동에 대한 원칙들은 오직 인간을 연구함으로써만 얻을 수 있다.

② 개인은 이미 존재하고 있는 문화와 사회 안에 태어나며 그 사회가 요구하는 행동들에 맞게 사회화 되어진다.
③ 인간행동을 이해하는 데 상징은 중요하다. 인간은 물질적, 상징적 환경 속에 살고 있다. 상징은 행동을 자극하고 영향을 미칠 수 있다.
④ 인간은 자기성찰을 하는 존재로, 내면의 통찰을 통하여 자기분석을 할 수 있고, 그것이 자신의 자아와 자신의 것이 아닌 객체들간을 구별하며 자아개념을 형성한다.
⑤ 인간은 반응자일 뿐 아니라 행위자이므로 인간은 자신에게 반응하는 주위환경을 선택하고 해석한다.

이 이론에서 보는 가족 현상은 가족의 역할, 가족의 갈등, 의사소통, 의사결정 등의 가족의 내적인 과정에 초점을 두고 각 개인은 할당된 역할을 인식하며 가족 구성원은 그 역할에 대한 기대가 있다. 이 이론은 가족의 현상을 내적인 관점에서 설명하고자 하므로 배우자 선택과정, 역할수행, 지위관계, 의사소통의 문제, 의사결정관계, 스트레스에 대한 반응 등을 이해하는데 강점이 있다. 그러나 가족의 상황을 고려하지 않는 점에서 제한점이 있다.

4. 발달이론(Developmental Theory)

가족의 변화를 시간적 차원에서 고찰하는 방법으로서 가족의 탄생부터 죽음에 의해 가족이 해체되기까지의 가족발달 단계를 중심으로 가족을 생의 순환에 따라 변화하는 체계로 보는 접근 방식이다. 발달이론은 상징적 상호주의, 체계이론, 구조기능주의, 정신분석 이론에서 도출되었으며, 가족의 성장, 쇠퇴, 해체까지의 변화과정에 초점을 둔 이론으로 가족이나 개인을 총체적으로 볼 수 있도록 한다.

프로이드(Freud)가 개발한 개인의 발단단계는 에릭슨(Erikson, 1959)이 확장하는데 기여하였고, 에릭슨의 발달원리는 구조적, 기능적 요소를 갖고 이 요소들은 유기체의 성장으로부터 도출되었다.

하비그허스트(Havighurst, 1972)의 발달적 과업의 정의도 이 원칙을 따르고 있으며 발달적 접근의 핵심을 이루고 있다. 특정한 기간에 과업이 있으며 이 과업을 성공적으로 마치도록 한다. 그러나 과업의 성취가 이뤄지지 않으면 다음단계의 과업의 성취를 어렵게 한다.

발달이론의 가정은 가족의 구조는 핵가족이며 결혼에서 배우자가 사망할 때까지 존재하며 자녀를 양육하는 것이 전제이다. 가족 개별 구성원에게 초점을 두기 보다는 사회체계의 한 단위인 가족 전체를 대상으로 접근해야 하며 발달단계별 발달과업을 성공적으로 성취함으로써 다음 단계의 과업 성취가 가능하다고 가정한다. 즉 가족도 성장, 발달단계가 있으므로 그 시기에 따라 요구와 역할 및 목표가 다르므로 발달기에 따른 과업을 어느 정도 성취하는가를 중심으로 가족건강을 접근한다.

제3절 가족의 생활주기 및 발달과업

개인의 삶은 연령이 증가하면서 일정한 단계를 거쳐 형성되는 것처럼 가족의 생활주기는 일반적으로 가족들이

거쳐야 할 전형적인 과정으로 결혼, 출산, 자녀 양육, 자녀들의 독립, 은퇴, 죽음 등을 경험하게 된다. 가족의 생활주기는 문화나 인종의 다양성에 상관없이 일반적으로 예측할 수 있는 단계를 거치나 단계별 시기, 사회적 기대, 개인적 차이 등은 다를 수 있다. 또한 가족의 생활주기는 계속 변화하면서 가족구성원들의 역동성에 영향을 주게 된다. 이러한 발달단계를 가족생활주기라고 한다. 가족주기는 가족이 결혼, 자녀출생, 자녀의 출가, 가계부양자의 퇴직, 배우자의 사망 등 일련의 가족생활사건들을 단계적으로 경험하면서 형성, 확대, 축소, 해체되어 가는 과정을 의미한다. 가족생활주기의 단계를 구분하는 것은 학자마다 다양하나 이 장에서는 듀발(1977)의 가족발달주기를 소개하고자 한다.

듀발(Duvall, 1977)은 핵가족을 중심으로 결혼, 첫 자녀의 나이 및 취학을 가족생활주기의 기준으로 가족발달주기를 8단계로 제시하였다.

① 신혼기
② 양육기 가족(첫 자녀 출산 ~ 30개월 가족)
③ 학령전기 가족(첫 자녀가 30개월 ~ 6세인 가족)
④ 학령기 가족(첫 자녀가 6 ~ 3세인 가족)
⑤ 청소년기 가족(첫 자녀가 13 ~ 20세인 가족)
⑥ 진수기 가족(첫 자녀부터 마지막 자녀까지 독립한 가족)
⑦ 중년기 가족(부부만 남았을 때부터 은퇴 시기까지의 가족)
⑧ 노년기 가족(은퇴 시기부터 부부 사망에 이를 때까지의 가족)

1) 신혼기

우선적인 관심 영역은 성과 결혼에 대한 적응, 가족계획에 관한 교육 및 상담, 산전교육 및 상담, 의사소통 등이다. 이러한 내용이 결혼전부터 시작되면 더욱 좋다. 정보의 부족은 성문제나 정서문제, 두려움, 죄의식, 원치 않는 임신 등을 일으킬 수 있다. 전통적인 것이 흔들리는 요즈음 세태에서 젊은이들이 가족에 대한 올바른 가치관을 가질 수 있도록 도와주는 것이 가족간호사의 중요한 역할이다.

2) 양육기 가족

이 단계의 가족에서 건강에 대한 주요 관심은 산모교육, 육아, 신체적 건강 문제의 조기 발견 및 처치, 예방접종, 가족계획, 가족 상호작용, 일반 건강증진 활동 등이다. 일하는 엄마의 경우 양육시설까지의 접근성에 관한 것, 부모-아이관계, 아동학대에 관한 조짐, 부모로서의 역할을 받아들임이 중요하다.

3) 학령전기 가족

이 단계에서는 다양한 건강문제가 나타날 수 있다. 전염병, 감기, 화상, 중독, 기타 사고 등이다. 최근 연구에 의하면 심리적인 건강문제는 결혼관계로 많은 부분들이 이 시기에 결혼 만족도가 감소하고 경제활동을 하고 싶

은 욕구를 느낀다고 하였다. 또 다른 문제는 형제간의 질투, 가족계획, 성장발달에 관한 욕구, 아이 훈련에 대한 부모의 문제, 아동학대, 의사소통 문제 등이 있을 수 있다.

가족간호사는 주요 건강문제를 예방할 수 있는 방향으로 보건교육을 실시하는 것이 좋으며, 보건교육의 유형으로는 흡연, 알코올 남용, 성생활, 안전, 식이, 영양, 운동, 사회적지지, 스트레스 관리 등이 있다.

4) 학령기 가족

학령기 가족은 가족 구성원의 신체건강 상태는 양호하나 건강문제는 잠재적으로 도사리고 있다. 부모편에서 남자의 경우 35세부터 심장질환이 나타나기 시작하고, 남녀 모두 질병발생에 취약해지기 시작하는 연령층에 속하게 되므로 부모의 성인병 예방 등에 관심을 쏟아야 할 시기이다.

5) 청소년기 가족

이 단계에서 자녀는 여러 사고에 노출될 위험성이 높다. 예를 들면 자동차, 오토바이 사고, 원치않는 임신, 알코올 및 약물 남용 등에 노출될 가능성이 높기 때문에 유의해야 한다. 부모는 결혼관계를 돈독히 하고 부모-자녀관계에도 유념해야 한다. 직접 상담이나 상담의뢰 등이 필요하고, 건강증진을 위한 구체적 방안도 모색하여야 한다.

6) 진수기 가족

이 단계에서의 관심은 부모와 자녀간 의사소통 문제이다. 남편과 아내 역할전이, 고콜레스테롤, 고혈압 등 만성질환의 출현, 갱년기 문제 등이 나타나기 시작한다.

건전한 생활양식에 따라 생활하는 것이 이 시기의 부모가 준비해야 할 과업이다.

7) 중년기 가족

이 시기는 건강증진 및 유지에 관한 요구가 채워져야 한다. 적절한 휴식, 여가활동, 수면, 충분한 영양, 규칙적 운동, 금연, 절주, 건강검진 등을 통해 건강한 생활방식을 획득해야 한다. 또한 자녀, 손자, 부부간 원만한 의사소통을 유지하는 것, 노후생활에 대비한 대책을 마련하는 것이 필요하다.

8) 노년기 가족

노년기의 주요 관심은 건강하게 오래 사는 것이다. 노인의 80% 이상은 한 가지 이상씩 만성질환이 있으며 여러 증상을 동시에 가지고 있는 것이 보편적이다. 의료서비스 이용률도 최근 들어 급격히 상승하고 있고, 노인인구도 지속적으로 증가하여 이들이 쓰는 의료비도 크게 늘어나고 있다. 퇴행성 질환으로 인한 건강의 악화는 피할

수 없지만, 예방 가능한 질환은 사전에 예방함으로써 전체 의료비나 국민의 건강수준 향상에 기여할 수 있다.

노인은 신체활력 및 기능의 저하, 사회적 고립, 우울, 고독감, 인지장애 등이 빈번하다.

가족간호사는 급성질환에서부터 만성질환, 재활에 이르기까지의 간호제공과 의료시설 이용의뢰 및 안내 등 여러 상황에서 많은 도움을 줄 수 있다. 또한 노년기 가족의 건강증진과 질병, 사고 예방을 위한 전략을 제공함으로써 노년기 가족 건강증진에 기여할 수 있다.

제4절 우리나라 가족의 변화

1. 가족의 변화

우리나라는 인구의 변동과 사회변화로 가족구조, 가족기능, 가족의 생활주기 등과 관련된 가족의 변화가 초래되고 있다.

특히 경제성장을 통한 현대화는 전통적 가족관, 가족생활주기의 변화, 가족문제의 유형 및 대처 방안 등에 많은 변화를 일으켰다. 가족구조의 축소와 분화, 가족기능의 변화, 가족해체 증가, 성 역할 변화 및 개인주의적 가치관 확산 등 이러한 급격한 변화는 전통적인 유교적 가치관과 혼재됨으로써 가족간이나 가족구성원간의 가치관 차이로 인한 갈등의 원인이 되기도 한다. 따라서 새로운 가족정책과 더불어 변화에 적응력을 기르고, 새로운 가치관의 형성이 필요하다.

우리나라의 가족 발달의 특징 중 하나는 결혼 연령이 높아졌다는 것과 소자녀 선호로 자녀 출산기로서 확대기 기간도 단축되고 있다. 이는 만혼현상과 저출산 완료시기가 앞당겨졌기 때문이다. 그러나 이들 자녀가 성장하여 결혼하는 단계까지 이르는 확대 완료까지는 교육기간 연장 및 혼전 취업 기회의 확대, 결혼관의 변화 등에 의한 자녀 결혼 연령의 지속적인 상승으로 점차 길어지고 있다. 가족 축소기 이후 두 부부만 남는 빈 둥지 시기가 급격히 확대되었고, 이는 자녀를 적게 낳기 때문에 독립시기까지의 기간이 줄었고 수명이 연장되었기 때문이다.

이외에도 우리나라 가족문제 중 가장 심각한 것은 가족의 존재가 소멸되는 가족해체이다. 가족해체의 증가는 자녀유기, 노인부양, 청소년 비행 및 범죄 등 관련 사회문제의 발생을 증가시켜 사회안정 및 통합에 위협요인이 되며 나아가 사회의 생산 및 재생산단위의 붕괴를 야기할 수도 있다는 점에서 심각한 문제이다.

이 외에도 우리나라는 사회경제적 변화로 인해 비혈연 가구, 기러기 가족, 다문화 가정의 급증 양상도 보이고 있다.

1) 가구의 축소와 세대의 단순화

우리나라의 가족 규모는 해방 이후 1960년대에 이르기까지 지속적인 증가를 보였으나, 1960년대 경제개발과 더불어 실시한 가족계획정책으로 가구원수가 감소하기 시작하였다. 1980년대에 들어서는 감소가 더욱 급격히 진

행되었고, 이는 산업화와 도시화 시점과 일치하며 정부의 가족정책 영향으로 이상적 자녀수에 대한 태도가 변화하고 출산율의 저하로 이어졌다고 보여진다.

평균 가구원 수의 변화는 세대 구성원에도 영향을 주어 가족 세대가 단순해지고 핵가족이 증가하고 있다. 핵가족화로 1,2세대 가구는 증가하였으나, 3세대 가구수는 감소하였다. 이러한 변화는 무자녀 가족의 증가, 결혼 후 출산까지의 기간 연장, 성인 자녀들의 독립으로 인한 노인 단독세대의 증가 및 미혼가구의 증가와 동반된 형제자매로 구성된 가족의 증가로 볼 수 있다.

2) 가족 주기의 변화

우리나라 가족은 산업화, 정보화의 영향으로 형태적으로는 소규모화, 단순화되었으며 가족기능 및 역할과 가족 가치관에도 많은 변화를 보였다. 이러한 변화는 교육 수준의 향상, 혼전 역할의 다양화, 여성의 취업률 상승 등에 힘입은 바가 크다. 특히 가치관의 변화는 기본적인 사회제도로서의 가족 형성 과정을 변화시키는데 일차적 요인으로 작용하였다. 또한 결혼 필요성에 대한 의식이 약화되고 혼전 역할이 다양해짐에 따라 초혼 연령이 상승하여 가족 주기에 큰 영향을 미치고 있는 실정이다.

가족주기 형성의 출발점인 결혼은 늦어지는 추세이며, 소자녀 선호로 자녀 출산기로서의 확대기도 그 기간이 단축되고 있다. 또한 빠른 기간내에 출산을 완료하기를 희망하여 출산간격이 짧아지는 추세이다.

우리나라 가족주기의 변화를 세계보건기구의 가족주기모형을 중심으로 정리하면 다음과 같다.

첫째, 가족형성기는 점차 짧아지고 있는 추세로, 우리나라 여성들의 초혼 연령이 상승하여 결혼 후 첫 자녀 출산시기가 빨라지기 때문이다. 실제 1959년 이전 결혼 코호트의 가족 형성기가 2.37년에서 1990년 이후 코호트는 1.22년으로 짧아졌다.

둘째, 첫 자녀와 막내 자녀 출산 시점인 확대기가 점차 짧아지고 있고, 1959년 이전 결혼 코호트의 확대기는 약 11년, 1990년 이후 코호트는 2.4년이다. 이는 출산력 저하에 따른 자녀수 감소 및 출산 간격의 단축으로 출산 완료시기가 당겨졌기 때문이다.

셋째, 자녀 출산 완료에서 자녀의 첫 결혼 시점의 완전 확대기는 점점 길어지고 있다. 1959년 이전 결혼 코호트의 확대 완료기는 14.8년, 1990년 이후 코호트는 23.4년으로 추정된다. 이는 출생아 수의 감소와 출산 간격의 단축으로 막내아 출산이 빨라지는 반면, 자녀의 초혼 연령은 높아지기 때문이다.

넷째, 자녀의 첫 결혼부터 자녀를 모두 결혼시킨 시점인 수축기는 점점 짧아지고 있다. 1959년 이전 결혼 코호트의 가족 축소기는 10.9년, 1990년 이후 코호트는 2.4년으로 추정된다. 이는 출산률 저하에 따른 자녀수 감소로 최근 한 자녀 가정이 보편화되었기 때문으로 판단된다.

다섯째, 노인 부부만 남는 완전 수축기는 최근 길어지고 있다. 1959년 이전 결혼 코호트의 축소 완료기는 9.5년, 1990년 이후 코호트는 19.3년이다. 이는 보건의료기술의 발달로 사망수준이 개선되면서 평균수명이 길어졌기 때문이다.

마지막으로, 남편 사망이후 부인 혼자 남는 시기인 해체기는 길어지고 있는데, 1959년 이전 결혼 코호트의 해체기는 8.6년, 1990년 이후 코호트는 12.2년인데, 이는 남녀 간 평균수명의 차이에 따른 결과로 해석된다.

3) 가족 기능과 가치관의 변화

가족 기능의 변화는 경제적 기능, 가족의 성적 및 재생산 기능, 자녀의 양육 및 사회화 기능, 정서적 기능, 여가 및 휴가 기능, 가족의 사회보장 기능 등에서 나타난다.

우리나라 가족 또한 서구와 마찬가지로 그간의 산업화, 도시화, 서구화 등에 따른 가족 기능의 축소 및 약화를 겪고 있다. 이러한 변화는 다음과 같다.

가족의 경제적 기능은 산업화로 인해 가족과 일터가 분리됨에 따라 생산 기능은 약화, 상실되고 소비기능은 강화되었다. 이는 가족의 직업 및 수입 정도에 따라 가족이 누릴 수 있는 소비생활 수준이 결정되며, 이러한 소비생활 수준이 가족생활 만족도에 직접적인 영향을 미치게 됨을 의미한다.

가족의 성적 및 재생산 기능은 현대 사회에서도 주요 기능임을 부인 할 수 없지만, 출산이라는 수동적 측면에서는 출산 외에도 본능 및 결혼생활의 만족 요인이라는 능동적 측면으로 급격하게 변화하는 추세이다. 성적 규범 및 가치관의 변화와 성개방 풍조의 만연 등으로 가족의 성규제 기능이 상당히 약화되었다.

자녀의 양육 및 사회화 등의 약화로 부모들은 자녀 교육 및 사회화에서 제 3자적 입장에 처하게 되었다. 오늘날 더욱 심각한 문제는 세대간 갈등과 세대 차이의 문제로 나타나는 자녀의 사회화 기능의 퇴화이며, 이는 세대간 통합 및 문화 전승의 저해로 이어진다. 가족간의 이질적 문화 차이를 최소화할 수 있는 가족 간의 교제 및 여가생활의 기술 및 프로그램 개발이 부족하여 제대로 기능을 발휘하지 못하고 있으며, 가족의 사회보장기능은 더 이상 가족이 사회보장기능을 담당할 인적 자원을 보유하고 있지 않을 정도로 심각한 위기에 놓여있다.

제5절 가족간호의 이해

1. 가족간호의 개념

간호는 가족에 관심을 가지고 가족을 간호에 포함시킨 오랜 역사를 가지고 있다. 가족은 간호의 대상이고, 간호의 단위 또는 간호의 배경으로서 널리 받아들여지고 있다.

지역사회 간호사는 오랫동안 가족과 함께 일해 왔으며, 개인의 건강이 가족과 지역사회의 건강과 서로 얽혀 있다는 것을 인정해 왔다. 가족은 개인의 건강에 중요한 영향을 미친다.

가족은 개인으로 하여금 건강을 증진하고 회복하도록 사회적 지지를 제공해 준다. 마찬가지로 가족의 건강은 지역사회의 안녕에 중요하다.

길리스(Gilliss, 1993)는 가족간호의 10가지 특성을 확인하는 가운데 가족의 건강과 구성원 개인들 건강 사이의 관계에서 나요인적 특싱을 아래와 같이 설명히였다

① 가족은 가족과 지역사회와의 상호교류에 참여한다.
② 구성원 개인과 집단건강 사이의 차이에 민감하다.

③ 건강한 사람과 아픈 사람 모두를 포함한다.
④ 개인의 건강문제 치료와 간호를 포괄한다.
⑤ 구성원들의 변화에 대한 가족의 영향을 조절한다.
⑥ 가족 전체에 대한 자료로써 개인의 증상에 집중한다.
⑦ 가족 및 구성원의 성장과 상호 지지에 목적을 둔다.

가족간호학을 배우는 이유는 간호사가 자신이 태어나고 성장한 제한된 가족경험과 종족 중심의 가족견해를 가지고 함께 만나는 가족에 대해 잘못된 가정과 판단을 할 수 있기 때문이다.

1) 가족간호의 정의

가족은 사회의 기본단위로서 특성이 분명한 개인으로 구성된 최소의 인간사회체계이다. 또한 가족은 사회의 기본 단위일 뿐 아니라 개인의 건강신념, 가치 등이 형성되는데 가장 중요한 영향을 미치므로, 간호사는 개별 대상자의 건강을 유지, 증진하기 위하여 노력하면서 가족단위 간호의 중요성을 인식해야 한다.

가족간호란 간호실무 영역 내에서 가족의 건강요구를 제공하기 위한 과정이다. 가족간호 현장은 정상적으로 발달, 변화하는 가족, 각종 질병, 가족문제와 위기를 경험하는 취약가족 등 모두가 대상이 된다.

길리스(1989)는 가족건강과 개인건강 사이의 복합적인 관계를 강조하며 가족간호의 10가지 특성을 설명하였다.

(1) 가족간호의 10가지 특성

① 가족간호는 가족의 지나온 경험, 가족의 역사, 그리고 가족집단의 미래에 관심을 둔다.
② 가족간호는 가족집단의 문화적 배경과 소속 지역사회를 고려한다. 가족이 지역사회 자원을 제공받고, 또한 이에 기여하도록 격려한다.
③ 가족간호는 가족구성원 간의 관계를 고려하며, 가족구성원들과 가족집단이 언제나 동시에 최적의 건강을 이룰 수는 없다는 점을 인식한다.
④ 가족간호는 건강한 가족구성원이나 아픈 성원이 있는 가족들에 초점을 둔다.
⑤ 가족간호는 개인이 신체적 또는 심리적 문제에 봉착하는 상황에서 제공된다. 또한 간호사는 개인의 건강문제에 대한 치료능력을 갖추도록 개인과 가족건강 사이의 상호관련성을 인식한다.
⑥ 가족체계는 구성원의 변화에 영향을 받는다. 즉, 간호사는 개인의 건강 및 질병관리시 가족과 함께 해야 하며, 개인과 가족의 건강은 서로 얽혀 있고 이들 모두는 간호제공에 의해 영향을 받는다.
⑦ 가족간호사는 간호사 – 가족 간, 가족구성원 간의 상호관계를 촉진시킨다. 도와줄 가족 구성원이 없어도 간호사는 가족간호를 계속해야 한다.
⑧ 가족간호사는 가족 안에서 문제를 지닌 사람이 시간이 지남에 따라 변화될 수 있음을 깨닫고, 관심의 초점도 시간경과와 함께 변화시킨다.
⑨ 가족간호는 구성원 개인과 가족집단의 강점에 초점을 두며, 그들 상호간의 지지와 성장을 촉진시킨다.
⑩ 가족간호사는 가족과 함께 가족구성원을 확인하고, 어디에 자신의 치료적 에너지를 쏟을 것인지를 결정해야 한다.

가족은 늘 간호의 관심분야였으나 일차적인 관심이 아니었고, 가정에서의 환자간호는 전체로 보기보다는 가족의 부분으로서 대상자를 대하는데 익숙하였다. 가족이 사회의 기본조직으로서의 기능과 역할을 다하기 위하여 가족에 대한 도움과 지지가 요구되며, 대상자로서 가족 전체를 보는 접근이 중요하다.

2) 가족간호의 중요성

현대사회로 접어들며 가족구조에 많은 변화가 일어나고 있다. 우리 사회내에서 가족은 여전히 생리, 사회적 기본단위이다. 가족체계는 개인에게 문화, 가치, 습관, 건강, 질병 행위를 전달하며 생활양식에 지속적인 영향을 미친다. 간호사는 가족이라는 생활공동체가 잘 유지되고, 기능을 발휘함으로써 그들의 잠재력을 최대한 발휘할 수 있게 하는 역할을 한다. 이러한 가족간호는 가족전문직 초기부터 교육되어 온 영역이다. 또한 가족의 역할은 가족문제에 대한 의사결정을 하는 것으로 가족 구성원 모두가 환자와 관련된 간호와 치료계획의 수립과 결정에 중요한 영향을 미칠 수 있다. 따라서 효과적인 간호를 제공하기 위해서는 가족의 문화와 종교적 관습, 사회경제적 상태, 가족 내에서의 비공식적인 역할 등에 대한 인식이 중요하며, 가족 전체를 포함해 자료를 수집하는 가족의 현재와 미래의 건강상태에 영향을 미칠 수 있다.

질병양상이 과거 급성 감염병 질환에서 만성 퇴행성 질환의 증가로 변화 되었다. 이러한 질병 양상의 변화로 장기간에 걸친 가정간호가 필요해졌다. 우리나라의 경우 가족의 건강문제 결정권은 개인에게 있다기보다는 가족이 관여하고 결정하므로 간호 대상자가 가정에 있거나 입원하여 치료를 받는 경우에도 가족이 건강 결정에서 큰 부분을 차지한다. 이러한 이유 등으로 최근에는 가족간호의 중요성이 강조되고 있다.

3) 가족간호의 대상 및 접근방법

간호대상으로서 가족에 대한 관점을 핸슨과 보이드(Hanson & Boyd, 1995)는 배경으로서의 가족, 대상자로서의 가족, 체계로서의 가족 및 사회 구성원으로서의 가족으로 4가지로 구분하여 설명하였다.

(1) 개인발달의 배경으로서의 가족

전통적인 접근방법으로써 대상자는 드러난 전경이며 가족은 배경이 된다. 이때 개인 대상자에 대한 사정과 가족중심 간호가 초점이다. 가족은 개인을 위한 자원이며, 동시에 스트레스원이 될 수 있다.

(2) 대상자로서의 가족

가족이 드러난 전경이며 개인은 배경이 되지만 반드시 가족이 일차적 고려의 대상은 아니다. 모든 가족구성원이 사정되고 가족이 대상자이거나 간호의 초점이 된다. 모든 구성원을 위해 건강관리가 제공된다.

이 접근방법은 가정의, 가족간호사 등에 의하며 주로 지역사회 건강관리 현장에서 볼 수 있다.

(3) 체계로서의 가족

가족은 부분들의 합 이상인 상호작용하는 체계라는 체계적 관점에서 가족을 보는 견해이다. 구성원들간의 상

호작용을 강조한다.

(4) 사회 구성요소로서의 가족

지역사회는 간호를 받는 대상이며 개인, 가족, 집단은 지역사회의 하부단위이다. 지역사회 간호사는 개인, 가족, 집단을 중심으로 직접간호를 제공하며, 지역사회는 간호가 행해지는 배경이 된다. 이러한 두 가지 관점의 지역사회간호는 가족의 건강에 매우 중요하다.

2. 가족간호사의 역할

1) 가족과 지역사회간호의 이론적 관점

가족에 대한 많은 이론이 지역사회간호 실무를 안내하기 위해 이용되고 있다. 가족에 대한 간호모형 중 몇 가지는 가족이 간호의 단위이고, 지역사회가 배경이 되는 관점에 기초를 두고 있는 반면, 지역사회를 대상으로 보고 가족을 하부단위로 보기도 한다.

대부분의 초기 간호 모형은 개인을 간호 수혜자로 보는 관점이었다. 그러나 가족간호사와 지역사회 간호사들은 이런 모형이 그들의 실무 관점을 대변해 주지 못한다고 비판하였다. 더욱이 지역사회 간호사들은 안녕과 복지 유지 지향적이기보다 건강회복 지향적인 초기의 이론적 모형을 비판했다. 이들 모형이 지역사회를 대변해 주지도 못하고 지역사회를 환경의 일부로 고려하지도 않는다는 것이다.

최근 개인에 초점을 둔 여러 가지 모형들이(예 : Roy, Levin, Orem, Johnson, Rogers, King과 Neuman의 모형) 가족을 간호단위로 보고 지역사회를 배경으로 채택하고 있다. 가족 중심적 역할을 수행하고 지역사회를 배경으로 보는 지역사회 간호사들은 이 모형을 이용하게 되었다.

지역사회 현장에서 가족을 대상으로 보는 최근의 모형은 제르웩(Zerwekh, 1991)의 지역사회보건간호를 위한 가족간호 제공모형(Family caregiving Model for Public Health Nursing)이 있다. 이 모형은 전문 지역사회 간호사들에 의한 모자보건 대상자들의 가정방문 활동 결과를 기초로 만들어졌다. 모형의 중심은 가족이다. 간호사의 행위 선택은 가족의 능력을 믿고, 가족이 자신을 믿도록 도와주며, 가족의 요구를 들어주고, 가족의 선택에 대한 안목을 넓혀 줌으로써 그들의 생활양식을 볼 수 있도록 현실을 피드백해 주는 것이다. 또한 가족이 그들의 결정에 대한 결과를 볼 수 있도록 도와줌으로써 가족의 자가간호를 고무시키는 것이 목적이다.

2) 가족간호사의 역할

가족간호사의 역할은 가족의 특성단계, 은퇴, 부모화와 같은 요인, 급, 만성 간호요구를 가진 가족, 스트레스 조정, 적합성, 영양 정도에 영향을 받는다.

지역사회 배경 속에서 개인, 가족과 일하는 것은 일련의 간호역할이며 중재이다. 이것은 지역사회를 대상으로 일하는 것과는 다르다.

클라크(Clark, 1992)은 가족간호의 역할을 ① 대상자 중심 ② 전달체계 중심 ③ 집단 중심으로 범주화했다.

대상자 중심적 역할은 개인, 가족에게 서비스를 제공하며 간호제공자, 교육자, 상담자, 자원 의뢰자, 역할 모델, 옹호자, 일차 건강관리 제공자, 사례관리자를 포함한다. 전달체계 중심적 역할은 건강관리체계의 기능촉진을 지향한다. 집단 중심적 역할은 지역사회 인구집단의 건강을 증진시키고 사례 발견자, 지도자, 변화촉진자, 지역사회간호 대행자, 연구자의 역할을 한다. 대상자 중심적 역할과 전달체계 중심적 역할은 지역사회 환경 속에서 개인, 가족, 집단에게 간호를 제공할 때 자주 이용되는 반면, 집단 중심적 역할은 간호사가 지역사회 지향적일 때 가능하게 된다.

(1) 보건교육가

가족간호사는 공식적, 비공식적으로 가족에게 교육을 해야 한다. 가르치기 위해서는 지식을 어디서 얻어야 하는지를 알아야 하며, 학습자, 교수-학습과정에 대한 지식이 필요하다. 학습의 목적은 건강한 행위를 유지하거나 행위를 변화시키는 것이다. 이러한 보건교육의 목적은 건강증진과 질병예방에 대하여 교육하고, 현재 가지고 있는 가족의 건강문제와 그 처치에 대응 할 수 있는 기술을 갖도록 가족을 돕는 것이다.

(2) 상담자

교육하는 역할과 가까운 것으로 상담역할이 있다. 교육과 상담은 연속선상의 양 끝이라 할 수 있으며 가르침은 의존적인 가족에게 실시하며, 상담은 성숙하고 독립적인 가족에게 실시한다. 상담은 최소한의 방향을 제시해 주며, 가족이 자신의 문제해결을 위하여 기술을 사용할 수 있도록 도와주는 것이다.

(3) 옹호자

옹호자는 어떤 사람이나 집단의 편에서 이야기하는 사람을 말한다. 옹호자는 가족에 관심을 가지며 포괄적인 간호제공을 기본으로 한다. 대상자 옹호자의 목표는 대상자가 독립적으로 되게 하는 것이고, 간호사는 대상자의 요구에 더욱 책임있는 기관으로 만들어줌으로써 대상자 옹호가 될 수 있다.

(4) 사례관리자

간호사의 질병관리 책임 중에서 초기의 질병을 확인하는 사례발견이 중심 역할이 된다. 최초의 가정방문시 문제나 위험요인을 확인할 수 있는 일반적인 방법이다.

(5) 조정자

지역사회간호사는 포괄적이며 지속적인 가족보건의료 제공의 핵심요원이다. 조정이 없으면 가족은 다른 기관으로부터 중복된 서비스를 받을 수 있다. 가족간호사는 가족이 이용 가능한 지역사회에 대하여 익숙해지고 지속적인 간호를 받고, 대상자가 받을 수 있는 간호를 조정해 주는 역할을 담당한다.

제6절 가족간호과정

가족간호과정은 개인을 대상으로 하는 간호과정과 마찬가지로 가족건강사정, 건강요소에 따른 문제확인, 간호진단, 간호계획, 간호수행, 평가의 단계로 구분된다. 가족을 하나의 체계로 볼 때 가족은 가족내 개인, 둘이나 셋 이상의 구성원이 상호작용하는 집단, 가족 전체로 구성된다. 가족간호과정은 간호서비스 대상이 개인과 가족구성원, 가족체계일 때 모두 해당되며, 단계별로 체계적인 과정으로 이루어진다.

가족간호의 목적은 적정한 가족기능화를 촉진하기 위함이다. 가족을 대상으로 하는 간호과정은 역동적이며 순환적인 일련의 과정으로서 과학적인 문제해결을 위한 체계적인 접근이다.

간호실무에서 간호사는 가족구성원 개인 또는 가족 하부체계와 가족을 대상으로 간호를 제공한다. 가족을 대상으로 간호실무를 하는 간호사는 가족사정이나 중재시에 체계적인 틀을 이용하는 것 뿐 아니라 가족이론과 연구에 대한 지식을 갖추어야 한다. 또한 가족간호과정은 가족의 건강과 기능을 향상시키는 것을 목적으로 한다.

1. 가족 사정

가족 사정 시 가족 자료는 체계적인 틀로 수집되고 분류되며, 그 의미가 분석되어야 한다. 사정단계는 가족구성원들이 어느만큼 안녕상태에 있는지 파악하기 위하여 신체적, 정신적, 사회 문화 적, 영적 측면의 요소를 분석하여 간호진단을 내리는 단계이다.

이 단계에서는 가족의 건강, 기능, 과업수준, 가족 구성원의 상호작용 유형 등을 파악하는 것이 포함되며 체계로서의 가족을 사정하는 것이 중요하다. 가족전체는 물론 가족 구성원에 대한 자료를 동시에 수집하며 가족과 개인의 건강문제를 확인하는 것이 필요하다.

가족건강사정은 많은 가족 이론가들이 각각 다른 개념 틀을 가지고 가족사정의 영역을 다양하게 접근하고 있다.

프리드만(Friedman, 1981)은 가족건강에 대하여 환경적 자료와 함께 가족을 체계적 접근에서 사정하였다. 즉, 가족의 발달 단계와 가족력, 환경적 자료, 역할구조, 가족의 가치, 의사소통 유형, 권력구조와 같은 가족구조면, 애정 기능, 사회화, 보건의료와 같은 가족기능면과 가족 대처양상을 사정하였다. 라이트(Wright, 1984, 1994) 등이 개발한 캘거리(Calgary) 사정 모델은 가족을 구조적 영역, 발달적 영역, 기능적 영역으로 나누고 다시 여러 개의 하위영역으로 구분하여 가족건강을 사정하였다. 앤더슨(Anderson, 1992)등은 가족 상호작용 과정, 발달과정, 대처과정, 통합과정, 건강과정으로 구분하여 사정하였다.

가족건강사정은 상위체계인 가족구성원 전체와 각 구성원 개인의 건강문제, 그 하위체계인 부부 하위체계, 부모-자녀 하위체계, 형제-자매 하위체계, 고부 하위체계 등을 파악하고 주거환경이 건강에 미치는 영향, 가족이 갖고 있는 가치관, 가풍, 신념을 파악하며 상위체계인 외부 사회와의 상호작용을 포괄적으로 사정해야 한다.

1) 가족사정 시의 원칙

가족의 건강을 사정할 때 다음과 같은 원칙을 적용한다.

① 가족구성원 개개인보다 가족 전체에 초점을 맞춘다.
② 가족의 다양성과 변화성에 대한 인식을 가지고 접근한다.
③ 가족의 문제점뿐 아니라 강점도 사정한다.
④ 사정단계에서부터 가족이 전체 간호과정에 함께 참여함으로써 대상가족과 간호사가 동의하에 진단을 내려야 하며 그에 따라 목표를 수립하고 중재 방법을 결정하도록 한다.

자료수집은 가족구성원뿐만 아니라 친척, 이웃, 통 · 반장을 통하여 수집하며 의료기관과 지역의 각 기관에 있는 기존자료들도 이용한다.

2) 자료수집

사정단계에서 형성된 가족과의 관계를 간호사의 도움을 받을 것인지 아닌지를 결정하는 중요한 요소이다.
자료수집 시 다음과 같은 방법을 사용한다.

① 일차자료로 직접면접 방법으로서 가정방문이나 전화를 통하여 대상자들과 직접 만나서 사정도구를 가지고 자료를 수집한다.
② 이차자료로 가족이 이용하는 보건의료기관의 자료나 학교, 직장, 구청, 동사무소, 사회사업기관에 이미 수집되어 있는 기존 자료를 활용할 때 가족사정에 드는 많은 시간과 노력을 덜어 준다. 따라서 대상 가족에 대한 가능한 기존 자료 유무를 우선적으로 파악하는 것이 효율적인 방법이다.

3) 가족 사정도구

가족사정도구는 가족이론을 근거로 다양하게 개발되어 활용되고 있다.

구조기능적 이론을 근거로는 가족구조가 되고, 가족기능을 상징적 상호작용이론을 근거로는 상호작용, 교류, 지지, 대처 및 적응, 가족체제 유지가 된다. 발달이론을 근거로는 가족발달주기가 되고, 위기이론을 근거로는 대처 및 적응, 가족체계 유지 등이 활용되고 있다.

가족을 사정하는 데 공통적으로 사용할 수 있는 도구로는 가족구조도(가계도), 외부체계도, 가족밀착도, 사회지지도 및 가족연대기 등을 활용할 수 있다.

(1) 가계도 또는 가족 구조도(Family Genogram)

가계도는 3대 이상에 걸친 가족 구성원에 관한 중요한 정보와 그들 간의 관계를 도표로 나타내는 방법이다. 여기에는 혈족관계와 중요한 가족사건, 직업, 가족의 질병력, 가족 이동, 역할분담, 의사소통에 관한 정보 등이 포함된다. 가족 구조도는 가족 전체의 구성과 구조를 한눈에 볼 수 있도록 고안된 그림으로 가족의 구조를 파악할 뿐 아니라 가족의 질병력 및 가능한 상호관계를 짐작할 수 있도록 하는 데 도움이 된다. 가계도는 가족구성원이 자신들을 새로운 시점에서 볼 수 있도록 도와줌으로써 간호중재에 가족과 합류하는 중요한 방법이 된다. 가계도를 위한 인터뷰는 체계적은 질문을 하기에 용이하므로 가족간호사에게 좋은 정보를 제공하고 가족 자신도 문제를 체계적으로 볼 수 있다.

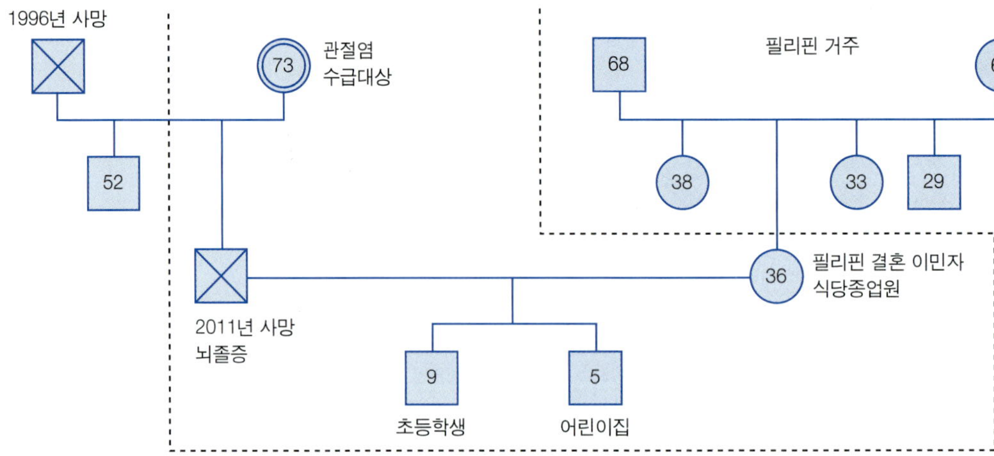

그림 11-1 가계도

가계도의 작성순서는 다음과 같다.

① 가족구조를 도식화한다. 부부를 먼저 그리고 자녀들을 표시한 다음 부부의 양가 부모와 형제자매를 그린다. 최소한 3세대 이상을 그린다.

② 가족에 관한 정보를 기록한다. 가계도를 통해 질병력을 비롯한 많은 정보를 한눈에 파악할 수 있으므로 가능한 많은 세대에 걸쳐 결혼, 이혼, 질병력, 죽음 등과 같은 중요한 사건과 나이들을 삽입한다.

③ 현재 동거 중인가족원을 점선으로 표시한다.

가계도는 가족구성원이 자신들을 새로운 시점에서 볼 수 있도록 도와줌으로써 간호중재에 가족과 합류하는 중요한 방법이 된다. 가계도를 위한 인터뷰는 체계적은 질문을 하기에 용이하므로 가족간호사에게 좋은 정보를 제공하고 가족 자신도 문제를 체계적으로 볼 수 있다.

(2) 가족 밀착도(Family Attachment Pattern Diagram)

가족 밀착도는 가족구성원들의 밀착관계와 상호관계를 그림으로 도식화함으로써 평소 가족들이 알지 못하던 관계를 새롭게 조명해 볼 수 있고, 가족의 전체적인 상호작용 및 정서적지지 정도를 파악할 수 있는 사정도구이다.

가족밀착도 작성 방법은 가족구성원을 둥글게 배치하여 남자는 'ㅁ', 여자는 'ㅇ'로 표시한다. 기호 안에는 간단하게 구성원의 가족내 위치와 나이를 기록하며, 가족 두명의 관계를 나타낸다.

① 서로 친밀한 관계는 두 직선(=)으로 표시한다.

② 매우 밀착된 관계는 세 직선(≡)으로 표시한다.

③ 친밀감이 약한 관계는 한 직선(−)으로 표시한다.

④ 갈등이 있는 관계는 톱니선(〰)으로 표시한다.

⑤ 갈등이 심한 관계는 두 줄의 톱니선(≈)으로 표시한다.

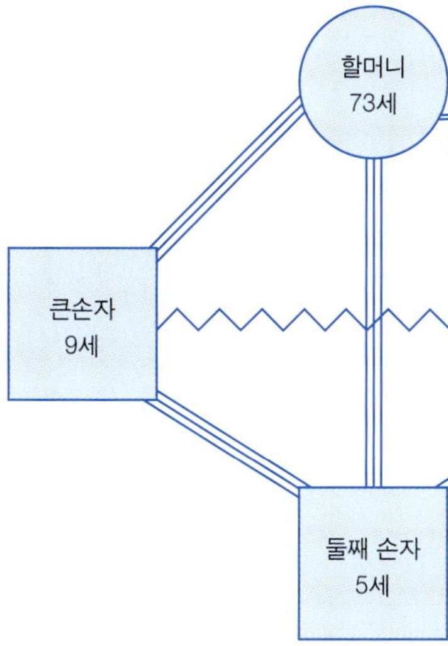

그림 11-2 가족밀착도

(3) 외부체계도(Eco-map)

외부체계도는 가족관계와 외부체계의 관계를 그림으로 나타내는 방법이다. 외부환경과 가족의 상호작용을 분석하기 위한 시각적인 방법으로 전문보건의료인들이 활용한다. 체계론적 관점으로 도식화하면 에너지의 유출, 유입을 관찰할 수 있고, 외부체계와 접촉하는 구성원이 누구인지, 지지체계가 어떠한지, 가족체계를 유지하는데 필요한 에너지의 결여 등을 파악할 수 있다. 이 도구는 가족체계 밖에 있는 기관들과 개인 구성원의 상호작용 측면에서 관련된 스트레스, 갈등, 가족 강점 등을 동시에 요약할 수 있는 도구이다. 단점으로는 복합적인 관계라

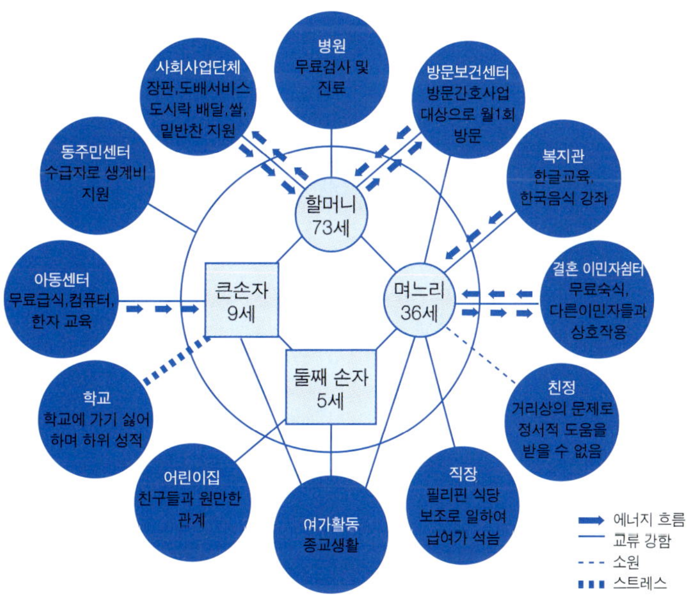

그림 11-3 외부체계도

불분명하거나 구두 표현이 어려운 경우에는 사용하기 어려운 점이 있다.

이 도구는 가족관계와 외부 체계와의 관계를 나타내 주는 도구로서, 외부 환경에 존재하면서 가족들이 미치는 스트레스원과 갈등 여부, 가족의 강점 등을 분석해 내는 데 도움이 된다. 외부체계도를 그리는 방법은 다음과 같다.

① 가족의 가계도를 그린다.
② 가계도 둘레를 가족구성원의 스트레스원, 갈등 제공원, 강점이 될 수 있는 자원으로 표시한다.
③ 가족과 자원과의 관계가 강한 경우에는 실선으로 연결한다.
④ 가족과 자원과의 관계가 약한 경우에는 점선으로 연결한다.
⑤ 가족과 스트레스원과의 관계는 실선 위에 스트레스 표시한다.

(4) 가족연대기(Family-lifr chronology)

가족연대기는 발달적 관점을 나타내는데, 가족의 역사 중에서 중요하다고 생각되는 사건들을 순서대로 열거함으로써 사건의 영향을 회상하게 하는 것이다. 중요한 시기의 특별한 연대표를 작성하는 경우도 있으며, 이 도구는 언제 어떤 일이 발생했으며, 가족은 그 상황에 대해 어떻게 규정하고 대처했는지를 통하여 개인질환과 중요한 사건의 연관성을 살펴볼 때 유용하다. 작성방법을 가로줄 또는 세로줄을 사용하며 일정 간격으로 연도를 적고 일어난 사건을 해당 연도에 표시하여 기술한다.

(5) 사회지지도(Sociosupportgram)

사회지지도는 가족구성원 가운데 가장 취약점을 가지고 있는 가구원을 중심으로 하여 대상자와 가족구성원, 그리고 가족 외부인물, 기관간의 상호작용을 보여줌으로써 건강자원을 얼마나 효과적으로 활용하고 있는지 여부를 한눈에 볼 수 있게 해 준다. 작성방법은 가족을 면담하여 우선적으로 간호중재가 이루어져야 하는 취약한 가족구성원을 선정한다. 다섯 개의 원을 그린 후 가장 안쪽 원에 선정된 가족구성원을 그리고, 두 번째 안에는 동거가족, 세 번째 원에는 친척, 네 번째 원에는 이웃, 친구 및 직장 동료들, 다섯 번째 원에는 선정된 가족구성원과

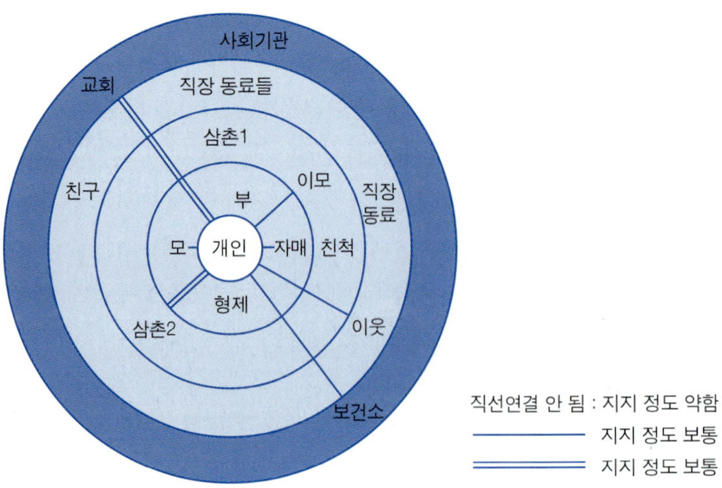

그림 11-4 사회지도지지도

관련 있는 지역사회자원을 표시한다. 원안에 얼마나 많은 선들이 연결되었는지 평가하여, 지지자원의 실태와 개발 가능하거나 간호중재에 활용할 수 있는 지지체계를 파악할 수 있다.

사회 지지도를 그리는 방법은 다음과 같다.

① 간호사는 면담 후 가족구성원 가운데 우선적으로 간호중재가 주어져야 한다고 생각되는 대상자가 누구인가를 선택한다.
② 원을 겹쳐서 5개를 그린다.
③ 제일 안쪽의 원 안에 선택한 대상자를 기록한다.
④ 두 번째 원 안에 동거하는 가족들을 기록한다.
⑤ 세 번째 원 안에는 따로 거주하는 직계가족과 친척들을 기록한다.
⑥ 네 번째 원 안에는 대상자와 관련이 있는 보건의료기관, 종교기관, 사회기관 등을 기록한다.

4) 자료분석

가족사정의 자료는 개인 사정자료에 비하여 분량이 많기 때문에 계속적인 분석작업을 통하여 정리하면서 더 필요한 자료를 수집하여 문제를 발견하고 원인을 파악하여 진단을 내리도록 한다. 수집된 자료를 영역별로 분류하고 문제가 있는 하부 영역별로 근거자료를 제시한다. 이러한 분석을 통해 가족의 문제점을 확인하고, 수집된 영역별 자료의 관계를 분석하여 행위 양상을 파악 할 수 있도록 자료를 조직화 한다.

자료분석은 다음 과정에 따라서 한다.

① 수집된 자료는 가족사정 영역별로 분류한다.
② 가족사정 영역별로 분류된 것을 다시 세분화하여 문제영역별로 분류한다.
③ 가족 구조도, 가족 밀착도, 사회 지지도, 외부 체계도를 이용하여 2차 사정자료를 확인한다.
④ 가족의 문제와 함께 가족의 강점을 확인한다.

5) 가족간호진단

가족간호진단은 NANDA, OMAHA, ICNP, CCC 등의 표준화된 진단명을 활용한다.

가족진단은 가족구성원 개개인, 가족 구성원 간의 관계, 가족기능, 물리적, 사회 심리적 환경, 친척 및 지역사회와의 교류를 고려하여 내린다.

가족에 대한 자료 수집 후에 수집된 자료를 가지고 간호진단을 내린다. 간호진단을 수집된 자료에 의해 가족의 양상에 근거하여 가족의 건강수준을 예측하는 것이다.

가족간호진단은 (문제+관련요인/특성)으로 표현하며, 아래의 단계로 진행된다.

① 1단계 : 자료분석단계에서 도출된 결론은 개념화를 통하여 문제의 형태로 기록한다.
② 2단계 : 각 문제에 대한 관련요인/특성을 사정자료 중에서 선택하여 종합한다.
③ 3단계 : 조합된 자료를 개념화하여 요인의 형태로 기록한다.

④ 4단계 : 문제와 요인으로 진단명을 기록한다.

가족진단을 도출하는 단계는 다음과 같다.

① 사정자료로부터 의미있는 자료를 선택한다.
② 의미있는 자료를 가족문제 분류별로 분류한다.
③ 분류된 자료를 통합하여 결론을 도출한다.
④ 결론으로부터 문제를 도출한다
⑤ 각 문제에 대한 원인을 추출한다.
⑥ 각 문제에 원인을 연결시켜 진단명을 내린다.

가족의 건강문제와 간호요구는 사정을 통해 얻어진 자료들이 상호관련되어 있고 인과관계를 명확히 규정하기가 쉽지 않기 때문에 건강문제, 간호문제를 도출하는 것은 용이하지 않다. 한 가지 문제에 다른 문제가 있거나 중복되어 있을 수도 있으며 가족의 역할이나 기능에서 오는 갈등 등 다양한 문제들이 함께 섞여 있을 수도 있다. 일반적으로 가족의 간강문제는 모든 가족 구성원, 가족 전체가 가진 문제로서 부모와 자녀, 부부역할 변화와 역할 갈등, 친밀감, 가족구조의 불안정, 주거환경 등 다양한 요인들의 영양과 연관되어 있다.

(1) 오마하간호진단(오마하진단분류체계)

오마하간호진단은 1970년대 미국 네브라스카주 오마하 지역의 방문간호협회 간호사들이 가정간호와 보건간호 분야에서 문제중심 접근을 하기 위해 사용한 것이다. 오마하 체계는 간호과정에 기초를 두고 개발한 것으로 지역사회보건간호 실무 영역에 적용할 수 있고, 환경, 정신사회, 생리, 건강관련 행위의 4개 영역으로 42개의 문제로 분류되었다. 영역별로는 문제, 진단명, 증상과 징후로 구성되어 있다.

42개의 문제를 한 가지 문제별로 문제분류체계, 중제체계, 성과에 대한 문제등급척도의 3가지 주요부분으로 분류하였고, 문제분류체계는 간호과정의 시작 단계인 자료수집과 사정, 문제인식 및 간호진단에 해당된다. 성과에 대한 문제 등급 척도는 종료 시 간호 효과와 효율성에 대한 정확한 결론을 내릴 수 있는 간호과정의 평가 단계에 해당된다.

오마하간호진단의 특징은 사정과 진단, 중재, 결과 평가의 간호과정 모두를 다루고 있다.

(2) NANDA 간호진단(북미간호진단분류체계)

NANDA 분류체계에서 개발한 간호진단은 13개의 영역과 47개의 범주로 구성되며 수많은 간호진단으로 분류된다. 이 분류체계는 임상에서 대상자 관리에 초점을 둔 분류체계로, 임상에 적용되기는 적합하나 건강증진과 안녕 등 긍정적인 건강에 대한 강조가 부족하여 지역사회간호진단에 활용되는 데는 한계가 있다.

(3) ICNP(국제간호실무진단분류체계)

국제간호실무진단분류체계는 전 세계 112개국 간호협회가 국제간호협회의 1989년 서울 총회 때 필요성을 제안하여 개발하기로 합의하였다. 이 분류체계는 간호실무를 기술하기 위해 국제적으로 통용할 수 있는 공통의 언

어와 분류체계를 갖는다. ICNP의 요소는 간호현상(간호진단), 간호활동과 결과이다.

ICNP는 복잡한 간호현상을 설명하기 위해 여러 개의 계층과 여러 개의 분류기준을 가진 분류체계로 간호현상을 간호사가 진단하는 환자 및 주변 환경상태로 정의한다.

ICNP구조는 다층의 피라미드 구조로서 간호현상을 인간과 환경으로 분류하여 환경의 하층구조는 인공환경과 자연환경으로, 인간환경의 하층구조는 집단과 개인으로 나눈다.

이 진단은 대상자와 건강우선순위로 분류하며 대상자는 간호를 받는 개인과 가족 및 지역사회를 포함하고 있고, 건강우선순위는 간호현상, 간호특성/세팅, 건강상태의 3영역 중 하나에 적용된다.

(4) CCC(임상간호분류체계)

임상간호분류체계는 Saba(1992)가 가정간호 대상자를 사정하고 분류하여 가정간호 제공 시 필요한 자원을 결정하기 위해 개발하였다. 이후 가정간호분류체계라 하였던 것을 2007년 임상간호분류체계로 명명하였다. 간호실무의 추상적 요소를 표준화하고 코드화 한 간호용어로 이 체계는 모든 건강관리 환경에서 간호진단에 따른 간호계획, 간호결과를 연결시켜주며 기록을 위한 코딩 구조를 제공하여 전산화 간호기록으로 많이 활용한다.

2. 가족간호계획

계획단계에서는 간호진단이 내려지면 가족이 구체화된 성과를 이루도록 간호활동을 결정하는 단계로서 간호활동 수립이 가족, 간호사와 다른 전문직에 의해 수행되며 가족이 목표를 성취할 수 있도록 돕는 행위이다. 이 단계에서는 목적과 함께 단기, 중기 장기적인 목표를 정하고 문제해결을 위해서 가족과 간호사가 함께 목적과 목표를 설정하고 문제가 복합적인 경우에는 우선순위를 정하고 해결방법을 파악한다.

1) 목표설정

목표는 일반적으로 간호에 대한 방향을 제시하는 진술이다. 일반적 목표는 범위가 넓고 포괄적이며 간호중재에 대한 방향을 제시하는 반면, 구체적 목표는 시간계획을 포함하여 구체적인 것을 의미한다. 간호목표는 가족간호진단에서 유도되며, 간호문제와 원인에 따라 일반적, 구체적 목표로 나누어 접근 할 수 있다.

가족간호진단을 내린 후에는 그 원인에 따라 일반적 구체적 목표를 설정하고 구체적 목표에 맞는 구체적인 간호중재방을 계획한다.

목표설정의 원리는 첫째로 문제와 관련이 있어야 하며, 둘째는 실현가능성이 있어야 한다.

셋째로는 관찰이 가능해야 하며, 마직막으로는 측정이 가능해야 한다.

일반적 목표는 가족진단 중 문제를 해결하는 것이고, 관련요인을 해결할 수 있도록 기술한다. 목표의 구성은 누가, 언제, 어디서, 무엇을, 어느 범위까지로 이루어진다.

2) 간호계획

(1) 수행계획

가족간호의 수행계획은 목표달성을 위해 필요한 자원배치, 일시 등을 포함한다. 간호사는 적절한 관리가 이루어지도록 필요한 인력의 자원이 중복되지 않도록 조정하며 일정표를 계획하고 감독하도록 한다.

수행계획을 세우기 전 대상자의 의견을 존중하면서 고려할 사항을 아래와 같다.

① 장애 요인들을 해결할 수 있고, 동원 가능한 자원의 균형이 맞는가?
② 대상자의 요구와 동원 가능한 자원의 균형이 맞는가?
③ 많은 간호방법과 수단 중에서 문제해결에 가장 적절한 것을 선택했는가?
④ 선택한 간호방법의 세부적인 활동을 규명한 것인가?

(2) 평가계획

계획단계 동안 평가전략을 전체 계획에 통합하고 적절한지 확인해야 한다. 평가계획은 누가, 언제, 무엇을 어떤 범주로 평가할 것인가를 정하는 것이다.

평가란 사업수행 결과를 파악하고 측정하여 사업의 성과를 파악하는 것으로 평가를 하기 위해서는 이를 측정할 도구와 기준이 있어야 하다. 이미 설정된 목적과 목표가 얼마나 성취되었는지를 측정하기 위한 계획으로 가족참여 횟수, 중재방법의 효과, 달성된 정도를 파악한다.

평가계획에는 평가방법, 평가기준이 포함되어야 하고, 평가방법에는 설문지, 면담, 관찰 등이 있다. 또한 가족간호의 사업과정에 따른 평가는 구조평가, 과정평가, 결과평가로 나눌 수 있다.

3. 가족간호수행

가족간호수행은 간호목표를 달성하기 위해 전 단계에서 세워진 간호수행계획에 따라 필요한 활동을 행하는 것이다.

수행계획은 간호진단과 관련된 요인을 해결하기 위한 것이어야 하고, 관련요인은 문제해결과 연결되어야 한다.

간호수행은 계획에 따라 이루어지며 가족문제에 따라 적합한 중재기술을 적용한다.

1) 수행전략은 아래와 같다.

① 가족에게 자신 있고 당당하게 접근한다.
② 건강관리는 개인보다 가족에 역점을 둘 때 더 효과가 있다.
③ 가족의 강점을 활용한다.
④ 가능한 가장 효율적인 간호중재를 선택하였는지 질문한다.

⑤ 중재된 간호활동과 간호에 대한 가족의 반응을 간호기록지에 기록하며 간호계획 내용 중 수행하지 못한 것도 간략하게 내용과 이유를 기록한다.
⑥ 수집된 사생활과 가족에게 제공된 간호서비스에 대한 비밀을 보장한다.
⑦ 가족강점 개발 및 활용은 사정단계에서 확인된 강점을 활용하여 가족문제를 해결하는 것으로 가족이 잘할 수 있는 일이나 행동을 개발하여 강점으로 활용한다.
⑧ 과거보다는 현재와 미래에 초점을 두는 것으로 과거에 발생했던 문제에 계속해서 집착하는 가족은 현재 어떤 고통을 받고 있는지 알게 하고, 가족에게 현재의 고통과 아픔이 아무런 도움이 되지 않음을 알게 하여 앞으로 무엇을 해야 하는지에 초점을 둔다.

2) 가족간호수행의 유형

(1) 예측적 안내

예측적 안내는 가족생활주기를 통해 가족이 경험할 수 있는 문제를 예측하고 이에 대처할 수 있는 문제를 파악하여 이에 대처할 수 있는 능력을 키워주는 것이다. 예측적 안내는 가족들이 부딪힐 특별한 문제들에 대해 알고 그 문제를 어떻게 다룰 수 있을까에 대한 논의 후 접근한다. 가족은 문제상황에 대한 효율적인 결정을 하기 위하여 정보를 알고 평가하는데 도움을 필요로 하며, 문제해결 접근을 통해서 가족들은 예기치 않은 문제뿐 아니라 기대되는 문제를 다루는 방법을 배울 수 있다.

(2) 보건교육

가족을 위한 보건교육의 형태로는 시범, 사례연구, 가족집담회, 역할극 등이 있다.

① 시범: 이론과 더불어 시각적으로 볼 수 있는 실물을 이용하고 실제장면을 만들어내어 지도하는 방법이다. 현실적으로 실천할 수 있도록 하는 효과적인 방법으로 시범의 장점은 눈앞에서 이루어지는 상황을 직접 볼 수 있기 때문에 그 가족의 요구나 문제에 따라 다양하게 적용할 수 있다는 것이다.
② 사례연구: 사례연구는 실제적 사실과 사건에 근거하여 문제를 해결할 수 있는 능력을 함양하는데 도움을 준다. 다른 가족이 직면한 문제를 통해 대상가족의 문제를 스스로 어떻게 해결할 것인가를 생각하게 할 수 있으며, 가족이 해결하기를 원하는 문제가 무엇인지를 알아야 한다. 여러 사례 가운데 성공한 사례와 실패한 사례를 선택하여 선택한 사례를 읽게 하거나 참가자들이 논의를 하도록 하면서 같은 문제가 발생하였을 때 대처하는 방법에 대해 결정하도록 도와준다.
③ 가족집담회: 가족집담회는 한 가족이나 여러 가족의 구성원으로 이루어질 수 있으며, 집단이 작을 때 가장 효과적이다. 토의참여자는 자신의 개인적 견해와 반응보다는 주어진 논제를 토의하도록 격려해야 하며, 토의를 시작해서 개별구성원이 책임을 상호교환하며 기여할 수 있는 역할을 어떻게 수행해야 하는지를 교육하는 것이 간호사의 역할이다.
④ 역할극: 역할극은 강의와 토의에 보충적으로 사용할 수 있는 효과적인 방법으로 흉내내기, 사회극, 극화를 통해 행해질 수 있다.

역할극의 또 다른 방법은 가족묘사이다. 이는 가족구성원이 다른 사람들과의 감정적 관계를 상징화하는 것으로 그들 자신이 몸으로 경험하는 비언어적 연습으로 가족구성원의 상호작용을 관찰하고, 개인보다는 관계 안에서 문제들을 알게 한다.

(3) 직접 간호제공

직접적인 간호제공은 도뇨관 삽입, 드레싱 교환, 활력증상 측정 등 간호사가 전문적인 기술로 직접하는 행위를 의미한다. 직접적이고 기술적인 간호행위는 가족의 건강증진을 촉진하는 간호활동보다는 만성질환자 가정간호에서 더욱 필요하다.

(4) 의뢰

의뢰는 간호사의 중요한 역할로 다양한 가족의 건강문제나 위기 시에 여러 전문인의 도움이 필요할 때 행하는 행위이다. 간호사는 여러 기관이나 시설 및 인력에 대한 정보를 적절히 활용하고, 경우에 따라서는 의뢰서를 요청하는 경우도 있으므로 구비서류 등을 사전에 준비해두는 것이 필요하다.

다른 기관이나 시설에 의뢰하고자 할 때는 사전에 가족에게 알려서 동의를 구하고, 가족구성원이나 가족이 의뢰하여 서비스를 받은 경우에는 그 효과를 평가한다.

(5) 건강상담

상담을 통하여 자신의 문제를 인식할 수 있도록 도와주면 문제해결의 방안을 스스로 찾을 수 있게 된다. 건강상담은 개인과 가족의 자가간호능력과 의료자원의 효과적인 이용을 증진하는데 유용하다.

4. 가족간호평가

수행된 간호에 대한 평가는 체계적이고 거시적인 관점에서 구조적평가, 과정적평가, 결과적평가로 구분할 수 있다. 평가단계에서는 간호계획에 명시된 목표가 얼마나 성취되었는가를 측정하는 단계로 간호수행의 효과를 파악하는 것이다. 간호사는 수행 전략의 성공 여부와 제공된 간호가 가족의 기존 건강상태나 상황으로부터 바람직한 상태가 되도록 가족을 돕고 있는지 여부를 판단해야 한다. 평가는 간호과정의 각 단계에 대한 지속적인 비판이기도 하다. 평가가 중요한 단계임에도 불구하고 간호과정에서는 소홀히 다루어져 왔다. 간호계획 수립단계에서 평가시기와 횟수, 간격이 정해져야 하며 사업을 제공하는 기관에 따라서 정책적으로 평가시기를 정하기도 한다. 기관의 정해진 규정이 없다 해도 정기적인 평가시기를 정하여 제공된 사업의 결과를 측정하고 요약, 정리하는 것이 중요하다.

가족간호의 사업과정에 따른 평가는 구조평가, 과정평가, 결과평가로 나눌 수 있다.

만약 설정된 목표가 달성되지 않은 경우에는 다음과 같은 내용을 포함한다.

① 가족의 현재 간호요구를 파악하는데 기초 자료는 충분하였는가?

② 목표 설정이 너무 광범위하고 일반적이었는가?
③ 목적과 목표에 관련하여 우선순위가 확실하였는가?
④ 가족이 한번에 너무 많은 문제를 다루려고 하였는가?
⑤ 간호의 우선순위는 적절하였는가?
⑥ 목표를 달성하기 위한 간호중재는 적절하였는가?
⑦ 간호중재 시 타 보건전문인과의 관계는 유기적이며 협력적이었는가?
⑧ 간호에서 장애요인은 무엇이었는가?

우리나라 간호실무에서 가족을 대상으로 하는 실무는 주로 지역사회간호에서 이루어지고 있다. 보건소의 경우 정기적인 중간평가는 월별, 분기별로 이루어지며 종합평가는 연말에 이루어진다. 평가는 가족을 대상으로 하기도 하나, 동료 간, 보건전문인과의 상담을 통한 평가도 활성화되어야 할 부분이다.

제7절 고위험 가족간호

1. 고위험 가족의 정의

고위험 가족은 특별한 요인으로 인하여 생활속에서 바람직하지 않은 결과를 많이 경험하는 가족, 가족의 구조, 기능, 상호작용, 발달단계에서 다른 가족에 비해 좀더 큰 위험에 노출된 가족을 말한다. 이러한 가족은 도전적이고 문제가 되는 다양한 요인 대문에 오랜 기간 위험한 상황에 빠질 수 있으며 많은 역할 변화 및 장기간의 스트레스로 인해 해체되거나 정상적인 발달이 어려울 수 있다. 가족간호의 주 대상자는 위험에 노출되어 있어 취약한 시기이거나 파괴되기 쉬운 가족이거나 각종 질병이나 가족문제나 위기를 경험 중인 가족이다.

취약가족의 종류에는 구조적으로 취약한 가족(한부모가족), 기능적으로 취약한 가족(저소득, 취업모를 둔 가족, 만성 및 말기 질환자 가족 등), 가족내 상호작용용이 취약한 가족(학대가족, 비행청소년 가족 등) 발달단계에서 취약한 가족(미혼모 가족 등)으로 다양하다.

취약 상황은 복합적 원인에 의해 발생하고 장기간 지속됨에 따라 가족의 정상발달은 저해하고 가족해체를 초래할 수 있으며 가족 내 체계유지와 가족 구성원의 역할 발휘에 영향을 주게 된다. 간호사는 취약가족의 복합적이고 만성적인 특성과 이들이 직면하고 있는 문제점에 대해 이해하고, 가족적 차원과 사회적 차원의 접근으로 집중적인 간호를 제공함으로써 취약가족이 정상적인 가족기능을 유지해 갈 수 있도록 도와야 한다. 이 장에서는 일반적으로 나타나는 취약가족의 몇 가지 유형을 살펴보고 각각의 특성을 알아보도록 한다.

2. 고위험 가족의 특성

1) 고위험 가족의 가족기능상의 특성

고위험 가족의 대부분은 한명 이상 가족 구성원이 없거나 분리되어 있다.

위험상황에 있는 가족 구성원에만 관심이 집중되어 다른 구성원들의 신체적, 정서적 욕구가 무시되는 경우가 많다. 취약상황은 빈번하게 가족 내 역할 변화를 가져오며 가족구성원의 죽음이나 질병 등으로 가족 구성원의 상실을 극복하기 위해 역할 변화를 경험한다.

또한 재정적 어려움으로 외부의 도움이 없거나 불충분한 재정적 지원을 받을 경우 가족이 해체될 수도 있으며 가족의 통합이 깨지기도 한다.

2) 잠재적 위기 가족의 특징

이러한 특성은 다음과 같은 범주의 가족들에게서 찾아 볼 수 있다.

① 미혼모 가족, 미성년 가족, 비합법적 동거 가족
② 긴장, 갈등이 습관화되고 활기가 없는 가족으로서 가족구성원 간에 정서적으로 유리된 알맹이 없는 빈껍데기와 같은 가족
③ 자녀의 가치와 삶의 목표형성에 대한 교육능력이 부족하여 자녀의 사회화를 제대로 못 하는 가족
④ 배우자, 자녀에게 정신적, 신체적 학대를 가하는 가족
⑤ 실직, 저임금, 과다소비 등으로 인한 재정상의 위기상황에서 심리적, 정신적으로 긴장상태에 있는 가족
⑥ 이혼을 부부갈등, 문제해결 방안 등으로 생각하는 이혼 위기의 가족(Smith & Fontana, 1981)

3) 고위험 가족간호의 범위

고위험 가족의 범위를 스미스와 폰타나(Smith & Fontana, 1981)는 미혼모 가족, 미성년 가족, 긴장과 갈등이 습관화되고 활기가 없는 가족, 정서적으로 유리된 빈껍질과 같은 가족, 자녀의 가치와 삶의 목표형성에 대한 교육능력이 부족하여 자녀의 사회교육을 제대로 못하는 가족, 경제적으로 가난한 가족, 불완전한 가족구조를 가지고 있는 가족, 유전적 소인이나 장애를 가진 가족이라고 하였다. 우리나라에서 고위험 가족의 범위는 만성질환자 가족, 저소득 가족, 폭력가족, 다문화 가족, 조손가족이 해당된다. 아래에서 고위험 가족의 특성을 지니고 고위험 가족간호의 범주에 드는 가족들을 살펴보도록 한다.

(1) 만성질환가 가족

평균수명의 연장, 노인인구의 증가, 질병양상의 변화로 만성퇴행성 질환이 증가하면서 만성질환자 가족에 대한 간호요구도 증가하고 있다. 만성질환이란 정상적인 상태로부터의 일탈로, 회복될 수 없는 병리학적 변화에 의해 야기되고, 영구적인 장애를 남긴다. 또한 환자의 재활을 위해 특별한 훈련과 장기간의 감독, 관찰, 보호가 필

요하여 정상적인 역할 수행이 불가능한 경우이다. 따라서 환자의 생활 전반에 많은 영향을 미치며 가족전체의 일상에도 다양한 보조적인 서비스를 필요로 한다.

만성퇴행성질환이 증가하면서 만성질환 가족에 대한 간호요구도가 증가하고 있다. 가족내에서 만성질환자가 발생할 경우 가족구성원들은 스트레스를 겪게 되며, 이러한 스트레스나 긴장이 오랜 시간 계속 될 경우 가족은 부담감을 느끼게 된다. 역기능적으로 되는 가족도 있고, 반대로 적응하는 가족도 있다.

역기능적 가족은 문제를 해결할 수 있는 능력 과 대처할 수 있는 능력이 떨어지게 되고 고갈되어 가족생활에도 부정적인 영향을 받게 된다.

질병의 발생과 같은 위기 시에는 가족구성원이 가족 내에서 자신의 정상적인 역할이 불가능해지므로 가족의 구조가 수정되고, 가족은 불균형상태로 들어가게 되므로 새로운 균형이 수립되는 동안 권력과 역할관계의 재조정이 필요하다

(2) 저소득 가족

저소득층은 모든 사회에서 공통적으로 나타나는 것으로 사회문화적 배경에 따라 그 양상이 다양하게 나타난다. 저소득 가족특성은 근로능력이 없는 가구, 한부모가구, 노인가구, 단순노무직 가구에서 많은 것으로 나타난다.

저소득층 가족은 교육수준이 낮고 건전하지 못한 생활습관을 가지며 절망감이나 무기력감, 패배감 등으로 낮은 자존감을 가지고 있다. 또한 질병에 감염된 경우에는 경제적으로 어렵기 때문에, 범죄나 약물 등의 유혹에 빠지기 쉽다. 이와 같은 빈곤문제는 가족의 생계를 위험할 뿐 아니라 질병으로 인한 위험, 자녀양육자원의 결핍, 가족관계 및 기능의 약화 등 많은 문제를 동반하기 때문에 종합적이고 포괄적인 접근이 필요하다.

(3) 폭력 가족

폭력은 학대와 동일하게 적용하기도 하며 가정폭력이란 가족구성원들 사이에 신체적, 정신적 또는 재산상 피해를 수반하는 행위를 의미한다. 가정폭력은 가정내에서 일어나는 다양한 형태의 폭력으로 폭력의 주체와 대상은 모두 친밀한 가족구성원으로 가족과 함께 동거하는 친밀성 가족, 친족 등이 포함된다.

가정폭력의 예방은 지역사회의 가정폭력 인지도를 향상시키고, 가정폭력 위험을 조기에 파악하며 가정폭력 발생의 감소와 가정폭력의 세대간 전수를 차단하여 지역사회 공동체 의식을 향상시켜야 한다.

(4) 다문화 가족

2008년 3월 다문화가족지원법이 제정되었으며 이는 다문화가족 구성원이 안정적인 가족생활을 영위할 수 있도록 함으로써 이들의 삶의 질 향상과 사회통합에 이바지함을 목적으로 한다.

다문화가족지원법에 의한 다문화가족의 법률적 정의는 여성결혼 이민자와 한국인으로 이루어진 가족이다.

2012년도 전체 다문화가족 가운데 결혼 이민자, 귀화자 등 부부와 자녀만으로 이루어진 가족이 53.0%였다. 부부만으로 이루어진 가족은 26.8%, 한부모 가족은 3.0%로 나타났다.

결혼이민자의 배우자와의 연령차이는 10세 전후이며, 여성결혼이민자는 한국어 의사소통능력의 부재로 인한 언어소통장애, 문화차이로 인한 가족원과의 갈등 등이 초래되고 있어 이혼건수도 전체 이혼의 10% 정도이다. 여성결혼이미자가 한국생활에서 가장 힘들어하는 점은 언어문제, 경제문제, 자녀문제, 외로움, 문화차이 등으로

나타났다.

이러한 문제를 해결하기 위해 여성결혼이민자의 의사소통을 돕기 위한 정책과 한국어 교육, 한국어 능력 향상 프로그램 등이 운영되고 있다. 또한 여성결혼이민자가 한국사회에 적응할 수 있도록 하기 위해서는 고유문화 유지, 모국에 대한 자부심 등 문화정체감을 가지고, 공적체계, 가족체계, 지역사회 체계 및 동일문화집단 등의 지지체계 지원을 받아 새로운 문화를 받아 들일 수 있도록 도와야 한다.

여성결혼이민자들이 한국에서 이탈하지 않고 적응할 수 있는 원동력은 가족내의 정서적 지지와 격려 적응을 향상시키기 위한 프로그램 개발이 필요하다.

다문화 가족의 한국사회 조기적응 및 다문화 가족의 안정적인 가족생활을 지원하기 위해 한국어, 문화교육, 가족교육, 상담, 직업 교육 등 다양한 프로그램을 통합적으로 제공 및 연계하고 다문화 사회의 긍정적 측면을 중심으로 한 주류사회 인식전환과 전략이 강화되어야 한다. 또한 여성결혼 이미자 가족의 경우, 배우자와 시부모의 이민자에 대한 이해와 배려, 자녀와의 결속력이 필요하다.

(5) 결손가족

조손가족은 가족의 구조적 측면에서 문제가 발생한 경우라 할 수 있다.

한부모 가족은 가족생활주기 중 어느 때나 발생할 수 있고 가족이 스트레스를 겪는 상황에서 문제에 대해 적절하게 대응하면 가족은 한층 더 성숙될 수 있는 기회를 가진다.

최근에 이혼 가정이 가파르게 증가하고 있으며 부모의 이혼으로 인해 한부모 가족이나 재혼가족이 발생되며, 가족생활주기에 따라 가족기능 수행에 미치는 영향이 다르다. 한 부모 가족은 남아있는 가족 구성원이 경제적, 대인관계, 정서적, 역할재조정, 자녀문제 등의 부담감을 갖게 된다.

조손가족은 자녀부부의 이혼, 가출, 사망 등으로 조부모가 손자를 돌보는 형태이다. 노년기로서 신체적 기능이 저하된 조부모는 손자에 대한 부모역할을 겸해야 되는 부담감과 함께 빈곤으로 인한 경제문제도 책임을 져야 한다.

이러한 가족의 구조적인 요인에 의해 가족구성원의 성장과 발달이나 가족의 기능수행에 영향을 미치므로 통합적이고 체계적인 접근이 절실히 요구된다.

참고문헌

- 김민경. 다문화가족의 이해. 2012. 정담.
- 김성실 외. 지역사회간호학. 2005. 정문각.
- 김소야자, 안양희. 가족과 간호. 1997. 현문사.
- 김유숙. 가족상담. 2000. 학지사.
- 김정남 외 지역사회간호학. 2011.수문사.
- 김정옥 외. 새로보는 결혼과 가족. 2000. 학지사.
- 김주수, 이희배. 가족관계학. 1983. 학연사.
- 김중원. 강진상 역. 가족치료 : 선구자들의 이론과 실제. 1991. 하나의학사.
- 김화중 외. 지역사회간호학. 1999. 수문사.
- 김화중 외. 지역사회간호학 제 9판. 2013. 수문사.
- 김향숙 외. 지역사회간호학. 2015. 퍼시픽 북스
- 김후자. 임상의사소통을 위한 커뮤니케이션의 개론. 1994. 수문사.
- 박용순. 빈곤과 자립. 2001. 학지사.
- 박태영. 사족생활주기와 가족치료. 2003. 학지사.
- 안양희 외 지역사회보건간호학. 현문사. 2014.
- 오미성 외. 성과기반 지역사회간호학. 2015. 퍼시픽 북스
- 오석홍. 조직이론. 1981. 박영사.
- 유광수 외. 지역사회간호학 3판. 2013. 정담미디어.
- 이영숙 외. 가족문제론. 1999. 학지사.
- 조홍식 외 공저. 사회복지실천분야론. 2001. 학지사.
- 조유향 외. 지역사회간호학 제7판. 2014. 현문사.
- 최순희 외. 간호과정. 2013. 현문사.
- 최연희 외. 지역사회보건간호학. 2014. 수문사.
- Anderson. E. T., & McTarlane. J. M. 1996. Community As Partner: Theory and Practice in Nursing. Lippincott
- Anderson. K. H., & Tomlinson. P. S. 1992. The family health system as an emerging paradigmatic view for nursing. Image : Journal of Nursing Scholarship. 24. pp.57~63.
- Blood. R. O., & Wolfe. D. M. 1960. Husbands and Wives : The Dynamics of Married.
- Burgess. E. W. & Locke. H. J. 1950. The Family. N.Y.American Book Company.
- Duvall. E. M. 1977. Marriage and Family Development. N. Y. : J. B. Lippincott.
- Friedman. M. M. 1981. Family Nursing : Theory and Assessment(2nd edi. Appleton- Century-Crofts. Norwalk. Conneticut.
- Gilliss. C. L. 1993. Family nursing research. theory and practice. In G. D.
- Gilliss. C. L., & Davis. L. L. 1993. Does family intervention make a diference an integrative review and meta-analysis. In S. L. Feetham. S. B. Meister. J. M. Bell. & C. L. Gilliss(Eds.). The nursing of familes : Theory/research/education/practice (pp.259-265. Newbury Park. Ca : Sage Publications.
- Hanson S. H. & Boyd S. T., 1996. Family Health Care Nursing : Theory. Practice. and Research. Davis Philadelphia.
- Murdock. G. P.1949. Social Structure. N. Y. : MacMillan Pub.
- Satir. V. 1972. Peoplemaking. Science and Behavior Books. INC.
- Smith. C. M., & Maurer. F.T., 1981. Community Health Nursing : Theory and
- Practice Saunders. Philadelphia.
- Wegner & R. J. Alexander(Eds.) Readings in family nursing(pp.34~42. Philadelphia : J.B. Lippincott.
- Wright. L. M. & Leahey. M. 1984. Nurses and Families. F. A. Davis Co.

- Wright, L. M., & Leahey, M. 1993. Trends in nursing of families. In G. D. Wegner
- Zerwekh, J. V. 1991. A Family Caregiving Model for Public Health Nursing. Nursing Outlook. 39(5), 213-217.

참고사이트

- 건강보험심사평가원. http://www.hira.or.kr.
- 노인장기요양보험. http://www.longtermacare.or.kr.
- 보건복지부. http://www.mw.go.kr.
- 질병관리본부. http://www.cdc.go.kr.
- 통계청. http://www.kostat.go.kr.

제 12 장

학교보건

학습목표

- 학교보건의 개념을 이해하고, 목적과 중요성을 기술할 수 있다.
- 학교보건인력의 역할을 설명할 수 있다.
- 학교보건관련 법률을 기술할 수 있다.
- 학교보건교육의 개념을 이해하고, 목적과 중요성을 기술할 수 있다.
- 학교보건교육의 계획과정을 이해하고 계획안을 작성할 수 있다.
- 학교건강증진의 원칙과 기본방향을 기술할 수 있다.
- 학교건강증진사업의 내용을 이해하고 실제로 계획할 수 있다.
- 학교건강평가의 필요성과 목적을 기술할 수 있다.
- 학교건강평가의 내용 및 방법을 설명할 수 있다.
- 학교건강평가 결과 처리방법에 대해 설명할 수 있다.
- 학교건강문제 발생 시 관리체계를 이해하고 직접 수행할 수 있다.
- 응급환자 발생 시 보건교사의 자세와 역할에 대해 기술할 수 있다.
- 학교에서 주로 발생하는 감염병의 종류 및 특징을 서술할 수 있다.
- 학교감염병 발생 시 대응체계를 이해하고 직접 수행할 수 있다.
- 학교보건실 운영의 실제를 이해하고 직접 수행할 수 있다.

개요

학교보건은 지역사회보건의 한 부분으로 학교인구(학생, 교직원)의 건강을 유지 · 증진하기 위한 모든 건강서비스와 보건교육을 포함하는 포괄적인 건강사업이다. 이 장에서는 학교보건의 목적과 중요성, 조직체계 및 관련법규에 대한 기본 지식과 이해를 바탕으로 학교보건교육, 학교건강증진, 학교건강평가, 건강문제(응급환자 및 감염병) 발생 시 대처방법, 보건실 운영 등 학교보건사업의 실제를 파악하여 익히도록 한다. 이를 통해 학습자 스스로 건강증진프로그램을 개발하여 적용하는 것뿐 아니라 전반적인 보건실 운영의 실제를 습득하게 된다. 즉, 보건실에서 흔히 발생하는 건강문제를 해결하고, 약품 등 물적 자원을 관리하거나 예산을 수립할 수 있게 된다.

주요용어

• 학교보건 • 학교보건인력 • 학교보건교육 • 학교건강증진 • 학교건강증진사업 • 학교건강평가 • 학교건강문제
• 응급상황 • 학교감염병

제1절 학교보건의 이해

1. 학교보건의 개념

학교보건은 지역사회보건의 한 부분으로 학교인구의 건강을 유지 · 증진뿐 아니라 건강한 학교생활을 영위하기 위하여 이루어지는 모든 보건활동이다. 즉, 학교보건의 대상자인 학생과 교직원이 건강하고 안전하게 학교에서 생활할 수 있도록 스스로 그들의 질병을 예방하고 관리하며, 건강을 보호하고 유지하며 증진하기위한 능력(자기건강관리능력)을 배양하기 위해 제공되는 모든 건강서비스와 보건교육을 포함하는 포괄적인 건강사업이다. 우리나라의 경우 학교의 간호사에게 교육법상 교원의 지위를 부여한 보건교사 제도를 두고 있다. 학교 보건학이란 보건학의 한 분야로, 학교를 중심으로 지역사회의 공동노력을 통하여 학생 및 교직원의 건강을 보호 · 증진하는 학문이다.

2. 학교보건의 목적

학교보건의 목적은 크게 2가지로 말할 수 있다.

1차 목적은 학생과 교직원이 질병을 예방 · 관리하고, 건강을 보호 · 유지 · 증진할 수 있는 능력을 배양하는 것이고, 2차 목적은 1차 목적 달성을 통해 궁극적으로, 학교보건의 대상자가 건강하고 안전한 학교생활을 영위함으로써 학업성취도 향상 등 학교교육의 능률화에 기여하기 위함이다.

3. 학교보건의 중요성

학생들이 하루일과 중 가장 많은 시간을 보내는 학교에서 학생의 건강과 안전이 매우 중요하며, 전 국민의 평생건강관리체계를 확립하기 위해서는 학교보건의 영역을 확대하여 학교-가정-지역사회를 연결하는 포괄적인 사업모형 구축이 요구된다. 왜냐하면 학령기 아동 및 청소년이 바람직한 건강습관을 기르지 못하면 결국 성인기의 건강에도 나쁜 영향을 미칠 수 있기 때문이다. 따라서 미래의 국가경쟁력인 이들이 신체적 · 정신적 · 사회적으로 건강하게 성장할 수 있도록 적극 지원해야한다.

학교보건이 중요한 구체적인 이유는 다음과 같다.

① 학교는 지역사회와 연결되어있고, 교직원은 지역사회의 중심적 역할을 하므로 지역사회에 미치는 영향이 크다. 학교는 지역사회의 중심적인 조직이므로 학교보건사업은 학생과 교직원을 통하여 가정과 지역사회까지 그 효과를 파급할 수 있다. 따라서 전체 지역사회의 보건문제를 해결하기 위해서는 학교보건문제를 먼저 해결하는 것이 시간과 노력 측면에서 효율적이다.

② 학교보건 대상자의 건강을 효율적으로 관리할 수 있다. 학교라는 한 장소에 밀집되어 있고, 조직화가 용이하여 보건교육 및 건강증진사업을 추진하는 데 유리하다.

③ 학교보건 인구가 많다. 대상자인 학생과 교직원 수는 전체 인구의 약 20% 정도를 차지한다.
그 중 학생(9~24세) 인구(2015년 961만 명)는 총인구의 19.0% 이상을 차지할 정도로 많다. 따라서 전 국민의 건강수준을 향상시키기 위해서는 먼저 학교 인구의 건강부터 향상시켜야 한다.

④ 학교인구는 단체생활을 하므로 질병발생 요인에 쉽게 영향을 받는다. 즉, 학교는 질병에 대한 감수성과 사고 발생률이 높은 연령집단으로 구성되어 있어서 감염병 발생 시 지역사회로의 전파가능성이 높다.

⑤ 학령기 및 청소년기는 행동변화가 용이한 시기로 이때 형성된 건강에 대한 올바른 신념, 태도 및 습관은 성인기 건강의 밑거름이 되므로 적은 비용으로 국민건강향상에 기여할 수 있다.

⑥ 건강증진을 위해서는 보건교육이 매우 중요한데, 학교에서는 교과과정에 통합 운영할 수 있다.

⑦ 보건교육의 대상자로 학생은 가장 능률적이다. 학생들은 배우려는 의욕이 강하여 보건교육의 학습효과가 빨리 나타나고, 배운 지식을 쉽게 생활화한다.

4. 학교보건의 내용

학교보건은 내용에 따라 크게 학교보건서비스(school health service), 학교보건교육(school heath education), 건강한 학교환경(healthful school environment) 조성 3가지로 구분할 수 있으며, 세부내용은 다음과 같다.

1) 학교보건서비스

- 건강평가
- 건강상담
- 응급처치
- 감염병 관리
- 요양호자 관리
- 비만(흡연자) 관리

2) 학교보건교육

- 보건교과 수업
- 건강상담을 통한 건강정보 제공
- 요양호자(비만, 흡연 포함) 관리를 통한 보건교육

3) 건강한 학교환경 조성

- 물리적 환경 관리
- 사회 · 심리적 환경 관리

5. 학교보건의 인력

학교보건은 포괄적인 건강사업으로 학생과 교직원의 건강을 증진하기 위한 목적을 달성하기 위해서는 각종 지식과 기술이 요구되므로 다양한 분야의 전문가 참여가 필요하다. 학교보건 인력으로는 학교관리자, 보건교사, 복지사, 상담(교)사, 영양(교)사, 그리고 촉탁인력으로는 학교의사, 학교약사 등이 있다. 학교의사와 학교약사는 학교장이 지정하여 위촉하고 필요 시 자문 등의 지원을 받지만, 실제 학교현장에서는 학교관리자의 책임 하에 보건교사가 핵심적인 역할을 담당한다.

학생과 교직원의 건강을 유지, 관리하기위한 학교보건의 최종 책임자는 학교장이지만 학교보건 업무를 직접 담당하는 보건교사의 역할은 매우 중요하다. 학교보건문제는 단순히 교과로서의 「보건」이나 전문가인 보건교사의 책무만이 아니라 전체 학교교육과정 속에서 함께 다루어야 할 문제이다. 그러므로 모든 교직원은 건강의 중요성과 의의를 인식해야 하며, 나아가 학생의 건강문제를 올바르게 파악하고 이에 대한 해결방안을 강구할 수 있어야 하며, 건강을 유지 · 증진시키기 위한 지식과 능력을 갖추어야 한다.

1) 보건교사

1953년 공포된「교육공무원법」에서 교사의 자격을 정교사(1급 · 2급), 준교사, 특수교사, 양호교사로 규정하였다. 학교간호사에게 법적으로 교사의 자격이 부여된 이래, 「초 · 중등교육법」 개정으로 2002년 8월에는 양호교사에서 보건교사로 개칭되면서 자격이 강화되었고, 교사는 정교사(1급 · 2급), 준교사, 전문상담교사(1급 · 2급), 사서교사(1급 · 2급), 실기교사, 보건교사(1급 · 2급) 및 영양교사(1급 · 2급)로 규정되어 있다.

(1) 보건교사 배치기준

보건교사를 포함한 학교보건인력의 배치기준은 「초 · 중등교육법 시행령」 및 「학교보건법 시행령」에 기준한다. 「학교보건법」의 기준은 좀더 실제적이나, 최소한의 배치기준을 가진 상위법인 「초 · 중등교육법 시행령」을 우선적으로 적용하므로 교육현장에서 보건교사의 배치가 저조한 실정이다(표 12-1).

「학교보건법」과 「학교보건법 시행령」에 근거한 보건교사 등 학교보건인력의 배치기준은 다음과 같다.

① 「학교보건법」 제15조 2항(2007. 12. 14. 전문개정)에 따르면 모든 학교에 제9조의2에 따른 보건교육과 학생들의 건강관리를 담당하는 보건교사를 둔다. 다만, 대통령령으로 정하는 일정 규모 이하의 학교에는 순회 보건교사를 둘 수 있다(시행일 2009. 3. 1).

② 「학교보건법 시행령」 제23조 1항(2014. 12. 09. 일부개정)에 의하면 학교보건법 제15조에 따라 학교에 다음

과 같이 학교의사(치과의사 및 한의사를 포함한다. 이하 같다), 학교약사, 보건교사를 둔다.

- 18학급 이상의 초등학교에는 학교의사 1명, 학교약사 1명 및 보건교사 1명을 두고, 18학급 미만의 초등학교에는 학교의사 또는 학교약사 중 1명을 두고, 보건교사 1명을 둘 수 있다.
- 9학급 이상인 중학교와 고등학교에는 학교의사 1명, 학교약사 1명 및 보건교사 1명을 두고, 9학급 미만인 중학교와 고등학교에는 학교의사 또는 학교약사 중 1명과 보건교사 1명을 둔다.
- 대학(3개 이상의 단과대학을 두는 대학에 있어서는 단과대학), 사범대학, 교육대학, 전문대학에는 학교의사 1명 및 학교약사 1명을 둔다.
- 고등기술학교, 공민학교, 고등공민학교, 특수학교, 유치원 및 각종 학교에는 제1호부터 제3호까지에 규정된 해당 학교에 준하여 학교의사, 학교약사 및 보건교사를 둔다.

(2) 보건교사 배치현황

학교에서의 학생건강관리에 필요한 전문 인력의 확보가 미흡한 실정이다(표 12-1).

표 12-1 보건교사 배치현황 (2014년 기준)

구분	초등학교	중학교	고등학교	특수학교	계
전체 학교수	5,934	3,186	2,326	166	11,612
보건교사배치(배치율)	4,186(70.5%)	1,651(51.8%)	1,610(69.2%)	151(91.0%)	7,598(65.4%)

*연도별 추세: ('90) 64.9% → ('10) 64.6% → ('11) 65.4% → ('12) 65.5% → ('13) 64.9%

출처: 교육부(2015). 학생건강증진기본방향

(3) 보건교사의 직무 (학교보건법 시행령 제23조 3항)

① 학교보건계획의 수립
② 학교 환경위생의 유지 · 관리 및 개선에 관한 사항
③ 학생 및 교직원에 대한 건강진단의 준비와 실시에 관한 협조
④ 각종 질병의 예방조치 및 보건지도
⑤ 학생 및 교직원의 건강관찰과 학교의사의 건강상담, 건강평가 등의 실시에 대한 협조
⑥ 신체가 허약한 학생에 대한 보건지도
⑦ 보건지도를 위한 학생 가정방문
⑧ 교사의 보건교육 협조와 필요시의 보건교육
⑨ 보건실의 시설, 설비 및 약품 등의 관리
⑩ 보건교육자료의 수집 · 관리
⑪ 학생건강기록부의 관리
⑫ 다음의 의료행위(간호사 면허를 가진 사람만 해당한다)
  1. 외상 등 흔히 볼 수 있는 환자의 치료
  2. 응급을 요하는 자에 대한 응급처치

3. 부상과 질병의 악화를 방지하기 위한 처치
4. 건강진단결과 발견된 질병자의 요양지도 및 관리
5. ① 부터 ④ 까지의 의료행위에 따르는 의약품의 투여

⑬ 그 밖에 학교의 보건관리

2) 학교의사, 학교약사

학교보건법 제15조 1항(2012. 1. 26. 개정)에 따라 학교에는 대통령령으로 정하는 바에 따라 학생과 교직원의 건강관리를 지원하는 「의료법」 제2조제1항에 따른 의료인과 「약사법」 제2조제2호에 따른 약사를 둘 수 있다. 학교의사, 학교약사는 면허가 있는 사람 중에서 학교장이 위촉한다.(학교보건법 시행령 제23조 2항)

(1) 학교의사 직무(학교보건법 시행령 제23조 3항)

① 학교보건계획 수립에 관한 자문
② 학교 환경위생의 유지 · 관리 및 개선에 관한 자문
③ 학생과 교직원의 건강진단과 건강평가
④ 각종 질병의 예방처치 및 보건지도
⑤ 학생 및 교직원 건강상담
⑥ 그 밖에 학교보건관리에 관한 지도

(2) 학교약사 직무(학교보건법 시행령 제23조 3항)

① 학교보건계획의 수립에 관한 자문
② 학교 환경위생의 유지 · 관리 및 개선에 관한 자문
③ 학교에서 사용하는 의약품 및 독극물의 관리에 관한 자문
④ 학교에서 사용하는 의약품 및 독극물의 실험 · 검사
⑤ 그 밖에 학교보건관리에 관한 지도

6. 학교보건관련 법률

우리나라 학교보건사업은 여러 법의 범위 내에서 이루어지고 있다. 「학교보건법」을 비롯하여 「학교건강검사규칙」, 「감염병의 예방 및 관리에 관한 법률」, 「교육기본법」, 「초 · 중등교육법」, 「헌법」 등을 들 수 있다. 관련법규를 구체적으로 살펴보면 다음과 같다.

1) 학교보건법 (2013. 12. 30. 일부개정)

학교보건법」제1조에 따르면 이 법은 학교의 보건관리와 환경위생 정화에 필요한 사항을 규정하여 학생과 교직원의 건강을 보호 · 증진함을 목적으로 한다. [전문개정 2007.12.14]

(1) 학교의사, 학교약사 및 보건교사 배치

「학교보건법」제15조에 학교보건인력의 배치에 대해 명시되어있다.

「학교보건법」제15조 (학교에 두는 의료인 · 약사 및 보건교사)

① 학교에는 대통령령으로 정하는 바에 따라 학생과 교직원의 건강관리를 지원하는 「의료법」 제2조제1항에 따른 의료인과 「약사법」 제2조제2호에 따른 약사를 둘 수 있다. [개정 2012.1.26] [[시행일 2012.7.27]]

② 모든 학교에는 제9조의2에 따른 보건교육과 학생들의 건강관리를 담당하는 보건교사를 둔다. 다만, 대통령령으로 정하는 일정 규모 이하의 학교에는 순회 보건교사를 둘 수 있다. [[시행일 2009.3.1]]

(2) 학교보건위원회

학교보건위원회의 설치는 「학교보건법」 제17조에 나와 있고, 그 구성 및 기능 등 세부적인 내용은 「학교보건법 시행령」 제24조와 제25조에 명시되어있다.

「학교보건법」 제17조에 따르면 「학교보건법」 제2조의2에 따른 기본계획 및 학교보건의 중요시책을 심의하기 위하여 교육감 소속으로 시 · 도학교보건위원회를 두며, 시 · 도학교보건위원회는 학교의 보건에 경험이 있는 15명 이내의 위원으로 구성하며, 기능 · 운영과 그 밖에 필요한 사항은 대통령령으로 정한다. [개정 2012.1.26] [[시행일 2012.7.27]]

2) 학교건강검사규칙

이 규칙은 「학교보건법」 제7조 및 제7조의3의 규정에 의하여 학교 건강검사의 실시 및 그 결과의 기록에 관하여 필요한 사항을 규정함을 목적으로 한다. 〈개정 2006.1.10.〉

학교의 장은 「학교보건법」(이하 "법"이라 한다) 제7조의 규정에 의한 건강검사를 원활하게 실시하기 위하여 건강검사에 필요한 소요예산을 포함한 구체적인 건강검사 실시계획을 매년 3월말까지 수립하여야 한다.

3) 감염병의 예방 및 관리에 관한 법률

이 법은 국민 건강에 위해(危害)가 되는 감염병의 발생과 유행을 방지하고, 그 예방 및 관리를 위하여 필요한 사항을 규정함으로써 국민 건강의 증진 및 유지에 이바지함을 목적으로 한다. 아울러 감염병 예방조치, 법정 감염병 발생 시 신고와 보고체계 등 학교 및 보건당국의 조치사항을 명시하여 학교감염병 관리를 실시하도록 하였다.

4) 초 · 중등교육법

(1) 보건교사의 자격

「초 · 중등교육법」제21조(교원의 자격)에 따르면 보건교사(1급 · 2급)는 「별표 2」의 자격 기준에 해당하는 사람으로서 대통령령으로 정하는 바에 따라 교육부장관이 검정 · 수여하는 자격증을 받은 사람이어야 한다. 〈개정 2013.3.23.〉

보건교사 2급 자격은 대학 · 산업대학의 간호학과를 졸업한 사람으로서 재학 중 일정한 교직학점을 취득하고 간호사 면허증을 가진 사람 또는 전문대학의 간호과를 졸업한 사람으로서 재학 중 일정한 교직학점을 취득하고 간호사 면허증을 가진 사람이어야 한다.

보건교사 1급 자격은 보건교사(2급) 자격증을 가진 사람으로서 3년 이상의 보건교사 경력을 가지고 자격연수를 받은 사람이다.

5) 교육기본법

「교육기본법」 제13조 1항에 따르면 부모 등 보호자는 보호하는 자녀 또는 아동이 바른 인성을 가지고 건강하게 성장하도록 교육할 권리와 책임을 가진다. 「교육기본법」 제27조 1항에 따르면 국가와 지방자치단체는 학생과 교직원의 건강 및 복지를 증진하기 위하여 필요한 시책을 수립 · 실시하여야 한다.

6) 헌법

「헌법」 제35조에 1항에 따르면 모든 국민은 건강하고 쾌적한 환경에서 생활할 권리를 가지며, 국가와 국민은 환경보전을 위하여 노력하여야 한다. 「헌법」 제36조 3항에 따르면 모든 국민은 보건에 관하여 국가의 보호를 받는다.

제2절 학교보건교육

청소년기는 신체적, 정신적, 사회적으로 급격한 변화와 성장을 겪는 시기로, 이 시기에 경험할 수 있는 질병, 약물, 흡연 · 음주, 성문제, 스트레스, 안전사고 등 다양한 건강위험요인과 사회 · 문화적 유해환경에 능동적으로 대처하기 위해서는 건강 유지 · 증진에 필요한 지식, 태도, 기능 및 건강생활기술의 습득을 포함하여, 건강관리능력을 길러야한다.

보건교육은 건강의 가치를 이해하고, 올바른 건강지식과 자원에 체계적으로 접근하며, 일상생활에서 건강생활을 실천하고 건강관리능력을 증진시킴으로써, 궁극적으로 개인과 공동체의 건강 및 삶의 질을 향상시키기 위한

목적이다. 이를 위해 보건과목은 건강을 권리와 책임으로 이해하여 건강한 성장과 발달을 지향하고, 참여와 옹호, 소통과 배려를 바탕으로 건강에 유익한 선택을 하며, 건강증진을 위한 사회 · 문화적 환경을 조성하는 등의 건강핵심역량을 함양하는데 중점을 둔다. 즉, 건강에 대한 다양한 관점 및 영향요인을 이해하고, 건강의식 및 태도를 바탕으로 실천하며, 자신과 공동체의 건강에 대한 비판적 · 창조적인 사고를 가지는 한편, 건강 정보 · 자원의 활용과 건강증진활동에의 참여를 통해 개인과 사회의 균형과 조화를 추구하고 건강한 민주시민의 일원이 되도록 하는데 기여한다.

1. 학교보건교육의 이해

1) 학교보건교육의 개념

보건교육 및 학교보건교육의 개념은 시대에 따라 학자들마다 다양하게 정의되어 왔다.

- Ruth Grout: 보건교육이란 우리들이 알고 있는 건강지식을 교육수단을 통해 개인 또는 지역사회가 바람직한 행동으로 바꿔가는 것이다
- Kaplan: 학교보건교육이란 학생 개인이나 학교 전체의 건강과 관련된 지식, 태도, 행위에 바람직한 영향을 주도록 학습경험을 제공하는 것이다
- Bruess 등: 학교보건교육은 학생 개인과 집단의 흥미와 요구에 따라 그들의 지식과 태도에 영향을 주기 위해 학습경험을 제공하는 과정이다.
- 미국 미니에폴리스지역사회 보건교육연구위원회(1981): 학교보건교육은 학생들이 긍정적인 건강행위를 채택하고 적용하도록 돕는 과정들과 경험들의 집합
- 일부학자: 학교보건교육을 학교보건사업 전체를 포괄하는 넓은 의미의 개념으로 정의하기도 한다. 즉, 학교보건교육은 학교급식을 포함한 학생 및 교직원의 건강관리, 보건교육, 환경보건과 안전에 대한 교육을 통해 학생 및 교직원의 건강관리 능력을 개발하는 것을 목적으로 한다.

2) 학교보건교육의 목적

학생 스스로 건강을 유지 · 증진시킬 수 있는 건강행위의 실천을 통해 건강한 학교생활을 영위하는 것은 물론, 심신이 건강한 미래 사회의 구성원으로 성장하도록 한다.

3) 학교보건교육의 목표

건강의 가치와 올바른 건강인식을 바탕으로 일상생활에서 건강한 선택을 할 수 있는 능력을 익히고 실천하며, 건강한 사회 · 문화의 가치 · 태도를 수용하고 개선할 수 있는 공동체 건강의식의 함양에 중점을 둔다.

① 건강의 개념, 중요성을 이해하고, 건강에 대한 바른 지식을 가지며, 건강한 생활습관을 지닌다.

② 생활 속에서 건강한 선택을 하고 적절한 건강생활기술을 익혀 건강관리능력을 함양한다.
③ 생활 속에서 위험요인을 예측하여 안전하게 생활하고, 적절한 응급처치기술을 익혀 안전을 생활화 하는 태도를 기른다.
④ 건강을 권리와 책임으로 이해하여 정보와 자원을 활용하고, 건강과 사회 · 문화의 관계 및 가치를 수용할 수 있는 능력을 기른다.

4) 학교보건교육의 중요성

최근에 청소년들의 ADHD, 틱, 우울, 자살 등의 정신건강 문제 뿐 아니라 흡연, 음주 등의 약물 오 · 남용 문제, 성희롱 · 성폭력 · 성매매 등 성적인 문제 등 아주 많은 건강관련 문제들이 빈번하게 발생하여 사회적인 이슈로까지 확산되고 있는 실정이다. 또한 학생들의 상병구조가 만성질환 중심으로 변화하고, 개인의 건강 생활습관 실천이 건강증진의 중요한 요인으로 대두되어 어느 때보다도 학생들에 대한 보건교육이 절실하게 요구된다. 아울러 학교보건교육은 다음과 같은 이유로 중요하게 평가받고 있다.

① 초 · 중 · 고등학교 시기는 모든 생활습관이 형성되고, 성장발달이 왕성한 시기이기 때문에 이때 습득한 건강지식과 태도는 습관화와 생활화로의 전환이 용이하여, 일생 동안 영향을 미치게 된다.
② 학교는 대상자가 한 곳에 모여 있어 교육기회를 활용하기 용이하고, 교육과정을 통해 보건교육의 효율성을 높일 수 있어 비용 · 효과적이다.
③ 학생인구는 전체 국민의 1/4을 차지하므로 이들이 건강하면 국가의 건강기반이 확고해지고, 이는 국민전체의 건강증진에 중요한 영향을 끼친다.
④ 학교는 사회의 중심적인 역할을 하므로 학교보건교육을 통해 획득한 건강관리능력은 가정과 지역사회로의 파급효과가 커서 국가전체 건강증진에 기여한다.

5) 학교보건교육의 법적근거

다음과 같이 법적 근거가 있으나 현실적으로 학교현장에서는 제대로 실시되지 못하고 있는 실정이다. 왜냐하면 중 · 고등학교의 경우 2010학년도부터 선택과목으로 변경되어 전국에 실시하는 학교가 매우 드물고, 초등학교는 학교마다 사정이 달라서 17차시를 다 하지 못하는 학교도 많은 형편이다.

(1) 학교보건법

- 제9조(학생의 보건관리): 학교의 장은 신체발달 및 체력증진, 질병의 치료와 예방, 음주 · 흡연과 약물 오용남용의 예방, 성교육, 정신건강 증진 등을 위하여 보건교육을 실시하고 필요한 조치를 하여야 한다.
- 제9조의2(보건교육 등)

① 교육부장관은 「초 · 중등교육법」 제2조에 따른 학교에서 모든 학생들을 대상으로 심폐소생술 등 응급처치에 관한 교육을 포함한 보건교육을 체계적으로 실시하여야 한다. 이 경우 보건교육의 실시 시간, 도서 등 그 운영에 필요한 사항은 교육부장관이 정한다.

② 「초 · 중등교육법」 제2조에 따른 학교의 장은 교육부령으로 정하는 바에 따라 교직원을 대상으로 심폐소생술 등 응급처치에 관한 교육을 실시하여야 한다.

(2) 국민건강증진법 제12조(보건교육의 실시 등)

(3) 응급의료에 관한 법률 제4조(응급의료에 관한 알 권리)

2. 학교보건교육의 계획

학교보건교육의 계획은 일반적으로 다음과 같은 단계로 이루어진다. 먼저 대상자들의 교육요구를 사정하고, 사정 결과에 따라 보건교육을 계획하고, 계획안에 따라 보건교육을 수행하고, 마지막으로 평가의 단계로 이루어진다.

1) 학교보건교육의 요구 사정

(1) 보건교육을 계획할 때 가장 먼저 해야 할 일은 교육대상의 교육요구를 사정하는 것이다. 올바르지 못한 건강관련 지식이나 생활습관이 있는지, 해결해야 될 건강문제가 무엇인지 사정한다.

(2) 자료수집 내용은 다음과 같다.

① 학생 및 교직원의 일반적 특성
② 학생 및 교직원의 건강상태
③ 대상자의 건강행위
④ 학교 내 물리적 환경
⑤ 학교주변 환경
⑥ 사회적 환경
⑦ 자원 및 학교보건 대상자 간의 상호작용

2) 학교보건교육의 목표 설정

보건교육의 목표는 보건교육이 의도하는 성과로서 보건교육 계획을 수립하고 평가하기 위한 기준이 되기 때문에 매우 중요하다. 목표는 학자에 따라 다양하게 분류된다.

(1) 학습목표

학습 결과 학습자가 도달해야 하는 수준, 즉 바람직한 지식, 태도, 행위의 변화

(2) 학습목표의 구성요소

학습 대상, 교육내용, 학습자의 변화를 알 수 있는 기준이나 조건, 교육 후 학습자에게 기대하는 행동의 요소로 구성

(3) 학습목표의 분류(Bloom, 1956)

① 인지적 영역: 6단계의 지적능력(암기, 이해, 적용, 분석, 조합, 평가)을 증진시키는 부분
② 정의적 영역: 인간의 태도, 느낌, 감정 등을 변화시키는 부분
③ 심동적 영역: 인간의 기술적 능력을 변화시키는 부분

(4) 학습목표의 분류 및 작성요령 (예: 흡연과 건강)

① 일반적 학습목표: 보건교육의 결과로 이루어질 특정한 상태나 조건
- 흡연이 인체에 미치는 영향을 알고 적절한 금연방법을 선택하여 실천할 수 있다.
- 흡연을 권유하는 상황에서 거절하는 방법을 실천할 수 있다.

② 구체적 학습목표: 일반적 학습목표를 달성하기 위한 종속적이고 세부적인 목표
- 흡연이 인체에 미치는 영향을 2가지 이상 설명할 수 있다.
- 금연방법을 2가지 이상 설명할 수 있다.
- 적절한 금연방법을 선택하여 스스로 실천할 수 있다.

3) 학교보건교육의 계획 수립

목표달성을 위해 언제, 어디서, 누가, 무엇을 이용하여 보건교육을 수행할 것인지 구체적인 계획을 세운다. 연간, 월간, 주간으로 나누어 세부적으로 작성한다. 즉, 학습내용, 교육방법, 교육매체, 교육장소 등을 선정하고, 교육시간을 배정한다. 교수–학습지도안을 작성하는 것이다.

(1) 학습내용의 선정

학생의 건강기록 결과 분석, 학생 관찰 결과, 학생의 지식 · 태도 · 습관에 대한 설문이나 문진 결과, 학부모 · 교사 · 학생 상담 결과, 학생의 취미 · 관심조사 결과, 문헌고찰 결과, 지역사회의 건강에 관한 연구 결과 등을 참고로 하여 대상자 요구에 맞게 학습내용을 선정한다.

(2) 교육방법 선정

① 교육대상의 연령, 교육인원, 교육자원, 재원 등을 충분히 고려한 보건교육방법을 선정

② 교육방법 계획 시 고려사항(교육과학기술부 지침)
- 교사 중심의 한 방향 의사소통식 수업 탈피 → 학생 중심의 쌍방향 의사소통 중심 수업

표 12-2 학교보건교육의 주요 주제영역

기준	내용
발육발달	신체구조와 기능, 각 구조와 기능의 상호관련성, 출생에서 사망까지의 신체구조와 기능의 변화, 건강상태와의 관련성 등
정신보건	긍정적 자아개념, 성격, 정서적 안정, 책임감, 동기, 독립성, 정신질환, 스트레스에 대한 대처, 정신건강서비스 등
보건영양	기초식품군, 영양소, 적절한 식습관, 다양한 식품섭취의 필요성, 친구 · 가족 · 문화 · 대중매체가 식습관에 미치는 영향, 생애주기별 영양관리, 질병치료를 위한 영양관리, 약물과 식품의 상호작용, 식품알레르기, 인공첨가제, 식이장애, 체중관리 등
가족보건	가족과 사회구성원으로서 개인의 다양한 역할과 생활양식, 생애주기별 책임감과 권리의 변화, 성적인 변화, 인간관계 등
안전과 사고예방	일상생활에서의 위험 인지 및 사고예방 교육, 안전행동 습관, 구급처치 기술, 비상사태 대처법 등
질병의 예방과 관리	주요 만성질환, 전염성질환의 발생에 기여하는 요인, 질병의 예방, 조기발견과 치료 등
소비자 보건	건강서비스, 건강상품, 건강정보의 선택과 활용에 영향을 주는 요인, 선택과 사용 기준설정 및 활용 등
약물사용과 남용	보편적으로 사용되는 약물의 사용실태, 술, 담배, 일반 약품, 불법약품, 등의 사용과 남용
환경보건	인체에 영향을 미치는 환경요인들의 발생원인, 결과, 대처방안 등
지역사회 보건	개인적 책임감, 건강한 학교 · 가정 · 지역사회 환경, 지역사회 보건자원 및 시설, 건강 관련 단체 및 기관, 산업보건, 자연재해, 건강증진을 위한 공동체적 노력 등

출처: Ames EE, Designing School Health Curriculum: Planning for Good Health, Wm. C. Brown, 1992.

- 강의, 집단토의, 버즈학습, 브레인스토밍, 시범, 역할극, 상담, 견학 등 다양한 방법 활용
- 전체학습, 소집단 학습, 개별학습 등의 학습조직을 융통성 있게 활용
- 건강습관이 형성되도록 가정과 연계해서 지도
- 지역사회와 연계한 체험학습이나 지역사회 보건전문가와 협력수업 실시
- 학교와 지역사회의 특수성, 행사, 계절별 질병 발생상황 등을 고려하여 탄력적으로 운영

(3) 교육매체의 선정

- 교육매체는 학습과정에서 교사가 학습자에게 학습내용을 전달하는 수단을 말한다.
- 교육매체는 교수자와 학습자간의 학습에 필요한 의사소통을 도와주는 다양한 형태의 매개수단 또는 제반체제로서 교육목표를 효과적이고 매력적인 방법으로 달성할 수 있도록 도와주는 역할을 한다.
- 교육내용과 교육방법을 고려하여 선정하는 것이 중요하다.

(4) 교육시간 배정

교육목표를 달성하기 위해 적절한 시간이 배정되도록 한다. 언제 보건교육을 할 것인지, 각각의 교육내용에 어느 정도의 시간을 투입할 것인지 총 교육시간은 어느 정도가 적당한지 계획한다.

4) 학교보건교육의 평가계획

학교보건교육을 실시하기 전에 평가에 대한 계획도 수립해야 한다. 평가계획에는 언제(평가시기), 누가(평가자), 어떻게(평가방법), 무엇을(평가내용), 어떤 범위(평가범주)로 평가할 것인가를 포함되어야 한다.

5) 학교보건교육의 수행

학교보건교육은 보건교과에서의 보건교육, 관련교과에서의 보건교육, 생활 보건교육 등으로 시행되고 있다. 그리고 교육방법으로는 개인지도, 집단지도, 매체활용, 가정통신문 및 가정방문이 있다.

(1) 보건교과 보건교육

- 2015년도 교육부에서 고시한 교육과정은 건강의 이해와 질병예방, 생활 속의 건강한 선택, 응급처치, 건강자원과 사회문화 등 4가지 영역으로 구성되어 있다(표 12-3).

표 12-3 보건교과 교육과정(교육부, 2015)

영역	핵심개념	중학교 내용요소	고등학교 내용요소
건강의 이해와 질병예방	건강증진	• 건강의 중요성 • 건강 평가	• 건강 영향 요인 • 건강 지표 평가
	생활주기	• 건강한 생활주기	• 건강한 생애주기
	질병예방	• 생활습관과 질병 • 유행성 감염병 • 신체기관별 건강관리	• 비만, 암 등 만성질환 • 신체기관별 건강 • 감염병 예방관리
생활 속의 건강한 선택	약물 · 담배 · 술	• 의약품의 안전한 선택 • 흡연 · 음주 예방과 대처	• 약물 오 · 남용 예방 • 흡연 · 음주 폐해와 건강한 선택
	성 건강	• 청소년의 성적발달 • 이성교제와 성역할 • 임신 · 출산과 피임 • 음란물과 성 상품화 • 성폭력 · 성매매	• 섹슈얼리티 • 사랑 · 성적 자기결정권 • 성희롱 · 성폭력 · 성매매와 성문화 • 성매개 감염병 • 준비된 임신, 피임, 출산, 미혼모
	정서 · 정신 건강	• 자아존중감 증진 • 스트레스와 과몰입 • 분노 · 충동 등 감정수용과 조절 • 죽음과 상실	• 자아존중감과 회복탄력성 • 불안 · 우울 등의 감정대처 • 자살과 위기관리 • 정신건강문제와 편견
	건강생활 기술	• 건강의사소통기술(주장, 거절, 공감하기) • 건강의사결정 • 건강증진 옹호활동(개인과 지역사회)	• 건강의사소통기술(협상, 거절, 갈등관리) • 공동체 건강 의사결정 • 건강증진 옹호(국가와 세계)
응급처치	생활안전	• 건강 · 안전 위험요인 예측과 안전문화 운동 • 따돌림, 학대, 폭력 • 직업병 이해와 예방	• 건강 · 안전 위험요인 평가와 안전문화 운동 • 차별 · 학대 · 폭력 • 직업병의 예방 · 대처
	응급처치	• 생활 속의 응급처치 • 심폐소생술과 자동제세 동기	• 생활 속의 응급처치 • 심폐소생술과 자동제세동기 • 구조 활동
건강자원과 사회문화	건강권과 건강자원	• 건강권과 책임 (개인, 지역사회) • 건강 정보 · 자원 활용	• 건강권과 책임(국가와 국제) • 건강윤리, 건강격차 • 보건의료서비스와 의료보장제도
	건강문화	• 유행 · 미디어와 건강 • 또래 · 가족문화와 건강 • 장애인, 다문화가족 등 사회적 소수자 · 약자와 건강	• 건강신념 · 관행 · 미디어 • 헌혈과 장기기증, 장례문화 • 문화적 다양성과 건강

출처: 교육부(2015). 교육부 고시 제2015-74호

표 12-4 관련교과 보건교육 계획 (예시–중학교 1학년)

학년	교육 내용	횟수	교과(횟수)	교육 방법
1학년	약물과 기호품	6/27	체육(27)	강의 시청각
	건강활동이 성에 미치는 영향	3/27		
	환경오염이 성에 미치는 영향	3/27		
	안전	7/27		
	응급처치	8/27		
	청소년의 성적 특성	2/10	가정(10)	강의 시청각
	2차성징과 임신, 출산	2/10		
	청소년의 친구관계와 이성교제	2/10		
	고카페인 식품 폐해 및 예방	4/10		
	성과 사랑에 대한 올바른 인식	2/8	도덕(8)	강의 시청각
	이성 친구와의 바람직한 관계와 예절	2/8		
	양성평등의 도덕적 의미와 실천	2/8		
	대중교통 안전	2/8		
	사회화와 청소년기의 특징	3/9	사회(9)	강의 시청각
	사회적 지위와 역할	3/9		
	사회 재난	3/9		
	생물을 이루는 기본 단위, 세포	2/10	과학(10)	강의 시청각
	체계적으로 구성된 식물의 몸	1/10		
	물과 무기양분을 흡수하는 뿌리	1/10		
	물과 양분을 운반하는 줄기	1/10		
	양분을 만들고 물이 증발하는 잎	1/10		
	생활 안전	3/10		
	재난 안전	1/10		
	성희롱 · 성폭력 · 성매매 예방교육	3/3	자율활동(3)	강의 시청각
	총 67 회			

- 중 · 고등학교의 경우 급별에 따라 각 영역별로 2~5가지 내용으로 구성되어 있다.

(2) 관련교과 보건교육

보건교사가 정기적인 수업을 실시하지 못하는 경우 도덕, 사회, 가정, 과학, 체육 등 보건교육과 관련 있는 교과목 시간에 담당교사가 교육을 실시한다(표 12–4).

(3) 생활 보건교육

① 생활 보건교육은 학생들이 일상적인 학교생활을 하면서 간접적으로 받게 되는 보건교육이다.

② 생활 보건교육은 교육의 대상, 내용, 시기가 그것을 필요로 하는 상황에 맞게 실시하는 것으로 학생 스스로 자기건강관리를 생활화하도록 태도를 변화시키는 데 주목적이 있다.

③ 생활 보건교육은 다음과 같은 경우에 실시한다.

- 각종 병리검사 실시 전의 경우: 결핵감염 여부 검사, 소변검사 등 각종 병리검사 실시 전 교육을 통해 그 질환의 발생요인, 감염경로, 예방법, 조기진단 및 조기치료의 중요성을 교육한다.
- 혈액, 소변, 결핵 등 건강검진 결과 질환이 의심되는 경우: 개별적인 상담을 통해 적절한 질병관리가 이루어지도록 한다.
- 계절과 관계되는 감염병이 발생한 경우: 유행성눈병, 가을철감염병, 인플루엔자 등 계절과 관계되는 질병 발생 시 또는 질병발생이 예상되는 지역에서 예방과 치료에 대한 교육을 실시한다.
- 구강, 시력검사 시 유소견이 발견된 경우: 관리방법 및 병원진료 등에 대해 지도한다.
- 안전사고 발생위험이 있을 경우: 사고예방에 대한 기본교육을 즉시 실시하고, 사고발생요인을 신속히 파악하여 미연에 사고를 방지하며, 사고발생 시는 그것을 사례로 보건교육을 실시한다.

④ 생활 보건교육의 방법

■ 개인지도

학생과 집적 접촉하는 교사, 보건교사, 학교의 장소가 공식적이든 비공식적이든 학생과 개별적으로 만나 건강과 관련된 지식, 태도, 행위실천에 대해 개별 면담이나 상담을 통해 교육을 실시한다.

■ 집단지도

학교의 보건교사, 담임교사, 교과교사 또는 외부전문가를 초빙하여 학생들에게 필요한 내용을 교육한다.

■ 매체활용

간접교육으로 비디오, 교내방송, 학교 홈페이지, 포스터, 표어, 벽보판, 게시판, 리플렛, 유인물, 유선전화, 문자 등을 활용하여 보건교육을 실시한다.

■ 가성통신문

보건실 방문학생 중 증상이 지속될 경우 증상, 투약상태, 병원진료에 관한 사항을 기재하여 가정으로 발송한다.

6) 학교보건교육의 평가

학교보건교육 프로그램을 계획하여 실시한 다음에 계획자나 교육담당자가 보건교육이 계획한 대로 실시되었는지, 얼마나 효과가 있었는지, 정해진 목표까지 도달하였는지 등을 판단하기 위해 행해지는 일련의 과정이다. 평가는 그것 자체가 끝이 아니고 목표에 대한 수단이며, 초기 계획단계에서부터 활동이 끝날 때까지 보건교육 전 과정 속에서 이루어져야 한다.

(1) 영역별 평가방법

보건교육을 실시하는 교육자는 평가영역별 적절한 방법으로 평가를 수행해야한다. 이때 가장 중요한 것은 평가도구의 타당성, 신뢰성이 유지되는 것이다.

① 지식을 측정하는 인지적 영역의 평가: 필기시험, 관찰도구, 구두질문 등으로 측정
② 태도를 측정하는 정의적 영역의 평가: 질문지, 관찰, 태도 척도 등으로 측정
③ 기술을 측정하는 심리 · 운동적 영역의 평가: 직접관찰, 실기시험 등으로 측정

3. 학교보건교육의 실제

1) 흡연예방교육 계획안(예시)

(1) 단원명: 흡연과 건강

(2) 단원의 중요성

흡연은 건강에 미치는 영향이 비흡자에 비해 흡연자의 피해가 훨씬 크기 때문이다.

(3) 단원의 지도방안

- 담배의 유해성분과 흡연이 건강에 미치는 영향에 대하여 충분히 인식시켜 단순한 호기심이나 친구의 권유로 흡연을 시작하는 일이 없도록 한다.
- 흡연자로 인한 비흡연자의 간접흡연에 대한 피해를 알게 한다.
- 흡연의 유혹으로부터 자신을 보호할 수 있는 확고한 태도를 기르게 한다.
- 자신에게 맞는 적절한 금연 계획을 수립하여 실천하도록 한다.

(4) 단원의 목표

- 담배 속의 유해물질을 안다.
- 흡연이 인체에 미치는 영향에 대해 알 수 있다.
- 흡연이 청소년에게 미치는 피해에 대해 3가지 이상 설명할 수 있다.
- 흡연이 여성 건강에 미치는 영향에 대해 설명할 수 있다.
- 간접흡연의 피해를 알고 비흡연자로서 나의 권리를 말할 수 있다.
- 금연을 해야 하는 이유에 대해 설명할 수 있다.
- 금연 방법에 대해 설명할 수 있다.

(5) 단원의 지도계획

차시	주 제	주 요 내 용	학습자료
1	담배의 유해성	▷ 담배의 유해 성분 ▷ 흡연이 건강에 미치는 영향	파워포인트 학습지
2	청소년 흡연 및 여성 흡연과 건강	▷ 청소년기 흡연의 문제점 ▷ 여성 흡연의 문제점 ▷ 담배광고의 허구성	파워포인트
3	간전흡연과 흡연 유혹 거절하기	▷ 간접흡연의 폐해 ▷ 흡연의 유혹을 거절하는 법	파워포인트
4	금연방법-금연의 시작과 유지	▷ 금연해야 하는 이유 ▷ 금연을 위한 방법	파워포인트 학습지

출처: 대구광역시교육청(2008), 2008년도 흡연예방 및 금연교육 자료집.

(6) 지도상의 유의점

- 담배는 기호품만이 아니라 중추신경 흥분작용을 하는 중독성이 강한 약물임을 강조한다.
- 시각적 효과를 주는 사진, 병에 걸린 사람의 이야기 등을 통해 흡연의 폐해를 깊이 인식할 수 있도록 한다.
- 담배의 해로움을 스스로 생각할 수 있게 한다.
- 성장기 청소년의 조기흡연과 여성흡연이 더 해로움을 강조한다.
- 비흡연자로서의 당당한 권리행사의 중요성을 강조한다.
- 흡연의 유혹을 받을 경우 자신감 있게 "NO"라고 말할 수 있는 선의 중요성을 강조한다.
- 미래의 목표를 세우고, 현재 결정한 내용이 미래에 어떤 결과를 낳을 것인지 생각하게 한다.

(7) 교수 - 학습 과정(안)

<table>
<tr><th rowspan="2">본시 주제</th><th rowspan="2">담배의 유해성</th><th>대 상</th><th>중 · 고등학생</th><th>차 시</th><th>1/3</th></tr>
<tr><th>학습형태</th><th>강의, 토론</th><th>시 간</th><th></th></tr>
<tr><td>학습 목표</td><td colspan="5">1. 담배 속의 유해물질을 두 가징 이상 말할 수 있다.
2. 흡연이 인체에 미치는 영향에 대해 설명할 수 있다.</td></tr>
<tr><td>자료 및 준비물</td><td colspan="5">컴퓨터, 프로젝션 TV, 프리젠테이션 자료, 학습지</td></tr>
<tr><td>활동 과정(시간)</td><td colspan="4">교수-학습 활동 내용</td><td>학습자료 및 유의점</td></tr>
<tr><td>도입
(5분)</td><td colspan="4">▣ 학습동기유발
- 흡연과 관련된 장면을 몇 가지 연상시켜주고, 가족이나 친척 중 흡연을 하는 분들에 대해 이야기하기

▣ 학습문제 제시 및 활동내용 안내
- 학습목표를 제시하면서 학습활동내용을 간략히 소개하고 학습주제를 명확히 한다.</td><td>PPT
학습지1
친구나 가족에 대해 심하게 이야기하지 않도록 유의</td></tr>
</table>

활동 과정(시간)	교수–학습 활동 내용	학습자료 및 유의점
전개 (30분)	▣ 학습활동 안내 〈활동1〉 '담배'하면 생각나는 것 말하기 – 외형상 생각나는 말: 길다, 둥그렇다.. – 건강과 관계되는 말: 암, 폐, 기침... – '담배'하면 생각나는 사람: 아버지, 할아버지, 친구.. 〈활동2〉 담배에 들어있는 유해성분 알기 – 담배란? – 담배의 성분 및 발암물질: 담배연기 속에는 약 4,000여종의 화학물질이 들어 있으며 그 중 약 1,200여종은 분명히 몸에 해를 주는 물질로 밝혀짐. 1) 니코틴 – 습관성, 중독성 마약, 중추신경 흥분 2) 타르 – 암 발생의 가장 중요한 요인 3) 일산화탄소 – 담배연기의 가스성분 중 가장 해로운 것 혈액의 산소운반 능력 감퇴, 저산소증 유발 조기노화현상, 기억력 감퇴 4) 다이옥신 – 환경호르몬 물질로 생식기에 영향 5) 청산가리 – 쥐약의 성분 6) 나프탈렌 –좀약 성분 7) 아세톤 – 메니큐어 지울 때 사용 8) DDT – 살충제 〈활동3〉 흡연으로 인해 생기는 질병 알기 – 흡연으로 생기는 신체증상 1) 피로 2) 감기에 자주 걸리고 오래간다. 3) 입에서 냄새가 난다. 4) 소화가 잘 안 된다. 5) 쉽게 숨이 찬다. 6) 코가 자주 막히고 코를 곤다. 7) 가래가 많이 생기고, 기침을 자주 한다. 8) 노화 – 흡연으로 인하여 생기는 질병 1) 뇌졸중, 뇌출혈, 뇌경색, 집중력 저하 2) 동맥경화 3) 심근경색증 : 니코틴의 작용으로 심박동수 증가 4) 버거씨병 : 산소운반능력 감퇴로 혈액순환 장애 5) 호흡기 질환 : 기관지 점막 자극, 분비물 증가, 섬모가 손상, 파괴되어 자기정화작용을 못함, 기침, 가래 6) 결막염(시력저하 동반) – 흡연으로 인하여 생기는 암 1) 구강암 2) 후두암 3) 폐암, 폐기종 4) 유방암	PPT 학습지1
정리 및 평가 (5분)	1. 형성평가 1) 담배의 유해성분을 두 가지 이상 말해보자. (니코틴, 타르, 일산화탄소...) 2) 흡연에 의해 생기는 질병 두 가지 이상 말해보자. (폐암, 뇌졸중, 위궤양, 버거씨병...) 2. 차시예고 – 청소년 흡연 및 여성 흡연과 건강	PPT

출처: 대구광역시교육청(2008), 2008년도 흡연예방 및 금연교육 자료집.

제3절 학교건강증진

1인당 국민소득이 증가하면서 국민들의 건강에 대한 관심이 높아지고, 서구화된 식생활 및 생활습관의 변화로 만성질환 유병율이 증가함에 따라 만성질환의 예방과 관리를 통한 삶의 질 향상과 의료비 부담 감소가 국가 보건 정책의 중요한 과제로 대두되기 시작했다. 따라서 국가의 보건정책이 질병 치료중심에서 질병 예방 및 건강증진 중심으로 전환되게 되었다. 만성질환 예방 및 건강증진을 위해서는 생활습관 개선이 중요한데, 이는 미국 등 신체검사위주로 학교보건사업을 추진해왔던 국가들도 보건교육을 통한 학교보건사업이 자기건강관리능력을 향상시키는 데 가장 효과적이라고 판단하여 활발히 이루어지는 것을 통해 알 수 있다. 우리나라도 이러한 보건문제 관리방안의 일환으로 학생들의 자기건강관리능력을 향상시키는 학교보건교육과정을 통한 학교보건사업으로의 방향전환이 이루어져야한다.

학교보건 초창기에는 학교보건사업이 감염병 관리를 주요사업으로 전개해 오다가 차츰 아동 및 청소년의 주요 건강문제와 건강위험행동에 중점을 두고 수행되었다. 그러나 최근 들어 아동 및 청소년기의 건강에 관한 과학적 접근을 시도하고, 교육적 잠재력을 높이며, 삶의 질을 향상시키기 위한 방안이 주요관심사로 대두되면서 학교를 효과적인 건강증진사업의 장으로 보는 견해가 설득력을 얻게 되었다. 아동 및 청소년기의 외형적 성장과 기능적 발달뿐만 아니라 그들의 삶에 영향을 주는 주요 변인, 즉 또래, 가족, 학교, 미디어, 이웃, 지역사회 등과 같은 개인을 둘러싼 환경과 이들과의 상호작용에 중점을 준 건강증진사업이 모색되고 있다.

1. 학교건강증진의 개요

1) 건강증진의 개념

- 최적의 건강상태에 도달할 수 있도록 생활양식을 변화시키는 것
- 초기에는 "보건교육"이란 용어로 사용됨

2) 건강증진의 목적

건강증진은 건강한 사람들을 주 대상으로 건강에 유익한 생활양식 및 환경의 변화와 예방서비스의 개선을 통하여 건강잠재력을 함양하고 건강위험요인을 조기발견, 관리함으로써 긍정적 건강을 향상하고 불건강의 위험요인을 감소하려는데 목적을 두고 있다.

3) 학교건강증진의 원칙

WHO는 1984년에 건강증진의 원칙을 제정했으며, 이것을 토대로 세계 최초로 1986년 캐나다 오타와 제1차 국

제 건강증진 회의에서 건강증진 원칙이 설정되었다. 이 때 제정된 건강증진 원칙을 학교에 적용하여 기술해보면 다음과 같다.

(1) 특정 질병을 가진 학생만을 대상으로 하는 것이 아니고, 전체 학생들의 일상생활에 관한 전반적인 내용을 포함한다.
(2) 학생들의 건강문제 원인이나 결정요인에 초점을 둔 활동이다.
(3) 학생들의 건강유해요인을 감소시키기 위한 의사소통, 교육, 학교활동, 경제적 도움, 학교조직의 변화, 학교 개발 등의 다양한 활동을 포함한다.
(4) 효과적이고 확실한 학생들의 참여를 목표로 한다.
(5) 학교건강증진 활성에 가장 중점적인 역할을 하는 사람은 1차 건강관리자인 보건교사이다.

4) 학교건강증진의 기본방향

학교건강증진의 기본방향은 성장기 학생들이 안전하고 건강한 생활을 영위하고, 민주시민으로 성장할 수 있도

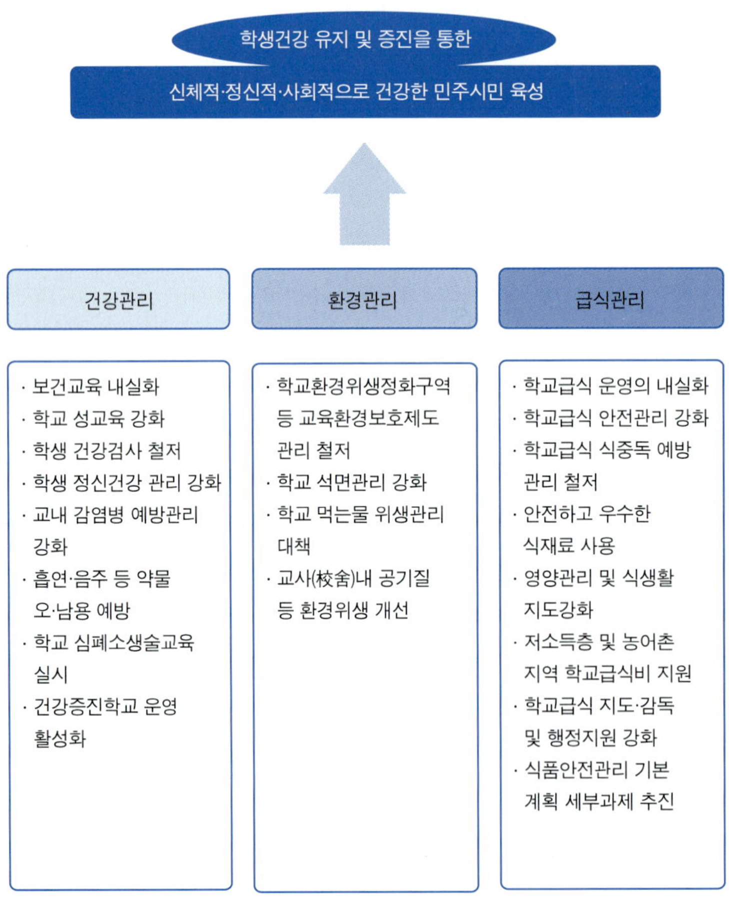

그림 12-1 학교건강증진 기본방향

출처: 교육부(2016), 2016년 학생건강증진 기본방향

록 학교보건 사업 및 지원체계를 강화하며 저출산 시대에 학생들을 신체적 · 정신적 · 사회적으로 건강하게 육성하여 국가경쟁력을 향상시키는데 있다. 학생들을 보다 쾌적하고 안전한 교육환경에서 신체적 · 정서적으로 건강하게 자라날 수 있도록 보건, 환경, 급식분야별 기본방향을 제시하였다(그림 12-1).

2. 학교건강증진사업의 내용

1) 전통적 학교보건사업의 범위

(1) 보건교육
(2) 학교보건서비스
(3) 건강한 학교환경

2) 학교건강증진사업의 범위(WHO지침, 1995)

(1) 학교 보건정책
(2) 학교의 물리적 환경
(3) 학교의 사회적 환경
(4) 지역사회 유대관계
(4) 개인 건강기술
(5) 학교 보건서비스

3. 건강증진학교

건강증진학교는 학교의 건강상태와 학생의 건강잠재력을 향상시키기 위한 포괄적인 개념틀이며, 학생, 교직원과 그 가족뿐 아니라 지역사회구성원들의 건강을 향상시키기 위해 학교의 전체 조직능력을 활용하도록 노력한다. 세계보건기구가 제시한 건강증진학교는 삶, 학습, 일을 하는데 건강한 장소로써의 역량을 지속적으로 강화하는 학교를 의미한다. 건강증진학교의 목적은 다음과 같다.

① 건강한 생활터를 구축하여 학교구성원 모두의 신체적, 정신적, 사회적 건강과 안녕을 증진
② 학교구성원 모두 자신의 건강을 유지·증진할 수 있는 능력 배양
③ 학교구성원 모두 건강한 선택을 쉽게 할 수 있는 건강한 학교환경을 구축
④ 학교 스스로 건강한 학교 만들기 사업을 지속적으로 유지

4. 학교건강증진사업의 실제

1) 현황

- 학생건강검사결과 시력이상 및 구강질환 학생이 많은 비율을 차지하고 있으며, 비만 등 만성질환도 증가하는 추세이다.

2) 기본방침

(1) 성장기 학생들의 건강한 성장 · 발달을 위한 정서 · 행동특성검사, 흡연예방 및 금연지도, 건강한 체중관리, 안전사고로 인한 응급처치 등 건강문제에 대한 체계적인 예방 · 관리

(2) 학생 개개인의 태도와 습관을 변화시켜 평생건강의 기틀을 마련토록하고, 각종 질병을 예방하여 건강하고 명랑한 생활을 영위할 수 있도록 지도

(3) 생활환경의 변화와 잘못된 생활습관 등으로 인해 발생하는 시력 저하, 구강 및 허리질환 통증을 예방하고, 스스로 눈 · 치아 · 허리를 보호 할 수 있도록 자기건강관리 능력 배양

3) 추진방향

(1) 학교 구성원 참여 및 지역사회 연계 건강증진활동 추진

- 학교 건강문제에 대한 진단을 통해 해결의 우선순위를 결정하고, 학교교육과정과 연계하여 많은 학교 구성원이 참여할 수 있는 건강증진활동 추진
- 적절한 업무분담을 통해 모든 구성원이 참여하는 분위기 조성
- 학생의 신체적, 정신적 건강문제에 총체적 접근
- 지역사회 연계를 통한 지역사회 자원 활용

(2) 보건교육을 포함한 다양한 건강증진 프로그램 운영 활성화

- 학교장은 시력이상 및 구강질환 예방, 건강한 체중관리, 흡연 · 음주 등 약물 오 · 남용 예방 등을 위해 보건교육을 포함한 건강관련 프로그램을 실시

프로그램명	나는야 양치질 박사예요	나는야 손씻기 박사예요	몸짱교실	담배 연기 없는 건강한 학교
대상 및 기간	전교생 및 교직원 2008~현재	전교생 및 교직원 2008~현재	전교생 및 경도비만 이상자 2008~현재	전교생 및 학부모, 교직원 2011
구성원별 역할	**건강박사1** • 거제시 보건소 - 치과이동 차량운용 • 보건교사 - 보건교육 및 전체 사업 총괄 • 담임교수 - 손씻기 실천 점검 • 5학년 불소도우미 6명 자율 실천	**건강박사2** • 거제시 보건소 - 손씻기 물품대여 • 보건교사 - 보건교육 및 전체 사업 총괄 • 담임교수 - 손씻기 실천 점검 • 학생동아리 폼생폼사 회원 - 각종 홍보물 제작	**몸짱교실** • 교장선생님 및 체육담당교사 - 아침달리기 지도 • 보건교사 - 몸짱교실 대상자 보건교육 담당 • 지역의 전문강사 - 주3회 운동지도 • 영양교사 - 건강식단 및 영양교육 실시	**금연교실** • 거제시 보건소 - 금연 관련 물품 대여 • 인성부장 - 캠페인 및 금연 선표식 실시 • 보건교사 - 학년별 흡연예방 보건교육 실시 - 폼아트 방과후 교실 운영 및 교육자료 제작

출처: 한국교육개발원(2012), 학교건강증진사업 우수사례집.

(3) 다양한 교육자료 개발 · 발굴 · 활용 및 우수 교육자료 공유

- 교육부에서 구축 · 운영하여 전문 컨설팅을 수행하고 있는 '학생 건강정보 홈페이지(http://schoolhealth.kedi.re.kr)'를 통해 다양한 학생건강정보 적극 활용
- 시 · 도교육청에서는 각 급 학교에서 동 홈페이지를 적극 활용하여 관련 자료를 공유할 수 있도록 조치

(4) 교육청 자체적으로도 보건교육의 효과를 높일 수 있는 다양한 교육 자료를 개발 · 발굴하여 활용하고 우수한 교육 자료는 교육청 홈페이지, 학생건강정보센터 등을 활용하여 공유

4) 세부영역

(1) 시력 관리
(2) 구강 관리
(3) 건강한 체중 관리
(4) 개인위생(손 씻기) 관리
(5) 흡연 · 음주 등 약물 오 · 남용 예방
(6) 정신건강 관리

5) 세부추진내용

(1) 건강에 대한 올바른 지식을 습득하고, 질병 예방 등 건강한 생활을 유지하기 위하여 손발 씻기, 이 닦기 등 학생 개개인의 위생 생활 실천을 통한 습관을 형성하여 자기건강 관리 능력을 향상

(2) 조회시간, 중간 체조시간 등을 이용하여 안구운동(눈 체조) 및 허리 강화 훈련 실시

(3) 손발 씻기, 점심 식사 후 이 닦기 등 기본적 위생생활 실천

(4) 신체의 균형 있는 성장과 학습 능률을 높이기 위해 체격에 맞는 책 · 걸상 조정 배치

5. 영역별 학교건강증진사업

1) 시력관리

시력이상의 경우 초등학교1학년 25.7%에서 4학년은 54.6%로 나이가 들수록 급격하게 증가하는 경향을 보였고, '13년 대비 1.5%나 증가하였다. 따라서 이를 예방하기 위해 다음과 같은 건강증진프로그램을 실시하고 있다.

(1) 시력강화 프로그램 실시

- 주로 초등학교에서 조회시간, 중간 체조시간 등을 이용하여 실시한다.
- 매일 눈 체조 비디오를 교실에서 시청한다.
- 비디오를 보면서 눈깜박이는 운동, 안구운동, 원근응시법, 눈마사지운동 등을 따라한다.

(2) 보건교육 실시

1 생활환경 개선에 관한 교육

- 독서할 때 올바른 자세로 한다.
- 30㎝의 독서거리를 유지한다.
- 약 200Lux정도의 조명이 좌측 상방에서 비치도록 한다.

2 건강한 생활습관 실천에 관한 교육

- 적당한 운동을 한다.
- 휴식과 숙면을 취한다.
- 시력관리에 좋은 식품을 골고루 섭취한다.
- 망막박리로 인한 실명을 예방하기 위해 과중한 노동이나 과격한 운동을 피한다.

3 눈을 보호하는 습관에 관한 교육

- 책, 컴퓨터, TV시청 시 매 1시간 마다 쉬면서 먼 곳을 쳐다본다.
- TV는 3m 이상의 거리에서 시청한다.

- 매일 규칙적으로 안구운동을 실천한다.
- 시력에 적합한 안경을 착용한다.

4 정기적인 검사

- 연 1회 이상 안과전문의에게 시력검사 및 눈 상태를 체크한다.

2) 구강관리

초1 · 4학년, 중 · 고1학년 학생 29,066명의 건강검진 결과를 분석한 결과 13년 학교건강검사 표본조사 결과에 따르면 치아우식증 유병율이 28.9% 순으로 높게 나타났고, '13년 대비 5%나 증가한 실정이다. 일반적으로 초등학생 시기는 유치가 영구치로 교환되기 시작하는 혼합치열기이므로 치아우식증이 잘 생기기 쉽다. 따라서 이 시기에 구강건강을 지키기 위한 예방활동과 노력이 필요하다. 아동 및 청소년의 구강건강은 가정, 학교, 지역사회가 함께 협력하여 해결해야하는 건강과제이다. 학교환경, 지역사회 특성을 고려한 물리적, 인적, 사회적 환경이 갖춰질 때 실현가능하다.

(1) 물리적 환경 조성

- 쾌적한 양치시설 마련
- 양치시설, 세면대에 교육게시물 부착
- 구강관리도구 구비

(2) 사회적 환경 조성

- 학교단위 칫솔질 캠페인
- 판넬 게시 및 교내 작품공모전 행사
- 교내방송 활용한 보건교육
- 학부모 및 지역사회 참여 프로그램
- 지역의 건강문화 형성

(3) 구강 보건교육

교과과정과 연계한 교육활동 및 보건소식지와 가정통신문 등을 활용하여 학생과 각 가정에 정보를 제공

1 올바른 식습관 지도

- 치아우식을 일으키는 부착성 높은 식품(사탕, 초콜릿 등) 줄이고 식사 후 치아를 청소하고 잇몸을 자극할 수 있는 음식물(채소, 과일 등 섬유질 식품)을 섭취한다.
- 고칼슘 식품(우유, 치즈, 생선 등)을 섭취한다.
- 너무 무른 음식, 당분이 많이 든 가공식품이나 청량음료는 줄인다.
- 너무 딱딱한 음식 섭취는 삼간다.

2 올바른 칫솔질습관 지도

- 3 · 3 · 3원칙(하루3회, 식후 3분 이내, 3분 이상) 칫솔질한다.
- 학교에서 중식 후 칫솔질을 하게한다.
- 잇몸을 자극하는 회전법으로 치아를 닦는다.

3 건강한 치아사용습관

- 병 따기, 차력시범 등 치아에 무리가 가는 동작을 하지 않는다.

4 치아보호장치의 활용

- 권투뿐 아니라 족구나 축구 등 위험하고 과격한 운동이나 놀이를 할 때도 치아보호장치를 한다.

5 정기적인 검진

- 연 1회 이상 보건소나 치과에서 치석 제거 및 치아 상태를 체크한다.

(4) 불소용액 양치사업

- 초등학생의 치아우식증 예방을 위해 지역사회보건소의 지원으로 시행한다.

(5) 치아홈메우기 사업

- 지역사회보건소의 지원으로 치아우식증을 가진 초등학생을 대상으로 시행한다.

(6) 구강검진사업

- 치아우식증 조기발견 및 예방을 위해 구강검사를 실시한다.

3) 건강한 체중관리

(1) 비만관리 프로그램 운영

① 식이요법
② 운동요법
③ 행동수정요법
④ 건강한 체중관리 보건교육
⑤ 건강교실 운영
⑥ 저체중 및 비만 학생 건강관리 강화

(2) '쑥쑥 · 쑥쑥 건강교실 운영' 계획안 (예시)

1 비만예방프로그램 운영을 위한 학교환경 및 분위기 조성

운영 과제 1	**비만예방 프로그램 운영을 위한 학교 환경 및 분위기 조성** • 비만 예방 및 교육 추진 위원회 구성 • 전교생 체력 향상 활동: 중간놀이 시간 체조, 전교생 줄넘기 인증제 실시, 방과 후 스포츠 교실 운영(체육부) • 비만예방 자료 구입 및 제작 • 비만 관련 교육 자료 게시 • 비만도 측정 코너 설치 – 보건실 • 학교 홈페이지에 비만 예방 교육 자료 탑재 • 교육과정과 연계하여 학년별 비만 예방 교육 • 비만예방 작품 공모, 건강송 부르기 대회실시 • 음악줄넘기 교실 운영

출처: 한국교육개발원(2012), 학교건강증진사업 우수사례집.

2 쑥쑥 · 쑥쑥 건강교실 운영

운영 과제 2	**비만관리 쑥쑥 · 쑥쑥 건강 교실 운영** • 쑥쑥 · 쑥쑥 건강교실 아침 운동과 틈새운동 • 쑥쑥 · 쑥쑥 건강교실 신청 학생 개별상담 – 신체 계측, 영양 · 운동 · 생활습관 지도 및 관리 – 자아존중감 향상을 위한 개인별 미술치료 상담(해당자) • 여름 방학 중 비만관리 지도

출처: 한국교육개발원(2012), 학교건강증진사업 우수사례집.

4) 성폭력 · 성매매 예방 및 성교육 강화

아동 · 청소년기는 불안정하고 다양한 변화를 경험하는 과도기적 시기로 왜곡된 성지식의 무분별한 습득은 심각한 성문제를 초래한다. 최근 어린이를 대상으로 한 성폭력 사건은 우리사회의 성문화 수준 및 올바른 성가치관 정립의 필요성을 일깨우고 있다.

(1) 목적

• 학생들의 발달단계를 고려한 체계적 · 실질적인 성교육으로 올바른 성지식과 성윤리 의식이 정립된 건전한 학생 성문화 정착
• 잘못된 성지식 및 성폭력 등 유해한 외부 환경으로부터 학생을 보호하고 성희롱 · 성폭력 · 성매매 등의 예방 및 근절

(2) 성교육

- 학교 성교육 전담 교사 지정
- 성교육 자료를 개발 · 구입하여 보건실에 비치하고 필요 시 활용
- 교실 및 보건실 게시판에 보건신문, 리플렛, 유인물 등 최신 성관련 정보들을 게시
- 학년별 연간 15차시 이상 의무 성교육(성폭력 예방교육 3시간 포함) 실시
- 관련교과(예: 기술 · 가정, 과학, 사회, 체육 등) 및 창의적 체험활동 활용한 성교육 실시
- 학교교육과정에 학년별 15차시 성교육 계획 포함하여 추진
- 체험, 토의 · 토론, 역할극, 협력수업 등 다양한 방법을 활용한 실제적인 성교육 운영
- 보건교육 운영 시간 중 적정 성교육 시간을 필수 확보하여 실시
  (예: 초등 5,6학년의 경우 보건교사에 의한 보건교육 17차시 중 성교육5차시와 관련교과 10차시 포함하여 전체 성교육15차시 운영)
- 가급적 학교 성교육 운영을 원칙으로 하되 필요시 성교육 관련 지역사회 전문기관에 의뢰한 외부초빙 강의도 가능
- 고등학교 3학년에 한해서 대학수학능력 시험 후 성교육 특별과정 운영 시 성교육 관련 토의 · 토론학습 및 토론회를 권장
- 전문계 고등학교 3학년은 취업 시기 이전에 특별 성교육 실시
- 수학여행, 소풍, 방학 전 · 후, 축제 및 단체활동, 기타 행사활동, 명절 전후, 연말연시 등을 이용한 성폭력 예방교육 실시

(3) 성희롱 · 성폭력 · 성매매 예방

- 성희롱 · 성폭력 · 성매매 예방교육 실시 : 외부강사 초빙, 전교생대상 방송교육, 학급단위수업
- 성폭력 예방교육 : 연 3시간(법적시간-2시간) 이상 실시
- 성매매 예방교육 : 연 1시간 이상 실시

(4) 학교기반 성교육 프로그램

① 학교교육과정 내 관련교과(예: 기술 · 가정, 과학, 사회, 체육 등)와 연계한 성교육

② 가정통신문, 학교신문, 보건소식지, 유인물(리플렛, 학급게시물), 학교홈페이지 등을 활용한 자녀 성교육 관련 정보 및 자료 제공

③ 전문기관(성문화 센터 등)과 연계한 체험형 프로그램

④ 또래 성폭력 예방을 위한 인형극 관람

⑤ 성 평등 캠페인 및 문예행사

⑥ 성희롱 · 성폭력 · 성매매 예방 교직원 연수

⑦ 성희롱 · 성폭력 · 성매매 예방 학부모 연수

⑧ 성교육 담당교사 전문성 강화 연수

⑨ 성폭력 상담
⑩ 지역사회, 유관기관과 연계하여 성관련 자료 및 상담 협조

5) 흡연 · 음주 등 약물 오 · 남용 예방

(1) 기본방침

- 흡연 · 음주 등 약물에 처음 노출되기 이전(초등학교 저학년) 시기부터 반복적인 예방교육을 실시하여 학생 흡연 · 음주율을 지속적으로 감소시켜 나감

(2) 현황

- 학생들의 흡연 · 음주 문제와 약물의 오 · 남용은 성장기 청소년의 건강에 나쁜 영향을 끼칠 뿐만 아니라 또 다른 일탈행위로 이어지는 경향
- 중 · 고등학생 등 청소년건강행태조사(교육부 · 복지부 공동조사, 2015년 제11차) 결과
  - 현재흡연율은 7.8%(중 3.3%, 고 11.7%)이고, 매일흡연율은 3.8%로 조사되어 12년 학교폭력예방대책의 일환으로 흡연예방교육을 의무화한 이래로 매년 지속적으로 감소
  - 현재음주율은 16.7%(중 7.4%, 고 24.9%)으로 조사되어 12년 이후 지속적인 감소 추세이나, 고등학생의 현재음주율은 전년보다 0.3%p 증가하는 등 13년부터 지속적으로 증가하고 있어 고등학생에 대한 음주예방 교육 강화 필요

(3) 추진방향

1 학교에서의 체계적인 약물 오 · 남용 예방 교육 실시

- 최소 1개 학년 약물 오 · 남용 예방 교육 포함 17회 이상 보건교육을 실시
- 관련교과 및 특별활동(적응활동)시간을 활용한 전교생 대상의 방송교육 실시
- 보건신문, 가정통신문, 게시물 등을 통한 지속적인 교육 실시

2 청소년 약물 오 · 남용 예방 홍보 강화

- 교육활동, 교내행사 등을 통한 홍보
- 가정, 지역사회, 유관기관 등 관련단체와 연계하여 추진, 필요시 전문기관 적극 활용

3 흡연 · 음주 예방 분위기 조성

- 학생 흡연 · 음주 실태조사 및 교육청 보고: 연2회(학기별1회)
- 학교 교사(校舍)의 금연건물 지정 및 스티커 부착
- 자체 교직원 연수를 강화하여 교직원의 금연운동도 병행하여 실시
- 학교주변 담배판매업소 계도

(4) 추진 계획

① 관련교과 수업, 특별활동(적응활동), 교내행사, 보건신문, 가정통신문, 게시판, 훈화, 홈페이지 등 다양한 방법을 활용한다.

② 보건소식을 통한 흡연, 음주, 약물 오 · 남용 예방에 관한 교육을 실시한다.

③ 약물 오 · 남용 및 금연에 관한 자료를 수시로 게시하고, 수시로 대상자 면담을 실시하여 필요에 따른 교육을 실시한다.

(5) 청소년 금연프로그램(END) 운영 계획안 (예시)

주차	회기	내 용	비고
1주차	1회기	1. 강사 인사, 프로그램 소개 2. 흡연유형 검사(흡연동기, 습관, 의존도) 3. 내 마음의 감정카드(현재의 나의감정 표현하기) 4. 금연프로그램 수칙 서약서 작성 5. 사전 설문지 작성 6. 일산화탄소 측정 – 프로그램 참여 학생	*출석체크
	2회기	1. 1주 동안 흡연일지 작성하기 설명 2. 목표 세우기, 인생나무 그려보기 3. 변화된 나의 모습, 담배로 인해 달라진 나 4. 자존감 검사 5. 담배 피우지 않을 방법 찾아보기	*흡연일지 제공
2주차	3회기	1. 1주 동안 흡연일지 점검 2. 나의 가치관 알기 3. 흡연에 대한 나의 선택 이야기 나누기 4. 흡연에 대해 정확히 알기(Yes, No) 5. 흡연과 금연의 장 · 단점	*출석체크
2주차	4회기	1. PPT금연교육(담배의 실체, 성분, 흡연으로 인한 질병 등) 2. 동영상 교육(폐암 수술 장면, 뉴스보도 등) 3. 금단증상 바로알기(신체적, 정신적),금단증상 퀴즈게임 4. 이 세상에서 가장 소중한 나 5. 나의 금연이유 6. 빨대체험 – COPD 환자체험하기	*흡연일지 제공
3주차	5회기	1. 금연시도경험 공유(1주일 동안 생활 이야기하기) 2. 금단증상 체크 3. 금연방법 이야기 나누기 4. 힘든 점 이야기하기 5. 거절하기 연습(역할극)	*출석체크
	6회기	1. 피드백 준비하기 2. 자존감 높이기(내가 듣기 싫은 이야기, 내가 듣고 싶은 이야기) 3. 금연이유, 금연시작일 정하기, 금연서약서 작성하기 4. 나의 인생의 목표 세우기 5. 나의 스트레스 분석과 대처방법	*흡연일지 제공
4주차	7회기	1. 금단증상 점검하기–해소방법 이야기 나누기 2. 금연유지 점검하기 3. 금연결심 다지기 4. 나 자신 축하해 주기	*출석체크
	8회기	1. 재흡연 예방 교육 2. 소변검사 – 금연 중인 학생 3. 소감문 적어보기 4. 사후 설문지 작성 5. 기념사진 촬영	*수료증 수여

출처: 한국건강증진재단(2012), 청소년금연동기유발프로그램 및 청소년금연실천프로그램.

6) 정신건강관리

(1) 기본방침

최근 저출산 · 고령화 사회로 기대 수명 증가와 가족의 유형과 생활양식의 변화로 학생들의 건강문제는 신체적인 문제뿐만 아니라 ADHD, 우울, 자살, 불안 등 정서 · 행동적인 문제도 증가하고 있어 이에 대한 조기발견 및 치유기능의 강화가 절실하다.

(2) 학생정서 · 행동특성검사 실시

학교에서는 학생들의 학교폭력 징후 및 주요 정신건강 조기 발견 및 악화를 방지하여 건강한 학교생활을 하기 위한 목적으로 학생정서 · 행동특성검사를 실시하고 있다. 교육부에서 제시한 학생정서 · 행동특성검사 및 관리 매뉴얼에 의한 구체적인 흐름은 그림 12-2와 같다.

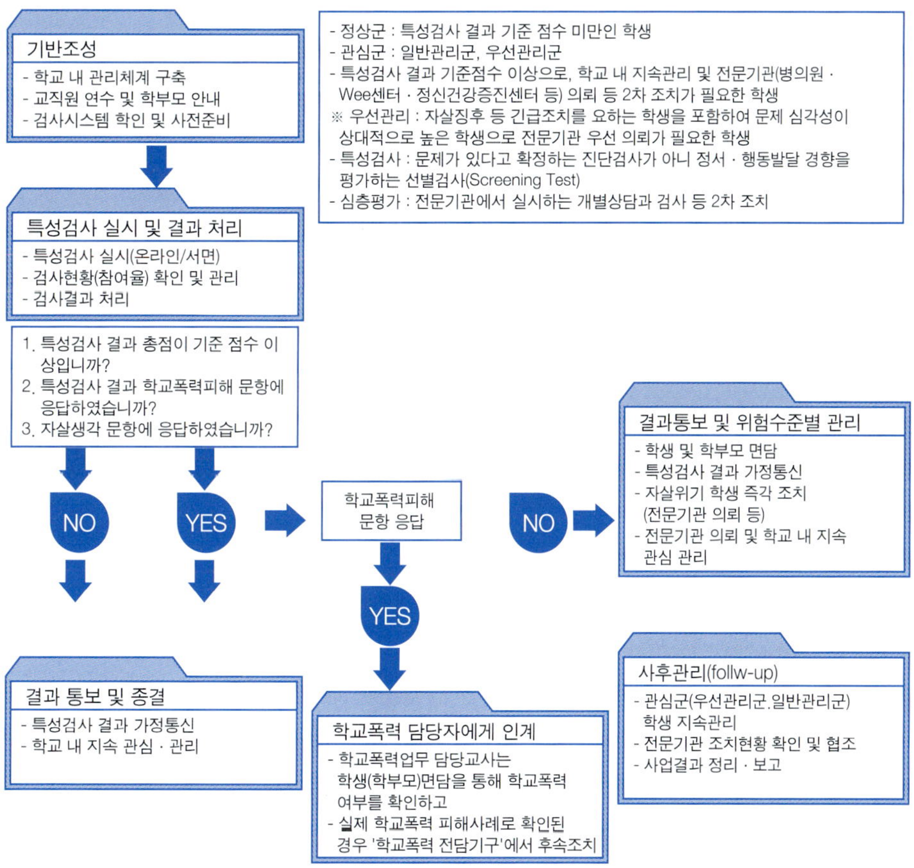

그림 12-2 학생정서 · 행동특성검사 및 관리 흐름도

출처: 교육부(2015). 학생정서 · 행동특성검사 및 관리매뉴얼.

(3) 학교 내 · 외 학생정신건강 관리체계 정비

① 학교 내 총괄책임자 지정(부장교사이상) 의무화, 협의체(담임교사 · 보건교사 · 전문상담교사 · 생활지도담당교사 · 지역사회전문가 등) 구성 · 운영 등 단위학교 학생관리 역량 강화

② 위험수준별 전문기관 의뢰 · 관리시스템 정립, 학교–교육청–지역사회네트워크 구축(전문인력 · 가용자원 정보구축 · 활용 등)등 통합적 · 집중적 관리체계 구축 (표12–5)

③ 마음건강자문의사 위촉 · 활용, 교육(지원)청 단위 사례회의 활성화 등을 통한 학교전문성강화 등 지원

④ 전문적인 치료지원이 필요한 학생 등에 대해서는 단위학교별 대응에 한계, 학교–지역사회 연계하여 지역전문자원의 활용체제 구축 · 운영

(4) '학생정신건강 지역협력모델 지원사업' 계획안 (예시)

1 목적

- 학생 자살 · 우울 · 불안 등 학생 마음건강 문제에 대한 정부 · 지역 · 학교 차원의 체계적 대응 관리
- 학생마음건강 학교 모델 발굴 및 지역단위 학생 마음건강 협력 시스템 구축
- 지역 유관기관 연계와 단위학교 역량 강화

2 운영방침

- 학생정서행동 · 특성검사 결과 관심군, 주의군, 위기 학생을 대상으로 집단상담 프로그램 운영
- 학교 내 모든 학생을 대상으로 위기 · 부적응 예방을 위한 다양한 상담프로그램과 체험 실시
- 학생, 학부모, 교사의 학생상담 · 지도력 향상을 위한 학교의사의 자문, 교육, 상담
- 교원의 마음건강 회복과 역량강화를 위한 연수와 힐링 프로그램 참가
- 가정–학교–지역사회의 자원을 연계 및 활용하는 상담망 구축

표 12-5 위험수준별 학생 관리방안

구분	내용
관심군 (일반 관리 / 우선관리)	• (학교내 관리체계 구축) 업무 총괄자(부장교사 이상) 지정 의무화, 협의체 운영 등 • (지속관리) 수준별(일반관리 · 우선관리) 학교내 상담 정례화(최소 분기별 1회 이상), 전문기관(Wee센터 · 정신건강증진센터 · 병의원 등) 2차 조치 등 적정관리, 자살예방 교육 강화(년4회 이상) • (전문기관 연계) Wee 센터 · 정신건강증진센터 등 전문기관 연계, 2차 조치
우선 관리	• (학교내 집중관리) 위기대응팀 운영 의무화, 학교상담 강화(월 1회 이상), 마음건강 자문의사 지정 · 사례관리, 저소득층 치료비 지원 등 • (병의원 즉시의뢰) 검사절차와 관계없이 긴급을 요하는 학생 발견 즉시 의뢰 • (자살시도자) 병원(응급실) 및 전문기관 연계 생명존중교육 등 자살시도학생 관리체계 강화

출처: 교육부(2016). 2016년 학생건강증진기본방향.

3 운영계획

① 맞춤형 집단상담 프로그램 운영

- 목적: 학생정서 · 행동특성검사 결과 관심군, 주의군 학생의 마음건강 회복과 생활 대처 기능 향상
- 대상: 1,2,3학년, 정서행동 관심군, 일반(희망)학생
- 운영 기간: 6개월

• 세부 추진 내용

프로그램	활동내용	대상	장소	강사	비고
집단상담 프로그램	– 대인관계, 분노조절 프로그램 – 학생정신건강 프로그램 – 언어문화 프로그램	중학생	교실	학교교사 · 상담교사	시교육청 지원

② 마음건강 자문의 위촉 · 운영

• 목적: 교사 자문과 위기학생 사례관리를 통한 학교의 위기 대응능력 증진

• 대상: 교사, 학부모

• 운영 기간: 1년

• 학교 담당의: 소아청소년정신과 전문의

• 세부 추진 내용

프로그램	활동내용	대상	장소	담당의사	비고
마음건강 자문의	– 교사의 학생지도 및 사례관리 – 위기 대응요령 안내 – 교사 상담 – 학생,학부모,교사 교육, 연수 – 전화 자문	교사 및 학부모	Wee 클래스실	소아청소년정신과 전문의	

③ 상담 보조 활용

• 목적: 위기상담 및 학생 상담 지원

• 대상: 관심군 학생 및 상담희망 학생, 학부모 등

• 운영 기간: 1년

• 세부 추진 내용

프로그램	활동내용	대상	장소	상담보조	비고
상담 보조	– 학생, 학부모 상담 – Wee클래스 업무 지원	학생, 학부모	Wee 클래스실	상담관련학과 졸업 상담자격증 소지자	주 14시간 근무

④ 교사 역량강화연수 실시

• 목적: 교사의 학생이해 및 위기학생 관리능력 제고, 내면 심리 이해와 마음안정, 균형감 회복

• 대상: 전 교원 및 희망 직원

• 교과명: 생명존중, 정서행동 문제 학생 다루는 방법 등

• 교육 형태: 시교육청 지원,

• 교육 횟수: 연 1회 이상

• 세부 추진 내용

프로그램	연수 내용	대상	장소	주관	비고
교사 연수	– 정신건강분야 이론과 사례 – 생명존중	전교원 · 희망직원	도서실	시교육청 · 신경정신의학회	시교육청 지원

⑤ 학생 및 학부모 상담 프로그램 실시

- 목적: 학생 및 학부모 상담을 통한 청소년기 자녀 이해 및 관계 증진 도모
- 대상: 학생 및 참가 희망 학부모
- 운영기간: 6개월
- 세부 추진 내용: 별도 계획

4 기대 효과

- 위기학생 조기 발견 및 조기 개입 시스템 구축 운영
- 학생정신건강 증진 교육 및 상담활동을 통한 자기관리 능력 신장
- 교사 대상 연수 실시 및 학교의사 자문활동을 통한 위기학생 관리 능력 제고
- 학교상담 활성화 및 프로그램 참가 학생의 정서 안정과 마음건강 회복
- 학부모 프로그램 참여를 통한 학생정신건강 관련 학부모 인식 제고

제4절 학교건강평가

학생 건강검사 결과 시력 이상 및 구강질환 학생이 높은 비율을 차지하고 있으며, 비만 등 만성질환도 증가하는 추세이다. 2014년 학교건강검사 표본조사를 분석한 결과에 따르면 시력이상의 경우 초등학교 1학년 25.9%, 4학년 50.6%, 중학교 1학년 67.2%, 고등학교 1학년 71.2%로 학년이 증가함에 따라 급격하게 증가하였고, 차아우식증은 최근 3년간 매년 3%p이하의 증감을 반복하여 30% 전후 수준이었고, 치주질환('12년 14.4%, '13년 15.1%, '14년 17.0%)과 부정교합('12년 18.3%, '13년 19.6%, '14년 20.3%)은 꾸준히 증가추세이다. 저체중군, 정상군 및 과체중은 최근 3년간 소폭의 증감이 반복되었으나 비만은 지속적으로 증가하였고, 혈압은 학년이 높을수록 증가하는 등 만성 질환이 증가하는 추세이다.

1. 학교건강평가의 개요

학생건강평가는 건강관찰, 건강조사 및 건강검사 등을 토대로 학습을 저해하는 건강문제와 건강상태를 평가하는 활동이다. 이는 학생들의 질병을 조기에 발견하여 건강상담, 치료 및 보호 등의 적절한 대책을 강구함으로써 만성질환으로의 이행을 예방하고, 건강평가 결과를 분석, 평가하여 학교건강증진계획을 수립하며, 효율적인 학생건강증진사업을 시행하기 위함이다. 또한 건강에 관심을 갖고 학생 스스로 건강을 관리할 수 있는 능력을 배양하기 위한 지식과 태도를 습득할 수 있을 뿐 아니라 학부모들이 자녀의 건강상태와 요구를 이해하도록 돕는다. 건강평가결과는 학교보건사업의 중요한 기초자료로도 활용되고 있다.

1) 건강검사 필요성 및 목적

- 학생건강 실태분석을 통한 체계적이고 신뢰성 있는 학생 건강지표 생성
- 학생들의 건강문제 도출 및 학교보건정책 수립을 위한 기초자료 제공
- 과학적 근거기반의 학생건강증진 및 학교보건정책 개발

2) 법적 근거

- 학교보건법 제7조 (건강검사의 실시 등),
- 학교보건법 제7조의2 (건강증진계획의 수립)
- 학교보건법 제7조의3 (건강검사기록)
- 건강검진기본법 제14조
- 학교건강검사규칙 (2006.1.10, 교육인적자원부령 제873호)

3) 건강검사 실시계획의 수립

학교의 장은 원활한 건강검사를 위해 예산 및 구체적인 건강검사 실시계획을 매년 3월말까지 수립한다..

4) 건강검사 내용 및 방법

- 건강검사는 신체의 발달상황, 신체의 능력, 건강조사 및 건강검진으로 구분한다.
- 신체의 발달상황, 신체의 능력 및 건강조사는 해당학교의 장이 실시하고, 건강검진 및 구강검진은「건강검진기본법」제14조에 따라 지정된 검진기관에서 실시한다.
- 별도검사는 건강검사 외에 학생의 건강을 보호 · 증진하기 위하여 필요하다고 인정하면 교육부령으로 정하는 바에 따라 그 학생을 별도로 소변검사, 결핵검사, 시력검사, 구강검사를 실시한다.

표 12-6 대상자별 건강검사 항목

급별	학년	신 체 발달상황	건강조사	건강검진	구강검진	별도검사			비고
						소변	시력	결핵	
초	1,4	검진기관	검진기관	검진기관	–	–	–	–	
	2,3,5,6	당해학교	당해학교	–	검진기관	검진기관	당해학교	–	
중	1	검진기관	검진기관	검진기관	–	–	–	–	
	2,3	당해학교	당해학교	–	–	검진기관	당해학교	–	
고	1	검진기관	검진기관	검진기관	–	–	–	–	
	2,3	당해학교	당해학교	–	–	검진기관	–	검진기관	

출처: 대구광역시동부교육지원청(2015). 학교보건기본방향.

표 12-7 건강검사 항목 및 방법

검사항목	대상 학년	실시 기관	실시 내용 및 방법
신체발달상황	초1, 4/중1/고1	검진기관	키, 몸무게 측정 후 비만도 산출
	초 2~3, 5~6/중 2~3/고2~3	학교자체(교직원)	
건강조사	초1, 4/중1/고1	검진기관	예방접종 및 병력, 건강형태 및 생활습관 등 문진표에 의한 조사
	초 2~3, 5~6/중 2~3/고2~3	학교자체(교직원)	건강조사 설문지 의한 조사
건강검진	초1, 4/중1/고1 단, 초 2, 3, 5, 6학년도 구강검진 대상	검진기관	근 · 골격 및 축추, 눈 · 귀 · 콧병 · 목병 · 피부병, 구강, 기관능력, 병리검사 등 학생들이 연중 방문검진

표 12-8 신체의 발달상황에 대한 검사항목 및 방법

[별표 1] 〈개정 2009. 3. 22〉

신체의 발달상황에 대한 검사항목 및 방법(제4조제2항 관련)

검사항목	측정단위	검사방법
키	센티미터(cm)	1. 검사 대상자의 자세 가. 신발을 벗은 상태에서 발꿈치를 붙일 것 나. 등 · 엉덩이 및 발꿈치를 측정대에 붙일 것 다. 똑바로 서서 두 팔을 몸 옆에 자연스럽게 붙일 것 라. 눈과 귀는 수평인 상태를 유지할 것 2. 검사자는 검사대상자의 발바닥부터 머리끝까지의 높이를 측정
몸무게	킬로그램(kg)	옷을 입고 측정한 경우 옷의 무게를 뺄 것
비만드		1. 비만도는 체질량지수(BMI, Body Mass Index: kg/m²)와 표준체중에 의한 상대체중으로 각각 산출한다. 2. 표기방법 가. 학생의 신장과 체중을 이용하여 계산된 체질량지수를 성별, 나이별 체질량지수 백분위수 도표에 대비하여 다음과 같이 판정하여 표기한다. 1) 체질량지수 백분위수 도표의 85이상 95미만인 경우: "과체중" 2) 체질량지수 백분위수 도표의 95이상인 경우: "비만" 3) 성인 비만기준인 체질량지수 25kg/m² 이상인 경우는 백분위수와 무관하게 "비만" 4) 체질량지수 백분위수 도표의 5미만인 경우: "저체중" 5) 1)부터 4)까지에 해당되지 않는 경우: "정상" 나. 표준체중에 의한 상대체중으로 산출된 비만도는 다음과 같이 판정하여 표기한다. 1) 몸무게가 키에 대한 표준체중보다 20퍼센트 이상 30퍼센트 미만 무거운 경우: "경도비만" 2) 몸무게가 키에 대한 표준체중보다 30퍼센트 이상 50퍼센트 미만 무거운 경우: "중등도비만" 3) 몸무게가 키에 대한 표준체중보다 50퍼센트 이상 무거운 경우: "고도비만"

※ 비고: 1. 수치는 소수 첫째자리까지 나타낸다(측정값이 소수 둘째자리 이상까지 나오는 경우에는 둘째자리에서 반올림한다.)
※ 비고: 2. 비만도는 체질량지수와 표준체중에 의한 상대체중으로 각각 산출하기 때문에 서로 다른 결과가 나올 수 있다.

출처 : 교육부(2014). 학교건강검사규칙[교육부령 제31호, 2014.3.3., 일부개정]

5) 학생건강조사 시스템

- 대상자별 건강검사 항목은 표 12-6과 같다.
- 건강검사 항목 및 방법은 표 12-7과 같다.

(1) 청소년건강행태온라인조사

① 주관: 교육부, 보건복지부, 질병관리본부

② 2005년부터 매년 실시
③ 조사대상: 전국 중고등학교 800개교 전학년 약 8만명
④ 조사방법: 온라인 조사

(2) 학교건강검사 표본조사

① 주관: 교육부
② 학생건강검진 자료 활용: 전국 초중고 각각 250개 학교를 표본학교로 선정하여 매년 결과 발표
③ 표본학교로 지정된 학교는 건강검사 결과의 통계표를 작성하여 11월30일까지 교육감에게 보고하고, 교육감은 12월31일까지 교육부장관에게 보고
④ 표본조사의 목적 및 필요성
- 학생 신체발달상황, 질병이환 등 학생건강 실태분석을 통한 체계적이고 신뢰성 있는 학생건강지표 생성
- 지속적이고 체계적인 학생건강 실태분석을 통한 과학적 근거기반의 학생건강증진 및 학교보건 정책 개발

6) 건강검사 실시의 예외

학교의 장은 법 제7조제4항의 규정에 의하여 당해 연도에 건강검사를 실시할 수 없는 경우에는 관할 교육감 또는 교육장의 승인을 얻어 신체의 발달상황 및 신체의 능력과 건강조사를 생략할 수 있고, 건강검진은 다음 학년도로 연기할 수 있다.

2. 학교건강평가의 실제

1) 신체의 발달상황

- 검사항목, 측정단위, 검사방법은 표 12-8와 같다.
- 검사 전에 측정 기구를 점검하고, 고장 난 기구는 즉시 수리, 교체한다.

2) 건강조사

건강조사는 예방접종 및 병력, 식생활 및 비만, 위생관리, 신체활동, 학교생활 및 가정생활, 텔레비전 · 인터넷 및 음란물의 이용, 안전의식, 학교폭력, 흡연 · 음주 및 약물의 사용, 성 의식, 사회성 및 정신건강, 건강상담 등에 대하여 실시하였으나 교육부 공고 제2014-304호(2014. 12. 17)에 따라 조사항목 및 내용이 개정되었다.

건강조사의 항목에 따른 세부적인 내용 및 조사방법은 표 12-9와 같다.

해가 갈수록 식이, 운동, 수면, 안전의식 등 대부분의 건강행태는 학교급이 높을수록 악화되는 경향이 나타난다.

표 12-9 건강조사 항목 및 방법

건강조사 항목 및 방법[학교건강검사규칙 제4조의2 제2항]

1. 조사항목 및 내용

조사항목	조사내용
1. 예방접종/병력	가. 전염병 예방접종 나. 가족병력 다. 개인병력
2. 식생활/비만	가. 식습관 나. 인스턴트 및 그 밖에 식품의 섭취형태 다. 다이어트 행태
3. 위생관리	가. 손 씻기 나. 양치질
4. 신체활동	가. 근지구력 향상을 위한 운동 나. 심폐기능 향상을 위한 운동 다. 수면
5. 학교생활 / 가정생활	가. 가족 내 지지 정도 나. 학교생활 적응 정도 다. 교우관계
6. 텔레비전/인터넷 / 음란물의 이용	가. 텔레비전 시청 나. 인터넷 이용 다. 음란물에의 노출 여부 및 정도
7. 안전의식	가. 안전에 대한 인식 나. 안전사고의 발생
8. 학교폭력	가. 학교폭력에의 노출 여부 및 정도
9. 흡연 / 음주 / 약물의 사용	가. 흡연 나. 음주 다. 흡입제의 사용 여부 및 약물의 오 · 남용 여부 등
10. 성 의식	가. 성문제 나. 성에 대한 인식
11. 사회성 / 정신건강	가. 사회성(자긍심, 적응력 등) 나. 정신적 건강(우울, 자살, 불안증, 주의력 결핍 등)
12. 건강상담	가. 건강에 대한 상담의 요구 등

2. 조사방법

시 · 도교육감은 위 조사항목 및 내용을 포함한 구조화된 설문지를 마련하고, 학교의 장을 통하여 조사할 수 있도록 한다.

출처: 교육부(2006). 학교건강검사규칙.

3) 건강검진

(1) 검진기관 선정 및 절차

① 학교의 장은 법 제7조제2항의 규정에 의한 학생의 건강검사를 실시하기 위하여 「건강검진기본법」제14조에 따라 건강검진기관으로 지정된 2개 이상의 검진기관을 선정하여야 한다. 다만, 검진기관을 2개 이상 선정할 수 없는 경우에는 당해 교육감의 승인을 얻어 1개의 검진기관만 선정할 수 있다. 이때 학생들이 이용할

수 있는 지역 내의 검진기관을 선정(원거리 소재 검진기관 선정 및 학생·보호자의 희망 조사 없이 학반별로 임의로 검진기관 배정 지양)한다.

② 학교의 장은 제1항의 규정에 의하여 검진기관을 선정하고자 하는 때에는 「초·중등교육법」 제31조의 규정에 의한 학교운영위원회의 심의 또는 자문을 받을 수 있다.

- 검진기관 선정 시 「건강검진기본법 시행규칙」 제4조 제2항에 의한 건강검진 지정 의료기관 중 검사 장비, 인력, 검사의 신뢰도 등을 종합적으로 판단하고, 선정에 따른 민원이 발생하지 않도록 투명성과 공정성 확보
- 가급적 차량 운행을 금지하되, 불가피하게 운행 시 안전사고 예방 철저
- 구강검진을 동시에 할 수 없는 검진기관인 경우, 구강검진을 위한 치과 병·의원을 별도로 선정·계약 체결

③ 검진대상자는 검진기관을 방문하여 건강검진을 받아야 한다. 다만, 검진기관이 없는 지역에 소재한 학교의 장은 교육감의 승인을 얻어 검진기관의 출장에 의한 검진을 하게 할 수 있다.

④ 검진기관은 검진대상자 여부를 확인한 후 검진대상자에 대하여 검사항목에 해당되는 신체의 발달상황에 대한 검사 및 건강검진을 실시하여야 한다.

⑤ 검진기관은 검진을 실시하기 전에 검진에 필요한 문진표를 비치하고, 검진대상자에게 필요한 문진표를 작성·제출하게 하여야 한다.

(2) 검진항목 및 검진방법

건강검진 대상자별 검진항목은 표 12-10과 같다. 검진방법은 학교건강검사규칙 제5조 2항에 의한다(표 12-11).

(3) 검진결과 판정기준

최종 종합판정은 문진표, 진찰, 상담, 검사결과를 고려하여 검진의사가 한다. 건강검진 결과 판정기준은 표 12-12와 같다.

표 12-10 대상자별 검진항목

구분	대상	검사항목
기본 검사	모든 검진 학생 (초1·4, 중·1)	근·골격 및 척추, 눈, 귀, 콧병, 피부병, 구강, 기관 능력, 혈압 색각은 초4, 중1에만 실시
별도검사	모든 검진학생	소변검사(요단백, 요잠혈)
	초 1학년	혈액형검사(ABO식, RH식)*
	중 1학년	B형간염 항원검사
	비만(경도비반이상)학생 (초4, 중1, 고1)	혈당, 총콜레스테롤, AST·ALT검사
	중 1, 고 1	결핵(X-선 검사)
	고 1 여학생	혈색소(Hb)

출처 : 대구광역시동부교육지원청(2015). 학교보건기본방향.

표 12-11 건강검진 항목 및 방법

검 진 항 목		검진방법(세부항목)
1. 근 · 골격 및 척추		근 · 골격 및 척추의 형태 및 질병 검사
2. 눈	2-1. 시력측정	가. 공인시력표에 의한 검사 나. 오른쪽과 왼쪽의 눈을 각각 구별하여 검사 다. 안경 등으로 시력을 교정한 경우에는 교정시력을 검사
	2-2. 색각이상유무	공인색각표에 의한 검사
	2-3. 안질환	결막염, 눈썹찔림증, 사시 등 검사
3. 귀	3-1. 청력	가. 청력계 등에 의한 검사 나. 오른쪽과 왼쪽의 귀를 각각 구별하여 검사
	3-2. 귓병	중이염, 외이도염 등 검사
4. 콧 병		부비동염, 비염 등 검사
5. 목 병		편도선비대 · 경부림프절종대 및 갑상선비대 등 검사
6. 피부병		아토피성피부염, 전염성피부염 등 검사
7. 구 강	7-1. 치아상태	우식치아, 우식발생위험치아, 결손치아 검사
	7-2. 구강상태	구내염 및 연조직질환, 부정교합, 구강위생상태 등 검사
8. 기관능력		호흡기(알레르기성 천식포함) · 순환기 · 비뇨기 · 소화기 및 신경계통 검사
9. 병리 검사 등	9-1. 소 변	요컵 또는 시험관 등을 이용하여 신선한 요를 채취하며, 시험지를 사용하여 측정(요단백 · 요잠혈 검사)
	9-2. 혈 액	1회용 주사기나 진공시험관으로 채혈하여 다음의 검사 가. 비만학생: 혈당 · 총콜레스테롤 · AST · ALT 나. 여고학생: 혈색소
	9-3. 혈액형	ABO 및 RH식
	9-4. 결 핵	흉부 X-선 촬영 및 판독
	9-5. 간 염	B형간염 항원
	9-6. 혈 압	혈압계에 의한 수축기 및 이완기 혈압
10. 그 밖의 사항		검사항목 제1호부터 제8호까지의 검진항목 외에 담당의사가 필요하다고 판단하여 추가하는 항목(검진비용이 추가되지 않는 경우에 한한다)

※ 적용범위 및 판정기준
1. 학교급에 따라 다음과 같이 일부항목을 제외하고 적용한다.
   가. 2-2 "색각검사"는 초등학교 4학년 및 중학교 1학년 학생에 한하여 실시한다.
   나. 9-2 "혈액검사"는 초등학교 4학년과 중학교 1학년 및 고등학교 1학년 학생 중 비만도가 "경도비만" 이상의 학생을 대상으로 실시한다. 다만, 고등학교 1학년 여학생에 대하여는 혈색소 검사를 따로 실시한다.
   다. 9-3 "혈액형 검사"는 초등학교 1학년 학생에 한하여 실시한다.
   라. 9-4 "흉부X선 검사"는 중학교 1학년 및 고등학교 1학년 학생에 한하여 실시한다.
   마. 9-5 "간염검사"는 중학교 1학년 학생에 한하여 실시한다.
2. 건강검진 결과의 판정기준은 교육부장관이 정하는 '검진결과 판정기준'을 따른다.
3. 제1호부터 제10호까지에서 정한 검진항목 외의 검진항목에 대한 검진방법 및 건강검진 결과의 판정기준은 「국민건강보험법」 제47조 및 같은 법 시행령 제26조에 따라 보건복지가족부장관이 정하여 고시하는 기준에 따른다.

출처: 교육부(2006). 학교건강검사규칙.

표 12-12 건강검진 결과 판정기준

구분	판정기준
정상	검진결과 건강이 양호한 자
정상(경계)	– 검진결과 건강에 이상이 없으나, 생활습관, 환경개선 등 자기관리 및 예방조치가 필요한 자 – 검진결과 질환으로 발전할 우려가 있어 추적검사가 필요한 자
정밀검사 요함	검진결과 질환 가능성이 높아 전문 의료기관을 통한 정확한 검진이 필요한 자

출처: 학교 건강검진 결과판정 및 기재방법 등에 관한 기준 교육과학기술부 고시 제2012-24호

(4) 검진결과의 처리

검진기관이 검사결과를 통보하는 때에는 학생건강검사결과통보서와 학생구강검사결과통보서를 각각 작성하여 해당 학생 또는 학부모와 해당학교의 장에게 각각 통보하여야 한다.

1 결과 기록 및 판정

- 판정기준: 학생 건강검진 결과 판정기준을 준용 (표12-13 참고)
- 결과기록: 건강검사 결과통보서 작성요령에 따라 기록

2 결과 통보 및 처리

① 검진기관

- 건강검사(신체의 발달상황, 건강검진, 건강조사) 결과를 건강검사 결과 판정기준 및 작성요령에 따라 각각 작성하여 검진완료 후 15일 이내에 학생 또는 학부모와 학교장에게 통보

표 12-13 검진결과 항목별 판정기준

질환별	검진항목		단위	판정 기준	
				판정	참고치
근·골격 및 척추	근·골격 및 척추만곡 이상			정상	없음
				정밀검사 요함	있음
청력이상 및 귓병	청력	귓속말 검사	개수	정상	양쪽 귀 모두 각각 불러준 6개 숫자 중 3개 이상을 정확히 따라 할 경우
				정밀검사 요함	한쪽 귀라도 6개 숫자 중 3개 미만을 맞출 경우
		순음 청력검사	dB	정상	40dB 미만
				정밀검사 요함	40dB 이상
	귓병			정상	이상소견이 하나도 없는 경우
				정밀검사 요함	이상소견이 1개 이상인 경우
콧병	콧병			정상	이상소견이 하나도 없는 경우
				정밀검사 요함	이상소견이 1개 이상인 경우
눈	시력			정상	양쪽 눈 모두 각각 나안시력이 0.8이상인 경우
				정밀검사 요함	한 쪽 눈이라도 나안시력 0.7이하인 경우
	색각			정상	이상소견이 하나도 없는 경우
				정밀검사 요함	이상소견이 1개 이상인 경우
	안질환			정상	이상소견이 하나도 없는 경우
				정밀검사 요함	이상소견이 1개 이상인 경우
목병	목병			정상	이상소견이 하나도 없는 경우
				정밀검사 요함	이상소견이 1개 이상인 경우
피부병	피부병			정상	이상소견이 하나도 없는 경우
				정밀검사 요함	이상소견이 1개 이상인 경우

출처: 교육과학기술부 고시 제2010-7호 학교 건강검진 결과 판정 및 기재방법 등에 관한 기준

- 초 1 · 4학년, 중 · 고 1학년 학생건강검진결과 재검진을 요하는 학생은 재검진을 실시하고 그 결과를 통보
- 건강검진 결과 긴급히 정밀검진을 요하는 학생에 대하여는 학교장 또는 학부모가 조기치료 등 필요한 조치를 취하도록 지체 없이 통보
- 학생의 인적사항 및 검진자료의 개인정보 보호

② 학교장

- 검진결과 이상자에 대하여는 정밀검진, 조기치료 등을 가정통신문을 통해 학부모에게 통보하고 조치결과를 확인하는 등 사후관리에 철저를 기함
- 학생 본인 또는 보호자를 대상으로 건강상담, 예방 조치 기타 적절한 보호 또는 양호의 대책 강구
- 학생 개인 신상에 관한 사항이 공개되지 않도록 검진결과를 철저히 관리
- 학교의 장은 건강검사 결과(별도서식2)를 검진기관으로부터 제출받아 자료입력 사항을 확인 · 검토 후 나이스(NEIS)를 통해 관할 교육감(장)에게 제출
- 검진결과 분석 · 평가 후 발견된 건강문제 해결을 위한 학생건강증진계획을 수립 · 추진
- 검진 결과는 나이스(NEIS)–보건–학생건강기록부에 기록*

3 건강검진 만족도 조사 및 조사결과에 따른 개선사항 조치

- 학교에서는 검진기관에 대한 만족도 조사를 통하여 개선이 필요한 사항에 대하여는 검진기관에 개선을 요청(공문시행)하는 등의 적극적인 질(質)관리 조치
- 학생 건강검진 실시기관 만족도 조사결과를 학교 및 교육지원청의 홈페이지 등에 공시하여 지역사회 학교간 공유하고 학생검진의 내실화 도모

(5) 검진 비용

- 학교에서는 건강검사를 실시하기 전에 소요예산을 책정한다.
- 건강검진에 소요되는 비용의 범위는 「국민건강보험법」 제47조 및 같은 법 시행령 제26조제7항에 따라 보건복지가족부장관이 정한 금액을 적용한다.

4) 별도검사

- 소변 · 결핵검사는 학생의 질병예방 및 조기발견을 위한 최소한의 검사이므로 대상자 누락 없이 전원 실시하고, 결핵검사는 조기발견 및 대응을 위하여 상반기에 검사 완료를 권장
- 학교장은 학생들이 이용할 수 있는 지역 내의 검진기관을 1개 이상 선정하고 계약 체결하여 학교별 내원검진(학생들이 검진기관 방문) 또는 출장검진(검진기관이 학교 방문) 실시
- 출장검진 시에는 해당 병 · 의원이 출장검진기관으로 지정되어 있는지 반드시 확인
- 건강검진을 받지 않은 학년의 학생들을 대상으로 소변, 시력, 구강, 결핵검사를 실시
- 학교의 장은 건강검사 외에 학생의 건강을 보호 · 증진하기 위하여 필요하다고 인정하면 교육부령으로 정하는 바에 따라 그 학생을 별도로 검사할 수 있다.
- 검사의 시기 및 방법 등 검사에 필요한 사항은 교육감이 정한다.

• 별도검사의 종류 및 내용

구분	소변검사	시력검사	구강검사	결핵검사
대상	초등학교 · 중학교 및 고등학교의 학생 중 교육감이 지정하는 학년의 학생	초등학교 · 중학교 및 고등학교의 학생 중 교육감이 지정하는 학년의 학생	초 2 · 3 · 5 · 6학년	고등학교의 학생 중 교육감이 지정하는 학년의 학생
내용	뇨당, 뇨단백, 뇨잠혈, 뇨pH	치아상태, 구강 전반적상태 등	시력측정	X-선 검사
방법	학교 출장 검진	교직원 실시	학교 출장 검진	학교 출장 검진

(1) 소변검사

소아기의 만성 신장염은 서서히 진행되어 성인에 이르러 만성 신부전증이 되기도 한다. 그러나 소아기에는 소변 정밀검사를 받지 않고는 만성 신장염의 유무를 알 수가 없다. 만성 신부전증을 예방하기 위해 1997년 6월에 「신체검사규칙」을 개정하여 모든 초 · 중 · 고 학생들에게 소변검사를 실시하였고, 2006년 1월 「학교건강검사규칙」에서는 건강검진 제외 대상 학년에게 학교에서 소변검사를 실시하게 하여 성장기 아동의 신장 질환 및 소아당뇨병의 조기발견과 적절한 치료 및 관리를 하고 있다.

1 대상

초등학교 1학년, 4학년과 중 · 고등학교 1학년 학생들을 대상으로 건강검진 기관에서 실시하는 건강검사에 소변검사가 포함되어 있으며, 그 외 초등학교 2, 3, 5, 6학년과 중 · 고등학교 2, 3학년을 포함한 학생들도 전원 소변검사를 실시한다.

2 항목

소변검사 항목에는 당, 단백, 잠혈, 유로빌리노겐, 빌리루빈이 포함된다.

3 소변검사의 판정기준

단백뇨와 잠혈반응 검사결과가 동시에 양성인 학생의 비율은 2012년부터 제시하였으며, 검사항목 및 판정기준은 표 12-14와 같다.

표 12-14 소변검사 판정 기준

지표명	정의 및 기준*
단백뇨	요단백 검사 결과가 양성(1+ 이상)인 학생
혈뇨(잠혈)	잠혈 반응 결과가 양성(1+ 이상)인 학생
단백 · 혈뇨	요단백과 잠혈 반응 검사 결과가 둘 다 양성(1+ 이상)인 학생

* 약양성(±)은 정상처리함.
출처: 학교 건강검진 결과판정 및 기재방법 등에 관한 기준 교육과학기술부 고시 제2012-24호

(2) 시력검사

1 목적

최근 다양한 시청각 자료와 TV, 컴퓨터 등을 장기간 사용하면서 시력장애를 가진 학생들의 수가 증가하고 있어 시력장애의 조기 발견이 무엇보다 중요하며, 특히 초등학교 입학 전 시력의 이상 유무를 검사하는 것이 바람직하며 약시를 조기 발견하는 것이 매우 중요하며, 특히 초·중·고등학교에서 건강한 모든 학생에게 시력검사를 실시하여 전문적인 시력검진을 요하는 학생을 규명함으로써 시력장애가 악화되지 않도록 해야 한다. 시력검사를 실시하기 전 학생들의 행동을 관찰하여 이상자를 발견해 내는 것 또한 중요하다.

2 시력검사 및 시력교정이 필요한 행동

- 눈을 지나치게 문지른다.
- 한 눈을 감거나 가리고 머리를 기울이거나 앞쪽으로 내민다.
- 양 눈꺼풀을 가늘게 뜨거나 눈살을 찌푸린다.
- 칠판을 보려 하지 않고 옆 사람의 필기 내용을 본다.
- 정밀한 일을 할 때 필요 이상으로 눈을 깜박인다.
- 작은 물체에 걸려 넘어진다.

3 방법 및 판정기준

- 방법: 시력검사는 학교 교직원이 담당하며, 자세한 방법은 표12-11과 같다.
- 판정기준

검진항목	판정 기준	
	판정	참고치
시력	정상	양쪽 눈 모두 각각 나안시력이 0.8이상인 경우
	정밀검사 요함	한 쪽 눈이라도 나안시력이 0.7이하인 경우

출처: 학교 건강검진 결과판정 및 기재방법 등에 관한 기준 교육과학기술부 고시 제2012-24호

- 시력이상자 분류기준

구분	기준 및 대상
시력이상	검진대상자(전체 학생) 중 안경 등으로 교정 중이거나, 나안 시력이 어느 한 쪽이라도 0.7 이하인 학생
전체학생 중 교정 중인 학생	검진대상자(전체 학생) 중 안경 등으로 시력을 교정 중으로, 교정 시력이 기재된 학생
시력 이상자 중 교정 중인 학생	시력이상자 중 안경 등으로 시력을 교정 중인 학생

출처: 학교 건강검진 결과판정 및 기재방법 등에 관한 기준 교육과학기술부 고시 제2012-24호.

4 추후관리

- 보다 정확한 정밀검사를 받아야 하는 학생의 명단을 작성한다.
- 보건교사에 의해 추후 관리되어야 하는 학생의 명단을 작성한다.
- 이상자는 가정통신문을 통해 학부모에게 재검사 및 정밀검사를 받도록 의뢰한다.

- 학부모가 정밀검사 결과를 학교에 회신하도록 담임교사에게 협조를 구한다.
- 만일 부모가 추후관리를 하지 않는다면 보건교사나 담임교사가 추후관리계획을 수립한다.

(3) 구강검진

구강검진은 학생들이 검진기관을 개별적으로 방문하여 실시하며, 학교보건에서는 치아검진 결과를 구강 보건교육에 통합시키는 기회로 활용할 수 있다.

1 대상

건강검진 대상 학년이 아닌 초 2, 3, 5, 6학년은 2010년부터 집단검진이 아닌 학생이 개별적으로 검진기관을 방문하여 실시한다. 단, 중 2, 3학년, 고 2, 3학년은 실시하지 않는다.

2 검진기관

- 구강검진은 법률에서 정한대로 교육감이 지역실정에 맞게 정하여 시행할 수 있다.
- 검진기관으로 승인 받지 않은 보건(진료)소에서의 구강진료는 검진이 아니며 이 경우에는 학교건강검사에서의 '구강검진'은 미실시로 처리하고, 이에 대한 충분하고 객관적인 검토(근거)자료를 첨부해야한다.
- 「학교보건법」제7조 제4항에 의거하여 지역 내에 검진기관의 부재 및 인근지역 이동 등이 사실상 어려운 경우 지역 내 보건(진료)소의 구강관리실 등에서 학생 구강진료를 받아 그 결과를 토대로 학생들의 구강보건 관리를 할 수 있다.
- 학생 개별 또는 단체 내원검진과 출장검진을 모두 허용한다.
- 학교장이 당해 학생들이 이용할 수 있는 지역 내의 검진기관을 1개 이상 선정한다.
- 학교에서 선정한 검진기관 외에 타 검진기관에서 검진을 받아 검진결과지를 제출할 경우 검진으로 인정하고, 비용은 학생 자부담으로 처리하도록 학부모에게 안내한다.

3 빙법 및 판정기준

- 방법과 비용 등에 관한 사항은 지역실정에 따라 교육감이 정한다. 세부항목 및 검진방법은 표 12-11과 같다.
- 학생 및 보호자는 검진기관에 비치된 문진표를 작성한다.
- 학교장은 선정한 검진기관에 문진표, 결과 통보서 및 결과 통계표 등 서식을 제공한다.
- 검진담당자는 작성된 문진표의 문항에 대해 보다 더 자세한 검진을 하도록 한다.
- 우식치아, 우식발생 위험치아, 결손치아 등 치아상태 파악, 구내염 및 연조직 질환, 부정교합, 구강 위생상태 등 검사를 통한 구강상태를 평가한다(표 12-11).
- 검사결과는 검진기관에서 검진결과 지표 정의에 따라 판정하여 법정서식에 의거하여 학생 또는 학부모와 해당 학교에 각각 통보되도록 조치한다(표 12-15).

(4) 결핵검사

결핵은 신체 거의 모든 부분에 침범할 수 있는 감염병으로 특히 폐에 많이 감염되는 세균성 만성 감염병이다. 결핵균에 의한 1차 감염은 대부분의 경우 증상을 유발하지 않으며, 흉부 방사선 촬영에서도 정상 소견을 보이는 경우가 많아 결핵검사에 신중을 기해야 한다.

표 12-15 구강검진 결과 지표 정의 및 대상

구분	기준 및 대상
치아우식증	우식치아가 1개라도 있는 학생(우식치아 유무에 '유'로 기록)
1인당 우식치아 개수	치아우식증이 있는 학생 중 1인당 우식 치아의 평균 개수
치주질환 [중 · 고등학생 대상]	중 · 고등학생 중 치주질환이 있는 학생(치주질환 유무에 '유'로 기록)
부정교합	부정교합이 있는 학생(부정교합 '요교정' 또는 '교정 중'인 자)

출처: 한국교육개발원(2014). 전국 초 · 중고등학생 건강검사 결과분석 및 표본추출 연구.

1 검사대상

중학교 1학년과 고등학교 1학년 학생에 한하여 건강검진 시 함께 실시하나 고등학교 2, 3학년 학생들은 별도검사로 실시한다. 단, 최근 청소년의 결핵 발생으로 인하여 실정에 따라 중학교 2, 3학년 학생들도 실시하고 있는 지역도 있다.

2 방법 및 판정기준

흉부 방사선 촬영을 통해 검사하며 결핵의심만 포함하며 비활동성은 정상으로 분류한다.

5) 신체능력검사

신체능력검사는 체력요소를 평가하여 신체의 능력등급을 판정하는 필수평가와 신체활동에 대한 인식정도 등 필수평가에 대한 심층평가를 하는 선택평가로 구분한다. 초등학교 5 · 6학년, 중 · 고등학생을 대상으로 달리기, 오래달리기-걷기, 제자리멀리뛰기, 팔굽혀펴기(중 · 고등학교 남학생에 한함), 팔굽혀매달리기(중 · 고등학교 여학생에 한함), 윗몸일으키기 및 앉아윗몸앞으로굽히기 등의 능력을 교직원이 실시한다. 다만, 심장질환 등으로 인한 신체허약자와 지체부자유자는 그 대상에서 제외할 수 있다. 측정 결과를 교육정보시스템(NEIS)에 입력하면 학생건강체력평가시스템(PAPS)에서 자동으로 점수가 산출된다.

3. 학교건강평가 결과의 관리

1) 법적근거

「학교보건법」 제7조 및 제7조의3의 규정에 의하여 학교 건강검사의 실시 및 그 결과의 기록에 관하여 필요한 사항을 규정함을 목적으로 하는 학교건강검사규칙

① 학교의 장은 건강검사의 실시 결과를 작성 · 관리하는 때에는 학생에 대하여는 그 결과를 학생건강기록부로 작성하고, 검진기관이 통보한 자료에 별도검사의 결과를 기재하여 따로 관리한다.

② 학생의 건강검사 결과는 교육정보시스템에 의한 처리를 위하여 학생건강기록부로 작성하여야 한다.

③ 학생건강기록부는 이관받은 고등학교의 장은 당해 학생이 고등학교를 졸업할 때 교부하여야 한다. 다만, 당해 학생이 중학교 또는 고등학교에 진학하지 아니하거나 휴학 또는 퇴학 등으로 고등학교를 졸업하지 못하는 경우에는 그 학생이 최종적으로 재적하였던 학교에서 이를 5년간 보존하여야 한다.

④ 교육감은 신체능력검사 결과에 따라 학생 개인별 신체활동 처방을 제공하는 학생건강체력평가시스템을 「초·중등교육법」 제30조의4제1항에 따른 교육정보시스템과 연계하여 구축하고, 학생·학부모가 조회할 수 있도록 관리하여야 한다.

2) 건강검사 결과의 조치

① 학교의 장은 그 학교가 소재하는 지역 보건기관, 체육단체 및 대학 등의 협조를 얻어 건강검사의 결과에 따라 소속 학생 및 교직원에 대하여 건강상담, 예방조치, 체력증진 등 적절한 보호 또는 양호의 대책을 강구하여야 한다.

② 학교의 장은 학생에 대하여 건강검사를 실시한 결과 수업면제·휴학·치료·보호 또는 교정등을 필요로 하는 자에 대하여는 본인 또는 그의 보호자에게 적정한 조치를 강구하도록 하여야 한다. [개정 2006.1.10]

③ 학교의 장은 교직원에 대하여 건강검사 또는 「국민건강보험법」 제47조의 규정에 의한 건강검진을 실시한 결과 전염성질환 또는 신체의 심한 허약 등으로 복무에 지장이 있다고 인정되는 경우에는 휴직 기타 적절한 조치를 취하도록 임명권자에게 건의하여야 한다.

④ 검사결과를 평가하여 학생건강증진계획 수립하고 시행한다.

⑤ 필요한 경우 전문의에 의한 정밀검사와 검진을 받게 한다.

⑥ 유소견자의 경우 결과를 상담일지에 기록하여 재학 중 교육과 지도에 활용한다.

⑦ 감염병에 이환되었거나 감염이 의심스러운 학생에 대해 등교중지, 질병치료 및 예방조치를 한다.

⑧ 교직원 건강검진 결과, 필요한 때에는 교직원의 질병치료 및 근무여건 개선 등 필요한 조치를 한다.

3) 학생건강기록부 기록·보관 등 관리

① 차세대 나이스 교무업무시스템(보건) 관리

② 교무업무시스템 건강기록부는 담임교사가 입력하고, 보건(담당)교사가 관리

※ 보건(담당)교사는 입력할 자료를 학급 담임교사에게 신속하게 제공

③ 재학생에 대한 교무업무시스템 건강기록부는 2월말까지 입력사항에 대한 재확인 절차를 거쳐 누락되거나 부정확한 내용이 없도록 조치

④ 학생이 타 학교로 전출 갈 때에는 교무업무시스템 건강기록부를 전송해야 한다. 학교의 장은 소속 학교의 학생이 전출하거나 고등학교까지의 상급학교에 진학할 때에는 해당 학교의 장에게 자료를 이관

⑤ 고등학교장은 당해 학생이 고등학교를 졸업할 때 학생 건강기록부를 교부하여야 하며, 중학교 또는 고등학교에 진학하지 아니하거나 휴학 또는 퇴학 등으로 졸업하지 못하는 경우에는 그 학생이 최종적으로 재적하였던 학교에서 5년간 보존(「학생건강기록부 전산처리 및 관리지침」 제14조)

⑥ 학교장은 검진기관으로부터 받은 건강검사(구강검진)결과통보서는 학생건강기록부 작성 및 건강관리 자료로 이용하고 3년간 보관 후 폐기(전 · 출입 시 미송부)

⑦ 그 외 사항에 대해서는「학생건강기록부 전산처리 및 관리지침」을 참고하여 처리

4) 건강검사 결과의 활용

건강검사 및 별도검사 결과 질병이나 신체 이상이 발견된 자에 대한 추후관리와 학부모 상담을 위한 건강지도 및 건강상담의 자료로 활용한다.

제5절 학교건강문제 관리

지금까지 학교건강문제 관리는 일반적으로 감염성 질환을 중심으로 질병의 조기발견과 질병 예방에 주력하여 왔다. 그러나 의학의 발달, 생활환경의 개선, 예방접종의 보급 및 보건지식의 향상 등으로 1970년도부터 감염성 질환이 현저히 감소하기 시작하고 만성 질환이나 선천성 건강장애를 비롯하여 비만, 시력장애, 정서적 적응장애, 난치병 등의 새로운 건강문제가 대두되고 있다. 즉, 기존의 감염병 발생은 줄어든 반면 해마다 신종 감염병이 발생하고 있고, 그 외에 음란물 이용 등 성관련 문제, 흡연 · 음주 및 약물사용 문제, 인터넷(스마트폰) 중독, 왕따, 학교 폭력 등 사회성 및 정신건강 문제가 늘어나는 추세이다. 또한 우리나라 학생들은 체격은 커졌지만 전체의 3/4이상 학생들이 1개 이상의 항목에서 이상이 있는 것으로 나타났다.

보건교사는 간호학의 기본 지식을 근거로 외상 등 흔히 볼 수 있는 환자의 치료, 응급을 요하는 자에 대한 응급처치, 부상과 질병의 악화를 방지하기 위한 처치, 건강진단 결과 발견된 질병자의 요양지도 및 관리 등일차보건 의료수준의 의료행위와 의약품의 투여 및 상병자에 대한 추후관리를 제공한다. 이를 위해 응급처치 및 상담 기술이 필요하고, 심리적 요인이 신체적으로 표현되는 경우 세심한 관찰이 요구된다.

1. 통상적인 건강문제 관리

학교에서 흔히 발생하는 건강문제는 복통, 소화불량(식체), 설사, 변비 등의 소화기계 증상과 구토(오심), 두통, 발열, 요통, 월경통 등이 있다.

1) 복통

복통은 학생들에게 자주 나타나는 증상 가운데 하나이다. 복통이 경미한 증상일 수도 있지만 응급수술을 요하는 중증 질환일 수도 있으므로 주의 깊게 사정하여야 한다.

1 원인

- 주로 상복통은 식체나 위염, 하복통은 변비나 가스팽만 등에 의한 증상이다.
- 청소년기에는 만성 염증성 질환, 궤양성 질환, 부인과적 질환 등을 고려해야 한다.
- 통증 위치가 배꼽에서 먼 지점일수록 기질적 원인에 의한 복통일 가능성이 높다.
- 복통의 흔한 원인은 주로 충수염이나 요로 감염증이다.
- 만성복통은 주로 소화성궤양, 과민성장증후군, 만성염증성장질환, 게실 등 기질적 원인이 많다.
- 정서적인 문제로 주의를 끌고자 하는 욕구가 강한 경우, 수업에 부담이 있는 경우, 학교공포감, 불안 등이 원인인 경우도 있다.

2 사정

① 문진:

- 당일이나 전날에 먹은 음식물의 양과 종류, 배변 유무, 변의 성상, 통증의 양상, 위치, 지속 시간 등을 확인한다.

② 촉진

- 위를 보고 눕게 하고 무릎을 세운 다음 따뜻한 손으로 아프지 않은 곳부터 복부를 만진다.
- 복벽의 긴장을 풀기 위해서 천천히 심호흡하게 한다.
- 압통 위치를 확인 후 복부를 눌러서 근육이 딱딱하게 저항하는지 확인한다.
- 천천히 깊게 누른 다음 손가락을 급히 떼었을 때에 오는 통증(반발통증)이 있는지 확인한다.

③ 활력증후

- 체온 측정: 미열이 있으면 염증을 의심할 수 있다.

3 중재

- 종류나 긴급도에 따라 처치해야한다.
- 단순 식체나 변비로 인한 복통인 경우 소화제 투약 및 온찜질이나 복부마사지를 해주면 호전된다.
  (단, 맹장염 등 염증이 의심될 경우에는 온찜질은 염증을 확산시키므로 금기하고, 진통제 투약도 보류)
- 증상이 호전되거나 원인을 찾을 때까지는 따뜻한 물만 마시고 그 외 다른 음식 섭취는 삼가한다.
- 심한 경우 보호자에게 발병상황을 알리고 병원 진료를 받도록 한다.
- 일상생활 상태, 식사나 배변 등 규칙적인 생활을 할 것을 지도한다.
- 만성 재발성 복통인 경우에는 원인질환을 알기 위해 진료를 받도록 권고한다.
- 정서적인 문제가 원인인 경우 정신과 의사에게 상담을 받도록 지도한다.

2) 소화불량(식체)

소화불량이란 음식을 섭취한 후 일어나는 소화장애 증세를 총칭하는 말로서, 위와 간–담도계 질환을 비롯한 다양한 원인에 의해 발생하는 소화기관의 모든 불쾌감과 증상을 말한다. 한 가지 증상만을 말하는 것이 아니고 속쓰림, 트림, 구역질, 상복부 불쾌감, 위장의 팽만감 등의 소화기 증세와 더불어 복통까지 동반되어 일어나는 모든 제반 증상을 포함하고 있다.

1 원인

소화불량을 일으킬 수 있는 원인으로는 소화기질환, 심장질환, 전신적인 질환, 정신적인 질환을 포함하여 매우 다양하다. 췌장염, 담낭질환, 위암, 만성충수돌기염과 같은 소화기관의 질병이나 소화기관 이외의 부분에 생긴 빈혈, 폐결핵, 심부전, 요로감염증과 같은 병으로 인하여 발생할 수 있다. 식사 습관이 불규칙하거나 잘못된 식습관으로 급하게 식사하여 음식물이 충분한 소화 효소의 작용을 거치지 않고 소화과정이 원활하지 못하여 소화불량이 되는 경우도 있으며, 식사 중 또는 습관적으로 공기를 삼켜 더부룩한 증상이 계속되는 경우도 있다. 과다한 흡연, 커피 · 술의 과다섭취, 특정 음식에 대한 과민성이 원인이 될 수 있으며, 불규칙한 배변 습관과 일상 생활에서 받는 다양한 스트레스가 원인이 될 수도 있다.

2 증상

소화불량은 음식섭취 후 소화가 안 되는 증상뿐만 아니라 식후 포만감, 식욕부진, 복부 팽만감, 조기 포만감, 트림, 상복부 불쾌감 또는 통증, 속쓰림, 오심(메스꺼움), 구토, 위산 역류, 가슴앓이 등의 소화기계 증상을 모두 포함하고 있다. 가장 흔한 증상은 식후 불쾌감과 포만감이고, 대개 주기적으로 또는 지속적으로 증상이 있으며 호전과 악화를 반복한다.

3 사정

소화불량을 일으킬 수 있는 질환은 소화기질환뿐만 아니라 심장질환, 전신적인 질환, 정신적인 질환 등 매우 다양하기 때문에 원인이 무엇인지 파악하기 위해서는 문진이 가장 중요하다.

- 당일이나 전날에 먹은 음식물의 양과 종류를 확인한다.
- 상복통, 오심, 구토 등 동반되는 증상뿐 아니라 음식과의 관계, 음식섭취 후 나타나는 시간, 지속시간, 스트레스와의 관계 등도 면밀히 확인한다.

4 중재

- 환자가 느끼는 정도에 따라 처치해야한다.
- 단순 소화불량일 경우는 소화제 투약 및 온찜질이나 복부마사지를 해주면 호전된다.
  (단, 맹장염 등 염증이 의심될 경우에는 온찜질은 염증을 확산시키므로 금기하고, 진통제 투약도 보류)
- 완전히 소화될 때까지 물만 마시고 그 외 다른 음식 섭취는 삼가한다.
- 심한 경우 보호자에게 발병상황을 알리고 병원 진료를 받도록 한다.
- 자주 반복되는 경우에는 일상생활에서 규칙적인 생활 습관 및 잘못된 식습관을 개선하도록 교육한다.

[보건교육]

- 맵거나, 자극성이 강한 음식과 지방이 많은 음식, 술, 담배, 커피, 탄산가스가 포함된 음료수는 피한다.
- 규칙적으로 식사하고, 과식을 피하고, 부드럽고 소화 잘되는 음식을 천천히 잘 씹어 먹는 습관을 들인다.
- 취침 2~3시간 전에 식사를 하지 않는 것이 좋다.
- 스트레스를 피하도록 한다.
- 규칙적인 생활과 적당한 운동을 하고, 충분한 휴식을 취한다.
- 생활요법 및 식습관 개선만으로 증상이 조절되지 않을 경우에는 증상에 따라 위산 분비 억제제, 제산제 등의 궤양 치료제, 위장관 운동 촉진제 등 약물요법을 적절히 사용할 수 있다.

5 치료

- 소화불량을 일으키는 원인이 다양한 만큼 치료방법 역시 다양하다. 다른 병으로 인해 발생하는 소화불량의 경우 그 기질적인 병을 치료하면 소화불량의 증상은 없어질 수 있으므로 원인질환을 찾기 위해 소화기내과 전문의의 진료 및 검사를 받도록 권고한다.
- 기능성 소화불량은 기질적인 병변은 없이 다양한 임상 형태로 나타나며, 식이 및 정신적 스트레스 등의 영향을 많이 받으면서 증상의 호전과 악화를 반복하기 때문에 치료가 단순하지 않다. 이런 경우 약에 의존하여 장기적으로 복용하는 것보다는 증상이 심할 때에만 약물을 복용하고, 평소에는 생활 습관의 개선 및 식이요법에 중점을 두는 것이 바람직하다.

3) 설사

1 분류

- 급성 설사: 갑자기 발생하는 설사로, 대개 구토, 복통 등을 동반하고, 그 정도가 심하다. 주로 바이러스, 세균, 원충 등으로 인한 장관감염증, 식중독, 약품 및 식품첨가물에 의한 중독, 변비 등이 원인이다.
  - 감염성 설사: 복통, 설사 외에 발열, 두통, 식욕부진, 구토, 근육통 등이 나타난다.
  - 독소에 의한 설사: 통상 6시간 이내에 나타난다.
  - 세균감염에 의한 설사: 12~24시간 지나서 시작된다.
- 만성 설사: 다양한 원인으로 인해 서서히 발생하여 오랫동안 지속되는 설사로 대개 운동성 이상이나 흡수면적 부족이 원인이다.

2 사정

- 대변의 양, 점성, 색깔, 냄새, 점액이나 출혈 등의 상태를 자세히 확인한다.
- 밤에 자다가 일어나 설사를 하는 경우는 기질적 원인인 경우가 많다.
- 배변량에 비해 배변횟수가 많고, 자주 화장실에 갈 경우는 직장에 염증을 동반한 사례가 많다.
- 복통을 동반하지 않는 설사의 경우는 과민성장증후군과 같은 기능성 설사일 가능성이 높다.
- 심한 구토를 동반하는 설사의 경우는 식중독 혹은 약품 등의 화학물질에 의한 중독일 가능성이 높다.

③ 중재

- 문진을 통해 대변의 양상과 동반되는 증상을 면밀하게 확인한다.
- 침실안정을 취한다.
- 복부에 온찜질이나 복부마사지를 해준다.
- 보통은 심하지 않은 경우는 끓인 물을 마시게 하거나 정장제를 투약한다.
- 심한 설사로 탈수에 빠지는 경우에는 이온음료 또는 포도당 용액을 마시게 하거나 지사제를 투약한다.
- 증상이 호전 안 되고 축 늘어질 경우 병원진료를 받도록 한다.

4) 변비

① 원인

- 부적절한 식습관: 다이어트 등으로 음식물 섭취가 줄거나 불규칙적인 식사, 수분 및 섬유질이 부족한 식이
- 부적절한 운동습관: 걷기 등 운동부족으로 인해 장운동이 원활하지 않아서
- 정신적 긴장, 불안: 수학여행, 캠프, 소풍 등 생활의 변화
- 약물사용: 설사치료제, 진해제 등
- 질병: 갑상선기능저하 등

② 사정

- 하복부가 단단하고 거북한지, 하복통이 있는지, 며칠 동안 배변이 없었는지, 식사량 등을 확인한다.
- 복부가 팽만하고, 좌하복부에 딱딱한 변 덩어리가 있는지를 촉진으로 확인한다.

③ 중재

- 침실안정을 취한다.
- 복부에 온찜질을 해준다.
- 장운동을 촉진하기위해 손바닥을 배 위에 올려놓고 시계방향으로 원을 그리듯이 복부마사지를 한다.
- 안정된 상태로 만들기 위해서 약물요법을 사용할 수 있으나 장기간의 관장이나 설사제, 항문 좌약의 사용은 의존성을 갖게 하므로 주의를 요한다.
- 장폐색으로 인한 증상으로 구토를 할 수 있으며, 경구 섭취를 할 수 없는 경우에는 응급상황이므로 담임, 학부모에게 연락하여 병원치료를 받도록 조치한다.
- 장기간 습관적으로 반복될 경우 섭취한 음식물의 종류를 파악하여 장운동을 촉진하는 다양한 방법을 교육하고 실천하도록 한다.

[보건교육]

- 매일 아침 일정한 시간에 규칙적으로 화장실을 가는 습관을 들인다.
- 평소에 미지근한 물을 자주 마시는 것이 좋다.
- 식이섬유가 풍부한 채소, 과일, 해조류, 잡곡밥 등을 골고루 섭취한다.
- 과일을 먹으면 변이 정체가 안 되고 식이섬유가 풍부하여 좋으나 오렌지 같은 장에 자극을 주는 과일은 되도록이면 피하는 게 좋다.
- 식사량을 줄이는 다이어트 방법은 피한다.
- 장운동을 촉진하기 위해 걷기 운동, 심호흡, 명상을 하는 것도 도움이 된다.

4) 구토(오심)

속이 메슥거리며 토할 것 같은 느낌을 구역(오심)이라고 하고, 위장 속의 내용물이 식도를 거쳐 입 밖으로 나오게 되면 구토라고 하는데 흔히 구토 전에 구역이 나타난다.

1 원인

구토는 질병이라기보다는 하나의 증상으로서 다른 여러 가지 질환들에 동반되어 나타난다.

① 소화기계 이상

- 위 · 십이지장의 궤양이 심한 경우, 궤양이 있는 주위가 붓게 되어 위에서 십이지장 쪽으로 음식물이 내려가지 못하는 경우에 생긴다.
- 식도 하부 괄약근이 약해지면 술, 담배, 기름진 음식, 커피, 콜라, 스트레스 등
- 위장관 폐쇄, 식중독, 위장염, 충수돌기염, 담낭염, 간염, 간경변증, 췌장염, 복막염 등으

② 신경계 이상

- 뇌에 실제로 변화가 생긴 기질적인 질환으로 뇌압이 올라가서 구토중추를 자극하여 발생
- 뇌출혈, 뇌경색, 뇌수막염, 뇌염, 뇌에 생기는 종양, 수두증, 기생충의 뇌감염, 만성 뇌질환, 편두통, 간질 등
- 멀미, 메니에르병이나 중이염 등 몸의 균형을 잡아 주는 전정기관에 질환이 있을 때

③ 정신 질환: 대식증, 탐닉증

2 사정

- 구토는 원인이 다양하기 때문에 동반된 증상들과 환자의 상태 등 자세한 병력을 청취한다.
- 가장 최근에 섭취한 음식물 내용, 복통 유무, 배변 유무 및 상태, 구토물 상태, 출혈 유무 등을 확인한다.
- 복통이 발생할 때 촉진을 실시한다

3 중재

- 기도흡입의 위험이 있기 때문에 누운 자세로 토하게 해서는 안 된다.
- 토할 때에는 즉시 얼굴을 옆으로 돌려주거나 구토물을 삼키지 않도록 측와위나 복와위를 취하게 한다.
- 식체 등 원인이 다양하므로 금식이 원칙이나 수분은 조금씩 제공한다.
- 입안은 물 등으로 청결하게 가글한다.
- 일단 금식을 하되, 증상이 호전되면 미숫가루, 죽과 같은 담백한 음식이나, 누룽지, 크래커 등과 같은 마른 음식, 또는 가벼운 차, 신선한 야채, 과일 등이 도움이 된다.
- 기름진 음식, 짜고 매운 음식, 지나치게 단 음식은 피하도록 한다.
- 구토물을 학생에게 보이면 오랫동안 심리적인 영향을 미치므로 주의한다.
- 급성 복통을 동반할 경우에는 중독이 의심되므로 구급차를 불러 후송한다.
- 반복적인 구토를 할 경우에는 심리적인 배경도 영향을 미칠 수 있음을 고려한다.

5) 두통

두통은 증상명이자 질환명이다. 전체 인구의 90% 이상은 두통을 경험한다고 하며, 두통으로 인한 고통은 비일비재하다. 특정 질병에 의한 두통을 이차성 두통이라고 하며, 특별한 원인을 찾지 못하는 두통을 일차성 두통이라고 한다. 두통 자체가 질병일 수도 있으나 특정 질병에 의한 증상일 수도 있으므로 이에 따른 진단과 치료를 받아야 한다.

1 원인

- 두통은 수많은 원인이 있고, 이 중 뇌종양, 뇌혈관질환, 뇌염, 뇌막염 등 뇌질환은 그 원인 중 일부이다.
- 가장 흔한 원인은 감기처럼 열이 있는 경우나 정신적 스트레스를 많이 받을 때 나타나는 긴장성두통이다.
- 두통은 감기 등 아주 경미한 질환에서부터 뇌염, 뇌막염, 뇌종양 등 매우 위중한 병에 이르기까지 그 기질적 원인이 너무나 다양하다.

2 사정

① 급성 두통

- 발열을 수반하는 두통의 원인은 감기나 인플루엔자 등이며, 가장 주의를 해야하는 것은 뇌염, 뇌막염 등이다. 이 원인질환들은 구토, 의식장애, 경련 등의 증상을 동반하기 쉽다.
- 발열이 없는 심한 급성 두통의 원인은 두개 내 출혈 등이며 구토, 의식장애, 경련 등이 나타날 수 있다.
- 두부 외상 후의 두통은 오심, 구토, 현기증, 의식장애 등을 동반하며 점점 심해질 경우에는 주의를 요하고, 그 외의 경우에는 상태를 관찰한다.

② 만성 두통

- 만성 두통이 있는 경우 가장 먼저 감별해야 할 질환은 뇌종양으로, 이 경우 두통의 강도나 지속시간이 계속 증가하고 구토 등의 증상을 동반하기 쉽다.
- 지속적 두통의 원인은 편두통(혈관성 두통), 안과적 · 이비인후과적인 질환이나 기립성 조절장애를 동반하는 두통, 근수축성 두통(긴장성 두통) 등이다.
- 그 외에도 심인성 두통, 등교 거부 시 나타나는 두통 등이 있다.

3 중재

- 원인질환의 치료가 가장 중요하며 대증적으로 여러 가지 진통제를 사용한다.
- 근수축성 두통인 경우에는 바른 자세와 적당한 운동을 권유한다.
- 심인성 두통이나 등교 거부 시에는 적극적인 경청과 격려 등의 상담 치료가 필요하다.
- 심인성 두통일 경우에는 학교뿐만 아니라 가정 내에서의 문제도 없는지 서로 정보를 교환한다.
- 합병증으로 의식장애가 나타나거나 편두통 발작으로 구토가 유발될 경우 응급상황으로 병원에 이송한다.

[원인에 따른 치료]

- 일차성 두통인 긴장성 두통은 약을 사용하거나 정신 치료, 바이오 피드백, 이완 요법 등을 이용하여 치료
- 일차성 두통인 편두통의 경우에는 안정된 분위기에서 푹 자게 해 주어야 하면 방은 어둡게 하고 잠들게 해주면 증세가 좋아지며, 초콜릿이나 땅콩은 두통을 심하게 하므로 먹여서는 안 된다.
- 이차성 두통의 경우는 원인을 치료하는 것이 최우선이며 뇌막염, 뇌출혈, 뇌종양, 납중독이 의심되면 병원에 가서 조속한 치료를 해야 한다.

6) 발열

발열(發熱, fever)은 질병이나 질환에 따른 증상의 하나로 정상 체온 이상으로 체온이 올라가는 것을 일컫는다. 체온이 증가하는 동안에는 보통 한기를 느끼게 된다. 발열은 여러 가지 원인으로 발생하지만, 특별히 높지 않으면 열을 낮추는 치료는 종종 필요하지 않다. 온도를 낮추어 보다 편안하게 하기 위해 해열제를 사용할 수 있다.

1 종류

일반적으로 정상 체온은 36.5 ℃ 전후가 가장 많다. 임상적으로 발열은 37.5 ℃ 이상의 것을 가리킨다.

① 미열: 정상 체온에서 37.5 ℃ 까지나 만성 염증성 질환, 대사 항진, 빈혈, 임신, 결핵, 감염성 심장 내막염 등에도 동반되기 때문에 미열이라고 해서 안심할 수 없다.

② 발열: 37.5 ℃ ~ 38.5 ℃

③ 고열: 38.5 ℃ 이상

2 원인

- 바이러스 감염: 감기, 인플루엔자 등
- 세균성 감염: 상기도 감염, 요로 감염, 장 감염, 뇌막염, 패혈증 등
- 예방접종, 약물투여 후 이상 반응
- 탈수

3 사정

- 열의 정도(현재 체온, 가장 높은 체온): 미열, 고열
- 지속시간(열이 있는 기간)
- 열형(하루의 차이)
- 평상 시 체온
- 해열제 사용 유무
- 동반 증상: 발진, 이하선종창, 두통, 빈뇨, 임파선종창, 인후염, 중이염 등
- 열이 있는 경우 목 안(인후염 등), 귀(중이염 등)를 반드시 사정
- 소변검시(요로 감염 등) 실시

4 중재

- 38℃ 이하의 발열인 경우 경과를 관찰한다.
- 38℃ 이상의 발열인 경우는 열을 식혀주는 것이 좋다. 옷을 벗기거나 얇게 입힌다. 머리 부분뿐 아니라 겨드랑이 및, 대퇴부 등을 식히면 효과적이다.
- 체온 상승기에는 오한이 있으므로 담요를 덮어 보온해주고, 열이 더 이상 오르지 않으면 다시 식혀준다.
- 대증요법: 주위의 온도 및 습도를 조절하고, 수분을 충분히 공급해주며, 미지근한 물수건으로 팔다리를 가볍게 문질러서 열을 발산시킨다.
- 심리적인 스트레스를 조절하고 신체적 활동을 제한하여 안정을 취하게 한다.
- 약물요법: 대증요법으로 호전되지 않을 경우 해열제를 투여한다. 아스피린은 소아에게 사용하면 라이증후군

(Reye Syndrome)의 위험성이 있으므로 사용하지 않고, 보통 아세트아미노펜 또는 부루펜을 사용한다.

- 해열제는 열 유형을 변화시켜 임상경과의 혼란을 초래하므로 주의해서 투여해야하고, 근본적인 치료는 발열의 원인질환을 찾아서 치료하는 것이므로 호전되지 않으면 병원진료를 하도록 학부모에게 연락한다.

7) 요통

요통이란 허리부위에서 다리까지 광범위하게 나타나는 통증을 말한다.

1 원인

- 원인의 약 90%가 요추의 퇴행성 변화(사춘기 이후 나이가 많아짐에 따라 신체 조직이 변화되는 현상)이다.
- 직업적인 요인, 운동부족, 나쁜 생활습관, 정신적 요인 등이 퇴행성 요통의 유발 요인이 되며, 선천적인 기형이나 체질적인 요인도 작용한다.
- 장시간 앉아서 공부하거나 책걸상이 체격에 맞지 않는 경우에 요통 유발 빈도가 특히 높다.
- 긴장된 자세: 구부정한 자세는 요추의 정상적인 곡선을 사라지게 하여 평평한 허리가 된다. 오래 서 있으면 허리가 뒤로 젖혀지는 상태가 되어 허리 뒤쪽으로 통증이 유발된다.
- 근력의 불균형: 허리와 복부근육의 불균형은 허리의 통증을 유발시킨다.
- 근육경련(좌상이나 염좌): 주로 운동부족으로 허리 근력이 약하거나 피로가 지나칠 때 또는 갑작스럽게 무거운 부하를 감당하지 못할 때 발생한다. 이것은 척추에 가해지는 과도한 힘에 의해 불안정한 힘의 균형을 유지하려고 척추를 지지하는 인대와 근육이 늘어나거나 파열되어 생긴다.
- 골다공증에 의한 척추 손상: 노화현상과 신체활동의 부족은 인체 내 뼈를 생성하는 반응이 느려져서 뼈의 무게를 정상적으로 유지하지 못하게 된다. 이러한 골다공증의 경우 척추는 다른 뼈와는 달리 부러지기보다는 눌려서 찌그러지는 경우가 많다. 이럴 경우 통증은 곧바로 일어나지 않고 몇 시간이 경과한 후에 심하게 나타나게 된다.
- 척추질환: 척추질환을 가지고 있거나 생리통이나 골반 내에 염증이 있거나 스트레스, 긴장, 불안 등이 있을 때도 요통이 생길 수 있다.

2 중재

- 요통은 대부분 자연 치유되고, 보존적 치료로 통증이 완화될 수 있으며, 요통환자 중 2% 정도만 수술적 치료를 필요로 한다.
- 보존적 치료로는 급성기에는 물리치료나 약물치료를 할 수 있으며, 만성요통일 경우에는 올바른 자세와 허리를 강화시키는 운동이 필요하다.

[요통을 예방하는 올바른 자세]

요통을 예방하기 위해서는 평소에 허리와 배의 근육을 강화해야 한다.

○ 바르게 앉는 방법
- 의자에 앉을 때는 머리를 들고 턱을 안으로 잡아당기어 허리가 똑바로 되게 한다.
- 복부근육에 힘을 주고 가슴을 편다.
- 오래 앉을 경우에는 다리를 꼬고 앉는다든지 발에 발판을 얹어 무릎이 엉덩이보다 약간 높게 하는 것이 허리를 곧게 하는 데 도움이 된다.

○ 바르게 서서 일하는 방법
- 서서 일하는 시간이 많을 때 똑바로 서 있는 자세는 머리를 바로 들고 턱은 안으로 당기고 가슴을 펴고 복부근육에 힘을 주고 허리를 편평하게 펴서 일한다.

○ 올바르게 눕는 방법
- 허리를 보호하기 위해서는 온돌이 좋으며 침대를 사용할 때는 매트리스 밑에 나무판자를 깔아서 푹 들어가는 곳이 없도록 한다.
- 잠을 잘 때는 새우잠을 자는 것이 허리에 부담이 없으며 무릎 밑에 베개를 받치는 것이 좋고 베개를 너무 높이 베는 것은 좋지 않다.

[요통을 예방하는 허리강화운동]

- 윗몸일으키기 운동: 무릎을 구부린 채 바로 누워 양팔을 머리 위로 편 상태에서 윗몸을 일으키도록 한다.
- 쪼그려앉고일어서기 운동: 양발과 발목을 약 30도 정도 벌리고 선 자세에서 그대로 쪼그려 앉는다. 앉을 때 턱은 가슴에 붙인 상태로 유지하고 양팔을 양 무릎 사이로 떨어뜨려 손이 발 앞의 약 20cm 정도 전방의 바닥에 닿도록 한다.
- 무릎펴고앉아허리굽히기운동: 앉은 자세에서 양발을 앞으로 똑바로 뻗은 채로 양손을 앞으로 하여 발끝에 닿도록 한다.

8) 월경곤란증

1 분류

- 원발성 월경곤란증: 골반에 아무런 이상 소견 없는 일차성 월경통으로, 대개 초경이 있고 난 후 1~2년 이내에 나타나는데, 주로 젊은 여성에서 있으나 40대까지 계속될 수 있다.
- 속발성 월경곤란증: 기질적인 원인이 있는 이차성 월경통으로, 골반의 병변이 원인이 되어 발생하기 때문에 초경 후 수 년이 경과한 후에 생기고 무배란성 월경에서도 생긴다.

2 원인

- 기능적 원인(원발성, 일차성): 자궁내막 세포에서의 여러 변화에 의해 프로스타글란딘이라는 물질의 생성이 증가하게 되면 이 물질에 의해 자궁수축의 톤이 증가하게 되어 월경통이 발생하게 된다. 따라서 일차성 월경통에서는 프로스타글란딘합성 억제제(NSAIDs)가 효과적이나 이차성 월경통에서는 덜 효과적이다.
- 기질적 원인(속발성, 이차성): 기질적인 원인에 의해 생기며, 통증은 생리 시작 1~2주 전에 시작되어 생리 끝난 후 수일간 지속된다. 원인으로는 자궁근종, 자궁선근증 및 자궁내막증 등이 있다.

③ 증상

- 대개 생리 시작 수 시간 전이나 생리 시작 직후에 통증이 시작되어 48~72시간 동안 지속된다.
- 통증은 방광 위쪽에서 진통과 비슷한 양상으로 느껴지며, 허리, 천골, 허벅지까지 통증이 전파될 수 있다.
- 오심 및 구토와 함께 설사를 동반할 수도 있다.
- 통증은 복막염과 달리 복부 마사지 혹은 신체의 움직임에 따라 완화될 수 있다.
- 방광 위쪽 부위에서 압통이 있을 수 있으나 상복부 압통이나 반동 압통은 없다.
- 장음도 정상입니다.

④ 사정

- 평소 월경주기, 월경기간, 월경통 양상(발생시점, 정도, 부위, 지속시간), 월경량 등의 월경력과 동반되는 증상 등을 확인한다.
- 원발성 월경곤란증인지 확인하기 위해서는 골반 내 병변이 없다는 것과 동통이 주기적 양상을 띠는 것을 확인하는 것이 필수적이므로 정확한 진단을 위해서는 산부인과에 의뢰한다.

⑤ 중재

- 대증요법: 온열찜질팩을 통증부위에 대어주면 통증이 감소하고, 복부마사지나 심호흡, 명상, 아로마요법 등도 통증을 완화시킬 수 있다.
- 약물요법: 일차성 월경통은 원인이 자궁내막에서 생성되는 프로스타글란딘생성억제제를 사용함으로써 약 80%의 경우에서 효과를 볼 수 있다. 통증이 생기기 직전 혹은 생기자마자 복용하며, 6~8시간 간격으로 수일간 복용한다. 만약 효과가 없을 시에는 약의 용량을 올리거나 약의 종류를 바꾸어서 시도해 보는 것이 좋으며, 이러한 방법으로 수개월 동안 시도해도 효과를 보지 못할 때에라야 치료 실패라고 할 수 있다. 이 약물은 위 및 십이지장 궤양이 있거나 아스피린에 과민반응을 보이는 환자에게는 사용되어서는 안 되며, 부작용으로는 오심 , 소화장애, 설사 및 피곤 등이 있다.
- 위의 방법으로 치료가 안 되는 경우에는 마약성 진통제(코데인)을 2~3일 정도 사용해 볼 수 있다. 하지만 이러한 마약성 진통제를 사용하기 전에 심리적인 요인이 없음을 확인하고, 진단적 복강경을 실시하여 기질적 요인이 없음을 확인하는 것이 중요하다.
- 기질적 원인이 없다는 것을 진단을 위해서는 초음파 혹은 복강경 검사 등이 필요하다.

2. 응급한 건강문제 관리

학교에서 자주 발생하는 응급한 건강문제는 찰과상, 절상, 자상, 타박상, 염좌, 골절 등의 외상, 화상, 비출혈, 눈의 외상과 이물, 귀의 외상과 이물, 구강외상, 천식, 간질, 과다호흡증후군, 심정지, 호흡정지, 자살(자해, 약물중독) 등이 있다. 먼저, 전신상태를 점검한 후 의식장애, 손발마비, 쇽 증상 등이 있다면 즉시 병원으로 이송한다. 전신상태에 문제가 없을 경우 국소처치를 시행한다.

1) 외상

(1) 찰과상

- 찰과상이란 마찰에 의하여 피부의 표면에 입는 외상을 말한다. 피부의 진피까지 상처를 입으면 꽤 출혈이 있다. 넘어지거나 둔한 물체에 의한 찰과 등이 원인이며, 자동차 사고에서 많이 볼 수 있다.
- 감염의 가능성은 적지만, 상처의 범위가 넓은 경우에는 바르는 약을 도포한다.
- 출혈이 있으면 먼저 지혈하고, 상처를 흐르는 물이나 생리식염수로 세척한다. 이때 이물질도 함께 제거한다. 세척 후에는 감염방지에 관심을 가져야 한다.
- 경우에 따라서는 파상풍 예방주사도 필요하다.

(2) 절상

- 칼이나 종이, 유리조각 등 날카로운 물체에 의해 베이는 경우가 대부분이며, 소독 후 1회용 반창고를 붙여 두면 쉽게 치유된다.
- 상처가 깊고 넓어서 출혈이 심하거나 흉터가 생길 가능성이 있는 경우는 봉합을 위해 병원으로 후송한다.
- 소독 후 1회용 반창고를 붙여 두면 쉽게 치유된다.
- 상처가 깊고 넓어서 출혈이 심하거나 흉터가 생길 가능성이 있는 경우는 봉합을 위해 병원으로 후송한다.

(3) 자상

- 날카로운 것 등에 의해 찔려서 생긴 상처를 자상이라고 한다.
- 송곳이나 못에 찔리거나 연필, 샤프심 등으로 장난하다가 찔리는 경우와 마룻바닥, 목재, 책상, 의자, 문틈 등의 나뭇가지에 찔려서 오는 경우가 많다.
- 박힌 이물질을 제거하고 상처부위를 세척, 소독, 드레싱 한다.
- 상처가 깊거나 녹슨 물건일 경우에는 병원으로 후송하여 병원치료를 받는다.

(4) 타박상

- 타박상이란 넘어지거나 맞거나 부딪혀서 연부 조직과 근육 등에 손상을 입어 출혈과 부종이 보이는 경우를 말한다. 피부 속의 세포조직이 파괴되어 속으로 출혈이 되어 검푸르게 멍이 든다.
- 두부, 흉부, 복부 타박 시 뇌나 내장의 손상 등 합병증에 유의하도록 한다.
- 대증요법: 타박상 부위에 냉찜질을 하고, 상처부위를 올려서 안정을 취하게 한다.
- 약물요법: 얼굴을 제외한 신체부위에는 소염진통제를 도포한다.

2) 염좌

인대(Ligament)는 관절을 안정화하고 단단하게 하는 역할을 하며, 관절의 정렬하여 유지해 주고, 관절의 움직임을 정상 범위 내에서만 되도록 제한한다. 이러한 기능을 하는 인대가 사고나 외상 등에 의해 손상된 것을 '염

좌'라고 하며 흔히 "삐었다." 라고 말한다. 염좌로 인해 인대가 찢어지거나 늘어나므로 정상적으로 관절을 유지하는 역할을 할 수 없게 된다. 심하면 손상된 관절이 늘어나서 뼈가 탈골되거나 관절이 정상 범위 밖으로 벗어나기도 합니다.

1 단계별 분류

- 1단계(경도): 작은 손상으로 인대가 미세하게 찢어진 상태. 관절의 안정성에 영향을 미칠 정도는 아니다.
- 2단계(중등도): 손상된 인대가 부분적으로 찢어져 관절의 안정성이 경도 혹은 중등도로 망가진 상태이다.
- 3단계(고도): 인대가 완전히 찢어지거나 파열되어 관절의 안정성을 손실한 상태이다.

2 원인

- 운동이나 강한 충격을 주는 사고에 의해 유발
- 자동차 사고로 인해 계기판에 무릎이 부딪힌 경우
- 얼음에서 미끄러져서 손목이나 어깨가 바닥에 부딪힌 경우

3 증상

- 관절이 염좌될 경우 인대가 꼬아지거나 늘어나면 정상적으로 관절을 유지할 수 없게 된다. 심하면 염좌된 관절이 늘어나서 뼈가 탈골되거나 관절이 정상 범위 내에서 벗어나기도 한다.
- 압통과 더불어 손상된 관절에 동통과 부종을 유발한다.
- 중등도 혹은 심한 염좌의 경우 관절의 모양의 변화와 관절 기능의 변화를 가지고 올 수 있다.
- 이러한 기능의 변화에는 관절이 불안정한 느낌이나 불편한 느낌, 관절이 너무 헐겁다고 느껴지거나, 뼈가 제 위치에 있지 않은 느낌, 관절이 정상 움직임을 벗어난 느낌이 든다.

4 중재: RICE요법

- Rest(안정): 손상부위를 움직이지 않는다.
- Ice(냉찜질): 부종과 통증을 완화시키기 위해 찬물에 담그거나 냉찜질을 한다.
- Compress(압박): 탄력붕대로 압박, 고정하여 관절부위를 지지한다.
- Elevation(거상): 손상부위를 높여주어 부종을 경감시킨다.

3) 골절

외부의 충격으로 뼈가 부러지거나 금이 간 상태이다. 우리 몸의 크고 작은 뼈 200여 개는 근육과 힘줄로 서로 단단히 연결돼 뼈대를 이룬다. 뼈는 몸 속의 중요한 장기들을 보호하고, 혈액을 만들며, 이동을 가능하게 한다. 골절은 뼈의 연속성이 완전히 또는 불완전하게 끊어진 상태이다.

뼈가 밖으로 노출되지 않고 피부 손상 없는 골절은 단순골절이라 하고 그 반대의 경우를 복잡골절이라 한다. 또 뼈에 금만 갔을 경우를 불완전 골절, 뼈가 부러지거나 조각났을 때를 완전골절이라고 한다.

1 원인

- 낙상, 자동차 사고, 추락 등 직접적인 외상에 의해 많이 발생한다.
- 뼈에 붙은 근육이나 인대가 뼈를 잡아당겨 생길 수도 있다.

- 골다공증, 종양, 감염 등으로 약해진 부위에서 병적 골절(pathologic fracture)이 발생할 수도 있다.
- 피로골절(fatigue fracture, stress fracture)은 뼈의 일정 부위에 스트레스가 되풀이해 가해지면 발생하는데 주로 군인이나 운동선수들에게 많다.

2 증상

- 통증 및 압통: 골절 부위의 부기(종창), 근육 경련, 뼈막(골막) 손상으로 통증이 발생한다. 부러진 뼈 부위를 압박하거나 움직이면 통증이 더 심해진다.
- 정상 기능의 상실: 골절된 부위가 비정상적으로 흔들리고 주위 관절이 아파서 움직이지 못한다. 인접한 관절의 운동이 부분적으로 혹은 완전히 상실되면 비정상적인 자세를 취할 수도 있다.
- 부종: 체액과 혈액이 손상 부위로 스며들어 팔다리가 붓는다.
- 감각 손상, 근육 경련, 마비 등도 올 수 있다.
- 골절 직후에 쇼크 증상을 일으키거나 얼마 지나서 발열, 오한 등을 보일 때가 있다.
- 골절로 인한 기형: 팔다리의 모양이 변한다.

3 사정

- 활력증후 측정, 의식 상태 등 전신 상태를 확인한다.
- 의식이 있는 경우에는 환자에게 직접 상세하게 문진을 실시한다.
- 언제, 어디서, 왜, 어떻게 다쳤는지, 다친 부위와 증상 등을 확인한다.
- 의식이 없는 경우에는 주변 사람들(교사, 학생)로부터 환자에 대한 정보를 수집한다.
- 골절이 의심되는 부위의 통증과 압통, 기능 장애, 변형, 비정상적 움직임 등을 확인하고 특히 혈관이나 신경에 손상이 있는지 평가한다.

4 중재

- 부러진 뼈 부위를 부목으로 고정하는 게 가장 시급하고 중요한 조치이다.
- 부러진 뼈 끝은 매우 날카롭기 때문에 골절 부위가 흔들리거나 꺾일 때 주위의 근육, 혈관, 신경 등을 손상할 수 있기 때문에 반드시 부목으로 고정해야한다. 부목 고정은 통증은 물론 지방 색전증 등 합병증을 줄이고, 환자를 옮기거나 병원에서 방사선을 촬영할 때 도움을 준다.
- 골절부위를 고정할 때에는 체간에 가까운 곳은 체간과 함께, 장관절은 양쪽의 관절과 함께, 손가락은 나머지 손가락 몇 개와 같이 고정하며 다리 부분은 싸듯이 고정한다.
- 환자를 따뜻하게 하고 안정시킨다.
- RICE요법: Rest(안정), Ice(냉찜질), Compress(압박), Elevation(거상)
- 환자가 의식이 없을 경우 쇼크(shock)에 대한 간호를 실시한다.
- 출혈이 있으면 출혈에 대한 간호를 실시한다.

4) 화상

화상은 넓은 의미로 열에 의해 피부세포가 파괴되거나 괴사되는 것을 말한다.

1 원인에 따른 종류

- 화염화상: 화재사고나 프로판, LPG 가스의 폭발로 인하여 화상을 입는 경우를 말하며, 대개 상처가 깊고, 호흡기에 손상을 동반할 수 있다. 연기로 인한 질식 때문에 화상 후 1시간 내에 사망할 수도 있다.
- 열탕화상: 뜨거운 물이나 식용유, 수증기 등에 의하여 화상을 입는 경우로 주로 2도 화상이 많으며, 어린이에게 많이 발생한다. 피부조직의 손상으로 흉터가 남을 수 있고 근, 골격 성장을 저해할 수 있다. 또한 상처에 세균이 감염되지 않도록 주의해야 한다. 학교에서는 가사실습 시간에 주로 발생한다.
- 전기화상: 전류가 몸에 감전되면서 발생하는 화상으로, 일반 가정에서 사용하는 낮은 전압에서도 화상을 입을 수 있다. 화상부위는 넓지 않아도 종종 심장, 근육, 혈관에 심각한 후유증을 입게 된다.
- 화학화상: 산, 알칼리(양잿물 등)나 일반 유기 용매제의 접촉에 의하여 일어나는 화상으로, 경우에 따라 심각한 장애를 유발할 수 있다. 학교에서는 주로 과학실험 시간에 발생한다.
- 접촉화상: 뜨거운 철판, 다리미, 전기장판, 뜨거운 운동장 등에 피부가 장시간 노출되면서 발생하는 화상이다. 학교에서는 주로 체육시간 등 야외활동 시에 넘어져서 발생하며, 대개 3도 화상으로 진행하게 된다.
- 방사선화상: X선, 라듐, 자외선 등에 의해 서서히 나타나는 화상으로, 학교에서는 주로 체육시간 등 야외활동 시에 발생한다.

2 정도에 따른 종류 및 증상

화상의 깊이에 따라 나뉘고 증상도 조금씩 다르다.

- 1도 화상: 해변가에서 강한 태양광선을 쪼이거나 가스의 폭발 또는 뜨거운 액체에 순간적으로 접촉하였을 때에 발생되는데, 상처부위는 동통과 함께 피부가 빨갛게 되는 발적 현상을 보인다. 아프지만 물집은 생기지 않는다. 수일이 경과하면서 흔적 없이 낫게 된다.
- 2도 화상: 주로 열탕화상이나 가벼운 화염화상에 의하여 나타나며, 대부분 수포(물집)를 형성하며, 피하조직의 부종을 동반하고 심하게 통증을 느낀다. 감염만 되지 않는다면 2~4주 정도 경과하면 엷은 반흔을 남기면서 치유가 가능하나, 감염되는 경우는 반흔을 남기고 치유되게 된다.
- 3도 화상: 피부의 표피, 진피층은 물론 피하조직까지 손상받은 경우로, 피부는 건조하며 밀랍 같은 흰색 또는 타버린 갈색이나 검은색으로 변하며 피부감각을 상실하여 핀으로 찔러도 동통을 느끼지 못한다. 환부는 주위조직보다 가라앉은 듯이 보인다.
- 4도 화상: 최근에 사용되기 시작한 용어로 피부의 전층과 함께 피하의 근육, 힘줄, 신경 또는 골조직까지 손상받은 경우에 사용되고 있다.

3 중재

- 화상환자 간호의 기본원칙은 통증 감소, 감염 예방, 쇼크에 대한 예방 등이다.
- 1도, 2도 화상인 경우 먼저 차가운 물로 충분히 열기를 식힌 후 바셀린연고 또는 화상연고를 바르고 소독된 거즈 등을 덮어 오염된 공기접촉을 피한다..
- 3도 화상인 경우 감염 우려로 찬물로 식히지 않고 소독된 젖은 거즈로 화상부위를 느슨하게 드레싱한 후 바로 병원으로 이송한다.
- 3도 이상의 화상과 넓은 범위의 중한 화상인 경우에는 의복을 느슨하게 하고, 상처부위의 옷은 강제로 벗기지 않고 몸을 따뜻하게 해 준다.

- 화상부위의 물집은 일부러 터뜨리지 않도록 주의한다.
- 환자를 안정시키고, 쇼크에 대한 예방을 한다.
- 의식이 있으면 물을 조금씩 주어 수분을 보충시킨다.
- 머리 부분에 화상을 입은 경우 기도가 부어서 막힐 우려가 있으므로 인공호흡에 대비를 해야 한다.
- 화학약품에 의한 화상인 경우는 화학약품에 젖은 의복을 빨리 벗기고, 즉시 다량의 물로 세척해 화학약품의 농도를 희석해야 하며, 소독한 후 연고를 바르고 청결한 거즈를 덮는다.
- 응급처치가 후 즉시 화상전문병원으로 이송하여 치료를 받도록 한다.

5) 비출혈

외상이나 자극, 출혈 경향성의 증가에 의해 코에서 피가 나는 상태이다.

1 원인

■ 국소적 원인: 직접적으로 비강 내 점막이나 혈관에 손상을 주어 출혈을 일으키는 원인은 다음과 같다.

- 외상 – 점막 손상, 골절, 수술 등으로 원인의 대부분을 차지
- 염증 – 급성비염, 부비동염, 알러지성비염 등
- 종양 – 섬유종, 비강 또는 부비강, 비인두의 신생물
- 비중격의 구조적 이상

■ 전신적 원인: 주로 혈관과 혈액 응고와 관련된 전신적 기저질환으로 다음과 같다.

- 혈액응고 장애 – 혈우병, 자반증, 괴혈병, 빈혈증, 백혈병 등의 혈액질환
- 심혈관질환 – 심근경색, 협심증, 부정맥, 심부전, 특히 동맥경화증, 고혈압 등
- 간질환 – 만성 간염, 지방간, 간경화 등
- 신장질환 – 신부전
- 중금속(수은, 크롬 등)의 전신적 독성
- 감염성 질환 – 장티푸스, 백일해, 디프테리아 등
- 지속적인 음주

2 중재

- 비출혈이 심하다고 생각하거나 반복되면 당황하기 때문에 마음을 안정시키는 것이 중요하다.
- 비익(Kiesselbach's area–비출혈의 90%가 발생하는 비중격 전방의 모세혈관총)을 가볍게 압박한다.
- 출혈 쪽의 비강을 탈지면으로 막고 앉은 자세로 고개를 앞으로 약간 숙이고 5분 정도 압박하게 한다.
- 탈지면을 너무 심하게 압박하면 오히려 출혈부위 주변의 비점막을 손상시키기 쉬우므로 주의하며, 5~10분 동안은 탈지면을 교환하지 않도록 한다.
- 비출혈이 멈추었다 해도 재발가능성이 있으니 24시간동안은 심한 운동, 코를 풀거나 코로 숨을 세게 들이마시는 동작, 대중목욕탕 등 뜨거운 환경에 노출되지 않도록 지도한다.
- 출혈이 30분 이상 지속되면 이비인후과로 후송해서 전기소작 등 적절한 치료를 받도록 한다.

- 타박 등의 외상에 의한 경우는 골절 등 다른 부상을 확인하기 위해 병원진료를 받도록 한다.
- 원인질환이 있는 학생은 운동 등에 대한 주치의의 처방을 참고로 한다.

6) 눈의 외상과 이물

(1) 안구 좌상

- 얼굴에 타박상을 입은 경우 힘의 강도에 따라 안구가 파열되기도 하므로 반드시 안과병원으로 후송하여 정밀검사를 받도록 한다.
- 만약 전방출혈이 있거나 안구파열이 있는 경우는 양쪽 눈을 붕대로 감고 후송해야 한다.

(2) 안구 천공상

- 눈을 만지거나 누르지 말고, 외부로부터 보호하기 위해 금속재질의 눈 보호대를 대고 즉시 안과전문병원으로 후송한다.
- 각막 천공상인 경우는 안연고제는 투여하지 않는 것이 좋은데, 그 이유는 전방 속으로 들어가기 때문이다. 그 외 눈외상의 경우에도 스테로이드제가 들어 있는 안약류는 점안하지 않는다.

(3) 화학적 화상

- 산성이나 알칼리성 물질이 눈에 들어가면 결막과 각막에 심한 화상을 입는다.
- 눈 세척이 가장 중요한 응급처치이며, 충분한 양의 물로 적어도 15분 이상 계속 한 후 병원으로 후송한다.

(4) 결막 이물

- 주로 상안검 검판 하구에 이물이 잘 들어간다.
- 눈 세척을 하는 게 가장 좋은 방법이다.
- 눈을 아래로 보게 하고 상안검을 뒤집은 후 소독된 면봉으로 주의 깊게 제거하는 것도 한 방법이다.

(5) 각막 이물

- 각막에 이물이 박혔을 때는 눈을 비비지 말고, 절대 이물을 제거하려하지 말고 즉시로 안과의사의 진찰을 받도록 한다.
- 소독된 기계를 사용하여야 하고 세균감염을 방지하기 위하여 항생제를 사용하여야 한다.

(6) 출혈이나 시력장애

- 눈 또는 눈꺼풀에 출혈이 있는 경우 지혈시키려고 함부로 누르지 말아야한다.
- 눈의 출혈이나 시력장애 등이 있을 때는 눈의 손상 여부를 알기 위해 안과의사의 진찰을 받도록 한다

7) 귀의 외상과 이물

(1) 외상성 고막천공

- 원인: 외상, 폭발, 잠수 등으로 외이도 내 기압의 변화
- 주로 손으로 맞거나 부딪혀 고막 파열이 생기며, 칼로 찌르는 것 같은 통증과 동시에 귀가 멍멍하고 경도 난청과 이명을 동반한다.
- 코를 세게 풀거나 귀를 손으로 만지거나 귓속으로 물이 들어가지 않도록 교육한다.
- 전문의 치료를 받도록 즉시 병원으로 후송한다.
- 2차감염 예방을 위해 항생제를 투여한다.
- 만약 중이에 감염이 없으면 재생되어 2~3주 내에 흔적 없이 막히게 된다.
- 수개월 후에도 천공이 막히지 않으면 고실 성형술을 하여 치료할 수 있다.

(2) 귓속의 이물

- 원인: 파리, 모기 등 작은 벌레나 기타 날벌레 등 침투, 작은 알맹이, 콩알, 팥알 등 삽입
- 예리한 기구로 제거하지 말아야 하며, 살아 있는 벌레가 들어갔을 경우에는 빛을 비추어 따라 나오게 한다.
- 빛을 따라 밖으로 나오지 않을 때는 식용유 등을 넣어서 귓속의 벌레를 죽여 꺼낸다. 곡물 등이 귓속에 들어갔을 때도 식용유를 넣어 주면 귓속에서 곡물이 부피가 커지는 것을 방지할 수 있다.
- 위의 방법이 효과가 없을 때는 전문의의 진료를 받도록 한다.

8) 구강 외상

(1) 악골 골절

- 주로 운동이나 싸움 등으로 넘어지거나 부딪쳤을 때 발생한다.
- 입을 벌렸다가 다물 때와 어금니를 꽉 다물었을 때 동통이 있는지를 확인한다.
- 탄력붕대로 턱을 고정시켜서 입을 벌리지 못하게 한다.
- 응급처치 후 곧바로 치과로 후송한다.
- 골절을 방치해 두면 심한 기능장애 및 안면 변형을 유발할 수 있으므로 주의한다..

(2) 치아 탈구

- 주로 둔탁한 물건(축구공, 주먹 등)에 타박상을 입은 경우에 발생하며, 주변 조직이 파괴되어 완전히 치아가 빠진 경우는 치관부를 손가락으로 잡고 식염수를 흐르게 하여 치근부의 이물을 가볍게 씻어낸다.
- 빠진 치아의 재이식 성공을 위해 식염수, 우유, 혀 밑에 보관하여 30분 내로 치과에 후송한다.
- 생리식염수에 빠진 치아를 보관하여 치과에 가져가는 것이 가장 좋다.
- 생리식염수를 구할 수 없다면 우유에 담가서 가져간다. 만약 우유에 소금 1스푼 정도 섞으면 훨씬 더 좋다.

- 우유도 구할 수 없으면 자기 입 속 혀 밑에 보관하여 가는 것도 좋다.
- 치아탈구 시 치과 도착 시간이 중요한 이유는 30분 이상 경과되면 치주인대 세포들이 빠른 속도로 괴사되기 때문이고, 만약 30분 이내에 이루어지면 성공률은 95% 이상으로 치근흡수같은 부작용이 거의 없다.

9) 과호흡증후군

(1) 정의

어떤 이유에서든 과도하게 호흡하게 되어 이산화탄소가 과도하게 배출되면 동맥혈의 이산화탄소 농도가 정상 범위 아래로 떨어지게 되어 호흡곤란, 어지럼증, 저리고 마비되는 느낌, 실신 등의 증상이 나타나는 상태를 과호흡 증후군이라고 한다. 주로 젊은 여성에서 호발한다.

(2) 원인

- 정신적 스트레스가 주 원인이며, 발작적으로 과도한 호흡을 하게 되어 나타난다.
- 정신적 불안, 흥분, 긴장이 원인이 되어 과호흡이 발생하고 증상이 유발되면, 이러한 증상들이 다시 불안을 조장하여 과호흡을 지속시키거나 증상을 악화시키는 악순환을 일으킨다.
- 신체적인 원인으로는 폐 자체의 질환(폐렴, 폐색전증, 폐혈관 질환, 천식, 기흉 등), 심장 질환, 저산소증, 대사성 산증, 발열, 패혈증 등이 있다.
- 일부 약물에 의해서도 일어날 수 있다.

(3) 증상

- 불과 수분 이내에 호흡이 빨라지고 적은 양의 호흡이 매우 힘들게 이루어지며 어지러움, 시력장애, 의식저하, 심하면 실신까지 발생한다.
- 또 다른 증상으로는 팔 다리 감각 이상, 경련, 근력저하, 마비되는 느낌 등이 나타날 수 있다.
- 발작이 지속되면 혈액이 점점 알칼리화되므로 심장의 박동이 불규칙하게 되는 부정맥이 발생하며, 심장 혈관이 수축되어 심근 허혈 증상(흉통)이 나타날 수 있다.

(4) 사정

① 문진: 병력을 확인한다. 최근의 불안증, 약물 과다 복용 유무 등을 물어본다.
② 신체 검진: 빈 호흡의 유무, 구강 주위, 손과 발의 무감각 및 저림, 경련 등을 살펴본다.
③ 산소포화도(SPO2)를 측정한다.

(5) 중재

① 봉투에 의한 재호흡법
- 가장 많이 이용되고 있는 방법 중의 하나로 환자 자신의 호기로 재호흡 시키는 방법이다.

- 공기로 봉투를 부풀려 그 안의 공기를 호흡시킨다.
- 호기 안의 탄산가스를 재흡입하게 되므로 폐포 공기의 탄산가스 농도가 상승하여 pH가 정상화되고 호흡성 알칼리증에 의한 증상이 감소된다.

② 침착한 태도로 환자에게 과환기로 인해 탄산가스가 체내로부터 배설됨으로써 증상이 나타남을 이해시킬 수 있도록 충분히 설명한다.

③ 불안감과 공포감, 정신적 스트레스를 제거하도록 한다.

④ 호흡을 참으면 증상이 완화됨을 설명하여 환자가 실천할 수 있도록 한다.

⑤ 재발하는 경우가 많으므로 재발할 것 같다고 느낄 때는 스스로가 의식적으로 호흡을 조절하고 심리적 안정을 하도록 돕는다. 하지만 스스로 조절이 안 되면 정신과 치료를 병행하도록 한다.

⑥ 필요 시 항불안제를 투여할 수 있다.

10) 천식

알레르기염증에 의해 기관지가 반복적으로 좁아지는 만성호흡기 질환이다. 우리나라 성인 인구의 5% 정도가 천식을 앓는 것으로 알려져 있으며, 최근 전 세계적으로 환자 수가 증가하고 있다.

(1) 원인

기관지천식은 유전적 요인과 환경적인 요인이 함께 상호작용하여 나타난다.

[1] 대기 알레르겐

- 꽃가루: 봄에는 수목, 여름에는 목초, 가을에는 잡초 화분이 날립니다. 화분은 바람에 의해 수 km씩 이동하므로 도시에서도 높은 분포를 보인다.
- 곰팡이: 실외의 곰팡이는 종류에 따라 포자 형성시기가 다르나 우리나라에는 우기인 7, 8월에 분포가 절정에 달한다. 집 안에서는 습도가 높은 지하실, 창고, 부엌에 많고, 부패된 음식물에도 곰팡이가 숨기 쉽다.
- 집먼지진드기: 카펫, 침대 메트리스, 천으로 만든 소파, 커튼, 봉제인형 등에 서식한다.
- 바퀴벌레: 바퀴는 체부가 중요한 알레르겐이다. 약제로 박멸하고 실내 특히 부엌을 깨끗이 하고 음식물 찌꺼기를 없애야 한다.
- 동물 알레르겐: 고양이는 털뿐 아니라 침에도 알레르겐이 존재한다. 애완견도 문제가 되며 개와 고양이의 털 사이에는 교차 항원성이 존재한다.

[2] 실내의 비특이적 자극원

- 담배연기: 담배연기는 증상을 악화시키므로 천식 환자는 금연해야한다. 어머니가 흡연할 경우에 아동의 천식 발생 빈도가 증가한다.
- 냄새: 음식 조리 시 발생하는 냄새, 향수, 각종 스프레이, 방향제, 난방기구의 냄새 등이 천식 증상을 악화시킬 수 있으므로 음식을 조리할 때는 후드를 사용하고, 환기를 잘 해야 한다.

(2) 증상

- 천명: 숨을 들이쉬고 내쉴 때 나는 휘파람 비슷한 소리(색색거리는 소리)
- 기침: 발작적이고 밤에 더 심함
- 흉부압박: 가슴을 조이는 듯한 답답한 느낌
- 호흡곤란: 마치 빨대를 입에 물고 숨을 쉬는 것처럼 숨이 참
- 가래: 끈끈하고 덩어리가 있는 가래

(3) 특징

1 천식 증상은 복합적이며 자주 변한다.

- 환자에 따라 기침만 하거나, 호흡 곤란만 느낄 수도 있지만 대부분의 환자에서는 이런 증상들이 함께 나타난다.
- 때로는 오래 지속되고 반복되기도 하는 등 천식의 증상은 자주 변화하는 것이 특징이다.

2 환자에 따라 같은 양상으로 발작이 반복된다.

- 어떤 사람은 감기 증상이 있다가 서서히 악화되어 심한 천식 발작을 일으키기도 하지만, 또 어떤 사람은 전혀 증상이 없다가 갑자기 심한 천식 발작을 일으키기도 한다.
- 증상의 발현과 악화 정도, 회복 기간 등에서 환자마다 특징적 양상으로 반복되는 수가 많다.

(4) 사정(진단)

1 문진

- 기침, 천명, 호흡곤란 등 호소하는 증상을 확인한다.
- 가족 중 천식 환자가 있는지 가족력을 확인한다.

2 진단 검사

- 폐기능 검사: 폐활량과 호기 속도 측정을 통해 기관지가 좁아진 정도를 알 수 있다.
- 기관지유발시험: 기도과민증의 정도를 검사하여 천식을 진단
- 피부단자시험: 공기 중의 원인물질을 확인할 수 있다.

(5) 중재(치료)

- 원인이 되는 대기알레르겐과 비특이적 자극원을 차단한다.
- 청결유지와 실내 습도를 낮추는 것이 예방책이다.
- 천식 증상이 심할수록 환경관리 외에 약물치료가 중요하다.
- 천식 치료약물은 장기적 질병 조절제와 속효성 증상완화제로 나눌 수 있다.
- 질병조절제로는 장기적으로 기도의 염증반응을 억제하고 천식 발작을 예방하는 약제로 매일 규칙적으로 사용하며 증상이 없어도 사용한다. 대표적인 약제로 세레타이드, 심비코트, 풀미코트, 후릭소타이드 등이 있다.

- 증상완화제는 천식 증상을 즉시 완화시켜 주는 속효성 기관지 확장제로 증상이 심할 때에만 사용하며 효과가 즉시 난다. 대표적인 흡입제로는 벤톨린이 있다. 흡입제는 약물이 직접 폐에 전달되어 다른 부작용 없이 효과를 낼 수 있도록 만들어진 약제이나 사용법이 정확하지 않으면 약물이 제대로 폐에 도달되지 않으므로 정확한 사용법을 익히는 것이 무엇보다도 우선되어야 한다.
- 알레르기 원인물질에 대한 과민반응을 억제하는 치료법으로 효과가 오랫동안 지속되며, 원인 물질에 다시 노출되어도 발작을 예방할 수 있는 치료법으로 면역치료가 있다. 원인항원이 분명한 환자에서만 효과를 얻을 수 있다. 적어도 3년 이상의 장기간 치료가 필요하며, 반드시 알레르기 전문의사에 의해 시행되어야 합니다.

(6) 기관지 천식의 관리원칙

- 처방된 약물을 정기적으로 사용해야 한다.
- 천식은 장기적으로 꾸준히 관리해야 하는 만성적 질환이므로 질병조절제를 매일 투여하는 것이 천식관리의 핵심이다.
- 천식 악화 인자들을 피해야 한다. 천식을 악화시키고 증상을 유발하는 요인(알레르기 항원, 찬공기, 감기 등)을 가능한 한 피해야 한다.
- 증상이나 최고호기유속을 잘 기록하면 천식관리에 큰 도움이 된다. 매일 증상과 폐기능을 기록하면 응급 상황에 알맞게 대처할 수 있으며 병원 진료 시 의사의 처방 계획에 큰 도움이 된다.
- 규칙적으로 의사를 방문해야 한다.
- 천식을 성공적으로 관리하려면, 의사와 환자가 함께 지속적으로 관리계획을 세워야 한다.
- 천식 발작 시 응급대처법을 익혀야 한다. 증상이 악화되었을 때를 대비하여 응급약제 투여방법, 병원 상담실 연락, 응급실 이송 등 대처방법을 정확히 알고 있어야 한다.

3. 건강관리 대상자 상담 및 추후관리

1) 목적

건강상태 조사 및 상담을 통하여 건강관리 대상자를 파악하고 지속적으로 관리하여 건강하고 안전한 학교생활 및 자기 건강관리 능력의 배양을 꾀한다.

2) 시기

매 학년 초 3월 경에 실시한다.

3) 대상자(학생 및 교직원)

- 지속적인 관리를 요하는 자
- 현재 진행 중인 질환을 갖고 있는 자
- 과거 앓았던 질환으로 인해 현재의 학교생활에 유의할 필요성이 있는 자
- 위의 상태로 인하여 학습 혹은 근무에 어려움이 있는 자

4) 관리 내용

- 과거 및 현재의 질환으로 인한 학습의 어려움을 파악
- 건강상의 문제에 대한 지속적인 관찰과 그 치료에 따른 관리 및 교육
- 재발 혹은 발생 가능성이 높은 질환에 대한 사전 교육 및 관리를 통한 예방

5) 관리 방법

- 건강상태 조사를 통하여 건강관리 대상자 선정 및 건강정보를 확보한다.
- 건강관리 대상자에 대한 정보를 담임교사 및 교과담당교사에게 제공하여 학습활동에 참고하도록 하여 사고 및 상병악화를 미연에 예방할 수 있도록 한다.
- 개인별 건강관리 내용을 상담일지에 작성하여 지속적으로 상담, 교육, 관리한다.
- 건강관리 대상자의 학부모 및 의료기관과의 지속적인 연락을 통해 건강에 관한 정보를 획득하고, 건강상 발생할 수 있는 문제에 대해 예방할 수 있도록 한다.
- 필요한 경우 관리학생의 진학 시, 진학 학교의 보건교사에게 정보를 제공하여 학교생활에 도움이 되도록 한다.

제6절 응급상황 관리

아동·청소년기는 신체활동량이 많지만 판단력과 주의력이 부족한 발달특성을 갖고 있어 학교생활 중 여러 가지 안전사고 위험에 노출되어 있다. 또한 학교에서 발생하는 응급상황은 매우 다양하고 복합적이라서 신속하고 확실한 조치가 이루어지지 않는다면 2차적인 문제로까지 발전할 수 있어 정상적인 교육과정 운영을 방해하는 요인이 될 수도 있다. 최근 학교 내에서 교유과정 중에 발생하는 응급사고로 의료기관에 후송하는 사례가 점점 늘어나고 있는 추세이고, 특히 생명을 위협할 정도의 심각한 사안은 학교에서의 초기 응급처치가 매우 중요한 것으로 이에 대한 교사들의 적절한 관리역량과 학생들의 안전과 건강보호에 대한 학교의 책무성이 요구되고 있다. 따라서 학교생활 중 발생할 수 있는 응급상황에 대한 관리체계를 구축하고, 상황 발생 시 신속하고 적법하게 학생의 건강문제에 대처할 수 있도록 학교가 역량을 갖추는 것은 매우 중요하다.

1. 응급상황 관리의 개요

1) 목적

학교교육과정 중 발생하는 안전사고에 대비하기 위한 목적으로 학교응급체계 및 관리계획을 수립해야한다.

- 응급환자 발생 시 신속한 응급처치 및 의료기관으로의 후송
- 응급 환자에 대하여 적기에 적정 수준의 응급 의료를 제공
- 학생의 생명과 건강을 보호하고, 증상의 현저한 악화를 방지하여 후유증을 최소화

2) 법적근거

- 학교보건법 제12조(학생의 안전관리) 학교의 장은 학생의 안전사고를 예방하기 위하여 학교의 시설 · 장비의 점검 및 개선, 학생에 대한 안전교육, 그 밖에 필요한 조치를 하여야 한다.
- 응급의료에 관한 법률 제8조(응급환자에 대한 우선 응급의료 등)
- 응급의료에 관한 법률 제11조(응급환자의 이송)
- 응급의료에 관한 법률 시행령 제8조 (응급처치 교육 · 홍보 계획 수립 등)
- 응급의료에 관한 법률 제5조의2(선의의 응급의료에 대한 면책)
- 학교에서의 응급의료 관리체계(2011. 12, 교육과학기술부 매뉴얼)
- 학교보건 기본방향(2015. 3. 10, 대구광역시동부교육지원청)

3) 용어 정리

① 학교 응급체계: 학교 내 · 외의 교육활동과 관련하여 학생 및 교직원에게 발생한 응급상황으로부터 사고에 대한 손상을 최소화하기 위한 상담 · 구조, 이송 · 응급처치 등의 관리체계

② 학교안전사고: 교육활동 중에 발생한 사고로 학생, 교직원 또는 교육활동 참여자의 생명 또는 신체에 피해를 주는 모든 사고 및 학교급식 등 학교장의 관리 감독에 속하는 업무가 직접 원인이 되어 학생, 교직원 또는 교육활동 참여자에게 발생하는 질병으로서 대통령이 정하는 것

4) 응급처치의 기본자세

① 전문적인 지식과 행동으로 신속하고 자신감 있게 응급처치

② 가능한 신속하게 환자의 활력증상(vital sign)을 측정

③ 불필요하게 환자의 이동을 억제하고, 환자에게 편안한 자세를 유지하도록 하며, 기도유지 및 척추 손상 예방에 유의(골절 환자의 경우 자세 전환 시 이차적인 손상을 방지하기 위함)

④ 상황을 판단하여 위급한 경우 전문 의료기관으로 즉시 후송 조치

2. 응급상황 관리의 실제

1) 보건교사의 역할

(1) 교내 응급환자 발생 시 역할분담 및 업무분장 등을 명시한 학교 자체 계획을 수립 · 추진

- 응급환자 관리 대책을 수립하고 교직원과 학생 및 학부모에게 홍보한다.
- 응급환자 발생 시 수립된 대책에 따라 신속하고 자신감 있게 응급처치를 실시한다.

(2) 인근 병 · 의원과의 비상 연락망을 마련

- 병 · 의원명, 전화번호, 후송거리, 후송 소요시간, 구급차 보유 여부 등을 상세히 조사하여 유사 시 즉시 활용할 수 있도록 하며, 자체 계획 수립 시 동 내용을 포함

(3) 상황을 판단하여 위급한 경우 전문 의료기관으로 즉시 이송될 수 있도록 학교 관리자에게 보고

(4) 응급환자 후송 및 진료에 대한 기록을 보건일지에 작성 · 보관

- 환자의 활력증상 및 응급처치 상황을 육하원칙에 의하여 보건일지에 기록
- 안전사고 발생 시 환자 상태, 사고 상황, 응급처치 내용, 후송 상황을 육하원칙에 의거하여 상세히 기록
  ☞ 인적사항, 사건의 시간과 장소, 사고 상황, 관계자 등의 확인, 신체상해 부위, 응급처치 내용, 어떤 일이 발생했는지에 대한 상세한 기술, 조치내용, 추후 관리사항 등
- 기록은 사후 제기될 수 있는 문제 해결에 귀중한 자료가 되므로 후송 후 즉시 작성하여 보관

(5) 보건교사 부재 시 관리

① 근거: 교육기본법 제 27조 (보건 및 복지의 증진) 및 학교보건법 제3조에 의거 보건교사의 부재 시 및 응급상황이 발생 하였을 경우 신속한 응급처치로 적절한 관리가 이루어 질 수 있도록 부책임자를 지정하여 운영한다.

② 보건업무대행자를 지정하여 보건 업무, 응급상황 발생 시 응급처치 및 담임연락 등을 하도록 한다.
   ☞ 간단한 외상 처치는 비상약 상자(1층교무실) 활용하여 최초발견자나 담임(교과)교사가 실시

2) 응급환자 후송 절차

① 응급상황을 인지한 경우 반드시 전문가(보건교사 또는 보건업무 담당자)에게 연락
   ※ 보건교사 부재 시는 119, 지역사회 병 · 의원 등과 연계하여 응급상황 발생 시 즉각적 대처를 할 수 있도록 시스템 구축 · 운영(그림 12-3)

② 응급 환자가 발생하면 보건교사는 응급처치를 실시하고, 후송 여부를 판단

③ 보건교사는 후송이 필요하다고 판단되면 담임교사에게 즉시 통보

④ 담임교사는 우선적으로 학부모에게 연락

⑤ 긴급을 요하거나 상태가 중한 학생은 보건교사, 담임교사가 함께 후송

⑥ 보건교사가 후송하는 경우 보건실 업무는 교장이 지정한 교사(업무대행자)가 담당

⑦ 긴급을 요하지 않는 학생

- 학부모에게 연락이 되는 학생은 학부모에게 인계하여 후송
- 학부모에게 연락이 되지 않는 학생은 담임이 우선적으로 후송
- 담임교사 부재 시 부담임 교사가 후송
- 학생 후송으로 생기는 보결은 학교장이 적절하게 조치

3) 응급환자 후송에 따른 행정사항

① 응급환자 후송 교직원에 대하여는 출장 조치함

② 후송 전 가급적 관리자에게 구두 결재한 후 사후 출장 처리

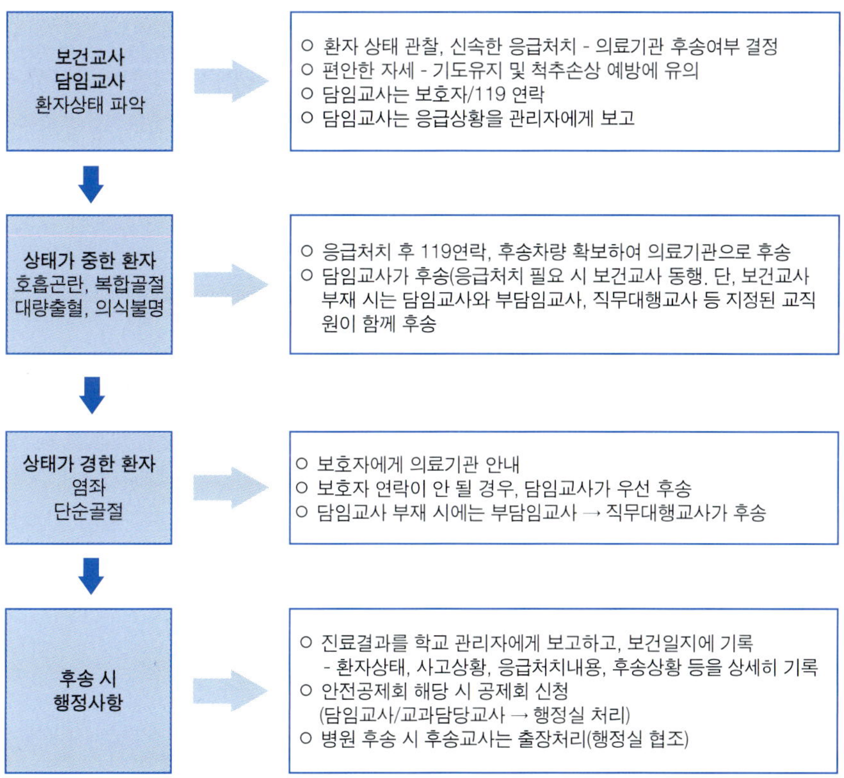

그림 12-3 응급환자 후송 체계도

출처: 대구광역시동부교육지원청(2015). 학교보건기본방향.

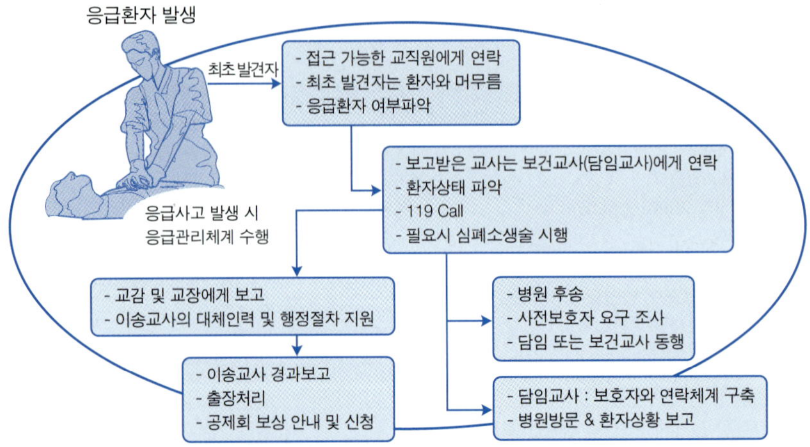

그림 12-4 응급환자 후송 흐름도

출처: 교육과학기술부(2012). 학교에서의 응급의료 관리체계.

③ 생명 및 신체적 후유증이 심각하다고 판단되는 환자 발생 시에는 119 구급차량 이용

④ 담임교사는 계속적인 지도를 통하여 나중에 발생할 수 있는 불미스러운 사태를 최소화

⑤ 보건교사가 후송하는 경우 보건실 업무는 학교관리자가 지정한 교사가 담당

⑥ 후송차량이 119가 아닌, 교직원 차량이나 병원 응급차량 등으로 후송에 따른 경비가 지출된 경우에는 학생복지비 등 학교예산에서 지원

⑦ 학교 교직원 차량으로 후송 시 후송도중 안전사고 발생 예방을 위하여 응급 처치를 실시하는 사람은 차량운전을 하지 않도록 조치

⑧ 학교안전공제회 지원 여부 검토
- 응급환자 치료비 및 후송비 등은 학교안전공제회 해당여부를 확인
- 안전공제회와의 협의는 공제회 담당자(행정실)가 처리

⑨ 학부모 동의와 사전 확인 사항
- 응급환자 발생 시 이송지연 방지 및 학부모의 빠른 연락체계 마련을 위하여 학년 초「학생건강조사」설문 시 학교응급환자관리체계에 대한 안내문과 함께 응급사고 시 필요한 사항을 미리 안내하고 보호자의 동의서와 연락처, 원하는 이송병원 등을 파악
- 학부모로부터 서명으로 사전 동의를 받은 경우 학부모는 금반언의원칙(일단 행한 표시나 행위를 번복할 수 없다는 원칙)에 따라 자신의 동의의사에 구속되므로 서면은 법률적으로 유효
- 그러나 응급사고 발생 시 가까운 병원으로의 긴급이송이 불가피한 경우 사전에 보호자가 지정한 병원으로의 이송이 이루어지지 않은 경우라도「민법」제114조의 대리행위, 제755조의 보호감독의무, 제761조의 긴급피난 등의 법리에 따라 불가피하게 취한 조치로서 비난 또는 책임추궁의 대상이 되기는 어려울 것임

4) 응급환자 후송 세부사항

구 분	보건교사가 후송하여야 되는 경우	그 외 후송하여야 되는 경우
상황	• 기도폐쇄, 호흡곤란 • 맥박이 약하거나 없을 때 • 출혈이 심한 경우, 의식이 없을 때 • 개방 골절일 경우	• 경미한 부상으로 3시간 이상 대기가 가능한 경우 • 염좌, 단순골절이 의심될 때 • 단순고열, 단순외상 • 단순내과질환 (변비통, 감기, 현훈, 구토, 설사, 두통 등)
연락 체계 및 후송 절차	• 위급한 사안은 보건교사, 담임교사가 후송 • 보건교사 → 담임교사 ⟶ 관리자	• 학부모에게 연락이 되는 학생은 학부모에게 인계하여 후송 • 학부모에게 연락이 되지 않는 학생은 담임 교사가 우선적으로 후송 • 담임교사 부재 시 부담임 교사가 후송
	• 담임교사 → 학부모(상황, 후송병원 안내)	
처리	보건교사가 후송하는 경우 보건실 업무는 교장이 지정한 교사가 담당	학생 후송으로 생기는 보결은 교무부장의 협조로 우선 조치
경비	• 모든 응급 후송 참여 교직원은 출장 처리	

출처: 대구광역시동부교육지원청(2015). 학교보건기본방향.

5) 응급환자 발생 시 교직원 행동수칙

학교에서 응급환자 발생 시 다음과 같이 행동한다(그림 12-5).

- 최초 발견 교직원은 침착하게 상황을 관찰한다. 먼저 상황이 안전한지 확인한다.
- 감전, 가스누출, 건물붕괴, 화재, 폭력사고, 안전사고로 인한 척추손상 등은 주의한다.
- 응급환자 발생 시 보건교사에게 즉시 연락을 취한다. 비의료인의 견지에서 볼 때에도 응급상황으로 생각될 경우에는, 보건교사가 오기까지 기다리지 말고 119에 곧바로 연락을 취한다. 어떤 처치를 해야 할지 모를 경우는 1339에 연락하여 도움을 구한다.
- 보건교사가 응급현장에 도착하기 전까지는 교직원이 반드시 계속해서 응급환자를 관찰하고 필요한 도움을 주어야 한다.
- 응급상황에서 물, 약물 등 경구(입)투여는 금지한다.(금식)
- 불가피한 경우를 제외하고 중증의 부상이나 아픈 학생은 이동시키지 않는다. 2차 손상을 예방하기 위하여 꼭 이동이 필요한 경우는 "목과 등"에 대한 응급처치 방법대로 지지 후 이동한다.
- 보건교사는 가능한 신속하게 환자의 활력증상을 측정하고 환자를 상태를 확인한다.
- 필요한 경우 119를 부르거나 병원으로 후송한다.
- 응급처치(관찰)가 필요한 후송 시에는 운전자와 관찰자 등 최소 2명 이상이 후송한다.
- 담임교사는 가능한 한 빨리 학부모에게 연락하고 학교 관리자에게 구두 보고한다.
- 부모에게 연락이 되지 않을 경우, 학부모 권한 대행자에게 연락하고 의료기관에 후송한다.
- 교직원은 학부모에게 인계하기 전까지 의료기관에서 학생의 상태를 관찰한다.
- 보건교사는 응급처치 상황을 보건일지 또는 별도의 응급환자 기록지에 기록하고 학교장에게 보고한다.

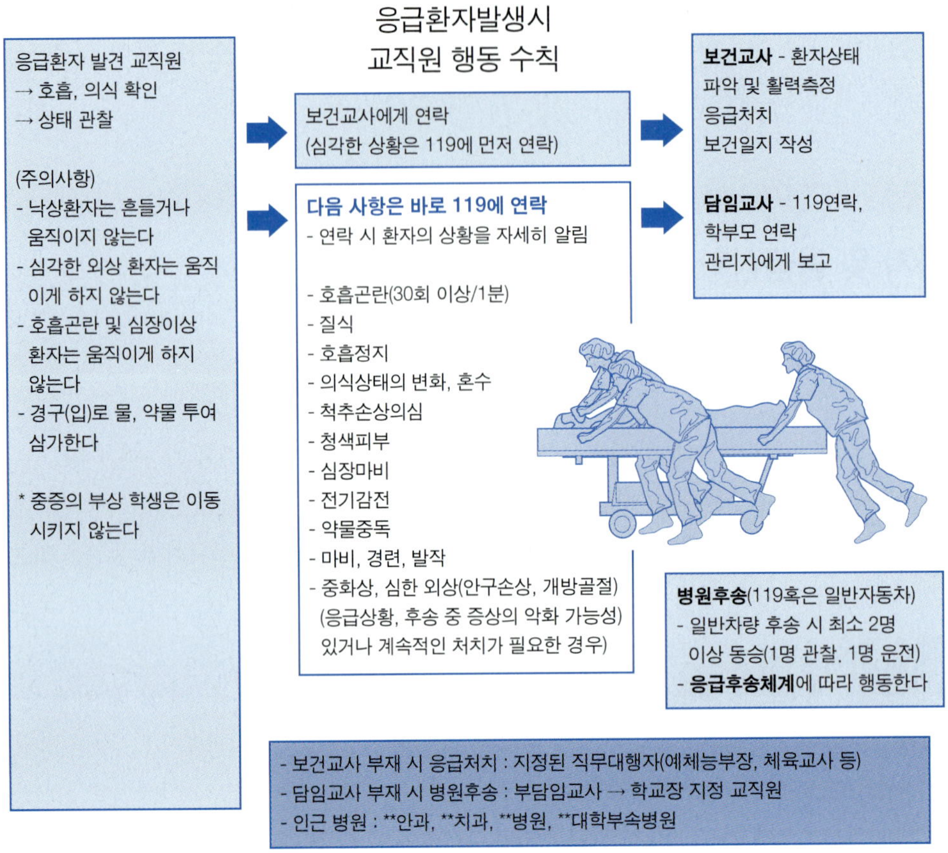

그림 12-5 응급환자 발생 시 교직원 행동수칙

6) 학교 내 안전사고 예방을 위한 연수 등 조치사항

- 사고예방과 함께 중요한 것은 사고 발생 후 사고로 인한 건강문제를 최소화 하는 것으로 학교장은 학교운영계획서에 연간보건교육계획을 수립 실시
- 특히, 학교 내 응급환자 발생 시 학생과 교직원을 대상으로 보고방법을 숙지하도록 교육하고, 교실 및 학교 내『응급환자 후송 체계도』(그림 12-3), 『응급환자 후송 흐름도』(그림 12-4) 등을 교무실과 교실 등에 부착하여 신속한 대응이 이루어지도록 조치
- 「학교보건법」 제12조, 「아동복지법」 제9조, 「학교안전사고 예방 및 보상에 관한 법률」 제8조에 따라 학교장은 학생 및 교직원에게 교통안전교육, 약물 오 · 남용 예방교육, 재난대비 안전교육, 심폐소생술 등의 안전교육 실시 의무
- 학교의 장은 최소한 초등학교 5학년, 중 · 고등학교 2학년 대상 심폐소생술 실습교육을 실시하고 시 · 도교육감은 원활한 학생 심폐소생술 실습교육을 위하여 소정의 심화과정 이수교사에 대해 전문강사 자격부여 활용
- 보건(업무담당)교사, 학교응급처치 담당전문교사(심폐소생술 연수이수교사)는 연1회 이상 응급처치 전문가 교육을 받도록 함

- 모든 교직원을 대상으로 기본안전교육 및 응급환자 발생 시 처치요령에 대해 연1회 이상 연수
- 전체 교직원이 심폐소생술 연수를 받도록 행 · 재정적 지원을 하고 연수이수자는 학교 내응급상황 발생 시 보건교사를 도와 심폐소생술에 참여

3. 응급환자 및 응급상황

1) 응급환자 발생에 따른 처치 및 이송 판단기준

(1) 응급사고 발생 시 응급환자 여부의 판단은 신속한 응급처치와 응급이송체계를 가능하게 함

(2) 응급환자란「응급의료에 관한 법률 시행규칙」2조 제1호에서 언급한 대로 질병, 분만, 각종사고 및 재해로 인한 부상이나 그밖의 위급한 상태로 인하여 즉시 필요한 응급처치를 받지 아니하면 생명을 보존할 수 없거나 심신에 중대한 위해(危害)가 발생할 가능성이 있는 환자 또는 이에 준하는 사람으로서 보건복지부령으로 정하는 사람

(3) 보건복지부령이 정하는 응급환자(응급의료에 관한 법률 시행규칙 제2조): 응급증상 및 이에 준하는 증상이 있는 자

- 별표1의 응급증상 및 이에 준하는 증상
- 제1호의 증상으로 진행될 가능성이 있다고 응급의료종사자*가 판단하는 증상

(* 간호사 면허를 가진 보건교사는 의료인 및 응급의료종사자로서의 역할을 수행)

2) 응급증상 VS 응급에 준하는 증상

응급의료에 관한 법률 시행규칙 제2조 1항의 별표	
응급증상	① 신경학적 응급증상: 급성의식장애, 급성신경학적 이상, 구토, 의식장애 등의 증상이 있는 두부손상 ② 심혈관계 응급증상: 심폐소생술이 필요한 증상, 급성호흡곤란, 심장질환으로 인한 급성 흉통, 심계항진, 박동이상 및 쇼크 ③ 중독 및 대사장애: 심한 탈수 약물, 알콜 또는 기타물질의 과다복용이나 중독, 급성 대사장애(간부전, 신부전, 당뇨병 등) ④ 외과적 응급증상 • 개복술을 요하는 급성복증(급성복막염, 급성췌장염 등 중한 경우에 한함) • 광범위한 화상(외부 신체표면적의 18%이상), 관통상 • 개방성 · 다발성 골절 또는 대퇴부 척추의 골절 • 사지를 절단할 우려가 있는 혈관손상 • 전신마취 하에 응급수술을 요하는 중상, 다발성외상 ⑤ 출혈: 계속되는 각혈, 지혈이 안되는 출혈, 급성위장관 출혈 ⑥ 안과적 응급증상: 화학물질에 의한 눈의 손상, 급성 시력손실 ⑦ 알러지: 얼굴 부종을 동반한 알러지 반응 ⑧ 소아과적 응급증상: 소아경련성 장애 ⑨ 정신과적 응급증상: 자신 또는 다른사람을 해할 우려가 있는 정신장애

응급에 준하는 증상	① 신경학적 응급증상: 의식장애, 심한 두통과 어지럼증 ② 심혈관계 응급증상: 호흡곤란, 과호흡 ③ 외과적 응급증상: 화상, 급성복통을 포함한 배의 전반적인 이상증상, 골절 · 외상 또는 탈골, 기타 응급수술을 요하는 증상, 배뇨장애 ④ 출혈: 혈관손상 ⑤ 소아과적 응급증상: 소아경련, 38℃이상인 소아고열(공휴일 · 야간 등 의료서비스가 제공되기 어려운 때에 3세 이하의 소아에게 나타나는 증상) ⑥ 산부인과적 응급증상: 분만 또는 성폭력으로 인하여 산부인과적 검사 또는 처치가 필요한 증상 ⑦ 이물에 의한 응급증상: 귀, 눈, 코, 항문 등에 이물이 들어가 제거술이 필요한 환자

3) 신속한 처치와 이송이 필요한 응급상황

☞ 평소에 상황별 응급처치 방법을 숙지하고 사안 발생 시 응급의료체계에 따라 신속 조치

- 의식의 변화가 있고 의식소실이 있을 경우: 불러도 눈을 뜨지 못하고 의식이 없거나, 묻는 말에 횡설수설하는 등 의식변화가 있거나, 두부에 손상이 있거나 구토 등을 보이는 경우, 경련을 일으키는 경우
- 호흡이 없거나 호흡곤란을 느끼는 경우: 숨을 가쁘게 몰아쉬거나 입술이 파랗게 변하거나 얼굴이 창백해있거나 현기증을 일으키며 비틀거리거나 쓰러지는 경우
- 외과적 부상으로 출혈이 심하고 외상부위가 오염되어 감염이 의심되는 경우
- 갑작스럽게 가슴통증을 호소하는 경우
- 화학물질에 의한 눈의 손상 또는 안구부상인 경우
- 척추 등의 부상으로 신체부위에 감각이상을 보이는 경우
- 중등도 이상의 화상을 입었을 경우
- 자신 또는 다른 사람에게 상해를 가할 수 있는 정신이상인 경우

4) 응급상황 발생 시 대처요령

※ CHECK(상황판단), CALL(도움요청), CARE(응급처치)의 단계로 응급상황을 처리함

CHECK !	1. 응급상황 여부 확인하기 • 일차적인 환자의 응급상태 파악 • 환자수, 주변위험물 파악, 처치할 수 있는 자원 파악 • 최초발견자는 즉시 보건교사에게 연락을 취하고 보건교사가 배치되어 있지 않은 학교에서는 보건업무담당교사나 교직원에게 연락(응급인 경우 보고와 119 도움 요청이 동시에 취해져야 함) 2. 환자상태 파악하기 • 보건교사가 배치되어있는 경우는 보건교사에게 즉시 연락을 취하거나 학교응급사고 신고지침에 명시되어 있는 보건업무담당교사에게 연락 • 보건교사는 활력징후를 측정하고 응급처치 및 이송 준비 • 보건교사가 없는 학교에는「초중등교육법」제20조의 규정에 따라 교무를 통할하고 소속 교직원을 지도 · 감독하는 학교장의 사무분장 권한에 의거 보건업무 담당교사를 지정, 업무담당자는 환자상태를 판단하기 어려운 경우 119나 1339에 도움 요청

CALL !	3. 응급구조 요청하기 • 환자의 상태가 위급하다고 판단되는 경우는 도움 요청 4. 응급환자 관리체계 가동하기 • 응급환자 발견, 보고체계, 환자관리, 담당자 역할관리 및 보호자 연락 등 '응급환자 관리체계'지침에 준수하여 응급처치와 관리를 수행 • 학교안전사고 피해자를 교원이 긴급이송하다 사고가 발생할 경우는 공무상 재해에 해당「공무원연금법」제34조,「사립학교교직원 연금법」제42조의 규정에 따라 보상 조치
CARE !	5. 안전한 장소로 환자 옮기기 • 가능한 경우 환자를 안전한 장소로 옮기되, 무리한 움직임을 피하고 전문가의 응급처치요령에따름(척추손상 등 중증의 부상자는 2차손상을 예방하기 위해 무리한 이동은 삼가) 6. 응급처치 시행하기 • 구급차가 현장에 도착하기까지 응급처치가 필요한 경우는 1339 '응급의료정보센터'에 연락하여 도움을 요청하고 전화상담원의 지시에 따름(이는 추후문제 발생 시 응급처치에 따른 수행에 대한 '응급의료정보센터'에의 증빙자료를 요구하여 법적보호를 받을 수 있음) • 119구조대가 오기 전에 생명에 위험이 초래될 것으로 판단되는 경우 보건교사 및 심폐소생술가능자가 응급처치 실시 7. 병원으로 환자 이송하기 • 학교에서 가까운 응급의료센터 및 증상에 따라 학교협약병원으로 또는 사전에 파악된 보호자가 원하는 병원으로 환자를 안전하게 이송 • 학교자체 처치: 간단한 상해는 보건실 방문 ▶ 귀가조치 : 장시간 안정을 요하는 경우 부모에게 연락 후 귀가 조치 8. 기록 및 추후결과 확인하기 • 전문가 인계 및 병원이송까지의 과정을 6하원칙에 따라 '응급환자기록지'에 기록 · 보관 ※ 응급환자 기록지는 최소한 당해 연도 보관 필요

제7절 학교감염병 관리

학교는 면역력이 약한 다수의 소아 및 청소년의 접촉이 잦은 장소로 감염병 발생 시 학생에게 빠른 속도로 전파될 확률이 높다. 감염병에 걸리면 하업을 중지하거나 심한 경우 입원 또는 사망에 이르는 등 학생 및 교직원 개인의 피해가 초래된다. 학교 내 감염병이 유행하면 정상적인 수업에 지장을 초래하거나 휴업 내지 휴교를 해야 하는 등 학교운영에 영향을 끼칠 뿐 아니라 가족구성원을 통해 지역사회로 확산될 수 있다. 이상과 같이 학교는 감염병에 매우 취약한 장소이므로 학교에서의 감염병 관리는 매우 중요하다.

우리나라 학령기 감염병 발생 현황을 살펴보면, 급성감염병 발생률은 1960년대 이후 지속적으로 감소하였으나, 1998년 이후 홍역과 유행성이하선염의 주기적인 유행, 말라리아의 재출현, 각종 수인성 감염병 발생으로 인해 증가하기 시작하여 2000년부터 2001년에 걸친 홍역 대유행으로 급격히 증가하였다. 이후 홍역 퇴치 사업, 말라리아 퇴치 사업 등 적극적인 감염병 관리 정책으로 감염병 발생률은 감소하였다.

그러나 2003년 이후 쯔쯔가무시증과 유행성이하선염의 증가 추세 지속, 2005년 7월 새롭게 법정감염병으로 지정된 수두의 유행으로 급성감염병 발생이 다시 증가하였으며 특히 2009년에는 신종인플루엔자 A(H1N1)의 전세계적인 대유행으로 감염병 발생이 급격히 증가하였다. 따라서 학교에서는 감염병 예방을 위한 보건교육 및 면역증강, 환경 개선 등 사전예방을 통하여 학생 및 교직원의 건강을 유지 · 증진할 뿐 아니라 학교에 감염병 환자 발생 시 교육청 보고, 방역당국(보건소) 신고, 역학조사, 등교중지 또는 휴업 실시, 방역소독, 보건교육 등을 통해 체계적으로 관리해야한다.

1. 감염병의 개요

1) 감염병 관리의 목적

'감염병의 위협으로부터 학교의 안전을 확보'하는 것이며, 세부 목표는 다음과 같다.

- 학생이 감염병에 이환되는 것을 미리 예방하고 감시
- 학생의 감염병을 조기에 발견하고 신속하게 조치함으로써, 감염병이 확산되는 것을 방지
- 교내 감염병 유행 시 조기에 전파를 차단하고, 통제함으로써 학교 기능을 유지
- 교내 감염병 유행으로 지역사회는 물론 국가 전체로 확산되는 것을 예방.

2) 아동 · 청소년기 호발 법정감염병 및 특성(표12 -16)

표 12-16 아동 · 청소년기 호발 법정감염병 및 특성

질 병	전파 경로	잠복기	전염가능 기간 / 등교중지 기간	호발시기 연령	임상 증상
수 두	비말 에어로졸	10–21일 (14–16일)	수포가 생기기 1–2일 전부터 모든 수포에 가피가 형성이 될 때 까지 / 모든 수포에 가피가 형성될 때 까지	5–6월 11–1월 4–8세	발열, 피로감, 피부발진, 수포
유 행 성 이하 선염	비말	7–23일 (14–18일)	침샘부종 1–2일 전부터 모두 가라앉았을 때까지 또는 증상발현 후 9일까지 / 증상발현 후 9일까지	5–7월 15–17세	발열, 두통, 근육통, 이하선 부종
홍 역	비말 에어로졸	7–18일	발진이 나타난 후 5일까지 / 발진이 나타난 후 5일까지	봄철 5–10세	발열, 기침, 콧물 koplik 반점, 발진
풍 진	비말 태반	12–23일 (16–18일)	발진 생기기 7일 전부터 생긴 후 5일까지 / 발진이 나타난 후 5일까지	초봄, 늦겨 울	구진성 발진, 림프 절 종창, 미열 등
인플루엔자	비말	1–5일 (2일)	증상 발생 1–2일 전부터 7일 혹은 증상이 소실될 때 까지 / 등교중지는 의미 없음	봄, 겨울 전 연령	발열, 두통, 근육통, 인후통, 기침, 객담
뇌수막염	비말	2–10일 (3–4일)	바이러스 : 5–7일 세균 : 적절한 항생제 치료 후 24–48시간까지 / 뇌수막염 학생은 입원치료	바이러스 : 4–14세 세균:연중	발열, 두통, 구토, 의식저하
수족구병	비말 수포액	3–7일	발병 후 7일, 피부 병변에 액체가 남아있는 동안 / 수포 발생 후 6일간(가피 형성될 때 까지)	여름 영유아	발열, 손, 발바닥 및 구 강 내 수포 및 궤양
조 류 인플루엔자 인 체감염증	감염된 가금류와 접촉	3–10일 (7일)	증상 발생 1–2일 전부터 7일 혹은 증상이 소실될 때 까지 / 모두 회복될 때 까지	가을철 전 연령	인플루엔자와 동일 역학적 연관성 있음
중증급성 호흡기증후군	비말	2–10일 (4–6일)	증상이 있는 동안 / 모두 회복될 때 까지	연중 전 연령	급성호흡기 증상 역학적 연관성 있음
결 핵	비말 에어로졸	수주– 수개월	약물치료 시작 후 2주까지 / 약물치료 시작 후 2주까지	연중 전 연령	발열, 전신 피로감 식은땀, 체중 감소

출처: 교육과학기술부(2012), 학교 감염병 예방관리 매뉴얼.학교 감염병 예방관리 매뉴얼

표 12-17 국가필수예방접종 및 기타 예방접종 현황

구 분	종 류
『국가필수 예방접종』대상 감염병(14종)	결핵, B형간염, 디프테리아/파상풍/백일해(DTaP, Td), 폴리오, 홍역/유행성이하선염/풍진(MMR), 수두, 일본뇌염, 인플루엔자, 장티푸스, 신증후군출혈열,
기타 예방접종(5종)	b형 헤모필루스인플루엔자(Hib), 폐렴구균, 로타바이러스, A형간염, 인유두종바이러스

• 인플루엔자, 장티푸스, 신증후군출혈열: 고위험군에 한하여 접종

출처: 교육과학기술부(2012), 학교 감염병 예방관리 매뉴얼.

2. 감염병 예방 관리

1) 예방접종 관리

- 국가 필수 예방접종 독려 (표12-17)
- 취학 후 예방접종 내용을 NEIS-보건-건강기록부에 입력
- 유행시기별 예방접종(교내 단체 접종 금지)

2) 면역증강을 위한 노력

- 스포츠 활동 생활화
- 균형잡힌 식생활습관 지도
- 규칙적인 수면습관
- 야외활동 권장 등

3) 학교환경 관리

(1) 취약 환경 및 병원소 관리를 통한 감염원 제거

(2) 소독 및 방역 철저: 주기적 방역 실시

- 하절기: 1회 이상/2개월
- 동절기: 1회 이상/3개월
- 감염병 발생 즉시 방역 실시

(3) 교실 환경 청결 유지 및 환기 철저

(4) 온수 시설 및 양치시설 확충

4) 건강검진

- 초1,4학년, 중 · 고 1학년: 건강검진 실시
- 중 · 고 2, 3학년: 결핵 검진 실시(대한결핵협회 주관)
- 검진 결과 유소견 발견 시 적절한 진료를 하도록 지도

5) 보건교육

- 학생들이 건강한 생활습관을 갖도록 평상시 감염병 예방을 위한 보건교육을 시행한다.
- 관련교과수업, 유인물(가정통신문, 보건소식지, 게시자료 등), 학교 홈페이지 등 다양한 방법을 활용하여 적절히 교육한다.
- 학교 홈페이지에 감염병 예방 관련 배너를 링크하고 자료실에 교육자료를 탑재한다.
- 현장체험학습, 야영(수련활동) 등 야외활동, 체육대회 등 학교 행사시기와 계절에 맞게 시행한다.

(1) 감염병 예방을 위한 국민행동요령

① 평소에도 손을 자주, 비누를 사용하여 흐르는 깨끗한 물에 씻어야합니다.
- 손을 씻어야하는 때: 외출 후, 많은 사람이 모이는 장소를 다녀온 후, 조리하거나 식사하기 전, 화장실 사용 후, 기침이나 재채기 후 등

② 식수는 반드시 끓였거나 병에 든 물(생수)을 드셔야합니다.
- 이외 요리 시, 설거지 시, 손을 씻거나 양치시 등에도 안전한 물, 소독된 물 사용 권고

③ 채소류 등 식재료는 흐르는 깨끗한 물에 씻고, 충분히 가열하여 드셔야합니다.
- 특히, 여름철조리음식보관금지, 오염된 물에 닿았던 음식 섭취 금지, 이상한 냄새가 나거나 색깔, 모양 등이 변한 음식물 섭취 금지

④ 도마, 칼 등은 식품별 구분하여 따로 사용하고, 사용 후 깨끗이 씻고, 잘 말려서 사용해야합니다.
- 설사증상이나손에상처가있는사람은조리금지
- 특히, 설사증상이 있는 경우 의료기관 방문 진료 권고

⑤ 기침, 재채기를 할 경우 휴지나 손수건, 옷소매 이용하여 입 가리기 등 기침에티켓을 지키고 기침이 계속된다면 마스크를 착용을 권장합니다.

⑥ 손으로 가급적 눈, 코, 입을 만지는 것을 피하고, 집안이나 실내 등은 청결히 하고 환기를 자주 시킵니다.

⑦ 발열이나 호흡기증상(기침, 목 아픔, 콧물이나 코막힘)이 있을 때에는 사람과 밀접한 접촉을 피하고 가급적 많은 사람이 모이는 장소로의 외출은 자제하시는 것이 좋습니다.

(2) 손씻기

○ 손을 씻어야 하는 경우

- 식사를 하거나 식사를 먹여주기 전
- 식탁 차리기 전
- 음식물을 조리하기 전
- 기침, 재채기, 콧물 닦기 등 호흡기 분비물에 노출된 후
- 화장실에서 용변을 본 후
- 렌즈를 끼기 전
- 눈에 보이게 손이 더러워졌을 때
- 환자와 접촉 후, 환자의 옷을 만진 후
- 동물 혹은 동물의 분비물과 접촉한 후, 애완동물 집을 청소한 후

○ 효과적인 손 씻기 방법

* 물과 비누를 이용한 손 씻기

- 비누를 사용하기 전에 흐르는 물에 손을 충분히 적신다.
- 충분한 시간(30초 이상) 동안 비누와 함께 손을 비빈다. (손을 씻는 동안 부를 수 있는 노래를 가르치는 것이 도움이 된다)
- 손을 씻을 때는 손목, 손바닥, 손등, 손가락, 손가락 사이 및 손톱 밑을 철저히 씻는다.
- 손을 씻은 후에는 일회용 타월로 닦고 완전히 말린다.

* 손소독제를 이용한 손 씻기

- 물과 비누의 사용이 어렵고 눈에 보일 정도의 오염물이 묻어 있지 않으면 알코올 성분이 포함된 손소독제를 사용할 수 있다.
- 소독제의 알코올 농도가 60~90% 일 때 최적의 살균력을 보인다.
- 한 손바닥에 적정량(보통 1~3cc)의 손소독제를 던다.
- 손과 손가락표면 전체에 골고루 바르고 소독제가 마를 때까지 문지른다.

○ 학생 손 씻기 운동 및 지도 강화

- 하루에 8번 이상 30초씩 손 씻기(1830) 운동 전개
- 학교 신 · 개축 및 보수 시 손 씻는 시설을 확충(복도, 식당입구, 화장실 등)하고, 특히 동절기에 온수공급으로 충분한 손 씻기가 이루어 질 수 있도록 관련 시설의 적극적 설치

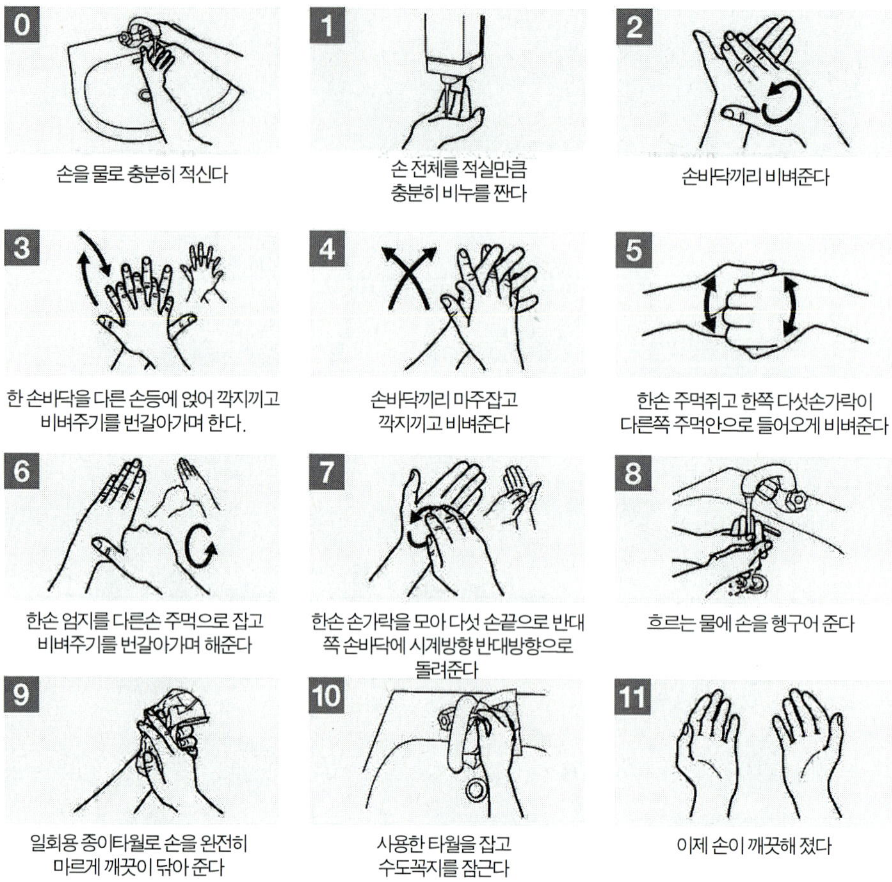

그림 12-6 손 씻기 방법

출처: 교육과학기술부(2012). 학교 감염병 예방관리 매뉴얼.

(3) 기침예절

- 호흡기 감염 증상이 있는 사람은 기침이나 재채기를 할 때는 코와 입을 휴지로 가리고, 없을 경우에는 소매로 가린다. 사용한 휴지는 즉시 휴지통에 버리고 흐르는 물에 비누나 소독제를 사용하여 손을 씻거나 물 없이 사용하는 알코올 제제를 사용하여 손을 닦는다.
- 호흡기 감염 증상이 있는 사람은 가급적 마스크를 착용하도록 한다.
- 호흡기 증상으로 마스크를 착용할 때 일회용 마스크는 젖으면 필터링 능력이 떨어지므로 바로 교환하고 재활용하지 않도록 한다.

그림 12-7 기침예절 포스터

출처: 교육과학기술부(2012). 학교 감염병 예방관리 매뉴얼.

3. 감염병 관리의 실제

1) 감염병 예방활동

(1) 보건교육/가정통신문 발송/유인물 홈페이지 탑재/방송교육 실시

- 주기적인 손 씻기 등 개인위생 교육 실시
- 가정통신문, 홈페이지 및 SMS 문자를 통한 홍보 및 안내
- 방송 조회, 훈화 등을 통한 예방 홍보

• 쉬는 시간마다 손 씻기 등 적극적인 예방활동 실시

(2) 감염병 유행 시 『일일 감시 체계』운영을 통한 확산 방지

• 매일 1교시 수업 전 담임교사는 학생들의 건강상태 및 결석생 수 확인과 호흡기, 소화기 및 기타 감염 증상이 있을 경우 즉시 보건실에 연락함

• 보건교사는 보건실 방문자 중 감염병 의심 증상이 있을 경우 즉시 등교 중지하고 관할 보건소 및 병의원에 진료 연계함

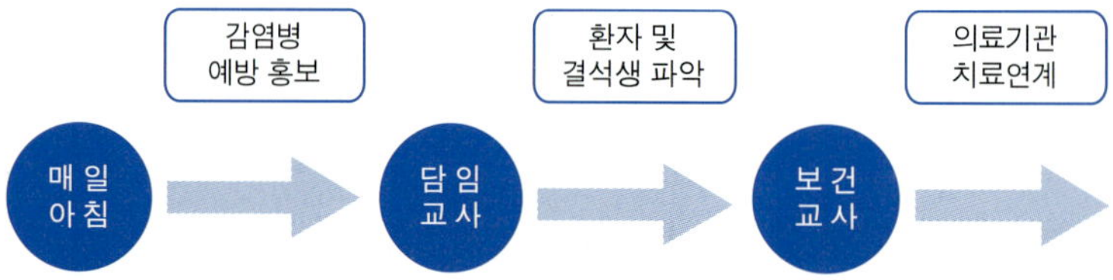

출처: 교육과학기술부(2012), 학교 감염병 예방관리 매뉴얼.

(3) 학교 환경의 위생적 관리

• 학생 및 교직원의 손 씻기 실천이 용이하도록 손세척제(비누 등) 또는 소독제 등을 충분히 비치

• 시설물 및 취약지역 소독 방역

• 규칙적인 실내 환기 및 청결 유지

(4) 교직원, 학교 종사자 중 감염자 관리

• 교직원, 학교 종사자 중 법정감염병 환자(의사환자 포함) 발생 시 주변 사람들과 접촉하지 않도록 하며 교육청 보고 및 보건소 신고

2) 법정감염병 감염자 관리

(1) 등교중지와 가정 격리 치료 및 완치 여부 확인

• 학교장은 감염자에 대하여 즉시 등교중지 조치하고 완치되면 등교하도록 함.

• 등교중지로 인한 학생 수업결손이 없도록 학교로부터 제공 받은 출석수업 대체자료를 활용하여 가정에서 개별학습

(2) 감염자의 치료 상황 파악과 관리 상태 기록

• 감염자에 대한 치료 상황을 파악하여 기록 관리

• 가정에서의 격리 치료에 따른 협조 사항 안내

• 등교중지 중인 학생이 학원 등 다중이용시설에서의 전염 사례 차단

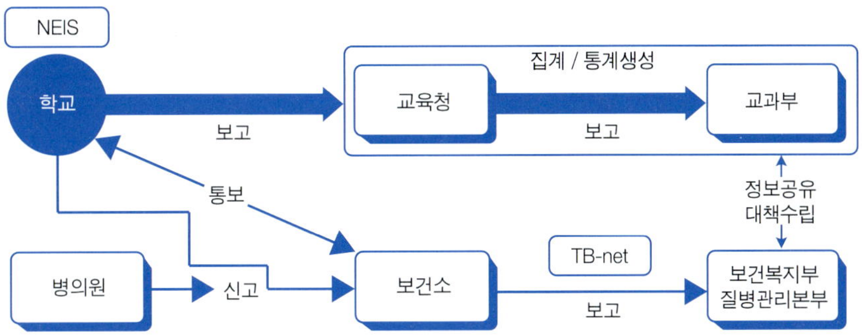

그림 12-8 감염병 보고 및 관리체계

출처: 대구광역시교육청(2015), 2015년 감염병 예방 및 관리 계획.

(3) 학교에서 법정감염병 확진환자 발생 시 일일 발생 상황 보고

- 대단위 발생으로 확산 우려가 있을 경우 유선으로 먼저 교육청 보고 후 나이스로 전송

3) 법정감염병 유행에 따른 학사운영 관리

(1) 등교중지에 따른 출결상황 관리

- 법정감염병으로 등교중지 시 관련법령에 따라 출석으로 처리함

1 관련 법령

- 학교보건법 제8조, 동법 시행령 제22조
- 초 · 중등교육법 세64조, 동법 시행령 제 47조
- 「학교생활기록 작성 및 관리 지침」제8조 제2항 별지 제8호

2 대 상

- 감염병의 예방 및 관리에 관한 법률 제2조에 규정된 감염병 환자 (다만 제3군 및 지정감염병환자로서 의사의 진단에 의해 타인에게 전염될 우려가 없다고 인정되는 자는 제외한다)
- 의사의 진단에 의하여 전염성이 강한 질환에 감염 되었다고 인정되는 자.

3 등교중지에 대한 사무처리

- 확인서류: 진료 확인서, 의사소견서, 의사진단서 중 1부
- 내부결재: 등교중지 및 출석인정 기안문
- 출결처리: 나이스 [학적] – [출결관리] – [출결관리]에서 출석인정(△)으로 체크한다.

출처: 교육과학기술부(2012), 학교 감염병 예방관리 매뉴얼.

(2) 감염병 대유행에 따른 학교 단체 활동 자제

- 수련활동 및 단체 활동을 통해 감염병 전파의 가능성이 있을 경우 단체 활동을 연기하거나 자제함
- 부득이 행사를 개최하는 경우 반드시 대규모 행사가 열리는 장소의 관할 보건소장에게 행사 전에 통지함

(3) 감염자 다수 발생에 따른 단축수업 또는 임시휴업 조치

- 감염병 확산으로 인해 정상수업이 불가능하다고 판단될 때에는 단축수업 또는 임시휴업 등의 확산방지 조치를 강구한다.
  ☞ 초 · 중등교육법제64조, 동법시행령 제47조(휴업) 참고
- 단, 임시휴업 조치 결정시에는 학교 자체 휴업기준에 의해 종합적으로 검토 · 결정하고 지체없이 교육청에 이를 보고한다.
- 휴업으로 인해 수업결손을 최소화하기 위해 유인물, 웹사이트 등을 이용한 원격교육(동영상, CD 등 교육자료 활용)을 실시하여 가정학습과 연계하도록 한다.
- 휴업기간 동안 학원수강 금지 등 외출을 자제하도록 생활지도를 철저히 한다.

4) 감염병 관리를 위한 업무분장

(1) 학교감염병 대책위원회 구성

(2) 감염병 대유행 등 유사시에 철저히 대비

1 단축수업 또는 임시휴업으로 인한 수업차질 발생관련 대비 철저

- 유인물, 웹사이트 등을 이용한 원격교육(동영상, CD 등 교육자료 활용)실시 등 휴업(휴교)을 대비한 교육방안 마련

2 비상연락체계 구축 및 각종 방역활동 협조체계 강화

- 학교 및 지역사회 대유행 등 유사시를 대비하여 사전에 관할보건소(당직실, 담당부서)와 전체학생 · 교직원 전화번호 등 비상연락체계 확보
- 관할보건소 등 방역기관에서 실시하는 방역활동 및 확산예방사업에 적극적인 참여 및 정보 공유

3 등교중지 · 단축수업 · 휴업 등에 따른 학생 생활지도 대책 강구

- 등교중지 · 단축수업 · 휴업시 학생들의 불건전업소 출입, 일탈행동 등이 발생하지 않도록 가정과 연계한 생활지도 대책 마련

5) 학교감염병 대응체계

(1) 학교에서는 평상시 감염병환자 또는 의심환자가 발생한 경우 다음과 같은 조치를 우선시행하여 감염병이 확산되지 않도록 적극적으로 대응해야한다.
- 건강사정 처치 의료기관 진료의뢰
- 학교 내 유행가능성 여부를 지속적으로 관찰
- 학교 내 감염병 유행 차단 및 확산방지

(2) 2009년 신종인플루엔자 대유행 사례와 같이 국가위기상황이 발생할 경우 학교 감염병 대응은 국가 감염병 대응정책에 따라 학생 및 교직원 그리고 그 가족들의 건강을 지키기 위한 대책이 수립 · 시행되어야한다.

(3) 따라서 학교감염병 대응체계는 크게 평상시와 국가위기상황 발생 시로 구분하여 실시할 필요가 있다(표 12–18).

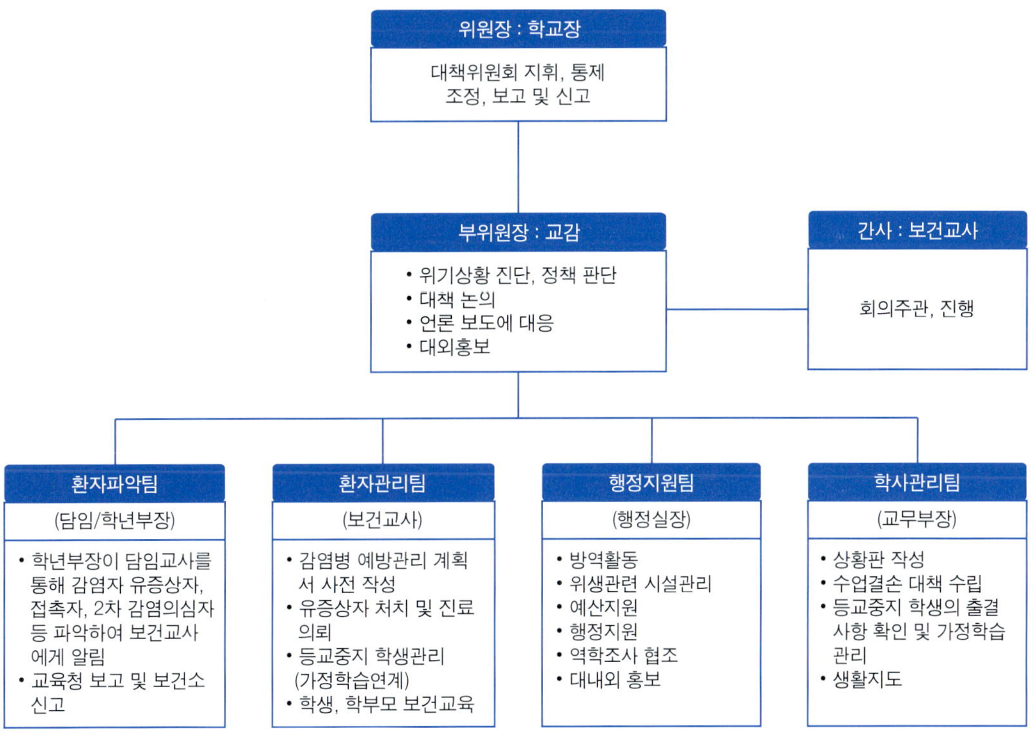

그림 12-9 학교감염병 대책위원회 조직도

출처: 교육과학기술부(2012). 학교 감염병 예방관리 매뉴얼

표 12-18 학교 감염병 대응체계

구분	상황	관리체계	주요 조치내용
평상시 대응체계	• 감염병의 산발적 발생 • 감염병의 유행 – 동일학급내 으심 또는 확진 환자 2명이상 발생 – 급성호흡기감염병의 경우 전체 인원의 5%이상 발생	학교내 감염병 유행시 학교 감염병 대책위원회 구성 및 운영(그림 12-11)	• 감염병환자(유증상자 포함) 관리 • 감염자 조기격리 및 유증상자 관리 • 접촉자 관리 및 추가 발병자 파악 • 교육청 보고 및 보건소 신고 • 수학여행, 교내행사 및 단체활동 자제 • 시설물 및 취약지역 소독, 방역 실시 • 감염병 예방 및 발생시 대처요령 교육
국가 위기상황 발생시 대응체계	• 해외 신종 감염병의 국내 유입 및 전국적 확산 • 국내 신종 감염병의 전국적 확산 • 국내 수인성, 재출혈 감염병의 전국적 확산	국가 위기상황 발령시 학교 감염병 대책위원회 구성 및 운영	• 위기경보 수준에 따른 역할 수행(표 10) • 방역기관과 유기적인 협조체계 유지 • 지역내 의료기관에 의료자문 • 확산양상에 따른 휴업 고려

출처: 교육과학기술부(2012), 학교 감염병 예방관리 매뉴얼

4. 결핵 관리

1) 결핵 관리체계

2) 결핵환자 발생 시 관리체계

3) 결핵예방

(1) 검진 실시

• 대상: 중 · 고등학생

• 방법: X선 검사

(2) 보건교육 실시

• 가정통신문, 보건소식지, 게시자료, 학교 홈페이지 등 다양한 방법을 활용한다.

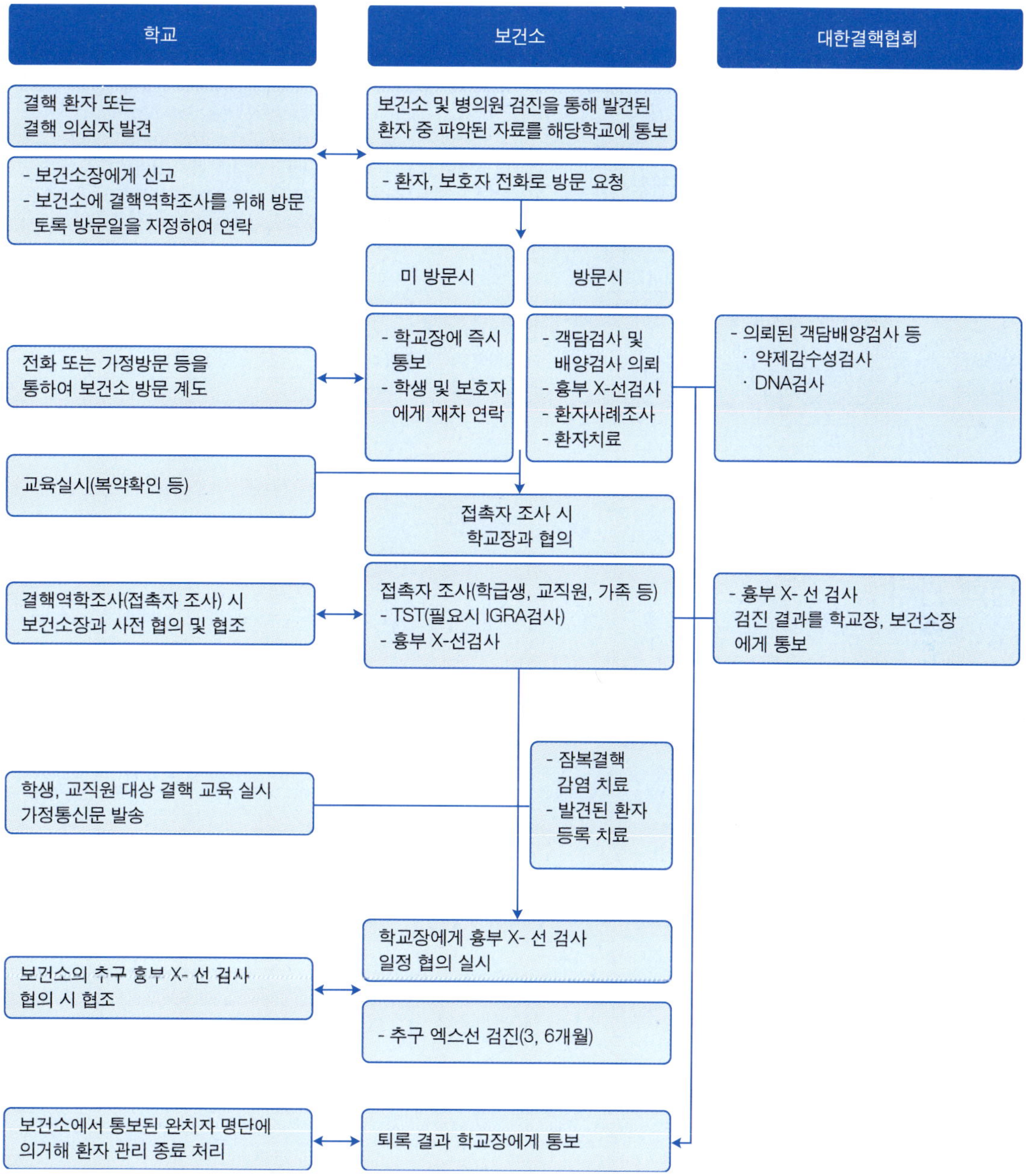

1) TST(Tuberculin Skin Test, 결핵 피부 반응검사): 결핵의 감염 여부를 판단하는 검사로, 피부 바로 밑(주로 왼팔의 팔뚝 부분)에 작은 주사를 한 후 48~72시간 후에 부풀어 오르는 반응이 생겼는지 확인한다. 결핵균에 감염되었거나 BCG 백신 접종자에게서 양성 반응이 나타날 수 있으며, 부풀어 오른 자리는 시간이 지나면 가라앉는다.

2) IGRA(Interferon-gamma release assay, 인터페론 감마 분비 검사): 결핵균에 감작된 T-세포만을 자극하는 특이항원을 사용하고 백혈구에서 유리되는 인터페론 감마 농도를 측정하여 결핵 감염 여부를 판단한다. 결핵균 특이항원을 사용하기 때문에 반응 특이도가 높다.

그림 12-10 결핵관리체계

출처: 교육과학기술부(2012), 학교 감염병 예방관리 매뉴얼.

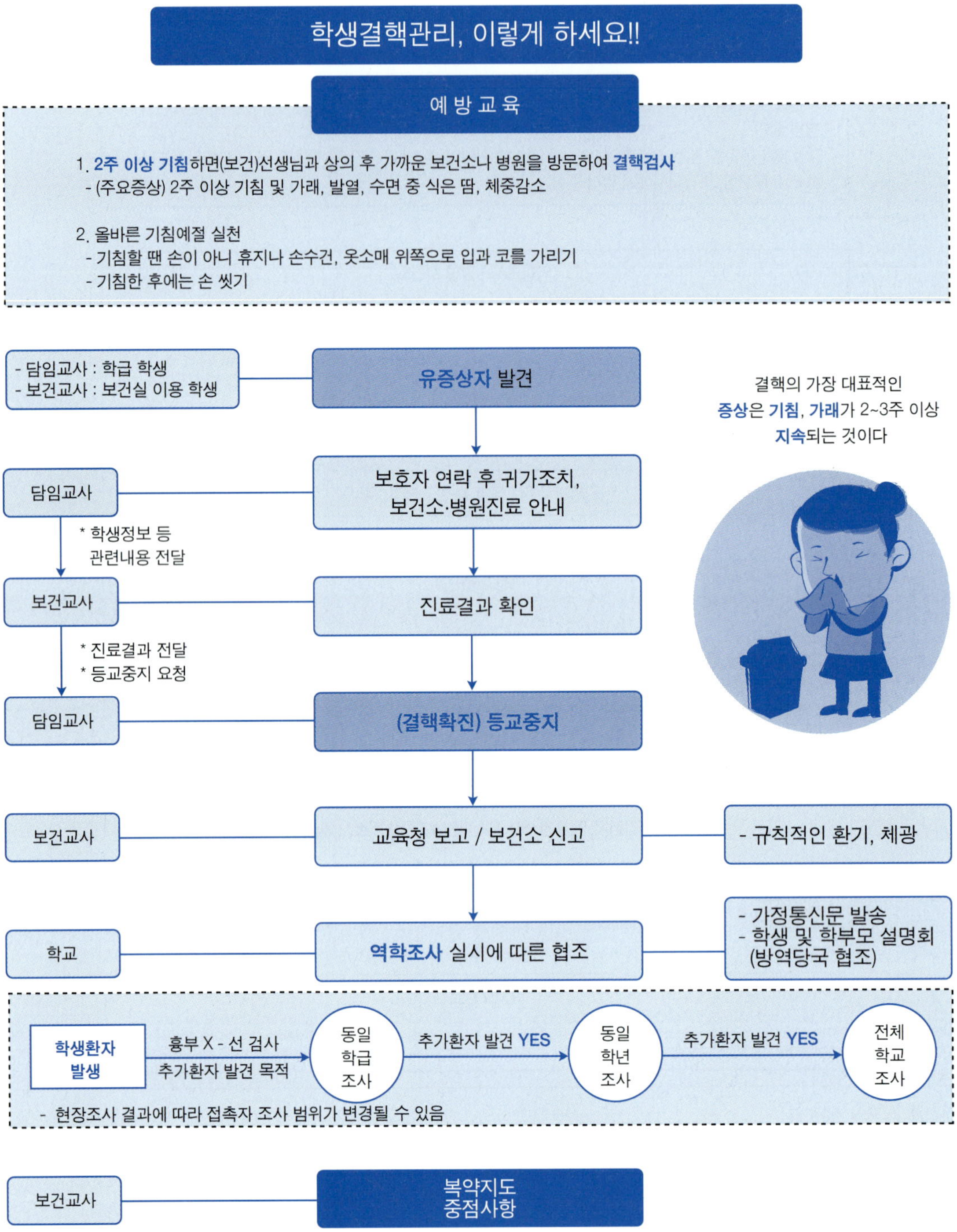

그림 12-11 학교결핵관리 흐름도

출처: 교육과학기술부, 질병관리본부(2012). 2012년 학교결핵관리지침.

〈결핵환자(교직원) 발견〉

- 교육청에 즉시 유선 보고 및 전자 보고(감염병 발생 보고 양식 준수)
- 보건소 보고
- 병원 확인

* 감염병에 이환된 경우 감염병의 예방 및 관리에 관한 법률 제6조(국민의 책무와 권리)에 따라 반드시 보건소장, 학교장, 보건교사에게 알려야 함.

⬇

〈역학조사 – 관할 보건소〉

- 접촉자 범위 선정(관할 보건소)
- 접촉자 X-ray 검사, 1차 TST 검사
- 양성자들에게 IGRA 검사
- 잠복결핵 환자 선정(아니아 6개월 혹은 리팜핀 4개월 복용, 3개월마다 X선 검사)

⬇

〈감염자 2주간 복약 및 등교중지, 격리〉

⬇

〈등교(출근)〉

- 출근가능하다는 의견이 적시된 의사 진단서 및 의견서 제출
- 교직원일 경우 다제내성검사 실시 후 이상 없음 확인(권장)
  다제내성균 검사(2개월 후 확인가능)
  신속감수성검사(Xpert MTB/RIF 등, 2시간내 확인가능)
- 다제내성일 경우 입원명령, 치료 : '리네졸리드'(상품명 자이복스)

⬇

〈감염자, 잠복결핵자 지속적인 복약 및 치료, 상담〉

- 결핵 환자 명부 작성
- 결핵 감염자 관리카드 활용(권장)

⬇

〈치료완료 〉

- 교육청 전자문서 보고

그림 12-12 감염자 치료 절차

출처: 대구광역시교육청(2015). 2015년 감염병 예방 및 관리 계획

제8절 보건실 운영

「학교보건법」 제3조에서는 학교의 설립 · 경영자는 대통령령이 정하는 바에 따라 보건실을 설치하고 학교보건에 필요한 시설 및 기구를 갖추도록 명시하고 있다(2007.12.14. 전문개정). 보건실은 학생 및 교직원의 응급처치와 간호 서비스를 제공하는 장소이며, 각종 학교보건관련 문서의 관리를 담당하는 부서이다. 또한, 보건교사가 활동하는 업무현장인 동시에 학교보건과 관련된 학교의사, 교사, 학부모와 연계되는 학교보건 운영의 센터이기도 하다. 보건교사는 보건실의 시설 및 기구 등의 환경을 유지 · 관리하고, 응급처치 및 질병치료에 필요한 약품 및 비품 등을 점검하고 구비하는 등 효율적인 학교보건 관리와 보건실 운영을 위해 필요한 예산을 학년 초에 미리 확보해야한다.

1. 시설 관리

1) 위치

「학교보건법 시행령」 제2조(보건실의 설치기준)에 따르면 보건실은 학생과 교직원의 응급처치 등이 신속히 이루어질 수 있도록 이용하기 쉽고 통풍과 채광이 잘 되는 장소에 위치해야 한다. 또한, 건강관리 및 건강 상담을 위한 독립된 공간이어야 하며, 내부는 요양공간, 처치공간, 상담공간, 사무공간 등으로 구분하는 것이 좋으나 그렇지 못할 경우에는 커튼, 칸막이 등을 사용해서 구분하는 것이 권장된다. 처치공간은 수도시설에 가깝고 밝은 조명이 있는 위치에 마련되어야 한다. 상담공간은 출입문에서 내담자가 직접 보이지 않고 편안하고 안락한 공간으로 꾸미되, 비밀보장을 위해 폐쇄된 공간이어야 한다. 보건교육실을 설치할 경우 응급상황 시 대처가 용이하도록 보건실 옆에 개방된 구조로 설치하는 것이 권장된다.

2) 면적

「학교보건법 시행령」 제2조에 따르면 보건실의 면적은 66m^2 이상을 확보하도록 하고 있으나 교육부장관 또는 교육감은 학생 수 등을 고려하여 학생과 교직원의 건강관리에 지장이 없는 범위에서 그 면적을 완화할 수 있다. 보건실에는 침대를 설치하여 아픈 학생이 요양을 할 수 있도록 해야 하며, 초등학교에서는 커튼이나 칸막이로 남녀의 침대를 구분해도 되나 중학교 이상에서는 각각 별도의 요양공간을 만들어야 한다. 요양공간의 넓이는 보건실의 1/3 내지 1/4 정도가 적당하다.

3) 시설

「학교보건법 시행규칙」 제2조에 보건실에서 갖추어야 할 시설에 대한 구체적인 기준(표 12-19)을 제시하고 있

다. 보건실에는 수도시설 및 세면대, 냉 · 난방시설, 통신시설, 서류 보관함과 약품과 비품 수납을 위한 수납장 등 학생 및 교직원의 보건관리에 필요한 시설 및 설비를 갖추어야 하며 청결하게 관리되어야 한다. 벽은 흰색보다는 요양자의 신체적, 정신적 치유에 도움이 되는 파스텔톤의 온화한 색으로 칠하거나 도배를 하는 것이 좋고, 건강관리에 필요한 다양한 정보 및 교육 자료를 게시하거나 비치한다.

2. 기구 및 약품 관리

1) 기구 및 물품 관리

「학교보건법 시행규칙」의 보건실에서 갖추어야 할 기구에 대한 구체적인 기준(표 12-19)에 따르면 보건실에는 일반 기구, 환자안정용 기구, 건강진단 및 상담용 기구 및 찜질기, 휴대용산소기, 휴대용구급가방, 목발 등 응급처치에 필요한 각종 기구를 갖추어야하며 학생 및 교직원의 건강관리를 위해 기구의 구입, 사용, 유지 · 관리, 수리가 원활하게 이루어져야한다.

(1) 기구 및 물품 관리를 위한 유의사항은 다음과 같다.

- 구입하고자 하는 기구는 그 용도와 성능을 잘 확인한다.
- 구입 및 출고의 기록 · 관리를 철저히 한다.
- 주기적으로 재고 확인을 하여 수급에 차질이 없도록 한다.
- 결함이 있을 때는 즉시 수리하여 사용에 지장이 없도록 한다.
- 안전하고 효율적으로 유지 · 관리한다.

2) 의약(외)품 관리

보건실에는 기구 및 비품 이외에 응급처치, 질병치료 등을 위해 다음과 같이 의약품 및 의약부외품을 항상 준비해놓아야 한다. 전년도 약품 사용량을 파악하여 당해 학년도 초에 약품구입비에 대한 적절한 예산을 계획하고 학기단위로(필요 시) 품의 및 요구서를 작성하여 결재를 득한다. 구입 후에는 적절히 유지 · 관리 한다.

(1) 종류

① 의약품

소화제, 지사제, 진경제, 진통해열제, 소염진통제, 진해거담제, 항히스타민제(알러지약), 감기약, 영양제(플라시보용) 등으로 낱개 포장되고 상품명이 표시된 알약이 가루약보다 사용하기에 더 편리하고, 사용하고 보관 측면에서도 효율적이다. 안과용약, 피부질환용 연고, 근육통에 사용하는 겔이나 스프레이 타입의 약품도 사용 및 보관을 위해 한꺼번에 다량을 구입하는 것보다는 학생 수와 전년도 소요량을 파악하여 학기 단위로 적정 필요량을 준비한다.

표 12-19 보건실에서 갖추어야 하는 시설 및 기구에 대한 구체적인 기준

영역	시설 및 기구명	비고
1. 일반시설 및 기구	가. 사무용 책상 · 의자	필수
	나. 건강기록부 및 서류보관장	필수
	다. 약장 · 기기 보관함	필수
	라. 소독(멸균)기	필수
	마. 냉장고	필수
	바. 온장고 또는 전자레인지	필수
	사. 물 끓이는 기구	필수
	아. 가습기	필수
	자. 수도 시설 및 세면대	필수
	차. 냉 · 난방 시설	필수
	카. 통신 시설	필수
	타. 컴퓨터 · 프린터기	필수
	파. 칠판(화이트보드)	필수
	하. 손건조기	필수
	거. 온 · 습도계	필수
	너. TV 및 VTR 또는 DVD	필수
	더. 세족기(샤워기 부착)	필수
	러. 긴의자(3-4인용)	필수
	머. 식기자외선소독기	권장
	버. 스탠드라이트	권장
	서. 진공청소기	권장
	어. 휠체어	권장
	저. 공기청정기	권장
	처. 순간온수기	권장
	커. 손전등	권장
2. 환자 안정용 기구	가. 침대 · 침구류 및 보관장	필수
	나. 칸막이(가리개)	필수
	다. 보온기구	필수
3. 건강 진단 및 상담용 기구	가. 신장계	필수
	나. 체중계	필수
	다. 줄자	필수
	라. 좌고계	필수
	마. 비만측정기	필수
	바. 시력표 · 조명장치 · 눈가리개 · 시력검사용지시봉	필수
	사. 색각검사표	필수
	아. 청력계	필수
	자. 혈압계	필수
	차. 청진기	필수
	카. 검이경	필수
	타. 펜라이트	필수
	파. 치과용거울	필수
	하. 상담용의자 · 탁자	필수
	거. 진찰용의자	필수
	너. 설압자	필수
	더. 혈당측정기	권장
	러. 스톱워치	권장
	머. 검안경	권장
	버. 비경	권장
	서. 치과용탐침	권장
	어. 치과용핀셋	권장
	저. 소아용혈압계	권장
	처. 척추측만증측정자(각도기)	권장

영역	시설 및 기구명	비고
4. 응급 처치용 기구	가. 체온계	필수
	나. 핀셋 · 핀셋통	필수
	다. 가위	필수
	라. 농반	필수
	마. 가제통	필수
	바. 드레싱카	필수
	사. 부목	필수
	아. 휴대용구급기구	필수
	자. 구급함	필수
	차. 들것	필수
	카. 찜질기	필수
	타. 켈리(지혈감자)	필수
	파. 휴대용산소기	필수
	하. 구급처치용침대	필수
	거. 드레싱캔	필수
	너. 스폰지캔	필수
	더. 얼음주머니	필수
	러. 경추보호대	필수
	머. 기도유지기	필수
	버. 수동용인공호흡기(Ambu-bag)	필수
	서. 소독접시	권장
	어. 목발	권장
	저. 세안수수기	권장
	처. 적외선램프	권장
5. 환경위생 및 식품위생검사용 기구	가. 조도계	필수
	나. 통풍건습계	권장
	다. 흑구온도계	권장
	라. 가스검지기	권장
	마. 먼지측정기	권장
	바. 소음계	권장
	사. 수질검사용기구	권장
6. 보건 교육용 기구	가. 성교육용자료	필수
	나. 흡연예방교육용자료	필수
	다. 안구모형	필수
	라. 구강모형	필수
	마. 뇌모형	권장
	바. 태아모형	권장
	사. 인체모형	권장
	아. 인체해부도	권장
	자. 심폐소생술실습용인형	권장
	차. 안전교육용자료	권장
	카. 교육기자재보관장	권장
7. 기타	가. 학생 및 교직원의 보건관리에 필요한 시설 · 기구 등	권장

출처 : 대구광역시동부교육지원청(2015). 학교보건기본방향.

2 의약부외품

거즈, 붕대, 탈지면, 반창고류, 안대, 마스크, 면봉, 압박붕대, 주사기 등을 준비한다. 밴드를 구입할 때에는 단순한 보호 밴드 이외에 흉터가 남지 않도록 하는 습윤드레싱 밴드(하이드로콜로이드 성분)도 준비해 두면 좋다. 상처 세척에 필요한 생리식염수, 상처소독에 필요한 소독용 에탄올, 과산화수소수, 포비돈, 바셀린 크림 등도 비치한다.

(2) 의약(외)품 사용의 법적근거

- 약사(藥師)가 아닌 자에 의한 약사(藥事) 업무 수행
  - 「학교보건법시행령」제23조제3항제1호: 보건교사(간호사 면허를 가진 자)의 직무(의료행위)
- 학교보건실에서는 의약품 조제가 불가하며 일반의약(외)품만 사용
  - 「약사법」 제50조, 동법시행령 제23조5호

(3) 의약(외)품 사용방법

- 정확한 건강사정과 신중한 문진 후에 적정한 약물을 사용하고 증상과 투약시간을 정확히 기록한다.
- 약물의 오 · 남용 예방을 위해 투약 전에 반드시 용법(사용설명서)대로 투약하고 복용하도록 한다.
- 투약 전에 약물관련 문제(예: 약물 알러지 등의 부작용)는 없는지 반드시 확인한다.
- 물 없이 복용하거나 누워서 복용하지 않도록 한다.
- 녹차, 쥬스, 우유 등의 음료와 함께 약물을 복용하지 않도록 한다.

(4) 의약(외)품 관리방법

- 약품 사용과 관리는 반드시 보건교사 하며, 학생들의 손이 닿지 않도록 보관한다.
- 의약품의 안전관리, 오 · 남용 방지를 위하여 보관 · 관리를 철저히 한다.
- 다량의 약품구입으로 인하여 유효기간이 지나지 않도록 학기단위로 구입한다.
- 의약품 보관 용기 또는 첨부문서에 명기된 유효기간, 보관방법, 사용방법 등을 준수한다.
- 의약품과 의약외품은 분류하여 보관하고, 냉장 보관 시에는 의약(외)품 이외의 것과 분리 보관한다.
- 용기나 포장이 개봉된 상태의 의약품을 서로 섞어서 보관하지 아니한다.
- 온 · 습도 조절, 직사광선 차단 등 보건위생상 위해(危害)가 없고 의약품효능이 떨어지지 않도록 관리한다.
- 약품의 특성에 따라 밀폐용기, 기밀용기, 밀봉용기, 차광용기, 냉장고 등에 적절하게 보관한다.
- 약품 보관 용기에는 약품명을 정확히 표시한다.
- 위험한 약품은 주의 표시를 하고 반드시 잠금장치를 하는 등 안전하게 관리한다.
- 수학여행 등 체험학습을 위해 구급가방(구급상자)을 별도로 준비한다.

3) 물품 및 약품 구입 절차

- 당해 학년도 학교보건 및 건강증진 계획에 따라 보건관련 예산계획을 세우고 적절한 예산을 확보한다.
- 물품의 재고량, 필요성, 소요량 등을 점검하여 구입 또는 수리할 내역을 파악한다.
- 물품을 구입할 때는 업무포털의 에듀파인에서 기안 후 행정실의 협조를 받아 학교장의 결재 후 구입한다.
- 물품이 납품되면 검수과정을 거쳐 인수하며 물품대장이나 약품수불부(보건일지프로그램)에 등재한다.

3. 문서 관리

1) 문서관리의 목적

- 학교 보건활동에 대한 감시 및 질 향상
- 보건활동계획을 위한 기본자료
- 학교 및 보건의료 전문가 사이의 의사소통 수단
- 학교보건사업과 관련된 교육, 연구 및 통계 자료로 활용
- 학교보건사업의 평가도구로 활용

2) 문서의 종류

- 보건일지(프로그램 사용)
- 약품수불부(약품대장)
- 건강상담일지
- 학생건강기록부
- 각종 건강검사 결과 통계표
- 감염병 관리 대장
- 비품대장

3) 기록

보건실에서 사용하는 건강관련 기록부는 학생 및 교직원의 건강상태 파악 및 건강관리에 도움을 주며 보건교육 자료로 활용하기 때문에 중요하다.

기록부로는 보건일지, 약품수불부, 건강상담일지, 학생건강기록부, 건강검진 통계표, 별도검사 통계표, 감염병관리대장, 비품대장 등이 있다. 기록지 서식은 기존 사용하는 기록부를 사용하거나 필요한 경우 수정·보완하여 업무의 효율성을 기하도록 한다.

학생건강기록부는 전산화되어 있으므로 학교의 장은「학교보건법」제7조에 의거하여 교육정보시스템을 이용하여 처리하도록 하고 있다. 또한 건강기록부는 소속 학교의 학생이 전출하거나 중·고등학교 등 상급학교 진학 시에는 그 학교의 장에게 자료를 이관해야 한다.

4) 보고

보고는 학교보건 활동결과를 학교의 상급자에게 알리거나 또는 학교의 상위기관인 교육지원청에 보고하는 경우가 있다. 보고의 내용으로는 학교에서 실시한 각종 보건 관련 활동 결과를 보건교사가 학교장에게 보고함으로

써 내부 결재를 처리하는 경우와 보고 형식에 맞추어 상급기관인 교육지원청 또는 교육청에 보고하는 외부 보고가 있다. 보고는 목적에 맞도록 해야 하며 정해진 보고서식에 맞추어 내용을 명료하게 기록하고 보고기한 내에 업무관리시스템을 이용하여 제출한다. 각종 통계를 내야하는 보고의 경우 업무포털 내 자료집계 시스템을 통해서 제출한다.

5) 공문 기안 작성법

학교보건과 관련하여 각 부서 간의 의사소통을 절차적 문서에 의하여 결정을 하고 문서로 남긴다. 공문서에는 의견에 대한 분명한 표시가 되어 있고, 내용이 적법하며, 절차에 따른 형식을 갖추고 있어야 한다. 공문서는 내용이 복합하여 분명한 업무처리가 필요할 때, 증빙자료가 필요할 때, 문서상의 형식이 필요할 때, 문서상으로 의사소통이 필요할 때, 처리 결과가 일정기간 필요할 때 작성된다. 공문서의 내용은 정확하고 간결하며 명료하여 상대방이 이해하기 쉽게 작성되어야 한다. 작성된 기안은 서면으로 혹은 전자결재를 통하여 상신된다. 상신된 결재는 통과될 수도 안 될 수도 있으며 상대방이 의견을 받아들일 수 있도록 신중하게 작성되어야 한다.

4. 예산 관리

학교보건예산이란 학교가 보건사업을 위해 필요한 경비를 미리 계산하거나 당해 학년도(회계연도)의 학교보건 관련 총지출 예상금액을 일컫는다. 예산에는 학교자체에서 미리 계획하지 않고 교육청 등 상부기관에서 책정하여 내려오는 '성립 전 예산'도 포함된다. 학교보건예산은 전체 학교예산에 포함되어있어야 한다. 학교보건사업은 물론 이를 수행하기 위한 기반 여건이 예산상으로 계획되어있어야 한다. 즉, 보건실 환경 개선, 기구 및 물품, 약품 등에 대한 예산을 말한다. 보건교사는 적절한 학교보건 예산을 확보하고 집행 · 관리하는 역할을 수행한다. 보건교사는 당해 연도의 물품 및 약품의 잔고를 점검하고 각종 건강검사들의 결과를 바탕으로 내년 보건 및 건강증진 사업을 계획하며 내년 예산 중 보건관련 예산의 비율을 알아본 후, 다음 해의 학교보건사업, 환경개선 및 기구수리, 비품 및 약품 구입 등의 예산을 책정한다. 이를 기안하여 소속 부서의 장에게 결재를 득하면서 전체 학교예산과 더불어 조정한다. 예산을 집행하며 효율성을 점검하고 평가하면서 지출과 함께 예산을 평가한다.

1) 예산의 원칙

- 예산 편성, 집행 및 결산의 결과를 공개해야한다.
- 예산과 결산이 일치해야하며, 지출의 추계, 용도가 분명해야한다.
- 예산이 정한 목적 이외의 용도로 이용하거나 초과지출 및 회계연도를 경과해서는 안 된다.
- 예산을 집행하기 전에 책임자(관리자)의 의결을 거쳐야한다.

2) 예산의 항목

예산 편성체계는 사업별, 품목별 체제로 개편되어 편성, 운영되고 있다. 예를 들면 다음과 같다.

- 학생건강관리: 건강검사, 소변검사, 구강검사, 체중관리 사업에 필요한 비용
- 보건실 운영: 약품, 비품, 의료기구, 소모품, 침구세탁
- 보건교육: 성교육 및 약물 오 · 남용 예방교육과 관련된 강사비, 교재비, 운영비 등

3) 지출 품의 기안

물품 구입 및 수리 품의 등은 에듀파인 학교회계시스템을 사용하여 기안을 한다. 에듀파인 학교회계시스템은 2010년부터 학교의 재정상태 및 운용결과를 명백히 하고, 학부모 및 이해관계자들의 학교회계에 대한 이해를 높이며, 재정운영보고서 등 각종 통계자료가 생성되어 학교회계의 효율성 및 투명성을 향상시키기 위하여 개발되어 사용하기 시작했다.

참고문헌

- 교육과학기술부(2012). 학교 감염병 예방관리 매뉴얼.
- 교육과학기술부(2012). 학교에서의 응급의료관리체계.
- 교육부(2015). 감염병 위기대응 실무매뉴얼.
- 교육부(2015), 나이스 교무업무시스템 매뉴얼.
- 교육부(2015). 학생건강증진기본방향
- 교육부(2015). 교육부 고시 제2015-74호
- 권수자 외(2011), 학교보건. 수문사.
- 김영임, 정혜선, 배경희(2007). 건강증진 이론과 적용, 에피스테마.
- 남철현 외(2000). 실무중심 학교보건교육. 계축문화사.
- 대구광역시교육청(2008), 2008년도 흡연예방 및 금연교육 자료집.
- 대구광역시교육청(2015), 2015년 감염병 예방 및 관리 계획.
- 대구광역시동부교육지원청(2015), 학교보건기본방향.
- 대구동중학교(2015). 학교보건 및 건강증진 계획.
- 대구보건교사회(2015). 학교보건업무관리록.
- 박영숙 외(2007), 학교보건학. 신광출판사
- 박영임 외(2006). 건강증진과 보건교육, 수문사.
- 박인혜 외(2007), 보건교육, 정문각.
- 보건복지부(2011), 제3차 국민건강증진종합계획(2011~2020).
- 보건복지부, 질병관리본부(2010). 학교에서의 천식발작 응급 대처법 매뉴얼.
- 보건복지부, 질병관리본부(2014). 법정감염병 진단 · 신고 기준.
- 서울특별시교육청(2014). 2014학년도 학교보건업무 안내.
- 서울특별시교육청(2016). 2016년 보건교육 및 성교육 운영 안내.
- 안양희 등(2014). 지역사회보건간호학. 현문사.
- 안옥희 등(2009), 보건교육학, 메디컬코리아.
- 양경희 외(2009), 학교보건, 현문사.
- 유광수 등(2013), 지역사회간호학. 정담미디어.
- 윤순녕 외(2000), 건강증진. 수문사
- 이경희, 권수자 등(2011), 보건교육학, 수문사.
- 전국대학보건관리학교육협의회(2006). 보건교육사를 위한 보건교육학. 한미의학.
- 전국대학보건관리학교육협의회(2014). 보건교육사를 위한 보건교육학. 한미의학.
- 전국대학보건관리학교육협의회(2014). 보건교육사를 위한 보건의료법규. 한미의학.
- 전국대학보건관리학교육협의회(2014). 보건교육사를 위한 보건학. 한미의학.
- 전재완(2013), 최신학교보건학. 스포츠북스.
- 정문희 외(2006), 학교보건, 계축문화사,
- 정문희 외(2013), 새로운 학교보건. 계축문화사.
- 정영수 외(2004), 학교보건. 현문사.
- 조유향 외(2014). 지역사회간호학. 현문사.
- 최연희 외(2012), 보건교육학. 정담미디어.
- 최연희 외(2014). 지역사회보건간호학. 수문사.
- 한국교육개발원(2012), 학교건강증진사업 우수사례집.
- 한국교육개발원(2014). 전국 초 · 중고등학생 건강검사 결과분석 및 표본추출 연구.
- 한국건강증진재단(2012), 청소년금연동기유발프로그램.
- 한국건강증진재단(2012), 청소년금연실천프로그램.

참고사이트

- 건강을 위한 정직한 지식 KorMedi. http://www.kormedi.com/default.aspx, 2016. 01.
- 교육부. http://www.mest.go.kr, 2016. 01.
- 교육부 학생건강정보센터, http://www.schoolhealth.kr, 2016. 01.
- 법제처 국가법령정보센터. http://www.law.go.kr, 2016. 01.
- 보건복지부, http://www.mohw.go.kr, 2016. 01.
- 서울아산병원. http://www.amc.seoul.kr/asan/main.do, 2016. 01.
- 위키백과, http://ko.wikipedia.org, 2016. 01.

제 13 장

산업 간호

학습목표

- 산업보건 및 산업간호의 개념을 이해할 수 있다.
- 산업보건체계 및 산업보건관련인력에 대하여 설명할 수 있다.
- 보건관리자의 역할 및 업무를 설명할 수 있다.
- 산업전문간호사의 자격과 역할을 설명할 수 있다.
- 산업간호과정을 이해할 수 있다.
- 근로자 건강진단의 종류와 내용을 열거할 수 있다.
- 근로자 건강진단 사후관리를 설명할 수 있다.
- 산업재해의 원인과 종류를 설명할 수 있다.
- 산업재해 통계지수를 설명할 수 있다.
- 산업재해 예방대책에 대해 설명할 수 있다.
- 작업환경의 화학적 · 물리적 · 생물학적 유해인자를 설명할 수 있다.
- 작업환경관리의 기본원칙을 설명할 수 있다.
- 유해인자별 작업환경 관리방법을 설명할 수 있다.
- 주요 유해인자별 직업병의 예방과 관리에 대해 설명할 수 있다.
- 작업관련성 질환의 예방과 관리에 대해 설명할 수 있다.

개요

사회, 경제구조가 빠르게 변화하면서 사업장의 특성이 급변하고 있는 현재, 근로자의 건강유지 및 건강증진에 대한 관심이 매우 커지게 되었다. 이에 근로자 건강관리를 위해서 1, 2, 3차 예방업무를 담당하는 산업간호사가 사업장에서 보건관리자로서 중요한 역할들을 수행하고 있다. 이 장에서는 산업보건과 산업간호의 기본개념 및 관련인력과 역할, 조직을 우선적으로 이해하고, 산업현장의 법적인 실무에 근거하여 근로자 건강진단, 산업재해의 예방관리, 작업환경관리의 안전기준을 파악하며, 직업병 및 작업관련성 질환의 관리 및 예방 활동에 관한 내용을 학습한다.

주요용어

• 산업보건 • 산업간호 • 보건관리자 • 산업간호과정 • 근로자 건강진단 • 작업환경관리 • 산업재해 • 업무상 질병 • 작업관련성 질환 • 직업병

제1절 산업간호의 이해

1. 산업보건과 산업간호

1) 산업보건과 산업간호의 개념

산업간호의 개념을 파악하기 위해서는 우선, 산업보건의 개념을 정립할 필요가 있다. 이는 산업간호가 산업보건의 한 분야이고 산업보건의 목적, 내용, 수단을 기초로 산업 간호가 발달했기 때문이다.

국제노동기구(ILO)와 세계보건기구(WHO) 공동위원회(1950)에서는 산업보건을 「모든 직업에서 일하는 근로자들의 육체적, 정신적, 그리고 사회적 건강을 고도로 유지 · 증진시키며, 작업 조건으로 인한 질병을 예방하고, 건강에 유해한 취업을 방지하며, 근로자를 생리적으로나 심리적으로 적합한 작업환경에 배치하여 일하도록 하는 것이다」라고 정의하였으며, 요약하면 작업이 인간에게 그리고 일하는 사람이 그 직무에 적합하도록 돕는 것이다. 그 이후 1995년 제 12차 ILO/WHO공동위원회 회의를 통해 산업보건의 주요 세 가지 목표를 정하게 되었다(WHO, 2001). 이는 첫째, 근로자의 건강과 업무역량을 유지 · 증진하고 둘째, 건강과 안전에 도움이 되도록 업무와 근무환경을 증진시키며 셋째, 근로자의 건강과 안전을 지지하는 사업조직과 조직문화를 개발하여 긍정적인 사회분위기를 증진시키고 원활하게 기능하도록 하여 생산성을 높이는 것 이다. 이 세 가지 목표에는 산업보건의 전통적인 개념인 사고와 질병예방의 중요성 뿐만 아니라, 작업 이외의 요인에 의한 건강문제 및 조직문화 개발의 개념까지 포함하고 있어 산업보건을 보다 포괄적으로 설명하고 있음을 알 수 있다.

산업보건은 산업의학, 산업간호학, 산업위생학, 안전공학 등의 다양한 분야의 학문을 포함하고 있는데, 이중 산업간호는 사업장에서 근로자들의 일차적인 건강관리를 담당하는 중요한 분야라고 할 수 있다.

산업간호에 대한 정의를 살펴보면, 미국산업간호협회(AAOHN)에서는 「근로자와 근로자 집단, 지역사회 그룹에 안전보건 프로그램과 서비스를 제공하고 전달하는 전문 실무분야」라고 정의하고 있으며, 산업간호를 근로자의 건강을 증진하고 회복시키며 질병이나 상해를 예방하고, 작업과 관련된 유해인자로부터 근로자를 보호하는 것에 초점을 두는 활동이라고 하였다(American Association of Occuational Health Nurses, 2007).

한국산업간호협회(1994)에서는 산업간호를 「산업체를 대상으로 그들의 건강을 스스로 지켜나갈 수 있는 자가 건강관리 능력을 개발하기 위해 근로자의 건강관리, 보건교육, 산업 유해환경관리를 일차보건의료 수준에서 제공하는 과학적 실천」이라고 정의하고 있다. 다시 말해 산업간호란 모든 직업에 종사하는 근로자들을 대상으로 직업과 관련된 유해인자로부터 안전하게 보호하고 질병이나 상해를 예방, 관리하여 그들의 건강과 안전을 유지 · 증진 하는 것이며, 산업보건조직 내외자원과의 협력관계를 수립하여 직무의 역량을 구축하고 생산성을 함양시키는 것(안양희, 2014)이라고 할 수 있다.

2) 산업간호의 목적

산업간호의 목적은 일반적으로 근로자의 안녕상태를 유지 · 증진 · 회복시키고, 건강 위험요인으로부터 근로자

를 보호하며, 회사의 조직문화에 참여하도록 격려하고 안전한 작업환경을 위하여 근로자, 관리자, 다른 보건전문가들과 협력하는데 있다.

미국산업간호협회에서는 산업간호의 목적을「직업병의 예방과 인식, 치료, 재활뿐만 아니라, 환경과 인간관계, 보건교육과 상담분야에서의 지식과 기술의 적용」이라고 하였다.

즉, 지역사회 내에 사업장이 존재하며 산업간호는 사업장 건강증진, 직업병과 장애예방, 사고와 질병의 예방을 필요로 하는 특수집단을 대상으로 하기 때문에, 산업체나 근로자 스스로가 건강관리를 하도록 능력을 개발시키는 것이 산업간호의 일반적인 목적이며, 궁극적인 목적은 생산성 향상과 작업의 능률화라고 할 수 있겠다.

3) 산업보건의 중요성

(1) 경제활동인구가 차지하는 비율이 높다.

우리나라 15세 이상 경제활동인구는 26,954,000명으로(고용노동부,2015), 전 국민의 약 50% 정도를 차지하고 있어, 그 비율이 매우 높음을 알 수 있다.

(2) 근로자의 건강은 노동력의 원천이며, 산업발전의 원동으로써 생산의 기본이다.

유해한 작업환경은 노동에 대한 인간의 심리적 · 생리적 능력을 감퇴시켜 직업병 발생의 요인이 되며, 근로자의 결근율과 이직율의 증가를 가져올 뿐만 아니라, 생산능률을 저하시켜 기업이윤에 막대한 손실을 초래하게 된다. 따라서 근로자의 건강보호와 쾌적한 작업환경을 조성하는 일은 산업현장에서 귀중한 기술 인력을 확보하는 일임은 물론, 근로의욕을 고취시키고 생산능력을 최대한 높여줌으로써 기업이윤을 극대화 시킬 수 있다. 그리고 더 나아가 기업의 생산성은 국가의 경제성장과도 직결되기 때문에 근로자의 건강을 관리하는 일은 매우 중요하다.

(3) 사업장 근로자의 건강을 관리하는 것은 인도적 차원에서도 매우 중요하다. 즉 근로자들의 건강을 관리하는 것은 근로자들이 누려야할 기본 권리이다.

2. 산업보건의 역사

노동은 인류역사와 더불어 시작되었고, 이 노동의 결과로써 인류문화와 사회가 발전되어 온 것이다. 즉 오늘날 산업발전의 역사는 일하는 사람들의 건강의 희생으로 이루어진 건강의 투쟁사라고도 말할 수 있다. 따라서 산업보건이 걸어온 역사를 더듬어보는 것은 과거의 사실을 아는데 그치는 것이 아니라, 오늘의 현실을 이해하고 내일의 방향을 설정하는데 중요하다고 할 수 있다(가톨릭대학교 산업의학센터 외, 2003)

1) 외국의 역사

(1) 고대(~A.D. 500)

히포크라테스(Hippocrates, B.C. 460~370)는 그 시대 이미 질병이 직업과 관련이 있음을 인식하고, 세계 최초로 광부에게서 호흡곤란과 납에 의한 증상을 보고하였다. 갈렌과 셀서스(Galen & Celsus, A.D. 100)등은 광산을 포함한 여러 직업과 관련된 질병을 기술하였는데, 특히 갈렌(Galen)은 납중독의 증세를 상세히 관찰 보고하였고, 세쿤도(Secundus, A.D. 23~79)는 제련공정에서 일어나는 유해분진을 막기 위해서 동물의 방광으로 된 방진마스크를 최초로 고안하였다.

(2) 중세기와 문예부흥시대(A.D. 500~1600)

공예와 기술의 발전에 따라 직업병에 대한 서적이 발간되었다. 독일의 아그리콜라(Agricola, 1494~1553; 광산학의 아버지)는 광부의 호흡기질환, 특히 천식과 소모성 증상에 대해서 상세히 기술하였고, 슈톡하우젠(Stockhausen, 1656)는 광산과 제련과정에서 오는 수은과 납중독에 대해서 보고하였다. 산업보건의 아버지로 알려진 라마치니(Ramazzini, 1633~1714)는 갈릴레오(Galileo), 뉴턴(Newton)들과 같이 17세기의 뛰어난 과학자이며 의사였다. 그는 광부, 농부, 어부, 석공을 포함한 각종 직업인과 군인, 선원, 수도자 그리고 장의사에서 염하는 사람들까지 모든 직업에서 오는 질병에 대하여 14권에 걸친 불굴의 대서 "직업인들의 질병(1713)"을 발간하였다. 이 책은 오늘날까지 귀중한 문헌이 되고 있다.

(3) 산업혁명(A.D. 1760~1830)

산업혁명으로 유럽은 기계화되면서 수공업이 쇠퇴하고, 농촌에서 일터를 찾아 노동자들이 도시의 공장으로 집중하게 되었다. 공장에서는 저렴한 임금으로 부녀자, 어린 아이들까지 노동시간이나 위험, 유해 작업에 관계없이 마구 일을 시켜, 재해와 직업병이 빈번하게 발생하였다.

포트(Pott)가 1775년 굴뚝청소부의 음낭암을 보고하는데, 이것은 산업장의 유해물질로 인한 암 발생에 대한 첫 보고였다. 이로 인해 1788년 노동법규로서 "연통청소법(Chimney Sweeps' Act)이 제정되었다. 그 후 1802년 산업혁명이 가장 활발했던 영국에서 노동법의 시초가 되는 「도제의 건강과 풍기에 관한 법률」이 제정되었다. 1819년에는 최초의 공장법(Factory Act)이 제정되고, 1833년에는 이 법의 세부적인 규정이 확정되었다. 이 규정에는 처음으로 하루 12시간 이상의 노동시간 제한과 9세 이하 어린이의 고용금지, 근로감독관(Factory inspector)의 임명 등이 내용이 수록되어 있다. 1883년 독일의 재상 비스마르크(Bismark)는 사회보장제도의 시조인 노동자 질병보험법(1883)과 공장재해보험법(1884)을 제정하여 사회보장제도의 기초를 만들었다.

(4) 19세기 후반에서 20세기

이 당시 유럽에서 야금(冶金)과 화학공업의 발전, 전기 에너지 사용에 따른 새로운 노동 및 건강문제가 발생하였다.

미국에서는 1888년 필라델피아의 탄광 사업장에서 Blockley병원 간호학교 졸업생인 모울더(Moulder)를 최초의 산업간호사로 채용하였다. 1895년 X-선 발견 이후 방사선 장해가 새로운 직업병으로 추가되었다. 20세기에

들어와서 남아프리카 연방에서의 금광의 개발은 이 지역에서 진폐증의 예방과 진단 · 치료에 획기적인 업적을 올리게 하였다.

근로자의 권익과 안전보건을 위한 국제기구로 1919년 국제노동기구(ILO, International Labour Organization)가 창립되었고, 2차 세계대전이후 산업은 더욱 기계화 · 세분화 · 분업화 되었다. 인간은 사업장의 다양한 기계에 맞추어 동일한 동작을 반복하는 작업을 많이 하게 되었고, 이에 새로운 직업병이 다수 발생하게 되었다. 따라서 오늘날의 산업보건은 기계와 같은 작업환경과 조건이 인간에게 적합하도록 하는 연구가 필요하게 되었으며, 인간공학의 연구는 이러한 요구에 의해 생긴 새로운 분야라고 할 수 있다. 산업심리, 발암성 연구, 직업적성 또한 오늘날 산업보건의 주요 관심 분야이다.

2) 우리나라의 역사

우리나라는 1953년 근로기준법이 제정되고, 5인 이상의 근로자를 가진 사업장에 적용함에 따라 산업보건이 발전하기 시작했다. 산업보건사업은 국영광산인 대한석탄공사에서 시작되었고, 1962년 근로보건관리규정 시행세칙 제정으로 인해 산업간호사가 보건관리요원으로 사업장에 배치될 수 있는 법적인 근거가 마련되었다. 또한 같은 해에 근로자들의 정기건강진단이 시작되면서 진폐증이나 벤젠중독, 납중독, 소음성 난청 등과 같은 직업병들이 규명되기 시작하였다. 1981년 산업안전보건법의 제정으로 산업보건에 관한 법률이 근로기준법에서 분리되어 산업보건이 발전하는 뒷받침을 마련하게 되었다. 1984년 근로자들의 복지후생을 담당하는 근로복지공사가 신설되었고, 1987년 한국산업안전공단 설립되었다. 1981년에는 우리나라 최대 직업병 사건인 원진 레이온 이황화탄소 중독자 사건이 사회의 큰 문제가 되었다. 이 사건을 통해 직업병관련종합대책을 이끌어냈고, 산업보건 전문인력을 양성할 수 있는 체계를 구축하게 되면서 산업보건의 큰 발전이 있었다. 특히 1990년대에 국제화시대를 맞이하여 산업안전보건법을 대폭 개정하였으며, 이로 인해 산업간호사가 보건관리자로 보건관리업무를 담당하게 되었다. 그 후 산업간호학회나 한국산업간호협회의 창립으로 인해 산업간호가 학문적 기틀을 다지고 전문직으로서 발전하게 되었다. 2003년 의료법개정에 따라 산업전문간호사 제도가 도입되고, 2006년 산업전문간호사가 73명 배출되었다. 2012년에는 보건관리자에 대한 배치기준이 건설업까지 확대되어 보건관리자의 수요가 증가하고 있는 추세이다. 한국산업간호학회는 시대적 추세를 반영하여 2012년에 한국직업건강간호학회로 개칭하였다. 국내 산업보건의 변천과정은 표13-1과 같다.

표 13-1 국내 산업보건의 변천과정

■ **1950년대**(산업보건의 태동시기)

1952년　대한석탄공사 의무실 설치, 조선 방직공장 부속병원 검사실 설치
1953년　한국의 산업보건에 관한 법령인 근로기준법 제정
1954년　근로기준법 시행령 제정, 업무상 질병규정
1955년　보건사회부에 노동국 설치

■ **1960년대**(경제개발과 산업보건행정의 시작)

〈관련행정〉
1961년　근로보건관리규정 제정
　　　　산업안전보건위원회 설치

의사보건관리자 선임 규정 제정
1962년 근로보건관리규정 시행세칙 제정(보건관리요원으로서 산업 간호사 배치), 근로자 정기 건강진단 시작
1963년 보건사회부의 노동국이 노동청으로 승격, 산업재해보상보험법 제정(근로자의 업무상 재해를 신속하고 공정하게 보상 하기 위함)
〈산업보건분야〉
1962년 가톨릭대학 산업의학연구소 설립(전국 사업장에 대해 작업환경조사와 근로자에 대한 건강진단을 정부 후원으로 실시-
산업장의 근로자 건강진단이 본 궤도에 오르게 됨(1963년)
1963년 대한산업보건협회 창립
1964년 대한산업안전협회 설립

■ 1970년대(집단보건관리제도 출범)

〈관련행정〉
1970년 청계 상가 평화봉제공장 전태일 분신자살사건 발생
1971년 대한산업보건협회 근로복지의원 개설
1972년 직업병 특수 건강진단 제도 수립
1977년 직장의료보험 시작(근로자의 상병치료와 의료보건 향상을 위하여 획기적인 전기 마련), 국립노동과학연구소 설립, 근로복지공사 설립
〈산업보건분야〉
1971년 가톨릭의대 산업재해 병원 개원(최초 산재병원)
1973년 대한산업보건협회 공단지역 내 산업보건센타 설립

■ 1980년대 (사회복지와 민주화 정책의 발전)

〈관련행정〉
1981년 노동청이 노동부로 승격, 산업안전보건법 제정(산업보건이 근로기준법에서 분리)
1982년 산업안전보건법 시행령, 시행규칙 제정
1984년 근로복지공사 신설, 진폐 예방법 제정
1985년 전 국민 의료보험 실시
1985년 노동부 산업안전국과 산업보건과 신설
1987년 한국산업안전공단 설립, 노동부 지방노동청 설치
〈산업보건분야〉
1981년 원진레이온 이황화탄소 중독자 사회문제화
1987년 WHO/WPRO(Western Pacific Regional Office): 세계보건기구 서태평양지역 사무처 자문위원회에서 산업보건사업 정식 채택
〈학회발족〉
1986년 한국산업안전학회 창립
1988년 대한산업의학회 창립
〈산업보건기관 개설〉
1983년 순천향대학 산업의학연구소 개소, 연세대학 인천산업병원 개원
1986년 노동자를 위한 구로의원 개원
1988년 연세대 원주의대 직업의학연구소 개소

■ 1990년대

〈사회상황〉
1994년 성수대교 붕괴, 아현동 도시가스폭발사고 발생
1995년 삼풍백화점 붕괴사건, 대구지하철공사장 가스폭발사고 발생
〈관련행정〉
1990년 산업안전보건법 대폭 개정(산업보건의 제도가 생김, 보건관리자의 자격을 간호사, 의사, 산업위생사로 확대함)
1991년 노동부 산업안전국에 산업위생과 신설
1995년 근로복지공단 설립(산재보험업무 개시 및 근로복지공사 해산, 권리, 의무를 포괄 승계함)
1997년 기업활동 규제완화 특별조치법 개정(산업보건사업이 쇠퇴하는 시기; 산업간호사의 고용위기)
〈학회발족〉
1990년 산업간호학회 창립
산업위생학회 창립
1994년 산업간호사회가 한국산업간호협회로 발족

■ 2000년대

〈관련행정〉
2003년 의료법개정에 따른 산업전문간호사 제도 도입
2006년 전문간호사자격 인정 등 규칙제정, 시행, 산업전문간호사 73명 배출
2010년 노동부가 고용노동부로 개칭
전국 14,080개 사업장에 보건관리자가 선임, 그 중에서 64.5%가 간호사임
2012년 한국산업간호학회가 한국 직업건강간호학회로 개칭

3. 산업보건 조직

1) 공공조직

산업보건에 관한 부분을 정책적으로 지원하고 관장하는 중앙행정기관은 고용노동부이며, 지방에는 고용노동부 산하 시 · 도 노동청이 있다. 고용노동부는 2016년 현재 본부에는 3실, 11관, 2국으로 구성되어 있으며, 산업보건간호에 관해서는 산재예방보상정책국이 그 업무를 담당하고 있다. 고용노동부의 산하 소속기관으로는 6개의 지방청, 40개 지청, 1개 출장소, 15개의 위원회가 있다. 즉 각 지방에 지방고용노동청, 지방고용노동지청 및 출장소를 두어 지방에서 업무를 분장하고 있다〈그림13-1〉.

(1) 고용노동부 산하 기관

① 근로복지공단

근로복지공단은 산업재해보상보험법에 의거, 근로자의 업무상 재해를 신속 공정하게 보상하고 이에 필요한 보

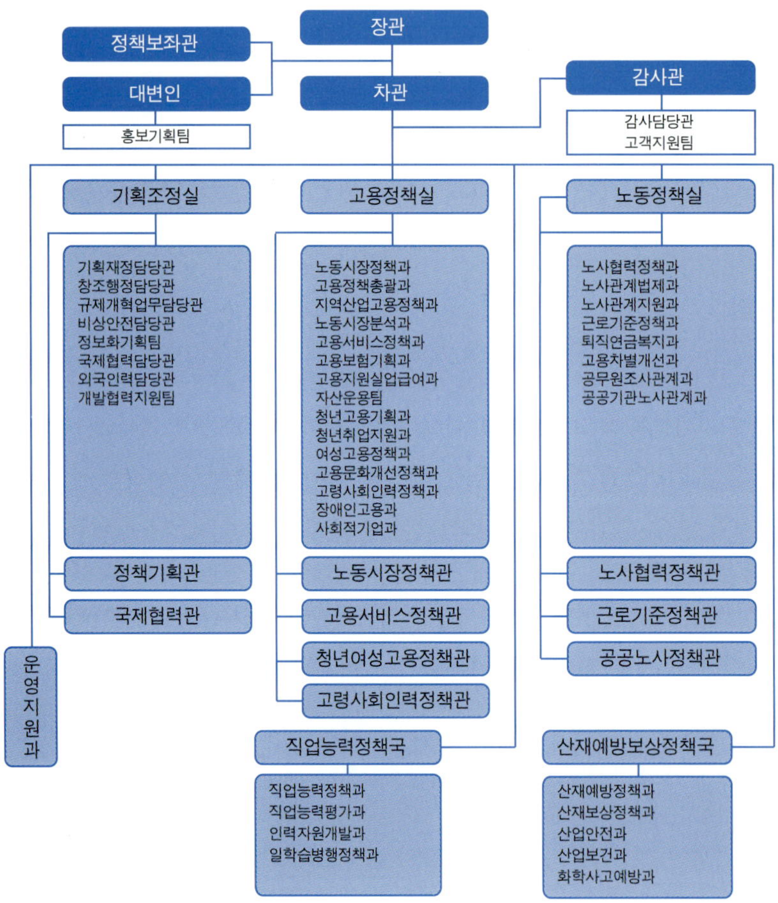

그림 13-1 고용노동부 조직체계

출처: 고용노동부. www.moel.go.kr, 2006.1

험시설을 설치, 운영하며, 재해근로자의 복지후생 사업, 중소기업근로자 복지진흥법에 의한 복지사업 등의 업무를 수행하고 있는 근로복지 전담기관이다. 소속기관은 지역본부(6개)와 지방지사(49), 위원회(6개), 인재개발원(1개), 고객지원센터(2개), 산하 병원(10개), 연구소(1개)로 구성되어 있다.

② 한국산업인력공단

한국산업인력공단은 평생능력개발을 통한 인재 양성과 그 가치를 평가하여 높이기 위한 자격검정, 국내노동시장을 보완하는 외국인 고용지원, 경제발전의 든든한 토대로 작용하는 기능장려, 숙련된 인재를 사회 적재적소에 배치시키는 고용촉진에 이르기까지 우리나라 인적자원 개발 및 양성에 관한 사업을 종합적으로 수행하고 있는 기관이다.

③ 한국산업안전보건공단

한국산업안전보건공단 산업재해예방에 관한 사업을 효율적으로 수행함으로써 근로자의 안전과 보건을 유지, 증진하고 사업주의 재해예방 활동을 촉진하여 국민 경제발전에 기여함을 목적으로 설립된 기관이다. 명칭이 한국산업안전공단(1987)에서 한국산업안전보건공단(2009)으로 변경되었다.

2) 민간조직

(1) 대한산업보건협회

대한산업보건협회는 1963년에 설립한 비영리기관으로, 근로자 건강을 위한 건강진단, 쾌적한 작업환경 조성을 위한 작업환경측정과 근로자 건강을 관리하는 보건관리대행 업무를 수행함으로써 국가산업발전에 공헌함을 목적으로 운영되고 있다.

(2) 한국산업간호협회

한국산업간호협회는 산업간호에 관계되는 학술연구 및 기술개발을 통해 사업장 근로자의 건강증진을 도모함으로써 국가산업발전에 기여함을 목적으로 1994년에 설립되었다. 산하에 9개 지부와 17개 보건안전센터 그리고 교육연구센터(1개)를 중심으로 현재 회원의 권익옹호와 복지에 관한 사항, 산업간호 및 보건업무에 종사하는 자에 대한 교육훈련에 관한 사업, 산업간호와 관련된 홍보에 관한 사항, 산업간호 기술개발 및 지도에 관한 사항, 산업간호와 관련된 학술연구에 관한 사항, 산업간호 업무관련 제도개선 및 정책에 대한 건의, 산업간호 사업의 국제교류에 관한 사항, 사업장 근로자 건강증진에 관한 사업 등을 주요사업으로 하고 있다.

(3) 한국직업건강간호학회

한국직업건강간호학회는 1990년 창립된 한국산업간호학회가 개칭된 것으로, 산업간호의 향상을 위한 학술활동을 목적으로 창립되었다. 구체적인 활동으로 산업간호에 관한 연구, 회원의 교육 및 훈련, 회원의 관리 및 정보교환, 산업간호관련 단체와의 학술교류, 학술지 발행, 산업간호사의 권익 옹호 및 향상을 위한 사업을 하고 있다.

(4) 대한산업안전협회

대한산업안전협회는 인간존중의 이념 하에 근로자의 안전을 증진하고 기업의 번영과 국가발전에 기여하며 무재해 산업사회를 창조하기 위함을 목적으로 1964년에 창립되었다. 구체적으로 비영리 법인의 공익단체로 회원의 권익을 보호하고 산업재해예방을 위한 제반 업무를 효율적으로 수행하며 무재해 산업사회 구현에 앞장서고 있다.

4. 안전보건관리체계 및 산업안전보건인력

1) 사업장의 안전보건관리체계

산업안전보건법에 의하면 사업장 내에 의무적으로 안전보건을 담당하기 위해서 사업주 책임 하에 사업장을 총괄 담당하는 안전보건관리 책임자를 두고, 관리감독자에게 안전에 관한 사항을 지도 · 조언하는 안전관리자, 보건에 관한 사항을 지도하는 보건관리자, 보건관리자에게 보건에 관한 사항을 지도하는 산업 보건의를 두도록 하고 있다. 또한 안전보건관리를 현장에서 실시할 수 있도록 하기 위해서 안전보건위원회를 조직하여 안전과 보건에 관한 사항을 심의 · 의결하고 있다〈그림13-2〉. 사업장 안전보건에 관해서는 안전관리자와 보건관리자가 중심인력으로 업무를 담당하고 있다.

2) 산업안전보건인력의 이해

(1) 안전보건관리책임자

안전보건관리책임자는 사업장의 자율적인 재해예방활동을 촉진시키기 위하여 해당 사업장의 안전보건 업무를

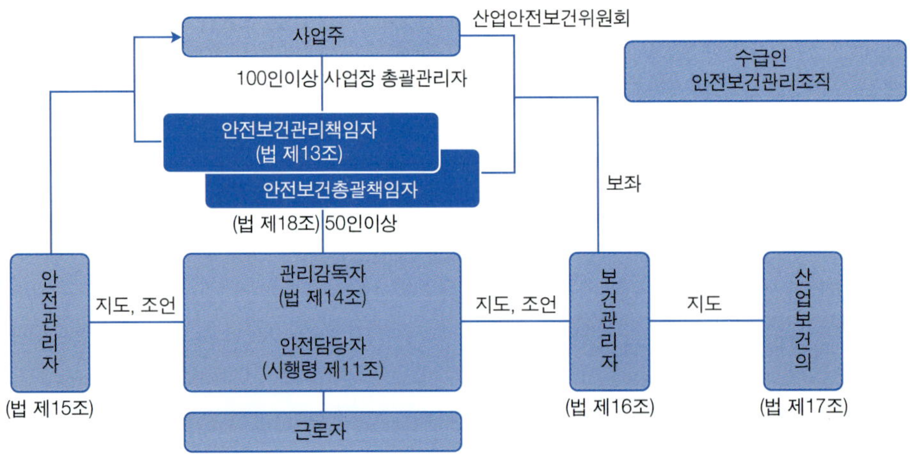

그림 13-2 사업장의 안전보건관리체제 구성도

출처: 대한산업안전보건본부. www.dishe21.com. 2016.1

실질적으로 총괄 · 관리하는 자이다(산업안전보건법 제13조). 안전보건관리책임자는 대표이사, 공장장, 현장소장 등으로 임명하며(산업안보건법시행령 제2조), 부소장이나 공사과장 등은 그 위 사업장의 최고책임자인 현장소장 등이 있으므로 안전보건관리책임자로 선임될 수 없다.

(2) 관리감독자

사업장의 관리감독자는 경영조직에서 생산과 관련되는 업무와 그 소속 직원을 직접 지휘 · 감독하는 부서의 장 또는 그 직위를 담당하는 자로서 직무와 관련된 안전 · 보건상의 업무를 수행하는 자를 말한다(산업안전보건법 제14조). 다만, 위험방지가 특히 필요한 작업으로서 대통령령으로 정하는 작업에 대하여는 소속 직원에 대한 특별교육 등 대통령령으로 정하는 안전 · 보건에 관한 업무를 추가로 수행할 수 있다.

(3) 안전관리자

안전관리자란 사업장내 산업안전에 관한 기술적인 사항을 관리하고 사업주 및 안전보건관리책임자를 보좌하고, 관리감독자 및 안전담당자에 대하여 지도 · 조언을 하는 역할을 담당하는 자이다(산업안전보건법 제15조제1항). 안전관리자의 자격은 산업안전지도사, 산업안전기사, 산업안전산업기사, 산업안전관련학과 졸업자 등이다(산업안전보건법 시행령 제14조 별표 4).

(4) 보건관리자

보건관리자란 사업장의 유해인자, 작업방법 및 업무부담 등으로 인해 발생할 수 있는 각종 질병으로부터 근로

표 13-2 보건관리자의 자격

보건관리자는 다음 각 호의 어느 하나에 해당하는 사람으로 한다.
1. 「의료법」에 따른 의사
2. 「의료법」에 따른 간호사
3. 법 제52조의2제2항에 따른 산업보건지도사
4. 「국가기술자격법」에 따른 산업위생관리기사 또는 환경관리기사(대기 분야만 해당한다)이상의 자격을 취득한 사람
5. 「국가기술자격법」에 따른 산업위생관리산업기사 또는 환경관리산업기사(대기 분야만 해당한다)의 자격을 취득한 사람
6. 「고등교육법」에 따른 전문대학 또는 이와 같은 수준 이상의 학교에서 산업보건 또는 산업위생 관련 학과를 졸업한 사람
7. 「고등교육법」에 따른 전문대학 또는 이와 같은 수준 이상의 학교에서 보건위생 관련 학과를 졸업한 사람으로서 산업보건위생에 관한 학과목을 12학점 이상 수료한 사람

출처: 산업안전보건법 시행령 제 18조

표 13-3 보건관리자의 자격별 선임현황(2010)

구분	보건관리자						보건관리대행	계
	의사	간호사	산업위생기사	환경관리기사	관련학과	소계		
사업장 수(%)	136(3.8)	2,294(64.5)	256(7.2)	834(23.4)	39(1.1)	3,559(100.0)	11,420	14,979
%						23.8	76.2	100.0

출처: 안전보건공단(2012). 보건관리자 실무 가이드라인

자를 보호하기위해 사업주 및 안전보건관리책임자를 보좌하고, 관리감독자 등에게 보건에 관한 기술적인 사항을 지도 · 조언하는 역할을 담당하는 자이다(산업안전보건법 제16조). 보건관리자 자격과 자격별 선임현황은 표13-2, 13-3과 같다.

(5) 산업보건의

사업주는 근로자의 건강관리나 그 밖의 보건관리자의 업무를 지도하기 위하여 사업장에 산업보건의를 두어야 한다(산업안전보건법 17조). 산업보건의를 두어야 할 사업의 종류 및 규모는 상시 근로자 50명 이상을 사용하는 사업으로서 의사가 아닌 보건관리자를 두는 사업장으로 한다. 다만, 보건관리전문기관에 보건관리자의 업무를 위탁한 경우에는 산업보건의를 두지 않아도 된다.

• 산업보건의의 직무
- 건강진단 결과의 검토 및 그 결과에 따른 작업배치, 작업전환 또는 근로시간의 단축 등 근로자의 건강보호 조치
- 근로자의 건강장해의 원인조사와 재발방지를 위한 의학적 조치
- 그 밖에 근로자의 건강유지 및 증진을 위하여 필요한 의학적 조치에 관하여 고용노동부장관이 정하는 사항

(6) 산업안전보건위원회

산업안전보건위원회는 사업장에서 근로자의 위험 또는 건강장해를 예방하기 위한 계획 및 대책 등 산업안전보건에 관한 중요사항을 노사가 함께 심의 · 의결하기 위한 기구이다(산업안전보건법 제19조). 산업안전보건위원회는 분기별로 개최하고, 산업재해 예방에 대하여 근로자의 이해 및 협력을 구하는 한편 근로자의 의견을 반영하는 역할을 수행해야 한다. 산업안전보건위원회는 100인 이상의 근로자를 사용하는 사업장에 설치해야 하며, 노사 동수로 위원을 구성하고, 안전관리자 및 보건관리자가 참석해야 한다.

3) 보건관리자의 이해

(1) 보건관리자 선임

우리나라 산업안전보건법에는 50인 이상의 제조업 등의 사업장에는, 사업주가 산업보건을 담당할 인력인 보건관리자를 두어 보건에 관한 기술적인 사항에 관하여 사업주 또는 관리책임자를 보좌하고 관리감독자에게 조언 · 지도하는 업무를 수행하도록 규정되어 있다. 그리고 사업의 종류와 규모에 따라 자체 보건관리자를 선임하거나 보건관리 대행기관에 위탁하도록 하고 있다. 보건관리자를 두어야 할 사업의 종류 · 규모, 보건관리자의 수 및 선임방법은 표13-4와 같다.

(2) 보건관리자의 업무

산업안전보건법 시행령 제17조에 규정된 보건관리자의 업무는 표13-5와 같다. 만약 보건관리자가 법으로 정하는 종합적인 직무를 수행하지 않을 경우 사업주에게 과태료가 부과되고 보건관리자 증원, 개임명령 대상이 될

수 있다. 예를 들면, 간호사인 보건관리자에게 건강관리만 수행하도록 하고 그 밖의 업무는 수행하지 않으면 과태료 부과 대상이다. 이 경우 사업주 입장에서 보건관리를 종합적으로 수행하기 위해서는 작업관리, 작업환경관리업무 수행 가능자를 추가로 선임하거나 작업관리, 작업환경관리업무에 대해서만 외부기관에 위탁해야 한다. 보건관리자가 직무를 수행할 때에는 안전관리자와 협력해야 한다(산업안전보건법 시행령 제17조). 또한 300인 이상 사업장의 보건관리자는 보건관리업무를 전담해야 하며, 300인 미만 사업장의 보건관리자는 보건관리업무에 지장 없는 범위 안에서 다른 업무를 겸직할 수 있다(산업안전보건법 시행령 제16조).

표 13-4 보건관리자를 두어야 할 사업의 종류 · 규모, 보건관리자의 수 및 선임방법

사업의 종류	규모	보건관리자의 수
1. 광업(광업 지원 서비스업은 제외한다) 2. 섬유제품 염색, 정리 및 마무리 가공업 3. 모피가공 및 모피제품 제조업 4. 신발 및 신발부분품 제조업 5. 코크스, 연탄 및 석유정제품 제조업 6. 화학물질 및 화학제품 제조업;의약품 제외 7. 의료용 물질 및 의약품 제조업 8. 고무제품 및 플라스틱제품 제조업 9. 비금속 광물제품 제조업 10. 1차 금속 제조업 11. 금속가공제품 제조업;기계 및 가구 제외 12. 기타 기계 및 장비 제조업 13. 전자부품, 컴퓨터, 영상, 음향 및 통신장비 제조업 14. 전기장비 제조업 15. 자동차 및 트레일러 제조업 16. 기타 운송장비 제조업 17. 가구 제조업 18. 금속 및 비금속 원료 재생업 19. 자동차 종합 수리업, 자동차 전문 수리업 20. 이 영 제30조 각 호의 어느 하나에 해당하는 유해물질을 제조하는 사업과 그 유해물질을 사용하는 사업 중 고용노동부장관이 특히 보건관리를 할 필요가 있다고 인정하여 고시하는 사업	상시 근로자 2,000명 이상	2명 이상(의사, 간호사 1인 반드시 포함)
	상시 근로자 500명 이상 2,000명 미만	2명 이상
	상시 근로자 50명 이상 500명 미만	1명 이상
21. 제2호부터 20호까지의 사업을 제외한 제조업	상시 근로자 3,000명 이상	2명 이상(의사, 간호사 1인 반드시 포함)
	상시 근로자 1,000명 이상 3,000명 미만	2명 이상
	상시 근로자 50명 이상 1,000명 미만	1명 이상
22. 농업, 임업 및 어업 23. 전기, 가스, 증기 및 수도사업 24. 하수 · 폐기물 처리, 원료재생 및 환경복원업(제18호에 해당하는 사업은 제외한다) 25. 운수업(육상운송 및 파이프라인 운송업은 제외한다) 26. 도시철도 운송업 27. 도매 및 소매업 28. 숙박 및 음식점업 29. 서적, 잡지 및 기타 인쇄물 출판업 30. 방송업 31. 통신업 32. 부동산업 33. 연구개발업 34. 사진 처리업 35. 사업시설 관리 및 조경 서비스업 36. 보건업 37. 골프장 운영업 38. 수리업(제19호에 해당하는 사업은 제외한다) 39. 세탁업	상시 근로자 5,000명 이상	2명 이상(의사가 반드시 포함)
	상시 근로자 50명 이상 5,000명 미만	1명 이상
40. 건설업	공사금액 800억원 이상 또는 상시 근로자 600명 이상	1명이상[공사금액 800억원(토목공사업은 1,000억원)을 기준으로 1,400억원이 증가할 때마다 또는 상시 근로자 600명을 기준으로 600명이 추가될 때마다 1명씩 추가하다]

출처: 산업안전보건법 시행령 제16조 제1항 관련

표 13-5 보건관리자의 업무

• 산업안전보건위원회에서 심의 · 의결한 업무와 안전보건관리규정 및 취업규칙에서 정한 업무 • 안전인증대상 기계 · 기구등과 자율안전확인대상 기계 · 기구 등 중 보건과 관련된 보호구구입 시 적격품 선정에 관한 보좌 및 조언 · 지도 • 물질안전보건자료의 게시 또는 비치에 관한 보좌 및 조언 · 지도 • 위험성평가에 관한 보좌 및 조언 · 지도 • 산업보건의의 직무(의료법에 따른 의사만 해당) • 해당 사업장 보건교육계획의 수립 및 보건교육 실시에 관한 보좌 및 조언 · 지도 • 해당 사업장의 근로자를 보호하기 위한 다음의 조치에 해당하는 의료행위(의료법에 따른 의사, 간호사만 해당) 가. 외상 등 흔히 볼 수 있는 환자의 치료 나. 응급처치가 필요한 사람에 대한 처치 다. 부상 · 질병의 악화를 방지하기 위한 처치 라. 건강진단 결과 발견된 질병자의 요양지도 및 관리 마. 그 밖에 의료행위에 따르는 의약품의 투여 • 작업장 내에서 사용되는 전체 환기장치 및 국소 배기장치 등에 관한 설비의 점검과 작업방법의 공학적 개선에 관한 보좌 및 조언 · 지도 • 사업장 순회점검 · 지도 및 조치의 건의 • 산업재해 발생의 원인 조사 · 분석 및 재발 방지를 위한 기술적 보좌 및 조언 · 지도 • 산업재해에 관한 통계의 유지 · 관리 · 분석을 위한 보좌 및 조언 · 지도 • 법 또는 법에 따른 명령으로 정한 보건에 관한 사항의 이행에 관한 보좌 및 조언 · 지도 • 업무수행 내용의 기록 · 유지 • 그 밖에 작업관리 및 작업환경관리에 관한 사항

출처: 산업안전보건법 시행령 17조

(3) 보건관리 업무 추진 시 유의사항

산업간호사가 보건관리 업무 추진 시 실질적으로 유의해야 될 사항에 관해서 안전보건공단 2012년 「보건관리 실무 가이드라인」에 근거하여 작성하였다.

① 관련법과 지침의 이해

- 보건관리 업무 수행의 첫 단계는 보건관리업무와 관련된 법과 다양한 지침을 이해하는 것 필요
  - 산업보건 관련된 법 및 지침: 산업안전보건법, 같은 법 시행령, 같은 법 시행규칙, 산업안전보건기준에 관한 규칙, 고용노동부 예규, 고시, 산업재해보상보험법, 같은 법 시행령, 같은 법 시행규칙, 안전보건공단 KOSHA CODE, KOSHA GUIDE, 기타 의료법 등

② 사업장의 일반적 특성 파악

- 사업장의 근로자 수, 유해 · 위험요인, 작업환경측정 및 건강진단 결과, 건강관리실 이용현황 등을 통해 사업장의 특성을 파악

③ 연간 업무계획 작성

- 연간 수행해야 할 업무를 작성
- 그 해에 중점적으로 추진해야 할 업무가 무엇인지를 정하고, 매년 동일하게 반복되는 업무가 어떤 것인지를 정리
- 연간 업무를 월별로 수행해야 할 내용별로 세분화하여 작성
- 업무계획 작성 시 필요한 예산도 수립

④ 업무계획의 결재 및 승인

- 작성된 업무내용은 결재라인을 거쳐 승인을 받은 후 진행

- 결재를 받기 위한 업무계획서를 작성
- 결재 서류를 제출하기 전에 상관이나 관련부서, 노조 등과 구두로 업무협의로 먼저 시행하는 것이 효율적

⑤ 정기적인 현장 순회

- 보건관리자는 사무실에서만 근무하는 것이 아니라 주기적으로 현장을 순회하며 현장의 문제점을 파악하고, 개선하기 위한 노력 필요
- 현장의 근로자와 면담을 통해 현장의 목소리를 청취하고, 보건관리자가 시행한 교육을 준수하고 있는지, 보호구 등을 잘 착용하는지를 파악
- 현장의 작업공정, 레이아웃, 생산절차 등을 꼼꼼히 파악하여 작업장 내의 문제를 해결

⑥ 협력기관에 대한 정보 수집

- 업무를 추진하기 위해서는 다양한 외부의 도움이 필요
- 사업장이 속한 지역의 관할 지방노동관서, 안전보건공단, 보건소의 위치와 연락처를 파악하고, 관련단체 및 기관 등의 정보도 수집
- 사업장 주변의 의료기관에 대한 리스트도 정리

⑦ 교육 및 연수 프로그램에 참여

- 보건관리자 신규교육 및 보수교육, 의료인 면허 보수교육 등에 참여
- 고용노동부, 안전보건공단, 관련단체 등에서 시행하는 다양한 세미나 또는 연수 프로그램에 참여

⑧ 질 높은 보건교육 실시

- 보건관리자는 근로자, 안전보건담당자, 관리책임자, 명예산업안전감독관 등에게 정기적으로 보건교육을 실시
- 필요시에는 외부강사를 초빙하여 교육을 실시할 수 있으나 회사에서 어떤 교육이 필요한지, 어떤 내용의 교육이 이루어져야 하는지는 보건관리자가가 가장 잘 알고 있으므로 전반적인 교육계획을 수립하여 보건교육을 진행하는 것이 필요
- 교육 후에는 반드시 평가를 함께 실시하여 교육의 효과를 파악하고, 향후 교육에 반영

⑨ 기록의 유지 및 통계 관리

- 보건관리자가 수행한 모든 업무내용은 기록으로 보관하는 것이 중요(체계적인 문서작업과 기록은 보건관리 업무를 향상시키는데 도움을 줌)
- 보건관리 업무를 수행한 내용을 통계화하여 현황과 추이를 한 눈에 알아볼 수 있도록 정리
- 작업환경측정결과, 근로자 건강진단결과, 산업재해 및 공상자 발생현황, 건강관리실 이용현황, 보건교육 실시현황, 사업진행 후 만족도 변화 등 모든 내용을 통계로 정리하면 과학적인 보건관리 업무수행 가능

4) 산업전문간호사의 자격 및 역할

(1) 산업전문간호사 자격

산업전문간호사는 의료법 78조에 의거 인정된 13개 전문간호사 중 하나이다. 전문간호사 자격인정을 받을 수 있는 자는 전문간호사 교육과정(2년)을 마치거나 보건복지부장관이 인정하는 외국의 해당분야 전문간호사 자격

표 13-6 산업전문간호사 실무경력인정 기관

1. 사업장의 의무실 · 건강관리실 또는 부속의료기관 2.「산업재해보상보험법」에 따른 산재의료관리원 3. 고용노동부가 지정한 특수건강진단기관 또는 보건관리대행기관(산업보건업무에 종사한 경우만 인정) 4. 고용노동부, 한국산업안전공단, 대한산업보건협회, 한국노동연구원, 노동건강연구소, 한국산업간호협회, 근로복지공단(산업보건업무에 종사한 경우만 인정)

출처: 산업안전보건법 시행령 17조

이 있는 자로서 보건복지부 장관이 실시하는 전문간호사 자격시험에 합격해야 한다. 전문간호사 교육과정을 신청할 수 있는 자는 교육을 받기 전 10년 이내 해당분야기관에서 3년 이상 간호사로서의 실무경력이 있는 자가 해당된다. 산업전문간호사 실무경력인정기관은 표13-6과 같다.

5) 산업전문간호사 역할

산업간호사의 역할은 보건관리자와 동일하며, 산업전문간호사는 산업간호사의 업무에 전문성을 더하여 수행하는 전문가라고 볼 수 있다. 산업간호사의 업무는 근로자의 건강증진 및 질병을 예방, 일차보건의료제공, 보건교육, 작업환경관리, 건강관리실 운영 등이다. 이러한 업무를 담당하기 위해서 요구되는 역할은 관리자, 직접간호제공자, 교육자, 대변자, 조정자, 상담자, 협력자, 정보수집자, 연구자 등이 있다.

5. 보건관리대행

산업안전보건법에 의하면, 상시 근로자 300명 미만을 사용하는 사업 및 외딴곳으로서 고용노동부장관이 정하는 지역에 소재하는 사업장에서는 보건관리자의 업무를 보건관리전문기관에 위탁할 수 있도록 규정하고 있다. 즉, 보건관리대행 사업이란 산업안전보건법상 보건관리에 대한 사업주의 의무사항을 효율적으로 수행할 수 있도록 중 · 소규모 사업장을 대상으로 산업보건사업 전문기관이 사업장 보건관리 업무를 지도 · 지원해 주는 제도이다.

보건관리대행의 추진배경 및 필요성은 다음과 같다.

- 산업의 다양화로 유해물질의 제조, 사용이 급증하고 있으며, 근로자들의 건강에 대한 관심과 요구가 높아 산업보건에 대한 · 체계적이고 종합적인 보건관리 대책이 필요한 상황이다.
- 산업보건은 오랜 경험과 고도의 기술 및 장비, 다양한 전문 인력을 필요로 하는 분야로서, 중 · 소규모 사업장에서는 사업주가 자체적으로 보건관리를 책임지고 수행해 나가기에는 실효성을 기대하기 어려운 실정이다.
- 중 · 소규모 사업장 보건관리를 산업보건사업 전문기관의 인력과 시설을 공동으로 활용하여 종합관리를 함으로써 근로자에게는 건강증진의 효과가 나타남과 더불어 사업주에게는 경제적 비용부담을 덜어주는 효과를 얻을 수 있다.

보건관리자의 업무를 위탁할 수 있는 보건관리전문기관은 지역별 보건관리전문기관과 업종별 · 유해인자별 보건관리전문기관으로 구분한다. 업종별 · 유해인자별 보건관리전문기관에 보건관리업무를 위탁할 수 있는 사업의

표 13-7 보건관리 대행 사업의 업무 내용

보건정보관리	작업환경과 작업관리
• 근로자 보건관리현황 점검 • 사업장 관리카드 관리 • 보건자료(결근자, 재해율 등) 점검 • 각종 통계작성 및 개선방향 검토 • 보건업무기록 작성 및 보고 • 관리	• 작업환경관리실태 파악 및 작업장 순회점검 • 작업환경 점검 및 평가 • 작업환경 측정결과 사후조치 • 유해 작업환경 개선에 대한 지도 • 작업방법 지도 • 보호구착용 지도
근로자 건강관리	**건강상담과 건강증진**
• 건강진단관리 • 건강진단결과설명 • 직업병 관리 • 질병유소견자 관리 • 만성질환자 관리	• 정기적인 건강상담을 통해 질병을 조기발견 • 질병자 및 유소견자에 대한 지도 • 건강생활의 실천에 관한 지도 • 질병의 예방에 관한 지도 • 영양 및 식생활에 관한 지도
보건교육	**응급처치지도**
• 근로자 정기 보건교육 • 채용 시 및 작업내용 변경 시 교육 • 특별 보건교육 대상 작업별 교육	• 응급관리체계 구축(지정의료기관) 협조 • 각종 사고 발생 시 신속한 응급처치를 위한 지도 • 구급함 제공 및 관리상태 확인지도

출처: 대한산업보건협회. www.kiha21.or.kr. 2006.1

종류는 광업과 납, 수은, 크롬, 석면 취급 사업, 근골격계 질환의 원인이 되는 단순반복작업, 영상표시단말기 취급작업, 중량물 취급작업 등이 있다. 또한 사업주가 보건관리자를 선임하거나 보건관리대행기관에 보건관리를 위탁한 경우에는 선임 또는 위탁한 날로부터 14일 이내에 이를 증명할 수 있는 서류를 관할 지방노동관서의 장에게 제출하여야 한다(산업안전보건법 시행령 제16조). 보건관리 대행기관의 업무내용은 표13-7과 같다.

제2절 산업간호과정

산업간호사는 간호과정을 통해 대상 사업장의 보건문제를 사정, 진단하고 이에 근거하여 간호계획을 수립, 수행, 평가함으로써 근로자의 건강을 유지, 증진하고 직업병 및 산업재해를 예방할 수 있다.

1. 산업간호사정

사업장의 보건문제를 파악하기 위해서는 회사와 근로자에 관한 다양한 정보를 가능한 한 포괄적으로 수집하여 문제를 분석한다. 자료수집 과정을 통해 기존의 문제점과 예상되는 문제점을 분석함과 동시에, 목표 달성과 관련된 장애요인이나 활용 가능한 자원들도 규명한다〈표13-8〉. 자료수집은 직접 현장에 나가서 관찰하거나, 설문조

표 13-8 간호사정 영역 및 내용

사정영역	내용
작업환경에 대한 현황 파악	• 사업장 현황: 주요생산품, 업종 • 작업공정 및 공정별 유해요인 파악 – 물리적 조건: 조명, 환기, 소음, 온열조건 등 – 기계적 조건: 기계의 종류, 위험 요인, 보호시설, 브레이크, 체인 – 화학적 요인: 종류, 위험성, 보관상태, 사용량 등
근로자의 특성 파악	• 근로자의 인구사회학적 특성: 성별, 연령, 교육 및 결혼상태 • 직업관련 특성: 근무부서, 근무기간, 과거 근무경력, 결근율, 교육상태, 보호구 착용 등 • 건강문제: 산업재해 현황, 직업병 및 일반질환 발생률 및 유병률
사업장의 자원 파악	• 사업주의 지원 정도, 예산, 사업장내 보조인력 유무, 장비 등
활용 가능한 자원	• 인적 자원: 안전보건관리자의 수 및 자격, 안전보건담당자 현황, 영양사, 물리치료사, 심리상담사 등 • 조직적 자원: 안전보건업무 담당 부서, 노조 유무, 노조 내 산업안전보건전담부서 유무, 산업안전보건위원회 구성 유무 • 물리적 자원: 건강관리실 유무, 지정병원 유무, 컴퓨터 등 • 재정적 자원: 안전보건 예산 • 기술적 자원: 안전보건규정, 보건일지, 병상일지, 보고서, 지침서, 참고서적 등 • 사회적 자원: 고용노동부, 안전보건공단, 근로복지공단, 보건소, 산업안전보건 관련 단체, 관련 대학 및 연구소 등
근로자와 환경과의 상호작용	• 의사소통 방법, 갈등해소, 참여, 의사결정 과정 등 • 동호회 활동, 인터넷 모임 등 • 체육행사, 친목행사, 봉사활동 등

출처: 안전보건공단(2012). 보건관리 실무 가이드라인

사, 면담 등의 방법을 이용할 수 있다. 또한 근로자의 건강검진자료와 같은 기존의 기록을 활용할 수도 있다. 사정한 자료는 분류, 요약, 확인, 결론의 과정을 걸쳐 분석하고, 근로자의 건강에 영향을 미치는 요인들을 명확히 파악하기 위해서 일목요연하게 기록한다. 현장에서는 표13-9와 같은 사업장 보건관리 체크리스트를 활용하여 사업장 보건관리에 필요한 요구도를 진단할 수 있다.

2. 산업간호진단

사정에 의해 도출된 보건문제를 목록화하고, 우선순위 선정기준에 따라 가장 먼저 수행해야 할 문제를 규명한다. 일반적으로 문제의 심각성, 문제의 크기, 중재의 효과, 자원동원가능성 등의 기준에 따라 우선순위를 설정한다. 진단목록과 우선순위 설정, 최종 간호문제 진단 선정의 과정을 기록으로 남긴다.

3. 산업간호계획

선정된 간호문제를 목표선정기준에 따라 일반적인 목표와 구체적인 목표를 설정하고, 목표 달성을 위해 사용가능한 여러 방법 및 수단, 자원 등을 파악한다. 수단과 방법을 선택할 때는 기술적, 경제적, 사회적, 법적 타당성을 고려하여 선정한다. 한 가지 방법과 수단을 선택하는 것 보다는 여러 가지를 적절하게 활용하는 것이 목표

표 13-9 사업장 보건관리 체크리스트

업무영역	업무내용	적정 여부	개선시기
계획수립 및 평가	□ 연간 보건관리사업 연간 계획수립/평가 – 우리일터에 적합한 보건관리사업의 연간 계획을 작성		
작업환경	□ 작업장에서 발생되는 유해위험물질을 파악했는가? □ 작업 시 발생되는 유해인자에 어떤 근로자들이 노출되는가?		
	□ 작업환경측정은 실시(또는 실시계획 수립) 하였는가? □ 작업환경측정 결과를 근로자에게 설명하고, 문제점은 개선하였는가?		
	□ 환기 및 국소배기장치 설비가 제대로 작동하는가?		
	□ 작업장 내 사용물질에 대해 알고 있는가? – 해당물질의 MSDS 확보, 비치, 교육했는가?		
	□ 적절한 보호구를 비치, 착용, 관리되고 있는가?		
작업조건 관리	□ 작업방법의 공학적 개선 및 지도 – 무리한 자세, 불안정한 자세를 유발하는 공정은 있는가? – 중량물 취급 또는 근골격계 부담 작업이 있는가?		
	□ 작업조건에 대한 분석은 실시하였는가? – 작업강도, 부하, 장시간 근로 등에 대한 분석은 실시하였는가?		
건강관리	□ 일반건강진단 및 특수건강진단 대상 파악 및 실시 – 일반건강진단 또는 특수건강진단 대상 근로자가 누구인가? – 건강진단 결과표는 보관하고 있는가?		
	□ 건강이상자 및 질병유소견자 관리 – 건강진단 결과, 건강이상자 또는 질병유소견자가 발생하였는가? – 해당자에게 건강진단 결과를 설명 또는 자료를 제공하였는가?		
	□ 근로자의 유병결근율 관리 – 근로자의 유병결근율은 분석하는가?		
	□ 사업장 건강증진 운동 추진에 관한 지도 – 건강증진운동 추진을 위한 계획을 수립하였는가? – 계획의 성공을 위해 외부의 도움을 받았는가?		
	□ 기초 질환 관리 및 건강증진에 관한 지도 – 기초 질환 보유 근로자에 대한 파악과 관리는 어떻게 할 것인가? – 금연, 운동, 영양, 절주 등 건강증진을 위한 활동은 어떻게 추진할 것인가?		
	□ 업무복귀 근로자에 대한 지원 – 업무의 적정배치, 재활훈련에 대한 프로그램은 수립되어 있는가?		

출처: 안전보건공단(2012). 보건관리 실무 가이드라인

표 13-10 사업장의 간호방법과 간호수단

간호방법	간호수단
• 건강진단 • 응급간호 • 환자관리 • 예방사업 및 주후관리 • 환경보건관리 • 보건교육 상담	• 클리닉에서 일반적인 보건업무 수행 • 관계부서 방문 및 가정방문 • 산업안전보건관리 위원회를 통한 모임 및 집단지도 • 적절한 기관에 의뢰 및 자원 활용 • 매체활용

출처: 안전보건공단(2012). 보건관리 실무 가이드라인

달성에 효과적일 수 있다. 사업장에서 선택할 수 있는 간호수단과 방법은 표13-10과 같다. 계획단계에서는 사업 수행을 누가, 언제, 어디서, 어떻게 할 것인지에 관한 구체적인 수행계획을 세워야 하며, 이때 평가에 대한 계획도 미리 세워야 한다.

4. 산업간호수행

사업을 수행하기 전, 이전에 수립한 사업 계획을 다시 확인하고, 현재 상황에 맞게 수정해야 할 사항은 없는지 확인한다. 가능하면 보건사업에 대상자들이 많이 참여할 수 있도록 적절한 방법으로 홍보하고, 참여를 유도할 수 있는 다양한 방안들을 강구한다. 보건사업을 수행하는 중에도 필요한 자료를 수집하고, 사업이 계획대로 진행되고 있는지 확인하고 감시 · 감독한다. 계획대로 진행되고 있지 않다면 원인을 파악하여 진행일정을 수정할 수도 있다. 사업 수행 후에는 사업 내용을 기록 · 보고하고, 자료는 보관한다.

5. 산업간호평가 및 재계획

평가계획에 따라 평가에 필요한 자료를 수집한 후, 목표 및 목적 달성정도를 비교한다. 만약 목적이 달성되지 않았다면, 그 이유에 대해서 분석하고, 분석결과에 근거하여 재계획을 수립하도록 한다.

표 13-11 산업간호과정 직무항목

영역	계획	수행	관리 및 평가
1. 산업간호사정	• 사업장의 산업보건관리규정 확인 • 자료수집 대상선정 • 자료수집 방법선정	• 근로자특성 파악 • 사업장특성 파악 • 작업공정 및 작업환경조사 • 근로자 건강수준 파악 • 기존 산업보건사업 파악 • 설문조사, 인터뷰, 작업장순회 실시	• 조사자료 분석 • 조사자료 기록 및 보관
2. 산업간호진단	• 보건문제 확인	• 보건문제 영역별 분류 • 보건문제 목록도출	• 보건진단 관련요인 분석
3. 산업간호계획	• 수단 및 자원파악	• 사업 우선순위선정 • 사업목표 선정 • 사업방법 및 수단 선택 • 사업수행계획 수립 • 평가계획 수립 • 산업보건사업 계획서 작성	• 작성된 산업간호계획서의 타당성검토
4. 산업간호수행	• 보건프로그램 개발 • 인력 및 조직의 역할분담 • 사업 필요물품 준비 • 환경조성	• 각종 보건프로그램 운영 • 보건교육실시 • 사업홍보 • 상담 • 의뢰	• 사업결과확인 • 사업 감시 및 감독 • 사업수행내용 기록 및 보고
5. 산업간호평가 및 재계획	• 평가기준 설정	• 평가자료 수집 • 평가수행	• 평가내용기록 • 재계획 수립 • 사업조정

출처: 산업간호협회(2007). 산업간호직무지침

제3절 근로자 건강진단

1. 근로자 건강진단의 종류와 내용

1) 건강진단 종류

근로자 건강진단은 질병을 조기에 발견하고 현재 건강상태를 정확히 파악하여 적절한 사후조치를 취함으로써 근로자의 건강을 유지 및 보호하고, 더 나아가 노동의 생산성을 확보하는데 기여하고자 실시한다. 산업안전보건법에 따른 근로자 건강진단의 종류는 일반건강진단, 배치 전 건강진단, 특수건강진단, 수시 건강진단 및 임시 건강진단이 있다. 사업주의 채용 시 건강진단의 실시의무는 고용기회가 제한 · 규제될 것을 우려하여 2005년에 폐지(산업안전보건법 시행규칙 일부개정, 2005.10.7)되었다. 하지만 채용 시 건강진단을 실시한다고 해서 법적인 제한이나 처벌을 받는 것이 아니기에 현재 사업장마다 자율적으로 실시되고 있다.

건강진단에 있어서 사업주는 검진이 원활히 실시될 수 있도록 적극 노력하여야 하고, 근로자는 사업주가 실시하는 건강진단 및 의학적 조치에 적극 협조하여야 한다.

(1) 일반건강진단

일반건강진단은 고혈압, 당뇨 등 일반질병을 조기발견하고 근로자의 건강관리를 위하여 사업주가 주기적으로 실시하는 건강진단이다. 사무직에 종사하는 근로자(공장 또는 공사현장과 같은 구역에 있지 아니한 사무실에서 서무 · 인사 · 경리 · 판매 · 설계 등의 사무업무에 종사하는 근로자를 말하며, 판매업무 등에 직접 종사하는 근로자는 제외)에 대해서는 2년에 1회 이상, 그 밖의 근로자에 대해서는 1년에 1회 이상 일반건강진단을 실시하여야 한다. 다음과 같은 경우에는 일반건강진단을 실시한 것으로 본다.

- 「국민건강보험법」에 따른 건강검진
- 「항공법」에 따른 신체검사
- 「학교보건법」에 따른 건강검사

표 13-12 일반건강진단 항목

산업안전보건법에 의한 일반건강진단 항목	국민건강보험법에 의한 일반건강진단 항목	2차 검진 항목
• 과거병력, 작업경력 및 자각 · 타각증상(시진 · 촉진 · 청진 및 문진) • 혈압 · 혈당 · 요당, 요단백 및 빈혈검사 • 체중 · 시력 및 청력 • 흉부방사선 간접촬영 • 혈청 GOT 및 GPT, 감마지티피(γ-GTP) 및 총콜레스테롤	• 문진과 진찰 • 신체계측(신장, 체중, 비만도, 허리둘레), 혈압측정, 시력 · 청력 측정 • 흉부방사선 촬영(직접촬영), 요검사(요단백), 혈액검사(혈색소, 공복혈당, 총콜레스테롤, HDL 콜레스테롤, 트리글리세라이드, LDL 콜레스테롤, AST(SGOT), ALT(SGPT), 감마지티피(γ-GTP), 혈청 크레아티닌 검사, 신사구체여과율(e-GFR)) • 구강검진 • 건강위험평가(문진과 검사 결과 등을 토대로 건강검진을 받은 자의 질병 위험도와 건강위험요인 등을 평가하는 것)	• 2차 건강검진은 고혈압, 당뇨질환의심자에 대한 2차검사 및 상담으로 비용은 공단이 전액 부담 • 1차 검진 결과 상담: 건강검진 결과 상담, 건강위험평가 상담, 보건교육, 결과통보 및 입력 등 • 고혈압 의심자: 혈압 측정 • 당뇨병 질환 의심자: 공복혈당 • 인지기능장애 고위험군: KDSQ-C 선별검사 및 상담

- 「진폐의 예방과 진폐 근로자의 보호 등에 관한 법률」에 따른 정기 건강진단
- 「선원법」에 따른 건강진단
- 그 밖에 기타 일반건강진단의 검사항목을 모두 포함하여 실시한 건강진단

(2) 특수건강진단

특수건강진단은 특수건강진단 대상 유해인자에 노출되는 업무(이하 "특수건강진단대상업무"라 한다)에 종사하는 근로자와, 근로자건강진단 실시 결과 직업병 유소견자로 판정받은 후 작업 전환을 하거나 작업장소를 변경하고, 직업병 유소견판정의 원인이 되는 유해인자에 대한 건강진단이 필요하다는 의사의 소견이 있는 근로자의 건강관리를 위하여 사업주가 실시하는 건강진단을 말한다.

특수건강진단 대상 유해인자는 178종으로, 화학적 인자로 유기화합물(108종), 금속류(19종), 산 및 알카리류(8종), 가스상태 물질류(14종), 허가대상 유해물질(13종)이 해당되며, 분진(6종), 물리적 인자(8종), 야간작업(2종)이 해당된다. 검진시기는 특수건강진단 대상 유해인자별로 정한 시기 및 주기에 따라 실시해야 하는데 유해인자별 검진주기는 표13-13과 같다.

아래에 해당하는 근로자에 대해서 사업주는 다음 회에 한정하여 유해인자별로 특수건강진단 주기를 2분의 1로 단축하여야 한다.

- 작업환경을 측정한 결과 노출기준 이상인 작업공정에서 해당 유해인자에 노출되는 모든 근로자
- 특수건강진단 · 수시건강진단 또는 임시건강진단을 실시한 결과 직업병 유소견자가 발견된 작업공정에서 해당 유해인자에 노출되는 모든 근로자
- 특수건강진단 또는 임시건강진단을 실시한 결과 해당 유해인자에 대하여 특수건강진단 실시주기를 단축하여야 한다는 의사의 판정을 받은 근로자

표 13-13 특수건강진단의 시기 및 주기

구분	대상 유해인자	시기 배치 후 첫 번째 특수 건강진단	주기
1	N,N-디메틸아세트아미드 N,N-디메틸포름아미드	1개월 이내	6개월
2	벤젠	2개월 이내	6개월
3	1,1,2,2-테트라클로로에탄 사염화탄소 아크릴로니트릴 염화비닐	3개월 이내	6개월
4	석면, 면 분진	12개월 이내	12개월
5	광물성 분진 나무 분진 소음 및 충격소음	12개월 이내	24개월
6	제1호부터 제5호까지의 규정의 대상 유해인자를 제외한 모든 대상 유해인자	6개월 이내	12개월

출처: 산업안전보건법 시행규칙 제99조제2항 관련

(3) 배치 전 건강진단

배치 전 건강진단이란 특수건강진단대상업무에 종사할 근로자에 대하여 배치 예정업무에 대한 적합성 평가를 위하여 사업주가 실시하는 건강진단을 말한다.

사업주가 특수건강진단대상업무에 근로자를 배치하려는 경우 해당 작업에 배치하기 전, 배치 전 건강진단을 실시하여야 하고, 특수건강진단기관에 해당 근로자가 담당할 업무나 배치하려는 작업장의 특수건강진단대상 유해인자 등에 관한 정보를 미리 알려주어야 한다.

(4) 수시 건강진단

수시건강진단이란 유해물질 또는 유해요인과 관련하여 근로자가 증상을 호소할 때 특수건강진단과는 별개로 실시하는 건강진단을 말하며, 급성으로 발병하거나 특수건강진단으로는 발견하기 어려운 작업관련 건강이상에 대해서 신속히 대처하기 위하여 임시건강진단 개념을 확대한 근로자 건강진단의 한 형태이다. 수시건강진단은 대상유해인자에 대해서 실시할 수 있고 대상 유해업무는 직업성천식을 유발할 수 있는 물질을 다루는 업무와 직업성 피부질환을 유발할 수 있는 물질을 다루는 업무 등이다.

(5) 임시 건강진단

임시건강진단이란 특수건강진단대상 유해인자 또는 그 밖의 유해인자에 의한 중독 여부, 질병에 걸렸는지 여부 또는 질병의 발생원인 등을 확인하기 위하여 지방고용노동관서의 장의 명령에 따라 다음 어느 하나에 해당하는 경우에 사업주가 실시하는 건강진단을 말한다.

① 같은 부서에 근무하는 근로자 또는 같은 유해인자에 노출되는 근로자에게 유사한 질병의 자각 · 타각증상이 발생한 경우
② 직업병 유소견자가 발생하거나 여러 명이 발생할 우려가 있는 경우
③ 그 밖에 지방고용노동관서의 장이 필요하다고 판단하는 경우

2) 건강진단 사후관리

(1) 건강진단 결과판정 및 사후관리조치

근로자의 건강관리를 위해 사업장에서는 건강진단 결과판정에 따라 해당 근로자를 조치하는 것이 중요하며, 추적검사는 건강진단을 실시한 기관에서 시행한다. 건강진단 결과판정〈표13-14, 표13-15, 표13-16〉에 따라 업무수행 적합여부〈표13-17〉를 판정하여(건강진단 실시결과 일반질병유소견자(D2)와 직업병유소견자(D1)로 판정받은 근로자에 대해서는 반드시 업무수행 적합여부를 판정하여야 한다), 근로자의 건강을 유지하기 위하여 필요하다고 인정할 때에는 보호구 착용, 작업 장소 변경, 작업 전환, 근로시간 단축, 야간근로(오후 10시부터 오전 6시까지 사이의 근로를 말한다)의 제한, 병가 등의 적절한 사후조치를 하여야 한다〈표13-18〉. 또한 검진기관으로부터 건강진단에 관한 결과를 통보 받은 날로부터 20일 이내에 질병자에 관한 사후관리를 해야 한다. 추후관리 대상자는 개인별 건강진단 결과표 교부 시 상담일정을 적은 안내문을 첨부한다. 근로자 건강진단 사후관리 흐

름은 그림13-4와 같다.

직업병 유소견자로 판정되어 작업 전환을 조치한 후에도 정기적으로 특수건강진단을 실시하여 경과를 관찰한다. 건강진단 결과 사후관리는 사업주 책임 하에 보건관리자와 협의하여 이루어져야 한다.

표 13-14 건강관리 구분 판정기준(건강검진 실시기준, 보건복지부 고시, 일반건강검진)

건강관리구분	건강관리구분 내용
정상 A	1차 검진 결과 건강이 양호한 자
정상 B	1차 검진 결과 건강에 이상이 없으나 식생활 습관, 환경 개선 등 자기관리 및 예방조치가 필요한 자
일반질환의심	1차 검진결과 질환으로 발전할 가능성이 있어 추적검사나 전문 의료기관을 통한 정확한 진단과 치료가 필요한 자
고혈압 · 당뇨 질환 의심 (2차검진대상자)	1차 검진결과 고혈압 · 당뇨병이 의심되어 치료와 관리가 필요한 자
유질환자	고혈압, 당뇨병, 이상지질혈증, 폐결핵으로 판정받고 현재 약물 치료를 받고 있는 자

표 13-15 건강관리 구분 판정기준

건강관리구분		건강관리구분 내용
A		건강관리상 사후 관리가 필요 없는 근로자(건강한 근로자)
C	C_1	직업성 질병으로 진전될 우려가 있어 추적 검사 등 관찰이 필요한 근로자(직업병 요 관찰자)
	C_2	일반질병으로 진전될 우려가 있어 추적 관찰이 필요한 근로자(일반질병 요 관찰자)
D_1		직업성 질병의 소견이 보여 사후관리가 필요한 근로자(직업병 유소견자)
D_2		일반 질병의 소견을 보여 사후관리가 필요한 근로자(일반질병 유소견자)
R		건강진단 1차 검사결과 건강수준의 평가가 곤란하거나 질병이 의심되는 근로자(제2차 건강진단 대상자)

표 13-16 건강관리 구분 판정기준(야간작업)

건강관리구분	건강관리구분내용
A	건강관리상 사후관리가 필요 없는 근로자(건강한 근로자)
C_N	질병으로 진전될 우려가 있어 야간작업 시 추적관찰이 필요한 근로자(질병 요관찰자)
D_N	질병의 소견을 보여 야간작업 시 사후관리가 필요한 근로자(질병 유소견자)
R	건강진단 1차 검사결과 건강수준의 평가가 곤란하거나 질병이 의심되는 근로자(제2차 건강진단 대상자)

※ "U"는 2차 건강진단 대상임을 통보하고 10일을 경과하여 해당 검사가 이루어지지 않아 건강관리구분을 판정할 수 없는 근로자. "U"로 분류한 경우에는 해당 근로자의 퇴직, 기한 내 미실시 등 2차 건강진단의 해당 검사가 이루어지지 않은 사유를 규칙 제105조제3항에 따른 건강진단결과표의 사후관리소견서 검진 소견란에 기재하여야 함

※ 건강관리구분 "A"란 건강진단결과, 이상소견이 전혀 없거나 경미한 이상소견은 있지만 건강관리상 사후관리가 필요 없는 자를 말함

표 13-17 업무수행 적합 여부

구분	업무수행 적합여부 내용
가	건강관리상 현재의 조건하에서 작업이 가능한 경우
나	일정한 조건(환경개선, 보호구착용, 건강진단주기의 단축 등)하에서 현재의 작업이 가능한 경우
다	건강장해가 우려되어 한시적으로 현재의 작업을 할 수 없는 경우 (건강상 또는 근로조건상의 문제가 해결된 후 작업 복귀 가능)
라	건강장해의 악화 또는 영구적인 장해의 발생이 우려되어 현재의 작업을 해서는 안 되는 경우

표 13-18 사후관리 조치 판정

구분	사후관리 조치내용(사후관리조치 내용은 한 근로자에 대하여 중복하여 판정할 수 있음)
0	필요없음
1	건강상담(생활습관 관리 등 구체적으로 내용 기술)
2	보호구지급 및 착용지도
3	추적검사(건강진단의사가 직업병 요관찰자(C1), 직업병 유소견자(D1) 또는 "야간작업"요관찰자(CN), "야간작업"유소견자(DN)에 대하여 추적검사 판정을 하는 경우에는 사업주는 반드시 건강진단의사가 지정한 검사항목에 대하여 지정한 시기에 추적검사를 실시하여야 함)
4	근무 중 치료
5	근로시간 단축
6	작업 전환
7	근로제한 및 금지
8	산재요양신청서 직접 작성 등 해당 근로자에 대한 직업병확진의뢰 안내(직업병 유소견자(D1)중 요양 또는 보상이 필요하다고 판단되는 근로자에 대하여는 건강진단을 한 의사가 반드시 직접 산재요양신청서를 작성하여 해당 근로자로 하여금 근로복지공단 관할지사에 산재요양신청을 할 수 있도록 안내하여야 함)
9	기타(교대근무 일정 조정, 야간작업 중 사이 잠 제공, 정밀업무적합성평가 의뢰 등 구체적으로 내용 기술)

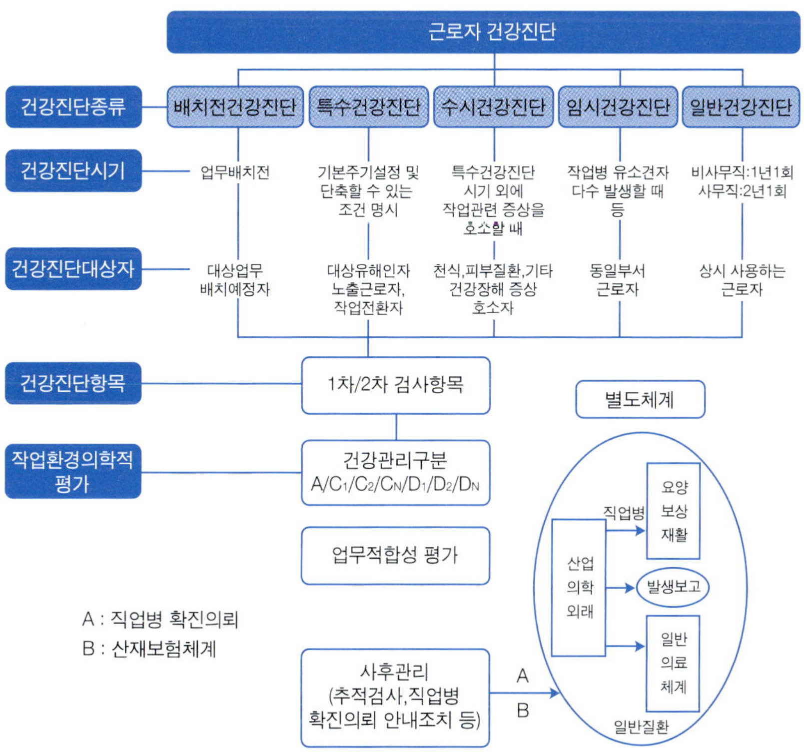

그림 13-3 근로자 건강진단 실시 개요

출처: 안전보건공단(2014). 근로자 건강진단 실무지침

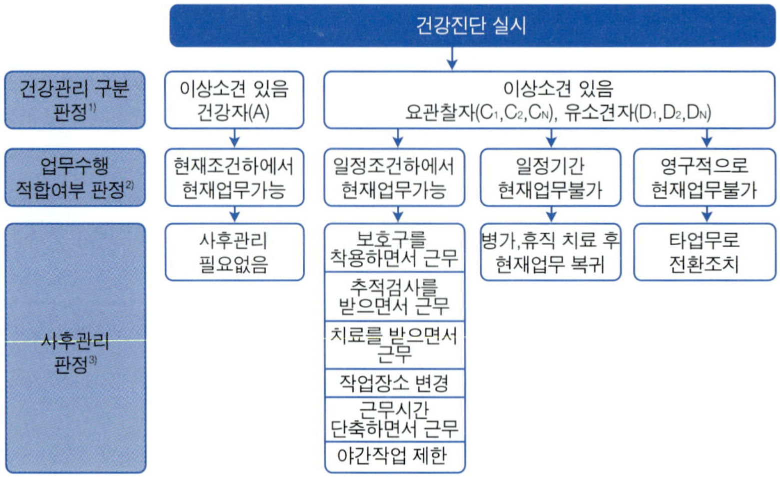

그림 13-4 근로자 건강진단결과 사후관리 흐름

출처: 안전보건공단(2014). 근로자 건강진단 실무지침

(2) 건강진단 서류 보존

사업주는 송부 받은 건강진단 결과표 및 근로자가 제출한 건강진단 결과를 증명하는 서류(이들 자료가 전산 입력된 경우에는 그 전산 입력된 자료를 말한다)를 5년간 보존하여야 한다. 다만, 고용노동부장관이 정하여 고시하는 물질 즉 발암성 물질을 취급하는 근로자에 대한 건강진단 결과의 서류 또는 전산입력 자료는 30년간 보존하여야 한다.

제4절 산업재해

1. 산업재해의 개요

1) 산업재해의 개념

산업재해(industrial accident)란 산업활동에 수반하여 발생하는 사고로 인해 인적 · 물적 손해를 일으키는 것을 말한다. 즉 근로자가 업무에 기인해서 부상 · 질병이환 또는 사망하거나 시설이 파괴되는 것을 말한다(산업안전보건법 제2조제1호). 이러한 산업재해는 기업의 건설물, 설비, 원재료, 가스, 증기, 분진 등에 의해서 일어나기도 하고 근로자 자신의 불안전한 작업동작에 기인해서 일어나기도 한다. 현대사회에서 급속한 산업화추세에 따른 산업 활동 인구의 증가, 산업분야의 다양성, 생산과정의 기계화 등으로 인하여 산업재해가 지속적으로 발생되고 있다. 이러한 다양한 산업재해로 인하여 귀중한 인명의 손실, 근로자와 가족의 불행, 경제적 문제, 사회적 불안정 문제 등을 유발하기 때문에 예방 및 대책이 반드시 필요하다.

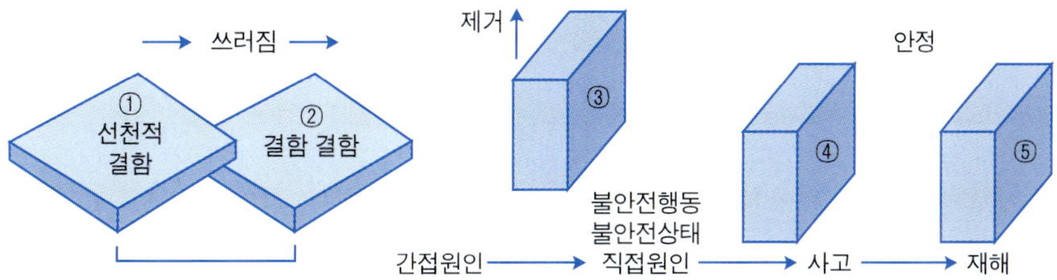

그림 13-5 하인리히(H.W. Heinrich)의 도미노이론

출처: 부산소방인전본부(2013). 소방활동 안전사고 예방대책에 관한 연구

2. 산업재해의 원인

하인리히(H.W. Heinrich)의 법칙과 도미노 이론에 근거하여 재해의 원인을 알아보고자 한다.

1920년대에 허버트 하인리히는 실제 발생한 7만 5,000건의 사고를 정밀 분석하여 1931년에 『산업재해 예방』이라는 책을 발간했다. 하인리히는 이 책에서 재해에 의한 피해 정도를 분석해 큰 재해와 작은 재해 그리고 사소한 사고의 발생 비율이 어떠한지를 숫자상으로 명확히 밝혀냈는데, 그 비율이 바로 1대 29대 300이었다. 하인리히는 산업재해가 발생하는 과정에서 큰 재해가 한 번 발생한다면, 그 전에 같은 원인으로 발생한 작은 재해가 29번 있었고, 또 운 좋게 재해는 피했지만 같은 원인으로 부상을 당할 뻔한 사건이 무려 300번이나 있었다는 것을 밝혀냈다.

이 법칙에 의하면 산업재해는 어떤 우연한 사건에 의해 발생하는 것이 아니라 충분히 그러할 개연성이 있었던 경미한 사고가 반복되는 과정 속에서 발생한다고 볼 수 있다. 주먹구구 방식이 아니라 과학적 통계에 근거하여 도출된 하인리히 법칙은 어떤 상황이든 간에 큰 재해는 항상 사소한 것들을 방치할 때 발생한다는 것을 실증적으로 보여준다. 또한 하인리히는 1대 29대 300법칙을 통해 사고의 확산과정을 양으로 보여주면서 사고 확산의 연쇄성도 함께 강조하고 있다. 하인리히는 인명사상이나 재산손실과 같은 재해가 발생하기 이전에 여러 가지 원인이 존재하는데, 그 원인들이 순차적으로 영향을 미친 결과 여러 가지 바람직하지 못한 현상이 연쇄적으로 발생하게 된다고 설명하고 있다. 이것이 바로 하인리히의 '도미노 이론(domino theory)'이다〈그림13-5〉.

도미노 이론은 사고가 발생하기 이전의 보다 원천적인 요인을 강조하고 있는데, 하인리히는 사고가 발생하기 전에 다음과 같은 3가지 요인이 잠재되어 있다고 보았다.

- 제1요인 – '인간의 유전적 내력 또는 사회적으로 바람직하지 못한 현상(선천적결함, 간접원인)'
- 제2요인 – 제1요인에 의해 생기는 '인간의 결함(개인결함, 간접원인)'
- 제3요인 – 제2요인에 따른 '불안전한 행동 및 기계적 · 물리적 위험(불안전행동 및 불안전상태, 직접원인)'

하지만 근본적 요소인 사회 환경이나 인간의 결함을 고치기는 용이하지 않지만, 인간의 불안전한 행동이나 기계적 · 물리적 위험 요인은 상대적으로 제거하기 쉽다. 이에 근본적 대책이 아닌 미봉책에 불과할지라도 제3요인을 효과적으로 없앤다면 사고를 조기에 방지할 수 있다고 하인리히는 주장하였다.

오늘날은 미 공군에서 개발하여 미국연방교통안전위원회(NTSB)가 채택하고 있는 안전의 근본원인을 규명하는 방법이 널리 사용되고 있는데, 이 이론에서는 재해를 일으킨 요인을 철저하게 조사하고 분석하여 4개의 M을 규정하였다. 즉 인간의 직접적인 불안전한 상태나 불안전한 행동을 발생시키는 재해의 기본원인을 "4M",

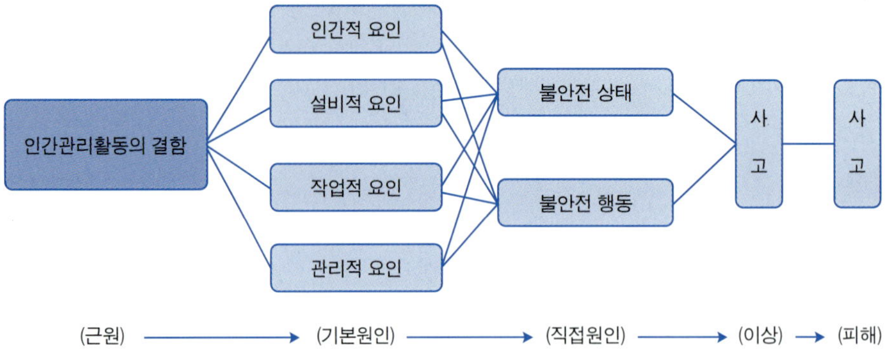

그림 13-6 미국 연방교통안전위원회(NTSB)의 재해 발생의 연쇄관계

출처: 부산소방안전본부(2013). 소방활동 안전사고 예방대책에 관한 연구

Men(Error를 일으키는 인간요인), Machine(기계설비의 결함, 고장 등의 물적 요인), Media(작업의 정보, 방법, 환경 등의 요인), Management(관리상의 요인)의 4가지 요소로 파악한 이론이다. 그림 13-6에서 나타난 연쇄관계에서 4개의 M 각각이 불안전상태, 불안전행동의 어느 곳에 대해서도 원인이 된다는 것을 이해할 필요가 있다. 또한 이 이론에서는 사고와 재해의 직접적인 원인뿐만 아니라 근본적인 원인도 제거해야 함을 강조하고 있다.

3. 산업재해 통계지표

산업재해의 발생 상황을 나타내기 위해 재해성격에 따라 여러 가지 지표가 사용되고 있다. 일반적으로 많이 사용되고 있는 산업재해의 지표로는 재해율, 사망 만인율, 요양재해율, 도수율, 강도율 등이 있다.

1) 재해율

임금근로자수 100명당 발생하는 재해자수의 비율을 의미한다.

$$\text{재해율} = \frac{\text{재해자 수}}{\text{임금근로자수}} \times 100$$

* 재해자수: 근로복지공단의 휴업급여를 지급받은 재해자를 말한다. 다만, 질병에 의한 재해와 사업장 밖의 교통사고(운수업, 음식숙박 업은 사업장 밖의 교통사고도 포함) · 체육행사 · 폭력행위로 발생한 재해는 제외한다.

2) 사망 만인율

임금근로자수 10,000명당 발생하는 사망자수의 비율을 말한다.

$$\text{사망만인율} = \frac{\text{사망자 수}}{\text{임금근로자수}} \times 10{,}000$$

* 사망자수: 근로복지공단의 유족급여가 지급된 사망자와 지방고용노동관서에 산업재해조사표가 제출된 사망자를 합산한 수를 말한다. 다만, 질병에 의해 사망한 경우와 사업장 밖의 교통사고(운수업, 음식숙박업은 사업장 밖의 교통사고도 포함)·체육행사·폭력행위에 의 한 사망, 사고발생일로부터 1년을 경과하여 사망한 경우는 제외한다.

3) 요양 재해율

근로자수 100명당 발생하는 요양재해자수의 비율을 말한다.

$$요양재해율 = \frac{요양재해자수}{산재보험적용근로자수} \times 100$$

* 요양재해자수란 근로복지공단의 유족급여가 지급된 사망자 및 근로복지공단에 최초요양신청서(재진 요양신청이나 전원 요양신청서는 제외한다)를 제출한 재해자 중 요양승인을 받은 자와 지방고용노동관서에 산업재해조사표가 제출된 재해자를 합산한 수를 말한다.

4) 도수율(빈도율, frequency rate)

1,000,000 근로시간당 요양재해발생 건수를 말한다. 재해의 입장에서 보면 근로자의 근로시간은 재해 발생의 위험에 노출되는 시간이라고 할 수 있기에, 위험에 노출된 단위시간당 재해가 얼마나 발생했는가를 파악하기 위한 지표이다. 즉 산업장의 재해발생 상황을 파악할 수 있는 대표적인 지표이다. 하지만 재해 발생에 따른 재해의 손상정도는 지표를 통해서 파악할 수 없는 단점이 있다.

$$도수율(빈도율) = \frac{요양재해자수}{연근로시간수} \times 1,000,000$$

5) 강도율(severity rate)

근로시간 합계 1,000시간당 요양재해로 인한 근로손실일수를 말하며, 재해에 의한 손상의 정도를 나타낸다. 즉 한 건의 재해가 발생했다 하더라도 재해로 인한 손상의 정도는 다를 수 있기 때문에, 강도율을 통해서 발생된 재해로 인한 손상 정도를 파악할 수 있다. 총 요양근로손실일수는 요양재해자의 총 요양기간을 합산하여 산출하되, 사망, 부상 또는 질병이나 장해자의 등급별 요양근로손실일수는 표13-19와 같다.

$$강도율 = \frac{총요양근로손실일수}{연근로시간수} \times 1,000$$

표 13-19 요양근로손실일수 산정요령-산업안전보건법 시행규칙 제3조 「별표1」

구분	사망	신체장해자등급											
		1~3	4	5	6	7	8	9	10	11	12	13	14
근로손실 일 수(일)	7,500	7,500	5,500	4,000	3,000	2,200	1,500	1,000	600	400	200	100	50

※ 신체장해등급이 결정되었을 때는 다음과 같이 등급별 근로손실일수를 적용한다.
※ 부상 및 질병자의 요양근로손실일수는 요양신청서에 기재된 요양일수를 말한다.

4. 산업재해 발생현황

1) 산업재해 현황

우리나라 산업재해 발생현황을 살펴보면, 과거에 비해 다양한 예방정책 사업으로 인해 산업재해율과 재해자수가 해마다 조금씩 감소하고 있다. 2014년도 산업재해보상보험법 적용사업장 2,187,391개소에 종사하는 근로자 17,062,308명 중에서 4일 이상 요양을 요하는 재해자가 90,909명 발생(사망 1,850명, 부상 81,955명, 업무상질병 이환자 6,820명)하였고, 재해율은 0.53%이었다. 이는 2013년도에 비하여 사업장수는 10.64% 증가하였고, 근로자수는 10.44%증가하였으며, 재해자수는 1.00%감소하였고, 재해율은 0.06%감소하였다. 산업재해로 인한 직접손실액(산재보상금 지급액)은 3,926,559백만원으로 전년대비 3.45%증가하여, 직 · 간접손실을 포함한 경제적 손실 추정액은 19,632,795백만원으로 전년대비 3.45%가 증가하였으나, 근로손실일수는 48,398,387일로 전년대비 8.26%가 감소한 것으로 나타났다〈표13-20〉.

2) 사망재해 현황

2014년도 사망재해자는 1,850명이며 이 중에서 업무상사고 사망자수는 992명, 업무상질병 사망자수는 858명으로 나타났다. 사망재해유형은 진폐 409명, 떨어짐이 363명, 뇌 · 심혈관질환이 318명, 끼임 111명의 순으로 나타났다. 사망만인율은 1.08‰이며 2013년도 1.25‰에 비하여 0.17‰ 포인트 감소하였다. 사망만인율(근로자 10,000명당 사망자수)의 추세는 2004년 이후 2012년까지 계속 감소 추세를 유지하였으나 2013년에 일시적으로 증가하였고, 2014년에는 2013년에 비해 감소하였다〈표13-21〉.

표 13-20 산업재해 현황

연도	적용 사업장수(개소)	대상 근로자수(명)	재해자수(명)					재해율[2](%)	경제적손실추정액(단위 : 백만원)			근로손실일수[4](일)
			계	사망[1]	부상	신체장해자	업무상 질병 요양자수		계	산재 보상금	간접 손실액[3]	
2013	1,977,057	15,449,228	91,824	1,929	82,803	35,490	6,788	0.59	18,977,170	3,795,434	15,181,736	52,757,034
2014	2,187,391	17,062,308	90,909	1,850	81,955	34,403	6,820	0.53	19,632,795	3,926,559	15,706,236	48,398,387
증감[5] (%)	210,334 (10.64)	1,613,080 (10.44)	−915 (−1.00)	−79 (−4.10)	−848 (−1.02)	−1,087 (−3.06)	32 (0.47)	−0.06	655,625 (3.45)	131,125 (3.45)	524,500 (3.45)	−4,358,647 (−8.26)

출처: 안전보건공단(2014). 산업재해 현황분석

※ 참 고

1) 사망자수는 재해당시의 사망자수에 요양 중 사망자수를 포함한 것임.

※ 사망자수에는 사업장외 교통사고, 체육행사, 폭력행위, 사고발생일로부터 1년경과 사고사망자는 제외(다만, 운수업, 음식 · 숙박업의 사업장외 교통사고 사망자는 포함)

2) 재해율(%) $= \frac{\text{재해자수}}{\text{근로자수}} \times 100$

3) 간접손실액: 하인리히 방식에 의하여 직접손실액(산재보상금 지급액)의 4배로 계산

4) 근로손실일수: 신체장해자의 등급별 손실일수+사망자 손실일수+부상자 · 업무상 질병요양자의 요양일수

5) 증감(%) $= \frac{\text{2014년}}{\text{2013년}} \times 100 - 100$

6) 산업재해로 인한 근로손실일수는 2014 노사분규로 인한 근로손실일수 651천일의 75배

표 13-21 연도별 사망재해 현황

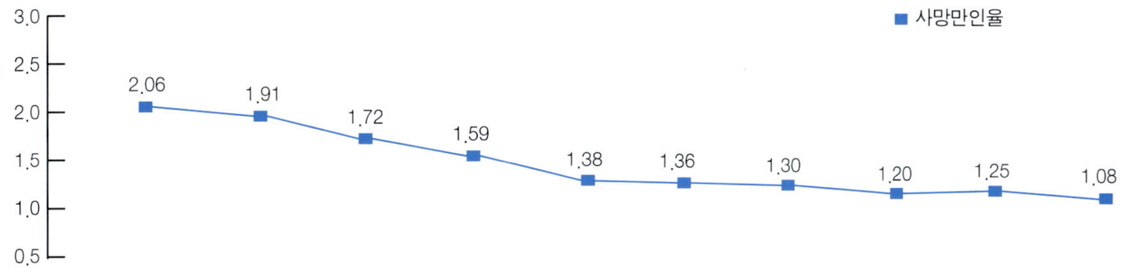

연도 구분	2005	2006	2007	2008	2009	2010	2011	2012	2013	2014
근로자수(명)	11,059,193	11,688,797	12,528,879	13,489,986	13,884,927	14,198,748	14,362,372	15,548,423	15,449,228	17,062,308
사망자수[1)] (명)	2,282	2,238	2,159	2,146	1,916	1,931	1,860	1,864	1,929	1,850
사망만인율[2)] (‰)	2.06	1.91	1.72	1.59	1.38	1.36	1.30	1.20	1.25	1.08

출처: 안전보건공단(2014). 산업재해 현황분석

※ 참 고

1) 사망자수는 재해 당시의 사망자수에 요양 중 사망자수를 포함한 것임

※ 사망자수 = 업무상사고 사망자수 + 업무상질병 사망자수

※ 사망자수에는 사업장외 교통사고, 체육행사, 폭력행위, 사고발생일로부터 1년경과 사고사망자는 제외(다만, 운수업, 음식 · 숙박업의 사업장외 교통사고 사망자는 포함)

2) 사망만인율(‰) $= \frac{\text{사망자수}}{\text{근로자수}} \times 10{,}000$

3) 업무상질병자 현황

2014년도 업무상질병자수는 7,678명으로 전년도 7,627명에 비해 51명(0.67%)이 증가하였으며, 이 중에서 진폐, 기타 화학물질 중독 등 직업병은 2014년에 1,732명으로 전년도 1,414명보다 318명(22.5%)이 증가하였으나,

표 13-22 업무상질병자 현황

구분	총계	직업병							작업관련성 질병				
		소계	진폐	난청	금속 및 중금속 중독	유기화합물 중독	기타 화학물질 중독	기타	소계	뇌·심혈관 질환	신체부담작업	요통	기타
2013	7,627	1,414	816	259	2	4	29	304	6,213	684	1,622	3,696	211
2014	7,678	1,732	1,019	278	0	8	46	381	5,946	676	1,853	3,204	213
증감	51	318	203	19	−2	4	17	77	−267	−8	231	−492	2

출처: 안전보건공단(2014). 산업재해 현황분석

※ 업무상질병자란 근로복지공단에서 산재보상지급이 결정된 자이며, 산재보상 인정범위가 확대됨에 따라 예방목적에 적합한 통계를 산출하기 위하여 '99년부터 업무상 질병을 아래와 같이 「직업병」과 「작업관련성질병」으로 구분

- 직업병: 작업환경 중 유해인자와 관련성이 뚜렷한 질병(진폐, 난청, 금속 및 중금속중독, 유기용제중독, 특정화학물질 중독 등)
- 직업병 기타: 물리적인자, 이상기압, 세균바이러스 등
- 작업관련성 질병: 업무적 요인과 개인질병 등 업무외적 요인이 복합적으로 적용하여 발생하는 질병(뇌 · 심혈관질환, 신체부담작업, 요통 등)
- 작업관련성 질병 기타: 과로, 스트레스, 간질환, 정신질환 등으로 인한 질환 등

표 13-23 업무상질병 사망자 현황

구분	총계	직업병							작업관련성 질병				
		소계	진폐	난청	금속 및 중금속 중독	유기화합물 중독	기타 화학물질 중독	기타	소계	뇌·심혈관 질환	신체부담작업	요통	기타
2013	839	466	379	0	0	4	16	67	373	348	0	0	25
2014	858	507	409	0	0	7	23	68	351	318	0	0	33
증감	19	41	30	0	0	3	7	1	−22	−30	0	0	8

출처: 안전보건공단(2014). 산업재해 현황분석

작업관련성 질병은 2014년에 5,946명으로 전년도 6,213명보다 267명(4.3%) 감소하였다. 작업관련성 질병 중 뇌·심혈관 질환자는 676명으로 전년도 684명보다 8명(1.2%) 감소하였으나 신체부담작업으로 인한 질환(경견완장해 등)은 1,853명으로 전년도 1,622명 보다 231명(14.2%) 증가하였다〈표13−22〉.

※ 경견완장해(經肩腕障害): 목, 어깨, 팔 부위에서 후두부와 손가락 끝에 이르기까지 저리고 아프고 마비되는 증상

4) 업무상질병 사망자 현황

2014년도 업무상질병 사망자수는 858명으로 전년도 839명에 비해 19명(2.3%)이 증가하였다. 이 중에서 진폐, 기타 화학물질 중독 등 직업병은 2014년도에 507명으로 전년도 466명보다 41명(8.8%)이 증가하였고, 작업관련성 질병은 2014년도에 351명으로 전년도 373명보다 22명(5.9%) 감소하였다〈표13−23〉.

5. 산업재해 예방대책

재해예방의 기본 원칙은 재해요인을 발견하고 이것을 제거함과 동시에 재해요인의 발생을 사전에 예방하는 것이다. 하인리히 법칙에서 말해 주듯이 대부분의 재해는 우연히 발생하는 것이 아니고 어떤 원인으로 인해 필연적으로 발생한다는 것을 알 수 있다. 과거에는 재해예방대책이 기계와 같은 시설물의 안전에 중점을 두었으나, 최근 발생한 대부분의 대형 산업재해가 안전수칙 미 준수 등의 원인으로 발생하고 있어 인적요인의 관리도 중요하게 되었다. 또한 작업자를 적성에 맞는 부서에 배치하는 것도 재해예방의 한 방법이 될 수 있다. 산업재해의 예방대책은 각 사업장에서 노력해야 할 문제이지만 정부와 지자체가 참여한 규정과 가이드라인 제정 및 집행, 다학제간 협력적인 연구활동, 안전교육 등이 전국적으로 실시되어야 큰 효과를 거둘 수 있다. 안전보건공단에서는 각 사업장의 자율적 재해예방 활동을 위해 지켜야 할 기본적인 안전수칙을 「4대 추진과제 및 17대 실천수칙」으로 요약, 정리하여 사업장에 홍보 및 교육을 실시하고 있다〈표13−24〉. 이 안전수칙은 4대 추진과제를 쉽게 이해하도록 영문 첫 글자를 따서 조합한 단어 이크(IECR)로 명명하였다.

표 13-24 산업재해예방 필수 안전수칙

산업재해예방 필수 안전수칙〈약어: "이크!~(IECR)" 안전수칙〉
① 위험요인 발굴(Identify)
① 작업장 위험요인 찾아내기 ② 위험요인 목록 작성하기 ③ 작업장 위험요인 알려주기 ④ 확인된 위험요인 표시(겉으로 드러냄) 및 표지(다른 것과 구별) 하기
② 사고위험 제거(Eliminate)
⑤ 작업자가 위험요인 개선 요청하기 ⑥ 위험요인에 대해 근원적으로 안전조치하기 ⑦ 안전조치 이상 유무 감시(담당자 지정)하기
③ 잠재위험 통제(Control)
⑧ 사고 위험성(발생 가능성 및 예상 피해) 최소화하기 ⑨ 작업별 위험요인 관리책임자 지정하기 ⑩ 작업 전 안전교육 및 개인별 위험요인 숙지하기 ⑪ 개인보호구 지급 및 착용하기 ⑫ 안전작업절차 표시 및 준수하기 ⑬ 작업시작 전 · 중 · 후 안전점검하기 ⑭ 하청업체 안전작업 책임자 지정 및 작업관리하기
④ 사고발생시 신속 대응(Response)
⑮ 개인별 대피요령 및 역할 숙지하기 ⑯ 중대사고 발생 시 긴급대피 및 관계기관에 신고하기 ⑰ 사고원인 · 비상대응 적절성 조사 및 재발방지 조치하기

출처: 안전보건공단(www.kosha.or.kr). 2015.9

6. 산업재해보상보험제도

산업재해보상보험은 업무상의 사유에 의한 근로자의 부상, 질병, 신체장해, 사망 등을 당한 경우 근로자의 업무상 재해를 신속하고 공정하게 보상하고 이에 필요한 보험시설을 설치 · 운영하며 재해예방, 기타 근로자의 복지증진을 위한 사업을 행하여 근로자의 건강보호에 기여함을 목적으로 실시되고 있으며, 또한 사회복지증진과 기업안전에 기여하는 사회보장성 제도이다.

1) 요양급여

근로자가 업무상의 사유에 의하여 부상을 당하거나 질병에 걸린 경우에 당해 근로자에게 지급하는 급여이다. 단, 부상 또는 질병이 3일 이내의 요양으로 치유될 수 있을 때에는 요양급여를 지급하지 않는다. 요양의 범위는 진찰, 약재 또는 진찰재료와 의지 기타 보철구의 지급, 처치, 수술 기타의 치료, 의료시설에의 수용, 간병, 이송,

기타 노동부령이 정하는 사항이다.

2) 휴업급여

업무상 사유에 의하여 부상을 당하거나 질병에 걸린 근로자에게 요양으로 인하여 취업하지 못한 기간에 대해 지급하고, 1일에 대하여 평균 임금의 100분의 70에 해당하는 금액을 지급한다. 다만, 취업하지 못한 기간이 3일 이내인 때는 휴업급여를 지급하지 않는다. 이는 취업을 하지 못한 기간 중의 가족의 생계유지와 자녀 교육을 위하여 지급하는 것으로 볼 수 있다.

3) 장해급여

근로자가 업무상의 사유에 의하여 부상을 당하거나 질병에 걸려 치유 후 신체 등에 장해가 있는 경우에 당해 근로자에게 지급하는 급여이다. 장해등급에 따라 장해보상연금 또는 장해보상일시금이 있으며, 그 장해등급의 기준은 대통령령으로 정한다. 장해보상연금 또는 장해보상일시금은 수급권자의 선택에 따라 지급한다. 다만, 대통령령이 정하는 노동력을 완전히 상실한 장해등급의 근로자에 대하여는 장해보상연금을 지급한다. 이러한 규정에서도 불구하고 장해급여를 연금의 형태로 지급하는 것이 곤란 한 경우로서 대통령령이 정하는 경우에는 장해보상일시금으로 지급할 수도 있다. 장해보상의 대상이 되는 신체 장해의 종류는 정신신경, 흉복부장기, 체간, 상지, 하지의 기질 장해와 기능장해를 망라한 25개의 장해계열에 걸쳐 있으며 이를 장해의 정도, 즉 서열에 따라 14등급으로 구분하고 있다.

4) 간병급여

간병급여는 요양급여를 받은 자 중 치유 후 의학적으로 상시 또는 수시로 간병이 필요하여 실제로 간병을 받는 자에게 지급하는 급여이다.

5) 유족급여

유족급여는 근로자가 업무상의 사유로 사망한 경우에 유족에게 지급하는 급여이다. 유족보상연금이나 유족보상일시금으로 지급한다.

6) 상병보상연금

요양급여를 받는 근로자가 요양을 시작한 지 2년이 지난 이후에도 부상이나 질병이 치유되지 아니한 상태이며, 부상이나 질병에 따른 폐질(廢疾)의 정도가 대통령령으로 정하는 폐질등급 기준에 해당하고, 요양으로 인하여 취업하지 못하는 상태가 계속되면 휴업급여 대신 상병보상연금을 해당 근로자에게 지급한다.

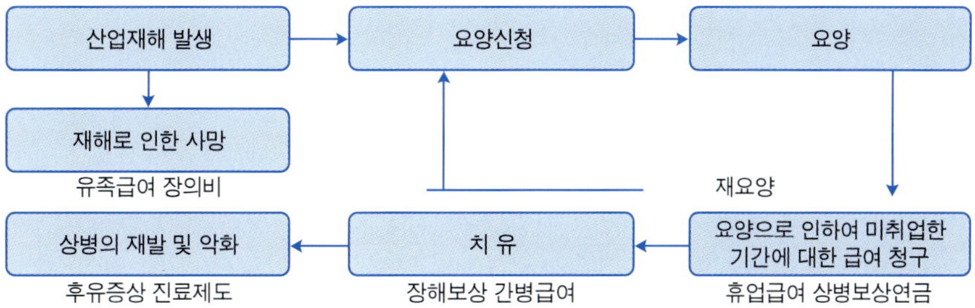

그림 13-7 산재처리과정

출처: 안전보건공단(2012). 보건관리 실무 가이드라인

7) 장의비

장의비는 근로자가 업무상의 사유로 사망한 경우에 지급하되, 평균임금의 120일분에 상당하는 금액을 그 장제(葬祭)를 지낸 유족에게 지급한다. 다만, 장제를 지낼 유족이 없거나 기타 부득이한 사유로 유족이 아닌 자가 장제를 지낸 경우에는 평균임금의 120일분에 상당하는 금액의 범위에서 실제 드는 비용을 그 장제를 지낸 자에게 지급한다. 장의비가 대통령령으로 정하는 바에 따라 고용노동부장관이 고시하는 최고 금액을 초과하거나 최저 금액에 미달하면 그 최고 금액 또는 최저 금액을 각각 장의비로 한다.

제5절 작업환경관리

작업환경관리의 목적은 근로자들이 유해인자에 노출되지 않도록 작업환경을 쾌적하게 유지함으로써, 근로자들의 건강장해를 예방하고 건강을 증진하기 위함이다. 사실 유해인자의 노출을 완벽하게 예방한다는 것은 때로는 불가능할 수도 있다. 하지만 지속적인 작업환경관리가 이루어지지 않는다면 적은양의 오염물질이 배출된다고 하여도 누적현상으로 결국 근로자들에게 심각한 피해를 줄 수 있다. 그러므로 보건관리자는 작업장 순회점검을 통해 건강유해인자들을 예측, 인지하고 평가한 후 적절히 환경관리를 해주는 것이 필요하다.

1. 작업환경 유해인자

작업장에서의 대표적인 유해인자는 화학적 인자, 물리적 인자, 생물학적 인자이다. 하지만 최근에는 인간공학적 인자나 스트레스 등 작업환경에서 다양한 유해요인이 증가하고 있다.

1) 물리적 인자

에너지 형태로 작업환경 내에 존재하며 이상기온, 이상기압, 소음, 진동, 유해광선, 중량물취급 등이 있다.

2) 화학적 인자

산업안전보건법에 의거 화학적 유해인자로 명시된 물질은 유기화합물, 금속류, 산 및 알칼리류, 가스상태 물질류, 허가 대상 유해물질, 분진 등이 해당된다. 화학적 인자는 유해물질의 특징에 따라 물리적 성상과 생리적 작용으로 구분할 수 있다.

(1) 물리적 성상에 따른 분류

① 기체상 물질(가스와 증기)

- 가스: 상온(25℃), 상압(760㎜Hg)하에서 일정한 형태를 가지지 않는 물질(일산화탄소(CO), 오존(O3), 질소화합물(NOx) 등)
- 증기: 상온, 상압 하에서 액체 또는 고체인 물질이 기체로 된 것(독성이 적더라도 증기압이 높으면 유해성(Hazard)이 큼)

② 입자상 물질

입자의 화학적조성과 입자의 크기, 침강속도 및 표면적 등에 의해 유해성이 결정된다.

- 연무질(aerosol): 미세한 고체 또는 액체입자가 기체에 섞여 있는 것(연기, 안개, 미스트)
- 먼지(dust): 교질보다 큰 고체입자로서 공기 또는 다른 기체에 잠시 떠 있을 수 있는 것
- 안개(fog): 기체가 응축하여 형성된 액체상태의 연무질
- 흄(fume): 고체 상태로 있던 무기물질 등이 승화하여 화학적 변화를 일으킨 후 응축되어 고형의 미립자가 된 것을 지칭
- 미스트(mist): 비교적 입자가 큰 액체입자
- 스모그(smog): 연기(smoke)와 안개(fog)가 합쳐서 생긴 용어로, 자동차와 공장의 매연으로 인해 오염된 공기층
- 연기(smoke): 불완전 연소에 의해 생긴 탄소와 그 밖의 가연성 물질로 된 미세입자

(2) 생리적 작용에 의한 분류

① 자극제

단순한 자극도 독성영향을 줄 수 있다. 호흡기 자극작용은 유해물질의 수용성에 따라 크게 상기도, 상기도 점막 및 폐 조직 그리고 종말 기관지 및 폐포점막자극제(물에 녹지 않는 물질이며 이산화질소, 삼염화비소, 포스겐 등)로 구분한다. 수용성이 낮은 물질은 상기도를 통과하여 폐포까지 도달하며 많은 양을 흡입하여도 노출되고 있는 것을 알지 못해 큰 위험을 초래하는 경우가 있다.

② 마취제

중추신경계가 정상적인 기능을 못하도록 하여 술 취한 증상과 같은 여러 증상들을 일으키며 과도한 용량이 아

니면 심각한 전신적 영향은 나타나지 않는다.

③ 질식제

조직 내의 산화작용을 방해한다. 단순 질식제는 생리적으로는 아무런 작용도 하지 않으나 공기 중에 많은 양이 존재하면 산소분압을 저하시켜 조직에 필요한 산소공급의 부족을 초래한다(예: 기체인 수소, 헬륨, 탄산가스, 에탄, 메탄, 질소 등). 화학적 질식제는 직접적인 화학작용을 통해서 혈액에서 산소를 받아들이지 못하게 하거나, 산소를 폐로부터 조직까지 운반하는 것 자체를 방해하거나, 정상적인 조직과 산소와의 결합을 방해한다.

④ 감작제

감작성 자극제인 톨루엔 디이소시아네이트(Toluene diisocyanate)는 매우 낮은 농도에서도 기관지 천식을 유발한다. 따라서 직업적 노출기준도 매우 엄격하여 0.005ppm으로 규정하고 있다.

3) 생물학적 인자

살아있는 생명체 형태로 영향을 주는 세균, 바이러스, 진균, 리케차, 기생충, 곤충, 기타 병원 미생물 등이 있다.

4) 인간공학적 인자

작업 자세, 작업방법, 작업강도, 작업시간, 휴식시간, 교대제, 작업의자, 작업대 등이 있다.

5) 사회적 인자

임금, 교통수단, 공장 소재지, 인간관계, 가정생활 등이 있다.

2. 물리적 인자 및 화학물질의 노출기준

1) 노출기준의 개념

근로자들이 다루는 재료, 원료나 기계는 해가 없어야 하지만, 현재 산업화된 사회에서는 현실적으로 불가능한 일이다. 이에 「산업안전보건법」과 「산업안전보건법 시행규칙」에서는 인체에 유해한 가스, 증기, 미스트, 흄이나 분진과 소음 및 고온 등 화학물질 및 물리적 인자에 대해 근로자의 보건 상 유해하지 아니한 기준, 즉 "노출기준"을 정함으로써 유해인자로부터 근로자의 건강을 보호하고 있다. 다시 말하면, "노출기준"이란 근로자가 유해인자에 노출되는 경우 노출기준 이하 수준에서는 거의 모든 근로자에게 건강상 나쁜 영향을 미치지 않는 기준을 말하며, 1일 작업시간동안의 시간가중평균노출기준(Time Weighted Average, TWA), 단시간노출기준(Short Term Exposure Limit, STEL) 또는 최고노출기준(Ceiling, C)으로 표시한다. 법적으로 제시되지 않은 유해인자의 노출기준은 미국산업위생전문가협회(American Conference of Governmental Industrial Hygienists, ACGIH)에서 매년

채택하는 노출기준(TLVs)을 준용한다. 노출기준은 작업장의 유해인자에 대한 작업환경개선기준과 작업환경측정 결과의 평가기준으로 사용할 수 있다. 그러나 근로자들에게 직면한 모든 유해인자에 노출기준이 설정되어 있지 않기에, 노출기준 준수만으로 근로자들의 건강이 확보되지는 않는다. 특히 유해인자에 민감한 작업자들은 노출기준 준수만으로 건강보호가 불가능하다. 작업환경측정 및 관리를 통해 근로자들이 유해인자에 노출되지 않도록 하거나, 적게 노출되도록 노력하는 활동에도 불구하고 개인 감수성에 따라 일부 근로자들은 낮은 농도에도 건강장해가 발생할 수 있다. 그렇기에 노출기준에 따른 환경관리 뿐만 아니라, 건강상의 문제를 조기에 발견 할 수 있도록 주기적인 건강진단활동도 함께 필요하다.

(1) **시간가중 평균 노출기준**(TWA, Time-Weighted Average)

1일 8시간 작업을 기준으로 한 평균 노출농도로서 근로자가 이러한 조건에서 반복하여 노출되더라도 건강상의 장애를 일으키지 않는 농도이다. 대부분 유해물질은 시간가중평균 농도를 이용해 작업환경을 관리한다. 유해인자의 측정치에 발생시간을 곱하여 8시간으로 나눈 값으로 산출된다.

$$감염력 = \frac{C_1 \cdot T_1 + C_2 \cdot T_2 + \cdots\cdots + C_n \cdot T_n}{8} \times 100$$

주) C: 유해인자의 측정치(단위: ppm, mg/m² 또는 개/cm²)

T: 유해인자의 발생시간(단위: 시간)

(2) **단시간 노출기준**(STEL, Short-Term Exposure Limit)

15분간의 시간가중 평균노출 값으로서 노출농도가 시간가중평균노출기준(TWA)을 초과하고 단시간노출기준(STEL)이하인 경우에는 1회 노출 지속시간이 15분 미만이어야 하고, 이러한 상태가 1일 4회 이하로 발생해야 하며, 각 노출의 간격은 60분 이상이어야 하는 기준을 의미한다. 유해성이 큰 물질에 TWA외에 하나의 기준을 더 제시함으로써, 유해환경에서 근무하는 근로자의 건강을 보호하기 위함에 목적이 있다.

(3) **최고 노출기준**(C, Ceiling)

근로자가 1일 작업시간 동안 잠시라도 노출되어서는 안되는 기준을 말하며, 노출기준 앞에 'C' 를 붙여 표시한다.

2) 노출기준 사용상의 유의사항

① 각 유해인자의 노출기준은 해당 유해인자가 단독으로 존재하는 경우의 노출기준을 말하며, 2종 또는 그 이상의 유해인자가 혼재하는 경우에는 각 유해인자의 상가작용으로 유해성이 증가할 수 있으므로 다음의 공식을 이용하여 산출한다.

$$감염력= \frac{C_1}{T_1} + \frac{C_2}{T_2} + \cdots\cdots + \frac{C_n}{T_n}$$

주) C: 화학물질 각각의 측정치
T: 화학물질 각각의 노출기준

② 노출기준은 1일 8시간 작업을 기준으로 하여 제정된 것이므로 이를 이용할 경우에는 근로시간, 작업의 강도, 온열조건, 이상기압 등이 노출기준적용에 영향을 미칠 수 있으므로 이와 같은 제반요인을 특별히 고려해야 한다.

③ 유해인자에 대한 감수성은 개인에 따라 차이가 있고, 노출기준 이하의 작업환경에서도 직업성 질병에 이환되는 경우가 있으므로 노출기준은 직업병진단에 사용하거나 노출기준이하의 작업환경이라는 이유만으로 직업성질병의 이환을 부정하는 근거 또는 반증자료로 사용하여서는 안된다.

3. 유해성에 영향 미치는 요인

1) 농도

유해물질의 농도가 커질수록 유해성은 높아진다. 이는 단순한 비례관계가 아니고 농도 상승률보다 유해도의 증가율이 훨씬 크고, 특히 두 가지 이상 유해물질이 섞여 있는 경우 유해도는 가산적이 아니고 상승적으로 나타날 수 있다.

2) 노출시간

유해물질에 노출되는 시간이 길어질수록 유해성은 높아진다. 하버(Haber)의 법칙에 의하면 K(유해지수)=C(농도)×T(시간)이므로, 농도가 높을수록, 폭로시간이 길어질수록 유해정도가 상승하는 것을 알 수 있다.

3) 작업의 강도

육체적 작업이 심할수록 체내 산소 요구량이 증가하여 호흡기 계통으로의 침입이 용이해지며, 땀을 많이 흘리게 됨에 따라 수용성 유해물질의 피부침입도 용이해진다.

4) 개인의 감수성

개인의 특징인 인종, 연령, 성별, 건강습관, 질병의 유무, 선천적 체질 등에 따라 유해정도가 달라질 수 있다.

5) 기상조건

고온 다습, 무풍, 기온역전(temperature inversion) 등의 기상조건에 따라 유해정도가 달라질 수 있다.

4. 작업환경관리의 기본원칙

「산업안전보건법 제 24조」에 의하면 사업주는 각종 유해인자로부터 근로자의 건강장해를 예방하기 위해서 작업환경에 필요한 조치를 적극적으로 취하도록 명시되어 있다. 작업환경관리를 위한 기본원칙에는 공정의 재설계, 대치, 격리 및 밀폐, 환기, 교육, 개인용 보호구 지급 등이 있다. 이 원리가 모든 형태의 작업장에 항상 적용될 수 있는 것은 아니지만 보건관리자는 아래에 제시하는 원칙에 준하여 작업환경을 관리해야 한다.

1) 발생원에 대한 대책

작업환경 관리 방법 중에서 가장 효과적인 관리방법으로서 유해요인 발생자체를 원천적으로 차단하는 방법이다.

(1) 제거 및 대치(substitution,=대체)

가장 효과적이며 가장 우수한 관리대책 방법 중 하나로 이 방법은 공정 기술과 제조공정의 관리자들에게 민감한 문제이기 때문에, 제거 및 대치를 언급하기 전에는 공정을 철저하게 조사할 필요가 있다. 이는 문제가 되는 화학물질이 특별한 이유로 사용될 수 있기 때문에, 이런 경우에 그 물질의 제거방법은 실제적인 해결방법이 될 수 없기 때문이다. 대치는 일반적으로 물질변경, 공정변경, 시설변경으로 구분하거나 일부에서는 물질변경, 공정변경, 작업방법변경으로 구분하기도 한다. 물질변경은 유해한 물질을 유해하지 않거나 덜 유해한 물질로 대치하여 사용하는 방법이다. 원재료 물질 변경에 성공한 예로는 단열재로서 사용되고 있던 석면을 rock wool, 유리섬유, 발포 polyethylene으로 전환하거나, 호르몬 제제의 추출용 용매에 벤젠을 사용하던 것을 사이클로헥산으로 전환한 방법이 있다. 시설변경은 유해물질 배출이 방지되도록 설계되었거나 소음 · 진동이 최소화되도록 고안된 새로운 기계로의 변경, 기존 기계에 안전장치의 부착 등의 방법이 있다. 공정변경의 예는 유해물질의 노출을 감소시키기 위해서 페인트를 칠할 때 분무식보다 페인트 용액에 담아 롤러로 칠하는 경우이다.

(2) 격리(isolation)

작업자와 유해인자 사이의 장벽(Barrier)이 놓여 있는 상태를 말하며 시간, 공간, 물체 등에 의한 격리를 말한다. 보호구 착용의 경우도 소극적인 개념에서 격리라고 할 수 있다. 소음, 방사선, 고열의 영향을 방지하기 위하여 보호벽, 보호판, 방사판 등과 같은 차폐물을 설치하거나, 인화성 물질이나 독성이 강한 물질을 격리하여 저장하는 방법도 있다. 최근에는 원격장치를 이용한 격리방법도 많이 활용되고 있다.

2) 전달과정에 대한 대책

(1) 환기(ventilation)

환기는 유해증기를 포착하여 배출시키기 위해 또는 쾌적한 온열상태를 유지하기 위해 사용된다. 환기방법에는 국소환기와 전체환기로 나눈다. 국소환기란 오염원에 근접하여 오염물질이 근로자에게 영향을 주기 전에 포착해서 외부로 배출하는 것으로, 유해성이 강하고 해당 오염원이 여러 곳에 분산되어 있지 않은 경우에 유용하다. 일반적으로 오염원관리에 국소환기를 가장 많이 사용하는 이유는 기존설비 및 공정에 제거, 대치, 격리방법을 적용하는 것은 거의 불가능하므로 공정을 그대로 유지하면서 효율적으로 관리할 수 있는 방법이기 때문이다. 전체환기란 작업장 공기 중 유해물질의 농도를 희석하는 데 쓰이기 때문에 희석환기라고도 한다. 주로 고온과 다습을 조절하는 데 쓰이며 때로는 분진, 냄새, 유해증기 등을 희석하는 데에 사용되나 발생원 저감 대책으로는 부적합하다.

(2) 습식법

먼지가 발산되는 것을 감소시키기 위하여 바닥에 물을 뿌린다. 제분, 굴진, 분쇄 등 분진이 많이 발생되는 작업 시 사용된다.

(3) 정리, 정돈, 청결

엎질러진 물질(특히 상온에서 증발하는 수온)의 완전한 청소 등 청결유지 또한 중요한 관리 방법 중의 하나이다.

3) 근로자에 대한 대책

작업환경관리 대책 중 가장 만족스럽지 못한 방법 중 하나이다.

(1) 개인보호구

다른 관리방법에 비하여 가격이 저렴하고 제공이 간단하다는 장점이 있으나 규격품사용, 적절한 사용방법지도, 보호구의 적절한 공급 등 세심한 관리가 필요하다. 보호구가 아무리 성능이 좋다고 할지라도, 유해물질을 발생원을 제거하지 못하는 방법이기 때문에 안전보건 상 필요한 조치를 취하고 난 후에도 남아있는 유해인자가 있다면, 그 때 최후수단으로 선택하는 것이 보호구라는 것을 명심해야 한다. 따라서 보호구는 유해물질의 농도가 극심한 경우나, 필요에 따라서 일시적으로 사용해야 한다. 보호구만 착용하면 모든 신체적 장해를 막을 수 있다고 생각해서는 안된다. 보호구의 종류는 안전모, 안전대, 안전화, 눈 및 안면 보호구, 방음 보호구, 호흡용 보호구, 특수 보호구 등이 있다. 보호구는 상시점검을 통해 이상이 있는 것은 수리하거나 교환 및 청결을 유지하고 방진마스크 필터는 주기적 교환하며, 보호구 공동사용으로 질병감염이 우려되는 경우에는 전용 보호구를 지급하도록 한다.

보건에 관련된 보호구를 구입할 때 적격한 물품을 선정하는 것은 보건관리자의 직무이기 때문에 작업내용과 환경특성에 맞는 보호구를 선택해야 한다. 보호구의 일반적인 선택기준은 다음과 같다.

표 13-25 작업별 보호구 종류

보호구 종류	사용 작업장
안전모	물체가 떨어지거나 날아올 위험 또는 근로자가 떨어질 위험이 있는 작업
안전대	높이 또는 깊이 2미터 이상의 떨어질 위험이 있는 장소에서 하는 작업
안전화	물체의 떨어짐 · 부딪힘, 물체에의 끼임, 감전 또는 정전기의 대전(帶電)에 의한 위험이 있는 작업
귀마개 · 귀덮개	소음발생 작업
보안경	물체가 흩날릴 위험이 있는 작업
보안면	용접 시 불꽃이나 물체가 흩날릴 위험이 있는 작업
절연용 보호구	감전의 위험이 있는 작업
방열복	고열에 의한 화상 등의 위험이 있는 작업
방진 · 방독마스크	분진, 유독성 물질 등이 발생하는 하역작업
방한모 · 방한복 · 방한화 · 방한장갑	섭씨 영하 18도 이하인 급 냉동 어창에서 하는 하역작업

출처: 안전보건공단(2012). 보건관리 실무 가이드라인

표 13-26 작업장특성에 따른 보호구 착용 시 고려사항

작업장의 특성	고려사항
동시에 복합적인 유해 물질이 발생되는 작업장	• 너무 많은 종류의 유해물질이 발생되어 한 가지 이상의 보호구를 착용해야 할 때에는 깨끗한 공기를 공급해주는 에어마스크를 착용 • 만약 입자상태의 분진과 가스 상의 물질이 동시에 발생될 때에는 가스용 방독마스크에 먼지를 걸러줄 수 있는 필터가 부착된 방독마스크를 착용
작업이 힘들어서 호흡량이 많은 작업장	• 많은 호흡량을 필요로 하는 격한 작업을 해야 하는 작업자는 공기공급식 에어마스크를 착용해야 한다. 또한, 방독마스크에 부착된 정화통의 수명이 상대적으로 단축될 수 있으므로 마스크 교체시기를 주의깊게 관찰해야 한다.
사고의 위험요소가 많아 충분한 시계와 청력이 확보되어야 하는 작업장	• 항상 신호를 듣고서 작업을 해야 하는 사람이 귀덮개를 착용하고서 작업할 때 안전사고의 위험이 있고, 주시해야 할 시계가 넓은 작업을 하는 사람이 정화통이 큰 방독마스크를 작용하고서 작업을 하게 되면 앞을 잘 보지 못해 사고가 일어날 수 있음을 고려하여야 한다.
지하 맨홀과 같은 산소 결핍의 위험이 있는 작업장	• 반드시 에어마스크를 쓰고서 작업을 해야 하고 작업은 2인 이상이 한 조가 되어 이루어져야 한다. 송기마스크를 착용할 때는 항상 건전지 수명이 다하거나 에어호스가 빠지는 등의 돌발 사태를 대비한 비상용 공기통을 비치하여야 한다.
특정물질에 부식성이 있는 유해물질이 발생되는 작업장	• 발생되는 유해물질이 보호구의 특정부위에 부식성을 가진다면 보호구가 쉽게 망가질 수 있다는 점을 고려해야 한다.
유해물질이 비산하는 작업장	• 눈을 보호할 수 있는 눈 보호구, 안면과 기타 노출된 피부를 보호할 수 있는 피부보호구, 기타 호흡보호구 등을 동시에 착용해야 한다.
장시간 작업을 해야 하는 작업장	• 항상 비상용 보호구를 가까운 곳에 비치하여 이미 착용하고 있는 보호구를 사용할 때 기간이 다 되었거나 아니면 갑작스런 보호구의 이상 유무에 대처해야 한다. 비상용 보호구는 비닐 팩에 보관하여 유해물질에 노출되지 않도록한다.
작업장 내 수분이 많이 존재하는 작업장	• 정화통이 부착된 호흡마스크의 경우 정화통의 정화능력이 저하되고 그 수명이 단축될 수 있어 마스크의 교체시기를 빨리 해주어야 한다.
고온작업장	• 작업장 내에 고온설비가 있는 경우 주위의 공기온도가 상승함에 따라 유해물질의 활성 및 휘발성이 커져 보호구의 사용기간을 단축시킴은 물론 유해물질이 체내로 흡입될 가능성이 높다는 점을 특히 고려하여야 한다.
유해물질의 발생농도가 고농도인 작업장	• 간이마스크 등과 같은 단순한 호흡보호구로서는 정화능력에 한계가 있으므로 고성능의 에어마스크를 착용해야만 한다.

출처: 안전보건공단(2012). 보건관리 실무 가이드라인

〈보호구 선택의 일반적인 기준〉
- 착용하여 작업하기 쉬울 것
- 유해 · 위험물로부터 보호성능이 충분할 것
- 사용되는 재료는 작업자에게 해로운 영향을 주지 않을 것
- 마무리가 양호할 것
- 외관이나 디자인이 양호할 것

(2) 행정적 조치

유해요인보다는 근로자를 관리하는 것이 목적이다. 특별한 유해요인에 비정상적으로 감수성이 강한 근로자를 선별하거나 고용금지, 유해지역에서의 교대근무 등의 조치가 시행되기도 하지만, 근본적으로 문제해결에 도움이 되지 않을 뿐 아니라 윤리적인 문제도 있어 일반적 관리방법으로 사용하지는 않는다.

(3) 교육(education)

관리감독자를 대상으로 작업환경관리에 대한 정기적인 교육을 실시하여 작업장 유해요인 관리의 필요성을 인식시킨다. 관리자에게도 작업환경관리의 중요성을 인식시켜 적극적인 방법으로 환경개선이 이루어지도록 한다. 근로자에게는 자신이 다루고 있는 기계나 장비 등의 조작이나 취급방법, 유해화학물질 등의 관리방법 등의 교육이 필요하다.

5. 유해물질의 노출경로에 따른 관리

사업장의 유해물질은 대부분 호흡기, 피부, 소화기계통을 통해 유입되어 인체에 영향을 미치게 된다.

1) 호흡기 유해물질 관리

공기 중의 가스, 증기, 미스트, 분진, 흄, 연무질, 스모그 등의 형태로 존재하는 유해물질은 호흡기를 통해서 폐로 침입을 하며, 흡수된 총량은 공기 중의 농도, 노출기간, 폐 환기량에 따라 결정된다. 호흡기 노출경로에 대한 작업환경관리가 가장 중요하며 관리방안도 다양하다. 가스 상 호흡기 유해물질은 해당 물질의 수용성에 따라 유해성이 결정되는데 친수성 물질은 상기도, 기관지에 자극, 염증을 일으켜 노출을 바로 인지할 수 있고, 소수성 물질은 폐의 깊숙한 곳까지 침투하여 혈액에 용해되고 전신으로 분포된다. 입자상 호흡기 유해물질은 입자의 크기 및 화학적 성분에 따라 유해성이 결정된다. 0.5–5μm의 크기의 입자가 폐포까지 도달된다. 호흡기 유해물질 예방대책은 유해물질 원료를 독성이 약하거나 없는 원료로 대치하거나 작업공정이나 환경을 개선하고, 유해물질 발생원을 통제하기 위해 전체환기나 국소환기 장치를 설치하고, 호흡용 보호구를 사용하도록 한다. 분진작업은 가능한 습윤상태로 실시하며, 작업장의 청결을 유지하고 정리 · 정돈한다.

2) 소화기 유해물질 관리

소화기를 통한 유해물질의 인체침입은 손에 묻었던 납, 비소, 수은 등의 유해물질이 식수나 식품과 함께 또는 흡연 중에 소화기를 통해서 침입이 이루어진다. 고의 또는 우발적인 섭취를 제외하면 작업장에서의 흡수량은 아주 소량이고, 경구로 섭취된 물질들은 타액, 위액, 십이지장액에 의해서 분해되어 위장관 벽으로 흡수되지만 일차적으로 간에서 해독작용이 이루어져 독성이 감소된다. 따라서 화학물질의 섭취에 의한 유해성은 작업장에서 크게 중요한 문제가 되지는 않는다. 소화기 예방대책은 작업공전 전, 후 또는 음식물을 섭취 전에 반드시 손을 씻고, 가능하면 작업장에서 음식물섭취를 금지한다. 작업 후 퇴근 전에 씻고, 옷을 갈아입은 후 귀가를 해서 유해물질의 가정으로의 침입을 차단한다.

3) 피부 유해물질 관리

피부의 표피층은 대부분의 화학물질로부터 보호 작용을 하지만, 친수성 물질이나 지방 친화성 물질은 땀이나 피지에 녹아서 국소적인 피부장애를 일으켜 피부의 장벽 기능을 악화시키고 한선 및 피지에 있는 모세혈관을 통해 흡수되어 전신장애를 일으킬 수 있다. 이황화탄소, 4에틸납, 페놀, 니트로벤젠 등의 물질들은 모낭이나 피지선, 또는 한선을 통해 침입하기도 한다. 상처가 있으면 유해물질의 흡수가 더욱 용이해지고, 피부흡수는 접촉시간, 습도, 온도 등 환경요소에 영향을 받는다. 피부 유해물질 예방대책은 확인된 유해물질 원료를 독성이 약하거나 없는 원료로 대치하거나 작업공정이나 환경의 개선하고, 장갑, 장화 같은 피부용 보호구를 착용하고, 피부 보호용 크림을 발라 유해물질이 피부에 직접 닿는 것을 예방한다.

6. 작업환경관리의 우선순위

유해물질들의 건강위험성과 관련된 관리대책들은 등급화가 필요한데, 노출기준이상으로 노출되고 있는 상황에서 적용될 수 있는 작업환경관리 방법의 우선순위는 그림13-8과 같다. 가능하면 작업장에서 아래의 원칙에 따라 작업환경관리를 실시한다.

7. MSDS와 GHS제도

1) 물질안전보건자료(Material Safety Data Sheet, MSDS)제도의 이해

물질안전보건자료(MSDS)제도는 화학물질을 양도하거나 제공하는 자(화학물질 제조 · 수입 · 유통업체 사업주)가 자신이 취급하는 화학물질의 안전 및 보건에 관련한 정보를 기록하고 그 정보를 사용자 또는 취급자에게 제공하는 것과 관련된 일련의 제도이다. 이 제도의 목적은 화학물질 취급근로자에게 유해성 · 위험성 등에 대한

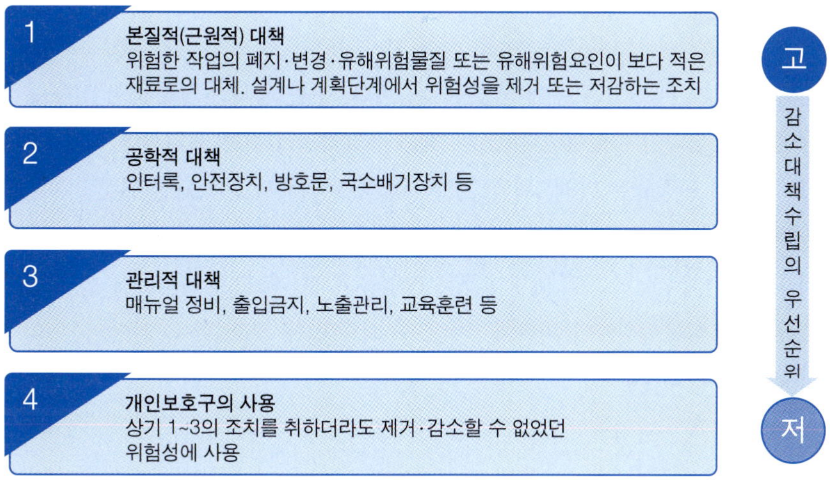

그림 13-8 작업환경 관리대책의 우선순위

출처: 안전보건공단(2013). 산업재해예방 안전수칙 가이드북

근로자의 알권리(Workers' Right-to-Know)를 확보하고, 근로자나 실수요자가 유해물질을 안전하게 취급하여 화학물질로 인한 산업재해를 예방하기 위함이다.

(1) MSDS 관리업무 수행

MDDS제도에 따라 보건관리자가 수행해야 할 업무는 MSDS 작성 · 제공, MSDS 게시 · 비치, 경고표시, 취급근로자 MSDS 교육 등을 포함하고 있다.

① MSDS의 작성 및 제공(산업안전보건법 제41조)

- MSDS 작성 · 제공 의무주체: 화학물질을 양도하거나 제공하는 자(화학물실제소 · 수입 · 유통업체 사업주)
- MSDS 작성방법: 해당하는 유해 화학물질에 대해 화학제품과 회사에 관한 정보, 유해성 · 위험성, 구성 성분의 명칭 및 함유량, 응급조치 요령, 폭발 · 화재 시 대처방법, 취급 및 저장 방법, 누출방지 및 개인보호구, 물리화학적 특성, 안정성 및 반응성, 독성에 관한 정보, 환경에 미치는 영향, 폐기 시 주의사항, 운송에 필요한 정보, 법적 규제현황, 그 밖의 참고사항에 관한 정보를 작성한다.
- MSDS 제공방법: 화학물질을 양도하거나 제공할 때 MSDS를 함께 제공

② MSDS의 게시, 비치

- MSDS 게시 · 비치 의무주체: 화학물질을 취급하려는 사업주(화학물질 사용 사업주)
- MSDS 게시 · 비치 방법: 대상화학물질 취급작업을 하는 공정 내, 안전사고 또는 직업병 발생우려가 있는 장소 또는 화학물질 취급근로자가 쉽게 보거나 접근할 수 있는 장소 중 하나 이상의 장소에 게시 · 비치하고 정기 또는 수시로 점검 · 관리한다.

③ 경고표시

- 화학물질 용기 및 포장에 경고표지 부착

- 용기 · 포장 이외의 방법으로 화학물질을 양도 · 제공하는 경우에는 경고표시 기재항목을 적은 자료를 제공
- 화학물질 사용 사업주도 작업장에서 사용하는 대상화학물질을 담은 용기에 경고표시를 의무적으로 부착해야 함

상자 13-1 MSDS 경고표시 작성항목

[경고표시 작성항목]

- 명칭: 유해화학물의 명칭
- 그림문자: 화학물질의 분류에 따라 유해 · 위험의 내용을 나타내는 그림
- 신호어: 유해 · 위험의 심각성 정도에 따라 표시하는 "위험" 또는 "경고" 문구
- 유해 · 위험 문구: 화학물질의 분류에 따라 유해 · 위험을 알리는 문구
- 예방조치 문구: 화학물질에 노출되거나 부적절한 저장 · 취급 등으로 발생하는 유해 · 위험을 방지하기 위해 알리는 주요 유의사항
- 공급자 정보: 대상 화학물질의 제조자 또는 공급자의 이름 및 전화번호 등

④ MSDS 교육

- 교육의무주체: 화학물질 사용 사업주는 화학물질 취급근로자의 안전 · 보건을 위하여 근로자에 대한 교육을 실시하고 교육시간 · 내용 등을 기록 · 보존(5년)해야 함
- 교육시기: 화학물질 제조 · 사용 · 운반 · 저장 작업에 근로자를 배치하게 된 경우, 새로운 대상화학물질이 도입 된 경우, 유해성 · 위험성 정보가 변경된 경우
- 교육내용: 대상화학물질의 명칭(또는 제품명), 물리적 위험성 및 건강 유해성, 취급상의 주의사항, 적절한 보호구, 응급조치요령 및 사고 시 대처방법, MSDS 및 경고표지를 이해하는 방법

상자 13-2 MSDS에 관한 교육실시 시기

[MSDS에 관한 교육실시 시기]

- 새로운 대상화학물질을 취급시키고자 하는 경우
- 신규 채용하여 대상화학물질 취급작업에 종사시키고자 하는 경우
- 작업전환하여 대상화학물질에 노출될 수 있는 작업에 종사시키고자하는 경우
- 대상화학물질을 운반 또는 저장시키고자 하는 경우
- 기타 대상화학물질로 인한 사고발생의 우려가 있다고 판단되는 경우

2) 화학물질의 분류 및 표지에 관한 세계조화시스템(GHS: Globally Harmonized System of classification and labelling of chemicals)

화학물질의 분류 및 표지에 관한 세계조화시스템(GHS)이란 전 세계적으로 통일된 분류기준에 따라 화학물질의 유해성 · 위험성을 분류하고, 통일된 형태의 경고표지 및 MSDS로 정보를 전달하는 방법을 말한다. 제도가 도입되게 된 배경을 살펴보면, 전 세계적으로 사용하는 상업적 유해물질 수는 약 10만여 종으로 우리나라에서는 4만 여종의 화학물질이 사용되고, 매년 400여종의 화학물질이 새롭게 도입되고 있다. 하지만 전 세계 국가별뿐만

화학물질의 분류	유해·위험성 구분	그림문자	신호어
1. 급성 독성 물질	1, 2, 3		위험
	4		경고
2. 피부 부식성 또는 자극성 물질	1		위험
	2		경고
3. 심한 눈 손상 또는 자극성 물질	1		위험
	2A		경고
4. 호흡기 과민성 물질	1		위험
5. 피부 과민성 물질	1		경고
6. 발암성 물질 7. 생식세포 변이원성 물질	1A, 1B		위험
	2		경고
8. 생식독성물질	1A, 1B		위험
	2		위험
	수유독성	없음	경고
9. 특정표적장기독성 물질 (1회 노출)	1		위험
	2		경고
	3		경고
10. 특정표적장기독성 물질 (반복 노출) 11. 흡인 유해성 물질	1		위험
	2		경고

그림 13-9 GHS 건강유해성에 의한 분류

출처: 안전보건공단(2012). 보건관리 실무 가이드라인

아니라 한 국가 내에서도 부처에 따라 다른 분류기준과 정보전달 체계를 구성하고 있어, 분류 및 표시에 대한 중복 비용에 따른 화학제품의 국제무역이 제한되고 화학물질 취급자의 교육부담 및 혼동된 정보전달 우려 증가됨에 따라 통일된 형태의 경고표지나 MSDS정보가 필요하게 되었다. 물질안전보건자료는 UN에서 권고한 화학물질 분류 및 표지에 관한 세계조화시스템(GHS)과 연계하여 화학물질의 유해 · 위험성 분류기준과 경고표지 등 정보전달 형태를 국제적으로 통일시키고 있다. GHS는 그 자체로는 화학물질의 분류 · 표지의 전 세계 표준이 되거나 법적인 효력을 가지고 있지는 않지만, GHS시행을 위한 도구를 개발하는 국가나 기관을 지원하기 위한 지침을 제공한다.

8. 화학물질 위험성평가

화학물질 위험성평가는 사업장의 유해 · 위험요인을 파악하고 해당 위험요인에 의한 부상 또는 질병의 발생 가

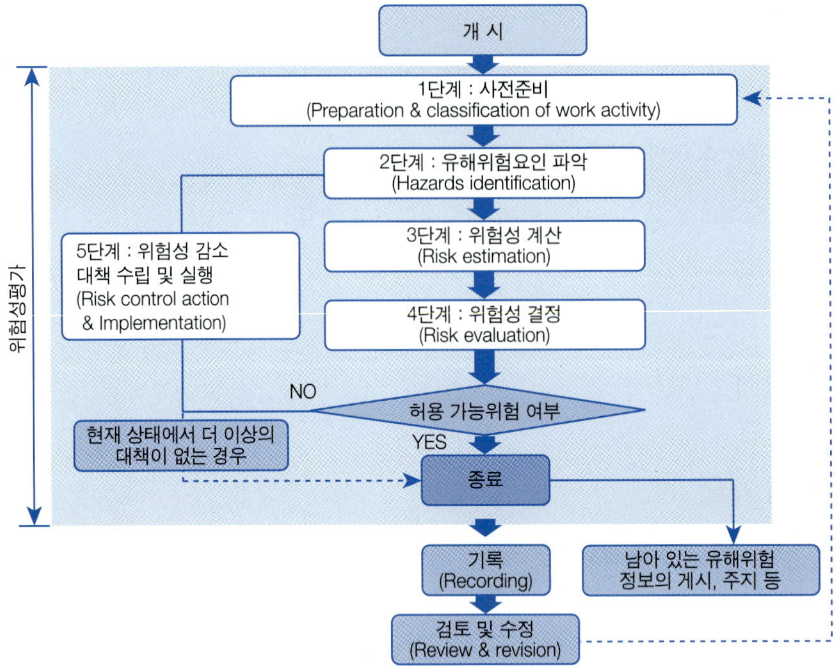

그림 13-10 위험성평가 추진 절차

출처: 안전보건공단(2012). 보건관리 실무 가이드라인

능성(빈도)과 중대성(강도)을 추정 · 결정하고 감소대책을 수립하여 수행하는 일련의 과정이다. 2012년 산업안전보건법 개정 이후 화학물질 위험성평가의 직무가 추가되어 현재 보건관리자의 중요한 업무로 수행되고 있다. 위험성평가는 사업주가 주체가 되어 안전관리 책임자, 관리감독자, 안전 · 보건관리자, 대상공정의 근로자가 참여해서 이루어지고 있다. 화학물질 위험성평가의 추진 절차는 그림13-10과 같다.

1) 위험성평가단계

(1) 사전준비(Preparation & classification of work activity)단계

위험성평가에 대한 담당자 교육, 평가대상선정, 평가에 필요한 각종자료를 수집하는 단계

(2) 유해위험요인 파악(Hazard identification)단계

현장점검 및 체크리스트 등을 활용하여 유해위험요인을 파악하는 단계

(3) 위험성 감소대책 수립 및 실행(Risk control action & implementation)단계

위험성평가 후 도출된 위험을 허용 가능한 위험으로 감소하기 위해 개선대책을 수립하고 실행하는 단계

(4) 기록(Recording)단계

사업장에서 위험성평가 활동을 수행한 근거와 그 결과를 문서로 기록하여 보존하는 단계

(5) 검토 및 수정(Review & revision)단계

허용 가능한 위험수준 이하로 유지시키기 위해 위험성평가를 검토하고 수정하는 단계

9. 작업환경측정

1) 작업환경측정의 개요

(1) 작업환경측정의 정의

작업환경측정이란 작업환경실태를 파악하기 위하여 해당 근로자 또는 작업장에 대하여 사업주가 측정계획을 수립한 후 시료를 채취하고 분석 · 평가하는 것을 말한다(산업안전보건법 제2조).

(2) 작업환경측정의 목적

작업환경측정은 산업현장에서 근로자에게 건강장해, 심각한 불쾌감, 능률저하를 일으키는 유해인자에 근로자가 얼마나 노출되는지를 측정 · 평가한 후 시설 · 설비 등 적절한 개선을 통하여 깨끗한 작업환경을 조성함으로써 근로자의 건강보호 및 생산성향상에 기여하기 위해 실시한다.

(3) 작업환경 측정 대상 작업장

유기화합물(113종), 금속류(23종), 산 및 알칼리류(17종), 가스상태 물질류(15종), 허가대상유해물질(14종), 물리적인자(2종), 분진(6종), 그 밖의 고용노동부 장관이 정하여 고시하는 인체에 해로운 유해인자에 노출되는 근로자가 있는 작업장이 대상이다.

(4) 작업환경측정자의 자격

해당 사업장에 소속된 사람으로서 산업위생관리산업기사 이상의 자격을 가진 사람이 측정가능하다.

(5) 작업환경 측정 주기

작업장 또는 작업공정이 신규로 가동되거나 변경되는 등으로 작업환경 측정대상 작업장이 된 경우에는 그 날부터 30일 이내에 작업환경측정을 실시하고, 그 후 매 6월에 1회 이상 정기적으로 작업환경을 측정하여야 한다. 다만 작업환경측정 결과가 노출기준을 초과한 작업장 또는 작업공정의 해당 유해인자에 대하여는 그 측정일 부터 3개월에 1회 이상 작업환경측정을 해야 한다(시행규칙 제93조의4 제1항 단서). 또한 최근 1년간 작업공정에서

공정설비의 변경, 작업방법의 변경, 설비의 이전, 사용 화학물질의 변경 등으로 작업환경측정 결과에 영향을 주는 변화가 없는 경우는 유해인자에 대한 작업환경측정을 1년에 1회 이상 할 수 있다(발암성 물질을 취급 제외).

2) 작업환경 측정방법

작업환경을 측정하기 전에 예비조사를 하고, 작업이 정상적으로 이루어져 작업시간과 유해인자에 대한 근로자의 노출 정도를 정확히 평가할 수 있을 때 실시한다. 모든 측정은 개인시료 채취방법으로 하되, 개인시료 채취방법이 곤란한 경우에는 지역시료채취방법으로 실시한다. 개인시료채취는 개인시료채취기를 이용하여 가스 · 증기 · 분진 · 흄(fume) · 미스트(mist) 등을 근로자의 호흡위치(호흡기를 중심으로 반경 30㎝인 반구)에서 채취하는 것이고, 지역시료채취는 지역시료채취기를 이용하여 근로자의 작업행동 범위에서 호흡기 높이에 고정하여 채취하는 것이다.

(1) 작업환경측정의 흐름도

작업환경측정은 1일 작업시간동안 6시간이상 연속 측정하거나 작업시간을 등 간격으로 나누어 6시간 이상 연속분리 측정한다(작업환경측정 및 정도관리규정 제18조). 다만 1일 작업시간 중 대상물질의 발생시간이 6시간 이하이거나, 불규칙작업으로 6시간 이하의 작업 또는 발생원에서의 발생시간이 간헐적인 경우에는 발생시간 동

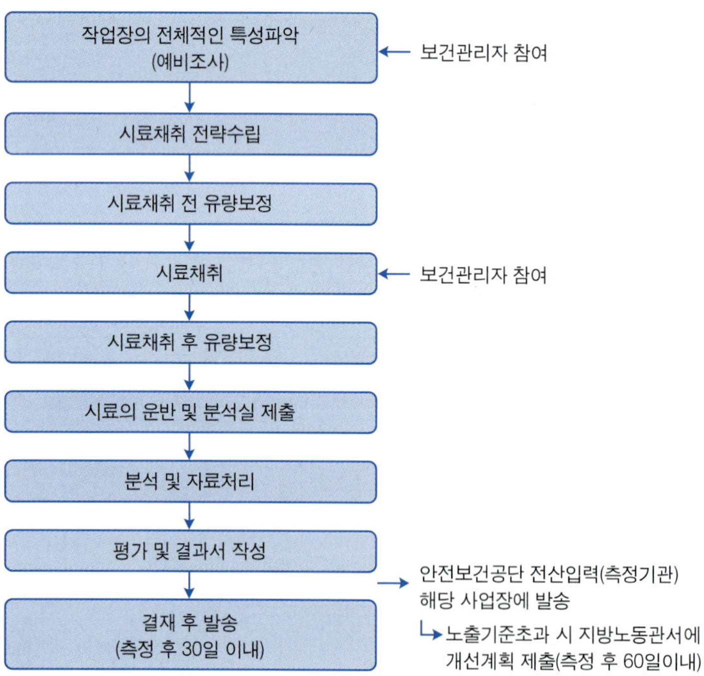

그림 13-11 작업환경측정 흐름도

출처: 안전보건공단(2012). 보건관리 실무 가이드라인

안 측정한다. 사업주는 작업환경측정을 한 경우 작업환경측정 결과보고서에 작업환경측정 결과표를 첨부하여 시료채취를 마친 날부터 30일 이내에 관할 지방고용노동관서의 장에게 제출하여야 한다.

작업환경 측정결과를 근로자에게 다음과 같은 방법으로 알린다.

- 사업장 내의 게시판에 부착하는 방법
- 사보에 게재하는 방법
- 자체정례조회 시 집합교육에 의한 방법
- 해당 근로자들이 작업환경측정결과를 알 수 있는 방법

3) 작업환경측정결과 사후관리

(1) 작업환경 측정결과의 보고

작업환경측정을 하면 작업환경측정 결과를 시료채취를 마친 날부터 30일 이내에 관할 지방고용노동관서의 장에게 제출하여야 한다. 다만, 시료분석 및 평가에 상당한 시간이 걸려 시료채취를 마친 날부터 30일 이내에 보고하는 것이 어려운 사업장의 사업주는 고용노동부장관이 정하여 고시하는 바에 따라 그 사실을 증명하여 지방고용노동관서의 장에게 신고하면 30일의 범위에서 제출기간을 연장할 수 있다.

(2) 노출기준 초과 시의 조치

사업주는 작업환경측정 결과 노출기준을 초과한 작업공정이 있는 경우에는 해당 시설 및 설비의 설치 또는 개선 등 적절한 조치를 해야 한다(산업안전보건법 시행규칙 제94조)〈그림13-12〉. 시료채취를 마친 날부터 60일 이내에

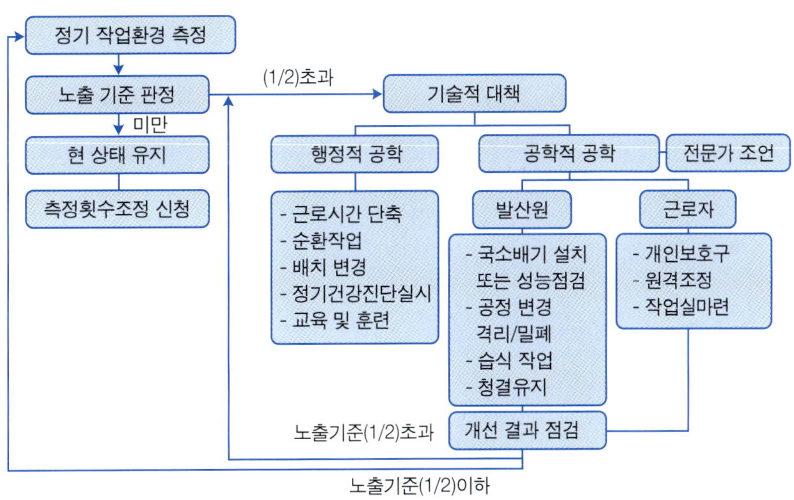

그림 13-12 작업환경 개선절차

출처: 안전보건공단(2012). 보건관리 실무 가이드라인

해당 작업공정의 개선을 증명할 수 있는 서류 또는 개선 계획을 관할 지방노동관서의 장에게 제출하여야 한다.

4) 작업환경측정과 관련된 보건관리자의 업무

(1) 측정기관 선정

사업장 안에 작업환경을 측정할 수 있는 자격요건을 갖춘 인력이 있으면, 사업장 자체에서 작업환경을 측정할 수 있지만, 그렇지 않을 경우 고용노동부장관이 지정하는 측정기관에 위탁할 수도 있다. 위탁을 하는 경우는 사업장 주변 관내 지정측정기관 중에서 작업환경측정기관의 질적 수준을 미리 확인하여 선정한다. 관내 지정측정기관 이외의 지정측정기관에서 측정을 받을 수도 있는데, 이는 사업주가 노 · 사 합의로 관할 지방고용노동관서의 장에게 신고한 (작업환경측정 및 정도관리규정 제9조1항)경우 해당된다.

(2) 사업장 내의 작업환경측정 담당

사업장에 소속된 자로 산업위생관리기사 또는 산업위생관리산업기사 자격을 취득한 후 2년 이상의 산업위생 실무경력이 있는 자가 측정을 담당하게 되고(산업안전보건법 시행규칙 제93조의 2), 작업환경측정에 따른 시료의 분석을 고용노동부장관이 지정하는 측정기관 위탁할 수 있다(산업안전보건법 제42조).

(3) 작업환경측정 준비

예비조사 실시 전에 이전의 작업환경 측정시점과는 다르게 변경되거나 추가된 공정의 내용, 사용하는 화학물질의 변동이 있었는지 등을 파악하여 상이한 점을 확인한다. 각 작업 공정의 관리감독자나 근로자의 의견을 직접 들어서 의견을 수렴한다.

(4) 작업환경측정 날짜 선정

작업현장 관리자에게 공정 가동률과 작업량 등을 확인한 후 전 공정이 정상적인 작업이 이루어질 때를 선정하여 작업환경 측정기관과 일정을 협의하고, 작업환경측정 일정이 확정되면 작업환경 측정 시 근로자대표가 입회할 수 있도록 알린다(법 42조 1항). 작업환경측정 일정을 산업안전보건위원회에서 협의하고 작업환경 측정기관에 요청할 수도 있다.

(5) 예비조사 및 본 조사에 참여

보건관리자는 예비조사자를 담당한 자에게 측정이 필요한 모든 공정을 시찰 시켜준다. 또한 각 공정의 책임자나 관리감독자에게 각 공정의 특성에 대해서도 예비조사자에게 설명하게 한다. 작업환경측정 당일에는 측정자와 함께 측정점의 작업자에게 개인시료 측정 장비를 적절하게 착용할 수 있도록 협력한다. 예비조사 후 보건관리자는 예비조사자로부터 예상 측정항목과 측정방법, 측정점 등 전체적인 작업환경측정계획에 대한 자료를 받으며, 측정일정에 대한 의견을 조정한다.

제6절 업무상질병 관리

우리나라는 산업재해보상보험법에서 업무상 재해를 '업무상 사고'와 '업무상 질병' 두 가지로 분류 명시하고 있다. 업무상질병자란 근로복지공단에서 산재보상지급이 결정된 자이며, 산재보상 인정범위가 확대됨에 따라 예방목적에 적합한 통계를 산출하기 위하여 1999년부터 업무상 질병을 「직업병」과 「작업관련성 질병」으로 구분하고 있다. 직업병은 작업환경 중 유해인자와 관련성이 뚜렷한 질병(진폐, 난청, 금속 및 중금속중독, 유기화합물중독, 특정 화학물질 중독 등)을 말하고, 물리적 인자, 이상기압, 세균바이러스 등은 직업병 기타로 분류하고 있다. 그리고 작업관련성 질병이란 업무적 요인과 개인질병 등 업무 외적요인이 복합적으로 적용하여 발생하는 질병(뇌 · 심혈관질환, 신체부담작업, 요통 등)을 말하며 과로, 스트레스, 간질환, 정신질환 등으로 인한 질환 등은 작업관련성 질병 기타로 분류되고 있다.

산업구조 및 작업환경의 변화로 인해 전통적인 업무상 질병이 감소하고 새로운 유해요인에 의한 질병 발생에 관심이 높아지고 있다. 따라서 보건관리자는 현재까지 밝혀진 질환을 중심으로 근로자의 건강관리를 하는 동시에, 항상 새로운 질환이 발생할 가능성을 염두에 두고 근로자들의 건강관리를 해야 한다.

1. 업무상질병

1) 업무상질병 인정기준

우리나라 산업재해보상보험법 시행령 제 34조에서 업무상질병의 인정기준은 다음과 같다.

- 근로자가 업무수행 과정에서 유해 · 위험요인을 취급하거나 유해 · 위험요인에 노출된 경력이 있을 것
- 유해 · 위험요인을 취급하거나 유해 · 위험요인에 노출되는 업무시간, 그 업무에 종사한 기간 및 업무환경 등에 비추어 볼 때 근로자의 질병을 유발할 수 있다고 인정될 것
- 근로자가 유해 · 위험요인에 노출되거나 유해 · 위험요인을 취급한 것이 원인이 되어 그 질병이 발생하였다고 의학적으로 인정될 것
- 업무상부상을 입은 근로자에게 발생한 질병이 (a) 업무상부상과 질병사이의 인과관계가 의학적으로 인정될 것 (b) 기초질환 또는 기존질병이 자연발생적으로 나타난 증상이 아닐 것

2) 업무상질병 범위

근로기준법 시행령 제 44조에 근거한 업무상 질병의 범위는 업무상 부상에 기인하는 질병, 직업성 질병, 중앙노동위원회의 동의를 얻어 고용노동부장관이 지정하는 질병, 기타 업무로 기인한 것이 명백한 질병으로 분류하고 있다〈표13-27〉.

표 13-27 업무상 질병의 범위

1. 업무상 질병의 범위
   가. 업무상 부상으로 인한 질병
   나. 물리적 요인으로 인한 질병
      1) 엑스선, 감마선, 자외선 및 적외선 등 유해방사선으로 인한 질병
      2) 덥고 뜨거운 장소에서 하는 업무 또는 고열물체를 취급하는 업무로 인한 일사병, 열사병 및 화상 등의 질병
      3) 춥고 차가운 장소에서 하는 업무 또는 저온물체를 취급하는 업무로 인한 동상 및 저체온증 등의 질병
      4) 이상기압(異常氣壓) 하에서의 업무로 인한 감압병(減壓病) 등의 질병
      5) 강렬한 소음으로 인한 귀의 질병
      6) 착암기(鑿巖機) 등 진동이 발생하는 공구를 사용하는 업무로 인한 질병
      7) 지하작업으로 인한 안구진탕증
   다. 화학적 요인으로 인한 질병
      1) 분진이 발생하는 장소에서의 업무로 인한 진폐증 등의 질병
      2) 검댕 · 광물유 · 옻 · 타르 · 시멘트 등 자극성 성분, 알레르겐 성분 등으로 인한 봉와직염, 그 밖의 피부질병
      3) 아연 등의 금속흄으로 인한 금속열(金屬熱)
      4) 산, 염기, 염소, 불소 및 페놀류 등 부식성 또는 자극성 물질에 노출되어 발생한 화상, 결막염 등의 질병
      5) 다음의 물질이나 그 화합물로 인한 중독 또는 질병
         가) 납 나) 수은 다) 망간 라) 비소 마) 인 바) 카드뮴 사) 시안화수소
      6) 다음의 물질로 인한 중독 또는 질병
         가) 크롬 · 니켈 · 알루미늄 · 코발트 나) 유기주석 다) 이산화질소 · 아황산가스 라) 황화수소 마) 이황화탄소
         바) 일산화탄소 사) 벤젠 또는 벤젠의 동족체와 그 니트로 및 아미노 유도체 아) 톨루엔, 크실렌 등 유기용제
         자) 사) 및 아) 외의 지방족 또는 방향족의 탄화수소화합물
         차) 2)부터 5)까지 및 6)가)부터 자)까지의 화학적 요인 외의 독성 물질, 극성 물질, 그 밖의 유해화학물질
   라. 생물학적 요인으로 인한 질병
      1) 환자의 검진, 치료 및 간호 등 병원체에 감염될 우려가 있는 업무로 인한 감염성 질병
      2) 습한 곳에서의 업무로 인한 렙토스피라증
      3) 옥외작업으로 인한 쯔쯔가무시증, 신증후군(腎症候群) 출혈열
      4) 동물 또는 그 사체, 짐승의 털 · 가죽, 그 밖의 동물성 물체, 넝마 및 고물 등을 취급하는 업무로 인한 탄저, 단독(丹毒) 등의 질병
   마. 직업성 암
      검댕, 콜타르, 콜타르피치, 정제되지 않은 광물유, 6가 크롬 또는 그 화합물, 염화비닐, 벤젠, 석면, B형 또는 C형 간염 바이러스, 엑스선 또는 감마선 등의 전리방사선, 비소 또는 그 무기 화합물, 니켈 화합물, 카드뮴 또는 그 화합물, 베 릴륨 또는 그 화합물, 목재 분진, 벤지딘, 베타나프틸아민, 결정형 유리규산, 포름알데히드, 1,3-부타디엔, 라돈-222 또 는 그 붕괴물질, 산화에틸렌 및 스프레이 도장 업무 등 발암성 요인으로 인한 암
   바. 무리한 힘을 가해야 하는 업무로 인한 내장탈장, 영상표시단말기(VDT) 취급 등 부적절한 자세를 유지하거나 반 복 동작이 많은 업무 등근골격계에 부담을 주는 업무로 인한 근골격계 질병
   사. 업무상 과로 등으로 인한 뇌혈관 질병 또는 심장 질병
   아. 업무와 관련하여 정신적 충격을 유발할 수 있는 사건으로 인한 외상 후 스트레스장애
   자. 가목부터 아목까지에서 규정한 질병 외에 「산업재해보상보험법」 제8조에 따른 산업재해보상보험 및 예방심의위 원회 심의를 거쳐 고용노동부장관이 지정하는 질병
   차. 그 밖에 규정한 질병 외에 업무로 인한 것이 명확한 질병

출처: 근로기준법 시행령 제44조 「별표5」

2. 유해인자별 건강장해 및 관리방법

1) 물리적 인자와 건강장해

사업장에서 근로자의 건강문제를 유발하는 물리적 인자는 소음, 진동, 이상기압, 이상기온, 유해광선 등이 있다. 유해인자별 건강장해와 관리방법은 안전보건공단에서 제공하고 있는 2014년 근로자 건강진단 실무지침(유해인자별 건강장해)에 근거하여 기술하였다.

(1) 소음

① 정의

소음(noise)은 진동원에 의해 발생되는 공기의 압력 변화가 귀에 감각되는 소리로 통상 원치 않는 음향(unwanted sound)이라고 정의된다. 소음은 광대역소음(wide-band noise), 협대역 소음(narrow band noise) 및 충격음(impulsenoise)으로 구분할 수 있다. 광대역소음은 청력에너지가 광범한 주파수에 걸쳐 분포된 것이며, 방적실, 제트기 조종 때에 볼 수 있다. 협대역 소음은 청력에너지의 대부분이 좁은 주파수 범위 내에 한정된 경우이며 정상적으로는 일정한 높이의 음감을 일으킨다. 전형적인 협대역 소음의 예는 회전톱이나 대패 기타 동력절단공구에서 볼 수 있다.

소음이 주로 노출되는 공정은 충격식 착암기나 채탄기 등 기계를 사용하여 토석 또는 광물을 굴착하는 장소에서의 작업, 기계총을 사용하여 금속, 목재 등을 절단하는 장소에서의 작업 등이 있다.

② 건강장해

소음에 의한 청력손실은 가장 중요한 생체영향이다. 그 외에도 이명, 대화 방해, 작업방해가 나타날 수 있다. 또한 기타 생리적 반응으로는 혈압상승, 발한, 맥박수 증가, 호흡억제, 전신근육 긴장 등의 증상이 나타난다. 그러나 이와 같은 반응은 소음노출이 반복되면 감퇴하는 것이 일반적이다. 불쾌감, 짜증, 수면방해, 초조 등의 심리적 반응이 나타날 수 있고, 소음은 작업스트레스를 증가시키고 작업장 사고위험의 증가와도 관련이 있다.

소음에 의한 청력 손실의 정도는 소음의 양, 노출기간, 개인감수성에 따라 다르다. 직업성 청력손실은 치료방법이 없으므로, 소음노출작업부서에 배치 전에 기준 청력도를 확보하는 것과 이미 존재하는 청력손실을 고려하는 것이 중요하며 예방하는 것이 유일한 최선책이다.

③ 예방대책

우선 작업장의 소음을 측정하여 법적 허용기준을 지키도록 해야 한다. 소음 수준의 감소, 폭로시간의 단축, 소음으로부터 작업자를 격리 또는 차단, 소리가 작은 기계나 공정으로 대치한다. 귀마개나 귀덮개 등의 보호구를 활용하여 소음원을 제거시키거나 감소시킨다. 소음으로 인해 질병의 악화가능성이 있거나 신경증이 있는 사람은 작업을 제한하고, 정기적인 청력검사를 실시한다.

표 13-28 소음의 노출기준

1일 노출시간(hr)	소음강도dB(A)
8	90
4	95
2	100
1	105
1/2	110
1/4	115

출처: 고용노동부. 화학물질 및 물리적인자의 노출기준. 노동부고시 제 2013-38호

(2) 진동

물체의 진동성 움직임은 한방향의 속도와 반대방향의 속도가 번갈아 생기는 것으로 이러한 속도의 변화는 물체가 끊임없이 가속되어 한 방향과 반대방향으로 움직이는 것을 말한다. 진동의 크기는 움직임이나, 속도 혹은 그 가속도를 정량화하여 표현한 것이다. 진동수의 단위는 cycles per second(Hz, herz)로 표시된다. 진동에 노출되는 작업에는 트럭이나 버스운전사, 중장비 운전사와 같은 전신진동 노출작업과 기타 국소부위에 진동이 노출되는 전기톱, 체인톱, 그라인더 등 진동공구를 사용하는 작업등이 있다.

① 건강장해

전신진동으로 인한 장해는 불쾌감 외에 자율신경, 특히 순환기를 포함하여 혈압상승, 맥박증가, 발한이상 등이 나타날 수 있다. 전신진동에 오랜 기간 노출될 경우 근육, 건, 관절 등에 계속적인 수동적 움직임으로 인한 생리적 기능의 변화가 초래될 수 있다. 특히 요통 및 척추질환이 증가되는데, 추체와 디스크의 원발성 퇴행이 수반되어 일어난다. 또한 여성의 경우 유산의 위험증가, 정신혼란, 자궁하강 등 성기의 위치 이상, 월경 장해가 일어나기도 한다. 국소진동의 영향은 주로 수지, 손에 나타나는데, 자동톱, 공기 햄머, 전동기, 연마기 등의 진동기구를 사용할 때 국소의 혈관, 신경, 골, 관절, 근육, 지각 등의 이상을 초래하게 된다. 손과 팔에서의 국소진동은 손가락에 있는 혈관과 신경에 손상을 주며, 이러한 결과로 나타나는 질환을 백수증 (white finger disease), 레이노 현상 (raynaud phenomenon), 또는 손–팔 진동 증후군(hand–arm vibration syndrome: havs)이라고 한다. 영향을 받은 손가락들은 하얗게 변하는데 특히 저온에 노출되는 경우 그 정도가 심하다. 진동에 유도된 백수증은 또한 쥐는 힘을 떨어뜨리고 촉감에 대한 민감도를 저하시킨다.

② 예방대책

예방대책으로는 진동의 원인을 제거하고 진동을 감소시킨다. 전파경로를 차단하며, 진동흡수 장갑을 착용하고 작업한다. 내진성을 높일 수 있는 작업자세로 교정하며, 적절한 휴식시간과, 작업시간을 단축시킨다. 국소진동 시 한랭의 영향을 고려하여 보온을 위해 장갑을 착용한다.

(3) 이상기온과 건강장해

① 고온

사람과 환경과의 사이에 일어나는 열 교환에 영향을 미치는 것은 기온, 기류, 습도 및 복사열의 4가지 요인이다. 바로 이러한 요인들의 종합적인 조건과 작용에 의해 인간의 체열생산(열의 생성)과 체열방산(열을 식히는 것)과의 평형상태 유지 여부가 결정되는데, 평형상태가 깨져 인간과 환경 사이의 열 교환이 제대로 이루어지지 않으면 바로 고열에 의한 건강장해가 나타난다. 기온이 섭씨 35도 이상이면서 습도가 60%이상이면 위험하므로 육체노동을 중지하는 것이 안전하며, 기온이 30도 이상이면서 습도가 30%이상이면 주의를 요해야 한다.

주로 노출되는 작업장은 제철소, 유리공장, 고무공장, 도자기공장, 제과점, 선박건조, 갑판작업, 각종 건설업, 지붕 수리작업, 세탁소, 주물 작업, 보일러 관리, 도로포장, 각종 건조작업 등이 속한다. 우리들이 흔히 고열작업장 하면 용광로나 주물 작업 등과 같이 빨갛고 뜨거운 열을 발생하는 설비만을 중심으로 생각하기 쉬우나 발전소 터빈과 같은 기계설비들이 한곳에 모여 있는 곳 역시 고열작업장에 속한다. 그 이유는 기계가 운전되면서 발산되는 열에 의해 작업장 온도가 상승하고 또한 습도가 높으면 쉽게 온열지수(WBGT)가 높아지기 때문이다. 또한 열을 발산하는 설비가 없어도 여름철 태양열에 의해 복사열이 상승하는 도로포장, 지붕수리, 야외작업, 온실작업,

배 위의 갑판작업 등과 같은 곳도 중요한 고열작업장에 속한다.

가. 건강장해

근로자가 고열환경에 지속적으로 노출되면 체온조절기능의 장애를 초래하여 자각적 또는 임상적 증상이 나타는데, 이를 총칭해서 고열장해 또는 열중증이라고 한다. 열중증은 임상적 증상에 따라 열쇠약, 열성발진, 열피로, 열경련, 열사병으로 분류하나 실제로는 이들 증상은 중복되어 나타날 수 있다.

- 열쇠약(heat prostration)

  고열작업장에서 일하는 작업자의 만성적 건강장해로, 쉽게 말하면 고열에 의한 만성적인 체력소모라고 할 수 있다. 일반적으로 식욕이 없고 전신 권태에 빠지게 되며, 위장장애와 불면, 빈혈 등의 증상을 보이면서 점차로 몸이 수척해진다. 근로자를 휴식시키고, 충분한 영양과 비타민 B1을 공급한다.

- 열경련(heat cramps)

  가장 전형적인 열중증의 형태로 주로 고온 환경에서 심한 육체적인 노동을 할 때, 지나친 발한에 의한 탈수와 염분손실이 원인이 되어 나타난다. 주로 작업 중에 많이 사용하는 근육에 발작적인 경련이 발생하게 된다. 작업 후에도 일어나는 경우가 있으며 팔이나 다리뿐만 아니라 등 부위의 근육, 위에도 발생될 수 있다. 이러한 증상은 현기증, 이명, 두통, 구토 등을 동반하기도 한다.

  서늘한 바람이 잘 통하는 곳에 환자를 옮기고 전도와 복사에 의한 체열방출을 촉진(작업복 벗기고 체온 방산 촉진)시키고 생리식염수 1−2ℓ를 정맥주사, 0.1% 식염수를 마시게 한다.

- 열피로(heat exhaustion)

  고온 환경에서 오랫동안 작업한 결과로 말초혈관 운동신경의 조절장애와 심박출량의 부족으로 초래하는 순환기 기능부전이다. 현기증, 두통, 구토 등의 약한 증상에서부터 심한경우는 허탈(collapse)로 빠져 의식을 잃을 수도 있다. 체온은 아주 높지 않고(39℃ 정도까지) 맥박은 빨라지면서 약해지고 혈압은 낮은 것이 일반적이다. 시원한 곳으로 환자를 이동시켜 휴식시키고, 5%포도당 및 생리식염수를 주사한다. 강심제가 도움이 되고 의식이 있으면 마시게 한다.

- 열사병(heat stroke)

  고온다습한 작업환경 혹은 강력한 복사열에 직접 노출되어 격심한 육체노동을 할 때 발생한다. 발한에 의해 이루어져야 할 체열방출이 방해됨으로써 체내에 열이 축적되고 결국 체온조절중추 기능에 이상이 생겨, 체온이 41−43도까지 급격하게 상승되어 혼수상태에 이르게 되고, 방치하면 대부분이 사망하게 된다. 체온을 떨어뜨리기 위해서는 얼음물에 담그거나 여의치 않을 경우에는 차가운 물로 닦으면서 선풍기를 이용하여 증발냉각을 시키는 응급조치를 취해야 한다. 울열방지와 체열이동을 돕기 위해 사지를 격렬하게 마찰시키고, 호흡곤란 시 산소를 공급한다. 체열생산을 억제하기 위해 항 신진대사제를 투여한다. 열중증 중에 가장 예후가 불량하다.

- 열성 발진(heat rash)

  오랫동안 고온다습한 환경에 노출될 때 주로 문제가 되며, 땀선에 염증이 생기고 때로는 피부에 작은 수포가 형성되기도 한다. 이와 같은 열성 발진은 그 자체가 불쾌하고 귀찮을 뿐만 아니라 작업자의 내열성도 크게 저하시킬 가능성이 있다.

나. 예방대책

복사열 절연을 위해 보온제를 사용하거나 차단을 위한 차단판을 사용하여 발생원에서의 열을 제어하고, 국소

환기와 전체환기를 적절히 실시한다. 작업의 자동화와 기계화로 근육작업을 경감시킨다. 근무시간 단축, 잔업 제한, 휴식시간의 적정화, 교대제 등의 대책으로 근무 제도를 합리화시킨다. 또한 고혈압, 소화성 궤양, 심장질환, 내분비질환, 신염(nephritis)등 금기질환의 취업을 제한한다.

② 저온

가. 건강장해

저온의 국소작용(local action)은 찬 공기가 혈류분포가 적은 피부에 작용하면 국소의 발적과 함께 빈혈이 오며 격심한 통증이 수반된다. 그 후 피부는 감각을 잃고 계속되면 피부의 궤양이 발생하는 손상을 입게 된다. 특히 사지, 귀뿌리, 코끝 등 노출된 부위에 많이 발생한다. 또한 인체의 사지피부에 찬 기온이 작용하면 피부표피의 모세혈관이 수축되고 간헐적으로 반응성 혈관이완이 일어나는데, 이로 인해 피부국소에 발적이 일어나고 냉감각에 의한 냉통증을 느끼며 감각마비 현상이 나타난다.

• 참호족 · 침수족(trench foot, immersion foot)

참호족은 발이 오랜 시간에 걸쳐 축축하고, 비위생적이며 차가운 상태에 노출되면 발생하게 된다. 초기 증상은 말초소동맥의 경련과 함께 급성 일과성반응이 나타나고, 이어서 모세혈관의 확장, 부종 등이 일어나며 조직과 신경의 퇴화가 계속 발생한다. 동상과 다른 점은 비 동결 조직손상이라는 점과 16-24도의 분포에서도 젖은 상태가 지속되면 발생할 수 있다는 것이다.

• 동상(frostbite)

영하의 추위로 인하여 손과 발 얼굴의 조직에 장애가 오거나 심부혈관의 변화 및 조직동결이 나타난다. 증상으로는 감각이 둔해지고 피부가 창백해지며 따끔따끔하고, 통증이 나타난다(1도동상). 동결이 계속되면 수포를 가진 광범위한 삼출성 염증이 나타나고(2도동상), 조직의 깊은 부위까지 동결하면 조직의 괴사(necrosis)가 일어난다(3도동상).

• 전신작용(systemic action)

저온으로 인한 전신작용은 신경계에 미치는 작용이다. 한랭에 대처하기 위해 말초모세혈관의 축소가 일어나고 맥박이 증가하며 내장, 복부장기의 혈관이 수축되기도 한다.

나. 예방대책

통기성이 적고 함기성이 큰 옷을 입도록 하고, 신발이나 구두는 발을 압박하지 않고 습기가 없어야 한다. 실내작업 온도는 18도 이하가 되지 않도록 한다. 혈액순환을 원활히 하기위한 운동지도 및 적정한 지방과 비타민 섭취를 위한 영양지도를 실시하고, 체온유지를 위해 작업장에 더운물을 비치하고 젖은 작업복 등을 즉시 갈아입도록 조치한다. 실외에서는 임시방풍벽을 설치하고, 고혈압, 심장질환, 간장해, 위장장해, 신장애가 있는 근로자는 취업을 제한한다.

(4) 이상기압과 건강장해

① 고기압

위도 45도 지역의 수평면에서 섭씨 0도 때의 공기 압력은 평균 1㎏/㎝2(14.7 Lb/in2)이며, 이를 1기압(atmosphere absolute:ATA)이라고 한다. 고기압조건에서 평상 대기압조건으로 낮아질 때는 체내에 용해되었던 불활성

기체가 과포화 상태로 되어 혈액과 조직 내에 기포를 형성하고 이 기포가 혈액순환을 방해하거나 주위조직에 기계적 영향을 줌으로서 발생하는 다양한 증상의 건강장해를 일으킨다. 인체의 구성성분 중 액체성분은 압력으로 체적이 변화하지 않으나 기체성분은 체적이 변함에 따라 분압의 변화, 용해도의 변화 및 밀도의 증가가 초래된다. 수중에서의 압력은 수심 약 10m마다 1기압씩 증가한다.

주로 노출되는 공정은 수중 해산물 채취작업(해녀) 및 수중인양 잠수작업, 수중교량 건설작업 및 기타 고압챔버 등의 고기압환경에서의 작업 등이 있다. 고기압 환경에 부적절한 고령자, 결핵, 천식 등의 만성호흡기질환자, 심혈관계이상자, 만성부비강염, 중이염, 골관절 이상자 등은 작업을 금해야 한다.

가. 건강장해

• 질소마취

질소마취현상은 30m이상 깊이 잠수할 때 나타난다. 30−60m수심에서는 황홀감 등이, 60−90m에서는 판단력 감퇴, 반사기능 감퇴, 자만감 등이, 90m이상에서는 환청, 환시, 조울증, 기억력감퇴 등이 나타나며, 120m 이상에서는 의식을 상실한다. 그렇기 때문에 자연상태의 공기를 압축하여 호흡기체로 사용하는 잠수의 경우 평상시 안전을 고려한 최대 잠수허용수심은 약 60m로 정하고 있다.

• 산소독성

산소분압 증가로 인한 중추신경계 및 폐에 산소독성을 일으킨다. 산소분압 2기압(atm, ATA, bar)이상에서는 시야가 좁아지고, 이명, 구역, 입술이나 눈 주위의 근육연축, 전신적 긴장도 증가 및 현기증 등이 전구증상으로 나타나기도 하지만, 전구증상 없이 간질의 대발작 같은 경련성 발작을 일으키기도 한다.

• 가압성 관절통

압력자체가 원인이 되어 관절표면의 해면체 기질과 관절 내 교질이 압력을 받아 통증을 유발하는 것이다.

• 동맥혈 기체 색전증

잠수장해 중 치명률이 가장 높다. 발생빈도는 100,000건의 잠수 당 7건 정도이고, 잠수장해로 인한 사망원인의 31%를 차지한다. 동맥혈에 기체가 유입되는 기전은 명확히 밝혀지지 않았다. 대개 수면으로 복귀하는 상승 도중 혹은 수면 도착 후 10분 이내에 갑작스런 발작, 의식상실, 마비, 감각이상, 지각장해, 시력이상, 현기증, 두통 등이 나타난다.

• 감압병

고압에서는 가스가 혈액 속에 용해되어 있다가 급격한 감압으로, 특히 질소기 혈관과 조직 내에 기포를 형성하고 혈관이 약한 부위에 따라 피부의 가려움 및 근육통, 관절통, 호흡곤란, 시력장해, 반신불수 등을 일으킨다. 감압병은 대개 두 가지 형으로 구분하는데, 제1형은 근골격계에 통증만 있거나 피부에 증상이 나타나는 형이며, 제2형은 전정기관, 뇌, 척수 등의 손상으로 신경학적 증상이 동반된 보다 중증인 형으로 각각의 발현빈도는 7:3이다. 대개 잠수작업 후 1시간 이내에 약60%, 2시간이내에 75%, 3시간이내에 95%가 발생한다. 감압병을 예방하기 위해서는 잠수작업의 경우 단계적 감압절차(1기압에서 20분 이상)가 필요하며 감암 후 인공적인 산소 공급이 필요하다.

② 저기압

저기압환경의 영향은 대체로 3,000m이상의 높은 장소에서 나타나며, 기압의 저하와 더불어 공기 중의 산소부

족 상태가 작용을 미친다. 주로 노출되는 공정은 고산작업자, 기타 저기압환경에서의 작업자 등이다.

저기압 하에서 생기는 생체변화의 주 자극원은 저산소분압이다. 저산소분압으로 인하여 경동맥소체의 화학수용체가 자극되고 호흡촉진이 발생하여 호흡성 알칼리증이 초래된다. 심장박동, 심박출량이 증가하고 적혈구와 혈색소량은 고지도착 2시간 후부터 증가하기 시작하여 혈장량이 감소한다. 저기압 환경으로 장애가 발생하였을 경우 응급조치로 저산소증을 교정하기 위해 고농도 산소를 공급하고 휴식을 취하게 한다.

(5) 유해광선과 건강장해

① 전리방사선

방사선은 파동 또는 입자의 형태로 방출, 전파, 흡수되는 에너지이다. 전리방사선의 공통된 특징은 물질을 이온화시키는 성질이며, 종류는 X선, α선, β선, γ선, 중성자 등이 있다. 전리방사선은 인체에 대해 전적으로 파괴적 작용을 하며, 염색체, 세포, 조직의 파괴와 사멸을 초래한다. 이것은 전리방사선의 물리적 에너지가 생체 내에서 전리작용을 하기 때문이다. 전리방사선이 인체에 미치는 영향은 전리방사선의 투과력 전리작용, 피폭방법, 피폭선량, 조직의 감수성 등에 따라 다르다. 방사선 장해를 입는 부위는 전리방사선의 종류와 체외와 체내 조사의 차이에 따라 달라진다.

전리방사선은 지구상에서 자연 발생되기도 하고, 방사선 진단목적에 따라 의학적 기계에 의해 노출되기도 한다. 또한 핵에너지시설, 방사선 약제공장 등 사업장 전반에 걸쳐서 종사자들이 방사선에 노출되는 기회는 계속 증가되고 있다.

방사선에 대해 가장 감수성이 높은 것은 조혈기이며, 방사선 장해의 유무를 조사하려면 혈액검사를 하는 것이 가장 효과적이다. 혈액검사 상 나타나는 뚜렷한 변화는 백혈구의 변동이며, 조사된 선량에 따라서 백혈구의 감소가 나타난다. 생식기 역시 방사선에 민감하여 X선이나 Υ선에 닿으면 생식능력을 상실하게 된다. 피부는 아주 민감하지는 않으나 국부적으로 대량 피폭하면 그 피부에 변화가 발생한다. 피폭의 정도와 기간에 따라서 탈모, 색소 침착, 피부염, 궤양 등이 발생하며 장기간의 피폭을 받으면 암, 백혈병, 백내장 등이 발생할 위험이 있고, 수명의 단축이나 유전적 영향으로 이어질 수 있다.

전리방사선에 대한 예방대책은 직업상 노출되는 성인의 안전허용기준을 채택하고, 시설과 작업방법의 관리로서 차폐물의 설치, 원격조작, 조사시간의 단축, 피부의 노출을 피하는 것이다. 또한 직업적으로 방사선 장해를 입을 위험이 있는 작업자에 대해서는 정기건강진단을 실시한다.

② 비전리방사선

태양광선을 파장에 따라 분류하면 자외선, 가시광선, 적외선으로 나눈다. 자외선은 파장이 200㎚-400㎚까지, 가시광선은 400㎚-800㎚까지이며, 적외선은 800㎚이상을 말한다.

- 자외선

  자외선은 태양광선에서, 직업적으로 또는 의료용 기구에 의해 노출된다. 용접과 용단작업 특히 전고용접, 불활성가스 전고용접과 각종 노작업에서도 자외선에 조사된다.

  자외선은 피부에 반응을 일으키며, 조사 후 2-3시간이면 홍반이 생기고 색소가 침착되며, 비타민 D형성과 살균작용을 한다. 자외선의 과다한 조사로 인해 모세혈관의 투과성이 증가하고 조직의 부종을 일으키며 수포

가 형성된다. 또한 눈물이 나고 결막이 충혈되며, 눈이 아프고, 수 시간 후 각막, 결막에 염증이 생기며 심하면 각막표면의 궤양, 수포형성, 혼탁, 각막 및 안검부종, 안검경련이 일어난다. 나이가 들수록 자외선에 흡수량이 많아져 백내장을 일으키기 쉽다. 인공적인 자외선 취급 근로자인 전기용접공이나 자외선살균취급자에게 급성각막염을 일으킨다.

자외선 차단 대책으로 전기용접공은 검은색 보호안경, 차광안경을 쓰거나 피부는 보호의복을 입거나 보호용 크림을 바른다.

• 적외선

가장 흔한 적외선 노출원은 태양광선으로 6,000℃의 표면온도를 가진 태양으로부터 방출되는 복사에너지의 52%는 적외선으로 지구기온의 근원이 된다. 또한 가정 혹은 사업장에서 쓰이는 건조기, 가열기 및 의료용의 적외선 발생장치 등 모든 고열물체는 적외선의 발생원이다. 기타 주요한 직업성 노출에는 광물, 금속 등을 용해하는 로 작업이나 로 감시작업 등을 포함한 제철업, 주물업, 용융유리취급업, 열처리작업, 용접작업, 제빵업, 소방수, 그리고 적외선 등(赤外線燈) 같은 적외선기구 제조업 및 취급업, 기타 의학적응용(레이저, 열요법: physiotherapy)이 해당된다.

적외선은 조사부위 피부에 충혈, 혈관확장에 이어 괴사를 일으키며 장기간에 걸친 조사는 습진, 암변성을 일으킬 수 있다. 1,500nm이상의 파장을 가진 적외선은 피부와 눈을 투과하지 못하나, 750−1,300nm의 적외선은 피하 1.5−4.0㎝까지의 조직을 투과하여 국소혈관의 확장, 혈액순환 촉진 및 진통작용을 나타낸다. 적외선에 의하여 피부온도가 45℃이상 오르면 피부는 화상을 입는다.

또한 적외선−A는 망막에 주로 민감하게 작용한다. 망막, 맥락막에 오는 열성손상의 정도는 노출기간과 관계 있으며 조사강도가 낮으면 망막혈류에 의해 열이 방산되어 장해를 일으키지 않지만, 안구조물의 초점형성 작용 때문에 소량의 적외선에 의해서도 망막에 비교적 강력한 에너지 집중현상을 초래해서 손상을 줄 수 있다. 특히 유리공, 용광로의 화부에게 안구부위의 온도상승 결과로 후극성 백내장(posterior cataract)을 일으킨다는 보고가 있다. 이를 초자공 백내장(glass blower's cataract)이라고도 한다.

장기간 적외선 조사 시 두통, 현훈, 자극작용이 있으며 강력한 적외선은 뇌막자극증상을 유발하고 의식상실, 경련 등을 동반한 열사병을 일으켜서 사망에 이르게 하는 수가 있다.

적외선 차단대책으로 방열판, 방열장치를 설치하거나 방열복, 방열면, 보호안경을 착용한다.

• 가시광선

일반적으로는 무해하나 강하면 망막의 장해를 가져온다. 가시광선은 시세포를 자극하여 광각과 색각을 일으킨다. 가시광선 장해는 조명불량 또는 조명과잉과 관계가 있다. 조명불량 시 정신적인 불쾌감, 근육긴장, 눈의 피로, 시력감퇴 등이 나타나고, 이것으로 작업능률과 생산량이 감소된다. 광부에게는 안구의 주기적인 불수의 운동으로 안구진탕증(nystagmus)을 유발한다. 조명과잉 시 눈부심이 망막을 자극하여 잔상을 동반한 시력장애, 시야협착, 망막변성을 일으키고, 결막이 자극되면 광선공포증(photophobia), 두통이 일어난다. 장시간에 걸쳐 강렬한 광선에 노출되면 암순응의 저하, 광시가 일어날 수 있다.

가시광선 차단대책은 그림자가 없고 과도한 휘도가 없으며, 균등하고 쾌적한 조명을 유지하는 것이다. 쾌적한 조명은 물체를 정확하게 빨리 볼 수 있게 함으로써 작업시간을 단축시키고, 피로를 덜어주고 재해발생을 방지하여 생산성과 직결된다.

2) 화학적 인자와 건강장해

(1) 유기화합물

유기화합물은 용제로 사용되며 탄소와 수소를 함유하고 있는 물질로서, 피 용해물질의 성질을 변환시키지 않고 다른 물질을 용해시킬 수 있는 물질을 말한다. 일반적으로 유기화합물은 지용성이 강하며, 지용성이 강할수록 용제로서의 성능이나 마취효과, 그리고 지방제거능력도 커진다. 또한 실온에서는 액체이고 휘발성이 강하며, 대다수의 유기화합물이 불에 잘 타고 폭발성이 있다. 유기화합물은 세척, 기름때 제거, 희석, 추출 등의 목적으로 사업장에서 널리 사용된다. 화학적 구조에 따라 유기화합물은 지방족 탄화수소, 지환족 탄화수소, 방향족 탄화수소, 할로겐화 탄화수소, 알콜류, 알데히드류, 케톤류, 글리콜류, 에텔류, 이황화탄소 등으로 분류한다.

유기화합물은 휘발성이 강한 액체이므로 쉽게 기화하여 증기상태로 대기 중에 존재하기 때문에 호흡기를 통해서 흡수되는 경우가 가장 많다. 휴식상태에서는 흡입된 유기화합물 증기의 40–80%가 흡수된다. 작업이나 운동을 하는 경우에는 호흡량이 증가하므로 그에 따라 흡수되는 양도 많아지게 된다. 유기화합물이 피부에 직접 닿으면 피부를 통해서 흡수가 된다. 액체 상태로 피부에 닿는 경우는 물론이고, 고농도로 대기 중에 증기상태로 존재하는 경우에도 피부를 통해서 흡수되는 것도 있다.

유기화합물은 지용성이 강하므로 체내에서는 지방성분이 많은 지방조직, 신경계, 간 등에 주로 분포한다. 심근이나 골격근처럼 혈류량이 많은 기관에도 많이 분포한다. 체내 지방의 양이 많은 사람은 유기화합물이 체내에 더 많이 축적되고 노출이 중지된 후 배출되는 속도는 더 느리다. 대부분의 유기화합물은 태반을 통과하며 모유에 녹는다. 종류에 따라서 완전하게 대사되는 유기화합물도 있고, 전혀 대사가 되지 않는 것도 있다. 대사과정에 따라서 유기화합물의 독성이 결정되게 된다. 상당수의 유기화합물은 알코올 분해에 관여하는 알코올탈수소효소와 알데히드탈수소효소에 의하여 대사되므로, 여러 유기화합물과 알코올이 서로 경쟁적으로 대사된다. 호흡기를 통해서 원래 흡수된 형태 그대로 배설되거나, 체내에서 대사되어 소변으로 배설되는 것이 가장 중요한 배출경로이다.

① 건강장해

유기화합물로 인한 건강문제는 유기화합물의 종류에 관계없이 고농도에 노출되었을 때 나타나는데, 고농도에 단시간 노출되었을 때 나타나는 급성증상과 반복적으로 장기간에 걸쳐 노출되었을 때 나타나는 만성증상이 있다. 단시간 고농도에 노출되었을 때에는 근로자에게 증상이 바로 나타나므로, 즉시 증상을 확인하고 응급처치를 할 수 있지만, 장시간 노출로 인해 나타나는 증상은 만성질환의 형태로 나타나므로 건강문제를 확인하기까지에는 시간이 많이 걸린다. 또한 다른 건강문제나 만성퇴행성질환으로 진단되어 치료시기를 놓치는 경우도 있다.

유기화합물에 노출로 인한 건강문제 중 가장 빈번히 보고되는 건강장애는 인지능력의 저하와 정신이상 등 신경학적 문제이다. 즉 두통과 어지러움, 집중장애, 수면장애 및 불면, 정서불안, 불안을 동반한 기분변화 등의 일반증상이 나타난다. 또한 간 기능저하 및 임신장애 및 월경불순 등 생식기능문제, 시각과 청각장애, 호흡기능장애, 치매 등이 보고되고 있다. 그러나 우리나라 원진 레이온의 이황화탄소(CS2) 직업병 조사에서 보듯이 유기화합물에 의한 건강장해는 전신장해로 나타날 수 있으므로 건강 감시체계를 중심으로 근로자에게 나타나는 증상의 유행적 발생 혹은 새로운 증상의 발현을 유의해야 한다.

② 예방대책 및 중재

가. 예방대책

- 공기 중의 발산을 방지, 밀폐방식을 취한다.
- 작업장에서는 흡연이나 음식물의 섭취를 금하고 작업이 끝난 후에는 작업복으로 갈아입고 세면을 한다.
- 보호구를 사용한다(방독마스크, 보호장갑, 보호의).
- 혈액검사를 포함한 취업 전 검진과 적정배치(중추신경장해, 만성간질환, 만성신질환, 말초신경장해, 알콜중독, 만성호흡기질환자의 업무수행은 피하도록 한다). 특히 이황화탄소의 경우 신경질, 내향성의 성질이 현저한 자, 정신신경질환을 가진 자나 가족 중에 기왕력이 있는 자, 고혈압 증상이 현저한 자, 위장장해가 현저한 자는 취업을 피하는 것이 권장되고 있다.
- 유기화합물의 특성 및 건강장해에 관한 지식, 유기화합물 사용 시 지켜야할 안전수칙에 대하여 교육한다.

나. 중재

- 화합물이 있는 작업장소로부터 환자를 옮긴다.
- 호흡이 멎었을 때 인공호흡을 실시한다.
- 의식장해가 있을 때는 산소를 흡인시킨다.
- 유기 화합물이 묻은 의복은 벗긴다.
- 몸을 따뜻하게 해주고 안정시킨다.

(2) 금속류와 건강장해

중금속은 호흡이나 음식물 섭취를 통해 호흡기 및 소화기에서 흡수된 후 혈액을 통해 인체에 들어온다. 그리고 혈액 내에서 인체의 혈장단백질이나 칼슘 등 인체 구성성분과 결합하여 배설되지 않고 인체에 축적되어 건강장해를 일으킨다.

① 연(Pb, 납)중독

연은 연광석(주로 방연광(PbS))의 제련을 통해 얻어지는 연한 청회색 금속이며, 연 중독은 연 또는 그 화합물의 흄이나 먼지가 체내에 흡수되어 장기간 축적되면서 일어나는 중독증상이다. 연은 바위, 흙 그리고 식물 등의 어디서나 소량씩 존재하며, 채광, 제련, 정련 그리고 2차 제련에 의해서 생산된다. 연화합물 중 주로 중독을 일으키는 것은 무기연과 4알킬연(유기연)이며, 신경독성에 있어서는 무기연보다 4알킬연이 더 강하다. 무기연을 취급하는 작업은 금속제련, 축전지나 전구 제조, 케이블 제조, 연합금이나 연화합물 제조, 고무, 합성수지, 도료 등 제조, 연제품의 해체나 수리, 인쇄 · 유약도포, 납땜작업, 맨홀작업 등이 있다. 흡수된 말초 혈액중의 연은 95%이상이 적혈구와 결합, 또한 체내에 흡수된 연은 각종의 연부조직에 침착, 특히 90%이상이 뼈에 축적이 된다.

가. 건강장해

공기를 통해 흡수된 연에 의한 건강장해는 연분진의 입자크기에 따라 달라진다. 체내에 흡수된 연은 체액 중의 산 또는 염기와 결합하여 연의 염류를 형성하며, 각 장기에 작용해서 연중독 증상을 나타낸다. 연중독은 매우 다양한 증상 및 징후를 나타낸다. 연이 체내에 흡수되면 초기에는 피로를 느끼고, 수면장애, 팔 다리의 통증, 식욕감퇴 등의 증세가 나타날 수 있다. 계속하여 체내에 흡수되는 연이 증가하면 갑자기 배가 아프거나 관절에 통증

이 느껴질 수 있으며, 어지럽고 손발에 힘이 약해지는 증상이 나타날 수 있다. 4알킬연은 무기연화합물보다 독성이 강하며, 호흡기로 흡수되어 장해를 준다. 4알킬연에 의한 급성증상은 무기연과는 달리 중추신경계의 증상이 강하게 나타나는데 노출 수일 후엔 불안, 흥분, 근육연축, 망상, 환상이 일어나고 혈압저하, 체질저하, 맥박수가 감소한다.

연의 사용으로 인한 만성적인 증상으로는 Heme의 합성장해에 의한 빈혈, 연산통이다. 진찰 시 관찰되는 객관적인 징후는 피부창백(혈관수축), 치은부에 암청회색의 PbS가 침착한 청회색선(연연), 악력의 저하 등이 나타난다.

연중독의 예후를 살펴보면 동일한 혈중 연 수치에서 폭로기간이 길수록 회복이 지연되고, 연 뇌증과 중등도 이상인 신장해는 반영구적 후유증이 남는 수가 많다. 심근마비는 대개 2–3일에서 회복, 사지마비는 수개월–수년에 걸려 회복되며, 때로는 반영구적 후유증이 생기는 수도 있다. 늑간 신경마비가 가장 예후가 나쁘다.

나. 예방대책

연 중독을 예방하기 위해서 연 작업 주임자를 선정하고 작업자들에게 안전한 작업방법을 교육시키고 관리토록 한다. 철저한 작업환경측정을 실시하고 반드시 국소배기시설을 설치하여, 작업시작 전 또는 작업 중에 계속적인 환기를 실시하도록 한다. 가능하면 발생원으로부터 격리시켜 작업한다. 연의 흡입을 방지하기 위해 반드시 방진마스크를 착용하고 작업해야 하며, 오염된 방진마스크를 계속적으로 착용하는 일이 없도록 관리를 철저히 한다.

② 수은(Hg)중독

수은은 다른 금속과 달리 상온에서 은백색의 액체상태로 존재하는 유일한 금속이며, 수은화합물의 종류는 여러 가지가 있지만 크게 무기수은화합물과 유기수은화합물로 나뉜다. 수은의 용도는 수은체온계, 온도계, 기압기, 혈압계 제조, 버튼형 수은전지, 알칼리망간건전지, 농약 및 의약품 제조, 수은등 형광등제조, 수은아말감 등 사업장에서 광범위하게 사용된다.

수은이 노출되는 공정은 수은 광석을 채굴, 운반, 파쇄, 선별하거나 수은 등 또는 형광등을 제작하는 작업, 소독제, 농약제조 작업, 도금할 때 수은 아말감을 취급하는 작업 등이다.

대부분 직업적으로 수은에 노출되는 경우는 호흡기를 통해 수은증기를 흡입하고, 흡입된 수은의 80%이상이 폐에서 흡수되며, 드물게 음식물이나 피부를 통해 흡수하는 경우도 있다. 수용성 수은은 위장관에서 잘 흡수되고, 금속수은은 위장관에서 거의 흡수되지 않고 그대로 배설된다.

가. 건강장해

수은증기에 높은 농도로 노출되면, 일차적으로 호흡기계통에 영향을 주어, 기도점막을 자극하고 구내염, 급성폐렴을 유발한다. 초기증상은 안색이 누렇게 되고 두통과 구토, 복통, 설사 등 소화불량 증세가 있다. 수은중독의 특징적인 증상은 구내염, 근육진전, 정신증상이다. 구내염의 증상으로는 금속성 입맛이 나고, 치은부가 붓고 압통이 있으며, 쉽게 출혈하며 궤양을 형성한다. 또한 말을 하기 어려울 정도로 침을 많이 흘리게 된다. 근육진전은 흔히 안검, 혀 또는 손가락에서 볼 수 있다. 더 심한 중독환자는 팔과 다리에 파급된다. 정신증상으로는 불면증, 근심걱정과 함께 겁과 두려움이 많아지고 우울, 졸음, 환각, 기억력 상실 등의 장해를 야기한다.

전신증상으로는 수은이 뇌 조직을 침범하여 불가역적 뇌손상을 일으킨다. 얼굴, 수지근육의 경련성 진전과 청력, 시력, 언어 및 보행장애, 광범위한 추체외로 증상, 운동실조가 나타나게 된다(미나마타병).

나. 예방대책

수은중독 예방대책은 적절한 국소배기시설을 설치하고, 작업장 바닥면에 수은이 스며들수 없도록 바닥면 재질

을 변경하고, 작업장 내 흘린 수은을 즉시 청소하여 제거하도록 한다. 작업장에서 식사 및 흡연을 금지하며, 수은증기 방지용 마스크를 반드시 착용한다. 식사 전에는 반드시 세수, 세안 및 양치질을 하며, 작업종료 후에는 필히 샤워나 목욕을 한다. 의복은 작업복과 평상복을 구분하여 입도록 한다. 수은 중독 시 가능한 중재로는 우유와 계란의 흰자를 먹여 수은과 단백질을 결합시켜 침전시킨다. 우유에 수탄 3-4수저를 섞어서 200-300ml를 넘지 않도록 유의하여 위 점막이 손상되지 않도록 조심해서 위세척을 한다. 수은취급을 즉시 중지한다.

③ 크롬(Cr)중독

크롬이란 물보다 무거운 은백색의 단단한 금속으로 사업장에서는 주로 2, 3, 6가 크롬화합물이 사용되고 있다. 인체에 특히 유해한 것은 6가크롬 화합물로서 부식작용과 산화작용이 매우 강한 특성을 가지고 있다. 크롬의 종류 및 용도는 사업장에서 금속제련, 물감, 플라스틱제조, 카드뮴 건전지, 저온합금제, 은땜 등의 성분으로 사용되고 있으며, 금속제련업, 금속 재료품, 화학제품, 고무제품, 정밀기계기구제조업, 도금업 등의 공정에서 노출되고 있다.

가. 건강장해

크롬의 인체침입 경로는 작업장에서 일을 할 때 크롬분진이나 흄이 호흡기를 통해 폐에 침착되고, 중크롬산염과 같은 6가크롬 화합물은 손, 팔, 얼굴, 가슴 등의 피부를 통해 흡수하면서 피부염이나 피부궤양을 일으키고 점막을 헐게 한다. 우리 몸속에 들어온 크롬화합물 중 용해성이 높은 물질은 혈액을 타고 전신으로 퍼지게 되어 인체의 여러 장기에 영향을 준 후 소변으로 배설된다.

크롬의 단기간 노출 시 급성 건강영향은 피부 및 점막의 자극을 통해 구강 내 화상 및 심각한 각막 손상을 유발할 수 있으며, 심한 천공성 궤양 및 피부염 증상도 나타난다. 고용량에 노출된 후 쇼크의 발생이 보고된 바 있고, 폐부종, 폐장염, 금속열, 기관지 천식 등도 발생한다. 신경계에도 영향을 끼쳐 간성혼수, 뇌부종 등이 유발되고, 소화기계는 장염, 궤양, 출혈 등이 경구 섭취 후 주로 발생한다. 황달을 동반한 급성 간염이 발생하여 오심, 구토, 식욕부진, 간비대, 혈소판 감소증, 빈혈, 아나필락시스를 유발한다는 보고도 있다.

6가크롬은 강한 부식성 물질이기에 호흡기계에 침범해서 기관지폐렴, 만성적인 염증, 만성 인후염, 만성 비염, 폐기종, 비중격 천공 등을 유발할 수 있다. 조혈기계 장애로 말초혈액의 림프구 및 백혈구에서 염색체 이상을 증가시킨다는 보고가 있다.

3가크롬은 발암성에 대한 증거가 불충분해 인간에게 발암성 물질로 분류되지 않으며, 크롬산 생산, 크롬염색, 크롬 도금 시 6가크롬에 노출된 근로자에서 호흡기계 암의 위험도가 증가한다고 알려져 있다.

나.예방대책

크롬의 예방대책은 발생원의 밀폐 또는 국소배기장치, 공정의 자동화, 유기용제용 호흡보호구, 보호장갑 등 개인보호구 착용을 하며, 정기적인 작업환경 측정 및 건강진단실시와 근로자의 보건교육을 실시한다.

④ 카드뮴(Cd)중독

카드뮴은 부드럽고 연성의 흰색과 청색을 띠는 무취의 금속원소로 물과 알칼리 용액에서 용해되지 않고 산성 용액에서 용해된다. 상대적으로 높은 증기압력 때문에 열처리 과정에서 증기로 방출된다. 이 증기는 빠르게 산화카드뮴으로 전환된다. 카드뮴 증기는 특징적인 노란색을 띤다.

카드뮴은 주로 광산에서 채취(다른 광석 채광 중 부산물로, 카드뮴 자체를 위한 채광은 거의 없음)하거나, 아

연, 구리, 연과 같은 금속을 제련하는 과정에서 부산물로 생성되고, 플라스틱 제조에서 안정제로 사용되거나, 물감과 플라스틱을 만드는 과정, 알칼라인(니켈-카드뮴) 건전지, 저온합금제와 은땜 등에서 이용된다.

가. 건강장해

카드뮴의 인체 침입경로를 살펴보면 피부를 통한 흡수는 거의 없으며, 위장관계를 통한 흡수는 5%정도이지만, 철분이나 칼슘 섭취가 부족한 경우 20%까지 흡수된다. 직업적 노출에서 가장 많이 흡수되는 경로는 폐를 통한 흡수이며, 50%까지도 흡수된다. 위장관으로 흡수된 후 대부분은 대변으로 배설되고 폐로 흡입된 카드뮴은 mucociliary mechanism(점액-방어기전)을 통해 1차적으로 제거되고, 나머지는 흡수되어 온몸(주로 간, 신장)에 걸쳐 존재하다가 주로 소변으로 배설된다.

카드뮴의 급성 중독에 의한 건강영향은 비 특이적인 감기증상(오한, 발열, 식은땀), 호흡곤란, 기관지염, 폐렴, 폐부종 등을 일으킬 수 있고, 며칠 이내에 사망에 이를 수도 있다. 피부나 눈이 높은 농도의 카드뮴 증기에 노출된 경우 자극증상이 발생한다. 만성적인 카드뮴의 노출에 의한 증상은 단백뇨가 발생하고 이는 신사구체나 세뇨관 손상을 의미한다. 조혈기계 장해는 아직까지 잘 알려져 있지 않지만 빈혈이 경미하게 발생하고, 집중과 기억이 떨어지거나 후각의 손상이 나타날 수 있다. 근골격계 장해로는 칼슘결핍, 골다공증, 골연화증을 일으킬 수 있다. 이러한 원인은 일반적으로 신장에서 손상이 발생한 뒤에 칼슘, 인, 비타민 D의 대사변화로 인해 발생한다. 비점막 궤양, 치아의 황색 착색 증상도 나타난다. 폐암과 전립선암의 발생에 관계가 있다고 알려져 있으나, 일관성 있는 결과가 나타나지는 않았다.

나. 예방대책

카드뮴 중독의 예방대책은 개인위생을 철저히 하며, 작업장 내에서의 음식물섭취와 흡연을 절대 금하는 것이다. 작업복을 자주 갈아입고 목욕을 자주 하도록 하며, 적절한 보호구의 착용을 권장한다.

3) 분진과 건강장해

① 진폐증

1971년 제5회 국제진폐회의에서 진폐증의 정의를 분진흡입에 동반한 폐내의 분진축적과 그에 의한 폐의 조직반응으로 정하여 현재까지 적용되고 있다. 진폐증은 분진을 오래 흡입하면 기도를 통해 폐포에 침착되고, 폐조직을 자극하여 폐에 섬유증식증(fibrosis)을 발생하는 것으로, 흉부사진 상 결절을 일으키며, 폐기종과 폐순환장애를 초래하기도 한다. 주로 기도에 침착된 5-15㎛크기의 분진은 점액섬모운동에 의해 제거되고, 0.5-5㎛크기의 분진은 기도의 종말부 또는 폐포에 침착된다. 0.5㎛크기 미만의 분진은 기도 중에 부유하다가 숨을 내쉴 때 제거된다. 따라서 진폐증을 유발시키는 분진은 폐포 내에 잔류할 수 있는 호흡성분진으로, 입자상일 경우 직경이 0.5-5㎛크기의 분진이다. 분진에 폭로되었을 때 진폐증은 농도, 크기, 성분, 폭로기간, 종류, 작업강도, 보호구의 사용여부, 개인의 감수성에 의해 발생한다.

진폐증은 그 목적에 따라, 즉 흡입분진의 종류, 병리적 소견 또는 흉부사진 상 진폐증의 진행정도에 따라 분류하는 방법이 있다. 일반적으로 사용되는 방법은 흡입분진의 종류에 따라 분류된다. 인체에 흡입되어 폐에 조직반응을 일으켜 진폐증을 발생시키는 대표적인 광물성 분진으로는 유리규산, 규산화합물, 탄소, 알루미늄 및 그 화합물, 철 및 그 화합물, 베릴륨, 바륨, 주석 등이 있다. 탄광부 진폐증은 탄분진(유리규산 포함)의 흡입에 의하여 발생되며, 규폐증은 결정형 유리규산을 흡입하여 발생하는 진폐증으로, 유리규산의 주된 결정형 광물은 석영,

tridymite, cristobolite 등이다.

광물성 분진으로 인한 진폐증의 합병증에는 폐결핵(진폐증의 폐결핵 병발은 우리나라의 경우 5%수준), 기흉(섬유화에 따른 폐조직의 손상위험이 증가하기 때문), 폐기종(진폐성 섬유화에 의한 기도협착과 폐조직의 탄력성 감소가 원인으로 추정), 결핵성 늑막염, 폐성심(폐혈관주위 결절이 폐혈류장해를 일으켜 발생), 만성 속발성 기관지확장증, 만성 속발성 기관지염을 들 수 있다.

유기규산 분진에 의한 규폐증은 만성질환으로 노출된 지 수년이 지나도 증상이 나타나지 않는데 대략 노출된 지 15-20년이 지나야 흉부방사선검사에서 의미 있는 이상소견이 나타난다. 그러나 결핵, 자가면역질환, 유전적인 소인이 있는 경우는 더 빨리 진행될 수 있다. 일반적으로 폐실질 조직에 섬유증식증이 일어나고 심해지면 폐결핵이 발생된다. 규폐증은 진폐증 중에서 결핵을 일으키는 유일한 소인이다. 증상이 더 심해지면 우심장과 폐동맥 확대 및 폐기종이 형성되기도 한다.

석면은 1급 발암물질로 이 분진에 의한 석면폐증은 폐포와 폐실질조직에 섬유화가 일어나고 기침, 호흡곤란, 청색증, 청진상 폐하부에 미세한 나음(rale)과 타진상 둔통(dullness)이 있으며, 질병의 말기에 폐암이 발생한다.

예방대책은 작업환경관리로 분진농도를 측정하고 발생원을 차단 및 발생분진의 전파를 억제시킨다. 국소배기장치 및 전체환기장치를 설치하고, 습식상태를 유지하며, 주기적으로 청소를 실시한다. 또한 근로자의 작업관리로 적절한 작업시간, 작업 강도, 작업공정의 표준화, 작업자세의 배려가 있고, 근로자의 건강관리로 방진마스크 착용 및 건강진단 사후관리 등 일반관리가 필요하다.

표 13-29 유해인자별 건강장해와 예방대책

유해요인		인체에 미치는 영향	예방대책
1. 물리적 인자	소음	• 일시적, 영구적 청력손실, 이명, 대화 방해, 작업방해 • 혈압상승, 맥박수 증가, 발한, 호흡억제, 전신근육 긴장도 증가 • 불쾌감, 짜증, 수면방해 작업 스트레스의 증가	• 소음 수준의 감소, 폭로시간의 단축 • 소음으로부터 작업자를 격리 또는 차단 • 소리가 작은 기계나 공정으로 대치 • 작업 시 귀마개나 귀덮개 등의 보호구 착용
	진동	• 전신진동: 순환기계장해(말초혈관수축, 혈압상승, 발한 등) • 국소진동(주로 수지, 손에 발생): 국소의 혈관, 신경, 골, 관절, 근육, 지각 등의 이상, 레이노드 현상	• 진동의 원인을 제거 및 진동 감소 • 진동흡수 장갑을 착용 • 내진성을 높일 수 있는 작업자세로 교정 • 적절한 휴식시간과, 작업시간 단축 • 국소 진동 시 한랭의 영향을 고려하여 보온을 위해 장갑을 착용
	이상기온	〈고온〉 • 열쇠약: 고열에 의한 만성적인 체력소모 • 열성발진 • 열피로: 말초혈관 운동시경 조절장애와 심박출량 부족으로 인한 순환기계 기능부전 • 열경련: 탈수와 염분소실이 원인 • 열사병: 고열로 인한 체온조절중추 기능 장애	• 열을 차단하기 위한 차단판 사용 • 국소환기와 전체환기를 적절히 실시 • 작업의 자동화와 기계화로 근육 작업을 경감근무시간 단축, 잔업 제한, 휴식시간의 적정화 • 작업금기질환 : 고혈압, 소화성 궤양, 심장질환, 내분비질환 등이 있는 근로자
		〈저온〉 • 맥박의 증가, 복부장기의 혈관 수축 • 참호족: 지속적인 국소의 산소결핍과 한랭으로 모세혈관 손상–〉부종, 작열감,소양증–〉심한통증 및 피부의 괴사 및 궤양 • 동상: 실제로 조직 동결로 세포구조에 기계적 파탄이 일어남	• 통기성이 적고 함기성이 큰 옷 착용 • 체온유지를 위해 작업장에 더운물 비치하고 젖은 작업복 등을 즉시 갈아입도록 조치 • 실외에서는 임시 방풍벽을 설치 • 작업금기질환: 고혈압, 심장질환, 간 장해, 위장장해, 신장애가 있는 근로자

	이상 기압		• 고압: 질소마취, 산소독성, 가압성 관절통, 동맥혈 기체 색전증, 감압병(피부의 가려움 및 근육통, 관절통, 호흡곤란, 시력장해, 반신불수 등의 증상호소)	• 수심에 따른 체재시간의 한도와 적절한 감압법을 엄수 • 작업금기 : 고령자, 결핵, 천식 등의 만성호흡기 질환자, 심혈관계 이상자 등
			• 저압: 저산소증(산소부족이 가장 큰 문제), 통증성 관절장애, 급성 고산병, 폐수종 등	• 적절한 산소공급 및 휴식
	유해광선		〈전리방사선〉 • 인체에 파괴작용을 하여 염색체세포, 조직의 파괴와 사멸을 초래(염색체 이상과 유전자 변이, 태아기형 등) • 방사선에 감수성이 높은 것은 조혈기(백혈병 초래) • 생식 능력 상실, 피부변화, 탈모, 피부암	• 허용기준준수 • 차폐물 설치, 원격조작, 조사시간의 단축
			〈자외선〉 • 피부의 홍반현상, 색소침착, 급성각막염(인공적 자외선취급자), 화상, 백내장, 피부암	• 피부보호의, 보호안경, 보호장갑 등의 보호구 착용 및 피부보호용 크림 사용
			〈적외선〉 • 조사부위 피부충혈, 습진, 암발생(장기간 노출시), 후극성 백내장(유리공, 용광로작업)	• 방열판, 방열장치 설치, 방열복, 보호안경 착용
2. 화학적 인자	유기 화합물		• 눈, 피부, 호흡기 점막의 자극 증상 • 농도에 따라 다양한 정도의 마취되기 전 증상 (어지러움, 두통, 도취감(흥분), 피로, 졸음, 구역, 지남력 상실, 가슴통증, 고농도 노출 시 의식소실) • 만성 피로 시에는 감각 및 운동기능 이상, 기억력저하, 피로, 신경질, 불안 등의 신경계통의 장해 유발	• 용제가 들어있는 통은 필요할 때 이외에는 반드시 마개 혹은 뚜껑을 닫음 • 작업장에서는 흡연이나 음식물의 섭취를 금하고 작업이 끝난 후에 는 작업복 갈아입고 세면실시 • 방독마스크, 보호장갑 및 작업복 등 보호구 착용
	금속류	납	• 초기증상: 피로, 수면장애, 팔과 다리의 통증, 식욕감퇴 등의 증세보이다가 시간이지나면 복통, 관절통, 어지러움 증상 발생 • 만성적인 증상: Heme의 합성장해에 의한 빈혈, 연산통(진찰 시 관찰되는 객관적인 징후; 피부창백(혈관수축), 치은부에 암청회색의 PbS가 침착한 청회색선(연연), 악력의 저하)	• 국소환기장치 설치 • 작업 전, 중에도 계속적인 환기실시 • 작업은 교대로 실시(1일 노출시간을 가급적 단축) • 방진마스크 등의 보호구 착용
		수은	• 초기증상: 안색이 누렇게 되고 두통과 구토, 복통, 설사 등 소화불량호소 • 특징적인 증상: 구내염, 근육진전, 정신증상 • 전신증상: 불가역적 뇌손상 발생(얼굴, 수지근육 의 경련성 진전과 청력, 시력, 언어 및 보행장애, 광범위한 추체외로 증상, 운동실조)	• 적절한 국소배기시설을 설치 • 작업장 바닥면에 수은이 스며들수 없도록 바닥면 재질을 변경 • 작업장에서 식사 및 흡연을 금지(식사 전 반드시 개인위생실시) • 수은 증기 방지용 마스크를 반드시 착용
		크롬	• 부식작용이 강해서 접촉부위 궤양, 염증, 알레르기 피부염 유발, 비중격천공(6가크롬), 조혈기계장애	• 국소환기, 공정의 자동화, 호흡용보호구 및 보호장갑 착용
		카드뮴	• 급성중독증상: 비특이적 감기증상(오한, 발열, 식은땀), 호흡곤란, 폐렴, 피부자극 • 만성적증상: 단백뇨, 경미한 빈혈, 근골격계 장해(칼슘결핍, 골다공증, 골연화증)	• 개인위생 철저히 실시 • 작업장 내에서 음식물 섭취와 흡연 금지 • 적절한 보호구 착용
	산알칼리류		• 심한 호흡기 자극(일시적인 호흡곤란, 기침), 통증(피부를 바늘로 찌르는 듯한), 화상, 치아부식증, 만성적인 기관지염	• 마스크, 보안경, 방수된 보호의, 고무장갑 등을 착용
	가스상물질류		• 대부분 가스상으로 호흡기를 통하여 인체에 들어와 건강장해를 일으키며 이외에도 피부나 경구적으로도 침입될 수 있는 물질이 많고 일반적으로 신경 장해(마취작용), 피부염 등의 증상 발생 • 짧은 기간 동안 많은 양에 노출되면 눈, 코, 목, 피부 및 점막 등을 자극	• 화기에 주의 • 적절한 보호구 착용 • 유해물 등이 저장장소에서 유출되지 않도록 철저히 보관, 관리
3. 분진			• 일반적인 자각증상 없음, 진행 시 호흡곤란, 기침, 다량의 객담과 배출곤란, 흉통 • 합병증: 폐결핵, 기흉, 폐기종, 기관지확장증 • 유리규산분진: 규폐증(결핵발생) • 석면분진: 석면폐증, 기침, 호흡곤란, 청색증, 폐암	• 국소 및 전제환기장치설치 • 습식상태 유지 • 주기적인 청소실시 • 방진마스크 등의 보호구 착용

3. 작업관련성 질환 관리

1) 근골격계 질환

근골격계 질환이란 무리한 힘의 사용, 반복적인 동작, 부적절한 작업자세, 날카로운 면과의 신체접촉, 진동 및 온도 등의 요인으로 인해 근육과 신경, 힘줄, 인대, 관절 등의 조직이 손상되어 신체에 나타나는 건강장해를 총칭한다. 근골격계 질환은 요통(LowBack Pain), 수근관증후군(Carpal Tunnel Syndrome), 건염(Tendonitis), 흉곽출구증후군(Thoracic Outlet Syndrome), 경추자세증후군(Tension Neck Syndrome)등으로 표현되기도 한다. 또한 일반적으로 통증이 발생되면 1주일 이상 지속되거나, 과거 1년간 적어도 1달에 1번 이상 통증이 반복되는 경우에 해당되며, 동일한 신체부위에 유사질병(류마티스 관절염, 당뇨병, 통풍, 루프스, 갑상선질환, 악성종양 등)과 사고병력이 없고 업무와의 인과성이 밝혀지면 업무상질병으로 인정된다. 근골격계 질환의 증상은 매우 다양하며 구분하기가 애매한 경우가 많으나, 특히 통증, 민감함, 쇠약함, 부어오름, 무감각함 등의 증상이 나타난다.

(1) 근골격계 질환 발생요인

① 작업특성 요인

반복적인 동작이 계속적으로 수행되는 작업, 부자연스러운 작업자세를 요구하는 작업(잘못된 작업장 구조), 무리한 힘을 요구하는 작업, 작업수행 중 팔, 팔꿈치, 손바닥 등이 날카로운 면과 접촉되는 작업, 추운환경에서 일하는 작업, 과도한 진동이 손이나 팔 등에 전달되는 경우(잘못된 공구사용) 등

② 작업자특성 요인

신체적 적응능력이 떨어지는 고령자(연령), 남자에 비해 여성 작업자의 유병률이 더 높음(성별), 사고경력과 근골격계 질환과 관련된 유사질병을 가지고 있는 경우, 작업습관이 부적절한 경우(힘, 자세, 휴식패턴 등과 관련하여), 작업경력이 많은 경우, 규칙적인 운동을 하지 않는 경우 등

③ 사회 심리적 요인

업무나 근무조건에 대한 만족도가 낮은 경우, 상사 및 동료들과의 인간관계가 원만하지 않은 경우, 업무 스트레스를 많이 받는 경우, 기타 정신 및 심리상태가 불안정한 경우 등

(2) 주요 근골격계 질환

① VDT 증후군

VDT는 '영상표시단말기'의 약자로 음극선관(Cathode, CRT)화면, 액정 표시(Liquid Crystal Display, LCD)화면, 가스플라즈마(Gasplasma)화면 등의 영상표시단말기를 말한다. 사무자동화를 통해 영상표시단말기(Video Display Terminals, VDT)가 대량 보급되면서 각종업무에서 이를 활용하기 시작하였고, 점차적으로 사용자들이 급증하게 되었다. VDT증후군이란 VDT를 오랜 기간 취급하는 작업자에게 발생하는 근골격계 질환, 안정피로 등의 안장해, 정전기 등에 의한 피부발진, 정신적 스트레스, 전자기파와 관련된 건강장해 등을 모두 합하여 부르는 말이다. 이들 증상들은 서로 독립적으로 나타나는 게 아니라 복합적으로 발생하기 때문에 하나의 증후군(Syndrome)이라고 부른다. VDT증후군의 유해위험요인들 중에는 의학적인 인과관계에 있어 이미 작업 관련성이

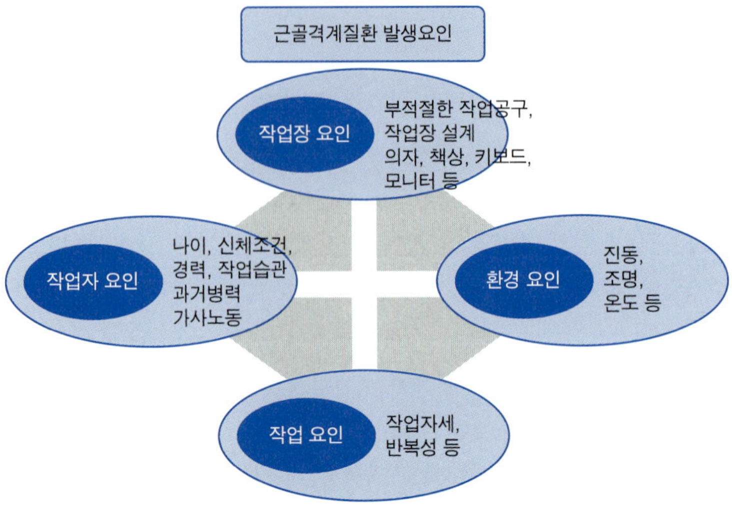

그림 13-13 근골격계 질환 발생요인

출처: 안전보건공단(2012). 보건관리 실무 가이드라인

입증된 것도 있지만 아직 명확하게 그 원인관계가 밝혀지지 않은 것들도 있다.

〈VDT 위험요인〉

사업장 요인: 작업장 설계, 의자, 모니터, 키보드, 책상 등

근로자 요인: 나이, 신체조건, 작업습관, 과거병력

작업환경 요인: 진동, 조명, 소음, 온도, 습도, 환기

작업 요인: 작업자세, 작업강도, 작업시간, 휴식시간 등

가. 증상

- 근골격계 증상(경견완증후군: 업무상재해인정기준에서 사용되는 용어)

  주로 반복적인 키보드 입력 작업과 고정된 자세에서의 지속된 동작(정적인 자세), 부적합한 작업자세, 장시간 작업 등이 원인이 되어 목, 어깨, 팔꿈치, 손목 및 손가락 등에 나타나는 통증과 저림, 쑤심 등의 건강장해를 말한다.

- 눈의 피로

  아직 의학적으로 확실하게 밝혀진 사실들이 많지 않지만 주로 안정피로, 시력감퇴, 복시, 안통, 두통, 눈물 분비기능 변화, 안압변화 등이 일어나고 때로 오심 및 구토까지 보이는 상태이다.

- 정신신경계 증상

  컴퓨터작업이라는 독특한 업무형태로 인해 경우에 따라 작업자들은 많은 스트레스를 받는 경우가 있는데, 이러한 스트레스에 의해 나타나는 정신적인 증상을 말한다. 불안, 초조, 신경질, 낮의 피로감, 기상 시 피로감, 두통 등이 증상이 나타나기도 한다.

- 기타 장애: 임신 · 출산의 이상(아직 명확한 인과관계는 밝혀지지 않음), 방전현상에 따른 불쾌감, 소양감 등의 피부장애 등이 있다.

(3) 근골격계 질환 예방대책

① 예방관리 프로그램의 기본방향

- 사업주와 근로자는 근골격계 질환이 단편적인 작업환경개선만으로는 예방하기 어렵기 때문에 모든 근로자의 지속적인 참여와 예방활동을 통하여 그 위험을 최소화할 수 있다는 것을 인식하고, 이를 위한 추진체계를 구축한다.
- 사업주와 근로자는 근골격계 질환 발병의 직접원인(부적절한 작업자세, 반복성, 과도한 힘의 사용 등), 기초요인(체력, 숙련도 등) 및 촉진요인(업무량, 업무시간, 업무스트레스 등)을 제거하거나 관리하여 건강장해를 예방하거나 최소화한다.
- 사업주와 근로자는 근골격계 질환의 위험에 대한 초기관리가 늦어지게 되면 영구적인 장애를 초래할 가능성이 있을 뿐 아니라 이에 대한 치료 등 관리비용이 더 커짐을 인식한다.
- 사업주와 근로자는 근골격계 질환의 조기발견과 조기치료 및 조속한 직장복귀를 위하여 가능한 한 사업장 내에서 재활프로그램 등의 의학적 관리를 받을 수 있도록 한다.

② 공학적 개선

공학적 개선은 공구, 장비, 작업장, 포장, 부품 또는 생산제품의 재배열, 수정, 재설계 또는 교체 등을 포함한다. 이러한 개선은 유해요인의 근본원인을 줄이고 제거할 수 있으므로 매우 효과적일 수 있다. 공학적 개선을 선택하는 최적 시기는 신규시설, 공정 또는 작업절차를 계획 중일 때이다.

③ 관리적 개선

관리적 개선은 작업습관 또는 조직화된 작업방법을 변경하는 것이다. 일반적으로 관리적 개선 시 새로운 습관 및 정책의 효율성을 높일 수 있도록 지속적인 관리와 피드백이 요구된다.

- 작업속도 조절

  근로자가 업무를 수행하는 시간의 양을 제한한다. 신규 채용자 또는 장기결근 후 복귀한 근로자의 경우 보통의 작업속도로 일하도록 한 후 점진적으로 작업부하를 늘려간다.

- 회복시간 제공

  회복기간을 통해 근육 및 관련조직의 피로와 상해를 예방할 수 있다. 작업 중 규칙적인 휴식시간을 주게 되면 회복기간을 단축시킬 수 있다. 수초간의 짧은 회복기간이라 하더라도 규칙적으로 가지면 도움이 된다.

- 작업습관 수정 교육 및 훈련

  작업이 어떻게 수행되고 있는지 주의 깊게 관찰한다. 중립자세로 일할 때 우리 몸의 효율성이 높아져 상해 발생 위험성이 줄어든다. 무리한 상태로 관절을 구부리지 않고 직립자세로 앉거나 서는 것만으로도 중립자세(중력저항에 대하여 척추관절에 무리가 제일 적게가는 이상적인 자세정렬)를 유지할 수 있다. 그러기 위해서는 목, 등, 팔과 손목을 어느 한쪽으로도 기울어지지 않도록 중립상태를 유지해야 한다. 작업 시 편안한 상태에서 자세를 바꾸어 곧은 자세로 작업하도록 한다. 근로자의 작업습관이나 자세에 관한 교육 및 반복훈련으로 요통을 감소시킬 수 있다. 작업 자세에 대한 교육을 함으로써 척추질환을 65-70% 줄일 수 있다고 한다. 또한 근력의 강화 훈련으로 요통을 감소시킬 수 있다.

상자 13-3 근골격계 부담 작업 시 유의사항

- 운반하거나 밀거나 당기는 거리를 최소화한다.
- 운반 시 각 손에 가해지는 무게를 같게 맞춘다.
- 손목을 비트는 대신 몸 전체를 돌린다.
- 급격한 움직임을 자제하고 유연하고 균일한 움직임을 유지한다.
- 상체나 허리를 사용하는 대신 다리를 사용한다.
- 통로를 정돈하고 바닥을 평평하게 하고, 장애물이 없도록 한다.
- 작업구성 시 그 속도나 정도가 점진적으로 강화되도록 한다.
- 작업화의 밑창이 작업장 바닥에 적합한지 확인한다.

- 장비의 정기적인 청소 및 유지관리

정기적인 청소로 장애물을 제거하면 자재, 공구 또는 물건취급 시 뻗기, 구부리기 또는 비틀기 동작을 줄일 수 있다. 바닥은 건조하게 유지하고 장해물을 제거하여 미끄러지거나 넘어질 수 있는 위험성을 줄인다. 작업 도구 및 장비를 규칙적으로 관리 · 보수하여, 작업할 때 문제가 발생할 수 있는 요인을 미리 교정하여 사고를 예방한다.

- 규칙적인 운동 실시

작업 전이나 중, 작업 후에도 적당한 운동을 하면 건강상태를 유지하고 상해를 줄일 수 있어 여러 가지 면에서 유리하다. 신체상태가 건강한 근로자의 경우 일반적으로 생산성이 높고 재해발생 확률도 낮다. 규칙적으로 운동을 하게 되면 개인의 에너지 수준, 주의력 및 조절력이 향상될 수 있고, 관절의 동작범위와 혈액순환도 원활해 질 수 있다. 작업 전 운동은 요통의 빈도를 감소시키면서, 회복을 빠르게 하고, 재발을 감소시켜준다. 그러나 이와 같은 효과를 얻으려면 적어도 10–12주 이상 지속적인 운동을 하여야 한다.

근로자들이 작업 전 준비운동을 하고, 적절하게 스트레칭을 수행하고, 운동의 강도는 점차적으로 조금씩 늘릴 수 있도록 한다. 특히 신규 근로자, 복직 근로자 또는 산재를 당한 근로자는 신체활동을 점증적으로 늘려서 수행해야 신체에 무리가 가지 않는다.

2) 직무스트레스

(1) 직무스트레스 개요

직무스트레스란 맡은 일로 인해 심하게 압박감을 받을 때 나타나는 신체적 · 심리적 반응을 말한다. 산업안전보건법 제5조 규정에는 사업주가 근로자의 신체적 피로와 정신적 스트레스 등을 줄일 수 있도록 쾌적한 작업환경을 조성하고 근로조건을 개선하도록 명시되어 있다. 법에서 중점적으로 보건상의 조치를 의무화하고 있는 작업은 직무스트레스가 높은 장시간근로, 야간작업을 포함한 교대작업, 차량운전(전업으로 하는 경우에 한한다) 및 정밀기계 조작 작업 등이다.

(2) 직무스트레스의 영향

① 신체적 반응

사람들은 스트레스 상황에 직면하면 극복하거나 회피하려는 반응을 보이며, 이때 신체와 정신은 항상성을 회복하려 한다. 이 과정에서 신체의 적응에너지가 고갈되면 질병이 발생하게 된다. 그러나 스트레스 상황에서 항상 질병이 발생하는 것은 아니며, 스트레스 상황이 장기간 지속되면서 신진대사의 변화, 호흡수 증가, 심박동수의 증가, 혈압 상승, 두통 및 심장마비 등과 같은 신체적증상이 발생한다.

② 정서적 반응

스트레스를 경험하면 사람들은 일반적으로 두 가지 정서적 경험을 하게 된다. 첫째는, 외상적 경험에 대한 생각이나 심상, 그리고 이와 관련된 생각을 되풀이하는 것이다. 그런 생각을 안 하려고 해도 지속적으로 의식 속에 침투하며, 이런 경험은 악몽으로 재현되거나, 때로는 환각이나 유사환각으로 경험되기도 하다. 이러한 경우에는 실제 스트레스 상황에 직면했을 때처럼 진땀이 나고, 호흡이 가빠지며 심한 두려움에 사로잡히기도 한다. 이와는 정반대로 외상적 경험을 의식에서 배제해버려 기억상실이나 정서적 마비를 초래함으로써 무감각하게 될 수도 있다. 정서적 경험들이 심할 경우 자살과 같은 극단적이고 병리적인 행동으로 발전하게 되기도 한다.

③ 행동적 반응

육체적, 심리적 변화 외에도 흡연, 알코올 및 카페인 음용의 증가, 신경안정제, 수면제 등의 약물남용, 대인 관계 기피, 자기 학대 및 비하, 수면장애 등의 행동의 변화가 발생한다.

④ 조직적 반응

직무스트레스로 인해서 업무 수행능력이 저하되고 생산성이 떨어지며 일에 대한 책임감을 상실하고 결근하거나 퇴직, 사고를 일으킬 위험이 높아진다. 적당한 스트레스는 성과 향상에 도움이 되지만 장기적으로 누적되거나 아예 없는 경우 성과에 부정적 영향을 미친다. 결과적으로 개인이나 조직 모두에 경제적 손실을 초래한다.

(3) 직무스트레스 요인

① 일반적 원인

- 생활사건: 배우자 사망, 이혼, 별거, 가족의 사망, 결혼, 해고, 퇴직 등
- 일상적인 문제: 체중, 가족 건강, 물가상승, 과다한 일, 재산관리, 범죄 등

② 직무스트레스 원인

- 직무스트레스의 가장 큰 원인은 업무의 불균형
- 직무와 직접 혹은 간접적으로 연관된 스트레스 원인으로부터 야기되는 경우가 많음
- 직업 등에 따라 다른 양상을 보이지만 업무량이 높거나 노력에 비해 보상이 적절하지 않은 것 등이 주된 요인

③ 작업장의 물리적 환경

- 소음, 진동, 조명, 온열, 환기 및 위험한 상황

④ 사회 심리적 환경

- 과다한 책임, 낮은 수준의 권위, 보상 결여, 미약한 의사결정권, 직무와 직위 불안정, 통제력과 자긍심 결

여, 불명확한 작업, 불만 호소 기회의 결여, 직장 내 지원 결여, 편파적 대우, 승진기회 결여, 역할 갈등, 타인에 대한 책임 등

(4) 직무스트레스 예방관리

직무스트레스가 높게 되면 근로자의 결근율과 이직률은 상승되며, 생산성은 낮아지게 되므로 직무스트레스를 관리하는 것은 회사의 경제적인 측면에서 매우 중요한 부분이라 할 수 있다. 직무 스트레스를 관리하는 가장 적극적인 방법은 스트레스를 유발하는 요인을 제거하는 것이다. 그러나 모든 스트레스 유발 요인을 제거하는 것은 현실적으로 불가능하다. 근로자 개인차원에서는 스트레스 관리방법, 예를 들면 명상요법이나 이완훈련, 자기주장훈련, 가벼운 운동 등에 대한 방법을 교육하여 스스로 스트레스를 관리하고 조절할 수 있도록 한다. 조직차원에서는 작업환경이나 작업조건 등의 직무스트레스 요인을 제거하거나 감소하는 방안을 마련하여 근로자의 직무스트레스를 관리해 줄 필요가 있다.

표 13-30 직무스트레스 관리 프로그램의 예

<table>
<tr><th>일정</th><th>직무스트레스 관리/극복 기법</th><th>인지도 향상을 위한 전략</th><th>직장문화변화 및 사회적 지지유도를 위한 전략</th></tr>
<tr><td>1주</td><td>• 희망자 모집(또는 전체 근로자)
• 프로그램 소개(운영형태 등)
• 직무스트레스 평가지 발송 및 수거</td><td>• 안내방송
– 명상문, 격언, 음악</td><td>• 사보에 게재
• 경영진에서의 Stressor 위험성을 인지</td></tr>
<tr><td>2–3주</td><td>• 직무스트레스 평가 결과 피드백
– 전체 평균과 비교될 수 있는 도표 삽입
– 직무스트레스 요인점수 제공 등
• 면담
– 직무스트레스 요인과 스트레스가 높은 그룹
– 자기효능 및 의지 강화(대처기술 교육 등)
– 직무스트레스 요인에 대한 인지</td><td>• 회사의 직무스트레스 결과 제시(직급별 평균점수 정도)</td><td rowspan="3">• 구성원간의 역할갈등 해소를 위한 team building 프로그램 수행
• 리더쉽 교육과 바람직한 상사관의 정립, 상장 수여 등의 문화창조
• 바람직한 조직문화 구축을 위한 노력
• 합리적이고 공정한 인사제도
• 작업환경의 개선(인간공학적 환경, 안전한 환경 등)
• 직업–가정 도우미 센터
• 열린 문화조성과 상사와의 대화장 마련</td></tr>
<tr><td>4–11주</td><td>• 상담과 조언
– stressor 관리계획
• 교수 및 지도
– stressor 가 인체에 미치는 영향
– 대처기술(협상하는 법, 생각의 전환 등)
– 개인관리(감정의 조절기법, 긍정적 가치관 형성)
– 환경관리
• 네트워크 형성(동료, 상사, 가족 등)</td><td rowspan="2">• 사내방송, 게시판, 사보 등에 지속적으로 명상, 음악, 격언 등의 교육사항과 스트레스와 관련된 단신, 뉴스를 소개</td></tr>
<tr><td>12주</td><td>• 프로그램 효과 평가
• 상담과 조언, 격려
• 좋은 네트워크 형성의 지속</td></tr>
</table>

출처: 안전보건공단(2012). 보건관리 실무 가이드라인

제7절 건강관리실 운영

1. 건강관리의 개요

일반적으로 사업장의 건강관리실에서 근로자의 건강관리는 1,2,3차 예방활동을 중심으로 이루어진다. 근로자에게 일차예방서비스를 제공하는 것은 건강증진과 여러 작업장의 위험으로부터 업무상질병을 예방함을 목적으로 한다. 사업장에서 건강증진의 목적은 근로자 개인이나 집단, 그리고 회사 전체적으로 안녕을 유지하고 증진하고자 하는 것이다. 이차예방은 질병의 조기발견과 즉각적인 치료, 그리고 더 이상의 진전을 예방하는 것이다. 근로자들을 대상으로 하는 조기발견은 가능한 초기단계에 질병을 파악할 수 있도록 하기 위한 건강감시와 정기적인 검진을 포함한다. 정기적인 근로자 건강검진서비스의 제공이나 상해추세에 관한 분석과 보고는 조기발견을 위한 방법들이다. 삼차예방은 충분히 건강을 회복하고 개개인이 적정기능수준의 건강을 확보하도록 돕기 위한 것이다.

2. 시설 및 비품확보

1) 시설선정 및 관리

사업주는 보건관리자에게 그 업무수행에 필요한 시설 및 장비를 지원하여야 하며, 의사 또는 간호사인 보건관리자를 둔 경우에는 다음에 해당하는 시설 및 장비를 지원하여야 한다(산업안전보건법 시행규칙 16조).

- 건강관리실: 근로자가 쉽게 찾을 수 있고 통풍과 채광이 잘되는 곳에 위치하여야 하며, 직무수행에 적합한 면적을 확보하고, 상담실 · 처치실 및 양호실을 갖추어야 한다.
- 상하수도 설비, 침대, 냉난방시설, 외부 연락용 직통전화, 구급용구 등이 확보되어야 한다.

(1) 구조

- 상담실: 개인의 비밀이 보장되고 지켜질 수 있는 구조로 마련한다.
- 처치실: 동선과 처치의 편의성을 최대한 고려하여 시설과 장비를 비치한다.
- 요양실: 출근인원 20명당 1개의 침대를 보유한다.
- 수면장소 보유: 사업주는 야간에 작업하는 근로자에게 수면을 취하도록 할 필요가 있는 경우에는 적당한 수면을 취할 수 있는 장소를 남녀 각각 구분하여 설치하여야 한다. 수면장소에 침구(寢具)와 그 밖에 필요한 용품을 갖추어 두고 청소 · 세탁 및 소독 등을 정기적으로 실시해야 한다.(산업안전보건기준에 관한 규칙 제 81–82조).

표 13-31 사업장에서 예방 전략과 프로그램 및 활동

일차예방		이차예방	삼차예방
• 건강증진 • 영양 • 운동 • 대처강화 • 여가활동 • 예방접종 • 체중조절 • 작업환경관리	• 상해예방 • 사고조사 • 질병예방 • 건강위험사정 • 보건교육 • 금연 • 스트레스관리	• 일반건강진단 • 특수건강진단 • 응급처치 • 상해진단 및 치료 • 유해요인 노출 • 모니터링	• 질병자 작업조정 • 만성질환 모니터링 • 질병자 치료 및 재활

출처: 안전보건공단(2012). 보건관리 실무 가이드라인

(2) 위치

- 근로자가 쉽게 접근하기 쉬운 생산현장과 연결되어 있는 건물의 중심위치에 위치하여야 한다.
- 입구에 명확히 건강관리실 이라고 표기되어 있어야 한다.
- 구급차나 다른 바퀴가 있는 이동수단의 접근이 쉬워야 한다.
- 진찰치료 및 상담하기에 충분히 넓은 공간이어야 한다.
- 근로자와 보건관리자의 사생활과 기밀이 보장되어야 한다.
- 세면대와 화장실 이용이 쉽고 접근이 용이하여야 한다.
- 전화, 팩스, 컴퓨터에 대한 전화선이 별도로 설치되어야 한다.
- 물품과 의무기록을 유지하기에 충분한 공간이어야 한다.
- 환기, 보온, 에어컨시설이 적절하고 요양공간이 편리하고 안락하여야 한다.

(3) 면적

- 직무를 수행함에 적합한 면적을 확보하여야 한다.
- 건강관리실의 넓이 =7㎡+4.5㎡×출근인원/100, 근로자수 100명당 약 3.5평
- 근로자수 1500명까지 82.5㎡(25평)
- 근로자수 1500명이상 132㎡(40평)

3. 효과적인 건강관리실 운영방법

- 업무매뉴얼의 작성
- 건강관리실 이용절차의 확립
- 투약 및 처치, 상담과 교육, 2차 의료기관 의뢰여부의 신속한 결정
- 정확한 기록과 보관
- 포스터, 사진, 책자, 홍보물 등의 전시

- 주기적인 방문자 관리: 다음 방문날짜의 지정 및 날짜의 기록. 약속된 날짜에 오지 않는 경우 그 이유를 조사하여 추후관리
- 건강관리실의 설비, 약품 재료 등의 유지 · 공급을 위한 점검과 관리
- 위생과 청결
- 건강관리실 연간 소요예산을 산업 간호사가 직접 편성 및 확보
- 예산내역과 필요성을 상사에게 이해시킴: 월소요 의약품비, 의료기구 구입비, 건강 진단비, 작업환경측정비, 방역비, 세탁비, 공상치료비, 보건교육 재료비, 환자 이송 시 교통비, 예비비 등
- 업무의 전산화: 정보수집, 보건통계, 추후관리, 건강증진 프로그램 운영, 재해예방, 보건교육, 업무표준화 등에 유용
- 각종 매체의 활용: 벽보판, 홍보물, 방송, 비디오, 전화, 사내 인트라넷 등을 이용한 교육과 상담
- 산업 간호사 자신도 근로자의 안위에 영향을 주는 중요한 요인임을 명심하고 표정을 밝게 하며 스스로가 늘 자신의 건강관리를 잘하고 있는 모범을 보인다.

표 13-32 건강관리실 비품 및 설비

구분	세부항목	비고
기본시설	상하수도시설, 냉난방시설, 외부연락용 직통전화, 침대, 구급용구 등	산업안전보건법 시행규칙 제16조
비품 및 시설(의료비품 포함)	사무용책상, 컴퓨터(보건관리프로그램), 파일박스, 상담용 소파, 대기용의자, 가습기, 칸막이, 홍보용 게시판, 건강관련 리플릿 꽂이, 쓰레기통, 칸막이, 스크린, 정수기, 보건교육보조기구(빔프로젝트, 스트린, 레이저 포인트), TV, VTR 등 세면대, 의무기록을 관리할 수 있는 잠금장치가 부착된 장, 의료비품 보관함, 침대(휴식용침대), 침구, 진찰대, 진찰베개, 처치용의자, 조명기, 스트린, 잠금장치가 부착된 약장, 건열멸균기, 자외선 소독기, 의약품 및 검체물을 보관할 수 있는 냉장고 및 온장고, 전자렌지, 냉 · 온정수기, 전기스텐드, 다용도 운반카, 온습도계, 안마기, 물리치료기(저주파, 간섭파), 적외선치료기, 핫백, 열탕기, 얼음주머니	
응급처치용 비품	외상에 대한 소독약 및 드레싱 장비(탈지면, 핀셋, 반창고, 거즈), 지혈대, 부목 및 들 것, 화상약(고열물체를 취급하는 작업장, 기타 화상의 우려가 있는 작업장에 한함) 등(산업보건기준에 관한규칙 제279조)	구급용구를 비치와 주지의 의무
	응급 처치함, 목보호대, 골절부목, 부목고정대(굴곡형부목), 응급용 들것, 견인의자, 휴대용 산소발생기, 인공호흡용 마스크, 알루미늄 산소통 산소호흡기, 안구세척기, 화상처치용 응급처치세트, 응급처치세트 등	작업장, 업종별로 발생하기 쉬운 응급상황에 맞춰 비치
환경위생관리장비	소음계, 조도계, 온습도계, 분무기, 잔류염소측정기, 스모그 테스터, Gastec Tube	

※ 자동제세동기(Automated External Defibrillator, AED)의 구비
현재 구비는 사업장의 법적의무사항은 아니나 AED의 사용은 최근 개정된 응급의료 법률에 의해서 심폐소생술 교육을 받은 근로자 누구나 사용할 수 있다. (응급의료에 관한 법률 제5조의 2(선의의 응급의료에 대한 면책)/응급의료에 관한 법률 제47조의2(심폐소생을 위한 응급장비의 구비의무)).

출처: 안전보건공단(2012). 보건관리 실무 가이드라인

참고문헌

- 가톨릭대학교 산업의학센터 외, 산업보건학(제3판), 수문사, 2003
- 강향숙 외, 지역사회간호학, 퍼시픽북스, 2015
- 김민주, 하인리히 법칙, 미래의 창, 2014
- 고용노동부, 화학물질 및 물리적인자의 노출기준, 노동부고시 제 2013-38호
- 고용노동부, 산업재해 현황분석, 2014
- 부산소방안전본부, 소방활동 안전사고 예방대책에 관한 연구, 2013
- 산업간호협회, 산업간호직무지침, 2007
- 산업안전보건연구원, 근로자 건강진단 실무지침-제1권 특수건강진단, 2014
- 안양희, 지역사회/공공보건간호학(1)-조직중심, 현문사, 2014
- 안전보건공단, 보건관리자 실무 가이드라인, 2012
- 안전보건공단, 산업재해예방 안전수칙 가이드북, 2013
- 안전보건공단, 산업보건위생 작업환경관리 개론, 2009
- 안전보건공단, 근로자 건강진단 실무지침 제3권 유해인자별 건강장해, 2014
- 오미성 외, 성과기반 지역사회간호학, 퍼시픽북스, 2015
- 장정미 외, 산업재해 근로자의 사건충격, 불안 및 우울 수준, 지역사회간호학회지, 20(2), 234-242, 2009
- 최연희 외, 지역사회보건간호학(2), 수문사, 2014
- WHO. Global strategy on occupational health for all: The way to health at work. Recommendation of the second meeting of the WHO Collaboration Centres in Occupational Health, 11-14 Octobar 1994, Beijing, China. 2011 http://www.who.int/en/

참고사이트

- 국가법령정보센터. http://www.law.go.kr.
- 고용노동부. http://www.moel.go.kr.
- 근로복지공단. https://www.kcomwel.or.kr.
- 대한산업보건협회. http://www.kiha21.or.kr.
- 대한산업안전보건본부. http://www.dishe21.com.
- 대한산업안전협회. http://www.safety.or.kr.
- 미국산업간호협회(AAOHN). http://www.aaohn.org.
- 안전보건공단. http://www.kosha.or.kr.
- 한국산업간호협회. http://www.kaohn.or.kr.

제 4 부

안전과 환경관리

제 14 장

환경보건관리

학습목표

- 환경보건의 개념을 이해할 수 있다.
- 환경영향평가 제도, 대상사업, 평가항목에 대해 설명할 수 있다.
- 환경오염의 특성을 설명할 수 있다.
- 대기오염이 건강에 미치는 영향을 설명할 수 있다.
- 기후변화가 건강에 미치는 영향을 설명할 수 있다.
- 수질오염이 인체에 미치는 영향을 설명할 수 있다.
- 식품에 의한 건강장애를 설명할 수 있다.
- 주거환경이 인체에 미치는 영향을 설명할 수 있다.
- 폐기물 처리가 인체에 미치는 영향을 설명할 수 있다.
- 방사능이 인체에 미치는 영향을 설명할 수 있다.
- 환경보건과 간호사의 역할을 설명할 수 있다.

개요

환경의 기본요소인 공기, 물, 식품, 주택, 토양 등에 관해 이해하고, 각종 환경오염을 줄이기 위한 방안을 모색한다.

주요용어

• 환경 • 환경보건 • 환경오염 • 기후변화 • 대기오염 • 수질오염 • 폐기물처리 • 토양오염 • 방사능 • 환경보건 서비스

제1절 환경보건의 이해

1. 환경의 개념

환경이란 어떤 조건을 둘러싸고 있는 모든 외부조건으로, 인간의 생활이 다변화되면서 환경의 의미도 매우 복잡하고 포괄적으로 변화하였다. 우리나라의 환경정책기본법에서는 환경을 크게 자연환경과 생활환경으로 구분하고 있다. 자연환경은 지하, 지표(해양 포함) 및 지상의 모든 생물과 이들을 둘러싸고 있는 비생물적인 것을 포함한 자연의 상태(생태계 및 자연경관을 포함)를 말하며, 생활환경은 대기, 물, 폐기물, 소음 · 진동, 악취, 일조 등 사람의 일상생활과 관계되는 환경을 말한다.

2. 환경보건의 개념

환경보건은 인간의 생존과 생활의 조화에 유해한 영향을 미치는 환경요인을 과학적으로 분석하고 검토하는 분야로, 개인과 환경과의 관계를 규명하고, 이것을 기초로 하여 환경을 개선함으로써 질병을 예방하고 건강을 유지시키는 과학이다.

환경보건의 영역에는 대기오염, 기후변화, 수질오염, 식품환경보건, 주거환경보건, 토양오염, 방사능오염 등이 포함된다.

3. 환경보전을 위한 대책

환경보전이라 함은 환경오염 및 환경훼손으로부터 환경을 보호하고 오염되거나 훼손된 환경을 개선함과 동시에 쾌적한 환경의 상태를 유지 · 조성하기 위한 행위를 말한다.

1) 국내

국내의 환경보전정책으로는 직접규제와 경제적 유인제도가 있다.

(1) 직접규제

기업이나 개인이 지켜야 할 규칙을 법으로 제정해 놓고 이를 위반한 경우 행정상의 강제조치나 형법상의 제재를 가하는 방법을 말한다.

- 배출업소 인 · 허가
- 지도 · 점검
- 각종 수질, 대기, 소음 · 진동, 토양보전 및 유독물 관리 등의 환경기준

(2) 경제적 유인제도

① 환경개선부담금: 오염원인자 부담원칙에 따라 환경오염물질의 다량배출로 환경오염의 직접적인 원인이 되는 건물 기타 시설물의 소유자 또는 점유자와 경유자동차의 소유자로부터 환경개선의 비용을 부담시키는 제도이다.

② 배출부과금: 대기 및 수질오염물질로 인한 환경상의 피해를 방지 또는 감소시키기 위하여 오염물질을 배출하는 자에게 부과하는 제도이다.

③ 폐기물예치금: 가전제품과 합성수지 제품 등 환경오염원을 생산하는 기업들에 대해 예치금을 부과해 기업들의 폐품 회수율이 일정 수준에 이를 경우 이를 반환해 주는 제도이다.

④ 폐기물 부담금: 폐기물의 발생을 억제하고 자원의 낭비를 막기 위해 유해물질을 함유하고 있거나, 재활용이 어렵고 폐기물 관리상의 문제를 초래할 가능성이 있는 제품 · 재료 · 용기의 제조업자나 수입업자에게 그 폐기물의 처리에 드는 비용을 부과하는 제도이다.

⑤ 수질개선부담금: 공공의 지하수 자원을 보호하고 먹는 물 수질개선에 기여하기 위하여 먹는 샘물 제조업자, 수입판매업자에게 부담금을 부과하는 제도이다.

2) 국제

환경오염문제는 국제적인 문제라는 인식을 각 국가마다 실감하게 되어 1972년 113개국이 스웨덴의 스톡홀름에서 개최한 국제연합 인간환경 회의에서 '단 하나뿐인 지구(only one earth)'를 보전하자는 공동인식을 가지고 인간환경 선언문을 선포하였다.

인간환경선언에서는 지구상의 천연자원 보호 및 관리 운영, 대기오염 방지, 해양오염 방지 등에 대하여 규정하고 있다. 이에 따라 제27차 국제연합 총회에서 환경문제에 대한 국제협력 추진기구로 유엔환경계획(United Na-

표 14-1 각종 환경기준

구분	환경기준	근거법령
수질	• 수질환경기준(하천, 호수, 지하수, 해역), 먹는 물 수질기준, 방류수 수질기준, 폐수배출허용기준	• 환경정책기본법, 수질 및 수생태계 보전에 관한 법률, 오수 · 분뇨 및 축산 폐수처리에 관한 법률
대기	• 대기환경기준, 대기배출허용기준, 제작차 배출허용기준, 운행차 배출가스허용기준	• 대기환경보전법
소음 · 진동	• 소음 환경기준, 공장소음 · 진동 배출허용기준, 자동차의 소음 허용 기준(제작자동차, 운행자동차 건설 및 생활소음 · 진동 규 기준)	• 소음 · 진동규제법
토양보전 및 유독물관리	• 토양오염 우려기준 및 대책기준, 농수산물 재배를 제한할 수 있는 오염기준, 유독물 및 관찰물질의 지정기준	• 토양환경보전법, 유해화학물질관리법

tions Environment Programme, UNEP)이 설립되었다.

1992년 6월 브라질의 리우데자네이루에서 지구정상회담(Rio+20 Earth Summit)에서 '리우 선언', '아젠다 21', '산림 원칙', '생물다양성협약'과 함께 '기후변화에 관한 유엔 기본협약(UN Framework Convention on Climate Change, UNFCCC)'이 체결되었다. 아젠다 21은 리우 선언을 실천하기 위한 행동계획을 명시한 것으로 빈곤퇴치, 생태계, 폐기물 문제 등 환경과 관련된 모든 문제들과 이를 해결하기 위한 방안을 다루고 있고, 기후변화에 관한 유엔 기본협약(지구 온실화 방지협약)은 지구 온실화의 주범인 이산화탄소 등 화석연료 배출가스 규제를 목표로 하고 있다. 이 리우환경협약은 오늘날 지구 환경문제가 대부분 과거에 선진국들이 자행한 환경 파괴의 결과임을 인정하되, 그 해결에는 전 세계의 단결과 일치된 대응이 필요함을 지적했다.

1997년 12월 일본 교토에서 개최된 기후변화협약 제3차 당사국 회의의 주요 내용은 유럽연합(EU), 일본 등 지구온난화에 역사적으로 책임이 많은 선진국은 제1차 의무감축 기간인 2008~12년에 1990년 배출수준과 대비하여 평균 5.2%의 온실가스를 줄여야 한다는 것이었다. 이러한 의무감축국가를 부속서I 국가(Annex I)라 하며, 38개국이 포함되어 있다. 비부속서국가(Non-Annex)라 불리는 대부분의 개발도상국(한국 · 중국 포함)은 온실가스 의무감축국은 아니었다. 교토의정서 발효조건을 둘러싸고 선진국과 개도국 간에 치열한 의견대립이 있었다.

2007년 12월 3일부터 15일까지 인도네시아 발리에서 열린 제13차 유엔기후변화협약 당사국 총회에서 '발리로드맵'이 채택되었다. 교토의정서 체제에서는 선진국 중 38개국만이 온실가스 감축의무를 가졌지만 발리로드맵에 따라 POST 2012'체제에서는 모든 선진국과 개도국이 온실가스 감축에 동참하게 되었다. '포스트 교토 체제'를 위한 세계 각국 간 협정을 다시 맺고, 선진국은 물론 한국을 포함한 개발도상국까지 2013년부터 온실가스 의무감축을 해야 한다는 내용을 담았지만, 이 또한 지지부진하였다.

그 후 2015년 프랑스 파리에서 열린 유엔 기후변화협약에서 '파리 협정'이 채택되었다. '파리협정'은 기본적으로 지구온난화 억제 목표 온도를 2도로 설정하고 그 이하인 1.5도로 낮추는 데도 노력하겠다는 내용이 삽입되었다.

4. 환경영향평가

1) 환경영향평가

환경영향평가(Environmental Impact Assessment)는 환경영향평가 대상사업의 사업계획을 수립하려고 할 때에 그 사업의 시행이 환경에 미치는 영향(환경영향)을 미리 조사 · 예측 · 평가하여 해로운 환경영향을 피하거나 줄일 수 있는 방안(환경보전방안)을 강구하는 것을 말한다.

20세기 후반 산업화와 과학기술이 발달, 인구의 도시화로 인해 자원고갈과 환경문제에 대한 위기의식이 고조되면서 사후적 환경정책으로는 환경문제를 해결할 수 없다는 인식이 확산됨에 따라 사전 예방적 · 종합적 환경정책이 필요하게 되었다.

1969년 국가환경정책법((National Environmental Policy Act, NEPA)을 근거로 미국이 환경영향평가제도를 최초로 도입 · 운영한 이후 전 세계적으로 자국의 사회환경과 특성을 고려한 다양한 형태의 환경평가제도가 운영되고 있다. 우리나라는 1977년 「공해방지법」을 「환경보전법」으로 대체하면서 그해 12월부터 환경영향평가 제도를

표 14-2 환경영향평가 항목

평가 분야	평가항목
자연상태환경 분야	• 동 · 식물상, 자연환경자산
대기환경 분야	• 기상, 대기질, 악취, 온실가스
수환경 분야	• 수질(지표 · 지하), 수리 · 수문, 해양환경
토지환경 분야	• 토지 이용, 토양, 지형 · 지질
생활활경 분야	• 친환경적 자원 순환, 소음 · 진동, 위락 · 경관, 위생 공중보건, 전파장해, 일조장해
사회환경 · 경제환경 분야	• 인구, 주거(이주의 경우를 포함한다), 산업

출처: 환경영향평가법 시행령 (2016. 1. 22)

시행하였다.

환경영향평가제도는 환경오염의 사전예방 수단으로 사업계획을 수립 · 시행함에 있어 해당사업이 경제성, 기술성 뿐만 아니라 환경성까지 종합적으로 고려함으로써, 환경적으로 건전한 사업계획안을 모색하는 과정이자 계획적인 기법으로 정의될 수 있다. 기존 운영되었던 '사전환경성검토' 및 '환경영향평가' 제도가 동일 목적의 사전협의 제도임에도 불구하고 환경정책기본법과 환경영향평가법으로 각각 운용되고 있어 처리절차가 복잡하고 적용에 일부 혼선도 있는 등의 문제점이 나타났다. 현재 우리나라는 2012년 7월 22일부터 전면 시행에 들어간 개정법에 따라 '전략환경영향평가', '환경영향평가', '소규모 환경영향평가'로 나누어 진행하고 있다.

2) 환경영향평가 대상사업 및 절차

환경영향평가 대상사업은 도시의 개발사업, 산업입지 및 산업단지의 조성사업, 에너지개발사업, 항만의 건설사업, 도로의 건설사업, 수자원의 개발사업, 철도(도시철도 포함)의 건설사업, 공항의 건설사업, 하천의 이용 및 개발사업, 개간 및 공유수면의 매립사업, 관광단지의 개발사업, 산지의 개발사업, 특정 지역의 개발사업, 체육시설의 설치사업, 폐기물 처리시설의 설치사업, 국방 · 군사시설의 설치사업, 토석 · 모래 · 자갈 · 광물 등의 채취사업, 환경에 영향을 미치는 시설로써 대통령령으로 정하는 시설의 설치사업이다.

환경영향평가 절차는 환경영향평가대상사업 사업자가 평가서 초안을 작성하여 공람, 공고 또는 설명회나 공청회 등을 통해 주민의 의견을 수렴하는 초기단계와 주민의견이 수렴되어 작성된 최종평가서를 사업승인 기관에 제출하여 환경부와 협의하는 단계, 협의 내용에 대한 이행여부 확인 및 사후환경영향을 조사하는 3단계로 구분할 수 있다.

환경영향평가항목은 자연생태환경분야, 대기환경분야, 수환경분야, 토지환경분야, 생활환경분야, 사회경제환경분야 등 6개 분야 총 20개 항목이다.

5. 환경오염

1) 환경오염의 정의

환경오염이란 사업활동 기타 사람의 활동에 따라 발생되는 대기오염, 수질오염, 토양오염, 해양오염, 방사능오염, 소음 · 진동, 악취, 일조방해 등으로 사람의 건강이나 환경에 피해를 주는 상태를 말한다. 산업혁명 이후, 각종 자원의 소비량 증가, 도시화 및 인구의 증가가 이루어지면서 인간의 활동의 부산물이 환경을 파괴하기 시작하였다.

환경오염의 특징은 시간적, 공간적으로 인과관계를 명확히 제시하기 곤란하고, 누적화 및 각종 오염물질의 복합작용에 의한 상승효과 등으로 피해가 대형화, 가속화되고 있으며, 지역적으로 확산되어 범세계적인 환경문제를 유발하고 있다. 이러한 환경오염을 막기 위해서는 첨단 과학기술, 제도적 장치 및 전 국민의 참여가 필수적이다. 환경오염문제가 국가내 문제에서 전체 지구의 문제로 확대되면서 공동대책을 세워야 한다는 공감대가 형성되어 국제기구에서도 많은 관심을 갖고 있다.

2) 환경오염의 발생 원인

환경오염의 발생은 다음과 같은 원인에 의해 생기는 것으로 볼 수 있다.

(1) 경제성장

경제성장은 자연자원의 개발과 원료 채취로 인한 환경자원의 파괴와 고갈 초래, 다량의 에너지 시용, 오염물질의 과잉배출 등을 초래하였다.

(2) 인구 증가

인구 증가로 인간활동이 자연환경을 파괴시켜 환경오염이 발생하고 생태계의 파괴 또한 가속화시키고 있으며, 자원소비량도 증가하고 있다. 환경오염과 인구와의 관계는 다음과 같다.

환경오염 = 단위 면적당 공해량 × 인구 규모

(3) 도시화

도시화는 인구의 집중, 생산시설의 집중 등을 일으켜 환경용량을 초과하는 오염물질을 다량으로 배출해 자연환경의 자정능력을 약화시킨다.

(4) 과학기술의 발달

과학기술의 발달은 인간의 생활을 편리하게 하였으나 오히려 이러한 과학기술의 발달에 의해 환경문제가 초래된다. 자동차에서 방출되는 질소산화물 등의 대기오염 물질, 합성수지와 비닐 등 자연환경으로 환원 불가능한 각종 신물질의 개발, 방사능 오염으로 인한 자연생태계 파괴, DDT 등 각종 위협요인이 대두되고 있다.

(5) 환경보전에 대한 인식 부족

정부의 환경에 관한 정책 강도가 낮거나 국민 각자가 환경오염의 심각성에 대한 인식이 부족하다. 그러므로 환경보전을 위한 정부의 정책, 환경오염을 실천하려는 국민 개개인의 생활태도 등이 절실히 필요하다.

환경보전을 위해서는 쓰레기, 분뇨 및 하수처리 등이 잘 되어야 하나 주민들의 반대로 이러한 처리시설의 설치가 쉽지 않으며, 이와 관련하여 신조어가 만들어졌다. 님비(nimby)현상은 'not in my backyard'의 영어머리글자를 따서 만든 신조어로 '내 집 뜰에는 안 된다' 주민들이 자기 지역내 쓰레기 매립장, 분뇨처리장, 하수종말처리장 등 혐오시설 설치를 반대하는 것이다. 바나나(banana)현상은 'build absolutely nothing anywhere near anybody'의 영어머리글자를 따서 만든 신조어로 '어디에도 아무것도 짓지 말라' 환경오염 시설을 자기 지역권 내에 설치하는 것을 반대하는 지역 이기주의의 한 현상으로 anywhere, absolutely nothing이라는 단어가 들어가 님비보다 더 강력한 신조어이다.

3) 환경호르몬

환경호르몬은 인간이 만들어낸 환경오염물질에서 나오는 내분비계 교란물질(EDS, endocrine disruptors) 또는 내분비계 장애물질(EDCS, endocrine disrupting chemicals)로 체내의 정상적인 호르몬의 기능에 영향을 주는 물질이다. 미국환경보호부(EPA)는 내분비교란물질을 항상성(homeostasis)의 유지와 발달과정의 조절을 담당하는 체내 자연호르몬의 생산, 방출, 이동, 대사, 결합, 작용, 혹은 배설을 간섭하는 체외 물질이라고 정의하였다. 즉 환경호르몬이란 환경에서 방출된 유해한 화학물질이 생체 내에서 정상적인 호르몬 작용을 방해하거나 교란시키는 환경오염물질이다.

환경호르몬에 속하는 물질로는 다이옥신류, 유기염소계 화합물(폴리염화비페닐, PCB), DDT 등의 농약류, 각종 산업용 화학물질(원료물질), 중금속류, 합성 에스트로겐, 식품 및 식품첨가물 등이 있다.

환경호르몬은 화학적 구조가 호르몬과 비슷하여 정상적인 호르몬 분비의 불균형, 생식능력 저하 및 성기의 기형, 암의 발생, 면역기능 저하 등을 일으킨다.

제2절 대기와 건강

1. 대기의 구성

대기는 지상으로부터 약 1,000 km까지의 대기층을 형성하고 있는 혼합가스를 말한다. 대류권은 지상에서 11~12 km이내로 눈, 비, 구름 , 안개 등 기상현상이 일어나고, 성층권은 12~50 km이내이며, 20~30 km 사이에서 오존층이 자외선을 흡수한다. 중간권은 50~85 km 이내이고, 85 km 이상은 열권으로 온도가 급격히 상승한다. 20 km 이내의 대기층 공기 성분은 대체로 지구 표면의 성분과 흡사하며, 온도 0℃, 기압 760 mmHg(1기압), 건조상태에서의 공기의 정상 화학적 성분은 표 14-3과 같다.

공기는 자동차, 공장, 가정 등에서 배출되는 각종 가스, 매연, 먼지 등 여러 가지 요인에 의해 오염되나 오염물질을 공기 스스로 제거하는 능력인 자정작용에 의해 정화되기 때문에 어느 정도까지는 조성이 크게 달라지지 않는다.

공기의 자정작용은 다음과 같다.

- 공기 자체의 희석작용
- 강우, 강설 등에 의한 분진이나 용해성 가스의 세정작용
- 산소, 오존, 과산화수소 등에 의한 산화작용
- 자외선에 의한 살균작용
- 식물의 탄소동화작용에 의한 CO_2와 O_2의 교환작용

2. 공기의 조성과 성상

인간은 공기 없이는 단 몇 분도 생명을 유지하기가 불가능하다. 성인은 안정상태에서 1시간에 약 480 L의 공기를 호흡한다. 공기의 정상조성은 산소(O_2) 21%와 질소(N_2) 78%로 공기성분의 99%를 차지한다.

표 14-3 공기의 구성성분

공기의 성분	화학기호	체적 백분비(%)
질소(nitrogen)	N_2	78.10
산소(oxygen)	O_2	20.93
아르곤(argon)	Ar	0.9325
탄산가스(carbon dioxide)	CO_2	0.03

1) 산소(O_2)

산소는 호흡을 통해 체내로 들어가 혈액 내의 혈색소와 결합하여 세포조직의 영양대사에 사용된다. 체내에서 소비하는 산소는 약 4~5%이므로 1시간에 약 24 L, 하루에 약 550~600 L(480×5/100×24=576 L)의 산소를 소비하게 된다. 대기 중의 산소의 변동범위는 15~27%이며 일반적으로 약 21%이다. 대기 중 산소농도가 15% 이하일 때 저산소증(hypoxia)이 발생하고, 산소농도가 10% 정도가 되면 호흡곤란이 오며, 7% 이하가 되면 질식사하게 된다. 산소중독(oxygen poisoning)은 대기 중의 산소농도(21%)나 산소분압(160 mmHg)보다 높은 산소를 장기간 흡입할 때 발생한다.

2) 질소(N_2)

질소는 호흡할 때 단순히 기도를 출입하는 생리적 불활성 기체로 정상기압에서는 인체에 영향을 주지 않는다. 그러나 이상 고기압이나 급격한 기압 강하 시에는 인체에 영향을 주게 된다. 고기압에서 액화된 질소가 급격한 감압시 기포를 형성함으로써 모세혈관에 혈전형성을 초래하거나 관절에 통증을 유발하는 잠함병(cassion disease) 또는 감압병(decompression sickness)이 발생한다.

3) 이산화탄소(CO_2)

이산화탄소는 무색, 무취의 비독성 가스로 공기 중에 0.03~0.04% 포함되어 있다. 성인은 안정상태에서 호기 중에 약 4%의 이산화탄소를 배출하므로 1시간에 약 20 L(480 L×4/100)를 배출한다. 이산화타소 농도가 3% 이상인 경우 불쾌감을 느끼고, 5%이상인 경우 호흡중추를 자극하여 호흡이 촉진되며, 10% 이상인 경우 호흡곤란으로 사망하게 된다. 이산화탄소 농도는 실내공기 오염지표로 사용되며, 실내 공기 중 이산화탄소의 허용농도는 0.07~0.1%이다. 환기가 불량한 실내에 장시간 있으면 공기의 조성이 달라져 이산화탄소의 농도가 증가하여 불쾌감, 권태감, 두통, 구역, 구토, 현기증, 실신 등의 증상이 나타나는 현상을 군집독(crowd poison)이라 하며, 군집독의 예방은 적절한 환기(ventilation)이다.

4) 일산화탄소(CO)

일산화탄소는 냄새, 색깔이 없고 피부점막에 대한 자극성이 없으나 확산성과 침투성이 강하여 인체에 맹독성이 있다. 혈액에서 혈색소와 결합력(CO+Hb)이 산소보다 250~300배 정도 강하여 혈색소의 산소결합 능력을 빼앗아 혈중 산소 농도가 저하 되며, 조직의 저산소증을 초래한다. 유기물이 완전 연소하면 이산화탄소가 발생하지만 산소 공급이 불충분하면 불완전연소가 되어 일산화탄소가 발생한다. 우리 일상생활에서 연탄가스 중독이 대표적인 일산화탄소 중독으로 인한 것이다.

3. 기후(climate)와 건강

기후(climate)는 오랜 기간 동안의 평균적인 날씨이다. 일반적으로 30년간의 평균을 이용한다. 날씨는 일시적인 기상현상을 나타내는 것에 비해, 기후는 지속적이고 평균적인 기상 현상을 나타낸다.

기후를 구성하는 기온 · 기습 · 기류 · 기압 · 강우 · 강설 · 복사량 · 일조량 · 구름 등을 기후요소(climate elements)라고 하고, 기온 · 기습 · 기류는 기후의 3대 요소이다. 또한 기후에 영향을 미쳐서 기후를 결정하는 여러 가지 요소를 기후인자(climate factors)라고 하고 그 지역의 위도, 고도, 지형, 해류, 수륙분포 등이 있다.

1) 온열조건(thermal condition)

인간의 체온조절에 영향을 미치는 기온 · 기습 · 기류 · 복사열은 온열요소(thermal elements)라 하고, 이들 온열조건에 의한 종합적인 상태를 온열상태 또는 온열조건이라고 한다.

(1) 기온 (air temperature)

기온은 태양의 복사열에 의한 것으로 대기의 온도를 말한다. 기온은 인간이 호흡하는 위치인 지상 1.5 m에서의 대기온도이며 주위의 복사온도를 배제한 건구온도이다. 건구온도는 기류나 습도에 영향을 받지 않지만, 습구온도는 온도, 습도, 기류의 종합작용에 의한 것으로, 건구온도보다 3℃ 정도가 낮다. 하루의 기온은 6회(2시, 6시, 10시, 14시, 18시, 22시) 또는 3회(6시, 14시, 22시) 측정하여 평균을 낸다.

생활에 적합한 기온은 18±2℃, 병실은 21±2℃이다. 하루 중 최저기온은 일출 30분 전이고 최고기온은 오후 2시경으로, 그 차이를 일교차라고 하고, 1년 중 최고기온과 최저기온의 차이를 연교차라고 한다.

(2) 기습 (air humidity)

기습은 대기 중에 포함된 수증기의 양이며 기온에 따라 변한다. 낮에는 태양열을 흡수하여 대지의 과열을 방지하며, 밤에는 지열의 복사를 차단하여 대기의 냉각을 방지하여 기후를 완화시킨다. 습도가 높을 경우 더우면 더 덥게, 추우면 더 춥게 느껴진다. 절대습도(absolute humidity)는 현재 공기 1 m^3 중에 함유한 수증기량을 말하고, 비교(상대)습도(relative humidity)는 현재 공기 1 m^3가 포화상태에서 함유할 수 있는 수증기량과 현재 그중에 함유하고 있는 수증기량과 의 비를 %로 표시한 것이다. 보통 습도라고 하면 비교습도를 말한다. 쾌적한 습도의 범위는 40~70%이고, 15℃에서는 70~80%, 18~20℃에서는 60~70%, 24℃ 이상에서는 40~60%가 적절하다.

$$\text{비교습도(RH)\%} = \frac{\text{F(그 온도에 있어서 공기 중의 수증기량)}}{\text{f(그 온도에서의 포화수증기량)}} \times 100$$

(3) 기류 (air movement)

기류는 바람이라 하고 실외에서는 기압의 차이로 실내에서는 온도의 차이에 의해 발생하며, 쾌적한 기류는 실내는 0.2~0.3 m/sec, 실외는 1.0 m/sec 정도이다. 인간이 느끼지 못하는 0.5 m/sec 이하의 기류를 불감기류라고

하고, 불감기류는 실내나 의복 안에 항상 존재하며 인체의 신진대사를 촉진시킨다. 실외에는 0.5～3 m/sec의 기류가 항상 있어서 인체의 방열작용을 촉진시키고 자연환기의 원동력이 된다.

(4) 복사열 (radiation heat)

모든 물체는 절대온도 0℃이상에서 열을 방출하는데 이를 복사열이라 한다. 인체의 열복사는 피부온도와 외부온도의 차이에 의해 일어나며, 주위온도가 낮으면 체열의 방산이 커지고 온도가 같을 때는 복사열이 없다. 복사열의 영향 범위는 거리의 제곱에 비례해서 감소한다. 복사열은 흑구온도계로 측정한다〈그림 14-1〉.

그림 14-1 흑구온도계

2) 온열지수

온열지수는 인체내 체온조절과 체내 외의 열교환에 영향을 주는 기온, 기습, 기류, 복사열 등 온열인자의 복합적인 작용에 의해 만들어지는 객관적인 값으로 평가하는 지수를 말한다.

(1) 쾌감대 (comfort zone)

쾌감대는 안정시 의복을 입은 상태에서 가장 쾌적하게 느끼는 기후 범위를 말하며 기온, 기습, 기류 등에 따라 달라진다. 보통 착의 시 쾌감온도는 17~18℃, 쾌감습도는 60~65%이다. 기온과 기습이 같이 작용할 때 가장 쾌감을 느끼는 점을 쾌감점, 쾌감점을 연결하면 하나의 곡선이 되는데 이를 쾌감선이라 하며, 쾌감선을 중심으로 하여 아래위로 2~3℃ 정도의 기후 범위를 쾌감대라고 한다〈그림 14-2〉.

(2) 감각온도 (effective temperature)

감각온도는 기온, 기습, 기류의 3인자가 종합작용을 하여 인체에 주는 온도감각으로 체감온도라고도 한다. 감각온도는 포화습도(습도 100%), 정지공기(기류 0 m/sec, 무풍) 상태에서 동일한 온감(등온감각)을 주는 기온(℉)을 말한다.

예를 들면 어떤 환경의 기온이 68℉(건구온도), 습도 100%, 무풍일 경우 그 환경의 감각온도는 68℉(20℃)이다.

(3) Kata 냉각력 (kata cooling power)

Kata 냉각력은 기온, 습도, 기류를 종합해서 인체에서 열을 빼앗는 힘을 말한다.

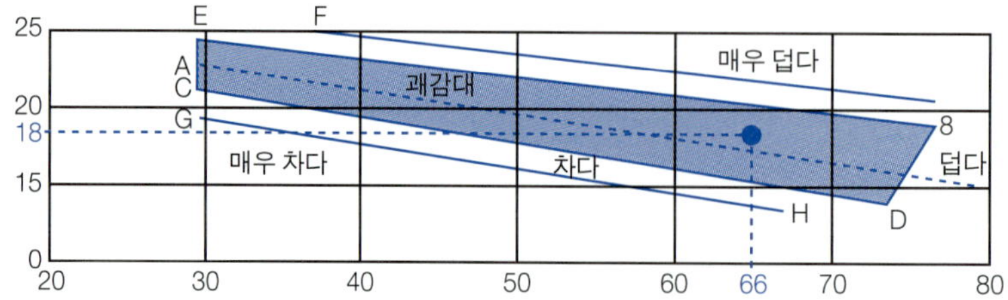

그림 14-2 쾌감대

Kata 냉각력은 물리적 변화를 표시하므로 기후조건을 표시하는 좋은 지수의 하나로 공기의 쾌적도와 기류측정에 사용된다. Kata 온도계는 불감기류와 같은 미풍을 정확히 측정할 수 있는 장점이 있다.

(4) 불쾌지수 (DI, discomfort Index)

불쾌지수는 기온과 기습으로 인해 인간이 느끼는 불쾌감을 숫자로 표시한 것이다.
불쾌지수를 구하는 공식은 다음과 같다.

불쾌지수=(건구온도℃+습구온도℃)×0.72+40.6
DI ≧ 70이면, 약 10%의 사람들이 불쾌
DI ≧ 75이면, 약 50%의 사람들이 불쾌
DI ≧ 80이면, 거의 모든 사람들이 불쾌
DI ≧ 85이면, 모든 사람들이 견딜 수 없을 정도로 매우 불쾌한 상태

4. 대기오염(air polluton)

1) 대기오염의 정의

대기오염은 자연적으로 발생하기도 하지만 인간활동으로 인한 대기상의 환경오염을 말한다. 미국기술자총연합회(The Engineer's Joint Council)에서는 "대기오염은 외기 중에 1종 이상의 오염 물질이 존재하며, 이러한 물질의 성질과 존속에 의해 인체, 동식물 및 재산에 피해를 주거나, 혹은 쾌적한 생활 및 재산에 부당하게 관여하는 것을 말한다."고 정의하였다. 세계보건기구(WHO)는 "대기오염이란 옥외의 대기 중에 인공적으로 반입된 물질의 농도나 지속 시간이 어떤 지역의 주민 중 상당히 많은 사람들에게 불쾌감을 일으키거나, 넓은 지역에 걸쳐서 공중보건상의 위해나 동식물의 생활을 방해하도록 되어 있는 상태"라고 정의하였다. 즉 대기오염은 대기의 자정능력 이상의 오염물질이 대기 중에 방출된 상태를 말한다.

2) 대기오염물질(air pollutants)

산업혁명 이후 인구의 증가, 산업의 발전에 따라 난방, 공장, 산업장, 자동차 등에서 배출하는 황산화물, 질소산화물, 매연, 먼지, 일산화탄소, 탄화수소 등에 의해서 대기는 오염되고 있다.

(1) 입자상 물질

물질이 파쇄 · 선별 · 퇴적 · 이적될 때, 그 밖에 기계적으로 처리되거나 연소 · 합성 · 분해될 때에 발생하는 고체상 또는 액체상의 미세한 물질을 의미한다.

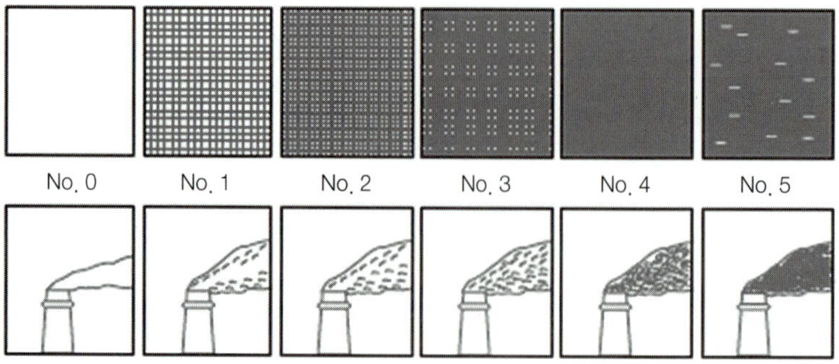

그림 14-3 링겔만차트

1 매연(연기, smoke)

매연은 연소 시 발생하는 탄소성분, 회성분, 먼지의 작은 입자(20μm 이하)가 혼탁된 것으로 눈으로 볼 수 있는 형태의 대기오염 물질이다. 매연의 정도를 측정하는 데는 링겔만 차트(Ringelmann smoke chart)를 이용하며, 허용농도는 2도(No. 2) 이하이다〈그림 14-3〉.

2 분진(먼지, dust)

분진은 지상의 물체가 외부의 힘에 의해서 파쇄되어 생긴 미립자로 대기 중에 떠다니거나 흩날려 내려오는 입자상물질로 먼지라고도 한다. 1μm 이상의 큰 먼지는 대부분 코나 기도의 점막과 섬모에 걸려 객담으로 배출된다. 기관지를 통과할 수 있는 0.1~1μm 크기의 먼지가 폐포내 침착율이 가장 높다. 이러한 경로로 폐포내에 먼지가 많이 침착되면 진폐증(pneumoconiosis)이 발생될 수 있다. 분진은 물체의 성질에 따라 인체에 미치는 영향이 다른데 각종 먼지를 흡입함으로써 발생하는 폐질환을 총괄하여 진폐증이라고 한다.

3 미스트(mist)

대기 중 광화학적 반응에 의해 생성된 가스나 증기의 응축에 의해 생성되는 액체입자이다.

4 훈연(흄, fume)

광물질의 용해나 산화 등의 화학반응에서 증발한 가스상 물질이 대기 중에서 응축하여 생기는 0.03~0.5μm의 고체입자이다. 산화아연, 납 등의 훈연은 고온에서 휘발된 금속의 산화와 응축과정에서 생성된다.

5 검댕(soot)

연소할 때에 생기는 유리탄소가 응결하여 입자의 지름이 1μm 이상이 되는 입자상 물질을 말한다.

(2) 가스(gas)상 물질

물질이 연소 · 합성 · 분해될 때에 발생하거나 물리적 성질로 인하여 발생하는 기체상 물질을 말한다.

1 황산화물(SOx, sulfur oxide)

황산화물에는 SO_2, SO_3가 있고, 황성분이 있는 원료인 석탄과 석유의 연소과정, 황산을 생산공정으로 사용하는 공장 및 제련공장 등에서 배출된다. 대표적인 가스는 아황산가스(SO_2)로 자극성이 강하고 공기보다 무겁기 때

문에 대기오염물질로 중요하게 다루어지고 있으며 분진, 매연과 대기오염의 지표로 사용되고 있다.

황산화물은 SO_2로 배출된 후 대기 속의 O_3 또는 활성기 산소의 작용으로 SO_3가 되고 물에 흡수되어 황산(H_2SO_4)으로 작용한다. 대기의 습도가 높을 때는 부식성이 높은 황산미스트를 형성하는데, 황산미스트는 아황산가스보다 100배 더 유해하며 산성비의 원인이 된다. 황산화물은 인후통, 만성기관지염 등의 호흡기계 질환을 유발한다.

[2] 질소산화물(NOx, nitrogen oxide)

질소산화물은 유기질소 화합물이 연소할 때 발생한다. 중유, 경유, 가솔린, 석탄 등의 연료가스에 존재하며, 이것을 사용하는 공장, 발전소, 큰 건물, 자동차 등에서 배출된다. 일산화질소(NO)는 산화질소라고도 하며, 대기 중에서 급속하게 NO_2로 변한다. 일산화질소는 무색, 무취의 자극성이 없는 기체이나 농도가 높으면 신경에 손상을 주어 마비나 경련을 일으킨다. CO보다 헤모글로빈(Hb)과의 친화력이 훨씬 강하여 헤모글로빈(Hb)과 결합하여 메트헤모글로빈(met Hb) 혈증을 유발한다. 이산화질소(NO_2)는 적갈색, 자극성 기체로 NO보다 독성이 7배 더 강하다. 질소산화물은 기관지염, 폐렴, 폐기종 등의 호흡기 질환을 일으킨다.

[3] 일산화탄소(CO, carbon monoxide)

일산화탄소는 무색, 무미, 무취, 무자극성의 기체로 화석연료의 불완전연소 시 발생된다. 유기물이 완전 연소하면 이산화탄소가 생기지만 산소의 공급이 불충분하면 불완전연소가 되어 일산화탄소가 생긴다. 또 이산화탄소는 작열한 탄소(C)와 접촉하면 CO가 생긴다($CO_2+C=2CO$). 일산화탄소는 혈색소(Hb)와 결합하는 힘이 산소에 비해 250~300배 강하다. 우리 일상생활에서 일산화탄소 중독의 대표적인 것은 연탄가스 중독이다. 급성중독증상으로는 중추신경계의 영향을 받아 두통, 현기증, 구역, 구토, 시 · 청각의 감퇴 등이 주로 나타나며 중증일 때 의식혼탁, 혼수상태가 온다

[4] 탄화수소(hydrocarbon)

탄소와 수소만으로 이루어진 화합물을 통틀어 이르는 말로 연료의 연소과정, 공업공정 또는 자연적으로 발생한다. 지방족 탄화수소는 methane, ethane, propane, butan, ethylene, propylene, butene 등이 있고, 방향족 탄화수소는 석유나 석탄의 분해과정에서 발생하는 벤젠 및 toluene, xylen 등 유도체로 방향성이 있다. 그중에서 벤조피린(benzopyrene)은 폐암을 유발하는 물질로 중요하다.

(3) 광화학적 스모그(smog)

스모그는 smoke와 fog가 결합된 말로 연기, 먼지 등 대기오염 물질로 하늘이 뿌옇게 보이는 현상을 말한다. 스모그가 형성되는 과정은 황산화물(SOx), 질소산화물(NOx) 등이 산소와 강한 자외선에 반응하여 새로운 복합물질을 만드는데, 이를 광화학 반응(photochemical smog reaction)이라고 한다. 광화학스모그는 자동차나 공장의 배출가스 중에 포함된 질소산화물(NOx)과 탄화수소(HC)가 태양광선을 받아 유독물질인 PAN(peroxyacetyl nitrate – 과산화아세틸 질산화합물)과 광화학 옥시던트(Ox – 산소계 분자) 등을 형성하여 생기며, 이 중 PAN이 공기 중에 떠다니며 수증기와 함께 짙은 안개를 형성한다. 한편, 배기가스 중의 아황산가스(SO_2)는 공기 중에서 오존(O_3)과 반응하여 삼산화황(SO_3)을 만드는데, 이것은 수증기와 반응하여 황산(H_2SO_4)의 작은 입자로 되었다가 산성안개나 산성비로 되어 지상에 떨어져 특히 식물에 큰 피해를 입히며, 인체의 경우에는 눈이나 목의 점막을 자

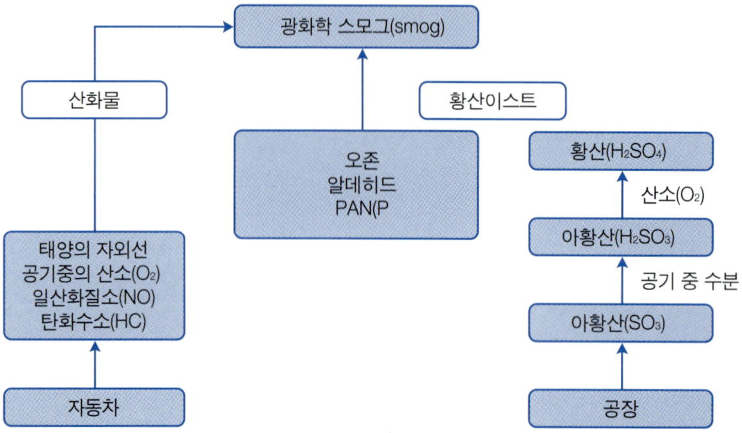

그림 14-4 광화학 반응

극하여 호흡곤란을 가져온다.

(4) 오존(O_3, ozone)

오존은 질소산화물(NOx), 탄화수소(HC), 메탄, 일산화탄소 등과 같은 대기오염물질들이 태양빛에 의해 광화학 반응을 일으켜 생성된다. 무색의 자극성 기체로 낮은 농도에서 눈, 목의 자극 증상이 있으며, 강력한 산화제이다.

오존은 일반 대기 중에서는 0.01~0.02ppm 정도로 존재하지만 일정 기준 이상 높아질 경우 호흡기나 눈이 자극을 받아 기침이 나고 눈이 따끔거리거나 심할 경우 폐기능 저하를 가져오는 등 인체에 피해를 주기도 하고, 농작물의 수확량 감소를 가져오기도 한다.

3) 대기오염과 기상

(1) 기온역전(temperature inversion)

대기 중의 기온은 정상상태에서는 지표면이 덥고 위로 올라갈수록 기온이 차므로 더운 공기가 가벼워 위로 올라가기 때문에 공기의 수직 이동이 있다. 기온역전은 공기의 층이 반대로 형성되는 것을 말한다. 기온이 역전된 상태는 찬 공기가 아래에 있고 더운 공기가 위에 있어 공기의 수직이동이 없어지고 가스나 오염물질이 계속 쌓이게 되는 대기오염 현상이 발생하게 된다. 특히 사면이 산으로 둘러싸인 분지나 계곡에 위치하는 공업지대의 경우에는 기온역전 현상이 더욱 심화된다. 기온역전은 복사성 역전과 침강성 역전으로 구분된다. 복사성 역전은 낮동안의 태양복사열이 큰 경우 지표의 온도가 높아지나 밤에는 복사열이 적어 지표의 온도가 낮아져서 발생한다. 침강성 역전은 맑은 날 고기압 중심부에서 공기가 침강하여 압축을 받아 따뜻한 공기층을 형성하는 것으로, 보통 1,000m 내외의 고도에서 발생한다. LA형 스모그 사건은 침강성 기온역전으로, 런던형 스모그 사건은 복사성 기온역전으로 나타난 현상이었다.

(2) 열섬현상

대도시의 아파트와 대형건물들은 자연적인 공기의 흐름이나 기류를 지연시킨다. 인위적인 열의 생산량이 증가함에 따라 도심의 온도는 변두리 지역보다 높이 국지적인 기상의 변화가 생긴다. 도심의 따뜻한 공기는 상승하게 되며 도시 주위로부터 도심으로 바람이 불게 되어 찬바람이 지표로 흐르게 되는데, 이를 열섬현상이라 한다.

(3) 지구온난화

지구표면의 온도는 지구에 도달하는 태양의 복사에너지와 지구에서 우주로 재복사되는 에너지의 차이에 의해 결정된다. 재복사되는 광선의 에너지의 일부는 대기 중의 이산화탄소, 메탄, 오존, 일산화탄소 등을 투과하지 못하고 지구로 되돌아오게 된다. 이러한 과정은 온실 안의 공기가 더워지는 것과 같이 이산화탄소나 수증기 같은 물질이 온실유리와 같은 작용을 하기 때문인데, 이러한 현상이 온실효과이다. 지구온난화의 가장 큰 원인은 이산화탄소, 메탄가스, 프레온가스, 아산화질소 등과 같은 기체가 대기 중으로 배출되는 양이 늘어나면서 지구를 둘러싼 채 마치 온실과 같은 역할을 하기 때문이다.

온실효과에 의한 지구 기온의 상승으로 적도 동태평양 해역의 월평균 해수면 온도가 6개월 이상 지속적으로 평년보다 0.5℃ 이상 높은 상태인 엘니뇨(El Niño) 현상과 적도 동태평양 해역의 월평균 해수면온도가 6개월 이상 지속적으로 평년보다 0.5℃ 이상 낮은 상태인 라니냐(La Niña) 현상이 나타난다. 엘니뇨 현상은 지구 열 심장부인 서부 태평양 적도 해수면의 온도가 평상시보다 2~3℃ 정도 높은 온도가 형성되어 이것이 남미의 페루 해안까지 미치기 때문에 기존의 기상 모형과는 근본적으로 다른 에너지 순환 형태를 나타내게 되는 것이다. 이 현상으로 인해 세계 각지에 홍수 · 가뭄 · 폭설 등을 몰고 오는 기상이변 현상이 나타나는데 캐나다 같은 북부는 이상난동 현상을, 멕시코만을 비롯한 남동부에는 이상강우를 초래하는 것으로 알려져 있다. 라니냐 현상은 적도 무역풍이 평년보다 강해지면서 태평양의 해수면과 수온이 평년보다 상승하게 되고 찬 해수의 용승(바닷물이 위로 솟구침) 현상 때문에 적도 동태평양에서 저수온현상이 강화되어 엘니뇨의 반대현상이 나타난다. 동태평양의 바닷물은 더욱 차가워져서 서진하게 된다. 따라서 인도네시아, 필리핀 등의 동남아시아에는 극심한 장마가, 페루 등 남아메리카에는 가뭄이, 그리고 북아메리카에는 강추위가 찾아올 수 있다. 또한 한반도, 일본, 동남 아프리카, 서아프리카에 이상 저온 현상을, 호주, 인도네시아, 말레이시아, 필리핀, 남아시아 등지에 이상폭우를, 미국 남서부 및 중남미 서부 지역에 이상 건조 기후를 유발한다.

(4) 산성비 (acid rain)

자동차에서 배출되는 질소산화물과 공장이나 발전소, 가정에서 사용하는 석탄, 석유 등의 연료가 연소되면서 나오는 황산화물이 대기 중에 축적되어 있다가 대기의 수증기와 만나면 황산이나 질산 등의 형태로 빗물에 섞여 빗물의 pH가 5.6 이하일 때 산성비라 한다. 산성비는 호수나 하천을 산성화시켜 생태계를 파괴하고 금속물이나 석조건물을 부식시키며 농작물이나 산림에도 피해를 준다.

(5) 오존층 파괴

오존층은 지상에서 20~25 km 사이에 오존(O_3)의 농도가 상대적으로 높은 층으로, 과도한 자외선으로부터 지

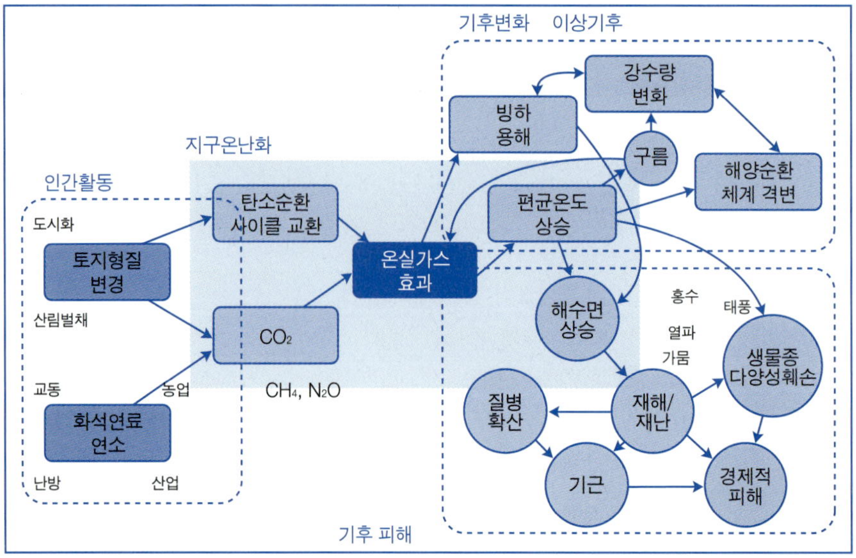

그림 14-5 기후로 인한 피해

출처: 에너지기후정책연구소

구의 생물을 보호해준다. 헤어스프레이의 분사제, 냉장고나 에어컨의 냉매로 쓰이는 염화플루오린화탄소(CFCs)의 사용이 늘어나면서 오존층 파괴 현상이 심화되었다. 오존층이 파괴되면 자외선 투과량이 많아져 피부 노화가 발생하고 면역 기능이 저하되어 백내장, 결막염, 피부암 등의 질병이 증가한다. 또한, 농작물의 수확량이 감소하고 해양 생태계 훼손 등을 가져온다. 오존층 파괴 현상은 양극 지방에서 두드러지지만, 최근에는 열대 지역을 제외한 지구 대부분 지역에서 나타나고 있다. 특히, 남극에 가까운 오스트레일리아에서는 피부암 발생률이 다른 지역에 비해 10배나 높게 나타났다.

(6) 대기오염 피해사례

1 런던형 스모그 사건

1952년 12월 4일에 영국 런던시에서는 석탄 연소에 따른 연기가 정제되지 않은 채 대기중으로 배출되었고, 무풍현상과 기온역전으로 인해 대기로 확산되지 못하고 지면에 정체하게 되었다. 배출된 연기와 짙은 안개가 합쳐져 스모그를 형성하였고, 특히 연기 속에 있던 이산화황은 황산안개로 변하였으며, 이러한 스모그 현상은 1주일간 지속되었다. 사건 발생후 첫 3주 동안에 호흡장애와 질식 등으로 4,000여명의 시민들이 사망했고, 그후 만성 폐질환으로 8,000명이 추가 사망하여 총 1만 2,000명이 1주일 동안의 심한 대기오염 현상으로 인해 생명을 잃게 되었다.

2 로스앤젤레스형 스모그 사건

로스앤젤레스에서 자동차의 배기가스에서 나오는 CO_2, SO_2, NO_2, 탄화수소, 오존(O_3), 질소산화물, 황산화물 등과 태양광선 중의 자외선에 의해서 발생한 PAN, 과산화수소(H_2O_2)등 광화학적 산화물에 의한 광학스모그 사건이다. 로스앤젤레스는 해안분지로 1년 내내 해안성 안개, 기온역전과 백색 연무현상이 거의 매일같이 발생했고, LA 스모그는 더운 여름 8~9월 중 기온이 24~32℃에 이르는 정오경에 자주 일어나며, 태양광선과 작용하여

표 14-4 스모그 사건의 유형

항목	런던형 스모그	로스엔젤스형 스모그
발생 시의 온도	−1∼4℃	24∼32℃
발생 시의 습도	85% 이상	70% 이하
기온역전의 종류	복사성 역전	침강성 역전
풍속	무풍	5m/sec 이하
가장 발생하기 쉬운 달	12월, 1월	8월, 9월
주로 사용된 연료	석탄과 석유계	석유계
주된 성분	SO_x, CO, 입자상 물질	O_3, NO_2, CO, 유기물
반응 유형	열적	광화학적, 열적
화학적 반응	환원	산화
발생 시간	이른 아침	낮
인체에 대한 영향	기침, 가래, 호흡기계 질환	눈의 자극

광화학스모그를 형성하는 특징을 가지고 있다. 피해는 눈, 귀, 기도, 폐 등에 지속적, 반복적 자극에 의한 일상생활 불쾌감, 식물과 과일의 손상, 가죽제품과 고무제품 손상 등을 초래하였다.

5. 대기오염 대책

1) 배출허용기준의 단계적 강화와 예시제 도입

현재 우리나라의 대기오염물질 배출허용기준은 오존, 이산화질소 등 26개 오염물질에 대해 설정되어 있다. 배출허용기준은 업계의 경쟁력을 감안하고, 기술개발 등을 통해 미리 대비할 수 있도록, 연차별, 단계별로 강화한다는 예시제를 도입하였다.

2) 자동차 공해관리 강화와 오존경보제 실시

자동차에 의한 공해를 줄이기 위해 처음 만드는 제작차와 운행되는 차의 배출허용기준을 강화하였다. 천연가스 자동차의 보급을 촉진시키고, 전기자동차 개발을 적극 지원하고 있다. 자동차 연료를 무연화하고 벤젠 · 황함량 기준을 강화하였다. 대기 중 오존의 농도가 일정 기준보다 높게 나타날 경우 경보를 발령해 주민들의 건강이나 생활상의 피해를 주지 않도록 실시하는 제도이며, 1995년 7월 1일부터 도입되었다.

3) 총량규제의 단계적 도입과 오염원 집중관리

정부는 배출허용기준만으로 환경기준 달성이 곤란한 지역은 단계적으로 총량규제가 도입된다. 현재는 울산공

단지역에서 SO_2에 대해 시범적으로 실시되고 있다. 특히 청정연료 사용지역 확대, 탈황시설의 확충 등을 통해 대도시 공단지역의 오염원을 집중관리할 예정이다.

4) 청정연료 공급 확대와 지역난방체계 구축

천연가스, 저유황 등의 청정연료 공급을 확대하기 위해, 천연가스 사용 대상지역을 서울을 중심으로 점차 늘려가고 있으며, 지역난방도 확대 보급하고 있다.

5) 대기환경기준 강화와 지역환경기준 유도

우리나라 환경기준은 아직 선진국 수준에 비해 낮은 상태이며, 아황산가스 등 일부항목의 대기환경기준을 점진적으로 WTO 권고기준의 수준으로 강화할 계획이다. 또한 국가환경기준의 범위 내에서 자치단체별로 경제, 산업 등의 지역사회 실정에 맞는 지역환경기준을 제정 · 운영하도록 유도할 계획이다.

제3절 물과 건강

물은 생명현상에 필수적이다. 인체는 60~70%의 수분으로 되어 있어 항상 일정한 양의 물을 먹고 배설해야 한다. 체내의 수분이 10~15% 감소하면 신체의 이상상태가 오고 20~22% 감소하면 생명의 위험을 초래한다. 성인의 1일 배설량은 소변으로 2,800 ml, 대변으로 100 ml, 피부의 불감발한으로 900 ml, 호흡으로 400 ml를 상실한다.

물은 노폐물 배설, 체온조절, 순환, 영양분 흡수와 운반, 세포의 활동 유지 등 생명유지에 필수적인 매우 중요한 역할을 한다. 인체에 물이 부족하면 신진대사에 이상이 오고 체내에 독소와 노폐물이 축적되어 사망에 이르게 된다.

1. 물의 자정작용

오염되고 더렵혀진 물이 자연의 힘으로 오탁물질을 없어지게 하여 정화되는 것으로 오염된 물은 환경용량을 초과하지 않을 경우 점차 침전 분해하여 자연히 안정화된 자연수로 환원된다. 자정작용은 물리적, 화학적, 생물학적 작용이 서로 밀접하게 연관되어 이루어진다. 물리적 자정작용은 폭기, 희석, 침전, 여과, 흡착, 응집, 자외선 살균, 화학적 자정작용은 산화와 환원, 생물학적 자정작용은 미생물에 의한 유기물질 분해, 수중생물에 의한 미생물 포식작용으로 물이 정화된다.

2. 상수도 수원 및 공급과정

1) 수원

지표수 하천, 호수 등의 물로, 수질은 비교적 안정적이지만, 오염, 오탁도가 높다. 우리나라의 상수도는 대부분 지표수를 사용하고 있다. 지하수는 지하의 지층이나 암석사이의 빈틈을 채우고 있거나 흐르는 물로, 유기물이나 미생물에의 오염은 적고 탁도가 낮아 수원으로 적합하나 수량이 적다. 최근 마구잡이식 개발로 인하여 지하수 부족과 오염이 심각하다. 복류수는 하천, 저수지, 호수 따위의 바닥이나 변두리의 자갈, 모래층의 속을 흐르는 물로 지표수보다 수질이 좋다.

2) 정수처리 과정

(1) 침전(sedimentation)

침전은 물속에 있는 비중이 무거운 부유물을 가라앉혀 색도, 탁도, 냄새, 세균 등을 감소시키는 방법이다.

1 보통침전

침전지에서 천천히 물을 흐르게 하거나 정지시켜서 색도, 탁도, 세균수를 감소시키는 방법이다.

2 약품침전

보통침전으로는 잘 가라앉지 않는 작고 가벼운 물질을 약품 황산알루미늄〔$Al(SO_4)_3$〕을 이용하여 응집시켜 가라앉힌다.

$Al(SO_4)_3 + 3CaCO_3 + 3H_2O = 2Al(OH)_3 + 3CO_2 + 3CaSO_4$

(2) 여과(filtration)

1 완속여과

보통침전법으로 침전시킨 후 여과지로 보내는 방법이다. 여과지의 상층은 작은 모래(지름 0.25~0.3 mm), 아래층은 큰 돌을 사용하여 물을 통과시키면 불순물이 제거된다. 이 과정에서 탁도와 세균 등은 완전히 걸러지고 철, 망간, 암모니아 등도 잘 걸러진다.

2 급속여과 (rapid sand filtration)

약품 황산알루미늄〔$Al(SO_4)_3$〕을 사용하여 침전을 시킨 후 여과지로 보내게 된다.

(3) 소독

물이 침전과 여과과정에서 물속의 세균은 99% 사멸되나 완전히 안전하다고 볼 수 없으므로 소독이 필요하다.

1 가열법 (heat method)

자비소독(100℃의 끓는 물에서 15~20분간)이 가장 안전한 소독법이다. 75℃에서 15~30분간 끓이면 대부분

의 병원균은 사멸된다.

2 자외선법 (ultraviolet rays method)

파장 2,500~2,800Å의 것이 가장 살균력이 크나 투과력이 약하여 물이 혼탁하거나 색이 있을 때는 물의 표면 밖에 소독하지 못하고 가격 또한 비싸므로 사용 가치가 적다.

3 염소(chlorine) 소독법

염소가스 또는 염소화합물을 물에 직접 주입하는 이 방법은 독성과 냄새의 단점이 있으나 다른 소독법에 비해 비용이 적게 들고 조작이 간편하며 살균효과가 우수하다. 수돗물에 염소(Cl_2)를 넣게 되면 하이포아염소산이 발생한다.

$Cl_2 + H_2O \rightarrow HClO$(하이포아염소산) $+ HCl$

이 과정에서 염소가 물 속의 유기물질과 반응하여 '트리할로메탄(trihalomethanes)'이라는 발암물질이 생길 수 있어 소독할 때 트리할로메탄의 생성을 최소화하는 것이 중요하다. 트리할로메탄은 일단 체내에 들어오면 쉽게 분해되지 않고 지방세포에 축적되며, DNA 변형 및 면역성 저하를 일으키는 물질로 알려져 있다. 염소는 0℃, 4기압에서 액화시킨 액체 염소(liquid chloride)를 사용하는데, 염소는 강한 산화력이 있어 유기물질이나 환원성 물질과 접촉하면 살균력이 약화되므로 잔류염소(residual chloride)가 필요하다. 물에 주입된 염소는 유리잔류염소(HOCl, OCl)와 결합잔류염소(NH_2Cl, $NHCl_2$)로 존재한다. 물에 염소를 주입하면 보통은 직선으로 주입량에 비례하여 잔류염소의 양도 증가한다. 암모니아와 같은 물질을 함유한 물은 곡선과 같이 일단 증가한 잔류염소가 어느 점에서 하강하여 거의 0에 가까워졌다가 다시 증가하기 시작한다. 이 곡선의 밑바닥을 불연속점(break point)이라고 한다. 염소를 물에 주입하면 여러 환원물질과 작용하여 소모되고 잔류염소는 유기물질과 화합하여 클로라민을 형성하는 데, 점점 주입량을 증대하면 염화유기물과 클로라민의 염소에 의해 산화 파괴되고 불연속점에서는 염소도 소비되고 클로라민도 없는 상태가 된다. 그 후에는 주입량에 비례하여 유리잔류염소가 증가한다. 따라서 이 불연속점을 발견하여 이 점 이상에서 처리하면 경제적이고 소독효과도 크고 물의 불쾌한 냄새와 맛도 제거할 수 있다. 이러한 염소소독법을 불연속점 염소소독(break point chlorination)이라고 한다.

유리잔류염소는 결합잔류염소에 비해 소독력이 강하므로 유리잔류염소는 0.2 mg/L 가능하지만 결합잔류염소는 0.4 mg/L가 필요하다. 상수의 유리잔류염소의 규정은 수도꼭지에서 0.2 mg/L 이상을 유지하도록 되어 있으며, 병원미생물에 오염되었거나 오염될 우려가 있을 때에는 0.4 mg/L(결합형은 0.8 mg/L) 이상을 유지하도록 규정하고 있다.

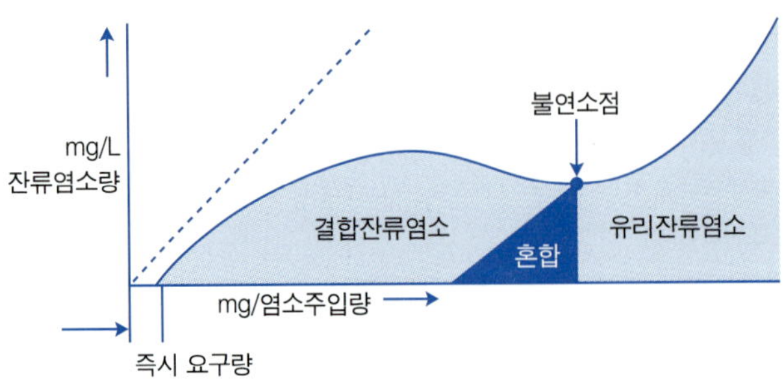

그림 14-6 불연속점 염소소독

(4) 오존소독

오존소독은 염소소독에 비해 소독력이 강하고 정수력이 뛰어나다. 철, 망간 등 일부 중금속을 제거하며 Trihalomethane(THM)을 생성하지 않는다는 장점이 있으나 가격이 비싸고 잔류성이 없어 효과의 지속성이 없다.

3) 음용수(먹는 물)의 수질검사 항목 및 기준치

먹는 물의 수질기준은 먹는 물 수질기준 및 검사 등에 관한 규칙 환경부령 제621호(2015.11.23. 일부개정) 제2조에 제시되어 있다. 먹는 물 수질기준은 미생물에 관한 기준, 건강상 유해영향 무기물질에 관한 기준, 건강상 유해영향 유기물질에 관한 기준, 소독제 및 소독부산물에 관한 기준, 심미적 영향물질에 관한 기준, 방사능에 관한 기준의 6가지로 구분된다.

먹는물의 수질기준

1. 미생물에 관한 기준
   - 가. 일반세균은 1 mL 중 100CFU(Colony Forming Unit)를 넘지 아니할 것. 다만, 샘물 및 염지하수의 경우에는 저온일반세균은 20CFU/mL, 중온일반세균은 5CFU/mL를 넘지 아니하여야 하며, 먹는샘물, 먹는염지하수 및 먹는해양심층수의 경우에는 병에 넣은 후 4℃를 유지한 상태에서 12시간 이내에 검사하여 저온일반세균은 100CFU/mL, 중온일반세균은 20CFU/mL를 넘지 아니할 것
   - 나. 총 대장균군은 100 mL(샘물 · 먹는샘물, 염지하수 · 먹는염지하수 및 먹는해양심층수의 경우에는 250 mL)에서 검출되지 아니할 것. 다만, 제4조제1항 제1호나목 및 다목에 따라 매월 또는 매 분기 실시하는 총 대장균군의 수질검사 시료(試料) 수가 20개 이상인 정수시설의 경우에는 검출된 시료 수가 5퍼센트를 초과하지 아니하여야 한다.
   - 다. 대장균 · 분원성 대장균군은 100 mL에서 검출되지 아니할 것. 다만, 샘물 · 먹는샘물, 염지하수 · 먹는염지하수 및 먹는해양심층수의 경우에는 적용하지 아니한다.
   - 라. 분원성 연쇄상구균 · 녹농균 · 살모넬라 및 쉬겔라는 250 mL에서 검출되지 아니할 것(샘물 · 먹는샘물, 염지하수 · 먹는염지하수 및 먹는해양심층수의 경우에만 적용한다)
   - 마. 아황산환원혐기성포자형성균은 50 mL에서 검출되지 아니할 것(샘물 · 먹는샘물, 염지하수 · 먹는염지하수 및 먹는해양심층수의 경우에만 적용한다)
   - 바. 여시니아균은 2L에서 검출되지 아니할 것(먹는물공동시설의 물의 경우에만 적용한다)

2. 건강상 유해영향 무기물질에 관한 기준
   - 가. 납은 0.01 mg/L를 넘지 아니할 것
   - 나. 불소는 1.5 mg/L(샘물 · 먹는샘물 및 염지하수 · 먹는염지하수의 경우에는 2.0 mg/L)를 넘지 아니할 것
   - 다. 비소는 0.01 mg/L(샘물 · 염지하수의 경우에는 0.05 mg/L)를 넘지 아니할 것
   - 라. 셀레늄은 0.01 mg/L(염지하수의 경우에는 0.05 mg/L)를 넘지 아니할 것
   - 마. 수은은 0.001 mg/L를 넘지 아니할 것
   - 바. 시안은 0.01 mg/L를 넘지 아니할 것
   - 사. 크롬은 0.05 mg/L를 넘지 아니할 것
   - 아. 암모니아성 질소는 0.5 mg/L를 넘지 아니할 것
   - 자. 질산성 질소는 10 mg/L를 넘지 아니할 것
   - 차. 카드뮴은 0.005 mg/L를 넘지 아니할 것
   - 카. 붕소는 1.0 mg/L를 넘지 아니할 것(염지하수의 경우에는 적용하지 아니한다)
   - 타. 브롬산염은 0.01 mg/L를 넘지 아니할 것(먹는샘물, 염지하수 · 먹는염지하수, 먹는해양심층수 및 오존으로 살균 · 소독 또는 세척 등을 하여 음용수로 이용하는 지하수만 적용한다)
   - 파. 스트론튬은 4 mg/L를 넘지 아니할 것(먹는염지하수 및 먹는해양심층수의 경우에만 적용한다)

하. 우라늄은 30㎍/L를 넘지 않을 것(샘물, 먹는샘물, 먹는염지하수 및 먹는물공동시설의 물의 경우에만 적용한다)

3. 건강상 유해영향 유기물질에 관한 기준

가. 페놀은 0.005 mg/L를 넘지 아니할 것

나. 다이아지논은 0.02 mg/L를 넘지 아니할 것

다. 파라티온은 0.06 mg/L를 넘지 아니할 것

라. 페니트로티온은 0.04 mg/L를 넘지 아니할 것

마. 카바릴은 0.07 mg/L를 넘지 아니할 것

바. 1,1,1-트리클로로에탄은 0.1 mg/L를 넘지 아니할 것

사. 테트라클로로에틸렌은 0.01 mg/L를 넘지 아니할 것

아. 트리클로로에틸렌은 0.03 mg/L를 넘지 아니할 것

자. 디클로로메탄은 0.02 mg/L를 넘지 아니할 것

차. 벤젠은 0.01 mg/L를 넘지 아니할 것

카. 톨루엔은 0.7 mg/L를 넘지 아니할 것

타. 에틸벤젠은 0.3 mg/L를 넘지 아니할 것

파. 크실렌은 0.5 mg/L를 넘지 아니할 것

하. 1,1-디클로로에틸렌은 0.03 mg/L를 넘지 아니할 것

거. 사염화탄소는 0.002 mg/L를 넘지 아니할 것

너. 1,2-디브로모-3-클로로프로판은 0.003 mg/L를 넘지 아니할 것

더. 1,4-다이옥산은 0.05 mg/L를 넘지 아니할 것

4. 소독제 및 소독부산물질에 관한 기준(샘물 · 먹는샘물 · 염지하수 · 먹는염지하수 · 먹는해양심층수 및 먹는물공동시설의 물의 경우에는 적용하지 아니한다)

가. 잔류염소(유리잔류염소를 말한다)는 4.0 mg/L를 넘지 아니할 것

나. 총트리할로메탄은 0.1 mg/L를 넘지 아니할 것

다. 클로로포름은 0.08 mg/L를 넘지 아니할 것

라. 브로모디클로로메탄은 0.03 mg/L를 넘지 아니할 것

마. 디브로모클로로메탄은 0.1 mg/L를 넘지 아니할 것

바. 클로랄하이드레이트는 0.03 mg/L를 넘지 아니할 것

사. 디브로모아세토니트릴은 0.1 mg/L를 넘지 아니할 것

아. 디클로로아세토니트릴은 0.09 mg/L를 넘지 아니할 것

자. 트리클로로아세토니트릴은 0.004 mg/L를 넘지 아니할 것

차. 할로아세틱에시드(디클로로아세틱에시드, 트리클로로아세틱에시드 및 디브로모아세틱에시드의 합으로 한다)는 0.1 mg/L를 넘지 아니할 것

카. 포름알데히드는 0.5 mg/L를 넘지 아니할 것

5. 심미적 영향물질에 관한 기준

가. 경도(硬度)는 1,000 mg/L(수돗물의 경우 300 mg/L, 먹는염지하수 및 먹는해양심층수의 경우 1,200 mg/L)를 넘지 아니할 것. 다만, 샘물 및 염지하수의 경우에는 적용하지 아니한다.

나. 과망간산칼륨 소비량은 10 mg/L를 넘지 아니할 것

다. 냄새와 맛은 소독으로 인한 냄새와 맛 이외의 냄새와 맛이 있어서는 아니될 것. 다만, 맛의 경우는 샘물, 염지하수, 먹는샘물 및 먹는물공동시설의 물에는 적용하지 아니한다.

라. 동은 1 mg/L를 넘지 아니할 것

마. 색도는 5도를 넘지 아니할 것

바. 세제(음이온 계면활성제)는 0.5 mg/L를 넘지 아니할 것. 다만, 샘물 · 먹는샘물, 염지하수 · 먹는염지하수 및 먹는해양심층수의 경우에는 검출되지 아니하여야 한다.

사. 수소이온 농도는 pH 5.8 이상 pH 8.5 이하이어야 할 것. 다만, 샘물, 먹는샘물 및 먹는물공동시설의 물의 경우에는 pH 4.5 이상 pH 9.5 이하이어야 한다.
아. 아연은 3 mg/L를 넘지 아니할 것
자. 염소이온은 250 mg/L를 넘지 아니할 것(염지하수의 경우에는 적용하지 아니한다)
차. 증발잔류물은 수돗물의 경우에는 500 mg/L, 먹는염지하수 및 먹는해양심층수의 경우에는 미네랄 등 무해성분을 제외한 증발잔류물이 500 mg/L를 넘지 아니할 것
카. 철은 0.3 mg/L를 넘지 아니할 것. 다만, 샘물 및 염지하수의 경우에는 적용하지 아니한다.
타. 망간은 0.3 mg/L(수돗물의 경우 0.05 mg/L)를 넘지 아니할 것. 다만, 샘물 및 염지하수의 경우에는 적용하지 아니한다.
파. 탁도는 1NTU(Nephelometric Turbidity Unit)를 넘지 아니할 것. 다만, 지하수를 원수로 사용하는 마을상수도, 소규모급수시설 및 전용상수도를 제외한 수돗물의 경우에는 0.5NTU를 넘지 아니하여야 한다.
하. 황산이온은 200 mg/L를 넘지 아니할 것. 다만, 샘물, 먹는샘물 및 먹는물공동시설의 물은 250 mg/L를 넘지 아니하여야 하며, 염지하수의 경우에는 적용하지 아니한다.
거. 알루미늄은 0.2 mg/L를 넘지 아니할 것

6. 방사능에 관한 기준(염지하수의 경우에만 적용한다)
가. 세슘(Cs-137)은 4.0mBq/L를 넘지 아니할 것
나. 스트론튬(Sr-90)은 3.0mBq/L를 넘지 아니할 것
다. 삼중수소는 6.0Bq/L를 넘지 아니할 것

3. 수질오염

1) 수질오염의 정의 및 원인

인간활동에 의하여 발생하는 오염물질이 정화되지 않고 지표수나 지하수에 유입되어 수질의 저하를 초래하고 수자원 이용이나 생태계를 파괴하는 현상을 말한다.

수질오염원은 오염물질의 배출지점을 확실히 식별할 수 있어 오염원의 통제가 용이한 점오염원(point source)과 배출지점을 확실하게 식별할 수 없거나 확산되면서 오염을 일으키는 비점오염원(nonpoint or diffuse source)으로 구별된다. 점오염원은 생활오염원, 산업오폐수, 축산폐수 등이다. 비점오염원은 넓은 지역에 산재하여 오염물질이 배출되며 비가 올 때 지표수가 땅으로 스며드는 것이다. 농약, 비료의 살포 결과 하천 유역에 유입되는 오염이 여기에 속한다. 우리나라의 수질오염의 주요 원인은 발생량 기준으로 생활하수, 산업폐수, 축산폐수 순이고, 생물학적 산소요구량 기준으로 산업폐수, 생활하수, 축산폐수 순이다.

2) 수질오염 사건

(1) 미나마타병 (minamata disease)

1950년대 초 일본 구마모토 현의 미나마타 시에서 메틸수은이 포함된 어패류를 먹은 주민들에게서 집단적으로

발생하면서 사회적으로 큰 문제가 되었다. 손과 발이 마비되고 통증과 오한, 두통, 시각장애, 언어장애 등이 나타나고, 심한 경우에는 격렬한 고통과 마비증상으로 사망하였다.

(2) 이타이이타이병 (itai Itai diease)

일본 도야마현 간쓰천 유역에서 1945년 발생한 사건으로 이 지역의 상류에 위치한 광업소에서 아연의 선광, 정련과정에서 배출된 카드뮴이 농작물을 오염시키고 이를 섭취한 주민들에게 만성중독이 초래되고 신세뇨관에 병변이 생겨 칼슘의 상실과 칼슘의 불균형이 발생하면서 골연화증이 발생한 것이다. 임상증상으로는 골연화증, 보행장애, 심한 요통, 대퇴관절통 및 신장 기능장애를 들 수 있다.

(3) 가네미 사건

1968년 일본 키타큐슈 시에 있는 가네미 회사에서 미강유의 탈취공정 중에 열매체로 사용된 PCB(poly chlorinated biphenyl)가 미강유에 혼입되어 중독 증상을 일으킨 사건으로, 식욕부진, 구토, 안질 등을 일으켰으며 1,788명이 발병하였고 112명이 사망하였다. PCB는 전기제품에 합성접착제로, 보호피막을 만드는 데 사용되는 열전도체로 오염의 가능성이 크다.

(4) 제임스강 오염사건

1975년 미국 버지니아주에서 살충제 생산공장 직원에 의해 유독성 살충제가 하수에 버려져 발생한 오염사건으로 물고기의 폐사와 굴 오염 등 피해가 막대한 사건이었다.

(5) 우리나라의 수질오염 사건

우리나라위 수질오염 사건으로는 1989년 수돗물 중금속 사건, 1990년 트리할로메탄 사건, 1991년 페놀사건, 1993년 낙동강 오염물 유출사건, 2007년 태안 기름 유출사건 등이 있다.

3) 부영양화/적조현상

부영양화는 깨끗한 물에 오염된 유기물질(질소나 인)이 흘러들어 오면 이것을 영양분으로 해서 해조류와 플랑크톤이 과도하게 번식하게 되는 현상을 말한다. 부영양화가 되면 물 속에 녹아있는 산소를 거의 다 쓰는데 잡초나 침전물들이 밑바닥에 쌓여 결국 오염된 물로 변하게 되어 악취를 풍기면서 썩기 때문에 물고기들이 살 수 없게 되고 수중생태계의 균형이 깨지게 된다.

적조현상은 바닷물의 색깔이 변색될 정도로 식물성 플랑크톤이 과다하게 번식하는 현상을 말한다. 바닷물이 빨간색으로만 변하는 것이 아니고 식물성 플랑크톤의 종류에 따라 갈색, 녹갈색, 황갈색 등으로 다양한 색깔을 보여준다. 이 현상으로 인해 물 속의 산소가 고갈되어 물고기가 집단 폐사하기도 하며 유독 플랑크톤까지 번식하여 이것을 먹은 물고기가 사람에게까지 피해를 입힐 수 있다.

4) 수질오염지표

(1) 용존산소 (DO, dissolved oxygen)

물에 녹아 있는 유리산소(O_2)의 양을 말하는 것으로, 수온, 기압 기타 조건에 따라 달라지며 수온이 높아지면 그 양이 적어지고 공기 중에 산소가 많아지면 증가한다. 하천 상류의 깨끗한 물에는 거의 포화에 가까운 정도의 DO가 들어있으나 가정에서 버린 물, 공장에서 버린 물, 기타 썩을 수 있는 물질로 오염되어 그 양이 점점 적어지며 DO가 없으면 썩게 된다. 2ppm 이상이면 냄새가 나지 않으며, 물고기가 살 수 있는 DO는 4ppm이상이다. DO의 값이 클수록 깨끗한 물이라 할 수 있다.

(2) 생물화학적 산소요구량 (BOD, biochemical oxygen demand)

수질오염의 측정에서 가장 많이 사용되고 있는 지표로, 수중의 유기물질(오염물질)을 미생물에 의해 호기성(산소를 계속 요구하는 성질) 상태에서 무해한 상태로 분해하여 안정시키는 데 요구되는 산소의 양을 의미한다. 단위는 주로 ppm(mg/L)으로 표시하며 수질오염이 심할수록 BOD의 수치가 높아진다. BOD 1 mg/L 수준은 매우 깨끗한 상태로써 1급의 상수원수로 이용이 가능하고, 3 mg/L까지는 연어가 살 수 있으며, 5 mg/L까지 농업용수로 사용이 가능하지만, 10 mg/L이상이면 불쾌감을 주고 공업용수로도 사용이 불가능하다.

(3) 화학적 산소요구량 (COD, chemical oxygen demand)

수중의 유기물을 화학적으로 산화시킬 때 필요한 산화제의 양을 산소의 양으로 환산한 것으로 BOD와 마찬가지로 폐수 내의 유기물을 간접적으로 측정하는 방법이다. COD 측정에 주로 사용되는 산화제는 과망간산칼륨, 중크롬산칼륨 등인데, 우리나라에서는 환경오염공정시험법에서 과망간산칼륨을 사용하도록 하고 있다. 일반적으로 폐수의 COD 값은 BOD 값보다 높다. 이유는 BOD가 생물학적인 처리가 가능한 유기물질의 강도를 나타내는 것에 비하여 미생물에 의해서 분해되지 않는 유기물은 산화제에 의해서 산화되기 때문이며, 미생물에 의해서 완전 분해되고 산화제에 의해서 완전 분해되면 COD와 BOD가 같게 된다.

(4) 부유물질 (SS, suspended solids)

물에 녹지 않고 수중에 현탁되어 있는 유기물과 무기물을 모두 포함한 고형 물질로서 여과기에서 여과되지 않고 남는 부분을 말한다. 수중의 부유물질이 유기물질인 경우는 용존산소를 소모시키며, 대부분의 경우는 어류의 아가미에 부착되어 어류를 폐사시키고, 빛의 수중 전달을 방해하거나 수중식물의 광합성에 장해를 일으킨다.

(5) 수소이온농도 (pH)

수소이온의 농도는 외부에서 산성이나 알칼리 물질이 유입되면 쉽게 변화되므로 오염여부를 확인할 수 있다. 지하수는 CO_2함유량이 많아 약산성이며 어류생존에 적합한 농도는 pH 6.0~8.0이다.

(6) 암모니아성 질소의 검출

유기질소 화합물의 분해과정은 단백질 → 아미노산 → 암모니아성 질소 → 아질산성 질소 → 질산성 질소의 5단계로 분해과정을 거치므로, 암모니아성 질소가 검출된다는 것은 유기물질의 오염이 발생한 지 얼마 되지 않았다는 것 또는 분변오염의 가능성을 의미한다.

(7) 과망간산칼륨 ($KMnO_4$) 소비량

과망간산칼륨은 수중의 유기물을 산화하는 데 소비되므로 과망간산칼륨 소비량이 많을수록 유기물 오염이 많다는 것을 의미한다.

(8) 대장균군 검출

대장균군은 그 자체가 직접 유해하지는 않으나 대장균의 검출은 다른 미생물이나 분변의 오염을 추측할 수 있어 수질오염의 지표로 이용된다. 우리나라는 일반적으로 음용수에서는 검수 100 mL당 대장균이 검출되지 않아야 하고, 먹는 샘물의 경우는 250 mL에서 대장균이 검출되지 않아야 한다.

5) 수질오염의 대책

하천이나 호수 등의 수질오염을 막기 위해서는 개인, 가정, 기업, 국가 모두가 참여해야 하며 다음과 같은 계획을 수립하여 실천하여야 한다.

- 수질 및 배출허용기준의 법적 제정 및 지도를 실시한다.
- 오염물질을 계절별, 지역별, 지점별로 관측하여 각종 오염물질의 오염도와 피해를 측정하여 오염의 원인, 오염 정도 및 피해를 조사하고 방지대책을 마련한다.
- 배출원은 의무적으로 하수 · 폐수 처리 시설을 설치하도록 한다.
- 오염방지 시설을 설치하여도 수질오염이 계속 발생되고 그 피해가 심각해질 때는 배출 원(사업장)을 타 지역으로 이전 또는 분산시킨다.
- 환경영향평가제도 실시한다.
- 하천에 유입될 수 있는 양을 먼저 정하고, 그에 따른 배출허용량을 정하는 총량규제제도를 도입한다.
- 모든 국민들이 수질오염의 심각성을 인식하고, 스스로 수질오염을 발생시키는 행위를 자제하도록 계몽하고 교육한다.

4. 하수처리 과정

하수는 가정이나 공장 등에서 일정한 용도로 사용한 후 버리는 더러운 물을 말한다. 하수처리 과정은 하수 중에 포함된 오염물질의 제거를 목적으로 한다.

1) 예비처리

(1) 스크린 (screen)

큰 부유물질을 스크린으로 제거하는 방법이다.

(2) 침사법 (settling process)

광물질의 부유물질(토사 등)을 침전, 제거하기 위해 일반적으로 0.3 m/sec 정도의 저유속으로 흐르도록 하여 비중이 큰 물질을 가라앉혀 처리하는 방법이다.

(3) 침전법

1 보통침전

하수를 정지시키거나 극히 완만하게 흘려보냄으로써 불순물을 침전, 제거하는 방법으로 속도는 3 cm/sec에 2~4시간이면 침전된다.

2 약품침전

약품 황산알루미늄〔$Al(SO_4)_3$〕을 사용하여 부유물의 80%를 4시간 정도로 제거하는 침전방법이다.

2) 본처리

본 처리는 미생물을 이용한 생물학적 처리법으로 혐기성 및 호기성 처리로 나눌 수 있다.

(1) 혐기성 처리 (anaerobic treatment)

1 부패조(septic tank)

단순한 탱크에 하수를 넣으면 가벼운 것은 떠다니며 공기를 차단하므로 탱크 내에는 산소가 결핍되어 혐기성균에 의한 분해가 이루어지고 찌꺼기는 소화된다. 단점으로는 가스가 발생하여 악취가 난다.

2 임호프 탱크(imhoff tank)

부패조의 결점을 보완하여 1907년 독일의 임호프(Imhoff)가 고안한 탱크이다. 침전실과 부패실로 분리하여 부패실에서 냄새가 역류하여 밖으로 나오지 않도록 고안되었다.

(2) 호기성 처리 (aerobic treatment)

1 활성오니법(activated sludge process)

호기성균이 풍부한 활성오니를 하수량의 20~30% 넣어 산소를 충분하게 공급하여 하수 중의 유기물을 호기성균의 산화작용이 촉진되어 상층에서 안정되고 투명한 하수를 얻게 된다.

2 살수여상법(trickling filter process)

여상에 살수되는 하수가 여재를 통과해가는 동안 여재표면에 부착 성장하고 있는 미생물막의 생물학적 작용에 의해 하수 중의 유기물을 제거하는 방법이다.

③ **산화지**(oxidation pond)

자연의 자정작용인 생물학적 · 화학적 · 물리학적 과정에 의해 하수를 처리하도록 설계한 웅덩이에서 하수를 안정화시키는 방법이다. 안정지(stabilization pond)라고도 한다.

제4절 식품과 건강

식품은 인간이 생명을 유지하고 발육을 위해는 필수불가결한 요소이므로 항상 청결하고 위생적이며 안전해야 한다.

식품위생(food sanitation)은 비위생적인 식품으로 인하여 야기될 수 있는 건강장애를 미리 예방하는 학문이다. WHO의 식품위생 전문위원회에서는 식품위생이란 식품의 생육, 생산, 제조에서 최종적으로 사람에게 섭취될 때까지의 모든 단계에서 식품의 안정성, 완전성을 위해 필요한 모든 수단을 말한다라고 정의하였고 우리나라「식품위생법」(2015.2.3 개정)에서는 식품위생을 식품, 식품첨가물, 기구 또는 용기 · 포장을 대상으로 하는 음식에 관한 위생으로 정의하였다.

우리나라의 식품위생법은 식품으로 인하여 생기는 위생상의 위해(危害)를 방지하고 식품영양의 질적 향상을 도모하며 식품에 관한 올바른 정보를 제공하여 국민보건의 증진에 이바지함을 목적으로 한다.

1. 식품의 관리

식품위해란 식품, 식품첨가물, 기구 또는 용기 · 포장에 존재하는 위험요소로 인체의 건강을 해치거나 해칠 우려가 있는 것을 말한다. 식품위해요인을 줄이기 위해 식품에 대한 기준 · 규격의 설정, 식품제조업체에 대한 지도 및 감시 등을 통해 안전성 관리를 하고 있고, 식품의 가격, 품질 및 성분, 제조일자 및 유효기간, 사용방법, 영양가치 등에 관한 정보를 제품의 포장이나 용기에 표기하도록 함으로써 식품에 대한 표시기준을 설정하고 소비자가 쉽게 제품을 비교하여 합리적으로 선택할 수 있도록 돕는 표시 관리를 하고 있다.

최근 식품재배 · 사육 등 생산 환경 등의 변화, 식생활과 소비 행태의 변화에 따른 위해가능성 증대, 위해발생요인에 따른 가능성 증대, 신소재식품의 개발 및 분석기술 발달에 따른 신종 위해가능물질 지속 규명 등 식품안전관리가 특히 요구되고 있다.

HACCP(Hazard Analysis Critical Control Point)은 해썹이라고 발음하며 위해요소분석(Hazard Analysis)과 중점관리점(Critical Control Point)의 영문 약자이다.

위해요소 분석이란 어떤 위해를 미리 예측하여 그 위해요인을 사전에 파악하는 것을 의미하며, 중점관리점이란 반드시 필수적으로 관리하여야 할 항목이란 뜻을 내포하고 있다. HACCP 제도는 식품을 만드는 과정에서 생

그림 14-7 HACCP 마크

출처: 한국식품안전관리인증원 HACCP, http://www.haccpkorea.or.kr, 2016. 01

물학적, 화학적, 물리적 위해요인들이 발생할 수 있는 상황을 과학적으로 분석하고 사전에 위해요인의 발생여건들을 차단하여 소비자에게 안전하고 깨끗한 제품을 공급하기 위한 시스템적인 규정을 말한다. 식품의 원재료부터 제조, 가공, 보존, 유통, 조리단계를 거쳐 최종 소비자가 섭취하기 전까지의 각 단계에서 발생할 우려가 있는 위해요소를 규명하고, 이를 중점적으로 관리하기 위한 중점관리점을 결정하여 자율적이며 체계적이고 효율적인 관리로 식품의 안전성을 확보하기 위한 과학적인 위생관리체계라고 할 수 있다. HACCP은 전 세계적으로 가장 효과적이고 효율적인 식품안전관리체계로 인정받고 있으며, 미국, 일본, 유럽연합, 국제기구(Codex, WHO, FAO) 등에서도 모든 식품에 해썹을 적용할 것을 적극 권장하고 있다.

2. 식품에 의한 건강장애

식품에 의한 건강장애로 대표되는 식중독은 식품 섭취로 인하여 인체에 유해한 미생물 또는 유독물질에 의하여 발생하였거나 발생한 것으로 판단되는 감염성 질환 또는 독소형 질환을 말한다(식품위생법 제2조제14항).

1) 식중독 발생현황 및 전망

최근 우리나라의 식중독 발생현황을 보면 식중독의 발생건수는 지속적으로 증가하고 있으나 환자 수는 일정한 경향을 보이지 않고 증감을 반복하고 있는 것으로 나타났다.

식중독 발생 시기는 절반 이상이 여름철(5~8월)에 집중 발생하였으며, 노로바이러스에 의한 식중독이 2005년 이후에 급격히 증가하면서 식중독이 겨울철에도 지속적으로 발생하고 있다. 최근 병원성 대장균식중독과 노로바이러스에 의한 식중독 환자발생수가 많아지고 있고 원인시설별로는 음식점에서 식중독 발생건수가 가장 높은 것으로 나타났으며 발생 환자수는 집단급식을 시작하면서 학교에서 가장 높게 나타났다. 앞으로 식중독 발생 전망은 학교급식과 외식 이용 증가로 인해 환자가 대규모로 발생할 가능성과 노로바이러스에 의한 식중독이 지속적으로 확산될 가능성이 있다.

2) 식중독 예방대책

우리나라는 정부차원의 2012년도 식중독 예방 중점 추진사항을 수립하여 식중독 예방교육을 강화하고 있다. 식중독 발생 시 범정부 차원의 신속보고 및 대응으로 집단 식중독을 방지하고 노로바이러스 실태조사를 강화하여 지하수 사용 시 소독장치를 의무화하며 올바른 손씻기 등 현장맞춤형 식중독 예방교육 활동을 지속적으로 전개하고 있다.

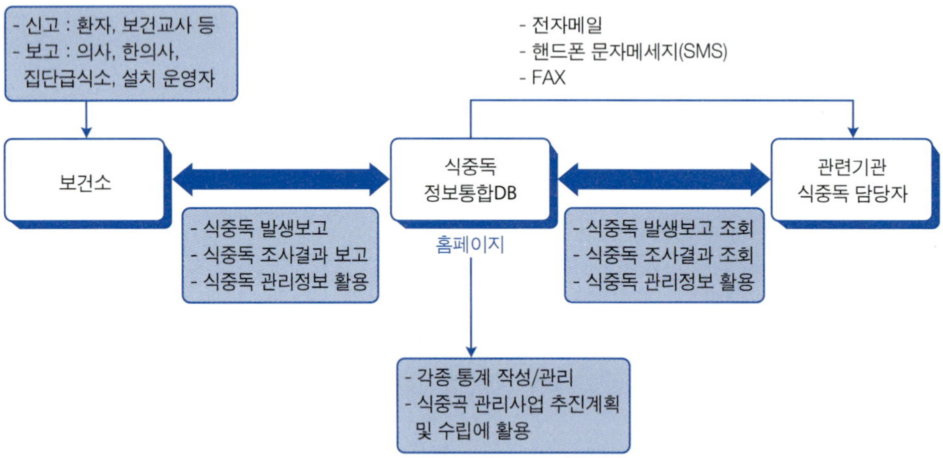

그림 14-8 식중독 신속 보고 체계

출처: 식품의약품안전처, http://m.mfds.go.kr, 2016. 01

(1) 식중독 신속보고체계

- 식중독 의심증상이 나타나면 가까운 의료기관을 방문하여 의사의 지시에 따라야 한다.
- 집단 설사 환자가 발생하면 가까운 보건소에 신고하여 식중독 확산을 예방하고 피해를 최소화하여야 한다.
- 집단 식중독 환자 발생 신고를 받은 보건소장은『식중독 보고 관리 시스템(http://minwon.mfds.go.kr)』을 통하여 식품의약품안전처, 질병관리본부 등 관련기관 담당자에게 보고하여야 한다.

(2) 역학조사 실시

보건소에서는 역학조사팀 구성하여 식중독 발생 현장에 출동하여 역학조사를 실시한다. 환자 등을 대상으로 증상, 섭취 음식물, 장소, 가검물 채취, 설문조사 등 실시하고 영업장 · 시설의 식재료, 칼 · 도마, 음용수, 종사자 가검물 등 수거 검사 의뢰한다.

(3) 식중독 확산 차단

검사 및 역학조사 결과에 따라 발생 원인과 경로 판정, 처분 · 회수 · 폐기 등 오염원 제거 조치를 실시한다. 특히, 식중독 의심환자가 50명 이상 발생하거나, 학교에서 의심환자가 발생하면 지방청 원인식품조사반이 현장에 급파되어 원인식품 추적조사를 통한 식중독 확산을 차단한다.

3) 식중독 분류

(1) 세균성 식중독

감염형 세균성 식중독에는 살모넬라, 장염비브리오, 콜레라, 병원성대장균 등이 있고, 독소형 세균성 식중독에는 황색포도상구균, 로스트리디윰 보툴리눔 등이 있다.

(2) 바이러스성 식중독

노로바이러스, 로타바이러스, A형간염 등이 있다.

(3) 화학적 식중독 (chemical food poisoning)

① 각종 유독 화학물질이 고의, 우연 혹은 잘못에 의해 들어감으로써 일어나는 식중독
② 기구, 용기, 포장에 의한 식중독
③ 감미료, 조미료, 착색료, 향료, 방부제, 산화방지제 등에 의한 식중독

(4) 자연독에 의한 식중독

① 동물성에 의한 식중독: 복어의 난소, 간, 고환, 위장, 피부에 함유된 tetrodotoxin에 의한 복어 중독(swellfish

poisoning), 홍합의 간 등에 있는 mytilotoxin에 의한 패류 중독, 굴과 모시조개에 생성된 venerupin에 의한 식중독

② 식물성에 의한 식중독: 독버섯 중독, 맥각 중독, 감자 싹에 있는 solanin 중독, 덜 익은 매실에 있는 독소에 의한 청매중독 등

표 14-6 식중독 분류

분류		종류	원인균 및 물질
미생물 식중독(30종)	세균성(18종)	감염형	살모넬라, 장염비브리오, 콜레라, 병원성대장균 , 리스테리아
		독소형	황색포도상구균, 클로스트리디움 보툴리눔
	바이러스성(7종)	공기, 접촉, 물 등의 경로로 전염	노로바이러스, 로타바이러스, A형간염, E형간염
	원충성(5종)	–	이질아메바, 람블편모충, 작은와포자충, 원포자충, 쿠도아
자연독 식중독		동물성	복어독, 시가테라독
		식물성	감자독, 원추리, 여로 등
		곰팡이	황변미독, 맥각독, 아플라톡신 등
화학적 식중독		고의 또는 오용으로 첨가되는 유해물질	식품첨가물
		본의 아니게 잔류, 혼입되는 유해물질	잔류농약, 유해성 금속화합물
		제조 · 가공 · 저장 중에 생성되는 유해물질	지질의 산화생성물, 니트로아민
		기타물질에 의한 중독	메탄올 등
		조리기구 · 포장에 의한 중독	녹청(구리), 납, 비소 등

출처: 식품의약품안전처. http://m.mfds.go.kr. 2016. 01

표 14-7 주요 세균성 식중독의 원인 및 증상

병원체	잠복기	증상	2차감염
바실러스 세레우스	—		
a. 구토독소	1~6시간	구토, 일부 설사, 간혹 발열	×
b. 설사독소	6~24시간	설사, 복통, 일부 구토, 간혹 발열	×
캠필로박터균	2~7일	설사(가끔 혈변), 복통, 발열	×
클로스트리디움 퍼프린젠스	8~24시간	설사, 복통, 간혹 구토와 열	×
장출혈성대장균(EHEC)	2~6일	설사(가끔혈변), 복통(가끔 심함), 발열은 거의 없음	×
장독소성대장균(ETEC)	6~48시간	설사, 복통, 오심 간혹 구토 · 발열	×
장병원성대장균(EPEC)	일정치 않음	설사, 복통, 발열	×
장침입성대장균(EIEC)	일정치 않음	설사(가끔혈변), 발열, 복통	×
살모넬라균	12~36시간	설사, 발열 및 복통은 흔함	○
황색포도상구균	1~6시간(2~4시간)	심한 구토, 설사	×
장염비브리오균	4~30시간	설사, 복통, 구토, 발열	×

여시니아 엔테로콜리티카	1～10일(통상 4～6일)	설사, 복통(가끔 심하다)	×
리스테리아 모노사이토제네스	1～6주	건강인: 감기와 유사 증상 임산부: 유산, 사산 면역력저하자: 수막염, 패혈증	×
클로스트리디움 보툴리늄	12～36시간	구토, 복부경련, 설사, 근무력증, 착시현상, 신경장애, 호흡곤란	×

출처: 식품의약품안전처. http://m.mfds.go.kr. 2016. 01

표 14-8 바이러스성 식중독의 원인 및 증상

병원체	잠복기	증상		전파기전	2차감염
		구토	열		
아스트로바이러스	1～4일	가끔	가끔	식품, 물, 대변–구강전파	○
장관 아데노바이러스	7～8일	통상적	통상적	물, 대변–구강전파	○
노로바이러스	24～48시간	통상적	드물거나 미약	식품, 물, 접촉감염, 대변–구강전파	○
로타바이러스 A군	1～3일	통상적	통상적	물, 비말감염, 병원감염, 대변–구강전파	○

출처: 식품의약품안전처. http://m.mfds.go.kr. 2016. 01

표 14-9 주요 식중독 균 및 바이러스

황색포도상구균

항목	내용
미생물	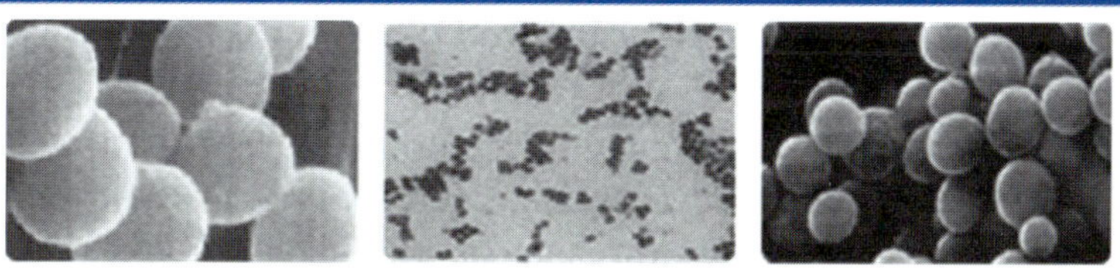
특성	• 균이 식품 중에서 증식하여 생산한 장독소(enterotoxin)를 함유한 식품을 섭취할 때 일어나는 독소형 식중독균으로 4～5개 정도의 구균이 모여 있는 경우가 많아 포도상구균이라 부른다. • 소금농도가 높은 곳에서 증식하며 특히 건조 상태에서 저항성이 강하여 식품이나 가검물 등에서 장기간(수개월) 생존하여 식중독을 유발한다. • 60℃, 30분의 가열로 균은 거의 사멸되나 식중독 원인 물질인 장독소는 내열성이 강하여 100℃에서 60분간 가열하여야 파괴된다.
발병시기	• 1～5시간(평균 3시간)
주요증상	• 구토, 설사, 복통, 오심
원인식품	• 육류 및 그 가공품과 우유, 크림, 버터, 치즈 등과 이들을 재료로 한 과자류와 유제품, 밥, 김밥, 도시락, 두부 등과 복합조리식품과 크림, 소스, 어육 연제품 등이 있다.
감염원 및 감염경로	• 토양, 하수 등의 자연계에 널리 분포하며 건강인의 약 30%가 이 균을 보균하고 있으므로 코 안이나 피부에 상재하고 있는 황색포도상구균이 식품에 혼입될 가능성이 있다.
예방대책	• 식품 취급자는 손을 청결히 하며 손에 창상 또는 화농되거나 신체 다른 부위에 화농이 있으면 식품을 취급해서는 안된다. • 식품제조에 필요한 모든 기구와 기기 등을 청결히 유지하여 2차 오염을 방지한다. • 식품은 적당량을 조속히 조리한 후 모두 섭취하고, 식품이 남았을 경우에는 실온에 방치하지 말고 5℃ 이하에 냉장 보관한다.

살모넬라균

항목	내용
미생물	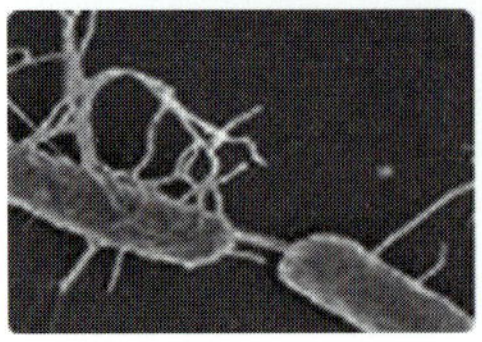 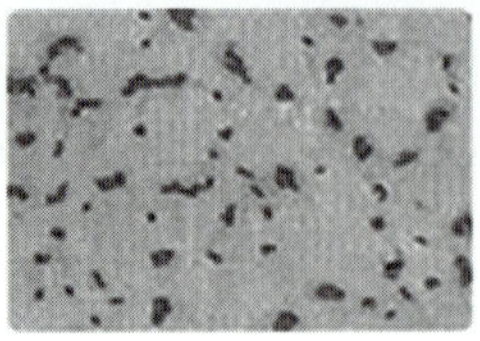 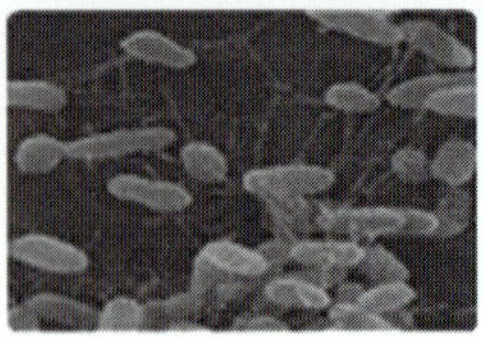
특성	• 2~3×0.6um 의 포자를 형성하지 않는 그람음성 간균으로 운동성이 있다. • 60℃에서 20분 동안 가열 하면 사멸하나 토양 및 수중에서는 비교적 오래 생존한다. • 균이 생체 내로 침입되면 장내에서 분열 · 증식되어 독소가 생산되나 독성은 비교적 약한 편이다.
발병시기	• 8~48시간(균종에 따라 다양)
주요증상	• 복통, 설사, 구토, 발열
원인식품	• 부적절하게 가열한 동물성 단백질식품(우유, 유제품, 고기와 그 가공품, 가금류의 알과 그 가공품, 어패류와 그 가공품)과 식물성 단백질 식품(채소, 등 복합조리식품), 생선묵, 생선요리와 육류를 포함한 생선 등의 어패류와 불완전하게 조리된 그 가공품, 면류, 야채, 샐러드, 마요네즈, 도시락 등 복합조리식품 등이 원인이다.
감염원 및 감염경로	• 사람, 가축, 가금, 개, 고양이, 기타 애완동물, 가축 · 가금류의 식육 및 가금류의 알, 하수와 하천수 등 자연환경 등에 균이 존재하며, 보균자의 손, 발 등 2차 오염에 의한 오염식품을 섭취할 때에도 감염이 될 수 있다.
예방대책	• 조리 후 식품을 가능한 한 신속히 섭취하도록 하며 남은 음식은 5℃ 이하 저온 보관한다. • 식품을 75℃에서 1분 이상 가열 조리한 후 섭취한다. • 조리에 사용된 기구 등은 세척 · 소독하여 2차 오염을 방지한다.

장출혈성 대장균

항목	내용
미생물	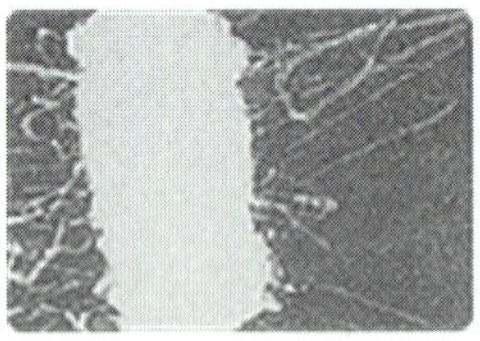 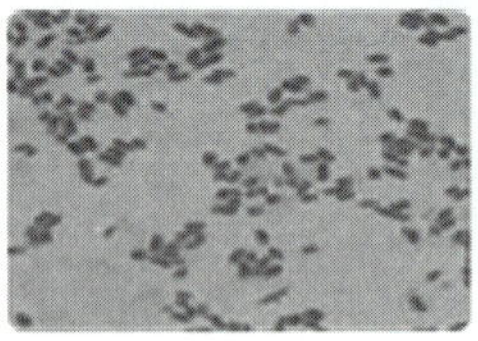 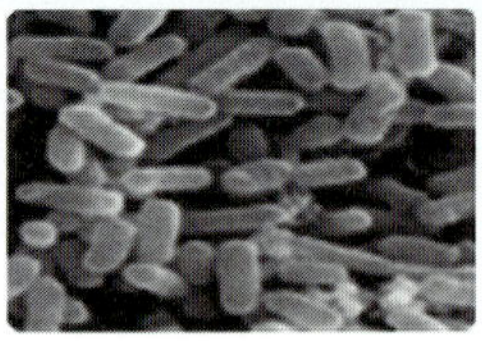
특성	• 유당을 분해하여 산과 가스를 생산하는 통성혐기성균으로 운동성이 있다. 대장의 정상 상재균인 대장균은 대부분 식중독의 원인이 되지는 않지만 유아에게 전염성 설사증이나 성인에게 급성 장염을 일으키는 대장균이 있는데 이것을 병원성 대장균(Pathogenic E. coli)이라고 한다. • 병원성 대장균 중 베로독소(verotoxin)를 생성하여 대장점막에 궤양을 유발하여 조직을 짓무르게 하고 출혈을 유발시키는 대장균을 장관출혈성 대장균이라고 부른다. • 장관출혈성대장균은 혈청형에 따라 O26, O103, O104, O146, O157 등이 있으며 대표적인 균이 대장균 O157:H7이다.
발병시기	• 12~72시간(균종에 따라 다양)
주요증상	• 대장균 O157: H7의 경우 10~100개의 균으로도 병원성을 나타내며, 그외 장출혈성 대장균은 이보다 높다. • 주요증상은 설사, 복통, 발열, 구토이며, 심하면 출혈성 대장염, 용혈성요독증후군, 혈전성혈소판 감소증 등이 나타날 수 있다.
원인식품	• 광범위하게 분포하기 때문에 환자와 보균자의 분변으로부터 직접 · 간접으로 오염되는 식품이면 모두 원인식품이 될 수 있다. • 햄, 치즈, 소시지, 채소샐러드, 분유, 두부, 음료수, 어패류, 도시락, 급식 등이 주요 원인 식품이다.
감염원 및 감염경로	• 이 균은 환자나 보균자의 분변과 소, 돼지와 개, 고양이 등의 분변에 존재하며 보균자가 화장실을 비위생적으로 사용할 때도 감염 가능하다. • 자연계에서는 하천수와 어패류 등에서 분리 검출되므로 1차 및 2차 오염으로 감염될 수 있다.
예방대책	• 조리기구(칼, 도마 등) 구분 사용으로 2차 오염을 방지하여야 한다. • 생육과 조리된 음식을 구분하여 보관하여야 한다. • 다진 고기는 중심부 온도가 75℃ 1분 이상 가열하여야 한다.

장염비브리오균

항목	내용
미생물	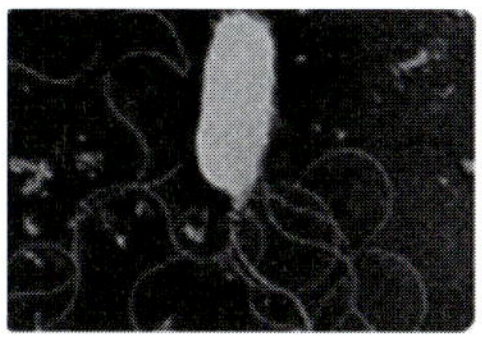 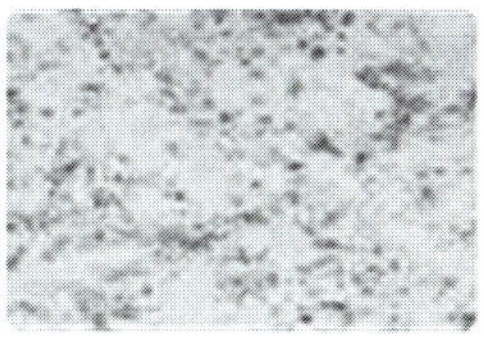 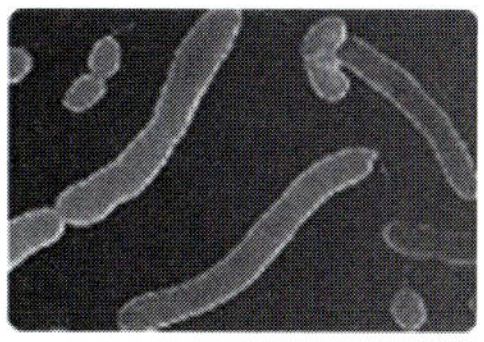
특성	• 해수세균의 일종으로 2~4%의 소금물에서 잘 생육하며 해수온도가 15℃ 이상이 되면 급격히 증식한다. • 짧은 쉼표 모양의 형태를 나타내며, 포자와 협막은 없다.
발병시기	• 평균 12시간
주요증상	• 복통, 설사, 발열, 구토
원인식품	• 어패류, 생선회, 수산식품(게장, 생선회, 오징어무침, 꼬막무침 등)이 원인이다.
감염원 및 감염경로	• 해수 중에 서식하는 장염비브리오균의 증식이 적합한 하절기에 근해의 오징어, 문어 등 연체동물과 고등어, 아지 등 어류, 조개 등 패류의 체표, 내장과 아가미 등에 부착하여 있다가 근육으로 이행되거나 유통과정 중에 증식하여 식중독을 일으킨다. • 특히 어패류의 체표와 내장 및 아가미 등에 부착되어 있다가 이를 조리한 사람의 손과 기구로부터 다른 식품에 2차 오염되어 식중독을 발생시키기도 한다.
예방대책	• 어패류는 수돗물로 잘 씻고, 횟감용 칼, 도마는 구분하여 사용하여야 한다. • 오염된 조리 기구는 세정, 열탕 처리하여 2차 오염을 방지하여야 한다. • 가능한 한 생식을 피하고, 이 균은 60℃에서 5분, 55℃에서 10분의 가열로서 쉽게 사멸 하므로 반드시 식품을 가열한 후 섭취한다.

클로스트리디움 보툴리늄균

항목	내용
미생물	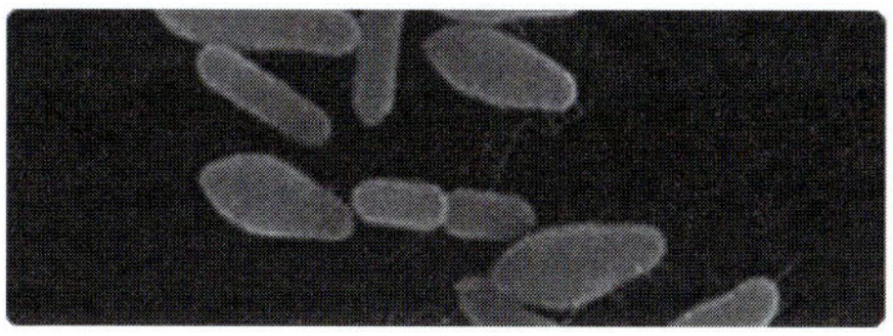
특성	• 그람양성의 편성혐기성 간균이며 세포 한쪽 끝에 난 원형의 아포를 형성하며 운동성이 있다. • 항원성에 따라 A, B, C1, C2, D, E, F 및 G 등 8종의 독소가 있으며 사람에게 식중독을 일으키는 것은 A형, B형, E형, 및 F형균으로 A형이 가장 치명적이다. • 독소는 매우 독성이 강하여 마우스 경구 치사량은 0.001이며 0.1 정도로 인간에게 중독을 일으킬 수 있으나, 열에 불안정하여 80℃, 20분과 100℃, 1~2분 가열로 파괴된다.
발병시기	• 8~36시간
주요증상	• 현기증, 두통, 신경 장애, 호흡 곤란
원인식품	• 통조림, 병조림, 레토르트 식품, 식육, 소시지 생선 등이 있다. • 통조림, 햄, 소시지, 육제품의 소비가 많은 구미에서는 A형, B형 균에 의한 식중독이 많고, E형균은 일본, 캐나다, 러시아, 스칸디나비아 제국 등에서 주로 발생한다.
감염원 및 감염경로	• 토양, 바다, 개천, 호수 및 동물의 분변에 분포하며, 어류, 갑각류의 장관 등에도 널리 분포하고 있다. • 이 균에 오염되어 있는 육류, 채소, 어류 등의 식품 원재료를 부적절하게 처리하면 포자가 사멸되지 않고 생존하게 되며 환경조건이 혐기적일 때 아포가 발아하여 증식하면서 식중독을 발생시킬 정도의 독소를 생산하게 되어 식중독을 유발한다.
예방대책	• 식품 원재료에는 포자가 있을 가능성이 높으므로 채소와 곡물을 반드시 깨끗이 세척하고 생선 등 어류는 신선한 것으로 조리해야 한다. • 식품 원재료를 가공(조리) 및 기타 통조림 병조림으로 제조할 때에 20℃에서 4분이나 100℃에서 30분 가열로 포자를 완전히 사멸시켜야 한다. • 이 균의 독소는 단 시간의 가열로 불활성화 되므로 이 식중독은 통조림 · 병조림 및 기타 저장식품도 반드시 가열 후 섭취하여야 한다.

노로바이러스

항목	내용
미생물	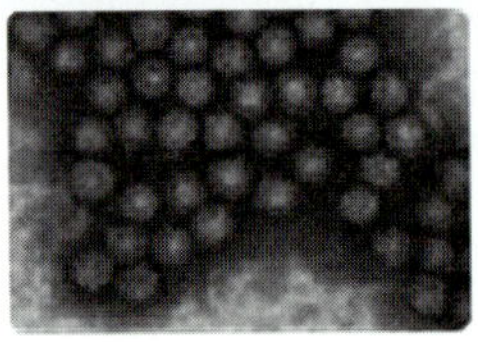 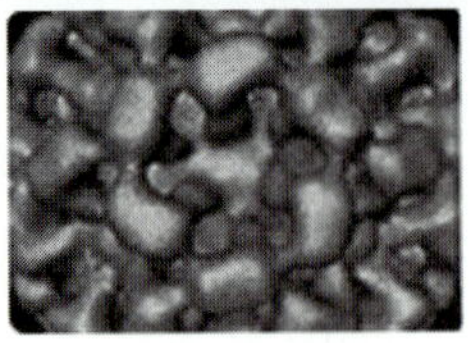
특성	• 외가닥의 RNA를 가진 껍질이 없는(Non-envelop) 바이러스이다. • 주로 분변-구강 경로(Fecal-oral route)를 통하여 감염이 된다. • 사람의 장관 내에서만 증식할 수 있으며, 동물이나 세포배양으로는 배양되지 않는다. • 연중 발생 가능하며 2차 발병률이 높다.
발병시기	• 24~48시간
주요증상	• 오심, 구토, 설사, 복통, 두통
원인식품	• 음식(패류, 샐러드, 과일, 냉장식품, 샌드위치, 상추, 냉장조리 햄, 빙과류)이나 물에 의해 주로 발생한다. • 특히 사람의 분변에 오염된 물이나 식품에 의해 발생된다.
예방대책	• 2차 감염을 막기 위하여 감염자의 변, 구토물에 접촉하지 않으며, 접촉한 경우에는 충분히 세척하고 소독을 하여야 한다. • 조리자는 용변을 본 후나 조리하기 전에 반드시 손을 잘 씻고 소독을 하여야 한다. • 과일과 채소는 철저히 씻어야 하며, 굴 등의 어패류는 중심온도 85℃ ? 에서 1분 이상 가열하여 먹는다. • 질병 발생 후 오염된 표면은 소독제로 철저히 세척, 살균하고 바이러스에 감염된 옷과 이불 등은 즉시 비누를 사용하여 뜨거운 물로 세탁하여야 한다.

출처: 식품의약품안전처. http://m.mfds.go.kr. 2016. 01

4) 식중독 예방방법

- 손 씻기: 손은 30초 이상 세정제(비누 등)를 사용하여 손가락, 손등까지 깨끗이 씻고 흐르는 물로 헹군다.
- 익혀먹기: 음식물은 속까지 충분히 익혀서 먹는다(중심부 온도가 75℃(어패류는85℃), 1분 이상).
- 끓여먹기: 물은 끓여서 마신다.
- 적극적인 식중독 감시활동
- 식품의 안전한 생산과 취급

제5절 주거와 건강

1. 주택의 기본조건

주택은 가족관계의 유지, 휴식, 수면 등의 일상생활에서 가장 기본이 되는 공간이므로 신체적, 정신적 건강을 유지, 증진시키기 위한 쾌적하고 편안한 주거환경이 고려되어야 한다.

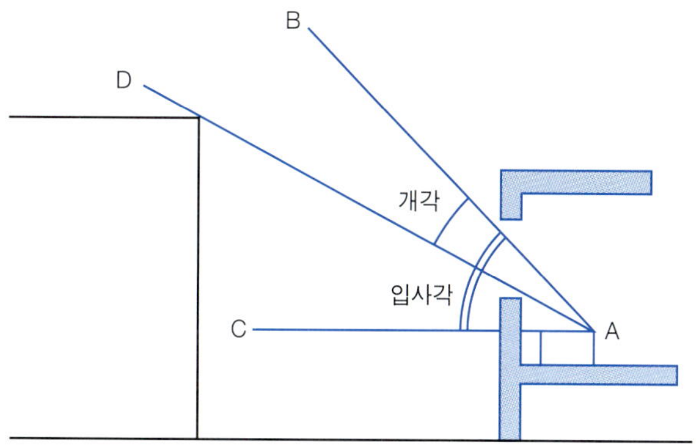

그림 14-9 개각과 입사각

1) 대지의 선정

주택의 방향은 동남향 또는 동향이 태양열을 많이 받는다. 토지의 지질은 건조하고 물의 침투성이 크고, 배수가 잘 되며, 지반이 견고하고, 지하수위는 최고 1.5 m 이상이어야 하고 3 m 정도인 것이 좋다. 공기가 깨끗하며 주위에 공기를 오염시킬 공장이 없고, 매립지의 경우 매립 후, 10년 이상 경과되어야 한다. 상수도 공급이 잘 되고 하수처리가 잘 되어야 한다.

2) 조명

조명은 인체의 건강뿐 아니라 작업능률 등에 크게 영향을 미친다. 조명은 자연조명과 인공조명으로 구분된다.

(1) **자연조명** (natural lighting)

자연조명은 태양광선과 수증기, 먼지 등의 입자에 직사광선이 확산, 반사 또는 투과하여 생기는 조명을 말한다. 실내에 들어오는 광선의 양은 창의 면적, 창의 방향, 개각과 입사각, 차단물, 벽의 색과 관계가 있다. 일반 주택의 창의 면적은 그 방의 바닥 면적의 1/5 정도가 적당하며(창이 높을 때는 1/7 정도) 최하 1/12 이하여서는 안 된다. 창의 방향은 남향이 적당하며 주택의 일조량은 하루 최소 4시간 이상이어야 한다. 개각이란 실내의 한 지점 A와 창의 윗단 B 및 창 밖의 차광물의 위 끝 D와 연결하는 각 BAD를 말하는데 개각이 클수록 실내는 밝으며 보통 4~5° 이상이 좋다. 입사각은 AB와 점 A를 통과하는 수평선 AC와 연결하는 선을 이루는 각 BAC를 말하며 28° 이상이 좋으며, 클수록 실내는 밝아진다.

(2) **인공조명** (artificial lighting)

인공조명은 고체, 액체 또는 가스 등의 연소산물을 이용하거나 전기에너지를 이용하여 조명하는 방법을 말한다. 인공조명의 방법에는 직접조명, 간접조명 및 반간접조명의 세 가지가 있다.

- 직접조명: 조명효율이 크고 경제적이나 눈부심을 불러일으키고 강한 음영으로 불쾌감을 준다.

- 간접조명: 반사에 의한 산광상태로 온화하며 음영이나 현휘도 생기지 않아 이상적이나 조명효율이 낮고, 설비 유지비가 다소 비싸게 든다는 단점이 있다.
- 반간접조명: 직접조명과 간접조명의 절충식으로 반투명의 역반사각에 의해 작업 면에 오는 광선의 1/2 이상을 간접 광, 나머지를 직접 광에 의존하는 방법으로 가장 위생적이다. 부적당한 조명에 의한 장애는 근시, 만성 피로 외에 정신적 불안감, 피로감, 작업능률의 감퇴 등이 나타난다.

3) 환기

실내의 공기는 호흡, 난방, 취사 또는 작업에 의해서 산소가 감소하고, 탄산가스, 일산화탄소, 먼지, 세균 등이 증가하므로 실내의 오염된 공기를 환기시킬 필요가 있다. 실내 환기를 위한 창의 면적은 그방의 바닥 면적의 1/20 이상이 좋다.

(1) 자연환기

자연환기는 실내외의 기온차, 기압차, 기체의 확산성 등이 원동력이 된다. 자연환기는 중력환기(gravity ventilation)라고도 하는데, 실내외의 온도차는 공기의 밀도차를 형성하게 되어 압력차를 만들게 되므로 환기가 된다. 바람이 없을 때 실내의 기온이 외부의 기온보다 높아지고 이때 실내공기가 팽창하여 상승하고 실내의 상부기압이 증가하여 공기가 실외로 나가려고 한다.

실내로 들어오는 공기는 하부로, 나가는 공기는 상부로 이동하는데 그 중간에 압력 "0"의 지대가 형성되는데 이를 중성대(neutral zone)라고 한다. 중성대는 방바닥 가까이에 있으면 환기량이 적어지고 인간 활동 영역에 심한 온도차가 형성되어 건강장애 요인이되므로 중성대는 천장 가까이 형성되는 것이 환기량이 크다.

(2) 환기량

1시간 내에 환기에 의해 출입하는 공기의 양을 환기량이라고 하며, 어떤 실내의 공기의 질을 규정된 상태로 유지하기 위해 공급하게 되는 공기의 양을 필요환기량이라고 한다.

CO_2를 기준으로 성인 1인 1시간당 필요환기량의 산출공식은 다음과 같다.

V= K/(Co-C)
- V: 1인 1시간당 필요환기량(m3)
- K: 1인 1시간당 호출되는 CO2의 양(동양인은 20~21L)
- CO: 실내공기의 CO2의 허용농도(0.07~0.1%)
- C: 정상 외기의 CO2 함유량(0.03%)
- Rubner에 의하면 K=21.0L(0.021 m3)
- V=0.021/(0.001-0.0003)=30 m3이다.

따라서 1인당 1시간에 필요한 환기량이 약 30 m^3이므로 공기의 면적 10 m^3의 거실이라면 30/10=3회의 환기가 필요하고, 15 m^3의 거실이라면 30/15=2회의 환기가 필요하다.

4) 난방(heating)과 냉방(cooling)

실내온도가 10℃ 이하의 경우에는 난방이 필요하며 26℃ 이상이면 냉방이 필요하다. 난방시에는 습도가 저하되므로 습도조절에 신경을 써야 한다. 냉방 시 실내외의 온도의 차이는 5~7℃ 이내가 적당하며 10℃ 이상이 되면 건강에 해롭다.

2. 주거환경이 인체에 미치는 영향

1) 새집증후군(sick house syndrome)

새집증후군은 새집으로 이사한 뒤 혹은 신축 건물, 리모델링이나 도배를 했을 때, 가구, 카펫 등을 교체했을 때 인체에 해로운 화학물질 때문에 피부염, 두통, 신경성 질병 등이 생기는 것을 말한다.

새집증후군의 대표 화학물질인 포름알데히드는 상온에서 자극적인 냄새가 강하며 실내 목재로 만든 건축 자재의 방부제로 많이 사용된다. 가스난로 연소 시, 벽지 접착제, 흡연 등을 통해 공기 중으로 배출되면서 인체에 해를 끼친다. 포름알데히드 농도가 공기 중 0.05ppm 이상일 경우 민감한 사람은 냄새를 느끼기 시작하고 0.25ppm 이상 시 호흡기 장애를 일으킨다. 1.0ppm 이상 시엔 암을 유발할 수도 있는 발암 물질이다. 포름알데히드 외에도 휘발성유기화합물(VOCs)로 속하는 벤젠, 톨루엔 또한 인체에 나쁜 영향을 미친다.

정부는 새집증후군을 예방하고 관리를 강화하기 위해 2015년 12월 새집증후군을 유발하는 건축자재와 폐암 유발물질인 '라돈'에 대한 관리 강화를 주요 내용으로 하는 '다중이용시설 등의 실내공기질관리법' 개정 · 공포하여 새집증후군을 유발하는 건축자재 관리를 강화하고 있다. 기존에는 환경부장관이 시중에 유통되는 건축자재를 선정하여 오염물질 방출농도를 조사하고, 기준을 초과하는 건축자재는 사용을 제한해 왔기 때문에 사용제한 전까지는 기준을 초과하는 건축자재가 사용될 수 있는 등 관리에 한계가 있었다. 앞으로는 건축자재 제조 · 수입업자가 다중이용시설 또는 공동주택 설치자에게 건축자재를 공급하기 전에 기준에 적합한지 여부를 시험기관으로부터 사전에 확인받도록 하고, 다중이용시설 등 설치자는 기준에 적합한 건축자재만 사용하도록 했다. 관리대상 건축자재는 접착제, 페인트, 실란트, 퍼티, 벽지, 바닥재 등 총 6종이며 관리대상 오염물질은 폼알데하이드, 총휘발성유기화합물, 톨루엔 등 3종이다.

새집증후군을 예방하기 위해서는 자주 집안을 환기하는 것이 필요하고 도베나 장판을 친환경 소재로 사용하는 것도 좋은 방법이다.

2) 헌집증후군(sick house syndrome)

헌집증후군은 겨울철에 난방과 가습기를 틀어 고온다습해진 집안에 곰팡이가 번식해 호흡기 및 피부 질환 등을 일으키는 것을 말한다. 곰팡이와 세균에 의한 악취에서 암모니아, 일산화탄소 등으로 인해 두통, 현기증의 현상이 일어나고, 고온다습한 집안내부는 메스꺼움과 피로감, 피부병이 유발될 수 있으며, 주방에서 발생하는 연기

와 가스는 소화장애, 폐암 등의 원인이 될 수 있다. 헌집증후군 예방에 가장 좋은 방법은 환기, 습기 제거, 낡은 배수관 교체, 잦은 청소 등이다.

제6절 의복과 건강

의복위생(clothing sanitation)은 물리적 · 화학적 성질들로 구성된 피복을 입음으로써 인체에 미치는 영향을 추구하여 건강의 유지 · 증진과 정신적, 육체적 능력을 최고도로 발휘하는 것이다.

1. 의복의 기능

- 신체의 청결
- 체온조절
- 신체의 안전보호
- 사회생활에서의 품격 및 예의 표시
- 개인의 취향에 의한 미와 개성 표현
- 사람의 신분이나 직업표현

2. 의복기후

의복기후는 옷을 입기 때문에 옷과 몸 사이에 생기는 인공기후 말하는 것인데, 옷의 두께나 옷으로 가리는 면적, 옷의 통기성과 함기성, 옷의 재료나 옷의 모양 등의 여러 가지 조건에 따라서 좌우된다. 우리가 옷을 입었을 때 쾌적하다고 느끼는 의복기후는 31℃, 습도 30~40%, 10 cm/sec 이하의 기류인 경우에 땀의 증발을 쉽게 하는 상태이다.

3. 의복기후의 열전도율과 방한력

1) 열전도율

의복의 열전도율은 피복의 함기성과 반비례한다. 공기의 열전도율을 100으로 하였을 때, 동물 털의 열전도율

은 6.1, 견직물은 19.2, 마직은 29.5이며, 함기량은 모피 98%, 모직 90%, 무명 70~80%, 마직 50%이다.

2) 방한력 단위(CLO, clothes unit)

방한력은 추위를 막아 내는 힘으로 방한력 단위로 CLO를 사용한다.

1 CLO는 기온 79°F(21.1°C), 습도 50% 이하, 기류 10 cm/sec에서 피부온도가 92°F(33.3°C)로 유지되어 쾌감을 느끼는 데 필요한 의복의 방한력이다. 옷을 입지 않은 상태(0 CLO)의 쾌적한 온도는 27~30°C이므로 1 CLO의 보온력은 약 9°C에 해당된다. 기온이 매 9°C 강하할 때마다 CLO의 보온력을 가산할 필요가 있으므로, 기온이 12°C일 때는 2 CLO의 의복착용이 적당하나 기류, 기습에 따라 차이가 있다.

방한력이 가장 좋은 의복은 약 4 CLO의 보온력을 가지며 방한화는 2.5 CLO, 방한장갑은 2 CLO, 보통 작업복은 1 CLO의 보온력이 있다.

4. 의복과 건강

의복은 온도, 습도, 기류 등의 기후 조절력이 좋고 , 피부에 피해를 주지 않으며, 혈액순환과 호흡의 방해 없이 신체적 활동이 자유로워야 한다.

제7절 폐기물과 건강

1. 폐기물

우리나라 「폐기물관리법」(2015.1.20.)에서는 폐기물을 쓰레기 · 연소재 · 오니 · 폐유 · 폐산 · 폐알칼리 및 동물
1 사체 등으로서, 사람의 생활이나 사업활동에 필요하지 않게 된 물질이라고 정의하고 있다.

표 14-10 우리나라 폐기물의 분류

종류	발생원	유해물질 함유
생활폐기물	• 사업장폐기물외 폐기물	일반폐기물
사업장폐기물	• 공장 배출시설 폐기물 • 1일 평균 300 kg 이상 배출하는 사업장폐기물 • 1회 1톤 이상 혹은 1주 1톤 이상 배출하는 사업장폐기물	
	• 지정폐기물	지정폐기물

이러한 폐기물을 잘 관리하지 않으면 감염병의 매개체가 되어 인간의 생활과 건강을 위협하고 자연생태계를 파괴한다. 폐기물은 생활폐기물과 사업장폐기물로 분류하여 발생원별로 구분하여 관리하고 있다. 생활폐기물이란 사업장폐기물 외의 폐기물을 말한다. 사업장폐기물이란 「대기환경보전법」, 「수질 및 수생태계 보전에 관한 법률」 또는 「소음 · 진동관리법」에 따라 배출시설을 설치 · 운영하는 사업장이나 그 밖에 대통령령으로 정하는 사업장에서 발생하는 폐기물을 말한다. 지정폐기물이란 사업장폐기물 중 폐유 · 폐산 등 주변 환경을 오염시킬 수 있거나 의료폐기물 등 인체에 위해를 줄 수 있는 해로운 물질로서 대통령령으로 정하는 폐기물을 말한다. 의료폐기물이란 보건 · 의료기관, 동물병원, 시험 · 검사기관 등에서 배출되는 폐기물 중 인체에 감염 등 위해를 줄 우려가 있는 폐기물과 인체 조직 등 적출물, 실험 동물의 사체 등 보건 · 환경보호상 특별한 관리가 필요하다고 인정되는 폐기물로서 대통령령으로 정하는 폐기물을 말한다.

2. 폐기물 처리방법

폐기물은 소각, 매립 등의 처분을 하기보다는 우선적으로 재활용함으로써 자원생산성을 향상시키는 데 이바지하도록 해야 한다.

(1) 투기법 (dumping)

투기법은 육상, 해상에 버리는 방법으로 가장 간단한 처리법이나 악취 발생, 위생해충의 발생 및 번식, 지하수 및 해양 오염 등의 문제가 있다.

(2) 소각법 (incineration)

소각법은 강열감량비가 크고 잔사가 안정화되기 때문에 각종 가연성 폐기물 처리에 가장 널리 이용되고 있고, 위생적이며 소각에서 발생하는 열을 이용할 수도 있다. 그러나 소각 시 대기오염, 수질오염, 악취, 소음 등의 2차 오염을 유발할 수 있고, 철강소 전기로, 제지공장, 자동차 폐윤활유, 석탄연료, 도시폐기물 소각로 등에서 배출되는 유독성 화학물질인 발암성이 가장 강한 다이옥신은 피부병 · 간손상 · 심장기능 저하 · 기형아 발생 등의 질환을 유발시킬 수 있다.

(3) 위생적 매립법 (sanitary landfill)

매립은 지표 상층 위나 속에 고형폐기물을 매립하여 처분하는 방법이다. 위생적 매립에서 중요한 것은 적절한 부지의 선정, 매립방법 및 작업, 매립지에서 가스 및 침출수의 발생, 매립지 가스 및 침출수의 이동 및 제어 등이다. 매립된 폐기물은 호기성 분해 및 혐기성 분해의 과정을 거쳐 유기산, 매탄으로 안정화된다.

(4) 퇴비화법 (compositing)

폐기물 중 플라스틱, 고무, 가죽 등을 제외한 유기물질을 호기성 또는 혐기성의 세균, 방선균 및 곰팡이 등을 이

용하여 비료로 만드는 방법으로 식품, 가로 쓰레기 등의 유기성 쓰레기를 효율적으로 처리 재활용하는 방법이다.

(5) 파쇄 · 절단

파쇄는 충격력, 전달력, 압축력 등을 사용하여 고형물의 크기를 작게 만드는 방법이다.

(6) 고화처리

각종 유해물질을 함유한 폐기물을 안정화하지 않고 매립하면 유해물질이 유출되어 2차 오염을 유발할 수 있으므로 시멘트, 아스팔트 등의 고화제를 섞어서 고화처리하면 유해물질의 유출이 느려 환경오염의 가능성이 낮아진다. 단점으로 폐기물의 무게와 부피가 증가하여 운반비용이 증가한다.

3. 폐기물이 인체에 미치는 영향

유해폐기물은 자연환경의 안전과 인간의 건강을 해칠 우려가 일반폐기물에 비해 월등히 높다. 국제사회는 유해폐기물의 국가간 이동 및 처리에 관한 바젤협약 이행과 관련, 최종처리 목적의 유해폐기물 수출을 금지하기로 결정하고 이를 위해 폐기물 목록 작성, 국가의 책임 및 보상의정서 채택 추진 등을 적극화하고 있다.

폐기물 소각은 폐기물의 감량화, 유독물질의 제독화, 에너지 재활용 측면에서는 바람직하나 고비용, 유지관리기술의 문제, 다이옥신 등 2차 대기오염문제 등이 있다. 다이옥신(dioxin)이란 polychlorinated dibenzoparadioxin을 말하며, 보통 염소나 브롬을 함유하는 산업공정에서 화학적인 오염물로 생성되고, 또 염소가 들어있는 화합물을 태울 때 생긴다. 다이옥신이 널리 알려진 사건으로는 베트남전에서 미국이 게릴라전에 능한 베트남의 자연환경을 타계하기 위하여 에이전트 오렌지와 같은 다이옥신 계열의 고엽제를 다량 살포했었는데 참전한 군인들과 베트남 민간인들도 심각한 피해를 입어 독성과 후유증들이 세상에 널리 알려졌다. 다이옥신이 발생되는 것은 생활쓰레기 중에 함유된 다이옥신류가 열분해되지 않고 그대로 배출되거나 생활쓰레기 중에 PCB, Cl−phenol 등 다이옥신류의 전구물질이 연소 분해되면서 배출된다. 다이옥신은 PVC제재가 많이 포함되어 있는 병원폐기물과 도시쓰레기를 태울 때 제일 많이 발생한다. 자동차 배기가스, 화력발전소, 제지 및 펄프산업, 철강산업 등 염소 및 브롬을 사용하는 산업공정에서 발생될 수도 있고, 농약이 뿌려진 수풀이나 산림의 화재로 다이옥신이 발생할 수 있으며, 담배연기에서도 다이옥신이 발생된다.

다이옥신은 상온에서 무색의 결정성 고체이며, 토양에 축적되고 생물체 내로 유입되면 수십 년 혹은 수백 년까지 존재할 수 있다. 다이옥신은 물에 잘 녹지 않아 생물체 안으로 들어온 다이옥신은 소변으로 잘 배설되지 않는다. 다이옥신은 지방에는 잘 녹아 생물체의 지방조직에 잘 축적되므로 모든 동물은 물을 마시거나 숨을 쉬거나 음식을 먹음으로써 다이옥신을 섭취하게 되며, 먹이사슬의 제일 위에 있기 때문에 모든 동물들이 먹은 다이옥신은 마지막으로 사람의 몸속에 축적되는 것이다. 우리 몸 안에서 다이옥신 분자는 세포조직 내에 있는 특별한 수용체 부위에 달라붙게 되고, 정상적인 세포 기능은 제대로 수행될 수가 없다. 따라서 호르몬의 작용, 발육과 생식, 면역기능 등은 많은 건강장애가 일어나게 된다. 초기 증상으로는 식욕감퇴, 메스꺼움, 구토, 호흡곤란 등이

나타날 수 있고, 피부에 노출되면 광범위한 염증이 나타날 수 있으며, 눈의 염증, 심하면 화상이 유발될 수 있다. 장기적으로는 폐암, 간암, 유방암, 임파선암, 혈액암, 전립선 암, 고환암, 불임, 출생 시 장애, 기형, 생식계 장애, 발육장애, 발달장애 등이 발생할 가능성이 있다.

제8절 토양과 건강

1. 토양오염의 정의

토양환경보전법에서 토양오염은 사업활동이나 그 밖의 사람의 활동에 의하여 토양이 오염되는 것으로서 사람의 건강 · 재산이나 환경에 피해를 주는 상태라고 정의하고 있다. 넓은 의미의 토양오염에는 흙의 오염뿐만 아니라 지하수나 지하 공기의 오염까지도 포함된다. 토양오염 물질에는 산업폐기물에 포함된 중금속류 외에도 농업에 사용되는 비료나 생활폐기물에 포함된 다양한 유해물질 등이 포함된다. 토양에 유해성분이 유입되면 유기물의 경우 토양에 살고 있는 다양한 미생물에 의해 분해되며, 중금속 등 무기물은 토양을 구성하고 있는 입자들에 흡착 또는 흡수되어 유해 물질들이 정화된다. 하지만 유입되는 오염물질의 양이 토양이 스스로 정화시킬 수 있는 능력의 한계를 벗어나면 토양오염이 발생한다.

2. 토양오염의 특성

토양은 물, 공기와 함께 가장 기본적인 환경의 구성 요소, 생물 존재의 기반으로, 물질순환의 매개체로 중요하다. 토양이 물이나 공기와 달리 유동성이 거의 없어 토양 속으로 유입된 오염물질은 스스로 유동성을 가지지 않는 한, 토양 내에 존재하는 토양수나 토양 공기에 의존하지 않고는 거의 움직일 수 없다. 그러므로 폐기물과 같은 오염물질이 토양 내에 묻히게 되면 쉽게 드러나지 않고 마치 깨끗한 환경인 것같이 보이지만 토양이 유해물질에 의해 오염되면 본래의 기능이 훼손되고, 물질의 이동성이 나빠 장기간에 걸쳐 작물오염, 지하수 등의 수질오염을 유발하여 생태계는 물론이고 사람의 건강 및 생활환경에 여러 가지 악영향을 미치게 된다. 한번 오염된 토양은 그 특성상 자정작용이 어렵고 정화에 많은 시간과 비용이 수반된다. 토양은 유해물질의 부하가 개선되어도 오염상태가 장기간에 걸쳐 지속될 수 있고, 오염상태 개선을 위한 오염물질 제거 및 무해화 등의 방안이 필요하다. 이에 「토양환경보전법」에서는 토양오염물질과 기준을 정하여 일정 기준을 초과하여 오염된 토양에는 그 개선대책을 추진하도록 규정하고 있다.

표 14-11 토양오염물질(토양환경보전법 시행규칙 2013. 5. 31)

1. 카드뮴 및 그 화합물	13. 페놀류
2. 구리 및 그 화합물	14. 벤젠
3. 비소 및 그 화합물	15. 틀루엔
4. 수은 및 그 화합물	16. 에릴벤젠
5. 납 및 그 화합물	17. 크실렌
6. 6가 크롬화합물	18. 석유계총탄화수소
7. 아연 및 그 화합물	19. 트리클로로에틸렌
8. 니켈 및 그 화합물	20. 테트라클로로에틸렌
9. 불소화합물	21. 벤조(a)피렌
10. 유기인화합물	22. 기타 위 물질과 유사한 토양오염물질로서 토양오염의 방지를 위하여 특별히 관리할 필요가 있다고 인정되어 환경부장관이 고시하는 물질
11. 폴리클로리네이티드비페닐	
12. 시인화합물	

3. 토양오염의 기준

토양오염물질은 「토양환경보전법 시행령」에서 카드뮴, 구리 등 중금속 오염물질을 포함한 총 22개 항목을 규정하고 있다〈표 14-11〉.

4. 토양오염의 원인

1) 대기오염물질

산업발전으로 인해 산업체나 가정에서 내뿜는 매연과 자동차 배기가스 등으로 인해 발생되는 질소 산화물이나 황산화물과 같은 대기오염물질이 강우나 분진 등으로 식물에 직접 피해를 주거나 토양 유입으로 농작물에 피해를 주게 된다.

2) 수질오염물질

사람에 의해 발생되는 수질오염 물질로는 유기 및 유기질 공장폐수, 탄광, 석유, 천연가스광 폐수, 광산폐수 등을 들 수 있으며, 이들이 농업용수에 혼입 사용될 때 토양 및 농작물이 오염된다.

3) 고형폐기물

고형폐기물을 처리 시 소각, 퇴비화할 수도 있으나 가장 쉽고 경제적인 처리방법으로 매립을 많이 사용하고 있다. 매립 시에 생물학적으로 분해 가능한 오염물은 토양오염의 면에서는 유리하나 난분해성 유해화학물질 등의 폐기물은 분해하여 안정화하는 데 상당한 시간이 소요된다. 그러므로 매립 시에는 지하수를 통해 인근 토양을 오염

시키지 않도록 기술적인 대책을 세워야 하며 토양에 대한 부하를 고려하여 자연의 충분한 분해 정화능력의 한계를 고려해야 한다.

4) 농약

농작물의 병충해 방지를 위해 우리나라는 현재 500여 품목의 농약을 사용하고 있다. 농작물의 병충해 및 예방구제에 사용되는 살균제, 살충제, 제초제 등이 있다. 농약의 양이 매년 증가하여 생태계의 파괴와 먹이사슬을 통한 인류의 건강장해를 유발하고 있다. 농약의 오염으로 문제가 되는 것은 환경 중에 오랜 시간 잔류하는 DDT, BHC 등의 유기염소계 농약과 유기수은제, 비산연과 같은 중금속을 포함한 농약 등이다. 특히 유기염소계 농약은 다른 농약과 비교해서 사람과 가축에 대한 급성중독은 비교적 적었지만 살충력이 강하고 잔류효과가 크며 제조비용이 싸다는 점이 특징이나, 환경 중에서 분해되지 않고 오래 잔류하는 것이 문제이다.

5) 중금속에 의한 오염

광공업의 폐기물인 중금속류에 의한 토양작물계의 오염은 식물의 생육이나 인축에 미치는 새로운 면에서 그 영향이 크다. 토양을 오염시키는 오염원으로는 카드뮴, 납, 수은, 구리, 아연, 비소 등을 들 수 있다. 작물, 인간, 가축 등에 여러 가지 영향을 미치는 유해 중금속의 발생원으로는 우선 지각 중에 있던 것이 용출되어 나오는 것을 꼽을 수 있고 공장폐수, 산업폐기물, 쓰레기 매립장에서 용출되는 침출수 등도 농경지에 유입되어 토양의 오염원이 되고 있다. 특히 금속광산에서 대량 발생하는 광재의 비산유실과 금속제련소에서 발생하는 중금속분진 등은 대기 및 수질오염의 원인이 되고 이것들이 토양표면에 이르게 되면 중요한 토양오염원으로 작용한다.

6) 방사성 물질에 의한 오염

매우 극소량이라도 원자력 가동이나 핵연료 재처리과정, 원자력 시설의 운용, 핵폭탄 실험, 원자력 시설사고 등으로 인해 환경으로 방출될 수 있으며, 먹이사슬을 통해 인간에서 축적될 수 있다. 인체 노출경로는 물 중의 라돈이 공기로 방출되어 호흡기로 흡입되거나 음용수 섭취 시 소화기관을 통해 흡수된다. 따라서 환경으로 방출된 방사성물질에 의한 식품의 오염과 유통을 방지하기 위해 세계 많은 나라에서는 규제치를 정하여 감시하고 있다.

7) 각종 쓰레기(플라스틱, 비닐, 음식물 등)

공원 및 아파트 인근 쓰레기와 생활하수에 의한 오염, 세균, 바이러스 등 각종 병원균이 식물성장에 피해를 준다. 특히 비닐(플라스틱)은 오래도록 썩지 않아 수분의 토양 내 이동과 작물뿌리가 자라면서 비닐에 의한 방해로 성장 장애를 유발한다.

5. 토양오염이 인체에 미치는 영향

토양의 오염은 식물의 생육을 저해하거나 유독한 식물을 길러 모든 생물의 생존을 위협한다. 대량으로 사용된 합성농약의 잔류와 거기서 자라난 식물이 인체에 영향을 준다.

DDT는 만성적으로는 간이나 뇌의 장애를, 급성으로는 떨림이나 마비를 일으킨다. DDE나 DDD도 염증마비, 신장애 등의 중독증상을 일으키며 같은 유기염소계의 앨드린도 토양 중에 오래 체류하여 신장애, 마비 등의 증상을 나타낸다. 수은은 유기, 무기를 불문하고 모든 식물에 흡수되고 어느 것이나 독성을 나타내며 이것은 분해·소실되지 않는다. 대부분의 농약은 이로운 벌레와 균을 함께 죽이기 때문에 해충의 친척들까지 피해를 입게 되어 해충들이 오히려 더욱 번성하고 이에 따라서 농작물에 피해를 주게 된다. 오염된 토양에서 자란 농작물에는 유해한 중금속, 화학물질 등이 포함되어 이 사료를 먹은 소, 돼지 등의 가축에게도 오염이 퍼진다. 결국 자연의 법칙을 무시하고 마구잡이식으로 사용된 농약으로 인해 동식물은 물론 인간에게 큰 피해를 준다.

6. 토양오염의 대책

전국의 토양오염 실태 파악을 위해 토양측정망을 지속적으로 운영하고, 유류저장시설 등 토양오염 유발시설에 대한 관리체계 확립, 폐금속 광산지역 오염실태 정밀조사 및 오염방지사업 추진, 폐기물 매립지 등 토양오염 우려지역에 대한 조사 강화를 통해 오염토양의 효율적인 색출과 오염토양의 개선대책을 적극 추진 중에 있다. 또한 오염원인자에 대한 책임 소재를 명확히 하고, 사전오염예방체계를 확립하기 위해 「토양환경보전법」을 개정하였다.

토양오염을 방지하기 위한 방법에는 토양오염을 사전에 방지하는 방법과 이미 오염된 토양을 원래의 상태로 되돌리는 방법이 있다.

1) 토양오염의 방지

토양오염은 수질오염이나 대기오염을 통해 생기는 경우가 대부분이므로 오염원의 배출을 규제해야 한다. 또 폐기물을 매립 시 발생하는 침출수와 유해폐기물의 침투 등으로 토양오염이 증가될 수 있으므로 폐기물 처리 및 처분을 위한 대책이 필요하다. 예를 들면 수은, 카드뮴 건전지, 형광등 등의 유해물질은 일상의 폐기물과는 분리하여 토양에 매립되지 않도록 해야 한다. 중금속을 함유한 농약, 잔류독성이 큰 농약 등은 그 사용이 제한 또는 금지되어야 하며 저독성 생물 농약으로 대체되어야 한다.

2) 오염토양의 처리기술

토양에 함유된 오염물질을 제거하는 방법은 다음의 다섯 가지로 분류된다.

- 추출 (extraction): 토양 중에 있는 오염물질을 일정한 용액으로 씻어내는 것을 말하며 씻어낸 폐액은 다시 회

수되어 재차 처리된다.

- 불활성화 (immobilization): 오염토양 내에서 유해물질의 활동을 억제하여 지하수, 표면수로의 이동 또는 대기에의 노출을 감소시키는 방법으로 흡착(absorption), 이온교환(ion exchange) 및 침전(percipitation) 등이 있다.
- 분해 (degradation): 유해한 물질을 무독성화하거나 저독성화하는 방법이다. 일반적으로 분해하는 방법은 유기물질 처리에 이용되며 특별한 경우에는 무기물질 처리에도 이용된다.
- 희석 (attenuation): 토양 내 오염물질의 함량을 적절한 수준까지 감소시키기 위해 신선한 토양 또는 유사물질을 사용하는 방법으로 섭취 또는 직접적인 접촉 가능성을 감소시키는 데 이용된다
- 휘발성 감축 (reduction of volatilization): 휘발성 유기물질들의 공기 중 휘발을 억제하는 방법으로 토양 내 휘발성 오염물질의 확산을 억제하거나 휘발성이 될 수 있는 조건을 제거해 준다. 토양 표면으로의 확산은 토양증기압을 낮추어 줌으로써 억제될 수 있으며, 오염물질의 휘발성은 토양층을 냉각시켜서 증기압을 낮추어 줌으로써 감소시킬 수 있다.

3) 농경지 개량법

농경지 토양에 유입된 유기물의 대부분은 토양 자체의 희석, 확산, 분해작용 등에 의해 자정된다. 그러나 중금속에 의한 오염일 때는 자연에 의한 정화작용을 기대할 수 없을 뿐 아니라 한번 토양에 축적된 중금속을 선택적으로 제거하기란 거의 불가능하다.

4) 보전농업

토양오염관리를 위해 토양환경 기능 및 조성을 생태계와 연결시켜 생각해야 하며 토양관리 기준에 대한 과학적 지식을 계속 집적함으로써 환경기준을 설정함은 물론 이의 유지달성을 위한 오염방지 내지 오염제거 기술의 시급성이 인식되어야 한다.

오염된 환경을 되돌리기 위해 보이지 않는 창조자로서의 미생물 이용이 앞으로 토양환경보전기술의 발전방향이라 할 수 있다. 미래의 농업기술 개발과 보급은 농업이 단순한 작물생산의 증대를 위한 환경개선의 차원이 아니라 환경과의 조화 속에서 토양의 생산성을 지속적으로 유지하고 더불어 환경정화기능을 높여가는 농업, 즉 보전농업(sustainable agriculture)이 이루어져야 한다.

제9절 방사능과 건강

방사선은 라듐, 우라늄, 토륨 등과 같은 방사성원소의 원자핵이 부서질 때 나오는 알파선, 베타선, 감마선 등을 총칭하는 것이고, 방사능은 방사선을 내는 활성력이다. 몸을 투과하면 분자와 공명하여 세포를 파괴시키거나, DNA 혹은 RNA의 수소결합을 절단하여 유전자를 파괴하거나 변형시킨다. 일반적인 노출은 인체에 해가 되며 이를 집중하여 쬐면 종양 등을 파괴하고 유전자를 변형시킬 수 있는 수단이 된다.

전등을 방사성 동위원소에 비유하면 전등에서 나오는 빛 방사선이라고 할 수 있고 이 빛을 내는 전등의 필라멘트의 능력이나 성질은 방사능에 비유할 수 있다.

1. 방사능 피폭

방사선에 피폭에는 오염(contamination)과 조사(irradiation)가 있다.

오염은 방사성이 있는 물질과 접촉 후 오염된 것을 말하며 내부 및 외부오염으로 분류할 수 있다. 내부오염은 방사성 물질을 섭취하거나, 흡입 또는 피부를 통해서 체내로 들어온 것을 말하고, 체내로 들어온 방사성 물질은 다양한 조직으로 이동하고, 방사성 물질이 제거 혹은 소멸될 때까지 계속해서 방사선을 방출하며 내부오염은 제거하는 것이 어렵다. 외부오염은 피부나 옷이 방사선에 오염된 경우이다.

조사(irradiation)는 방사선에 노출될 때 방사성 물질이 아닌 것에 노출된 경우를 말하고, 방사선 노출은 방사선 원천(source)이 없어도 일어날 수 있으며(방사성 물질, X-선 장비), 방사선 원천이 제거되면 노출도 끝난다. 조사된 사람은 방사선을 방출하지 않는다.

2. 방사능이 인체에 미치는 영향

방사능은 직간접적인 DNA손상을 통해 인체에 영향을 준다. 피부세포의 손상으로 살점이 떨어져나가기도 하고, 치아가 부러지고, 머리카락이 빠지며, 손톱이 빠지고, 피부에서 기포와 수포가 발생하기도 한다. 장기에 영향을 주고 신경계에도 문제가 발생하여 경련과 마비 등의 혼수상태와 사망에 이르게 한다. 일정 수준 이상에 노출되면 골수암, 폐암, 갑상선암, 유방암 여러 가지 암들이 발생하며 치료가 거의 불가능하고 백혈병 등으로 사망에 이르게 된다. 또한 유전적 변이가 생겨 기형아들이 태어나며 이러한 유전정보는 후손들에게 되물림되어 후손들에서 기형아가 출산될 가능성이 상당히 높아진다. 방사능은 제거할 방법이 없으며, 방사능 피폭으로 죽은 사람의 시체는 화장해도 그 재 속에 있는 방사능은 없어지지 않는다.

제10절 환경보건과 간호사의 역할

최근 인구의 고령화, 기후변화, 신기술의 발전에 따라 국민의 건강을 위협하는 요인이 증가하고 있으며, 국민들의 삶의 질 향상으로 건강장수에 대한 환경복지 수요 또한 증가하고 있다. 환경오염에 대한 노출과 민감도의 차이로 생애단계에 따라 건강영향이 다르게 나타나며 특히 영·유아, 어린이, 임산부, 노인은 환경유해인자에 취약하고 민감한 계층이므로 각별한 관리가 요구된다. 그러므로 환경노출 모니터링과 규제에 집중한 기존의 환경정책에서 나아가 생활수준 개선 및 수요자와의 직접적인 소통으로 이루어져야 한다. 환경보건 서비스와 전 생애주기별 맞춤형 서비스를 통한 국민의 삶의 질 향상을 위해 노력해야 한다.

환경은 건강의 결정인자이며, 환경이 건강에 미치는 영향은 대상자의 삶과 간호실무의 모든 면에서 나타난다. 간호사는 대상자와 건강, 환경과의 관련성을 잘 설명할 수 있어야 하며, 인구집단의 건강을 휘협하는 환경에 대해 인식하고 강조하는 것이 필요하다.

1. 환경유해요인에 노출될 위험인구 집단 확인

지역사회 간호사는 환경유해 요인에 노출될 위험이 높은 인구집단을 확인하여야 한다.

어린이는 환경보건적으로 취약한 집단이다. 그 이유는 신체의 성장이 진행 중이고 신체 크기에 비해 성인보다 더 많이 섭취하고, 호흡하며, 화학물질 등에 더 많이 노출될 수 있기 때문이다.

인구 고령화로 노령인구에 대한 환경보건 현안을 점검하고 취약지역 내 거주 노인에 대한 건강보호 대책 마련이 필요하다.

2. 환경보건서비스의 정의 및 목표

환경보건서비스(EHS, environmemtal health services)란 국가, 지역사회 및 단체, 개인 등의 직접적인 참여와 소통을 통하여 환경오염으로부터 국민의 건강을 보호하기 위한 지식과 서비스 창출 그리고 응용 등의 체계적이고 창조적인 활동이다. 환경보건서비스는 수요자와 공급자 모두 주체가 되어 안전하고 쾌적한 환경을 통해 언제나 건강하고 행복한 국민의 삶을 누릴 수 있도록 서비스를 제공하는 것이며 전 국민이 참여하고 소통하는 환경보건 서비스 체계 구축과 운영을 통해 건강한 후속세대, 생활환경 개선, 국민들의 건강과 장수, 쾌적하고 건강한 환경 재생, 액티브 에이징(활기찬 노년) 등을 목표로 한다.

3. 환경건강

환경건강은 환경의 물리적, 생물학적, 사회적 그리고 심리적 요인에 의해 영향을 받는 삶의 질 부분을 말하고 다른 한편으로는 현재 또는 미래세대의 건강에 해를 끼칠 수 있는 환경 중의 이러한 요인들을 평가하고 통제하고 예방하는 이론과 실천을 가리키기도 한다.

환경건강은 본질적으로 두 가지 측면을 가지고 있다. 하나는 환경 중에 존재하는 유해요인이고, 나머지 하나는 그로인한 건강영향이다. 환경은 인간의 외부에 있는 모든 것으로 정의될 수 있는데 크게 구분하면 물리적, 생물학적, 사회적, 문화적 환경을 포함하여 인구집단의 건강상태에 영향을 미칠 수 있는 모든 것을 말한다. 이러한 정의는 개인의 건강이 유전적요인과 환경적요인에 의해 결정된다는 생각에 근거하고 있다. 우리는 부모로부터 유전자(각 세포에 있는 DNA)를 물려받는다. 각 개인의 유전적 특성은 그 사람이 환경에 의한 영향을 어떤 식으로 받는지를 결정하는 중요한 요인이 된다. 아주 고농도의 유해물질에 노출된 경우 모든 사람이 예외 없이 문제가 생기지만, 만일 낮은 농도의 유해물질에 노출된 경우에는 모든 사람이 문제를 나타내지는 않는다. 다른 위험요인을 같이 지니고 있거나 아니면 유전적 특성 때문에 취약한 사람에서 주로 문제가 생기게 된다.

4. 환경에 대한 사정

지역사회간호사는 개인, 가족, 산업장, 학교 및 지역사회의 건강문제를 사정할 때 대상자의 생활환경 및 자연환경을 포함하여야 한다. 공기, 물, 식품, 화학/제품 등 환경 문제와 건강과의 관계뿐만 아니라 화학물질 노출 등에 대한 환경건강 정보도 포함시켜야 한다.

대상자의 건강력 사정시 환경위험에 대한 질문을 하여야 하며, 지역사회 사정시 환경적 특성인 식수 공급상태, 하수처리, 쓰레기 처리방법, 대기오염 등도 포함시켜야 한다.

5. 환경보건에서 리스크 커뮤니케이션의 역할

국내외의 환경보건관련 문제가 이슈화될 때마다 관련 환경유해인자의 위해도에 대한 이해관계자간 인식의 차이로 의사결정이 지연되고 사회적 혼란 발생 및 불안감이 증폭되는 경우가 발생하고 있다. 생활 주변의 환경유해인자에 대한 관심이 높아지면서 위해정보에 대한 수요는 기하급수적으로 증가하고 있으나 위해관련 정보를 공유할 수 있는 체계가 미흡하여 해당 수요를 충족시키지 못하고 있으며 정보공유에 한계가 존재함에 따라 대응책 제시, 불안감 해소, 분쟁 해결 및 합의 도출을 위한 이해관계자간 의사소통이 원활하지 못한 상황이다. 이러한 정보공유 및 의사소통을 위해 수행되는 과정 또는 체계를 리스크 커뮤니케이션(RC, risk communication) 이라 하며 환경에 대한 전문적인 지식이 다소 부족한 일반인에게 전문용어 위주이며 불확실성이 내재되어 있는 환경오염에 대한 위해성을 인식시키는데 발생되는 본질적인 어려움을 해소하는 것(환경부, 2008a)을 말한다. 리스크 커뮤니

케이션의 중요성은 국내외 정부와 국제기구 차원에서 강조되고 있다.

환경보건법에서는 기본이념 중 하나로 환경유해인자의 영향을 받는 집단의 위해성 관련 정보를 제공하는 것과 관련하여 국민의 정책 결정 과정 참여를 보장하고, 취약집단중 하나인 어린이에 대해서는 환경부장관이 어린이가 영향을 받는 환경유해인자의 독성 및 위해성 정보 체계 구축하여 관련 정보를 국민에게 알려야 할 의무가 있음을 별도로 명시하고 있다.

지역사회간호사는 이러한 간극을 좁히고 상호 이해도를 높이기 위해서 위해의 기본개념 및 효율적 소통에 필요한 위해 요인별 기본 지식에 대해 지속적으로 대상자를 교육하고 홍보하여야 한다.

6. 환경보건에 관한 지역사회간호사의 역할

지역사회간호사는 어린이에서 노령자까지 생애주기에 따라 또는 취약집단의 생활패턴 및 활동공간을 고려하여 환경보건 요구도를 파악하여 서비스를 제공하여야 하며 취약집단을 대상으로 한 교육 및 정보제공에 있어서도 이들의 상황을 고려한 맞춤형 서비스 제공이 필요하다. 또한 환경보건 서비스가 목표 달성에 적합하게 이루어지도록 점검하는 평가도 중요하다.

지역사회의 건강하고 안전한 환경보건을 위하여 감염성 폐기물, 식품보호, 일반적 대비, 유해물질, 방사선, 물 안전에 대한 비상사태와 재난 피해시 복구를 위한 지원 등을 할 수 있는 인력은 지역사회간호사이다. 따라서 지역사회간호사가 환경보건서비스의 실무자로서 역할을 하여야 한다.

환경유해인자, 유해인자에 대한 노출, 환경유해인자와 잠재적으로 영향이 있는 건강영향에 관한 자료를 지속적으로 수집, 통합, 분석을 통해 환경보건 관련 연구를 수행하여 환경관련 정책 개선에 이바지하여야 한다.

참고문헌

- 강병우 등(2012). 공중보건학. 청구문화사.
- 강복수 등(2006). 예방의학과 공중보건. 계축문화사.
- 권명진 등(2009). 공중보건학. 서원미디어.
- 김동석(2007). 공중보건학. 수문사.
- 김양호 등(2012). 공중보건학. 현문사.
- 김영옥 등(2013). 공중보건학. 양서원.
- 김종오(2009). 공중보건 및 환경위생학. 동남보건대학교.
- 김주영, 방두연, 김정수(2007). 환경위생학. 고문사.
- 김주영, 하청근(2001). 환경위생학. 고문사.
- 김화중 등(2013). 지역사회간호학. 수문사.
- 대한간호과학회(2011). 지역사회간호학문제집. 대한간호협회.
- 대한예방의학회(2014). 예방의학과 공중보건학. 계축문화사.
- 서광석(2007). 환경위생학. 대학서림.
- 안양희 등(2009). 지역사회간호학. 정담미디어.
- 유광수 등(2013). 지역사회간호학. 정담미디어.
- 유호신 등(2014). 지역사회간호학. 수문사.
- 이정렬 등(2012). 역학과 건강증진. 수문사.
- 이형수(2013). 공중보건학. 범문에듀케이션.
- 최연희 등(2014). 지역사회간호학. 수문사.
- 환경부, 2008a. 위해도 의사소통기법연구 최종 보고서.
- 환경독성보건학회(2013). 환경보건 100+ 서비스 기획연구. 국립환경과학원.

참고사이트

- 기후변화정보센터. http://www.climate.go.kr
- 기후변화홍보포털. http://www.gihoo.or.kr
- IPCC-Intergovernmental Panelon Climate. http://www.ipcc.ch
- 기상청. http://www.kma.go.kr
- 국가환경정보센터. http://www.konetic.or.kr
- 법제처. http://www.moleg.go.kr
- 식품의약품안전처. http://m.mfds.go.kr
- 환경부. http://www.me.go.kr

제 15 장

재난관리

학습목표

- 재난의 개념을 알 수 있다.
- 재난을 분류하고 유형별 특성을 알 수 있다.
- 재난관리단계별 요구되는 간호요구를 이해할 수 있다.
- 국내 재난 관리체계를 이해할 수 있다
- 국외 구호기구의 종류와 역할을 설명할 수 있다.

개요

이 장에서는 자연적 · 사회적으로 인한 재난의 개념을 학습하고 재난유형을 구분한다. 또한 재난시 대상자의 분류를 통해 효율적인 대응을 할 수 있는 기반을 마련하며 관련 우리나라 재난관리 체계를 이해하며 재난에 대비하여 대상자들에게 비상시 보건의료인으로서의 재난구호활동을 하는데 필요한 실무를 이해하도록 한다.

주요 용어

• 재난 • 재난유형 • 재난관리체계 • 재난구호활동

제1절 재난의 정의

1. 재난의 정의

1) 개념

재난은 어떠한 피해로 인해 '국민의 생명 · 신체 및 재산과 국가에 피해를 주거나 줄 수 있는 것'(재난 및 안전관리 기본법 제 3조, 2014)으로써, 일반적으로 재해와 재난은 유사한 의미로 이용되나 주로 재해는 자연적 피해인 홍수, 가뭄, 화재, 태풍, 지진 등을 의미하고, 재난은 자연적 피해 이외의 뜻밖의 사고로 이어지는 피해를 의미한다. 세계보건기구(WHO)에서 내린 정의는 '외부의 도움을 필요로 하는 상당한 정도의 갑작스런 생태적 현상'을 의미하고 자연적 혹은 인위적 원인으로 인한 파괴와 손실, 대량 환자의 발생으로 인해 수요가 공급 가능한 의료자원을 능가하는 상태를 총칭한다. 우리나라는 재난 및 안전관리 정책 · 기구 · 조직을 통합 · 일원화하여 재난 관리 업무의 기본법을 2004년 3월 11일에 통합하여 재난 및 안전관리 기본법을 제정하고 재난을 크게 자연재난과 사회재난으로 구분하였다.

2) 재난의 유형 및 분류

재난은 학자마다 다양한 분류방법을 주장하고 있다. 아네스(Anesth)는 자연재해를 기후성 재해와 지진성 재해로 분류하고 인위재난을 고의성 유무에 따라 사고성 재해와 계획적 재해로 구분하고 있다. 이 분류 체계는 각국의 지역재난계획에서 주로 적용하고 있다. 대기오염, 수질오염과 같이 장기간에 걸쳐 완만히 전개되고 인명피해를 발생시키지 않는 일반행정관리 분야의 재난은 제외하고 있는 것이 특징이다.

발생원인에 따라 자연재난(천재), 인위재난(인재)로 나뉘어진다. 자연재해는 태풍, 홍수, 호우, 폭풍, 해일, 폭설, 가뭄, 우박, 지진 등의 기상재난으로 나뉘어지며 인위재난은 크게 3가지로 분류된다. 첫째 물리적 재난으로 교통사고, 기계사고, 시설물 사고 등이다. 둘째, 화학적 재난이다. 이는 화학물질노출, 화재사고, 폭발사고 등을 말한다. 셋째, 특수재난이다. 이것은 원자력사고, 전염병 창궐, 소요사태, 전쟁 등과 같은 상황시 분류될 수 있다.

「재난 및 안전관리 기본법」 제3조에 의한 재난의 유형 및 정의는 다음과 같다.

(1) 자연재난

태풍, 홍수, 호우(豪雨), 강풍, 풍랑, 해일(海溢), 대설, 낙뢰, 가뭄, 지진, 황사(黃砂), 조류(藻類) 대 발생, 조수(潮水), 화산활동, 그밖에 이에 준하는 자연현상으로 인하여 발생하는 재해이다. 이는 예측하기 힘들며 매년 자연재해 발생 시 임시적 대비 만으로 인해 피해가 엄청나다.

이러한 자연재난은 발생시 사망률이나 피해율을 줄이기 위해서는 초기대응 24-48시간이 가장 중요하나 적절한 대피와 처치가 불가능함으로 인해 많은 피해가 발생되고 있다.

(2) 사회재난

화재 · 붕괴 · 폭발 · 교통사고(항공사고 및 해상사고를 포함) · 화생방사고 · 환경오염사고 등으로 인하여 발생하는 대통령령으로 정하는 규모 이상의 피해와 에너지 · 통신 · 교통 · 금융 · 의료 · 수도 등 국가 기반체계의 마비, 「감염병의 예방 및 관리에 관한 법률」에 따른 감염병 또는 「가축전염병예방법」에 따른 가축 전염병의 확산 등으로 인한 피해를 말한다. 사회재난 중 전쟁이나 테러는 인간의 종교나 이념적 갈등으로 인해 생기는 집단적(지역 및 국가간) 분쟁의 행위로, 무기나 방사능 등의 이용으로 인해 치명적인 피해를 발생시킬 수 있다.

2. 재난의 특성

컴포트(Comfort, 1988)와 튜너 (Turner, 1997)는 재난의 특성을 아래와 같이 설명하였다

1) 상호작용성(interactivity)

재난은 여러 가지 요인들이 결합하여 발생하는 것이다.

2) 불확실성(uncertainty)

재난은 언제, 어디서, 어떻게 발생할지 알 수 없다. 재난으로 일정한 피해가 초래된다는 사실은 알려져 있지만 재난이 발생할 확률이나 규모, 시기가 사전에 알려지지 않고 이러한 재난예측 불확실성이 더욱 재난관리를 악화시킬 수 있다.

3) 복잡성(complexity)

재난의 강도, 규모 그리고 최초 사건과 관련되어 다른 사건이 진행된다.

4) 누적성(cumulativeness)

재난은 가시적인 발생이 오래전부터 누적되어 온 위험요인들이 특정시점에 표출된 결과로 인해 발생된다.

5) 적응성(flexibility)

재난은 발생한 이후에 재난 형태에 따라서 대처하는 방법을 깨닫게 된다.

또한 소방방재청(2006)에서 재난의 특성을 정의한 바에 따르면,

첫째, 실질적인 위험이 크더라도 그것을 체감하지 못하거나 방심하기 쉽다.

둘째, 본인과 가족과의 직접적인 재난피해 외에는 무관심하게 되기 쉽다.

셋째, 시간과 기술 · 산업발전에 따라 발생빈도나 피해규모가 다르다.

넷째, 인간의 노력이나 철저한 관리에 의해 상당부분 근절시킬 수 있다.

다섯째, 발생과정은 돌발적이며 강한 충격을 지니고 있으나, 같은 유형의 재난피해라도 형태나 규모, 영향 범위가 다르다.

여섯째, 재난발생 가능성과 상황변화를 예측하기 어렵고 마지막으로 고의나 과실이든 타인에게 끼친 손해는 배상의 책임을 가진다는 점을 언급했다.

이처럼 재난은 복잡하지만 다양한 위험요인을 관리하고 노력한다면 상당부분 예방할 수 있다는 점에서 재난관리가 필요하다.

3. 재난 발생현황

우리나라는 1993년 구포역 무궁화호 탈선, 서해 훼리호 침몰, 1994년 성수대교 붕괴, 아현동 가스 폭발, 1995년 대구 지하철 가스 폭발, 삼풍 백화점 붕괴, 대한항공기 괌 추락 등에 이어, 21세기에 들어서도 2002년 태풍 루사, 2003년 폭설, 태풍 매미, 대구 지하철 방화에 이어, 2014년에는 경주 마우나 리조트 체육관 붕괴, 세월호 참사 등 사회적으로 커다란 문제를 야기한 재난과 사고가 반복적으로 발생하고 있다.

최근 10여년 간의 자연재난 발생현황에 대한 통계를 살펴보면 2007년 이후 다소 감소하는 추세를 보이다가 2011

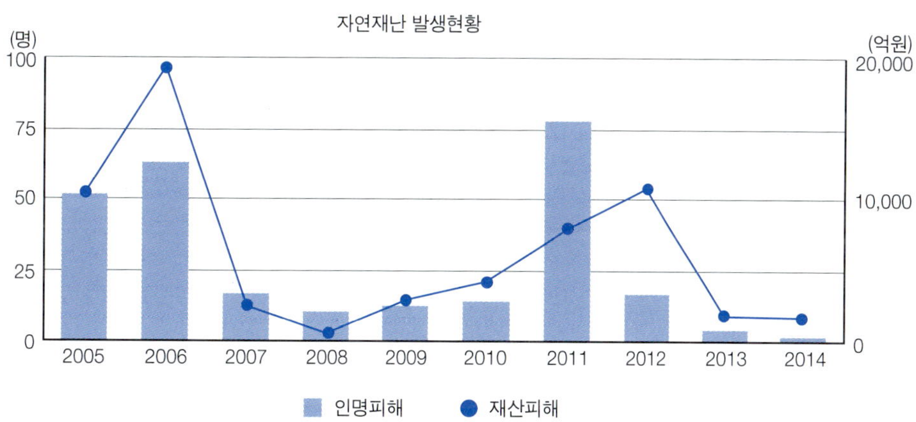

그림 15-1 최근 10년간('05~14')의 자연재난 발생현황

출처: 재난연감, 소방방재청, 2014

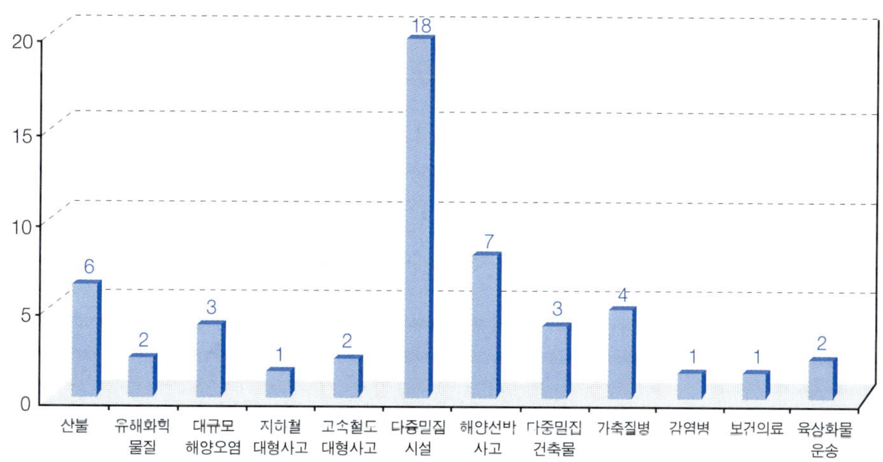

그림 15-2 최근 10년간('05~14')의 재난 발생현황

출처: 재난연감, 소방방재청, 2014

허베이 스피리트호 유류 유출사고, 2007.12.07.

(주) 휴브 글로벌 불산 누출 사고, 2012..09.27

진도 해상여객선 세월호 침몰사고,2014.04.16

현대 브릿지호 유류오염사고, 2014..12.28

그림 15-3 재난관련 사고현장

출처: 재난연감, 소방방재청, 2014

년에는 호우와 태풍 '무이파' 피해로 인명피해가 가장 많았으며, 2012년에는 태풍(덴빈, 볼라벤, 산바)과 불산 누출사고 등으로 재산피해가 가장 많이 발생한 것으로 나타났다(그림15-1). 또한 재난발생 현황건수 중, 다중밀집 시설의 대형화재가 18건으로 가장 많았으며, 그 밖에 해양선박사고 7건, 산불 6건의 순으로 나타났다(그림 15-2).

재난발생으로 인해 국가의 안녕 및 사회질서의 유지에 중대한 영향을 미치거나 그 재난으로 인한 피해를 효과적으로 수습 및 복구하기 위하여 특별한 조치가 필요하다고 인정하는 지역을 특별재난지역으로 지정 · 선포할 수 있다(재난 및 안전관리기본법 시행령 제68조). 최근 10년 사이에 발생한 재난관련 현장의 사례(그림15-3)와 자연 · 사회관련 특별재난지역 선포현황의 예는 다음과 같다(표15-1, 표15-2).

[특별재난지역]

자연재해나 대형사고와 같은 인적 재난 등으로 극심한 피해를 입었을 때 사고에 대해 시 · 도의 행정능력이나 재정능력으로는 수습이 곤란하여 효과적인 수습과 복구를 위한 특별한 조치가 필요하다고 인정되는 경우 '재난 및 안전관리기본법'에 의해 중앙사고대책본부장의 건의와 중앙안전대책위원회 심의를 거쳐 대통령이 선포하도록 규정되어 있다. 일반적인 지원 대상은 인명과 재산의 피해정도가 매우 크고 영향이 광범위해 정부 차원의 종합적인 대처가 필요한 재난으로 되어 있다. 또 시 · 도의 행정이나 재정능력으로는 수습이 현저히 곤란한 재난, 피해를 본 주민 · 기업 · 기관 · 단체에 대한 정부 차원의 행정 · 재정 · 경제상의 지원이 필요하다고 인정되는 재난, 사회의 안녕질서 및 산업경제활동에 중대한 영향을 미치는 재난이 포함된다. 특별재난지역으로 선포된 지역은 대통령령이 정하는 응급대책 및 재해구호와 복구에 필요한 행정, 재정, 금융, 세제 등의 특별지원을 받을 수 있다.

출처 : 재난 및 안전관리 기본법

표 15-1 특별재난 지역 선포현황(사회재난)

재난명	발생일	선포일	피해 내용
삼풍백화점 붕괴	'95.6.29	'95.7.19	• 인명: 1439명(사망 502, 부상 937) • 재산: 건물 1동, 차량 310대, 869개 업체 물품파손 등
동해안 산불	'00.4.7~4.15	'00.4.17	• 인명: 17명(사망 2, 부상 15) • 재산: 1071억원 / 산림: 23,138ha(632억원) • 복구지원액: 659억
대구지하철 방화사건	'03.2.18	'03.2.19	• 인명: 340명(사망 192, 부상 148)
양양산불	'05.4.4~4.6	'05.4.7	• 이재민: 168세대 418명 • 재산: 394억원 / 산림 973ha • 복구지원액: 177억원
허베이스피리트호 유류 유출사고	'07.12.7	'07.12.11	• 원유 12,547kl(10,900톤) 유출 • 지원규모 – 직접지원금 124,988백만원 – 직접지원금 613,111백만원 • 배상금 – 기금측 1,868억원 – 정부 대지급금 1,103억원
(주)휴브글로벌 불산 누출사고	'12.9.27	'12.10.8	• 인명: 5명, 검진/치료 연인원 12,243명 • 재산(농작물 212ha, 가축 4,015en, ckfid 1,954대) • 복구지원액: 554억원
여객선 세월호 침몰 사고	'14.4.16	'14.4.21	• 인명피해: 사망 295, 실종 9 • 재산피해: 세월호(6,825톤) 침몰

출처: 국민안전처 통계연보, 2015

표 15-2 특별재난 지역 선포현황(자연재난)

재난명	연도	기간	선포일자	선포지역	인명피해(명)	피해액(억원)	복구비(억원)
제15호 태풍 루사	2002	8.30~9.1	09.16	16개 시도 203개 시군(전국 일원)	246	6조 1,479	7조 1,452
제14호 태풍 매미	2003	9.12~13	0.922	14개 시도 156개 시군(전국 일원)	131	4조 2, 225	6조 3,922
대설피해	2004	3.4~5	03.10	10개 시도 82개 시군(전국 일원)	–	6,734	8,827
대설피해	2005	12.3~24	12.29	9개 시도 57개 시군(전국 일원)	14	5,206	7,213
제3호 태풍 에위니아	2006	7.9~29	07.18 08.10	7개 시도 39개 시군	62	1조 8,344	3조 5,125
10.22~24 호우 · 강풍8풍랑	2006	10.22~24	11.15	강원 · 강릉 · 동해 · 속초 · 삼척 · 고성 · 양양	1	699	1,033
8.4~15 집중호우	2007	8.4~15	09.11	강원 양구	–	322	893
제11호 태풍 나리	2007	9.13~16	09.20 10.08	제주, 전남 고흥, 보성, 화순, 완도	16	1,592	3,636
7.23~26 호우	2008	7.23~26	08.01	경북 봉화	8	464	1,156
7.11~16 호우	2009	7.11~16	07.31	양평, 홍천, 제천, 금산, 완주, 광양, 김해, 하동	12	2,302	6,793
12.4~6 강풍 · 풍랑	2009	12.4~6	12.24	충남 서천	–	70	43
7월 호우	2010	7.16~18, 23~24	8.11	경남 합천, 충남 보령 · 부여	4	318	1,032
8.13~18 호우	2010	8.13~18	09.03	전북 남원 · 익산 · 완주 · 임실 · 장수 · 진안, 전남 곡성	1	851	2,316
제7호 태풍 곤파스	2010	9.1~3	09.16	경기 화성, 충남 서산 · 홍성 · 에산태안 · 단진, 전남 신안	6	1,674	1,793
12.29~1.4 대설	2010	12.29~1.4	01.24	전남 영암	–	383	167
2.11~14 대설	2011	2.11~14	03.03	강원 강릉 · 삼척, 경북 울진	–	360	236
7.7~14 호우	2011	7.7~14	08.02	전북 완주, 경북 청도, 경남 밀양 · 하동 · 산청	10	1,354	3,204
7.26~29 호우	2011	7.26~29	08.08 08.19	경기 동두천 · 남양주 · 파주 · 광주 · 양주 · 포천 · 연천 · 가평, 강원 춘천, 서울 서초, 경기 양평, 강원 화천	52	3,768	8,106
제9호 태풍 무이파 및 호우	2011	8.6~10	08.19 09.02	전북 정읍 · 임실 · 고창, 전남광양 · 구례 · 진도 · 신안, 경남 하동 · 산청 · 함양, 전북 남원 · 부안, 전남 완도	1	2,183	4,617
제1415호 태풍 덴빈 · 볼라벤	2012	8.25~30	09.13	충북 괴산, 충남 부여, 전북 김제, 전남 목포, 여수, 구례, 화순, 함평	5	6,366	10,113
제16호 태풍 산바	2012	9.16~17	09.26	경북 포항, 경주, 김천, 고령, 성주, 경남 통영, 밀양, 거제, 남해, 산청, 함양, 거창, 합천, 전남 여수, 고흥(15개 지역)	2	3,657	9,175
7.11~15,7.18 호우	2013	7.11~15, 18	07.27	경기 가평, 강원 춘천 · 홍천 · 평창 · 인제	1	940	2,425
7.22~23 호우	2013	7.22~23	08.09	경기 이천 · 여주	3	625	1,321
8.25 호우	2014	8.25	09.05	부산 북, 금정, 기장, 경남 창원, 고성	2	1,131	4,449

출처: 국민안전처 통계연보, 2015

4. 재난 유형별 건강문제

재난 시 나타나는 대상자의 문제는 재난의 유형별로 다르게 나타난다. 효율적으로 재난대응을 하기 위해서는 이러한 재난의 유형별로 예상되는 건강문제를 아는 것이 중요하다.

1) 자연재난

(1) 홍수

우리나라의 지리적 조건은 국토의 60%가 산지로 유로가 짧고 급경사를 이루고 있으며 집중 호우 시 산사태나 홍수가 일어날 가능이 높다. 홍수에 있어 가장 심각한 문제는 상수도와 하수시설의 파손으로 두가지가 합류됨으로써 매우 독성이 높은 화학적, 생물학적 독극물에 의한 손상이 발생될 수 있다. 주로 발생할 수 있는 수인성 질환으로는 렙토스피라증, 장티푸스, A형 간염, 이질, 대장균과 오염된 물 접촉으로 인한 피부 및 안질환이 있다.

홍수로 인한 사망과 실종은 익사이며 생존자인 경우에도 찰과상, 열상, 궤양이 생길 수 있다. 홍수지역은 복구단계에는 식수 확보나 쓰레기 처리 문제 등으로 환경위생을 유지하기 위한 방역이 2차적 질병발생을 막는데 중요한 역할을 할 수 있으며 건물의 붕괴나 감전을 주의하도록 주민들에게 교육을 시행해야 한다.

(2) 태풍

태풍에 의한 피해는 주로 해변가에서 발생하는데 우리나라는 북태평양의 태풍영향권 내에 있어 태풍의 피해를 보게된다. 강한 폭풍 및 해일에 의한 손상으로 주로 90%가 익사로 인해 사망한다. 태풍초기에는 건물붕괴나 파편에 의한 골절, 찰과상, 열상이 발생하나 후기에 복구과정에서 감전사고가 발생하며 수인성 전염병, 기아, 탈수 등이 일어날 수 있다.

(3) 화산폭발

우리나라의 경우 화산폭발은 일어날 가능성이 적으나 환태평양상에 위치한 국가에서는 아직도 화산폭발에 의한 피해가 일어나고 있다.

화산이 폭발하면 다량의 화산재를 분출한다. 이러한 화산재 흡입으로 인해 기도 내의 수분과 함께 응어리져 기도폐쇄를 일으키며, 고온증기에 의한 화상, 유독가스에 의한 손상이 일어난다. 또한 깊은 분화구에 위치한 호수에 유독가스가 녹아들어 가스가 갑자기 분출하여 폐부종, 결막염, 관절통, 근육쇠약, 피부의 물집 등이 일어날 수 있다.

(4) 지진

지진은 지구의 다양한 판들이 하부에 내력이 갑자기 소실되어 발생한다. 우리나라는 유라시아판과 일본판이 접해있는 지역이며 최근 지진의 발생빈도와 규모가 증가하고 있다. 일본은 특히나 지진발생이 잦은 편이며 미국의 캘리포니아, 콜롬비아에서도 발생했다.

지진이 발생하면 건물붕괴나 파편에 의한 손상, 머리와 가슴 등 압좌손상, 외부/내부출혈, 구획증후군, 심각한 횡문근변성, 저혈량 쇼크, 신부전증, 부정맥 등의 압좌증후군, 먼지흡입으로 인한 폐부종, 독성물질에 의한 손상이 생길 수 있다. 지진발생 시 사망률을 낮추기 위해서는 신속한 구조 및 수색이 중요하다.

(5) 토네이도

자연재해 중에서 가장 치명적이다. 토네이도는 깔데기꼴의 구름이 뇌운의 바닥에서 지상으로 향하는 모양을 나타내는 무서운 속도를 가진 소용돌이 바람이다. 미국 중서부지역과 오스트레일리아에서 주로 발생하며 발생시 두부손상, 흉부와 몸체손상, 상처오염, 가스괴사 등이 나타날 수 있다.

(6) 산사태

지질 및 기상 등 여러 가지 원인으로 인해 대량의 바위, 흙 그리고 잔해물들이 경사면 아래로 흘러 내리는 것으로 집중호우, 화재, 지진, 화산분출 등에 의해 발생된다. 갑자기 일어나는 산사태는 미처 대피할 여유가 없어 대부분 흙더미 밑에 깔려 질식사하게 되며 생존자의 경우 부분적 기도폐쇄로 인한 호흡문제를 야기할 수 있다.

(7) 기상문제 및 기아

기상문제는 전세계적으로 영향을 받는 엘니뇨와 라니냐를 들 수 있다. 엘니뇨란 페루나 에콰도르 해안가에서 크리스마스 전후로 해안을 따라 남하하는 따뜻한 해류이지만 2~7년을 주기로 불규칙적이고 비정상적인 엘니뇨 현상이 나타난다. 이러한 엘니뇨현상은 생태계 위기, 집중호우, 폭우, 가뭄현상이 나타나고 있다.

기아문제는 전쟁, 가뭄과 같은 재난으로 인해 생기는 2차 문제이다. 기상변화, 식량생산의 감소, 인구과잉, 민족분쟁 등의 이유로 기아문제가 생길 수 있으며 가장 취약계층은 어린이다. 이러한 어린이에게 나타날 수 있는 문제는 설사, 말라리아, 요오드 결핍, 실명, 폐렴, AIDS 등이 있다.

2) 인위재난

(1) 자동차 사고

자동차 사고로 많은 사람이 목숨을 잃고 있지만 이것 자체가 재난으로 확대되는 경우는 드물다. 화학물질이나 인화성 물질을 운송하는 차량의 전복이나 사고시 대형폭발과 화재, 주변환경의 오염, 그리고 인근마을 주민의 심각한 인명과 재산피해를 가지고 올 수 있다.

(2) 열차 사고

열차사고는 좁은 터널이나 산악에서 많이 발생하여 구조가 늦어지고 유해물질을 수송하는 경우가 많아 심각하다. 손상은 대부분 다발성손상 및 골절이 생기며 환경에 의한 저체온증이나 익사 등의 문제가 발생하기도 한다.

(3) 비행기 사고

비행기사고는 대부분 이착륙시 발생하며 공중에서 폭발하는 경우는 생존자가 거의 없다. 비행기 사고 시 생길 수 있는 건강문제로는 다발성 손상, 압좌 손상, 화상, 골절, 비행기 내의 플라스틱이 타면서 발생하는 유독가스로 인한 질식사 등이 있다.

(4) 선박 사고

선박 침수로 인한 익사, 기름 유출로 인한 오염문제, 저체온증 등이 생길 수 있으며 이와 관련되어 기아 및 탈수문제가 발생할 수 있다.

(5) 가스폭발

우리나라의 경우 대다수의 인구가 도시에 집중되어 있고 주력 연료는 가스이다. 도시곳곳에 가스폭발의 위험을 가지고 있어 가스폭발시 지진, 건물붕괴, 대형화재, 인명손실을 초래할 수 있다. 이러한 가스폭발과 관련된 건강문제로는 화상, 질식, 압좌증후군, 고막천공 등의 외상이 생길 수 있다.

(6) 건축물 붕괴

부실시공, 무리한 사용 등에 의한 붕괴를 말한다. 건물의 붕괴는 기도폐쇄에 의한 질식, 저체온증, 압좌증후군, 골절, 외상후 스트레스증후군 등의 손상을 입게 된다.

3) 테러와 전쟁

(1) 테러

가장 많은 테러의 형태는 많은 사람이 모인 곳에서 폭탄을 터뜨리는 것이다. 테러집단에서는 최대의 효과를 내기 위해 비행기나 기차와 같은 시설물을 목표로 하기 때문에 수많은 피해자가 발생한다.

테러 시 발생되는 손상은 두부손상이 가장 많았다. 대부분 연부조직이나 골절의 손상을 입고 폐의 폭발손상이 가장 많다. 테러 시에는 다수의 손상자가 발생하므로 현장에서 중증도 분류는 필수적이다.

(2) 전쟁

전쟁은 일반적인 재난과는 다르게 대응한다. 전쟁은 공격이 진행되는 가운데 부상자를 구조하고 치료, 후송해야 하는 상황이다. 또한 다양한 다발성 환자가 발생할 수 있으며 총상, 관통상, 개방성 골절 등이 많이 나타난다. 예측할 수 없는 상황하에 환자를 구조 · 처치 · 후송하는데 많은 시간이 소요되어 수시로 중증도 분류를 수행해야 한다.

5. 재난발생과 심리적 문제

재난을 통해 생명의 위협을 체험하거나 죽음 직전의 상황의 경험을 했던 사람은 심리적 충격과 그로 인한 우울이 증가된다. 즉, 재난을 직 · 간접적으로 당하거나 목격한 사람, 가족들은 심각한 부적응증과 함께 모든 것들에 대한 두려움을 지니게 된다. 그래서 간호사는 이러한 문제를 접근하여 중재하며 대상자들에게 심리적 안정을 제공해야 한다. 재난으로 나타나는 문제는 PTSS(Post Traumatic Stress Syndrome)와 PTSD(Post Traumatic Stress Disorder)로 나누어 볼 수 있다.

1) 외상 후 스트레스 신드롬(PTSS : Post Traumatic Stress Syndrome)

일반적으로 재난을 경험한 사람들이 겪는 심리적 상태인 PTSS는 급격하고 심각한 충격으로 인한 급성스트레스 반응으로 나타난다. 이 반응은 정상적인 범주에 속하는 것으로 재난 체험 후 6일에서 6개월 이내에 서서히 사라지고 정상적인 수준으로 돌아온다.

2) 외상 후 스트레스 장애(PTSD: post traumatic stress disorder)

(1) 증상

외상적 사건의 재 경험(악몽)이 발생하고 이와 관련된 상황이나 자극을 회피하기 위한 행동을 보이게 된다. 주요증상은 혈압상승, 심박동수 증가, 수면곤란, 놀라는 반응이 증가하며 대인관계 문제점 발생, 피해의식 증상 발생할 수 있다.

(2) 중재

이러한 상황에서는 환자뿐만 아니라 가족들을 대상으로 외상 후 스트레스장애에 대해 교육하고 약물요법(세로토닌 제제, 삼환계 항우울제, 항아드레날린 제제, 벤조디아제핀 등) 및 정신요법(인지행동치료, 집단치료, 스트레스 예방훈련 등)을 실시할 수 있다.

(3) PTSD감별 절단점(cut off score)

PTSD 진단은 PTSD의 진단도구 중 하나인 CAPS(Clinician Administered PTSD Scale)를 기준으로 진단하여 산출한 IES-R-K 점수 24/25점을 PTSD의 기준점으로 진단한다(24점 이하를 참고그룹/ 25점 이상을 진단그룹).

제2절 재난관리와 간호사의 역할

1. 재난관리의 개념

재난관리는 각종의 재난을 관리한다는 의미로 재난으로 인한 피해를 최소화하기 위해 조치하는 사전 · 사후의 활동을 의미한다. 즉, 사전에 재난을 예방 · 대비하여, 재난 발생 시 인적 · 물적 피해를 최소화하고 본래의 상태로 복구하는 활동인 것이다.

2. 재난관리 단계 및 단계별 간호요구

페탁(Willian J. Petak)은 재난관리 과정을 재난발생 시점이나 관리시기를 기준으로 예방 및 완화단계, 준비 및 대비단계, 대응단계, 복구단계의 4단계로 설명하였으며, 일반적으로 재난발생 이전을 예방단계, 대비단계로 구분하며, 재난발생 이후를 대응단계, 복구단계로 구분할 수 있다.

1) 예방(완화)단계

자연 및 인위재난으로부터 인간의 생명과 재산을 보호하고자 재난에 관한 장기적인 완화대책 또는 제거대책을 수립하는 제반 활동을 수행하는 단계이다. 인간의 건강, 안전, 그리고 사회의 복지에 위험이 존재할 때 무엇을 할 것인가를 결정하는 단계로써 재난발생의 가능성을 낮추는 프로그램을 수행하고자 재난관리 계획을 총괄 · 조정하거나 안전점검체계를 개선하는 단계이다. 또한 법령을 정비하고 대중안전의식 고취를 위한 다양한 컨텐츠 개발, 인력양성을 시행한다.

2) 준비(대비)단계

재난이 발생하기 전, 비상계획이나 경보체제 및 기타 방지수단을 마련하는 것으로, 비상 시에 필요한 또는 그에 대비하는 운용계획을 마련하거나 재난 사태 발생에 대한 대응능력을 유지하게 시키는 단계이다. 재난 발생 시 재난으로부터 생명을 구하고, 재산피해를 줄이기 위한 응급대응계획과 훈련과정을 개발, 연습하고, 재해관리에 필수적인 자원을 확인, 확보하며 대응기관 간에 필요한 협의를 담당지역과 기타의 지역에 걸쳐 사전에 준비하는 활동이다. 즉, 재난대응계획 수립을 위해 민 · 관 공동이 협의 체제를 통해 교육 및 훈련을 실시하게 되는 것으로 시민들은 구호물자확보, 기업은 방재자원 확보 및 조직원의 훈련, 정부는 구호기금 마련 및 방재시설 점검 등의 활동을 하는 단계이다.

3) 대응단계

대응단계는 인간의 생명을 구하고, 재산상의 피해를 최소화시키거나 복구를 쉽게 하기 위한 재난의 직전, 중도, 직후에 취해진 응급활동으로 준비계획의 동작화, 비상체제의 운영, 주민에게 비상행동요령의 숙지, 비상의료지원, 비상상황실의 운영, 이재민 수용과 보호, 긴급피난지대피소 운영, 인명수색과 구호 등을 실시하게 된다. 즉, 민 · 관 합동 재난 상황실 운영을 통해 재해 정보와 자원현황을 교류하는 것으로 시민들은 구호서비스 제공, 기업은 봉사자에게 구호물품 제공과 재정지원, 정부는 주민대피와 치안, 교통대책 및 수리시설부분에 대한 지원을 담당하게 된다. 환자발생 시 중증도에 따른 분류를 통해 환자 이송의 우선순위를 결정하여 치료 및 관리를 할 수 있다. 이 단계에서 간호사는 대부분 직접 간호를 제공하고 다른 대응팀과 공조체계를 구성하여 집단구호활동을 하게 된다.

4) 복구(회복)단계

재난의 초기 회복기간으로부터 피해를 입기 전, 정상적인 상태로 돌아올 때까지 지속적인 지원을 하는 활동의 단계이다. 이 단계에서는 피해자에게 우선 복구관리를 통하여 최소한의 생활수준을 유지하도록 함으로써, 스스로 복구하겠다는 의지를 심어준다. 복구관리에 있어서 복구자는 원칙적으로 피해 당사자가 행하는 것이 원칙이지만 그 피해가 커서 피해주민의 능력을 벗어날 때에는 정부가 재난복구를 위한 각종 직 · 간접적 지원뿐만 아니라, 지역 외의 주민과 단체의 지원 등 총체적 복구노력이 필요하다.

3. 재난 시 환자의 유형별 분류

재난 부상자의 중증도 분류란 응급처치의 필요성과 이용이 가능한 재원에 따라 환자를 분류하는 과정이며, 정확한 환자에게 정확한 치료를 받을 수 있도록 정확한 시간에 장소로 이동시킬 수 있게 하는 것으로, 대량 환자의 발생 등으로 인해 일상적인 응급처치가 불가능한 상황에서 시행되는 중요한 선별과정이다.

부상자의 신속하고 정확한 분류는 많은 수의 부상자들에게 가장 많은 도움을 줄 수 있는 기회를 제공한다. 즉, 재난 시 환자분류의 목표는 생존 가능성이 있는 최대한의 사람들에게 최대한으로 도움을 줄 수 있도록 하는 것이다. 또한 재난 시 환자분류는 사상자가 많은 경우부터 시작해야 하며 용이하게 수행되어야 하고, 치료와 이송 모두에 우선순위를 두며, 표준화되어야 한다.

분류 후에는 순서대로 환자의 부상정도와 사용 가능한 의료자원과 부족한 의료인력에 의해 시행되므로 부상자 분류는 상당한 정도의 임상적 경험과 의학지식이 필요한 의료진이 담당하게 되며 신속하면서도 정확하게 대처해야 하는 중요한 부분이다. 생존가능성 유무나 정도에 따라 소생술 시도나 처치의 정도가 달라지게 되며 사망자의 경우에는 의무기록을 위해서만 확인하게 되고 가능한 생존자들로 분리되어 이동되어야 한다. 또한 중증도 분류의 정확성을 위해 통일된 분류법이 사전에 계획되어야 한다. 세계적으로 많이 사용되고 있는 ID-ME 분류법에 대해 알아보도록 하겠다.

(1) IDME 분류

세계적으로 공통된 중증도 분류 체계의 대부분은 환자들을 4개의 순위로 분류하고 있으며 색깔로 나뉘어진다.

1 1순위: 빨강(적색)-긴급환자(immediate; severe)

- 부상이 심각하지만 치료 후 생존할 것으로 예상되는 환자들
- 치명적이거나 사지절단의 위험이 있는 손상. ABC의 지속적인 이상이 있는 상태

2 2순위: 노랑(황색)-응급환자(delayed; moderate)

- 최종적인 치료가 필요하지만 초기 처치가 지연되어도 악화되지 않는 상태
- 부상이 심하지만 치료가 지연되어도 발병할 위험성 없는 환자들

3 3순위: 초록(녹색)-경증환자(minimal; minor)

- 이송이 필요 없고 현장에서 처치 후 귀가할 수 있는 상태
- 부상이 크지 않아 치료를 기다릴 수 있는 환자들(대부분 보행이 가능한 환자들)

4 4순위: 검정(흑색)-지연환자(expectant)

- 생존의 가능성이 희박한 중증 손상상태
- 생존할 가능성이 희박하거나 없는 환자들
  (부상이 너무 심각하여 많은 양의 자원을 사용할 경우에도 소생 불가능한 경우)
- 사망(dead; decreased): 사체

이 외에도 현장에서 응급으로 분류될 수 있는 방법이 'START(simple triage and rapid treatment)' 분류법이며 이는 대상자의 교육이 용이하고 재난현장에서 단순한 방법으로 이용될 수 있는 것으로 환자의 의식상태, 호흡, 맥박상태 등의 확인으로 환자의 대상 분류를 하는 방법이 있다. 즉, 의식이 명료한 대상은 사고현장을 대피해서 이동하도록 지도하게 되는데 이들은 초록색에 해당하는 경증의 환자들이다. 그 다음 분류체계로는 빨강(긴급), 노랑(응급), 검정(지연)의 환자들로 분류하게 된다.

4. 재난관리 시 필요한 간호사의 역할

1) 비판적 사고능력

문제의 우선순위를 결정하기 위해 윤리적이고 타당한 틀을 이용해야 하며 임상적 판단과 의사결정기술을 사용하여 환자를 분류하고 간호를 제공해야 한다.

2) 대상자 사정능력

재난 환경에서 대상자 및 자신, 대응 팀요원의 안전 문제를 사정하고, 건강문제를 규명해야 하며 재난에 취약

한 인구집단에 대한 간호정보도 필요하다.

3) 간호기술능력

프로토콜을 근거로 각종 응급처치와 침습적 중재, 수액 및 영양요법을 위한 간호기술, 환자이송을 올바르게 시행해야 한다.

4) 의료정보 및 의사소통능력

환자 및 대외 기관으로부터 정보제공을 요청받았을 때 문의처를 알고 있어야 하며, 보건관련 정보를 의사소통하기 위해 컴퓨터를 원활히 사용해야 한다. 또한 간호사정, 중재, 결과 기록을 올바르게 시행하며, 재난상황에서 대상자 및 가족, 대응자들에게서 나타날 수 있는 두려움, 스트레스 등의 반응을 올바르게 인지하며 위기 의사소통 원칙에 대해 인식해야 한다.

5) 질병관리능력

해당 지역의 보건기관과 질병관리본부 등의 유관기관과 협력하여 지역사회의 질병을 모니터링하기 위한 활동을 수행한다.

그밖에도 윤리적 태도, 리더쉽을 지니고 있어야 한다.

제3절 국내·외 재난관리

1. 국내 재난관리 체계

우리나라의 재난관리체계의 정부조직 변화를 살펴보면 90년대 이전은 주로 홍수, 태풍 등의 자연재해를 관장하였고, 이후 90년대에 접어들면서 삼풍사고, 성수대교 붕괴 등의 수많은 인적 재난이 발생하면서 '재난관리법'이 제정되어 총리실에서 재난관리업무를 총괄하게 되었고 2004년에는 '재난 및 안전관리기본법'이 제정되어 재난관리 전담기구로서 소방방재청이 개청되었다. 하지만 2014년 세월호 침몰사고 후 재난구조 관리기능을 일원화하기 위해 안전행정부의 사회재난 기능과 소방방재청의 자연재난 관리기능을 통합하여 국민안전처를 2014년 11월 19일에 조직개편을 단행하였다(유인술, 2014).

국민안전처는 재난 안전 컨트롤 타워 역할로써 안전 및 재난에 관한 정책 수립과 운영을 도맡게 되며 이를 총괄 조정하는 역할까지 수행한다. 비상대비와 민방위, 소방, 방재, 해양 경비와 안전 · 오염방재, 해상사건 수사

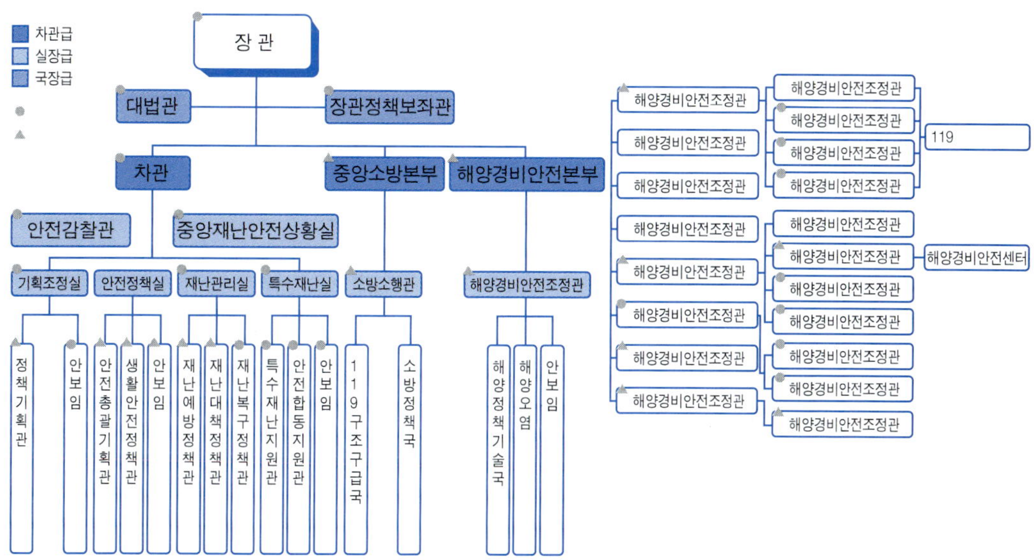

그림 15-4 국가안전처 기구도

출처: 국가재난관리정보시스템 홍보브로셔, 국가안전처, 2015

등의 사무를 관장한다. 육상재난은 중앙소방본부가, 해상재난을 해양경비안전본부가 전담토록 하고, 기존 안전행정부의 안전관리 기능과 소방방재청의 방재 기능은 '안전정책실'과 '재난관리실'로 개편하는 등 각종 재난의 예방과 대비, 대응, 복구 4단계의 전 과정을 통합 관리하고자 개편하였다. 조직은 1차관 2본부 · 4실 · 2조정관 19국 62과로 구성되어있다(국민안전처, 2014).

즉, 국민안전처는 체계적인 재난안전관리시스템 구축을 통하여 안전사고 예방과 재난 시 종합적이고 신속한 대응 및 수습체계를 위해 마련되었으며, 국민의 안전과 국가적 재난관리를 위한 재난안전 총괄기관이다. 국민안전처의 주 업무는 다음과 같다.

- 안전 및 재난에 관한 전반적인 정책의 수립 · 운영 및 총괄 · 조정
- 비상대비와 민방위에 관한 업무
- 소방 및 방재에 관한 업무
- 해양에서의 경비 · 안전 · 오염방제 및 해상사건 수사

2. 국제재난

1) 국제재난구호 요청

갑작스럽게 피해를 입은 국가에서는 국가 기반시설 및 통신시설 등의 손상으로 희생자에 대한 대처가 어려워져 국가위기관리 능력을 상실하게 되는 경우가 있다. 이런 상황에서는 스스로 재난복구가 불가능하므로 국제 지원을 요청하게 되는 경우가 발생한다. 하지만 지원요청 쇄도에 비해 지원요구가 적절히 되지 않는 경우도 있을

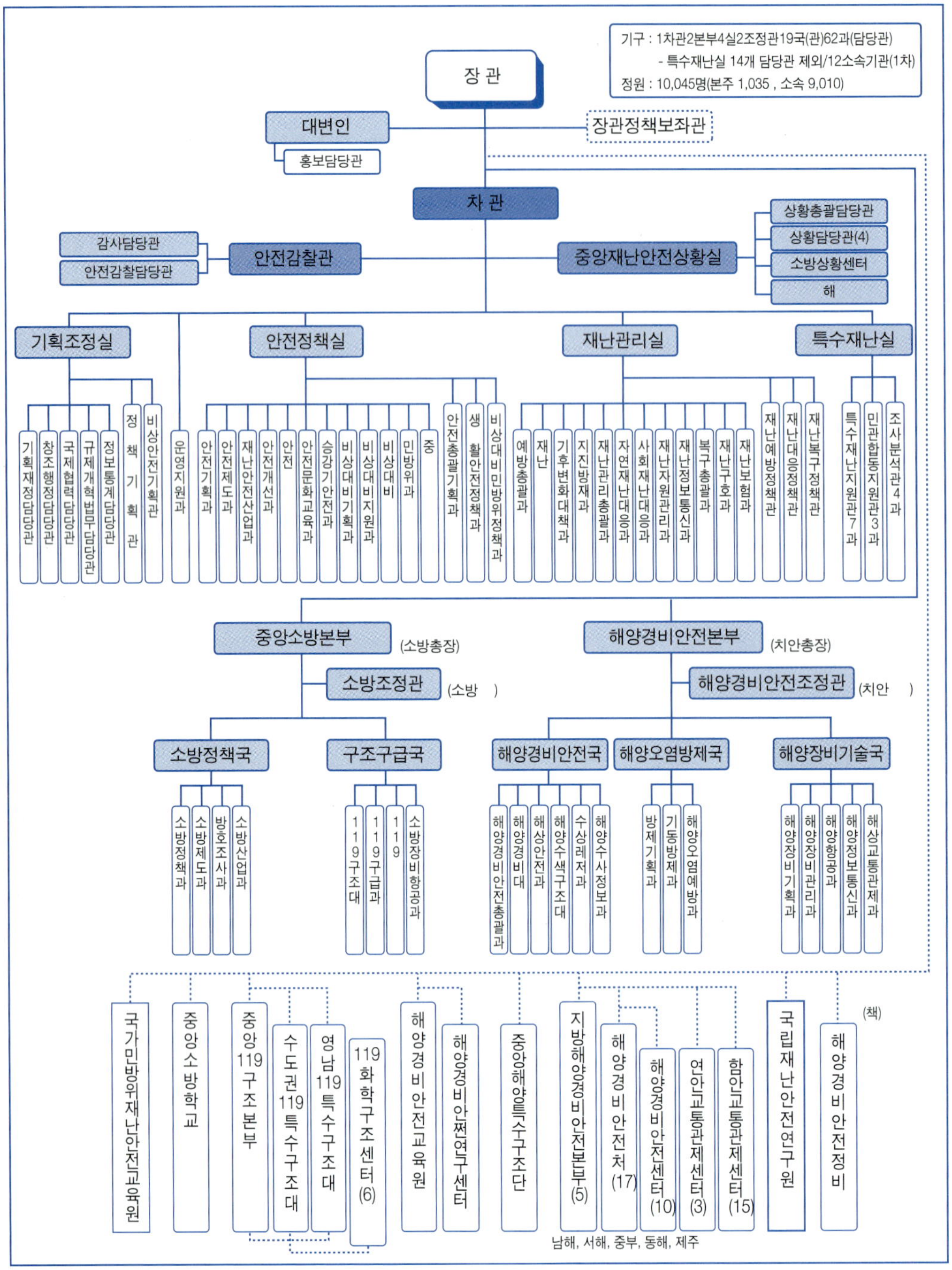

그림 15-5 국가안전처 조직도

출처: 국가안전처 통계연보, 2015

수 있으므로 모든 국제재난 구호활동은 피해국의 요청에 의해, UN총회에서 의결을 통해 국제재난 대응을 조정하도록 만장일치로 채택하였을 때, 피해국을 지원하기 위한 보조적인 기능을 수행하는 것을 목표로 양자 간 지원 우선원칙에 따라 이루어진다.

2) 해외구호활동

해외구호활동은 신속한 인명구조와 재난구조에 기여하는 것을 목적으로 국제재난이 발생할 경우 피해국에 대한 해외 긴급구호대의 파견, 구호물품의 지원, 임시 재해복구를 지원하기 위한 현금지원, 장기적인 보건 의료 활동 및 수송지원 등 국제재난 지역에 지원한다. 해외구호활동의 시작부터 철수까지 현장구호 활동조정센터(OSOCC, Onsite Operation and Coordination Center)를 통한 국제적 공조가 이루어지도록 하며 반드시 국제사회 클러스터(Cluster)와 협조하여야 한다.

3) 인도주의

국제재난 발생 시 인간은 동등한 자격을 가진 존재라는 기본 개념 아래, 각국 정부 및 기관이 협력하게 되는 이념적 기반은 인도주의이다. 인도주의를 준수하기 위한 법적 기반은 국제인도법으로 이는 국제적, 비국제적 무력 충돌 시 부상자, 포로, 의무요원 등 전투능력을 상실하였거나 적대행위에 가담하지 않은 사람에 대하여 차별 없이 생명을 보호함으로써 무력충돌의 영향을 최소화하기 위한 국제법이다.

3. 국제재난구호활동 단체

1) 비정부기관

비영리 기구로 시민권력이나 이윤을 추구하지 않고 인간의 가치를 옹호하며 사회의 공공성을 지향하면서 자발적인 참여와 활동을 하는 민간단체로서, 긴급구호를 담당하거나 재난의 개발계획에 대해 많은 지원을 하고 있다.

(1) 옥스팜(OXFAM: Oxford Committee for Relief)

국제적 빈민구호단체로 시작해 심각한 가난과 배고픔에 힘들어 하고 있는 사람들에게 식량을 공급하여 도움을 주고자 전 세계 100여국 지원하고 있는 단체이다. 1980년대 이후 의료서비스 확대, 건강증진 프로그램 마련, 위생시설과 식수보급 등의 지원하고 있다.

(2) 굿네이버스(Good Neighbors)

국내 최초로 유엔경제사회이사회(UN ECOSOC)로부터 포괄적 협의지위(General Consultative Status)를 부여받은 국제구호개발 NGO로 1991년 한국인에 의해 설립되었다. 해외 27개국에서 전문사회복지사업을 수행하고 있으며 국내 사업으로는 아동복지사업, 지역복지사업, 종합복지사업, 사회개발교육사업을, 국외사업으로 보건의료사업, 지역개발사업, 사회교육사업을 수행하고 있다.

(3) 국제적십자기구

국제적십자기구는 국제적십자위원회, 국제적십자연맹, 각국 적십자사 및 적신월사로 구분할 수 있다.

① 국제적십자위원회(ICRC, International Committee of the Red Cross)

본부는 스위스 제네바에 위치하며, 80여개 나라에서 예방, 지원, 보호 및 기타 활동 등을 하며, 무력 충돌 및 폭력 상황에서 희생자의 생명과 존엄성을 보호하고 도움을 제공하고 있다.

② 국제적십자연맹(International Federation of Red Cross and Red Crescent Societies)

사무국은 스위스 제네바에 소재하고 있으며 186개 적십자사 및 적신월사가 가입하여 활동하고 있다. 제 1차 세계대전 이후 전쟁 복구, 재난대비 및 대응, 취약 계층 지원을 위해 각국 적십자사가 협력할 수 있는 기반 필요성이 대두되어 1919년 당시 미국 적십 자사 총재가 주창하여 설립되었다. 각국의 적십자사 및 적신월사가 인도주의 활동을 수행함에 있어 구호활동을 조정하고 조직하며 이끌고 있다.

③ 각국 적십자사 및 적신월사(Red Cross and Red Crescent Societies)

적십자사 또는 적신월사는 각국에 1개씩만 설치 가능하며, 현재 전 세계적으로 186곳의 적십자사 및 적신월사가 설립되어 있고 계속 형성 중이며 우리나라에는 대한적십자사가 있다. 우리나라는 1903년 대한 제국 당시 제네바 협약에 가입하였고, 1905년 대한 적십자사 규칙을 제정하였으며, 1949년「대한적십자사 조직법」을 공포하여 적십자사를 국가 차원으로 설치하기에 이르렀다. 적십자의 재난지원 활동은 보충적, 보조적인 역할이나, 현 상황이 적십자의 도움을 필요로 하며 적십자가 활동을 위한 필수적인 재원과 수단을 확보할 수 있다는 확신이 있는 경우 장기적인 재난지원 프로그램을 실시 할 수 있다. 대한적십자사는 전문봉사원 및 자원봉사원, 청소년 적십자 단원 등을 보유 하고 있으며 대형 재난 발생 시 적십자 지원들과 함께 재난구호봉사단이 편성되어 구호활동을 전개하게 된다.

(4) 국경없는 의사회(MSF: Medecins Sans Frontieres)

1971년 나이지리아 내전으로 인해 전쟁, 기아, 질병, 자연재해 등으로부터 고통 받는 주민들을 위해 프랑스 의사와 언론인들이 설립한 국제 민간의료구호단체이다. 이는 1999년 노벨평화상을 수상한 대표적 비정부기관(NGO)형식의 국제 구호단체이다.

2) 정부기관

(1) 한국국제협력단

오랫동안 많은 개발원조를 받아오던 우리나라가 이제는 우리가 경험한 경제발전과 각 의료분야에서의 경험을 토대로 후발 개발도상국들이 필요로 하고 있는 다양한 개발협력 요구에 부응하여 공적 개발원조(ODA, Official Development Assistance)를 제공하는 체제를 수립하여 이를 수행해 오고 있다. 한국국제협력단(KOICA)은 정부단체로서 활동규모가 해마다 크게 증가하고 있으며 참여하는 간호사의 수도 증가하고 있다. KOICA는 빈곤층의 건강을 보호 증진하고, 질병 예방을 위하여 보건의료분야 개발 협력 사업을 다양하게 실시하고 있다.

3) 국제연합기관(United Nation)

(1) 세계보건기구 (WHO)

WHO(World Health Organization)는 세계 인류가 신체적, 정신적으로 최고의 건강수준에 도달하는 것을 목적으로 1948년 설립된 UN 전문기구로서, 전 세계적으로 발생하고 있는 재난 및 응급상황 아래, 의료 측면에서 중요한 역할을 담당하고 인도주의 운동의 주요 멤버이며 Health Cluster의 리더로 활동하고 있다.

(2) 유니세프(UNICEF: United Nations Children's Fund)

1946년 12월 11일 설립되었다. 원래 '국제 연합 국제 아동 긴급 기금'으로 명칭되었다가 1953년 변경되었으며 144개국의 굶주린 어린이들에게 긴급구호, 영양, 예방접종, 식수문제 개선, 기초교육 제공 등을 위해 활동하고 있다.

(3) 유엔 난민 고등 판무관 사무소(UNHCR: Office of UN High Commissioner for Refugees)

세계 난민문제 해결을 위해 설립된 UN 보조기관이며, 설립 이후 UNHCR은 수천만명의 난민들에게 보호와 지원을 제공하였으며 많은 이들에게 영구적인 해결책을 지원해 주고 있다. 깨끗한 식수, 위생시설, 보건의료지원, 거주할 수 있도록 주거 마련과 관련된 재료 및 담요, 다른 구호물품, 연료통, 가정용품, 식품 등 생명유지를 위한 긴급지원을 제공하며 이외에 핵심적 지원으로는 난민등록, 비호신청 지원 및 자문, 교육, 법률 상담 등이 지원되고 있다.

참고문헌

- 김성원(2011). 국제재난대응에 있어서 국제법의 역할에 관한 연구. No 53. 753-779.
- 김주원(2011). 재난 시 일개 권역응급의료센터 간호사의 업무지침 개발, 울산대학교 대학원 석사학위논문.
- 문창국(2015). 한국 재난관리체계의 문제점과 개선방안에 관한 연구, 부산대학교 행정대학원 석사학위논문.
- 송기종(2014). 한국 재난관리체계의 구축방안-성수대교 붕괴사례를 중심으로, 전북대학교 대학원 박사학위논문.
- 유명란 등(2012). 의료인을 위한 재난관리의 실제, 수문사.
- 유인술(2015). 한국의 재난관리대책, 한양대 의학전문지, 35(3), 157-173.
- 이옥철(2006). 응급 및 재해간호. 제3판, 현문사.
- 이정열 등(2014). 지역사회간호학 이론과 실제. 제2판, 현문사
- 정병채(2011). 한국 재난관리의 운영체계에 대한 연구, 한양대학교 공공정책대학원 석사학위논문.
- 조유향 등(2014). 지역사회간호학 제 7판: 분야별, 현문사
- 차세영, 임도빈(2014). 재난관리 단계별 대응 체계에 관한 연구: 구미 불산 누출 사고 사례의 네트워크 방법론적 분석, 지방정부 연구, 18(1), 727-754.
- 최연희 등(2014). 지역사회간호학 Ⅱ. 수문사
- 최우진(2014). 효과적인 국가재난 대비 · 대응 체제하 지방자치단체의 인적재난 대응역량 강화에 관한 연구, 가천대학교 산업환경대학원 석사학위논문.
- Comfort, L. K.(1988), Designing Policy for Action: The Emergency Management System.
- Turner, B. A., & Pidgeon, N. F.(1997). Man-made disasters. 2nd ed. Boston: Butterworth-Heinemann, 1997
- Jennings, S. A., Frisch, N. & Wing, S.(2005). Nursing students perceptions about disaster nursing. Disaster Management & Repesponse, 3, 80-85.
- Petak, W. J.(1985). "Emergency Management: A Challenge for Public Administration", Public Administrative Review Vol. 45, Special Issue

참고사이트

- 국가법령정보센터. http://www.law.go.kr.
- 국경없는 의사회. http://www.msf.or.kr.
- 국민안전처. http://www.mpss.go.kr.
- 굿네이버스. http://www.goodneighbors.kr.
- 대한적십자사. http://www.redcross.or.kr.
- 재난심리상담정보센터. http://www.dmhs.go.kr.

찾아보기

ㄱ

찾아보기

찾아보기

찾아보기

찾아보기

찾아보기

찾아보기

ㅈ

찾아보기

찾아보기

찾아보기

찾아보기

A

B

C

찾아보기

찾아보기

U

V

W

기타

저자소개

차경미	선린대학교	**박민아**	선린대학교
강경희	대구동중학교	**이경아**	대구보건대학교
강말순	진주보건대학교	**이원유**	여주대학교
권문희	경동대학교	**이지은**	대경대학교
권영채	가야대학교	**이춘지**	대구과학대학교
김남희	동의대학교	**이혜영**	두원공과대학교
김선희	경주대학교	**장현정**	경운대학교
김윤영	경북과학대학교	**최현아**	선린대학교
김은하	부산가톨릭대학교	**홍경숙**	경운대학교

저자와의
협의로
인지생략

COMMUNITY HEALTH NURSING

지역사회보건간호학 II

발 행 일 2016년 3월 1일 초판 인쇄
2016년 3월 10일 초판 발행

저 자 차경미 강경희 강말순 권문희 권영채 김남희
김선희 김윤영 김은하 박민아 이경아 이원유
이지은 이춘지 이혜영 장현정 최현아 홍경숙

발 행 인 김재민

발 행 처 J M K(제이엠케이)
서울특별시 마포구 백범로 104, 봉화빌딩 4층

출판등록 2011년 1월 19일 제 313-2011-35호

전 화 02)713-0421~3

팩 스 02)704-6265

전자우편 jungmunk@unitel.co.kr

홈페이지 www.jungmunkag.co.kr

정 가 **60,000원**

ISBN 979-11-85210-65-0 94510
ISBN 979-11-85210-63-6 94510(세트)

도서출판 JMK는 정문각 출판사의 자회사입니다.